U0929325

湖北省学术著作出版专项资金资助项目

长江科学技术文库

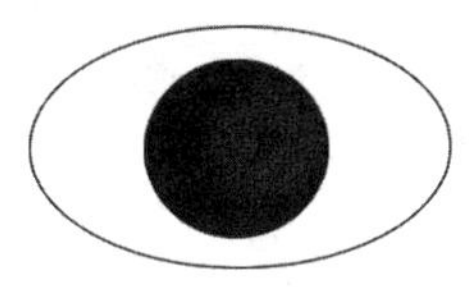

郑守仁　赵鑫钰　著

GAO HAIBA GANHAN HEGU SHUITU BAOCHI SHENGTAI XIUFU SHIYAN YANJIU

高海拔干旱河谷水土保持生态修复实验研究

长江出版传媒
湖北科学技术出版社

图书在版编目（CIP）数据

高海拔干旱河谷水土保持生态修复实验研究 / 郑守仁，赵鑫钰著.—武汉：湖北科学技术出版社，2016.4
（长江科学技术文库）
ISBN 978-7-5352-8348-1

Ⅰ.①高… Ⅱ.①郑… ②赵… Ⅲ.①高纬度地区—干旱区—河谷—水土保持—生态恢复—实验—研究 Ⅳ.①S157-33②X171.1-33

中国版本图书馆CIP数据核字（2015）第273797号

责任编辑：高诚毅　　邓子林　　封面设计：王　梅

出版发行：湖北科学技术出版社　　电话：027-87679468

地　　址：武汉市雄楚大街268号　　邮编：430070
（湖北出版文化城B座13-14层）

网　　址：http：//www.hbstp.com.cn

印　　刷：武汉中远印刷有限公司　　邮编：430034

787×1092　1/16　　39.75印张　4插页　900千字

2016年4月第1版　　2016年4月第1次印刷

定价：280.00元

序

我国是世界上水土流失最为严重的国家之一。根据水利部、中国科学院和中国工程院在2005年至2008年间开展的中国水土流失与生态安全综合考察结果显示，我国水土流失面积接近357万km^2，每年流失的土壤总量约50亿t，损失耕地达6.67万hm^2，全国共有646个县水土流失十分严重，亟待治理的面积近200万km^2，每年因水土流失造成的经济损失相当于GDP的3.5%。随之带来的生态环境损失更是难以估计。

受地形、地貌、气候条件的影响，在高寒、高海拔、大温差的干旱河谷和干热河谷地区，地质情况复杂，生态系统脆弱，自然灾害频繁，水土流失状况更加严重。加上在大规模的铁路、公路、水电站等基础设施建设过程中，由于不规范的施工等因素，人为扰动和破坏了原有地貌、植被和水系，造成干热河谷和干旱河谷山体、河岸周边水土流失进一步加剧。日趋严重的水土流失问题，不仅制约经济社会可持续发展，而且将严重威胁到我国粮食安全、生态安全甚至国家安全。

为加强水土流失综合治理，特别是解决干旱河谷和干热河谷地区水土流失治理这一世界性难题，赵鑫钰教授及其科研团队，经过长期、大量的现场实验和室内研究，开创了以微量胶凝材料（水泥、粉煤灰、黏土等）与水、当地劣质沙土和草屑不同配比混合掺拌的方式，改良脆弱山地表层土壤结构，并创造性地将大型工程防渗概念和技术应用到干旱环境植树过程，大幅度提高了干旱地区林草存活率和保存率，逐步建立了干旱河谷及高陡坡地区的长效生态修复机制。

作为赵鑫钰教授及其课题组长期科研实践和探索的一次集中展示，《高海拔干旱河谷水土保持生态修复实验研究》的付梓问世，不仅为从事环境保护和水土保持专业人员提供了在复杂山地环境治理水土流失的科学、实用、经济、简便的方法，更为广大公民和法人保护环境、改善生态提供了引导性思路。希望这部学术大作能为我国治理水土流失、改善生态环境、建设美丽中国贡献新的力量。

四川大学校长、中国工程院院士：谢和平

2015年12月5日

前　言

我国是世界第一山地大国，山区面积占陆域总面积约 70%，全国有一半以上的行政市(州)县在山区，90%以上的森林、54%的耕地、50%以上的草地、76%的湖泊集中在山区。由于山地系统和山川地貌，容易受到地球板块运动和大风、干旱、暴雨等气候条件的影响，加上人们对自然资源的掠夺性开发利用(如乱砍滥伐、毁林开荒、顺坡耕作、草地超载过牧)以及修路、开矿、采石、建设水电站过程中的随意挖土、取石、弃渣等人为活动导致的洪水、地震、滑坡、泥石流等灾害(或次生灾害)频发，全国水土流失总量规模巨大、情势非常严重。根据水利部、中国科学院和中国工程院近年编制的《中国水土流失与生态安全综合科学考察报告》，我国水土流失总面积约 357 万 km^2，占国土总面积的 37.42%；每年流失的土壤总量达 50 亿 t，年均损失耕地 6.67 万 hm^2。水土流失，不仅范围广、影响大、危害重，而且日益吞噬着我国的国土资源，并持续直接威胁粮食安全及生态安全，其已成为我国的第一大环境问题。

20 世纪 90 年代末，国家加大了水土流失治理力度，尽管对长江流域、黄河流域上游地区实施的生态保护，局域"退耕还林"、"封山育林"和小流域泥沙的综合治理，在一定程度上控制了水土流失规模，局部治理初显成效。但就全国国土生态总体形势分析，水土流失仍呈局部治转、整体恶化，并有越来越严峻的态势。据有关资料，目前全国现有水土流失严重县达 646 个，亟待治理的流失区面积约 200 万 km^2，每年因水土流失造成的经济损失超过 GDP 的 3.5%。国家实施西部大开发战略以来，尤其是工业化、城市化、新农村建设的快速推进，高速公路、铁路的全国性扩展，生态脆弱区数以千座的水电站建设，以及自然气候的恶变与人为扰动的叠加，更加剧了水土流失引发的生态恶化。

我们是中央企业和国有电力开发建设单位，在高寒、高海拔、干旱(干热)河谷的西南山区开发建设水电站，很难避免施工造成工程区域水土流失。作为央企、国企，保护生态环境、控减和防治水土流失，是我们不可推卸的社会责任和法律责任。数十年来，研究和实践工程区域环境保护，控制施工过程水土流失，修复局地生态环境方面，我们业已建立有一些成功方法、经验，但在复杂区域特别是在高寒、高海拔、干旱河谷、干热河谷等生态脆弱地区控制施工过程水土流失，修复已经破坏的植被生态仍然任重道远。一方面，待开发的水电站越来越深入到生态脆弱地区，环境保护责任越来越重大；另一方面，研究、实践和实施水土保持的技术难度和投入越大，这使得我们必须加大科技创新，研究和实验复杂环境经济、适用的生态修复新方法。

2010 年 10 月，作者及所在的流域水电开发公司申获集团公司科技创新基金支持，专题实验研究高寒、高海拔、干旱河谷、干热河谷高陡弃渣体水土保持及生态修复技术。经过3年多结合工程现场水土流失治理实践与实验室对比实验，课题组成功开创了在高海拔、干旱河谷等脆弱环境修复植被生态的多种实用方法，并应用到渣场、料场水土流失治理的实践。按照上级公司要求和研究课题验收专家意见，我们有义务在更大范围推广、应用其方法和技术，为此，作者将多年的研究、实验以及治理实践过程和此前参考、分析的文献，以总结的技术形式呈现给广大读者，以期待良师的指导和交流。

考虑到本总结的系统性、实用性、可读性和利于本科生及研究生学习，从推广应用角度，本著精介了其关键技术和重要实验过程，编改部分具指导价值的参考论文，以附件形式罗列了相关法规。全书审定约90万字，共10章。第1章，概述；第2章，我国水土流失现状与防治的根本途径；第3章，汶川大地震前实验区自然生态条件；第4章，汶川大地震造成实验区水土流失情况；第5章，灾后实验区山地的生态修复；第6章，电站弃渣场水土流失防治设计；第7章，国内水土保持生态范例与治理经验；第8章，实验区电站渣场水土流失治理实践；第9章，掺拌实验研究与水土流失治理实践；第10章，高陡坡抗冲刷实验与水土流失治理实践。

水利部长江水利委员会总工程师郑守仁院士作为本书的名誉主编，给予本总结全过程支持。全书由课题主持人赵鑫钰同志策划、组稿、编写和校审，何梽铭、赵杨路同志参与第2章和第6章的资料整理、编写。作者的努力，旨在使本书为从事水利水电施工的广大管理人员提供具体的项目管理经验，指导其实践，同时也可为大专院校相关专业的学者、研究生提供系统的资料。由于出版合同时间、篇幅所限，更限于专利授权前其实验的方法、经验及核心技术细节不能完整呈现于本总结之中，加上作者受学识水平、认知能力约束以及时间紧迫，尽管殚精竭虑也恐难存在疏漏之处，诚望广大读者指正和谅解。

在本著即将出版之际，作者对参与资料收集、翻译、文字录入、校对工作的陆明、廖卉芳、赵庆平等一并表示感谢。

编　者

2015年12月16日

目　　录

第1章 概 述

1.1 研究背景

据水利部近年统计，我国国土水土流失面积达357万km^2，每年流失的土壤总量约50亿t，损失耕地6.67万hm^2。尽管经过多年努力，水土流失局部治理见一定成效，有许多成功范例，就全国国土总体形势分析，水土流失呈现越来越严峻的态势。目前，全国现有水土流失严重县达646个，亟待治理的面积近200万km^2，每年因水土流失造成的经济损失相当于GDP的3.5%左右。换言之，国家不采取强力有效措施遏制水土流失的话；那么，占国土面积70%的山区荒漠化、石漠化加剧，不仅制约经济社会可持续发展，而且将严重威胁我国的生态安全、粮食安全、防洪安全，甚至国家安全。

受地形、地貌、气候条件的影响，高寒、高海拔、大温差、干旱河谷、干热河谷地区以及西南山区高陡坡体是水土保持及生态修复难以攻克的课题，尤其是2008年5月12日汶川特大地震，灾区次生的地质灾害非常惨烈，水土保持及生态修复治理十分艰难、代价巨大。此外，西南地区干旱河谷水能资源、森林资源蕴藏量相对丰富，人口密度高、工农业生产相对发达。与其对应，由于高山峡谷，自然环境脆弱、地质条件复杂，地表岩层破碎、构造运动活跃、地震频发，滑坡、泥石流等地质灾害严重。而且，随着人口的转移和增长，自然资源承受的人类生产活动压力不堪重负，生态平衡遭到破坏。陡坡开垦、森林采伐、过度放牧等加剧了区域的水土流失，以致成为河流泥沙主要来源与土壤侵蚀最严重的地段。

20世纪90年代中后期始，特别是国家实施西部大开发战略以来，西南山区已建、在建、拟建的大、中、小型电站数以千计。水电站建设，从长远看有利于生态环境和发展经济；但毋庸置疑的是，建设过程会对建筑物局地环境造成破坏。水电站建设初期，大规模开挖必然导致山体或河岸水土流失。因此，科学、系统、实验研究高寒、高海拔、大温差、干旱河谷、干热河谷以及西南山区高陡弃渣坡体水土保持及生态修复，具有十分重要的意义。

国外，在干旱区域的植被恢复或生态修复方面曾经作过许多探索，研究成果提倡和施行的主要是以人为影响较小的受损生态自然恢复，即便采用一些特殊技术，也多为充分高效利用可能的水分条件，促进植物的发育生长；或者采用合适的植物种类（如根系深、适应干旱能力强等）；在利用微生物技术及保水剂确保植物成活方面，或促进植物适应性生长方面也存在成功探索。但各国有其迥异的国情，相当多的国家人均国土面积比我国大、人均水资源禀赋比我国好，采取自然恢复有较大的时间、空间优势。也就是说，自然生态恢复需要漫长时间和广域空间来保证。国内，人多地少，与水争地、与山争地已然成为城市(镇)化发展的必然，水土生态靠自然恢复不现实，加强人为干预的工程或植物措施进行生态修复成为当务首选。

我国水利部门对长江、黄河流域干旱河谷的生态保护，对泥石流、滑坡等地质灾害的生态防治技术以及小流域泥沙的综合治理及控制技术方面进行了长期研究、实践，不乏成功案例，但主要目标集中在以恢复植被和绿化方面和以修复生态系统的综合功能为目标的研究和实践，尚待更大投入。

我们作为中央企业和国有电力开发建设单位，在西部高寒、高海拔、干旱河谷、干热河谷的西南山区开发水电，难以避免造成工程区域水土流失。作为央企、国企，保护生态环境、防治水土流失是我们不可推卸的社会责任、法律责任。研究和实践工程区域环境保护、控制施工过程水土流失、修复局地生态环境方面，我们已有一些成功经验，但在复杂地域尤其是高寒、高海拔、干旱河谷、干热河谷地区控制施工过程水土流失仍任重道远。一方面是待开发电站越来越深入到生态脆弱地区，环境保护责任越来越重大；另一方面，研究、实践实施的技术难度和投入越大。这也使得我们必须加大力度和速度进行创新性研究、实践。2010 年 10 月，作者所在的水电流域公司获得集团公司科技创新基金支持，专题研究高寒、高海拔、干旱河谷、干热河谷高陡弃渣体水土保持及生态修复课题。

1.2 研究技术路线与关键技术

由政府实施的退耕还林、封山育林、退田还湖、禁止乱砍滥伐等水土保持宏观举措在一些地域已经起到一定作用。在高寒、高海拔、干旱或干热河谷的西南山区，因自然形成的生态脆弱与多民族聚居；坡耕地集中、水分空间错位；降雨稀少、蒸发强烈、水资源短缺、可耕地紧张、坡耕地分散、土壤侵蚀强烈等特点，仅仅采用上述宏观举措，不能从根本上解决水土流失问题。水电工程造成的局域水土流失，更无法选择上述宏观性措施。采用大规模工程措施，一则投入大，在短时间难以发挥生态作用；二则因未改变水气条件，不能彻底治理水土流失；加上土地所有制问题和所有(经营)权不明晰，如果后续照管、维护跟不上，临时效果也很快消失。在这种宏观微观错综复杂的大环境下，我们要履行环境保护社会责任，只能创新思路，巧投入、找路径、寻突破，以获取持续性生态效果。

1.2.1 研究的技术路线

从所收集的资料上不难发现，一些仅有的在高海拔、干旱或干热河谷水土保持及生态恢复以及植被恢复的研究成果，主要措施多集中在物种选择与培育方面。那些经过筛选可以在干旱河谷不同母岩发育土壤上存活及生长的植物种类，由于缺乏后期投入与管护也难存活。在个别地段(试验基地)的成功，尚不适宜扩大及推广。

本课题的研究，就是摒弃走“单一环境、同类实验”的研究老路，目标是探索一种适应性强、便于推广、资金投入不大、实施简单、经营与管护结合的保土保水长效机制和方法。具体说，就是因地制宜、因时制宜，针对每个环境条件因子，发挥每个改造主体的能动而有效的作用，譬如：任何一个适地居住的承包经营农户，在高海拔、高寒地带，以不同高程和水气条件辅以小微规模工程措施并研究结合不同耐寒、耐旱且适应低温的经济植物（如刺槐、花椒等）；确切地说就是在西南（生态脆弱的）干旱河谷、干热河谷，除实验选择适宜的经济植物品种外，分别不同实验环境、对象，采用本研究课题创新的关键技术，即通过数十组（水泥、粉煤灰、黏土等）微量胶凝材料与水、当地（沙、杂）土、草屑进行不同比例掺拌，人工铺撒在边坡、陡坡上，实现固土、稳坡、保土保水长久效果。

采取细微工程措施与低投入生态植物措施，以改善小环境，通过实验获取水土保持简便方法，拟构建多种适合干旱、干热河谷（不同海拔与气候以及人为活动强度等）区域的生态修复技术体系，实现由点及面、左右延展、上下依存的立体水土保持生态效果。本研究课题以现场实验为主，配合少量的实验室对比性（主要是植物在各类掺拌土环境下的存活与生长）实验，再将实验成果推介给当地政府和农户。

本课题研究的主要内容及过程为：

（1）高寒、高海拔、干旱、干热河谷现状调查；

（2）同区域高陡坡体植被的适应性调查；

（3）生态修复机理研究；

（4）具有代表性实验场地优选；

（5）微量胶凝材料（水泥、粉煤灰、黏土等）不同比例掺拌对比实验；

（6）干拌和湿拌草屑实验；

（7）同上条件高陡坡体及渣体陡坡模拟雨水冲刷实验；

（8）现场对比实验；

（9）效果与效益评估。

本研究课题关键技术路线为：

资料收集→高寒、高海拔、干旱、干热河谷现状调查→同区域高陡坡体植被的适应性调查→脆弱环境生态修复机理研究→具有代表性试验场地优选→微量胶凝材料（水泥、粉煤灰、黏土等）不同比例掺拌实验→干拌和湿拌草屑实验→模拟雨水冲刷实验→实验室与现场实验对比分析→效果与效益评估。

课题技术路线及研究程序见图 1-2-1。

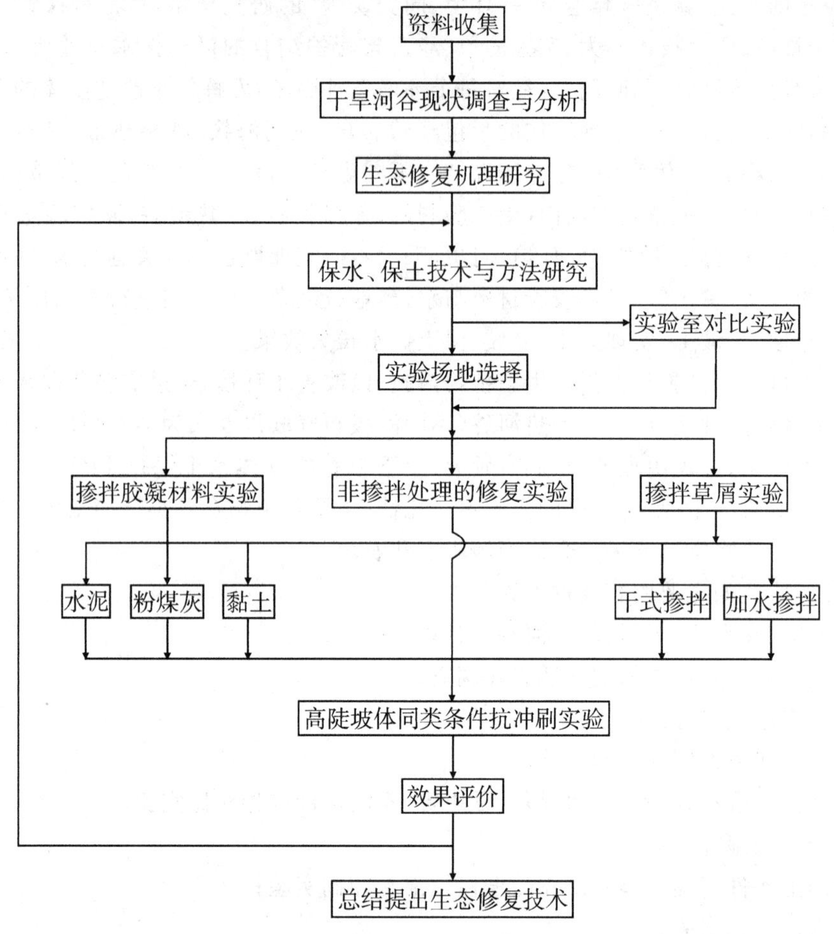

图 1-2-1　技术路线及研究程序图

1.2.2　关键技术

本研究课题实验现场，主要选在川西岷江上游海拔 1 500～2 300m 的干旱河谷。这样选择，是考虑到"5・12"汶川特大地震发生后区域生态系统恢复成为四川经济社会发展当务之急，研究成果便于直接在重灾区发挥经济效益、社会效益和生态效益。川西岷江上游的理县、茂县、汶川县域，都是地震重灾区，地质情况复杂，岩石破碎、山地地表灰褐土母质多为变质岩的风化物，由坡积母质发育而成。坡体全强风化沙土颗粒粗、土质连接松散、结构性差，土粒干燥、呈碱性反应，有机质含量较低，土壤普遍缺磷，表土砾石较多。实验采用多组不同胶凝材料（水泥、粉煤灰、黏土等）掺量和以其不同比例植物种子、水、当地土、草屑掺拌，抛撒或铺设在陡坡或建筑渣体高陡边坡上，形成保土、保水、保肥的一层"壳"。

掺拌微量胶凝材料，目的是固土拟改变土质颗粒松散、结构性差、细颗粒容易被大风吹走、坡体不能抵御雨水冲刷等水土流失问题。所谓"微量掺拌"，就是将胶凝材料控制1%～5%（黏土实验 1%～10%）范围内，既要保土又不能较大改变土质酸碱性。因此，在胶凝材料掺拌试验中，只允许黏土比例适当提高。

掺拌草屑，就是将收集或购买的杂草切割成 5～10cm 长的草屑，人工用锹先干掺再加适量水或与胶凝材料一起掺拌铺设于坡体。掺拌草屑，一方面起土体加强筋的(固土)作用；另一方面，草屑形成腐殖质，即在土体内腐烂后形成有机制，有利于植物生长。在雨季，表土和草屑均富含水分，可减少掺拌水量；旱季或长时间未下雨，掺拌作业需要增加水量。

掺水人工拌和，目的是使土体较为均匀铺设在陡坡坡面上，粗颗粒不易离析、滚落、分离。实验分别进行了以下组项：

(1)当地劣质沙土加水拌和；

(2)当地劣质沙土加草屑与水搅拌；

(3)当地劣质沙土加适量胶凝材料与水搅拌；

(4)当地劣质沙土加草屑、加适量胶凝材料与水搅拌，即混掺等实验组项。

分别掺拌微量胶凝材料、掺拌草屑和掺水的多组实验，就是拟找到一种在生态脆弱区能够广泛参与，即农户个体都能够方便实施、简单、经济的水土保持与生态修复方法。或者说，每个农户、每个土地承包经营者，都能采用这种简易方法有效改善耕地、林地、草地，让"房前屋后"滩地、沙地、坡地成为植被种植生境，让任何土地、坡地变成良田、果园。这种从微观上突破的创新思路与修复生态的技术，正是本科研课题的关键技术与核心内容。

1.3　实验过程及效果

我国水土流失涉及范围广、影响大、危害重，是关乎国家生态安全的重大环境问题。随着近年我国工业化、城市化、新农村建设进程的加快，开发建设项目所造成的水土流失问题已不容轻视。水土保持上升为促进人与自然和谐、保障国家生态安全与可持续发展的一项长期战略攻坚任务。治理水土流失、修复生态环境，需要创新思路、培养人才、加大责任及违法惩处力度。中国科学院、中国工程院数十位院士科学家曾一致建议国家设置水土保持与荒漠化防治一级学科，并着手研究水土流失、荒漠化、石漠化、农地退化、山地灾害以及开发建设项目造成的环境脆弱和生态退化问题。

本研究课题选择在川西山区，正是希望研究地域同时满足高寒、高海拔、干旱河谷、干热河谷、高陡坡体等复杂脆弱生态环境。实验场域所在气候属川西高原气候区，主要受西伯利亚的西风气流、印度洋暖流和太平洋东南季风的影响，具有季风气候的特点。域内海拔高差悬殊、地形复杂，气候差异显著，具有山地立体型气候特征，小气候多样。区位在北纬 31°12′～31°55′、东经 102°36′～103°39′之间。全域呈扇形，南、西、北三面为群山环抱。

根据气象统计资料，实验区西部多年平均气温 11.2℃，多年平均年降水量约 600mm，多年平均年蒸发量 1 600mm；多年平均日照时数 1 670h；多年平均相对湿度 65%，为典型的干旱河谷气候。实验区东部多年平均气温 13.5℃、多年平均年降水量 537.9mm、多年平均年蒸发量 1 650mm、多年平均相对湿度 67%，属山地干旱河谷和半干旱河谷气候区。本课题实验研究充分考虑自然气候条件，探索适配的生态修复技术与方法。

2011 年 4—10 月，实验课题组选择区内中段水电站的弹簧沟渣场和下段电站(2＃、3＃、4＃)弃渣场进行实验，分别在陡坡段取数组 5m×10m 为一个的实验(区)块，采用加水、加草屑拌和当地沙土，人工铺设在37°的斜坡上（厚10cm）与坡顶抛撒（厚20cm）未加水及草屑拌和的沙土等60个实验项目组对比。结果发现，水土保持治理度与植被存活效果有明显差异，即加水、加草屑拌和的及加水未加草屑拌和的实验组，都比坡上未掺拌的组块植被长势好。而且，坡上未掺拌的组块在暴雨后被雨水冲刷有多条深沟。图1-2-2为顶层坡面掺拌覆土与未实施掺拌的第2层、第3层坡面植被生长效果比较；图1-2-3为掺拌草屑实验的实施准备。

图1-2-2　中段电站陡坡实验区

图1-2-3　中段电站掺拌草屑备料

2012年3—11月，实验课题组选择中段水电站（2＃、4＃、5＃）3座弃渣场和下段水电站（2＃、3＃、4＃）3座弃渣场采用掺拌微量（当地沙土重量1%～5%）的胶凝材料（水泥、粉煤灰、黏土等），与此前（2011年4—10月）实验内容重复做40组类同实验，分别铺设在25°～57°的斜坡上。如果说实验组项及成果有差别，那么主要是加胶凝材料及比例多少。其后，又增加掺拌黏土比例（2%～8%）的实验组数，目的是检验土体在极度干旱条件下是否产生"板结"以及植物存活状态。另外，草种由一般杂草增加为杂草、三叶草、油菜籽等。近两年的实验和观察，实验区与非实验区植被生态修复情况差异明显，效果见图1-2-4和图1-2-5。

图1-2-4　下段电站渣场掺拌实验区

图1-2-5　下段电站渣场掺拌及保水实验区

实验表明，加水掺拌进实验块的杂草、三叶草、油菜籽等植物种子，3～4d 后纷纷长出绿芽，尤其是油菜籽长势较好；仅由草屑、杂土加水掺拌的实验块植物长势更好，只是一场暴雨过后，有表土流失痕迹，比没有加水、加草屑（自然）状态好很多。与此对应，掺拌有微量胶凝材料（水泥、粉煤灰、黏土等）的实验块，植物长势稍差，但坡面明显形成薄薄硬壳，十分有利于保土，经过一个雨季的检验，也证实保土效果良好（详细数据见相关章节）。

尽管水泥、粉煤灰、黏土、硅粉等都属于胶凝材料，但微量掺拌没有较大改变土体土质及酸碱性，植物长势也未呈现根本改变。实验区土壤本身偏碱性，再加入弱碱性胶凝材料，是否改变土壤质量，还有待较长时间观察检验。在抗冲刷实验研究中，我们拟定掺与不掺胶凝材料、掺与不掺草屑以及胶凝材料和草屑都掺拌 3 种情况 9 组实验块进行表土抗冲刷对比，采用可调节水量的喷淋装置，加水表控制水量，模拟大雨暴雨从 1 000mm 高度直接冲刷实验组块（坡面）。通过 30～60min 观测，掺拌胶凝材料和草屑的坡体表面水土流失很小，没有掺拌草屑的坡面次之，自然松散铺设在坡面的表土抗冲刷情况较差。

1.4　应用价值

在高寒、高海拔、干旱河谷、干热河谷及高陡坡弃渣体，进行水土保持和生态修复实验，目的是取得水土保持经济简便方法。保土，就能够保住水、保住肥，这不仅是农业意义上的土、水、肥问题，它是治理或修复山地生态之根本，能为复杂、脆弱环境植物存活、生长创造基质条件。此项研究，虽没有复杂的理论支持，也无须精确计算，但也确为一种务实的探索和有推广和适用价值的实验，实验采用改善土体微观结构的水土保持方法，处理全国十分麻烦的宏观生态环境问题，让无数个经济单元或土地承包经营农户、林户，都可以利用其治理水、土、肥流失问题，在技术上开创了水土流失治理新思路、新方法，具有十分广阔的推广应用价值和市场前景。

经科技情报检索，国内外业界均无此类实验研究先例。本研究课题的意义，亦不仅局限在生态环境，而且对于重新认识土地，开发利用山区坡地，为农户拓展经济发展空间，其作用不可限量。

第 2 章
我国水土流失现状与防治的根本途径

我国是个多山的国家，山区面积占陆域总面积约 70%，为世界第一山地大国。全国有一半的行政市（州）县在山区，90%以上的森林、54%的耕地、50%以上的草地、76%的湖泊集中在山区。四川以西，尤其是青藏高原的山脉，海拔多在 4 000m 以上，全国大陆地势高差达 9 000m。由于山地系统和山川地貌更多地受到地球板块运动和大风、干旱、暴雨等气候条件的影响，加上人们不适当的（能源、交通工程建设项目）活动与资源开发利用，导致洪水、地震、滑坡、泥石流等灾害（或次生灾害）频发，水土流失十分严重。也正是我国特有高差悬殊的地理格局以及变化多样的气候条件，使得防治水土流失的责任重大、任务艰巨。

2.1 我国水土流失状况及成因

2.1.1 水土流失状况

按照水利部统计，20 世纪 90 年代以来，我国每年新增水土流失面积约 15 000 km^2，新增水土流失量约 3 亿 t，其中“十五”期间全国共扰动土地面积 33 000 km^2，新增弃土弃渣总量 150 亿 m^3，新增水土流失总量 15 亿 t 以上。在所有开发建设活动中，公路、铁路、城镇建设、露天煤矿、水利水电工程等造成的水土流失最为严重；公路项目弃土弃渣 43 亿 t，占弃土弃渣总量的 47%；露天采矿 20 亿 t，占 21%；水利工程 18 亿 t，占 19%。

根据 2002 年 1 月水利部公布的“全国第二次水土流失遥感调查成果”，20 世纪 90 年代末，全国水土流失面积 356 万 km^2，占国土面积的 37.42%。其中，受水力侵蚀的水土流失面积 165 万 km^2，占其中的 46%，受风力侵蚀的水土流失面积 191 万 km^2，占 54%；在水蚀和风蚀面积中有 26 万 km^2 的水土流失面积为水蚀、风蚀交错区，占水土流失总面积的 7%。另外，还有冻蚀面积 127 万 km^2，占国土面积 13.36%；水蚀、风蚀、冻蚀 3 项面积之和为 482.53 万 km^2，超过国土面积 50%，全国水土流失总面积及各类侵蚀情况见图 2-1-1（该图由原国家环境保护总局陈瑛、张越制作）。

水土流失具有以下几个特点：一是分布范围广、面积大。不论山区、丘陵区、风沙区还是农村、城市、沿海地区，都存在不同程度的水土流失问题。二是侵蚀形式多样，类型复杂。水力侵蚀、风力侵蚀、冻融侵蚀及滑坡、泥石流等重力侵蚀特点各异，相互交错，成因复杂。三是土壤流失严重。我国每年流失的土壤总量达 50 亿 t，占世界水土流失总量

(600 亿 t)8.4%；每年入海泥沙达 80 亿 t，占世界总量的 10%。其中，长江流域年土壤流失总量就达 24 亿 t，占全国年土壤流失总量的 48%。

2009 年 1 月 29 日新华社电文称：日前由水利部、中国科学院和中国工程院历时 3 年联合形成的“中国水土流失与生态安全综合科学考察”报告显示，目前我国水土流失面积达 357 万 km^2，部分开发建设项目尤其是农林开发项目急功近利，水土流失触目惊心。

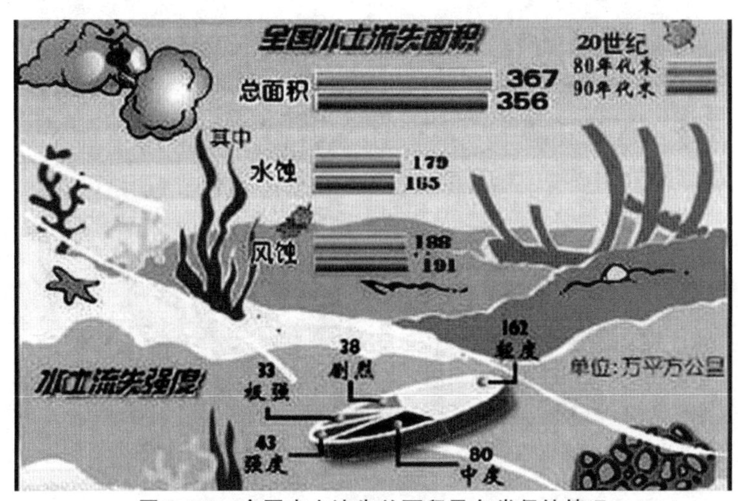

图 2-1-1　全国水土流失总面积及各类侵蚀情况

科考专家、中科院院士孙鸿烈指出，在所有开发建设项目中，农林开发项目、公路铁路项目、城镇建设工程引起的水土流失最为严重，占总面积的 78.2%，其中农林开发造成的水土流失量达 25.2 亿 t，占到 37%，居各种开发建设项目扰动地表面积之首，占全国每年新增人为水土流失总量的 26.6%。

2010 年 7 月 23 日，人民网记者高云才采访了作为中国水土流失与生态安全综合科学考察活动专家的著名林学家、中国工程院院士沈国舫。沈国舫表示，经过遥感观测，考察加以现场具体落实的新增水土流失总面积 161 万 km^2。从数字及总的态势看，50 多年来的水土保持工作有一定成效。新增的水土流失(未计算风蚀和冻蚀)总面积中，轻度、中度、强烈、极强烈和剧烈侵蚀面积分别为 82.95 万 km^2、52.77 万 km^2、17 万 km^2.20 万 km^2、5.94 万 km^2 和 2.35 万 km^2，分别占 51.4%、32.7%、10.7%、3.7%和 1.5%。表明当前水土流失面积仍然巨大。如果与 20 世纪 80 年代破坏严重期比较(总流失面积是 179.4 万 km^2，现在为 161 万 km^2；剧烈的侵蚀面积分别是 4.12 万 km^2、2.35 万 km^2；极强烈的面积分别是 9.14 万 km^2、5.94 万 km^2；强烈面积分别是 24.46 万 km^2 和 17.2 万 km^2)，新增水土流失面积有一定幅度下降，说明水土流失治理工作虽然成效显著，但趋势十分严峻。

2.1.2　水土流失成因

如果说水土流失是自然因素和人为因素共同作用的结果，而自然因素又主要包括地形、地貌、气候、土壤、植被等环境因素等，这些自然因素必须同时处于水土保持的不利状态，即陡坡、暴雨、土松、无植被以及地质灾害（如汶川大地震山体塌方造成大范围水土流失情形见图 2-1-2）；那么，造成当下水土流失严重局面更多的是人为原因，如工程建设、乱砍滥伐，人们普遍缺乏环境和生态保护意识等。

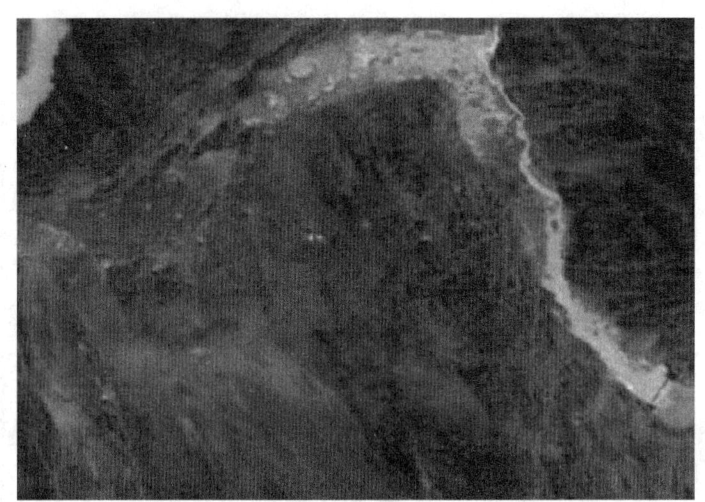

图 2-1-2 汶川大地震山体塌方造成水土流失情形

自然因素中，我国产生水土流失的地形地貌主要有三种：

(1)一是坡耕地。据调查，坡耕地每公顷每年流失土壤为：西北黄土高原区 75～150t，北方土石山区和南方丘陵区 60～90t，东北黑土漫岗区 45～75t。

(2)二是荒山荒坡。大片的荒山、荒坡裸露，坡陡植被很差，特别是草皮一旦遭到破坏，侵蚀量将成倍增加。

(3)三是沟壑。有沟头前进、沟底下切和沟岸扩张三种形式。

人为因素中，主要是人类对自然资源的掠夺性开发利用，如乱砍滥伐、毁林开荒、顺坡耕作，草原超载过牧，以及修路、开矿、采石、建电站，随意倾倒废土、弃石、矿渣等不合理的人类活动。这些不合理的人类活动可以使地形、降雨、土壤（地面组成物质）、植被等自然因素同时处于不利状态，从而产生或加剧水土流失。也就是说，资源的有限性与人类需求的无限性产生巨大矛盾，导致经济无度增长，社会盲目发展，人们不顾子孙后代生存空间而掠夺式竞争和开发。

西方工业革命以来，大机器的使用和交通、能源工程的建设，极大地推动了人类社会的文明进步和经济社会的现代化，深刻改变了世界近 300 年来人们的生存、生产、生活方式。二次世界大战的结束，尤其是冷战结束后，世界上大多数国家都加快了经济建设步伐。经济的一体化与全球化，一方面带来物质的繁荣、享乐；另一方面，消费攀比、无度增长却加剧了资源的大量消耗，使人类共同面临资源日益枯竭的压力和生态环境持续恶化的后果。新中国成立后的前 30 年里，由于冷战的时代背景，西方的经济封锁和政治斗争的需要，我国经济增长十分缓慢，1952 年 GDP 为 679 亿元人民币，1952—1978 年，GDP 年平均增速 6.1%。改革开放以来，在解放思想、发展生产力的方针指引下，国民经济增长迅速，国人物质与精神文化生活及衣、食、住、行条件获得极大地改善，GDP 连续 29 年平均增幅超过 9.5%，2006 年 GDP 超过 21 万亿元，2012 年 GDP 超过 51 万亿元。不考虑价格因素，63 年的时间经济总量增长超 700 倍，这一切正是依赖资源的大量消耗。

2.1.3　过度增长与资源过耗的危害

经济增长，受资源、环境、技术水平、资本、人力素质、体制等诸多方面的制约。近 30 年来，高速增长、盲目发展，已造成我国森林锐减、土地沙化、环境恶化、生态退化、大范围干旱缺水、灾害频发、怪病流行、行为变异、消费畸形；经济安全、生态安全、能源安全、粮食安全、食品安全等问题的逐渐显现，使得我们不得不回归理性，重新检视“发展是硬道理”的路径选择，深刻和重新认识与把握科学发展观的精神实质，制定科学发展规划，着力转变经济增长方式。

纵观世界及我国 60 多年的发展，实践证明除北欧国家外都严重悖逆了可持续发展的原则。我国是人口大国，人均资源十分匮乏。1980 年到 2000 年，20 年 GDP 翻了两番；2000 年到 2010 年，10 年时间再超一番。2012 年，GDP 已经赶上日本，基本上逼近美国。我国经济“神速”增长，主要是依赖投资和出口，也就是靠“高投入、高消耗、高污染”和出卖廉价的资源、劳动力换来的。随着资源日益枯竭、环境恶化、社会矛盾累积和加剧、资源采供与环境治理导致的成本上升，快速增长的优势不再具有，长此发展不可持续。高处不胜寒！“三高”拉动的经济，使我国成为世界第一能源消费和温室气体排放大国，高增长势必要求更多地资源形成发展条件。反过来，能源生产和消费引起的环境等问题又制约这种发展。

以我国国情、民情，为满足极少数人近乎“疯狂”的高消费，我们在全球找油买气和寻求化石能源的输供合作，以及大规模的开发资源、建设项目，不论从国际政治、经济还是国内发展成本和环境代价诸多方面，对我国经济安全、生态安全以及社会稳定都构成巨大威胁。近 14 亿的人口，土地、淡水、森林植被早已亮起了“红灯”，消费上是否要“比、学、赶、超”发达的美国或其他西方国家，值得商榷。譬如，我们的城市（镇）化，只知道盲目扩张占地，地下管网等基础设施等缺乏长远考虑，降点雨都要启动“应急预案”排渍，教训多多。可怜的“后人”，不知道要花多少精力、财力来治理污染，解决我们这些“先人留下的难题”。

鱼和熊掌不可兼得，又快又好难成现实！盲目发展没有道理，科学发展才可持续。科学发展、和谐发展，说到底就是理性发展，充分利用可再生资源、能源；适度增长，即要求我们明白增长“目的与过程”的关系，清醒认识自己的劣势，摸清“家底”，把 GDP 的虚火降下来，“老老实实”制定长期规划（100 年或更长），减少盲目投资和重复建设，这样才能减少或控制水土流失。

适度增长，就是 GDP 年平均增速不能再按 9%～11%增长，环境容量承受不起！资源能源难以为继！扩大的就业与“吊”上的高消费胃口很难降减，我们不能保证增长的前途始终“光明”，为什么要将巨大的风险和“烂摊子”留给后人？时下，GDP 的绝对值已经很大了，个体智能体能及观念差异、地区差异、资源差异的存在，做大“蛋糕”的思路，不可能实现共同富裕，也不是城乡、区域协调发展的良策和出路，恐怕最终结果还是亲民领导不愿意看到的(马太效应)“富的越富、穷的越穷”。经济学认为,规模达到一定值,再增加投入的边际收益递减!诚然,笔者并不能给出非常合适的GDP增幅,只要绝大多数国民都能体会到文明、健康、公平、正义、自由、快乐、舒适,就是增长和发展的目的,哪怕GDP增幅是零!多少年来,西方发达国家的GDP增幅都维持在1%～3%之间,北欧国家的发展模式可资借鉴。

2.2 水土流失的危害及影响

水土流失对生态环境,对严重流失区人们的生产、生活和经济发展、社会稳定都会造成极大的危害,甚至影响到人类生存根本的河流、湖泊、海洋的存在、健康与休养生息。水土流失的危害及影响主要有直接危害、间接危害、引发灾害和导致资源、效益锐减。

沈国舫院士说,水土流失是水力、重力和风力等外营力引起的水、土资源和土地生产力的破坏和损失。风的外营力主要引起荒漠化、沙化的问题,有另外的特殊性。这次考察以水的外营力为主。风力和水力外营力中间有个一个交叉地带,风力和水力的外营力同时作用,也在我们的考察范围之内。重点是水,水引起的冲刷是我国生态的心腹大患。历史上,黄河多次改道因为水土流失太严重,过去每年产生16亿t的水土流失量。1949年以来,我们一直在努力做如何减少水土流失引起的损失。近几年投入越来越多,效果显著,不过问题还是很严重。东北黑土的逐渐流失,肥力减少,对粮食安全是很大的威胁。南方不合理的经营,红壤裸露,西南石漠化地区不合理的土地经营,植被破坏,造成水土流失。通过考察,找到因地制宜的治理模式,针对不同地点,找出不同治理方法。

2.2.1 直接危害

由于人为不当生产、生活及建设活动,造成我国大面积的植被破坏和水土流失。主要是:

(1)盲目开发荒山、荒坡,开垦陡坡,顺坡耕作;

(2)乱砍滥伐对木材过度消费;

(3)一些开发建设项目的法人单位和施工承包经营责任人,为了眼前利益或为降低工程建设成本,在施工过程中无视水土保持等相关法律法规,有意、恶意违反水土保持的强制性规定,随意取土弃渣、破坏地貌植被;

(4)一些违法谋生的经营个体也任意采石、挖砂、取土等。

科学考察还发现,黄河、长江流域,特别是黄河流域部分地区和南方一些山区,荒山、荒坡开发力度很大,大规模营造经济林的同时,没有采取相应的水土保持措施,造成了严重的水土流失。有些承包户在经济林抚育管理时,把林下的灌草与枯枝落叶统统清除干净,使土壤裸露,造成水土流失远超过一般荒草地。许多新开垦的坡地,不仅远远超过了严禁开垦的25°限制,而且有的山顶还剃了“光头”,导致种植脐橙的坡地上出现一条条黄色的水土流失径流带。

水土流失的直接危害:严重破坏土地资源和地面完整,使土地退化、沙化、荒漠化。流失过程表现为外营力对土壤及其母质的分散、剥离以及搬运和沉积等方面。由于雨滴击溅、雨水冲刷土壤，以及随意开挖，把坡面切割得支离破碎，沟壑纵横，使细土变少，沙砾变多，土壤沙化，肥力降低，质地变粗，土层变薄，土壤面积减少，裸岩面积增加，土地日益瘠薄，造成耕地面积减少，土地地力下降，生产条件恶化，人地矛盾突出，致使农业生产陷入“越穷越垦、越垦越穷”的恶性循环，加剧了贫穷与水土流失矛盾。仅以农业来讲，半个世纪以来我国因水土流失毁掉的耕地约 300 万 hm^2，平均每年 6 万 hm^2 以上，每年流失土壤 50 多亿 t，因水土流失造成耕地退化、土壤沙化、碱化草地 100 多万 km^2，占我国草原总面积的 50%以上。进入 20 世纪 90 年代后，沙化土地每年扩展或新增面积 2 500 km^2。目前，在我国 600 多个贫困县中，山区占 496 个，全国 90%以上的农村贫困人口生活在水土流失严重地区。水土流失，使人类生态环境、生存环境恶化，环境容量降低(即土壤承载的人口数量降低)。

2.2.2　间接危害

严重的水土流失间接危害：使生态系统遭受破坏，造成地球生态环境恶化，动植物之间形成的食物链和依赖关系改变，生物多样性减少，生态功能逐渐衰退。目前，我国常见的植物种类有 289 种濒临灭绝，动物种类有近 10 种基本绝迹，20 种处于濒危状态，个别已数量极少、濒临绝迹。与此害同时，水土流失也对区域气候造成不良影响，使人类以及动植物行为变异，可利用土地急剧减退，经济活动成本上升，生态经济、旅游功能与作用降低，社会生产总值减少。水土流失已深度动摇或影响经济社会可持续发展。据新京报(郭铁流作者)2013 年 10 月 20 日关于“甘肃永泰古城因生态恶化人口锐减变枯城”的报道：在西北的甘肃、宁夏、青海等地，历史上大量的迁入人口，屯垦戍边，以及人们形成的“薄养厚葬”、肆意砍伐森林消费木材的传统恶习，造成极为严重的水土流失。像永泰古城这样因为水土流失、生态日益恶化而遭到废弃的村庄难计其数，膨胀的人口只能被迫离开祖祖辈辈生活了上百年甚至上千年的古村，另寻有水有耕地的陌生环境谋生(水土流失、生态恶化情景见图 2-2-1 和图 2-2-2)。

图 2-2-1　甘肃古浪县直滩乡大岭村已成废墟

图 2-2-2　甘肃景泰县寺滩乡永泰古城荒芜

2.2.3　引发灾害

自然灾害中包括洪涝、干旱、飓风、冰雹、暴雪、沙尘暴等气象灾害；火山、地震，山体崩塌、滑坡、泥石流等地质灾害；风暴潮、海啸等海洋灾害和森林病虫害、草原火灾与重大生物灭绝等灾害，都与水土流失有一定关系。严重的水土流失，使暴雨、大风、沙尘暴、洪水、高温干旱等极端突发灾害天气事件增多，旱涝交替出现，山洪、滑坡、泥石流等灾害频发，直接危及人居环境和人民群众生命财产安全。如 2010 年 8 月 7 日发生在甘肃舟曲的特大泥石流和发生在云南贡山的泥石流，将大部分县城淹埋，并造成大量的水土流失，其情形见图 2-2-3。不仅如此，在黄土高原和山丘沟壑区，由于植被较差，表层土壤裸露，受水力的侵蚀作用，一方面地表径流携带大量泥沙和固体废弃物，沿程淤积至水库与河道中，使河床抬高、河道萎缩、行洪能力下降；因洪水宣泄不畅，同流量水位升高，往往出现小流量、高水位，小水变大灾等情况；严重时，易造成漫坝、垮(溃)坝等事故，直接威胁江河下游两岸广大地区人民生命财产的安全。另一方面，水土流失造成的泥沙淤积，削弱了水库的调蓄能力，影响水库资源的综合开发和有效利用，缩短水库的使用寿命。

图 2-2-3　舟曲泥石流造成大量水土流失情形

2.2.4　资源利用效益锐减

严重的水土流失，使土地、土壤、耕地、旅游景观等资源可开发利用量减少，水资源、水能资源、与水有关的水产养殖、水上旅游等资源质量降低，水环境经济效益下降。

由于高山、山丘区地表植被容易遭到水蚀、风蚀等严重破坏，水土流失又使得土壤表层涵水能力降低、土壤涵蓄水量减少。在缺乏拦蓄降雨和保证径流的蓄水保水措施情况下，使得发生较大降雨时地表径流陡然增大、流速加快、土壤入渗量减少，反过来加剧水土流失，同时地下水得不到及时补给，水位下降，导致干旱频繁发生。无论平原、山区，大部分降雨以地表径流方式汇集河湖，或成为山洪流入江河湖海。暴雨时山洪暴发，造成洪涝灾害，暴雨过后又出现河流干枯、水库露底、湿地干涸、土壤干旱、人畜吃水困难。流失的土壤以泥沙形式进入水体，使水体中含沙量增加，水的浊度加大，其中还可能含有大量的有机质及残存的农药、肥料等物质随土壤一起进入水体，使水体的面源污染加大；水土流失越严重，进入水体的污染物就越多，水污染越严重，稀释自净能力越差，直至水环境容量降低，水资源、水产资源、林业资源、土地资源、旅游资源等经济开发成本上升、价值降低，资源利用和综合效益锐减。

2.3　防治水土流失的作用

水是生命之源，土是立足之本，水土是人类赖以生存和发展的基本条件，是不可替代的基础资源。防止和减少水土流失对于涵养水源、保持水土、调节径流、防洪减灾、治理江河、避减干旱、改善生态和人居环境，以及在开发利用和合理配置水、土资源，维护生态平衡、河流健康，促进国民经济与社会可持续发展等方面都具有十分重要的作用。良好的水土保持将产生下列巨大作用：

(1)是农、林、渔、水系、水产、土地、旅游等资源及产业健康持续发展的根本；

(2)是抗旱、防洪保安的重要屏障；是维系全民族、全人类生态安全的重要条件；

(3)是保证人居环境美观、幸福的重要基石；

(4)是保障湿地、维护清洁水(资)源及河流生存的根本举措；

(5)是实现城市化、城镇化合理发展所需土地的必要来源；

(6)是促进人与自然和谐共存的必由之路。

2.3.1　涵养水源避减旱灾

2.3.1.1　我国水资源与洪涝干旱

当今世界存有三大水问题：

(1)干旱与缺水；

(2)洪水；

(3)水污染。

不少学者将水问题分为四类，即在上述三大问题之后增加了水土流失。实际上，水土流失与洪水、干旱密切相关，或者说是因水土流失加剧了洪水和干旱，也或多或少因水土流失造成(加重)水污染。因此，在本章节研究中，水土流失不再作为单独水问题。近几年，水土流失造成以云南为代表的西南地区大范围持续干旱，损失十分严重(其干旱情势见图 2-3-1、图 2-3-2、图 2-3-3 和图 2-3-4，图片取至百度、腾讯、新华网等新闻网站)。

我国地处亚洲东部及太平洋西岸，地势总体东低西高；南面临海、北接欧亚大陆，季风气候显著、四季分明。受太平洋副热带高压影响，东、南部夏季炎热多雨，地表降水丰沛；西、北部受西伯利亚和蒙古高压控制，全年大部分时间风多干燥、降雨稀少。据水文计算，全国年均降雨、雪约 649mm，折合水量 61 889 亿 m^3，扣除蒸发和高山冰盖不能利用，年均形成可再生淡水资源 28 405 亿 m^3。其中河川径流量 27 328 亿 m^3，地下水资源量 8 226 亿 m^3。

从全球水资源分布情况看，我国淡水资源虽总量丰富，位列世界第 6 位，但人口众多，人均水资源占有不足 2 100m^3，排名于世界第 113 位。由于地形、地貌、气候条件等影响因素，我国淡水资源时空和时程分布极不均衡，年内、年际间来水丰枯变化和人为因素（盲目开垦和城市化）导致的水环境恶化，致使一方面北方地区长期干旱缺水，另一方面南方大江大河交替发生洪涝灾害。随着温室效应造成的全球气候变暖，“厄尔尼诺”、“拉尼娜”现象频发，加剧了降水的这种不均衡，导致灾难频发。

通常，水资源丰沛的国家，也是洪涝灾害多发的国家。我国有长江、黄河、淮河、海河、珠江、辽河、松花江等七大流域，还有雅鲁藏布江、澜沧江和怒江等多条国际河流。以其宏观水势分析，北方干旱少雨，必然形致南方降雨相对增多，发生洪水的概率增大。水文资料表明，近百年来南方各流域经常或交替发生洪水。长江流域，平均 8～10 年发生一次大洪水、30～40 年出现一次特大洪水；如 20 世纪就发生 3 次（1931 年、1954 年、1998 年）特大洪水，而且无论洪水的时间、密度还是汇流总量都较 19 世纪前明显增大。也就是说，正是人类不当活动加剧了洪水和缺水。史料记载，七大江河流域及东南沿海都是洪水的多发区；300 年来，七大流域曾发生数以千计的大洪水，尤其是黄河中下游洪水已导致其多次重大改道。与洪水形成共轭矛盾的是缺水，缺水的原因一方面是干旱，另一方面是水污染，根本原因是水资源利用不当和水土流失导致的干旱少雨。

图 2-3-1　云南部分地区持续干旱

图 2-3-2　云南一些湖泊彻底干枯

中华人民共和国成立时，我国人口约 5 亿，60 年人口净增 9 亿多，年平均净增加1 500多万。由于制度缺陷及人口政策的失误，以及长期盲目性、无序性、破坏性和掠夺性经济活动和社会行为的作用，使有限的资源与日俱减，自然生态不堪重负。1949 年前，全国淡水资源总耗量不足 1 000 亿 m^3；进入 21 世纪，全国耗水总量已超 6 000 亿 m^3。改革开放后，经济进入快速发展阶段，特别是工业化推进和城市盲目扩张，以及大范围污染和工农业生产浪费严重，使干旱与淡水资源短缺的矛盾日益突出。除 2013 年北方降水偏多外，很多地区终年缺水。不仅如此，位于长江流域的南方（云南、贵州、川）地区，甚至雨量丰沛的湖南、湖北、江西也频发季节性干旱缺水，局部干旱还非常严重。

据统计，我国常年干旱缺水总量达 700 亿 m^3，其中农村缺水超过 400 亿 m^3、城市缺水约 300 亿 m^3。为了维持生存和发展，缺水区不得不过度开发地表水和超采地下水。20 世纪末，仅河北全省累计超采地下水达 800 亿 m^3、海河南水系平原累计超采 600 多亿 m^3。不仅如此，北方大部分缺水区域明显出现河道干枯、湿地消失、土壤疏干、地面下沉、海水入侵、沙暴肆虐。淡水水资源短缺，已危及一些地区经济发展和部分地区建筑物安全以及社会的政治稳定大局。

图 2-3-3　广西桂林漓江持续干旱

图 2-3-4　重庆长江江水频现历史最低水位

2.3.1.2　**洪涝灾害及旱灾损失**

按降水分布，全年约 50% 的雨量集中在夏季，超 70% 的降雨量（来水）集中在 5—9 月。水资源中，总量 81% 的降水又集中在长江以南各流域，我国多年平均降水量分布见图 2-3-5（来源：国家气象局图片），灾害危险性评价区域和生态脆弱与退化区域见图 2-3-6，而此时大量的水资源却被当作“洪水猛兽”无情排弃。次年初春，有些人又以防洪准备的名义匆忙地“腾空库容”，洪水由短时间暴雨形成，调蓄、引排不当可能形成洪涝灾害。一旦洪水致灾，人民生命财产就将遭受损失。

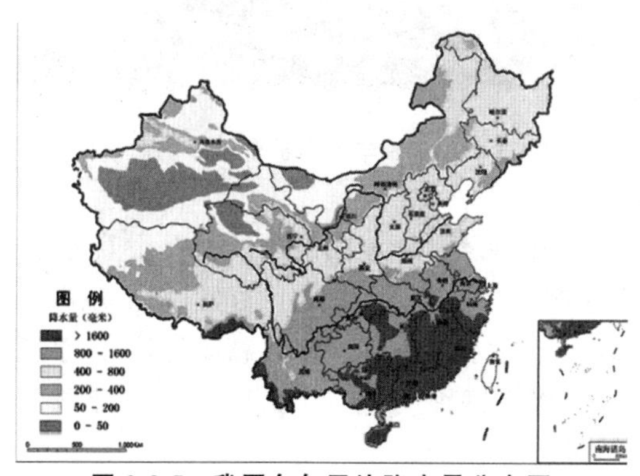

图 2-3-5　我国多年平均降水量分布图

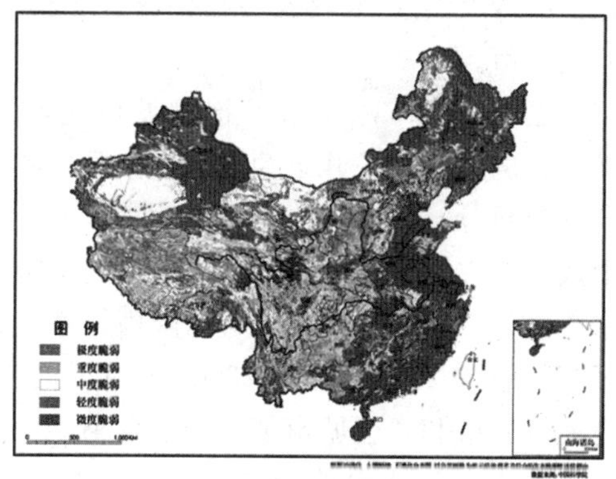

图 2-3-6　我国灾害危险性评价区域图

1949 年前，由于物资匮乏、防洪设施少，人们抵御洪水的能力较弱，每次大洪水都造成人民生命及财产重大损失。如:黄河 1843 年的特大洪水,长江和淮河 1931 年的特大洪水,海河 1939 年的大洪水,珠江 1915 年的洪水和松花江 1932 年的洪水,死亡人口达数十万以上,经济损失十分惨重。建国初期,党和政府重视防洪和抗灾投入,修建了一批水库,加高了大江大河堤防,但黄河 1958 年的大洪水、长江 1954 年的特大洪水、松花江 1957 年、海河 1963 年、淮河 1975 年的大洪水,损失亦相当惨重(洪涝灾害及损失见图 2-3-7、图 2-3-8 和图 2-3-9)。图 2-3-7 为 1935 年长江发生大洪水时的武汉汉口主街区;图 2-3-8 为 1939 年天津大水时灾民逃生于屋顶求救;图 2-3-9 为 1975 年河南板桥水库暴雨导致溃坝,公布资料有 26 000 人死亡(以上图片取至凯迪论坛和新华网站)。

图 2-3-7　为 1935 年长江洪水武汉街头

图 2-3-8　1939 年天津大水灾民争相求生

改革开放后,国家经济实力迅速提高,各流域及大江大河都建设了一批以防洪为主目标的大型水利枢纽工程,防洪抗灾能力明显增强。20 世纪 90 年代,南方各流域仍交替发生洪水,洪涝灾害损失高达 10 000 亿元(年均 1 000 亿元),特别是 1998 年长江、嫩江和松花江的特大洪水,直接经济损失超过 2 500 亿元人民币。

图 2-3-9　1975 年河南板桥水库暴雨溃坝

近 10 年来,由于盲目推进城市化,城市扩张及房地产开发几近疯狂,大量征占农田、湖泊湿地,城市建筑新老管网不匹配,强降雨形成的涝灾损失也非常严重。北京是中华人民共和国首都,每年城市建设投资几千亿,排水能力却只能满足一年一遇的降雨。连续数个小时的中等雨量,就能让百姓“楼上观海”。图 2-3-10 为 2011 年 6 月 23 日,北京暴雨造成较大范围水涝灾害。不可思议的是,几乎所有省级城市和省会城市都在穷追猛赶、如法炮制“楼上观海”。图 2-3-11 为 2009 年 3 月 29 日广州暴雨水漫羊城的情景(图片来源:新华网)。

当我们的人民在为经常性的洪涝灾害造成的损失“买单”之后,人民又纳税投入巨量财力修建水库等防洪设施。几十年来,水利投资逐年增加,一年投入数千亿,但全社会洪涝灾害损失却未见明显减少。

图 2-3-10 2011 年北京暴雨观海

图 2-3-11 2009 年水漫羊城

除洪涝灾害造成直接、间接经济损失和每年投入的防汛物资、人力、财力外，1949—1999 年间，全国已建成数十座大型水利枢纽和 8 万 6000 多座（截止到 2012 年，水库总数已达到 90 000 座）大中小型水库，总库容超过 5 000 亿 m^3，仅黄河流域建设各类（大、中、小）水库和水利枢纽 3 000 多座，总库容约 900 亿 m^3，相当于黄河多年平均年径流总量的 1.6 倍，防洪累计投入达数千亿元人民币。另外，还建有数万千米的堤防和蓄滞洪区。

就在缺水地区为治理洪灾水患取得的成果欢欣鼓舞之时，多年来这些地方基本上无水可蓄。从 20 世纪 80 年代中后期测算，华北、黄淮等北方地区因严重缺水致每年工农业产值损失达 2 000 多亿元，全国因干旱造成直接经济损失达 5 000 多亿元。以可持续发展的价值判断，干旱、缺水造成的工农业生产、民众生活以及持续性生态恶化和由其产生的深远影响远远甚过洪涝灾害！自 20 世纪 90 年代开始，黄河下游多年出现断流，1997 年全年持续断流竟达 226d，整个北方地区淡水资源已表现为水质型和资源型双重短缺。小浪底水利枢纽建成后，以所谓“调水调沙”稍缓断流情况，但黄河流域的缺水没有得到根本改变。

推进城市化，人民还没来得及享受繁华街道、高楼大厦的兴奋和视觉冲击，缺水、断电接踵而至。全国 668 座大中城市中，400 多座城市缺水，约 110 座城市严重缺水。加上工业污染、水质恶化，许多即使是沿江靠湖的城市也面临无水可用。干旱使水源枯竭、环境干化、生态全面退化，土地荒漠化，这些都逐渐成为我国社会发展的显性危机和制约经济增长的瓶颈。缺水、与水争地、水环境污染等相互作用，即将形成我国经济不可持续和社会政治失稳的重大问题。

据南京大学气候与全球变化研究院院长、中科院院士符淙斌先生的统计，20 世纪是近 1000 年来最温暖的世纪，尤其是最近的 50 年间，全球增暖的速度是过去 100 年的两倍。那么，主要原因是人类活动使降雨、降雪大规模减少（干旱）所致。而且，干旱每年造成直接经济损失达数千亿元。国际上，许多专业研究机构以及联合国相关组织也将干旱定义为损失金钱最多的自然灾害。

2.3.1.3 科学蓄洪济旱

地球上淡水资源总量基本是一个稳定值。也就是说，在一个恒长时间序列里总蒸发量应基本等于总降水量，蒸发和降水的自然循环过程即为淡水资源的形成过程。倘若总蒸发量不等于总降水量，那么，将可能出现一个情形：要么是海洋面积不断增大，或者是陆地面积不断增大。事实证明，陆地和海洋面积没有因自然的降水与蒸发而发生大的改变，即使有变化也极其微量和缓慢。由于地貌、地势和气候变化，降雨即淡水资源的形成自然分布不均，这种失衡本身并非导致淡水资源的社会性稀缺，而是人类在试图征服大自然活动中，掠夺性地“利用”、无节制地扩张、穷凶极恶地“开发”造成的。

水是生命之源，也是文明之源，更是一切物种赖以生存和人类社会发展不可或缺的条件。在全球现代化进程中，水已成为可持续发展最宝贵、最重要的资源。当今，人水关系是人与自然关系的核心，它反映了人与社会、人与人、人与其他生物种群相互依存的关系。但在全民浮躁、增长与消费癫狂的时下，需要回归理性、重新认识和正确定位人水关系以及生存与发展的关系，深刻领悟人水和谐、人与自然和谐是社会和谐的必要条件这一本质，对于构建真正的和谐社会、平安社会非常重要。

对于水的认识，从满足动物般基本需求的必要性、重要性考量，人类尚能达成共识；但对于水利与水害的转化以及水患的两个极端——洪灾和干旱，人们在不同利益驱使下缺乏统一及正确的认识。在信息泛滥和媒体“喇叭效应”的鼓噪下，有些官员及职能部门出于自身利益需要，仍然视“洪水为猛兽、洪水成灾为诸害之首、洪水的威胁为全民族心腹之患”。那令人大惑不解的是，干旱使淡水资源严重奇缺、缺水导致生态恶化和经济重大损失；发生洪水时又举国上下空前紧张，巨大的防洪与抗灾投入又从未停止，为什么我们不能改变思路，寻找解决水患和缺水即干旱的出路？在大江大河及生产、生活集中区域建设若干个单联或能以管、渠相互调节的水库群，使人们充分地变害为利，换句话说，就是科学调蓄洪水，综合多功能开发水资源，把季节性富裕的雨水或超额洪水调配到干旱、缺水地区，统筹解决洪水灾害和干旱缺水的燃眉之急，减少淡水资源的流失和浪费。

进入 21 世纪，国家实施西部大开发战略，水能资源相对丰富的西南诸省拟建、在建的大型水电站或水利枢纽有 200 多座。嘉陵江多级、金沙江(上中下游)21 级、雅砻江 21 级、大渡河三库 22 级、乌江等能够参与防洪的可调节库容超过 600 亿 m^3。2010 年，世界最大的防洪工程——三峡水利枢纽投入运行，总库容(高程 185m)达 450 亿 m^3，可以装 278 亿 m^3 的洪水。也就是说，长江上游干、支流水库全部运行后可以消纳约 1 000 亿 m^3 的洪水。1954 年和 1998 年，长江两次世纪大洪水的总洪量都在 1 300 亿～1 500 亿 m^3，溃堤分流洪水分别为 400 多亿 m^3 和 100 亿 m^3，“1998 年大洪水”直到最后一刻也未启用荆江分洪工程，即便启用也只能分流 50 亿 m^3。从以上数据不难得出结论：只要科学调配水利枢纽和水电站库容，多蓄水、早蓄水，联合运行调度，防洪和抗旱问题可迎刃而解。

那么，解决洪水和干旱缺水问题，都必须先着手解决水土保持这个生态前提。其后，还应实现以下三大举措：

(1)科学蓄洪。作者多年前就撰文呼吁“洪水资源化”，首先提出科学蓄洪思路的关键，就是“少弃水、早蓄水”。因为，西南诸河中上游数百个大型水利枢纽和大库容水电站，枯水期同时蓄水则无水可蓄！还会影响各电站的正常发电(中国年降雨量即水资源区域分布见图 2-3-12)。几年前，三峡水利枢纽“175m”开始蓄水时，被洪水和所谓环保弄昏头脑的官员决策于当年 10 月 8 日再蓄水，结果无水可蓄。如若坚持蓄水，下游航运无法承受。2013 年，经过“金钱换原则的交易”，试验性蓄水提前到 9 月 10 日，效益大增；如果上游电站均建成并同时段（枯期）运行蓄水，三峡水库仍然无水可蓄！

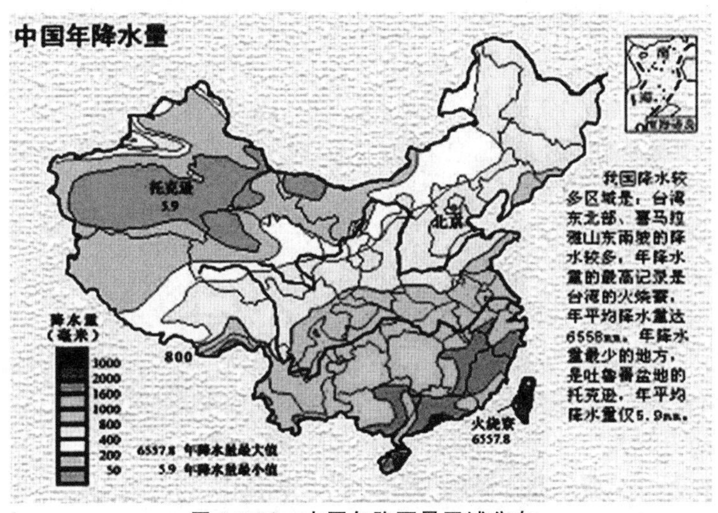

图 2-3-12　中国年降雨量区域分布

“少弃水、早蓄水”，并不是越早越好或不弃水，而是根据中长期天气、水情预报，实时掌握来水情况，先下后上、依次开始蓄水，尽可能减少洪水期泄洪弃水。由于气象卫星云图分析和水库水文测报系统较为先进、准确，现代高科技防洪预警系统可及时发挥作用。因此，大型水利枢纽和梯级水电站的运行调度系统思路应该根本性转变，不能再按部门、行业和功能各自单独运行调度。这方面的思路，作者除论文建议外，多年前就专题向国务院三峡工程建设委员会领导和有关专家提出。据相关信息，水利部北京水科院王浩院士、华中科技大学张勇传院士等专家学者分别牵头研究类似课题。除长江流域的汉江上游和嘉陵江等西南河流在每年 9 月中可能发生较大降水外，8 月底后大江大河很少出现大的来水，那么，电站群或系统性蓄水更应该提前。

（2）综合利用。其就是在工程建设决策阶段采取多目标开发、多功能设计，充分考虑发电、生态、调水、防洪、航运等综合效益和作用，尽可能控制或避免单一目标的开发建设。众所周知，20 世纪是争夺土地和为控制石油而战的世纪；21 世纪则将是争夺淡水资源和控制太空及核心技术的世纪。如果说，21 世纪发生大的地区冲突或战争的话，那么很大程度上是因争夺水资源包括海洋资源而引起。人类加快开发太空的步伐，主要目的也是寻找适合人类生存的其他星球环境。

综合利用水资源，应该在满足包括农业生产在内的基本生活需求前提下首选开发利用水能资源。因为没有任何别的能源可以取代水从自然高处向低处流动形成方便、清洁、可再生的能源。水能资源利用得当，调水解旱、防洪、航运、旅游问题都可解决。能源是经济和社会发展最为重要的物质条件。西方工业革命以来，煤炭、石油、天然气等化石能源广泛使用，极大地推动了人类社会的文明进步和经济社会的现代化，深刻改变了世界 300 多年来人们的生产、生活方式。二次世界大战结束，尤其是冷战结束后，世界上大多数国家都加快了经济建设步伐。经济一体化与全球化，一方面带来物质的繁荣，另一方面却导致能源资源的大量消耗，使人类共同面临化石能源枯竭的压力和生态环境恶化的后果。

石油仍旧是当今世界主要的能源资源。2012 年，我国的石油消耗总量约 5 亿 t，石油对外依存度近 60%。两伊战争、美国发动的海湾战争，中日东海和钓鱼岛之争，无不是因为国土、石油和海洋等资源之争。我国是世界第二大能源消费国，煤炭的消耗超过能耗总量的 70%。2006 年，原煤生产总量约 23.8 亿 t，2012 年已达 37 亿 t。天然气不争气，城市需求巨大，主要靠从俄罗斯联邦诸国进口。能源是经济发展的原动力，更是现代文明的物质基础。而安全、可靠的能源供应和高效、清洁的能源利用，是实现社会经济持续发展的基本保证。所谓"能源安全"，不仅涉及能源的资源占有、生产、储运、供给的安全，以及能源成本决定国民经济是否平稳与健康发展的安全，更涉及各国对全球能源资源的争夺以及由此引起的贸易安全、地区政治安全，甚至国家安全。

水电是以水体的动能、势能和压力能，通过机械转化为电能的能量资源。我国地势西高东低，水流落差较大，水能资源十分丰富。根据探查成果，我国水能资源理论蕴藏量约 7 亿 kW，技术可开发量为 5.7 亿 kW，科学调度年发电量约 3 亿kW·h。石油、煤炭等化石能源，采一吨少一吨，资源日益枯竭，燃烧中排放大量烟尘、二氧化硫、氮氧化物、温室气体；利用成本越来越高，污染越来越重。现在全球变暖、气候异常、局部持续干旱或洪水，无不与此相关！

(3)调洪济旱。首先要把洪水视为资源，利用水利枢纽和梯级电站群可调节库容，充分调蓄，在大型水库下游的干旱区域修建既满足水资源需要，又与江河以管、闸联通的湖、塘、库、堰；在枯水期到来之前，将其盛满，不能随意弃水。实现此目标，一个重要条件是水利系统官员应转变工作思路，水利枢纽和水电站水库的运行调度职能应该统一、协调，优先选择发电、生态、干旱缺水的调度目标，用足、用尽夏季洪水或天上来水。

我国的水利(防洪、抗旱)投入累计数额巨大，为什么有些地方作用发挥欠缺？其重要原因之一是一些部门利益成为决策的主要考虑，水利工程和防汛抗旱的水利设施产权关系不清，水资源收益和洪水、干旱受害方与其产权很少发生关系，以至于水利设施重修建、轻管护，年年投入年年修，洪旱来临不管用。水利部门借助媒体作用，夸大洪水和干旱的程度，以其争投资、争补偿、上项目。

调洪济旱，还有一个重要问题就是授设一个权威机构，协调中央水利与地方政府的利益关系，尽可能排除因利益驱动的泄洪或调水，防止水资源的重大浪费，同时应管控职能部门和地方索要洪灾或旱灾财政拨付，据中央稽查官员介绍，这方面漏洞非常巨大。此外，调洪济旱需要受水区适当配设湖、塘、库、堰和联通管闸。这样既可以增加湿地，改善生态和人居环境，又可以开发旅游项目和经济。

2.3.2 固土控沙供地的作用

水土保持的直接作用，就是能够有效地保护和开发水、土资源。水资源的功能与作用2.3.1 节已经全面阐明，不再赘述。水土保持对于保护农业生产需要的土壤及耕地资源，以及合理开发利用城市化、城镇化过程需要的土地资源意义重大。近 20 年来，水利部门开展的小流域水土流失综合治理已初显成效，水土保持的资源性作用越来越重要(小流域水土保持成功范例见图 2-3-13，水利部水土保持网载图）。

图 2-3-13　水土保持固土控沙成功范例

图 2-3-14　湖南新化县杨坪小流域治理范例

2.3.2.1　固土控沙

水土保持，主要通过工程措施和植物措施，留住土、涵养水。工程措施指修建必要的拦挡、抗滑以及截水排水设施。植物措施指植树种草，增加植被覆盖，利用树冠截留雨水、枯枝落叶层吸蓄、林地土壤渗蓄、根系固持土壤来涵养水源，保持水土。科学研究证实，一片森林就是一座天然水库，这是自然界相互依存形成的法则。换句话说，凡森林覆盖较好的山区，很少出现水土流失现象；即使大雨、暴雨过后，仍然是清水长流，不会造成洪水泛滥，也不会导致干旱使河流枯竭。水土保持以其涵养保护和培育水、土资源，增加土壤的降雨入渗量，变地面径流为地下径流，发挥以淡压咸的作用，不仅提高土地利用率和生产力，增加水土资源可利用量和承载力，改善生态自我修复能力和森林植被覆盖率，增强径流拦蓄和调节能力，削减洪峰流量，延长汇流时间，抑制洪水暴涨暴落，增补枯水流量，改善江河水流状况，保持河道长年不断流，有效防止或减少沙化、石化、荒漠化、盐渍化和洪水、干旱、滑坡、泥石流等次生灾害，而且能为城市化、城镇化建设和发展源源不断地提供日益增长的土地需求。

2.3.2.2　为城镇化提供发展空间

土地是农民的“命根子”和生活的基本来源，有几亩地，农户或乡村居民的“吃饭”亦不成问题。农民或居民只要“居有定所、耕有其田”，忙时种粮、闲时打工，就可以维持温饱。上届政府实施的亲民、惠农政策，免去了多年压在农民头上的“苛捐杂税”，农民的日子尚且能过的“悠闲自得”，而农业生产资料和机具、化肥等价格的上涨，使减税获得的好处大打折扣。一旦因水土流失、生态恶化失去了土地，农民就失去了生存的根基；城市化、城镇化建设和发展就面临危机。保护好土地、耕地，一方面需要依赖水土保持，另一方面也需要法律制度提供保障。根据水利部网站 2009 年 4 月 24 日提供的小流域水土保持治理成功范例（湖南省新化县杨坪小流域水土保持治理范例见图 2-3-14 图 2-3-15）和 2008 年 10 月 30 日提供的宁夏隆德县温堡水土保持生态建设示范区以此获得大量农田、林地（见图 2-3-16），说明水土保持固土、供地经济和生态效益十分显著 。

图 2-3-15　湖南新化县杨坪小流域治理范例

图 2-3-16　宁夏隆德县温堡水土保持生态范例

除我国之外，世界上绝大多数国家土地实行私有制。私有的土地，权属关系明确，有利于土地的长期投入、利用、流转和土地资源优化配置。由于《中华人民共和国宪法》和《中华人民共和国土地管理法》均规定“农村和城市郊区的土地都属于集体所有”，这种土地制度在一定时期内仍将阻碍土地资源的合理利用。在第三次土地改革的号角吹响之前，我们期盼全国人大常委会尽快就深化土地改革修改《宪法》和《土地管理法》，为我国的终极改革目标铺平道路。其实，党中央、国务院领导多次强调“土地的承包经营权永久不变”，永久经营权与所有权就像“交友与恋爱”之间仅剩下一层未捅破的窗户纸。当然，深化土地制度改革不是一蹴而就的事，需要有很多配套的改革形成条件。但目前，农民集体还是可以充分利用土地的永久承包经营权，依据《中华人民共和国民法通则》和《中华人民共和国农村土地承包法》组建“有限责任公司”，与城镇房地产开发商在平等、自愿、互利基础上谈判、协商达成参股协议，维护自己的合法权益。也就是说，如果水土流失不能得到根本治理和改善，在确保农业基本耕地前提下，就不可能还有土地和空间来发展城市化、城镇化。

2.3.2.3　科学合理使用土地

土地资源的有限性与城市化发展的短期冲动，导致我国土地供应非常紧张。城市本是产业、物质、人口、资本、公共服务机构、建筑和基础设施高度集中的区域。而且，城市规模越大、集中度越高，这样能够充分利用土地资源，提高经济活动效率和效能。从 20 世纪 70 年代开始，我国社科领域就一直在城市化发展模式上，到底是以“大中城市为主”、“小城镇为主”、“大中小城市并举”、“城乡一体化”、“农村城市化”等模式上争论不休，见仁见智。改革开放，是我国加快经济发展和城市建设的重要里程碑；1978—1998 年，我国城市由 193 个发展到 671 个，增加了 2.48 倍；而建制镇却由 2 173 个发展到 18 925 个，增加了 7.71 倍，小城镇的增加幅度远远超过了城市的增加幅度，小城镇发展成为我国城市化的重要组成部分。

城市作为一个经济实体、物质实体，更是一个社会实体和文化实体，每个城市的发展过程都形成一部厚重的历史。城市是全体市民的城市，也是国家和所有公民的城市；城市市民应本着“开放、宽容、发展”的心态，对待城市建设，配合区域迁移，欢迎外来移民，特别是农民；政府管理城市，应本着“以人为本”的精神，制定城市长远可持续发展的战略，按科学发展观推进城市的现代化。城市规模既不是越大越好，也不是越小越好，其根本目标是“经济稳定发展、人均 GDP 适度、适宜休闲居住、生活方便、环境优美、科技发达、文化开放、地方特色明显、集中并节约使用土地资源”。实现此目标，必须从国情、市情、民情、资源禀赋出发，发挥地理、资源、环境和人文优势，因地制宜、因时制宜，突出特点，与各相关产业、周边城市协调互补、共同发展。

大量事实证明，我国城市化、城镇化发展盲目攀比规模，许多城市以美丽作为“幌子”，征占大量耕地建设高档别墅，许多农田变成荒地或“花园”，浪费、抛荒、强占土地达到肆无忌惮的程度，使我国粮食安全、生态安全面临严峻挑战。

2.3.3　调节气候改善生态

正如前述，水土流失恶化生态、改变水气条件，导致干旱、洪水、泥石流等灾害频发一样。那么，良好的水土保持，就可以调节区域小气候、净化空气，有效保护和改善生态环境，实现经济社会发展可持续。

2.3.3.1　水土保持改善局域气候

加强水土保持，我们必须在大力保护和建设基本农田、保障中小型水(库)利工程、水保工程良态运行的同时，因地制宜地大力开展封禁保护区和林草植被建设，有效增加植被覆盖，修复和重建生态系统，创造有利于土壤微生物、土壤动物和地表植被生长、发育和繁殖的土壤环境，改善农业生产条件，从而有效调节局地地表径流和区域小气候。绿水青山、茂盛的树林，自然可以起到防风固沙，净化空气，减少沙尘暴等恶劣天气的作用。同时，进一步改善人居环境和生态环境，保障生物群落所依赖的水资源和土地资源的持续利用，保证生态环境用水并保持适度、均衡的入海水量，促进陆域和海域生物的生长、发育和繁殖，促使整个生态系统步入良性循环的轨道。

2.3.3.2　防止土壤侵蚀延长河流寿命

水土保持能有效防止土壤侵蚀，减少江河湖库的淤积。水土流失产生的大量泥沙，是造成河床抬高、湖库淤塞的直接原因，从而引发了一系列的灾害。因此，水土保持是江河治理之根本。大规模地开展水土保持工作，建立完善的综合防护体系，通过工程措施的层层拦蓄和植被的覆盖保护、林冠截留，减缓水流速度和削弱水流对流域坡面的冲刷力，有效控制土壤侵蚀，防止水土流失，减少入河泥沙和江河湖库的淤积，提高湖库调蓄能力和江河行洪能力，延长水利水电工程设计与使用寿命，增加工程的效益，也可大大减轻防洪经济负担和民众精神压力，为经济社会可持续发展提供安全保证。

一些水土保持成功示范区的事实证明，经过治理达标的水土流失区，土地利用结构明显趋于合理，农业生产条件得到较好的改善，防汛、抗旱能力显著增强，抗御其他次生灾害的能力也一定程度提高。

2.3.3.3　改善生态环境

水上保持能有效降低水质污染，改善水环境。在水土保持生态建设中，通过多措并举，大力进行投入不高、一劳永逸的植树种草，不断提高生态自我恢复能力，重建良好的生态系统。在蓄水、保土、保肥的同时，也拦截、过滤和吸收大量有害的物质，从而避免或减少进入水体的点源和面源污染物，改善水体的质量，进而改善整个水生态。

2.3.3.3 **促进人水、人地和谐**

人与自然关系，是人类生存与发展的基础关系，主要表现在两个方面：

一是人类对自然的影响与作用，包括从自然界索取资源与空间，享受生态系统提供的服务功能，能动地利用自然、改造自然、保护自然；

二是自然对人类的影响与反作用，包括资源环境对人类生存发展的制约，自然灾害、环境污染与生态退化对人类的负面影响等。

当人类与自然处于平等、互利、和谐关系的时候，自然也能为人类提供良好的生存和发展环境。否则，如果人类毫无顾忌地侵害、掠夺自然，必将遭到大自然的强烈报复。

在实施水土保持工程、工作或综合性措施中，我们应当以科学发展观为统领，坚持在开发中保护，在保护中利用；通过科学的水土保持规划，加强管理，合理调整人与自然的关系，规范人类行为，遵守自然和社会经济规律，坚持自律式发展，严格实行预防、修复、治理、保护，防止盲目、无序地开发利用水土资源。水土保持规划是合理开发利用水土资源的主要依据，也是农业生产区划和国土整治规划的重要组成部分。其作用是为了指导水土保持实践，使控制水土流失和水土保持工作按照自然规律和社会经济规律进行，避免盲目性，达到多快好省的目的。

实现各区域水土保持，其人居生态、环境容量将根本改变，必然有力地推动人口、资源、环境和经济、社会的协调发展，促进人与自然、人与社会的和谐共处。否则，放任对水土资源肆意进行开发，轻视对水土资源的保护，必然使人与自然的矛盾恶化，最终导致恶性循环，加速人与自然的变迁或灭亡。

2.4 防治水土流失的对策措施

水土保持是一项基础性、群众性、社会性、综合性的系统工程，不仅需要各级政府领导高度重视，更需要各行各业和广大人民群众提高认识、积极参与和全力支持。因此，我们的管理机构应当充分利用各种(法律、行政、经济)手段和(广播、电视、报纸、网络等)各类媒体，大力宣传水土保持面临的新情况、新问题、新形势，根据不同条件和具体情况，及时出台相关法规、政策、措施，加强开展以青少年为主要对象的水土保持知识普及教育，通过举办诸如中国环保行、环境文化节、环境执法公开审判等大型活动，强化水土保持的生态意识，尤其是应当以年度和任期责任书形式，与各级政府领导签订(一票否决)目标责任书，落实主要领导、分管领导以及职能部门的水土保持责任，针对自然条件和植物规律，适时出台防治水土流失的对策、措施。

2.4.1 转变观念崇尚自然

科学测定，地球诞生约 46 亿年，地球上有生物仅仅 2.5 亿年，而进入到高级、有意识、可从事复杂劳动的人类文明也只有约 10 000 年的历史；古埃及文明史约 8 000 年，中华文明史不过 5 000 年。伴随着人类及人类文明的起源、诞生、进化和发展，人与自然的关系无不呈现越来越复杂、矛盾越来越大的局面。

人是生物圈中最优等的种群，人具有的社会性、高智商、深度认知及实践能力，一方面能抗衡和减小自然破坏力，另一方面也能使用先进的方法和工具大规模、毫无理性地破坏自然生态平衡。20 世纪以前，人类对生态的破坏只是局域性、小范围、单一系统。近 100 年，工业革命、科技创新、城市扩张、两次世界大战和社会生产力的提高，在“敢上九天揽月，敢下五洋捉鳖”的“英雄气概”和人口经济双高增长的“鼓舞”下，穷奢极侈的人类过度地向自然界索取，破坏自然生态已达到极尽疯狂的程度。越来越多的迹象表明，人类在试图“征服”自然的同时，却在加速度地毁灭自己，整个地球已面临严重的生态危机。生态是一个十分复杂而又非常脆弱的生命系统，之所以复杂是因为这个系统可能受地球内外能量的扰动、破坏导致失衡；其脆弱性表现在破坏它的平衡相对容易，恢复平衡则相当困难和缓慢！当代，人的能动性、创造性，使其进化和增速加快。在物质、物欲、科技现代化的背景下，及时享乐和不顾一切地贪求，有限的资源已不堪重负；二战后短短的 60 年，使不少千百万年才形成的不可再生矿产等资源快消耗殆尽！

可喜的是，在 20 世纪中后期，正是那些最早掀起工业革命的西方国家从人与自然的矛盾中开始认识到自然不可抗拒的巨大(power)力量，而那些较晚进入工业革命的国家，他们还恋恋不舍地享用破坏地球生态的“最后晚餐”。正如上述观点，破坏一个系统，远远比重建一个系统容易得多！时至今日，那些“先知先觉先享受”的西方智者，也无力单独挽救日益恶化的地球生态环境。要消除或化减人与自然的矛盾，创造和谐、共存共生的环境，需要全球人类的共同努力。

水土保持是地球生态环境的一个重要组成，解决我们(我国)自身的水土流失问题，首先需要转变观念，崇尚自然，尊重自然规律，顺势而为。转变观念，就是要转变发展方向、经济增长方式、消费欲望；崇尚自然，就是摆正人与自然关系，研究自然、敬畏自然、恢复自然，修复因不当开发利用破坏了的生态。

2.4.2　以人为本科学发展

以人为本，是以全人类以及子孙后代的最大利益为出发点，充分考虑当前与发展的合理需要，不是满足某个阶段、某个地区、少数群体的高消费需要。科学规划水土保持，就是要科学发展，以维护生态环境为第一目标，依据环境容量等限制性指标，在合理开发利用水、土资源的前提下因地制宜、因时制宜发展经济产业。也就是说，水土保持规划，应当解决以下主要问题。

2.4.2.1　改变结构合理利用水土资源

水土保持规划作为农业生产和国土资源利用的重要组成部分，应能够指导水土保持工作实践，使防治水土流失和从事水土保持研究及实践的工作以及所有法人、公民服从自然规律和社会经济规律，避免因投资与利益冲动导致的盲目性。防治水土流失，可以兼顾发展经济产业以及调整结构的需要，做到在保护下发展，在发展中保护。

我国一些山地丘陵区，广种薄收，单一农业、粗放经营普遍，这种不合理的土地利用是造成水土流失和经济发展滞后的主要原因之一。因此，通过科学合理规划，优化产业发展方向，对不合理的土地利用进行科学有步骤地调整，改变单一的农业结构，适当配置农、林、牧、渔用地比例，从而实现合理利用水土资源与经济效益双赢的目的。

2.4.2.2 统筹协调全面规划

水土保持规划应坚持以下原则：

(1)人与自然和谐的科学发展观，按照全面规划、统筹协调，预防为主、保护优先、综合防治，生态、经济和社会效益相统一，治理与开发相结合的原则；

(2)正确对待和处理兴利与除害、开发与保护、整体与局部、近期与长远的关系；

(3)兼顾国家、集体、个体利益，以流域水土资源的可持续利用、生态环境的可持续维护和经济社会的可持续发展为目标；

(4)以基本农田、小型水利水保工程和生态修复为重点，对人口、经济状况、收入结构、土地利用、林草结构、森林草地管护方式等进行深入调查；

(5)根据土地现状、水土流失情况和自然资源状况，结合江河流域水土保持工作任务、情况、问题，科学制定完善的以水土保持生态建设规划为主体的全国水土流失防治和生态清洁型小流域建设专业规划、水土保持监测规划；

(6)完善生态修复规划、湿地保护规划、生物物种资源保护与利用规划。

同时，还应形成水土保持的科学体系，即：

(1)按照国家主体功能区划和区域发展战略布局，依法划定流域内各类河流河段的功能区划，合理确定不同河流和河段的治理、开发和保护功能定位；

(2)系统分析全球气候变暖和经济社会快速发展导致流域下垫面改变；

(3)对流域洪水、干旱、水资源、生态与环境以及河流情势的影响，科学分析流域水土资源和生态环境对经济社会发展的承载能力；

(4)综合分析经济社会可持续发展对防洪、水资源开发利用和生态环境保护的要求，认真探索河流生态保护的指标体系；

(5)针对每条河流的实际情况，制定不同阶段的河流生态保护或修复目标，研究具体的保护或修复措施，提高规划的科学性、前瞻性和可行性，使水土保持规划与流域综合规划、土地开发利用规划、水资源开发利用规划等相协调，并把水土保持规划确定的任务纳入国民经济和社会发展计划；

(6)加强规划和重大决策的环境影响评价；

(7)坚持以小流域为单元，因地制宜、分类指导，适地适树、宜林则林、宜果则果，山水田林路统一规划，梁、峁、坡、沟同步治理，工程、生物、农业、管理措施优化配置，形成全方位的水土保持防护体系；

(8)建立既符合自然规律，又符合经济社会规律的自然—经济—社会系统，实现水土资源的可持续利用和生态系统的可持续维护。

2.4.3 加大创新力度和科技投入

搞好水土保持工作，科技是关键。首先要强化思路创新、知识创新和技术创新的意识，将践行科学发展观落到实处。加大创新力度，增强水土保持科技投入，才能从根本上改变水土流失边治理、边严重的态势。

一是建设高素质的水土保持专业科技队伍，大力培养实用型科技人才和适应新时期需要的专门学科和管理人才，提高水土保持科研能力和管理水平。

二是加强水土保持重大基础理论研究和关键技术研究，重点研究水土流失发生、发展和生态恶化机制，以及水土流失时空分布与演变过程、特征及其内在规律，探索典型生态脆弱地区退化生态系统修复重建关键技术和治理模式，实验坡面降雨径流调控新技术，以及风沙区水土资源优化配置与高效利用技术，完善小流域坝系相对平衡理论及指标体系、水土保持水沙效益评价、水土保持工作定额和各项技术标准等，开展生态用水及河流健康指标研究，建立生态用水保障和补偿机制，建立全国不同类型区水土流失侵蚀预报模型，分析土壤侵蚀规律。

三是加快建立数字水土保持系统，重点是将空间信息技术与监测网络结合起来，系统采集影响水土流失的自然与社会因子时空变化数据，建立水土保持基础信息平台，构建水土保持网络信息系统，确保互联、互通、互用，实现信息共享。

四是加快水土保持实用技术的应用推广，实施科技成果的生产转化，尽快建立和完善科研单位和大专院校与地方政府、水行政主管部门、企业等之间的密切合作机制，大力推动生态清洁型示范流域、示范乡镇、示范村、示范户建设，加强面向基层的水土保持实用技术培训，积极推广应用先进技术，促进科技成果向现实生产力的转化。

五是整合科技资源，加强科技协作，实行科学民主决策，有效整合、凝聚、协调各方面科技力量，构建起有效的科研、教学、生产紧密联系的科技协作平台，促进科技力量之间的高效合作；开展联合攻关，最大限度地发挥现有科技资源的潜力，大力提高科技水平，建立水土保持专家数据库和决策支持系统，推行重点建设项目专家咨询制度，进一步完善水土保持重大问题的决策程序，推进决策的科学化、民主化和规范化。

六是强化水土保持基础工作，认真编制水土保持监测规划，不断完善水土保持监测预报体系，建设水土保持基础数据库，构建全国水土保持监测网络和信息系统，建立水土流失预测、预报模型，健全监测预报管理制度，完善监测技术标准体系，强化监测评价的服务职能，全面落实水土流失公告制度，使监测成果更好地服务于政府决策。

七是加强国际合作项目与学术交流，及时了解和掌握国际水土保持科技发展的最新动态，不断吸收和消化国外水土保持科技成果的先进理论、技术和管理模式，提高我国水土保持科技水平。

2.4.4　加强领导严格管控

2.4.4.1　分工协作归口负责

任何事务，本应该由一个权威部门具体管理，做到权责分明。由于国务院部委机构及职能设置重叠，今后很长一段时间内，我国中央政府和各级地方政府在许多方面的行政管理、执法还会延续多头管理或交叉管理的局面。水土保持管理和生态建设是一项涉及领域多、涵盖面广、规模宏大的系统工程，必须加强统一领导和统一管理，统筹协调和正确处理各方面的关系，切实落实政府领导、流域机构统筹监管、部门分工负责、社会参与、公共监督、协调配合、齐抓共管的水土流失防治体制。

充分发挥流域机构的监管、协调、指导等作用，可以优化政府公务行政资源，同时再强化地方政府的水土保持和环境保护责任，把水土流失治理任务纳入各级政府主要领导的考核范围，建立各级领导任期水土保持目标考核责任制，层层签订目标责任书，明确目标任务，落实责任和措施，各司其职、各负其责、各出其力、相互协作、密切配合，进一步完善水土保持的组织协调机制和监督制约机制，深化多部门联合执法、检查机制，强化社会公众参与和激励机制，充分利用宣传、行政、法律、经济、工程、科技等手段，采取工程、植物与农业等措施，坚持统一管理、依法管理、科学管理，规范管理行为，提高管理水平，按照“水保搭台，政府导演，部门唱戏，全社会参与”的方式，集中各方面的力量，充分调动各方面的积极性，共同做好水土保持工作。

2.4.4.2 严格实行“三同时”

按照有关部委职责分工，在生态综合治理过程中，水利、农业、林业部门要根据统一规划，按照各自的职责，分部门组织实施，力求取得治理的整体效应。在监督管理过程中，发改委、环保、土地、规划、建管、工商等部门应严格把关，认真贯彻落实开发建设项目的水土保持方案审批制度和水土保持“三同时”制度。对开发建设项目不依法编报水土保持方案的，环保部门不予评审，核准审批部门不予立项，土地部门不予办理土地使用许可证，工商管理部门不办理营业执照，矿产部门不发采矿许可证等。除此之外，行政主管部门在履行审批程序时，严禁开发建设单位或个人在国家规定的禁垦区域和生态环境脆弱的地方，以及禁垦坡度以上的坡地上进行开荒、开挖取土。对违反《水土保持法》的大案、要案，在案件查处中，公安、检察、法院等执法、司法部门要大力支持、积极配合；对拒不申报水土保持方案，未采取水土保持措施而造成水土流失的，依法严肃重处。

2.4.4.3 加强监督落实责任

在水利、水电、造林等生态工程建设项目实施中，也要以质量为重点、以效益为中心，落实责任，强化监督、监测和管理，积极推行工程建设项目公示制度、财政资金报账及转移支付制度和合同专项管理制度；严格实行项目法人责任制、招投标制、建设监理制，逐步实现由政府组织群众治理为主向与政府推动和依靠市场机制相结合转变，坚持以政府为主导，以群众为主体，民办公助，滚动发展。在巩固和发展户包、租赁、拍卖的基础上，进一步引导、鼓励和支持其他社会成分参与生态治理和经济开发。同时，加强水土保持建设项目的前期工作管理，加大前期技术工作深度，做好项目储备和重点水土保持建设项目论证工作。

对重点工程，还应加强水土保持工程专项管理，完善工程管理体制和运行机制，明确划分工程性质，充分发挥已建工程效益。坚持依法行政，依法管理，开展各种形式的教育、宣传和培训，提高水土保持从业人员的整体素质和依法行政的能力，完善水土保持的法律法规体系，制定有利于水土保持和环境保护的价格税收政策，严格实施环境影响评价制度、水资源论证制度等，严格规范当事人行为，加强对开发建设项目的全过程管控，坚持“谁开发、谁补偿，谁破坏、谁治理”的原则，促进建设单位水土保持“三同时”制度落实。在抓好方案审批的基础上，对项目实施情况进行跟踪检查，督促指导建设项目落实相关水保措施，建立督察动态数据库，及时通报督察结果，有效提高开发建设单位水土保持的自觉性。同时，建立先进的环境监测预警体系和完备的环境执法监督体系，切实提高对突发性环境事件的预警能力和应急处置能力，全面提高环境监管水平。

对建设项目未履行水土保持方案程序即擅自开工建设或者擅自投产的，要责令其停建或者停产，补办水土保持方案审批手续；造成严重水土流失灾害的，要依法追究刑事责任。大力推行政务公开,强化社会监督。通过逐步公开水土流失信息,畅通公众参与渠道,建立举报人利益保障机制等方式,广泛接受公众监督,使开发建设项目水土保持工作处于社会的广泛监督之下,有效制止植被破坏和水土流失,保护好生态环境。

2.4.5 规范经济活动保护水土资源

我国是世界第一人口大国和第一能源消费大国,也是世界最大的发展中国家。人多、人均资源占有量相对贫乏,使得我们在经济活动中很难避免或控制违反法律、违背规律、破坏生态环境的行为发生。因此,要求我们的各级政府官员、专业人员和经济活动单位及行为个体必须遵纪守法,接受监督,自觉按与水土保持有关的法律、法规、规程、规范、技术标准履行责任或开展经济活动。

2.4.5.1 完善制度严格把关

我国山区多、自然灾害多,耕地少、森林少、水资源少。人口、资源、环境的矛盾十分突出,水土资源的开发利用和保护,直接关系到生态环境的好坏和经济社会健康发展。因此,经济活动必须坚持以人为本、科学发展的理念,遵守客观经济规律,通过建立、完善各种法规、制度,来严格规范人们的经济行为,实行自律式发展。具体的制度或规范,应结合水土流失区水土资源状况、开发利用条件和国家、地方经济发展的需要。除制度或规范外,还应当制定本地区中、长期水土开发利用规划,并保证水土开发利用规划与江河流域综合治理规划和国民经济社会发展中长期规划相协调,严格审批、把关水土资源开发利用项目。土地管理部门,在审批土地开发利用项目时,应征求当地水行政主管部门和水土保持主管部门的意见。对不符合水土保持有关规定的,土地管理部门不得开口子,坚决杜绝不合理地开发水土资源。

水土资源开发利用规划,要按照优先开发、重点开发、限制开发和禁止开发的不同要求,明确不同区域、河流或不同河段、不同条件的水土资源功能定位,制定不同的发展方向和防治水土流失的目标,使经济社会发展与水土资源利用和生态环境的承载能力相适应。在生态环境复杂的地区,应实行保护优先、适度开发,强化生态环境保护的法律责任和社会责任,因地制宜发展特色产业,严禁不符合功能定位的水土资源开发活动。

2.4.5.2 保护优先合理开发

我国是 13 亿多人口的大国,发展停滞显然不切实际。那么,持续高速发展也会带来一系列环境问题。可持续发展的约束,就在于理性发展、适度增长。我国当代人,尤其是中老年人,他们都经历了漫长的战乱、政治斗争和经济困难时期,他们苦怕了、穷怕了、斗累了!一旦消除了这些强加在人们头上的枷锁,部分人产生了报复性的生存观、消费观,不断向自然和社会索取,以弥补苦难的过去或以极端给予方式补偿给下一代!他们短期行为倾向严重,往往顾了下一代却丢掉了下下代。也许,他们的痛苦经历使其顾不了下下代!但是,有限个体可以这样,而一个国家、一个民族则不能够这样。保护生态环境,是关乎国家、民族生死存亡的大事,是每个公民义不容辞的责任。

防治水土流失,必须在保护的前提下合理开发。在生态脆弱的地区,要严格限制开发,实行强制性保护,切实加强水土资源管理。地下水超采区,采取封井、限采等措施,保护地下水。坚持在保护中开发,在开发中保护,严格土地用途管制制度,有效控制建设用地总量规模、结构，保持耕地总量动态平衡。对水土流失严重区域，应进一步调整农业生产结构，合理确定农、林、牧各业的用地比例，正确配置工程措施、植物措施生态措施与农业措施，围绕水源修梯田，围绕梯田建水源，围绕水源种林草，坡地实现梯田化，变"三跑(跑水、跑土、跑肥)田"为"三保田"；沟道通过坝地建设，滞洪拦泥变良田，沙漠通过引水拉沙、机械平整变为良田和绿洲。

山原地区实行退耕还林，绿化荒地。通过兴修水利，发展集雨灌溉，实现旱地水利化，提高耕地质量和抵御旱涝灾害的能力，促进果、畜、经济作物的发展。以水土保持带动水源保护，加强农药和化肥环境安全管理，推广高效、低毒、低残留农药、生物农药和有机肥，发展畜禽和水产的生态养殖模式，实行农田灌溉水的循环利用，减少养殖产品药物残留和有害物质的排放，推广畜禽粪便综合利用和处理技术，鼓励建设养殖业和种植业紧密结合的生态农业工程，防止不合理使用化肥、农药、农膜和污灌带来的面源污染。同时，因地制宜地发展小水电，利用风能、太阳能发电，实行以电代柴、以煤代柴，积极推广以沼气建设为纽带的生态能源模式，进一步推动我国农业向集约化经营和科学种田的方向发展，提高生产效益，有效治理水土流失，保护水土生态环境，促进人口、资源、环境协调发展。

2.4.6 发挥自然恢复能力

大自然经过数十亿年的运动、演变，形成了具有自我调节能力的生命系统并使之处于平衡的神奇力量，这种力量有限地维持着地球的自然生态。所谓生态，是指人和所有生物生命得以维持的生存环境及质量状态。之所以称其为"有限"，是因为它可能受到外部或内部物质与能量的破坏而发生改变。就像水体具有一定的自净化能力一样，地球这个大系统也有其自我调节生命系统的能力，这种能力在工业革命前表现十分强大；而在工业革命后，又变得非常脆弱。强大，是地球可以通过漫长时间和广域空间来恢复曾经遭受的破坏；脆弱，是因为当代人类的破坏具有规模性和不可逆性，尤其是采用现代工具破坏十分容易，而恢复特别是短时间恢复则相当困难。因此，需要停止破坏并在保护大自然的情况下，才能发挥大自然的自我恢复能力。

2.4.6.1 保护湿地水环境

地球正是因为有水(湿地)的存在，才能承载和繁衍(动植物)生命。我们发挥大自然的自我恢复能力，首先要保护好地球湿地及水环境。保护水环境，前提必须善处厚待湿地、水体，维持水体的原生态，确保水能够滋润大地、抚育生命。其他一些活动必须充分考虑水体的环境容量和净化能力，在此基础上适度开发利用。60多年来，我们不当地向水土要地，围湖造田、填塘盖屋、扩张城市，导致持续干旱、工农业减产、生活用水困难。灭绝人类、破坏生态的惨痛教训告诉我们，在不断恶化的生态现实下，我们应采取增加湿地、科学治理水土流失，利用已建水库、退田(填)还湖、发展水产业、水作物、水经济(如生态旅游等)，清淤肥田、挖泥扩湖，以管、涵、渠形式大范围联库成"网"，辅以闸泵实现低自流、高引抽，进行水资源优化配置。同时，充分开发水体的动能、势能，形成现实的、可再生的清洁型水能资源。

2.4.6.2 依靠自然力恢复植被

发挥自然力作用，就是要坚持人与自然和谐的科学发展观，既要积极开展水土保持综合治理，更要注重发挥地球生态的自我调节与恢复能力，依靠大自然力量，加快植被恢复和生态系统的改善。同时要按照我国水土流失的类型、分布、成因，以及不同区域的自然状况和经济社会条件，根据《全国生态环境建设规划》等相关规划和生态自我恢复的规律，编制全国水土保持生态恢复的实施规划，明确生态恢复的分区、目标、任务与措施，把小流域治理、淤地坝、坡面水系整治等措施同生态自然恢复有机结合，建立自然风景保护区、湿地保护区和基本农田保护区，实现小开发、大保护，小治理、大封育的生态效果(图 2-4-1 为内蒙古呼吉尔特小流域治理滩地生态恢复成功范例，图片取自水利部网站)。

对于水土流失轻微地区、重要水源型水库库区、江河源头地区，要坚决实施封禁保护。在长江上中游、淮河上游、珠江上游等降水在 600mm 以上的区域，以保护和自然恢复植被为主，局部地区采取人工种植林草，同时加大退耕还林力度；在黄河上中游等北方和西北内陆河流域，采取自然恢复和人工修复植被并举的方式，实行退耕还林、退牧还草，合理划定封育保护区，同时兴建各种水利设施，发展节水灌溉，保证林草成活率；对疏林地、残林地、荒山地进行统一规划，采取全封山育林、育草或半封山育林等措施，禁止人为破坏，促进森林植被生长，形成乔、灌、草多层次森林植被群落。

2.4.6.3　加强人工干预的生态修复

对坡耕地，要根据不同坡度及土层情况，采取退耕还林、修建梯田、坡面整治等方法进行治理。而轻、中度水土流失疏林地，以封山育林为主，采取全封、轮封等形式。部分严重水土流失的疏林地，应加强人工措施进行育苗补植、修枝疏伐，择优选育，以促进林木生长，加快植被恢复，同时兼顾经济效益，引进种植优良树草，提高土壤肥力，增强植被生长能力(水土流失治理成功范例见下图 2-4-2，来源：水利部网站)。

图 2-4-1　呼吉尔特小流域滩地生态恢复

图 2-4-2　湖南水土流失治理成功范例

在农牧交错区，建设好旱涝保收的基本农田，合理利用水资源，提高单位面积土地的生产率和产出效益。提高水资源的利用效率，需要切实压缩耕地，改广种薄收为精耕细作，保证群众的吃饭问题。在沙化、退化、荒漠化草原区，要全面加强草原的管理与保护，转变草原畜牧业生产方式，推行禁牧、休牧和划区轮牧制度，有效遏制乱开滥垦、乱采滥挖、非法征占草原等行为，尽快恢复草原植被。在一些地广人稀、居民分散的边远地区，如若生态环境恶劣，应采取生态性移民，实行缩并零散村屯或整体迁移，结合小城镇建设、基本农田建设，集中安置。移民后的山区实施封禁措施，依靠天然更新和飞播造林恢复植被，并建立维护生态环境安全的水利保障体系和生态用水保障机制，统筹生产生活和生态用水，加强河流生态系统的监测，对水系统进行合理的调配，恢复良好的生态系统，维护水环境、土壤环境健康。

2.4.7 扩大承包经营权保障生态投资收益

生态是政府的头等大事，也是关系全民族生死存亡的大事！党和政府应当发动全社会所有组织、民众，参与到保护人类生存生态环境的斗争中，没有人可以置身度外。换句话说，仅仅依靠政府的财力和少数人投入，不足以解决人类共同面临的生态环境问题（水土流失治理中扩大承包经营权后梯田与林草长势的成功范例见图 2-4-3）。

图 2-4-3 扩大承包经营权的成功范例

2.4.7.1 全民环保全民投入

水土保持是一项利国利民的生态环境保护与建设的工作，关涉到每个人的利益。全体公民理应自觉投身其中，发挥自身的各种（知识、经验、资金、体能和地理位置）优势；政府需要充分动员和调动全社会各方面的力量，共同投入（投工、投劳、投资、投地、投技术等，也就是俗话说的有钱出钱、有力出力），以改善我们共同的生态家园。

为了提高全民参与的积极性，凡是个人投入的部分优先享有经济回报。也就是说，在全民投入中，实行中央投入与地方投入、政府投入和业主投入以及群众投入相结合，建立多层次、多渠道、多元化的投入体系。具体思路：

（1）中央财政投入和地方政府财政投入，以及社会公益资金投资部分，只作为公益事业，无偿投入，全民共享生态效益；

（2）在生态投入及建设中收取企业排污费、开发项目影响生态的修复缴费；

（3）中央政府应该把生态建设投资纳入国家预算，各级政府要根据法律规定，把水土流失防治目标任务纳入国民经济和社会发展计划，由财政保证每年一定的资金投入；

（4）农业综合开发资金、以工代赈资金、财政支农资金以及水利、农业、林业等资金的使用，都要把水土保持生态环境建设作为一项重要内容；

(5)对重点工程建设项目和个人投资的盈利项目，都应依法征收水土保持设施补偿费、水土流失防治费和其他水保规费，研究建立水土保持建设专项基金。

2.4.7.2　谁破坏谁恢复谁投入谁收益

根据国际通行惯例和我国民法通则中的公平原则，无论出于什么目的，实施任何活动，只要其行为对人类共有的生态环境造成负面影响，他都应当“对价”即付出与损失相当的代价，以消除负面影响。按照《环境保护法》和《水土保持法》等法律法规规定，谁破坏了生态环境，谁就理所应当及时、无偿恢复受损的环境。但是，在全民投入中，为支持和鼓励民间资本或个人投资生态建设，也应当让这部分资金享有相应经济回报。对开发性项目和有经济效益的建设工程(包括城市房地产投资)，应从城镇土地出让金和矿山等资源开发收益中，提取一定比例资金用于企业所在地水土流失的治理基金；或从已经发挥效益的大中型水利、水电工程收益中提取一定比例资金用于水土保持生态修复。

广集资金的渠道，可以从各级水资源费中安排一定比例经费，用于水源区水土保持建设。不足部分，通过出台小额低息信贷、税收减让等相关优惠政策，鼓励和调动民间力量和农民投入水土保持生态建设。严格执行“谁使用土地，谁负责保护；谁造成水土流失，谁负责治理”的原则，让这项规定成为每个人的行为准则。任何单位和个人使用专项经费用于水土流失的治理，需要由省级水行政主管部门和水土保持主管部门组织检查、验收。通过政策引导、利益驱动，支持和鼓励企事业单位、社会团体、个人等采取股份制、租赁或承包土地使用权等方式，开发治理荒山、荒沟、荒丘、荒滩，形成“水保为社会，社会办水保”的格局。

2.5　防治水土流失的根本途径

水、土资源是可再生的，却是十分有限的。水资源通过蒸发和降雨(雪)总量的平衡，维持地球的(最为关键的)生态。这种由水决定的生态，表明所有生物(动物、植物、微生物)生命的存在环境及多样性程度。自然生态是由生物圈(包括岩石圈上层、全部水圈和大气圈的下层)中生物体之间物质和能量转换及循环组成的生态系统决定的。在生态系统中，当生物种群数量及比例，以及生命体的物质和能量转换达到相对稳定的状态时，生态处于自然平衡，反之失衡。影响或破坏生态平衡有两种因素，自然因素中的地震、火山爆发、森林大火等有可能造成局域、有限及短期破坏，只有人为因素才可能造成永久和不可逆转的破坏。有时，破坏生态的负能量远比建立生态的正能量要大，或者说形成负能量要容易得多。譬如，毁坏一个建筑物比建造一个相同建筑物容易。

地球生态环境包括大气环境、海洋环境、湿地、土地环境、植被和生物多样性，这一切都是以水的自然循环及物、化过程决定的。空气和水是人类和生物不可或缺的生命物质，其质量的好坏直接影响人类的生存与健康。20 世纪 80 年代开始，伴随着工业化的推进，我国大气污染日益加重。大气中的二氧化碳、二氧化硫、二氧化氮、炭颗粒物、氢氧化物和铅等有害物浓度，已深度影响每个(尤其是长期在城市居住)人的呼吸系统，导致各种程度不同的疾病、怪病；全国的水环境更是每况愈下，所有大江大河都成为容污纳垢的直排场所，水体水质污染严重；支流、湖泊，有水皆污，COD排放量无不超标；发达地区，还有多少水体好于劣五类？土壤环境也令人担忧，尤其是工业污染、危化品污染以及重金属污染正在深度影响人类生存与健康。

解决水土流失及污染，需要拿出断臂的勇气。那么，仅有勇气不足以解决问题，还需要强有力的措施、手段和钢铁般的法律。在这方面，观念决定思路，思路决定出路，有出路才能规划最根本、最捷径、最有效的途径。

2.5.1 重塑法律权威

防治水土流失，根本出路在于转变发展思路和经济增长方式(即经济转型)。而转变发展思路和经济增长方式对于少数习惯高增长、贪大求全、追求豪华奢侈和极乐消费型的地方领导来说，无异于剥夺他们升官发财(出政绩和权力寻租)的机会，断了其腐败消费路数，其转型难度可想而知。即便如此，在肩负我国是否可持续生存、发展的历史使命、社会责任与发展路径选择面前，党中央和中央政府也只能选择转变发展思路和经济增长方式。这种因环境倒逼的"硬转变"，迫使最高权力当局必须采取强有力手段严律重典、从重执法，彻底改变有法不依、执法不严、权大于法、关系重于法以及法律仅为一纸空文的窘况。

市场经济是法制经济。经过10多年的社会主义市场化改革，我国法制基本建立，立法、司法、执法体系也大体完善。然而，现行制度内，权力不受监督、权大于法、司法腐败、立法过多过滥、执法利益化、行政条块分割现象普遍，使法律没有足够的权威性。以至于很多人都讽刺道中国现在似乎只有一部法律得到执行，那就是《道路交通安全法》，因为其执法与经济收益直接挂钩。执法者受利益驱动执法，可以获得比生产企业利润大得多的收益。因此，要保证防治水土流失能够找到根本出路，严格执法，重建法律权威十分重要。

防治水土流失，首先应当先治理"人"，任何人在法律面前都应当是平等的。2010年，时任水利部副部长鄂竟平说"不管是什么单位、什么人，只要违反水土保持法律规定，决不手软、决不迁就，杜绝本位主义思想和纵容、包庇问题"。问题是我们各级官员习惯虚张声势，喊喊嗓子、做做样子，很少"动真格"。李克强总理在2013年3月17日(两会)答问记者时说到"喊破嗓子，不如甩开膀子"。对于水土保持违法违规行为，应该说我们并不缺文本规制，国务院各部委、地方政府及各职能机构也不缺职能、职责，为什么此类违法违规问题不能借鉴《道路交通安全法》执行情况，加大任何违法者的违法代价。生态安全，决定人类及我们子孙后代能否生存！比《道路交通安全法》的执行严肃和重要。在《道路交通安全法》的执法中，仍保留了国家机器(政府、军队、公检法)享有一定特权；而生态环境的执法，决不能给予任何法人、个人特权！可悲的是，情形恰恰相反。

2.5.2 加快经济转型

党的十八大后，经济发展进入转轨期。新形势下，转变经济增长方式已经不局限于传统意义上的(粗放向集约、外延向内涵、数量向质量)转变，也不仅是通过漫长的过程和巨资调整优化产业结构、增强自主创新能力，而应该优先选择利用可再生资源能源、发展循环经济、生态经济的路径，降低高消费欲望，回归理性生活。这种转变是根本的转变，符合可持续发展的要求。

“真实到位”的转变，首要任务是转变人的观念，尤其是各层级官员的观念。利用可再生资源，发展循环经济、生态经济，就是按照自然生态物质与能量循环方式运行的经济模式，遵循生态规律，合理利用有限的自然资源、可再生能源和环境容量，视生态环境为第一生产要素，在物质不断循环利用的基础上发展经济，使经济系统和谐地纳入到自然生态系统的物质循环过程中，实现经济活动的生态化；遵循“减量化、再利用、资源化”原则，全过程环保处理、污染零排放，减少进入生产流程的物质量，多次反复使用同一物品，使废弃物转化为再生资源，形成“资源－产品－再生资源”的闭循环反馈式过程，从“排除废物”到“净化废物”再到“利用废物”的过程，做到最佳生产、最适消费、最少废弃。

发展循环经济、生态经济，必然降低 GDP 年增幅，减少官员的“形象工程”，影响其“业绩”和“发财”的机会，但决不会影响党的形象、社会全面发展和民众的幸福安康！退一步讲，即便 GDP 零增长，每年维持 50 多万亿元的产值规模实不容易！GDP 绝对值太大，每个点的增长都意味着巨大“代价”。我们只能通过科技创新、自主创新，提高劳动生产率和综合效益，节能节约，减排减耗，改善环境，增加福利和社会保障，逐步实现北欧式公平和谐的民享社会，这样的结果将远胜增加 GDP 高增长的效果（图 2-5-1 为宁夏隆德县温堡水土保持生态建设示范区情况）。

图 2-5-1　宁夏隆德县温堡水土保持生态建设示范区

生态经济，可以分为三大系统，即城市生态系统、农业生态系统、工业生态系统，这个系统是计算不出来的，需要靠全民的共同实践。如：城镇生活垃圾沼化后加工成肥料，沼气供郊区居民使用，散状固体肥料廉价运送给农民肥田，减少化肥用量；农业可以实行股份制，综合开发利用有限土地（我们在城镇化进程中，忽悠农民都进城，大量土地被占和抛荒，类似 1959—1961 年粮食危机在步步逼近），种粮、种树、养禽、养鱼集成作业，即田埂种树、禽吃树虫杂草、鱼池种稻、禽粪肥田喂鱼循环发展等等。通过这一系列的生态转换，能够真正开创水土保持工作的新局面。

2.5.3　目标考核一票否决

各党政部门很早就建立了主要负责人任期责任审计制度。尽管这种审计制度多数流于形式，走走过场，但这种考核方法仍然不失其评价可行性、有效性。制度原因，我们对官员、领导，尚难以采用直接的舆论监督、群众监督，是因为所有媒体报道接受统一审查、审批和管控，真实的情况一方面很难面对公众；另一方面，遮遮掩掩、羞羞答答的失真报道，甚至会带来跟风模仿的不良效果；另外，在当今经济改革大潮中，领导的权威不可挑战，群众监督更是软弱无力，弄不好，违规的企业领导可能让监督的群众没有岗位和收入，群众焉敢监督领导？所以，借助于政府官员、行业主管部门的任期或年度目标考核，仍然具有可操作性。

对官员、企业领导、政府职能部门的目标或责任考核，指标很多，有些刚性评价指标可以引进到环境保护和水土保持监管与评价体系中，如维稳目标考核一票否决，原来的计划生育超标一票否决，被抓现行的卖淫嫖娼官员一票否决。那么，我们完全可以实行环境保护、水土保持目标没达标也一票否决。只有设置严厉的任期、年度环境保护、水土保持责任考核，才能够一定程度上震慑不作为官员、违规企业领导和胆敢以身试法破坏生态环境、水土保持的犯罪个人。

2.5.4 杜绝造假加大违法成本

多年来，我国法制建设不健全，立法过滥、执法不严、法规模糊、权大于法；司法重追究违法性质，而不顾违法损害结果，导致环境保护法和水土保持法等许多法律的强制性规定软弱无力，环保、水保的违法、造假、敷衍十分普遍。

治理水土流失的根本途径之一，就是严厉打击违犯水土保持法的个人、集体、法人(组织)，无论他职级地位多高、犯法人数多少、国有民营或个体，只要犯法就惩处，只要造成损失就罚他“倾家荡产”，加大任何破坏生态环境和水土保持违法者的违法成本。此外，与违法犯罪同等惩治力度地打击拒不履行环境保护法和水土保持法规定责任的那些个人、集体或法人，严惩履责中的造假者，才能从根本上落实保护环境、改善生态。

图 2-5-2　刷绿漆充当环保水保措施

图 2-5-3　城市绿化带上的假树

在我国，造假活动十分猖獗，造假行为遍及各领域、各行业、各层次、各产品。据西部网讯(《第一新闻》)2010 年 09 月 02 日报道，陕西华县国土官员在环境保护和水土保持措施上严重造假，并厚颜无耻地吹嘘“绿漆刷山是国内最先进经验”，丢尽人格、国格。因开矿、采石，挖得面目全非、惨不忍睹的山体(见图 2-5-2，来源同一报道图片)，只要认真履行水土保持和环境保护的生态修复措施，就可能逐渐恢复被破坏的水土资源。而一些地方官员弄虚作假，给开挖的山体岩石刷上一层绿漆，以暂时改变颜色来忽悠上级和民众，这种可耻的行径已恶劣到何种程度。记者调查：华县的南山大道上，道路尽头本是一片青山，原来郁郁葱葱的植被非常漂亮，但是乱采滥挖后，一片惨景。最近山上有一块岩石的颜色有一点不一样，走近才发现这块山崖上被涂刷绿漆。在 310 国道华县段，记者发现了多处这种被涂抹成绿色的山崖。附近村民告诉记者，这些山崖大多是一些采石场遗留的，上面的绿颜色是后来被人为喷上去的漆。记者联系到了华县国土资源局矿产办，一位姓李的官员说这是国内最先进的经验，是从网上找的和外地学的经验。

不仅如此，国人不注重环境保护和水土保持还体现在我们日常生活和城市绿化的方方面面，如一些城市采用假树充当绿地（化）面积，如某市三环的多棵假松树，远处看不清，走近方知假（见图 2-5-3 和图 2-5-4）。当然，这种假树在一些地方可以改善城市景观，尤其是结合或代替照明电杆、灯柱，作用尚能肯定，但作为绿化就有造假之嫌。一些城市国有的专业园林单位也掺杂使假或只图暂时观赏、好看，不顾绿化效果。所谓绿化，就是偶尔摆摆一次性盆景，植树、种树敷衍、糊弄，挖个“老鼠洞”植树，一场大风就倒，倒了好补种要钱！有些行道树，覆盖混凝土或围挡，限制树木生长（见图 2-5-5），这些低劣的国民素质和行为，应当在教育和严格的执法中改进。

图 2-5-4　城市小区绿化带上的假树

图 2-5-5　城市行道树生长受限

第3章
汶川大地震前实验区自然生态条件

根据工程设计报告，本研究课题实验区河流是岷江上游一级支流，位于岷江上游右岸。该支流发源于鹧鸪山南麓，自海拔4 200m高处从西北向东南奔流而下，流经米亚罗，在二道桥处梭罗沟从右岸汇入，过朴头乡后又向东北流，经理县、在薛城镇孟屯沟从左岸注入后向东流，于汶川县威州镇汇入岷江。干流全长168km，全流域面积4 632km^2，河道平均坡降18.4‰，其中理县以上河长113km，平均比降23‰。

实验区河流域位于北纬31°12′～31°55′、东经102°36′～103°39′之间。流域呈扇形分布，南、西、北三面都是高山环绕。其西部及西北部以鹧鸪山、邛崃山与大渡河流域相邻，北面以鹧鸪山支脉与岷江支流黑水河相隔，南部以邛崃山支脉为分水岭，毗邻岷江支流草坡河、渔子溪，流域地势西高东低。

本课题实验区流域支流较多，较大支流自上而下依次有十八拐沟、米亚罗沟、黄土梁沟、九架棚沟、梭罗沟及孟屯沟等。

实验区河流区域地处青藏高原东部边缘地带，历经强烈褶皱，形成高山高原峡谷，域内山峦起伏、山势陡峻、河谷深切，相对高差大，水流湍急。因属褶皱构造，以及地壳活动和各种地质营力作用，故岩层破碎、岸坡稳定性差，易发生滑坡、泥石流；崩塌体堆积坡麓，多处可见。

该河流域内，森林资源丰富，是岷江上游主要林业区之一。森林主要分布在米亚罗以上河源，及梭罗沟、孟屯沟等支流上。据当地百姓介绍，建国前后，实验区就存在近10万人的森林砍伐队伍；木材漂流至都江堰上岸。20世纪60年代，梭罗沟流域内曾设立林场采伐木材，过量砍伐，导致严重水土流失。其后稍有注意保护森林资源，林木覆盖面积有所稳定。流域内有天然海子(地震堰塞湖)共90余个，最大的是沙坝小沟的后海子，水面面积0.68km^2。丰富的森林资源，众多的天然海子对径流起着天然的调节作用。

实验区位于青藏高原向四川盆地的过渡地带，地势西北高、南东低。区内早期有冰川活动，梯级电站开发河流及其支流为冰蚀谷，谷高坡陡，物理地质现象发育，沿河历史上多处崩塌堰塞成湖。西部大开发之后，交通骨干工程和为数众多的水电站建设，导致实验区水土流失非常严重。

3.1　地震前实验区上段自然环境条件

3.1.1　区域地质与地震

实验区水能资源较为丰富，汶川县城以上分布有密集的水电站。实验区上段电站坝址位于理县沙坝乡小丘地，控制集水面积 1 140km^2，其厂址位于红叶一级电站厂房上游新店子小学处，控制集水面积 1 557km^2。

工程区位于北西向鲜水河断裂带和北东向龙门山断裂带所围限的川青断块的小金弧形构造带之西翼近顶端的次级构造族郎帚状构造带上。在大地构造部位上，隶属于松潘—甘孜地槽褶皱带范畴，西侧毗连巴颜喀拉冒地槽褶皱带，东邻扬子地台西缘龙门山—大巴山台缘拗陷带。区域控制性主干断裂为东北向龙门山断裂带，小金—较场弧形构造带（西翼）断裂构成了区域次一级断裂构造格架。

实验区上段水电站外围地震带，主要有东面的松潘—较场地震带、龙门山地震带以及西面的鲜水河地震带。受限于设计深度和地质认知水平，当时的设计报告认为：工程区不具备强震的地震地质背景，历史及现今地震活动较弱，工程场地地震危险性主要受外围强震的波及影响。经国家地震局烈度评定委员会评定，工程场地地震基本烈度为Ⅶ度。

实验区上段水库内的米亚罗断裂为压扭性质，属中更新世活动断裂，沿断裂有较多的弱微震发生，最大震级 4 级，发生水库诱发地震的构造条件不强。库盆岩性为变质砂岩、板岩及千枚岩，裂隙贯通性差，不利于库水的渗透，因此蓄水后诱发 4.0 级以上的水库地震可能性较小，但有可能导致该地区小震活动有所增高。

3.1.2　坝区工程地质条件

实验区上段水电站坝型为碎石土心墙堆石坝，最大坝高 136m，坝顶高程 2 545m，正常蓄水位高程 2 540m，坝区自上游到下游布置有横Ⅴ、Ⅰ、Ⅲ、Ⅱ、Ⅳ五条勘探线。

3.1.2.1　坝址地形地貌

坝址区位于右岸小丘地沟与左岸白马沟之间长约 800m 的河段内，区内河道顺直，谷坡地形较完整，河流由西向东流经坝区。枯水期河水位高程，横Ⅰ、横Ⅱ勘探线分别为 2 413.3m、2 412.0m。河面宽 19～22m，谷底宽 69～90m，正常蓄水位 2 540m 处，谷宽 285～305m。坝区河床覆盖层深厚，基岩顶板高程从上游横Ⅴ到下游横Ⅳ为 2 315.76～2 322.32m。河谷横断面为对称的“V”形峡谷，岩层与河流流向近于正交，为横向谷。两岸谷坡陡峻，高程 2 480m 以下，平均坡度 35°～40°，2 480m 以上，平均坡度 45°～50°，临河坡高 300m 以上。

3.1.2.2　地层岩性

坝址区出露基岩为三叠系上统侏倭组（T_{3zh}）和新都桥组（T_{3x}）的浅变质岩，岩石致密坚硬。根据岩性、岩相和工程地质特性的差异，可将其分为四个工程地质岩组。

1)侏倭组上部第一层

侏倭组上部第一层：变质砂岩夹千枚状板岩（T_{3zh}^{3-1}），分布于横Ⅲ～横Ⅳ勘探线之间，厚度130～140m，变质砂岩与板岩的比例为5∶1，砂岩的单层厚度多在50～100cm之间，板岩厚度小于10～20cm。

2）侏倭组上部第二层

侏倭组上部第二层：变质砂岩与千枚状板岩互层（T_{3zh}^{3-2}），分布于横Ⅴ～横Ⅲ勘探线之间和横Ⅳ与白马沟之间，厚度235～245m，变质砂岩与板岩的比例为3∶2，砂岩的单层厚度50～100cm，板岩的单层厚度10～20cm。

3）新都桥组下部第一层

新都桥组下部第一层：薄层变质砂岩与千枚状板岩互层（T_{3x}^{1-1}），分布于小丘地沟下游沟壁与横Ⅴ勘探线及白马沟下游，厚度104～110m，砂岩与板岩的比例为2∶3，砂岩的单层厚度为10～30cm，局部50～80cm，板岩厚度一般5～10cm。

4）新都桥组下部第二层

新都桥组下部第二层：千枚状板岩夹薄层砂岩（T_{3x}^{1-2}），分布于小丘地公路桥至小丘地沟下游沟壁一带，厚度150～160m，砂岩与板岩的比例为1∶3，砂岩单层厚度为10～30cm，局部为50～80cm，板岩单层厚度5～10cm。

坝址区第四系不同成因堆积物主要分布于河床和两岸谷坡坡脚地带。勘探揭示，河床覆盖层厚度90～102m，其成因类型和成层结构复杂，厚度变化大，有远源的河流向冲积物，也有近源的崩坡积物。根据成因、物质组成、结构特征，由老到新可分为6层：

（1）含砂漂（块）卵砾石层（Q_3^{gl+fgl}）：系冰川冰水混合堆积，分布于河床底部，下伏为基岩，厚度一般为14～18m，横Ⅱ线最厚处为25.25m，顶板埋深73～84m，顶板高程2 325～2 344.5m。漂卵石成分以变质砂岩、板岩为主，偶见花岗岩，漂石粒径一般为20～30cm，卵砾石粒径一般2～7cm，充填灰黄或灰色粉砂、粉质土，结构较均一，击实。

（2）粉质壤土与粉细砂互层（Q_3^{l} ♎）：湖积沉积，分布于河床下部，除横Ⅱ勘探线附近缺失外，几乎铺满了整个河床。横II线上游厚度一般为7.81～8.50m，下游一般10～12m，顶板埋深66～72m，顶板高程2 337～2 350m。该层为粉质壤土与粉细砂互层，呈灰色、灰黄色，结构较紧密，微弱透水。

（3）含砂漂（块）卵砾石层（Q_4^{al}）：冲积堆积，分布于河床中下部，下伏为湖积沉积层。厚39～58m，顶板埋深7～28m，顶板高程2 383～2 406m。漂卵石成分为变质砂岩、板岩，漂石粒径一般为20～40cm，卵砾石粒径一般5～10cm，充填灰黄或灰色粉砂、粉质土，结构较密实。该层从上围堰至下围堰断续分布6个砂层透镜体，粗、中、细砂均有，透镜体厚1.16～4.25m，顶板埋深23.35～43m。

（4）块碎砾石土层（$Q_4^{col+dl+al}$）：早期崩坡积与河流冲积的混合堆积体，主要沿实验区河流两岸分布，厚度变化大，与冲积堆积层同一时期形成，交互沉积。据钻孔揭示，横Ⅰ勘探线左、右两岸厚度分别为27.96m、44.62m，顶板埋深分别为20.14m、22m.60m，顶板高程分别为2 429.51m、2 408.8m；横Ⅱ勘探线右岸总厚度36.66m，顶板埋深8.0m，顶部高程2 406.04m，左岸缺失该层。该层结构分布不均一，有局部粗颗粒集中、局部细颗粒集中的现象。

（5）含碎砾石砂层、粉质壤土层（Q_4^{al}）：由冲积堆积形成，分布于河床上部，几乎铺满河谷。据钻孔揭示，在横I和横II勘探线之间以及上游围堰附近，该层中含有漂卵砾石透镜体,厚约 10m。粉质壤土层厚度一般 5～8m,最厚 9.75m。本层总厚度最厚地段位于横Ⅰ、横Ⅱ线间,厚达 12～20m(含透镜体)。顶板埋深 1.5～10.0m,顶板高程 2 403～2 417m。透镜体中卵砾石成分为变质砂岩、千枚岩,卵砾石粒径多在 3～7cm,小砾石粒径 0.5～1.0cm,结构松散,厚度小于 10m。

(6)含漂卵砾石层(Q_4^{al}):现代河床冲积堆积形成,分布于河床顶部,厚度一般为 3～7m,在横Ⅱ线最厚 11m,顶板高程 2 405～2 416.36m。漂卵砾石成分主要为变质砂岩,偶见板岩,小砾石粒径 0.5～1.0cm,卵砾石粒径一般为 3～7cm,漂石粒径 20～40cm,充填物为中细砂,结构松散。

谷坡坡脚广泛分布崩坡积(Q_4^{dl+col})的块碎石土,该层颗粒大小悬殊,分布不均匀,局部细颗粒相对集中,具架空结构,厚度变化大,一般介于 5～30m,结构松散。

3.1.2.3　地质构造

坝址区位于加拉沟向斜的西翼,为侏倭组和新都桥组的地层,岩层倒转与东翼同倾,横Ⅱ线处为次级背斜的核部,核部地层为 T_{3zh}^{3-1},岩层总体产状 N5°～20°W/NE(局部 SW)<70°～85°,与河谷近于正交。区内无大的断层通过,岩体中主要结构面为顺层小型挤压破碎带及节理裂隙。破碎带一般宽 3～7cm,最宽可达 20cm,主要由压碎的石英脉或砂岩碎屑组成。岩体中节理裂隙主要有 5 组:

(1)N5°～20°W/NE(局部 SW)<70°～85°(层面裂隙);

(2)N30°～50°W/NE<50°～60°;

(3)N40°～60°E/NW<5°～10°;

(4)近 EW/S(N)<70°～80°;

(5)近 EW/S<5°～25°。

裂隙发育程度与岩性和构造有关,同一地段一般发育 2～4 组,裂面多平直粗糙,除(1)组延伸大于 10m 以外,其余各组延伸长一般 1～3m,间距 20～60cm,呈现短小的特点。

3.1.2.4　水文地质条件

坝区岩体透水性受构造、风化卸荷诸因素控制,岩体透水性可分为 4 级:

(1)中等透水岩体,$L_u>10$;

(2)弱偏中等透水岩体,$L_u=3～10$;

(3)弱遍微透水岩体,$L_u=1～3$;

(4)微透水岩体,$L_u<1$。

变质砂岩和板岩透水性都具有浅表部岩体透水性较强,随深度减弱的趋势。岩体透水性与岩体风化卸荷关系密切,左岸弱偏中等透水带垂直埋深为 70～95m,河床(基岩)0～10m;右岸为 50～100m。若采用连续 3 段 $L_u \leqslant 3$ 作为相对抗水层标准,则左岸抗水层垂直埋深为 90～120m,河床(基岩)2～30m,右岸为 75～120m。

坝区泉水、钻孔地下水和河水均属 $HCO_3^-—Ca^{2+}Mg^{2+}$ 型,矿化度 0.12～0.23,属低矿化度水,pH 值 7.5～7.6,为弱碱性淡水。按《环境水对混凝土腐蚀的评价标准》,地下水和河水对混凝土均不具腐蚀性。

3.1.2.5 岩(土)体物理力学特性

工程预可及可研阶段设计对覆盖层进行了47组物性试验、6组现场力学试验、7组室内力学试验、2组动三轴试验、3组大三轴试验、12组重力触探和8组标贯试验。其中：

第(1)层含砂漂(块)卵砾石层，埋藏深，未进行物理力学试验，推测其性状好于(3)和(6)层。

第(2)层为粉质壤土与粉细砂互层，天然干密度 $\rho_d=1.75\sim1.76g/cm^3$；小于5mm颗粒含量为100%；其中砂占30.09%，粉粒占46.61%，黏粒占13.44%，孔隙比 $e=0.557\sim0.583$，属密实土，塑性指数 $I_p=6.4\sim12.2$，压缩系数 $\alpha_{v0.1\sim0.2}=0.2MPa^{-1}$，压缩模量 $E_s=7.1\sim9.1MPa$，属中压缩性土；抗剪强度 $C=0\sim0.01MPa$，$\Phi=24°\sim28.5°$；标贯击数为22～59击，属密实砂土；根据动三轴试验，固结压力1.0MPa，振次 $N_f=30$，固结比为1.0、1.5时对应的动强度 τ_d/σ_{3c} 分别为1.5～1.7、2.0～2.4。

第(3)层含砂漂(块)卵砾石，埋藏于河床中部，为坝基主要持力层。据重力触探试验，一般 $R=0.64\sim0.9MPa$，变形模量 $E_0\geqslant65MPa$，属密实性土，具低压缩性。孔间地震层析成像地震波速1 750～2 000m/s，表明为中等密实介质。

第(4)层块碎砾石土，岩性分布不均一，局部有架空现象。据重力触探资料，地基承载力一般为0.17～0.313MPa，压缩模量 $E_0=8.55\sim21.65MPa$，属松散至较密实，该层地基承载力偏低，具中等压缩性。

第(5)层为含碎砾石砂层、粉质壤土层，天然干密度 $\rho_d=1.46g/cm^3$，d<5mm颗粒含量为64.98%～96.32%，平均值为71.18%；其中砂粒占62.69%，黏粒含量5.92%，孔隙比 $e=0.67$，属较密实土；压缩系数 $\alpha_{v0.1\sim0.2}=0.16MPa^{-1}$，压缩模量 $E_s=11.49MPa$，抗剪强度 $C=0MPa$，$\Phi=24.0°$；钻孔重力触探资料显示其承载力 $R=0.355\sim0.877MPa$；地震波层析成像显示地震波速为1 000～1 500m/s，为低密度介质；根据动三轴试验，固结压力1.0MPa，振次 $N_f=30$，固结比为1.0、1.5时对应的动强度 τ/σ_3 分别为0.171～0.184。

第(6)层含漂卵砾石，天然干密度 $\rho_d=2.29g/cm^3$，孔隙比 $e=0.22$，颗分试验表明该层天然级配范围宽；从力学试验成果来看，比例极限荷载 $P_{kp}=0.5\sim0.8MPa$，承载能力较强，变形模量 $E_0=31.99\sim40.31MPa$，压缩系数 $\alpha_{v0.1\sim0.2}=0.01\sim0.02MPa^{-1}$，压缩模量 $Es_{0.1\sim0.2}=72.1\sim82.1MPa$，属低压缩性土；抗剪强度 $C=0.017\sim1.25MPa$，$\Phi=37.3°\sim41.8°$，抗剪强度较高；临界坡降 $i_k=0.12\sim0.43$，破坏坡降 $i_f=0.62\sim1.12$，抗渗透变形能力弱，渗透变形破坏形式为管涌；高压大三轴试验表明：邓肯 E－μ 模型参数 $K=965$，抗剪强度 $\Phi=41.8°$。

分布于坡脚的崩坡积块碎石土层，天然干密度 $\rho_d=2.08g/cm^3$，孔隙比 $e=0.3$，d<5mm颗粒含量占27.6%，级配范围宽，土层结构不均一，局部有架空。力学试验表明，压缩系数 $\alpha_{v0.1\sim0.2}=0.02\sim0.03MPa^{-1}$，压缩模量 $Es_{0.1\sim0.2}=38.6\sim68.5MPa$，属中等压缩性土；抗剪强度 $C=0.04\sim0.07MPa$，$\Phi=34.0\sim38.1°$，抗剪强度较高，临界坡降 $i_k=0.51\sim0.57$，破坏坡降 $i_f=1.03\sim2.31$，破坏形式为流土或管涌，具一定抗渗透能力；高压大三轴试验资料表明：邓肯 E－μ 模型参数 $K=480$，抗剪强度 $\Phi=32.6°$。

坝址区出露地层，为侏倭组与新都桥组浅变质砂岩与板岩。变质砂岩单轴湿抗压强度 $R=65.9\sim273MPa$，岩体变形模量 $E_0=3.61\sim6.03GPa$，砂质板岩单轴湿抗压强

度 $R=38\sim55.8$MPa，岩体变形模量 $E_0=2.17\sim6.59$GPa；千枚状板岩变形模量 $E_0=0.46$GPa，断层破碎带变形模量 $E_0=0.066$GPa。

3.1.3　实验区上段水文条件

3.1.3.1　气象条件

实验区河流域气候属川西高原气候区，受印度洋季风影响，具有山地季风气候特点：冬季寒冷、干燥，降水稀少，气温日差较大；夏季多大风，伏旱频繁。流域内由于地势高差悬殊，立体气候明显，气温随海拔高程升高而逐渐递减。实验区上段电站坝、厂址无气象观测资料，厂址下游约 20km 处有理县气象站。根据理县气象站 1961—1990 年气象要素统计：多年平均气温 11.2℃，极端最高气温 33.9℃，极端最低气温－11.0℃。

实验区河流径流主要由降水补给。每年 4 月降雨量开始增加，5—10 月降雨量约占全年降水量的 80%，11 月至翌年 4 月降水量仅约占全年的 20%。上段电站区域多年平均年降水量 613.3mm，多年平均年蒸发量 1 532.4mm；多年平均相对湿度 67%；多年平均风速 1.6m/s，10 分钟最大风速 17m/s，相应风向 SE；多年平均年日照时数 1 671.4h。

3.1.3.2　径流

实验区河流域干流上有杂谷脑和桑坪水文站。杂谷脑水文站位于实验区上段电站坝址下游约 50km 处的理县县城，控制集水面积 2 404km^2；考虑到实验区上段水电站水工设计需要，设计单位于 1998 年 1 月 1 日分别在实验区上段水电站的坝、厂址设立工程专用水文站。并将杂谷脑水文站和专用水文站作为实验区上段水电站水文分析计算的设计依据站。

经复核后认为：杂谷脑水文站历年流量测次较多，各级水位流量的测点分布使确定水位流量关系曲线有足够的依据。其站各年水文资料精度较高，按规范资料可作为工程设计的依据。另外上游约 3km 的理县电站于 1994 年建成发电，该电站为不完全日调节，并且运行规律不强，从而影响杂谷脑站的洪水，但对径流影响甚微。

为系统设计实验区上段水电站，工程设计单位利用 1998 年 1 月 1 日分别设在实验区上段水电站坝、厂址的专用水文站积累的 1998 年、1999 年和 2000 年的水文资料，在设计中采用坝址年月平均流量与杂谷脑站相应年月平均流量建立相关，将杂谷脑站 1958—1997 年年月平均流量换算至本电站坝址，从而生成坝址处 1958—2000 年年月径流系列。实验区上段坝址 1958 年 5 月至 2000 年 4 月径流系列中，包含了丰水段、中水段和枯水段。因此，采用的 42 年径流系列具有较好的代表性。

实验区河流径流主要由降水补给。每年 4 月降雨量开始增加，5—10 月降雨量约占全年降水量的 80%。11 月至翌年 4 月降水量仅约占全年的 20%。径流年内分配与降水量年内分配基本一致。据杂谷脑站 1958—2000 年径流系列统计，汛期(5—10 月)径流量占全年的 79.7%，其中 6—7 月占全年的 35.0%，2 月份流量最枯，仅占年径流量的 2.29%。

水文资料统计发现，径流年际变化较小。杂谷脑站最丰水年(1992 年 5 月至 1993 年 4 月)年平均流量 78.2m^3/s；最枯水年(1959 年 5 月至 1960 年 4 月)年平均流量 51.2m^3/s，与多年平均流量 64.4m^3/s 的比值分别为 1.21 和 0.80。

根据实验区上段电站坝址处 1958－2000 年径流系列，分别对年(4—5 月)径流和枯期(11—4 月)径流作频率分析计算,用数学期望公式计算经验频率,用 P—Ⅲ型曲线适线确定统计参数。年径流(5—4 月):$X_o=29.5\text{m}^3/\text{s}$,$C_v=0.10$,$C_s/C_v=2$;枯期径流(11—4 月):$X_o=12.4\text{m}^3/\text{s}$,$C_v=0.12$,$C_s/C_v=2$。其成果见表 3-1-1。

表 3-1-1 实验区上段电站坝址径流计算成果表

项目	均值(m^3/s)	C_v	C_s/C_v	$Q_p(\text{m}^3/\text{s})$		
				$p=10\%$	$p=50\%$	$p=90\%$
年径流(5—4 月)	29.5	0.10	2	33.3	29.4	25.8
枯期径流(11—4 月)	12.4	0.12	2	14.3	12.3	10.5

经与岷江上游各站统计参数对比分析认为,由于本流域中上游地区植被覆盖较好,调蓄能力强,且降雨量相对较大,故径流深亦较其他站大,这与降雨分布规律是一致的,说明径流成果是合理的。

3.1.3.3 洪水

实验区河流年径流由降雨和融雪两个部分组成,但洪水主要由暴雨形成。该流域暴雨强度较小,因而形成洪水的量级亦较小。据理县气象站 1961—1990 年降雨资料统计,历年最大单日降雨量为 55.9mm(1981 年 8 月 12 日)。以杂谷脑水文站 1958—2000 年实测流量资料统计,年最大流量发生在 5—9 月,其中又以 6—7 月为最多。历年最大洪峰流量最大值为 $489\text{m}^3/\text{s}$(发生在 1989 年 6 月 16 日),历年最大洪峰流量的最小值为 $171\text{m}^3/\text{s}$(1966 年 7 月 15 日),二者之比值为 2.86。可见实验区河流洪水年际变化不大。

由于杂谷脑水文站 1994—2000 年水文资料受理县电站运行的影响,而理县电站是径流式(不完全日调节)的,经分析采用最大日平均流量与年最大洪峰流量建立相关,还原 1994—2000 年年最大洪峰流量(1927 年历史洪水仅有洪峰流量),分别建立杂谷脑站洪峰流量、年最大单日洪量、3 日洪量相关,插补各时段历史洪量。根据 1958—2000 年共 43 年实测最大洪峰流量、年最大单日洪量、3 日洪量(其中:1989 年洪峰流量、年最大单日洪量从实测系列中抽出作特大值处理),加入历史洪水,组成不连序系列,按数学期望公式 $P=M/(N+1)\times100\%$ 及 $P=m/(n+1)\times100\%$ 分别计算经验频率,以矩阵法计算均值和变差系数,用 P—Ⅲ型曲线适线确定统计参数。

将杂谷脑站的设计洪峰流量按面积比的三分之二次方,换算到实验区上段电站坝、厂址;洪量则根据实验区上段坝址年月径流与杂谷脑站相关方程,换算到实验区上段电站坝址,坝、厂址设计洪水成果见表 3-1-2(来源:设计报告)。

表 3-1-2 实验区上段电站坝、厂址设计洪水成果表

站名	项目	均值	C_v	C_s/C_v	设计频率					
					$p=0.02\%$	$p=0.2\%$	$p=0.5\%$	$p=1\%$	$p=2\%$	$p=5\%$
杂谷脑站	洪峰流量(m^3/s)	279	0.25	4	667	564	522	490	456	410
	单日洪量(亿 m^3)	0.210	0.20	4	0.426	0.372	0.349	0.331	0.313	0.287
	3 日洪量(亿 m^3)	0.580	0.20	4	1.177	1.030	0.964	0.915	0.864	0.793

续表

站名	项目	均值	C_v	C_s/C_v	设计频率					
					$p=0.02\%$	$p=0.2\%$	$p=0.5\%$	$p=1\%$	$p=2\%$	$p=5\%$
实验区上段坝址	洪峰流量(m^3/s)				406	343	317	298	277	249
	单日洪量(亿 m^3)				0.192	0.167	0.157	0.149	0.141	0.129
	3 日洪量(亿 m^3)				0.530	0.464	0.434	0.412	0.389	0.357
实验区上段厂址	洪峰流量(m^3/s)				499	422	391	367	341	307

3.1.3.4　**分期设计洪水**

根据杂谷脑站历年各月最大流量资料，结合洪水特性分析可知，实验区河流洪水随降雨变化，呈明显的季节性变化。由于杂谷脑站 1994—2000 年受理县电站调节影响，而理县电站运行又受多方面因素影响，无规律可循，无法进行还原计算。考虑到年最大洪峰流量最早出现在 5 月 19 日(1995 年)。故将主汛期的设计值的使用期提前 15 天。按照杂谷脑站分期洪水成果，主汛期(6—9 月)、4 月、5 月、10 月洪水用面积比的三分之二次方、其他分期洪水用面积比的一次方换算至电站坝、厂址，其成果见表 3-1-3(来源：设计水文资料)。

表 3-1-3　实验区上段电站坝、厂址分期设计洪水成果表

分期		月份								
		1	2	3	4	5	6—9	10	11	12
使用期		1	2	3	4	5.1～5.15	5.16～9.30	10	11	12
坝址	$p=3.33\%$	15.2	13.2	17.1	65.4	184	262	111	37.9	21.1
	$p=5\%$	14.5	12.5	15.5	55.4	159	249	99.4	35.4	20.1
	$p=10\%$	14.0	11.9	14.2	47.8	138	226	90.0	33.3	19.3
	$p=20\%$	13.0	11.2	12.7	39.8	118	202	79.3	31.0	18.4
	$p=50\%$	12.0	10.0	10.5	28.4	86.8	164	62.2	26.7	16.6
厂址	$p=3.33\%$	19.8	17.1	22.2	77.8	219	323	132	49.2	27.3
	$p=5\%$	18.8	16.2	20.1	65.9	188	307	118	46.0	26.1
	$p=10\%$	18.2	15.5	18.4	56.8	164	278	107	43.2	25.0
	$p=20\%$	17.2	14.6	16.5	47.4	140	249	94.4	40.2	23.9
	$p=50\%$	15.6	13.1	13.6	33.8	103	201	74.0	34.7	21.6

经多种方法分析计算，并与周围流域内电站的设计洪水成果比较，设计洪水成果合理。

3.1.3.5　**泥沙**

实验区河流是岷江上游右岸的一级支流，河谷两岸高山夹峙，坡陡流急，为典型山区河流。流域内地质构造复杂，岩体破碎，节理、片理发育，风化强烈。第四系松散堆积物多分布于河谷两侧及冲沟内。实验区上段水电站坝址以上为米亚罗红叶温泉风景区，植被覆盖条件良好。坝址以下的河谷地段，森林多被采伐，河谷两岸及高坡地，大部分被垦殖，流域内汛期降雨集中，雨强较大，地表易被侵蚀，河谷两岸时有不同程度的崩塌发生。据杂谷脑水文站实测悬移质资料统计，多年平均年输沙模数为 287t/km^2。

实验区河流流域的植被和水土保持总体状况是上游较下游好，而实验区上段电站坝址以上较佳。经推算，实验区上段水电站坝址多年平均年输沙量 15.6 万 t，多年平均含沙量 167g/m^3。1963—2000 年共 38 年系列中，最大年输沙量 38.3 万 t(1992 年)，为最小年输沙量 7.66 万 t(1986 年)的 5 倍。输沙量年内分配不均匀，主要集中在汛期(6—9 月)，占全年输沙量的 91.7%，其中 6—7 月两个月内输沙量约占全年的 68.6%。多年汛期(6—9 月)平均含沙量 260g/m^3。

实验区上段水电站坝址处，无推移质输沙率测验资料。工程设计单位于 1998 年 3 月在实验区上段水文站下游约 1.40km 处河段左岸边滩，用坑测法进行床沙取样分析，得出该河段床沙颗粒级配，其最大粒径 311mm，平均粒径 138mm，中数粒径为 120mm。

采用实验区上段水文站河段床沙组成和实验区上段水文站实测水力要素，分别用工程设计单位研究的分组输沙率公式和修正窦国仁输沙率公式计算全断面流量与推移质输沙率关系。采用实验区上段水文站 1998 年、1999 年、2000 年 3 个实测代表年推求推移质输沙量，该 3 年平均流量接近多年平均流量，以逐日平均流量推求逐日平均输沙率。两公式计算代表年平均推移质年输沙量为 1.47 万～1.85 万 t。根据实验区河流实验区上段坝址以上流域的产沙状况，推移质年输沙量宜采用设计单位分组输沙率公式计算成果 1.47 万 t。

3.1.4 实验区上段自然生态条件

3.1.4.1 概况

实验区上段的自然生态条件，包括电站建设前以及本实验研究前的水环境、生态环境、社会环境、生物多样性等。尽管本实验研究的方向和重点并非电站建设和运行对环境的影响及存在问题，而主要研究水土流失的生态修复，然而水、土生态情况对整个自然生态影响巨大，那么，对比原自然生态条件和电站建设及运行影响环境状况，对引导本实验研究和持续研究的改进，意义重大。

1)水环境

水环境中涉及的水文(洪水和流量)、泥沙等水相关内容已在水文基本条件中介绍，此处的水环境主要为河流水质与水温情况。

(1)水质情况。实验区上段河流两岸的岩性复杂多变，主要的岩石类型有碳酸盐岩、泥页岩、砂岩、玄武岩等。根据坝区泉水、钻孔地下水、河水取样的水质分析资料，实验区上段电站的水化学类型，均属 HCO_3^--Ca^{2+} Mg^{2+} 型低矿化度水及弱碱性淡水。

流域内，工(矿)业不发达，工矿企业主要是一些小型水电站。实验区上段水电站工程涉及河段无工业污染源。而农业污染源，主要是沿河两岸耕地施用的农药和化肥；由于农业生产水平不高，农药、化肥施用量较少，低于全县平均水平，对水质污染程度较低。沿河两岸居民呈散状分布，人畜粪便多集中处理用作农肥，其他生活污水排放量小且分散。

1998年，工程设计单位连续两年委托四川省环境监测中心站对工程涉及河段水质进行了监测，结果表明，该河段1999年后无新增污染源，维持无污染源分布的现状，故水质变化极小，监测值具有较好的代表性。根据原四川省环保局川环开发[1998]468号文及“四川省环保局关于实验区上段电站建设项目执行环境影响评价标准的函”批复，工程地区水环境执行Ⅰ类水域标准。

(2)水温情况。水温决定河流水生生物种类和多样性，据1959—1987年岷沱江水文年鉴的记载，实验区河流杂谷脑水文站和桑坪水文站仅在60年代对水温进行过观测；按两站同期的观测成果分析，杂谷脑站和桑坪站年平均水温分别为8.1℃和9.5℃，按增温率计算，实验区上段坝址处多年平均水温为7.1℃。

也就是说，以河流坝址段多年平均水温为7.1℃水平及历史资料分析，实验区上段河流属冷水水域，水生生物数量、种类稀少。

2)生态环境

以电站工程环境影响评价体系划分，实验区上段生态环境包括土壤环境、陆生生物和水生生物环境、景观环境、植被和水土流失情况。

(1)土壤环境。据流域内土壤普查和土地资源调查，实验区上段土壤主要可分成9个土类，即冲积土、山地灰褐色土、山地褐色土、山地棕壤土、山地灰化土、亚高山草甸土、高山寒漠土等。

由于实验区河流流域内复杂的山地型立体气候、立体地貌、立体植被、各种成土母质及人为耕种熟化等诸多因素，使上段各类土壤形成了明显的垂直分布带。土壤类型随海拔分布为：1 422～1 880m为山地灰褐土，1 882～2 800m为山地褐色土，2 800～3 300m为山地棕壤土，3 000～3 900m为山地暗棕壤土(其中3 650～3 900m间有山地灰化土)，3 700～4 300m为亚高山草甸土，4 300～4 500m为高山草甸土，4 500～5 922m为高山寒漠土，5 000～5 922m为裸岩流石滩。电站所在范围土壤主要为山地褐色土，是全县主要耕植土，有机质含量较低，有效磷缺乏，土层较厚，土质黏重。

(2)陆生植物。实验区上段位于四川盆地山缘向青藏高原过渡的高山狭谷地带，气候和植被垂直分布较明显，植物种类丰富。据初步调查资料统计，集水区有种子植物119科、523属、1 169种。其中，裸子植物5科11属26种，被子植物114科、512属、1 143种。

调查范围内有珍稀植物8种，其中无国家一级保护植物，国家二级保护植物有四川红杉(*Larix mastersiana* Rehd. et Wils)、岷江柏(*Cupressus chengiana* S. Y. Hu)、连香树(*Cercidiphyllum japonicum* Sieb. et Aucc)，国家三级保护植物有麦吊云杉(*Picea brachytyla* (Franch.) Pritz)、大叶柳(*Salix magnifica* HEmsl)、桃儿七(*Podophyllum emodi* var. *Chinense Sprague*)、延龄草(*Trillium tschonoskii* Maxim)、天麻(*Gasyrodia elata* Bl.)。

水库淹没区间或有少量的麦吊云杉分布，厂房施工区附近有数株岷江柏分布，移民安置区无上述珍稀植物分布。实验区的资源植物按原料的性质可分为：药用、油脂、淀粉与糖类、纤维、单宁、芳香油、用材观赏、牧草与饲料等九类，其中以药用植物种类最多。

(3)水生生物。实验区河为山区河流，起源于鹧鸪山东南部，沿途有支流汇入，水量逐步增大，在汶川县城附近汇入岷江。该河水流湍急、水质洁净，年平均水温在6.8℃，属冷水性河流。现场调查，因电站所在地区河道狭窄，基本没有水生植物分布，仅有少量水生藻类植物，且以硅藻门植物占优势，其次是蓝藻门。

区域内共有浮游动物24种，包括原生动物9种、轮虫13种、桡足类2种。从类群组成看，以原生动物有壳类为优势类群，轮虫也较常见，但桡足类出现频率较低。还有底栖动物15种，即线形动物1种，甲壳虫1种，昆虫纲13种。由于采样期为丰水期，故种类组成和生物量均较低，平均数量为65个/m^2，湿重为0.96g/m^2。因水流湍急、水温较低，鱼类区系成分较为单一，以冷水性高原山区种类为主。资料表明，流域内有鱼类4科11种，主要为四川常见种类，其中国家二级保护鱼类有嘉鱼，但多次调查访问未采集到实体标本。

电站涉河长约30km，段内分布有一高达4m的跌水，成为齐口裂腹鱼和重口裂腹鱼等鱼类的分布上限。据访问调查，跌水上下河段的鱼类种数有一定区别，以上河段鱼类有5种，以下有11种，与岷江上游的鱼类区系组成(《四川鱼类志》，丁瑞华等主编，1994年)相比，河流鱼类约占岷江上游鱼类种数的28.2%，跌水以上鱼类仅占岷江上游鱼类种数的12.7%。由于长期的滥渔酷捕及缺乏渔政管理，岷江珍稀鱼类资源早已濒临枯竭，加之市场上江河鱼类短缺，鱼价很高，民众不断捕捞，致其状况进一步恶化。目前，裂腹鱼的常捕个体比20世纪70—80年代小一倍，而青石爬鮡、黄石爬鮡等则小数倍。

(4)景观环境。1999年，实验区的米亚罗红叶风景区，被批准为米亚罗省级自然保护区。米亚罗红叶风景区属自然生态类型，保护对象是高山自然生态，面积为3 688km^2。米亚罗自然保护区因其面积大，涉及317国道等原因，当时未作总体规划。因水电站建设范围位于317国道两侧，且有古尔沟镇、原沙坝乡等较大规模的居民点分布，人类活动频繁。为此，2001年四川省林业厅同意在米亚罗自然保护区的实验区修建水电站，但要求开展环境影响评价工作。

(5)陆生脊椎动物。按照动物地理区划，工程建设区及上游集水区域属于东洋界西南区及西南山地亚区盆地西缘高山深谷地带。由于区域地处青藏高原向四川盆地过渡地区，故南北动物的混杂现象较明显，因此，野生动、植物资源十分丰富，动物种类繁多。据历史资料和现场调查，实验区上段及上游集水区(以下简称调查区域)有陆生脊椎动物23目74科259种，其中，两栖类2目4科9种，爬行类1目6科17种，鸟类13目40科170种，兽类7目24科63种。从物种的多样性分析，调查区域的陆生脊椎动物是比较丰富的。

由于电站工程建设区内和水库淹没区植被以河谷灌丛为主，其次为部分针阔叶混交林，其间无国家重点保护的珍稀、濒危爬行动物分布，鸟类及兽类资源较为丰富，需引起建设管理方和当地政府高度重视。

(6)水土流失情况。根据2000年中国科学院(水利部)成都山地灾害与环境研究所应用遥感技术编制的1∶10万的理县土壤侵蚀分布图测算，理县水土流失面积约2 431.0km^2，占幅员面积的56.36%。其中，轻度流失面积777.5km^2，中度流失面积1 092.8km^2，强烈流失面积338.4km^2，极强烈流失面积127.6km^2，剧烈侵蚀面积94.6km^2，分别占水土流失总面积的31.98%、44.95%、13.92%、5.25%和3.89%。但是，在2000年以前实验区上段，电站很少，在建的公路或水电站规模也很小，人居规模和生态环境接近原生态条件。

即便在本研究课题实验过程前的2010年,经过10年的西部大开发以及大规模的建设扰动,上段电站坝址以上区域植被仍良好,坝址以上水库淹没区植被覆盖度高,水土流失程度较轻;坝址以下区域,人类活动强烈,耕地较多,再加之部分林地被砍伐,植被盖度相对较低,水土流失较为严重。经现场调查和测试,结合工程占用的各土地类型及植被盖度分析,工程占地区域土壤侵蚀背景值约(2000年前的状况)在1 700t/(km^2 · a)左右。

3)存在的环境问题

本研究课题实验区在流域梯级电站建设前就存在下列环境问题:

(1)天然林长期过度砍伐,森林资源锐减;

(2)受岷江干旱河谷焚风效应的影响,河流下游已出现半荒漠景象;

(3)长期过度、非法捕捞以及此前梯级电站的建设已使河流水生生境破碎,鱼类资源趋于贫乏、灭绝;如:1996年1—8月在理县一饭店调查结果,该饭店年收购河鱼约125kg;据此推算,薛城至沙坝长约61km河段年产鱼量约1 500kg,每千米产鱼约24kg;

(4)因红叶二级水电站拦河闸坝的建成投产及上游跌水的阻隔,实验区河段的鱼类资源量低于上述分析数值。

(5)因森林对水资源的调控作用减弱及公路开发建设活动影响,洪、涝、旱、山地灾害频繁。

3.1.4.2 环境影响综合评价意见

实验区上段水电站,位于实验区河流中、上游,区内人烟稀少,植被覆盖率较高,生态系统基本处于良性发展状态。根据评价区环境现状和生态环境受影响趋势,结合实验区上段水电站建设和运行的各类工程活动的特点和性质,实验区上段水电站对环境影响的预测结果表明:

(1)工程建设的不利影响主要是造成水土流失、破坏水生生态;

(2)破坏及淹没保护区部分植被;

(3)影响陆生动物的栖息地;

(4)电站建设导致河段脱水、减水,对下游居民生产、生活用水产生不利影响;

(5)工程建设施工期间对水环境、声环境和环境空气的不利影响。

上述影响均需采取对应的措施予以减免。

1)景观生态恢复措施

鉴于本工程处于米亚罗风景名胜区,从改善工程区景观的角度考虑,将采取多种植物措施以对主体工程区进行绿化。绿化区域主要为大坝下游边坡及左、右岸坝肩开挖坡面和牌坊沟、实验区上段电站渣场、料场以及临时施工营地等区域。

上段电站工程的10个渣场,除了1#、2#渣场位于水库淹没区外,其他5个渣场位于坝下游,需覆土后采取植物措施。

电站设计规划施工公路总长38.6km,需实施植被措施的公路及路段总长29.5km,其余路段位于水库淹没区,水库蓄水后将淹没这部分公路,因此无须采取植被措施。植被措施主要包括道旁绿化和公路边坡绿化两部分。

移民安置区的景观恢复主要为新建渠道的植被恢复,但鉴于渠道断面较小,占地少,水渠经过地段的立地条件和扰动破坏情况,拟采取撒播草种恢复植被。

317国道改建工程属永久性工程,在国道公路工程建设期采取种植行道树的绿化方式。公路开挖扰动部分主要为开挖边坡,拟采取生长迅速的灌草措施进行防护。

2)对米亚罗省级自然保护区和风景名胜区的补救措施

电站建成运行,水库淹没区将淹没40余株挂牌景观树——大翅色木槭,在工程蓄水前拟对其进行移栽。初步规划建议,景观树移栽至大沟移民安置区。

在本工程筹建工程动工前,对施工区的陆生植物进行全面调查,合理优化施工场地的布设,对无法避让的影响对象及时采取必要的迁移措施。在围堰挡水前,对水库淹没区的陆生动、植物进行详细调查,对库区淹没的国家三级保护植物麦吊云杉采取必要的移栽等保护措施,对影响的陆生动物也应根据其生态习性采取相应的保护措施。

鉴于本工程位于米亚罗省级自然保护区和风景名胜区,工程的建设必将对原有植被及景观造成一定负面影响。除采取上述措施外,本工程拟对陆生动物和陆生植物分别计列补偿费用以采取其他必要的保护措施。

3)鱼类保护措施

工程建成后,库尾以上的实验区河流干、支流河道,坝下游大沟汇口至红叶二级水电站库尾干流河段及大沟支流,均将维持其原有的水生生态环境,原有江河鱼类仍将在此适生。为补偿工程兴建及运行对鱼类资源量的影响,拟在上述河段及库区投放鱼苗。

4)设计报告意见

实验区上段水电站地处实验区河流中、上游,且涉及米亚罗省级自然保护区和风景名胜区的环境影响。根据评价区环境现状和生态环境发展趋势分析,电站对环境的不利影响主要是工程建设施工期造成大量水土流失,电站运行期对生态需水及下游居民生产、生活用水的影响。设计认为:在采取相应的环境保护措施后,景观和生态环境可以基本恢复;鱼类资源也可以采取一定方式进行补偿,施工期水土流失可以采取有效的防治措施进行控制,下游居民的生产和生活用水通过下泄生态流量得到妥善解决,施工期各种不利影响在电站建成后综合治理。因此,从环境保护角度总体评价认为,实验区上段水电站不存在制约性的环境影响因素,工程的建设是可行的。

3.2 地震前实验区中段自然生态条件

3.2.1 地形地貌

实验区中段水电站,地处四川盆地与青藏高原东南缘的过渡地带,总体地势西北高、南东低,山岭海拔高程2 500～5 150m,相对高差1 000～3 000m。区域内地形切割强烈,谷深坡陡,以高山、中高山为主,山脊形态类型多为尖山脊。

本课题实验区河流流域,共发育五级阶地(见表3-2-1,来源:设计地质报告)。除理县县城附近保存完好外阶地地形外,其余河段仅见Ⅰ、Ⅱ级阶地,其中,Ⅰ级阶地为堆积阶地,阶面拔河高6～7m;Ⅱ级阶地零星分布,阶面拔河高50～70m,属基座阶地。

调查发现,实验区河流早期有冰川活动,冰缘气候条件下常见的纹泥沉积的出现及冻融崩解堆积物为代表的斜坡堆积普遍，流域内冰蚀地貌较发育，主要表现为古冰斗、角峰、冰川谷等。

表 3-2-1　实验区河阶地特征表

阶地级序	阶面拔河高(m)	阶地类型	物质特征
Ⅰ	6～7	堆积	由下部块砾石和上部砾石、粗砂组成
Ⅱ	50～70	基座	由卵(碎)砾层组成，局部夹纹泥沉积
Ⅲ	90	堆积或基座	为堆积阶地或覆盖基座阶地。由块砾层组成，上覆薄层粉砂质土状堆积体
Ⅳ	120	基座	块砾层为主体，上覆粉砂质土状堆积物
Ⅴ	150～160	基座	块砾层为主体，局部夹砂及砾石层，上覆粉砂质土状堆积物

3.2.2　地层岩性

中段电站区地层分区属马尔康分区，区内出露地层主要为志留系—二叠系及第四系地层。地层构造以火山岩、海相砂泥岩、碳酸盐岩构造为主。在不同地质时期构造运动中，特别是三叠系末期的印支运动，使区内地层普遍褶皱，并发生区域变质作用，形成了一系列浅变质岩系，局部中等变质与电站区有关的地层主要有以下几组(见表 3-3-2)：

(1)志留系茂县群第三组(S^3_{mx})，厚 261～907m，为深灰、灰色绢云千枚岩、绢云石英千枚岩及结晶灰岩、变质细砂岩，局部为中等变质的石榴黑云母片岩；

(2)志留系茂县群第四组(S^4_{mx})，厚 426～1 148m，为灰色绢云千枚岩、绢云石英千枚岩夹薄层细砂岩、泥质灰岩；

(3)志留系茂县群第五组(S^5_{mx})，厚 364～443m，上部为灰色千枚岩，下部为绿灰色、灰色、银灰色绢云石英千枚岩夹薄层变质细砂岩、结晶灰岩；

(4)泥盆系危关群下组(D^1_{wg})，厚 497～597m，为灰色石英千枚岩、薄—中厚层石英岩夹绢云千枚岩、炭质千枚岩；

(5)泥盆系危关群上组(D^2_{wg})，厚 599～694m，为炭质千枚岩、灰色绢云千枚岩夹灰色薄—厚层状石英岩、石英千枚岩；

(6)石炭、二叠系(C＋P)，厚 32～215m，为灰绿色蚀变玄武岩、砂质结晶灰岩、大理岩、泥灰岩、细砂岩与千枚岩不等厚互层；

(7)第四系松散堆积物(Q)，主要分布于谷底、斜坡坡脚等部位，为冲积、崩坡积、洪积、滑坡堆积、冰积等成因；

(8)侵入岩，主要为辉绿岩(β_{μ})、细晶闪长岩(δ_1)；分布于工程区通化沟、蒲溪沟内，为中—基性岩脉。

表 3-2-2 实验区电站综合地层岩性特征表

界	系	统	阶(组)	符号	厚度(m)	岩性描述
新生界	第四系	全新统		Q_4	5～50	块碎石土、砂卵砾石、粉砂及细砂等
		更新统		Q_3	0～30	砂卵砾石、粉砂土
古生界	二叠系	上统		$P_{2\beta}$	0～24	灰绿色蚀变玄武岩
		下统		P_1	23～60	上部灰色中—厚层砾状灰岩,下部深灰色薄—厚层结晶灰岩夹灰绿—灰色钙质千枚岩、生物碎屑灰岩
	石炭系	上中统		C_{2+3}	0～64	灰色薄—厚层状结晶灰岩、大理岩、黄灰色钙质千枚岩与褐绢云千枚岩互层
		下统		C_1	9～67	浅灰色薄—中层结晶灰岩夹黄灰色钙质绢云千枚岩、竹叶状灰岩,薄层细砂岩
	泥盆系	危关群	上组	D^2_{wg}	599～>941	炭质千枚岩、灰色绢云千枚岩夹灰色薄—厚层状石英岩、石英千枚岩
			下组	D^1_{wg}	497～597	灰色石英千枚岩、薄—中层石英岩夹绢云千枚岩、炭质千枚岩
	志留系	茂县群	第五组	S^5_{mx}	364～443	上部灰色千枚岩,下部绿灰色、灰色、银灰色绢云石英千枚岩夹薄层变质细砂岩、结晶灰岩
			第四组	S^4_{mx}	1 148～426	灰色绢云千枚岩、绢云石英千枚岩夹薄层细砂岩、泥质灰岩
			第三组	S^3_{mx}	907～261	深灰、灰色绢云千枚岩、绢云石英千枚岩及结晶灰岩、变质细砂岩,局部为中等变质的石榴黑云母片岩

3.2.3 地质构造

实验区中段电站地质环境在大地构造环境中,地处松潘—甘孜地槽褶皱系内的北东向龙门山断裂带与北西向鲜水河断裂带围限的川青断块上,该地槽大致形成于奥陶纪,经历多次大幅度升降,接受了巨厚的沉积,直到三叠纪末期的印支运动才使该地槽褶皱回返,形成褶皱山系。印支运动后,一直表现为整体抬升。

其主要构造有实验区—卧龙"S"形构造系、小金—较场弧形构造带和龙门山断裂带,分别有其地质特点。

1)实验区—卧龙"S"形构造系

实验区—卧龙"S"形构造系,属金汤弧形构造的东翼部分,由一系列"S"形、弧形线状褶皱和压扭性弧形断层组成。东部被龙门山断裂带限制,与之呈斜接关系。其中,该区"S"形构造位于通化以上、理县至米亚罗一带,由一系列"S"形褶皱和压扭性断裂组成。旋转中心在理县附近,"S"形构造在理县一带褶皱挤压紧密,两端特别是卧龙一带有明显的撒开。西北部岩浆岩侵入,切割了"S"形构造线。卷入该构造型式的有志留系、泥盆系及三叠系一套变质岩系地层。

2)小金—较场弧形构造带

小金—较场弧形构造带,展布于龙门山断裂带的 NW 侧,在平面上组成一系列弧顶向南的叠弧构造。该弧形构造的北西翼常发育有规模不大的北北西至北西向断裂,如松平沟断裂、抚边河断裂和米亚罗断裂等。

松坪沟断裂，发育于较场弧形构造带西翼，大致沿松平沟延伸，在叠溪附近与刷经寺至叠溪 EW 向隐伏断裂相交，长约 25km，距工程区约 50km。断层总体产状 N50°～55°W，NE(SW)＜65°～80°，两侧地层遭受强烈挤压，形成宽达数十米的岩层陡立带，断层破碎带宽约 1m，由灰质碎裂岩、糜棱岩及黑色断层泥组成。该断层在 1713 年和 1933 年分别发生过 7 级和 7.5 级地震，表明该断裂新活动的强烈性。

抚边河断裂，发育于小金弧形构造的 NW 翼，沿抚边河呈 N30°～40°W 方向延伸，长约 40km，距工程区约 55km。该断裂带宽约数十米，由多条宽约 2～3m 的次级断层近于平行展布组成。热释光(TL)法测龄值为 1.77(±0.14)万年，表明其为晚更新世晚期活动断裂。

米亚罗断裂，位于小金弧形构造的北西翼，北起鹧鸪山马塘南侧，向南东经鹧鸪山垭口、米亚罗、夹壁，至木城以南消失，全长约 56km，距工程区最近距离约 25km。断层总体产状 N30°～50°W，NE(SW)＜35°～60°，破碎带宽达 40～100 余 m，由碎裂岩、角砾岩、糜棱岩组成，属压扭逆冲断层。热释光(TL)法测龄资料表明，断裂最新活动年龄在 13.29(±1.08)万～31.66(±2.5)万年间，为中更新世活动断裂。

3)龙门山断裂带

龙门山断裂带，南东起于泸定，向北东延伸经都江堰、江油、广元进入陕西勉县一带，全长 500 余 km，距实验区约 35km。该断裂作为松潘—甘孜地槽褶皱系和扬子准地台一级大地构造单元的分界线，历经多次构造变动，断裂形迹比较复杂，主要由前山断裂、主中央断裂和后山断裂组成。其中，距实验区中段最近的为后山断裂。

龙门山后山断裂，起始于泸定冷碛附近，向北东经赶羊沟、草坡、汶川、茂汶、平武、青川进入陕西境内，长 500 多 km。工程区附近称为茂汶断裂，总体产状 N30°～50°E，NW＜50°～70°，破碎带宽约数十米，局部地段可达 100 多 m，由断层泥、糜棱岩、构造透镜体组成。热释光法测得茂汶—草坡段最新活动年龄为 3.61(±0.29)万年，其余段为 15 万～48 万年。

3.2.4　新构造运动与地震

本研究课题实验区所在的川青断块第四纪以来总体表现为整体性、间歇性抬升，断块内河谷沿岸发育的Ⅴ级阶地即表明了这一特点。外围边界断裂，则以继承性差异活动为主，新构造活动强烈。

实验区中段，地震活动与现今活动构造密切相关，强震多发生在活动构造带内。按电站当时初步设计报告：电站区内无大的地震构造存在，历史及现今地震活动较弱，地震危险性主要受外围松潘至较场地震带、小金地震带和鲜水河地震带的波及影响。2008 年 5 月 12 日发生在汶川的特大地震，彻底颠覆了设计报告的上述结论。

根据地震史料，截止到 2000 年前，中段电站区及其外围至当时为止，共统计到 Ms≥4.7 级地震 114 次；其中，7 级以上地震 3 次，6～6.9 级地震 9 次，5～5.9 级地震 21 次，最大震级为 1933 年 8 月 25 日发生在叠溪的 7.5 级地震。这些地震对中段电站地区的影响烈度均未超过Ⅶ度。按《中国地震动参数区划图》(1/400 万)(GB18306－2001)，电站场地地震动峰值加速度为0.10g，动反应谱特征周期，闸址区为0.45s，厂址区为0.40s，相应的地震基本烈度均为Ⅶ度。

3.2.5 电站库区地质条件

实验区中段电站库区位于理县境内，电站运行时正常蓄水位1 710m，库长约1 100m，平均水面宽110m，库区控制流域面积2 674km^2。

1)基本地质条件

水库河谷总体呈近N9°E向展布，两岸谷坡较陡峻，为对称的“U”形谷，自然坡度约35°～45°；两岸山体雄厚，分水岭较高，仅在右岸发育一深切冲沟——洪水沟，沟口有洪积扇堆积，沟内常年流水，两岸谷底Ⅰ级阶地发育。

库区两岸出露地层，主要为泥盆系危关群下组(D^{1}_{wg})灰色石英千枚岩、薄—中厚层石英岩夹绢云千枚岩或炭质千枚岩。区内覆盖层除河床两岸Ⅰ级阶地分布冲积层外，尚有洪水沟沟口的洪积堆积体和部分地段坡脚及谷坡坡面堆积的崩坡积层，在右岸库尾发育有小型滑坡体。但总体上地质构造简单，无规模较大的断层发育，地质构造主要表现为以层面为代表的一套节理裂隙系统，层面裂隙产状为近SN，W<70°～80°，与谷坡呈小角度相交。

2)库岸稳定

实验区中段电站开发的建筑物结构为低闸引水的方式，水库壅水高度低，水库蓄水对库区的自然条件和水土环境改变不大。区内两岸谷坡一般基岩裸露，坡脚及沟口覆盖层分布零星，岸坡整体稳定性较好。

电站的库区上游滑坡体，位于实验区河流右岸，距电站闸址约0.5km，河水面高程1 703m，滑坡前缘高程1 720m，后缘高程1 970m，前后缘高差250m，滑坡纵向长390m，宽约360m，推测滑坡体平均厚度约30m，方量约220万m^3。根据现场调查，滑坡整体未见变形失稳现象，前缘覆盖有完整的Ⅰ级阶地。也就是说，滑坡体为一古滑坡体，现状整体稳定，仅前缘滑体发生浅表土滑。水库形成后，由于滑坡处于正常蓄水位之上(正常蓄水位1 709.5m)，因此，水库蓄水对该滑坡无大的影响。电站水库很小，库水微量蒸发不可能较大改变局地气候，即不会增加降雨，也就不会对滑坡体构成影响。换句话说，电站库区基本不存在库岸稳定问题，局部松散堆积体相对集中地段可能出现的小型塌岸，对电站的正常运行及环境工程地质条件均不会产生较大影响。

3)水库渗漏及库区泥石流

根据现场地质调查，库区两岸山体雄厚，分水岭较高，且水库壅水高度不大，因此不存在水库向邻谷的渗漏问题。两岸闸肩勘探平硐揭示，岩体卸荷及倾倒变形较强烈，浅部40～60m透水性强，库水可能发生绕坝渗漏，因此需加强闸首防渗处理。

库内右岸洪水沟沟内常年流水，沟口有一定规模的洪积堆积扇分布。经现场查勘，沟口堆积体物质以细粒为主，主要为碎砾石土，目前已辟为耕地，沟内地形狭窄，未见较大松散堆积物源，沟底及沟壁植被发育良好，沟内形成较大规模泥石流的可能性较小。

3.2.6　电站坝址地质条件

1)地形地貌

实验区中段电站坝址位于理县境内县城以东，于上一级电站厂房公路桥至板子沟电站厂房之间的河段上。该处河道较顺直，河流流向N；经过闸址后，河流转向为N47°E，形成向左岸凸出的河道。

坝址区为较为对称的宽“U”形河谷，谷底宽约150～160m，枯水期河水面高程约1 692m，宽50～60m。谷底漫滩、Ⅰ级阶地发育；两岸谷坡较陡，山体雄厚，冲沟不发育。左岸谷坡自然坡度为35°～50°，右岸谷坡下部陡峻，自然坡度为60°～70°，上部稍缓，其自然坡度为40°～50°。

2)地层岩性

中段电站坝址两岸基岩裸露，出露岩石为泥盆系危关群下组(D_{wg}^1)灰色石英千枚岩、薄—中厚层石英岩夹绢云千枚岩、炭质千枚岩。其中，石英岩较坚硬，石英千枚岩、绢云千枚岩、炭质千枚岩岩性软弱，强度低。

据钻孔揭示，坝址河床覆盖层深厚，最大厚度大于60.13m(ZK102)；按其结构、成因和物质组成，可将坝址区覆盖层划分为3层(见表3-2-3，来源：设计报告)。

表3-2-3　坝址区钻孔分层简表

钻孔编号	孔口高程(m)	孔深(m)	覆盖层					基岩
			根植土	③块碎石土($col+dlQ_4$)	②含漂砂卵砾石层(alQ_4^2)	第②层中砾石土层透镜体(alQ_4^2)	①砂卵砾石(alQ_4^1)	千枚岩、石英千枚岩(Dwg^1)
ZK101	1690.17	60.56	/	/	0～46.6	/	/	46.6～60.56
ZK102	1693.96	60.13	0～0.4	/	0.4～27.6、30.13～50.06	27.6～30.13	50.06～60.13	/
ZK103	1692.25	60.41	0～1.2	/	2.2～29.5	1.2～2.2	/	29.5～60.41
ZK104	1690.98	70.95	/	/	0～45.51	/	45.51～54.16	54.16～70.95
ZK105	1693.78	60.21	/	/	6.25～36.4	0～6.25	/	36.4～60.21
ZK106	1690	64	/	/	0～34.61	/	34.61～47.3	47.3～64
ZK107	1692.98	60.3	/	16.8～34.2	0～7.1、9～16.8	7.1～9.0	/	34.2～60.3
ZK108	1691.67	40.27	/	/	0～40.27	/	/	/

3)地质构造

中段电站坝址区，位于总棚子倒转复背斜向西凸部位，区内基岩由泥盆系危关群浅变质岩构成，岩层产状变化较大，总体上为近SN，W∠70°～80°，走向与河流近于平行，倾左岸，为纵向谷。区内地质构造简单，无较大规模的断层分布，仅表现为岩层的小型揉皱和节理裂隙。根据地质调查报告，除层面外，岩体中主要发育二组优势节理：①N70°～80°W，NE∠60°～70°；②N60°～70°E，NW∠60°～70°。其中，层面裂隙延伸长，裂面多平直粗糙，发育程度受岩性的控制；千枚岩中间距一般5～15cm，砂岩中一般15～30cm。其余裂隙延伸多 1.5～2m,少量 3m,面多微起伏、粗糙,间距 20～30cm。

(1)物理地质现象。实验区中段坝址区地质,出露基岩主要为泥盆系危关群浅变质岩,风化作用主要沿结构面进行和扩展。因谷坡为纵向谷,岩层陡倾,岸坡倾倒变形明显。地表地质调查表明,右岸坝轴线上游约 60～180m 间谷坡岩体倾倒变形强烈。左岸勘探平硐 PD02 揭示,坝肩接头处岩体倾倒变形深度达 50m。根据两岸坝肩平硐和地质调查的资料,左岸强卸荷岩体水平深度约 50m,弱风化、弱卸荷水平深度约 70m;右岸岩体弱风化、弱卸荷水平深度约 20m。

(2)水文地质条件。中段水电站坝址区地下水,按贮存介质的不同,可以分为基岩裂隙水和河床松散堆积层孔隙水两种类型,二者主要接受大气降水补给,地下水径流方向与地形起伏情况一致,两岸地表水及地下水向低洼的河流河谷排泄,地下水位存在随季节变化而变化的规律。

4)岩体物理力学特征

由于中段电站坝址区两岸出露基岩为泥盆系危关群下组(Dwg1)灰色石英千枚岩、薄一中厚层石英岩夹绢云千枚岩、炭质千枚岩。经试验分析,炭质千枚岩、石英千枚岩、绢云千枚岩单轴湿抗压强度为 15.5～43.17MPa(见表 3-2-4,来源:设计报告),其强度较低,属软弱岩石。石英砂岩抗压强度达 105.5MPa,为高强度的坚硬岩石。

中段电站坝址区岩体物理力学特性主要受岩石强度、卸荷程度和岩体完整性等因素影响。根据地表地质调查和坝肩勘探平硐揭示,左岸岩体强卸荷水平深度为 50m,弱风化、弱卸荷水平深度约 70m;右岸岩体弱风化、弱卸荷水平深度约 20m。左岸强卸荷岩体倾倒变形强烈,层面裂隙倾角普遍变缓,局部已折断,岩体物理力学性质较差;弱卸荷及微新岩体以层状结构为主,岩体质量主要受岩性控制。右岸闸肩岩体较好,无倾倒变形迹象,仅浅部岩体呈弱卸荷。通过河床钻孔压水试验,结果表明:岩体具一定程度的卸荷,属弱一中等透水岩体。

表 3-2-4　中段电站室内岩石物理力学试验成果表

岩性	组数	加载方向层理关系	烘干密度	比重	普通吸水率	饱和吸水率	弹性模量	泊松比	抗压强度		抗拉强度		软化系数	备注
			g/cm³		%	%	GPa		干 MPa	湿 MPa	干 MPa	湿 MPa		
灰色石英砂岩	3	⊥	2.77	2.79	0.24	0.26	41.22	0.22	137.06	105.5	10.32	6.38	0.75	
灰绿色蚀变玄武岩	1	//	2.89	2.93	0.41	0.44	23.40	0.26	58.30	35.90	5.33	2.94	0.59	
	2	⊥	2.90	2.93	0.31	0.34	32.62	0.23	103.93	74.52	9.65	6.43	0.70	
炭质千枚岩	2	⊥	2.80	2.84	0.46	0.49	10.46	0.29	33.73	19.30	5.05	3.80	0.57	
	1	//	2.78	2.86	1.00	1.19	15.50	0.27	30.00	15.50	1.8	1.00	0.53	
绢云石英千枚岩	3	⊥	2.79	2.83	0.46	0.48	29.06	0.24	74.00	43.17	7.16	5.10	0.57	

3.2.7　厂址工程地质条件

1)基本地质条件

实验区中段电站厂区,河谷为“U”形谷,河流呈 N71°E 方向流经厂址。枯水期,河水面高程 1 550m。厂房建筑物的Ⅰ级阶地顺河长约 400m,宽 90～120m,阶面平缓,拔河高 5～8m,为以前的木材检查站房屋及果园。阶地后坡基岩裸露,自然坡度约 60°,仅坡脚有少量崩坡积堆积物,呈零星分布。

厂区岩石,为泥盆系危关群上组(D_{wg}^{2})炭质千枚岩、绢云千枚岩夹灰色石英千枚岩、薄—厚层状变质砂岩。第四系覆盖层主要为Ⅰ级阶地的河流冲积层和坡脚少量的崩坡积堆积体。根据钻孔资料(见表 3-2-5,来源:设计报告),厂区覆盖层厚一般 20～35m,主要为含漂(块)砂卵(碎)砾石,局部夹 3～4m 厚的砂层透镜体。其中,漂卵砾石成分为砂岩、花岗岩、千枚岩和石英团块,卵石粒径一般 8～14cm,次磨圆或次棱角状,含量约 25%～35%;砾石含量约 45%～55%。砂层透镜体为灰黄色中粗砂,局部夹少量卵砾石。

中段电站厂区物理地质作用,主要表现为谷坡岩体的卸荷,岩体风化微弱,崩塌、滑坡等现象少见。据现场调查和 PD03 平硐揭示,岩体强卸荷水平深度达 60～70m,弱风化、弱卸荷水平深度 80～90m。区内地下水类型主要有第四系松散堆积层中的孔隙水和基岩裂隙水。

表 3-2-5　厂址区钻孔分层简表

钻孔编号	孔口高程(m)	孔深(m)	覆盖层				基岩
			根植土	块碎石土(alQ_4)	含漂(块)砂卵(碎)砾石层(alQ_4)	砂层透镜体(alQ_4)	千枚岩、石英千枚岩(Dwg^2)
ZK201	1 557.18	50.04		0～1.38	1.38～19.1		19.1～50.04
ZK202	1 558.17	48.74	0～1.6		1.6～19.6 23.07～29.25	19.6～23.07	29.25～48.74
ZK203	1 561.99	50.04		0～2.3	2.3～10.00		10.0～50.04
ZK204	1 556.94	27.13	0～0.4		0.4～20.6		20.6～27.13
ZK205	1 556.77	37.3	0～1.6		1.6～25.26		25.26～37.3
ZK206	1 558.44	50.42	0～0.85		0.85～16.3		16.3～50.42
ZK207	1 556.29	50.13	/		0～50.13		
ZK208	1 558.82	50.08	0～1.75		1.75～30.85		30.85～50.08
ZK209	1 558.46	50.63	0～1.8		1.8～34.8		34.8～50.63

2)覆盖层地质特征

厂址区覆盖层结构简单,厂房基础持力层为含漂(块)砂卵(碎)砾石,物理力学性试验及现场钻孔试验表明，干密度 $\rho_d=2.15\sim2.2g/cm^3$，天然含水量为 1.5%～1.7%，渗透系数为$(1.13\sim2.95)\times10^{-2}cm/s$，透水性中等—弱透水。$N_{120}$动力触探平均击数 6.52～8.17 击，结构较密实，根据原水电部动力触探试验规程和成都地区卵石 N_{120} 与 Es 和 f_k 的相关关系，相应的压缩模量为 33～43MPa，承载力 $f_k=0.5\sim0.65MPa$。

3)岩体工程地质特征

厂址区基岩岩体强度，随岩性的不同岩体强度差异较大，炭质千枚岩、石英千枚岩、绢云千枚岩岩性较弱，湿抗压强度 15.50～43.17MPa，变质砂岩抗压强度达 105.5MPa，为高强度的坚硬岩石。

厂区岩体的工程地质特性，主要受岩石强度、卸荷松弛程度和岩体完整性等因素的影响。据地表地质调查和勘探平硐 PD03 揭示，厂区岩体风化微弱，但卸荷较强烈，强卸荷水平深度达 65m，弱风化、弱卸荷水平深度约 84m。强卸荷岩体中节理裂隙大多张开，部分充填泥膜等软弱物质，物理力学性质差。弱卸荷及微新岩体以层状结构为主，岩体的工程地质特征主要受岩性控制。

3.2.8 气象气候状况

实验区中段河流流域地处盆地西缘山地，西接青藏高原东缘，为四川盆地到高原的过渡地带，属川西高原气候区，具有山地季风气候的特点，冬季寒冷干燥、晴朗少雨，日照强烈，气温日差较大；夏季湿润，雨季明显，并有大风、伏旱等灾害。

实验区中段域内地形复杂，相对高差大，气候具有明显的地域差异。气温有随海拔高程增加而降低、降雨有随海拔高程上升而增大的趋势。从流域内已有的降水资料来看，米亚罗等海拔高度 2 500m 以上区域，是本流域最湿润的地区。随着高程降低，降雨量逐渐减少。县域及其以下河谷，有明显的干旱河谷气候特征，降雨稀少，至河口汶川县，降雨量达到流域最低值。据实测资料统计，米亚罗、杂谷脑水文站、上孟、桑坪水文站多年平均年降雨量分别为 817.7mm、567.6mm、697.4mm、507.4mm。

当时的条件有限，中段电站坝、厂址附近仅有少量零星降雨资料（由县志刊布），其观测年限及精度等情况均不详。域内有理县、汶川两个县级气象站，以长期气象观测资料可近似代表中段电站闸、厂址处的气象特性，供设计参考。据 1961—1990 年共 30 年的气象观测资料，其多年平均气温 11.2℃，极端最高气温 33.9℃，极端最低气温－11.0℃。多年平均相对湿度 69%，多年平均年降水量 613.3mm，最大一日降水量 55.9mm，多年平均年蒸发量 1 432.4mm，多年平均风速 1.6m/s，瞬时最大风速 17.0m/s，日照时数 1 671.4h（详见表 3-2-6，来源：初步设计报告）。

对比实验区下段气象站，位于中段电站厂址以下约 22km 处，据 1976—1995 年共 19 年的气象观测资料，其多年平均气温 13.5℃，极端最高气温 35.6℃，极端最低气温－7.4℃。多年平均相对湿度 69%，多年平均年降水量 537.9mm，最大一日降水量 66.7mm，多年平均年蒸发量 1 599.2mm，多年平均风速 2.6m/s，瞬时最大风速 17.0m/s（详见表 3-2-7，来源：初步设计报告）。

表 3-2-6　实验区中段气象站气象特征值统计表　　高程：1 887.5m

项目	月份												全年
	1	2	3	4	5	6	7	8	9	10	11	12	
平均气温(℃)	0.8	2.7	7.4	12.2	15.7	17.8	20.4	30.4	16.3	11.9	6.8	2.2	11.2
极端最高气温(℃)	16.9	29.2	27.8	31.2	33.4	32.5	33.9	33.7	31.0	27.2	21.9	20.5	33.9
极端最低气温(℃)	−11.0	−9.3	−7.9	−2.1	3.3	5.5	9.2	7.9	5.4	0.1	−4.8	−10.9	−11.0
多年平均降水量(mm)	7.5	12.6	33.8	55.4	87.0	111.9	80.1	68.6	90.0	46.6	15.9	4.0	613.3
最大一日降水量(mm)	11.8	8.5	20.2	32.3	42.2	30.6	28.3	55.9	31.2	23.6	21.4	7.6	55.9
日期/年	24/1975	2/1990	18/1966	25/1985	19/1985	21/1982	30/1983	12/1981	10/1984	1/1967	8/1990	10/1973	8.12/1981
多年平均蒸发量(mm)	49.0	73.4	118.4	156.8	178.5	159.1	177.0	187.1	122.1	98.6	67.0	45.4	1 432.4
多年平均相对湿度(%)	61	62	63	62	67	73	72	69	75	72	66	61	67
多年平均风速(m/s)	1.3	1.7	2.0	2.1	1.9	1.6	1.6	1.7	1.5	1.3	1.3	1.1	1.6
10 分钟平均最大风速(m/s)	8.9	9.0	9.0	17.0	14.0	9.0	14.0	12.0	11.0	10.0	9.0	7.0	17.0
相应风向	N	NNW	W、SW	SE	SE	NE	SE	NW	SE	N	N	N	SE
多年平均日照时数(h)	110	129.4	156	169.9	167.1	137	160.1	178.2	119.8	131.1	108.2	104.7	1 671.4
最大积雪深度(cm)	13	15	11								7	6	15
霜日数(d)	14.4	7.3	4.6	0.7						1.8	9.6	17.1	55.4
多年平均水温(℃)(杂谷脑水文站)	3.4	4.1	6.8	9.1	10.1	10.1	11.5	12.4	11.1	9.0	6.3	3.8	8.1

表 3-2-7 实验区下段气象站气象特征值统计表 高程:1 325.6m

项目		1月	2月	3月	4月	5月	6月	7月	8月	9月	10月	11月	12月	全年
降水量(mm)	降水量	2.2	5.2	20.0	49.1	73.4	92.5	86.5	84.6	73.3	37.4	12.2	1.5	537.9
	一日最大	6.3	7.2	11.5	28.1	32.8	44.7	66.7	53.8	30.2	21.7	23.4	3.0	66.7
	降水日数	4.0	6.5	11.6	15.8	17.7	19.0	18.0	15.7	17.6	15.7	7.0	2.7	151.3
气温(℃)	平均气温	3.5	5.2	9.1	14.2	17.6	10.4	22.5	22.3	18.3	14.2	9.8	5.1	13.5
	极端最高	17.8	24.8	26.6	32.7	33.6	34.4	35.6	35.0	33.9	27.3	24.2	22.0	35.6
	极端最低	−6.8	−6.5	−4.4	0.8	6.6	9.0	13.4	12.4	9.3	2.7	−1.1	−7.4	−7.4
相对湿度(%)	平均相对	63	63	65	65	67	72	73	72	76	74	68	64	69
	历年最小	7	4	8	6	10	23	20	20	23	22	12	9	4
蒸发量(mm)		71.1	83.9	150.2	167.8	192.6	161.9	187.6	190.3	122.7	103.7	89.5	71.9	1 599.2
风速(m/s)	平均风速	2.7	2.9	3.5	2.9	2.6	2.2	2.2	2.2	2.2	2.4	2.5	2.5	2.6
	最大风速	9.0	11.0	12.0	14.0	12.0	17.0	11.0	10.0	11.0	12.0	11.0	11.0	17.0
	及相应风向	2G	SSE	3G	2G	3G	ENE	SSE	3G	SW	SSW	2G	SW	ENE

3.2.9 水文情况

实验区中段河流流域,山地季风气候明显,流域内地层岩石为三叠系、志留系及泥盆系的浅变质岩,区域地质构造背景复杂,有龙门山、松潘地震带,加之岩性较弱、风化强烈、岩层破碎、松散堆积物多、植被较差等因素,山地边坡极易发生崩塌、滑坡及泥石流,造成大量水土流失。1979 年,成都至阿坝州公路 191km 附近发生较大规模的滑坡,曾造成中段河流短时断流。实验区中段电站位于中游河段,电站采用引水式开发,厂址控制集水面积 3 920km^2。

中段电站坝址上游约 10km 处和下游约 45.4km 处分别有一个地方水文站,按电站所处的地理位置和水文气象特性,结合工程附近水文测站分布情况分析,可以确定电站建设期水文情况。

3.2.9.1 径流特性

尽管实验区中段河流年径流主要由降雨形成,但地下水和高山融雪水补给也是径流的重要组成,因此径流总量丰沛稳定。据中游两个水文站 1955—2002 年的资料统计分析,其多年平均流量分别为 64.4m^3/s、109m^3/s,折合年径流量分别为 20.3 亿 m^3、34.4 亿 m^3,多年平均径流深分别为 845mm、743mm。

由于降水年内分布不均匀,使径流年内变化较大。在坝址上游站,丰水期 5—10 月径流量约占全年的 79.8%,枯期(11 月—翌年 4 月)径流量仅占全年的 20.2%。年最小流量多发生在 2、3 月,历年实测最小流量 5.10m^3/s,发生于 2002 年 2 月 20 日。在坝址下游站，丰水期 5—10 月径流量约占全年的 80.5%，枯期(11 月—翌年 4 月)径流量仅占全年的 19.5%。年最小流量多发生在 2、3、4 月，历年实测最小流量 10.8m³/s，发生于 1998 年 4 月 3 日。

径流年际变化较小。坝址上游站最丰水年年平均流量 78.2m³/s(1992 年 5 月—1993 年 4 月)，最枯水年年平均流量 51.2m³/s(1959 年 5 月—1960 年 4 月)，两者之比为 1.53，分别为多年平均流量的 1.21 倍和 0.80 倍。坝址下游站最丰水年年平均流量 126m³/s(1955 年 5 月—1956 年 4 月，1992 年 5 月—1993 年 4 月)，最枯水年年平均流量 89.8m³/s(1997 年 5 月—1998 年 4 月)，两者之比为 1.40，分别为多年平均流量的 1.16 倍和 0.82 倍。

根据两站径流资料统计，坝址上游站年水量约占坝址下游站的 59.1%，其区间占 40.9%，而上下游区间集水面积分别占坝址下游站集水面积的 51.9%和 48.1%。由此可见，坝址下游站以上来水较丰。具体条件见表 3-2-8(来源：初步设计报告水文分册)。

表 3-2-8　桑坪站以上流域径流地区组成表

断面	年平均流量(m³/s)	年平均流量占桑坪百分比(%)	面积占桑坪百分比(%)	多年平均径流深(mm)	径流模数(L/s. km²)
坝址上游站	64.4	59.1	51.9	845	26.8
区间	44.6	40.9	48.1	632	20.0
坝址下游站	109	100	100	743	23.5

3.2.9.2　**洪水特性**

实验区河流洪水主要由暴雨形成，该流域的暴雨量级较小。根据理县、汶川县气象站暴雨资料统计，历年最大一日降雨量分别为 55.9mm 和 66.7mm。由于暴雨强度较小，洪峰流量形成量级也较小。据坝址上游站 1958—2002 年和坝址下游站 1955—2002 年实测洪水资料统计，历年年最大洪峰流量的最大值分别为 489m³/s(发生在 1989 年 6 月 16 日)和 929m³/s(发生在 1958 年 9 月 4 日)；最小值分别为 171m³/s(发生在 1966 年 7 月 15 日)和 354m³/s(发生在 2002 年 6 月 24 日)；最大、最小值之比仅为 2.86 和 2.62。可见，实验区河流的洪水年际变化不大。

实验区河流的洪水过程变化也较为平缓，复峰居多，时长一般为 3～7d，单峰历时 2～5d，峰顶历时 2～5h。洪水过程具有洪量集中、洪峰相对较低、涨落缓慢、峰形偏胖、历时较长的特点。实验区河流流域的主汛期为 6—9 月，年最大洪峰流量均出现在该段时期，其中又以 6—7 月份出现概率最多。坝址上游站和坝址下游站两站年最大洪峰流量发生时间统计见表 3-2-9。

表 3-2-9　杂谷脑、桑坪水文年最大流量出现次数统计表

站名	月份	5	6	7	8	9	合计
上游站	次数	2	26	13	3	1	45
下游站		2	25	16	4	1	48

3.2.9.3 历史洪水

20 世纪 90 年代以来，当地政府积极呼吁开发实验区河流的水力资源。1960—1998 年，水利水电工程勘测设计单位先后多次对实验区河流的历史洪水进行过调查或复查，并有调查结论。综合历次调查成果来分析，实验区河流的历史洪水年份计有：1708 年、1828 年、1902 年、1917 年、1927 年、1948 年、1958 年等年。其中，1708 年洪水已经确认为非天然洪水，为垮山堵江后形成的溃决洪水，在历次建设工程的洪水计算中均未采用。1828 年洪水经“省洪办”分析认为指认洪痕不可靠，且与 1708 年洪水有混淆之嫌，因此也在其建设工程设计中未予采纳。余下的 1902 年、1917 年、1927 年、1948 年、1958 年等年洪水，按河段分别叙述如下。

坝址上游水文站河段历史洪水计有 1902 年、1927 年，水电工程勘测设计单位于 1965 年在理县附近调查到 1902 年、1927 年两次历史洪水，该水文站于 1981 年在测站附近调查到 1927 年洪水。

历史洪水的重现期按调查期，以 1902—2002 年的 101 年确定。1989 年洪水为 1902 年以来首大洪水，从实测系列中提出作特大值处理，其重现期为 101 年。1902 年及 1927 年洪水按 1902 年以来平均序位 2.5 计算，其重现期为 40 年。

坝址下游水文站河段调查到的历史洪水为 1902 年及 1917 年、1927 年、1948 年以及实测期内的首大洪水 1958 年。其中，1902 年洪水是水利水电勘测设计单位和“省洪办”均认可并定量的近百年来的首大洪水。1960 年 5 月，水电勘测设计单位为岷江索桥设计调查时，从历史洪水线依据比降法推得 1902 年历史洪峰流量为 1 190m^3/s。1917 年、1927 年、1948 年、1958 年四场洪水均小于 1902 年洪水。其中，1917 年、1927 年、1948 年洪水因未调查到洪痕点，无法推流。1958 年洪水为坝址下游站实测首大洪水，量级不大，不纳入历史洪水系列。

1902 年历史洪水重现期，按发生洪水年份以来的首大计，其重现期为 101 年。实验区中段电站设计洪水成果见表 3-2-10。

表 3-2-10 实验区中段电站设计洪水成果表

名称	面积 (km^2)	均值 (m^3/s)	Qp (%)(m^3/s)							
			$P=0.01$	$P=0.02$	$P=0.05$	$P=0.1$	$P=0.2$	$P=0.33$	$P=0.5$	$P=1$
坝址	2 674	309	818	780	730	693	653	625	601	562
厂址	3 920	473	1 530	1 440	1 330	1 250	1 160	1 100	1 050	967

3.2.9.4 河流泥沙

实验区中段，河谷两岸高山夹峙，坡陡水急，为典型山区河流。流域地质构造复杂，岩石多为千枚岩、变质砂岩、结晶灰岩，节理发育，风化强烈，岩层破碎。第四纪松散堆积物多分布于河谷两侧及冲沟内。实验区中段流域上游现尚存部分森林覆盖区，植被较好；理县以下由于森林砍伐及垦殖，致使地表裸露，植被较差，森林覆盖率由上游至下游逐渐减小。汛期雨季，表土易被侵蚀、冲刷，松散堆积物极易滑塌，理县以下泥石流沟较多，导致实验区中段河流泥沙沿程呈递增趋势。根据实验区中段电站坝址上游水文站和下游水文站实测悬移质资料统计，多年平均输沙模数分别为288t/km² 和382t/km²。

1)悬移质

按照实验区坝址上游水文站和坝址下游水文站先后开展的悬移质测验，其坝址上游水文站(位于理县县城，集水面积2 404km²)1963年开始悬移质测验至今，以泥沙测验用横式采样器一点法(相对水深0.6处)采取水样，单沙测验在基本水尺断面，高水时在起点距12m处取样，中、低水时在起点距21m处取样。年内单沙测次一般在300次左右，均采用近似法整编。1992年以后，坝址上游水文站泥沙测验资料由于受上游2km处理县电站施工期及运行期的影响不宜使用。因此，设计采用坝址上游水文站1963—1992年共30年泥沙实测资料系列。

实验区中段电站坝址下游文站，集水面积4 629km²。1956年2月开始悬移质测验；1957年开始施测悬移质输沙率，单沙测验在基本水尺断面起点距24m处采用2∶1∶1定比混合法取样(其中1960—1962年为一点法取样)；每年悬移质单沙测次均在300次以上，测次分布尚能控制沙量变化过程；输沙率测次平均每年约30次。除1956—1958年和1963年采用近似法整编外，其于年份均为单断沙关系整编，单断沙关系较好。

2)坝址悬移质含沙量和输沙量

实验区中段电站坝址位于上游和下游两个水文站之间，距坝址上游水文站约10km，区间无大支流汇入，中段电站以上游水文站为设计依据站。

中段电站坝址处，悬移质输沙量，采用上游水文站历年月平均含沙量与坝址处相应月平均流量计算而得。依据统计，中段电站坝址处多年平均年输沙量为75.1万t，多年平均含沙量为343g/m³。输沙量年际变化较大，年输沙量最大值213万t(1965年)，为最小值16.5万t(1979年)的12.9倍。输沙量年内分配不均匀，主要集中在汛期(5—10月)，占全年输沙量的99.3%；6—7月两个月输沙量约占全年的74.8%。中段电站坝址处多年月平均含沙量见表3-2-11，输沙量年内分配见表3-2-12，其坝址历年流量、含沙量、输沙量特征值见表3-2-13(来源：初步设计报告)。

表3-2-11　中段电站坝址多年月平均含沙量表

项目	1月	2月	3月	4月	5月	6月	7月	8月	9月	10月	11月	12月	汛期(5—10月)	多年平均
含沙(g/m³)	3.30	4.30	7.10	38.3	162	714	752	289	212	49.7	7.20	4.00	423	343

表3-2-12　中段电站坝址悬移质输沙量年内分配表

项目	1～3月	4月	5月	6月	7月	8月	9月	10月	11—12月	汛期(5—10月)	多年平均
输沙量(万t)	0.08	0.28	3.46	27.1	29.1	7.73	6.13	1.08	0.11	74.6	75.1
输沙量占全年百分数(%)	0.11	0.37	4.61	36.1	38.7	10.3	8.16	1.44	0.15	99.3	100

表 3-2-13　中段电站坝址历年流量、含沙量、输沙量特征值表

年份	年　统　计				汛期(5—10月)统计			
	平均流量(m^3/s)	平均含沙量(g/m^3)	输沙量(10^4t)	输沙模数(t/km^2)	平均流量(m^3/s)	平均含沙量(g/m^3)	输沙量(10^4t)	沙量占全年百分数(%)
1963	76.4	461	111	416	122	566	110	98.7
1964	70.1	574	127	474	110	720	126	99.2
1965	73.3	923	213	797	118	1130	212	99.5
1966	62.4	331	65.2	244	96.8	422	65.0	99.6
1967	66.0	338	70.3	263	105	421	70.1	99.7
1968	76.9	281	68.2	255	124	342	67.6	99.1
1969	70.9	419	93.6	350	111	528	92.7	99.0
1970	62.8	178	35.2	132	96.4	222	34.1	96.9
1971	71.5	403	90.9	340	113	498	89.9	98.9
1972	60.9	239	45.8	171	94.4	303	45.5	99.3
1973	60.8	350	67.1	251	95.3	440	66.6	99.3
1974	74.8	253	59.7	223	119	311	59.0	98.7
1975	73.2	170	39.3	147	114	213	38.6	98.1
1976	75.1	133	31.6	118	119	164	31.1	98.4
1977	77.4	475	116	434	125	582	115	99.6
1978	65.8	141	29.3	109	103	176	28.7	98.1
1979	66.5	78.5	16.5	61.5	105	97.5	16.2	98.7
1980	67.8	101	21.7	81.0	107	126	21.5	99.5
1981	75.9	376	90.0	337	123	458	89.9	99.9
1982	70.6	563	125	469	115	687	125	99.9
1983	65.0	359	73.5	275	106	434	73.3	99.7
1984	61.8	288	56.1	210	99.9	353	56.0	99.7
1985	64.6	198	40.3	151	103	244	40.0	99.3
1986	57.4	210	38.1	142	91.0	262	37.9	99.5
1987	64.1	487	98.3	368	106	585	98.2	99.9
1988	71.9	315	71.5	267	117	383	71.2	99.6
1989	81.2	586	150	561	132	716	150	99.9
1990	69.9	161	35.5	133	108	206	35.2	99.2
1991	65.4	104	21.5	80.3	101	133	21.4	99.5
1992	85.0	565	152	567	139	685	151	99.7
多年平均	69.5	343	75.1	281	111	423	74.6	99.3

3)推移质

实验区河未开展推移质输沙率测验。实验区中段电站坝址推移质输沙量采用梯级电站上级电站初设阶段成果。工程设计单位1985年2月于上游河段进行床沙取样分析，床沙最大粒径为330mm，中数粒径127mm。根据上游电站坝址水尺断面水力要素，采用推移质输沙率计算公式①，计算得粒径大于1mm的推移质年输沙量为15.7万t。那么，实

① 曹鉴湘.卵石推移质输沙率计算公式的检验和修正[J].水电站设计，1987(2).

验区中段梯级电站的上级电站坝址河床沙颗粒级配见表 3-2-14(来源:设计报告)。

表 3-2-14　床沙颗粒级配表

粒径(mm)	1	3	5	10	25	50	100	200	300	330	最大粒径	中数粒径
小于某粒径沙重百分数(%)	3.0	4.5	6.1	8.6	14.4	23.3	38.2	72.8	91.8	100	330	127

3.2.10　地震前实验区中段自然生态条件

3.2.10.1　概况

实验区中段的自然生态条件与其上段相比差距明显,首先是气候条件差异较大,中段区域降雨量较少,蒸发量较之上段要高;其次,中段区域人口较密集,人为活动频繁,2000 年以前或梯级电站建设前森林遭受砍伐程度较为严重,但工程破坏相对较小。

1)水环境

实验区中段的水环境与实验区上段的水环境差异不大,基本符合人口越多、受污染可能性越大;开发程度越高、污染越重的规律。实验区中段的水源水质,主要受理县县城排污和农业污染源的影响。电站建设前,污染负荷较小,且河水自净能力较强,水质监测结果表明,工程河段水质良好。可以说,工程河段水质能满足《地表水环境质量标准》(GB 3838—2002)Ⅱ类标准要求。

2)土壤生态环境

因实验区中段河流流域内地形、地貌及地质构造比较复杂,土壤成土母质也纷繁多样,其类型有冲积物、洪积物、坡积物和残积物 4 种。根据土壤普查,理县全县共有 9 个土类、15 个亚类、17 个土属、21 个土种。在复杂的山地型立体气候、地貌、植被、成土母质及人为耕种熟化等因素的综合作用下,土壤成分形成明显的垂直分布带;从低海拔到高海拔依次分布冲积土、灰褐土、褐色土、棕壤、暗棕壤、灰化土、亚高山草甸土、高山草甸土、高山寒漠土等土类;冲积土分布于沿河两岸的一、二级阶地和扇形冲积堆上,宜种作物广,是该流域的农作物高产土壤。此外,该流域土壤养分状况总的态势是:土壤有机质比较丰富,全氮及减解氮与有机质不成比例,含量偏低,全钾及速效钾含量较高,全磷及速效磷含量皆低,土壤养分不平衡。

3)水土流失状况

在初步设计阶段,根据《四川省人民政府关于划分水土流失重点防治区的公告》,实验区中段河流流域划为四川省水土流失重点预防保护区。按照中国科学院、水利部成都山地灾害与环境研究所应用遥感技术编制的 1∶10 万理县土壤侵蚀分布图量算,1999 年理县水土流失面积 2 433.49km^2,占幅员面积的 56.35%。水土流失类型以水力侵蚀为主,冻融侵蚀次之。其中以中度和轻度水力侵蚀为主,流失面积分别为 1 093.95km^2 和 591.65km^2,占水土流失总面积的 44.95%和 23.31%。理县土壤侵蚀量为 1 036.16 万 t/a,平均侵蚀模数为 4 257.92t/(km^2 · a)。就中段区域与上段区域相比,中段电站区域水土流失较上述大范围遥感监测值大。

实验区中段电站工程施工前,因地形陡峻,地表较松散、破碎,河段植被覆盖度低,加上少数民营电站和公路施工单位野蛮施工、无序倒渣、弃土，水土流失情形十分严重，流失强度以中、强度为主。

3.2.10.2 **生物多样性**

1)陆生生物

(1)山地植被。实验区中段河流植被条件为川西高山峡谷植被地区，植被随高程变化呈现出明显的垂直带谱。工程区涉及的植被主要包括两大植被类型：干旱河谷灌草丛和人工植被。干旱河谷植被类型以白刺—刺旋花灌丛、白刺花—木蓝—蒿灌丛、亚菊—莸—香茶菜灌丛、蕨草丛及芸香草—须芒草草丛等为主，在区域内均有分布。由于干旱河谷微地形，特征变化复杂，加之土壤和水分条件及其组合的变化，空间异质性极大，各类型的干旱河谷植被的分布没有明显的边界，往往呈斑块镶嵌分布。人工植被类型主要包括果园和玉米——蔬菜等农作物套作类型，为理县重要的农业种植区。耕地一般分布在河谷阶地上的冲积扇和山地缓坡上。此外，在耕地旁及房前屋后，常种植有核桃、花椒、枣等经济作物，以及杨树、榆树、枫杨、洋槐等乔木树种。

由于阴、阳坡日照、水分和热量的不同，工程区河段两岸植被呈现较为显著的差异。处于阴坡的右岸植被较好，主要为茂密的灌丛，散生乔木和果园等；左岸阳坡植被较差，主要为稀疏的灌丛和花椒等，偶见果园。也就是说，在干旱河谷，日照强烈的阳坡水分蒸发较快，不利于植被生长。

(2)陆生植物。根据资料分析和实地调查，工程评价区域共有维管束植物 99 科、266 属、398 种(包括重要的变种等种下单位)。其中，蕨类植物 12 科、13 属、21 种；裸子植物 4 科、7 属、9 种，被子植物 83 科、246 属、368 种。组成该区域的绝大多数属，都只有 1 个种或少数几个种，而且有近 50 种(变种)为栽培农作物或观赏植物。在工程区内，分布的国家级保护珍稀濒危植物有银杏(Ginkgo biloba，I 级)、厚朴(Magnolia officinalis，II 级)和岷江柏(Cupressus chengiana，II 级)3 个种。其中，银杏和厚朴在本区域均为栽培植物，工程区海拔在 1 500～1 800m 之间，仅涉及岷江柏区的下限区域，其在工程河段呈零星分散生长，距离河谷较近。

(3)陆生动物。实验区中段流域在动物区划上，属古北界中亚亚界的青藏区，境内山高谷深，野生动物种类繁多，约有 35 种兽类、38 种鸟类。域内动物类群主要为高寒高原草甸草原灌丛动物群种和一些适应于高寒高原严酷条件的奔驰性和穴栖性动物种群。其中，属国家一级保护动物有金丝猴、牛羚等；国家二级保护动物有小熊猫、林麝等。

工程区位于河谷地带，人类活动对野生动物生境的人为扰动较大，野生动物少见。经调查，实验区中段电站工程区有兽类 18 种，隶属于 7 目 14 科。以啮齿目动物为主，有 5 种；食虫目次之，有 4 种；偶蹄目和食肉目再次之，各 3 种；翼手目、灵长目和兔形目最少，仅 1 种。工程区域共有鸟类 43 种，隶属于 8 目 14 科，本区域中以雀形目种数最多，32 种，隶属于 6 科；其次是隼形目(2 科 4 属 5 种)、鸽形目(1 科 2 属 2 种)；最少的是鹳形目、雁形目、雨燕目、佛法僧目和鸳形目，均只有 1 科 1 属 1 种。工程区域共有两栖爬行类动物 5 种，隶属 1 目 3 科，主要是蛙科的湍蛙属，有 3 种；其余 2 种分别代表 2 属 2 科。工程区域爬行类动物有 5 科、13 属、14 种爬行动物分布；但没有国家级保护物种，也没有本地区特有的珍稀物种。

2)水生生物

(1)水生植物。实验区中段山高谷深、水流湍急，属冷水性急流生境。经现场采样分析，中段河流水生植物以藻类居多。工程影响区水生藻类植物共 5 门、27 科、50 属、90 种。其中，蓝藻门 7 科、16 属、24 种，占藻类总数的 26.67%；甲藻门 1 科、1 属、1 种，占 1.11%；硅藻门 7 科、17 属、42 种，占 46.67%；裸藻门 1 科、2 属、3 种，占 3.33%；绿藻门 11 科、14 属、20 种，占 22.22%。

(2)水生无脊椎动物。经调查采样分析，该工程河段浮游动物区系由 2 门、3 纲、4 目、7 科、15 属、21 种组成。其中，原生动物有 2 纲、2 目、4 科、4 属、9 种，占 42.86%；线形动物门有 1 纲、2 目、3 科、11 属、12 种，占 57.14%。

(3)底栖动物。实验区中段区域底栖无脊椎动物由 4 门、4 纲、7 目、10 科、10 属、10 种组成。

(4)鱼类。由于水温较低以及上、下游梯级电站闸坝与减(脱)水河段的阻隔，工程河段鱼类资源较为贫乏。据历史资料表明，实验区中段河流流域内有鱼类 4 科 11 种，主要为四川常见种类。为了解工程河段鱼类资源现状，工程设计单位委托西华师范大学于 2004 年 4 月对该河全流域进行了鱼类资源调查，结果表明：实验区河流流域内鱼类物种组成较少，目、科、属的分类阶元较贫乏，本底组成较简单，仅采集到鲤形、鲇形等 2 目 3 科 6 属。

调查结果表明：高原鳅类、齐口裂腹鱼、松潘裸鲤是该流域鱼类的主要类群或物种。而工程河段主要分布有鳅科、鲤科和鮡科的梭形高原鳅(*Triplophysa leptosoma*)、齐口裂腹鱼(*Schizothorax prenanti*)、黄石爬鮡(*Euchiloglanis kishinouyei*)、青石爬鮡(*E. davide*)等 4 种。原有记载的国家二级保护鱼类虎嘉鱼，经 1996 年以来的多次调查访问均未采集到实体标本，沿岸居民也反映最近十多年中未发现。由此分析，工程河段该种珍稀鱼类已基本绝迹。除此之外，工程河段无其他国家级珍稀保护鱼类。

工程河段内现有的主要经济鱼类有黄石爬鮡、齐口裂腹鱼。调查发现，曾经是工程区河流和岷江上游主要经济鱼类的重口裂腹鱼，由于西部大开发前已建各级电站闸坝的阻隔和分割，在整个调查中没有采集到一尾，估计数量已是十分稀少。目前，实验区中段工程河内无渔业养殖和专业渔民。

3.2.10.3 生态景观

实验区中段水电站工程区属青藏高原东缘典型高山峡谷景观，工程所属河流水电梯级规划河段所辖流域面积为 4 630.74km^2，共划分景观生态类型 39 个、斑块 1 803 个。

在整个景观生态系统中，拼块数最少的景观生态类型为卵叶钓樟、高山木姜子、僵子栎、川陕鹅耳枥混交林，仅存有 1 个拼块；拼块数最多的景观生态类型为杜鹃灌丛，多达 199 个拼块；总面积最大的景观生态类型是蒿草草甸，有 103 680.2hm^2；总面积最小的景观生态类型是卵叶钓樟、高山木姜子、僵子栎、川陕鹅耳枥混交林；以单个景观生态类型按拼块数得到的平均面积最大的是蒿草草甸；平均面积最小的是旱地。相对于其他拼块，村庄等人工生态系统属于引进拼块中的聚居地；农田生态系统属于引进拼块中的种植拼块，多种玉米、小麦等农作物，人类干扰随呈明显季节周期性。

总体来看，区域内阔叶灌丛是数量最多的拼块，它们广泛分布于工程所属的实验区中段水电梯级规划河段，呈背景化状态；人工拼块在河谷地区也占相当比重；单个拼块面积最大的是白刺花、木兰、蒿灌丛植被和红杉林。

3.2.10.4 土地资源利用情况

理县全县幅员面积约为 4 318km²，全县土地资源可分为农耕地、林地、园地、疏林草地、城乡居民点用地、工矿用地、交通用地、水域、特殊用地、难利用土地等 11 大类。在所有土地资源中，占地面积最大的是牧草地和林业用地，分别占全县土地面积的 24.80％和 51.87％；未利用土地占全县土地面积的 22.0％；全县耕地面积较少，仅占全县土地面积的 0.81％。

实验区中段工程涉及的 4 个乡镇的土地利用情况见表 3-2-15。各乡镇耕地面积所占比例均不大，荒山荒坡面积较大。

表 3-2-15 实验区中段电站涉及乡镇土地资源利用情况表 单位：hm^2

地　域	理县		甘堡		蒲溪		实验区中段		木卡	
土地类型	面积	%	面积	%	面积	%	面积	%	面积	%
幅员面积	431 800	100	10 113	100	11 848	100	25 834	100	4 311	100
耕地	3 206	0.81	248	2.45	221	1.86	390	1.51	117	2.71
林地	123 182	28.53	1 337	13.22	5 461	46.09	8 161	31.59	1 632	37.86
牧草地	39 820	9.22	995	9.84	848	7.16	1 753	6.79	300	6.96
荒山荒坡	107 697	24.94	4 575	45.24	4 051	24.19	10 496	40.63	1 419	32.92
水域	3 671	0.85	81	0.80	198	1.67	203	0.78	87	2.01
非生产用地	720	0.17	16	0.16	39	0.33	40	0.15	17	0.39
未利用土地	93 645	21.68	2 819	27.87	1 029	8.69	4 791	18.55	739	17.14

3.2.10.5 景观及文物

理县旅游资源丰富，境内实验区河流上游的米亚罗红叶风景区于 1995 年 1 月经四川省人民政府批准为省级风景名胜区。该景区内典型的景观有红叶、雪山、冰川、温泉、高山草场等自然景观和羌寨、藏寨、喇嘛庙、古碉等人文景观。经实地考察，中段水电站建设不影响米亚罗风景名胜区。

理县作为藏、羌、回、汉民族杂居区，具有深厚的文化历史渊源，历史上遗留下来的人文景观众多，多分布在少数民族集聚区。

经实地调查，实验区中段电站工程坝址和厂址没有文物古迹分布，只在减水河段的城镇有省级文物单位筹边楼、城门洞红军石刻两处，中段电站工程的施工和运行对两处文物也不构成负面影响。

3.2.10.6 电站建设对水生态影响的分析

实验区中段水电站为低闸引水式发电，工程建成后，运行期将改变库区、减水河段及电站尾水下游河段的水文情势，各区域的情势变化如下。

(1)库区河段的水文情势变化。中段水电站水库为日调节水库，当正常蓄水位 1 709.5m时，水库回水长约 1.1km，库尾与甘堡水电站尾水相连，水库平均宽度约 110m；

正常蓄水位时水库面积 0.12km^2，库容达 114.8 万 m^3。中段电站库区形成后，库内流速将明显减缓；水库调度运行时，水位在正常蓄水位（1 709.5m）与非汛期最低运行水位（1 704.0m）之间变化，水位变幅有 5.5m。

（2）减水河段内流量变化。电站引水隧洞长约 15km，设计引用流量 113.19m^3/s，工程建成后将形成长约 16.2km 的减水河段。由于电站建成前，坝址多年平均流量为 69.8m^3/s，因此电站在非汛期特别是枯水期运行时，河域干流水将全部引用发电，区间生态用水仅由支沟水补充。2006 年，国家发改委明确了河流最低生态流量，经设计确定电站运行下放生态流量 3.8m^3/s。

但是，工程减水河段从上至下还有板子沟电站尾水、蒲溪沟、破碉房沟、孟屯沟、薛城沟、回龙桥电站尾水补给。其中，破碉房沟、薛城沟为季节性支沟。电站建成前后，各断面流量对比，如表 3-2-16（来源：设计报告）。由此可以看出，电站建成运行后，无论在丰水期还是枯水期，各沟口河流断面流量急剧减小，工程河段减水现象十分突出。

表 3-2-16　水电站建闸前后减水河段流量变化情况表　　单位：m^3/s

汇流段	距闸距离	多年平均流量		丰期流量		枯期流量	
	km	建闸前	闸址断流后	建闸前	闸址断流后	建闸前	闸址断流后
电站坝址	0	69.8	0	111	0	28.3	0
板子沟尾水以下	0.3	69.8	1.40	111	2.17	28.3	0.53
蒲溪沟沟口以下	5.07	71.05	4.12	113.17	6.69	28.83	1.55
孟屯沟沟口以下	12.51	73.82	24.80	117.69	40.30	29.95	9.30
厂房尾水	14.2	94.5	94.5	151.3	151.3	37.7	37.7

（3）泥沙情势的变化。实验区中段水电站水库库容小，库沙比为 1.3。按初设报告，电站坝址处多年平均输沙量为 75.1 万 t，多年平均含沙量为 343g/m^3。因此，水库泥沙淤积速率快，加上库区流速减缓，推移质淤积将很快抵达闸前。

根据该段河流的水沙特性及首部枢纽布置形式及特点，本电站拟采用不定期敞泄冲沙的泥沙调度方式。汛期（5—10 月），坝前水位控制在汛期排沙水位运行；当取水口前沿淤积床面高程接近取水口底坎高程时，利用电站日负荷低谷期，开启冲沙闸、泄洪闸，敞泄排沙，冲沙时间为 6～8h。洪水过程中，当流量大于 270m^3/s 时，将采用停机避峰敞泄冲沙。枯水期（11 月—次年 4 月），水库进行日调节，闸前水位在正常蓄水位至非汛期最低运行水位之间调度运用，水位变幅为 5.5m。电站调度运行过程中，不定期敞泄冲沙将导致减水河段流量波动、含沙量增大等变化，对减水河段的泥沙情势产生持续性负面影响。

3.2.10.7　电站建设对水质影响的分析

电站工程河段为Ⅱ类水域，废、污水禁排。施工期的污水、废水以及运行期的污水、废水，必须经处理后回用或综合利用。在社会主义市场经济条件下，要求建设施工各方和涉污个人都提高环境保护意识和素质，显然不现实。环境评价中，应对最不利的情况进行分析预判，以作为过程控制依据。

根据实验区中段水电站的工程特性和运行特性分析，工程建设对水质的影响因素主要为水库蓄水、施工生产废水与生活污水对水质的影响。

1)施工期对水质的影响

(1)砂石料加工生产废水。实验区中段电站建设中,采用河床天然砂石料,但天然料场分布不集中,且主体工程施工线较长。为了便于施工,设计单位考虑在鹰嘴湾和木卡各设置一个砂石料加工厂。鹰嘴湾砂石料加工厂施工高峰期间废水量约为 $160m^3/h$,木卡砂石料加工厂施工高峰期间废水量约为 $280m^3/h$,各砂石骨料加工厂废水中悬浮物浓度约 50 000mg/L,远超过了《污水综合排放标准》(GB8978－1996)一级标准。若废水不作任何处理直接排放,则废水与河水完全混合后,河水中悬浮物增量为 87.76mg/L。以此推测,汛期和枯水期河水中悬浮物浓度将分别增至 478.02mg/L、217.51mg/L,较天然情况分别增加 0.39 倍和 64.9 倍,对河流中悬浮物浓度增加特别是枯水期的增加影响较大,建议采取处理措施。

(2)混凝土拌和系统冲洗废水。电站工程建设主体工程,共需混凝土总量 30.22 万 m^3,因此混凝土拌和系统冲洗废水量大、污染重,加上施工线路长、工作面分散,设计结合工程总布置及场内交通情况,将混凝土系统分设 10 个拌和站。考虑到混凝土拌和系统冲洗废水成分单一,各拌和系统废水悬浮物浓度都在 5 000mg/L 内,废水的 pH 值在 12 左右,废水具有悬浮物浓度高、水量较小、间歇集中排放的特点。设计要求对混凝土拌和系统冲洗废水进行处理,禁止直接排放,并建议过程监测,避免对环境造成负面影响。

(3)含油污水。本工程含油污水主要来源于机修、汽修及保养系统。为便于施工,规划在首部与厂区枢纽各设置修配系统一座。机械修配以及汽车保养系统耗水量为 $7.0m^3/h$,站内施工机械修配和汽车保养工作量较大。若含油污水直接排入河流水体,将对水质产生一定负面影响。

(4)生活污水。生活污水来源于电站参与建设各方,尤其是施工期施工人员生活排污;其主要污染物是 BOD、COD、SS 等。按工程施工高峰人数 2 200 人计,施工人员最大小时生活污水量为 $11m^3/h$,与坝前多年平均流量 $69.8m^3/s$ 相比,径污比为 22 745∶1;与闸前汛期平均流量 $111m^3/s$ 相比,径污比为 36 372∶1;与闸前枯水期平均流量 $28.3m^3/s$ 相比,径污比为 9 294∶1,河流稀释作用明显。但由于生活污水中含有大量细菌和病原体,如果不经处理直接排入水体,将可能对下游人群健康产生不利影响。加之该水域为Ⅱ水域,污水禁排,因此施工人员的生活污水和粪便需进行处理达标后综合利用。

3.2.10.8 电站运行期对水质影响的分析预判

实验区中段水电站建成后,水库将淹没 8 户 23 人,淹没各类房屋面积 1 547.3m^2、耕地 2.8hm^2、园地 1.2hm^2。水库蓄水前将对淹没区进行库区清理,不存在大量植物在库内腐烂而导致水库水质恶化的可能。水库蓄水初期,库区内残余的有机物可能会对水质造成一定影响。但由于水库库容小,水库水体混合和交换较快,仍保持有较强的自净能力,上述轻微不利影响时段也是短暂的。

也就是说,水库为典型的混合型水库,水库本身对水质影响甚微。电站建成后,电站运行管理人员少,其产生的生活污水极少。经小型或成套设备处理后用于林草灌溉,对河道水质基本没有影响。

电站的建成,将在坝址与厂址之间形成 16.2km 的减(脱)水河段,减水河段流量的急剧减少,将大幅度降低河水的自净能力。设计时,该河段干流无工业企业分布,仅在支沟蒲溪沟内有电解铝厂一座，而且铝厂基本不排放污水。沿减水河段两岸生活的居民生活污水与粪便均入厕，经厌氧发酵后用作农家肥使用，并且农药和化肥的使用量极少。在减水河段有支沟板子沟电站尾水、蒲溪沟、破碉房沟、南沟、孟屯沟、回龙桥电站尾水汇入。类比红叶二级、甘堡等电站情况，工程运行对减水河段的水质无较大改变。

3.2.10.9　**电站建设对陆生生物多样性的分析预判**

电站建成运行，水库面积可达 0.12km^2，水体体积与水面面积分别为原河道的 50 倍和 6 倍。由于水库面积小，对局地气候不会产生明显影响。沿程补水相对充分，沿河植被保存较好，电站建成后河道减水对谷地的干旱河谷气候影响轻微。

1）对陆生植物的影响

电站对陆生植物的影响主要来自工程施工、水库淹没、河道减水、移民安置等。按施工场地规划要求，本工程需占地 108.33hm^2，其中临时占地 91.19hm^2，永久占地 17.14hm^2。工程建设施工对植被的影响主要集中在大坝工程、隧洞排渣口、渣场、施工道路、厂区枢纽以及移民安置等。原有的灌木林地、园地以及耕地将受到一定程度的破坏和影响，工程完建后若不采取恢复措施，预计将改变植被面积 106.49hm^2。

水库蓄水后，由于水面增加和地下水位的抬高，温度、湿度的细微变化将有利于库区周围植物的生长。虽然水库淹没了部分原生物种，但由于该区域分布数量较多，不会造成生殖隔离和片断化，不会影响物种的连续与传播。

工程运行，在坝、厂址之间将形成 16.2km 的减水河段。减水河段沿途有板子沟电站尾水、蒲溪沟、孟屯沟、回龙桥电站尾水等 6 个支沟补给，尽管该河段流量急剧减小，但仍有一定生态水量。减水河段属干旱河谷地区，日照强、蒸发量大；两岸中、下部山体植被较好，以农作物、果园、乔木和灌木相间分布为主；上部山体植被稀疏，以高山灌丛为主。不存在河道向两侧坡面补水的现象。因此，河道减水不会导致两岸坡面地下水位下降而影响植被，河道减水对局地气候与植被的影响范围和程度均较小。

2）对陆生动物的影响

由于 317 国道贯穿实验区中段水电站工程整个施工区，区域内自然生境受农业种植、车辆交通等人为干扰严重，野生动物十分罕见，几乎无大型兽类分布，主要陆生动物为以灌丛、水域为栖息地的鸟类、两栖类、爬行类等动物，无珍稀动物分布。受工程施工扰动，上述动物将迁往附近很容易找到的类似生境。因陆生动物迁徙能力强，且同类生境易于在附近找到，故种群和数量不会受到明显影响。由于施工活动对陆生动物的影响具有暂时性，随着工程的完建、施工活动的停止以及施工迹地植被的恢复，这方面的影响将逐渐消失。

运行期，水库淹没了陆生动物的部分栖息场所，但水库面积小，同类生境在附近广为分布，以此对陆生动物栖息影响轻微。水库形成后，水域面积的扩大也同时增大了两栖动物的栖息、繁殖场所。

河道的减水使河漫滩、砾石滩的面积扩大，这些干燥、向阳的环境，适宜两栖类动物的栖息与生活。但水库敞泄冲沙和日调节运行对工程河段两栖动物的栖息与繁殖有不利影响。由于工程影响范围相对有限，河谷灌丛与农耕区鸟类及兽类区系组成变化不大。

3.2.10.10　**对景观生态系统稳定性的分析**

电站评价区工程永久占地、其他施工占地(渣场、料场、施工公路、生活生产设施等)、水库淹没及影响、移民安置占地面积共计 108.33hm²,该区域约占全县总面积的 0.026%。工程建设区域原有植被将发生改变,区内平均生物生产力将降低。据测算,工程施工和运行后,区内的平均生产力由 705g/(m² · a)降低为 704.3g/(m² · a),平均减少 0.7g/(m² · a),与最低限制值约[182.5g/(m² · a)]相比几乎可以忽略其影响。因此,工程对自然体系生产能力的影响程度是自然体系可以承受的,在对施工占用区植被恢复后,这种影响还可以进一步降低。

从土地利用变化及用地变化后各类拼块的优势度分析,实验区中段水电站工程项目实施和运行后,局部区域土地利用格局发生了变化。由于道路的增加,道路和住区拼块增加 13.34hm²,果园拼块减少 2.96hm²,农田拼块减少 10.28hm²,林地拼块减少 1.3hm²。综上所述,4 个拼块的面积变化相对整个工程区面积并不显著,表明电站施工和运行,对评价区自然体系的质量没有显著负面影响。

3.2.10.11　**对水生生物多样性影响的分析**

实验区水电站建成运行后,坝、厂址间将形成 16.2km 的减水河段,但沿程补水,使大部分河段仍呈溪流或小河状态。

1)对水生植物及无脊椎动物的影响

工程兴建后,减水河段变为溪流状态,水生藻类的物种和种群数量不会受到大的影响。由于水流减缓,河边的石砾和石块、崖壁上水生固着生长的丝状体和枝状体藻类还可能增多。

随着水生植物生物量和数量的变化,预计减水河段内浮游动物和底栖动物的种类和密度将一定程度增加。

2)对鱼类的影响

电站建成后,减水河段原有部分河床水面缩减,水生藻类和低级动物等鱼类饵料滋生缓慢、数量减少,尤其是动物性饵料将生长更慢、数量更少。因此,鱼类将丧失部分水体环境,鱼类资源将变得更加脆弱、稀少。

经闸坝和减水河段的阻隔,流域内少量短程洄游鱼类被分隔,将进一步加剧流域水生生境的破碎化。因此,水电站的兴建,将加剧实验区中段河流流域内鱼类种群结构的变化,对鱼类资源的生物多样性带来不利影响。

3.2.10.12　**工程新增水土流失分析**

实验区中段电站工程区涉及理县的甘堡、蒲溪、薛城和木卡等 4 个乡镇,据资料和现场调查,区域内林草植被覆盖度低,水土流失较为严重,流失强度以中、强度为主,平均流失模数为 4 257.92t/(km² · a),流失类型以水力侵蚀为主、风蚀次之。

根据 1999 年四川省应用遥感技术监测数据等有关资料,理县平均侵蚀模数 4 257.92t/(km² · a)。实验区中段电站工程水土流失防治范围面积为 122.18hm²,总流失背景值约 5 122t/a。目前实验区中段电站工程流域内,尚无小流域治理或其他专门的水土保持治理措施,主要的水土保持设施是耕地、林地和草地。

工程占地、工程开挖、弃渣等施工活动和移民安置过程中的建房等活动,将使地表植被受到不同程度的扰动和损坏，产生新增水土流失。损坏水土保持设施面积为 65.0hm^2，新增水土流失约 35 万 t。实施过程中，建设管理方应加强水土保持管理，防止水土流失面积总量扩大。

3.3　地震前实验区下段自然生态条件

实验区下段水电站位于四川省阿坝藏族羌族自治州汶川、理县交界区，是岷江上游的一级支流实验区河上的一个梯级电站。317 国道穿越建筑区，对外交通方便。

电站坝址在理县境内，厂址位于汶川县境内，坝、厂址分别距理县县城约 27km 和 45km，距成都约 174km 和 157km。电站为引水式开发，正常蓄水位 1 554.5m，坝高 23m，引水隧洞长 16.38km，隧洞最大水头 85.29m，设计引用流量 148m^3/s。

2003 年 12 月，工程设计单位完成野外地质测绘及勘探、试验工作，初步查明了电站区域构造环境、地震地质背景，以及坝址、引水线路和厂房等水工建筑区的工程地质条件。2004 年 6 月，开始进行水电站初步设计阶段的地勘、试验和设计工作。

3.3.1　区域地质

3.3.1.1　地形地貌

实验区下段水电站，地处四川盆地与青藏高原东南缘的过渡地带，总体地势西北高、东南低，山岭海拔高程 2 500～5 150m，相对高差 1 000～3 000m。区内地形切割强烈，谷深坡陡，以高山、中高山为主，山脊形态类型多为尖山脊。河流横断面一般呈“U”形峡谷，谷坡坡度 35°～60°，谷底宽一般 40～120m。流域地形共发育五级阶地（见表 3-3-1，来源：设计报告），其中Ⅰ级阶地为堆积阶地，阶面拔河高 6～7m；Ⅱ级阶地分布零星，阶面拔河高 50～70m，属基座阶地。调查发现，实验区下段河流早期有冰川活动，冰缘气候条件下常见的纹泥沉积的出现及冻融崩解堆积物为代表的斜坡堆积普遍，流域内冰蚀地貌较发育，主要表现为古冰斗、角峰、冰川谷等。区域地震方面与实验区上段、中段基本情况一致，不再赘述。

表 3-3-1　实验区下段河流阶地特征表

阶地级序	阶面拔河高（m）	阶地类型	物质特征
Ⅰ	6～7	堆积	由下部块砾石和上部砾石、粗砂组成
Ⅱ	50～70	基座	由卵（碎）砾层组成，局部夹纹泥沉积
Ⅲ	90	堆积或基座	为堆积阶地或覆盖基座阶地。由块砾层组成，上覆薄层粉砂质土状堆积体
Ⅳ	120	基座	块砾层为主体，上覆粉砂质土状堆积物
Ⅴ	150～160	基座	块砾层为主体，局部夹砂及砾石层，上覆粉砂质土状堆积物

3.3.1.2　地层岩性

工程区地层分区属马尔康分区，区内出露地层主要为志留系—二叠系及第四系地层。地层构造以火山岩、海相砂泥岩、碳酸盐岩建造为主，在不同地质时期构造运动中，特别是三叠系末期的印支运动，使区内地层普遍褶皱，并发生区域变质作用，形成了一系列浅变质岩系，局部中等变质。与工程区有关的地层，主要有以下几组（见表 3-3-2），地质构造也与实验区上段、中段基本情况一致，此处省略。

表 3-3-2　下段水电站综合地层岩性特征表

界	系	统	阶（组）	符号	厚度（m）	岩性描述
新生界	第四系	全新统		Q_4	5～50	块碎石土、砂卵砾石、粉砂及细砂等
		更新统		Q_3	0～30	砂卵砾石、粉砂土
古生界	二叠系	上统		$P_{2\beta}$	0～24	灰绿色蚀变玄武岩
		下统		P_1	23～60	上部灰色中—厚层砾状灰岩，下部深灰色薄—厚层结晶灰岩夹灰绿—灰色钙质千枚岩、生物碎屑灰岩
	石炭系	上中统		C_{2+3}	0～64	灰色薄—厚层状结晶灰岩、大理岩、黄灰色钙质千枚岩与褐绢云千枚岩互层
		下统		C_1	9～67	浅灰色薄—中层结晶灰岩夹黄灰色钙质绢云千枚岩、竹叶状灰岩，薄层细砂岩
	泥盆系	危关群	上组	D_{wg}^2	599～>941	炭质千枚岩、灰色绢云千枚岩夹灰色薄—厚层状石英岩、石英千枚岩
			下组	D_{wg}^1	497～597	灰色石英千枚岩、薄—中层石英岩夹绢云千枚岩、炭质千枚岩
	志留系	茂县群	第五组	S_{mx}^5	364～443	上部灰色千枚岩，下部绿灰色、灰色、银灰色绢云石英千枚岩夹薄层变质细砂岩、结晶灰岩
			第四组	S_{mx}^4	1 148～426	灰色绢云千枚岩、绢云石英千枚岩夹薄层细砂岩、泥质灰岩
			第三组	S_{mx}^3	907～261	深灰、灰色绢云千枚岩、绢云石英千枚岩及结晶灰岩、变质细砂岩，局部为中等变质的石榴黑云母片岩

3.3.2　水库区工程地质条件

3.3.2.1　基本地质条件

实验区下段水电站正常蓄水位 1 554.5m，回水至理县木卡乡，库长约 2.16km，库区控制流域面积 4 632km^2，总库容 93.9 万 m^3。

库区河谷总体呈近 EW 向展布，两岸谷坡较为陡峻，为不对称的“U”形谷。河谷右岸Ⅰ级阶地发育，左岸发育一深切冲沟（磨子沟），沟口有较古老的小型洪积扇，沟内常年流水，未见泥石流活动迹象。两岸山体雄厚，分水岭较高。

库区两岸出露地层主要为泥盆系危关群下组（D_{wg}^1）灰色石英千枚岩、薄—中厚层变质砂岩夹绢云千枚岩、炭质千枚岩，岩层产状近 EW，S$<$55°～70°，为纵向谷。覆盖层除冲积层外，尚有崩坡积、洪积及滑坡堆积等。

构造上左岸发育平石头断裂，位于理县沙金至曾头寨西，长约 7.5km，以 N70°E 方向延伸，距水库 1.2km，为压扭性断裂。

3.3.2.2　库岸稳定

根据水库区的工程地质条件，按库岸稳定性可将其划分为两种类型，即基岩谷坡库段和滑坡库段。

1)基岩谷坡库段

下段水库区,除库尾的列列寨滑坡和库首的猪儿寨滑坡外,其余库段谷坡一般基岩裸露,仅部分段坡脚有少量崩坡积层零星分布。谷坡岩石为泥盆系危关群下组(D_{wg}^{1})灰色石英千枚岩、薄—中厚层变质砂岩夹绢云千枚岩和炭质千枚岩,谷坡现状整体稳定。因水库最大壅水高度约 10m,因此对该库段的整体稳定性影响不大,但坡脚崩坡积层局部可能存在小规模的塌岸。

2)滑坡库段

(1)列列寨滑坡。列列寨滑坡位于木卡乡木材检查站对岸,实验区下段河左岸,距闸坝约 1.25km。滑坡前缘高程 1 550m,后缘高程 2 100m,前后缘高差 550m,滑坡纵向长约 1 100m,宽约 620m,据物探测试成果,推测滑体平均厚度约 50m,方量约 3 400 万 m^3。

滑坡处河流流向 N73°E,枯水期水位 1 550.8m,水面宽约 50m,河道稍向右岸凸出,河谷呈不对称的“U”形谷。滑体 1 650m 以下地形坡度约 40°,1 650m 以上约 25°。地质调查表明,滑坡地形总体上较完整,仅上游和下游各发育一次级滑坡,顺河宽约 120m 和 190m,后缘高程约 1 750m 和 1 735m。目前,两处次级滑坡地形已较缓,再次滑动的可能性较小。

据浅井勘探揭示,滑坡体物质主要由碎石土和块碎石土组成,块石成分以砂岩为主,碎石一般为千枚岩、砂岩和少量石英,土为粉、黏土,结构大多较密实。物理力学试验表明,块石含量占 10%～20%,碎石含量约 50%～60%,土占 20%～30%,天然密度 1.96g/cm^3,摩擦角 18°～20°,凝聚力 0.005～0.01MPa。滑坡体下伏基岩为泥盆系危关群上组(D_{wg}^{2})炭质千枚岩、绢云千枚岩夹薄—厚层变质砂岩、石英千枚岩,岩层总体产状近 EW,N∠50°～75°,与谷坡呈小角度相交,倾向坡内。

对滑坡上、下游冲沟出露的基岩进行的地质调查表明,岩体中无规模较大的贯通性软弱结构面分布,地质构造主要受层面和节理裂隙控制,千枚岩岩层单层厚度较薄,一般为 3～10cm。冲沟内滑坡侧基岩倾倒变形明显,岩层倾角一般为 15°～45°,倾倒变形岩体破碎,局部垮塌。此外,滑坡体中部,高程 1 600m 以下可见已变形的炭质千枚岩夹变质砂岩,岩层产状近 EW,N∠32°。

从列列寨滑坡的地形、地层岩性、地质构造以及附近基岩倾倒变形的情况分析,由于该处地层岩性主要为薄层状炭质千枚岩、绢云千枚岩和石英千枚岩夹变质砂岩,岩质软弱。因此,岩体在重力作用下发生倾倒、弯曲,逐渐折断、崩塌形成堆体积。在漫长的地质历史进程中,堆积体风化、蚀变并伴随局部滑移等物理地质作用,形成了现今较密实的碎石土和块碎石土。

地表地质调查表明,滑坡体约 1 750m 高程以上坐落有三个村寨,并有大量农田分布,盘山公路贯穿滑体,滑坡体上未见明显的变形拉裂现象。据村寨中的村民反映,近百年来均未出现过拉裂或垮塌事件。此外,在 1 800m 高程以上,盘山公路内侧可见多处近水平分布的黄色含砾粉土和黏土,结合区域地质资料分析,该层为古老的冰水堆积层。综上分析,表明列列寨滑坡长期以来无变形迹象,稳定性较好。

因水电站水库正常蓄水位为 1 554.5m,较枯水期河水位仅高出 3.7m,对滑坡自然条件的改变甚微，因此预计水库蓄水不会影响滑坡整体稳定的状态，仅前缘上游次级滑坡因临河坡度较陡，可能出现局部塌岸，建议采取适当的护坡措施。

(2)猪儿寨滑坡。猪儿寨滑坡位于老木卡乡，位于实验区下段河流右岸，距大坝约50m。滑坡前缘高程1 535m，后缘高程2 045m，前后缘高差510m，滑坡纵向长1 460m，宽约500m，据钻孔揭示，滑体平均厚度60～90m，方量约5 475万m^3。

滑坡处河流流向N57°E，枯水期水位1 543.8m，水面宽约30m，河道向左岸凸出。河谷呈不对称的"U"形谷。滑坡体地形较缓，总体坡度约20°。地质调查表明，滑体内分布有多条浅沟，在1 590m高程以下因公路开挖和多级平台的分布，地形坡度变化较大：1 560m以上，坡度33°，局部44°；1 560m以下坡度为14°，公路后坡坡度为46°，高约10m。滑坡体上，耕地和民房广为分布。

根据初步设计报告，猪儿寨滑坡的地层岩性、地质构造和地形地貌等条件分析，因陡倾坡内的薄层状千枚岩岩性软弱，在自重应力的作用下，易向临空方向发生倾倒、弯曲变形。当变形发展到一定程度后，在变形较大部位出现折断，并产生崩塌、滑动。滑体前缘由于堆积厚度较大，临空面较高，随时间的推移，滑体内部产生次级滑动，从而形成前缘具有多级平台的地形地貌。

调查表明，滑体上分布有较多的居民和农田，且盘山公路贯穿滑体。目前，滑体暂无变形、拉裂和滑动现象，结合1 800m高程左右出露的冰水堆积保存完好的情况，猪儿寨滑坡长期以来均保持稳定。

鉴于猪儿寨滑坡距下段电站闸坝较近，电站运行期正常蓄水位1 554.5m时，滑坡堆积体前缘将被淹没约11m，其稳定性与工程关系密切。根据滑坡体地形地貌的特点，拟定两种潜在最危险的情况，利用SARMA法进行各种工况的稳定性计算，进一步分析滑坡的稳定性。经地质和物探分析，滑坡体的整体稳定。但是，天然状态下，前缘处于临界状态，蓄水后可能发生次级滑动，其出口高程1 546m，后缘高程在1 580m左右。当水库蓄水后，滑坡整体稳定，前缘可能发生小型次级滑动，需要采取必要的工程加固处理措施。

3.3.2.3 水库渗漏及泥石流

由于实验区下段电站为一低闸蓄水，蓄水高度有限，且库区两岸山体雄厚，分水岭较高，因此不存在水库渗漏问题。

电站库内，仅在左岸发育有一条深切冲沟（磨子沟），从沟口古老的小型洪积扇来看，虽沟内有常年流水，但目前已无大规模的泥石流活动迹象，因此库区内发生大规模泥石流的可能性较小。

3.3.2.4 淹没及浸没

库区内无具开采价值的矿床，水库蓄水后，将淹没国道317公路约960m及少量耕地，右岸木材检查站处耕地（砂土）高出水库蓄水位约2m，采用浸没计算公式计算后，不存在浸没影响问题。

3.3.3 坝址区基本地质条件

3.3.3.1 地形地貌

实验区下段电站坝址，位于理县老木卡乡磨子沟至木卡沟之间长约800m的河段内，河流流向在坝址处自 N70°E 转向 S65°E，形成向左岸凸出的河道。

坝址区为较对称的"U"形谷，谷底宽 140～180m，枯水期河水面高程 1 542m 时，水面宽 25～35m，谷底漫滩、Ⅰ级阶地发育。两岸谷坡基岩裸露，坡脚为松散堆积体覆盖。左岸基岩谷坡坡度 50°～70°，坡脚崩坡堆积体较厚，推测水平厚度约 30～50m，坡度 35°～40°，在其上游 430m、下游 630m 处分别发育磨子沟和老木卡沟，两沟切割较深；右岸基岩谷坡 35°～50°，坡脚零星分布少量崩坡积物，在其上游 50m、下游 135m 处分别发育猪儿寨滑坡及一小型滑坡，滑坡体地形较缓，自然坡度一般 20°～30°。

3.3.3.2　地层岩性

坝址区左岸出露基岩为泥盆系危关群上组(D_{wg}^2)炭质千枚岩、绢云千枚岩夹灰色石英千枚岩、薄—中厚层变质砂岩。河床及右岸基岩为泥盆系危关群下组(D_{wg}^1)灰色石英千枚岩、薄—中厚层变质砂岩夹绢云千枚岩、炭质千枚岩。变质砂岩和石英千枚岩坚硬，强度较高，炭质千枚岩和绢云千枚岩强度相对较低。

坝址河床覆盖层深厚，据钻孔(见表 3-3-3，来源：设计报告)揭示，最大深度达 82.8m(ZK405)。按其结构、成因和物质组成，从下至上可将其划分为 4 层：

表 3-3-3　实验区下段电站闸址钻孔分层简表

钻孔编号	孔口高程(m)	孔深(m)	第④层 块碎石土层 (col+dlQ_4)	第③层 块碎石土层 (col+dlQ_4)	第②层 含漂砂卵砾石层 (alQ_4^2)	第①层 砾石砂土层 (alQ_4^1)	基岩 绢云石英千枚岩、炭质千枚岩
ZK401	1 538.2	76.96	/	/	0～21.55	21.55～28.04	28.04～76.96
ZK402	1 550.9	60.12	0～3.85	/	3.85～56.27	/	/
ZK403	1 545.02	60.16	/	9.7～40.8	0～9.7	/	40.8～60.16
ZK404	1 543.9	66.18	/	/	0～47	47～52.1	52.1～66.18
ZK405	1 548.7	100.16	/	0～7.2	7.2～78.26	78.26～82.8	82.8～100.16
ZK406	1 538.1	60.24	/	29.43～39	0～29.43	/	39～60.24
ZK407	1 540.3	60.2	/	2.8～21.58	0～2.8，21.58～33.3	/	33.3～60.2
ZK408	1 551.4	100.05	0～8.8	/	8.8～74	74～81	81.0～100.05

第①层(alQ_4^1)：砾石砂土层，分布于谷底，层厚 4.54～6.49m。砾石成分以砂岩、石英岩为主，少量花岗岩，粒径 2～4cm，少量 5～6cm，次磨圆，少量次棱角状，充填灰色砂土，砾石含量约占 50%。

第②层(alQ_4^2)：含漂砂卵砾石层，分布于河床中、上部，层厚 9.7～71m。漂石成分为砂岩，粒径 20～25cm，约占 5%；卵石成分为砂岩、花岗岩及石英岩，粒径 6～12cm，约占 20%；砾石成分为砂岩、花岗岩，粒径 2～5cm，多圆砾，少量角砾，约占 60%。

第③层(col+dlQ_4)：块碎石土层，由较古老的崩坡积物组成。分布于右岸河床中上部，层厚 7.2～31.1m，碎石成分主要为石英千枚岩、砂岩，粒径 2～6cm，少量 0.5～1cm，约占 20%～30%，土为灰黄—灰色砂土。

第④层(col+dlQ_4)：崩坡积块碎石土层，分布于左岸台地和谷坡下部，据钻孔揭示，台地部位层厚约 3.9～8.8m，谷坡下部推测水平厚度约 30～40m，块碎石成分为砂岩、千枚岩及石英，粒径一般 6～13cm 及 2～4cm，约占 40%～50%，土为灰色砂土。

3.3.3.3　**地质构造**

下段电站闸址位于三道桥卡子复向斜的北西翼，岩层产状左右岸略有变化，左岸主要为N80°～85°W，SW<50°～55°，右岸一般为N70°～80°E，SE<60°～75°。岩体中，断层不发育；软弱结构面，主要表现为顺层发育的小型错动带，地质构造以岩层普遍揉皱和节理裂隙为特征。

据现场调查统计，除层面外，裂隙主要发育两组：①N70°～80°E，NW<10°～25°，②N50°～70°W，NE<50°～60°，延伸短小，一般长1.5～2m，少量3m，间距大多为0.5～1.5m，局部0.2～0.3m，裂面多微起伏、粗糙。

3.3.3.4　**坝址岩(土)体工程地质特征**

1)覆盖层物理力学特征

据钻孔揭露，坝址区河床覆盖层最厚达82.8m，主要由4层组成，其中，第①、②层较为稳定；第③层分布于河床右岸中上部；第④层主要分布于左岸台地及坡脚。

为了解各层土体的物理力学特性，初设阶段进行了物性试验、钻孔注水、抽水试验以及N_{120}动力触探试验。根据试验和钻孔揭示的情况，坝址区各类地层的物理力学特性总体上有以下主要特征：

第①层为砾石砂土层(alQ_4^1)：分布于谷底，因组成物质以细颗粒为主，承载力较低，属中等压缩性土，但由于埋深大，结构较密实，透水性微弱。

第②层为含漂砂卵砾石层(alQ_4^2)：分布于河床中、上部，为闸坝基础的主要持力层，天然含水率为3%～4%，干密度$\rho_d=2.0\sim2.2g/cm^3$，压缩系数$a_{v(0.1\sim0.2)}=0.016\sim0.04MPa^{-1}$。30段动力触探试验平均击数11.46～13.28击，结构较密实，承载力较高。钻孔简易注水表明，渗透系数为$(5.77\sim41.2)\times10^{-3}cm/s$，平均$(1.35\sim2.42)\times10^{-2}cm/s$。据室内物理力学试验成果，渗透系数为$(3.06\sim71.8)\times10^{-2}cm/s$，属中等至强透水，临界坡降0.32～1.51，内摩擦角为29.9°。

第③层为块碎石土层($col+dlQ_4$)：分布于右岸河床中上部，由较古老的崩坡积堆积体组成，据16段动力触探试验，平均击数11.9～15.04击，表明该层具低压缩性，承载力较高。据钻孔ZK407抽水试验，渗透系数为$(5.4\sim18.5)\times10^{-2}cm/s$，属中等至强透水层。

第④层为块碎石土层($col+dlQ_4$)：分布于左岸台地及坡脚部位，崩坡积层，据现场地质调查，该层颗粒级配范围较宽，结构不均一，总体较松散，局部架空，承载力较低，透水性强。

2)岩体物理力学特征

坝址区左岸出露基岩为泥盆系危关群上组(D_{wg}^2)炭质千枚岩、绢云千枚岩夹灰色石英千枚岩、薄—中厚层石英砂岩。河床及右岸基岩为泥盆系危关群下组(D_{wg}^1)灰色石英千枚岩、薄—中厚层石英砂岩夹绢云千枚岩、炭质千枚岩。

室内力学试验表明，炭质千枚岩、绢云千枚岩单轴湿抗压强度为15～25MPa，强度较低，石英砂岩抗压强度达70～100MPa，强度高。

坝址区岩体物理力学特性主要受岩石强度、卸荷程度和岩体完整性等因素影响，据地面地质调查及右岸PDG01平硐揭示，右岸谷坡岩体强卸荷水平深度约30m，弱风化、弱卸荷水平深度约50m。强卸荷岩体节理裂隙张开松弛明显，呈薄层状—碎裂结构，物理力学性质较差；弱卸荷及微新岩体以层状结构为主。河床钻孔压水试验表明，岩体卸荷较强烈，吕荣值(Lu)一般为8～13，平均10.24，属中等透水岩体。根据坝址区岩体的工程地质条件和物理力学特征，结合工程类比，坝址区岩体的物理力学参数建议值在工程基础设计中确定。

3.3.4 厂房区基本地质条件

3.3.4.1 基本地质条件

电站厂区河谷为"U"形谷，河流呈S30°E方向流经厂区，河流约向左岸凸出，枯水期河水面高程1 406m。拟建厂房的Ⅰ级阶地顺河长约250m，宽30～70m，阶面平缓，拔河高7～8m。阶地后坡自然坡度35°～40°，谷坡崩坡积物发育，在1 710m高程以上，崩坡积体堆积较厚，推测铅直厚度约40m，基岩仅在1 490m以下及1 575～1 710m高程范围内发育。

厂房基岩为志留系茂县群第三组(S_{mx}^{3})绢云千枚岩、绢云石英千枚岩及变质细砂岩，除绢云千枚岩强度较低外，岩石一般中等坚硬—坚硬。

根据钻孔资料(表3-3-4，来源：设计报告)，厂区覆盖层深厚，厚度大于50m，以含漂(块)卵(碎)砾石土为主，其中夹粉土及粉细砂层。

表3-3-4 实验区下段电站厂址钻孔覆盖层分层简表

钻孔编号	孔口高程(m)	孔深(m)	层名		
			根植土	含漂(块)卵(碎)砾石土层	粉土及粉细砂层
ZK501	1 419.26	40.4	0～1.2	1.2～40.4	
ZK502	1 414.82	50.07		0～10、26.48～50.07	10～26.48
ZK503	1 414.12	50.09		0～8.33、21.42～28.81、34.51～50.09	8.33～21.42、28.81～34.51
ZK504	1 414.69	50.06		0～9.14、22.74～29.64、35.09～50.06	9.14～22.74、29.64～35.09
ZK505	1 412.88	50.17	0～1.3	3～11.3、20.8～23.65、28.8～37.5、40.5～50.17	11.3～20.8、23.65～28.8、37.5～40.5
ZK508	1 413.37	50.78	0～0.8	0.8～50.78	

含漂(块)卵(碎)砾石土层(alQ_4)，漂(块)卵(碎)石成分为砂岩、花岗岩、绢云千枚岩、石榴石片岩等，卵(碎)石粒径一般8～13cm，含量约15%～20%。砾石成分多为千枚岩，少量砂岩、石英，粒径一般2～6cm，含量约60%。土大多为灰色粉细砂或粉土。

粉土及粉细砂层(alQ_4)，较连续分布的有两层，位于中上部及中部，此外还随机分布一些透镜体。上层厚9.5～16.5m，顶板埋深10～11.3m，高程1 404.8～1 401.6m，主要为深灰色粉土和粉细砂，局部含碎砾石。试验表明：小于0.075mm的颗粒含量约为91%；小于0.005mm的含量为12.5%。下层厚为2～5m，顶板埋深约23.65m，高程1 389.2m，由灰—深灰色粉土、粉细砂组成，据试验资料，小于0.075mm的含量为19.4%，小于0.005mm的含量为2.5%。

厂址区构造部位位于薛城"S"形构造系中下庄倒转复背斜之北西冀，岩层产状近

EW，S＜75°～85°，与谷坡大角度相交。区内无大的断层出露，地质构造主要表现为以层面为代表的一套节理裂隙系统，其余裂隙不甚发育。

厂区物理地质作用，主要为岸坡岩体倾倒变形和风化卸荷。据地表地质调查，厂址区发育一倾倒变形体，其下游边界位于厂房后坡一小冲沟，距调压井约 40m，上游以黑土坡滑坡下游侧沟为界，前缘至厂房后坡陡坎处，高程约 1 490m。变形体顺河宽约 290m，纵向长约 500m。

根据 PDG02 平硐揭示，倾倒变形体内岩体破碎，千枚岩向上游黑土坡滑坡倾倒明显，岩体被折断的现象普遍，倾倒折断后岩体层面倾角变缓，一般为 20°～40°。调查表明，15＃、19＃折断面较长大，三壁贯通，其余折断面相对较短，一般 1.5～3m，折断面以倾上游为主，倾角 30°～50°。此外，变形体中挤压带发育，带宽一般 5～20cm，局部可达 50cm，主要充填砾石土，砾石含量一般 60％～70％，粒径 1～2cm，少量 2～5cm，土为灰褐色粉土。

为查明倾倒变形体的下游边界，在 PDG02 平硐 0＋98m 处向下游打了一个支硐，据该支硐揭示，0＋7.5m 为变形体的下游边界。0＋7.5～0＋35m 岩性以变质细砂岩为主，岩层产状 N70°E，SE＜65°～80°，为正常岩体，但岩体内裂隙普遍张开、松弛，为强卸荷岩体。0＋35m 以后岩性与主硐相同，主要为绢云千枚岩夹砂岩，岩层产状正常，无倾倒迹象，但风化、卸荷仍较强烈。

根据地表地质调查和平硐揭示的地质条件分析，该变形体的形成一方面是由于该区岩石为绢云千枚岩夹变质砂岩，岩性软弱，岩石单层厚度薄，在重力的作用下，易向临空面发生倾倒变形；另一方面，由于上游黑土坡滑坡下游侧沟切割较深，形成了一深切临空面，加之岩层走向与沟谷近平行，倾向实验区河下游，因此导致岩体向上游倾倒。从当时的情况来看，倾倒变形体岩层已有折断面发育，但尚未贯通，仍处于倾倒变形阶段。由于黑土坡滑坡的堆积，上游冲沟临空面现已较浅，因此变形体进一步发展的可能性较小。

地表地质调查及 PDG02 平硐、支硐揭示，倾倒变形体下游谷坡岩体强卸荷水平深度约 60m，弱风化、弱卸荷水平深度约 150m。强卸荷带内岩体裂隙多张开，裂面普遍锈染，岩体松弛明显，强度低。弱卸荷带内裂隙一般微张，个别张开数毫米，裂面大多锈染，岩体强度较低。

区内地下水类型主要有第四系松散堆积层中的孔隙水和基岩裂隙水。水质简分析表明，地下水、河水均为 HCO_3^- ♂—SO_4^{2-}—Ca^{2+}—Mg^{2+} 型，其矿化度为 0.218～0.372g/L，pH＝7.4～8.0，属低矿化度弱碱性淡水，对混凝土无腐蚀性。

3.3.4.2 **岩(土)体工程地质特性**

1)覆盖层工程地质特性

厂址区覆盖层主要由含漂(块)卵(碎)砾石土和粉土及粉细砂层等组成，结合前面可研阶段和本阶段(初步设计)完成的大量物理力学性试验及现场钻孔试验，其工程地质特征主要表现为：

含漂(块)卵(碎)砾石土层：该层为厂基主要持力层，干密度 ρ_d＝2.04～2.23g/cm^3，含水率 1.7％～7.8％，孔隙比为 0.22～0.35。据钻孔抽水和注水试验，渗透系数一般为(4.5～7.5)×10^{-3}cm/s，属中等透水层。N_{120} 超重动力触探试验平均锤击数为 9.6～11.8 击，表明该层结构较密实，承载力较高。

粉土及粉细砂层：干密度 $\rho_d = 1.35 \sim 1.92 g/cm^3$，孔隙比为 0.6～0.9，含水率 1.8%～32.6%，液限 33%～39.5%，塑性指数为 10～11.5。据室内试验，渗透系数为 $(0.94 \sim 12.9) \times 10^{-5}$，透水性微弱。钻孔标贯试验平均数为 6.7 击，承载力较低。

根据厂区覆盖层的物理力学特性，结合试验成果，经综合分析可以确定其物理力学参数建议值。

2）岩体工程地质特性

厂址区基岩为志留系茂县群第三组（S^3_{mx}）绢云千枚岩、绢云石英千枚岩夹变质细砂岩，岩体强度随岩性的不同差异较大，炭质千枚岩、绢云千枚岩、绢云石英千枚岩岩性较弱，湿抗压强度 18.0～50.5MPa，变质石英砂岩湿抗压强度达 105.5MPa，为高强度的坚硬岩石。

厂区岩体的工程地质特性，主要受岩石强度、卸荷松弛程度和岩体完整性等因素的影响。根据地表地质调查和勘探平硐 PDG02 揭示，厂区地表岩体风化较强，且卸荷、倾倒变形较强烈，岩体强卸荷水平深度约 60m，弱卸荷、弱风化水平深度达 150m。卸荷岩体中节理裂隙大多张开，部分充填泥膜等软弱物质，以碎裂结构为主，局部散体结构，物理力学性质差。微新岩体以层状结构为主，岩体的工程地质特征主要受岩性控制，表 3-3-5 为厂址区各类岩体的物理力学参数建议值（来源：设计报告）。

表 3-3-5　实验区下段水电站厂区岩体物理力学参数建议值表

地层代号及岩石分类	风化卸荷	围岩类别	变形模量（GPa）	泊松比 μ	抗剪断强度		普氏系数 f_k	弹性抗力系数 k_0（MPa/cm）
					tgΦ'	C'（MPa）		
S^3_{mx}变质石英砂岩	微风化～新鲜	Ⅲ	5～8	0.30	0.7～0.8	0.4～0.6	3～5	20～40
	弱风化、弱卸荷	Ⅳ	2～4	0.35	0.5～0.6	0.1～0.3	2～3	10～20
	弱风化、强卸荷	Ⅴ	0.3～1.0	>0.35	0.3～0.4	0.05～0.1	≤1	1～5
S^3_{mx}炭质千枚岩、石榴黑云片岩、绢云千枚岩、绢云石英千枚岩	微风化～新鲜	Ⅳ+Ⅲ	3～5	0.35	0.55～0.65	0.5～0.7	3～4	15～25
	弱风化、弱卸荷	Ⅳ	2～4	0.35	0.5～0.6	0.4～0.6	2～3	10～20
	弱风化、强卸荷	Ⅴ	0.3～1.0	>0.35	0.3～0.4	0.05～0.1	≤1	1～5

3.3.5　实验区下段水文自然条件

3.3.5.1　气象条件

实验区河流流域设有两个气象站，为实验区上段电站、中段电站和下段电站共享的资料来源。在分析上段电站、中段电站的气象条件中已经用到有关内容，相同或相近部分不再赘述。因实验区下段电站更接近汶川县城或河流将汇入岷江干流，且气象条件也稍有别于中段情况，气象站紧位于下段电站厂址以下约 22km，其气象条件仅参考表 3-3-6（来源：设计报告）。

表 3-3-6 汶川县气象站气象特征值统计表 高程:1 325.6m

项目		1月	2月	3月	4月	5月	6月	7月	8月	9月	10月	11月	12月	全年
降水量(mm)	降水量	2.2	5.2	20.0	49.1	73.4	92.5	86.5	84.6	73.3	37.4	12.2	1.5	537.9
	一日最大	6.3	7.2	11.5	28.1	32.8	44.7	66.7	53.8	30.2	21.7	23.4	3.0	66.7
	降水日数	4.0	6.5	11.6	15.8	17.7	19.0	18.0	15.7	17.6	15.7	7.0	2.7	151.3
气温(℃)	平均气温	3.5	5.2	9.1	14.2	17.6	10.4	22.5	22.3	18.3	14.2	9.8	5.1	13.5
	极端最高	17.8	24.8	26.6	32.7	33.6	34.4	35.6	35.0	33.9	27.3	24.2	22.0	35.6
	极端最低	−6.8	−6.5	−4.4	0.8	6.6	9.0	13.4	12.4	9.3	2.7	−1.1	−7.4	−7.4
相对湿度(%)	平均相对	63	63	65	65	67	72	73	72	76	74	68	64	69
	历年最小	7	4	8	6	10	23	20	20	23	22	12	9	4
蒸发量(mm)		71.1	83.9	150.2	167.8	192.6	161.9	187.6	190.3	122.7	103.7	89.5	71.9	1 599.2
风速(m/s)	平均风速	2.7	2.9	3.5	2.9	2.6	2.2	2.2	2.2	2.2	2.4	2.5	2.5	2.6
	最大风速	9.0	11.0	12.0	14.0	12.0	17.0	11.0	10.0	11.0	12.0	11.0	11.0	17.0
	及相应风向	2G	SSE	3G	2G	3G	ENE	SSE	3G	SW	SSW	2G	SW	ENE

备注:①汶川县气象站曾搬迁过,本表依据现站址资料统计。

②蒸发量根据 1980、1995 年 20cm 蒸发皿观测资料统计。

③日照时数为 1976—1990 年资料统计,其余项目均为 1976—1995 年资料统计。

3.3.5.2 径流情况

实验区下段电站区域为干旱河谷,区间来水很少,其中段有较大支沟孟屯沟汇入;孟屯沟面积占上下两个水文站区间面积的 45%,且为区间径流最高值区,故因区间径流有相当部分为孟屯沟补给,使本区间同时也包含了河流干流的干旱河谷中两种极端情况共存同一区间;在进行水文资料分析时,必须以孟屯沟为切入点,掌握水文情势剧烈变化、分布极不均匀的现实。也就是说,本区间重点分析了两个水文站间内降雨径流的不均匀性,采用多方案综合比较,互相印证,尽可能地考虑这一特点对实验区下段电站径流设计成果的影响。

实验区下段电站坝址、厂址河段无水文观测资料,坝址以上至杂谷脑水文站区间面积 1 519km^2,占杂谷脑站控制集水面积的 63.2%,坝址以下至桑坪水文站区间面积 706km^2,占桑坪站控制集水面积的 15.3%,因此,本工程仍以其两水文站为设计依据站。

根据本工程的地理位置及水文站的分布情况,径流分析计算采用了多种方案,经综合分析比较,选用相对合理的方案作为最终成果。径流设计成果见表 3-3-7(来源:初步设计报告)。

表 3-3-7　实验区下段电站径流各方案计算成果表　　单位：m^3/s

名称	项目	均值	Qp (%)			备注
			P＝10%	P＝50%	P＝90%	
方案一	年平均流量(5 月—翌年 4 月)	94.7	107	94.4	82.8	两站内插
	枯水期平均流量(11 月—翌年 4 月)	37.7	42.6	37.6	33.0	
方案二	年平均流量(5 月—翌年 4 月)	98.8	111	98.8	86.4	面积雨量修正
	枯水期平均流量(11 月—翌年 4 月)	39.0	44.0	38.9	34.1	
方案三	年平均流量(5 月—翌年 4 月)	92.4	104	92.4	80.8	面积比 1 次方修正
	枯水期平均流量(11 月—翌年 4 月)	36.4	41.2	36.4	31.9	

尽管上表所列各方案计算结果相差不大，但：

(1)方案一利用两水文站资料控制了本电站上下游的水文情势，用大区间(两个水文站区间)径流模数放大小区间(坝址—桑坪区间)，两者产流条件最为接近；

(2)方案二由于流域雨量站点较少，资料系列长短不一，采用算术平均法计算流域面积平均雨量，无法考虑地形变化和站点分布不均等因素，仅供参考；

(3)方案三仅考虑了面积差异，未考虑雨量差异，局限性更大。

综上所述，方案一是基于现有资料所能选取的较为合理的计算方案，所得到的成果相对符合客观实际。因此，本阶段推荐采用方案一的计算成果(见表 3-3-8，来源：设计报告)。

表 3-3-8　实验区下段电站径流成果表　　单位：m^3/s

项目	均值	Cv	Cs/Cv	Qp (%)		
				P＝10%	P＝50%	P＝90%
年平均流量(5 月—翌年 4 月)	94.7	0.10	2	107	94.4	82.8
枯水期平均流量(11 月—翌年 4 月)	37.7	0.10	2	42.6	37.6	33.0

3.3.5.3　设计洪水

限于当时实验区下段电站坝址、厂址处均无实测水文资料，无法直接推求设计洪水。考虑到坝址、厂址面积较大，暴雨资料缺乏，也不宜采用由设计暴雨推求设计洪水的方法。故电站坝址、厂址设计洪水计算，以两个水文站洪水资料为基础，并充分考虑其区间洪水变幅大的特性，综合分析后选取。为此，本设计也作两套方案。同样，实验区下段电站厂址也推荐方案一计算的设计洪水成果(见表 3-3-9)。

表 3-3-9　实验区下段电站设计洪水成果表

名称	面积 (km²)	均值 (m³/s)	Qp (%)(m³/s)						
			P = 0.1	P = 0.2	P = 0.33	P = 0.5	P = 1	P = 2	P = 5
闸址	3 923	473	1 250	1 160	1 100	1 050	967	878	759
厂址	4 418	512	1 360	1 260	1 190	1 130	1 050	950	822

3.3.5.4　河流泥沙

1)闸址悬移质含沙量、输沙量

实验区下段电站坝址位于理县、汶川县两个水文站之间，坝址—上游理县水文站区间，有较大支流孟屯沟汇入，坝址—下游水文站区间，有三岔沟、龙溪沟等 4 条支流汇入，故实验区下段电站坝址悬移质输沙率，采用上下游两水文站同步悬移质实测资料，按流域面积比内插得出，并与坝址相应的月平均流量组成水沙系列，由此得到 1963—1992 年共 30 年悬移质资料系列。

实验区下段电站闸址月平均输沙率由下式计算：

$$G_{古} = G_{桑} - (G_{桑} - G_{杂}) \times 0.3173$$

式中：$G_{古}$、$G_{桑}$、$G_{杂}$ 分别为实验区下段电站坝址、桑坪、杂谷脑水文站月平均输沙率；系数 0.3173 为实验区下段电站坝址 — 桑坪水文站区间集水面积与杂谷脑 — 桑坪两个水文站区间集水面积之比。

实验区下段电站坝址多年平均悬移质年输沙量为 143 万 t，多年平均含沙量为 478g/m³。输沙量年际变化较大，年输沙量最大值 302 万 t(1982 年)，为最小值 56.4 万 t (1970 年)的 5.4 倍。输沙量年内分配不均匀，主要集中在汛期(5—10 月)，占全年输沙量的 98.6%，其中 6—7 月两个月输沙量约占全年的 68.8%。可以预期，电站开工建设后其值变化更大。实验区下段电站坝址处多年月平均含沙量见表 3-3-10，输沙量年内分配见表 3-3-11，下段电站闸址历年流量、含沙量、输沙量特征值见表 3-3-12(来源：初步设计报告)。

表 3-3-10　实验区下段电站闸址多年月平均含沙量表

项目	1月	2月	3月	4月	5月	6月	7月	8月	9月	10月	11月	12月	汛期(5—10月)	多年平均
含沙量(g/m³)	4.20	3.60	11.4	174	375	980	898	432	331	82.4	7.50	3.10	584	478

表 3-3-11　实验区下段电站闸址悬移质输沙量年内分配表

项目	1—3月	4月	5月	6月	7月	8月	9月	10月	11—12月	汛期(5—10月)	多年平均
输沙量(万 t)	0.138	1.88	11.7	51.2	47.2	15.5	13.1	2.43	0.15	141	143
输沙量占全年百分数(%)	0.01	1.3	8.2	35.8	33.0	10.8	9.1	1.8	0.01	98.6	100

表 3-3-12　实验区下段电站闸址历年流量、含沙量、输沙量特征值表

年份	年统计				汛期(5—10 月)统计			
	平均流量 (m^3/s)	平均含沙量 (g/m^3)	输沙量 (10^4t)	输沙模数 (t/km^2)	平均流量 (m^3/s)	平均含沙量 (g/m^3)	输沙量 (10^4t)	沙量占全年百分数(%)
1963	106	507	169	430	171	617	168	99.4
1964	101	660	210	536	161	813	208	99.0
1965	103	835	272	692	166	1 020	268	98.8
1966	87.0	343	94.0	240	137	423	92.2	98.1
1967	88.3	389	108	276	141	479	108	99.2
1968	99.6	361	114	289	162	435	112	99.0
1969	90.4	372	106	270	144	455	104	98.1
1970	82.6	217	56.4	144	128	255	51.7	91.7
1971	97.4	473	145	370	156	576	143	98.1
1972	84.3	465	124	315	133	577	122	98.3
1973	85.0	385	103	263	135	473	101	98.1
1974	102	308	99.4	253	164	376	98.3	98.9
1975	98.9	240	75.0	191	155	295	72.7	97.0
1976	99.9	241	75.9	193	158	291	73.3	96.7
1977	106	702	235	599	172	854	233	99.1
1978	91.8	315	91.2	233	142	391	88.6	97.1
1979	92.5	349	102	260	146	429	99.3	97.6
1980	91.8	285	82.4	210	146	350	80.9	98.2
1981	103	666	216	552	168	806	215	99.2
1982	98.5	973	302	770	158	1 200	302	99.8
1983	95.1	562	169	430	154	684	167	99.3
1984	89.1	400	113	287	143	491	112	99.1
1985	90.8	315	90.2	230	144	380	86.9	96.4
1986	80.1	342	86.2	220	127	421	84.6	98.1
1987	89.0	532	149	381	147	640	149	99.7
1988	99.6	450	141	360	163	545	141	99.7
1989	106	899	301	768	172	1 060	289	95.9
1990	91.4	306	88.3	225	142	383	86.4	97.9
1991	85.5	261	70.5	180	133	330	69.9	99.2
1992	112	878	310	791	185	1 050	308	99.4
多年平均	94.9	478	143	365	152	584	141	98.6

2)推移质

由于实验区河流未开展推移质输沙率测验,实验区下段电站坝址河段床沙级配采用工程设计单位1985年2月于甘堡河段进行的床沙取样分析成果,床沙最大粒径为330mm,中数粒径为127mm。根据实验区下段电站坝址断面水力要素,采用推移质输沙率计算公式①,计算得出中水年推移质年输沙量为15.8万t,床沙颗粒级配见表3-3-13。

表3-3-13 实验区下段河床沙颗粒级配表

粒径(mm)	1	3	5	10	25	50	100	200	300	330	最大粒径	中数粒径
小于某粒径沙重百分数(%)	3.0	4.5	6.1	8.6	14.4	23.3	38.2	72.8	91.8	100	330	127

3.3.6 实验区下段自然生态条件

3.3.6.1 环境质量

实验区下段电站区域自然生态条件与其实验区中段接近,但电站越靠近汶川县城,区域人口密度越大,人为活动越频繁,生态破坏更为严重。电站建设前,河流仍处于自然状态,水环境、水生物环境、区域大气环境和声环境都比建电站时要好。但是,下段水环境、生物多样性比中段、上段差。

1)水环境

根据2004年《阿坝州环境保护局关于下段水电站建设项目环评执行标准的请示的批复》意见,实验区下段水电站工程河段内龙溪沟口以上河段水质执行《地表水环境质量标准》(GB3838－2002)Ⅱ类水域标准,龙溪沟口至实验区河口及威州镇间河段水质执行Ⅲ类水域标准。工程河段主要污染源为生活污水,工程区及上游区域生活污染源主要为木卡乡、通化乡和桃坪乡,但污染负荷较低,废水排放总量不大。工程河段水质均满足相应河段规定的《地表水环境质量标准》(GB3838－2002)Ⅱ、Ⅲ类水质标准。

2)生态环境

因实验区下段电站工程地区植被稀疏,植被覆盖率不高,主要为干旱河谷灌丛,电站建设前生态质量本身就比较差;此外,受人类活动影响,工程区域野生动物仅以小型兽类为主,无大型野生动物及珍稀保护动物;水生生物组成简单;考虑到下游已建电站阻隔和其他建设活动的影响,鱼类资源日趋减少。

实验区下段水电站不涉及米亚罗自然保护区,工程施工区与保护区边界最近距离约7.2km,除工程建设期间外,不会对米亚罗自然保护区以及沿途自然、人文景观和旅游活动造成负面影响。

3.3.6.2 水环境影响的分析

实验区河流中下游地区的天然林长期过度砍伐,随着森林资源逐渐减少,该地区水源的涵养和局地气候的调节能力日益减弱。实验区下段工程涉及流域内滑坡、泥石流、干旱、洪灾等自然灾害频繁,受区域地质、地貌、气候、植被及人类开发活动等多种因素的影

① 曹鉴湘.卵石推移质输沙率计算公式的检验和修正[J].水电站设计,1987(2).

响，区域水土流失强度有加重的趋势，区内生态环境已较为脆弱，恶化的趋势不容乐观。有些环境负面影响需要通过人为治理加以控制，而那些缓慢不可逆转的影响需要加强监测和采取适当应对措施。

1）对水文情势的影响

实验区下段电站水库具有日调节性能，水库正常蓄水位 1 554.50m 时，坝前最大壅水高 14.5m，正常蓄水位以下库容 88 万 m^3，水库面积约 0.17km^2，水库回水长 2.16km。水库运行后，库内流速将减缓，库内水位每年在死水位 1 550m 到正常蓄水位 1 554.50m 之间变化，水位变幅最大仅 4.5m，这种变化可能带来水质和水温的变化，以及与此相关的生态改变。

水电站设计发电引用流量 148m^3/s，电站运行后将使坝下游约 18.3km 河段出现减（脱）水现象。

实验区下段工程河段内，自上而下有木卡沟、甘溪沟、三岔沟和通化沟、曾头沟、谢溪沟、古城沟和龙溪沟等 7 条较大支沟汇入，其流量合计约 11.23m^3/s。电站运行后，工程河段流量将发生明显变化，尤其是坝址下游河段水量改变，对河道功能将产生一定影响，主要表现在甘溪沟汇口以上的 3.12km 河道内，甘溪沟汇口以下河道全年不会断流，河道功能不致完全丧失。随着支流的不断汇入，河流减水程度相应缓解。

电站尾水与下游已建的下庄水库相衔接，下段电站建成后，将与下庄电站联合调度运行。可以预测，电站日调节运行不会对下庄等下游电站产生负面影响。

2）对泥沙的影响

电站调度运行中，在泥沙含量较大的洪水季节，工程运行单位可以采取停机避峰、排沙的运行方式；在汛期以外时段，视来沙情况采取不定期敞泄冲沙，这样既可保证电站的有效调节库容，又可为坝下河道带来一定的生态流量。在土壤严重流失或缺失地区，下游减水河段老百姓可以适当围水拦沙，运沙造地。

3）对水温的影响

实验区下段水库属典型的混合型水库，库内水体交换频繁，水库形成后对水体水温有一定影响，但程度轻微。电站引水隧洞长约 16.4km，引水发电后这一部分河段几乎脱水，也就不存在水温问题；电站厂房以下部分，电站运行发电后尾水流量与减水段区间流量汇合，电站尾水断面河道水温与天然状况下该断面水温差异不大。

4）工程施工对水质的影响

实验区下段水电站施工期的污染源，主要包括生产废水和生活污水两大部分。其中，生产废水绝大部分来源于砂石骨料加工废水，另有少量的混凝土拌和系统冲洗废水和机车修理系统含油污水和基坑排水；生活污水排放分散、量大，主要来源于 3 个生活区的施工人员生活污水和粪便。按照环境评价要求，实验区下段电站工程和段中坝址至龙溪沟汇口的实验区河流干流河段执行Ⅱ类水域标准，施工废水禁止排入河道。而龙溪沟汇口至本电站厂址区间执行Ⅲ类水域标准，施工废水、生活污水需进行处理达标排放。

5）电站运行期对水质的影响

实验区下段电站水库库容较小，属混合型水库，库内水体交换频繁。类比四川省内已建的多个混合型水库，在做好库区清理和加强库区周边垃圾和漂浮物管理的前提下，水库的形成对水体水质影响轻微。建设单位或工程运行单位应该重视水环境保护，加强对运行期水质监测，减少其负面影响。

实验区下段水电站坝址至厂房区间河道长约 18.3km，该河段内工农业和生活污染源量相对较少，参照上游已建成的理县、甘堡等引水式电站减水河段实测资料分析，预测实验区下段电站运行后工程减水河段 SS 含量明显增加，其余参数变化不大。

3.3.6.3 **生态环境影响的分析**

1)工程建设水土流失预测

实验区下段水电站工程建设投资大、工期长，隧洞开挖渣料多，山坡适合堆渣的场地十分有限，也就是说工程占地、开挖作业、堆渣弃渣等施工活动和移民安置过程中的建房等活动，将使地表土壤、植被受到不同程度的扰动和损坏，并使部分区域的地貌产生一定变化，在较大范围产生新增水土流失。即便是管理严格、施工规范，建设过程中的水土流失也非常严重。如果出现施工管理失控，随意取土、倒渣现象，水土流失难控。

设计按正常管控情况，分析预测工程占地、工程开挖、弃渣等施工活动和移民安置过程中的建房等活动，土壤、地表植被扰动和破坏产生新增的水土流失面积为 113.13hm^2，新增水土流失量约 46 万 t。若为管理失控情形或工程分标过多过滥，新增的水土流失面积和流失量可能成倍增加。

2)工程建设对陆生植物的影响

实验区下段电站建筑物工程施工过程中的开挖、爆破、堆渣以及施工设施占地等活动，将破坏施工区内的部分植被。由于工程规模较小，施工影响面积相对也较小，且山地多为农耕植被和灌丛植被，不涉及珍稀保护植物物种。总体上分析考量，工程建设不会对区域自然体系的生态完整性和区域内的植物多样性带来明显负面影响。

3)对陆生动物的影响

实验区下段水电站工程区域，主要分布于典型的干旱河谷区，海拔相对较低。由于工程河段沿岸居民的日常活动和交通运输干扰频繁，工程区内现有陆生动物分布相对较少，以鼠类等小型啮齿兽类为主，无珍稀保护动物分布。电站水库淹没和工程施工活动对植被的破坏以及噪声干扰等因素将会对实验区及主影响区兽类及鸟类带来一定负面影响，但程度有限。因兽类及鸟类迁移能力强，附近适于生存的环境易于找寻，而且施工结束以后，这种干扰随即消失，资源及种群不会受到大的影响。

4)水库蓄水对水生生物的影响

根据上游已建成的梯级电站库区与其尾水下游水生生物监测结果对比分析，可以预测实验区下段电站水库建成后，库内水生藻类、浮游生物和底栖动物的种群和生物量将比原天然河流发生较大变化。

水库蓄水，由于闸坝阻隔，流速、透明度、泥沙淤积以及鱼类饵料生物等条件急剧变化，预计电站水库河段原适应急滩流水环境的齐口裂腹鱼等鱼类将明显减少。对缓流水环境有一定适应能力的鱼类，在库尾及库内磨子沟入口处尚能生存，且数量也将显著减少。但是，对适应缓流环境的松潘裸鲤等鱼类，条件有一定改善，数量有可能增加。

5)河段减水对水生生物的影响

实验区下段水电站减水河段长约 18.3km，电站坝址至甘溪沟口约有 3.12km 河道，仅在洪水季节时有部分水量下泄，其余时段将基本处于断流（脱水）状态。电站运行时，在平、枯水期河道内将仅少量静水藻类残存与少量水凼中，其余水生生物基本消失，仅在洪水季节河道水生生物得以恢复。

甘溪沟口至三岔沟汇口长约 2.23km 的河段，多年平均流量为 12.70m^3/s，枯期平均流量仅为 1.96m^3/s，虽河道中不会出现完全断流，但在平、枯水期河道内仅呈现溪沟状，河流中将会有少量藻类和浮游生物残存，但种类和生物量将明显减少，鱼类基本无法存活。

三岔沟至电站厂房间河道长约 12.96km 河段，有通化沟、曾头沟、古城沟和龙溪沟等多条较大支流汇入，河道内水量明显增加，至电站厂房断面河道内多年平均流量为 18.75m^3/s，枯期流量达 4.24 m^3/s，分别占该断面天然流量的 17％和 10％，枯期河道平均水深达 1.1m。电站运行时，河道内剩余流量已可基本满足该河段原有的水生生物和鱼类的生存需要，但其数量较天然情况将明显减少。

综上所述，实验区下段水电站运行发电后，对水生生物的影响主要表现在坝、厂址间的河道减水所产生的水环境变化带来的生态负面影响。其中，又以甘溪沟汇口以上的 3.12km 河道内的影响程度较为严重。由此可要求或规范工程业主单位，电站运行后必须从电站坝址处下泄一定的生态流量，以减少工程运行对河道水生生物的影响及程度。

水环境、土壤环境，是一切生物生长、繁衍的根本。下段电站建设前，实验区下段生态恶化相对缓慢。正是电站建设和公路建设，使人为活动超过环境容量许限，加速生态变化。当然，人为破坏作用与人工修复作用同样明显。那么，在开发商自觉履行环境保护的法律责任和社会责任前提下，水行政主管部门、山地国土资源管理部门都应当加强监管，防止山地生态产生不可逆转的恶化。

第 4 章 汶川大地震造成实验区水土流失情况

4.1 汶川大地震的发生及专家论因

2008 年 5 月 12 日 14 时 28 分，四川省汶川县发生 8.0 级特大地震，震中烈度超过 11 度。截止到 2008 年 9 月 4 日的统计资料，因地震及引发的大量山体滑坡、崩塌、泥石流等地质（次生）灾害，造成四川、甘肃、陕西近 2 000 万人受灾，约 70 000 人（官方报道 69 000 多）死亡、17 000 多人失踪，大量的民宅倒塌、建筑物毁损，直接经济损失约 8 451 亿元（人民币）。

在举国抗震救灾的同时，国内外地震、地质、工程和生态等方面（包括那些数十年前曾经论断龙门山断裂带不会发生大地震）的专家学者对汶川特大地震的发生及触发机制开展了广泛讨论，其中也不乏国内外一些反对建大型水库的专家学者提出见仁见智的观点，有的甚至在相当程度上影响了部分灾民或学者的判断。

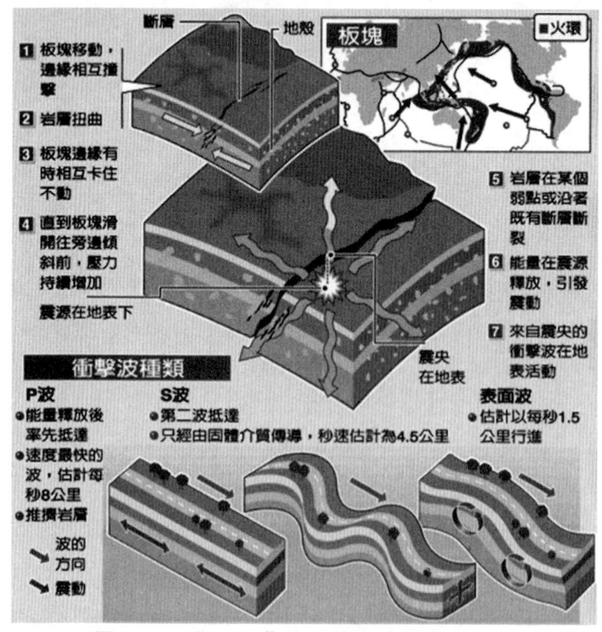

图 4-1-1 “5・12”汶川特大地震发生原因

“5 · 12” 汶川特大地震已经过去 5 年，但它带给国人和世人的是永远挥之不去的记忆！当时，作为身在震中又第一时间(发生当即)参加抗震救灾的科技工作者(本书作者)，结合汶川特大地震后灾区生态修复这一“功在当代、利及千秋”的课题，从保卫人类家园——生态环境的视角，以及告慰地震死难同胞，增强全民族灾难意识，广泛普及和宣传地震常识，提高全民族防灾、抗灾、减灾及自救能力等方面，以及互动和交流弥合分歧的心态，再反刍或再认识造成“5 · 12” 汶川特大地震及巨大灾难的(人类不可抗拒)自然威力，进一步检视、探讨汶川特大地震原因、诱发机制、致灾程度以及生态修复方法，仍具有非常重大的现实意义。地震原因、诱发机制见图 4-1-1(图片来源凯迪论坛“猫眼看人”)，图 4-1-2 和图 4-1-3 为作者参加汶川地震周年学术研讨及震中汶川县映秀镇现场考察。

图 4-1-2　汶川地震学术研讨(右为钱奇虎院士)

图 4-1-3　时钟指向的记忆(震中汶川)

4.1.1　汶川大地震发生的原因

根据国家地震局公布的资料，“5 · 12”汶川特大地震震中震源点位置发生在(北纬 31.0°、东经 103.4°)龙门山中央断裂带上。具体地说，就是在四川省阿坝州汶川县映秀镇的牛眠沟(震源点位置见图 4-1-4、图 4-1-5 和图 4-1-6)。

图 4-1-4　汶川县映秀镇牛眠沟(震源点)

图 4-1-5　汶川县映秀镇牛眠沟震中

在水土流失及生态恶化的诸多因素中，大地震、大洪水以及大规模滑坡、泥石流造成的危害最为严重。那么，从生态角度或控减水土流失的态势，有必要了解汶川大地震发生的原因和触发的最主要因素(称为诱因)。以地质、地震等业界众多专家学者观点，首先需要了解和重新认识龙门山断裂带。

图 4-1-6　牛眠沟震源点爆炸产生了超过 600 万 m^3 块石碎屑流

地质学界界定龙门山断裂构造带主要由茂汶—汶川、北川—映秀和彭州—灌县三条大断裂带组成。其中，茂汶—汶川断裂带的茂汶—草坡段、北川—映秀断裂带的北中段和彭州—灌县断裂带的都江堰—天全段以及茶坝—林庵寺断裂带石坎子以西段为全新世活动段；平武—青川、茶坝—林庵寺的石坎子—茶坝段为晚更新世活动段。自古以来，龙门山断裂构造带就是地震的多发区，尤其处于敏感地带的耿达—汶川—茂县段的茂汶韧性断裂带区，是龙门山系发育最早、规模最大的断裂之一，韧性形变特征十分明显，属于多条断层组成的一个构造应力变化带，也是一个具有多期活动性的破裂带，在龙门山主干断裂带中具有重要地位，历史上发生的地震震级大都在 6 级左右。

这次发生在龙门山断裂构造带上的特大地震，学术界和不同专业领域专家学者大都认可为构造地震，但对触发机制解释各异。“5・12”汶川特大地震发生在龙门山中央断裂带上，究其原因，国内外业界各路专家见仁见智，提出许多具有代表性的观点，不少“科班”学者对传统观点的挑战大胆、开放，在学界引发热烈的讨论。

4.1.2　地震触发机制讨论

4.1.2.1　地壳运动及板块挤压说

依据“板块理论”及地质专家刘斌夫先生的观点，汶川大地震是因为龙门山断裂带地壳运动及板块挤压造成。龙门山系 NE 向展布的逆冲推覆构造带，处于我国大陆华北块体、扬子块体与羌塘块体之间，在北、东、西三大巨型地质构造块体围合下，于晚三叠纪中晚期，由松潘—甘孜褶皱带和印支运动发生褶皱回返所造成的北东—南西向挤压而形成。新世末，发生的印度板块与欧亚板块的碰撞，及其后继续向北东方向推挤，使龙门山构造带继续遭受强烈挤压，导致龙门山脉地壳一直具有极不稳定性(地球物理学称其为超活动性）。

与此类同的说法：约 1 亿年前的白垩纪中晚期（所谓“喜山期”）的喜马拉雅造山运动中，印度洋板块向北运动挤压欧亚大陆板块，推动青藏高原隆升。同时，青藏高原向东运动挤压四川盆地。阻隔青藏高原与四川盆地之间的龙门山，由于应力蓄积，活动性由弱变强，当蓄积到一定程度，特别是有诱因激发时，地壳就会破裂导致地震（板块运动诱发地震说见示意图 4-1-7）。

根据美国地震研究人员分析，龙门山断裂带作为地震多发区的活动断层，使来自青藏高原深部的物质向东流动到四川盆地时受到极强阻力，随即翻身向上运动，盆山边界即为断层面。如果断裂带每年运动数厘米，大约 100 年左右时间，每隔 50～70m 积聚的应力和能量就可能再发生一次 7 级以上的大地震。由于震源较浅，震源机制为向 NE 逆冲运动，加上震区土质松软，震波向地势低缓的“第三台阶”——东部扬子块体和华北块体两大稳定块体的能量传播距离可以很远。

中国地震局以陈运泰院士为首的地震专家组，对汶川地震震源特性的分析报告指出，这次汶川大地震是一次以逆冲为主，伴有顺时针走向滑动的地震，这和龙门山主中央断裂惯有的运动方式是一致的。根据地震波形资料解算出来的震源断层向西北倾斜，震源断层的走向为 226°，也和实地调查的断层空间形态非常接近。对地震波数据的分析表明，地震由震中的断层发生突然破裂开始，并使破裂沿着龙门山主中央断裂的界面迅速扩展，同时也使两侧的龙门山主边界断裂和主后缘断裂加速运动和变形，断层破裂的长度达到 300km 左右。其中，约有 200km 是由震中向东北方向延伸，而向西南方向扩展的距离较短。破裂延伸扩展的平均速度高达每秒 3.1km，所到之处，就像一只无形的巨手在撕裂和摇撼着大地（逆冲走滑地震说示意图由台湾中大王乾盈教授提，供见图 4-1-8）。

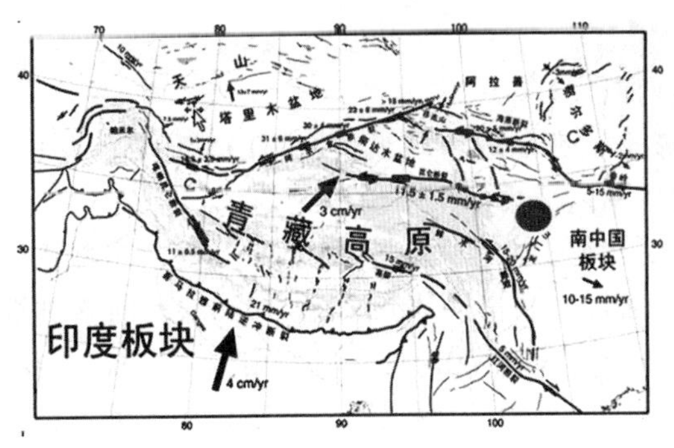

图 4-1-7　板块运动诱发地震示意图

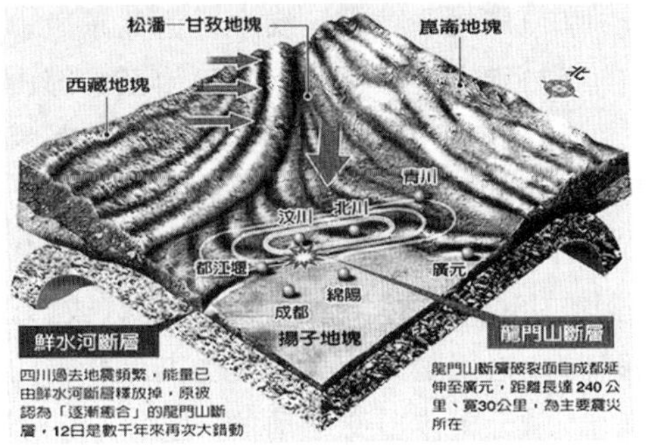

图 4-1-8　王乾盈教授的地震分析图片

4.1.2.2　**空洞塌陷说**

四川省汶川县发生8.0级特大地震后的几天内，在南京的河海大学举办了《岩石圈地震形成机理研究》的学术报告。陈建生教授以他多年的研究与积累的大量数据，分析、佐证了在岩石圈中地壳及其以下存在着沿断裂带发育的空洞，其阐明地震的发生重要原因是：“地震是由上覆岩体塌陷在空洞中所造成的”。陈建生教授认为，印度板块插在了欧亚大陆板块之下，阻断了地幔岩浆对欧亚大陆板块的直接侵入，当欧亚大陆板块中下地壳的温度和压力降低后，上地壳中的地下水入侵到中下地壳的空洞层中，形成垂向对流，将大量的热量带到了地表，形成温泉。中下地壳的空洞层中的温度降低达到超临界状态以下时，发生了沉积作用；此时，下地壳被沉积的矿物所填充，中地壳断裂带发展成为了充满水的低压空隙带。当上覆地层一旦发生塌陷，势能迅即转化为动能，最终转变为震动能。地震就是上覆地层塌陷产生的势能不断释放所造成的。

对于上述复杂的地球及地质物理过程，是科学界不断探索且较为新奇的观点。作者以为：如果陈建生教授的观点成立，那么，时下人类疯狂消费一次能源（煤炭、石油、天然气等）形成大规模地壳空洞，为不断发生特大地震创造了条件。也就是说，今后人类将不断面临大的由人类自己导演的“自然灾难”。

4.1.2.3 构造变形与逆冲走滑说

龙门山断裂带是规模宏大、结构复杂的巨型推覆构造带，为东部与西部两大构造域的分界构造带，属西、中、东三个梯级的第二梯级。龙门山断裂带总体走向为北东45°、倾向北西，绵延500km，宽达25～50km，自东向西主要由3条主干断裂组成：

(1)龙门前山主边界断裂带；

(2)龙门山主中央断裂带；

(3)龙门后山断裂带。

龙门山断裂带山体运动方向为SE向仰冲，形成3个貌似叠瓦状的逆冲带，在地形上成NW—SE呈阶梯式下降，相对高差达600～700m。

早在1942年抗战时期，朱森、叶连俊、吴景祯等地质学家，就已经专门调查了龙门山断裂构造带。他们认为，龙门山脉为中国地壳主造山带，其内部组成与构造十分复杂、独具特色。1945年，地质学家黄汲清将龙门山造山带地质构造概括为：独特的“龙门山模式”。以“山系”说，龙门山造山带NE向SW亦分三段：

(1)广元—陇南—汉中段为北东段；

(2)雅安天全—宝兴蒙顶山至二郎山为南西段；

(3)理县—耿达、映秀—白水河、彭灌（彭州至都江堰），与绵竹九顶山—什邡蓥华山、安县千佛山—平武—剑阁剑门关诸山体，构成龙门山主山系中段。

中段有3大推覆体和推覆面，构成其形变特征。自西向东依次为：耿达—汶川推覆体（褶皱冲断推覆体）、映秀—白水河（或彭州—绵竹冲断推覆体）、彭灌（都江堰冲断褶皱推覆体）。这就是为什么地震受灾最严重的是北川县，因为北川处在龙门山主中央断裂中心点上，属于山体形变运动的“逆冲—走滑断裂”，它同受三大推覆体巨大动力与动势能作用，以最强破坏力由南西向北东极速推进，引爆了以北川县曲山—擂鼓的断裂层滑变，形成长200km、宽25km的核心破坏面。

4.1.2.4 地下高压气体爆炸说

1)高压天然气发震机制

香港大学土木工程系教授岳中琦认为，地震可以由地下多年积聚的高压气体爆炸产生。岳中琦教授收集了近十年发生在大陆与台湾的数次大地震震况，以大量声像和文字资料佐证他提出的汶川地震“高压天然气”的发震机制。

龙门山中央和前山断裂带或不整合接触带中（山涧沉积盆地下），存在不少局部封密的缝洞。尤其在中温高压煤层等海相沉积岩层中，有机物质形成高压天然气不断灌入这些缝洞中增生、增强；同时，岩层受到挤压，不断变形，储蓄弹性势能。当这些高压气（体）囊突然逐一地致裂、致开、致爆受挤压的岩层，岩层再弹性反弹、错动，释放巨大弹性变形能。高压气体快速上升、膨胀，促使各层缝隙里冲填气体随之抬升、劈裂地层而造成巨大地面破坏，形成地震波。许多声像（包括电视台新闻）资料显示，形成地震的原因是无色无味的地下天然气在喷出地表过程中将煤层致破致爆，带动大量煤粉（尘）排放到大空造成天空变暗。换句话说，大地震震源多发生在有煤、天然气等含有气体的断裂带。譬如：2008 年 5 月 12 日 16 时，地震发生不到两小时，成都军区陆航团飞行员就已经抵达灾区上空进行侦察。两架直升机机组曾一度短时爬升到 2 000m，希望摆脱云团，但摸索飞行了将近 20km，机窗外只能看到白茫茫的雾气。而岳中琦教授进一步阐述：空中巨大的白雾气体，只能是天然气与空气的混合体！

除此之外，每次地震都是先有地声，地表再产生晃动！地声地光是高压天然气爆炸所致。再如：视屏资料显示，地震瞬间局部山地高压天然气体喷出造成了“尖点撞击”式的山体破碎和松散物抛出，主要原因是高压天然气随岩体裂隙、层面、空隙等的穿入、喷出、射出、鼓出等。其直接结果造成山体的大面积破坏。

这次汶川地震明显具有以下特点：

(1)地震地质灾害在区域上，具有沿发震断裂带呈带状分布和沿河流水系成线状分布的特点；

(2)地震地质灾害分布具有明显的上盘效应，发震断裂上盘地质灾害发育密度明显大于下盘，且上盘强发育带宽度约为 10km；

(3)地形坡度是地震地质灾害发育的控制性因素之一，绝大部分的灾害集中在坡度 20°～50°的范围内；

(4)地震地质灾害与高程和微地貌具有很好的对应关系，大部分灾害发生在高程 1 500～2 000m 以下的河谷、峡谷段，尤其是峡谷段的上部（即宽谷向峡谷的转折部位），单薄的山脊以及孤立或多面临空的山体对地震波最为敏感，具有显著的放大效应，这些部位崩塌滑坡最为发育；

(5)不同的岩性与地质灾害的发育虽然没有显著的对应关系，但却决定了地质灾害的类型；通常情况下，滑坡多发生在软岩中，而硬岩中多发生的是崩塌。

2)天然气爆炸的形成

汶川大地震，造成大量山地边坡崩滑与崩塌，以及从各种岩石破碎程度上看，可以推断这种岩体破碎可用深部中温高压天然气体在上升到地表变化过程来解释：

(1)在地下深处，地层压力越大，气体压力也越大，一般情况下可以保持平衡；

(2)随深度减小，地层压力也就相应（线性）减少；但是，气体压力的减少受到地下孔隙、空洞的大小限制；

(3)气体在上升过程中，体积不断扩大，又进一步占有、充满、加载这些孔隙、空洞，对地块产生巨大的压力；

(4)这些高压气体随着缝隙不断挤压、冲串、碰撞，在其蹿到地表时，就可将地表岩体胀开、胀破，形成地表岩爆；

(5)在高山区,气体来源于近沟胀地下,向山顶岩体移动的压力更大,地层斜向倾角使得高压气体向山顶运移的阻力增大,使得山顶破坏较少;

(6)中部山坡区,岩体裂隙节理层面等孔间通道多,无水,岩体较硬脆,高压气体易于此类岩体中扩展、膨胀,导致高压气体将岩体完全破碎喷出;

(7)沟边地质体多为岩土体,松软、孔隙水多,高压气体难以在途中全面扩散,因此形成断裂、裂缝破坏较多。

岳中琦教授引据国家地质调查局殷跃平研究员 2008 年发表在工程地质学报的《汶川 8 级地震地质灾害研究》一文的部分内容佐证其观点(见图 4-1-9)。

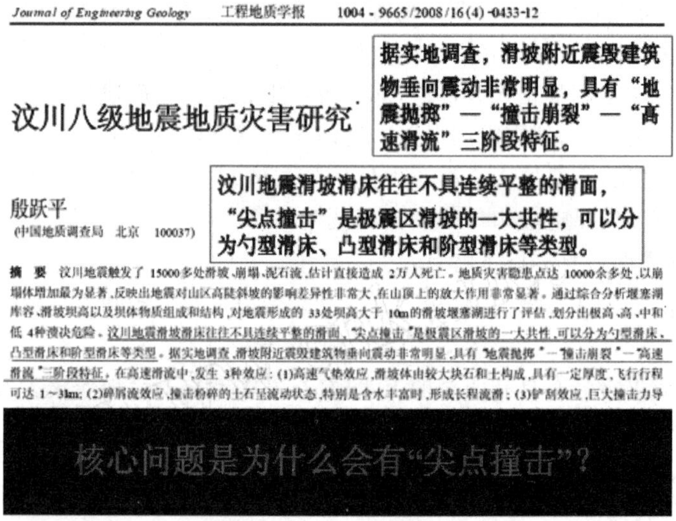

Journal of Engineering Geology　工程地质学报　1004-9665/2008/16(4)-0433-12

汶川八级地震地质灾害研究

据实地调查，滑坡附近震毁建筑物垂向震动非常明显，具有“地震抛掷”—“撞击崩裂”—“高速滑流”三阶段特征。

殷跃平

(中国地质调查局　北京　100037)

汶川地震滑坡滑床往往不具连续平整的滑面，“尖点撞击”是极震区滑坡的一大共性，可以分为勺型滑床、凸型滑床和阶型滑床等类型。

摘　要　汶川地震触发了 15000多处滑坡、崩塌、泥石流,估计直接造成 2万人死亡。地质灾害隐患点达 10000余多处,以崩塌体增加最为显著,反映出地震对山区高陡斜坡的影响差异性非常大,在山顶上的放大作用非常显著。通过综合分析堰塞湖库容、滑坡坝高以及坝体物质组成和结构,对地震形成的 33处坝高大于 10m的滑坡堰塞湖进行了评估,划分出极高、高、中和低 4种溃决危险。汶川地震滑坡滑床往往不具连续平整的滑面,"尖点撞击"是极震区滑坡的一大共性,可以分为勺型滑床、凸型滑床和阶型滑床等类型。据实地调查,滑坡附近震毁建筑物垂向震动非常明显,具有"地震抛掷"—"撞击崩裂"—"高速滑流"三阶段特征。在高速滑流中,发生 3种效应:(1)高速气垫效应,滑坡体由较大块石和土构成,具有一定厚度,飞行行程可达 1~3km;(2)碎屑流效应,撞击粉碎的土石呈流动状态,特别是含水丰富时,形成长程流滑;(3)铲刮效应,巨大撞击力导

核心问题是为什么会有“尖点撞击”?

图 4-1-9　天然气爆炸引震害机制分析(岳中琦图)

汶川地震的巨大破坏,尤其是地表破坏和形成的地面建筑物损坏,不只是地震振动造成的,更为重要的是震区工程地质条件、断层、不整合面、煤层、地下空洞、低强度岩矿等,它们成为地下高压天然气的通道而使之上升到地表,高压气体在低压环境的体积快速膨胀,造成地表岩土体巨大破坏。图 4-1-10 和图 4-1-11 为媒体的视频新闻中截取的汶川地震发生瞬间气体爆炸诱发地震的画面。图中,

(1)白色亮光是爆炸产生的冲击波;

(2)灰色烟雾是爆炸产生的尘埃;

(3)黑色“团块”是爆炸点被掀起的山坡表层覆盖体;

(4)图 4-1-11 为 5 月 12 日 14 点 29 分四川广元市青川县梅花山地震引发山体滑坡的烟雾情形(邓建新拍摄)。

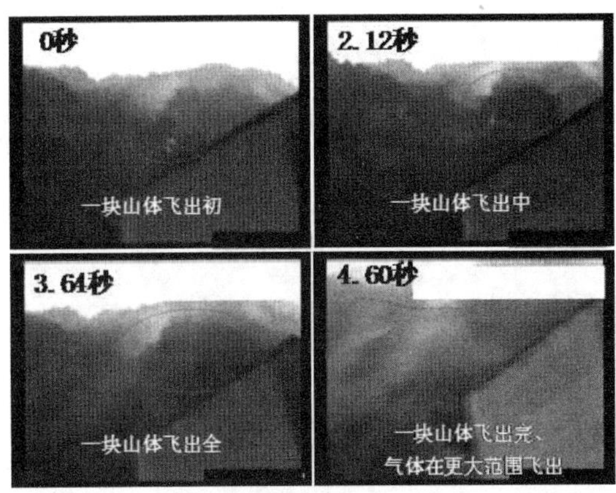

图 4-1-10　气体爆炸诱发地震的瞬间(岳中琦图)

图 4-1-11　地震瞬间产生的烟雾

3)板块挤压作用与高压天然气作用的关系

有关板块理论及构造地震诱震理论,前面已有表述。那么,天然气或煤层气在地震中抑或起触发地震或破坏的放大作用?这不只是见仁见智问题。高压气体爆炸导致地震不如板块(即板块挤压、错动、变形等)运动导致地震的理论那样完善,岳中琦教授也认为气体爆炸产生地震尚需研究。显然,板块运动地震理论与高压气体爆炸地震理论是否存在或分出主次关系、因果关系、作用互补,现阶段难以定论。至少,许多地震资料及发生情形让高压气体爆炸地震理论的研究者坚持其观点。也就是说,高压天然气主动致破岩层导致沿断裂带的地震,即高压天然气作用为主,是地震动力源,而板块挤压为次,断层等是孕震母体!由此结论:汶川地震发震机制是龙门山中央和山前断裂带或不整合接触带中数个局部封密高压天然气囊的高压气体爆炸致裂致爆受岩层,造成巨大地震灾难。

断陷沉积盆地缝洞高压天然气体,沿低强度面致破裂岩体反弹气化理论的形成条件:

(1)必要条件,是存在断陷盆地(地下缝洞空间);

(2)充分条件,有高压天然气体和其增生突出;

(3)表现形式,煤层、天然气和海相沉积;

(4)具有高地应力、断裂、地陷等。

三叠纪和以前的海洋环境,有大量产油和天然气的沉积层。侏罗纪以来,早期陆相沉积和构造断裂和侵蚀运动大约有 2 亿年了。龙门山断裂带长期受到区域性(西北—东南方向)挤压,使得高压气囊缝洞体积不能增大,而受挤压地层中天然气不断被挤入囊内使得天然气体增多、压力增大;其对围岩作用增大,又使得围岩弹性变形能增多。这些天然气囊与川西坳陷和龙门山的 2 000～3 000m 之下的上三叠统(以下)异常高压地层天然气有关联或相通。根据石油深钻对后者的地层压力测量,估计封密天然气囊的压力可能有 150～300MPa(气体爆炸地震产生压力示意图见图 4-1-12 和图 4-1-13)。

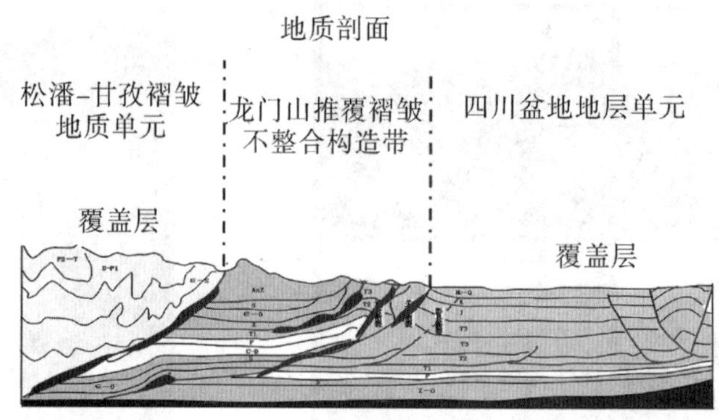

图 4-1-12　气体爆炸产生压力示意图

对图 4-1-12 分析说明：

(1)根据勘探资料及研究认为，在龙门山断裂带局部区域存在数个大型压张型闭圈(缝洞)构造，封密了高压天然气，成了高压气囊；

(2)围岩体长期受到挤压，不断变形，储蓄了巨大的弹性变形能量；

(3)这些处于高能状态的气囊恰位于中央断裂带的映秀、彭州九峰山、绵竹红白、安县高川—晓坝、北川城、桂溪、陈家坝、青川南坝和东河口等地。

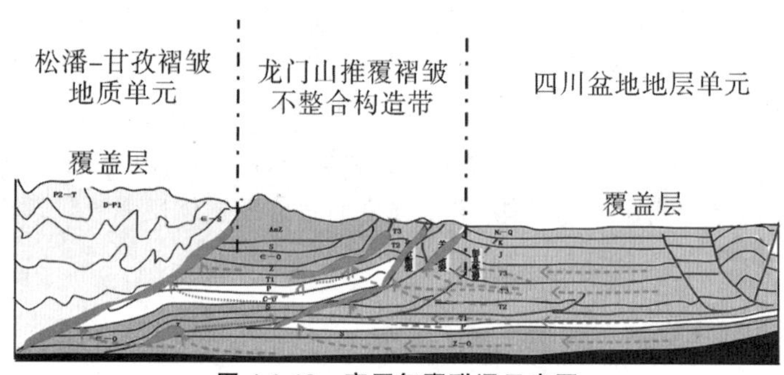

图 4-1-13　高压气囊联通示意图

对图 4-1-13 分析说明：

(1)龙门山断裂带长期受到区域性(西北—东南方向)挤压，使得高压气囊缝洞体积不能增大；

(2)受挤压地层中天然气不断被挤逸入囊内，使得天然气体增多、压力增大；

(3)许多天然气囊与龙门山断裂带 2 000～3 000m 之下的高压地层天然气联通；

(4)众多的地下高压气囊压力值范围达到或超过 150～300MPa。

4)重灾区现场的考证

余震期间，岳中琦教授多次进入汶川大地震重灾区，其调查认为汶川地震并不是由板块挤压变形断裂引起。在映秀镇的(震源点)牛眼沟、银厂沟的谢家店子等地震损坏最严重地区，发现了一些质地和构造相似的石头，“很多石头的一侧出现了被氧化后的淡绿色，这说明此前这些石头并不是整齐无缝的地岩石体，它们中间存在着一个个气囊。”

根据对龙门山地震带历史地质构造及现有资料分析，在龙门山脉下，由于两大板块之间无规则的对接，形成了无数个空洞式的天然气气囊，而地下大量的天然气逐渐充满这些气囊，形成了一个个高压下的蓄势待爆“天然气罐”。“这些天然气在巨大的压力下，不断地渗透，压力越来越大，高能态的天然气罐最终在 2008 年 5 月 12 日这天，从映秀的牛眠沟这个(薄弱环节)喷发口突然喷出，高压天然气喷出后遇到空气爆炸，引发了地表巨大的山体碎石流、滑坡、塌方、崩塌等。”

参照媒体报道，岳中琦教授查阅了大量四川天然气勘测情况资料，发现在龙门山脉曾经探明储藏大量天然气。在龙门山中央和山前断裂带或不整合接触带中，存在多个局部封密高压天然气囊。受挤压地层中的天然气不断被挤入囊内空间，使得囊内天然气体增多，从而气体压力不断增大，最终冲破岩石，引发爆炸，形成地震。而在天然气冲出地表后，由于气囊的压力突然减小，因此喷发口重新被填埋、封堵，“就像一个巨大的气缸活塞系统，需要几百年甚至上千年蓄势；气体喷发一次后，喷发压力逐渐减小，活塞重新闭合，等到下一次压力积累(充满)后再次喷发。因此，这在一定程度上也可以解释为什么这个片区历史上频频发生大地震。”

沿龙门山叠瓦状推覆断裂与不整合接触带局部区域，存在串珠状分布的大型缝洞闭圈构造。巨厚三叠纪和以前海相沉积地层可不断产生天然气。这些天然气可连续不停地输入充填这些大型缝洞闭圈构造。随着时间推移，缝洞内天然气不断积累、增多，它们的压力也就不断增加、增大，最终突然致破致裂脆弱岩层，在推覆断层面或不整合面产生大地震。

按岳中琦教授的天然气体爆炸触发地震的观点，地震发生的必要条件是断陷盆地(地下缝洞空间)；发震的充分条件是高压天然气体和其增生突出；地震高发地区必然存在大量的煤层、天然气和海相沉积、高地应力、断裂、地陷盆地等。尽管其天然气体爆炸触发地震的研究，以独特的视角可以解释一些地震的发生、传播、破坏等机制，对地震的预防、预报及减灾以及利用地震找天然气源(能源)，都只能是理论上的探索。

天然气体爆炸触发地震的研究，尚在初始阶段，还缺乏足够的理论支撑，也不如板块运动和构造地震的理论较为系统、科学、全面。但作为一项研究，对于提升人们探索地球科学，普及地震常识，了解地震破坏机制和灾害程度，仍具有十分重要的启示作用。

4.1.2.5　大型水库诱发地震

1)发震机制的争论

构造地震，以时下的科技水平和专家的知识、智能、经验，也还不能完全、准确预测、预报其发生的时间及强度，尤其对诱发机制及因素还仅限于定性分析，只能是“仁者见仁、智者见智”。“5・12”汶川特大地震发生后，一些极端环境保护学者和地质方面专家从不同角度分析地震发生的原因，少数专家将汶川大地震归责于“紫坪铺水利水电工程”，一定程度上引导了舆论和缺乏地震知识的民众。应当说，很多人为活动都构成诱发地震的因素，如开采及燃烧煤炭、石油、天然气和城市大规模建设，使区域地壳荷载(重力)发生改变；爆破作业、水库蓄水、核试验等，可能提前触发已在高能态的地震活动。由于人类的认知水平，到目前为止，任何专家都无法说清道明到底是哪一个决定因素或哪一次的碰撞或挤压，导致或触发大地震的发生。

2）水库诱发机制的概念

水库诱发地震是国内外公认的事实。根据各国对大型水库蓄水前后地震监测资料统计分析，大型水库周期性的蓄水和放水，库水对库区地壳的反复加载和卸载，使地应力的集中与释放频繁发生改变，而正是这种变化可能成为诱发地震的重要因素。库水的蓄泄及作用，还可能借助于地质体中存在的导水结构面才能向深部渗漏、传递，增大地层滑动的可能性。有专家认为，因为水库蓄水对于库区岩层新增的外在压力以及库水沿断层向下渗透，打破了原有的地应力平衡状态，并降低了断层面的摩擦系数和岩石的抗剪强度。然而，任何说法都难以得到验证。据权威地质、地震专家系统论证库水的渗漏，认为下渗的深度很难超过 1 000m。也就是说，水库的渗漏水降低了地震断裂构造带的摩擦系数，提高了地震发生概率的说法尚不足服众。

水库地震，是水库蓄水后引起库坝区及周围邻近的空间范围内地震活动性的显著改变的现象。根据水库建设前后现象变化的统计及归类到水库地震的震例，水库地震震中仅分布于库坝区及周围邻近地区，且相当密集在一定空间范围内。水库诱发地震，一般分布在水库坝区内及库水边界周围 3～5km 范围，部分出现在库水边界周围 5～10km 范围内，很少扩展到库水边界周围 10～25km 范围。水库诱发地震的震源深度较浅，一般在几百米至数千米范围内。而天然地震的分布多与构造有关，空间范围广，震源深度多大于 10km。按照国内外权威认可的程度，由水库诱发地震的震例，大都没有超过 6 级。

从可能性上分析，水库的诱震机制主要有以下因素：

(1)水库的荷载、库水的孔隙水压效应；

(2)渗水的软化、泥化作用；

(3)小震串裂、应力腐蚀、溶蚀作用；

(4)动水水压作用，膨胀作用等。

概括地讲，水库诱发地震为水的重力荷载作用和库水的物理化学作用两类。库水的重力作用于库基岩体，产生一个附加应力场及触发地震的效应。但附加应力场主要作用在库岸附近的浅表地带，向深部和远处迅速减弱；重力荷载作用对库基岩体产生的剪切应力不会超过 0.5MPa，最大剪切应力通常出现在最大水深部位之下约 1 000m 处。因此，一般情况下不会诱发水库地震，除非库基岩体已处于临界破碎状态。水对库基岩体产生的物理化学作用，以孔隙水压效应最为显著；水沿库基岩体中的裂隙、破碎带等导水结构面，向库基及远处渗透，在渗透过程中孔隙中水的压力可以因随深度和温度的增大而增大，也可以对岩体产生应力腐蚀，以此降低结构面上的正应力，促使岩体发生破裂。孔隙中水的压力能否使岩体发生破裂，取决于岩体的特性及所在的构造应力场环境。

水库的水体，对岩体产生的物理化学作用，导致岩体破裂发生水库地震仅仅是地球物理学的一种分析，而水库的水体并不是地震的动力源，其对库坝区岩体物理化学作用，只是水库地震的触发机制。对任何一个地区的水库而言，只要水库蓄水就不同程度地存在水体对岩体产生物理化学作用。也就是说，诱震机制始终是存在的。但是，事实上并不是每一座水库都诱发了地震（只是极少数水库可能诱发地震）。当今世界大约有大小水库 90 万座，报道出现水库诱发地震的只有 130 座，这说明水库地震的发生，除了水的诱震作用机制外,还取决于前面所述的一些因素。

由于水库诱发地震是十分复杂的现象,尽管全世界有关的地震、工程专家和科学家进行了艰苦的努力,仍然不能完全了解水库诱发地震的诱震机制和诱震因素。目前,要对水库诱发地震做出准确判断还相当困难,水库地震的研究尚处于探索阶段。水库诱发地震的诱震机制说明,水库地震还必须存在诱震环境,这个环境包括库坝区的工程地质条件、水文地质条件、地质构造背景和地震活动性,其库坝区岩体的物理化学特性和所受到的构造应力状态最为关键。

3)水库诱发机制的条件

我国科学界、工程界从 7 个方面总结了可能诱发水库地震的条件及可能性指标:

(1)即坝高大于 100m、库容大于 10 亿 m^3;

(2)库坝区有新构造、活动断裂,活动断裂呈张扭性或张扭、压扭性;

(3)库坝区为中、新生代断陷盆地或其他边缘,近代升降活动明显;

(4)深部存在重力梯度异常;

(5)岩体深部张裂隙发育、透水性强;

(6)库坝区有温泉;

(7)库坝区历史上曾发生地震。

这 7 类诱震条件中,前 5 项发震可能性较大;而且,符合性越多、越典型,水库蓄水后诱发地震的概率越大。

4.1.2.6　地壳雷电效应发震机制

1)地震成因

发生在大洋板块或大陆板块内部的地震均属于板内地震,为什么在稳定大陆内的一个地区能释放如此巨大的能量?由于缺乏地表断裂而无法寻找弹性回跳的证据。因此,板内地震的原因目前还不十分清楚。

2)地应力认识误区

“地应力积累”是“岩石破裂说”立论的基础。对岩石破裂说构成强有力挑战的是对地震属地壳中的应力积累,达到其破坏强度而破裂产生的地震应力降认识。但疑点有两个方面:一方面是有些强震多发的地区,地壳中应力并不是很高,特别是多震强震区地壳应力并不比少震弱震区高;另一方面,如果强震只是应力积累达到高值而发生,那么强震之后震中区应力因能量释放而应力降低很多,但事实并非如此;这样的事实描述地震的孕育与发生,未必只是应力加强的结果。

3)雷电效应分析

如果存在地壳板块的“推挤”、“碰撞”或地应力的积累,这只是一种缓慢运动的静压力。它所导致的“岩石断裂”也只能是一瞬间的过程,地壳上面覆盖着的巨厚土壤的沉重压力也使它无法长时间地“回跳”。但地震持续时间的事实表明,地震时的地面震动往往长达数分钟,甚至更长。如果只是由地应力积累导致的“岩石破裂”,即便存在“弹性回跳”也绝不可能持续这样长的时间。

(1)提出这一观点的代表性学者张宝盈认为:把“岩石破裂”当作原因,而把电磁现象当作次生现象时,难以解答地震时的各种现象;若把电磁效应视为原因,而把“岩石破裂”

视为结果时，几乎都可以得到圆满解答。即当地壳表层由于其自身的原因及电离层、辐射带等离子体电场的电磁感应而在某个区域积累了大量等离子体，并在外电场(如太阳活动引起的变化电场)的感应下达到了等离子体的集体复合条件时，大量等离子体就会发生爆炸性集体复合(犹如空中的闪电一样)，并释放出巨大能量，从而导致强烈地光(等离子体的辐射复合)、类似打雷、放炮等等之类的地声，并伴随产生沿球面均匀地向四周传播的地震波。这样同时也可以解释地震发生时的长时间震动，即地壳中积累的大量等离子体在发生复合放能时，由于分布面积很大且处于固体物中，地壳被旋扭撕裂又使电路时断时续，从而使复合时间延长。等离子体复合时释放的巨大能量，可使周围物质再次被电离，而为电场充能。再次产生的等离子体在达到了一定的电场条件时，将再次发生复合，形成余震。

(2)地震震级，取决于电场强度或地壳中荷电粒子(等离子体)蓄积量的多少。地壳中积累的等离子体愈多(电场愈强)，地震释放的能量也就愈大，震级亦愈高；反之，则震级愈低。这样就可以解释，为什么有些地震发生时，地应力并不高；地震发生后，应力降也不十分明显。

(3)地震爆发，是地内旋转磁场形成和等离子体集体复合释放能量的过程。地震爆发前，地内电场已对地壳施加了一定的作用力；而大地震的爆发，则是在地内电场经过一定时间的演化后，达到了等离子体集体复合的条件后发生的集体复合放能过程，是一个突变过程；一旦达到等离子体集体复合的临界点(复合率超过电离率)，地震便立刻爆发了；这个过程释放的能量集中而巨大，所以会造成巨大地破坏。

(4)地震现象也类似于感应电动机的工作原理的机制，是一种“自然界的电动机”现象。而且“自然界的电动机”也还存在“旋转式”电动机和“直线电动机”。“旋转式”电动机会带动地壳做旋转运动，地震破坏表现为旋扭力；“直线电动机”则会带动地壳做直线运动，地震破坏力表现为错动力。

例如，由于地壳是固体的，如果这样的旋转不能顺利进行，发生旋转的那部分地壳的岩石、土壤与外界接壤处的紧密连接会产生强大的“刹制”作用，而使地壳欲转不能，只能发生剧烈震动乃至弹跳。但当震级足够高(积累的等离子体足够多)时，这种强大的旋扭力仍能将地壳撕裂，在地面留下旋扭状的深深的裂缝。很多大地震中，都有地面出现左旋或右旋状裂缝的现象，建筑物也会被扭动旋转，铁路、公路、行道树被旋扭弯曲、错开，人被抛掷过河；被抛出的物体会“拐弯”；抱住树的人绕树转了好几圈；行进中的汽车旋转一百八十度，等等。

(5)李克特在他的名著《地震学初步》中就曾经指出，真正伴有明确的成因断层的大地震，观测到的例子并不很多，典型的有日本浓尾地震(1891)和美国的旧金山地震(1906)。但是更多的大地震是找不到成因断层的，看到的断层多半是次生的。即是说，它们是地震之“果”，不是地震之“因”。例如 1976 年的唐山发生大地震时，人们在震中区发现了很长的断层，但是在断层上打钻，证明它是很浅的。一个很浅的断层，即使很长，也未必能产生那样大的地震。所以它只是地震的次生现象。有人认为，没有找到成因断层是因为它存在于地下看不到的深处，这样的论证虽难于否定，却不免令人存疑。

4)雷电效应的形成

张宝盈地壳雷电效应发震机制理论，与天然气体爆炸引发地震的研究探索，都是近年地球物理和地震地质学界比较新奇的观点。要了解地壳雷电效应发震机制及其涉及的电离层磁层电场、地表之间的电磁感应、趋肤效应、涡电流、等离子体复合放能引出的诸多概念，需要作进一步补充说明：

(1)依据地壳雷电效应发震机制，地震的情形是：当带电粒子或等离子体，在地下流动或处于相对“静止”状态或形成静电场时，只能检测到微弱的电磁信号，甚至在发震时检测到的电磁波的能量也并不大；只有当地电场达到一定条件，像强大的电流推动电动机运转一样推动地壳类似旋扭、晃动、震动的强烈运动的发震时，才能感受到它的能量的强大；地震如果是一种电磁现象，就可能类似等离子体在地壳内的积聚。

(2)带电粒子的“静电荷”，在一般条件下即是“等离子体”，只是不同学科中使用的概念不同而已。有人会问，把“静电荷”与“等离子体” 概念等效使用。“电磁说”也有两个疑点：一是能量问题，自然界中的静电能很小，不足以产生大地震；二是电荷能否在电阻率较低的地壳内积累？如地球是一个导体，电阻率一般为 10～103Ω·m。因此，地球上自由电荷必在 10～6s 内消散，不能积累。回答是：按照等离子体物理理论，等离子体宏观上总是呈“准电中性”的。这种准电中性常常会由于带电粒子的热运动和外界带电粒子的闯入而发生偏离，从而引起强电场。即当电子密度或离子密度足够高时，即使是等离子体电荷有很小的空间分离，也会出现非常强的电场。对地球电离层、磁层而言，等离子体自身的热运动、太阳、宇宙线辐射、太阳风携带的大量带电粒子的涌入，都会使它偏离电中性而产生强电场。由此产生的电离层、磁层电场与地球本体发生电磁感应。

由于趋肤效应的存在，将使电荷(等离子体)集中于地球表层即地壳上。而等离子体之所以能在地壳中的某些电阻率较低的区域高密度积聚，可能是由于地球磁场俘获了空间等离子体，而形成了地球辐射带；地球辐射带形成的磁场，反过来又将地球内的等离子体俘获在地球的某些区域。正是这样的磁约束机制，使带电粒子在电阻率较低的地壳内也得以积聚，无法消散。二者互为因果，地球辐射带以外的电离层、磁层产生的磁场，也会将地内等离子体俘获在地球表层的某些区域。当某个地区的地壳表层中积聚了大量电荷——等离子体，并因其电场演化而达到了等离子体复合的条件，即复合率超过电离率时，地内积聚的大量等离子体就会发生集体复合，并释放出巨大能量。换句话说，等离子体复合是电离的逆过程，这个过程会将物质电离时吸收的能量重新释放出来，如此就形成了地震。例如海底闪电的放电的频率，与大气中闪电频率相同，这表明即使在导电性良好的物体中，也可以有等离子体的积累。

5)电磁感应

电离层、辐射带等离子体电场与地球表层之间的电磁感应，是导致地内等离子体积累的根本机制。具体说是：

(1)太阳、宇宙线辐射的能量维持的电离层、磁层电场的长期存在，使其地震释放的能量，最终主要来源于太阳辐射。

(2)地心的温度可达 6 000℃ 以上，这样高的温度足以使物质发生电离，形成大量荷电粒子。

(3)来自地内放射性同位素如铀、钍等的放射性辐射，这些同位素在放射性衰变时也会释放大量荷电粒子，如α粒子、β射线等。这些粒子与其他物质发生碰撞，又会使之发生电离，形成更多的荷电粒子。

(4)潮汐能、地球自转能、地壳内的种种物理化学变化、海水运流、大气运流、雷电活动等，都可以为地壳提供大量的静电能。

(5)当太阳光照射在半导体(硅化物)上时，会产生电流(光电效应)。这种电流通过电化学过程，使地内物质发生电离而使光能转变为化学能储存在地壳内，此时地壳成为一个天然大“电池”。这一过程把来自太阳的光辐射能和荷电粒子转化为化学能并在地面积累起来，这使地壳即使储存了十分惊人的能量，也不会消散，而且也不会表现出很强的电场；除非临震时，储存的化学能具备了转换为电能的条件后，才显现出很强的静电现象。

(6)当地球静电荷(等离子体)的产生率远远超过了其衰减率，即净产率较高时，无论其自身电导率高低，都会使等离子体在地球的某些区域以某种方式积集起来，并最终以某种方式将静电能释放出来。

4.1.2.7 地球“锅盖理论”

大连理工大学长江学者、特聘教授唐春安老师，也是汶川大地震后积极参与地震大讨论的学者之一。他在“地球大龟裂——地球演化与全球变暖机理新思考”研讨报告中就明确表达了其对传统板块构造理论的挑战，提出“锅盖理论”，即以吃火锅的过程阐述了他的地球演化新观点。其将地球诞生初期熔岩海洋冷却形成坚硬地壳的过程形象地比喻成逐渐变冷是因为火锅被盖上了锅盖，他通过建立热力学平衡方程阐述了地球演化的温度周期规律，认为地球演化的历史就是一部地球热能在冷—热周期不断转换中渐进衰变的过程。

他认为地壳形成与海洋诞生、火山喷发与熔岩溢流事件、雪球事件与冰河期、生物大灭绝、超大陆循环、大陆漂移、洋中脊裂谷系与板块、地震分布带及全球变暖等九大地质事实或事件，以及地幔对流、洋底扩张、板块俯冲、大陆漂移传送带模式、地幔柱、火山灰遮阳诱发冰期和二氧化碳造成全球变暖等八大假说，目前仍然缺乏一个相对完整的理论来统一地解释地球演化过程的主要地质事实或事件。他通过对地幔对流、大陆漂移、地幔柱和全球变暖四个焦点问题的剖析，重点阐述了锅盖论的新观点。认为地壳与地幔物质在热平衡条件下不断相互转化，诱发了一系列以升温与冷却、膨胀与收缩、熔融与凝固为特征的地表运动。尽管宇宙的寒冷注定了活力四射的地球终将趋向衰亡，但地球内部以放射性衰变产热、相变热等为主的自身产热，却是维系地球生命周期脉搏的原始驱动力，推动着地球从诞生开始就无休止地不断演化，包括超大陆形成、裂解，大陆漂移、碰撞，火山喷发，岩熔溢流，冰河生长和消融等一系列彼此相关的重大地质事件。

唐春安教授运用相变三原理(降压熔融、固—液转化扩容和吸热熔融)阐述了火山活动诱发冰期的观点。他认为短暂的火山灰进入平流层遮阳，诱发百万甚至千万年尺度冰河期的观点不符合能量守恒原理。运用相变原理，对火山活动诱发冰期的机制给出了新的解释，认为地壳热膨胀开裂(产生地震)诱发降压熔融，而熔融是一个吸热过程，同时巨量火山喷发(或玄武岩溢流)也会造成地球大量失热。如果这一过程持续数十万年甚至数百万年，大量的地球失热不可能在短期内通过地球自身的产热迅速补充，那么，地球变冷甚至诱发冰期就不可避免。

对于全球变暖,也阐述其独到的见解,以南极冰盖下存在大量冰下湖(如东方湖)以及格陵兰冰盖底融等事实,论证了全球变暖是地球内部自身变暖而非人类活动直接所致的观点,地球变暖是地球演化周期的必然。同时,他还利用有关夏威夷、冰岛和黄石公园等地区不存在来自核—幔边界的地幔柱的最新观测成果,阐述了地壳开裂诱发火山活动(或玄武岩溢流事件的非地幔柱火山活动)的被动模式。他大胆推测:既然初期地球的岩熔海洋经冷却可以凝固成坚硬地壳,那么只要温度适宜(如地壳形成后阻碍了热量扩散,造成热量积累和地球升温),也完全有可能造成地壳再熔融。那么,地球演化历史中就可能出现过多次再熔融或半熔融(海枯石烂)。如果这一推测成立,那么魏格纳的大陆漂移就有可能不是极其复杂和难以证明的“传送带”模式,而是真正的“大陆漂移”(即大陆在熔融或半熔融的洋壳上漂移),由此引发更多的地质或地壳运动的重大事件。

4.2　汶川大地震致山地生态受损情况

4.2.1　我国百年大地震回顾

1)地震的负能量

地震,是经常发生的自然现象,它与洪水、海啸、飓风一样,是破坏力巨大的自然灾害。按传统的地球物理学的解释,地震是地球内部缓慢积累的能量突然释放引起的地表震动。当地球内部在运动中积累的能量对地壳产生的巨大压力超过岩层所能承受的限度时,岩层便会突然发生断裂或错位,使积累的能量急剧释放出来,并以地震波(横波和纵波)的形式传向四面八方;在初次强震之后,伴随着大大小小的余震,能量在相当长的时期里逐步衰减直至稳定。

地震时刻都在发生,全球年均发生约 1 500 万次地震,这些地震绝大多数都很小,能够致灾破坏的地震,每年不到 1 000 次,强、大地震,每年最多十几次。地震分为天然和人工地震两大类。天然地震主要是构造地震,它是地应力积累、释放、再积累、再释放的过程,约占地震总数的 90%以上。“5·12”汶川特大地震就属于构造地震。其次是火山喷发引起的地震,约占地震总数的 7%。人工地震是指由人为活动引起的地震,如爆破、地下核试验、深井中进行高压注水以及荷载突变,增减了地壳的重力等可能诱发地震。

对于构造地震,两院(中科院、工程院)院士潘家铮先生答问记者时精辟阐明:构造地震是由于地壳的活动,在一些大断层及附近地区产生了地应力和能量,经过长期积累达到断层能承受的极限时,断层突然错动、撕裂、扩展,使积蓄的能量瞬时、集中释放的现象,这是一个从缓慢变化到突然爆发的长期过程。一场大的构造地震释放的能量十分惊人!地震以释放的能量的大小分 10 个震级,以一次影响或破坏的强烈程度分为 12 个烈度。震级及程度的大致划分为:

(1)3 级以上,习惯上称为有感地震;

(2)5 级以上,称为破坏性地震;

(3)6 级以上,称为强震;

(4)7 级以上,称为大地震;

(5)8 级以上,称为特大地震。

以地震能量分析,一次 6 级地震释放的能量相当于一枚 2 万 t 级原子弹的爆炸当量。直到目前,全球有记录以来测到的最高地震为 1960 年智利特大地震,震级8.9级(修正为9.5 级)。这次汶川主震释放的能量,相当于 1 070 枚广岛原子弹的爆炸当量。

2)我国百年大地震回顾

近 100 年来,我国发生了数以万计的有感地震,具有破坏性或 5 级以上的地震每年都有十多次。尤其是唐山大地震,伤亡人数超过 60 万,损失十分惨重!当然,这些巨大损失中与我国长期以来淡薄的防灾意识、较差的国民素质、民众随意的生活与居住习惯、低劣的建筑物结构设计及施工质量和政府侥幸对待灾害的预防和管理等方面有极大关系(我国近 100 年特大及大地震情况见表 4-2-1)。

表 4-2-1　中国百年特、大地震简况表

	时间	地点	震级	死亡人数
1	1920 年 12 月 16 日	宁夏海原县	8.5 级	240 000 人
2	1927 年 5 月 23 日	甘肃古浪	8 级	40 000 人
3	1932 年 12 月 25 日	甘肃昌马堡	7.6 级	70 000 人
4	1933 年 8 月 25 日	四川茂县叠溪	7.5 级	20 000 人
5	1950 年 8 月 15 日	西藏察隅县	8.5 级	4 000 人
6	1966 年 3 月 8 日	河北隆尧县/宁晋县	7.2 级	8 064 人
7	1970 年 1 月 5 日	云南省通海县	7.7 级	15 621 人
8	1975 年 2 月 4 日	辽宁省海城县	7.3 级	1 328 人
9	1976 年 7 月 28 日	河北省唐山市	7.8 级	242 000 人
10	1976 年 8 月 16 日	四川省松潘	7.2 级	不详
11	2008 年 5 月 12 日	四川省汶川县	8 级	70 000 人
12	1988 年 11 月 6 日	云南澜沧、耿马	7.6 级	743 人
13	2013 年 4 月 20	四川芦山县	7 级	193 人

3)龙门山地区的历史地震

自公元 638 年有历史地震资料记载以来,青藏高原东缘地区共发生过 Ms≥4.7级地震有约 70 次,这些破坏性地震皆集中于岷山断块和龙门山构造带南段,龙门山构造带北段尚未有破坏性地震的记载。在龙门山构造带中南段发生过 1657 年汶川6.5级、1958 年北川6.2级和 1970 年大邑6.2级三次 6 级以上强震和 19 次4.7～5.9级地震。ML=2.0～4.6级小震亦沿龙门山构造带南段密集成带分布,形成一条北东向的小地震密集活动条带,而龙门山构造带北段小地震活动相对稀疏。

在龙门山主边界断裂上,自 1800 年以来先后曾发生过 4 次中强地震,最大一次是 1970 年发生在大邑西边的6.2级地震。于龙门山后山断裂上,自 1597 年以来共发生过 4 级以上地震 13 次,最大的 2 次分别是 1657 年的汶川6.5级地震和 1958 年的汶川6.2级地震。在龙门山主中央断裂上,自 1168 年以来只发生过 12 次 4 级以上地震,最大的那一次为北川的6.2级地震(地震位置图见图 4-2-1,来源:中国水电顾问集团公司成都勘测设计院;百年地震统计见表 4-2-1)。龙门山历史地震的震源机制解析,显示该地震带以北西—北西西向的水平挤压为主,主压应力轴 P 近于水平,主张应力轴 T 大多也近于水平,表明龙门山历史地震的运动方式为逆冲兼右行走滑。

根据 300 多年的历史地震统计结果表明，近几十年来是龙门山断裂带地震发生的高峰期，极有可能发生较大地震，业界有少数学者也曾预测该地区将发生 7 级左右或更大的地震。有学者认为，2008 年 5 月 12 日下午 14 点 28 分突然发生的8.0级特大地震，这说明不断“小震折腾，大震将到”，“不鸣则已，一鸣惊人”，说明小震是大震的前兆。

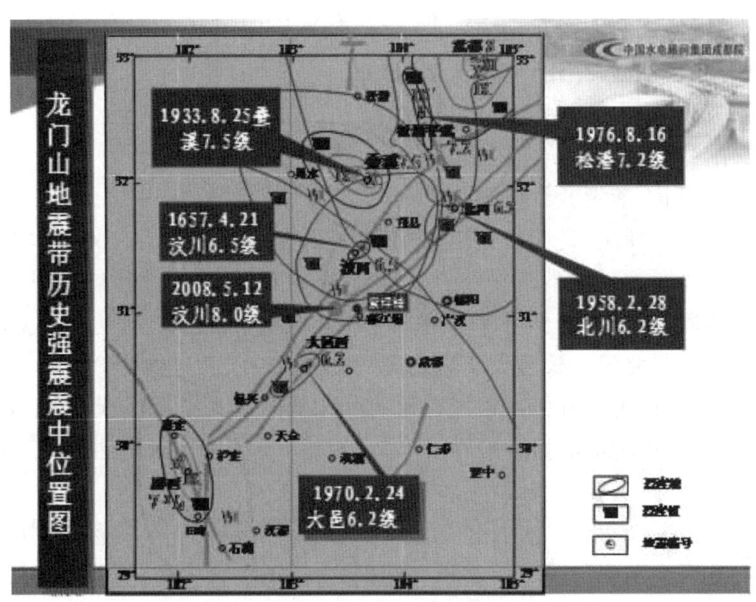

图 4-2-1　龙门山近百年发生地震时间及频次

综上所述，龙门山断裂带是地震危险区，三条主干断裂皆具备发生 7 级左右地震的能力。其中，北川—映秀断裂是引发地震的最主要断层，强震复发间隔至少应在 1 000 年左右。因而，龙门山构造带及其内部断裂属于地震活动频度低，但具有发生超强地震的潜在危险的特殊断裂，以逆冲　右行走滑为其主要运动方式。

4.2.2　龙门山断裂构造带大地震分析

龙门山断裂带中段，即耿达—汶川—茂县—松潘中央断裂带，历史上曾发生数次大地震。

(1)1657 年 4 月 21 日，汶川爆发过有记录以来最大为6.2级的地震，其后 300 年这里再未发生超过 6 级的强震。

(2)1933 年 8 月 25 日 15 时 50 分，距汶川威州以北约 100km、距映秀以北约 140km 的蚕陵古镇叠溪，发生 7.5 级强烈地震。这座千年古城随着轰天巨响，瞬间消逝于地下深处，震区 21 个羌寨 6 800 多人死亡，惨重的损失给人类史上留下极为恐怖的记忆。

(3)1976 年 8 月 16 日，四川省松潘地区发生7.2级地震。

(4)1995 年 8 月，龙门山断裂带又发生 6 级地震 5 次、5 级地震 13 次，频发强震让许多地震专家始料未及。

历史上，龙门山地区发生的震级超过6级的地震，其震中都位于上述3条大断裂中，同时表现出在主边界断裂→主中央断裂→主后缘断裂来回迁移的特点。

“5·12”大地震的震中，就落在龙门山主中央断裂即北川—映秀大断裂上。龙门山之所以会在四川盆地西侧形成如此雄伟的山脉，是因为它作为青藏高原东部横断山的一部分，受高原东缘断裂活动影响而强烈上升，四川盆地相对下沉的缘故。对龙门山的地质结构、地震活动起到控制作用的，是与龙门山脉走向平行的3条大断裂。这3条大断裂把龙门山分成两个条带；当我们由东南向西北、由成都平原向川西高原穿过龙门山时，就会看到龙门山完整的地质地貌结构，它依次出现的是：

(1)江油—都江堰大断裂、前龙门山；

(2)北川—映秀大断裂、后龙门山；

(3)茂县—汶川大断裂。

江油—都江堰大断裂，是四川盆地与龙门山区的天然分界线，它又被称为龙门山的主边界断裂或主前缘断裂。这条断裂带的东侧，地壳相对沉降，因此接纳了来自西边山区的大量河流泥沙物质，在山前形成一系列的冲积扇，堆积形成了广阔的山前扇形平原。江油—都江堰大断裂与北川—映秀大断裂之间的前龙门山，也被称为低龙门山。从四川盆地向西行，在前龙门山可看到依次出现台地、丘陵、低山、中山等不同地貌。前龙门山的山势相对较和缓，最高山岭的海拔一般在2 500m以下，山体主要由上古生界(泥盆系、石炭系、二叠系)至中生界(三叠系、侏罗系、白垩系)的地层及岩石构成。

北川—映秀大断裂，是前龙门山与后龙门山的天然分界，它又被称为龙门山的主中央断裂。北川—映秀大断裂与茂县—汶川大断裂之间的后龙门山，也可称为高龙门山。后龙门山主要是中山和高山，山岭海拔多在3 500m以上；其中，九顶山的狮子王峰海拔4 989m，为龙门山的最高峰。后龙门山山势高峻，山体主要由前寒武系的花岗岩类岩石以及下古生界(寒武系、奥陶系、志留系)的地层及岩石构成。

茂县—汶川大断裂，是龙门山的西部边界或后缘边界，又称龙门山主后缘断裂，它也是龙门山与邛崃山、岷山的分界。

业界有地质专家曾分析提出：如果把龙门山的推覆构造作一个比喻，它大致像一组由西北向东南倾倒的多米诺骨牌。每一块“牌”就是一个岩石体或推覆体，而且每一块“牌”之间都是断层。这些“牌”原本是有规律地一层层叠放的，但是由于压力推挤的作用，这种推挤力的主导方向来自一侧，于是“牌”被打乱了位置，一块块“牌”像瓦片一样，层层叠覆上去，并向主导推挤力来的方向倾斜。原来放在下层的“牌”，也可能跑到上面去。对龙门山来说，也就出现了老岩层(推覆体)盖在新岩层之上的现象。这些推覆体遭受后期沟谷的侵蚀切割而残留在山体上部，便形成众多的飞来峰群。其飞来峰风光秀丽、景观独特，历史上吸引了不同宗教在此营造庙观寺院。令人称奇的地质现象，正是蕴含了地壳中力的作用与聚集，而地震也在其中蓄势待发。

对于汶川大地震产生的能量，中国地震台网中心冯锐研究员接受电视台的采访时表示：汶川和唐山地震都是特大型的地震，震级均属8级附近的量级。但是，汶川大地震比唐山地震的破坏强度更大，地震的破裂过程也更加复杂。它所释放的弹性波的能量远在唐山地震的1倍以上，所产生的次生灾害也更加严重、危险性更大，不仅波及的区域更广，救灾的自然条件也更艰苦，困难更大。当然，我们从余震的分布上也可以看到它们的不同。直观灾情，汶川地震区的南边从映秀湾镇、都江堰开始，一直往北到北川至青川，大约300km，加上还有约50km的宽度。仅它的余震区域就是唐山余震区的2倍，邢台地震余震区面积的3倍，所产生的次生破坏程度可以想象。

4.2.3　地震重灾区和山地生态受损情况

4.2.3.1　汶川地震总体受损情况

据中国地震局测定，汶川8.0级特大地震，震中烈度超过11度，7度及以上深重受灾区域超50km×300km（15 000km²，地震烈度与长短轴效应见图4-2-2）范围。通常，地震烈度7度也是大型建筑物抗震设计原规范约束条件。汶川地震的强度和烈度都超过唐山大地震（7.8级），其特点：波及范围极广、破坏性特强，整个受灾面积高达10万km²，涉及6个市州、88个县市区、1 204个乡镇，灾区80%～90%房屋倒塌。据不完全统计，地震严重毁坏房屋593.25万间、倒塌房屋546.19万间，造成公路（公路受损里程32 939km）、铁路、桥梁、电力、通信、水利等基础设施和厂房严重损毁。

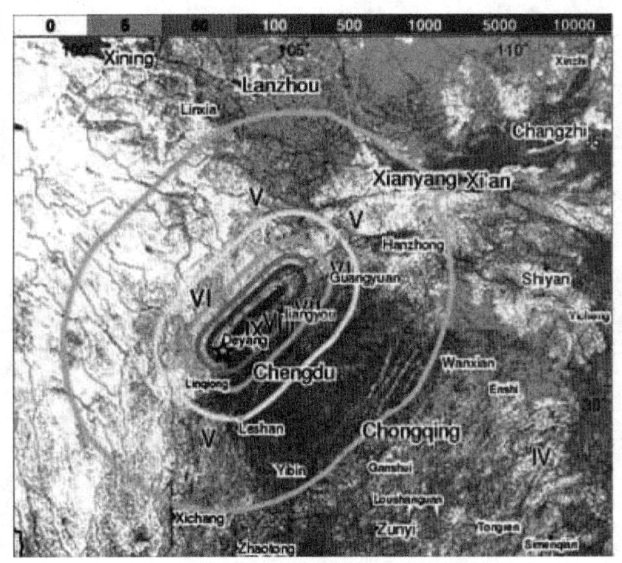

图 4-2-2　地震烈度与长短轴效应图

按照国务院官员对外公布或公开回答记者的损失情况报告，因地震及引发大量山体滑坡、崩塌、泥石流、洪水、堰塞湖淹没等地质及次生灾害，造成四川、甘肃、陕西近2 792万人受灾，约70 000人死亡，17 000多人失踪（时任总理温家宝在会议中指出死亡超过80 000人），大量的交通、民用建筑物倒塌、毁损，直接、间接经济损失合计超过15 000亿元人民币。

负责次生灾害评估的中国地质科学院副院长董树文研究员表示，汶川大地震引发的大量滑坡、崩塌、泥石流等地质灾害，是我国有史以来一次性灾变事件爆发最为严重的地质灾害。经过初步判断，整个汶川地震的损失中，约有40%不是地震直接造成的，而是次生地质灾害造成的损失。时任国家地震专家委员会主任马宗晋院士说，根据初步统计，地质灾害多达 12 000 多处，潜在隐患点近 8 700 处，有危险的堰塞湖达 34 座。董树文研究员认为，汶川地震引发如此多的地质灾害和次生灾害，主要是由于山高壑深、坡陡峡窄，使汶川地震致世界罕见地质灾害。与其他地震灾害明显不同的是，汶川地震触发的滑坡、崩塌、泥石流造成的人员伤亡很难准确统计。可以推断，目前大部分失踪人员多数被滑坡等地质灾害所掩埋，且不能以合理代价搜寻查找。根据部分现场调查数据，死亡人数大于 30 人的地震滑坡、崩塌灾害约 20 多处。其中，死亡人数最多的北川老县城城西滑坡，埋没人数高达 1 600 人，直接摧毁了近半数老县城建筑；从映秀到汶川的 20km 路段（成都—九寨沟的环线要道），就被 340 多处滑坡、崩塌体覆盖和严重毁坏。

那么，为什么强震区域为椭圆条带？答案是由这次地震能量及龙门山断裂带走向决定的。也就是专家们所说的汶川大地震 3 大效应中的“长短轴效应”（另为上下盘效应和主、余震效应）。

图 4-2-3　映秀镇地震损失景象

图 4-2-4　北川县城地震惨景

4.2.3.2　**映秀灾区受损简况**

国外的一些学者认为，汶川特大地震是印度板块向亚洲板块俯冲，造成青藏高原快速隆升所致。汶川地震震中在映秀，震源点在牛眠沟。之所以造成巨大损失，是因为震源深度较浅，只有 14km。映秀镇是因当年修建映秀湾水电站而形成 10 000 多人的繁华大镇，汶川大地震使映秀镇成为一片废墟。侥幸的是，地震发生在中午两点半左右，如果是深夜，死亡人数可能大大增加。因为，在深夜熟睡的人们不如白天清醒；地震断电后，灾民找不到方向，很难规避危险；进一步推测，如若地震在深夜且发生在枯水期，震中的紫坪铺水库有可能蓄水在高水位，那么，在应急措施不能及时处置的危机情况下，紫坪铺大坝就有可能面临溃坝风险，后果将不堪设想！图 4-2-3 图片是作者取自凯迪论坛，由台湾卫星拍摄的映秀镇地震损失景象；图 4-2-4 图片也为作者取自凯迪论坛，由台湾卫星拍摄的北川县城地震损失景象；图 4-2-5 是航拍映秀镇地震损失景象；图 4-2-6 是汶川银杏乡附近因地震形成堰塞湖情形（照片取自荆州新闻网）。

图 4-2-5　映秀镇一些厂房倒塌情况

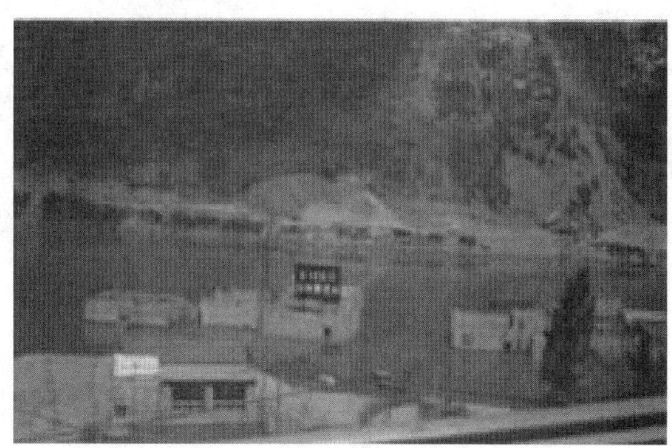

图 4-2-6　汶川银杏乡附近堰塞湖情形

4.2.3.3　**北川灾区受损简况**

几百年来，中外许多学者都曾断言：人类每一次对自然界的索取或征服，都必然招致大自然强烈的惩罚或报复。四川省绵阳市北川县，四面环山，地势险峻。在西部大开发的 10 多年里，北川经济发展迅速，2008 年前已经具有相当的城市规模（见图 4-2-7、图 4-2-8 和图 4-2-11，图片取自政府门户网站）。突如其来的“5・12”大地震，顷刻间把北川几乎夷为平地（见图 4-2-4、图 4-2-9 和图 4-2-10）。图 4-2-8 取自凯迪论坛，由台湾“福卫 2 号”卫星拍摄的北川老县城地震前山体植被情况（台湾成功大学提供），图 4 2 9 取自腾讯网新闻，由航拍展现地震形成堰塞湖及洪水淹部分绵阳北川城情形；图 4-2-10 取自新华网图片，反映地震造成绵阳北川县城道路基础设施损坏情况；图 4-2-11 取自北川门户网站图片，显示城区道路建设中开挖人量的山体边坡。

图 4-2-7　地震前北川具有的城市规模与景象

图 4-2-8　北川老县城地震前山体植被情况

图 4-2-9　堰塞湖及洪水淹北川县城情形

根据实地调查，北川县城在这次地震中所遭受的损失远远超过了汶川县城，以至于不少人对“5·12”大地震被命名为“汶川大地震”感到不解！之所以称为汶川大地震，一方面是震中和震源点在汶川境内；另一方面，发生地震之时，国内外地震台网和媒体报道都最先报出汶川，并不是以损失大小命名。截至 2008 年 9 月 25 日 12 时，根据民政部报告四川汶川大地震已确认有 69 227 人遇难、374 643 人受伤、17 923 人失踪，其中北川就伤亡 20 000 多人。有生态学专家认为，除北川县城地形复杂、四面环山、地势险峻之外，在县城的选址以及建设过程对山坡坡脚大范围(缺乏有效支护)开挖及植被生态破坏等，都是导致震害损失加重的重要因素之一。

图 4-2-10　县城道路和基础设施损坏

图 4-2-11　县城盘山的道路开挖大量边坡

4.2.3.4　唐家山堰塞湖的危机处置

如果说，“5·12”汶川大地震震惊中外，那么，唐家山堰塞湖则令世人高度注目！唐家山堰塞湖由地震引发 2 000 多万 m^3 山体滑坡形成的，地震后的几天内连续下雨，很快就蓄积 3 000 多万 m^3 的库容。唐家山堰塞湖位置非常特殊，不仅在北川县上游 6km，而且紧逼绵阳市。一旦持续下雨导致松散的堰塞体溃堤，整个绵阳市就面临灭顶之灾。

据统计，汶川地震后形成 34 个堰塞湖。不少水利专家认为，一个堰塞湖等同于一颗定时炸弹。其实，一个堰塞湖失事，远远不只是一颗定时炸弹的威力。如果堰塞湖永远不溃，就像历史上的若干次地震形成的"海子"，也可以成为未来的水资源、水能资源、旅游资源。考虑到当时余震不断，堰塞湖水位持续上升，出于风险意识、危机意识、政治责任和社会安全角度，国务院及抗震救灾指挥部决定挖除堰塞体，排空湖水。

唐家山堰塞湖是 34 个堰塞湖中最大的，上游集雨面积可达 3 550km^2，上下游落差高度约 60m，地震 10 多天后库容量就逼近 1 亿 m^3。按当时"谨慎"的天气预报，若持续 10mm/h 的降雨，堰塞湖水位每天将会上涨 2.4m。以时至水位 723m 计算，涨到 752m 之时候，可能达到 3 亿 m^3 的容量极限。以中科院李廷栋院士的测算（中国科学院院士，曾任中国地质科学院院长，原地质矿产部副总工程师，全国政协委员，现任中国科学院地质学部副主任）：1 亿 m^3 的洪水贮积量溃泄，将足以摧毁一座 150 万人口的中等城市（当然，这个说法有夸大之嫌）。因此，决策者同时考虑了"排水和撤离"两套并行方案。

但是，将绵阳市（常住人口 99 万人，流动人口 30.9 万人）130 万人全部撤离，也是"天方夜谭"，绝非易事。2008 年 5 月 24 日，天气预报表示未来两天北川有中到暴雨，最大降雨可超 100mm，将对排水除险和撤离工作带来极大难度，导致决策当局高度紧张。一是地震使施工道路交通条件异常艰难，大型机械设备无法到场，竟采用 1 架米格 26 型超重型直升机和 5 架米格 17 中型直升机开辟空中通道，运载设备和兵力；二是整个城市的撤离动员和实施任务异常艰巨。

2008 年 5 月 26 日 13 时，绵阳市政府召开了唐家山堰塞湖疏散群众工作广播电视动员大会，拟采取包干方式做好撤离的预案：

(1)如果唐家山堰塞湖出现三分之一溃堤险情，绵阳将撤离常住人口 14.7 万人，流动人口 1.1 万人，涉及 33 个乡镇，169 个社区；

(2)如果出现二分之一溃堤险情，绵阳将撤离常住人口 91 万余人，流动人口 29 万人；

(3)如果出现全部溃堤险情，绵阳将撤离常住人口 99 万人，流动人口 30.9 万人。

绵阳市抗震救灾指挥部负责人表示，有关疏散命令将在紧急情况出现前 4～8h 下达。终因大雨未至，排障排水不惜代价，撤出工作取得一定成效以及唐家山堰塞体厚度达 800m 未现险情等因素，唐家山堰塞湖危机得到成功处置。尽管事后存在较大处置分歧、质疑，作者（曾参与抗震救灾）以为，基于百万生命和生态来讲，在当时紧急情况下，站在政治高度、视生命为第一选择，其决策仍是正确的。唐家山堰塞湖地形、地貌及危机形势见图 4-2-12（图片由香港大学土木工程系教授岳中琦提供）。

图 4-2-12　唐家山堰塞湖地形、地貌及危机形势

4.2.3.5　**山地生态受损情况**

山地生态包括土壤(地)、河流及水源、森林、植被、生物多样性、景观等。我国山地占陆地总面积约 70%,山地生态的好坏直接影响整个国家自然生态的质量。“5·12”汶川特大地震波及全国多个省、市(自治区),重受灾面积高达 10 万 km^2,造成的水土流失更是无法以数字准确统计。如:仅仅在震源点产生的碎石及泥石流就形成了一个宽超过 130m,长超过 800m,厚 80m 左右的岩石堆积区;堆积区顶端由于砂石的阻隔形成了宽约 100m、长 300m 的围堰。碎石流喷射出的瀑布口处,两侧山体表层土壤完全被冲刷掉,露出了原岩;沟内现在还堆积着地震时从地壳中喷出的约 800 万 m^3 碎石(见图 4-2-13 来源百度网)。

图 4-2-13　震源点造成的水土流失规模

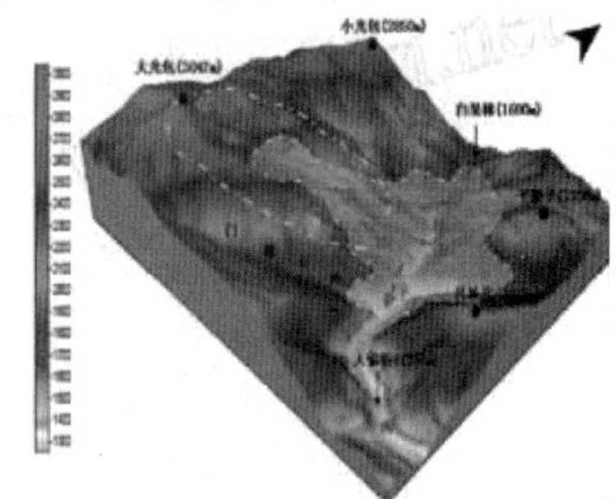
图 4-2-14　大光包滑坡模型及示意图

再如:仅安县一个大光包滑坡,就形成了纵向(NEE 向)长 4.2 km,沿红洞子沟侧向最宽 3.2km(其中主堆积区宽 2.2km),面积达 6.2km^2 的滑坡堆积区,堆积体最大厚度达 690m,滑坡体的体积为 7.42 亿 $m^3$①。大光包滑坡模型及示意图见图 4-2-14(图片由香港

① 黄润秋,等.汶川地震触发大光包巨型滑坡基本特征及形成机理分析[J].工程地质学报,2008,16(6)。

大学土木工程系教授岳中琦提供)。图 4-2-15 为震中映秀山体滑坡型造成严重水土流失;图 4-2-16 为震中泥石流和碎石流形势的巨量水土流失。

图 4-2-15　震中造成的滑坡型水土流失

图 4-2-16　震中造成的碎石流水土流失

汶川大地震及长时间的余震,加速了该区域山地生态恶化。很多地质专家在描述地震对生态的破坏能量时,都将汶川 8 级大地震等同于 251 颗“广岛”原子弹爆炸的当量。地震的横波和纵波使大地剧烈摇晃,并将松散山体和表土抛掷到山脚或水域,山地生态环境惨不忍睹!

中国科学院水利部成都山地生态与灾害研究所、中科院生物研究所、林业科学研究院等,以及参与灾后重建规划的专家、学者经过近一年的调查,基本掌握汶川大地震对灾区生态的破坏规模、特点和影响范围。针对汶川大地震重灾区,要开展有效的生态恢复重建,必须充分认识区域生态退化的基本特点,为分析和评价生态系统恢复能力、可恢复性、修复难度提供理论支撑,以指导不同受灾程度区域生态恢复重建规划和行动方案,科学编制以及具体实施的恢复措施。主要的重灾区,山地生态退化表现为以下基本特点:

图 4-2-17　地震造成滑坡改变景观生态

图 4-2-18　地震造成山体表土流失裸露

(1)景观破碎化加剧,低质景观斑块数量显著增加,从而破坏了生态系统的完整性。(见图 4-2-17(图片由香港大学土木工程系教授岳中琦提供)和图 4-2-18 为汶川地震中紫坪铺水库山体陡坡崩塌形成的水土流失;图 4-2-19 和图 4-2-20 图片取自新闻网站博客(来源见图片)。

图 4-2-19　汶川映秀镇山体崩塌生态破坏

图 4-2-20　映秀镇山体大面积滑坡生态破坏

(2)地震重灾区山地生态破坏加剧,不仅水土流失强度增加,而且流失面积显著增大(见图 4-2-19、图 4-2-20、图 4-2-21 和图 4-2-22)。

(3)灾区植被破坏严重,局域生态功能退化明显(见图 4-2-19 和图 4-2-20)。

(4)河流水体生态系统退化加剧,生态功能严重衰退。河流水体承接地震地质灾害过程中的污水、腐烂的动物尸体、泥沙和砾石输入,河道、水库淤塞、河床抬高,以及地震破坏了水体与水库容量,严重削弱了区域防洪能力,增加了本区及周边、下游区域洪涝灾害的威胁;在一定程度上加快了中下游河流、水库的富营养化过程。

图 4-2-21　山体滑坡桥梁损毁水土流失

图 4-2-22　山体大面积滑坡形成堰塞湖

(5)灾区餐饮过度追求新、奇、野消费胃口以及水电站引水,一些河流水生特有物种的种群数量大幅度减少,部分珍稀保护鱼类如裂腹鱼在重灾区存有灭绝危险。

(6)土壤退化与质量衰退在局部较为明显,尤其是灾后临时安置区与安置点内外的土壤质量衰退需要特别关注。

就大范围来讲,地震灾区因地势、地貌、水气条件的不同也存在差异。尤其是靠新建公路、水电站水库、河流两岸先前被扰动过的区域,地震造成水土流失和植被破坏更加严重。也就是说,即便是重灾区,山地生态遭受的破坏亦存在非线性、生态退化程度不一、生态脆弱性与地质灾害强度决定生态系统退化复杂性、空间差异性和修复的难易性,需要我们科技工作者区别对待、系统研究、对症施救。

1)重灾区地震扰动的普遍性与生态退化的局部性

扰动与生态系统的退化并非线性关系,而取决于干扰体(包括类型、强度、频率与发生过程等要素的总和)强度与生态系统抗扰动能力或生态脆弱性的自修复条件。只有当扰动超过抗性阈值后,才导致生态系统退化。地震活动是能量在地球深部水平或上下传递,驱动表层系统位移,引起结构与功能快速变化。因此,由于区域生态系统的整体性与各亚系统成分间的耦联性,地震对重灾区表生系统的扰动具有显著的普遍性,并从浅表层开始。扰动最直接的应是岩石土体或河流水体,其次才是土壤、植被及生物多样性;对土壤或河流水体产生影响的基本过程是扰动物理性过程,影响或改变化学与生物学过程,只有通过定位监测以及长期比较研究才能界定。

震级较小的地震活动产生的轻度扰动,可能干扰表生生态系统状态,但由于生态系统自身的抗性(自修复)与自我调控反馈机制作用,离主震或大的次震较远的多数地段还不致引发生态退化。汶川地震灾后所观测(遥感解译)到的土壤裸露或植被破坏,表明生态系统已经处于严重退化阶段了。因此,从这个意义上说,汶川大地震的生态破坏或退化区域与直接损失(人员、财产受灾程度)区域可能并不一致,需要深入研究重灾区生态退化演变,才能科学确定生态破坏范围。

图 4-2-23　崩塌滑坡致桥梁损毁水土流失

图 4-2-24　山体滑坡形成泥石流损毁道桥

2)重灾区的生态退化程度差异

“5・12”汶川地震重灾区内,生态系统退化的程度显然是不一致的。根据对汶川、北川、青川、彭州等重灾区的考察,初步划分出如下迥异的生态退化程度。

(1)极度退化状态。主要形成于道路、河流沟谷两侧坡地,是地震活动过程中大量崩塌、滑坡发生的山区地段(见图 4-2-23、图 4-2-24、图 4-2-25 和图 4-2-26),包括汶川、茂县、理县、松潘西部、北川、绵竹北部、都江堰西北部、大邑西部、彭州西北、崇州西部、青川、平武东南、江油西北部、广元西部、安县西北部、什邡北部、宁强南部、文县南部的区域。山体坡面植被大多退化到早期的裸地或裸岩阶段,河流湿地生态环境严重退化,水土流失十分严重。在相当长的一段时间内,退化区域自我恢复能力弱,靠自然恢复比较困难。与震前比较,测算生态(受损)严重退化区域面积约 40%~50%。换句话说,生态系统的修复或重建是全局性的,任务艰巨,难度大,短期内难以取得显著效果。

图 4-2-25　道路塌陷、损毁与水土流失

图 4-2-26　道路表面隆起

(2)重度退化状态。植被结构受损,但土壤及其繁殖体机能仍在,具有一定的自我修复能力,但依靠自然更新能力而恢复植被及其功能需要较长时间,可以施加人为作用或加大投入改变退化状态。

(3)轻中度退化状态。地震仅造成局部区域植被破坏或部分因山地(次生)灾害影响而较为严重,即便大多数区域植被被扰动,但结构仍完整,功能受损程度较轻。这些区域主要包括四川盆地内部区域,如:川中丘陵区、九寨—黄龙区、黑水、小金、汉源、平武北部、宁强北部等。植被退化在大多数地段可借助自然恢复能力自我修复。因此,重灾区域生态系统退化程度在空间上呈多重分布,对某一区域而言,需要因地制宜,合理确定退化程度,针对性采取措施才可能恢复区域正常时生态功能。

图 4-2-27　较轻破坏区域的地表开裂

图 4-2-28　道路错台或塌陷

3)生态脆弱性和地质灾害强度决定山地生态系统退化度

地质灾害会显著改变表生生态系统的过程与结构,重灾区山地生态退化程度明显与

生态脆弱性以及地质灾害发生强度紧密相关。也就是说，重灾区生态的脆弱性越强、地质灾害发生强度大、频率高的山区，往往是生态系统退化与景观破坏最为严重的区域。在岷江上游以及四川盆地周边山地、大巴山地，生态脆弱性严重，地质灾害数量大，危害强，则山地退化更显严重。

4)生态退化的空间差异性

由于地震扰动的发生强度、频率、过程以及持续时间在空间上的复杂性，山地地质灾害发生的空间存在差异性，加之自然条件的空间差异性，灾区生态系统退化的空间差异性比较明显。此次地震重灾区生态退化严重的区域往往在山区半山，主要位于地震灾区的西部和北部，包括岷江上游高山峡谷区、四川盆地周边山地以及大巴山地，而成都平原与川中丘陵生态退化相对较轻(部分道路等基础设施损毁见图 4-2-27、图 4-2-28、图 4-2-29、图 4-2-30 和图 4-2-31)。灾前植被发育情况与灾后生态退化程度，还没有发现有必然的联系，但与灾后生态恢复与重建联系紧密。

图 4-2-29　灾区公路被大塌方掩埋

图 4-2-30　公路被地震垮塌的大块石占压

5)自然恢复难度与人工修复代价

“5・12”汶川大地震，是我国地震历史上破坏惨重的自然灾害事件，它在美、欧金融危机爆发的国际大背景下发生，带给世人精神上、心灵上的震撼与伤痛，是几代人难以忘怀的！由于主震及其余震主要发生在龙门山断裂带的脆弱山地，生态破坏远比人员、财产损失严重得多。10 000 多次余震，构成了强烈而持续的扰动过程，导致明显而难以逆转的生态退化。以至于不少大学教授、专家、学者放言“生态恢复到震前可能需要数十年”，建议封禁重灾区，撤离所有重灾区人口！结果，一些重灾区政府动用武警、公安协助灾民“杀猪宰牛”地撤离，因没有科学可行规划和土地安排，几天之后又“浩浩荡荡”地返回。

中国科学院水利部成都山地生态与灾害研究所当时的考察报告也分析了震后雨季还可能发生次生地质灾害，即地震荷载的多次往复作用，部分山体后缘出现裂缝，这些不稳定边坡在强降雨条件下极易失稳，形成更多的滑坡崩塌。同时，泥石流也将因雨季的到来而频繁发生。

图 4-2-31　地震导致铁路扭曲变形

在短暂的惋惜、伤痛之后，恐怕最为显著而总在第一时间映入眼帘的是灾区生态惨象。重灾区域景观结构与功能都受到强烈扰动，区域生态服务功能深度衰退，特别是岷江上游生态服务功能区靠自然力恢复需要一个漫长的过程。以科学、务实的态度讲，灾后生态修复任务艰巨、代价巨大。截至灾后 3 年(2011 年 5 月)，汶川、理县、茂县等重灾区用于生态修复的资金投入高达数百亿。换句话说，在巨额资金投入情况下，灾区生态的确也发生了巨大变化和逆转！也就是说，完全靠自然恢复相当缓慢，而不惜代价的人工修复还是可以取得较为理想的成果。这一点，连先前主张封禁和撤出的专家、学者也须转变观念。当然，修复生态也要坚持科学发展观，不能盲目进行，从巨大投入中，我们也掌握不少不切实际、严重的造假和浪费的情况。山地生态修复，需要在认真评估基础上，科学规划与布局，按计划有逐步顺序推进。在一些重灾和生态脆弱、人口密集区域，有必要通过低成本的人工干预，结合农业、养殖业等经济发展，因地制宜促进自然生态系统功能的快速修复，从而持续改善山地生态环境。

4.3　地震及次生灾害造成实验区水土流失情况

地震不可怕，除震中及附近外，损失可控。真正可怕的是地震尤其是大地震引发海啸、洪水、大火、大规模山体滑坡、崩塌、泥石流等次生灾害。而很多次生灾害非常恐怖，不仅造成大量人员伤亡和经济损失，还可能导致受灾区域生态不可逆转的恶化。而这些次生灾害又很大程度上因人为活动频繁加剧、加重。当然，在大灾大难面前，全人类应当团结，戮力同心共同面对、规避和科学解决。这样说，是因为许多灾害和次生灾害与人类的不当活动有着千丝万缕的联系或因果关系。我们在研究防止水土流失的科研课题、探索更多水土保持的新方法和保护人类家园——生态环境的同时，痛苦地回味当今世界近一个世纪来发生的重大灾害和次生灾害及巨大损失，对正在高举“GDP 大旗”与盲目激进发展的少数人来讲，无疑起到反思、警醒的作用。

4.3.1　世纪大地震带给人类的警示

人类活动，随着人口规模剧增和科技水平的提高，以及生产方法与工具的改进，在深度、广度和程度“三维”上都足够影响或毁灭地球生态环境。可以说，许多自然灾害，都或多或少存在因人为活动而致其提前发生或损失扩大。20 世纪的 100 年时间里，全世界发生数十次特大地震，以下 17 次特大地震造成的损失，应当促使人类约束自己的活动规模与方式。

1)美国旧金山大地震

1906 年 4 月 18 日早晨 5 时 13 分，美国旧金山市发生8.3级特大地震，30 秒钟毁掉了人们花数十年时间才建造起来的大都市，并引发震后大火，烧毁了旧金山 520 个街区的 3 万栋楼房，以当时价值计经济损失高达 5 亿多美元。其中，70%应由保险公司赔偿给投保人，灾难使得一些保险公司破产。美国旧金山大地震引发的大火，几乎毁灭整座城市，也由此强化了美国人对消防和地震预报工作的高度重视。

2)厄瓜多尔大地震

1906 年 1 月 31 日，厄瓜多尔及哥伦比亚沿岸发生里氏8.8级地震。尽管当时人口密度小，但地震引发的强烈海啸还是导致 1 000 多人死亡。此次地震震源较深，但强大的威力使中美洲沿岸、圣·费朗西斯科及日本等地都有震感。限于当时的条件，地震造成经济损失难以准确统计。

3)意大利大地震

1908 年 12 月 28 日凌晨 5 时 25 分，意大利西西里岛的墨西拿发生7.5级大强震，地震引发近海(掀起局部浪高达 12m)海啸并造成了惊人的破坏和大量人员伤亡。意大利大地震是欧洲有史以来死亡人数最多的地震，此前在意大利曾经有句说法——意大利最美的城市不是威尼斯，也不是佛罗伦萨，而是西西里岛上的墨西拿。经历了几十年的灾后重建，人们才恢复了墨西拿原有的一些风貌，但灾难的阴影挥之不去。

4)俄罗斯大地震

1923 年 2 月 3 日，俄罗斯堪察加半岛发生里氏8.5级地震，地震造成大量人员伤亡和经济损失(数据不详)。

5)印度尼西亚大地震

1938 年 2 月 3 日，印度尼西亚班达附近海域发生里氏8.5级地震。地震引发了大海啸及火山喷发等次生灾害，造成人员及财产损失十分惨重。

6)俄罗斯再次大地震

1952 年 11 月 4 日，俄罗斯发生里氏9.0级的特大地震。因地震发生在地广人稀处，此次地震尽管引发海啸且波及夏威夷群岛，但没有造成人员伤亡。

7)西藏大地震

1950 年 8 月 15 日，我国的西藏发生里氏8.6级特大地震。地震使 2 000 余座房屋及寺庙损毁，雅鲁藏布江下游的印度部分区域有 1 500 多人死亡，受伤难以统计，经济损失非常惨重。

8)美国阿拉斯加大地震

1957 年 3 月 9 日，美国阿拉斯加州安德里亚岛及乌那克岛附近海域发生里氏9.1级特大地震。地震导致休眠长达 200 年的维塞维朵夫火山喷发，并引发 15m 高的大海啸，造成巨大生态灾难，影响远至夏威夷岛。

9)俄罗斯千岛群岛大地震

1963 年 10 月 13 日，俄罗斯千岛群岛发生里氏8.5级特大地震，地震波及日本及俄罗斯其他地方，损失不详。

10)日本关东大地震

1923 年 9 月 1 日 11 时 58 分，日本神奈川县小田原近海海底发生8.2级大地震，震中区包括日本东京、横滨两大城市在内的关东南部地区。日本这次地震造成 14.3 万人死亡、200 多万人无家可归，财产损失 65 亿日元，全国 5%的财富化为灰烬。日本震后进行了反思，发现其建筑在岩石基础的房屋损坏很轻，日本工程师和建筑师认识到需要对建筑物进行抗震设防。也就是这次灾难，促进了日本建筑学抗震体系的丰富和发展。

11)智利大地震

1960 年 5 月 21 日下午 3 时，智利中部海域发生 8.9 级特大地震。在短短的一天半里，7 级以上的余震至少发生了 5 次，其中 3 次达到或超过 8 级。如果把整个地震过程统一起来看，智利地震规模之大、释放能量之多，堪称世界罕见。1960 年 5 月 22 日，智利里氏8.9级经后修正为里氏9.5级，是 20 世纪最强大的地震，并引发海啸及火山爆发，此次地震造成 5 000 人死亡、200 万人无家可归。

12)美国阿拉斯加特大地震

1964 年 3 月 28 日，美国阿拉斯加再次发生里氏9.2级特大地震。此次地震引发海啸，导致 125 人死亡，财产损失达 3.11 亿美元。阿拉斯加州大部分地区、加拿大育空地区及哥伦比亚等地都有强烈震感。

13)美国阿拉斯加大地震

1965 年 2 月 4 日，美国阿拉斯加再次发生里氏8.7级。地震引发高达 10.7 米的海啸，席卷了整个舒曼雅岛。

14)墨西哥大地震

1985 年 9 月 19 日早晨 7 时 19 分，墨西哥西南太平洋海底发生8.1级特大地震，远离震中 370km 的墨西哥城市遭受严重破坏，700 多幢大楼倒塌、8 000 多幢楼房严重受损、200 多所学校夷为平地。这次地震共造成 3.5 万人死亡、数十万人无家可归。事实上，因为墨西哥城是在古代海底建设起来的城市，作为黏土的地基，极易受到地震的影响。这次灾难发生后，人们调查发现，由于财力的不足和建筑行业中的城市选址、腐败和劣质建筑以及地下水过度开采等，几乎导致城市彻底毁灭。

墨西哥城中，很多建筑质量不符合抗震规范和工程设计要求，房屋建筑高度密集，很多房屋破坏和人员伤亡不是直接来自地震，而是来自相邻建筑的倒塌。而且，学校和医院等公共设施倒塌的比例出奇的高，这让一些生还者对施工中的贪腐痛恨到了极点。另外，城市地下水的过度开采也是墨西哥地震灾难的原因之一，因为大地沉陷变形导致地震灾害加剧，使得地震余波竟然损害到远在 370km 外的墨西哥城。

15)印度尼西亚大地震

2004 年 12 月 26 日，印度尼西亚苏门答腊岛上的亚齐省发生里氏9.0级特大地震。地震引发的海啸席卷斯里兰卡、泰国、印度尼西亚及印度等国，导致约 30 万人失踪或死亡，经济损失无法准确统计。

16）印度尼西亚大地震

2005 年 3 月 28 日，印度尼西亚苏门答腊岛以北海域再次发生里氏8.7级的特大地震，震中离三个月前发生9.0级地震位置不远。地震已经造成 1 000 多人死亡，但并未引发大海啸，经济损失数据不详。

17）东日本大地震

2011 年 3 月 11 日，日本当地时间 14 时 46 分，日本东北部海域发生里氏9.0级特大地震并引发海啸。截至当地时间 2011 年 4 月 12 日 19 时，此次地震及其引发的海啸已确认造成 14 063 人死亡、13 691 人失踪。地震造成巨额经济损失，重创了金融危机以来的日本经济。

根据新华网报道，日本内阁府曾于 2011 年 6 月对外公布了“3·11”东日本大地震损失总额高达 16 兆 9 000 亿日元，约合 1.36 万亿元人民币。而且，此概算中并未包括因核电站事故造成的核污染等方面的损失。

不仅如此，“3·11”大地震导致日本福岛第一核电站 1～4 号机组发生核泄漏事故，造成有史以来太平洋海域最大的生态灾难，并可能持续影响几个世纪。图 4-3-1（取自新华网）显示，海啸淹没大范围城市及街区；图 4-3-2（取自百度网）显示海啸淹没机场、汽车停放场等；图 4-3-3 显示海啸来袭瞬间；图 4-3-4 海啸冲毁许多工厂和基础设施。

图 4-3-1　较轻破坏区域的地表开裂

图 4-3-2　道路错台或塌陷

上述 100 年左右的世界级大地震，虽然震级均很高，仅就人员伤亡损失比较，都不足以与我国和那些传承古文明的国家大地震损失令人惊骇！除了 1976 年 7 月 28 日，发生在唐山的7.8级大地震（官方公布数有 242 769 人死亡、164 851 人受伤）和 2008 年 5 月 12 日汶川8.0级大地震（死亡人数可能突破 8 万多人）。追溯到更早，即便震级不大，死亡人数也奇高。如：公元 1201 年 7 月，发生在地中海东部的大地震，造成埃及和叙利亚约 110 万人死亡；再如：史书记载 1556 年 2 月 2 日，中国的陕西、山西和河南三省发生地震，统计测算有 83 万人死亡。究其原因，主要与人口数量、居住过度集中及人为长期不当的生产、生活活动有关。

图 4-3-3 较轻破坏区域的地表开裂

图 4-3-4 道路错台或塌陷

4.3.2 地震产生的主要次生灾害及防范

地震除了造成人生、财产和经济损失外，大地震的最大危害是对生态的破坏。大地震可能引发海啸、洪水、大火、危化品爆炸、山体滑坡、崩塌、泥石流等诸多次生灾害。对于人口较为集中的城镇，除沿海可能面临地震引发海啸（如智利大海啸和日本 2011 年“3·11”大地震海啸）外，震后持续大雨还可能引发洪水，尤其是山区，地震可能触发山体滑坡、崩塌、泥石流（如“5·12”汶川地震的北川山体滑坡）；而且，地震导致的大火和危险化学品爆炸最具威胁。要完全防止地震，是不太现实的想法。但防范和减轻地震引发的次生灾害则完全可能，也非常必要。

4.3.2.1 城镇地震与次生火灾的防范

现代城镇，人口、经济活动密集，各种大灾大难都可能造成无法弥补的损失。特别是在大都市，综合服务功能较为齐全，设备设施比较完善。对经常发生的自然灾害，无论是政府或民众，都具备一些基本知识和防范意识，但那些世纪性小概率的大灾难，人们普遍缺乏防范意识和心理准备。即便有所谓的应急预案，也只是纸上谈兵。人们似乎有一种错误认识，以为大的灾难或大事件都是政府的事，与己无关！其实不然，往往造成损失或扩大损失都是人们在细节上欠缺。因此，防范大地震及次生灾害，有效规避灾难及风险，每个人必须从细微做起。如：遇洪水，往上跑；遇火灾，往下跑；遇地震，应躲在结构坚固体的底下或结构完整的小空间（如厨房、卫生间）等等。无论何时，规避或防范大地震及次生火灾，我们需要掌控一些基本常识。

1）防止化学制剂发生化学反应引起火灾

化验室、实验室、化学品仓库里储存有多种化学品剂，各批次性质复杂。遇大地震时，化学品制剂产生碰撞或掉在地上，容器或包装破坏使化学品剂脱出或流出；有的在空气中可自燃，有些性质不同的品剂混在一起容易产生化学反应，引起燃烧或爆炸。因此，必须普及相关常识，完善相应的应急预案。

2）防止明火引起火灾

明火包括民用炉（灶）火、天然气管道、液化气管罐和工商业用炉火。由于地震震动，液化气罐倾倒、管道阀门没关或损坏引起火灾。目前，该类火灾在地震火灾中占主要比例。要求地震多发区民众应具备此类基本知识，在使用完相关用具后关闭阀门。

3)控制电气设施损坏引起火灾

遇强烈震动时,电气线路和设备都有可能损坏或产生故障,有时还会发生电弧,引起易燃物质的燃烧,产生火灾。因此,需要第一时间切断电源或增设自动断电装置,避免或控制地震引发火灾。

4)管控高温高压生产工序的爆炸和燃烧

由于地震时,往往停电、停水;正在进行生产的工序,因停电造成停止搅拌和失去冷却水的控制,温度和压力骤然上升,当超过反应容器耐温耐压极限时,就可产生爆炸和燃烧。特别是有些生产工序,如化工生产中的聚合、合成、磷化、氧化、还原等工序,一般都具有放热反应和高温高压的特点,极易产生爆炸和燃烧,应当制定应急措施和设置备用电源,控制地震引发其爆炸、燃烧。

5)救灾集中帐篷规避火灾

救灾集中的帐篷搭建快,是救灾时期的首选的应急举措。但是,很多政府安置的地震避难区,救灾帐篷非常集中,容易发生二次灾难。尤其在人们高度紧张阶段和资源匮乏时期,很少考虑这类简易临时设施的安全防火措施,当以笆、苇箔、油毡或塑料布等易燃材料搭建的救灾帐篷遭遇大火,因集中救灾帐篷密度很大、消防通道狭窄,又没有足够的消防器材和设备,必然造成二次重大损失。

6)防控易燃、易爆品燃烧和爆炸

易燃、易爆品主要有气体、液体和固体三种,如天然气、煤气、沼气、乙炔气、石油类产品、酒类产品、火柴、弹药等。遇大地震时,盛装上列物质的容器可能损坏,物品脱出或泄出,一遇火源,即可引起大火、爆炸。另外,有些物质,如火柴、弹药,怕碰撞。地震时,强烈撞击和摩擦,此类物品可产生爆炸和燃烧。有些液体,如石油等,地震时油管或容器的损坏,液体的高速流动,产生很高静电;在喷入空间时,与某种接地体之间形成很高的电位差引起集中放电导致爆炸。该类火灾往往规模大、损失严重,需要严格管控,防止发生重大二次灾难。

4.3.2.2　**次生地质灾害的防范**

我国大陆面积中,山地、沙漠占绝大部分;其中,仅山地面积占陆地面积约 70%。而山地、丘陵和不适宜大规模集中居住的高原也正是地震和其他灾害的多发区。这些地区一旦发生强大地震,都会伴随发生不同程度的崩塌、滑坡、泥石流等次生(地质)灾害,并造成当地民众生命、财产巨大损失。人类面对一次又一次的重大灾难,应该理性反思,总结经验教训,尽可能规避或减少同类灾难重复发生。要避减地震及次生灾害,我们应以对自然敬畏的态度认识和提前发现和处置可能形成崩塌、滑坡、泥石流的危险源。图 4-3-5 是 2008 年 5 月 19 日,受余震影响,理县 317 国道旁边突发山体滑坡,山上腾起巨大的浓雾团,大量沙石滚下,前往汶川方向去的人们赶紧弃车而逃。

图 4-3-5　余震引发山体滑坡

崩塌是山地和陡坡上大块、多裂隙的岩体在地震或重力作用下突然崩落的现象；滑坡是山地坡体上不稳定的土体（或岩体）在地震、强降雨或重力作用下沿一定的滑动面（滑动带）整体向下滑动的现象。而汲蓄大量雨水（饱和水）的较大滑坡体（或泥、砂、水、石块的混合体）向下流泄即形成泥石流。

崩塌，实际上也是滑坡的一种特殊情况。因此，政府和山地居民应像防火、防盗一样，形成常态化机制，时常排查此类危险源，有效规避地震导致次生灾害的发生。考虑到崩塌、滑坡、泥石流等地震形成的次生灾害在非地震条件下也能成为单独的地质灾害，在此仅讨论地震作用下产生的滑坡和泥石流（称为地震滑坡、泥石流）。

1）地震滑坡和泥石流的触发机制

讨论地震滑坡或地震泥石流，其关键是讨论地震作为滑坡、泥石流的触发机制。因为地震，使得原本不会发生的次生灾害在其作用下触发成灾。换句话说，滑坡、泥石流的滑动或流动，是受地震能量的推动，触发了滑坡、泥石流等地质灾害的形成。具体表现形式体现在以下三个方面：

（1）地震能量的作用，使斜坡体承受的惯性力发生改变，触发了滑动和流动。

（2）地震能量的作用，造成地表变形或断裂，降低了岩（土）石的力学强度指标，引起了地下水位的上升和径（渗）流条件的改变，进一步触发了滑坡、泥石流的形成。

（3）地震触发的崩塌体、滑坡体、岩崩、雪崩、堤坝溃决以及其他水源的变化等，为泥石流提供大量的松散固体物质和流动源，从而扩大了泥石流的规模。

地震的触发机制和推动作用，造就了两种类型的滑坡和泥石流：一是由于地震的破坏力，强震时直接产生大量的滑坡、泥石流；二是地震使山地斜坡产生新的破坏，促使坡体受震后发生变形、滑动，这也称为后发性滑坡、泥石流。地震滑坡、泥石流因地震的类型、强度等特性表现出鲜明的特点。

一个地震带的地震活跃有高发期和平静期，呈现一定的周期性。地震的周期性使山地滑坡和泥石流活动进入频发期，或具同样的周期性。

2)地震滑坡和泥石流与震级、烈度的相关性

地震触发的滑坡和泥石流，其活动与地震震级、地震烈度具有明显的关系。根据近百年来大地震资料和2000年后多次强震文献分析，地震触发的滑坡和泥石流多发生在烈度Ⅶ度及以上地区。只在特殊情况下，Ⅵ度(烈度)区才发生滑坡和崩塌。理论上讲，5级左右的地震就可以诱发滑坡和泥石流。震源较浅情况下，5级地震诱发滑坡和泥石流的区域可达100多km^2；8级以上的地震，诱发的滑坡和泥石流的区域可达数万平方千米。同等条件下，地震震级越大，诱发滑坡和泥石流的规模也越大。

3)地震类型与滑坡和泥石流的关系

地震的类型与滑坡和泥石流也存在一定的关系，即"震群型"的地震比"主震—余震型"的地震触发的滑坡、泥石流要多、规模要大。"震群型"的特点是地震能量分多次释放。第一次地震使地表产生破坏之后，紧接着第二次、第三次地震，产生的破坏可能更加严重，所形成的滑坡和泥石流规模更多更大。

4)地震触发滑坡和泥石流与频度及时间关系

如果说，因地震触发的滑坡和泥石流与频度及时间存在关系，那么，按地震地质专家们的经验测算，地震震级越高，地震触发的滑坡和泥石流规模就可能越大，形成灾害的时间就越短。

地震触发的滑坡和泥石流，与自然地质灾害造成的滑坡、泥石流相比其规模大、成灾时间短。一般地质滑坡和泥石流灾害发育过程要经历较长的时间(几十年到几百年)，存在明显的阶段性、偶发性。地震滑坡因地震的突发及能量作用，使处于极限平衡或接近极限平衡的山地坡体在顷刻间就完成断裂、下滑的全过程。与此机制相同，地震触发泥石流也是在强震时或震后降雨时迅速暴发。

5)地震触发滑坡和泥石流的危害更重

地震触发的滑坡和泥石流，往往在人们惊恐之余来不及科学躲避就爆发；相对地质同类灾害讲，其延续时间长、危害重，而且地震滑坡和泥石流反复性较大。

一次强震之后，发生大量的滑坡和崩塌，滑坡、崩塌为形成大型的泥石流又提供了成灾来源。泥石流在流动的过程中，对河床进行下切，以及造成对两岸进行猛烈冲刷和刮挖，这样使边坡又失去平衡，再产生新的滑坡。形成反复互为因果的关系，使地震触发滑坡和泥石流的灾害规模更大、延续时间更长。有些地震从其开始，次生灾害就一直延续到几年乃至于若干年之后。

6)地震触发滑坡和泥石流的防范

地震形成的滑坡、泥石流灾害分布广，但多发生在人口稀少山区。因此，工程治理十分艰难、代价巨大。防范地震触发滑坡、泥石流灾害，应践行科学发展观，以最小代价获取安全。也就是说，以规避为主，结合山地综合治理，即长远的意识性措施和短期的工程措施相结合，科学、合理防治。在意识性措施中，排查危险源，制定应急预案必不可少，这样可以有效规避灾害。近几年，发生在四川阿坝州、甘孜州等地的一些重大滑坡、泥石流灾害，多数是工程管理方无视风险存在，安排大量施工人员及设备宿营在滑坡体下方或泥石流沟口，而且下大雨时疏于防范，造成特别重大人员伤亡。

防治地震触发滑坡和泥石流的灾害，我们应转变经济增长方式，合理开发利用土地资

源、水资源、森林资源，从生态环境战略高度科学开发山地、建设工程，禁止山地砍伐林木。尤其是地震多发区、断裂带，更应该减少人为活动。受资源约束，必须在山地开发建设时，如修建高速铁路、高速公路、桥梁、电站、矿山、水库、城镇等，应合理用地，事前进行灾害评估。能地下的工程坚持地下方案，可以跨越的优先选择跨越。工厂、城镇尽可能选在开阔的盆地或平原上，避开滑坡体、地震带等；高速铁路、高速公路、桥梁、电站，应尽量避开滑坡和泥石流的活动范围。在建设项目设计上，尽可能少对高陡边坡进行开挖；矿山必须进行科学规划开采，开采中要有排水等工程措施；弃渣、废土堆放在少水、低洼的开阔地区，严禁盲目乱开、乱采和乱堆废矿渣；开采开发完结，随时完善永久工程措施，防止破坏山地的稳定性。

保护植被，植树种草，是有效防治水土流失、规避地质、地震次生灾害的方法，它不仅可以防止滑坡和泥石流的发生，还可以改善生态环境。植树造林应贯彻乔木林和灌木林相结合、草被与植被相结合，因地制宜。根据土质条件和气候特点，选择适当造林方法，科学种植、精心管理，确保地面有草、土壤有根、深浅相间。地表草被应形成规模，控制病虫害，防止盐碱化。在我国南方大部分地区，雨量较多，湿润的山坡和泥石流地区只要加强管理就能自然恢复植被。雨量较少、气候干旱的西北、华北地区的滑坡和泥石流区，草被自然恢复时间较长，应选择合适的草种进行培育。荒漠化、石漠化、裸露地区和干旱地区，造林难以成功，往往要先恢复草被，以草护苗；改变不利的幼苗生长条件，提高林苗成活率，从而控防地震次生灾害的发生。

4.3.3 实验区国道 317 公路施工水土流失情况

4.3.3.1 国道 317 线汶马路简介

国道 317 公路是四川到西藏的国家级交通干线，也是四川省 12 条出省通道中的一条重要通道，无论是从经济发展和国防需要考量，都具有特殊地位。国道 317 公路汶川至马尔康公路(简称“汶马路”，布置见图 4-3-6)，改建工程是川藏北线(国道 317 线)成都至西藏那曲公路的一段，为四川省二级公路网络规划的重要公路骨架之一。汶马路起点为汶川连接线，经薛城镇、理县、米亚罗镇、鹧鸪山隧道、梭磨乡、卓克基镇，止于马尔康县，全长 198.83km。全线采用二级公路标准，设计速度 40～60km/h，路基宽度 8～10m，工程计划投资 29.8 亿元。

国道 317 公路与国道 213 公路的都汶段即都江堰至汶川大致重合(国道 213 线川主寺至汶川公路，为规划的生命线公路网布局“成都—都江堰—汶川—茂县—松潘—九寨沟—平武—北川—安县—绵竹—什邡—彭州—成都”环线中的一段，是西部大通道国道 213 公路兰州—磨憨段的重要组成部分)。该路段也是九寨沟环线公路的主要组成部分，为重要的旅游路线。改建项目经过阿坝州的松潘县、茂县、汶川县，线路总长 192.57km，全线采用二级公路标准，设计速度 40～60km/h，路基宽度 8～10m，工程计划投资 31.83 亿元。

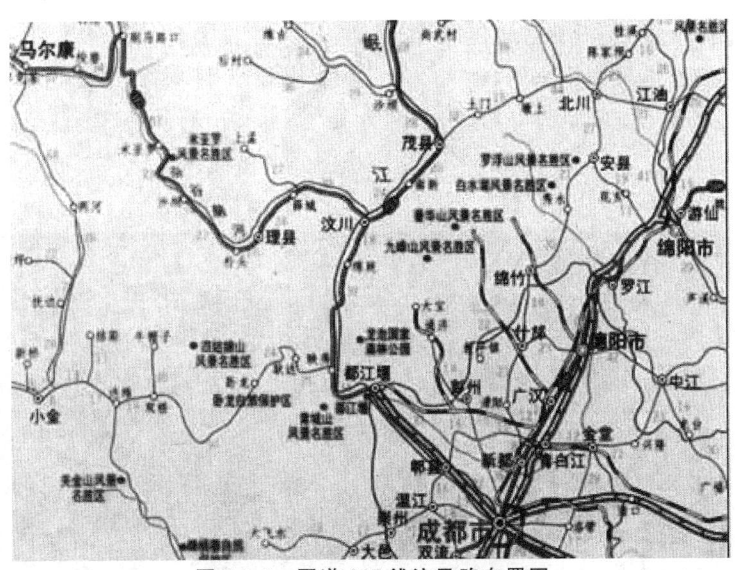

图 4-3-6　国道 317 线汶马路布置图

"5・12"地震前，成都至都江堰的高速公路已经通车，都江堰至汶川三级改二级公路收费路段部分通车，而汶马路施工承包商仅有少数进场，但基本没有施工。2008 年 5 月 12 日的汶川大地震，成都至都江堰的高速公路仍基本完好，但都江堰至汶川的三级改二级公路和同段原来的三级路以及汶川至米亚罗的道路部分遭受山体崩塌、滑坡和泥石流损坏(见图 4-3-7、图 4-3-8 和图 4-3-9，图源取自新华网，为 2008 年 5 月 14 日航拍的地震后垮塌的公路、桥梁)，图片除显示由于地震使道路损毁严重，救灾部队、人员和医疗、生活物资进入困难重重外，同时也反映灾区水土流失十分严重。图 4-3-8 显示的是 2008 年 6 月 7 日在理县毕棚沟口附近拍摄的山体崩塌瞬间。

图 4-3-7　地震严重损毁桥梁

图 4-3-8　滑坡掩埋国道

突如其来的地震，使没有心理准备、组织准备、应急准备的人们不知所措。在打通抗震救灾生命救援通道最为紧张的（地震发生后）的 3～7 天里，主要是我们动员上段电站承包商——水电武警三总队争分夺秒抢险（地方县公路局有少许设备参与局部路段疏通）。临时救援道路抢通后，逐步转由地方公路局、路桥公司保证和维护救援通道畅通。

图 4-3-9　滑坡部分阻断救灾生命通道

4.3.3.2　实验区国道汶马路施工期水土流失情况

“5·12”地震后半年左右的时间里，都江堰至汶川公路（简称“都汶路”）和汶马路都作为抗震救灾的应急通道，全线实行交通管制。其间，在抢修和保通同时进行过程中，一切以救灾为重。为争取时间，随便乱挖、滥采和随意弃渣现象十分普遍（见图 4-3-10 和图 4-3-11），大量的山体崩塌体、滑坡体和泥石流都直接进入岷江河道，灾区山地生态一片惨景，水土流失非常严重（见图 4-3-12 和图 4-3-13，图片来源：新华网）。这一方面有救灾时间紧迫，没有足够条件和手段合理运渣、弃渣的原因；另一方面，道路保通运行管理和施工承包商现场管理缺失，秩序较为混乱，发生违规或违法现象很难避免。

图 4-3-10　公路施工开挖和弃渣

图 4-3-11　施工直接顺山坡向河道弃渣

图 4-3-12　公路施工开采山坡岩石

图 4-3-13　随挖随弃施工现场

尤其是 2009 年后，汶马路全线施工。由于救灾与灾后重建重叠进行，交通流量陡增，交通和保通任务艰巨。实行交通管制，又经常造成进出灾区数千辆汽车堵塞（见图 4-3-14 和图 4-3-15，来源：地方新闻网站）。加上汶马路施工标段多、承包商施工能力、水平参差不齐，建设管理尤其是生态环境保护管理不到位，这个阶段水土流失也相当严重。施工单位毫无环境保护和水土保持意识，随意取土、就近向河道倒渣、大量砍伐山林和原来的行道树（没有考虑移栽），违反《水土保持法》行为达到无所顾忌的程度（见图 4-3-16）。

图 4-3-14　救灾与公路施工同时进行

图 4-3-15　交通拥堵加剧施工随意弃渣

图 4-3-16　公路开挖隧道的施工弃渣

4.3.4 实验区水电站受灾及水土流失情况

4.3.4.1 特别绪言

撰写至此刻——2013 年 4 月 20 日(周六)早上 8 点,以往成都的春天很少有这样阳光明媚的样子。因为盲目发展,我们已经没了四季,一年似乎只有冬天和夏天。前几天,高温持续 28～30℃,昨天刚刚降至适宜温度。早上 7 点,我又开始了“爬格子”,恰恰是写到本节内容——实验区水电站灾损及水土流失情况,重点包括汶川大地震广泛讨论的“水库诱发地震”。聚精会神之时,忽然房间整体摇晃,器物沙沙作响,早已饱受汶川大地震“磨炼”的笔者第一时间就肯定是强震,超过 7 级！20 分钟后,央视新闻频道才报道四川雅安发生 7 级地震。

据中国地震台网测定:今天早上(4 月 20 日)8 点 02 分,在四川省雅安市芦山县(北纬 30.1°、东经 103.0°)发生了7.0级地震,震源深度 13km。截至晚上 22 点,新闻滚动播出的伤亡人数约 6 000 人(死亡 157 人,受伤 5 878 人),其他损失正在核实中。这次地震发生在汶川大地震 5 周年前夕,因此备受媒体关注,央视新闻频道、综合频道、中文国际频道不间断报道,救援工作比 60 年来数十次 7 级以上地震的救援都及时与受到重视。这也正说明当今处在信息时代,媒体的迅速反应,让地震灾区任何受灾画面通过编辑加工和记者感受放大地呈现到电视观众和电脑操作者眼前。

4.3.4.2 实验区水电站灾损及水土流失情况

汶川大地震,很多基础设施均遭受不同程度的损坏。其中,公路损坏最为严重;其次,是电力系统输配电线路及设施。灾情调查发现,山体崩塌、滑坡和大石滚落砸坏设施、设备居多。同时也发现,但凡损坏严重的设施,多位于人为扰动过又没有采取工程支护、加固的高陡边坡。水利水电工程建筑物抗震设计等级较高,位于震中的许多电站,虽然也都受到不同程度的损坏,但建筑物本身损坏并不十分严重。

根据水利部有关灾情通报,汶川地震中有 2 380 座水库出现险情,其中有 69 座水库存在溃坝风险。尤其是岷江干流上的部分闸坝(该区域已建电站分布见图 4-3-17,图片取自中国水电顾问集团公司成都勘测设计研究院有关报告),大多地处高山峡谷地形,河谷两岸山体雄厚、谷坡陡峻,闸址左右两岸基岩较多裸露,基础为深厚的河床冲积层,层次、结构复杂;而且,主要建筑物基础均建于覆盖层上,地质条件复杂,区域地震烈度高。有些闸坝河床覆盖层为多层地基,漂卵砾石层占相当比重,虽然具备一定抗压强度,尚能适应基础承载和变形要求,但其内部结构较松散、均匀性差、局部有架空现象,透水性强、局部极强,而抗渗性能差。此外,部分建筑物基础存在一定面积的含砂层(如映秀湾、太平驿、福堂、姜射坝等)。这些基础条件,由于埋深及物理力学指标不同,在 7°～8°地震烈度条件下有的砂层可液化。

按照四川省电力公司 2008 年 8 月统计的大中型电站灾情及报告,震中附近岷江及上游支流绝大多数电站因地震停止运行(震前各水电站均处于正常状态)。地震时送出(输变电)工程受损、电力无法送出或电站瞬时甩负荷,机组被迫关机停运。值得庆幸和肯定的是,有电站闸坝枢纽一度漫顶但未造成溃坝,说明建筑物抗震性能超设计要求。而且,只要应急措施跟上,及时排除险情,所有闸坝闸门全部开启就不存在溃坝风险。如:沙牌电站为高拱坝，地震发生前达正常蓄水位 1 866m，机组满发，浅孔泄洪闸门开度约 20cm。地震时，发电引水明钢管被山体滚石砸坏，库水通过引水管道和浅孔泄洪洞下泄；闸门全部打开后，库水位持续下降，安全隐患消除。需要总结的是，很多电站应急处置预案和能力不能适应重大险情或特殊时刻，如紧急备用电源不足或没有，重大险情不能及时排除时后果将十分严重。换句话说，如若大汶川地震在夜间发生，备用电源缺失，闸门打不开，滑坡、泥石流可能使溃坝风险大大增加。

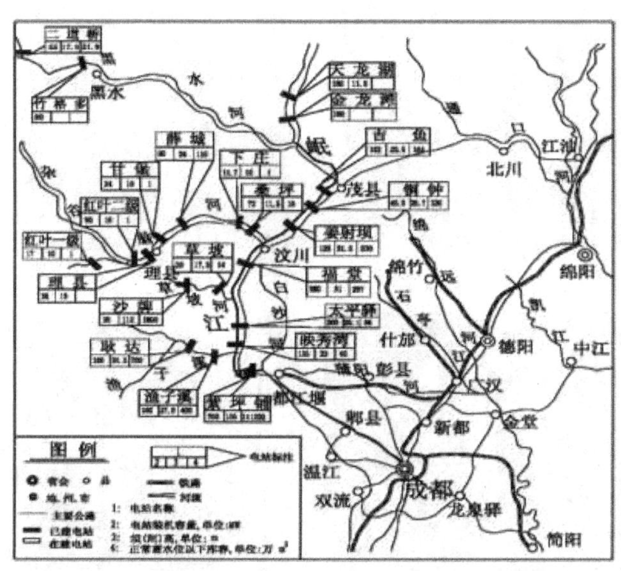

图 4-3-17　汶川大地震震中区域水电站分布

汶川大地震及长时间、频繁的余震，导致多个水电站重大损失，而且主要是发电引水系统受损（见图 4-3-18、图 4-3-19、图 4-3-20、图 4-3-21、图 4-3-22 和图 4-3-23）、厂房被淹。如：草坡电站的高压明钢管震损破坏，开关站和地面厂房被冲毁；映秀湾、太平驿、桑坪、渔子溪等地下厂房进水，设备设施被淹；红叶二级等电站厂房进水，设备被淹。有些电站震后数年才重建恢复，经济损失巨大。“5・12”地震震级为 8 级，烈度为 11 度，已经超过电站建筑物抗震标准，也就是说绝大多数电站的永久建筑物经受住了特大地震考验。但也发现一些在建电站部分震损是施工质量欠缺所致。经检验证实，西部大开发后建设的有些工程或建筑物，质量安全存在重大隐患。譬如，一些电站的高陡边坡，支护工程质量不能满足设计要求，在地震中出现不应有的垮塌，应该特别加以关注和排查。

据灾后重建调查，汶川大地震造成四川电力系统直接、间接经济损失近百亿元，仅映秀湾 3 个电站的经济损失就超过 20 亿元人民币。但与其他工程或设施比较，大多数水电站主体建筑物抗震设计和施工质量在地震中经受了考验，基本没有出现毁灭性破坏。不仅如此，水电站坝区和库区在地震中也未发生如公路那样大规模的水土流失。图 4-3-18 显示，因地震造成草坡电站右坝肩边坡垮塌；图 4-3-19 为太平驿电站地震后厂房因滑坡体阻断河床形成堰塞湖；图 4-3-20 为地震导致全面停机，开闸敞泄；图 4-3-21 表明映秀湾电站尾水出口被滑坡体淹埋(图片部分来源于电站工程设计单位);图 4-3-22 为沙牌水电站因地震阻断内外交通,影响应急抢险(陈秋华摄);图 4-3-23 说明因频繁发生余震,岷江两岸多处因山体滑坡和塌方形成危险的堰塞湖,威胁电站机电设备安全。

图 4-3-18　地震后大坝右坝肩

图 4-3-19　太平驿电站地震后厂房堰塞湖

图 4-3-20　地震后库区

图 4-3-21　映秀湾电站尾水出口

图 4-3-22　沙牌电站因地震交通完全中断

图 4-3-23　因地震滑坡和塌方形成多处堰塞湖

4.3.4.3　地震与大型水电的抗震安全性

汶川大地震的发生,超出了绝大多数地震、地质专家的经验和判断,尤其是震级和破坏程度(烈度)更是无法想象,这也使部分不明地震原因的专家学者、NGO 人员和少数民众迁怒于紫坪铺水库及岷江上诸多水电站的原因。因此，网络上对水库地震成因的探讨一度成为人们最感兴趣的话题。根据汶川大地震灾后水电行业的全面调查，除那些未进行正规抗震设计的微小水电站严重损坏外，绝大部分的中小型水利水电工程基本上没有受到难以修复的破坏。

岷江流域部分正处在汶川特大地震震中，岷江干流及上游支流诸河当时已投产的水电站共 29 座（其中干流上 10 座、支流上 19 座）。岷江干流高山峡谷中，开发建设方式大都是引水式水电站，坝低、库容小，且大多为混凝土闸坝结构。紫坪铺水利枢纽及水库属于大型工程并且正在震中，地震时正值防汛初期，库水很少，震后监测发现其坝体有少量沉降、坝面局部开裂，整个大坝和厂房没有出现严重破坏（如果是满库蓄水 10 亿～11 亿 m^3，灾情另当别论）。沙牌电站位于汶川县境内岷江支流草坡河上，曾被视为 21 世纪初碾压混凝土高拱坝范例。沙牌电站大坝为存在分缝少、受温度影响大、库水位较高等问题，地震当时滑坡堵塞道路，无法做震害调查。2008 年 5 月 18 日，抗震指挥部派出飞机从空中近地观察航拍（见图 4-3-23，陈秋华拍摄），发现坝肩基本稳定、坝体完整，总体上没有破坏，足以证明此类大中型水利水电工程结构的抗震安全性。

图 4-3-23　沙牌电站震损调查(陈秋华拍摄)

按照地震学家的说法，这次汶川地震有两个突出性特点：其一，汶川地震是“板内地震”，即板块内部发生（青藏高原板块与杨子板块相互撞击）的地震，具有震源浅、频度高、强度大、分布广的特征；其二，此次地震中大量滑坡造成堰塞湖等次生灾害，使地震损失严重扩大。作者从事水利水电工程建设数十年，以个人经验认为，任何灾难造成重大生命财产损失，必定有人为因素与责任。事实证明，山地陡坡建设工程，只要工程设计、施工措施得当，地震未造成其垮塌、滑坡和泥石流；出现事故的位置，都与人们对坡体的破坏、工程设计、施工不当有直接或必然关系。其实，地震并不可怕，可怕的是人类不讲科学、不按法律法规和技术标准、规程规范建设。地震时，作者就在震区一个电站调研。地震发生后，作者第一时间（即时）投入抗震救灾、抢险，先后组织葛洲坝集团公司电站项目部和水电武警三总队大坝项目部等承包商抢通国道 317 公路。5 月 14 日中午，道路抢通到理县，作者随后又组织救灾小组长距离徒步连夜赶到汶川县城参与抢险。沿途观察发现，实验区河流多为右岸山体垮塌，左岸轻微；到汶川县城，只是部分老房开裂，而大多数民房、新楼房没有倒塌。

水利水电工程，本身是生态工程，主要在建设过程对工区环境造成破坏和污染，运行期仅对当地水生态、水生生物生态及多样性构成一定负面影响。水库诱发地震的问题，尽管讨论热烈，却很难有令人信服的结论。按照多成因理论，常见的水库诱发地震主要有三种类型：构造破裂型、岩溶塌陷型和地壳表层卸荷型。国内外专家认同的构造型水库地震有可能达到中等(4.5级)以上强度，破坏性水库地震绝大部分属于此类地震。岩溶塌陷型水库地震只出现在碳酸盐岩分布的库段，与岩溶洞穴和地下管道系统的发育有关，震级亦一般小于4级。地壳表层卸荷型水库地震具有一定的随机性，在断裂发育、坚硬脆性的岩体中，具备一定的卸荷应力和水动力条件时才能发生，其震级多在3级以下。水库诱发地震预测模型，至少必须能辨别出上述三种主要类型的诱震环境，并分别进行预测。对于不常见的水库地震类型，不能简单归责到水库诱发。库水的重力荷载作用和孔隙压力作用是诱震因素之一，但库水的作用必须借助于地质体中存在的导水结构面才能向深部传递。查明库区是否存在特定的水文地质条件，才可以判别诱发地震的可能性，进而估计发震点和可能强度，称为水库诱震研究中的水文地质结构面理论，也是预测水库诱发地震的理论基础。现在，只要在西南山区发生地震，一些活跃专家和被诱学生都会责难震区水库或水电工程。

事实上，汶川大地震中垮塌的山体、建筑物和房屋(相当一部分是医院、学校)，主要因建筑年代久远以及品质低劣。那些严格按标准、规范设计和施工的建筑物、房屋，大多没有倒塌；缓坡、植被好的边坡也没有垮塌。汶川大地震的地震烈度远高于一些建筑物抗震设计标准，震区许多大中型电站、水库安然无恙，充分印证水电和水库工程的安全可靠性。当然，汶川大地震没有震垮大中型电站水库并不表示水利水电行业设计和建造工作尽善尽美，可以高枕无忧。恰恰相反，水利水电行业设计和建造商应该以汶川大地震为警钟和改进契机，努力提高设计和施工标准和质量水平。震后，国家发改委、水利部等主管部门修改了《水工建筑物抗震设计规范》，抗震设防标准原采用基本烈度7度修改为8度烈度。

科学地讲，标准不是越高越好。因为，高的标准意味着我们必须付出高的成本。对于小概率事件来说，我们应科学、合理、适当。但是，在施工质量问题上，则不能有半点的马虎、造假和偷工减料。近年媒体曝光的公路、桥梁、尾矿垮塌事件，多数与施工质量有关，这方面国人已有惨痛教训。汶川大地震后不到一个月，日本东北部也发生7.2级地震，但日本地震损失微乎其微。对比之下，我国大地震造成惨重损失有许多问题值得思考！

阿井(在2008年9月4日)的博客写道，“最近几十年来，特别是近几年经济指标高速增长的时期，密如繁星的大小电站、水坝几乎侵占了岷江上游水系的每一个角落，为了消耗这些电力，沿着岷江河谷也建起了多个以电冶、硅铁、铬铁、磁材、水泥等高耗能高污染产业为主的工业园区，沿河谷的公路也因电站的建设和大规模观光旅游的需求，多次改道扩宽。‘5·12’大震前，都江堰至汶川的高速公路也在修建中。而在坡陡地狭的山区河谷，要想实施这些工程，无一例外地都要开挖山坡，损毁植被，堆弃土石废渣。特别是对山体坡麓和坡面的大规模开挖，已把原来具有安息角度的自然斜坡坡角，普遍截削成具有高陡临空面的直立崖坡，这就使河谷两侧的许多山体都具有失稳崩滑的隐患。这就像我们伤害了大山巨人的‘阿喀琉斯之踵’，看似伟岸坚固的山体，实际上已变得十分脆弱。在大地震以前，上述种种工程的影响以及它们引发的各种地质灾害，已经把诸如岷江河谷等地方，变得狼藉不堪。大地震前的一两年，博主也多次走过岷江上游河谷，每当看到诸如理县米亚罗红叶景区因修建电站水库而损毁森林、开挖山体时，以及看到推土机让漂亮的藏寨渐成废墟、藏族老大妈在简易窝棚旁悲伤无助时，对水电的无序开发，其脑海里浮现出劣迹斑斑的疯狂与贪婪。”

地震，是一种不确定、无法准确预测的事件，抗震也不是抵抗地震本身。当今，科技水平在不断提高，认知能力不断增强，经验教训不断积累，风险损度不断降低。汶川大地震应当使我们充分认识到地震的危险性及对人类及人类创造(建筑物)构成的威胁。随着经济发展加快及建设规模加大，我们应按科学发展观指导研究、设计、施工、管理那些已建、在建、拟建的工程。大型水电的环保和大型水库诱发地震，一直是敏感话题和制约其核准的因素，尤其是水库诱发地震需要研究、监测和正面宣传。目前，西南很多高坝大库在建或拟建，作者曾就此与中国工程院张超然院士探讨过，也建议大江大河极具活动性的地质构造带不宜建高坝大库，尤其大断裂带不宜采用当地材料坝。

我国人多，水资源极为短缺，分布很不均衡。水电是清洁可再生能源，一次能源资源日益枯竭，使用成本高昂，大力发展水电必将成为我国能源发展中重要战略性选择。大型水电站和大型水库是我们充分利用资源的首选。正因为此，我们尤应重视大型水电和大型水库的安全。昨天的安全，不代表永久安全。我们必须加强研究、设计、施工和监测，确保大型水电和大型水库在大地震、核战争、大规模泥石流和滑坡恶态条件下的安全、可靠。

第 5 章
灾后实验区山地的生态修复

2008 年 5 月 12 日的汶川特大地震，受灾地区位于岷山—横断山生物多样性保护的关键地区，该区域既是生物多样性丰富、生态环境非常敏感的地区，也是长江上游重要的生态屏障。汶川地震灾区，尤其在本研究课题实验区范围内，地质构造复杂、地貌类型多样、人为扰动剧烈、生态环境脆弱，其区域生态在我国生态系统中担负着重要的功能作用，不仅对维持长江上游地区生态平衡至关重要，而且对长江全流域、全国乃至全球环境、气候变化都产生一定的影响。因此，可以认为，汶川大地震与其说是自然灾害，不如说是生态灾难。

汶川大地震以及造成大量的山体崩塌、滑坡、泥石流，破坏了山地坡体的稳定性和植被，加剧了地表水土流失，深度恶化了脆弱的植被生态环境和生物多样性，损害了灾区山地生态系统的基础。据有关专家测算，汶川地震造成新增水土流失面积超过 100 万 km^2，较震前水土流失面积增加约 15%，灾区平均土壤侵蚀模数由震前的 3 800t/(km^2 · a)增加到 5 800t/(km^2 · a)，灾区县平均每年土壤侵蚀量将增加 1.97 亿 t。不仅如此，频繁而强烈的余震也为滑坡、泥石流等次生灾害的不断发生埋下了严重隐患。

在惨不忍睹的生态灾难面前，一些持被动观念的专家、学者主张封禁灾区，转移和重新安置灾区民众，让生态缓慢、自然恢复。但是，大规模安置灾民因土地资源和地方政府机构限制不能实现，自然恢复又需要合适的水土条件。那么，包括作者在内持积极态度的专家、学者，主张人工干预，加大投入，在灾区大范围实施生态保护工程措施、植物措施和现代科学技术措施，控制滑坡，拦阻泥石流造田，还灾区青山绿水，让汶川地震区域受损的山川、河流地带"水不乱流、土不乱跑"。

今天，正是汶川特大地震 5 周年的日子。一周前的 5 月 6 日，作者以研究者的视角再次踏访了汶川、理县、茂县三个地震重灾区，重点检视了本研究课题的实验区生态修复情况，不知道是"上帝或谁"的安排？此前一天的一场大雨，让 4 年前曾经"满目疮痍的灾区"呈现蓝天白云、满山吐绿、充满生机，我们的行程一路春光、景色优美。5 年来，灾区发生了翻天覆地的变化，而且变化之大、之快，超出许多专家的想象。这一切，归功于中央政府的巨大财力投入，归功于全国人民的慷慨支援，也归功于人们对多年盲目发展的理性反思以及自然力作用下灾区水气条件的显著性改变。

根据时任中共四川省委书记刘奇葆 2011 年 5 月 6 日所做的《"5 · 12"汶川特大地震四川省抗震救灾和灾后恢复重建工作情况》报告：汶川特大地震涉及 10 多万 km^2 重灾区、39 个极重灾县(加上受灾程度相对较轻一些地区，共有 142 个受灾县)；需要维修加固和重新修建的 530 多万户城乡住房(其中重建 175 多万户)、学校 8 500 多所、医疗卫生机构 2 300 个、干线公路 5 800 多 km、农村公路 33 900 多 km;需除险加固震损水库2 069座;灭失的土地 1.3 万多 hm^2,受损农田 10 万 hm^2、林地植被 30 万 hm^2。然而,在不到 3 年时间里,以科学规划为指导,使纳入国家重建规划的 29 692 个灾后重建项目就开工 99.3%、完工 85.2%,灾损概算总投资 8 658 亿元中已完成 7 365.9 亿元。这种创举,且不说重灾区地处高山深谷、道路艰险、地质地貌复杂,随时面临余震次灾,就其规模和速度,在大范围实施灾后重建,工程技术难度大,要素保障难,世界尚无先例。

两天三县,"走马观花",非常表面。但 5 年来的灾后重建成果,毋庸置疑,令世人震撼!无论是灾区的城镇基础设施建设、自然与人文景观恢复,还是土地整治和水土保持以及关乎子孙后代的自然生态,都焕然一新!难怪许多地方官员和专家都认为,今天的地震灾区建设和发展,与地震前相比跨越了 30 年。

5.1　灾后重建中的城镇生态修复

5.1.1　自然生态与城镇生态

在浩大广阔的宇宙中,只有地球有血肉生命,而让生命存在和繁衍的地球环境是自然生态。自然生态,是指地球所有生物生命的生存环境与现实质量状态。自然生态是由生物圈中生物体之间物质、信息、能量转换及循环组成的生态系统决定的。在这个系统中,当生物种群数量及比例,以及生命体的物质和能量转换达到相对稳定的状态时,生态处于自然平衡。当生态恶化或失衡,就需要施加正能量的人为引导、调节和直接干预,重新建立或恢复自然生态的平衡。这种人为引导、调节和直接干预,就是生态(系统)修复。

那么生态恶化,是指在一定的时空背景下,自然因素和人为因素的共同作用,使生态要素和生态系统都发生了不利于生物和人类生存的量变或质变,系统的物质循环、能量流动和信息传递都发生了急剧变化,进而形成恶性循环。生态恶化,具体表现在生态系统结构破坏、功能衰退、生物多样性减少、生产力水平下降等。生态系统恶化又进一步加剧各种自然灾害的频发,严重时可能毁灭生物赖以生存的空间。

生态修复,是指遵循生态平衡规律,依靠生态系统的自组织、自调节能力对环境或生态系统本身进行修复的同时,进行适当的人为引导和干预,遏止生态系统的进一步恶(退)化,并使恶化的生态系统尽快恢复原有的结构和功能。生态修复强调人为作用,要求对恶化的生态系统进行科学、系统的设计或纠正,在此基础上持续的人力、物力、财力投入,实施一系列工程、非工程措施和监管措施,在尽可能短的时间里改善或逐渐改善原已恶化的环境。

生态修复有别于生态恢复,生态恢复更强调或发挥自然力作用,停止人为干扰或再破坏,解除生态系统所承受的超负荷压力,依靠生态系统中的自动适应、自组织和调控能力,或者说按生态系统自身演替规律,通过休养生息的漫长过程,逐步调整和优化系统内部与外界的物质、能量和信息的流动过程,自行改善时空秩序,使生态系统的结构、功能和环境恢复到一定的水平。

城镇生态的修复，是以合理利用、保护自然生态环境资源为基本任务的生态规划与建设，其目的在于对城市发展过程中所造成的或即将造成的环境破坏进行修复和调整。城镇生态恢复的过程，是以生态城市为发展目标，对城市现有的物质、资源、环境进行优化利用与更新，修复已经退（恶）化的生态系统或恢复城市生态系统功能，促进城镇社会、经济、自然系统向协调、有序状态演进和发展。城镇生态系统的退（恶）化，往往源于多种生态要素和生态功能的退（恶）化。对于区域生态修复工程，需辨析系统退（恶）化的主导因子，发现环境恶化的主要问题，从而确定主要的修复对象和实施内容。

国外大范围的城市生态修复工程，往往结合生态规划同时进行，在完成生态系统功能修复的同时，实现城市资源的合理利用与健康发展。城市生态修复，要求市民（或公众）有较强的生态意识和广泛参与热情，运用生态规划、环境整治、生态修复等一系列工程措施、手段，营造自然协调的城镇环境，实现城市及区域可持续发展。

5.1.2 汶川地震主要城镇生态修复

“5·12”汶川特大地震波及整个龙门山脉断裂带，纵向绵延 300 多 km，重灾区达到 10 万多 km^2。根据 2011 年 5 月四川省抗震救灾委员会灾后重建工作报告，震害遍布省内 20 个市州 139 个县（市、区）。其中，成都、德阳、绵阳、阿坝、广元和雅安等 6 个市（州）为重灾市（州），属国定极重灾县和重灾县就有 39 个，达省定的重灾县有 12 个，一般受灾县有 88 个。

按照灾后重建总体规划，四川省纳入国家重建规划的 39 个极重灾（市）县和重灾（市）县包括：汶川县、北川县、绵竹市、什邡市、青川县、茂县、安县、都江堰市、平武县、彭州市、理县、江油市、广元市利州区、广元市朝天区、旺苍县、梓潼县、绵阳市游仙区、德阳市旌阳区、小金县、绵阳市涪城区、罗江县、黑水县、崇州市、剑阁县、三台县、阆中市、盐亭县、松潘县、苍溪县、芦山县、中江县、广元市元坝区、大邑县、宝兴县、南江县、广汉市、汉源县、石棉县、九寨沟县。这些县市的城镇修复必须在统一的思路、标准和规划指导下进行，其损失认定和修复与补偿应接受社会机构和公众监督。

图 5-1-1 北川县城灾后重建一角

根据灾后定损统计:四川全省139个受灾县市区,受损居民住房直接经济损失约2 025.8亿元。其中,城镇居民住房1 020.84亿元,农村居民住房1 004.96亿元。39个重灾县市区,城乡住房直接经济损失1 662.71亿元,受损453.56万户;其中,倒塌和严重破坏259.88万户。城镇住房直接经济损失840.28亿元,受损10 621.27万m^2;其中,倒塌1 396.68万m^2、严重破坏4 787.57万m^2、一般破坏4 437.03万m^2,受影响户数118.01万户。农村住房直接经济损失822.44亿元,受损1 342.19万间,其中,倒塌399.69万间、严重破坏364.99万间、一般破坏577.5万间,受影响户数335.55万户。

尽管汶川地震给灾区民众生命财产和经济社会造成了重大损失,在国家经济持续增长的大环境,在党中央、国务院领导亲切关怀下,面对艰巨繁重、百废待兴的灾后恢复重建,全国各省(区)市及社会各界倾力支援、倾情相助,使灾后重建工作取得神速进展。从2008年10月到2010年9月,纳入国家重建规划的29 692个重建项目已开工99.3%,完工85.2%,概算总投资8 658亿元已完成7 365.9亿元,占85.6%,提前完成中央"三年重建任务两年基本完成"的目标。有关资料表明,震后仅一年时间,灾后重建中就完成了350多万户震损城乡居民住房的修复加固;震后一年半,基本完成150万户农房的重建。震后两年时间,完成26万户城市居民住房的重建;需恢复重建的3 002所学校完工了96.2%;1 362个医疗卫生和康复机构完工90.4%;需恢复重建的4 847.8km的干线公路完工93.7%;1 222座震损水库完成除险加固,2 440个受损的规模以上工业企业已恢复生产99.5%。此外,水土及植被生态修复快速推进,防灾减灾设施不断完善。

图5-1-2　青川县城灾后重建鸟瞰图

图5-1-3　松潘县川主寺镇灾后重建新景

仅仅两年多时间,国家在10万km^2灾区就投放了近8 000亿元的巨量资金,实施了27 564个灾后重建项目,使地震致山河破碎的山地,发生了翻天覆地的变化。曾经山崩地裂、飞沙走石的土地披上绿装,城镇建设旧貌换新颜,绝大多数受灾民众住进了新房,公共服务设施全面升级换代,生态景观初展新姿,交通等基础设施根本性改善,灾区从废墟上站立,展示出生机活力,灾后重建跨越了三个十年或两个时代。具有代表性的城镇生态建设及形象,见图5-1-1、图5-1-2、图5-1-3、图5-1-4、图5-1-5、图5-1-6、图5-1-7、图5-1-8、图5-1-9、图5-1-10,(图片来源:地方政府网站)。

图 5-1-4　理县灾后重建藏寨鸟瞰图

图 5-1-5　黑水县灾后重建新藏寨鸟瞰图

图 5-1-6 都江堰水磨镇灾后重建羌镇一角

图 5-1-7　北川灾后重建新寨一角

其中,图 5-1-1 为 Guy Woodland(英国作者)2011 年拍摄于北川羌族自治县新县城,内容反映北川县城地震灾后异地重建的新县城一隅;图 5-1-2 为 Joachim Bednorz(德国作者)2011 年拍摄于青川县新县城,图片命名为“重获新生”;图 5-1-3 为 Mok Gil Sun(韩国作者)2011 年拍摄于阿坝藏族羌族自治州松潘县川主寺镇,图片命名为“银装素裹”;图 5-1-4 为 Marina Makovetskaya(俄罗斯)2011 年拍摄于阿坝藏族羌族自治州理县杂谷脑河畔藏(羌)新村,图片寓意“我们的新家园”;图 5-1-5 为 Mok Gil Sun(韩国作者)2011 年拍摄于阿坝藏族羌族自治州黑水县色尔古藏族新寨,图片寓意“新藏寨”;图 5-1-6 为 Vittorio Guida(意大利作者)2011 年拍摄于都江堰市水磨镇,图片寓意“羌镇一角”;图 5-1-8 为 Jose Ballester(西班牙作者)2011 年拍摄于崇州三郎镇凤鸣村,图片寓意“多彩民居”;图 5-1-9 新华社记者李桥桥 2011 年 4 月 30 日拍摄于阿坝藏族羌族自治州汶川县映秀新镇,图片取自新华网,当日是“五一”假期的第一天,重建后的四川汶川映秀镇迎来旅游高峰,人们纷纷来到映秀新镇参观,感受重建精神,见证重建奇迹;图 5-1-10 为 Li Yuan(美国作者)2011 年拍摄于阿坝藏族羌族自治州汶川映秀镇,图片表达地震震中的映秀镇“重建中崛起”,上述图片均取自四川政府官方网站。

图 5-1-8　崇州三郎镇灾后重建新村一角

图 5-1-9　汶川映秀镇灾后重建新镇一角

图 5-1-10　汶川映秀镇灾后重建新镇鸟瞰图

5.1.3　灾后实验区城镇生态修复

若一个城镇具有较好的生态坏境，表明该城镇发展有一定资源禀赋和拓展空间。"5・12"大地震中，本研究课题的实验区除汶川县映秀镇等城镇遭受毁灭性破坏外，汶川、理县、茂县的大部分城镇建筑和基础设施并没有受到毁灭性破坏。而且，地震前汶、理、茂三县经济发展与内地同级县(市)相比差距较大，经济总量小，城镇建设也相对滞后；加上地处藏、羌少数民族地区，受土地等条件限制，相当多的农民居住分散，城镇及村寨基础设施和功能不具备、不配套、不完善。地震后，国家和四川省政府不惜代价的灾后重建及巨大投入，无疑给这些灾区实现跨越式发展带来前所未有的重大历史契机。本课题实验区，绝大多数居民、农民地震后都重新移居、建房，城镇基础设施和民众住房条件全面改善。实验区地震前后部分城镇、村寨对比，见图 5-1-11、图 5-1-12、图 5-1-13、图 5-1-14、图 5-1-15、图 5-1-16、图 5-1-17、图 5-1-18、图 5-1-19、图 5-1-20。

图 5-1-11　理县通化灾后重建中废弃的老寨

图 5-1-12　灾后重建生态修复新老寨对比

图 5-1-13　薛城灾后重建生态修复东侧一角

图 5-1-14　薛城灾后重建生态修复西边一角

图 5-1-11 为理县通化灾后重建生态修复中废弃的老寨，图 5-1-12 是理县通化灾后重建生态修复新老寨对比。图 5-1-13 是理县薛城镇灾后重建生态修复东边一隅，图 5-1-14 为理县薛城镇灾后重建生态修复西边一角。图 5-1-15 是理县木堆村灾后重建新老寨，图 5-1-16 是理县甘堡村灾后重建新寨，老寨在其上方，新寨普遍靠近公路和河边。图 5-1-17 是理县大沟灾后重建移民安置区，图 5-1-18 为理县灾后重建新藏寨(图片来源于作者实地拍摄)。图 5-1-19 是灾后重建新城生态景观，图 5-1-20 为汶川桃坪羌寨灾后重建新景，这 2 幅图片来源于政府门户网站。

城镇建设和灾区城镇生态修复需要一个漫长的过程，美中不足的是，灾后重建或城镇恢复受资金、资源条件和人们认知能力和规划建设水平约束，难免存在短期行为的情况，尤其是城镇布局功能分区、防灾预警和应急处置、整体或小规模分散的污水处理、垃圾处理、生物多样性的保护与隔离、资源开发与生态保护等诸多方面还需要改进。如：实验区很多村寨布置在沟口，这些沟口一旦发生滑坡、塌方、洪水、泥石流等灾害，那么，紧靠沟口的村寨及居民将面临危险。近几年，发生在四川境内多地的滑坡、塌方、洪水、泥石流等灾害造成大量沟口居民、施工单位人员死亡的教训已经非常深刻。同时，沟口居民的日常生产、生活污水直接向河道排污，严重影响省会城市成都的生活水质。

图 5-1-15　理县木堆村灾后重建新老寨

图 5-1-16　理县甘堡村灾后重建新老寨

图 5-1-17　理县大沟灾后重建移民安置区

图 5-1-18　理县灾后重建新藏寨

汶川地震的灾后重建，尤其是整个四川省的灾后恢复重建，是一次人类史上应对重大自然灾害的探索与实践，它的成功之处不仅在于以此(灾难)凝聚民族精神、缓解当今社会因腐败和收入分配不公而激化的矛盾以及导致的全社会人心不满与涣散，而且灾后救援和重建的不惜代价，极大地提升执政党——中国共产党为人民服务的正面形象，也凝聚和展示了海内外中华民族同舟共济、团结奋斗的民族品格；同时，也充分证明改革开放以来不断增强的综合国力和经济实力。当然，还应该看到在大灾大难面前，灾民甚至全民的抗灾、避险意识不强、能力不足，政府的应急准备不够以及不惜代价的投入中，缺乏过程监管，资金无效使用和十分惊人的浪费现象，这些都值得后人系统总结。此外，汶川地震的举国动员与抗震救灾，也为今后任何自然灾害的救援与灾后重建建立科学、常态的模式提供了现实版的经验。但也应当研究如何减轻重大灾害给国家及人民施加的经济负担和“泛滥的慈善”。

图 5-1-19 灾后重建新城生态景观

图 5-1-20 汶川桃坪羌寨灾后重建新景

5.2 灾后实验区水电站区域生态的修复

汶川地震灾区分布有数千个水电站，有关水电站(水库)与地震的关系，尤其是水库诱发地震问题一直是震后社会热点和业界、民众广泛谈论的话题。水库诱发地震，在本书第2章有一些讨论，不再赘述。但是，有关大地震或特大地震中水利水电工程的安全问题，仍然是一个永恒的话题。西部山区，水库、水电站密集，任何具有破坏性的自然灾害和大规模地质灾害都有可能导致水库、水电站失事，后果及损失不堪设想。通常情况下，大型水利水电工程，遵循严格的设计标准、规范、规程，施工过程具有监督、控制机制，主要、主体建筑物及结构也必须满足一定破坏烈度的抗震震级；建筑物中，混凝土密布的钢筋，除人为偷工减料形成“豆腐渣”外，结构的抗拉、抗压、抗剪强度和抗震性能都能够抵御一般情况或单一的灾害破坏。也就是说，绝大多数水库、水电站的建造和运行是安全的。

如果一定要讨论极端情况，那么即使是再坚固的建筑物，恐怕很难抵御地震震源区域的破坏。如：汶川特大地震震中的牛眠沟，被震爆的山体碎石约 800 万 km^3，破坏当量为数百颗“广岛”原子弹爆炸能量；再如：地震使安县“大光包”滑坡体达 7.42 亿 km^3，任何土木结构工程都无法抗拒这种最直接破坏。笔者多年来一直存有担心，即大型水库或水电站为设计简便、降低造价，很多采用当地材料坝(堆石坝、土石坝、面板坝)，若大坝位于震中并遭遇强震，即便没有直接震垮，也可能因滑坡、泥石流堵塞坝前泄流孔、闸，使上游来水翻坝造成大坝失事。在许多事后的学术研讨中，一些专家、学者仅以十分有限的信息量、已发生的现象和其有限的认知、经历，误导学界和民众。诸如：地震能量积累和释放周期需要数千年；什么水库、水电站“小震不坏、中震可修、大震不倒”。作者不怀疑他们的良好愿望，但怀疑他们为政客需要以及他们自身的利益去忽悠民众，让老百姓饱受欺骗和灾难造成的苦难。这些设计专家既缺乏常识，又泯灭良心。很多人类目前尚探测不到或不能准确认知、判断的东西，地位再高的专家也不能凭身份和话语权主观臆断。

“5·12”汶川大地震，造成四川电网 171 座变电站、2 751 条线路停运，部分电网损毁殆尽，四川电力公司供区内因灾停电达 405 万户，直接经济损失达 106 亿元。截至 2011 年 3 月底，国家电网四川省电力公司共完成灾后恢复重建投资 140 亿元，建成投运 35kV 及以上变电站 27 座，建成投运 35kV 及以上线路约 1 200km，灾区电网的供电能力、电网结构、技术装备水平全面达到或部分超过震前水平。此外，电网建设方面，三年来四川电网新投资近 500 亿元，新增 110kV 及以上线路 8 702km，新增 110kV 及以上变电容量 3 623万千伏安，灾后重建和新建水电送出通道工程 13 个，保障了紫坪铺、映秀湾等约 255 万 kW 因灾受阻水电和狮子坪、柳坪等近 100 万 kW 新增水电装机的送出。

本研究课题实验区上段、中段、下段都有多个电站，与课题研究有关的仅是纳入实验区河流“一库七级”梯级开发规划的电站。实验区上段，主要有大(2)型水库电站和一座中型引水式电站。

5.2.1　实验区上段电站生态修复

汶川地震使上段两个电站及环境均遭受程度不同的损失、损害。

1)龙头水库电站地震损失

根据 2008 年 6 月四川省水电站工程震损情况检查和安全评价报告，上段(龙头)电站及水库、坝区枢纽总体未震损，主体建筑物未见明显震损，主要的震损破坏为未实施支护的边坡及施工公路边坡，具体损失情况如下。

(1)坝区枢纽。大坝已填筑部分未见明显震损，坝基(坝肩)未见明显震损，泄洪洞(土建、金结、启闭设施等)正在施工中，未见明显震损；边坡未支护部分有局部垮塌；三个堆石料场的施工公路均有不同程度边坡垮塌、路基沉陷。

(2)引水系统。引水建筑物中引水隧洞、调压井、压力钢管地下开挖部分有塌方，震损情况不严重。地震时，除调压井有人员伤亡外，其他作业面没有施工人员受伤。经调查，3＃、4＃、5＃、6＃支洞的施工公路均有不同程度边坡垮塌、路基沉陷，主要震损部位见图 5-2-1 和图 5-2-2。

图 5-2-1　水库型公路边坡垮塌

图 5-2-2　电站坝肩周边山体局部滑坡

(3)厂区枢纽。水库电站的厂区枢纽总体轻微震损，主体结构未明显损毁；压力管道中，平洞施工公路边坡垮塌、路基沉陷；压力管道上平洞的临时斜坡卷扬机道基础沉陷，轨道变形严重。

(4)水库区。两岸边坡零星掉块，局部小型坍塌，震害不显著。

(5)电站改建路(绕坝路)因地震及救灾运输过载和次生灾害导致部分路段塌陷、垮塌，桥梁结构发生变形。

2）水库电站灾后修复

由于上段电站紧邻国道，又位处省级风景名胜区范围，加上该国道平常就承载着西南进入西藏的重要交通和国防安全任务，地震后的救援和灾后重建过程的超负荷运输，一定程度上影响了上段电站的建设施工和灾后生态修复。即便如此，电站建设单位仍不惜代价和巨大资金投入，全力保障救援生命通道的畅通，抓紧救灾间歇的时间修复震损的基础设施，清运山体崩塌、垮塌的渣料，实施损毁坡面的植物措施，改善地震破坏的局域生态环境。

科学地讲，修复植被生态，必先治理地质灾害或次生灾害隐患。因为，消除这些可能导致植被大面积破坏的松动山体、坡体和可能成为泥石流的碎屑物质，形成稳定的支撑体系后，修复植被生态才有实际效果和意义。工程治理与修复过程中，我们全面排查隐患部位，清除危险源，再实施永久性支护工程措施取得良好效果。局地边坡治理见图 5-2-3 和图 5-2-4。

图 5-2-3　坝肩边坡的工程治理

图 5-2-4　公路边坡喷混凝土护坡

对电站弃渣场的治理，是灾后生态修复的重点和难点。我们在实施和实验电站渣场水土保持生态修复时，充分结合汶川地震灾后重建中对建材的巨大需求，优先考虑将质地坚硬的渣料无偿提供给灾后援建单位使用，一方面减少这些援建单位任意在脆弱山地环境采石取料，破坏生态；另一方面，减少电站弃渣场堆积弃渣总量和堆贮面积，有利于渣场生态治理。

3）次级引水电站震损与修复

同样，按照四川省水电站工程震损情况检查和安全评价报告，实验区上段（流域梯级中的第 2 级）次级电站首部枢纽有轻微震损，主要为闸坝右岸危石崩落砸坏首部门卫房及其他辅助建筑物，坝体结构缝局部微张开，配电房墙体有轻微震损，其具体损失情况如下。

（1）首部枢纽。拦河坝震害主要表现为右岸基岩边坡危石崩塌，左岸边坡零星掉块，少量危石崩塌；地震前坝体沿结构缝有局部微张开，地震后加剧致张开宽度达 0.5～2cm；挡水建筑物、泄水建筑物主体结构未见明显震损，闸门、启闭机等设备工作基本正常。

（2）引水系统。引水系统的进水口开挖边坡支护结构未见明显变形，以上自然边坡有零星掉块。

(3)厂区枢纽。厂区枢纽总体轻微震损,主体结构未见明显损坏,部分填充墙开裂,玻璃窗震坏,外墙砖部分脱落;开关站地面沉陷,部分设备基础沉陷严重;厂房到闸首的35kV 供电线路震损较重,电力出线场有一根基杆被岩石砸坏;厂房主体结构及厂基未见明显变形。

(4)水库区。水库区右岸基岩边坡高陡,震害主要表现为危石崩塌、滚落,左岸零星掉块,少量危石崩塌。

上段(流域梯级中的第 2 级)次级电站主体建筑物结构部分震损情况见图 5-2-5;电站厂房枢纽山体边坡滑坡、垮塌见图 5-2-6(从网站视频截图)。

图 5-2-5　上段 2 级电站闸首震损

图 5-2-6　上段 2 级电站山体边坡滑坡瞬间

4)上段次级引水电站灾后修复

根据流域梯级开发规划,实验区上段纳入"一库七级"开发规划并在地震期间发生震损的电站有 2 座。考虑到电站地理位置距震中映秀较实验区中下段远(属震害烈度 8～9 度区),海拔高程 2 000m 以上,河谷区干旱指数较小,降雨量明显也多于中下段,以及电站规模不大和主体结构损害轻微,经过 8 个月时间的抢修,电站基本恢复正常运行。

也正是基于降雨等气候条件,上段(流域规划的第 2 级)次级引水电站经过 2 年期的工程和植物措施,植被生态发生根本性变化,有些区域或部位的植被生态效果明显好于"5·12"地震之前。电站厂区植被生态修复情况见图 5-2-7 和图 5-2-8。

图 5-2-7　上段电站厂区植被生态修复

图 5-2-8　上段电站山体边坡植被修复

5.2.2 实验区中段电站震后生态修复

1)灾损情况

根据实验区中段水电站工程震损情况检查和安全评价报告,中段水电站地震期间损失具体情况如下。

(1)首部枢纽。实验区中段水电站距汶川地震震中相对较近,首部枢纽在主震时有局部轻微损坏,主体水工建筑物、泄水建筑物主体结构未见明显损坏;闸门、启闭机等设备设施工作基本正常,应急电源仍可以投入使用,首部枢纽其他部分无重大安全隐患;进水口启闭机排架有一根框架柱遭破坏;坝体右岸填筑体沉陷约 1～2cm。

(2)引水系统。地震时该电站在运行,地震发生及余震期间,引水隧洞很难放空检查,震损情况不明。据此后电站运行情况分析,受地震影响轻微,只有进水口启闭设施建筑物出现裂缝(见图 5-2-9)。

图 5-2-9 进水口主体建筑物裂缝

图 5-2-10 地震产生小型滑坡

(3)厂区枢纽。中段电站厂房更为靠近地震震中映秀,厂区建筑物主体结构未发现明显破坏;但主、副厂房基础发生较大不均匀沉陷,桥机轨道变形严重;止水破裂,渗漏较严重;厂房填充墙开裂,外墙砖体部分脱落。地震后经应急处置,电厂备用电源很快恢复供电,抽排水系统迅速投入应急抢险;GIS 楼外墙部分填充墙遭受破坏,主体结构未发现明显震损,厂区枢纽整体没有发现重大安全隐患。厂房右侧边坡有明显震害和变形现象,施工公路开挖边坡内侧震后发育一小型滑坡,估计方量约 0.5 万 m^3,可能危及厂房安全运行。

(4)水库区。水库区震害主要表现为两岸边坡零星掉块,局部小型坍塌,左岸坡体发现小型滑坡(见图 5-2-10)。

需要补充的是,机组震前处于运行状态,震时全厂失电,事故停机;总体运行未见重大异常,但温升较震前大 4～5K,振摆较震前大几道;1＃机受地震影响较大,较长时间不能开机运行;排水系统等辅助系统震后均投入运行。

图 5-2-11　中段电站首部枢纽左岸生态修复

图 5-2-12　中段电站公路边坡生态修复

2)灾后电站生态修复

实验区中段水电站处在地震烈度 9～10 度区，发生地震时，主体建筑物均已建成投入运行，因此受地震影响及损害较小，遭受直接经济损失相对轻微。除发电等间接损失外，电站在震后 3 个月就恢复发电。地震后 5 年来，实验区中段水电站一直处于正常运行状态，电站周边生态环境发生巨大变化，部分威胁发电的滑坡体得到适当处理，渣场、料场等水土流失集中区域已经系统治理，库区蓄水已明显改善局地小气候，降雨量稍有增加，坝区、厂区、库区植被生长良好，生态流量基本满足脱水、减水河段的各类要求，电站及周边生态环境呈现勃勃生机。电站生态见图 5-2-11、图 5-2-12、图 5-2-13、图 5-2-14、图 5-2-15 和图 5-2-16(作者拍摄)。图片主要反映库区、坝区地震后植被生态修复情况，电站厂区和办公生活区的植被情况可参见第 8 章相关内容。

图 5-2-13　中段电站库区生态修复

图 5-2-14　中段电站首部枢纽边坡生态修复

图 5-2-15 中段电站渣场区生态修复

图 5-2-16 中段电站首部枢纽下游生态修复

5.2.3 实验区下段电站生态修复

实验区下段水电站最为接近汶川地震震中，地震时水电站在建，其灾损和灾后恢复重建和生态修复情况如下。

1)灾损情况

根据实验区下段水电站工程震损情况检查和安全评价报告，水电站各主体建筑物遭受损失均比上段、中段情况严重。

(1)首部枢纽。实验区下段水电站首部枢纽在地震前已经建成，地震中挡水建筑物、泄水建筑物主体结构未发现明显损坏；闸门、启闭机等机电设备、设施工作基本正常，所有闸门人为设定全开并锁定，启闭机房填充墙震损破坏较为严重；闸首右岸边坡及工区外滑塌体(锚索框格梁支护部分)出现局部损坏，见图 5-2-17。

图 5-2-17 闸首右岸边坡及工区外滑塌体

图 5-2-18 电站厂房及调压井边坡滑坡

(2)引水系统。基于安全原因，引水建筑物中引水隧洞、调压井、压力钢管等建筑物当时未能进洞检查，余震情况稍稳定后发现引水隧洞有多处较大面积塌方。此外，8＃、9＃支洞和调压井的施工公路边坡垮塌、路基沉陷严重，其他施工公路有不同程度震损，电站厂房及调压井边坡局部滑坡，见图 5-2-18。

(3)厂区枢纽。厂区枢纽距汶川县城更近，也就更靠近地震震中，厂区枢纽主要建筑物尚未建成，因此总体仅受轻微震损，但局部损坏严重；副厂房主体结构未发现明显震损；开关站 GIS 楼主体结构未发现明显损坏；启闭机房填充墙遭受破坏；而施工道路、施工供电线路、承包商营地、风水电系统等临建设施及施工设备、材料等震损严重；厂房后边坡有明显震害和变形现象，尤其是下部贴坡混凝土挡墙部分向外错缝 1～5cm，框格梁局部发生裂缝；主厂房上游开关站后边坡尚未支护，有零星掉块，局部有小型坍塌(见图 5-2-19)。

(4)水库区。水库区两岸边坡零星掉块，局部小型坍塌。

图 5-2-19　电站开关站后坡地震局部垮塌

图 5-2-20　电站厂区枢纽生态修复

2)灾后电站的生态修复

实验区河流“一库七级”开发规划之前，各段都分布有多个规模较小的民营水电站。虽然实验区下段有多个水电站，包括本研究课题所指流域梯级的下段诸电站，其受地震影响都很大，遭受损失均较严重。地震后的 2011 年 5 月，经过 3 年灾后重建，课题研究的实验区下段水电站已投产发电，电站周边生态环境通过结合本课题研究、实验和实践，系统治理使其发生巨大变化；厂房后边坡的垮塌、变形部位进行了加固，地震引发的与电站安全密切相关的滑坡等次生灾害以及渣场、料场等水土流失集中区域得到工程、植物等措施修复。与中段电站一样，库区蓄水已明显改善局地小气候，降雨量也呈增加趋势，坝区、厂区、库区植被生长良好，特别是区域下段生态比上段、中段脆弱，水气条件较差，植被与水土恢复难度较大，经过一系列系统实验研究和治理实践，电站区域生态修复取得显著成效(电站生态修复情况见图 5-2-20、图 5-2-21、图 5-2-22 和图 5-2-23)。

图 5-2-21　下段电站首部枢纽陡坡生态修复

图 5-2-22　下段电站厂房枢纽生态修复

图 5-2-23　下段电站首部枢纽右岸生态修复

水利水电工程,在环境影响评价体系中,本身被列为生态工程或具生态属性,这主要是其运行过程基本不产生排污。水库的作用,除了防洪、灌溉、航运、发电、养殖外,还可以开发旅游。尽管如此,这些优点丝毫不能抵消电站建设过程对环境造成的破坏。水库的运行,即库水及对岸坡的因水位施加的荷载经常或反复变化,容易触发崩塌、滑坡和地震,对水(质、量)生态构成一定程度负面影响。与山地单一植被生态修复不同的是,水库、水电站的生态修复强调加大人为干预,控制其对环境产生的负面影响。而单一植被生态修复,可以利用或顺应自然规律,发挥自然自身修复能力,只是在效果或时域上需要接受慢进、漫长的过程。若想缩短这一过程,就必须辅以人工措施。

生态恢复则强调了大自然的循环再生能力,突出了人与自然和谐共生的相互作用。水库、水电站的灾后重建,从另一个侧面促进水土、植被等生态环境自我恢复,有利于减少单一功能生态修复的人力、财力、物力的重复投入,避免过多的人为急功近利及不当干预给生态系统造成(或可能产生)的负面影响。

5.3　灾后实验区交通道路的生态修复

5.3.1　实验区主要道路的总体布置与设计

国道 317 线汶马路贯穿本课题实验区(上、中、下段)全区,其施工也贯穿汶川大地震灾后重建全过程。汶马路米亚罗以下位处地震重灾区,施工赶上地震救援和灾后重建,道路交通压力巨大,因此,施工过程造成沿线大量水土流失。

汶川至马尔康公路改建工程,起于都(江堰)汶(川)路在汶川连接线的终点,向西北前行部分利用原路改建,即在黑土包滑坡体前脱离原路跨过杂谷脑河,绕过滑坡区后跨越障碍与原路相接。沿河上行,以原路改建;经通化、木卡后,路线则向西南从杂谷脑河左岸靠山侧隧道绕过薛城镇,经甘堡乡,在理县县城前再跨到杂谷脑河右岸,顺河岸右侧上行到达朴头,然后再次向西北经新店子、沙坝、夹壁,到米亚罗镇沿来苏河左岸通过;经瓦铺寺、大郎坝、三脚坝与已建鹧鸪山隧道相接。出洞后,由王家寨、梭磨乡、卓克基乡,到马尔康县城前(日瓦坝)跨到梭磨河左岸绕行(线路设计布置见图 5-3-1)。

“5·12”地震前,汶马路初步设计路线全长 209.06km,其中,利用已建成的鹧鸪山隧道及连接线 10.22km,项目初步设计投资总概算 21.8130 亿元。震后,项目全线重新进行了勘察设计,线路实际全长为 208.95km,其中包括利用已建成的鹧鸪山隧道及连接线

10.22km，本项目实际建设里程约 198.73km，其中利用现有公路改建约 171.34km，新建约 27.39km，工程实际总投资 29.6 亿元。

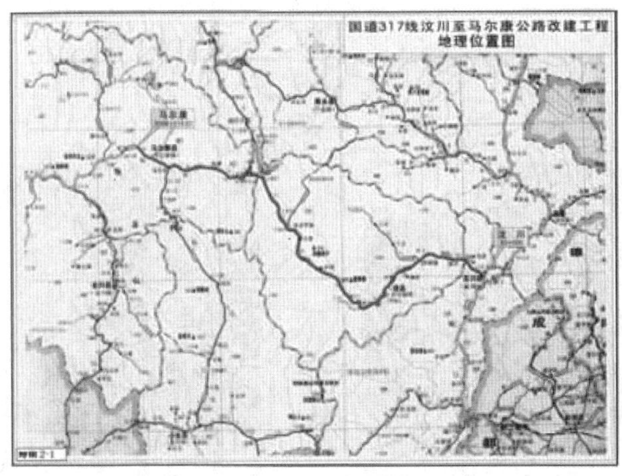

图 5-3-1　汶马路地理位置与设计总布置图

5.3.2　国道 317 线灾后重建的水土保持生态设计

汶马路改建方案水土保持的原设计，水利部于 2006 年 6 月 6 日以水保函[2006]286 号文《关于国道 317 线汶川至马尔康公路改建工程水土保持方案的复函》对其进行了批复。报建方案水土流失防治责任范围为 446.9hm²；其中，项目建设区 339.9hm²，直接影响区 107.0hm²，损坏水土保持设施面积 137.63hm²。汶马路水土保持概算总投资 12 685.86万元，其中主体工程中具有水土保持功能投资 10 733.77 万元，新增水土保持静态总投资 1 952.08 万元(列入水土保持设施补偿费 109.86 万元，水土流失监测费 189.99 万元，水土保持监理费 135.00 万元)。

图 5-3-2　公路施工沿河弃渣水土流失情况

图 5-3-3　隧洞施工岸坡弃渣情况

汶川大地震后，国内岩土工程等方面专家发现隧道很少损坏，汶马路改建的建设管理单位、设计单位采纳建议，变更设计采用更多隧道代替原来沿河走线，优化缩短了线路里程。

但是，在高山峡谷生态脆弱的山地开挖隧道，大量洞渣无处消纳，隧道方案必然造成更严重的水土流失。原方案设计土石方开挖量 381.21 万 m^3，土石方回填量 236.45 万 m^3，弃方为 144.76 万 m^3。由于分标太细、施工单位良莠不齐，野蛮施工时有发生，实施过程中的生态破坏及水土流失十分严重。隧洞开挖后，洞渣只能沿河堆积，不仅占用大量临河的坡耕地，而且深度破坏当地植被生态和景观生态(见图 5-3-2、图 5-3-3、图 5-3-4、图 5-3-5、图 5-3-6、图 5-3-7、图 5-3-8、图 5-3-9、图 5-1-10 和图 5-1-11)。

图 5-3-4　岸坡弃渣水土流失恶化景观

图 5-3-5　岸坡弃渣水土流失恶化景观

图 5-3-6　弃渣成为潜在的滑坡源

图 5-3-7　岸坡弃渣成为潜在泥石流源

图 5-3-8　公路 K37+300 弃渣场

图 5-3-9　临河弃渣水土流失情况

图 5-3-10　公路临河弃渣场

图 5-3-11　电站临河弃渣水土流失情况

业界周知，公路建设在桥隧比不高的情况下，可以采取全线施工，因此，施工工期较短。换句话说，采取全线施工，尤其是在公路施工的开挖阶段和基础填筑阶段，水土流失很难控制。317 国道汶马路改建施工，场地狭窄，没有足够多的临时堆渣场地；正值余震期，又同时要求保障边施工、边通行，即救灾、灾后重建和正常交通重叠进行，因此施工造成水土流失比正常情况严重。不仅如此，在汶马路改建工程投入运行后，较长时间里水土保持工程措施和植物措施都跟不上。也就是说，在植被恢复前的公路运行过程中，仍可能造成大量的水土流失。

5.3.2.1　**施工期水土流失特点**

在公路改建施工期，边坡或基础工程开挖量大，开挖、填筑和弃渣（主要是隧道施工洞渣）将使原地表植被、地面组成物质、地形地貌受到扰动和破坏，使征地范围内的表层土裸露或形成较松散堆积体，失去原有植被的防冲、固土能力。新增的裸露坡面，在防护体系形成之前容易产生冲刷、崩塌等现象，增加新的水土流失。

5.3.2.2　**运行期水土流失特点**

汶马路工程运行初期，受干旱、集中降雨和道路沿线水土保持植物措施未全面发挥效益的影响，路基上下边坡、弃渣场、临时施工道路以及施工企业（拌和站）等区域的水土流失将以建设期的水土流失形式延续。随着时间的推移，水土保持措施在充分发挥水保效益时，水土流失强度将随之减弱。

根据现场勘查和查阅相关施工文件，因汶川大地震后 317 国道汶马路改建线路的局部调整和桥隧比例增加（由原设计 4.94％增加到实际施工的 9.23％），导致汶马路改线工程实际开挖土石方量 188.46 万 m^3，土石方回填量 128.29 万 m^3，弃土量 60.17 万 m^3，弃土量较批复方案减少 84.59 万 m^3（土石方挖填及弃渣弃土量对比见表 5-3-1）。此表需要说明的是，施工单位缺少现场声像资料，表中测算值因有偿监测和验收评估合同利益关系，数据仍可能存在较大误差。也就是说，实际水土流失比验收评估（该表反映值）要大很多。况且，地震后增加隧洞的优化设计，使公路工程洞挖弃渣量大幅度增加，而且大量渣体沿河堆放，导致相应河段大幅度缩窄，河流泄洪能力减弱，更容易产生泥石流等水土流失情形。事实证明，2010 年至 2013 年发生在该区域的大规模滑坡和泥石流灾害，相当大一部分是因公路改建新增的弃渣造成。公路建设侵占河道及弃渣，使河道泄流能力和行洪横向严重降低，导致震后年年发生洪涝灾害。

表 5-3-1 土石方挖填及弃土量对比表 单位：(万 m^3)

		方案批复	工程实际	增减量
汶川	土石方开挖	17.5	12.54	−4.96
	土石方回填	9.85	8.74	−1.11
	弃渣量	7.65	3.8	−3.85
理县	土石方开挖	270.72	112.47	−158.25
	土石方回填	146.5	67.65	−78.85
	弃渣量	124.22	44.82	−79.4
马尔康	土石方开挖	92.99	63.45	−29.54
	土石方回填	80.1	51.9	−28.2
	弃渣量	12.89	11.55	−1.34
合计	土石方开挖	381.21	188.46	−192.75
	土石方回填	236.45	128.29	−108.16
	弃渣量	144.76	60.17	−84.59

5.3.3 实验区主道路的生态修复

无论是公路建设还是水利水电工程建设，在建设期难免形成水土流失，只要工程建设管理单位、设计单位、施工承包商和监理单位遵守法律、认真履责、精细实施，就可以控制和减少施工过程造成巨量水土流失。换言之，无论过程破坏和影响如何，对此类项目至少还可以通过事后实施水土保持工程措施、植物措施和其他生态措施，补救因施工破坏的水土生态。在生态环境保护方面，土木建筑工程与化工、印染、造纸等工业排污存在性质上的区别。因为前者有限或缓慢的减少水、土，而后者完全破坏了水源水质，让即便丰富的水源也必须付出高成本才能利用。

事实上，汶马路建设过程尤其是公路投入运行后，建设单位基本履行了水土保持责任并取得一定生态效果。如：汶马路改建项目水土保持设施主要包括水田、旱地、果园、林地、宅基地等，水行政主管部门原批复方案时，其项目损坏水土保持设施总面积测算为137.33hm^2。经社会咨询机构（有偿）评估复核，工程建设过程实际损坏水土保持设施总面积约为 122.12hm^2，较批复减少 15.21hm^2。项目建设损坏水土保持设施实际面积详见表 5-3-2。实验区主要道路沿线的生态修复情况详见图 5-3-12、图 5-3-13、图 5-3-14、图 5-3-15、图 5-3-16、图 5-3-17、图 5-3-18。以上图片拍摄于 2011 年 5 月 1 日至 5 月 3 日，取自参建方网站和同程网。

图 5-3-12　国道汶马段汶川境内起点

图 5-3-13　国道汶马段汶川境内植被修复

图 5-3-14　国道汶马段理县境内

图 5-3-15　国道汶马段理县境内植被生态

根据四川省水土保持监测总站的监测报告，汶马路在开发建设过程中大面积的扰动项目区原地貌，损坏原有水土保持设施，产生了大量的弃土弃渣，导致项目区水土流失量和水土流失强度急剧增大，对区域生态环境和当地及下游人民的生活生产构成较为严重的负面影响。监测证实，汶马路在项目建设过程中造成水土流失面积 310.02hm^2、水土流失量 51 853t，侵蚀模数为 4 682t/(km^2 · a。)

图 5-3-16　国道汶马段理县境内

图 5-3-17　国道汶马段理县境内

从监测期开始的2010年，水土流失面积310.02hm²、水土流失量49 784t、侵蚀模数11 292t/(km²·a)。工程开始后2011年水土流失面积158.57hm²、水土流失量1 500t、侵蚀模数1 060t/(km²·a)；2012年水土流失面积120.88hm²、水土流失量569t、侵蚀模数600t/(km²·a)。从这些有偿评估和监测数值上看，水土流失量随建设规模的逐步降低呈减少的态势。其实不然。为了公路项目通过验收，评估单位在数据上作了有利于验收的处理。而真实情况是，公路工程从全面铺开到完工后的5年时间里，由于水土保持措施滞后，随意挖土、取石、弃土、弃渣，导致年年遭遇强降雨时产生比"5·12"汶川大地震更大规模的水土流失。

按照上述社会经营性评估公司编制的评估报告，截止到2012年6月，国道317线汶马路工程扰动土地整治率为97.90%，水土流失总治理度97.17%，拦渣率为92.99%，土壤侵蚀模数为600t/(km²·a)，水土流失控制比为0.83，林草植被恢复率为98.31%，林草覆盖率为31.27%。

图5-3-18　317国道汶马段理县境内

图5-3-19　317国道汶马段古尔沟区域

图5-3-20　317国道汶马段理县境内

图5-3-21　317国道汶马段理县境内

表 5-3-2　损坏水土保持设施面积统计表　　单位:(hm^2)

工程所在区	方案批复	实际工程	增减
汶川	6.06	5.63	－0.43
理县	90.81	79.35	－11.46
马尔康	40.46	37.14	－3.32
合计	137.33	122..12	－15.21

317国道汶马公路地处四川省阿坝州汶川、理县、马尔康区域,项目属于国家级水土流失预防保护区范围,水土流失防治标准应执行一级标准。通过水土保持监测的实施,拟实现以下控制目标:

(1)林草植被恢复率。工程项目建设区扣除建筑物占地、复耕区域等其他非可绿化区域后,可绿化面积为98.60hm^2。截止到施工末期(2011年12月),林草实际面积为53.93hm^2,恢复率为54.70%;至监测期末(2012年6月)实际林草面积为96.93hm^2,恢复率为98.31%。

(2)林草覆盖率。公路工程项目建设区总面积为310.02hm^2,截止到施工末期(2011年12月),林草面积为53.93hm^2,覆盖率为17.40%;至监测期末(2012年6月)实际林草面积为96.93hm^2,覆盖率为31.27%。各分区植被覆盖率见表5-3-3。在实验区上段及317国道公路往马尔康方向,由于雨水条件比中、下段较好,且蒸发量较小,道路沿线的生态修复效果良好,情况详见图5-3-19、图5-3-20、图5-3-21、图5-3-22、图5-3-23、图5-3-24、图5-3-25、图5-3-26和图5-3-27。以上图片也拍摄于2011年5月3日至5月6日,来源于公路建设参建方网站和同程网。

表 5-3-3　各区水土保持监测分区林草覆盖率一览表

时段	项目分区	项目建设区(hm^2)	林草面积(hm^2)	林草覆盖率(%)	备注
施工期	工程永久占地区	281.12	45.85	16.31	
	施工营地区	17.56	4.22	24.03	
	施工便道区	0.97	0.31	31.96	
	弃渣场区	10.37	3.55	34.23	
	小计	310.02	53.93	17.40	
试运行期	工程永久占地区	281.12	77.57	27.59	
	施工营地区	17.56	9.77	55.64	
	施工便道区	0.97	0.61	62.89	
	弃渣场区	10.37	8.98	86.60	
	小计	310.02	96.93	31.27	

图 5-3-22　317 国道汶马段马尔康县境内

图 5-3-23　317 国道汶马段马尔康境内

图 5-3-24　317 国道汶马段马尔康县植被生态

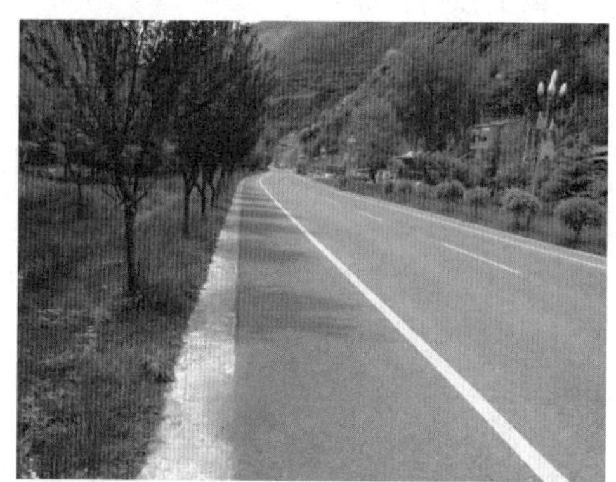
图 5-3-25　317 国道汶马段马尔康植被生态

需要说明的是：

(1)汶马路建设期水土流失直接影响范围区，不作为单独的监测分区，具体监测情况纳入其他各区域中。

(2)施工期以施工末期的 2011 年 12 月调查数据为基准进行计算，运行期以 2012 年 6 月的调查数据为基准进行计算。

图 5-3-26　317 国道汶马段马尔康县植被生态

图 5-3-27　317 国道汶马段马尔康植被生态

(3)林草面积是指开发建设项目的项目建设区内所有人工和天然森林、灌木林和草地的面积。其中,森林的郁闭度应达到 0.2 以上(不含 0.2);灌木林和草地的覆盖率应达到 0.4 以上(不含 0.4);零星植树,可根据不同树种的造林密度折合为面积。

5.4　灾后实验区水土流失与景观生态修复

5.4.1　山地生态修复的地貌地质环境因素

我国山地自然资源丰富,其中森林资源、动植物资源、水能资源占全国资源总量的 90%以上;草地资源、植物资源、矿产资源、风能、太阳能资源等占全国资源总量的 80%以上。山区自然风光雄奇险峻,是生态景观及旅游资源密集分布区和自然文化遗产集中分布区。因此,维护山地生态,可以延续人类生存、发展,支撑国家和区域经济社会持续发展。修复因地震毁损的山地生态,也需要因时制宜、因地制宜、因气候条件制宜,充分考虑地质、地貌等环境因素,如实验区存在数十条泥石流沟,笔者曾建议采用在沟口建筑混凝土坝,设置立体多层次排水沟、涵,不仅能够阻拦大量泥石流造成水土流失,而且能够实现规模化造地,减少每年都在同一区域和地点发生的滑坡、泥石流等地质灾害,改善沟域生态,创造新型景观生态(见图 5-4-1 和图 5-4-2)。

图 5-4-1　泥石流沟的拦挡、排水治理措施

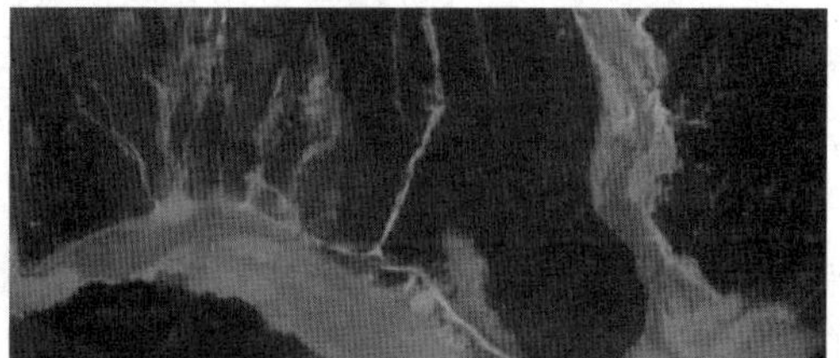

图 5-4-2　泥石流沟的地质、地貌特点

1)冲沟

山地生态研究中,冲沟是经常遇到的地貌环境。所谓冲沟,是指暂时性线状流水侵蚀作用形成的一种狭窄的沟谷地形。主要发育在植被稀少、物质疏松,地面有一定坡度的地方。冲沟的形态与本身发育时间性和水流有关,而地面起伏形态(坡度、坡形)也直接影响冲沟的形态和冲沟的组合形状。冲沟又名雏谷,冲沟横剖面呈陡峭狭窄的 V 字形,与两侧斜坡地面有非常明显的坡折,冲沟纵剖面与所在斜坡坡面明显的不一致,一般呈上陡下缓的凹形曲线。冲沟发展到衰老阶段称为坳沟或坳谷。此时,沟的横剖面 V 形明显加宽,两壁坡度变缓,沟缘转折已不明显,整个剖面呈线槽形,沟底平坦,纵剖面十分平缓。如果冲沟的形态稳定,土地资源紧张时,可以根据集水面积和来水情况计算采用涵洞方式填平沟域,实施造地、植被或耕种。

2)河流阶地

在山地地形中,河流两侧阶梯状的地形称之为河流阶地。阶地在河谷地貌中较为普遍，每一级阶地由平坦的或微向河流倾斜的台阶地面和陡峭的阶坡组成。一条经历长期发展过程的河流，两岸常出现多级阶地，由河流河漫滩向谷坡上方，依次形成一级阶地、二级阶地、三级阶地等。位置愈高的阶地形成的时间可能愈久，因而受破坏程度也愈大，反映在形态特征上也往往很不明显。

河流阶地的形成，主要是因为河流在以侧向侵蚀为主扩展谷底的基础上，转为深向侵蚀为主加深河谷，前者形成河漫滩或谷底平原，而后者将河床位置降低到河漫滩或谷底平原以下。因此，阶地面实质上是古老或早期的河漫滩，阶坡则是河流深向侵蚀作用所形成的谷坡。修复震损阶地的植被生态，可以在河岸最低级阶地修建挡土(渣)墙，挡土固坡，再相间种植乔木、灌木和林果。

3)泥石流沟

泥石流，是山地常见的一种地质灾害或次生灾害，是由泥沙、块石碎屑等松散固体物质和水混合组成的一种特殊流体。暴雨引发泥石流时，山谷轰鸣、地面震动，浓稠的水、土、石裹挟的流体汹涌澎湃，沿着山谷或坡面顺势而下，冲向山外或坡脚，顷刻之间造成人员伤亡和财产损失。泥石流具有一般冲沟特征，若要形成大规模的泥石流，则必须同时具备以下三个基本条件：

(1)有利于贮集、运动和停淤的地形地貌条件；

(2)有丰富的松散土石碎屑固体物质来源；

(3)短时间内可提供充足的水源和适当的激发因素。

地形条件是泥石流形成、运动和规模量的前提，主要包括泥石流的沟谷形态、集水面积、沟坡坡度与坡向和沟床纵坡降等。包括本课题实验区在内的高山峡谷、干旱干热河谷，都是泥石流的高发区。泥石流既是常见的地质灾害，又是洪水、地震产生的次生灾害。根据科学时报2010年的报道，全球泥石流活动频繁，每年大大小小泥石流灾害超过1 000次，造成的人员伤亡和财产损失不计其数。全球泥石流灾害分布，远不如地震有监测网那样及时、清晰。根据调查分析，泥石流主要在具有一定地形高差、松散固体物质和水分丰富的地方发生。除南极洲外，世界各大洲均有泥石流分布。其活动强烈的地区多集中在阿尔卑斯—喜马拉雅山系、环太平洋山系、欧亚大陆内部褶断山，以及斯堪的纳维亚山脉等，全球至少有60多个国家和地区遭遇过泥石流灾害侵袭。其中，俄罗斯、日本、中国、美国、奥地利、瑞士、秘鲁、海地、委内瑞拉、危地马拉、智利、澳大利亚、墨西哥、巴西等国家相关地区是泥石流高发区。

在我国，受泥石流危害与威胁的县级及以上城镇多达150余个，分布在20个省级行政区及特别行政区内，占省级行政区划总数的58.82%。从地貌上看，我国泥石流主要集中分布在青藏高原东部和南部，横断山区、昆仑山、祁连山、天山、阿尔泰山、秦岭、黄土高原、贺兰山，四川盆地边缘的大巴山、米仓山、龙门山、岷山、邛崃山、大凉山、小凉山、乌蒙山、巫山等地；沿海的低山丘陵区泥石流也很发育。泥石流致灾，与人为活动及不当的生产生活关系密切。

如2010年8月7日，甘肃舟曲发生特大泥石流灾害，40分钟之内下了97mm的大雨，舟曲县三眼峪泥石流冲出沟口固体物质约180万m^3。在一个不大的地方，人口约4万人，截至当月12日，受灾人口达4 700人，其中死亡702人、失踪1 042人、重伤42人，有 1 243 人被成功解救，约 2 万灾民获转移安置。泥石流使舟曲县城顷刻间变得满目疮痍（见图 5-4-3 和图 5-4-4，航拍图片取自 2010 年 8 月 11 日广州日报）。又如 2010 年 8 月 13 日，四川绵竹清平乡也发生了特大山洪泥石流灾害。清平乡在 4 小时内有 227mm 的降雨，泥石流固体物质高达 600 万 m^3 以上。然而，此次灾害中，清平乡伤亡人数却很少。

图 5-4-3　甘肃舟曲三眼峪沟灾前

图 5-4-4　甘肃舟曲三眼峪沟发生泥石流

治理泥石流灾害，需要对泥石流沟口实施系统工程措施，同时尽可能消除激发泥石流的水源条件、发生位置、危害性、流体中固体物质颗粒组成。根据业界专家的经验，在流域上游一般采取营造水源涵养林、修调洪水库等措施，通过减少地表径流水量，抑制形成泥石流的水动力条件；中游山地宜采取营造水土保持林、修建拦沙坝等措施，减少松散土体来源，控制形成泥石流的土体物质；下游地区，则可采取营造防护林带、修建排导沟等工程措施，畅排或停积部分泥石流。

国外和国内部分地区探索采取建设拦挡坝、排导槽和渡槽等防护措施来防范泥石流灾害取得成功经验。但是一些学者研究认为，拦挡坝适用河流上游，主要是将泥石流拦挡在上游；排导槽将泥石流绕过城镇排导入江；而渡槽主要是保护公路，其方法都有其局限性。作者以为，防治泥石流灾害需因地制宜、因势利导，立体排水和梯级拦挡及消能应综合配套，采取土木工程和生物工程相配合的措施，进行全面治理。工程措施具有工期短、见效快、效益高的优点；而生物工程措施则具有造林时间越长，林下枯落叶层越厚，土壤结构越好的特点。只有将土木工程措施和生物工程措施有效结合，才能迅速而长效地治理泥石流。

4）V 字形河谷

V 字形河谷是山区最常见的一种河谷，又称为峡谷。这类河谷具有 V 字形河谷横剖面，谷地两壁险峻陡峭，谷底几乎全部被河流占据。谷地狭窄，深度大于宽度（其谷坡陡直，深度远大于宽度的峡谷称为嶂谷）。

从河流发育阶段看，V 形谷属幼年河谷，它反映了河流处于幼年发育阶段，河流以加深河床的深向侵蚀为主，侧向侵蚀作用不明显。在构造运动上升区域，河谷谷坡由坚硬岩石组成相应地段。当地面抬升速度与河流下切作用协调时，最易形成 V 字形谷。河流上游深向侵蚀作用十分显著，河谷横剖面也多呈 V 字形。

5）河漫滩河谷

河漫滩河谷，是河流长期侧向侵蚀作用的结果。侧向侵蚀，使谷底加宽，形成河漫滩河谷。河流在谷底仅占一部分面积，其余都是河漫滩。河谷谷底宽度与河流大小、发育的时间长短、地壳运动稳定与否等诸多因素有关。形成河漫滩河谷后，河流在自己形成的谷底平坦地面上蜿蜒流动，完全不受谷壁的限制，这种河曲称为自由河曲。

6）洪积扇

洪积扇，是暂时性流水作用在谷口形成的堆积地貌，它是半干旱、干旱地区山麓地带分布相当普遍的地貌。洪积扇以谷口为顶点，向外围倾斜，坡度由大变小，逐渐过渡到周围平地。洪积扇上广泛发育放射状沟谷，这种地貌风化强烈，山地形态险峻。相邻洪积扇连接成倾斜平原，外缘呈波状弧形轮廓。

7）滑坡崩塌体

产生滑坡或崩塌，需要形成以下条件：一是地质条件与地貌条件；二是内外营力（动力）和人为作用的影响。第一个条件与以下几个方面有关：

（1）岩土类型。岩土体是产生滑坡的物质基础，一般来说，各类岩、土都有可能构成滑坡体，其中结构松散，抗剪强度和抗风化能力较低，在水的作用下其性质能发生变化的岩、土，如松散覆盖层、黄土、红黏土、页岩、泥岩、煤系地层、凝灰岩、片岩、板岩、千枚岩等及软硬相间的岩层所构成的斜坡易发生滑坡或形成崩塌体。

（2）地质构造条件。组成斜坡的岩（土）体，只有被各种构造面切割分离成不连续状态时，才有可能形成向下滑动的条件。同时、构造面又为降雨等水流进入斜坡提供了通道。故各种节理、裂隙、层面、断层发育的斜坡，特别是当平行和垂直斜坡的陡倾角构造面及顺坡缓倾的构造面发育时，最易发生滑坡。

（3）地形地貌条件。只有处于一定的地貌部位，具备一定坡度的斜坡，才可能发生滑坡。一般江、河、湖（水库）、海、沟的斜坡，前缘开阔的山坡，铁路、公路和工程建筑物的边坡等都是易发生滑坡的地貌部位。坡度大于 10°、小于 45°，下陡中缓上陡、上部成环状的坡形是产生滑坡的有利地形。

(4)水文地质条件。地下水活动，在滑坡形成中起着主要作用。它的作用主要表现在：软化岩、土，降低岩、土体的强度，产生动水压力和孔隙水压力，潜蚀岩、土，增大岩、土容重，对透水岩层产生浮托力等，尤其是对滑面(带)的软化作用和降低强度的作用最为突出。

就第二个条件而言，现今地壳运动的地区和人类工程活动的频繁地区是滑坡多发区，外界因素和作用可以使产生滑坡的基本条件发生变化，从而诱发滑坡。主要的诱发滑坡、崩塌体的因素有：

(1)地震、降雨和融雪；

(2)地表水的冲刷、浸泡，河流等地表水体对斜坡坡脚的不断冲刷；

(3)不合理的人类工程活动，如开挖坡脚、坡体上部堆载、爆破、水库蓄(泄)水、矿山开采等都可诱发滑坡；

(4)还有如海啸、风暴潮、冻融等作用也可诱发滑坡。

滑坡的人为因素，主要有违反自然规律、破坏斜坡稳定条件。可能诱发滑坡的人类活动表现为：

(1)开挖坡脚。修建铁路、公路，依山建房、建厂等工程，常常因其坡体下部失去支撑而发生下滑。例如我国西南、西北的一些铁路、公路，因修建时大规模爆破、强行开挖，事后陆陆续续地在边坡上发生了滑坡，给道路施工、运营带来危害。

(2)蓄水、排水。水渠和水池的漫溢和渗漏，工业生产用水和废水的排放，农业灌溉等，均易使水流渗入坡体，加大孔隙水压力，软化岩、土体，增大坡体容重，从而促使或诱发滑坡的发生。

(3)水库的水位上下急剧变动，加大了坡体的动水压力，亦可使斜坡和岸坡诱发滑坡发生。

(4)支撑不了过载的重量，失去平衡而沿软弱面下滑。此类滑坡主要有厂矿废渣的不合理堆放，常常触发滑坡的发生。

(5)劈山开矿的爆破作用，可使斜坡的岩、土体受震动而破碎产生滑坡。

(6)在山坡上乱砍滥伐，使坡体失去保护，有利于雨水等水体的入渗，从而诱发滑坡的发生等。

如果上述因人类不当活动与不利的自然条件互相作用，就更容易促使滑坡的发生。随着经济的高速发展，人类越来越多的工程活动破坏了自然坡体，因而近年来滑坡的发生越来越频繁，并有愈演愈烈的趋势，应予以重视和治理。

5.4.2　实验区山地生态及景观破坏

1)山地生态的作用

长江上游山地生态系统复杂多样，它的良性循环与否，既关系着流域乃至全国生态环境安全，也作为当地农业的经济基础和旅游经济的收入保障。山地是大江大河的“水塔”、水源区，是流域的水源涵养区和水土保持源头区。稳定的山地生态系统构成了流域中下游平原地区生态环境安全的重要屏障。从更大范围或广义的分析，由于山地生态系统位处地球各圈层复杂相互作用的交汇区，物质、能量、信息交换关系复杂，自然灾害频发；自然地理的差异性和生态系统的多样性决定区域经济、社会发展，也决定着人类活动规模性和可持续性。因此，能够认识它是国家生态环境安全的重要组成部分，意义非常重大。

2）汶川地震触发大规模地质灾害破坏景观

汶川大地震，震中区域（或称重灾区）大量的滑坡、崩塌、泥石流等地质灾害造成的表土流失、植被破坏和生物多样性的破坏，远远比地震本身所带来的损失更为严重。当然，对汶川特大地震造成的直接经济损失数据，难免有夸大的成分，社会上有时出现质疑声不足为怪。不同部门、不同口径、不同时间统计的灾害损失也存在很大差异。但是，在水土资源以及生态方面的损失，则很难以经济数据衡量或表出，这一点需要有足够忧患意识才能理解生态灾难对人类构成的威胁与危机。据四川省国土资源厅的统计，省内发现地震形成大型地质灾害有 9 556 处，其中滑坡 5 117 处，崩塌 3 575 处，泥石流 358 处；与一些媒体报道的同类灾害情况相差较大。在统计初阶段或尚不能形成共识之前，数据上的误差不构成大的影响或威胁，但一些专家不够专业或不够科学的观点、推断，也常常误导政府和民众（如：一些地质专家预言某日会发生 7 级以上余震，弄得各层官员和灾民十分紧张；什么今后 4 000 年四川不会发生大地震、成都 200 年不可能出现大地震等等），有些专家意见还可能导致民众产生心理恐慌或麻痹思想，影响灾民正常生产、生活，甚至造成了较大的经济损失。

图 5-4-5　汶川地震震中山地景观生态恶化

图 5-4-6　汶川地震震中山林被毁

3）山地生态影响的持续性

毋庸置疑的是，汶川特大地震引发频繁地质灾害和生态灾难，将成为世界地震灾难史上最难以忘却的伤痛。灾区水土流失不仅数量庞大、规模空前，而且影响深远，如不及时加以治理，势必将持续危及灾区恢复重建的成果，威胁人民生命和财产安全。本课题实验区，地质条件复杂，表土稀松、层薄、贫瘠；植被破坏后，很容易形成持续性水土流失，造成生态环境恶化。以江河流域来说，水土流失使大量泥沙淤积在江河湖库，使土壤中的有机质、氮、磷、钾减少，土地生产力下降，人口资源矛盾进一步加剧，直接影响农业生产，约束经济发展，破坏人类生存空间。

图 5-4-7　四姑娘山风景区大片山林被毁

图 5-4-8　汶川地震震中大面积滑坡

4)山地生态及景观的破坏

汶川大地震使山地生态遭受空前的损害,很多风景区的地形地貌因地震而发生改变,前章图文表明,有的山体发生大面积崩塌、滑坡、泥石流,导致河道堵塞形成堰塞湖;高海拔地区,则因雪崩造成原风貌损毁;自然保护区,水土保持封禁区以及风景区内的森林植被、生态环境大都遭到严重破坏,主要表现在地震引起的滑坡、泥石流等对植被的毁灭,地震所引起的森林水文和森林立地条件的变化反过来又影响植被生长。据相关部门统计,地震灾区(包括本研究课题实验区)水土保持封禁区以及风景名胜区,因地震破坏山体,植被面积减少超过 5%,植被损毁约 200km^2,许多珍稀植物被毁,野生动物的栖息与生存环境受到极大影响。

以四姑娘山风景区为例,汶川大地震引起的雪崩在短短几分钟内,风景区原始森林遭受彻底毁坏的面积达 28.8km^2,使四姑娘山的森林景观和山地生态环境破坏十分惨重(见图 5-4-5、图 5-4-6、图 5-4-7 和图 5-4-8)。图 5-4-6 为地震后引起山体滑坡,银厂沟旅游公路被埋、山林部分损毁(图片取自四川在线网,图 5-4-8 取自四川生态网)。

图 5-4-9　岷江河谷山体滑坡和泥石流

图 5-4-10　汶川地震震中大面积滑坡

自然生态环境的灾损,降低了山地生态及风景区的整体景观价值,同时也造成旅游经济重大损失。不仅如此,植被的大量破坏,直接增加了山地环境和风景区山体水土流失即滑坡、泥石流等次生灾害发生的机会以及持续恶态的后果,严重影响了风景区的生物生存环境以及自然生态环境,而且使原本需要修复的山地植被和生态环境产生较大的难度,需要更长的时间和更多的资金投入(见图 5-4-9、图 5-4-10、图 5-4-11、图 5-4-12、图 5-4-13 和图 5-4-14),图 5-4-9 取自中国广播网;图 5-4-12 和图 5-4-13 是地震滑坡前后山地植被与景观生态对比情况;图 5-4-14 来源腾讯博客,航拍于 2008 年 5 月 18 日,地震滑坡可能危及震中清平乡水电站的安全与区域生态。

图 5-4-11　岷江河谷山体滑坡和泥石流

图 5-4-12　地震滑坡前植被生态情况

图 5-4-13　地震滑坡后植被生态情况

图 5-4-14　地震滑坡危及生态和电站安全

5.4.3　实验区水土保持植被生态修复

1)综合修复措施

在实验区等地震重灾区,水土流失与植被生态恶化是岷江流域上游的受灾地区最大的安全隐患,也是影响整个灾区生态环境的重要因素。因此,防治水土流失和拦阻入江河泥沙都是地震灾区生态重建的重点和难点。在生态修复重建过程中，课题研究拟运用生态学及系统工程学原理，以增加和保护林草植被为主，通过生物措施、工程措施、耕作措施以及封禁等生态措施相结合进行综合整治和植被培育。

2)低效的单一措施

20 世纪 90 年代末，长江上游包括岷江流域上游和本课题实验区，都列为国家水土保持治理的重点区域，在采取一系列退耕还林、封山育林、飞播造林、天然林保护工程等措施后，由于缺乏管护细节方面的保证，成效并不显著。

国家实施退耕还林政策后，岷江上游两岸植树造林年年都在努力，但在试验很多种方法后，岷江上游植树造林至今还难以走出"年年植树不见树"的怪圈。有些树种了十几年，除极少数长有几米、十几米高、略显成荫的树木外，大多数都还只是几十厘米或 1m 多高的"小老树"，无精打采地低垂着"头"。有些光秃秃的山上种树，尽管采用了"日本方法"：即每隔一段距离就用石块筑成拦沙坝，先种草植成生物埂，淤坝上种树。经过多年验证成效也不大，那些低矮的"小老树"虽然成片，却很难成林，仅仅还活着(没有枯死)而已①。这足以说明，在干旱河谷修复植被生态何等艰难。

3)问题的症结

以作者研究和多年实践经验来看，植被生态修复的地域水汽条件、降雨量、蒸发量以及干旱(程度)指数都固然重要，但与这些相对不可改变的自然条件比，更重要的是人为管护措施和方法应跟上。水土保持生态修复形成规模前，人为管护作用巨大。只有在生态修复形成规模(具备小环境、改善小气候)之后，人工(浇水、施肥、剪枝、保水)等管护可以视林果蔬的经济性而增减。至少在灾后较长时间内，需要施加人工干预和管护。在干旱河谷和本课题实验区，重点还是实施天然林保护工程和退耕还林(草)工程，提高森林覆盖率和恢复生态功能，减少水土流失，控制输入江河的泥沙量，持续开展重灾区地质灾害预警与防治，启动和巩固水土流失综合治理，仍然是一项十分重要的战略性任务。

在干旱河谷和干热河谷，国家投入的研究、试验资金难计其数，为什么植树育林实施了几十年，植树过程轰轰烈烈，配套管护无人问津，导致存活率低、保存率更低的怪现象。种粮种菜尚且需要周期性浇水、施肥，那种树为什么只是"靠天长"。也就是说，在干旱河谷与生态脆弱区域，植树、造林修复生态需要加大人为干预力度，培育和管护幼苗，促其逐渐适应高海拔干旱环境。实地调查不难发现，就是在干旱河谷和干热河谷地区，凡是有人经营的林、果、蔬土地，植被状态大都良好。

当地政府可以花巨资建设水土保持工程，却没有人愿意花点人工费增加人工(浇水、施肥、剪枝、保水)等管护。似乎是前者的每个环节，实施者都可以从中获取一定经济利益和政绩好处，而后者(管护过程)就没有"油水"可取！我们很多环境保护和生态工程建设之所以没有成效，原因多在于此。作者曾经发表在四川水力发电期刊的《水电工程股份制移民探讨》一文提出，政府应该做自己该做的事，在保护生态环境、修复恶化生态的履职中，首先要解决土地、林地的长期(永久)承包经营权和土地所有权，结合农、林、果、蔬和生态功能进行植树造林，让农、林、果、蔬承包人有持续经营性管护的动力和增收的机会，那

① 陈四四，等. 四川岷江干旱河谷造林，年年植树难见树[N]. 四川日报，2006.

生态修复怎么可能没有效果？症结的根源，还是现行集体土地所有权存在问题。

图 5-4-15 汶川地震灾区的沧桑巨变

图 5-4-16 对比地震滑坡后满目疮痍

4)后期管护的作用

事实上，适合在岷江流域上游干旱河谷和本课题实验区种植的林草、果树、蔬菜非常多，稍加管护效益巨大。无论是地震前、地震后，该地区为四川成都供应大量的红樱桃、李子、苹果、花椒、石榴、核桃、芹菜、大白菜等时令果蔬。汶川大地震后，国家和地方政府增加了在岷江流域上游干旱河谷和本课题实验区水土保持生态修复的资金投入，在较为严格的灾后重建资金监管下，腐败和“揩油”得到一定程度控制，相当多的行道树、果园、蔬菜基地、山地植被、花草都长势良好，生态修复取得重大成果。这也充分说明，尽管灾害和人为破坏都非常严重，但人为干预和修复的正能量一样强大。岷江流域干旱河谷和本课题实验区水土保持生态修复情况，部分成果参见图 5-4-15、图 5-4-16、图 5-4-17、图 5-4-18、图 5-4-19、图 5-4-20、图 5-4-21、图 5-4-22、图 5-4-23、图 5-4-24、图 5-4-25、图 5-4-26。

图 5-4-17 理县地震灾区的山地巨变

图 5-4-18 对比地震滑坡时飞沙走石

图 5-4-19　理县老式羌宅

图 5-4-20　对比灾后移民新村

图 5-4-15 和图 5-4-16 是汶川县水磨镇地震灾后(左图)重建与地震时(右图)的航拍对比图,说明经过 3 年的巨大投入,灾区发生的沧桑巨变;图 5-4-17、图 5-4-18 是地震时"飞沙走石"和震后生态基本修复情况;图 5-4-19 是 2007 拍摄的实验区理县老式羌宅,图 5-4-20 则是地震后拍摄的移民集中安置点;图 5-4-23 是实验区理县灾民安置点——羌寨新村,图 5-4-24 是实验区理县电站渣场复耕成为蔬菜基地,体现了干旱河谷田园生态;图 5-4-25、图 5-4-26 为实验区理县植被生态修复情况。

图 5-4-21　实验区理县植被生态修复

图 5-4-22　实验区理县植被生态修复

5.4.4　实验区景观生态修复

景观是旅游资源,也是自然生态的重要组成部分。面对喧嚣的城市和高压生活下无聊的人们,任何事物和现象都可以作为旅游标的物或目的地。何况,为了开发旅游资源,政府或开发商也可以将很多自然、社会、文化事物打造成景观、景点,供人们休闲、参观、旅游。无论如何,也无论以何种方式打造的人文景点,都无法与原生态的自然景观相提并论、同日而语。因为,自然生态不可取代,原生态的水土价值很难再造。

20 世纪 90 年代,上海的外滩、南京路和各地的步行街、人造的红色景区等都是人文景观和旅游目的地。换句话说,任何现代化道路、建筑、基础设施、仿古街道、复制的遗迹(遗址)、学校(如武汉大学的建筑和春天的樱花)都被纯商业炒作、推动为景点、景观进行旅游开发和打造,以迎合经济高速时代烦闷、枯燥的人类需要。诸如这类人造景,只能印证人类特殊阶段的疯狂与畸形消费。甚至连数万年前的地震堰塞湖"海子"、汶川等地震遗迹,都作为旅游开发的项目。

图 5-4-23　实验区理县灾民安置

图 5-4-24　实验区理县电站渣场复耕

正如第 2 章所述，在 100 多年前，本课题实验区山地还是郁郁葱葱的山林，不到 100 年的时间，茂密的森林被砍伐殆尽！近 30 年来，央视纪录片多次介绍我国长江、黄河上游曾经原始的生态美景。曾经的美景，集现代人类所有财富也不能恢复原状。

景观，与其说需要品质和意境，不如说更需要赋予它文化价值、生态价值与心灵皈依。当然，景观与旅游本不是同一问题，不是此处讨论的重点。但是，汶川大地震所导致大范围原生态景观破坏、损毁，不只是造成旅游资源和旅游经济的巨大损失，它可能导致区域生态或流域生态发生不可逆转的改变。汶川地震的主震区，正是四川省生态旅游资源非常丰富的地区，也是西部地区和四川省重要的生态景观区。尤其是阿坝州，拥有九寨沟、黄龙、卧龙等一批享誉世界的生态旅游景区。地震前至 2007 年底，该区域共建立省级以上野生动植物自然保护区 36 个、森林公园 29 个。该区域还是四川省林区依托林业生态资源发展乡村生态旅游较快的地区。

图 5-4-25　实验区理县植被生态修复

图 5-4-26　实验区理县青山绿水生境

5.4.3.1　灾区生态景观修复的价值

地震后，受灾区域生态旅游景区、景点遭到不同程度的破坏，生态景观受损严重，部分景区大面积损毁。由于山体塌方，道路多处被滑坡、塌方、泥石流淹埋，如彭州白水河、都江堰龙溪——虹口、绵竹云湖、北川小寨子沟及猿王洞、安县千佛山等生态旅游景区在地震中几乎遭到毁灭性打击。据有关统计，汶川地震灾害范围内共有世界遗产、风景区 95

处，其中风景区 93 处，世界遗产 6 处(其中 4 处同时也是风景区)。初步核实，受灾风景区有 64 处，占地震灾害范围内风景区总数的 67.4%。而位于极重灾区 10 处，占 10.5%；位于重灾区 8 处，占 8.4%。

按级别分，灾区有国家级风景区 16 处，省级风景区 77 处，独立世界遗产 2 处。按省份分，四川有世界遗产 6 处(其中 4 处同时也是风景区)，风景区 66 处，其中国家级风景区 13 处，省级风景区 53 处；甘肃有风景区 12 处，其中国家级风景区 2 处，省级风景区 10 处；陕西有风景区 15 处，其中国家级风景区 1 处，省级风景区 14 处。

分布在四川有重要价值的都江堰—青城山世界文化遗产保护区、黄龙风景名胜区、九寨沟风景名胜区，以及四川大熊猫栖息地 3 个中国自然遗产保护区，7 个国家级自然保护区，16 个省级自然保护区等部分景观生态损失相当严重。其中，四姑娘山、龙池—虹口、米亚罗、白龙湖、千佛山、银厂沟冰川漂砾等世界自然遗产、风景名胜区、森林公园、地质公园损失非常严重。此外，这些区域水电资源丰富，梯级电站的景观效应以及震损与修复，都对当地经济社会发展产生重要影响。

综上灾区世界遗产、风景区等景观景点都极具自然、社会、人文价值，其价值体现为以下几个方面。

1)风景价值

四川是我国的风景名胜资源大省，省域最优质的风景名胜资源主要分布在盆西高原与盆中平原山地的交接面上。而且，优异和良好生态和旅游经济资源区出现在盆周中山山地范围和成都平原中心。从四川风景名胜资源分区评价图可以看出，汶川地震灾区的风景区主要分布在资源优良Ⅰ区和资源良好Ⅱ区。在此范围内拥有知名度极高、个性特征鲜明并具有国家代表性地位的景区、景点，如黄龙、九寨沟、青城山—都江堰、三星堆与古蜀文明、剑门蜀道、武侯祠与三国文化等，在国家自然和文化遗产保护体系中占有突出地位。

2)文化价值

汶川地震灾区，尤其是本研究课题实验区，是一个多民族聚居区，拥有大量、丰富、珍稀的羌、藏、汉民族的历史文化遗产，特别是羌族传统文化具有唯一性，是羌文化的发源地和核心区域。

3)科学价值

地震灾区所特有的风景区、遗产地，是大自然留给我们人类的壮丽美景和宝贵资源，同时也是(地质、生态、植物等)业界进行自然科学考察研究的良好载体。卧龙景区是我国大熊猫的唯一自然栖息地，具有极高的生物科学研究价值。特别是汶川地震后，对地震的研究以及对地震影响的考察研究，都将是科学研究的一项十分重要的内容。

4)生态价值

汶川地震灾区，尤其是本课题实验区，其区域有复杂多样的气候、地形、地貌及高差条件，使得该区域成为我国生物多样性最重要的地区之一，不仅有着大量的珍稀动植物资源，而且是我国典型的山地生态系统，同时作为长江上游和西部重要的生态屏障，是四川盆地的水源地，它承载着维护国家、生态安全，保障四川省经济、社会可持续发展的责任和重要使命。

5)旅游价值

现代社会离不开经济发展。汶川地震区及本课题实验区众多的风景名胜资源,为四川经济发展以及区域旅游经济发展提供了坚实的基础,特别是其中的国家级风景区和世界遗产更是国内外游客最主要的旅游目的地之一。据统计,四川省旅游的游客量和旅游收入的90%是依靠这些世界遗产和风景区创造的。

地震灾区,作为四川风景名胜资源最集中、价值最高的地域,是四川省旅游发展的重点区域,在四川省旅游发展和旅游产业布局上具有举足轻重的地位。其所包含的世界文化遗产是我国在世界上的形象代表,在国家层面和世界范围都有着非常重要的影响力和历史文化价值。

6)农业价值

汶川地震灾区及本研究课题实验区,土地资源十分有限,其全年具有充足的阳光和长时间日照,为果蔬生产、植被生长提供了良好条件。四川省将汶川地震灾区及本课题实验区列为成都市蔬菜和特色水果生产供应基地,果蔬的产值在当地农民全年收入和县域生产总值中占有相当大的比重。

5.4.3.2 实验区生态景观修复效果

四川省灾后重建工作委员会曾将加强生态保护和地质灾害防治作为一项十分重要工作内容。修复生态功能,提高环境质量,增强防灾减灾能力,是恢复或重建事业中长期而艰巨的任务。以作者的认识,汶川特大地震产生了一个最为重要的历史性转折,那就是当地政府和灾民大都提升了地震等灾害危机意识和生态保护意识,并且以汶川大地震为实施生态保护的契机,不惜资金投入打造新城、新景、新区,采取自然恢复与人工治理相结合的办法,在岷江、嘉陵江、涪江上游地区大范围实施生态修复工程,恢复林草植被,拓展大熊猫栖息地及林木种苗基地,完善林区基础设施,已经取得生态效果,也必将发挥更大的经济效益和生态效益。

图5-4-27 灾后重建城镇生态景观

图5-4-28 位于汶川县城的大禹塑像

汶川地震5年来,灾区的变化有目共睹。一个个新城、新区、新村和仿古街镇,拔地而起;一片片绿地,充满生机;一排排树木,渐成风景。一大批民族特色新寨、文化遗迹、纪念馆、博物馆正在带动旅游,发挥着前所未有的经济效益。水电站全部修复再创效益,汶马路投入运行交通顺畅，整个灾区水土、植被生态环境迅速改善。以地带性森林景观、森林季相景观、湿地景观、特有物种植被景观、稀濒兽类生物物种群现景观、稀濒鸟类物种景观等为主体的珍稀特有物种生境景观、由原始森林与湖泊（海子）或雪山冰川等组成的复合景观再显活力，整个灾区似乎变成风景名胜地。

图 5-4-29　灾后重建恢复的生态景观

图 5-4-30　灾区基础设施为靓丽风景

灾后重建中形成各类景点、景观不胜枚举，灾区呈现出一派勃勃生机。生态景观参见图 5-4-27 至图 5-4-40。其中：

(1)图 5-4-27 为灾后重建中彭州生态修复形成的城镇景观；

(2)图 5-4-28 为汶川县城东的大禹塑像景观；

图 5-4-31　汶川克枯乡老式羌宅

图 5-4-32　汶川克枯乡灾后重建居民点

(3)图 5-4-29 为灾后剑南关景观恢复情景；

(4)图 5-4-30 为汶川灾后新建大桥形成的靓丽风景；

(5)图 5-4-31、图 5-4-32 分别是汶川克枯乡老式羌宅和灾后重建居民点；

(6)图 5-4-33 为灾后重建中恢复的旅游风景名胜区；

(7)图 5-4-34 为重建后的汶川县映秀镇老街村；

(8)图 5-4-35 是汶川县城的红色旅游景点——革命遗迹“红军桥”；

(9)图 5-4-36 是汶川县城两河汇流景观点；

图 5-4-33　灾后重建恢复的风景区

图 5-4-34　重建后的汶川县映秀镇环境优美的老街村

图 5-4-35　汶川县城的红军桥

图 5-4-36　汶川县城两河汇流景观

(10)图 5-4-37 是汶川映秀灾后重建新社区生态景点；

(11)图 5-4-38 是理县国道观赏羌寨的观景台；

(12)图 5-4-39 为理县国道及红叶景区；

(13)图 5-4-40 为 2011 年 6 月 4 日拍摄的灾区山地半山生态景象(取自同程网)。

上述图片部分摘自网易论坛，部分为作者和公路施工单位拍摄。

图 5-4-37　灾后重建新社区生态景观

图 5-4-38　理县国道羌寨观景台

汶川地震范围大，灾后重建规模空前、难度巨大，其复杂程度一直被视为世界性难题。在其重建和修复过程中，难免有这样那样的疏漏、问题，如重视表面治理的东西多，解决永久根本问题少；形式方面的东西多，实质内容少；种植名贵树草多，培植经济作物少；盖房子多，建设环境和生态保护工程设施少。

再如填滩造地、向山坡取土，工程需要开山取石，都是建设与破坏同时进行；一些弃料场和渣场整治，多是敷衍，相当一部分工程款被各环节"吃掉"；生态恢复性实验，有开头、少结尾；重投入、轻管护，使许多植树、种草难见成效。本课题研究中，重视细节，从细微入手，通过各种(掺拌、搅拌、加拌)实验，探索以点扩面的水土保持生态修复新途径。

图 5-4-39　灾后重建骨干道路生态景观

图 5-4-40　灾区山地半山生态景象

第 6 章
电站弃渣场水土流失防治设计

6.1 工程弃渣防治水土流失初步设计

根据建设项目设计规范和惯例，重大建设项目的设计一般分有规划设计、可行性设计、初步设计、技术（招标）设计、施工设计等多个阶段。不同行业，设计阶段划分稍有不同。水电站的初步设计，表明建设项目进入到报批核准阶段。实际上，水电站在初步设计阶段，很多施工准备工程（或称临时工程，如“三通一平”）都已经开工或已经完成。因此，初步设计阶段成果对建设工程十分重要，它是主体工程开工的重要依据。换句话说，初步设计批准后，除非重新报批，建设工程不能做大的变更。

水利水电工程，开挖、填筑、混凝土浇筑以及临时工程的建设和撤出施工，都是产生水土流失的主要阶段或过程。尤其是主体工程的开挖、填筑、弃料以及建筑材料料场的开采、运输、加工环节，很容易造成大量水土流失。而我国《环境保护法》《环境影响评价法》《水土保持法》等法律法规对此有严格规制，不仅要求建设项目环境保护、水土保持必须与主体工程“三同时”（即同时设计、同时施工、同时投产运行），初步设计内容中必须有防止水土流失专项设计；而且，建设过程也必须有可行、可靠的措施和资金、时间安排以及相应的监管措施。

本课题实验区上、中、下段关涉多个电站，与课题有关的流域梯级有 4 个电站，其中有一个电站因历史原因没有列入课题研究范围，也就是说，实验区上、中、下段分别研究装机较大的 3 个电站。电站建设过程中，几乎所有的土建项目施工都产生弃渣，即都可能造成水土流失，需要从细节入手科学规划，防治大规模水土流失。

6.1.1 实验区上段电站水土流失防治设计

初步设计阶段，按照建设项目相关的标准、规范，实验区上段电站建设及运行过程水土流失防治应实现以下总体控制目标：

（1）建设工程防治水土流失，应使施工弃渣的拦渣率达 98％以上，工区扰动土地治理率以及水土流失面积治理度达 95％以上，水土流失模数控制比达 60％左右；

（2）电站建设施工应维护米亚罗省级自然保护区及风景名胜区的生态环境，工程投产运行前必须采取适当的植物措施，恢复景观生态，确保与风景区的景观生态协调一致。

（3）维护工程影响地区及实验区河流流域的生态平衡，保护工程影响区的生物多样性，特别是珍稀保护动物资源。

水电站建设具有一次性投资大、周期长、施工技术与实施过程复杂等特点，施工对环境产生的负面影响持续时间长、破坏范围广，尤其是临时性工程和临时设施的建设与撤出，如果缺乏足够的监管和控制手段，必然造成大范围水土流失和生态破坏。因此，需要在设计阶段就做出防治设计。

6.1.1.1　施工临时占地区水土保持设计

施工临时占地区，包括临时建筑、临时施工设施、施工营地、砂石料生产加工基地、混凝土拌和场(站)、弃料(渣)场、建筑材料堆放场等。在施工期间，除临时建筑、临时施工设施、施工营地大部分时段被建筑物占压，土地基本不产生水土流失，也无须持续采取水土保持措施外，其他临时施工设施都是水土流失重点防范区。尽管如此，临时建筑、临时施工设施、施工营地在工程完工后拆除过程仍有可能造成水土流失，初步设计阶段仍需要对施工临时占地区域各临时建筑物的建设、使用、拆除过程提出以下水土保持原则要求：

(1)建设管理单位在施工招标时应该合理分标，促请设计单位进行土石方平衡计算；施工单位工程开工尽量安排避开雨季，场地平整尽量做到挖、填平衡减少弃渣弃土量。

(2)监理单位督促施工承包商做好临时占地区内施工排水和降雨排水工作，特别是引水式电站，施工战线长、标段多、施工设施及承包商分散，无法集中设置排水系统，需要加强监管，按标段和场地条件布设截、排水系统。采用截水沟和排水沟形式，断面可为矩形，用浆砌石衬砌，厚度为 20cm。

(3)临时占地区使用完毕，施工承包商须将地表建筑物及硬化地面全部拆除，废弃物及时运至指定的地点集中堆放。

1)料场水土保持设计

料场是人工挖掘作用下的再塑地貌形态，因此料场的选择应充分考虑后期植被恢复和景观要求，同时应严格管控，防止新增大量水土流失。实验区上段水电站，根据建筑材料取料用途不同，工程征占的料场有黏土料场、碎石土料场、坝壳料料场以及砂石料场 4 种类型。除黏土料场外，其余料场较为稳定，只要严格按照地质勘探设计成果和施工组织设计确定的程序进行开挖，即可以防止造成大规模水土流失。

初设规划小木场料场为砾石土心墙堆石大坝的黏土料场，其址位于大坝上游 18km。为防止降雨汇水对临时开挖面的冲蚀，在料场上缘设置临时截水沟。截水沟为浆砌石结构，断面为矩形，衬砌厚度 20cm，规格为 40cm×40cm，长度 620m，工程量见表 6-1-1。石料及坝壳料料场开采结束后，应及时清理危岩，防止发生岩体崩落；碎石土料场在开采后均需采取填土、平整、压实、植被等措施进行处理。

表 6-1-1　实验区上段电站料场临时截水沟工程量表

名称	截水沟断面尺寸(cm)	长度(m)	土石方开挖(m^3)	浆砌石(m^3)
小木场黏土料场	40×40	620	520.8	198.4

2)渣场水土保持设计

电站工程弃渣主要为开挖的覆盖层及块碎石，渣体量大、松散、凝聚力低，可作为无黏性土考虑。设计时采用中国水利水电科学研究院陈祖煜院士编制的土石坝边坡稳定分析程序《STAB》进行分析计算。计算参数参照《实验区上段水电站工程地质报告》取值。计算结果表明，各渣场的安全系数均大于允许值1∶1.5为稳定渣场，其防护措施在此基础进行详细设计。

根据《水土保持方案技术规范》，临河渣场防护建筑物的防洪标准应参照《堤防工程设计规范》等有关标准执行。考虑各渣场堆渣量、堆渣高度及其与主体工程的关系等因素，防护建筑物工程等级为5级。而《堤防工程设计规范》和《防洪标准》规定，5级建筑物设计洪水标准为20～10年一遇。鉴于弃渣场堆渣高度均不大，区内无重要保护对象等综合因素，电站渣场防护设计洪水标准采用10年一遇。各渣场的防护措施分述如下。

(1)1＃渣场。1＃渣场布置在库区内，其址位于实验区河流右岸九架棚沟沟口，渣顶高程2460.0m、最大堆渣高度22.45m；渣脚高程低于设计洪水位，在主体工程施工期，渣场受洪水影响；在大坝蓄水后，渣场位于水库死水位以下。因此，防护措施主要采用浆砌块石拦渣堤对坡脚进行防护，防止施工期河水对堆渣体的冲刷，造成渣体流失。浆砌块石拦渣堤顶宽0.5m、底宽2.3m、身高2.0m，防护总长度为616m。为排除渣体内积水，拦渣堤内设一排排水管，布孔方式采用梅花形，从底部55cm高度开始布设，排水管沿垂直方向间距为1.0m，水平间距2.0m，采用Φ50mmPVC管预埋进砌体内。

为避免九架棚沟沟水的影响，弃渣堆放时远离沟沿40m以上，且利用渣场上方施工公路排水沟进行排水。

(2)2＃渣场。2＃渣场位于实验区河流右岸梅多沟下游侧，距梅多沟20m以上，规划渣顶高程2 445m，最大堆渣高度49m；渣脚高于设计洪水位，不受洪水影响。因此，工程防护主要考虑防止堆渣滚石下河、坡面设一马道和渣面利用公路排水沟排水。根据地形地质条件，采取干砌块石挡墙对坡脚进行拦挡，干砌块石挡渣墙尺寸为：底宽2.75m、顶宽0.5m、高1.5m，内侧边坡1∶0.5，外侧边坡1∶1，防护长度1 090m。

(3)3＃渣场。3＃渣场位于实验区河流右岸支沟麻尔米沟沟口下游侧，距麻尔米沟80m以上，渣顶高程2 396～2 390m，最大堆渣高度7.68m；由于渣场渣脚高程高于设计洪水位，上游侧距麻尔米沟约100m，渣场不受实验区河流洪水和支沟沟水的影响。工程防护主要考虑防止堆渣滚石下河和坡面来水对渣面的冲刷。防止水土流失设计主要采取干砌块石挡墙对坡脚进行拦挡，干砌块石挡渣墙尺寸为：底宽2.75m、顶宽0.5m、高1.5m，内侧边坡1∶0.5，外侧边坡1∶1，防护长度940m。

为排除降雨形成的山坡地表来水对渣顶面的冲刷，渣顶面由内向外设置纵坡为1‰的坡，利于坡面水排至实验区河流。

(4)4＃渣场。4＃渣场位于实验区河流左岸支沟大沟下游约1.0km处，距大沟直线距离约600m。大沟渣场地形狭窄，后坡坡度陡，渣顶高程2 288m、最大堆渣高度14.5m，渣场不受大沟沟水影响。由于临河侧渣脚高程低于设计洪水位，受实验区河流洪水影响，且渣体内侧有临时公路需保护，工程防护以防洪、挡渣、防冲及排水为主。

对临河侧渣脚采用浆砌石拦渣堤进行防护，同时为保护施工公路运行安全，对堆渣体内侧渣脚采用干砌石挡墙进行防护。浆砌块石拦渣堤顶宽0.4m、底宽1.7m、墙身高1.25m，防护总长度为322m。为排除渣体内积水，拦渣堤内设一排排水管，布孔方式采用梅花形，从底部35cm高度开始布设，排水管沿垂直方向间距为0.7m、水平间距2.0m，采

用 Φ50mmPVC 管预埋进砌体内。干砌块石挡墙顶宽 0.5m、底宽 1.5m、墙身高 1.5m，防护总长度为 278m。

渣场距离河道较近，实验区河流洪水对渣场临河侧渣脚基础有一定冲刷，采用钢筋石笼防冲，石笼沿坡脚外铺设，厚度 0.4m、宽度为 2.0m，防护长度为 322m。结合公路内侧排水沟排水，排水沟采用矩形断面，断面尺寸为 0.3m×0.3m(宽×高)，长 278m，排水沟采用浆砌块石衬砌，衬厚 25cm。

(5)5＃渣场。5＃渣场位于实验区上段河流左岸，上距支沟石古磨沟沟口约 1.6km，渣顶高程 2 195m、最大堆渣高度 19.5m。由于临河侧底渣脚高程低于设计洪水位，渣场受实验区河流洪水影响，渣体内侧有临时公路和民房需保护。

为防止河水对渣体的淘刷影响，临河侧底渣脚采用浆砌石拦渣堤进行防护，防护总长度为 375m；对内侧渣脚采用干砌石挡墙进行防护，防护总长度为 380m；结构形式同 4＃渣场。实验区河流洪水对渣场临河侧渣脚基础有一定冲刷，需采用钢筋石笼防冲，石笼沿坡脚外铺设，厚度 0.4m、宽度为 1.8 m，防护长度为 280m。场内结合公路内侧排水沟排水，排水沟断面尺寸及结构同 4＃渣场，长为 500m。

(6)6＃渣场。6＃渣场位于实验区上段河流左岸，下距电站厂房约 1.7km。根据渣量复核和渣场设计洪水位计算，渣脚高程低于设计洪水位。设计应考虑防洪要求、河水对拦渣堤基础的淘刷及坡面来水对渣顶面的冲刷问题。

为防止实验区河流洪水对渣体的影响，临河侧渣脚采用浆砌石拦渣堤进行防护，拦渣堤顶宽 0.4m、底宽 1.7m、身高 1.25m，防护总长度为 425m。因排除渣体内积水考虑，拦渣堤内设一排排水管，布孔方式采用梅花形，从底部 35cm 高度开始布设，排水管沿垂直方向间距为 0.7m、水平间距 2.0m，采用 Φ50mmPVC 管预埋进砌体内。

实验区河流洪水对渣场临河侧渣脚基础有一定冲刷，拟采用钢筋石笼防冲，石笼沿坡脚外铺设，厚度 0.4m、宽度为 1.8 m，防护长度为 310m。场内结合公路内侧排水沟排水，排水沟断面尺寸及结构同 4＃渣场，长为 585m。

3)施工公路水土保持设计

引水式电站引水隧洞长达 20km。开挖施工需要配置多个施工支洞以利于多个作业面同时进展。因此，本电站工程需要新修临时公路 38.6km。在建设施工中必须采取相应的水土保持措施，承包商的开工报告及施工组织设计，应包含此类内容。

场内公路防止水土流失的工程措施设计，主要针对公路建设期的开挖、填筑等活动进行。公路设计规范中，对山区公路边坡防护等方面从道路运行安全的角度进行了严格的规定，大部分护坡、山溪涵洞、排水沟等工程防护措施均属于公路建设本身的组成部分，这些工程措施同时具有良好的水土保持功能；具有针对性的电站及水库临时施工公路设计应根据相应的规划设计阶段，完善水土保持工程措施。除设计阶段的水土保持要求外，监理规划和承包商施工组织设计都应该包含与此相关的内容。

(1)公路兴建过程中对开挖、填筑等形成的软弱边坡，应及时采取工程防护措施，确保边坡稳定。

(2)公路施工弃渣需堆放至工程规划的弃渣场内，因公路建设的特殊性，在公路设计中如确有必要增设或调整工程弃渣场，需动态跟进水土保持防护措施的设计工作。

(3)开挖等施工作业,应提前布设路基路面排水设施,减少雨水冲刷导致的水土流失。

4)专项设施改建区水土保持设计

实验区上段电站及水库建设需要部分改建317国道,公路改建工程属永久性工程,又不是一个需要独立审批或核准的建设工程。根据《实验区上段电站库区改线公路可行性研究报告》,公路专项设计中已对公路边坡、山溪涵洞、排水沟、渣场防护等提出了切实可行的水土保持工程防护措施。因此,初步设计本章节仅对公路设计、施工提出防止水土流失要求,并完善对公路及边坡进行绿化和植被恢复的措施规划。

6.1.1.2 实验区上段电站景观生态恢复设计

1)主体工程永久占地区

鉴于实验区上段电站工程处于米亚罗风景名胜区,料场不宜选择在景区范围,尤其是国道两侧范围;渣场、弃料场等均不宜堆在景区内显明位置。从改善工程区景观的角度考虑,建设过程将采取植物措施对主体工程区进行绿化,绿化区域主要为大坝下游边坡及左、右岸坝肩开挖坡面。

(1)坝体下游边坡绿化。实验区上段水电站挡水坝为碎石土心墙堆石坝,坝顶高程为2 544.00m,坝顶宽度为12m,坝顶总长309.40m,坝高136m;下游坝坡为1∶1.8,坡长约253m,分别在高程2 500.00m、2 460.00m处设5m宽马道。

以安全经济有效的原则考虑,拟在马道和坝踵的内侧修建栽植槽(工程量已计入主体工程),槽宽30cm、深40cm,总长度为920m。槽内填土栽种可垂直生长的大型落叶木质植物爬山虎,选择当地已有适生种三叶爬山虎和粉叶爬山虎,其吸附攀缘能力强,绿化效果好,可与周围植被协调一致,形成较自然的景观。

爬山虎耐寒、耐旱,对土壤要求不高,气候适应性广泛,采用扦插法栽植可行。硬枝扦插于3—4月进行,将硬枝剪成10～15cm一段插入土中,浇足透水,保持湿润,同时施足腐熟基肥。嫩枝扦插取当年生新枝,在夏初进行。

(2)坝肩绿化。实验区上段电站工程左、右岸坝肩的灌浆平洞处有较陡的岩石边坡,立地条件差,拟修建栽植槽(同上),长度为220m,范围要求与坝体相同。工程永久占地区防止水土流失植物措施工程量见表6-1-2。

表6-1-2 工程永久占地区植物措施工程量汇总表

部 位	植物措施	面积(hm^2)	苗木量(株)	填土量(m^3)
大坝下游坝体	爬山虎	4.06	920	82.8
左、右坝肩	爬山虎	1.0	220	20.0
合 计		5.06	1 140	102.8

2)施工临时占地区恢复设计

工程初步设计测算,实验区上段电站施工临时占地包括施工生产、生活区等占地,共计15.39hm^2。工程完工后将对施工临时占用的耕地和果园地,通过迹地清理,将表层土翻松重新恢复为耕地。为保证作物正常生长,要求翻松土层深度在30cm以上。需整理的土地面积约为15.03hm^2。

对占用的林地，考虑到风景区景观和自然生态的要求，在施工完成后需采取植物措施进行景观恢复。因临时占地区必须经过平整，造林立地条件较好，故采取乔木和灌木混交方式进行绿化。树种选择，依据因地制宜、适地适树，在当地已有成功的培育技术及经验基础上与风景区景观协调的原则实施，乔木以云杉、油松、岷江柏等针叶树种及多种槭树(红叶)、红桦等落叶阔叶树种为主，灌木选择野樱桃、黄栌(红叶)、忍冬等落叶灌丛为主。乔木采用苗植法造林，植苗时间一般在 3—4 月，选择阴天雨后或土壤墒情较好时进行植苗，采用穴状整地，规格为 40cm×40cm×30cm，乔木株行距 2.5m×4m，1 000 株/hm^2；灌木亦采用苗植法造林或扦插造林法，株行距 1.5m×1.5m，3 400 株/hm^2。施工临时占地区迹地造林工程量及技术要求见表 6-1-3。

表 6-1-3　施工临时占地区迹地植树造林工程量及技术要求

	乔木(以油杉为例)	灌木(以杜鹃为例)
适生环境	喜光、空气湿润环境，不耐寒，对温度要求不高，适酸性土壤	性喜凉爽湿润环境，喜阳光，适疏松、肥沃、酸性土壤
混交方式	带状混交	带状混交
混交比例(行)	1	2
株行距(m)	2.5×4	1.5×1.5
绿化量(hm^2)	0.36	0.36
需苗木量(株)	360	1 224
栽种方式	1 年生苗植，春天(3—4 月)进行	扦插枝条，4 月下旬—6 月中旬进行
抚育工作	造林年抚育 1 次，以后 2 年每年抚育 2 次，包括灌溉、追肥、培土扶正、除萌、补植等	

3)料场恢复设计

实验区上段电站工程共选设布置了 6 个料场，其中碎石土料场 2 个，分别是长河坝和九架棚料场；坝壳料场 2 个，分别是牌坊沟及狮子山料场；天然砂石骨料场 1 个，即红房子砂石骨料场；另有一个高塑性黏土料场，即小木厂料场。

设计规划在工程建成后，九架棚料场将被水库淹没；长河坝料场因占用耕地，将全部复耕，仅需对其垂向开挖面进行景观恢复；红房子天然砂石骨料场为天然河床及滩地，开采完毕后对其景观影响不大，仅需采取必要平整措施即可。因此，需要进行景观恢复的料场主要为牌坊沟、狮子山及小木厂料场。

牌坊沟和狮子山料场占地面积约 12.4hm^2，开挖后台阶总面积 10.2hm^2，垂向坡面投影面积为 2.2hm^2。因料场为基岩开挖，坡度陡，立地条件差，采取植物措施前需进行开挖面平整，栽前必须覆土。规划拟在开挖前将原灌木林地的表土剥离置于料场一隅堆存，用草袋覆盖，待开挖后再回覆到平整后的料场，并采用乔灌草复合配置模式进行绿化。该配置模式具有生态结构完整、生物量大、地表覆盖高、水土保持功能强，生态效益好的特点。此外，在料场开挖斜坡上边缘栽植 2 行野蔷薇，使其向下垂挂，覆盖裸露开挖面，栽植长度共 670m，株行距 1.5m×1.5m，共栽植野蔷薇 894 株。

小木场料场位于坝区上游左岸，距坝址约 18km，占地面积 1.75hm^2，开挖台阶地面积

1.55hm²,坡面投影面积0.2hm²。由于此区立地条件较好,迹地无须覆土,整地后可直接种植。对于坡面,拟在其上边缘栽植2行野蔷薇,使其向下垂挂,覆盖裸露开挖面。栽植长度共120m,株行距1.5m×1.5m,共栽植野蔷薇160株。

在长河坝料场开挖斜坡上边缘栽植2行野蔷薇,使其向下垂挂,覆盖裸露开挖面。栽植长度共330m,株行距1.5m×1.5m,共栽植野蔷薇440株。

乔灌草复合配置模式中,乔木树种选择当地适生且与风景区景观相协调的树种,主要有油松、大翅色木槭、红桦、黄果冷杉等,灌木选择野樱桃、黄栌(红叶)、峨眉蔷薇、陇塞忍冬等,草本层选择在理县试验成功的菊科属菊苣草、豆科属的红三叶草、阿尔甘京草等。草本植物采用撒播方式,每公顷撒播草种均为12kg。施用复混肥按700kg/hm²计,植树种草措施工程量分别见表6-1-4和表6-1-5。

表6-1-4　料场植树措施配置及技术要求

	乔　木	灌　木
栽植方式	带状混交	带状混交
株行距(m)	2.5×4	1.5×1.5
种植密度(株/hm²)	1 000	3 400
需苗量(株)	117 500	39 950

表6-1-5　料场植草措施工程量表

草种名 面积(hm²)	草籽用量(kg)			复合肥(kg)
	菊苣草	红三叶	阿尔甘京草	
11.75	141	141	141	8 225

4)渣场恢复景观设计

实验区,土地十分紧张,电站工程需要征占大量场地用于弃渣,更加剧了景区农业用地紧张。因此,规划要求工程弃料渣场全部平整、覆土、植被,恢复土地功能。初步设计阶段,对渣场的生态恢复需要多因素分析。

(1)立体条件分析。电站工程的6个渣场除了1#渣场位于水库淹没区外,其他5个渣场位于大坝下游,且为施工支洞、调压井交通洞、压力管道平段支洞等岩石开挖形成的石渣渣体。因此,不具备植物生长所需的土壤条件,需覆土后采取植物措施。因这5个渣场均位于耕地上,耕层土壤较厚,在堆渣前需剥离地表耕作土壤,堆置于渣场一隅,用草袋覆盖防止水土流失。工程完工后,将其覆于渣场顶、坡面,使其达到植物措施需要的立体条件。

(2)渣场顶面。实验区上段水电站6个渣场顶面总面积约27.41hm²,根据工程初步设计规划,工程完建后应全部交还农民复耕。因此工程竣工后,先应对渣场顶面进行平整,然后将堆置于渣场一隅保存的原耕地表层耕作土重新覆盖于渣场顶面,覆盖厚度≥30cm,然后交还给农民。复耕费用已计入移民安置费用中。实际上,30cm的覆土厚度远远不能满足耕种要求，因为降雨和震动很容易将表土震进渣缝中，使表土层变薄，达不到耕种的土壤要求。

(3)渣场坡面。电站位于景区，渣场的恢复应当与风景区景观相协调，就必须对坡面进行植被恢复。渣场堆渣体按 1∶1.6 坡度堆放，坡面坡度可符合种草要求，但渣料以石渣为主，需进行覆土，土料来自堆渣前自渣场表层剥离的耕作土(保存在渣场一隅的原表土)。渣场坡面面积共 19.26 万 m^2，覆土厚 20cm，共需覆土 38 520m^3，坡面植被恢复采取人工撒播菊苣草、红三叶、阿尔甘京草，工程量见表 6-1-6。

表 6-1-6　渣场植物措施工程量汇总表

位置	种植面积(万 m^2)	覆土量(m^3)	草米子用量(kg)			复合肥(kg)
			菊苣草	红三叶	阿尔甘京	
渣顶	27.41	82 230				
渣坡面	19.26	38 520	231.12	231.12	231.12	13 482
合计	46.67	120 750	231.12	231.12	231.12	13 482

5)施工公路恢复设计

公路的开挖、填筑施工，很容易产生弃渣并造成水土流失。为保持区域景观协调，在临建公路施工期和运行期间以及工程完建后，必须采取植被恢复措施。初设规划施工临时公路总长约 38.6km，需实施植被措施的公路及路段总长 29.5km，其余路段位于水库淹没区，水库蓄水后将淹没这部分公路，因此无须再采取植被措施。植被措施主要包括道旁绿化和公路边坡绿化两部分。

(1)道旁绿化。施工公路位于海拔 2 300～2 560m 之间，土壤以黄棕壤为主。考虑到与米亚罗风景区一致，道旁绿化树种采用区内当地树种油松、槭树等。由于施工公路两侧森林植被良好，因此，只需在公路外侧栽植一行行道树即可达到绿化效果。栽植规格为株距 2m(公路转弯处可适当稀植，以满足行驶车辆通视要求)，需栽植苗木 14 750 株。行道树栽植配置工程量及栽植技术要求见表 6-1-7。

表 6-1-7　施工公路道旁绿化工程量及技术要求

绿化措施	道　旁　绿　化
树种	油松、槭树
整地方式	块状整地 40cm×40cm×30cm(长×宽×深)
株距(m)	2
绿化量(km)	29.5
需苗木量(株)	14 750

(2)边坡绿化。需绿化的改建施工公路边坡面积为 35.75hm^2，采用灌草绿化。灌草种选择当地试验成功的菊苣草、红三叶和阿尔甘京等草种混合撒播方式种植。各草种每公顷用量分均按 12kg 计，施用复合肥按 700kg/hm 计，共需灌草种 1 287kg，复合肥 25

025kg，工程量见表 6-1-8。

表 6-1-8　施工公路扰动边坡植物措施工程量汇总表

种植面积(hm^2)	灌草种用量(kg)				复合肥(kg)
	菊苣草	红三叶	阿尔甘京草	小计	
35.75	429	429	429	1 287	25 025

6)移民安置区恢复设计

移民安置区的景观恢复主要是新建渠道的植被恢复，但鉴于渠道断面较小，占地仅 0.3hm^2。水渠经过地段的立地条件和扰动破坏情况，拟采取撒播草种恢复植被。草种草选择在理县试验成功的菊科属菊苣草、豆科属的红三叶草、阿尔甘京草等，每公顷均撒播草种 12kg，施用复混肥按 700kg/hm^2 计，种草措施工程量分别见表 6-1-9。

表 6-1-9　水渠种草措施工程量表

项　目	草籽用量(kg)			复合肥(kg)
	菊苣草	红三叶	阿尔甘京草	
水渠	2.16	2.16	2.16	126

7)317 国道改建区恢复设计

317 国道改建工程是因建设实验区上段电站拟淹没原部分国道，由电站开发商改建赔偿的公路工程，该项目属永久性工程。公路是线性工程，建设过程对生态环境破坏极大，公路所到之处，原始森林山坡可能只留下"光秃秃斑块"。本电站位于风景区，对公路改建应有其严格的地植被生态保护要求。

在公路工程建设期，建设和施工单位应采取种植行道树的方式绿化公路沿线。因公路分布高度约 2 550m，土壤以黄棕壤为主，行道树树种宜采用油松、槭树等。公路外侧种植一行行道树，株距 2m(公路转弯处可适当稀植，以满足行驶车辆通视要求)；行道树绿化长度 13.88km，需栽植苗木 6 938 株。公路边坡和其他部位，也需要种草绿化，行道树栽植工程量及栽植技术要求与施工公路相同。

公路开挖扰动部分主要为开挖边坡，面积约为 23.14hm^2，拟采取生长迅速的灌草措施进行防护。草种选择当地试验成功的菊苣、三叶草和阿尔甘京等，采取混合撒播方式种植。各草种每公顷用量均按 12kg 计，施用复合肥按 700kg/hm 计，共需灌草种 833.04kg、复合肥 16 198kg(工程量见表 6-1-10)。

表 6-1-10　317 国道改建公路扰动边坡植物措施工程量汇总表

项目	种植面积(hm^2)	灌草种用量(kg)				复合肥(kg)
		菊苣草	红三叶	阿尔甘京草	小计	
公路边坡	23.14	277.68	277.68	277.68	833.04	16 198

6.1.2　实验区中段电站水土流失防治设计

根据中段电站工程初步设计报告，实验区中段河流位于四川省水土流失重点预防保护区。中科院水利部成都山地灾害与环境研究所遥测报告显示，1999 年理县水土流失面积达 2 433.49km²，占区域面积的 56.35%。水土流失类型以水力侵蚀为主，冻融侵蚀次之。理县土壤侵蚀量为 1 036.16 万 t/a，平均侵蚀模数为 4 257.92t/(km²・a)。由于电站所在河段，地形陡峻，地表较松散、破碎，植被覆盖度低，水土流失较为严重。电站建设开工，工程开挖、弃渣等施工和移民安置过程中的建房等活动，将使地表植被受到不同程度的扰动和破坏，在更大范围产生新增水土流失。初设测算，损坏水土保持设施面积为 65.0hm²，新增水土流失约 35 万 t。

6.1.2.1　永久占地区水土流失防治设计

1)设计原则

(1)法规性原则。随着政府和民众越来越重视环境保护和生态建设，与其相关的法律法规将不断颁布、修改、完善，初步设计规划方案的制定必须遵循国家有关水土保持、环境保护的法律、法规要求，坚持“预防为主、全面规划、综合防治、因地制宜、加强管理、注重效益”的原则。

(2)科学、针对性原则。防止水土流失，应当使工程措施和生物措施相结合，点、线、面相结合，控制性措施与防护措施相结合，工程措施与植物措施相结合；在对水土流失防治范围全面规划的基础上，对渣场、料场、施工公路以及复建公路等水土流失主要发生区进行重点防治。

(3)协调性原则。在我国，水土保持行政主管部门是水利部，环境保护行政主管部门是环保部。因此，水土保持与环境保护要求应当归口、协调，水土保持措施与主体工程建设及其他环保措施相结合，做到不重复、不疏漏，使水土保持与工程安全、生态环境建设和保护紧密协调、互为裨益。对于主体工程中具有水土保持功能的措施，将其一并纳入规划方案，并进行合理性的评审，但投资和工程量不重复计列，以确保水土保持方案的完整和严密。

(4)经济性、有效性原则。防止水土流失，应因地制宜、因时制宜，规划与实施方案应考虑投资省、效益好和可操作性强的原则。

(5)“三同时”原则。电站开发商应坚持水土保持工程与主体工程同时设计、同时施工、同时投产使用，确保方案的顺利实施，预防和治理工程建设导致的新增水土流失，充分发挥水土保持工程及设施的作用和效益。

2)初设设计目标

根据《环境影响评价法》《环境保护法》《水土保持法》等法律法规的相关规定，考虑到本电站工程施工、运行以及移民安置特点和工程所在地区的水土流失现状及特点，区域水土保持方案总体目标为防治因工程建设导致的新增水土流失，尽可能短时间内恢复和改善项目区的生态环境状况。具体规划为：

(1)利用有效、可行的工程与生物措施，采取临时和永久措施相结合的综合防护体系，预防和治理工程建设导致的新增水土流失，使项目建设区内水土流失控制率达 80%、水土流失治理度达 90%、扰动土地治理率达 90%。

(2)工程建设期与工程主体设计相结合,对各施工区在施工过程中及竣工后采取拦、挡、护、绿化复耕等临时和永久措施,使各开挖面得到有效处理。

(3)严格审核和优化渣场、料场布设,按照"先拦后弃"的原则规范弃渣的施工程序,针对渣场的具体情况,设置必要的临时措施,堆渣结束后针对不同的渣场类型、位置采取永久性的工程措施和植物措施,如:修建挡渣墙、拦渣堤、护坡护脚、排水沟等,使 98%以上的弃渣得到有效防护,进一步保障工程建设和运行安全,避免水土流失对工程建设施工产生不利影响。

(4)根据本工程取料场的特点,在料场开采过程中和开采结束后,应实施有效的工程措施、施工工艺措施、临时措施和其他措施,有效控制水土流失,恢复植被或打造景点。

(5)实施水土保持生物措施后,确保植物措施初具规模,渣场、施工场地、施工公路得到绿化,料场开采面得到有效处理;力争工程完建后,使项目建设区植被覆盖度达 40%以上或更高。

(6)确保移民安置区原 25°以上的坡耕地逐步退耕还林还草,25°以下的坡地改造成为水平梯田或梯地;其他专项设施的迁建,按水土保持和环境保护的要求落实,尽量减少对植被的破坏,保护现有林草植被。

(7)综合考虑工程兴建对水土流失的影响及其防治措施,为建设、施工单位有效履行水土保持职责以及水行政主管部门的监督、监测管理提供科学的依据。

3)主体工程施工水土保持防治设计

电站主体工程建设中,为了工程自身安全,在主体工程占地区拟采取防渗、喷锚、护岸、填筑及排水等工程措施,但这些施工环节都或多或少产生新增水土流失。初设要求在保障主体工程的安全建设和运行的同时,应有效防止本区域的水土流失。主体工程各施工时段防止水土流失的初步设计如下。

(1)首部枢纽施工区。根据地质、地形条件,结合引水、防沙及防渗的要求,对大坝上游河道岸坡进行必要挡护。坝址两岸谷坡地形较陡,基岩裸露,右岸自然坡度 60°~70°,左岸 35°~50°。岩石为泥盆系危关群下组石英千枚岩、薄—中厚层石英砂岩夹绢云千枚岩、炭质千枚岩。左岸谷坡倾倒变形发育,易形成不稳定块体。坝肩接头应尽量避免对变形及卸荷岩体的开挖扰动。根据上述边坡的地形地质条件,左、右岸在坝顶高程以上的永久边坡,采用挂网喷锚支护,锚杆长度 7m,临时边坡根据现场情况进行支护。

右岸取水口上游边坡,设置圆弧形混凝土导水墙与右岸岸坡相接,圆弧半径 97.50m,弧长 61m,下游端与取水口相连,墙顶高程 1 711.0m,并以 1 : 1.5 的坡度渐变到 1 704.00m;高程 1 704.00m,平段长 20m,形成人工弯道,以便改善取水防沙条件,在导水墙上游侧一定范围采用大块石压坡护脚。

为防止淘刷海漫下游两岸边坡,左岸采用浆砌石护坡体,归顺冲刷左岸岸坡的下泄水流;右岸采用浆砌石护坡,并用大块石对两岸护坡坡脚进行防护。

因拦河闸坝建于软基上,基础为含漂砂卵砾石层,属强透水—中等透水,为防止绕闸渗漏,闸基采用水平防渗及垂直防渗相结合的布置方案,水平防渗采用钢筋混凝土铺盖,顺水流向长度 15.0m;垂直防渗采用悬挂式混凝土防渗墙,深度 25.00m。两岸岩基防渗采用帷幕灌浆，左、右岸与基岩接头处分别设置 70m 及 20m 长灌浆平硐，进行坝肩帷幕灌浆。闸坝下游设置混凝土护坦，顺水流向长 45m、厚 2.5m，其后接 30m 长的钢筋混凝土柔性海漫。

该区域施工产生的弃渣，必须在水库蓄水前与围堰渣体一并清运至指定渣场，保障下游河道基本没有弃渣。

(2)导流工程。实验区中段电站工程采用分期导流方式，导流建筑物主要为导流明渠及上、下游围堰和纵向围堰。导流明渠为左岸扩挖河道形成，扩挖河道出口采用钢筋石笼防冲；上、下游围堰为土石围堰，最大高度 4.5m；纵向围堰迎水面为钢筋石笼，背水面为编织袋装砂卵石，最大堰高 4.0m。上、下游围堰堰体防渗采用土工膜，堰后设集水坑加强排水；纵向围堰堰基不设防渗体，堰后设集水坑加强排水；为防止发生管涌破坏，对基坑开挖边坡采用编织袋装砂卵石进行压实。因此，导流工程施工及运行期水土流失较小，能满足水土保持要求。围堰拆除施工期会产生一定的水土流失，但注意选择拆除时段、方法，将拆除料全部清运至渣场堆放，以尽可能减小水土流失。

(3)引水系统。引水式电站，引水隧洞的开挖规模和强度巨大，开挖、运输、堆存和边坡防护不当，都会造成大量水土流失。初设要求在隧洞进口、支洞及其它洞室出口，均开挖为稳定边坡，并采用喷混凝土、锚杆等进行支护。弃渣运输不得超装、超载，沿途撒落渣体应及时清理。

(4)厂区枢纽。厂房、GIS 楼、尾水设施都紧靠河流，开挖、运输施工很容易产生水土流失。初设规划在厂区沿河向设置浆砌石护坡或挡墙，以防冲刷。由于厂房周围回填地基大部分常年处于水下，对其进行大块石压实处理，防止淘刷造成水土流失。在尾水渠侧墙部位回填土石，并作浆砌石护坡，以防冲刷。

4)公路水土流失防治设计

公路设计规范，对公路边坡防护、坡面水、沟水处理等从道路运行安全的角度进行了严格规定。限于电站初步设计阶段其公路设计深度尚不能满足本设计要求，边坡防护、坡面水、沟水处理等工程量也不确定，此处仅作规划性要求。待公路设计达到相应深度后，电站工程技术设计阶段再明确其水土保持措施和设计。

但考虑到电站主体工程和永久公路改建设计中的工程措施在保障工程的安全建设和运行的同时，也具有较好的水土保持功能，本设计中拟将其纳入设计，作为水保措施工程的组成部分，费用计入主体工程投资。新建、改建永久公路段考虑设置排水沟，以减少施工期降水和地表径流对该地区的冲刷。排水沟采用矩形断面，浆砌块石衬砌，断面尺寸：30cm×30cm(宽×高)，衬厚 25cm，主要工程量：排水沟长度约 1 600m，土石开挖 510m^3，浆砌块石 560m^3。

6.1.2.2　渣场水土保持工程防护设计

本课题主要研究对象是高海拔、干旱河谷、高陡坡体和渣体水土保持问题。事实上，实验区电站建设产生的弃料渣场最为符合研究的诸多条件。首先，渣场的形成本身就是对该区域水土流失及生态破坏的实证，渣场的治理难度大于相同环境下高陡坡体的治理。其次，渣体表面需要大量优质腐殖土覆盖，才能实现绿化。因为，渣体由大块石和碎石构成，大量的覆土可能因地表震动或降雨较快坠入渣缝之中，初期植被效果被很快吞噬。也就是说，对位于该区域整个渣场的水土保持生态修复，具备解决水土流失的所有难题。

实验区中段电站工程土石开挖140.74万m^3(自然方)，折合松方213.43万m^3，考虑土石回填、围堰拆除等方量，本工程总弃渣量209.2万m^3(松方)。根据施工总布置，电站工程共设置7个渣场，可堆渣226.51万m^3。如果施工不规范或产生超挖，弃渣量还将大大增加。弃渣中主要为覆盖层和块碎石混合物，后堆的部分大都为碎石。为了确保渣场整体稳定，在设计时对渣体边坡采用北京水科院陈祖煜编制的土石坝边坡稳定分析程序《STAB》进行设计计算。由于渣体凝聚力小，按无黏性土考虑，设计堆渣体边坡坡度比为1∶1.6～1∶1.8。

由于本电站工程布设有7个渣场，均位于实验区中段河流河岸，为临河型渣场。根据《开发建设项目水土保持方案技术规范》，临河渣场防护建筑物的防洪标准及级别应参照《堤防工程设计规范》等有关标准执行。具体讲，防护建筑物的防护标准主要由防护对象而定，考虑各渣场堆渣量、堆渣高度及其与主体工程的关系等因素，设计此防护建筑物工程等级为5级。根据《防洪标准》，5级建筑物设计洪水标准为10～20年一遇。又根据《四川省开发建设项目水土保持方案编制中有关技术问题暂行规定》(川水发[2004]16号文)，1＃、3＃、4＃、5＃、6＃、7＃渣场等级为2级，设计洪水标准为30～20年一遇；2＃渣场等级为1级，设计洪水标准为50～30年一遇。

综上各因素，同时考虑到本电站工程下游衔接梯级为同期建设的实验区下段水电站，工程弃渣流失如进入实验区河流水道，将影响下游电站发电、排沙。因此，初步设计优化1＃～7＃渣场设计洪水均采用20年一遇的防洪标准。需要说明的是，因1＃渣场在库区，运行期防护水位采用水库正常蓄水位，不会淹没渣体；2＃渣场规模大、堆渣高，设计洪水采用30年一遇的防洪标准。渣场水土流失防治设计如下。

1)1＃渣场防治设计

1＃渣场位于实验区中段河流右岸闸址上游约200m处的洪水沟旁，渣场设计容量20.6万m^3，堆放首部枢纽、1＃支洞及其主洞控制段弃渣，共计约24.04万m^3。首部枢纽土石填筑料回采约18.76万m^3，最终堆渣量为5.28万m^3。1＃渣场堆渣最大长度约245m，堆渣最大宽度约120m，占地面积为2.91hm^2(该渣场占地位于库区内，不计入临时占地)。渣脚高程1 700m，渣顶高程为1 722m。

该渣场位于中段水电站库区内，属河岸型渣场。渣脚高程高于20年一遇洪水位1696.58m，施工期渣场不受洪水影响；运行期渣场一定程度受库水影响。因此，1＃渣场工程防护措施主要考虑挡渣、防侵蚀。

(1)挡渣措施。施工期1＃渣场渣脚不受20年一遇洪水影响，为防止堆渣过程中的渣料滚入实验区河流，拟沿渣体坡脚线位置设置浆砌块石挡渣墙。挡渣墙尺寸：顶宽0.6m，内边坡垂直，外边坡为1∶0.5，墙后趾宽为0.5m，底座厚度为0.7m，浆砌块石拦渣墙高度为1.5m，总防护长度为414m。为排除渣体内部积水，降低渣体内部的浸润线，拦渣堤内设一排排水孔，排水孔距底部0.3m，沿水平间距1.0m，排水孔比降为5%，孔内预埋Φ10cm的PVC管。

(2)防侵蚀措施。由于1＃渣场部分边坡位于水库正常蓄水位以下，考虑库水消落对渣面的侵蚀等不利影响，渣体坡面高程1 710.0m以下采用浆砌块石护坡，护坡厚0.3m。

为排除渣体内部积水，降低渣体内部的浸润线，浆砌石护坡上设排水孔，布置形式为梅花形，排水孔距渣脚底部 0.3m，孔、排距为 3.0m，比降为 5%，孔内预埋 Φ10cm 的 PVC 水管。

2)2＃渣场防治设计

2＃渣场位于实验区河流右岸 2＃支洞对岸木堆附近缓坡地带，堆放 2＃、3＃、4＃支洞及其主洞控制段弃渣，共计约 61.7 万 m^3。渣场设计容量 63.7 万 m^3。堆渣最大长度约 332m，堆渣最大宽度约 163m，占地面积为 5.38hm^2。渣脚高程 1 670～1 680.2m，渣顶高程为 1 708m，最大堆渣高差为 38.0m。

本渣场也属河岸型渣场，渣脚高程高于 30 年一遇洪水位 1 653.36～1 650.66m，渣场不受洪水影响。因此，2＃渣场工程防护措施主要考虑挡渣和排水。

(1)挡渣措施。2＃渣场渣脚不受 30 年一遇洪水影响，坡脚线位置设置干砌块石挡渣墙。挡渣墙尺寸：顶宽 0.5m、底宽 3.5m、墙身高 2.0m，内边坡 1∶0.5，外边坡 1∶1.0，防护总长度为 433m。

(2)排水措施。排水沟防御暴雨标准采用 10 年一遇 24h 最大降雨量，经计算，排水沟流量 0.048m^3/s。设计排水沟采用矩形断面，底宽 0.5m、深 0.5m，拟采用浆砌块石衬砌形式，衬厚 30cm，总长为 460m，将山坡来水由渣场两侧排出渣场以外。

3)3＃渣场防治设计

3＃渣场位于实验区中段河流右岸蒲溪沟下游约 650m 处，堆放 5＃支洞及其主洞控制段弃渣，共计约 25.5 万 m^3。渣场设计堆渣容量 27.7 万 m^3。堆渣最大长度约 305m，堆渣最大宽度约 115m，占地面积为 3.23hm^2。渣脚高程 1 645.5～1 648.1m，渣顶高程为 1 668m，最大堆渣高差为 22.5m。

3＃渣场亦属河岸型渣场，渣脚高程高于 20 年一遇洪水位 1 628.28～1 638.28m，渣场不受洪水影响。因此，3＃渣场工程防护措施同样主要考虑挡渣和排水。

(1)挡渣措施。3＃渣场渣脚不受 20 年一遇洪水影响，渣体坡脚线位置设置干砌块石挡渣墙。挡渣墙顶宽 0.5m，底宽 3.5m，墙身高 2.0m，内边坡 1∶0.5，外边坡 1∶1.0，防护总长度为 412m。

(2)排水措施。干旱河谷。降雨相对集中，在渣场顶部设置排水沟。根据《水土保持综合治理技术规范》，排水沟防御暴雨标准采用 10 年一遇 24h 最大降雨量，经计算，排水沟流量 0.046m^3/s。排水沟采用矩形断面，底宽 0.5m，深 0.5m，拟采用浆砌块石衬砌，衬厚 30cm，总长为 434m。

4)4＃渣场防治设计

4＃渣场位于实验区河流右岸破碉房沟下游约 200m 处，渣场设计容量 26.2 万 m^3，堆放 6＃支洞及其主洞控制段弃渣，共计约 23.67 万 m^3。堆渣最大长度约 280m，堆渣最大宽度约 90m，占地面积为 2.47hm^2。渣脚高程 1 604.25m，渣顶高程为 1 640m，最大堆渣高差为 35.75m 。

与前面几个渣场一样，本渣场属河岸型渣场，渣脚高程高于 20 年一遇洪水位 1 596.58～1 600.88m，渣体不受洪水影响。因此，4＃渣场工程防护措施同样主要考虑挡渣和排水。

(1)挡渣措施。4#渣场渣脚不受20年一遇洪水影响,渣体坡脚线位置设置干砌块石挡渣墙。挡渣墙顶宽0.5m,底宽3.5m,墙身高2.0m,内边坡1∶0.5,外边坡1∶1.0,防护总长度为376m。

(2)排水措施。根据《水土保持综合治理技术规范》,排水沟防御暴雨标准采用10年一遇24h最大降雨量,经计算,排水沟流量0.034m^3/s。设计采用矩形断面,底宽0.4m,深0.4m,排水沟采用浆砌块石衬砌,衬厚30cm,总长为461m,将山坡来水由渣场两侧排出渣场以外。

5)5#渣场防治设计

5#渣场位于孟屯沟沟口上游,渣场设计容量34.68万m^3,堆放7#支洞及其主洞控制段弃渣,约30万m^3。分为5#(a)渣场和5#(b)渣场。5#(a)渣场堆渣最大长度约285m,堆渣最大宽度约112m;5#(b)堆渣最大长度约65m,堆渣最大宽度约62m。渣场占地总面积为3.62hm^2。渣脚高程1 582～1 583.7m,渣顶高程为1 630m,最大堆渣高差为48.0m。

5#(a)渣场亦属河岸型渣场,渣脚高程低于20年一遇洪水位1 583.28～1 585.20m。因此,5#(a)渣场工程防护措施需要考虑挡渣、防洪和排水。

(1)挡渣措施。5#(a)渣场位于实验区中段河流左岸的河滩地上,沿渣体坡脚修筑浆砌石拦渣堤进行拦挡;还需要防止河水对渣体的淘刷,故浆砌石拦渣堤向下伸趾,其断面为趾形断面,顶宽0.8m,内边坡垂直,外边坡为1∶0.5,墙前趾宽为0.5m,墙后趾宽为0.5m,下伸趾1.0m,底座厚度为1.0m,堤高为2.0m,总防护长度为354m。防止水土流失,需排除渣体内部积水,降低渣体内部的浸润线,拦渣堤内设2排排水孔,排水孔为梅花形布置,距底部0.3m,孔、排距3.0m,排水孔比降为5%,孔内预埋Φ10cm的PVC管。

(2)防淘措施。实验区中段河流20年一遇的洪水位高于渣脚高程,为防止洪水对渣脚的淘刷,需对受洪水影响的渣脚采取防淘措施,根据《堤防工程设计规范》中堤岸冲刷深度公式:$h_B=h_p+[(\frac{V_{cp}}{V_{允}})^n-1]$,并类比相似河段堤防淘刷深度的数学模型计算结果,淘刷深度确定为1.4m。采用下伸趾墙和回填大块石的综合措施,防止孟屯沟洪水对渣脚的淘刷。基础及下趾深2.0 m,可以防止洪水对墙脚的淘刷。

(3)防冲措施。实验区中段河流20年一遇的洪水位高于浆砌石挡渣堤顶,设计思路同上,浆砌块石护坡厚0.3m,护坡高度为高出20年一遇的洪水水位0.5m。为排除渣体内部积水,降低渣体内部的浸润线,护坡内设排水孔,采用梅花形布置,排水孔距底部0.3m,孔、排距3.0m,排水孔比降为5%,孔内预埋Φ10cm的PVC管。

(4)排水措施。根据《水土保持综合治理技术规范》,排水沟防御暴雨标准采用10年一遇24 h最大降雨量,经计算,排水沟流量0.036m^3/s。排水沟采用矩形断面,底宽0.4m、深0.4m,排水沟采用浆砌块石衬砌,衬厚30cm,总长为456m,拟将山坡来水由渣场两侧排出渣场以外。

(5)5#(b)渣场属河岸型渣场,位于孟屯沟沟口处的台地上,渣脚高程高于20年一遇洪水位1 580.78m,渣场不受洪水影响。因此,5#(b)渣场工程防护措施主要考虑挡渣。为防止堆渣过程中滚石滚入孟屯沟,拟沿5#(b)渣场渣体坡脚线位置设置干砌块石挡渣墙，挡渣墙顶宽 0.5m、底宽 3.5m、身高 2.0m，内边坡 1∶0.5，外边坡 1∶1.0，防护总长度为 238m。

6）6＃渣场防治设计

6＃渣场位于实验区中段河流右岸木卡乡上游约 600m 处，渣场设计容量 44.2 万 m^3，堆放 8＃支洞及其主洞控制段弃渣、调压井、压力管道弃渣及部分厂房的弃渣，共计约 42.56 万 m^3。渣场堆渣最大长度约 300m，堆渣最大宽度约 120m，占地面积为 3.57hm^2。渣脚高 1 565.8～1 581.0m，渣顶高程为 1 615～1 622m，最大堆渣高差约 55m。

6＃渣场属河岸型渣场，渣脚高程高于 20 年一遇洪水位 1 558.78m～1 561.88m，渣场不受洪水影响。因此，6＃渣场工程防护措施主要考虑挡渣和排水。

（1）挡渣措施。虽然 6＃渣场渣脚不受 20 年一遇洪水影响，但需防止堆渣过程中的渣料滚入实验区河流。由于 6＃渣场下方是居民区，设计拟沿渣体坡脚线位置设置浆砌块石挡渣墙，断面为梯形，顶宽 0.6m，内边坡垂直，外边坡为 1∶0.5，墙后趾宽为 0.5m，底座厚度为 0.7m；浆砌块石拦渣墙高度为 1.5m，总防护长度为 409m。

为降低渣体内部的浸润线，在拦渣堤内设一排排水孔，排水孔距底部 0.3m，沿水平间距 1.0m，排水孔比降为 5％，孔内预埋 Φ10cm 的 PVC 管；距渣脚线 50m 处设一条宽 2m 的马道。

（2）排水措施。排水沟防御暴雨标准拟采用 10 年一遇 24 h 最大降雨量，经计算，排水沟流量 0.048m^3/s。排水沟采用矩形断面，底宽 0.5m，深 0.5m，排水沟采用浆砌块石衬砌，衬厚 30cm，总长为 610m，拟将山坡来水由渣场两侧排出渣场以外。

7）7＃渣场防治设计

7＃渣场位于电站厂址下游侧木卡料场处，渣场设计容量 9.43 万 m^3，堆放厂房弃渣约 8.2 万 m^3。渣场堆渣最大长度约 165m，堆渣最大宽度约 80m，占地面积为 1.29hm^2。渣脚高程 1 540m～1 540.3m，渣顶高程为 1 558m，最大堆渣高差为 18m。

7＃渣场渣脚高程高于 20 年一遇洪水位 1 539.0m，工程防护措施主要为挡渣措施。为防止堆渣过程中的渣料滚入实验区河流，拟沿渣体坡脚线位置设置干砌块石挡渣墙，挡渣墙顶宽 0.5m，底宽 3.5m，墙身高 2.0m，内边坡 1∶0.5，外边坡 1∶1.0，防护总长度为 262m。

8）渣场临时拦挡设计

各建筑物和临时施工设施的开挖弃渣，均需要大量腐殖土以利于后期复耕、迹地绿化。在开挖过程中，设计要求单独堆存其表土，将在各渣场堆渣前剥离表土 8.2 万 m^3，堆放在渣场旁，并以土袋拦挡坡脚，草袋覆盖表面。据测算，需土袋 660 个，草袋覆盖 27 340m^2。

实验区中段水电站渣场布置分为河岸型和坡地型两种，相同类型渣场的工程措施相似。在此报告中仅列出具有代表型的 2＃渣场（坡地型）和 5＃渣场（河岸型）的工程措施及平面布置形式。

9）料场弃渣防治设计

实验区中段水电站工程料场有红房子、鹰嘴湾、危关、木卡天然砂石料场，占地面积 36.61hm^2，占地类型主要为未利用土地、建设用地和园地。砂石料开采对地表扰动剧烈，在对开采提出水土保持要求外，需在开采区域内侧设置截水沟（尺寸：40cm×40cm）。由于该截水沟为临时工程，使用时间较短，拟采用人工开挖简易沟槽后平整填实表面即可满足要求。截水沟长 1 500m，土方开挖约 240m^3。

由于料场开采时间长，为避免降雨造成水土流失，应避开降雨时段开采。同时在规划的开采区域内集中开采，开采过程中注意保护开采边线以外的植被。开采结束后，需及时清理迹地，后期迹地绿化需要覆土，拟在砂石料开采前剥离表土 5.96 万 m^3，堆放在料场一角，并以土袋拦挡坡脚，草袋覆盖表面。据计算，需土袋 565 个，草袋覆盖 19 870m^2。

10）施工公路弃渣防治设计

实验区中段电站工程需新建四级临时公路 10.05km，改建四级永久公路 1.0km，新建三级永久公路 1.60km。施工公路的开挖、填筑施工将产生大量弃渣并造成水土流失。因此，防止水土流失措施主要针对施工期提出。

公路设计规范，对公路边坡防护、坡面来水、沟水处理等已有严格的规定。这些措施虽从公路建设及运行安全考虑，但措施本身具有良好的水土保持功能，电站初步设计将其纳入防止水土流失设计。此外，初设对临时公路的施工提出更为严格的水土保持要求及临时工程措施。

（1）水土保持设计。在公路设计中，设计者应进行土石方平衡计算，使路段的挖填基本平衡，减小弃渣量。

（2）施工时，严格按规范设置排水沟；公路开挖边坡应控制在稳定坡内，避免造成边坡失稳，引发水土流失。

（3）公路施工及运行活动，应尽量控制在施工场地征地范围内进行，避免破坏征地范围以外的植被。

（4）对开挖软弱面应及时采取支护措施。

（5）公路弃渣采取集中弃渣方式，将公路弃渣运至电站渣场堆放，减少渣料和弃渣场，控制水土流失。

（6）采取工程措施时，为减少施工期降水和地表径流对该地区的冲刷造成水土流失，公路占地区域应设置截、排水沟，断面尺寸参照渣场设置，仍采用矩形断面，用浆砌块石衬砌，尺寸以 30cm×30cm（宽×高），衬厚 25cm；设计测算排水沟长度约 3 900m，土石开挖 1 170m^3，浆砌块石 1 365m^3。

（7）施工临时公路开挖前，部分区域应先剥离表层土 30～45cm，分路段集中堆放在公路旁，并以草袋覆盖，以便迹地恢复时覆土进行植物措施。据估算，临时公路表土剥离量约 2.4 万 m^3，需土袋 360 个，草袋覆盖 8 000m^2。

11）施工辅助企业弃渣防治设计

水电站施工辅助企业包括砂石料加工厂、混凝土拌和厂、汽车修理厂、钢筋加工厂、机械修理厂等设施。在建设使用期间，这些设施大部分土地被临时建筑物占压，基本不产生水土流失，但占用初期平整场地和生产生活设施的建设、拆除过程中仍有可能造成一定量水土流失。初步设计的水土保持方案对该占地区各临时建筑物的建设、使用、拆除过程提出相应要求和防护设计。

（1）挖填平衡。施工临时生产、生活设施的建设，尽量避开大雨，场地平整尽量做到挖、填平衡，减少弃渣量。

(2)永久结合临时排水。工程施工辅助企业大多布置在 317 国道旁，且地形平缓，可利用 317 国道排水沟排除施工期降水和地表径流，对部分区域设置截、排水沟拦截降水和地表径流，使其排至河道。

(3)施工辅助企业占地区排水沟断面尺寸参照渣场设置，仍采用矩形断面，用浆砌块石衬砌，尺寸以 30cm×30cm(宽×高)，衬厚 25cm；初步设计测算排水沟长度约 4 000m，土石开挖 1 200m^3，浆砌块石 1 400m^3。

(4)施工辅助企业占地区使用完毕，施工单位须将地表建筑物及硬化地面全部拆除，废弃物及时清理，或用于本区域坑凹填筑或运至指定地方堆放。

12)其他设施弃渣防治设计

其他设施产生水土流失主要由施工公路开通以及移民安置和专项设施复建引起。移民安置区投入使用后采取排水沟，不需要其他防范水土流失工程措施。排水沟设置属移民建房本身，在此不重复计算。专项设施复建主要为公路、输电线、通信线等复建或恢复。其中，公路的水保措施及工程量已在前面叙述；输电线路、通信线路等恢复影响面积小，施工监理单位应动态管理，工程量本阶段忽略不计。

13)水土保持设计工程量

实验区中段电站工程防治区内水土保持工程设计工程量，包括渣场、料场、施工公路及施工辅助企业等占地区工程措施工程量，不包括主体工程中已有水土保持功能的工程措施的工程量，其电站防治水土流失工程设计工程量见表 6-1-11。

表 6-1-11　水土保持工程设计工程量汇总表

序号	项目	单位	永久占地区	渣场	料场	施工公路	施工辅助企业	合计
1	土石方开挖	m^3	510	14 688	240	1 170	1 200	17 808
2	土石回填	m^3		986				986
3	大块石回填	m^3		726				726
4	干砌块石挡渣墙	m^3		9 722				9 722
5	浆砌块石挡渣墙	m^3		5 348				5 348
6	浆砌块石护坡	m^3		1 727				1 727
7	浆砌块石排水沟	m^3	560	1 630		1 365	1 400	4 955
8	PVC 管材	m^3		1 596				1 596
9	表土剥离	万 m^3	4.7	8.2	5.96	2.4		21.26
10	土袋	个		660	565	360		1 585
11	草袋覆盖	m^2		27 340	19 870	8 000		55 210

6.1.2.3　**景观生态恢复设计**

1)主体建筑物施工区域

本研究课题实验区位于藏、羌少数民族地区,电站主体建筑物的建筑形式与风格以及色调既要考虑业主的企业文化需要,又要兼顾民族特色和区域景观环境。至少,不能破坏当地植被。对实验区中段电站,应该先行水土保持生态恢复。

(1)闸坝首部枢纽和厂区枢纽的部分开挖、填筑造成的裸露边坡,应进行植树绿化。

(2)对永久公路进行道旁和边坡绿化,可以减小公路边坡的水土流失,同时可降低运行期交通噪声和浮尘污染,对工程区环境起到绿化、美化作用。

初步设计报告分析,闸首坝址区两岸为千枚岩,左、右岸坝肩开挖边坡在坝顶高程以上的永久边坡,采用挂网喷锚支护,锚杆长度7m;厂区枢纽部分填筑边坡及尾水渠两侧回填土区域,均需要采取浆砌块石护坡。这些部位已具有水土保持功能,且立地条件差,不具备植物生长条件,可不采取植物措施,但为美化环境,拟栽植三叶爬山虎,株距1.0m,约300株。

取水口上游导水墙上游侧填筑边坡,闸室及护坦、海漫部位左、右岸填筑边坡,上坝公路填筑边坡等均具备植物生长条件,首部枢纽区植物措施面积为6 510m^2;厂区改线公路两侧等填筑边坡具备植物生长条件,面积为4 145 m^2。初设拟在首部及厂区具备植物生长条件的填筑边坡上栽李子树,密度750株/hm^2,约需800株。

永久公路长2.6km,行道树树种选择宜当地适生树种柏杨,栽植方法为植苗,株距为2.5m。永久公路边坡0.8 hm^2,栽植三叶爬山虎绿化,株距为1.0m。初设计算,行道树需柏杨1 041株,三叶爬山虎2 000株。

工程永久占地区进行植物措施的区域大多为土石混合开挖区,基本具备生长植物的条件,不考虑大量覆土。

2)渣场生态恢复设计

渣场的生态恢复,必须建立在渣场治理水土流失工程措施基础上,在永久挡护、平整、排水、覆土后,才能实施植被、绿化的景观生态措施。

(1)复耕措施。电站渣场占耕地面积超过31.6 hm^2,根据初设规划,渣场堆渣完成后需对部分渣顶面进行覆土恢复耕地,归还农民耕种。本工程2#、3#、6#渣场渣顶可复耕面积约6.11 hm^2,加上边坡全部复耕后基本可补偿工程区内永久和临时占地中占用的耕地面积。渣场顶面复耕需覆土,渣体堆放完毕,平整渣顶面,取渣场使用前剥离的表层土壤覆盖,厚度40～45cm;覆盖物顺序倾倒后,进一步平整,以达到农耕要求。渣场渣顶复耕覆表土量3.2万m^3。

(2)植物措施。工程措施完成后,基本控制了堆渣过程中弃渣的再流失。为防止堆渣体坡面在运行期产生面蚀,在其余渣顶面及所有坡面上栽苹果树(1#渣场在水面以下坡面除外)。渣场顶面积约6hm^2,坡面面积为11.5hm^2。按密度750株/hm^{2}计算约需苹果树40 500株;渣场绿化覆土厚度30～35cm,覆土量共计15万m^3。理想情况下绿化覆土全部为各渣场剥离表土。

3)料场生态修复设计

中段电站工程的3个天然砂石料场占地面积36.61hm^2,占地类型主要为未利用土地、建设用地和林果园地。采料结束后，考虑采取栽果树的方式进行迹地恢复。

植被修复绿化面积按 18.64hm^2 计算，这部分区域表层土覆盖厚度 30～35cm，覆土量 5.96 万 m^3。料场开采结束后，应及时清理。覆土后，栽植当地适生的经济林——苹果树，密度 750 株/hm^2，约需 13 980 株。

4)施工公路区生态修复设计

电站临时公路长 10.05km，公路临时占地 13.9hm^2，其中边坡 6.36 hm^2，路面 7.54hm^2，采取边坡播撒菊苣草籽绿化。施工结束后，废弃路面栽植李子树绿化。路面翻松后，再覆土 30～35cm，覆土量约 2.4 万 m^3。李子树密度 750 株/hm^2，约需 6 375 株；菊苣草籽 30kg/hm^2，约需 190.8kg。

5)施工辅助企业区生态修复设计

施工辅助企业占地区域施工面积约 18.5 hm^2，其中水库淹没区 2.05 hm^2，4.75hm^2 在下游电站水库淹没区。施工结束后，进行迹地恢复的面积为 11.7 hm^2，拟全部栽苹果树绿化。本区域绿化覆土全部取自库区。

区域绿化面积为 11.7hm^2。施工结束后，拆除地表建筑物及硬化地面后，翻松迹地，覆土栽种苹果树，覆土厚度 40cm 以上，覆土要求同上，覆土量约 4.70 万 m^3。苹果树密度 750 株/hm^2，约需 8 775 株。

6)其他设施区生态修复设计

中段电站拟新建永久公路 4.7km。由于该路段地势较陡，公路开挖时产生的水土流失直接影响范围较大，经现场查勘和设计测算，影响宽度为公路两侧各 6m，以此测算新建永久公路影响区面积为 5.64hm^2。

新建临时公路 6.95km，主要为各工区施工支线公路，其地形较缓，路基相对较窄，公路开挖时产生的水土流失直接影响面积较小，测算影响宽度：公路内侧 3m、外侧 5m，新建临时公路影响区面积为 5.56hm^3。

工区内扩建公路 1.0km，公路开挖施工时产生的水土流失，直接影响区面积按影响宽度测算：公路内侧 3m、外侧 4m，扩建公路影响区面积为 0.70hm^2。施工公路影响区面积共计 11.90hm^2。采取对公路影响区损坏的植被进行清理，并整平坡面后补撒菊苣草籽。按水土流失影响面积的 30%考虑补栽补种，即种草面积为 3.57hm^2，菊苣草籽 30kg/hm^2，约需草籽 107.1kg。

移民安置建房对水土流失影响轻微，其水土保持采取“四旁绿化”措施，鼓励移民在房屋周围及附近空旷地栽李子树和核桃。按人均 1 株李子、1 株核桃计算，共栽李子、核桃各 248 株。

7)植物措施工程量

电站生态景观恢复，包括工程永久占地区、渣场、料场、施工公路等占地区及直接影响区植物措施工程量，各区域植物措施工程量详见表 6-1-12。

表 6-1-12　水土保持植物措施工程量汇总表

防治分区		植物措施						
		爬山虎	柏杨	李子树	苹果树	核桃树	菊苣(kg)	覆土量(万 m^3)
工程永久占地区	面积(hm^2)	0.86	2.6km	1.07				
	数量(株)	2 300	1 041	800				
渣场	面积(hm^2)				12.31			8.2
	数量(株)				10 575			
料场	面积(hm^2)				18.64			5.96
	数量(株)				13 980			
临时公路	面积(hm^2)			7.54			6.36	2.4
	数量(株)	6 375			190.8			
施工辅助企业	面积(hm^2)				11.7			4.70
	数量(株)				8 775			
直接影响区	面积(hm^2)			0.04		0.04	3.57	
	数量(株)			248		248	107.1	
合计	面积(hm^2)	0.86	2.6km	8.65	42.65	0.04	9.93	21.26
	数量(株)	2 300	1 041	7 423	33 330	248	297.9	

6.1.3　实验区下段电站水土流失防治设计

实验区下段水电站枢纽工程永久占地区，与中段、上段相比地质情况更为复杂，人为活动更加频繁，生态环境更加脆弱。电站工程建设，新增水土流失主要由工程永久建筑物基础、边坡开挖引起；开挖施工完成后，随即修建枢纽建筑物，即大部分区域被工程枢纽永久占压或固化。因此，工程枢纽永久占地区的水土流失主要集中在开挖期；其后，水土流失程度渐趋轻微；电站运行后期基本不产生水土流失。

6.1.3.1　主体工程区水土流失防治设计

电站主体工程建设中，出于建筑物自身安全考虑，在工程征占地区采取了开挖、钻爆、防渗、喷锚、挡护、填筑及排水等工程措施，这些施工环节都或多或少产生水土流失。初设要求，在保障主体工程的安全建设和运行的同时，应有效防止永久建筑物区域的水土流失，主体工程各施工时段防止水土流失的设计如下。

1)水库区防治设计

根据水库区的工程地质条件，水库区除库尾的列列寨滑坡和库首的猪儿寨滑坡外，其余库段谷坡一般基岩裸露，仅部分区段坡脚有少量崩坡积层零星分布。由于水库蓄水最大高度仅 10 余 m，因此对该库段的整体稳定性影响不大。

列列寨滑坡体，地形总体上较为完整，仅上游和下游各发育一次级滑坡。目前，两处次级滑坡地形已较缓，再次滑动的可能性较小。猪儿寨滑坡地形坡度一般 20°～30°，滑坡体物质主要由结构较松散的块碎石土组成。地质观测发现，滑体内未见规模较大的拉张裂缝和滑动迹象；但滑坡体前沿滑动较为明显，目前已有部分进入实验区河流内。

在主体工程设计中，技术上采取了衡重式混凝土挡土墙等局部工程措施，对其库岸进行防护，并在挡土墙与陡坡间的空隙中回填碎石土，以阻止陡坡上碎石土的滑动。

2)首部枢纽区防治设计

根据地质、地形条件,结合引水、防沙及防渗的要求,初设对坝上游河道岸坡要求进行保护。在右岸取水口上游边坡,需设置混凝土导水墙与右岸岸坡相接;下游端与取水口相连,墙顶高程 1 570.00m,形成人工弯道,以便改善取水防沙条件,在导水墙上游侧一定范围采用大块石压坡护脚。

两岸边坡岩体,除层面裂隙外,无贯通性的软弱结构面分布。大部分因层面裂隙倾角较陡,走向与坡面斜交,因此边坡整体稳定性较好。但由于两岸谷坡岩性较软弱,岩体卸荷强烈,且节理裂隙较发育,因此可能存在因结构面不利组合形成的潜在不稳定块体以及边坡开挖后陡倾岩层的松弛拉裂,导致边坡岩体局部失稳造成水土流失。根据上述边坡的地形地质条件,左、右岸在坝顶高程以上的永久边坡,采用挂网喷锚支护,锚杆长度 5m;临时边坡,根据现场情况进行支护。

海漫下游的两岸边坡,河道在下游为弯道,左岸为凹岸,右岸是凸岸。为使海漫末端的下泄水流归槽效果好,防止对两岸的淘刷,左岸采用浆砌石护坡体归顺冲刷左岸岸坡的下泄水流,右岸采用浆砌石护坡,并用大块石对两岸护坡坡脚进行保护。

电站工程左岸挡水坝,为混凝土面板堆石坝,其下游采用干砌石护坡,其厚度为 40cm。首部枢纽建于软基上,河床覆盖层为含漂砂卵石层,总体结构较为松散,局部有架空现象,属强透水地层。左、右岸挡水坝接头岩性以千枚岩为主,夹石英砂岩,岩石强度较低,层面裂隙发育。左岸谷坡,弱风化、弱卸荷水平深度为 50～60m;右岸强风化、强卸荷岩体水平深度约 30m,弱风化、弱卸荷水平深度约 20m。河床范围基础防渗采用混凝土防渗墙,左右岸基岩部分采用帷幕灌浆。

3)导流工程防治设计

实验区下段电站工程采用分期导流方式实施,导流建筑物主要由导流明渠及上、下游围堰和纵向围堰组成。导流明渠为左岸扩挖河道形成,扩挖河道出口采用钢筋石笼防冲,弃渣运至指定渣场。上、下游围堰为土石围堰,最大高度 5m;纵向围堰迎水面为钢筋石笼,背水面为编织袋装砂卵石,最大堰高 4m。围堰堰体防渗采用土工膜,堰后设集水坑加强排水,堰基不设防渗体。为防止发生管涌破坏,对基坑开挖边坡采用编织袋装砂卵石进行压实。所以,导流工程施工及运行期水土流失较小,能满足水土保持要求。围堰拆除期有一定的水土流失,但注意选择拆除时段、方法,将拆除料全部清运至渣场堆放,可以减小水土流失。

4)厂区枢纽防治设计

实验区下段电站厂房,位于实验区河流右岸汶川县克枯乡下庄村附近临江的第Ⅰ阶台地上,设计为地面厂房。在考虑厂房轴线、与调压井和压力管道协调布置、有利于电站尾水的出流及厂房对外交通的同时,初步设计应尽可能减少厂房后坡的开挖高度,以利于后山高陡坡的稳定,并减少开挖工程量和弃渣量。经优化,电站尾水渠长约 42.5m、宽度 34m,为矩形断面,采用浆砌块石衬砌。

5)永久施工公路防治设计

与中段、上段电站相同,公路设计规范中对公路边坡防护、坡面水、沟水处理等,从道路运行安全的角度已遵守了严格的技术规范。按这些规范要求的措施,本身只是公路土建的技术内容，尽管专业设计和施工必须具备相应水保部分功能，但不能完全代替水土保持和生态要求的全部。

初步设计认为，电站主体工程和永久公路设计中的防治水土流失措施，在保障工程安全建设和运行的同时，基本具有一定的水土保持功能。故将其中与此相关部分纳入本电站设计，作为其组成部分，费用计入主体工程防治部分。

对新建、改建永久公路段，设计考虑设置排水沟减少施工期降水和地表径流对该范围的冲刷。排水沟拟采用矩形断面，以浆砌块石衬砌，断面尺寸为 30cm×30cm(宽×高)，衬厚 25cm。排水沟长度约 9 300m，土石开挖 3 534m^3，浆砌块石 3 255m^3。

6.1.3.2 **渣场水土保持防治设计**

根据初步设计报告，在能控制施工超挖或合理超挖情况下，电站主体工程土石开挖量约 184.05 万 m^3(自然方)，折合松方为 278.8 万 m^3。考虑土石方回填、围堰拆除等工程量，下段电站工程总弃渣量为 271.49 万 m^3(实际施工过程中可能出现超挖、超填)。根据施工总体布置，下段电站工程共设置 5 个渣场，各渣场具体情况见表 6-1-13。

表 6-1-13 下段水电站渣场规划基本情况表

渣场编号	位 置	占地面积(hm^2)	地形、地类	渣料来源	堆渣量(万 m^3)	渣场容量(万 m^3)
1#渣场	河流左岸闸址下游约 2km	8.8	缓坡地未利用土地等	首部枢纽、导流工程、1#～3#支洞弃渣	95.0	100.0
2#渣场	通化沟对岸下游约 500m 处的缓坡地带	9.4	缓坡地园地、宅基地、未利用土地等	4#、5#支洞弃渣	54.0	60
3#渣场	6#支洞河左岸缓坡地上	8.0	缓坡地园地、宅基地、未利用土地等	6#～8#支洞弃渣	59.8	70
4#渣场	厂房对岸的缓坡地带	8.8	缓坡地、园地、宅基地、林地等	9#支洞、10##支洞、调压室、压力管道、弃渣	60.0	70
5#渣场	河左岸龙溪沟，距沟口约 1.5km 处	2.6	缓坡地 园地、未利用土地等	9#支洞部分弃渣	10	15.0
合计		37.60			278.8	315.0

与实验区上游多个梯级电站类同，工程弃渣主要由覆盖层开挖和隐蔽工程(如隧洞)等开挖形成的块碎石弃渣。为防止渣体垮塌新增水土流失，在初步设计时对渣体边坡采用北京水科院陈祖煜编制的土石坝边坡稳定分析程序《STAB》进行计算。由于渣体凝聚力小，按无黏性土考虑，故堆渣体边坡不得陡于 1∶1.6。

实验区下段电站工程的 5 个大型渣场均位于实验区河流河岸，为临河型渣场。根据《四川省开发建设项目水土保持方案编制有关技术问题暂行规定》，确定临河型渣场的等级和防洪标准：5#渣场等级为 2 级，设计洪水标准为 20～30 年一遇，经计算采用设计洪水为 20 年一遇的防洪标准。其余渣场等级拟为 1 级，渣场设计洪水标准为 30～50 年一遇，设计优化采用 30 年一遇的防洪标准，各渣场防治水土流失设计如下。

1)1#渣场防治设计

1#渣场位于坝址下游约 1.9km 处的实验区河流左岸，渣场设计容量 100 万 m^3，堆放首部枢纽、围堰 1＃～3＃支洞工作面弃渣，共计约 95.0 万 m^3。堆渣最大长度约 549m，堆渣最大宽度约 163m，占地面积为 $8.8hm^2$；渣脚高程 1 534.3～1 540.7m，渣顶高程为 1 575.0m，最大高度 40.7m；在距离渣脚 14m 高程处设置第一条马道，再往上 13m 处设第二条马道。

因为山地边坡较陡，渣场选择十分困难。本渣场也是河岸型临河渣场，渣脚高程低于 30 年一遇洪水位 1 539.5～1 543.3m，渣场受洪水影响。因此，1＃渣场工程防护措施主要考虑有拦渣挡护、防洪、防淘、防冲和排水措施。

(1)挡渣、防洪设计。沿渣体坡脚线设置浆砌块石拦渣堤，浆砌石应在堆渣前形成，高度为 1.5m，总防护长度为 726m。拦渣堤断面为趾形，顶宽 0.8m，内边坡垂直，外边坡为 1∶0.5，堤前趾宽为 0.5m，堤后趾宽为 0.5m，工程量详列于施工设计图。

(2)防淘措施。受洪水影响，为防止河水对渣体的淘刷，浆砌石拦渣堤向下伸趾。根据《堤防工程设计规范》中堤岸冲刷深度公式，并类比相似河段堤防淘刷深度的数学模型与计算结果，淘刷深度确定为 1～2m。采用下伸趾墙和回填大块石的综合措施，防止实验区下段河流洪水对渣场渣脚的淘刷。取基础及下趾深 2.0m，其中下伸趾 1.0m，底座厚度为 1.0m，以减少洪水造成水土流失。

(3)防冲措施。实验区下段河流 30 年一遇的洪水水位，高于 1＃渣场浆砌石挡渣堤顶，为防止洪水对渣体的冲刷，对受洪水影响的渣体采取防冲措施，初步设计设置浆砌块石护坡，护坡厚 0.3m，护坡高度为高出 30 年一遇的洪水水位 0.5m。

(4)排水措施。下段电站位于干旱河谷，5—8 月为集中降雨期，降雨形成的山坡地表水对该渣体的冲刷，可能造成大量水土流失。设计要求在渣场顶部设置排水沟，排水沟防御暴雨标准采用 10 年一遇 24h 最大降雨量，以此计算得出排水沟流量 $0.035m^3/s$。排水沟采用矩形断面，底宽 0.4m、深 0.4m；从节省投资考虑采用浆砌块石衬砌，衬厚 30cm，总长为 600m。

设计拟在拦渣堤及护坡内均设排水孔。拦渣堤内设 1 排排水孔，排水孔距底部 0.4m，沿水平间距 2.0m，排水孔比降为 5％；护坡内排水孔以梅花形布置，排水孔距底部 0.3m，沿水平间距 3.0m，沿竖直间距 3.0m，排水孔比降为 5％，孔内均预埋 Φ 10cm 的 PVC 管。

2)2＃渣场防治设计

2＃渣场位于实验区下段河流右岸支沟——通化沟对岸下游约 500m 处的缓坡地带，设计渣场容量 60 万 m^3，堆放 4＃、5＃支洞工作面控制段开挖的弃渣，共计约 54.0 万 m^3。堆渣最大长度约 561m，堆渣最大宽度约 163m，占地面积为 $9.4hm^2$，渣脚高程1 490.8～1 494.4m，渣顶高程为 1 520m，最大堆渣高差为 29.2m。

2＃渣场也是河岸型临河渣场，渣脚高程低于 30 年一遇洪水位 1 495.92～1 499.72m。由于坡陡、场地狭窄，区域内很难寻找合适渣场。因此，2＃渣场亦受洪水威胁而产生水土流失。在渣场下游 800m 处是村庄，因此必须加强渣场的安全防护和生态保护。初步设计时，2＃渣场工程性防护措施主要考虑有挡渣、防洪、防淘、防冲及排水。

(1)挡渣设计。挡渣可以防止渣脚垮塌及导致渣体失稳，挡渣墙具有拦渣和防止洪水冲刷的作用。初设规划本渣场拟沿渣体坡脚线设置浆砌块石拦渣堤，浆砌石拦渣堤高度为1.5m，总防护长度为675m。拦渣堤断面为趾形，顶宽0.8m，内边坡垂直，外边坡为1∶0.5，堤前趾宽为0.5m，堤后趾宽为0.5m。

(2)防淘设计。受实验区下段河流30年一遇洪水影响，考虑汛期河水对渣体的淘刷，浆砌石拦渣堤向下伸趾。淘刷深度确定为1～2m。采用下伸趾墙，并在受河水淘刷较重的凹岸采用铺设钢筋石笼防淘。

下伸趾墙的基础及下趾深2.0 m，其中下伸趾1.0m，底座厚度为1.0m。钢筋石笼宽1.5m，长299m，厚0.4m。

(3)防冲设计。30年一遇的洪水水位高于浆砌石挡渣堤顶，为防止洪水对渣体的冲刷，对受洪水影响的渣体采取防冲措施，设置浆砌块石护坡，护坡厚0.3m，护坡高度为高出30年一遇的洪水水位0.5m。

(4)排水设计。疏导雨水不仅出于安全考虑，更重要的是减少水土流失。渣场位置应尽可能避开洪沟，排除考虑降雨形成的山坡地表水对渣体的冲刷，故在渣场顶部顺坡设置排水沟。按《水土保持综合治理技术规范》，排水沟防御暴雨标准采用10年一遇24 h最大降雨量，计算排水沟流量为0.035m^3/s。排水沟拟采用矩形断面，底宽0.4m，深0.4m；设计拟采用浆砌块石衬砌，衬厚30cm，沟总长为853m。

初步设计确定，拦渣堤及护坡内均设排水孔；拦渣堤内设1排排水孔，其孔距底部0.4m，沿水平间距2.0m；排水孔比降为5%；护坡内排水孔呈梅花形布置，孔距底部0.3m，沿水平间距3.0m，沿竖直间距3.0m；排水孔比降为5%，孔内均预埋Φ10cm的PVC管。

3)3#渣场设计

3#渣场位于6#施工支洞对岸的实验区下段河流左岸缓坡地上，设计渣场容量70万m^3，堆放6#、7#、8#支洞工作面控制段开挖的弃渣，共计约60万m^3。堆渣最大长度约400m，堆渣最大宽度约200m，占地面积为8.0hm^2，渣脚高程1 452.0～1 456.5m，渣顶高程为1 485.0m，最大堆渣高差为30.9m，在距离渣脚15m高程处设置一条马道。

在陡坡型河谷，临河渣场相对安全。暴雨导致洪水，不会对渣场上方民居构成直接威胁。本渣场也是河岸型临河渣场，渣脚高程低于30年一遇洪水位1 452.36～1 456.14m，渣场受洪水影响。因此，3#渣场工程防护设计主要考虑有挡渣、防洪及排水。

(1)挡渣措施。3#渣场拟沿渣体坡脚线设置浆砌块石拦渣堤；拦渣堤高度为2.0m，总防护长度为508m；断面为趾形，顶宽0.8m，内边坡垂直，外边坡为1∶0.5，堤前趾宽为0.5m，堤后趾宽为0.5m。

(2)防淘措施。为减轻河水对渣体的淘刷，浆砌石拦渣堤向下伸趾；根据《堤防工程设计规范》中堤岸冲刷深度公式，并类比相似河段堤防淘刷深度的数学模型计算，淘刷深度确定为1～2m。采用下伸趾墙和回填大块石的综合措施，防止实验区河流对渣脚的淘刷；下伸趾墙的基础及下趾深2.0 m，其中下伸趾1.0m，底座厚度为1.0m。

(3)排水措施。排水沟防御暴雨标准采用10年一遇24 h最大降雨量，经计算排水沟流量0.051m^3/s；采用矩形断面，底宽0.5m，深0.5m，采用浆砌块石衬砌，衬厚30cm，总长为499m。

雨季，需要排除渣体内部积水，降低渣体内部的浸润线；拦渣堤内设2排排水孔，排水孔梅花形布置，距底部 0.3m，沿水平间距 3.0m，沿竖直间距 3.0m，排水孔比降为 5%，孔内预埋 Φ10cm 的 PVC 管，设计边坡为 1∶1.6。

4)4＃渣场防治设计

4＃渣场位于实验区下段汶川县境内的厂房对岸的缓坡地带，设计渣场容量 70 万 m^3，堆放 9＃、10＃支洞工作面及厂房弃渣，共计约 60.0 万 m^3。堆渣最大长度约 480m，堆渣最大宽度约 185m，占地面积为 8.8hm^2。渣脚高程 1 408.2～1 415.0m，渣顶高程为 1 460.0m，最大堆渣高差为 51.8m；在距离渣脚 13m 高程处设置第一条马道，再往上每隔 13m 处设一条马道，共设 3 条马道。

4＃渣场也是河岸型临河渣场，渣脚高程低于 30 年一遇洪水位 1 401.26～1 412.56m；也就是说，渣场受洪水冲刷影响较大。因此，4＃渣场需要采取可靠的工程防护措施确保区域上、下游民居安全。设计考虑采用挡渣、防洪、防淘、防冲及排水措施。

(1)挡渣措施。4＃渣场在电站尾水之下，受发电来水与区间洪水的叠加作用，一旦被洪水冲垮或地震震垮，除整个电站厂房枢纽可能被淹之外，上下游村民安全可能面临次灾的巨大威胁。渣场的防护工程应当具有防洪和挡渣功能，初步设计拟沿渣体坡脚线设置浆砌块石拦渣堤，堤高 2.0m，总防护长度为 500m，断面为趾形，顶宽 0.8m，内边坡垂直，外边坡为 1∶0.5；拦渣堤前趾宽为 0.5m，堤后趾宽为 0.5m；设计边坡为 1∶1.6，并设置一宽 2m 的马道。

(2)防淘措施。受实验区下段河流 30 年一遇洪水影响，浆砌石拦渣堤向下伸趾，按照堤岸冲刷深度公式，并类比相似河段堤防淘刷深度的数学模型计算，淘刷深度确定为 1～2m。采用下伸趾墙和回填大块石的综合措施，可以防止实验区河流对渣脚的淘刷，基础及下趾深 2.0 m，其中下伸趾 1.0m，底座厚度为 1.0m。

(3)防冲措施。设置浆砌块石护坡，护坡厚 0.3m，护坡高度为高出 30 年一遇的洪水水位 0.5m。

(4)排水措施。在渣场顶部设置排水沟。根据相关技术标准、规范，排水沟防御暴雨标准采用 10 年一遇 24h 最大降雨量，初设计算排水沟流量 0.042m^3/s，采用矩形断面，底宽 0.4m，深 0.4m；排水沟采用浆砌块石衬砌，衬厚 30cm，总长为 560m。

拦渣堤内设 2 排排水孔，排水孔呈梅花形布置，距底部 0.3m，沿水平间距 3.0m，沿竖直间距 3.0m，排水孔比降为 5%；护坡内排水孔也呈梅花形布置，距底部 0.3m，沿水平间距 3.0m，沿竖直间距 3.0m，排水孔比降为 5%，孔内均预埋 Φ 10cm 的 PVC 管。

5)5＃渣场防治设计

5＃渣场位于实验区下段河流左岸支流龙溪沟的左岸，距沟口约 1.6km 处，设计渣场容量 15.0 万 m^3，堆放 9＃支洞部分弃渣，共计约 10 万 m^3。堆渣最大长度约 352m，堆渣最大宽度约 75m，占地面积为 2.6hm^2。渣脚高程 1 484.9～1 499.30m，渣顶高程为 1 510～1 515m，最大堆渣高差为 25.0m，在距离渣脚 12.5m 高程处设置一条马道。

5＃渣场属河岸型渣场，渣脚高程低于 20 年一遇洪水位 1 484.43～1 501.93m，渣脚受洪水影响。因此，5＃渣场工程防护措施主要考虑挡渣、防洪及排水。

(1)挡渣措施。河岸型渣场必须具有防洪和挡渣的作用，设计拟沿渣体坡脚线设置浆砌块石拦渣堤。拦渣堤高度为 1.5m，总防护长度为 417m。拦渣堤断面为趾形断面，顶宽

0.8m，内边坡垂直，外边坡为1∶0.5，堤前趾宽为0.5m，堤后趾宽为0.5m。

(2)防淘措施。5#渣场渣脚受龙溪沟20年一遇的洪水影响，为防止沟水对渣体的淘刷，浆砌石拦渣堤向下伸趾，经计算淘刷深度为1～2m；采用下伸趾墙和回填大块石的综合措施防止龙溪沟汛期洪水对渣脚的淘刷。基础及下趾深2.0 m，其中下伸趾1.0m，底座厚度为1.0m，以防止洪水对墙脚的淘刷。

(3)防冲措施。龙溪沟20年一遇的洪水水位高于浆砌石挡渣堤顶，对受洪水影响的渣体采取防冲措施，设置浆砌块石护坡，护坡厚0.3m，护坡高度为高出20年一遇的洪水水位0.5m，设计边坡为1∶1.6。

(4)排水措施。排除降雨形成的山坡地表水对渣体的冲刷，需要在渣场顶部设置排水沟。根据相关技术标准、规范，排水沟防御暴雨标准采用10年一遇24 h最大降雨量，经计算排水沟流量为0.038m^3/s。排水沟结构拟采用矩形断面，底宽0.4m，深0.4m；以浆砌块石衬砌，衬厚30cm，总长为539m。

拦渣堤及护坡内需要设排水孔。设计拟在拦渣堤内设1排排水孔，排水孔距底部0.4m，沿水平间距2.0m，排水孔比降为5%；护坡内排水孔按梅花形布置，排水孔距底部0.3m，沿水平间距3.0m，沿竖直间距3.0m，比降为5%，孔内均预埋Φ10cm的PVC管。

实验区下段渣场防护设计工程量见表6-1-14。

表6-1-14　实验区下段电站工程渣场设计工程量汇总表

工程项目	单位	1#渣场	2#渣场	3#渣场	4#渣场	5#渣场	合　计
土石方开挖	m^3	5 000	6 514	4 581	4 283	3 775	24 153
大块石回填	m^3	1 103	732	3 356	819	149	6 159
土石方回填	m^3		235	181	155	696	1 267
浆砌块石挡渣堤	m^3	4 150	3 860	3 533	3 476	2 383	17 402
浆砌块石护坡	m^3	2 389	2 294		590	441	5 714
钢筋石笼	m^3		203				203
浆砌块石排水沟	m^3	366	521	356	342	329	1 914
PVC管材	m	845	786	592	515	485	3 223

6.1.3.3　料场弃渣水土流失防治设计

实验区下段电站工程，料场规划有木卡、雨坝子2个天然砂砾石料场，占地面积13.35hm^2，占地类型主要为耕地。因木卡料场为上游梯级(中段)电站和本(下段)电站共用料场，其占地面积、防止水土流失措施等均在实验区中段电站相应内容中考虑了，此处不再重复计列和讨论。此外，公路和电站施工附属企业弃渣情况与上段、中段电站相同，防治水土流失的设计，本节一并简述。

1)料场水土流失防治设计

根据实地调查，水电站砂石料开采对地表扰动剧烈，尤其是山地砂石料开采，水土流失非常严重。在电站各设计阶段和实施过程中，各责任主体都必须履行《水土保持法》等有关法律、法规规定，对开采施工环节应予严格水土保持要求，同时需在开采区域内设置配套的设施，如设置截水沟、沉沙池等。开采结束后，及时清理料场迹地。

(1)开采方式。本料场属于滩涂料场，可以采取陆上开挖、运输方式，即采用 1～3m^3 挖掘机，辅以推土机集料，挖装至 10t 自卸汽车运到砂石加工厂。弃渣定时收集、堆积，运至指定地点。

(2)开采时段。由于料场开采周期较长，为避免降雨时段造成水土流失，开采经营主体应避开降雨时段开采作业。

(3)开采范围控制。初步设计确定，在规划的开采区域内集中开采，开采过程中注意保护开采边线以外的植被。未经当地政府水行政主管部门批准，开发商、施工单位或料场开采单位均不得越线开采。

(4)排水措施。初步设计确定在开采区域内侧设置截水沟，断面尺寸为 40cm×40cm(宽×高)。由于该截水沟为临时工程，使用时间较短，拟采用人工开挖简易沟槽后平整填实表面即可满足要求。截水沟长 3 000m，土方开挖约 480m^3。

(5)表土剥离。电站工程竣工后，料场后期迹地绿化需要平整、覆土。因此，设计拟在砂石料开采前剥离表土 3 万 m^3，堆放在料场一角，并以土袋拦挡坡脚，草袋覆盖表面。据计算，需土袋 400 个，草袋覆盖 10 000m^2。

2)公路占地水土流失防治设计

实验区下段电站工程需新建四级临时公路 8.2km，改建三级永久公路 3.9km，新建四级永久公路 5.4km。施工公路的水土流失，主要发生在公路施工期。因此，防治水土流失，设计主要应针对施工期提出。永久公路水土保持措施工程量已在工程永久占地区中计算。

在公路设计规范中，对公路边坡防护、坡面水、沟水处理等从道路运行安全的角度已经有明确的规定。这些措施虽属公路安全技术范畴，但其具有良好的水土保持功能，水电站初步设计拟将纳入电站工程防治水土流失的设计范围，此处仅对临时公路施工提出水土保持要求，初步设置排水沟及临时防护措施。

(1)基本要求。临时公路设计时，应考虑各路段的土石方挖填基本平衡，减小弃渣量，控制水土流失总量。即便是临时公路，电站开发商和公路设计单位也应当严格按技术规范设置排水沟。公路招标中，应该选择具有相应资质的专业承包商承建，避免野蛮施工；开挖时，监理单位应现场监督促使开挖边坡控制在稳定坡内，避免造成边坡失稳，引发水土流失；公路施工及运行活动，应尽量控制在施工场地征地范围内进行，防止破坏征地范围以外的植被。

临时公路边坡若遇到开挖软弱面，监理单位应监督承包商及时采取支护措施；公路弃渣采取集中堆储、运弃和防护方式，或将弃渣运至指定的电站渣场堆放，减少渣料和弃渣流失。

(2)工程措施。为减少施工期降水和地表径流对该地区的冲刷，造成水土流失；公路占地区应该设置截、排水沟，断面尺寸参照渣场设置，仍采用矩形断面，用浆砌块石衬砌，尺寸为 30cm×30cm(宽×高)，衬厚 25cm。该区域排水沟长度约 8 200m，排水沟工程量：土石开挖 2 950m^3，浆砌块石 2 870m^3。

施工过程中，渣体应增设临时拦挡措施，临时公路开挖前，部分区域先剥离表层土

30～45cm,分路段集中堆放在公路旁,并以草袋覆盖,以便迹地恢复时覆土实施植物措施。设计估算临时公路表土剥离约 2.6 万 m^3,需土袋 375 个,草袋覆盖 8 670m^2。

3)施工辅助企业占地区防治设计

如前所述,砂石料加工厂、混凝土拌和系统、钢筋加工厂等施工辅助企业占地区在使用期间大部分土地被临时建筑物占压,基本不产生新增水土流失;但砂石料加工厂的生产活动以及建筑设施占用初期平整场地和生产生活设施的建设、拆除过程中,仍有可能造成一定量的水土流失。本设计对该占地区各临时建筑物的建设、使用、拆除过程提出防止水土流失的技术要求和工程措施。

(1)基础开挖尽可能做到挖填平衡。施工临时生产生活设施的建设施工尽量避开大雨,场地平整尽量做到挖、填平衡,减少弃渣量。

(2)布设排水措施。电站工程施工辅助企业大多布置在 317 国道旁,且地形平缓,可利用 317 国道排水沟排除施工期降水和地表径流;对部分区域设置截、排水沟,拦截降水和地表径流,使其排至河道;施工污水,必须沉淀等处理达标后排放。

施工辅助企业占地区排水沟断面尺寸参照渣场设置,仍采用矩形断面,用浆砌块石衬砌,尺寸仍按 30cm×30cm(宽×高),衬厚 25cm。排水沟长度约 4 500m,工程量:土石开挖1 620m^3,浆砌块石 1 575m^3。

(3)电站建设期施工辅助企业占地区使用完毕,施工单位须将地表建筑物及硬化地面全部拆除,废弃物及时清理,或用于本区域坑凹填筑或运至指定地方堆放。

4)其他区域防治设计

其他区域包括水库淹没区、施工公路周边、移民安置区和专项设施占地区域,这些区域的建设施工活动也可能产生弃渣,引起大量水土流失。

水库库岸,除发育 2 个大型滑坡外,其余库段库岸稳定条件较好。列列寨滑坡位于库尾,水库蓄水后对滑坡无大的影响,但前缘可能发生局部塌岸。猪儿寨滑坡距坝址约 50m,当水库蓄水后,滑坡不会产生整体滑动,但前缘可能出现局部失稳。据估算,猪儿寨滑坡局部失稳造成直接影响区面积约 1.9hm^2;在主体工程设计中,已采取了混凝土挡土墙等工程措施对其进行防护。

公路复建的水土保持防治措施及工程量已在前面叙述,公路影响区除采取植物措施外,不再采取工程措施。

移民安置区采取排水沟,不采取其他工程措施,排水沟设置属移民建房本身,这里不重复计算。

专项设施的修建主要为公路、输变电线路、通信线路等复建或恢复。输电线路、通信线路等恢复影响面积小,此处可忽略不计。

5)防治措施工程量

实验区下段电站工程,防治区内水土流失工程措施工程量包括渣场、料场、施工公路及施工辅助企业等占地区工程措施的工程量,不包括主体工程中已有水土保持功能的工程措施及工程量。下段水电站水土保持分区防治工程措施工程量见表 6-1-15。

表 6-1-15　水土保持设计工程措施工程量汇总表

序号	项目	单位	永久占地区	渣场	料场	施工公路	施工辅助企业	合　计
1	土石方开挖	m^3	3 534	24 153	480	2 950	1 620	32 737
2	土石方回填	m^3		720				720
3	大块石回填	m^3		6 706				6 706
4	浆砌块石挡渣堤	m^3		17 403				17 403
5	浆砌块石护坡	m^3		5 714				5 714
6	浆砌块石排水沟	m^3	3 255	1 914		2 870	1 575	9 614
7	钢筋石笼	m^3		203				203
8	PVC 管材	m		3 223				3 223
9	表土剥离	万 m^3	7.37	12.56	3.0	2.6		25.53
10	土袋	个		820	400	375		1 595
11	草袋覆盖	m^2		41 900	10 000	8 670		60 570

6.1.3.4　景观生态修复设计

任何自然景观，离不开地形、地貌和植被的支撑。200 年前的西部山地，以茂密森林为背景的原生态景观美丽、壮观。加上实验区的藏、羌少数民族特色，区域风景美不胜收。工业革命和城市化进程，降低了自然景观的优美，却为人们带来更丰富的物质享乐，改变了人们的生产、生活方式。孰是孰非、孰轻孰重，当代人尚不能够简单、明智取舍。无论如何，从可持续发展的角度，尽可能修复和改善自然景观无疑与两者皆利。

水电站的建设，一定程度会破坏自然景观，同时也可以形成人造景观，带动区域旅游经济发展。实验区下段电站与上段电站一样，都处于藏、羌少数民族地区，电站主体建筑物的建筑形式与风格以及色调既要考虑业主的企业文化需要，又要兼顾民族特色和区域自然景观环境。也就是说，电站主体建筑物及结构布局，应该充分考虑美化民族区域环境因素。

1)主体建筑物施工区域

国外许多水利水电工程，业主单位利用和开发各主体建筑物景观及旅游价值，如在大坝上布设瀑布、跌水、阶梯造型、夜景灯，将其打造成特色旅游景区。国内，三峡工程的坛子岭观景台、平湖库区、雄伟的大坝等景点，每年都创造数亿旅游收入。如果说，每个水电站可以打造成特色景区，那么，电站的每个主体建筑物也都可以打造成人造景点。对于引水式电站，大坝和厂房等永久建筑，可以结合水土保持工程措施和植物措施打造成景(观)点。

(1)首部枢纽和厂区的植被修复。首部枢纽和厂区，露天开挖部位多、工程量大，施工过程中当具备绿化条件时，应当及时对部分开挖、填筑裸露场地及边坡进行绿化。

现场地质调查认为，实验区下段电站坝址区两岸为千枚岩，左、右岸坝顶高程以上的永久边坡，拟将采用挂网喷锚支护，锚杆长度 5m；临时边坡，根据现场情况进行支护；为防止海漫下游的两岸边坡的淘刷，左岸采用浆砌石护坡体归顺冲刷左岸岸坡的下泄水流，右岸采用浆砌石护坡，并用大块石对两岸护坡坡脚进行保护；左岸混凝土面板堆石坝下游采用干砌石护坡。

对水库库尾猪儿寨滑坡，设计拟采用混凝土挡土墙进行处理，挡土墙长度 950m。这些部位的防护工程已具有水土保持功能，但立地条件差，不具备植物生长条件，可不采取植物措施。为美化环境，在大坝左右岸上下游开挖、填筑边坡坡脚栽植三叶爬山虎，株距 1.0m，约 465 株。大坝下游两岸回填坡面的部分填筑边坡，具备植物生长条件，可栽种李子树绿化。首部枢纽区域植物措施面积为 1 635m^2，按密度 750 株/hm^2 计算，约需李子树 123 株。

厂区枢纽部分填筑边坡，具备植物生长条件的区域也将栽李子树进行绿化。其绿化面积为 2 000 m^2，按密度 750 株/hm^2 计算，约需李子树 150 株。

(2)永久公路绿化。永久公路进行道旁和边坡绿化，不仅可以减小公路边坡的水土流失，还可降低运行期交通噪声和飘尘污染，对工程区环境起到绿化、美化作用。下段电站区域永久公路长 9.3km，有条件栽植行道树的路段长约 4.5km，行道树树种选择当地适生树种柏杨；栽植方法为植苗，株距为 2.5m，需柏杨 3 600 株。永久公路边坡 19.98 hm^2，适宜栽植三叶爬山虎绿化的坡面约 12 hm^2，按株距为 1.0m 计算，需栽植三叶爬山虎 5 200 株。

工程永久占地区实施植物措施的区域，大多为土石混合开挖区，基本具备生长植物的条件，而不考虑大量覆土。

2)渣场区域

渣场是人为堆载、填筑的松散体，也可以认为其是可滑动体或潜在泥石流源。因此，从安全角度考虑，渣体即便进行处理，也不适合建民居住人。但渣体仍可以复耕、绿化和建一些临时或不影响生命安全的工程设施。

(1)渣场复耕措施。实验区下段大部分渣场不占耕地，但对河道岸坡的生态造成不利影响。电站枢纽建筑物、永久公路等永久占地区占用耕(园)地 6.25hm^2；临时公路、施工辅助企业等临时占地区占用耕地 6.94hm^2。根据规划，施工完成后临时占地需恢复耕地，归还农民耕种。本电站工程 1＃、2＃、3＃、4＃渣场渣顶可造地面积约 18.49 hm^2，全部造地后基本可补偿工程区内永久和临时占地中占用的耕地面积。渣场顶面复耕需覆土；弃渣堆放完毕，平整渣顶面，取渣场使用前剥离的表层土壤覆盖，厚度 40～45cm。覆盖物顺序倾倒后，进一步平整，以达到农耕要求。渣场渣顶覆土量共计 7.4 万 m^3，土源均取自各渣场和库区剥离表土。

(2)植物措施。防止水土流失的工程措施实施后，基本能够控制堆渣过程中弃渣流失。为防止堆渣渣体坡面在运行期产生面蚀，在 5＃渣场渣顶面及所有坡面上栽苹果树(各渣场在水面以下坡面除外)。其渣场顶面积为 0.96hm^2，坡面面积为 16.24hm^2。按密度 750 株/hm^2 计算约需苹果树 12 900 株。渣场绿化覆土量共计 5.16 万 m^3，绿化覆土全部为各渣场剥离表土。

3)料场区域

电站天然砂石料场占地面积 7.4hm^2，占地类型主要为园地。开采加工结束后，料场全部栽果树绿化。表层土覆盖厚度 0.4～0.5m，覆土量 3.0 万 m^3。料场使命结束，应及时平整、清理，覆土后，栽植当地适生的经济林——苹果树或樱桃树，密度 750 株/hm^2，约需 5 550 株。

4)施工公路占地区

下段电站临时公路长 17.5km，公路临时占地 26.6hm^2；其中，边坡 19.22 hm^2，路面 7.38hm^2，可采取边坡播撒菊苣草籽绿化。施工结束后，废弃路面栽植李子树绿化。覆土步骤：路面翻松后再覆土 0.35～0.4m，覆土量约 2.6 万 m^3。李子密度按 750 株/hm^2，约需 5 535 株；菊苣草籽按 30kg/hm^2，约需 576.6kg。

5)施工辅助企业占地区

实验区下段电站施工辅助企业占地区占地面积 23.1 hm^2。施工结束后，拟进行迹地恢复，原则上对耕地部分全部复耕，对其余部分栽苹果树绿化。本区域复耕、绿化覆土全部取自库区。

(1)复耕措施。本区占用耕地约 4.28hm^2，拆除地表建筑物及硬化地面后，翻松迹地表土，翻松厚度 40～50cm。并取剥离表土覆盖，厚度为 40cm～50cm。其后，进一步平整，达到农耕要求，复耕需覆土量 1.72 万 m^3。

(2)绿化措施。电站施工辅助企业区域绿化面积为 18.82 hm^2。施工结束后，拆除地表建筑物及硬化地面后，翻松迹地后覆土栽种苹果树，覆土厚度 0.3m 以上，覆土要求同上，覆土量 5.65 万 m^3；苹果树密度按 750 株/hm^2，约需 14 115 株。

6)其他直接影响区

本工程直接影响区，主要包括水库淹没、施工公路、移民安置及专项设施复建等范围。对施工公路及移民安置影响区，可以适地因地制宜进行绿化，恢复生态环境。其中，公路直接影响区主要有新建和改建永久公路，以及新建临时公路地质条件较差路段的两侧部分，影响区面积共计 13.07hm^2。采取对公路影响区损坏的植被进行清理，并整平坡面后补撒菊苣草籽。按影响面积的 30% 考虑补栽补种，即种草面积为 3.92hm^2，菊苣草籽按 30kg/hm^2，约需草籽 117.6kg。

移民安置建房对水土流失影响轻微，其水土保持采取"四旁绿化"措施，鼓励移民在房屋周围及附近空旷地栽李子树和核桃树。按人均 1 株李子树、1 株核桃计算，共栽李子、核桃各 368 株。以上工程永久占地区、渣场、料场、施工公路等占地区及直接影响区植物措施工程量和各区域植物措施工程量详见表 6-1-16。

表 6-1-16　下段电站水土保持植物措施工程量汇总表

防治分区		植物措施						
		爬山虎	柏杨	李子树	苹果树	核桃树	菊苣(kg)	覆土量(万 m^3)
工程永久占地区	面积(hm^2)	12.29	4.5km	0.36				0
	数量(株)	5 665	3 600	275				
渣场	面积(hm^2)				17.2			18.49
	数量(株)				12 900			
料场	面积(hm^2)					7.4		3.0
	数量(株)					5 550		
临时公路	面积(hm^2)			7.38			19.22	2.6
	数量(株)			5 535			576.6	
施工辅助企业	面积(hm^2)				18.82			7.37
	数量(株)				14 115			
直接影响区	面积(hm^2)			0.06		0.06	3.92	
	数量(株)			368	368	117.6		
合　计	面积(hm^2)	12.29	4.5km	7.8	43.42	0.06	23.14	31.46
	数量(株)	5 665	3 600	6 178	32 565	368	694.2	

6.2 工程弃渣防治水土流失变更设计

计划经济时期,政府可以通过强有力的行政命令,实现行政首长的意图,确保计划的执行。改革开放之后,集权化的行政命令模式得到一定程度的调整,个性和能动性得到一定程度的释放与发挥。但是,随之而来的是,在某些地方,有一定社会关系、权力的企业或个体可以凭借某种“优势”,阻止以合法、科学程序设计或规划的项目,以至于一些项目不得不变更、延期甚至“流产”。

1969 年 3 月 30 日,毛泽东主席在批准长江葛洲坝水利枢纽工程兴建方案时就高瞻远瞩地指出:“赞成兴建此坝,现在文件设想是一回事,兴建过程中将要遇到一些现在想不到的困难问题,那又是一回事。那时,要准备修改设计。”本研究课题实验区,由于地质、地貌复杂,生态环境相对恶劣,又是多民族混居,加上规划、设计深度不足或不能满足实施要求,建设过程的情势变更或设计变更在所难免。实验区上段、中段和下段 3 个列为课题研究范围的电站在实施过程中因种种原因,渣场的位置与弃渣规模都发生较大变化,这种改变一方面大规模新增水土流失,加速生态恶化;另一方面,不正常和不利的工程变更或设计变更,造成工程质量、工期和投资巨大损失。

6.2.1 实验区上段电站弃渣设计变更

1)变更调整及重新环评依据

根据《环境影响评价法》规定:“建设项目的环境影响评价文件批准后,建设项目的性质、规模、地点、采用的生产工艺或者防治污染、防止生态破坏的措施发生重大变动的,建设单位应当重新报批建设项目的环境影响评价文件”。

任何情况下,变更都意味着工作有欠缺或瑕疵。无论结果是合理或不合理的变更,都必须依据有关法律、法规履行变更程序,完善变更设计。实验区上段水电站正式开工前,原国家电力公司成都勘测设计研究院于 2003 年 6 月依法上报了《四川省实验区河流水电站环境影响报告书》。四川省环境保护局于 2003 年 11 月以“川建函[2003]235 号文”对电站环评报告(以下简称电站原环评)进行了批复。工程开工后,随着设计的深入及现场条件的变化,施工布置产生了较多设计变更,特别是几个电站的渣场布置都变化较大。为此,中国水电顾问集团公司成都勘测设计研究院于 2007 年 3 月编制了《四川省实验区河流水电站水土保持方案调整报告书》,四川省水利厅于 2007 年 4 月以“川水函(2007)295 号文”对水土保持方案调整报告进行了批复。批复中明确指出:调整后的上段电站渣场由原来的弃渣 146.8 万 m^3 增加到 320.6 万 m^3,弃渣场由原来的 6 个增加到 10 个,表明后水土保持方案做出的调整是十分必要的。

由于该电站渣场、料场位置变化较大、弃渣料量增加较多,属于重大变动。因此,电站的业主单位委托四川省水利水电勘测设计研究院开展《四川省实验区河流梯级水电站渣料场调整环境影响报告书》的编制工作,并于 2009 年 1 月完成四川省实验区河流渣料场调整环境影响报告书。上段水电站渣料场调整前后工程情况对照见表 6-2-1;渣料场调整前后工程环境影响及方案对照表见表 6-2-2;渣料场调整前后工程主要环保措施对照表见

表 6-2-3。

表 6-2-1　上段水电站渣料场调整前后工程对照情况表

项　目	调整前	调整后
建设地点	四川省阿坝藏族羌族自治州理县	相同
装机规模	195MW	相同
工程等级	Ⅱ等大(2)型	相同
引用流量	57.0m^3/s	相同
首部枢纽	拦河大坝、泄洪洞、放空洞组成	相同
引水建筑物	进水口、引水隧洞(18712.96m)、调压室和压力管道组成	相同
厂房枢纽	主、副厂房、主变与 GIS 室、尾水建筑物	相同
施工导流	上、下游围堰和导流洞	相同
施工交通	施工临时公路 38.6km，桥梁 5 座，施工支洞 6 条	施工临时公路 23.82km，永久公路 0.45km 增加 2～2＃支洞和 6～2＃支洞
施工企业	砂石加工厂、机械维修站、汽车保养站、钢筋加工厂、木材加工厂各 2 个，7 个混凝土拌和站	1 个砂石加工厂且位置变动，其他未变
渣场	6 个，渣量 146.79 万 m^3，占地面积 46.67hm^2	10 个，增 4 个。渣量 320.59 万 m^3，增 173.80 万 m^3，面积 40.77hm^2，减 5.90hm^2
料场	6 个，占地面积 37.78hm^2	5 个，面积 19.41hm^2，减少了 18.37hm^2
公用设施	办公和生活建筑 3 个	相同
工程占地	永久占地 16.0hm^2，临时占地 177.1hm^2，总占地 193.1hm^2	永久占地 13.22hm^2，临时占地 108.51hm^2，总占地 121.73hm^2
水库淹没	淹没耕地 34.5hm^2，林地 141.5hm^2，人口 347 人	相同
总投资	15.35 亿元	15.55 亿元

表 6-2-2　渣料场调整前后工程环境影响及方案对照表

环境因子		调整前环境影响	调整后环境影响	调整前后比较效果
生态环境	水土流失	渣场区、料场区、施工公路区等三部分水土流失 585 428.51t	渣场区、料场区、施工公路区等三部分水土流失 301 404.08t	因库底型渣场个数增加、新增渣场多建在河滩平地及渣场总占地面积减少等因素，比调整前减少 284 024.43t，不利环境影响较调整前减少
	陆生动植物	渣场区、料场区、施工公路区占用耕地、林地、园地、草地等 161.65hm^2	渣场区、料场区、施工公路区占用耕地、林地、园地、草地等 95.47hm^2	比调整前减少 66.18hm^2，减少了对植被的破坏，不利环境影响较调整前减少
	自然景观	料场 6 个、渣场 6 个	料场 5 个、永久渣场 7 个(其他 3 个为临时渣场)	增加永久渣场 1 个，弃渣量增加，对自然景观产生一定影响

续表

环境因子		调整前环境影响	调整后环境影响	调整前后比较效果
水环境	生产废水	砂石加工系统处理废水产生了局部污染带	通过“以新代老”，消除砂石加工系统处理废水污染	确保水环境质量达到功能标准，环境正影响
	洪水	无临沟渣场	增加了临沟型渣场2个	对沟道行洪可能产生影响
	生活废水	336m^3/d	336m^3/d	前后影响变化不大
大气		影响甚微	影响甚微	前后影响变化不大
声		影响甚微	影响甚微	前后影响变化不大
固体废物	工程弃渣	渣量为146.79万m^3	渣量为320.59万m^3	增加渣量173.80万m^3
	生活垃圾	4.25t/d	4.25t/d	前后影响变化不大

表6-2-3　渣料场调整前后工程主要环保措施对照表

环境因子		调整前措施	效果	调整后补充措施
生态环境	水保措施	分区进行恢复	渣场实施了拦渣、防洪、防淘、排水等工程	增加防治投资
水环境	生产废水	采用混凝沉淀法处理	未完全实施，已产生局部污染带	重新上处理设备，并确保设备正常运行
	生活污水	采用成套设备处理	已实施，效果较好	未变化
大气和声环境		防治大气和噪声等多种措施	已实施，效果较好	增加了施工人员噪声防护设备

2)变更调整及重新环评目的

根据电站工程特性以及工程所处区域的环境特点，本变更项目重新环境影响评价主要目的如下：

(1)调查、研究渣场、料场调整所在区域的环境功能、环境质量现状及其变化发展趋势、存在的主要环境问题和环境保护敏感目标。

(2)预测渣料场调整可能造成的负面环境影响。

(3)针对其不利影响制定相应的环境保护对策和措施，减缓渣料场调整带来的不利环境影响及对周边生态环境的破坏，确保工程的顺利实施。

(4)针对渣料场调整给环境带来的不利影响，制定环境监理和环境管理规划，估算工程环境保护、水土保持投资，确保工程专项资金落实。

(5)复核原环评报告的环境影响分析和环境保护措施实施情况。

(6)从环境保护角度论证渣料场调整的合理性。

3)变更调整及重新环评的恢复目标

(1)控制工程建设对生态环境造成的不利影响，及时采取工程、植物、生物等措施恢复工程地区生态系统功能，维护工程地区生态系统等级，改善工程区域生态环境。

(2)预防和治理因工程建设造成的水土流失,控制新增水土流失量,要求水土流失总治理率达 85%以上,弃渣防护率达到 98%以上,扰动土地整治率达 95%以上,使工程区域总体水土保持效果超过项目建设前水平,项目建设区内土壤侵蚀控制在 500t/(km^2 · a)。

4)重新环评的重点评价要素

依据现行环境影响评价技术规范与要求,按照工程作用因素和环境状况变化的情况,确定本次环评评价重点内容如下:

(1)生态。上段电站部分渣料场变更将对植被产生一定负面影响,带来新增水土流失。按照《环境影响评价技术导则一非污染生态影响》(HJ/T19—1997)的要求,将渣料场区域生态作为评价的重点。

(2)料场安排。上段水电站拦河大坝为碎石土心墙堆石坝,围堰采用土石结构,其天然建筑材料需用量为:碎石土料(坝体心墙料、围堰斜墙及铺盖料)77.02 万 m^3,坝体及围堰堆石料 417.2 万 m^3,过渡料 62.37 万 m^3,混凝土粗细骨料及反滤料约 75 万 m^3,高塑性黏土料 6.51 万 m^3。

除过渡料采用隧洞开挖弃渣外,选择长河坝碎石土料场、九架棚料场、牌坊沟坝壳料场、狮子坪料场、红房子天然砂砾石料场和小木厂黏土料场共计 6 个料场作为工程天然建材来源,料场面积共计 37.78hm^2。

(3)渣场规划。上段水电站主体工程覆盖层开挖 32.88 万 m^3(自然方),石方明挖 29.31 万 m^3(削方),石方洞挖 97.06 万 m^3(自然方),土石方开挖总量 159.25 万 m^3(松方,以下相同)。考虑需从渣场回采 95.00 万 m^3 作为大坝过渡料,工程最终弃渣总量为 146.79 万 m^3。

根据施工总布置,采取分散布置的原则,在坝址上游约 3.6km 处的九架棚沟口至厂区之间实验区河流两岸分别设置了 6 个渣场,总占地面积 46.67hm^2。

上段水电站于 2002 年 11 月开始大坝基础处理,2003 年底开工,2004 年底截流。受托编制本调整报告时,CI 标放空洞、泄洪洞、进水口、引水隧洞等开挖已全部完成,正在进行混凝土施工及金属结构安装;CII 标大坝坝肩及基坑开挖基本完成,正在进行坝肩和左右岸心墙混凝土浇筑,即将开始填筑大坝;CⅣ～CⅨ标为引水隧洞标;除 CIV 标、CV 标已结束洞挖正在进行永久支护外,其余标段开挖仍在进行之中,工程量总体完成了 80%左右;CX 标压力管道和地下厂房系统开挖完成约 90%;对于料场,小木厂黏土料场已开采约 30%,大沟人工骨料场开采了约 20%,长河坝碎石土料场已剥离了一半面积,开采了 1%左右;大丘地料场被弃用,梅多沟坝壳料场正在进行覆盖层剥离,而牌坊沟坝壳料场尚未开始开挖;场内施工道路修建了 90%;各生产生活设施基本建设完毕;另外 317 国道改线已完成约 90%。

6.2.1.1　**渣场变更设计**

1)渣场调整前总体布置

上段电站渣场调整前(初步设计阶段)共布置 6 个渣场,自上而下布置在实验区河流上段电站坝址上游约 3.6km 处的九架棚沟至厂址区河段内,分别是:位于右岸架棚沟上下游河滩地上的原 1＃渣场;位于右岸坝址下游 2.0km 处的支沟梅多沟与麻尔米沟之间的耕地上的原 2＃渣场;位于右岸麻尔米沟下游侧的原 3＃渣场;位于左岸支沟大沟下游约 1.0km 处的原 4＃渣场;位于左岸,上距支沟石古磨沟沟口约 1.6km 的原 5＃渣场;位于左岸,下距电站厂房约 1.7km 的原 6＃渣场;总占地面积 46.67hm^2。

2)上段电站渣场变更布置

变更设计调整后共布置有10个渣场，自上而下布置在实验区河流上段电站坝址上游约14.5km处的长河坝至厂址下游约4.5km区域河段内。分别是：位于右岸，九架棚沟口上下游河滩地上的现1#渣场(未变动)；位于右岸，九架棚沟下游的现2#渣场；位于右岸，支沟麻尔米沟下游附近的现3#渣场(未变动)；位于右岸，坝址下游打靶打沟口上游新3#支洞口附近的现4#渣场；位于右岸，坝址下游石古磨沟内新4#支洞口附近的现5#渣场；位于右岸，坝址下游彭家河坝的现6#渣场；位于左岸，坝址下游月亮田、二道坪的现7#渣场(原6#渣场可征用的小部分地)；位于左岸，厂址下游约4.5km谭家地处的现8#渣场；位于左岸，坝址上游约14.5km处的长河坝料场弃渣场；位于左岸，坝址上游大丘地料场附近公路内侧的大丘地弃渣场。

3)渣场调整方案

限于设计技术深度和当地政府和民众诉求，电站渣场作如下调整，其方案为：

(1)原2#渣场渣料堆至原1#渣场，在石古磨沟内设置了现5#渣场代替原4#渣场；

(2)在彭家河坝、谭家地分别设置了现6#、8#渣场代替原5#、6#渣场；

(3)另外，原6#渣场可征用的小部分土地也可堆渣，为现7#渣场；

(4)对于新增的料场弃渣，除设置长河坝料场弃渣场和大丘地弃渣场堆存外，梅多沟料场弃料堆至原3#渣场(现3#渣场的干流部分)；

(5)由于容量不够，增设现4#渣场堆存3#支洞工作面出渣，317国道改线3#渣场即为现3#渣场 (支沟部分)；

(6)原1#渣场经复核容量较大，可满足原1#、2#渣场及317国道改线2#渣场全部渣料堆存要求；考虑实际堆渣范围，将其分为2个渣场，即现1#、2#渣场。

渣场调整后，取消了原2#、4#、5#共3个渣场，全部或部分为原规划渣场的有1#、2#、3#、7#共4个渣场，另外新增了长河坝料场弃渣场、大丘地弃渣场、4#、5#、6#、8#共6个渣场，总共设置了10个渣场，基本能满足工程全部弃渣堆存要求。调整前、后的渣场见下表6-2-4和表6-2-5。

4)工程施工过程中永久性渣场

工程施工过程中的永久性渣场为：长河坝料场弃渣场、大丘地弃渣场、1#、2#、3#、7#、8#渣场。4#、5#、6#渣场为临时渣场，堆满后均运走用于大坝回填。

表6-2-4　调整前渣场特性表　　单位：万 m^3

工程项目	覆盖层明挖	石方明挖	石方洞挖	小计	回采	弃渣	弃渣来源
1#渣场堆渣量	25.87	21.46	10.11	57.44	12.40	85.40	大坝、泄洪洞及导流工程
2#渣场堆渣量		3.66	10.52	14.18	12.00	8.92	1#支洞
3#渣场堆渣量	1.57		17.32	18.89	15.00	11.14	2#及3#支洞
4#渣场堆渣量			16.02	16.02	12.00	9.65	4#支洞
5#渣场堆渣量			24.13	24.13	19.00	13.60	5#及6#支洞
6#渣场堆渣量	5.43	4.18	18.96	28.57	24.60	18.09	调压井、压力管道及厂区
合计	32.88	29.31	97.06	159.25	95.00	146.79	

注：渣场名称为原渣场编号。

表6-2-5 调整后渣场特性表

单位：万 m^3

渣场名称	位置	计划堆渣量	弃渣来源	计划回采量	实际回采量	实际最终堆渣量	渣场类型	调整情况
长河坝料场弃渣场	左岸，坝址上游14.5km处	37.3	长河坝料场37.3			37.3	临河型	新增
1＃渣场（九架棚沟）	右岸，坝址上游九架棚沟口上、下游处	45.12	CⅠ标27.62，CⅣ标14.5，317国道改线3.0			45.12	库底型	在原1＃渣场的左侧部分
大丘地弃渣场	左岸，坝址上游大丘地料场附近	33	牌坊沟、大丘地料场33			33	库底型	新增
2＃渣场（包括317国道改线2＃渣场）	右岸，坝址上游九架棚沟口下游附近	111.33	CⅡ标74.33，317国道改线37	59.89	34.07	77.26	库底型	在原1＃渣场的右侧部分及317国道改线2＃渣场
3＃渣场（包括317国道改线3＃渣场）	右岸，坝址下游麻尔米沟口下游附近（干流部分）	54.11	CⅤ标18.11 317国道改线20，梅多沟料场36			54.11	临河型	在原3＃渣场处
	右岸，坝址下游麻尔米沟左岸（支沟部分）	20				20	临河型	在317国道改线3＃渣场处，渣量不变
4＃渣场（3＃支洞口）	右岸，坝址下游打靶打沟口上游3＃支洞口	20.27	CⅥ标20.27	15	20.27	0	谷坡型	新增
5＃渣场（石古磨沟）	右岸，坝址下游石古磨沟内4＃支洞口附近	20.44	CⅦ标20.44	0	20.44	0	拦沟型	新增
6＃渣场	右岸，坝址下游彭家河坝	20.22	CⅧ标20.22	0	20.22	0	临河型	新增
7＃渣场	左岸，坝址下游月亮田、二道坪	23.66	CⅨ标23.66			23.66	临河型	在原6＃渣场的右侧部分
8＃渣场（谭家地）	左岸，厂房下游约4.7km的谭家地处	30.14	CⅩ标30.14			30.14	临河型	新增
长河坝和大沟两个料场表土暂存场								
合计		415.59	CⅠ～CⅩ标段249.29；料场106.3，317国道改线60	95	95	320.59		

注：渣场名称为现渣场编号。

6.2.1.2　**料场变更设计**

1)料场调整前布置

料场调整前,在实验区上段河流沿岸选择了6个料场作为工程天然建材来源,分别是长河坝碎石土料场和九架棚料场(提供碎石土料);牌坊沟料场提供坝壳料;狮子坪料场也提供坝壳料及反滤料和混凝土人工砂石骨料;红房子天然砂砾石料场提供混凝土粗细骨料;小木厂黏土料场提供心墙黏土料。

2)料场调整后布置

料场与渣场一样,是水土流失的重点防范区域。因工程设计深度不够,实施过程中上段电站料场作了重大调整,其布置情况如下:在梅多沟和大沟内分别设置了梅多沟坝壳料场和大沟人工砂石骨料场;在坝址上游大丘地附近,设置了大丘地坝壳料场,3个料场代替原狮子坪料场。同时,由于大沟人工骨料场储量较大,能提供工程所需全部混凝土骨料用量,因此取消了坝址下游31km处的红房子砂砾石料场。另外,料场可研设计阶段按照设计规范要求,料源储量须留有一定的裕度,故选择了长河坝、九架棚2个碎石土料场;考虑到九架棚料场仅用于围堰工程的防渗土料,用量较少,协调后变更仅开采长河坝碎石土料场既可满足工程用量要求,故取消了九架棚料场。也就是说,设计变更共取消了红房子、狮子坪和九架棚3个料场,增加了梅多沟和大沟2个料场,保留长河坝、小木厂和牌坊沟3个料场。而原来增设的大丘地料场,根据实际调整情况已弃用。因此,实际共设置5个料场。各料场调整情况见表6-2-6。

表6-2-6　料场调整情况表

序号	料场名称	有用层储量(万 m^3)	需用量(万 m^3)	规划采(万 m^3)	开采面积(hm^2)	提供料源	调整情况	备注
1	牌坊沟坝壳料场	662.25	156.45	203.4	4.5	坝壳料	原规划	
2	大丘地坝壳料场	392.62	52.15	67.8	4.22	坝壳料	已弃用	取消狮子坪、红房子料场
3	梅多沟坝壳料场	372.89	208.6	271.2	3.33	坝壳料	新增	
4	大沟人工骨料场	512.47	75	112	1.1	混凝土骨料、反滤料	新增	
5	长河坝碎石料场	235.92	77.02	115.4	3.26	碎石土料	原规划	取消九架棚料场
6	小木厂黏土料场	23.7	6.51	8	3	黏土料	原规划	
	合计				19.41			

3)施工实际利用料场

电站建设施工过程中,实际利用的料场为:牌坊沟坝壳料场、梅多沟坝壳料场、大沟人工骨料场、长河坝碎石土料场、小木厂黏土料场等5个,大丘地坝壳料场未予采用。需要说明的是,梅多沟料场选择是失败案例,开采发现该料场料源就像煤渣,开挖山体高度近百米仍未见合格岩石,也就是说做大坝坝壳料不符合技术及质量要求。这在水电站建设史上,可以作为重大教训进行总结。

由于渣场、料场重大变更,导致施工过程的场内施工交通和施工生产、生活设施做出相应调整,那么,这些被调整的设施产生的弃渣量也相应发生较大改变。

(1)场内交通调整。由于渣料场变更及调压井、压力管道开挖和出渣方式的调整，设计单位重新对施工交通线路进行了变更调整，即依靠 317 国道作为主干道，到大坝开挖、各料场、渣场、引水隧洞各施工支洞、压力管道施工支洞、地下厂房系统、施工工厂等各工作面，拟新建临时公路 23.82km，新建永久公路 0.45km，交通隧洞 0.78km。公路总长度为 24.27km，较调整前 38.60km 减少了 14.33km(约 40%)。

(2)施工生产生活设施调整。实验区上段水电站采用高水头引水的混合式开发，施工战线较长，在各工作面分散布设了砂石骨料加工系统、混凝土拌和站、供风、供水、供电系统、施工生活区等生产生活设施。虽然部分料场、渣场、场内交通等施工布置发生了较大的变化，但由于电站工程的坝址、引水系统、厂址等主体工程没有变动，因此除砂石加工系统调整在大沟内外，其他各类施工设施场地布置的调整较小，调整后生产生活设施占地面积合计 14.35hm^2。

6.2.1.3　渣料场调整后工程占地情况

电站渣场、料场调整前工程总占地面积为 193.04hm^2，其中永久占地面积 16.00hm^2，施工临时占地面积 177.04hm^2。调整后，经复核，工程占地面积 121.73hm^2，包括永久占地面积 13.22hm^2，临时占地面积 108.51hm^2。

渣场、料场调整前，渣料场及施工公路总占地面积为 161.65hm^2，其中料场占地面积 37.78hm^2，渣场占地面积 46.67hm^2，施工道路占地面积 77.20hm^2。渣料场调整后，渣料场及施工公路占地面积发生了较大的变化：料场占地面积 19.41hm^2，渣场占地面积 40.77hm^2，场内施工道路占地面积 35.29hm^2，总占地面积 95.47 hm^2。调整后比调整前占地面积的变化为：料场占地面积减少 18.37hm^2，渣场占地面积减少 5.90hm^2，场内施工道路占地面积减少 41.91hm^2，以上总占地面积减少 66.18hm^2，渣料场前后部分工程占地对照表见表 6-2-7。尽管占地面积有所减少，但施工过程对环境的负面影响增加，施工工期严重拖延，水土流失强度明显加大。

表 6-2-7　渣料场调整前后部分工程占地面积对照表

工程项目		单位	调整前	调整后	增加量(+)	减少(−)	最终变化量
料场占地		hm^2	37.78	19.41		18.37	18.37
渣场占地		hm^2	46.67	40.77		5.90	−5.90
场内施工道路	新建永久公路	hm^2	0	0.68	0.68		−41.91
	改建临时公路	hm^2	77.2	34.61		42.59	
合计			161.65	95.47		0.68	

6.2.1.4　渣料场调整的缘由和可行性

如前所述，渣场、料场的重大变更，一方面是设计深度不够；另一方面，国家实施西部大开发政策后，地方政府凭借政策和资源优势直接参与或干预开发建设，使规划、计划的严肃性受到影响。另外，一些中小项目，社会设计、咨询机构受经济利益诱惑，设计报告数据造假，将有利的方面夸大，将不利的方面减少，导致决策失误或工程变更不断发生。

实验区上段电站，变更后环境评估根据渣场调整前设计，主体工程土石方开挖总量为

241.79 万 m^3(松方,以下均同),考虑需从渣场回采 95.00 万 m^3 作为大坝过渡料,工程最终弃渣总量为 146.79 万 m^3。事实上,大坝过渡料利用渣场弃渣回采不经济,其一是渣场防止水土流失的工程措施没有减少;其二,回采因运距较远,成本很高;其三,多次倒运,使工程动态投资加大,用料质量变差,施工污染加重。

1)渣场调整

根据渣场调整前设计,主体工程土石方开挖总量为 241.79 万 m^3(松方,以下均同),考虑需从渣场回采 95.00 万 m^3 作为大坝过渡料,工程最终弃渣总量为 146.79 万 m^3。

上段水电站于 2003 年底开工后,为了提高开挖效率,方便施工,经进一步优化设计,CV 标及 CⅨ标分别增加了 2—2#及 6—2#施工支洞,洞挖量增加约 7.50 万 m^3,主体工程土石方开挖总量增加为 249.29 万 m^3。考虑大坝过渡料需回采 95.00 万 m^3,主体工程土石方开挖最终弃渣总量为 154.29 万 m^3。另外,本次施工总布置调整中补充了各料场开采的弃渣规划。

按照各种天然建筑材料的需用量以及各料场的勘探成果,设计估算各料场覆盖层、无用层开挖量约 113.9 万 m^3;其中,除 7.6 万 m^3 就近堆存以便将来绿化、复耕或造地外,其余 106.3 万 m^3 选择渣场进行堆放。同时,根据四川蜀水生态环境建设有限责任公司编制的《国道 317 线狮子坪电站库区改建工程水土保持方案报告书》(2004 年 8 月),库区 317 国道改复建工程有 2 个渣场与电站主体工程渣场结合布置,弃渣量共计 60 万 m^3,渣场调整后将纳入这部分弃渣一并考虑。调整后的最终弃渣总量为 320.59 万 m^3,较调整前增加了 173.8 万 m^3,因此渣场调整是必要的。又根据《四川省实验区河流上段水电站水土保持方案调整报告书》(于 2006 年 12 月 15 日通过由四川省水土保持局主持召开的技术审查会)中认为,新增渣场基础稳定,具备堆渣条件,满足堆渣容量的结论,渣场调整是必要和可行的。

2)料场调整

上段水电站工程开工后,随着施工进展和勘测设计的深入,狮子坪料场料源储量、质量不能完全满足工程建设需要;同时,电站工程大坝坝型为碎石土心墙堆石坝,料源需求量大,遂进行了料源补充调查与调整。在梅多沟和大沟料场内,分别设置了梅多沟坝壳料场和大沟人工骨料场,以代替狮子坪料场。而大沟人工骨料料场储量较大,能提供工程所需全部混凝土骨料用量。因此,取消了坝址下游 31km 处的红房子砂砾石料场。另外,在料场调整前的初步设计阶段,按照设计规范料源储量须留有一定的裕度,故选择了长河坝、九架棚 2 个碎石土料场;考虑到九架棚料场仅用于围堰工程的防渗土料,用量较少,只开采长河坝碎石土料场就可满足工程用量要求,故取消了九架棚料场。

料场规划变更调整后,取消了红房子、狮子坪和九架棚 3 个料场,增加了梅多沟和大沟 2 个料场,保留长河坝、小木厂和牌坊沟 3 个料场,共设置了 5 个料场,基本能满足工程天然建材用量、质量要求,较上阶段相对集中了料场布置,缩短了运距。因此料场的调整是必要和可行的。

6.2.1.5 渣料场变更的环境合理性分析

很多情况下,工程变更或设计变更并不是优化,而是被动接受设计疏漏或错误的现实。也就是说,开发商应该为其任何改变对价或付出代价。无论如何,任何改变应该有利于工程质量、增加工程功能，或减少投资，或提前施工工期。事实上，当今社会条件下，工程变更基本都是被动和不利的选择。那么，本工程涉及山地生态和水土流失的渣场、料场变更，都属于此类范围。尽管如此，工程建设参与各方(业主、设计、监理、承包商)，都需要以科学的态度，精心设计，慎重实施变更，在利害之间取其利。

1)渣场调整

变更调整后的 1＃渣场位于河右岸，在原 1＃渣场的左侧部分，堆放 CⅠ标、CⅣ标弃渣，属库底型渣场。水库形成后，1＃渣场即被库水淹没，对河道演变及河势稳定不会造成影响。

变更调整后的 2＃渣场位于河右岸，在原 1＃渣场的右侧部分，堆放 CⅡ标及 317 线改线公路 2＃渣场。由于原 2＃渣场占用支沟梅多沟与麻尔米沟之间的耕地，而原 1＃渣场位于九架棚沟上下的河滩地。通过调整，既减少了对耕地的占用，又充分利用了河滩地。变更调整后的 2＃渣场也属库底型，水库形成后即被库水淹没，对河道演变及河势稳定不会造成影响。

新增的大丘地弃渣场位于实验区河流左岸，位现 1＃、2＃渣场对面，堆放牌坊沟料场弃渣，亦属于库底型渣场，水库形成后即被库水淹没，对河道演变及河势稳定不会造成不利影响。

3＃渣场堆放 CⅤ标、317 国道改线公路 3＃渣场、梅多沟料场(新增料场)的弃渣。

原设计的 4＃渣场因大部分土地征用困难，变更取消原 4＃渣场，在 3＃支洞口附近增加现在的 4＃渣场，堆放原本属于 3＃渣场(未改变)的 CⅥ标的洞渣。现 4＃渣场为谷坡型临时性渣场，不受洪水影响，不影响河道行洪，其渣量全部用于大坝填筑。

变更调整后的 5＃渣场布置在石古磨沟 4＃支洞附近，代替原 4＃渣场堆放的 CⅦ标弃渣。现 5＃渣场为拦沟型临时性渣场，堆渣沟段道长 140m(直线距离)，平均坡降 276.6‰，沟内植被情况良好，一般情况下为干沟，汛期有少量雨水，基本不存在发生泥石流的条件。通过现场调查，该渣场已堆存了计划堆渣量的 90％左右，评估报告时已开始运至大坝填筑。渣场已进行了沟水处理，设计洪水标准采用 50 年一遇标准，采用 100 年一遇洪水进行校核。评估报告阶段，沟水处理设施基本完毕，潜在威胁也已基本消除。

原设计的 5＃渣场，因大部分土地征用困难，取消原 5＃渣场，在彭家河坝增设现 6＃渣场，代替原 5＃渣场，堆存 CⅧ标的弃渣。原 6＃渣场的小部分土地可继续堆渣，变更为现 7＃渣场，堆存 CⅨ标弃渣。同样，原设计的 6＃渣场也是因大部分土地征用困难，尤其是原 6＃渣场附近有不少村民居住。设计变更取消原 6＃渣场大部分，在谭家地处增设现 8＃渣场，代替原 6＃渣场，堆存 CⅩ标弃渣。

因料场调整，变更后长河坝料场承担原长河坝和原九架棚料场的开采任务，料量增加。为缩短运渣距离(长河坝料场距下游坝址约 14.5km)，减少对沿线环境的影响，在长河坝料场处直接增设长河坝料场弃渣场。

调整后的 6＃、7＃、8＃及长河坝料场弃渣场，包括上述的现 3＃渣场均属临河型渣场，要受设防洪水影响，但在采取拦挡、护坡等工程措施后可保持渣体稳定。同时，根据四川省水文局、阿坝州水文水资源勘测局 2004 年 12 月编制的《理县实验区河流上段水电站行洪论证与河势稳定评价报告》和《理县实验区河流上段水电站行洪论证与河势稳定评价

(调整渣场、料场补充)2005年12月报告》所作出的结论,各临河渣场由于建堤拦渣,占用了部分河滩地,但保证了河道行洪的净水面宽,对河势稳定不会造成太大影响。

变更调整后的渣场以河滩地为主,减少了对基本农田的占用,不影响行洪,不形成泥石流,不涉及居民搬迁且周围无人居住,环境敏感程度降低。在采取工程及水土保持措施后,不形成次生灾害。调整后,渣场总占地面积比调整前减少了5.90hm^2,减少了对地表扰动面积,且充分考虑利用死库容弃渣,相应减少了新增水土流失的发生。因此,从环境影响角度综合分析,渣场调整是合理的。

2)料场调整

料场变更调整后,取消了红房子、狮子坪和九架棚3个料场,增加了梅多沟和大沟2个料场,保留长河坝、小木厂和牌坊沟3个料场,实际共配置了5个料场。料场调整新增的梅多沟和大沟料场布置于支沟内,大丘地料场开采后可用程度低,在施工中未被采用。据《理县实验区河流上段水电站行洪论证与河势稳定评价(调整渣场、料场补充)报告》,梅多沟和大沟料场只要做好弃料拦挡,对沟道泄洪不会造成影响。同时与调整前相比,调整后的料场充分利用现有公路,大大缩短了新建公路长度,减少占地面积18.37hm^2,避免对大量植被占压和破坏。上述料场不占用耕地,不涉及居民搬迁且周围无人居住,环境敏感程度低。因此,从环境影响角度综合分析,料场调整也是合理的。

3)场内交通运输

渣料场的变更调整,迫使设计对交通线路进行了相应设计调整,即依靠317国道作为主干道,到大坝开挖、各料场、渣场、引水隧洞各施工支洞、压力管道施工支洞、地下厂房系统、施工工厂等各工作面,新建临时公路约23.82km,新建永久公路0.45km,交通隧洞0.78km。变更设计公路总长度为24.27km,较调整前38.60km减少了14.33km(约40%),占地面积减少了66.18hm^2,减少了对原地表的扰动和植被破坏。从环境影响角度综合分析,交通运输道路的变更调整亦是合理的。

4)施工生产生活设施

变更使料场、渣场、场内交通等施工布置发生了相应变化,部分施工设施场地布置也做出了调整。人工骨料料场调整至大沟料场后,砂石加工系统也布置在大沟内,距317国道约1.8km。这样,既有利于人工骨料料场就近加工,又便于成品料的运输,减少了对环境的影响。从环境影响角度分析,施工生产设施的调整是合理的。

5)生态影响源

渣料场调整后,将导致料场变更占地面积19.41hm^2,渣场变更占地40.77hm^2,计算变更最终堆渣量为320.70万m^3。此外,新建场内临时公路23.82km,变更占地34.61hm^2,新建场内永久公路0.45km,增加占地0.68hm^2,共计占地95.47hm^2。

电站工程施工占地、开挖、爆破、弃渣堆放、道路填筑、路面平整、碾压等施工活动,都将对新增渣料场和场内公路及它们周围、沿线的土地、植被造成一定程度的影响和破坏,使局部地区表土失去防冲固土能力,造成新增水土流失。另外,部分渣料场处于317国道可视范围之内,将对自然景观产生负面影响。此外,所有渣场或堆渣体都为松散的堆积体,如不妥善处理,易造成人工泥石流。

6.2.1.6　**工程弃渣水土流失的设计计算**

西部大开发前，实验区上段电站工程所在理县水土流失面积 2 431.00km²，占幅员面积的 56.36％，全县水土流失以轻—中度流失为主。其后，随着水电站和公路交通工程大规模建设为主因的水土流失，情况越来越严重。

根据理县水土保持总体规划报告，上段电站地处理县西南部高山轻度流失区。以实地调查，坝址以上区域植被良好，植被覆盖度高，地表破坏轻微，水土流失程度轻；坝址以下居民区相对集中，人为活动强烈，耕地较多，再加之部分森林被砍伐，植被覆盖度相对较低，水土流失较为严重。工程区内，山地的坡度一般在 15°以上，大部分超过 25°以上，多为灌木林地，植被覆盖度 60％左右，水土流失相对较重，达中度流失；水库淹没区内的坡地主要为林地，水土流失较轻。河谷地带以耕(园)地为主，坡度一般为 0°～8°，水土流失较轻，为微—轻度。河滩地地势平缓，一般 0°～5°，水土流失较轻微。工程区总体水土流失较轻。据测算，土壤侵蚀背景值约在 1 150t/(km²·a)左右。

实验区土壤侵蚀类型有水力侵蚀、重力侵蚀、冻融侵蚀和混合侵蚀(人为侵蚀)4 种，其中水力侵蚀面积占水土流失总面积的 81.4％，为主要侵蚀类型。上段电站工程占地区水土流失现状见表 6-2-8。

表 6-2-8　工程占地区水土流失现状表

区域	流失强度	平均流失模数[t/(km²·a)]	流失量(t/a)
料场区	微—中度	2 016.4	778.8
渣场区	微—轻度	805.6	409.2
施工公路区	轻—中度	3 656.7	2 823.0

1)施工开挖扰动地表水土流失计算

电站工程开挖施工扰动和占压地表造成的水土流失，采用数学模型法(经验公式法)进行测算，其范围主要包扩料场开采和施工公路占地。预测方法拟采取以下经验公式：

$$W = \sum_{i=1}^{n} F_i \times M_i \times A \times T_i \tag{6-1}$$

式中：W——工程水土流失量(t/a)；

F_i——加速侵蚀面积(km²)；

M_i——原地貌土壤侵蚀模数[t/(km²·a)]；

A——水土流失加速侵蚀系数；

T_i——预测时段(a)。

式中，加速侵蚀面积 F_i 值的参数确定以本次渣料场调整加速侵蚀面积，主要包括料场开采、施工公路的开挖和回填边坡过程中受到开挖、扰动、占压、破坏的地表面积。

原地貌土壤侵蚀模数 M_i 值，为原地表未受工程建设破坏和扰动时的原生土壤侵蚀强度，与土壤流失本地值的确定方法相同。

水土流失加速侵蚀系数 A 值，因与工程开挖破坏面的水土流失与坡度和地面物质组成关系密切，在地表开挖和回填过程中，形成地貌及结构再塑。由于结构发生变化，凝聚力和内摩擦角减小，抗风化和抗冲蚀能力明显下降，开挖面可蚀性比原来增大约 1.5～12.5 倍，侵蚀模数比原地表增加 1.0～15 倍。

根据以上分析，电站工程渣料场调整前原方案可引起的水土流失量分别是：料场区 7 385.15t、渣场区 566 200.00t、场内公路区 11 843.36t。

鉴于本变更设计调整滞后于电站建设施工。因此，调整后的水土流失量分为已发生水土流失量和预计发生水土流失量两部分。已发生水土流失量分别是：料场区 1 281.06t、渣场区 61 883.72t、场内公路区 3 528.50t。预测发生水土流失量分别是：料场区 3 882.00t、渣场区 226 594.60t、场内公路区 4 234.20t。也就是说，调整后各区水土流失总量为：料场区 5 103.06t、渣场区 288 478.32t、场内公路区 7 762.70t，总计 301 404.08t。

渣料场变更调整后比调整前各分区的水土流失量相应减少量为：料场区 2 222.09t、渣场区 277 721.68t、场内公路区 4 080.66t，共计减少 284 024.43t。当然，测算的减少是以面积减少为条件，实际情况有可能存在误差，即水土流失在管控失当时大幅度增加。

2)调整后水土流失减少因素分析

渣料场调整后，渣场个数增加了 4 个，渣量增加，但是水土流失量却减少，其主要原因是：库底型渣场增加；新增渣场多建在临河的滩地上，地形平坦；渣场占地面积减少。渣料堆弃到水库死库容，不列为水土流失。

3)新增水土流失量的成因

新增水土流失，有很多因素，可以进行量化计算的部分如下：

(1)工程建筑物开挖、施工临时设施占地，对原地表土地利用现状的改变，造成原地表植被和土层破坏、地表裸露、减少地表径流入渗量，使地表径流增加、汇流时间短，从而加大工程区新增水土流失量；

(2)工程弃渣在转运中沿途洒落和堆放过程中的自然沉降以及渣体含水量增大所导致渣体边缘崩塌和渣体受河道洪水冲刷造成的边坡失稳等，造成新的水土流失；

(3)在施工道路建设时，由于道路主要沿山坡布置，且道路建设主要为挖方(部分为填方)，占地类型多为荒草地，道路建设过程中不仅造成对原地表土壤、植被及水土保持设施的破坏，且道路沿线开挖裸露面形成新增水土流失的主要来源；

(4)料场开采、转运和骨料筛分过程中的新增水土流失。

综上成因，工程建设对原地表及植被的扰动、破坏主要是因工程建设活动引起。工程扰动破坏面积为 95.47hm^2，损坏水土保持设施面积为 91.89hm^2。工程区具有水土保持功能的设施主要为耕地和林地。

水土流失预测时段，为工程建设期及工程完工期后第 1 年。本次渣料场变更调整新增水土流失 301 404.08t，比调整前减少 284 024.43t。水土流失的危害主要表现为降低土地生产力和水土保持功能，破坏周边生态环境，影响农林生产和生态效益。对新增水土流失的危害分析表明，渣场新增水土流失量为 288 478.32t，占本次渣料场调整水土流失总量的 95.65%，是工程最主要、最集中的流失区域。因此，在工程施工期对弃渣应采取有效的防护措施。施工结束后，及时进行绿化或复耕，合理布设水土保持设施，可有效控减工程建设造成的水土流失。

6.2.1.7　新增水土流失的控减对策

1)设计控减思路

根据本次渣料场变更调整渣场布置、现场调查的堆渣情况以及分析计算，结合《开发建设项目水土保持方案技术规范》的要求，确定渣料场工程防护措施的设计控减思路如下：

(1)本次渣料场变更调整堆渣体为施工过程中自然倾倒形成，坡度较陡，可能会产生局部垮塌形成水土流失。为满足渣体整体稳定要求，渣体边坡须按设计稳定边坡 1∶1.75 进行堆放，并对堆渣高度较大的渣场设置马道。

(2)为防止堆渣过程中，土石滚入河流，造成水土流失，或散落在公路上影响交通，在堆渣前，渣脚须采取拦挡措施进行防护(部分已堆渣但未进行拦挡或拦挡力度不够的渣场应补充、调整拦挡措施)。

(3)渣场后山坡集雨面积较大，应避免汛期降雨形成的山坡来水对渣体的冲刷，拟在渣顶内侧设置排水沟将坡面来水排往下游河道(部分渣场可考虑利用上方的公路排水措施)。

2)长河坝料场弃渣场控减对策

长河坝料场弃渣场位于坝址上游约 14.5km 处的实验区河流左岸，计划堆放长河坝料场弃渣约 37.3 万 m^3，设计堆渣容量 40 万 m^3。设计堆渣边坡 1∶1.75，堆渣最大长度约 440m，最大宽度 145m，占地面积为 4.50hm^2。其中，渣顶面积为 2.77hm^2，坡面面积为 1.73hm^2。渣脚高程 2 613.32m，渣顶高程为 2 635m，最大堆渣高度约 31.68m，在坡面上高程为 2 625m 处设 1 级马道，马道宽 2m。

本渣场处设计洪水位($P=3.33\%$)261.83m，校核洪水位($P=1\%$)261.33m。渣场渣脚高程 2 613.32m，低于设计洪水位，渣场受实验区河流洪水影响。因此，本渣场属临河型渣场，工程防护措施主要考虑挡渣、防洪、防淘和排水等措施。

(1)挡渣、防洪措施。长河坝弃渣场渣脚受实验区河流洪水影响，为防止在弃渣堆放期间滚渣进入河道，同时防止洪水对渣脚的冲刷，使其满足防洪要求，拟沿坡脚修建浆砌块石拦渣堤，拦渣堤顶至 100 年一遇洪水位加安全超高(0.5m，下同)之间的坡面用干砌大块石护坡，护坡厚度 0.5m。拦渣堤形式为重力式，尺寸：顶宽 0.8m，底宽 2.05m，高 2.5m，临河侧直立，背水侧边坡 1∶0.5，基座厚 0.8m，堤踵、堤趾宽 0.5m，齿槽深 0.7m，防护总长度为 438m。

渣场需排除渣体内积水，拦渣堤内设 2～3 排排水管，布孔方式采用梅花形，距底部 35cm 高度开始布设，排水管沿垂直方向间距为 0.50m，水平间距 2.0m，采用 Φ100mmPVC 管预埋进砌体内。

(2)防淘措施。本渣场临河侧渣脚高程低于实验区河流设防洪水位，为防止洪水对渣脚的淘刷，需对受洪水影响的渣脚采取防淘措施。根据《堤防工程设计规范》中堤岸冲刷深度公式：$h_B - h_p + \left[\left(\frac{V_{cp}}{V_{允}}\right)^n - 1\right]$计算拦渣堤淘刷深度为 0.85～1.0m，并类比相似河段淘刷深度，考虑一定的安全裕度，淘刷深度确定为 1.5m。采取堤踵下伸形成齿墙和齿槽前回填大块石的综合措施，防止洪水对渣脚的淘刷。

(3)排水措施。与初步设计方案相同,为排除降雨形成的山坡地表水对渣体的冲刷,在渣场顶部设置排水沟。根据《水土保持综合治理技术规范》,排水沟防御暴雨标准采用10年一遇24h最大降雨量,经计算排水沟流量0.14m³/s。排水沟采用单边梯形断面,底宽0.5m,深0.5m,边坡1∶0.5,拟采用浆砌块石衬砌,衬厚30cm,长度547m。

3)1#渣场控减对策

1#渣场位于实验区河流上段右岸坝址上游九架棚沟口上、下游处,计划堆放CI标、CⅣ标及317国道改线公路等工程弃渣45.12万m³,设计堆渣容量46万m³。设计堆渣边坡1∶1.75,堆渣最大长度约760m,最大宽度约200m,占地面积为5.36bm²。其中,渣顶面积为2.74hm²,坡面面积为2.62hm²。渣脚高程2 438.37～2 444m,渣顶高程为2 460m,最大堆渣高度21.63m,在坡面上高程为2 450m处设1级马道,马道宽2m。

渣场在实验区河流的九架棚沟设计洪水位($P=3.33\%$)2 445.87m,校核洪水位($P=1\%$)2 446.13m。而渣脚高程2 438.37～2 444m,低于设防洪水位,渣顶高程2 460m与上段电站水库死水位一致。施工期,渣场受实验区河流和支沟洪水影响;运行期,渣场位于水库死库容内,不受水库水位升降影响;因此,1#渣场属库底型渣场,又因其上方有317国道改线公路,可利用公路排水沟排除山坡来水,故1#渣场工程水土保持防护措施主要考虑挡渣、防洪和防淘等措施。

(1)挡渣、防洪措施。1#渣场渣脚受实验区河流和九架棚沟洪水影响,从防止弃渣堆放期间滚渣进入河道以及防止洪水对渣脚的冲刷考虑,同时又需满足防洪要求,拟沿坡脚修建浆砌块石拦渣堤,另考虑到渣场位于库区内,渣顶高程2 460m与水库死水位一致,高于放空洞进口底板高程2 419m和进水口底板高程2 450m。为保障电站运行和下游河道的安全,拦渣堤顶以上渣体坡面和顶面用干砌大块石护坡,厚度0.5m。拦渣堤形式为重力式,尺寸为顶宽1.3m,底宽2.8m,高3.0m,临河侧直立,背水侧边坡1∶0.5,基座厚0.8m,堤踵、堤趾宽0.6m,齿槽深0.7m,防护总长度为1 175m。

排除渣体内积水。设计在拦渣堤内设2～3排排水管,布孔方式采用梅花形,距底部35cm高度开始布设,排水管沿垂直方向间距为0.50m,水平间距2.0m,采用Φ100mmPVC管预埋进砌体内。

(2)防淘措施。临河侧渣脚高程低于设防洪水位,需对受洪水影响的渣脚采取防淘措施。计算拦渣堤淘刷深度为0.80～1.0m,考虑一定的安全裕度,淘刷深度确定为1.5m,采用堤踵下伸形成齿墙和齿槽前回填大块石的综合措施设防。

考虑到变更设计调整前,渣体已基本形成,渣顶场平后可以作为堆料场,拟尽快拆除现有干砌石挡墙,改为浆砌块石拦渣堤,待施工结束后对渣顶进行大块石护面。

4)大丘地弃渣场控减对策

大丘地弃渣场位于坝址上游实验区河流左岸大丘地料场附近公路内侧,计划堆放牌坊沟、大丘地料场弃渣33万m³,设计堆渣容量35万m³。设计堆渣边坡1∶1.75,堆渣最大长度约330m,最大宽度约160m,占地面积为3.38hm²。其中,渣顶面积为2.02hm²,坡面面积为1.36hm²。渣脚高程2 434～2 435.5m,渣顶高程为2 460m,最大堆渣高度26m,在坡面上高程为2 447m处设1级马道,马道宽2m。

根据水文条件,本渣场实验区河流设计洪水位($P=3.33\%$)2 435.3～2 435.6m,校核洪水位（ P =1%）2 435.5～2 435.8m，渣脚高程 2 434～2 435.5m，低于设防洪水位；渣顶高程 2 460m，与上段电站水库死水位一致。施工期，渣场受实验区河流洪水影响；运行期，渣场位于水库死库容内，不受水库水位升降影响；因此，大丘地弃渣场也属库底型渣场，工程防护措施与初步设计一样，主要考虑挡渣、防洪、防淘和排水等措施。

(1)挡渣、防洪措施。大丘地弃渣场渣脚受实验区河流洪水影响，防止洪水对渣脚的冲刷，拟沿坡脚修建浆砌块石拦渣堤。另外，考虑到渣场位于库区内，渣顶高程 2 460m 与水库死水位一致，高于放空洞进口底板高程 2 419m 和进水口进口底板高程 2 450m。为保障电站运行和下游河道的安全，拦渣堤顶以上渣体坡面和顶面用干砌大块石护坡，厚度 0.5m。拦渣堤形式为重力式，尺寸为顶宽 0.8m，底宽 1.8m，高 2.0m，临河侧直立；背水侧边坡 1∶0.5，基座厚 0.8m，堤踵、堤趾宽 0.5m，齿槽深 0.7m，防护总长度为 405m。

在拦渣堤内设 2～3 排排水管，布孔方式采用梅花形，距底部 35cm 高度开始布设，排水管沿垂直方向间距为 0.50m，水平间距 2.0m，采用 Φ 100mmPVC 管预埋进砌体内。

(2)防淘措施。根据《堤防工程设计规范》，计算拦渣堤淘刷深度为 0.80～1.0m，考虑一定的安全裕度，淘刷深度确定为 1.5m。设计采取堤踵下伸形成齿墙和齿槽前回填大块石的综合措施，防止洪水对渣脚的淘刷。

(3)排水措施。排水沟采用单边梯形断面，排水沟流量 0.12m^3/s，断面同前，衬厚 30cm，长度 525m，弃渣场防护工程措施工程量见图中技术要求。

5)2＃渣场控减对策

2＃渣场(包括国道 317 改线公路的 2＃渣场)位于坝址上游实验区河流右岸九架棚沟口下游附近，计划堆放 CⅡ标和国道 317 改线公路弃渣 111.33 万 m^3，设计堆渣容量 120 万 m^3。设计堆渣边坡 1∶1.75，堆渣最大长度约 590m，最大宽度约 200m，占地面积为 9.30hm^2。其中，渣顶面积为 4.24hm^2，坡面面积为 5.06hm^2。渣脚高程 2 428.57～2 430.39m，回采前渣顶高程为 2 475m，最大堆渣高度 46.43m，在坡面上高程为 2 450m 处设 1 级马道，马道宽 2m。本渣场为大坝过渡料回采渣场，计划回采石料 59.89 万 m^3，回采后渣顶高程为 2 460m，此时最大堆渣高度 31.43m。

2＃渣场设计洪水位（ P =3.33%）在高程 2 435.20～2 435.40m，校核洪水位（ P = 1%）2 435.40～2 435.60m，渣脚高程 2 428.57～2 430.39m，低于设防洪水位。渣顶高程 2 460m，与课题研究电站水库死水位一致。施工期，渣场受实验区河流洪水影响；运行期，渣场位于水库死库容内，不受水库水位升降影响；因此，2＃渣场亦属库底型渣场，又因其上方有国道 317 改线公路，可利用公路排水沟排除山坡来水，故工程防护措施主要考虑挡渣、防洪和防淘等措施。

(1)挡渣、防洪措施。2＃渣场渣脚受洪水影响，施工弃渣堆放期间可能滚渣进入河道，拟沿坡脚修建浆砌块石拦渣堤。另外，考虑到渣场位于库区内，渣顶高程 2 460m 与水库死水位一致，高于放空洞进口底板高程 2 419m 和进水口进口底板高程 2 450m。从保障电站运行和下游河道的安全考虑，拦渣堤顶以上渣体坡面和顶面用干砌大块石护坡，厚度 0.5m。拦渣堤形式为重力式，尺寸为顶宽 1.5m，底宽 3.1m，高 3.2m，临河侧直立，背水侧边坡 1∶0.5，基座厚 0.8m，堤踵、堤趾宽 0.6m，齿槽深 0.7m，防护总长度为 305m。

(2)排水措施。设计拟排除渣体内积水，在拦渣堤内设 2～3 排排水管，布孔方式采用梅花形，距底部 35cm 高度开始布设，排水管沿垂直方向间距为 0.50m，水平间距 2.0m，采用 Φ100mmPVC 管预埋进砌体内。

(3)防淘措施。防止洪水对渣脚的淘刷，即需对受洪水影响的渣脚采取防淘措施。根据《堤防工程设计规范》，计算拦渣堤淘刷深度为 0.80～1.0m，淘刷深度确定为 1.5m。设计采取堤踵下伸形成齿墙和齿槽前回填大块石的综合措施，防止洪水对渣脚的淘刷。

2＃渣场防护工程措施工程量见设计图技术要求，变更设计调整前，渣体已基本形成，渣顶场平后考虑作为堆料场，待施工结束后对渣顶进行大块石护面。

6)3＃渣场(干流部分)控减对策

3＃渣场(包括 317 国道改线 3＃渣场)位于坝址下游麻尔米沟左岸及沟口下游的实验区河流右岸处，变更设计环境评价报告将本渣场分为两大部分，即临实验区河流部分简称 3＃渣场(干流部分)，临麻尔米沟部分(包括 317 国道改线 3＃渣场)简称 3＃渣场(支沟部分)。

3＃渣场(干流部分)计划堆放梅多沟料场弃渣(36 万 m^3)和 CV 标弃渣，共计 54.11 万 m^3，设计堆渣容量 56 万 m^3。设计堆渣边坡 1∶1.75，堆渣最大长度约 770m，最大宽度约 115m，占地面积为 3.80hm^2。其中，渣顶面积为 2.45hm^2，坡面面积为 1.35hm^2。临河侧渣脚高程 2 385m，临公路侧渣脚高程 2 391m，设计渣顶高程为 2 403m，最大堆渣高度 18.0m。本渣场为大坝过渡料回采渣场，计划回采石料 20.11 万 m^3，回采后渣顶高程为 2 396m，此时最大堆渣高度 11.0m。

3＃渣场(干流部分)临实验区河流处设计洪水位($P=3.33\%$)2 389.5m，校核洪水位($P=1\%$)2 390m，临河侧渣脚高程低于设防洪水位，渣场受实验区河流洪水影响；渣场另一侧与 317 国道相邻，应避免渣场对公路运行的影响。因此，本渣场属临河型渣场，工程防护措施主要考虑挡渣、防洪和防淘等措施，不需考虑排水措施。

(1)挡渣、防洪措施。3＃渣场(干流部分)临河侧渣脚受实验区河流洪水影响，应防止在弃渣堆放期间滚渣进入河道，同时防止洪水对渣脚的冲刷，拟沿坡脚修建浆砌块石拦渣堤，拦渣堤顶至校核洪水位($P=1\%$)加安全超高之间坡面采用干砌大块石护坡，厚度 0.5m。拦渣堤形式为重力式，尺寸为顶宽 1.5m，底宽 3.25m，高 3.5m，临河侧直立，背水侧边坡 1∶0.5，基座厚 0.8m，堤踵、堤趾宽 0.6m，齿槽深 0.7m，防护总长度为 829m。为防止弃渣滚落至公路影响运行安全，拟沿公路侧渣脚修建浆砌块石挡渣墙，挡渣墙形式为重力式，尺寸为顶宽 0.5m，底宽 1.25m，高 1.5m，临公路侧直立，背公路侧边坡1∶0.5，基座厚 0.6m，墙踵、墙趾宽 0.5m，挡渣墙长度为 810m。

(2)排水措施。挡渣墙和拦渣堤内设 2～3 排排水管，布孔方式采用梅花形，距底部 35cm 高度开始布设，排水管沿垂直方向间距为 0.50m，水平间距 2.0m，采用 Φ100mmPVC 管预埋进砌体内。

(3)防淘措施。根据《堤防工程设计规范》，计算拦渣堤淘刷深度为 0.80～1.0m。考虑一定的安全裕度，淘刷深度确定为 1.5m。设计采取堤踵下伸形成齿墙和齿槽前回填大块石的综合措施，防止洪水对渣脚的淘刷。

7)3＃渣场(支沟部分)控减对策

变更设计拟在麻尔米沟左岸堆放国道 317 改线公路弃渣 20 万 m^3，设计堆渣容量为

20 万 m^3。设计堆渣边坡 1∶1.75，堆渣最大长度 323m，最大宽度 108m，渣脚高程 2 416m，渣顶高程为 2 440m，最大堆渣高度 24m，在坡面上高程为 2 428m 处设 1 级马道，马道宽 2m。本渣场占地面积为 2.35hm^2，其中渣顶面积为 0.58hm^2，坡面面积为 1.77hm^2。

渣场处设计洪水位（P =3.33%）高程 2 416.70m，校核洪水位（P =1%）2 417.0m，渣场渣脚高程低于设防洪水位，渣场受洪水影响。因此，本渣场为临河型渣场，工程防护措施主要考虑挡渣、防洪、防淘和排水等措施。

（1）挡渣、防洪措施。受洪水影响，应防止在弃渣堆放期间滚渣进入河道，同时应防止洪水对渣脚的冲刷，拟沿坡脚修建浆砌块石拦渣堤，拦渣堤形式为重力式，尺寸为顶宽 0.5m，底宽 1.25m，高 1.5m，临河侧直立，背水侧边坡 1∶0.5，基座厚 0.6m，堤踵、堤趾宽 0.5m，齿槽深 0.7m，防护总长度为 336m。

（2）排水措施。在拦渣堤内设 1～2 排排水管，布孔方式采用梅花形，距底部 35cm 高度开始布设，排水管沿垂直方向间距为 0.50m，水平间距 2.0m，采用 Φ100mmPVC 管预埋进砌体内。

排水沟采用单边梯形断面，排水沟流量 0.11m^3/s，底宽 0.5m，深 0.5m，边坡 1∶0.5，用浆砌块石衬砌，衬厚 30cm，长度 442m。

（3）防淘措施。根据设计规范，计算拦渣堤淘刷深度为 0.85～1.0m，并类比相似河段淘刷深度再考虑一定的安全裕度，淘刷深度确定为 1.5m。采取堤踵下伸形成齿墙和齿槽前回填大块石的综合措施，防止洪水对渣脚的淘刷。

8）4＃渣场控减对策

4＃渣场位于坝址下游实验区河流右岸打靶打沟口上游新 3＃支洞口附近，计划堆放 CVI 标弃渣 20.27 万 m^3，设计堆渣容量 25 万 m^3，堆渣坡比 1∶1.75，堆渣最大长度约 300m，最大宽度约 108m，占地面积为 1.47hm^2。其中，渣顶面积为 0.78hm^2，坡面面积为 0.69hm^2。渣脚高程 2 278m，设计渣顶高程为 2 298m，最大堆渣高度 30m。本渣场也为大坝过渡料回采渣场，计划回采石料 15 万 m^3，回采后渣顶高程为 2 283m，此时最大堆渣高度 5.0m。

4＃渣场位处设计洪水位（P =3.33%）高程 2 267.78m，校核洪水位（P =1%）2 268.20m，渣脚高程高于设防洪水位，渣场不受实验区河流洪水影响；渣场距离打靶打沟 170m，不受支沟洪水影响。因此，本渣场属谷坡型渣场，工程防护措施主要考虑挡渣和排水措施。

（1）挡渣措施。4＃渣场渣脚仅需防止弃渣进入河道，设计挡渣墙形式为重力式，尺寸为顶宽 0.5m，底宽 1.25m，高 1.5m，临河侧直立，背水侧边坡 1∶0.5，基座厚 0.6m，墙踵、墙趾宽 0.5m，防护总长度为 295m。

（2）排水措施。排水采取挡渣墙内设 1～2 排排水管，布设同前。整个渣场排水采用排水沟形式，其以单边梯形断面，排水沟流量 0.14m^3/s；底宽 0.5m，深 0.5m，边坡 1∶0.5；排水沟建筑以浆砌块石衬砌，衬厚 30cm，长度 432m。

9）5＃渣场控减对策

5＃渣场位于实验区河流右岸新 4＃支洞口附近的石古磨沟内，计划堆放 CVⅡ标段弃渣约 20.44 万 m^3，设计堆渣量 20.7 万 m^3，堆渣坡比 1∶1.75，堆渣最大长度约 163m，最大宽度约 120m，占地面积为 1.60hm^2。其中，渣顶面积为 0.57hm^2，坡面面积为 1.03hm^2。临沟侧渣脚高程 2 360～2 400m，渣顶高程为 2 410m，最大堆渣高度 50m，在坡面上高程为 2 378m、2 394m 处各设 1 级马道，马道宽 2m。

5＃渣场位处干流，设计洪水位（$P=2\%$）2 189.80m，校核洪水位（$P=1\%$）2 190.05m；支沟设计洪水位（$P=2\%$）2 360.50～2 400.50m，校核洪水位（$P=1\%$）2 360.74～2 400.93m。渣场不受干流洪水影响，但临沟侧渣脚高程低于设防洪水位，渣场受石古磨沟洪水影响。因此，本渣场属拦沟型渣场，工程防护措施主要考虑挡渣、防洪和防淘等措施。另外，需对渣场处沟道及其上、下游沟道进行整治，以利于沟道洪水排泄。渣场上、下游整治河段长分别为 93.69m、38.18m。

(1)挡渣措施。本渣场挡渣、防洪及沟道整治等工程措施的设计已于 2006 年 3 月完成，并基本实施完毕。具体措施：在渣场上游沟道整治段（桩号 0＋000～0＋093.69），拦渣堤施工断面为 A 型断面，梯形底宽 1.5m，高 1.2m，边坡 1∶1。过水断面底板为 C25 混凝土，厚 30cm；边墙采用 M10 浆砌块石，厚 40cm。

渣场防护措施（桩号 0＋093.69～0＋372.85）即因挡渣需要，采用 M10 浆砌块石拦渣堤，高 3～10m。本段整治断面为 B 型断面，单边梯形，底宽 4.5m，高 1.2m，边坡 1∶1；过水断面底板为 C25 混凝土，厚 40cm；边墙材料及厚度同上游段。临渣场侧，利用渣场拦渣堤作边墙。

渣场下游沟道整治段（桩号 0＋372.85～0＋411.03），实施断面为 C 型断面，梯形底宽 4.5m，高 1.2m，边坡 1∶1。

(2)洪水流量复核。本次水土保持变更调整，对石古磨沟洪水流量进行了复核，设计洪水（$P=2\%$）流量为 39.40m^3/s，校核洪水（$P=1\%$）流量为 45.10m^3/s。通过对各段过流能力复核，A、B、C 三种形式断面所在沟道段的过流能力均满足过流要求，水深分别为 0.65m 升高至 0.93m、0.50m 升高至 0.74m、0.65m 升高至 0.93m，分别增加 0.28m、0.24m、0.28m。

10)6＃渣场控减对策

6＃渣场位于电站厂址上游实验区河流右岸彭家河坝附近，计划堆放 CVⅢ标段弃渣 20.22 万 m^3，设计堆渣容量 24 万 m^3，堆渣坡比 1∶1.75，堆渣最大长度约 600m，最大宽度约 100m，占地面积为 3.15hm^2。其中，渣顶面积为 1.63hm^2，坡面面积为 1.52hm^2。临河侧渣脚高程 2 114.69～2 120.40m，临公路侧渣脚高程 2 117.0～2 124.81m，渣顶高程为 2 130m，最大堆渣高度 25.31m。

6＃渣场位处设计洪水位（$P=3.33\%$）高程 2 119.70～2 125.40m，校核洪水位（$P=1\%$）2 120.20～2 125.90m，临河侧渣脚高程低于设防洪水位，渣场受实验区河流洪水影响。渣场另一侧与 317 国道相邻，应避免渣场对公路运行的影响。因此，本渣场属临河型渣场，工程防护措施主要考虑挡渣、防洪和防淘等措施，不需考虑排水措施。

(1)挡渣、防洪措施。6＃渣场受实验区河流洪水影响，需防止弃渣堆放期间滚渣进入河道，同时防止洪水对渣脚的冲刷，设计拟沿坡脚修建浆砌块石拦渣堤，拦渣堤顶至校核洪水位（$P=1\%$）加安全超高之间坡面采用干砌大块石护坡，厚度 0.5m。拦渣堤形式为重力式，尺寸为顶宽 1.3m，底宽 2.8m，高 3.0m，临河侧直立，背水侧边坡 1∶0.5，基座厚

0.8m，堤踵、堤趾宽 0.6m，齿槽深 0.7m，防护总长度为 663m。

为控制弃渣滚落至公路，拟沿临公路侧渣脚修建浆砌块石挡渣墙，挡渣墙形式为重力式，尺寸为顶宽 0.5m，底宽 1.25m，高 1.5m，基座厚 0.6m，墙踵、墙趾宽 0.5m，挡渣墙长度为 630m。

挡渣墙和拦渣堤内设 2～3 排排水管，布孔方式采用梅花形，距底部 35cm 高度开始布设，排水管沿垂直方向间距为 0.50m，水平间距 2.0m，采用 Φ100mmPVC 管预埋进砌体内。

(2)防淘措施。根据规范，计算拦渣堤淘刷深度为 0.80～1.0m，并类比相似河段淘刷深度，考虑一定的安全裕度，淘刷深度确定为 1.5m。采取堤踵下伸形成齿墙和齿槽前回填大块石的综合措施，防止洪水对渣脚的淘刷。本次环境影响评价即设计变更调整时，6＃渣场防护工程措施中的临河侧的拦挡、防淘措施基本实施完毕。

11)7＃渣场控减对策

7＃渣场位于电站厂址上游实验区河流左岸月亮田、二道坪附近，计划堆放 CⅠX 标段弃渣 23.66 万 m^3，设计堆渣容量为 25 万 m^3。设计堆渣边坡 1∶1.75，堆渣最大长度 165m，最大宽度 80m，占地面积为 1.45hm^2。其中，渣顶面积为 0.44hm^2，坡面面积为 1.01hm^2，渣脚高程 2 103.50m，渣顶高程为 2 129m，最大堆渣高度 35.5m，在坡面上高程为 2 117m 处设 1 级马道，马道宽 2m。

渣场位处设计洪水位（P ＝3.33%）高程 2 105.5m，校核洪水位（P ＝1%）2 106.0m。渣脚高程低于设防洪水位，渣场受洪水影响。因此，本渣场属临河型渣场，工程防护措施主要考虑挡渣、防洪、防淘和排水等措施。

(1)挡渣、防洪措施。因渣场渣脚受洪水影响，故沿坡脚修建浆砌块石拦渣堤，拦渣堤形式为重力式，尺寸为顶宽 1.3m，底宽 2.80m，高 3.0m，临河侧直立，背水侧边坡 1∶0.5，基座厚 1.0m，堤踵、堤趾宽 0.8m，齿槽深 0.5m，防护总长度为 181m。

渣体内积水排水，拟在拦渣堤内设 1～2 排排水管，布孔方式采用梅花形，距底部 35cm 高度开始布设，排水管沿垂直方向间距为 0.50m，水平间距 2.0m，采用 Φ100mmPVC 管预埋进砌体内。

(2)防淘措施。同样情况，根据《堤防工程设计规范》，计算拦渣堤淘刷深度为 0.85～1.0m，类比相似河段淘刷深度并考虑一定的安全裕度，淘刷深度确定为 1.5m。采取堤踵下伸形成齿墙和齿槽前回填大块石的综合措施，防止洪水对渣脚的淘刷。

(3)排水措施。渣场排水沟采用单边梯形断面，排水沟流量 0.11m^3/s，底宽 0.5m，深 0.5m，边坡 1∶0.5；排水沟采用浆砌块石衬砌，衬厚 30cm，长度 196m。

7＃渣场防护工程措施在变更设计环评前，其挡渣、防洪防淘措施已实施，排水措施拟应尽快落实。

12)8＃渣场控减对策

8＃渣场位于电站厂址下游约 4.7km 的实验区河流左岸谭家地附近，计划堆放 CX 标段弃渣 30.14 万 m^3，设计堆渣容量 33 万 m^3，堆渣坡比 1∶1.75，堆渣最大长度约 330m，最大宽度约 110m，占地面积为 3.03hm^2。其中，渣顶面积为 1.72hm^2，坡面面积为 1.31hm^2。临河侧渣脚高程 1 990～2 003.50m，渣顶高程为 2 022m，最大堆渣高度 37m，在坡面上高程为2 003.50m处设1级马道，马道宽2m。

8#渣场位处设计洪水位（P=3.33%）高程1 993.50～1 995.50m，校核洪水位（P=1%）1 994.0～1 996.0m，对应临河侧渣脚高程为2 003.50～1 990m；上游段渣脚高程低于设防洪水位，渣场受实验区河流洪水影响；下游段渣场不受实验区河流洪水影响。因此，本渣场属临河型渣场，工程防护措施主要考虑挡渣、防洪、防淘和排水等措施。

（1）挡渣、防洪措施。8#渣场需防止洪水对渣脚的冲刷，设计拟沿坡脚修建浆砌块石拦渣堤或挡渣墙，拦渣堤顶至校核洪水位（P=1%）加安全超高之间坡面采用干砌大块石护坡，厚度0.5m。拦渣堤和挡渣墙形式为重力式，尺寸为顶宽1.3m，底宽2.8m，高3.0m，临河侧直立，背水侧边坡1∶0.5，基座厚0.8m，堤踵、堤趾宽0.6m，拦渣堤齿槽深0.7m，拦渣堤、挡渣墙长度分别为221m、207m，防护总长度为428m。

拦渣堤和挡渣墙内设2～3排排水管，布孔方式采用梅花形，距底部35cm高度开始布设，排水管沿垂直方向间距为0.50m，水平间距2.0m，采用Φ100mmPVC管预埋进砌体内。

（2）防淘措施。本渣场上游段渣脚高程低于实验区河流设防洪水位，根据《堤防工程设计规范》，计算拦渣堤淘刷深度为0.80～1.0m，类比相似河段淘刷深度并考虑一定的安全裕度，淘刷深度确定为1.5m。采取堤踵下伸形成齿槽和齿槽前回填大块石的综合措施，防止洪水对渣脚的淘刷。

（3）排水措施。排水沟采用单边梯形断面，排水沟计算流量0.10m^3/s，沟底宽0.5m，深0.5m，边坡1∶0.5。排水沟采用浆砌块石衬砌，衬厚30cm，长度450m。

13）植物措施

植物措施可以有效固土，防止水土流失。变更调整环境影响评价报告认为，堆渣结束后，业主应开展对各渣体表面进行平整、压实。除1#、2#渣场及大丘地渣场位于库内无须绿化外，其余渣场进行复耕或恢复植被。

本次渣料场调整弃渣主要为土石混合渣料，多数渣场以洞挖石渣为主，立地条件较差，需覆土后方可采取植物措施。除5#渣场外，其余6个渣场均占用了耕地，在堆渣结束后形成渣顶总面积为16.37hm^2，按覆土厚度30cm计，需覆土31 110m^3，然后交还给当地农民复耕。长河坝料场其渣场覆土料可取自该渣场先期堆存的剥离表土，其余渣场覆土土源采用库区耕地表土，可满足覆土要求，覆土费用计入移民安置费用中。

5#渣场渣顶面积为0.57hm^2，取用库区耕地表土覆土30cm后采取乔灌草混合种植方式恢复植被。树草种选择、配置结构、单位用量、种植方法、幼林抚育等如前面所述。

对于各渣场边坡，取用库区耕林地表土覆土20cm后，混撒菊苣草、红三叶草和阿尔甘京草进行绿化，各草种单位用量12kg/hm^2，绿化面积10.41hm^2。同时，为更好地恢复区域景观和生态功能，在各马道种植2行灌木，选择黄栌等红叶树种，株行距1.5m×1.5m，马道总长度1 746m，共需灌木2 328株。

14）工程和植物措施工程量

环境保护和水土保持，是每个公民和企业应尽的法律责任和社会责任，作为水电站建设的开发商和国有企业，严格履行此类责任更显重要。实验区上段电站防止水土流失采取的工程措施和植物措施工程量汇总如下。

(1)工程措施工程量。工程量主要为渣场区、料场区、施工公路区,另外含施工生产生活区防护工程措施。包括土石开挖 40 530m^3,土石回填 6 307m^3,干砌块石 102 810 m^3,浆砌块石 43 757m^3,混凝土 19 135m^3,碎石 652m^3,清理弃渣 9 711m^3,剥土 1.28 万 m^3,塑料彩条布 1.80hm^2,PVC 排水管 12 199m。

(2)植物措施工程量。主要为工程建设区内各防治分区迹地恢复绿化措施工程量,包括栽植苗木 67 883 株,播草 45.67hm^2,覆土 4.54 万 m^3,全面整地 16.77hm^2,幼林抚育 43.42hm^2。

渣料场调整后,防治措施工程量发生的最大变化是渣场防护工程措施量大幅增加,这是由于渣量增加导致渣场个数增多,且渣场多临河,因此挡渣、防洪、防淘等措施量增加较多。其次,植物措施工程量局部有所增加,这是因为按照现行设计规范,植被恢复要求有所提高;同时,施工布置调整后占地类型改变,导致迹地恢复措施相应发生变化。

6.2.2　实验区中段电站弃渣设计变更

1)变更调整及重新环评依据

建设工程是一项非常复杂的经济活动,必须遵循严格的计划、程序、时序安排。因此,科学、合理、适时地落实计划,对于实现建设工程的目标十分重要。计划是行动的预先安排,如果计划随意改变,就可能打乱安排的合理性及活动的经济性,影响项目决策的科学性和可靠性。本研究课题的实验区中段水电站,于 2004 年 10 月,由中国水电顾问集团公司成都勘测设计研究院提交《四川省实验区河流中段水电站环境影响报告书》,同年通过四川省环保局的审查,并以川环建函[2004]335 号文进行了批复。2004 年 11 月,设计院又提交了《四川省实验区河流中段水电站水土保持报告书》并通过了四川省水利厅及水土保持局的审查,并以川水函[2004]810 号文进行了批复。2005 年 2 月,四川省发展和改革委员会以川发改能源[2005]60 号文核准并批复同意建设该水电建设项目。

中段电站 2004 年进行施工准备,2005 年 4 月正式开工;2007 年 12 月,首台机组具备投产发电条件。中段电站总体进展顺利,建设的 3 年时间里,在枢纽布置总体方案不变的前提下,随着设计深入及现场条件的变化,多次调整了料场布置及料源规划,并补充了各料场开采的弃渣规划。设计变更或优化,工程回填量增加,造成开挖量和弃渣量较原设计规划有所减少;但受征地影响,对渣场规划进行的调整,使渣场位置发生了较大变化。另外,由于渣料场位置的变更,施工公路走线、生产生活设施布置也相应发生了变化。

根据主体工程渣场设计变更及施工过程中的建设情势变更实际,原环评报告书中针对渣场设计的措施部分已不适用;同时,自初设方案批复至此已有 3 年左右时间,环境影响相关法律法规逐步完善,各项环境影响制度也日趋规范。按照《环境影响评价法》规定,中段水电站环境影响评价必须依法重新进行复核评价并重新报批。受业主委托,四川省水利水电勘测设计研究院于 2008 年 12 月编制完成了《四川省实验区河流中段水电站渣料场调整环境影响报告书》,中段水电站渣料场调整前后工程对照情况见表 6-2-9。

表 6-2-9　中段电站渣料场调整前后方案对照情况表

项　目	原方案	渣料场调整后方案
建设地点	理县	不变
工程等级	三等	不变
引用流量	113.19m³/s	不变
首部枢纽	左岸、右岸非溢流坝、3孔泄洪闸、冲沙闸、进水口等组成	不变
引水建筑物	引水隧洞:圆形有压洞径6.8m,总长14.96km	不变
厂房枢纽	主副厂房、升压站和尾水建筑物	不变
施工导流	导流明渠、上下游围堰	不变
施工交通	新建场内公路12.65km,跨河公路桥4座	新建场内公路12.25km,跨河公路桥3座
施工企业	2处砂石骨料加工系统、10处混凝土拌和系统;机修、汽修系统;综合加工厂等	将鹰嘴湾砂石骨料加工系统调整至孟屯沟砂石骨料场处,其余不变
渣、料场	红房子料场、鹰嘴湾料场、木卡料场、危关料场、木堆料场、雨坝子料场共6个料场　7处渣场(1＃～7＃),工程弃渣222.7万m³	减少为2个料场:孟屯沟料场和木卡料场;7处渣场(1＃、2＃上、2＃下、4＃、5＃、弹簧沟渣场、7＃),工程弃渣148.39万m³
公用设施	9个施工区	减少到8个施工区
工程占地	工程永久占地17.14hm²,临时占地90.19hm²	工程永久占地30.25hm²,临时占地52.83hm²
水库淹没	淹没耕地2.83hm²,水库淹没区搬迁8户23人,工程建设区搬迁30户108人	淹没耕地2.83hm²,水库淹没区搬迁29户135人,工程建设区搬迁32户159人

表 6-2-10　调整后中段水电站实际堆渣情况表

渣场名称	位　置	可研阶段(7处)		实际启用(7处)		备　注
		渣场容量(万m³)	堆渣量(万m³)	渣场容量(万m³)	实际堆渣(万m³)	
1＃渣场	库区洪水沟	20.6	26.26(其中18.76作为回采料源)	41.36	0	弃渣全部用于填筑公路路基,外沿均有挡墙防护
2＃(上)渣场	2＃支洞对岸,木堆沟上游	63.7	62.5	12.02	10.8	部分弃渣调至1＃渣场、2＃(下)渣场堆放
2＃(下)渣场	2＃支洞对岸,木堆沟下游	/		45.23	41.13	新增渣场
3＃渣场	4＃、5＃支洞之间左岸	30.0	30.0	取　消		弃渣分别安排在1＃、2＃渣场堆放
4＃渣场	6＃支洞对岸	26.2	26.0	42.43	39.49	部分弃渣由5＃渣场调至4＃渣场堆放
5＃渣场	孟屯沟上游	36.5	36.5	25.41	23.1	
6＃渣场	8＃支洞对岸	52.0	52.0	取　消		在弹簧沟渣场堆放
弹簧沟渣场	8＃支洞口	/		28.73	25.96	新增渣场,取代6＃渣场
7＃渣场	木卡砂石料场弃渣区	9.43	8.2	42.43	37.14	弃渣全部回填木卡砂石料场采空区,
合　计		238.43	222.7	203.82	148.39	

2)变更调整及重新环评目的

通过工程施工技术(图)设计、施工布局的调查和区域环境现状的分析,本次变更调整评价对中段水电站渣料场调整方案结合电站建设实际情况,确定目的为:

(1)客观评价项目建设期环境影响,明确存在的环境问题及补救措施,并按区域环境现状变化及新近环保政策变化,复核运行期环境影响及保护措施;

(2)根据对工程区自然环境、地形地貌、地质条件等的分析,对施工期施工布局从环境保护角度进行评价,论证施工布局的可行性及合理性;

(3)复核、补充评价水电站渣、料场布置,工程施工变化情况及对工程地区和周围区域的环境影响;根据现行评价要求,深化、补充相关评价、预测内容;

(4)针对其不利影响制定相应的对策和措施,减缓渣料场调整带来的不利环境影响及对周边生态环境的破坏,确保工程的顺利实施;

(5)针对工程可能引发的不利影响,复核、优化、补充防范措施,保证工程顺利完建和正常运行,维护工程附近地区社会、生态环境质量与功能,充分发挥工程的经济效益、社会效益和生态效益,促进工程地区及实验区河流流域生态环境的良性发展。

3)变更调整及重新环评的恢复目标

按照《水土保持法》等法律、法规要求,电站业主必须对施工迹地进行恢复,减小新增水土流失,使工程拦渣率达到90%以上,水土流失控制率达到90%以上。对因工程建设占用和受到破坏的耕地和植被,采取切实有效的补偿措施和恢复措施,使工程区内的扰动土地治理率达到90%以上,植被恢复程度达到80%以上,确保或维系工程区生态稳定,使工程建设及影响区水土流失状况较自然条件下有所改善。

4)重新环评的重点评价要素

中段水电站经环评复核认为,电站因渣料场发生变更调整,其整体建设规模、建设地点、施工工艺等均未发生变动,对环境影响的作用因素未发生大的变化。根据新的工程方案和环评导则、规范及标准分析,变动因素对环境影响程度主要在建设期,对电站运行期的不利影响较小,因此筛选其作为重点评价要素。

依据现行环境影响评价技术规范与要求,按照工程作用因素和环境状况变化的情况,确定此次环评复核重点内容如下:

(1)生态。渣料场调整,将对周边陆生动植物产生一定的影响,特别是工程建设区对植被的影响较大。按照《环境影响评价技术导则—非污染生态影响》(HJ/T19－1997)的要求,将生态作为评价的重点。

(2)景观。渣料场调整对景观生态可能造成不可逆转的影响,影响旅游经济发展。但是,与对生态产生的负面影响不同,景观的修复和人工打造则相对容易。

由于中段电站仅是渣料场发生调整,变更调整评价期间电站已基本完工进入试运行期,本次调整报告仅根据此次现状调查收集的资料,对施工期已产生的影响进行复核补充。

6.2.2.1　料场变更设计

中段电站正式开工及渣场调整后,工程场内交通及各施工临时设施与原方案改变甚少。在枢纽布置总体方案不变的前提下,仅调整了料场布置及料源规划,并补充了各料场开采的弃渣规划。在高山峡谷区建设水电站，大多采用引水式开发方式。因此，电站工程布置具有战线长、高差大的特点，加上工区地形陡峭，可供利用的施工场地面积小且为分散的布置条件，场地利用应按照“因地制宜，因时制宜，有利生产，方便生活，易于管理，安全可靠，经济合理”的原则进行。也就是说，工程标段划分与施工也要采取相对集中与分散相结合的混合式布置方式。

1)料场调整总体规划

根据调整后的水工枢纽布置及施工支洞布置情况，中段电站工程施工布置分区按首部及1＃支洞、2＃支洞、3＃与4＃支洞、5＃～8＃支洞、厂区与木卡、孟屯沟等共9个施工工区。

工程区附近实验区河谷的6个天然砂砾石料场，均分布于中段河流两岸的漫滩和Ⅰ级阶地上，料场均有317国道通过。施工期选定2个料场进行开采，其中孟屯沟料场为新选料场。

可行性研究(简称可研)阶段，上述6个料场中由于红房子料场含泥量较高，运距较远，将其作为本工程备用料场；危关及木堆两个料场运距较近，但储量较小，不利大规模开采，也作为本工程备用料场。鹰嘴湾、木卡料场储量、质量基本满足本工程需要，作为工程的主料场。考虑下段电站首部及引水隧洞混凝土骨料也需使用部分木卡料场的砂石骨料，两个电站为同一个业主，且两项目同时开发，为合理充分利用砂石骨料及砂石加工系统设备，将中段、下段两个电站的料场开采、加工进行统筹考虑。

施工阶段，随着施工进展和设计、勘测技术工作的深入，原料场料源储量、质量不能完全满足工程建设需要，遂进行了料源补充调查和调整，新选择了孟屯沟天然料场。施工过程中，混凝土细骨料主要采用木卡砂料场及孟屯沟料场天然细骨料。孟屯沟料场距电站厂区及所规划的工作面较近，且有317国道公路及县级公路通过，交通方便。地质勘测工作表明，该料场储量尚能满足工程要求。除工程主体建筑物采用天然砂石料外，工程需要的其他料源作如下安排。

(1)防渗墙土料。在实验区中段河流两岸未发现可用作槽孔固壁的黏土料料场，因此防渗墙施工固壁土料采取市场购买膨润土的方式进行解决。

(2)石料。中段电站工程需要大量的浆砌块石用于护坡、护岸，需量较大或主要集中地在大坝(首部枢纽)区。本工程引水隧洞开挖产生大量施工弃渣，为减少工程弃渣和降低造价，经优化确定块石料拟从1＃渣场直接回采上坝施工。

2)工程弃渣规划

可研设计阶段，实验区中段电站工程总弃渣量222.70万m^3(松方)。根据施工总体布置，为减少弃渣运距，采取分散布置的原则。经过对堆渣场地、堆渣量及运距等方面进行论证，选定了7个渣场，总占地面积24.68hm^2(其中1＃渣场在水库区内，占地2.91hm^2)。

变更调整阶段，经土石方平衡，工程弃渣总量调整为148.39万m^3(松方)。在枢纽建筑物区域及引水隧洞沿线布置了堆渣场，其中原1＃、2＃、4＃、5＃、7＃渣场位置基本未变，但堆渣量有所减小。另外，渣场调整后新选择的永久渣场分别为2＃(下)渣场和弹簧沟渣场，调整后总占地面积23.78hm^2。各渣场堆渣量及占地面积见表6-2-11。

表 6-2-11　中段水电站渣场特性表

渣场名称	可研设计阶段渣场布置							
	渣场位置	渣场容量（万 m^3）	实际堆渣量（万 m^3）	占地面积（hm^2）	堆渣高程（m）	占地类型	渣场类型	备注
1#渣场	闸坝上游约200m处的河流右岸	26.26	7.5	2.91	1 700～1 722	耕地、果园	谷坡型	
2#渣场	河左岸木堆冲沟上游缓坡地带	63.7	62.5	5.38	1 670～1 680	耕地、果园	谷坡型	
3#渣场	河右岸支沟蒲溪沟对岸下游约650m	30.0	30.0	3.23	1 646 ～1 668	耕地、果园、建设用地	谷坡型	
4#渣场	河右岸破碉房沟对岸下游约200m	26.2	26	2.47	1 604～1 640	耕地	谷坡型	
5#渣场	孟屯沟沟口上游附近河滩地及台地上	36.5	36.5	3.62	1 582～1 630	荒草地	临河型 谷坡型	
6#渣场	河左岸木卡乡上游约600m处	52	52	3.57	1 565～1 622	耕地、建设用地	谷坡型	
7#渣场	厂址下游木卡料场处	9.43	8.20	3.5	1 540～1 558	林地	谷坡型	
合计		244.09	222.7	24.68				

渣场名称	调整后渣场布置							
	渣场位置	渣场容量（万 m^3）	实际堆渣量（万 m^3）	占地面积（hm^2）	堆渣高程（m）	占地类型	渣场类型	备注
1#渣场	闸坝上游约200m处的河流右岸	26.50	0	2.91	/	耕地、果园	谷坡型	不变
2#（上）渣场	河左岸木堆冲沟上游缓坡地带	12.02	10.80	2.94	1 654～1 685	耕地、果园	谷坡型	原2#渣场
2#（下）渣场	河左岸木堆冲沟下游缓坡	45.23	41.13	3.52	1 650～1 681	林地、荒草地	临河型	新增
4#渣场	河右岸破碉房沟对岸下游约200m处	42.43	39.49	4.22	1 595～1 627	耕地	临河型	位置不变
5#渣场	孟屯沟沟口上游附近河滩地及台地上	25.41	23.10	2.16	1 582～1 615	荒草地、河滩地	临河型	位置不变
弹簧沟渣场	位于8#支洞洞口	28.73	25.96	1.91	1 580～1 675	林地 荒草地	沟道型	新增
7#渣场	厂址下游木卡料场处	42.43	37.14	3.34		林果园	谷坡	不变
K180号渣场	位于4#施工桥处	7.55	7.15	2.11	1 590～1 594	荒草地、河滩地	临河型	目前已复耕
薛城中学渣场	位于薛城中学对面	1.09	0.77	0.66	1 579～1 582	荒草地、河滩地	临河型	
合计		231.39	148.39	23.78				

6.2.2.2 **渣场变更调整**

据此次环评复核及到现场踏勘，根据工程现场的实施情况以及业主报告，调整后各渣场具体情况如下：

(1)1#渣场。渣场位置未变更，由于国道永久公路改线设计变更，路基回填方量增加(包括库区和进水口下游路段)，堆放的弃渣全部用作回填料；公路全程外沿均有路基挡墙防护，满足水土保持要求。

(2)2#(上)渣场。其渣场位置未变更，但原规划在2#支洞对岸、木堆冲沟上游，堆渣62.5万m^3(松方)。若按规划38m高度堆渣，移民搬迁工作量很大。因此，实际实施中该渣场降低堆渣高度至7m左右，堆渣10.80万m^3(松方)，设有浆砌石挡渣墙。

(3)2#(下)渣场。2#(下)为新增渣场，由于2#(上)渣场容量减小，就近的木堆冲沟下游场地不存在移民搬迁问题，便于统一调配管理，因此新增本渣场。设计拟堆渣41.13万m^3(松方)，设有浆砌石挡渣墙。

(4)3#渣场。原3#渣场已取消，即在进行设计优化减少弃渣量后，原定在3#渣场堆放的弃渣可改弃在1#渣场和2#(下)渣场。

(5)4#渣场。渣场位置未变更，但由于移民搬迁滞后，导致5#渣场未及时启用，因此部分弃渣由5#渣场调至4#渣场堆放，实际堆渣39.49万m^3(松方)，设有浆砌石挡渣墙。

(6)5#渣场。渣场位置未变更，也因部分弃渣由5#渣场调至4#渣场堆放，实际堆渣仅23.10万m^3(松方)，设有浆砌石挡渣墙。

(7)6#渣场。6#渣场已取消，该渣场位于左岸，因移民搬迁难度及工作量很大，同时弃渣运输途径居民区影响较大，考虑到可以启用弹簧沟渣场，因此取消6#渣场。

(8)弹簧沟渣场。为新增渣场，用以取代6#渣场。弹簧沟渣场位于8#支洞口，堆渣25.96万m^3(松方)，设有混凝土挡渣墙、截排水沟。

(9)7#渣场。渣场位置未变更，原规划在木卡砂石料场靠山侧堆渣8.2万m^3(松方)，实际由于料场开采获得成品砂石骨料比例较高，因此需要大量弃渣回填采空区，截至调整时已堆渣37.14万m^3(松方)，尚未回填至原地面高程。

6.2.2.3 **料场调整必要性和可行性**

根据工程建设实际进展情况，主体工程建筑物数量、规模，以及主体工程开挖与混凝土浇筑工程量没有因渣场、料场变更而发生大的变化。也就是说，工程所需的天然建筑材料种类及数量也没有发生较大变化。可研设计阶段，设计在实验区中段河流沿岸选择了6个料场作为工程天然建材来源。由于红房子料场含泥量较高，运距较远，只能作为本工程备用(补充)料场；危关及木堆两个料场运距较近，但储量较小，不利于大规模开采，也只能作为本工程备用料场。鹰嘴湾、木卡料场储量、质量基本满足本工程需要，故作为本工程的主料场。

初步设计阶段，经过优化比选，电站工程混凝土细骨料主要采用木卡砂料场和雨坝子料场天然的细骨料，其料场位置分布于河流两岸的漫滩和Ⅰ级阶地上，且料场均有317国道通过，开采运输条件较方便，漫滩上的料场还能够满足枯水期开采。

工程施工过程中，发现设计文件(料场勘察、勘探)技术深度与实际情况产生较大出入，原料场料源储量、质量不能完全满足工程建设需要，遂进行了料源补充调查与调整。同时由于移民征地、施工场地等原因，业主方对雨坝子料场征地范围减少（仅为原设计方案的 1/3），且未能大面积使用；木卡料场因施工场地及洞室弃渣料的堆放、317 国道的通过，对料场砂砾石质量、储量有一定的质量影响。因料源总储量减少，业主被迫在孟屯沟内选择了新砂砾石料场，重新组织开采和运输。仍存在的缺口部分，协商采取以市场化方式购买商品沙砾料作为粗骨料。

考虑到新选的孟屯沟砂砾石料场为当地民营已开采料场，本工程增加开采是在原有开采基础上扩大规模；对业主来说，减少了对当地植被的占压和扰动责任，避免了为新开采带来的水土流失进行工程措施和植物措施的投入。但是，业主责任的减少，并不表明工程建设因此也减少对环境的破坏，充其量是找到规避责任的借口。就像近年新闻媒体报道的大多数安全事故一样，尽管当地政府和企业共同将责任事故转移到自然灾害或刑事案件上，没有官员为此担责，但并不表示没有责任。换句话说，砂石料的市场化只是将对环境的破坏责任转移，带来的问题是无人履责。因此，即便是可行的变更，也需对其再作环境调查、评估、报批，那么补充调查与调整就非常必要和必须。

6.2.2.4　**渣场调整必要性和可行性**

实验区上段电站的当地材料坝坝型，可以容纳大量工程弃渣（尽管因倒运等施工环节多而不经济），可以因此减少工程造成巨量水土流失和生态破坏程度。实验区中段，生态环境本就十分脆弱，渣场及堆渣量的任何变更调整，都可能造成区域生态环境加速恶化。也就是说，对这些影响生态环境的因素的变化进行严格论证、评价、把关，非常重要。

1）变更调整的缘由

本电站工程采用引水式开发，引水隧洞长约 16km，土建规模大，施工线路较长。上阶段设计，在相应河流沿岸共分散设置了 7 个渣场。中段电站工程施工后，为了提高开挖效率、方便施工，进一步优化了设计。考虑原 3＃、6＃渣场土地征用困难，且工程位于高山峡谷区，可优化布置的场地有限，本次渣场调整，一方面对已征用渣场进行容量复核，调整堆渣规划；另一方面进行补充调查，在施工沿线另外选择了新渣场，启用了 1＃、2＃（上）、2＃（下）、4＃、5＃、弹簧沟渣场、7＃共 7 处永久渣场，取消了原 3＃、6＃渣场，新增了 2＃（下）渣场和弹簧沟渣场，设计渣场总容量为 203.82 万 m^3（松方）。变更调整评价时，工程开挖已基本结束，剩余堆渣 148.39 万 m^3（松方）。

2）调整的必要性

水电站的长距离引水发电方式，使闸坝及引水隧洞开挖及弃渣工程量很大，工程施工临时占地面积多。根据可研设计阶段施工布置，枢纽建筑物占用耕地约 12hm^2，施工临时占地中堆渣场占地面积 21.18hm^2，其中耕地 3.16hm^2。

但是，实验区中段水电站工程区人均耕地偏少，而原方案施工规划 3＃、6＃渣场占地类型绝大部分为园地、耕地和建设用地，且原规划渣场占用耕地和园地面积较大，施工征地投资难以有效控制。尤其是耕地占用后，将减少工程区人均耕地面积，对工程区居民正常的生产生活秩序产生负面影响。为最大程度地减轻对工程施工范围内居民的影响，同时也为了减小中段水电站施工占地面积，进而减少对周边生态环境的影响和移民搬迁工程量，节省工程建设投资，维持工程区正常生产生活秩序，对渣场进行变更调整和重新评价是非常必要的。

3)调整的可行性

工程施工图设计阶段,因移民安置和工程区地形地貌等原因,在施工总体布置中对初步设计方案规划的渣场进行了调整。其中,原3#渣场弃渣分别堆放在1#和2#(下)渣场;原6#渣场弃渣全部堆放在弹簧沟渣场,同时取消原3#、6#渣场,新增了2#(下)渣场和弹簧沟渣场。变更调整后的2#(下)渣场,土地利用现状以园地和未利用地为主,弹簧沟渣场土地利用现状以林地和荒草地为主。根据中段水电站水库运行方式和2#(下)渣场形成后对河道行洪影响的论证,2#(下)渣场堆渣后对电站发电、生态环境和行洪安全不构成较大影响。同时,本工程已在施工中按照防洪法和水土保持法等法律法规要求和"先挡后弃"的原则,对2#(下)渣场采取了防止水土流失的工程防护措施,这样可预防和控制该渣场水土流失。施工结束后,按合同约定,将对渣顶全部复耕,这对减小移民安置过程中的土地调配压力具有积极作用。

弹簧沟渣场为沟道型渣场,沟道内土地利用现状以林地、荒草地为主。由于区域范围相对高差不大,沟道汇水面积小,沟道内无常年流水。而且,沟道内地形平坦、容量大,能满足弃渣堆放要求。但堆渣位临公路上方,可能影响国道安全,需要采取工程措施防止弃渣时滚落和渣体垮塌。

6.2.2.5 新增渣料场的环境合理性

1)新增渣场选择的环境合理性

新增的2#(下)渣场和弹簧沟渣场2个渣场,分别位于4#支洞和8#支洞洞口,相较初步设计规划的3#渣场和6#渣场,变更出渣还需新建公路桥2座、临时公路0.5km。但变更调整后的布置更有利于出渣和弃渣集中堆存处理,从而缩短了弃渣运距,减少了对地表的开挖破坏,也减少了对施工沿线居民的生活影响,能更有效地减缓对生态的破坏。

根据四川省水文局、阿坝州水文水资源勘测局编制的《理县实验区河流中段水电站行洪论证与河势稳定评价(调整渣场、料场补充)报告》及批复结论:2#(下)渣场由于建堤拦渣,占用了部分河滩地,但可基本保证河道行洪的净水面宽,不会对河势稳定造成不利影响。同样依据该报告,弹簧沟集水面积约2.92km^2,沟长约4.16km,平均坡降466.64‰,沟内植被良好,一般情况下为干沟,汛期有少量流水,基本不存在发生泥石流的条件,不会对下游的317国道产生重大影响。

初步设计规划的3#、6#渣场区域均涉及居民点,征地移民难度及搬迁量大。而新增的弹簧沟渣场周边少有居民分布,2#(下)渣场位于木堆沟的下游缓坡地带,主要占用林地和荒草地,不涉及移民搬迁,从而减少了对周边居民的干扰。同时,由于调整后的渣场布置比初步设计规划渣场布置总占用的耕地、园地减少了2.53 hm^2,最大程度地减轻了对工程施工范围内居民的不利影响,以及对周边生态环境的负面影响,减少了移民安置搬迁数量和由此引起的诸多社会矛盾,节省了工程投资。

同时,相对于初步设计报告规划的渣场,变更调整阶段仅有5个渣场处于317国道可视范围内,比原设计规划减少了1个,对景观的负面影响也更小些。

因此,从生态环境保护的角度分析,本工程新增的渣场充分考虑了区域地形,更有利于工程区居民正常的生产、生活秩序和移民安置;只要对各渣场在实施过程中做好工程防护措施和迹地恢复措施，改善景观，恢复原有生态功能，从环境影响角度认为调整后的渣场方案更合理、可行。

2)新增料场选择的环境合理性

中段电站建设过程的施工技术设计阶段，设计单位对料源进行了补充调查与调整，新增了孟屯沟料场。孟屯沟料场布置于支沟孟屯沟内，按照《理县实验区河流中段水电站行洪论证与河势稳定评价(调整渣场、料场补充)报告》，孟屯沟料场只要做好弃料拦挡，对孟屯沟沟道泄洪不会造成影响。与可研设计阶段相比，调整后的料场规划充分利用了现有公路，缩短了新建公路长度，避免了对大量植被的占压和破坏。新增的孟屯沟料场周边无居民分布，从而减少了施工期间对当地居民的干扰、影响。同时，由于该料场占地类型为荒草地，相较初步设计方案推荐的鹰嘴湾和雨坝子料场，变更调整后减少了对耕地、园地及建设用地的征用，进而减少了移民搬迁量，缓解了当地居民与电站开发之间的矛盾。因此，调整后的孟屯沟料场在生态环境、工程占地补偿、移民安置、社会稳定等方面都优于原方案。

从环境保护角度考虑，调整后的料场方案对生态环境的总体影响相对较小，是合理可行的，但还是应注意按照水土保持法律法规要求，对料场采取相应标准的防护措施，并做好排导和迹地恢复措施。

6.2.2.6　生态环境影响预测

1)对陆生植物影响预测

中段水电站渣料场变更调整，对陆生植物的影响主要来自工程施工、占压扰动等。按调整后的施工场地规划要求，本工程共需占地 84.08hm^2，其中临时占地 52.83hm^2，永久占地 30.25hm^2。原有的灌木林地、园地以及耕地将受到一定程度的破坏和影响，工程完建后若不采取恢复措施，预计将破坏植被面积 70.69hm^2。

2)景观生态系统稳定性预测

水电站评价区，原有植被将发生改变，区内平均生物生产力将降低。据测算，工程施工和运行后，区内的平均生产力由 705g/(m^2・a)降低为 704.3g/(m^2・a)，平均减少 0.7g/(m^2・a)，与最低限制值(约 182.5g/(m^2・a))相比几乎可以忽略其影响。因此，工程对自然体系生产能力的影响程度是自然体系可以承受的，在对施工占用区植被生态修复后，这种影响还可以进一步降低。

从土地利用变化及用地变化后各类拼块的优势度分析，水电站工程项目实施和运行后局部区域土地利用格局发生变化。道路和住区拼块增加 13.34hm^2，果园拼块减少 2.96hm^2，农田拼块减少 10.28hm^2，林地拼块减少 1.3hm^2。总的来说，4 个拼块的面积变化相对整个工程评价区面积并不显著，表明工程的施工和运行对评价区自然体系的质量没有显著负面影响。

3)对河道行洪的影响

根据调整报告结论，变更后的各渣场基础稳定，具备堆渣条件，满足堆渣容量要求。2#(上)、7#渣场均为谷坡型渣场，不受洪水影响，不会影响河道行洪。在采取拦挡、护坡等工程措施后可保持渣体稳定。1#弃渣场位于库区，水库形成后即被库水淹没，对河道演变及河势稳定不会造成影响。2#(下)、4#、5#渣场、镇城中学渣场和 K180 渣场属临河型渣场，由于建堤拦渣，占用了部分河滩地，但保证了河道行洪的净水面宽，对河势稳定不会造成影响。同时，对 317 国道公路影响也较小。另按评价报告，弹簧沟集水面积 2.92km^2，沟长约 4.16km，平均坡降 466.64‰，沟内植被良好，汛期的少量流水，不存在发生泥石流的条件。变更调整评价时，该渣场实际堆存量已达计划堆渣量的 90%左右，桩基础、混凝土拦渣坝、钢筋石笼护坡和沟水处理措施均已施工完毕。

4)水土流失影响预测的复核

中段水电站渣(料)场调整后的施工布置，结合工程建设与新增水土流失分析，建设过程中新增水土流失主要来自枢纽建筑物开挖面及弃渣、施工临时设施占地、施工公路等。

(1)扰动、占压及破坏原地表面积。施工布置调整后，电站建设扰动、损坏原地表土地类型主要为耕地、园地、林地、荒草地及河滩地，包括工程永久、临时占地区域及水库淹没区域，面积共 83.08hm^2，各部位扰动地类及面积见表 6-2-12。

表 6-2-12　电站调整后扰动地表、损坏土地及植被面积一览表　　单位：hm^2

项目				耕地	园地	林地	荒草地	建设地	水域	滩地	合计
项目建设区	工程占地区	永久占地	水库淹没区	2.83	4.39		1.04	0.71	2.69	1.2	12.86
			水工建筑物	0.93	1.38	1.01	1.10	1.52			5.94
			永久公路	1.875	2.76	2.00	1.78	3.04			11.45
			小计	5.63	8.53	3.01	3.87	5.27	2.69	1.2	30.25
		临时占地	辅助企业			9.56	7.2	0.21			16.97
			料场				0.38			1.65	2.03
			堆渣场	2.79	7.57	3.88	7.42	0.36		1.76	23.78
			临时公路	0.28	2.71	3.74	3.07	0.25			10.05
			小计	3.07	10.28	17.18	18.07	0.82		3.41	52.83
合计				8.70	18.81	20.19	21.94	6.09	2.69	4.61	83.08

(2)破坏水土保持设施面积。设计调整后，因电站建设损坏的水土保持设施主要是工程占地区和移民安置区、专项设施改建区内的耕地、园地、林地和荒草地，总面积为 66.67hm^2，较上阶段 86.23hm^2，减少了 19.56hm^2。

(3)弃土弃渣量。变更调整报告根据对主体工程和临时工程各建筑物的土石方挖填平衡分析，中段电站工程土石方开挖总量为 224.73 万 m^3(松方，下同)，填筑总量 78.35 万 m^3。其中，围堰填筑量 1.07 万 m^3，填筑国道 317 改线永久公路路基(包括库区和进水口下游段)及场地平整填筑量(7＃渣场)共 77.28 万 m^3，围堰拆除量为 2.01 万 m^3，工程弃渣总量为 148.39 万 m^3(包括场地平整利用量)，较初步设计阶段减少了 74.31 万 m^3。

6.2.2.7　新增水土流失量复核

编制变更调整报告期间，中段水电站已基本完工进入发电试运行期，各标段土建开挖总体已全部完成，坝体填筑面也已竣工。根据现场调查分析，电站建设过程中，水工建筑物、渣料场、施工公路等主体工程建设区内水土流失程度总体控制在中度以内。

1)主体工程区

本区在施工过程中，主体工程出于安全、稳定的考虑，已及时对不稳定开挖边坡进行了喷护，同时采取了护坡、防渗墙等防冲、防渗措施，能较好地控制区内水土流失；区内水土流失较轻，基本无新增大规模流失，仅在陡坡覆盖层开挖时存在少量水土流失。

2)施工生产生活区

编制变更调整报告时，电站已蓄水发电，施工生产生活设施基本拆除完毕，正在对原地表进行迹地恢复。在施工建设期间，由于本区地势较缓，开挖量小，各设施建设避开了雨天进行，尽量挖填平衡，且在四周修建了截、排水沟，排走来水，故在建设期间水土流失量较少，为微—轻度流失，初估已发生的新增流失量为8 942t。

3)料场区

中段电站竣工时，表明各料场的大规模开挖已结束，工程涉及的两个料场覆盖层均已剥离完全。即便在料场开采过程中，大都采取了分片、分级开挖方式，及时削坡、支护，防止开挖面垮塌。但由于料场开采扰动了原地表，破坏了原有植被，使其失去防冲固土的能力；覆盖层开挖期间容易引发水土流失，流失强度达中—强度，初步估算本区内已发生新增流失6 014.9t。

4)渣场区

编制变更调整报告时，所有渣场已堆渣完毕，正在对其进行迹地恢复。

弹簧沟渣场位于弹簧沟内，其沟水处理设计、混凝土挡渣墙、钢筋石笼护坡已由主体工程施工专业承包商实施完建，可以有效地防治渣体垮塌、流失。2#(上)渣场、2#(下)渣场、4#渣场、5#渣场临河侧都修筑了浆砌块石拦渣堤拦挡弃渣，一定程度上起到了渣体防护作用。

2#(上)渣场、2#(下)渣场、4#渣场、5#渣场，由于缺少护坡等防洪措施及排水措施，且渣体边坡未及时进行削坡处理，超过了设计稳定坡比，仍容易引发新增水土流失。对于1#渣场，已采取了干砌石挡墙措施，但由于可能受到设防洪水及库水影响，加之渣体边坡堆放较陡，干砌石挡墙已不能有效地拦挡弃渣，出现了弃渣下河现象。因此，要求建设单位在这一阶段必须对堆渣场按规范进行整治，渣体边坡严格控制在稳定坡比内，及时削坡；对滚至拦渣堤外的弃渣进行清理，并根据本方案设计内容采取拦挡、防洪防淘、排水等措施，防止渣体流失。

估算本区域堆渣期间，已发生新增水土流失92 504t，预计在运行初期还将发生2 115t。

5)施工公路区

编制变更调整报告时，场内各施工道路已修建完毕。施工公路建设时，出于安全和稳定的考虑采取了护坡、山溪涵洞、排水沟等工程防护措施，并及时对软弱面支护，控制了一定量的水土流失。但公路建设过程中渣料挂坡较多，增加了扰动面，开挖弃渣未能全部运至指定渣场堆放，存在乱堆现象，局部造成了较为严重的水土流失。初步估算，已发生新增水土流失31 610t，流失强度达中—极强度。电站建设单位需对库外已建公路采取植物措施保持水土，恢复景观。

6.2.2.8　料场的水土保持措施复核

实验区中段电站工程，建设期实际使用了2个料场，即木卡料场和孟屯沟料场。其中，木卡料场水土保持措施考虑计入渣场占地区内；孟屯沟料场为购买民营商品砂石料，且仅占用荒草地和河滩地，占地面积为2.03hm^2。对于天然河(滩)床砂砾石料场，工程开采结束后，可以根据迹地情况采取相应地恢复措施。河水淹没部分，无须设计及措施；水上滩地，以简单平整、植被即可。本电站工程料场变更调整评价阶段，工程已经基本完工，拟采取以下防治水土流失措施。

1）植物措施布置

本调整方案，仅对料场占用荒草地 0.68hm² 部分迹地，采取植物恢复措施。

现场调查表明，在料场开采过程中采取了分片、分级开挖方式，及时对软弱面支护，基本符合水土保持要求。开挖边坡根据料场地质条件也采取了相应措施，保证了料场开采后边坡的稳定。料场开采结束后，通过清理边坡，去除不稳定的石块后拟进行植被恢复。

对有关部位，首先将临时堆存的 5＃渣场内的部分表层土，回铺至料场开采形成的平台和台阶上，再对料场平台和台阶上撒播灌草进行绿化。灌木，主要选择野樱桃、黄栌、忍冬等落叶灌丛，按 2 963 株/hm² 计；草本选用早熟禾，以 12kg/hm² 计。至此，孟屯沟料场需植灌木约 1 292 株，撒播草种约 45.6kg。

2）占用滩涂部分水土保持措施要求

料场占用滩涂部分，开采过程中无表层无用层剥离。经本次调查，孟屯沟料场开采时已在边缘堆置了土袋，卵石经临时挡墙拦挡，避免了沟水对开挖面的影响。变更调整评价阶段，料场开采已结束，施工方已将土袋堆放在开采凹地中。

6.2.2.9　**渣场水土流失措施复核**

根据工程建设情况，截至变更调整报告时，中段电站各渣场已基本形成。除 7＃渣场外，其余各渣场临河侧均修建有浆砌石挡渣堤拦挡弃渣，一定程度上能控制渣体流失，局部仍存在一定量的水土流失现象。弹簧沟沟道型渣场修建有拦渣坝和 C20 混凝土排水沟，尚能防止渣体流失。同时，1＃～5＃渣场局部发生了较为严重的水土流失，经计算复核，部分渣场要受设防洪水影响，若不及时采取挡渣、防洪防淘、排水等补救措施，汛期将可能引发大量水土流失，危害下游河道安全。故本方案拟对各渣场工程措施进行复核、补充和调整。

1）措施设计复核

按设计的渣场布置，以现场调查的堆渣情况及分析计算，确定各渣场工程防护措施的设计复核如下：

（1）本工程堆渣体为施工过程中自然倾倒形成，坡度较陡（约 1∶1.10～1∶1.50），可能会产生局部垮塌。为满足渣体整体稳定要求，同时减小渣体边坡削坡开级工程量，渣体边坡按设计边坡 1∶1.75 堆放并进行削坡开级。

（2）为防止堆渣过程中土石滚入河流，造成水土流失，或散落在公路上影响交通，在堆渣前，渣脚须采取拦挡措施进行防护。现场调查发现，部分已堆渣但未进行拦挡或拦挡力度不够的渣场及局部较多滚落、流失，应补充、调整拦挡措施。

（3）多个渣场上部山坡集雨面积较大，为避免汛期降雨形成的山坡来水对渣体的冲刷，拟在渣顶外侧设置排水沟将坡面来水排往下游河道；部分渣场可考虑利用上方的公路排水措施，连通其排水沟道。

（4）对可能受洪水影响的临河型渣场，还应加强防洪、防淘措施等综合施救措施。

2）堆渣、削坡与清渣措施复核

中段水电站施工总布置调整后，工程施工弃渣总量仍然很大。造成水土流失的不仅仅是堆渣场不规范堆渣，施工单位水土保持意识淡薄以及施工过程随意弃渣行为也是造成水土流失的重要原因。因此，本评价报告除对未来施工过程中的出渣提出规范的堆渣技术要求外，重点对部分已堆渣但不满足水土保持要求的渣场提出削坡、清渣要求，即要求对渣场做好防护措施外，还将对弃渣过程和行为提出整改要求，避免弃渣堆置不当产生新增水土流失，影响工程施工及交通，破坏当地生态环境。

(1)堆渣要求。业主(建设单位)和监理单位，应监督施工单位出渣必须严格按施工规划渣场集中堆放，不得沿途、沿河、沿沟随意倾倒；在施工过程中，若提出其他弃渣方案，必须进行水土保持设计，并报经相关部门批准后方可实施。

(2)因各渣场渣料主要来源于工程土石开挖，渣料组成以覆盖层和块碎石、地下洞室出渣为主，即石方所占比重大。在弃渣堆放过程中，尽量将粒径较大的块石堆放在渣体前缘，以保证渣体排水良好，降低渣体浸润线，提高堆渣体的稳定性。

(3)削坡、清渣要求。以施工现场调查和已堆渣场典型断面测量分析，本工程已堆渣场中，部分渣场存在堆渣边坡陡于设计稳定边坡、弃渣滚落或散落至边界线以外的现象普遍，因此，本调整方案将对上述渣场提出削坡、清渣要求，以满足堆渣体的稳定要求，控制渣场持续性水土流失。

对堆渣边坡陡于设计稳定边坡(1∶1.75)的渣场，须按设计稳定边坡进行削坡，削坡产生的弃渣堆放于各自渣场挡渣墙(堤)范围以内。

弃渣滚落或散落至边界线以外的，须将滚落或散落的渣料清理至各自渣场挡渣墙(堤)范围以内。

6.2.2.10　**渣场防止水土流失设计复核**

很多情况下，设计是一回事，施工又是一回事。一些细节上，施工单位既不提出合理、可行的优化要求，又不能严格按照设计意图执行，以至于工程建设常常是"工期马拉松、质量不可控、投资无底洞"。本来是一个纯技术与经济的合同问题，但在技术与合同范围内总是无法得到遵守和解决。简言之，就是工程实际建设过程中，施工单位很大程度没有严格依据设计进行施工。

渣场调整环评报告，拟对渣场挡墙稳定性进行复核。弃渣变更调整设计中，按照水土保持设计的有关要求，结合各渣场堆渣实际情况，对各渣场已有的挡墙断面形式进行技术补充和完善，使变更设计成果达到规范要求，再进一步完善水土保持措施设计。

1)1＃渣场防护设计

1＃渣场位置未发生变更，电站施工过程中，由于国道永久公路改线，路基回填方量增加，堆放的弃渣大部分用于回填。目前，该渣场位于改线公路内侧凹地内，渣顶高程低于公路路面约 0.4m，渣顶平面用于工程后期材料堆放场地。此外，改线公路建设过程中没有布设路堤挡墙，部分填筑料已散落至河道；同时，该渣场位于洪水沟右岸，尚未布设排水措施，雨季渣场边缘可能遭受洪水冲刷和上游坡面集水的影响。因此，本渣场主要是新增工程措施，包括改线公路路堤挡墙、洪水沟排洪沟、渣顶截排水沟。

为保持改线公路路堤挡墙的顺接与美观，挡墙采用浆砌预制混凝土块，形式为垂直重力式，挡墙顶宽 0.40m，背坡坡比为 1∶0.40，底宽 1.20m，基础宽度同挡墙底宽，深度为 1.0m，挡墙长度为 150m。

洪水沟穿越改线公路，通过排洪涵洞进入河道，排洪涵洞设计洪水频率为1/50，1/100频率较核。通过计算，最大洪峰流量分别为33.80m^3/s、39.23m^3/s。排洪沟采用矩形断面，长度为40m，设计比降为12.5%，沟身净宽×净高为2.50m×1.80m，沟内每1.5m水平距离设一加糙横条，加糙横条宽、高均为0.30m，沟壁用M7.5浆砌块石衬砌并用3cm厚M7.5水泥砂浆抹面，底部用0.30m厚M7.5浆砌块石衬砌。1#渣场坡面集水可能对渣体冲刷，须在渣场顶部边缘内侧设置截水沟。截排水沟采用矩形断面，断面净宽×净高为0.30m×0.30m，浆砌石衬砌，衬砌厚度为0.3m，设计比降为1%，沟长200m，截水沟内水流导入上述排洪沟内。

2)2#上渣场防护设计

2#上渣场为原规划的2#渣场，位于河右岸2#支洞对岸木堆附近缓坡地带。调整后2#上渣场设计容量12.02万m^3，实际堆渣量10.80万m^3，占地面积2.94hm^2，最大堆渣高度约26m，堆高10 m设置马道一条，马道宽2.0m。根据对2#上渣场已建挡渣堤稳定安全系数复核，挡渣堤断面满足稳定要求。基础埋深约1.2m，也满足抗冲刷深度(1.05m)要求。调查发现，渣体边坡约为1∶1.3，经对渣体坡面稳定性复核，应对渣体边坡进行削坡至1∶1.75。

2#上渣场尚未布设排洪系统以减小坡面集水对渣体的冲刷，须在渣场顶部边缘内侧设置截水沟。坡面采用20年一遇(设计)、50年一遇(校核)，最大洪峰流量分别为0.04m^3/s、0.05m^3/s，确定矩形断面，净宽×净高为0.30m×0.30m，浆砌石衬砌，衬砌厚度为0.3m，设计比降为1%，沟长368m。

将排水沟内水流引入天然河(沟)道，需在渣场外侧坡面设置急流槽，急流槽长66m，其设计流量与排水沟设计流量相同。急流槽设计比降为1∶2.0，矩形断面，槽身净宽×净高为0.30m×0.60m，槽内每1.50m水平距离设一加糙横条，加糙横条宽、高均为0.30m，槽壁及加糙横条均用0.30m厚M7.5浆砌块石衬砌，并用3cm厚M7.5水泥砂浆抹面。

3)2#下渣场防护设计

2#下渣场为新增渣场，位于河左岸木堆藏寨下游缓坡地带，设计堆渣容量45.23万m^3，实际堆渣量41.13万m^3，渣场占地面积3.52hm^2，渣顶高程1 690.0m，最大堆渣高度约40m，在高程1 670.0m处设置马道一条，马道宽2.0m。2#下渣场已经形成，渣场无不良地质现象，按渣体边坡(平均坡比约1∶1.26)削坡至稳定边坡(坡比1∶1.75)。由于堆渣，阻断了上游的木堆沟，须修建排导措施引导木堆沟沟道洪水。

变更调整时，2#下渣场对其表土进行了剥离，平均剥离厚约0.40m。渣脚修建有重力式浆砌石挡渣堤，挡渣堤长471.8m，顶宽为0.9m，底宽为2.0m，堤高为3.0～4.0m，堤身设Φ10cmPVC排水管，距地面1.0m，间排距均为1.0m；排水管比降5%，向下游倾斜，呈梅花形布置，管口用土工布反滤；挡渣堤基础宽2.0m，深2.0m，材质为钢筋石笼，基础迎水面抛填有防冲大块石，基础上部用水泥砂浆找平，挡渣堤位于平整的水泥砂浆垫层之上。

根据2#下渣场已建挡渣堤稳定安全系数复核，其抗滑稳定、不均匀系数无法满足要求，即已建挡渣堤断面偏小，须补强。增补后的挡渣堤顶宽为1.50m，底宽为3.10m，材质为浆砌石。由于2#下渣场切断了木椎沟的水流，且尚未布设木堆沟沟水排洪系统。通过计算复核，洪水沟 50 年一遇（设计）、100 年一遇（校核）最大洪峰流量分别为 41.76m³/s、48.08m³/s。拟在已堆渣体顶部修建 C20 钢筋混凝土排洪沟，排洪沟分为两段，即渣顶段及渣体坡面急流槽段。渣顶段设计比降 5%，采用矩形断面，底宽 3.0m，深 2.30m，沟身用 0.60m 厚 C20 钢筋混凝土，渣顶段长 60.0m。急流槽段设计比降 1∶1.75，采用矩形断面，底宽 3.0m，深 1.80m，槽身用 0.60m 厚 C20 钢筋混凝土，槽内设宽×高为 0.90m×0.50m 的消能台阶，台阶为 C20 混凝土，急流槽总长 70.0m。

4）4＃渣场防护设计

4＃上渣场为原规划的 4＃渣场，位于右岸破碉房沟下游约 200m 处，设计堆渣容量 42.43 万 m³，实际堆渣量 49.5 万 m³，渣场占地面积 4.22hm²，渣顶高程 1 627.0m，最大堆高约 42m，在高程 1 615.0m 设置一条马道，宽 2.0m。设计复核及修正如下。

（1）4＃渣场渣脚修建有重力式浆砌石挡渣堤，堤长 574.5m，顶宽为 0.9～1.1m，底宽为 1.5m，堤高为 2.0～2.5m，堤身设 Φ 10cmPVC 排水管，距地面 1.0m，间距为 1.0m，排水管比降 5%，向下游倾斜，管口用土工布反滤。挡渣堤基础宽 1.5m，深 2.0m，材质为浆砌石。根据土压力理论，挡土墙断面越小，墙高越大，其抗滑、抗倾最不稳定。因此，本调整报告选择顶宽 0.9m，底宽 1.5m，墙高 2.5m 的最不利断面进行挡渣堤的稳定复核。

（2）非常工况下，挡渣堤抗滑稳定及不均匀系数不满足要求，已建挡渣堤断面偏小，须进行补强。增补后的顶宽为 1.20m，底宽为 1.80m，墙高为 2.5m，材质为浆砌石。同时，由于挡渣堤底宽的增大，基础宽度应同时增大到 1.80m，材质也为浆砌石。

（3）抗冲刷深度复核计算，挡渣堤基础埋深 1.20m，满足抗冲刷深度要求。

（4）由于渣体为自然倾倒，边坡约为 1∶1.3，经对渣体坡面稳定性计算，应对边坡进行削坡至 1∶1.75。

（5）4＃渣场尚未布设排洪系统，须在渣场顶部边缘内侧设置截排水沟。同上计算，坡面最大洪峰流量分别为 0.05m³/s、0.05m³/s。截排水沟采用矩形断面，净宽×净高为 0.30m×0.30m，浆砌石衬砌，厚度为 0.3m，设计比降为 1%，沟长 552m。

（6）为将排水沟内水流引入河道，需在渣场外侧坡面设置急流槽，槽长 74m，其设计流量与排水沟设计流量相同。急流槽设计比降为 1∶1.75，采用矩形断面，槽身净宽×净高为 0.30m×0.60m，槽内每 1.50m 水平距离设一加糙横条，加糙横条宽、高均为 0.30m，槽壁及加糙横条均用 0.30m 厚 M7.5 浆砌块石衬砌，并用 3cm 厚 M7.5 水泥砂浆抹面。

5）5＃渣场防护设计

5＃渣场位于原规划的 5＃渣场上游缓坡地带，设计容量 25.41 万 m³，实际堆渣量 28.10 万 m³，占地面积 2.16hm²，渣顶高程 1 615.0m，最大堆高约 37m，在高程 1 600.0m 处设置马道一条，马道宽 2.0m。设计复核及修正如下。

（1）5＃渣场渣脚修建有重力式浆砌石挡渣堤，堤长 320.1m，顶宽 1.0m，底宽 2.0m，堤高为 2.5～3.0m，堤身设 Φ10cmPVC 排水管，距地面 1.0m，间距 1.0m，排水管比降 5%，向下游倾斜；挡渣堤基础宽 2.0m，深 1.5m。

（2）根据计算复核，非常工况下，挡渣堤抗滑稳定不能满足要求，已建断面偏小，须进行补强。增补后的挡渣堤顶宽为 1.30m，底宽为 2.30m，墙高为 3.0m，材质为浆砌石。同时，由于挡渣堤底宽的增大，基础宽度应同时增大到 2.30m，材质为浆砌石。

(3)对5#渣场挡渣堤抗冲刷深度复核计算,其挡渣堤基础埋深(1.50m)满足抗冲刷深度(1.24m)要求。

(4)现场实测,渣体堆载边坡约为1∶1.3,经对渣体坡面稳定性计算,应对现有渣体边坡进行削坡至1∶1.75。

(5)同上方法,5#渣场在顶部边缘内侧设置截排水沟,计算坡面最大流量分别为0.03m^3/s、0.03m^3/s。截排水沟设计为矩形断面,净宽×净高为0.30m×0.30m,浆砌石衬砌,衬砌厚度为0.3m,设计比降为1%,排水沟长305.2m。

(6)在渣场外侧坡面设置急流槽,急流槽长75.7m,其设计流量与排水沟设计流量相同。急流槽设计比降为1∶2.5,矩形断面,槽身净宽×净高为0.30m×0.60m,槽内每1.50m水平距离设一加糙横条,加糙横条宽、高均为0.30m,槽壁及加糙横条均用0.30m厚M7.5浆砌块石衬砌并用3cm厚M7.5水泥砂浆抹面。

6)弹簧沟渣场防护设计

弹簧沟渣场位于河右岸支沟弹簧沟内,设计堆渣容量28.73万m^3,占地面积1.91hm^2,实际堆渣32.96万m^3,渣顶高程1 660.0m,最大堆高80m,在高程1 610.0m、1 630.0m、1 650.0m共设置3条马道,马道宽2.0m。其中,高程1 650.0m马道内侧有施工公路。该渣场在渣脚修建了拦渣坝,并进行了抗滑处理,右侧设置了排水沟,同时设置了辅助挡渣措施。

对渣场稳定分析及挡土墙稳定分析,表明弹簧沟渣场整体稳定。若以适当工程措施,能保证特殊工况下渣场坡面的表层稳定,消除沟水及降雨对渣场的稳定影响。挡土墙有效地保护了渣场坡脚,计算渣体边坡稳定,总体上渣场失事的可能性很小。复核结论:渣场是稳定安全的,可以使用渣场堆渣。复核后渣场各工程措施如下。

(1)滑坡体下滑力计算。弹簧沟堆渣为隧洞弃渣,开挖岩石为中硬岩,透水性强,参照类似工程采用1∶1.5坡面设计,需每20m左右设置一条马道。

采用直线法进行稳定分析,计算拟参考鱼跳、牛牛坝等类似工程,对渣料物理力学参数取值为:

内摩擦角$\Phi=37°$;

容重$\gamma=20kN/m^3$;

设计地震烈度:7度;

特殊工况:地震工况+强降雨。

根据计算,最危险工况为特殊工况。相应于该工况计算出来的滑面,得到渣体深层滑动的最小安全系数为1.21,大于容许值1.05,故渣场整体稳定。整个渣场仅在地震工况+强降雨工况出现坡面表层滑动,需采用工程措施对其进行保护。

(2)处理方案。据渣场稳定分析的结果推断,弹簧沟渣场整体稳定,仅在地震特殊工况下可能产生坡面表层滑动。考虑到滑坡体边坡较缓,且滑动体非常小,设计采用干砌石护坡。这样,既可以防止坡面滑动,也有利于坡面保护及渣体表层排水。为确保渣场坡脚稳定,需在坡脚处设置混凝土挡墙。

(3)混凝土挡土墙设计。由于坡脚前缘现状较陡,因此,挡土墙施工应考虑尽量减少对原状土的扰动。挡土墙设计如下:

墙顶宽 0.60m，迎坡面垂直，背坡面倾斜度 1∶0.50；

挡土墙墙高 6.0m，底宽 5.0m。

(4)挡土墙稳定分析。依据挡土墙结构尺寸及挡渣情况，对挡土墙的应力与稳定进行复核计算，计算工况包括设计工况和特殊工况，以与前面相同计算公式，其计算参数如下：

墙后土内摩擦角 $\Phi=37°$；

墙后土黏聚力 $c=0\text{kPa}$；

墙后土容重 $\gamma=20\text{kN/m}^3$；

墙背与墙后土摩擦角 $\Phi=19°$；

地基土计算容许承载力为 200～300kPa；

墙底摩擦系数取 0.5；

设计地震烈度以规范值 7 度；

特殊工况：地震工况＋强降雨。

由计算结果可以看出：各种工况下，挡土墙的滑移稳定安全系数都大于容许值。

(5)排水设计。设计洪水采用 20 年一遇，校核洪水采用 100 年一遇。根据渣场行洪论证与河势稳定评价报告，设计洪水为 9.23 m^3/s，校核洪水采用 14.0 m^3/s。弹簧沟沟道洪水复核，其设计洪水、校核洪水分别为 9.20 m^3/s、13.87 m^3/s，沟道洪水计算偏安全。

(6)考虑渣场渣料为强透水材质，设计采用明沟排水的形式处理沟中来水。而降雨引带来的渣内渗水采用沟底盲沟处理，以降低渣体浸润线。

(7)在渣场顶部设置环形排水沟，引至施工道路旁的永久排水沟。环行排水沟采用梯形断面，底宽 1.5m，深度 1.3m，边坡坡度为 1∶0.5，纵坡 0.02，设计过流量为 14.9 m^3/s，过流能力满足要求。

7)7＃渣场防护设计

7＃渣场位于电站厂址下游木卡料场处，渣体回填料场开挖坑内并进行场地平整至 1540.6m 高程，填渣量约 37.14 万 m^3，同时在回填过程中需排导坑内积水。由于料场开挖破坏了山体边坡，需对开挖边坡进行 10cm 喷浆防护；为防止坡面汇水对回填渣体的冲刷，在进厂公路内侧修建截排水沟，计算坡面最大洪峰流量分别为 $0.03\text{m}^3/\text{s}$、$0.03\text{m}^3/\text{s}$。截排水沟采用矩形断面，断面净宽×净高为 0.30m×0.30m，浆砌石衬砌，厚度为 0.3m，设计比降为 1%，排水沟长 776m。

8)K180 渣场防护设计

K180 渣场为新增渣场，位于镇城中学上游约 1km 右岸，设计容量 7.55 万 m^3，渣场占地面积 2.1hm^2，渣顶高程 1598.0m，最大堆高约 8m。

截至调整报告时，K180 渣场对其表土进行了剥离，平均剥厚约 0.45m，渣脚修建有重力式浆砌石挡渣堤，堤长 340.5m，顶宽为 0.8～1.0m，底宽为 2.0m，堤高为 3.5～4.0m，堤身设 Φ 10cmPVC 排水管，距地面 1.0m，间距为 1.0m，排水管比降 5%，向下游倾斜，管口用土工布反滤；挡渣堤基础宽 2.0m，深 2.0m，材质为浆砌石。本设计复核选择顶宽 0.8m，底宽 2.0m，墙高 4.0m 的最不利断面进行稳定计算，已建挡渣堤断面满足稳定要求。

对 K180 渣场挡渣堤抗冲刷深度设计复核，基础埋深(1.50m)满足抗冲刷深度(1.29m)要求。K180 渣场顶面有公路通过，可利用公路内侧边沟排泄渣顶上方坡面来水，渣场无须布设排洪系统。

9）镇城中学渣场防护设计

镇城中学为新增渣场，位于镇城中学公路外侧的河滩地，设计容量1.09万m^3，实际堆渣量0.77万m^3，渣场占地面积0.66hm^2，渣顶高程1584.0m，最大堆高4m。

截至调整报告时，该渣场渣脚修建有重力式浆砌石挡渣堤，堤长260.1m，顶宽为0.8～1.0m，底宽为2.0m，堤高为3.5～4.0m，堤身设Φ10cmPVC排水管，距地面1.0m，间距为1.0m，排水管比降5%，向下游倾斜，管口用土工布反滤；挡渣堤基础宽2.0m，深2.0m，材质为浆砌石。本调整报告设计复核选择顶宽0.8m，底宽2.0m，墙高4.0m的最不利断面进行挡渣堤的稳定复核，计算确认已建挡渣堤断面满足稳定要求。

按渣场挡渣堤抗冲刷深度复核计算，挡渣堤基础埋深（1.50m）满足抗冲刷深度（1.14m）要求。

实验区中段电站防止水土流失的治理措施（设计）内容基本类同上段、下段电站，详细内容见第8章和第9章。

6.2.3 实验区下段电站弃渣变更设计

1）变更调整及重新环评依据

实验区下段水电站与中段水电站同时规划设计、同时报建、同时开工，开发形式和建设规模相近，但工程竣工和投产发电时间差别很大，这一方面是下段电站纵跨两县，建设管理以及难度较大；另一方面，也反映建设单位管理模式、能力存在明显差异。中段电站于2007年12月实现投产运营，下段电站于2011年投产运营。

2004年11月，中国水电顾问集团公司成都勘测设计研究院提交《四川省实验区河流下段水电站环境影响报告书》，同年通过四川省环保局主持的审查，并以川环建函[2004]334号文进行了批复。同期，该设计院提交《四川省实验区河流下段水电站水土保持报告书》亦通过了四川省水利厅及水土保持局的审查，并以川水函[2004]811号文进行了批复。2005年2月，四川省发展和改革委员会以川发改能源[2005]60号文核准并批复同意建设该水电站项目。

与中段电站一样，下段电站建设过程中工程枢纽布置总体方案基本未发生改变。所不同的是，下段电站装机略有扩大，施工超挖严重，建设管理混乱，施工监理不能有效履行职责，料场布置及料源规划因供料方式发生改变，弃渣总量增减和征地影响，使渣场堆渣规模、位置发生变化。另外，由于渣料场位置的变更，施工公路走线、生产生活设施布置也相应发生了变化。那么，实施过程的设计变更和情势变更，使原环评报告书中针对渣料场规模和设计的防护措施大部分不能适用。依据《环境影响评价法》规定，下段水电站环境影响评价必须依法重新进行复核评价并重新报批。受业主委托，四川省水利水电勘测设计研究院于2008年12月编制完成了《四川省实验区河流下段水电站渣料场调整环境影响报告书》，并于次年获得四川省水利厅批复。

2）变更调整及评价内容

实验区下段水电站为三等电站，项目主要由首部枢纽、引水系统及厂房枢纽建筑物等主体工程及移民安置组成。电站枢纽建筑物布置、移民安置处理等未发生较大变化，仅变化的是施工布置和渣料场布置。变更设计调整，拟优化减少工程建设占地和移民，特别是耕地的数量，同时节省工程征地投资，减轻移民安置土地调配压力。因此，该水电站环境影响调整报告的重点是工程枢纽建筑物区施工布置部分，主要对调整渣料场布置的合理性及可行性进行重新评价，在此基础上复核施工阶段对环境的影响，并补充生态环境保护综合治理措施。

按照《环境影响评价技术导则——非污染生态影响》(HJ/T19－1997)第 4 条规定，下段水电站工程影响范围＜$50km^2$，工程兴建可能使影响范围内绿地数量减少，对周边生物量和物种多样性减少＜50％。根据调查，区域人类活动较频繁，工程影响范围内土地利用现状以荒草地、建设用地和耕地为主，无国家级、省级重点保护陆生动植物分布，故本工程生态环境的评价工作等级定为三级。水土流失评价范围包括项目建设区及直接影响区，面积约 $125.44hm^2$。其中，项目建设区 $110.27hm^2$，直接影响区 $15.17hm^2$。

6.2.3.1　**料场变更设计**

根据调整后的电站水工枢纽布置及施工支洞布置情况，规划布置三个施工工区，即首部工区、4＃支洞工区和厂房工区。

1)原设计方案料场规划

变更调整前，下段电站工程建材用料包括混凝土骨料、块石料、围堰防渗土料和固壁土料。其中，主要砂石骨料考虑采用市场商品砂石料或购买商品混凝土。其方案为：

(1)块石料。电站大坝枢纽坝体填筑料约需 1.0 万 m^3，干、浆砌石料约 0.4 万 m^3。坝体堆石料不需要开采石料场，直接由 1＃渣场回采运输上坝填筑。堆石坝的过渡料和垫层料，需要人工加工，考虑从闸址下游的砂石加工厂直接运输上坝。本工程干、浆砌石基本上为块石料，因砌石工作面分散，且施工强度不高，可就近渣场取用，均用汽车运至工作面。

(2)混凝土骨料。电站主体工程混凝土和边坡喷混凝土总量约为 35.4 万 m^3(含施工附加量)，需要成品骨料约 82.80 万 t；其中，粗骨料约 54.00 万 t、细骨料约 28.80 万 t，骨料最大粒径为 80mm。由于下段电站坝址与位处上游的中段电站厂房接近，为尽量减少工程施工对周围环境的负面影响，在满足工程施工要求的前提下，这两处工区的混凝土骨料将统筹考虑、共同开采，综合利用料场。

根据初步设计阶段地质专业对下段电站附近区域砂石料源的勘探初查结果，木卡料场位于中段电站厂房与下段电站闸坝之间的河流右岸，占地面积约 $5.95hm^2$，其储量、质量均满足工程规划阶段需要，且开采运输条件较好。设计考虑木卡天然砂砾石料场将作为电站大坝枢纽主料场，开采后就近加工，供应上游中段电站引水隧洞 6＃～8＃施工支洞工作面、中段电站的厂区枢纽、下段电站闸坝枢纽以及引水隧洞 1＃～4＃施工支洞工作面所需的混凝土成品骨料。

2)调整后的料场规划

可行性研究设计阶段，根据地质勘测工作深度，设计拟选择实验区下段河段的木卡、雨坝子 2 个天然砂石料场，承担本工程的全部砂石用料供应。其中，木卡料场计划供应下段电站首部枢纽及引水隧洞 1＃～4＃施工支洞工作面所需的混凝土成品骨料；雨坝子料场为厂区枢纽主料场，供应引水隧洞 5＃～10＃施工支洞工作面及电站厂区枢纽所需混凝土成品骨料；并且在开采完毕后，利用所形成的采空区作为本工程 3＃渣场继续使用。但在工程开工后，对于雨坝子料场占地区的征用出现困难，且雨坝子料场附近居民点较多，料场的开采和生产加工对居民生产、生活影响较大，故取消雨坝子料场，木卡料场保留不变。

变更调整评价时，电站工程所需的天然建筑材料的选择较可行性研究设计阶段没有重大变化，但取消雨坝子料场后，在考虑运距、交通等综合因素的前提下，原规划采用的天然砂石料只能以外购的方式，满足原雨坝子料场供应各工作面的砂石料需求。变更设计拟选择位于厂区附近的克枯乡一民营料场代替雨坝子料场。该料场距厂区及所需工作面较近，且有 317 国道公路及县级公路通过，交通方便；增补地质勘探工作表明，该料场储量基本可以满足本工程所需量。

工区天然砂石料场的分布不集中，电站主体工程施工战线又较长，渣料场调整后只是将砂石骨料加工系统由原来的鹰嘴湾料场调至孟屯沟料场处，木卡料场砂石骨料加工系统规模基本没有发生变化，混凝土拌和系统、砂石加工厂等的设计规模、生产工艺流程及设备仍采用初步设计时的技术方案。

6.2.3.2　**渣场变更设计**

西部大开发以来，央企、地方国企、部分官员个人、民营个体都利用各种手段争抢和炒作当地矿产资源、水能资源、水利市场以及城市化开发的土地资源等各种自然资源，导致资源价格暴涨，资源开发成本急剧上升。开发商为降低粗放开发的成本，又只能牺牲包括环境保护、水土保持等法律责任规定的资金投入，或转嫁不科学开发产生的风险。当地移民和工程区域的少数农民个个齐上阵，以各种机会揩工程的油，使工程建设过程不断被动变更设计或变更施工。实验区下段电站工程施工布置、渣场、料场的变更，不乏存在此类因素的影响。

1)原设计方案渣场规划

根据工程初步设计，下段电站主体工程土方开挖 28.96 万 m^3(实方)，石方开挖 158.25 万 m^3(实方)，土石回填 3.37 万 m^3(实方)，经土石方挖填平衡后总弃渣量 305.98 万 m^3(松方)。按照设计的施工总布置，本工程共设置 5 个渣场，渣场布置见表 6-2-13。

表 6-2-13　下段电站渣场规划布置

编号	位置	占地(hm^2)	地形、地类	渣料来源	弃渣量(万 m^3)	渣场容量(万 m^3)
1＃渣场	河左岸闸址下游约 2km 处	8.8	缓坡地、园地、宅基地未利用等	坝、导流工程 1＃～3＃洞弃渣及公路	98.94	102.35
2＃渣场	通化沟对岸下游约 500m 处的地带	9.4	园地、宅基地、未利用土地等	4＃、5＃支洞弃渣及施工公路	56.19	63.42
3＃渣场	6＃施工支洞河对岸缓坡地	8.0	园地、宅基地、未利用土地等	6＃～8＃支洞弃渣及施工公路	71.36	75.63
4＃渣场	厂房对岸的缓坡地带	8.8	园地、宅基地、林地等	9＃、10＃洞、厂区枢纽弃渣及施工公路	69.50	73.26
5＃渣场	龙溪沟左岸，距沟口约 1.5km 处	2.6	园地、宅基地、林地等	9＃支洞弃渣及施工公路	10.00	12.65
合计		37.60			305.98	327.31

2)渣场调整后布置

可行性研究设计阶段,电站沿施工线路共分散布置了 5 个渣场。但在实际施工过程中,原 3# 渣场(即雨坝子料场)土地征用困难,且附近居民点较多,若通过地方政府压制居民强行堆渣,可能会激化建设单位与附近居民的矛盾,只能另辟蹊径选择合适场地布置渣场。另外,原 4# 渣场的部分土地也征用困难,采取缩小该渣场占地面积及容量,并由邻近渣场分担渣量的方法优化渣场施工堆渣。除此之外,原 5# 渣场在施工过程中发现其冲沟存在来水情况,且地形较陡峭,坡面汇水较大,不适宜布置渣场,只能另行选择合适场地布置渣场。

通过实地勘查及施工实施进展情况,设计变更调整原 3# 渣场至古镇沟重新布置堆渣。那么,最后调整情况是:原 4# 渣场缩小占地面积 5.31 hm^2,并将原计划 9# 支洞渣量调至新增的 5# 渣场;原 5# 渣场调整至大干沟布置渣场。

3)砂石骨加工系统调整

同上原因,工程施工辅助加工厂也因渣料场调整做相应变更。调整后仅设置一处砂石加工厂,即木卡砂石加工厂,位于木卡料场附近 1 550m 高程,拟开采木卡料场的天然砂砾石料为原料,就近加工后承担下段电站引水隧洞 6#～8# 施工支洞工作面和电站厂区、大坝枢纽以及电站引水隧洞 1#～4# 施工支洞工作面混凝土成品骨料的加工供应。根据施工总进度的安排,工程混凝土月高峰浇筑强度为 22 000m^3,因此,木卡砂石加工系统设计处理能力为 200t/h,成品生产能力为 150t/h,砂石加工厂采用两班制生产。

4)工程占地调整

可行性研究设计阶段,下段水电站占地总计 141.14 hm^2。变更调整阶段,由于原设计的两个料场中已取消雨坝子料场,另外一个木卡料场因与中段电站共用,其占地已计入中段水电站料场占地,故本电站变更阶段不存在料场占地区。而其他占地由于渣场、料场及相应的施工布置的调整,也做了相应调整。经过变更调整,下段水电站占地总计 110.27 hm^2;其中,耕地 13.03 hm^2,园地 23.68 hm^2,林地 21.23 hm^2,荒草地 17.81 hm^2,建设用地 1.53hm^2,未利用地 22.3hm^2,水面 10.69hm^2。调整后的下段水电站工程占地见表6-2-14,对照比较情况见表 6-2-15。

表 6-2-14　电站初设阶段工程占地表　　单位:hm^2

项目		耕地	园地	林地	荒草地	建设用地	未利用地	水面	合计
工程永久占地	水工建筑物	1.11	0.4					2.29	3.8
	永久公路	5.14	5.14	15.42					25.7
	水库淹没占地	0.84	1.49	0.40		1.01	4.8	8.4	16.94
	小　计	7.09	7.03	15.82	0	1.01	4.8	10.69	46.44
施工临时占地	施工辅助企业	4.28	8.64	0.95		0.52	4.2		18.59
	临时公路	1.66	1.66	4.46			13.3		21.08
	堆渣场		6.35		17.81				24.16
	小　计	5.94	16.65	5.41	17.81	0.52	17.5	0	63.83
合　计		13.03	23.68	21.23	17.81	1.53	22.3	10.69	110.27

表 6-2-15　电站工程占地面积调整对照表　单位：hm^2

项目	耕地	园地	林地	荒草地	建设用地	未利用地	水面	合计
可研阶段	14.03	61	26.67	0	2.05	26.31	10.69	141.14
变更阶段	13.03	23.68	21.23	17.81	1.53	22.3	10.69	110.27
增减量	−1	−37.32	−5.44	17.81	−0.52	−4.01	0	−30.87
变化率(%)	7.13	61.18	20.40		25.37	15.24	0.00	21.87

6.2.3.3　**料场调整的缘由、必要性和可行性**

改革开放 30 多年，经济持续高速增长。在巨大的经济总量情况下，权力缺乏监督和约束，分配领域的不公，导致社会群体收入两极分化以及建设领域管理无序现象严重。很多建设工程、城市基础工程和房地产项目开发，当地都会伴随产生许多“沙霸、渣霸、建筑材料专供的料霸、运输霸和工程固体废旧物回收的破烂霸”。他们就是媒体常常报道的与某种权力勾结，无人管、无人敢管的“黑社会”，把持着一方市场，使开发商躲不掉、绕不开、得罪不起。中小型水电站建设过程中，遭遇此类情况十分普遍。本研究课题实验区下段水电站施工过程中，无不伴有这种现象发生，其施工布置、料场改变、渣场不能堆渣等都与此现象有关。即便因此导致变更和调整，在投资中还难以此内容列项。

渣场、料场的变更调整环境影响评价报告表明，现场调查和收集资料阶段发现不少的细微变更都源于类似问题。如前所述，下段电站工程主体建筑物及规模没有发生根本性设计变更，建设所需的天然建筑材料种类及数量都没有改变。可行性研究设计阶段，根据地质勘测工作，规划选择实验区相应河段的木卡、雨坝子 2 个天然砂石料场承担本工程的砂石用料供应。其中木卡料场计划供应电站首部枢纽及引水隧洞 1＃～4＃施工支洞工作面所需的混凝土成品骨料，雨坝子料场为厂区主料场补充供应引水隧洞 5＃～10＃施工支洞工作面及厂区枢纽所需混凝土成品骨料，并且在开采完毕后利用所形成的采空区作为本工程 3＃渣场继续使用。但工程正式开工后，雨坝子料场占地区的征用出现困难，一则说明设计选址时疏忽料场附近居民的维权；二则说明开发初期的地方政府协调承诺不能兑现，迫使建设单位和设计单位只能变更取消雨坝子料场(木卡料场保留)。此类变更不仅影响工期，还将严重影响投资控制。

取消雨坝子料场后，在考虑运距、交通等综合因素的前提下，工程采用商品砂石骨料的方式满足原雨坝子料场供应各工作面的材料需求。其后，选择电站厂区附近的克枯乡一民营砂石料场供料，虽然距厂区及所需工作面较近，且有 317 国道及县级公路通过，交通方便，但增加了料源和成品砂石料质量控制的难度，需要施工单位和监理单位派出专人监管工程所需砂石料的生产和供应。

6.2.3.4　**渣场调整的缘由、必要性和可行性**

1)调整的缘由

下段电站工程亦采用引水式开发，引水隧洞全长约 16.38km，施工线路较长。初步设计阶段在实验区河流相应河段沿岸共分散设置了 5 个渣场。水电站正式施工后，为了提高开挖效率、方便施工，建设方要求进一步优化了设计。原 3＃渣场(即雨坝址料场区)

因附近居民分布较多，土地征用困难，变更取消了雨坝子渣场，另行选择合适场地布置渣场。同样原因，原 4＃渣场的部分土地也征用困难，采取缩小该渣场占地面积，并由邻近渣场分担渣量的方法优化渣场。原 5＃渣场在施工中发现其冲沟存在，有可能因洪水形成泥石流，且该处地形较陡峭，坡面汇水面积较大，不适宜布置渣场，只得另行选址。

2)调整的必要性

水电站建设周期长，施工过程对当地生态破坏严重，设计减少工程建设永久征占土地和施工临时占地，对于保护环境、维持当地生态意义巨大。

实验区下段水电站闸坝及引水隧洞开挖及弃渣量较大，工程施工临时占地较多，防止水土流失有一定难度，有必要通过变更设计调整减少建设占地。根据可行性研究设计阶段施工布置，枢纽建筑物占用耕地约 11hm^2，施工临时占地中堆渣场占地面积 24.16hm^2，其中耕地 3.16hm^2。

实验区下段电站工程区域，人均耕地偏少，生态环境脆弱。根据初步设计方案施工规划，原 3＃、5＃渣场占地类型绝大部分为园地、耕地和建设用地。换句话说，按照初步设计规划渣场占用耕地和建设用地面积，施工征地投资高，而且耕地占用后将减少工程区人均耕地面积，施工对工程区居民正常的生产生活秩序产生不利影响。那么，从减轻影响、节省投资、保护生态、维持工程区正常生产生活秩序等综合因素考量，对渣场进行调整是必要的。

3)调整的可行性

项目施工图设计阶段，建设方和设计单位结合移民安置和工程区地形地貌，在施工布置中对初步设计渣场规划方案进行调整，将原 3＃渣场调整至古城沟布置堆渣；优化了原 4＃渣场占地面积 5.31hm^2，又将原计划 9＃支洞渣量调至新增的大干沟渣场堆弃；同时，将原 5＃渣场变更调整至大干沟渣场。

古城沟渣场和大干沟渣场为沟道型渣场，沟道内土地利用现状以林地、荒草地为主。由于区域范围相对高差不大，沟道汇水面积小，沟道内常年无雨无流水。而且，沟道内地形平坦、容量大，能满足弃渣堆放要求。且本工程已在施工中按照防洪和“先挡后弃”的原则对此两处渣场采取了工程防护及排水措施，这样可预防和治理渣场的持续新增水土流失。同时，施工结束后将对渣体采取复耕和植物措施，可以造地 3.7 hm^2，减小移民安置过程中的土地调配压力。

6.2.3.5　渣料场调整的环境合理性

1)料场调整的环境合理性

料场优化调整后取消雨坝子料场区，采用砂石料外购的方法满足原雨坝子料场供应各工作面的材料需求。与可行性研究阶段相比，调整取消一个料场，以及取消相应的 4＃施工桥、临时施工道路和雨坝子砂石骨料加工厂，从而减缓了因开采和修建施工道路引起的对地表地貌的扰动破坏。同时，由于雨坝子附近的居民点较多，雨坝子料场的取消也避免了在开采中扰民的影响，维持了可利用地的现状。也就是说，料场布置的调整从环境保护角度分析是合理、可行的。

2)渣场调整的环境合理性

实验区下段电站新增的古城沟渣场和大干沟渣场，2 个渣场分别位于 7＃支洞和 9＃

支洞洞口，相较原规划的3＃渣场和5＃渣场出渣拟需修建公路桥2座、临时公路1.1km而言，调整后的布置更有利于出渣和弃渣集中堆存处理，从而缩短了运距，减少了对地表的开挖破坏和对施工沿线居民的影响，能更有效地减缓对山地生态的破坏。

原规划的3＃渣场涉及居民点，征地移民搬迁量大，且仅距省级文物保护单位桃坪羌寨直线距离1km，对其调整取消，将减少对周边居民和桃坪羌寨的负面影响。原规划的5＃渣场位于龙溪沟内，在施工中发现其冲沟存在较大来水情况，不适宜布置渣场，而且龙溪沟沟口有居民散布，若堆渣引起泥石流后，对居民的生命财产安全将产生直接威胁。因此，调整取消5＃渣场既有利于人身安全，又有利于生态安全。

新增的大干沟渣场周边无居民分布，古城沟渣场位处沟内左岸缓坡地，距离沟口0.5km，主要占用林地和荒草地，仅涉及搬迁2户移民，相对原3＃渣场的移民搬迁量大大减少。同时，由于调整后的渣场布置比原规划渣场布置总占用的耕地、园地减少了2.53 hm^2，从而最大程度地减轻了对工程施工范围内居民的影响以及对周边生态环境的影响，还能够节省工程投资，有利于维持工程区正常生产、生活秩序。

另外，相较于初步设计报告规划的渣场，调整后仅有3个渣场处于317国道可视范围内，比原规划减少了1个，对景观的影响也有所减小。从环境保护的角度分析，电站工程新增的渣场充分考虑了区域地形，更有利于工程区居民和移民安置；只要对各渣场在实施过程中做好水土流失工程防护措施和迹地恢复措施，改善景观，恢复原有生态功能，从环境影响角度认为调整后的渣场方案是合理可行的。

6.2.3.6　变更调整的生态影响复核

下段水电站评价区工程永久占地、其他施工占地（包括渣场、料场、施工公路、生活生产设施等）和水库淹没占地面积共计110.27 hm^2，占本工程生态评价总面积的3.6%。工程占地改变了原有植被，降低区内的平均生物生产力。电站工程施工和运行后，使区内的平均生产力由5 800.8kg/(hm^2·a)降低为5 799.5kg/(hm^2·a)，平均减少1.3kg/(hm^2·a)，与区域平均生产力[5 800.8kg/(hm^2·a)]相比，施工活动减少量仅占其原有生产力的0.2%。由此分析，工程建设对区域生态的影响极小。因此，工程对自然体系生产能力的影响程度有限，在对施工占用区植被恢复后，这种影响还可以再降低。

电站建设过程中新增的水土流失，主要来自枢纽建筑物开挖面及弃渣、施工临时设施占地、公路施工等。

1）扰动、占压及破坏原地表面积

按工程施工占地面积统计，下段水电站施工期共扰动、破坏原地表面积110.27 hm^2，其中工程永久占地46.44 hm^2，施工临时占地63.83 hm^2。复核结果比原方案确定的扰动破坏面积（不含公路影响范围）减少30.87 hm^2。

2）破坏水土保持设施面积复核

在工程施工扰动破坏原地表面积范围内，具有水土保持功能的水土保持设施包括耕地、园地、林地和荒草地。经复核，损坏水土保持设施面积复核结果为75.75 hm^2，比原水土保持方案确定的损坏水土保持设施面积（不含道路影响范围）少3.16 hm^2。从复核结果看，调整阶段损坏水土保持设施面积比可研设计阶段确定的面积减少40.11 hm^2，主要是调整阶段水土保持方案未计入水库淹没占地影响区、施工公路影响区、移民安置影响区的面积，共计 19.93hm²。同时，施工临时占地中料场的取消、施工布置的优化，使得扰动破坏原地表面积减少，损坏水土保持设施明显降低。施工临时占地共减少损坏水土保持设施面积达 20.18hm²。占地类型说明，调整阶段复核结果为：荒草地占地增加，耕地、园地、林地的面积大幅度减少，主要是施工过程中可用地的征地困难，渣场等布置都相应调整为占用荒草地。下段电站损坏水土保持设施面积复核见表 6-2-16。

表 6-2-16　下段电站损坏水土保持设施面积复核表　　单位：hm²

项　目			调整阶段损坏水土保持设施面积					原设计损坏水保面积	增减量(%)
			耕地	园地	林地	荒草地	合计		
调整阶段损坏水保设施面积复核	工程永久占地	水工建筑物	1.11	0.4			1.51	1.51	
		永久公路	5.14	5.4	15.42		25.7	25.7	
		水库淹没区	0.84	1.49	0.40		2.73	2.73	
		小　计	7.09	7.03	15.82		29.94		
	施工临时占地	施工辅助企业	4.28	8.64	0.95		13.87	18.38	−4.51
		临时公路	1.66	1.66	4.46		7.78	13.3	−5.52
		堆渣场		6.35		17.81	24.16	6.17	−17.99
		料场区						34.31	−34.31
		小　计	5.94	16.65	5.41	17.81	45.81	72.16	−26.35
	直接影响区							13.76	−13.76
	合　计		13.03	23.68	21.23	17.81	75.75	115.86	−40.11
原设计确定的损坏水保设施面积			16.64	64.42	34.8	16.64	115.8		
增减度(−,+)			−3.61	−40.74	−13.57	+1.17	−40.1		

6.2.3.7　渣场变更调整后的水土保持设计

20 世纪末或 21 世纪初，一些有识之士考虑经济高速发展对生态环境造成不可逆转的破坏现实时，提出人与自然和谐和绿色 GDP 主张，尽管这些主张在疯狂及高速惯性下显得微弱、苍白，毕竟事关子孙后代和可持续发展。近年来，随着部分人环保意识的增强，社会对生态环境保护比以前给予了更加多关注和重视，也促使环境保护投入略有增加，生态恶化的态势有一定程度减缓。建设工程领域，草率设计、野蛮施工、监而不理的现象时有发生，直接后果是人类共同的生存环境面临日益严峻的挑战。本研究课题实验区下段电站水土流失问题，在“5.12”汶川大地震前确呈现恶化的趋势，因地震后政府加大了资金投入和治理力度，生态情况大有改观。

下段水电站建设期间，渣场、料场的变更调整以及多标段的全面施工，造成大量水土流失，新增水土流失相当严重，主要流失过程和流失量未实施监测和列入统计。根据对工程建设期扰动、破坏原地表面积的初步复核，施工期共扰动破坏原地表面积远远超过 110.27hm²（包括水库淹没范围 16.94hm²），其中产生新增水土流失的范围包括水工建筑物、永久公路等永久建筑物占地和施工临时公路、施工辅助企业、弃渣场等施工临时占地，共计面积为 93.33hm²。当然，事后在现场的调查和测算不一定能够真实、全面反映水十流失的实际，因为过程的破坏很容易被完工后的表面治理所掩盖。也就是说，还需要有关各方履行职责，完善水土保持后期治理。

1)新增水土流失量估算

根据对工程区水土流失现场调查和水土流失预测时段复核，建设期水土流失时段为3年，试运行期为1年。测算本工程扰动、破坏面水土流失量总量为17 203.18t，原地表水土流失量为9 157.80 t，新增水土流失量为8 045.38t。工程区扰动、破坏范围新增水土流失总量复核结果见表6-2-17。需要说明的是，预测时段是4年，实际时段为8年，报告与实际流失总量存在较大差异。也就是说，报告的数值只是评价的参考值。

表6-2-17　电站扰动破坏范围水土流失复核　单位：hm^2、a、t/(km^2·a)、t

占地性质	建筑物	占地面积	复核时段	侵蚀模数背景值	侵蚀模数调查值	原地表流失量	流失量估算值	新增流失量
永久占地	水工建筑物	3.80	2	3 800	6 821	288.80	518.40	229.60
	永久公路	25.70	2	3 900	6 821	2 004.60	3 505.99	1 501.39
临时占地	施工辅助企业	18.59	2	4 000	5 272	1 487.20	1 960.13	472.93
	临时公路	21.08	2	3 700	6 821	1 559.92	2 875.73	1 315.81
	堆渣场	24.16	4	3 950	8 633	3 817.28	8 342.93	4 525.65
合计		93.33				9 157.80	17 203.18	8 045.38

此外，电站工程围堰采用分期导流，汛前拆除围堰，围堰挖填和拆除施工也将造成水土流失。采用类比法测算一期围堰土石填筑1.93万m^3，围堰拆除工程量1.93万m^3；二期围堰填筑0.43万m^3，拆除0.43万m^3。因实验区为山区河流，枯水期流量小，围堰挖填工程量不大、工期短，围堰流失量可控，过程中水土流失不超过0.23万m^3。从现场调查、预测及复核总量结果看，下段电站工程区水土流失现状为中度水力侵蚀为主，工程建设期共扰动破坏原地表面积110.27hm^2，其中损坏水土保持设施面积75.75hm^2。工程设置5个堆渣场，弃渣总量为281.32万m^3（松方）。

2）施工辅助企业占地区调整后工程防治设计

电站工程施工辅助企业占地主要包括施工企业、仓库、办公及生活区等，占地面积为18.59hm^2，其中耕地4.28hm^2，园地8.64hm^2，林地0.95hm^2，建设用地0.52hm^2，未利用地4.20hm^2。调整阶段，电站各施工生产、生活设施基本建设完毕，各排水设施也布置完成，原地表被建筑物占压，不再产生水土流失，设施建设过程水土流失较轻。在施工完成后，需完善的水土保持措施主要是迹地复耕和绿化。

3）施工公路占地区调整后工程防治设计

本电站工程新建场内公路15.3km，其中新修临时公路8.8km，新建永久公路4.9km，改建永久公路1.6km。永久公路防治水土流失的工程措施已在原主体工程中计列，此处不再叙述。其临时施工公路占地面积21.08hm^2，占地类型为耕地、园地、林地和未利用地。变更调整报告前，场内各临时施工公路已基本完成，且施工公路在修建过程中，根据主体工程技术设计，已实施了拦挡、护坡、排水等措施，这些措施在保证公路安全，正常建设、运营的同时，亦间接发挥保持水土的功能，基本上控制了超量水土流失。调整方案主要针对变更后公路补充一定的植物措施，配合主体工程设计发挥更大的水土保持效益，同时起到绿化、美化环境的作用。

4)渣场防护措施复核及补救

实验区下段电站工程变更调整报告阶段,1＃～5＃渣场已基本形成,1＃、2＃、4＃渣场临河侧均修建有浆砌块石挡渣堤拦挡弃渣,一定程度上能较好控制渣体流失。但是其缺少护坡等防洪措施及排水措施,仍存在一定量的水土流失。3＃渣场修建有挡渣墙和截排水沟,较好地防止了渣体流失。5＃渣场修建有混凝土拦渣坝,但未对沟水进行处理。同时,1＃、2＃、4＃渣场局部发生了较为严重的水土流失,经计算分析,各渣场都将受设防洪水影响,若不及时采取挡渣、防洪防淘、排水等措施,汛期则可能引发大量水土流失,危害下游河道安全。调整报告方案,将对各渣场工程措施进行复核、补充和调整。

(1)复核设计思路。根据现场调查的堆渣情况及分析计算,按照《开发建设项目水土保持方案技术规范》的要求,确定渣场工程防护措施的设计思路主要有:堆渣体因施工过程中自然倾倒堆渣形成,故坡度较陡,可能会发生局部垮塌;为满足渣场整体稳定要求,渣体边坡须按设计稳定边坡 1∶1.75 进行削坡修整,并对堆渣高度较大的渣场设置多级马道。

防止堆渣过程中土石滚入河流,造成水土流失,或散落在公路上影响交通;要求在堆渣前,渣脚须采取拦挡措施进行防护;部分已堆渣的渣场未进行拦挡或拦挡力度不够的部位,应补充、调整拦挡措施。

多个渣场后山坡集雨面积较大,为避免汛期降雨形成的山坡来水对渣体冲刷,拟在渣顶外侧设置排水沟将坡面来水排往下游河道,部分渣场可考虑利用上方的公路排水措施。此外,对可能受洪水影响的临河型渣场,需要补充防洪、防淘措施等综合防范措施。

(2)堆渣、削坡与清渣要求。工程弃渣,是形成水土流失的集中区域。下段水电站施工总布置调整后,造成新增水土流失不仅仅只是在 5 个堆渣场,施工单位的野蛮施工和随意弃渣行为也是造成水土流失的重要原因。因此,本调整报告除对未来施工过程中的出渣提出堆渣要求外,重点对部分已堆渣但不满足水土保持要求的渣场提出削坡、清渣要求,除对渣场做好防护措施外,还将对弃渣过程和行为提出整改要求,避免弃渣堆置不当产生新的水土流失,影响工程施工及交通,破坏当地生态环境。

弃渣堆渣时,施工单位必须严格按规划渣场顺序堆放,不得沿途、沿河、沿沟倾倒。若提出其他弃渣建议方案,必须进行水土保持设计,并报经水土保持行政主管部门批准后方能实施。工程土石开挖的覆盖层、块碎石以及地下洞室出渣中的大块石,在弃渣堆放过程中,尽量将粒径较大的块石堆放在渣体前缘,以保证渣体排水良好,降低渣体浸润线,提高堆渣体的稳定性。

根据已堆渣场典型断面测量,部分渣场存在堆渣边坡远远陡于设计稳定边坡以及弃渣滚落或散落至边界线以外的现象。因此,本调整报告方案拟对上述渣场提出削坡、清渣要求,使其满足堆渣体的稳定和水保要求。即陡于设计稳定边坡(1∶1.75)的渣场或部分,须按设计稳定边坡进行削坡,削坡产生的弃渣堆放于各自渣场挡渣墙(堤)范围以内。弃渣滚落或散落至边界线以外的部分,也应清理至各自渣场挡渣墙(堤)范围以内。

5)1＃渣场防护措施复核及设计

经对各渣场挡墙稳定性复核及补充设计,各渣场现有挡墙断面满足抗滑、抗倾等要求。但要全部利用各渣场已有挡墙结构,还需要按照各渣场已有的挡墙断面形式重新进行复核性设计,并提出相应结构或工程措施。

1＃堆渣场位于电站闸址下游约 1.5km 左岸，设计堆渣容量 100.64 万 m^3，占地面积 8.77hm^2，渣顶高程 1 562.0m，实际最大堆高约 37m，需在高程 1 545.0m 设置马道一条，马道宽 2.0m。1＃渣场为临河型渣场，渣脚高程低于 30 年一遇洪水位，受河道洪水影响。因此，工程防护措施需要补充挡渣、防洪、防淘、防冲和排水等。

坡脚挡渣堤长 692.2m，堤身形式采用 M7.5 浆砌块石重力式结构，设计断面为高 1.50m、顶宽 0.70m，面坡坡度为 1：0.40。挡渣堤墙身设 Φ10cmPVC 排水管，距地面 0.30m，间距为 2.0m，排水管比降 5％，向下游倾斜，呈梅花形布置，管口用土工布反滤。挡渣堤基础置于密实的卵砾石基础之上，顶部渣体堆放边坡坡比为 1：1.75。

根据行洪论证，淘刷深度为 1～2.0m，采用下伸趾墙和基础迎水面回填大块卵石的综合措施，防止其对渣脚的淘刷。基础及下趾深 2.00m，采用 M7.5 浆砌块石砌筑。同时，拦渣堤顶至设防洪水位加安全超高 0.7m 之间渣体坡面应设置 M7.5 浆砌块石护坡，护坡厚 0.4m，护坡内设排水孔，梅花形布置，距底部 0.3m，间排距均为 2.0m。渣场顶部外侧设置截排水沟，沟长 771.3m，设计流量 0.04m^3/s，采用梯形断面，底宽 0.5m，深 0.5m，边坡系数为 1.0，沟身用 0.30m 厚的 M7.5 浆砌块石衬砌，设计比降不小于 0.01。

6）2＃渣场防护措施复核设计

2＃堆渣场位于电站坝址下游约 7.5km 左岸，设计容量 59.2 万 m^3，占地面积 6.35hm^2，渣顶高程 1 510.0m，最大堆高 35m，在高程 1 500.0m 设置马道一条，马道宽 2.0m。2＃渣场为临河型渣场，渣脚高程低于 30 年一遇洪水位，受河道洪水影响。本渣场工程防护措施有挡渣、防洪、防淘、防冲和排水等。

坡脚挡渣堤长 568.1m，堤身形式采用 M7.5 浆砌块石重力式结构，设计断面为高 1.50m、顶宽 0.70m，面坡倾斜度为 1：0.40。挡渣堤墙身设 Φ10cmPVC 排水管，距地面 0.30m，间距为 2.0m；排水管比降 5％，向下游倾斜，呈梅花形布置，管口用土工布反滤；挡渣堤基础置于密实的卵砾石基础之上，挡渣堤顶部渣体堆放边坡坡比为 1：1.75。为防止渣脚淘刷，论证淘刷深度为 1～2.0m，采用下伸趾墙和基础迎水面回填大块卵石的综合措施。基础及下趾深 2.0m，采用 M7.5 浆砌块石砌筑。

规避洪水对渣体的冲刷，拦渣堤顶至设防洪水位加安全超高 0.7m 之间渣体坡面需设置 M7.5 浆砌块石护坡，护坡厚 0.4m。护坡内设排水孔，梅花形布置，距底部 0.3m，间排距均为 2.0m，用于排除渣体内部积水。同样，为减小降雨形成的坡面集水对渣体的冲刷，渣顶部外侧设置截排水沟。沟长 544.7m，矩形断面，底宽 0.4m，深 0.4m，沟身用 0.30m 厚的 M7.5 浆砌块石衬砌，设计比降不小于 0.01。

7）3＃渣场防护措施复核设计

3＃渣场位于古城沟左岸，设计容量 66.9 万 m^3，占地面积 3.82hm^2，渣顶高程 1 520.0m，最大堆高 80m，在高程 1 475.0m 和 1 500.0m 各设置马道一条，宽度均为 2.0m。3＃渣场为谷坡型渣场，工程防护措施仅是挡渣和排水等。

坡脚挡渣墙长 215.7m，堤身形式采用 M7.5 浆砌块石重力式结构，设计断面为高 1.5m、顶宽 0.70m，面坡倾斜坡度为 1：0.40；挡渣墙墙身设 Φ10cmPVC 排水管，距地面 0.30m，间距 2.0m，排水管比降 5％，向下游倾斜，呈梅花形布置，管口用土工布反滤。挡渣墙基础置于密实的块碎石地基之上，基础厚度 1.0m，顶部渣体堆放边坡坡比为 1：

1.75。降雨使坡面集水对渣体可能造成冲刷，渣场顶部外侧需设置截排水沟，沟长 313.7m，采用矩形断面，底宽 0.4m，深 0.4m，沟身用 0.30m 厚的 M7.5 浆砌块石衬砌，设计比降不小于 0.01。

8)4＃渣场防护措施复核设计

4＃渣场位于电站厂房左岸，设计容量 63.88 万 m^3，占地面积 3.49hm^2，渣顶高程 1 465.0m，最大堆高 70m，在高程 1 425.0m 和 1 445.0m 各设置一条马道，宽度均 2.0m。

4＃渣场为临河型堆渣场，渣脚高程低于 30 年一遇洪水位，受河道洪水影响。由于渣顶已修建施工公路，其以上坡面集水可由公路排水沟排导。因此，本渣场工程防护措施主要包括挡渣、防洪、防淘、防冲等。

坡脚挡渣堤长 182.9m，堤身采用 M7.5 浆砌块石重力式结构，设计断面为高 1.5m、顶宽 0.70m，面坡倾斜坡度为 1∶0.40。挡渣堤墙身设 Φ10cmPVC 排水管，距地面 0.30m，间距为 2.0m，排水管比降 5%，向下游倾斜，呈梅花形布置，管口用土工布反滤。挡渣堤基础置于密实的卵砾石基础之上，顶部渣体堆放边坡坡比为 1∶1.75。为防止渣脚淘刷，根据行洪论证，淘刷深度为 1～2.0m，采用下伸趾墙和基础迎水面回填大块卵石的综合措施防止河水对渣脚的淘刷，基础及下趾深 2.0m，采用 M7.5 浆砌块石砌筑。

防止洪水对渣体冲刷，拦渣堤顶至设防洪水位加安全超高 0.7m 之间渣体坡面设置 M7.5 浆砌块石护坡，坡厚 0.4m。排除渣体内部积水，护坡内设排水孔，梅花形布置，距底部 0.3m，间排距均为 2.0m。

9)5＃渣场防护措施复核设计

5＃渣场位于电站右岸减水河段支沟大干沟内，设计容量 18.84 万 m^3，占地面积 1.73hm^2，渣顶高程 1 555.0m，最大堆高 113m，在高程 1 475.0m、1 495.0m、1 515.0m 和 1 535.0m 处各设置一条马道，宽度均为 2.0m。

5＃渣场为沟道型堆渣场，渣脚不受河流洪水影响，但受沟道来水影响。因此，本渣场工程防护措施主要包括挡渣、防洪、排水等。

设计坡脚拦渣坝长 103.2m，堤身采用 C20 片石混凝土重力式结构，最大坝高处设计断面为高 12.0m、顶宽 1.0m，面坡倾斜坡度为 1∶0.40。拦渣坝坝身设 Φ10cmPVC 排水管，距地面 0.30m，间距为 2.0m，排水管比降 5%，向下游倾斜，呈梅花形布置，管口用土工布反滤。坝址处地形较陡，地基开挖后应夯实回填，坝体基础置于回填夯实土体之上，回填土体边坡用 M7.5 浆砌块石护坡，拦渣坝顶部渣体堆放边坡坡比为 1∶1.75。

为防止大干沟沟道洪水对渣体的影响，在渣场上游修建排水沟排导大干沟洪水。排水沟总长 383.8m，采用矩形断面，底宽 0.7m，深 0.8m，沟身用 0.30m 厚的 M7.5 浆砌块石衬砌，平均比降 0.38。

根据上述渣场的防护措施复核设计，各渣场挡护、导排、防洪建筑物等防护工程工程量统计见表 6-2-18。

实验区下段电站防止水土流失的治理措施（设计）内容，也基本类同上段和中段电站，相同措施及描述不再重复，水土保持生态修复治理细节及内容见第 8 章和第 9 章。

表 6-2-18　堆渣场水保工程措施工程量统计表

措施	项目	单位	1#堆渣场	2#堆渣场	3#堆渣场	4#堆渣场	5#堆渣场	合计
挡墙	砂砾石开挖	m^3	3 322.5	2 726.9	763.8	878.0	990.0	8 681.3
	砂砾石回填	m^2	173.0	142.0	126.4	45.7	3 510.0	3 997.3
	大块卵石回填护脚	m^3	1 038.3	852.2	0	274.4	0	2 164.8
	C20 片石混凝土	m^3	0	0	0	0	2 184.7	2 184.7
	M7.5 浆砌块石	m^3	3 149.5	2 584.9	819.9	832.3	0	7 386.6
	Φ 10cmPVC 管	m	408.4	335.2	127.3	107.9	539.3	1 518.2
	复合土工布反滤	m^2	10.87	8.92	3.39	2.87	4.86	30.92
护坡	M7.5 浆砌块石	m^3	3 807.1	4 130.2	0	0	311.1	8 248.3
排水沟	土夹石开挖	m^3	1 951.4	1 492.6	520.8	0	1 224.3	5 189.1
	土夹石回填	m^3	0.0	133.5	88.2	0	274.0	495.6
	M7.5 浆砌块石衬砌	m^3	570.0	294.2	169.4	0	333.9	1 367.5

第7章 国内水土保持生态范例与治理经验

水是生命之源，土是生存之本。人与水和土地的关系，是人与自然关系的核心，也反映了人与自然、人与社会之间共生依存的关系。科学证实，在浩瀚的宇宙中只有地球表面有液态水。据测算，地球上水的总储量约 1.5×10^{10} 亿 m^3，其中淡水仅为总量的 2.6%，形成人类可利用的淡水资源为 4.7×10^5 亿 m^3，约占地球总水量的 0.003%（十万分之三）。也正是水及水资源的存在，才使地球具有生命和生物多样性，进而产生了人类及人类文明。

地球经过数十亿年自然形成的生命系统，赋予它存在的科学道理和意义。除非受到来至某种超自然力（如其他星体撞击）的作用或人类自己的破坏，地球生命系统在恒久的时间里持续存在。也就是说，只要人类自身不破坏地球生命系统，遭遇毁灭性的风险就会很小。但是，人类在快速进化和社会化的近 10 000 年时间里，尤其是工业革命的近 300 年来，通过科技方法与手段获取更多物质享受的同时，破坏地球生命系统的范围及程度也超过了以往任何时候。

面对全球气候变暖、普遍干旱、物种锐减、土地沙化、环境恶化、生态退化的诸多问题，回归理性、重新认识和领悟水土乃生命本源以及水土资源在现代经济社会中的重要作用，正确定位人与水、土关系以及生存与发展的关系，深刻把握人与自然和谐的丰富内涵，牢固树立和谐共生的核心理念，积极营造良好的生态环境，是构建现代社会的重要内容，更是每一位公民的神圣职责和历史使命。

7.1 山地水土保持生态范例

云南哈尼梯田，是我国乃至世界水土保持健康生态的成功范例。根据央视、各网站等媒体报道，2013 年 6 月 22 日，我国云南红河哈尼梯田文化景观被正式列入联合国教科文组织《世界遗产名录》。与我国已成功申报并被列入世界遗产名录的其他 40 多个项目以及在 2004 年同期被列为中国的世界遗产预备清单并得到世界遗产中心认可的广东开平碉楼、福建土楼、河南殷墟、澳门历史文化建筑群相比，云南红河哈尼梯田不仅是世界上独一无二的农耕文明的传承和体现，更是对人类文明的发展与创新。而且，它让盲目行进的社会放缓即将陷入深渊的脚步，让传统的农业赋予了文化的内涵与永续发展的生命力，它使基础性的农业实现了当代难以替代的生态价值。

7.1.1 哈尼族人的分布与生境

云南省是我国少数民族最多的地区，全国56个民族中，人口超过5 000的常住少数民族，云南就有25个。而这25个少数民族中，又有15个少数民族为云南省独有，分别是哈尼族、傣族、纳西族、景颇族、傈僳族、白族、佤族、拉祜族、布朗族、普米族、阿昌族、基诺族、德昂族、独龙族和怒族。袁爱莉、黄绍文2011年发表在学习探索期刊的《云南哈尼族梯田稻禽鱼共生系统与生物多样性调查》论文表明："哈尼族属于国际性民族，主要分布在中国云南和东南亚的缅甸、泰国、老挝、越南诸国的北部山区。据统计，全世界哈尼族约195万人；其中，在中国的哈尼族145万余人，主要分布在云南省红河哈尼族彝族自治州的元阳、红河、绿春、金平等县，普洱市墨江、江城、宁洱、澜沧、景东、镇沅等市县，玉溪市元江、新平、峨山、易门等县，西双版纳傣族自治州勐海、景洪、勐腊县，楚雄彝族自治州双柏县及昆明市禄劝、武定等县。其中，云南省南部元江与澜沧江之间的哀牢山和无量山地区哈尼族人口达125万。国外的哈尼族(阿卡)约50万人，缅甸掸邦高原东部景栋及边境一带约30万人，泰国北部清莱、清迈一带约10万人，老挝北部南康河流域约7万人，越南老街省和莱州省北部山区约3万人。"

生活在云南南部哀牢山地区红河哈尼族彝族自治州以及普洱市、玉溪市等哈尼族人传统生计以耕作梯田为主要方式，梯田面积有9万多hm^2，位处海拔300～2 500m之间，连片梯田台级达3 000多台，尤其以元阳县为代表的哈尼稻作梯田凝聚了千百年哈尼人的劳动智慧，将艺术融于耕作，或将雕刻搬在山水之间，整座山整座山的梯田，层层叠叠，精致、雄伟，仿佛一道道天梯从山顶垂挂至山脚，每一层都渗透着哈尼族人的巧妙构思，每一叠都展现了哈尼族人的勤劳实践。

1 300多年来，哈尼族人遵循地球最重要的生态规律，开发最清洁、最经济的自然资源，他们没有参与对资源的疯狂掠夺，没有迷失在工业化、城市化滚滚浊流里，更没有充满以牺牲环境换得物质享乐的贪念；他们没有形成自己的都市，却分摊城市污染的恶果；他们在持续多年严重干旱的云南，支撑起我国最重要的农业和水土保持及生态环境的一片蓝天。

7.1.1.1 梯田地理位置

哈尼梯田的核心区在元阳，梯田位于云南省南部红河州元阳县的中部，地理位置介于东经102°27′～103°13′、北纬22°49′～23°19′之间，分布于海拔700～1 800m山间，东接金平县，南连绿春县，西邻红河县，北与建水县、个旧市、蒙自县隔红河相望，东西横跨74 km，南北纵距55km。梯田面积广、连片集中，是元阳县的粮食主产区。梯田区土地总面积约419.33 km^2，耕地面积约1.04万hm^2，主要农作物包括水稻、玉米、花生、黄豆、甘蔗、蔬菜等。

7.1.1.2 气候

元阳梯田区属亚热带季风气候区，年平均气温16.4℃，最高气温32.4℃，最低气温−2.6℃，年无霜期363.5d，多年平均降雨量1 397.6mm，降雨主要集中于雨季5—10月，占全年降雨量的78%，10月至次年2月多为阴雾天气。全年日照时数为1 770.2h，相对湿度85%。受地理环境和地形条件的影响，立体气候明显，高程1 200m以下河谷区，常年无霜，雨量充沛，蒸发量大，气候炎热；1 200～1 700m之间中低山区，气候较温和。

喻庆国2007年在安徽农业科学发表的《云南元阳哈尼梯田湿地生态旅游——生态补偿机制探讨》中描述：元阳地处哀牢山南部，北回归线以南，属亚热带季风气候类型，光、温、水、土资源丰富，全年日照时数约 1 770h，相对湿度 84.3 %，年降水量在 770～2 400mm之间，年平均降雨量 1 403 mm，最冷月平均气温 7℃～17℃，最热月平均气温 16℃～29℃，极端最低气温－ 11 ℃～7 ℃，极端最高气温 28℃～42.3℃，无霜期 200～364d，云雾密度大、降雨丰富。需要说明的是，有关哈尼梯田的自然条件在不同时间、不同作者的表述中略有不同。

7.1.1.3　**区域地形地貌**

冯金朝、石莎等作者于 2008 年 11 月在中央民族大学学报发表的《云南哈尼梯田生态系统研究》一文表明，元阳县境内山高谷深，沟壑纵横，属深切割、中山地貌类型。由于南北方向长期受红河、藤条江水系的侵蚀、切割，地貌呈现出中部突起，南北两侧低下，地势由西北向东南倾斜，地形呈“V”形发育，北面山地多为羽状横向峡谷，南面坡形多为箕状。全县地形可概括为“两山两谷三面坡，一江一河万级田”，土地全为山地，无一平川。最低海拔 144m，最高海拔 2 939.6m，相对高差 2 795.6m。元阳境内的土壤类型依山地海拔高度而变化，在 150～2 000m 的范围内由低到高分布着燥红壤、砖红壤、紫色土、赤红壤、红壤、黄壤、黄棕壤和棕壤等，梯田内分布着发育比较成熟的水稻土。

7.1.1.4　**族群海拔分布**

位哈尼梯田核心区的元阳县，在海拔高度 144～2 939m 区间里，144～600m 的河坝区，多为傣族居住；600～1 000 m 的峡谷区，多为壮族居住区；1 000～1 400m 的下半山区，多为彝族居住；1 400～2 000m 的上半山区，多为哈尼族居住；2 000m 以上的高山区，多为苗、瑶族居住区。汉族多居住在城镇和公路沿线。哈尼族居住的上半山区，气候温和、雨量充沛，年均气温在 15℃左右，全年日照 1 670h，比较适宜水稻生长。哈尼族的先民自隋唐进入此地区以来，就发挥他们的聪明才智，开垦梯田种植水稻。

7.1.1.5　**水资源**

根据山地特点，半山即海拔 1 000～2 700m 范围内，很容易形成干旱地带。也就是说，再往上，受雾气和降雪影响；往下，受河流、水源的水气蒸腾作用。哈尼梯田，也正是它那层层的梯田，构成了一个个立体的水系和生态循环体系，成为独立的生态小环境。当然，不可否认的是，元阳县水系发达，雨量允沛，也是成就其因素之一。

元阳属红河南岸流域和藤条江上游流域，区内主要有者那河、麻栗寨河、大瓦遮河及藤条江上游支流水系——阿勐控河，水资源较为丰富，但河流位于灌区内海拔 200m 处，可利用水资源量较小(水资源情况见表 7-1-1)。

表 7-1-1　哈尼梯田河谷区主要河流水资源情况

河流名称	径流面积(km^2)	多年平均降雨量(mm)	年均径流深(mm)	平均年径流量(万 m^3)	年输沙模数($t \cdot km \cdot a^{-1}$)
者那河	48.6	1 444.6	792.4	3 851.06	1 500
麻栗寨河	44.6	1 473.1	821.1	3 662.11	1 500
大瓦[illegible]河	35.2	1 411.6	771.0	2 713.92	1 500
阿勐控河	79.6	1 628.9	964.2	7 675.03	1 500
合计	208.0			17 902.12	

梯田灌区水资源主要有降雨、河川径流和地下水等。据元阳县统计资料，地下水资源量占全县年径流量的 29.3% ，区内地下水资源量为 12 026 万 m^3，灌区地下和地表水资源总量为 41 045 万 $m^3$①。现灌区主要利用地表水资源，平衡缺口大时才考虑加大地下水资源利用。但是，灌区的地形特点和立体气候特征形成了灌区特有的水文循环方式：河谷区蒸发的水汽随热气团层层上升，在高山区遇到冷气团而冷凝成浓雾并形成充沛的降水；高山区的森林截留降水、蒸腾、增强土壤下渗、抑制林地地面蒸发，用根系将大量的水储存在土壤之中，缓和地表径流，减少水土流失和洪灾的发生。在枯水季节，森林释放水量，延长径流时间，对其他系统进行补水，使流域四季水量保持均衡。简言之，梯田灌区的地形地貌及水文循环特点，水资源及灌溉主要采用库塘蓄水、沟渠引水供水、田间自流的灌溉方式。

梯田灌区水资源利用存在的主要问题是，水利基础设施脆弱、简陋、趋于老化，水利化程度及水资源综合开发利用率低，农业综合效益不稳定或较差。灌区的 1.3 万 hm^2 梯田主要依靠土质沟渠引水灌溉，运行至今大部分渠道已趋于老化，且损毁严重，水流不畅，供水越来越不能满足需求，以致使区内的灌溉面积逐年减少，农作物产量降低。

7.1.2 哈尼梯田及所代表的农耕文明

7.1.2.1 哈尼族人的山地雕塑

哈尼梯田是哈尼族人因地制宜、依山就势、顺应自然、改造环境、创造人类文明的壮举。它不仅使农耕文明延续和发展，更使人类文明得以丰富和可持续。哈尼梯田，与其说是一方水土养育一方百姓的农业资源，不如说是世界东方少数族群为人类创造的一道精彩绝伦、无与伦比的自然景观和人文景观；它为人与自然和谐、生存与发展和谐、资源利用与生态保护和谐描绘了一幅美妙的原生态。

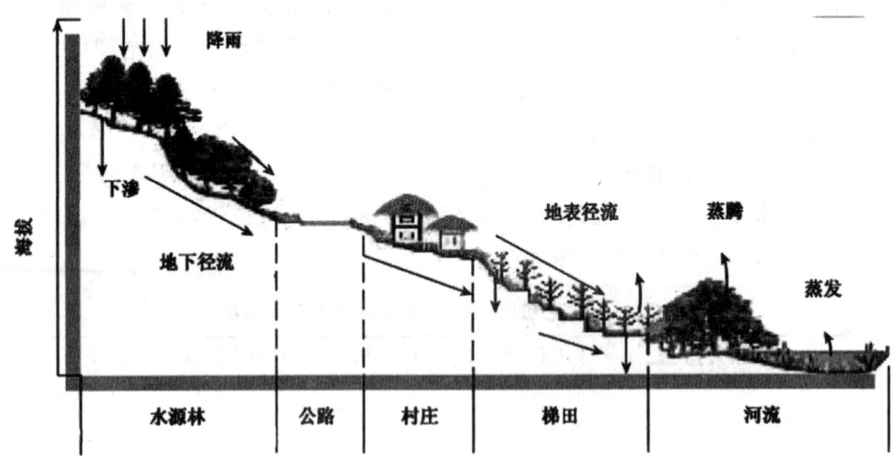

图 7-1-1　梯田湿地垂直结构剖面图

① 饶碧玉，杨建荣. 元阳哈尼梯田灌区水资源供需平衡初步分析[J]. 人民长江，2009.

哈尼梯田依山就势的立体结构见图 7-1-1(姚敏原图)，规模宏大、气势磅礴、千姿百态、壮丽景色的哈尼梯田和谐生态见图 7-1-2(该图由人民网作者王若杰摄，题为掀开梯田薄雾的面纱)，图 7-1-3 和图 7-1-4(题为哈尼梯田的早晨，由网址 http://www.cntuke.com/picture364129 和相关网址提供)；图 7-1-5 由百度网收集，北京青年报提供；图 7-1-6 由云南旅游网提供，图 7-1-7 来源为中国文化产业艺术网，图 7-1-8 来源为呢图网，图 7-1-9 来源为教育网，图 7-1-10 来源于百度图片，图 7-1-11 为博客董欢的日志。

图 7-1-2　哈尼梯田和谐生态景观

图 7-1-3　哈尼梯田的早晨

图 7-1-4　哈尼梯田的原生态

注：左图片网址，http://www.cntuke.com/picture364129；

右图片网址，http://kalcidoscope.cultural-china.com/en/137Kaleidoscope13252.html。

7.1.2.2　哈尼梯田的发展

梯田，作为山地农民依山就势主观能动改造自然(耕作)的一种方式，在世界上许多国家尤其是东南亚国家普遍存在。我国攀枝花乡的老虎嘴集中连片的梯田面积就达约667hm^2，集中度可称中国乃至全世界之最。但是，让梯田上升到人类文明的高度，是红河哈尼族人的发明和创造。

居住在红河畔的哈尼族和其他民族一样，其梯田农业大致经历了三个阶段：

图 7-1-5　哈尼梯田的梯级景观构成

图 7-1-6　哈尼梯田的农业艺术

注：图片左由百度网收集，北京青年报提供，图片右由云南旅游网提供。

图 7-1-7　哈尼梯田的农耕模式

图 7-1-8　哈尼梯田的良态生境

注：图片左来源中国文化产业艺术网，图片右由昵图网提供；

网址：http://www.nipic.com/show/1/7/4788518k9d842177.html。

第一阶段是任意砍伐树木进行粗放耕作的阶段。这是红河流域农业的早期阶段，在明朝以前较为普遍，人们砍伐树木并焚烧后作为肥料，一块地种植二三年后就抛弃不用，迁到其他地方开垦种植。

第二阶段是相对固定的山地农业阶段。人们在山坡上开垦耕地，但已固定在一定的范围内，人们将耕地划分为几块进行轮作，同一块耕地耕作一两年后休耕几年再耕作，让耕地生长植被、恢复肥力(这一阶段是今天已经进入了梯田农业阶段的各民族都经历过的)。

第三个阶段是梯田农业阶段。自明朝以来，红河流域开始修建梯田。明清以后上游的元江、新平等县也开始开挖梯田，并将大量的山地改造成为梯田，进入了梯田农业阶段。

梯田农业，是当地农业发展的高级阶段①。

图 7-1-9　哈尼梯田原生态春耕

图 7-1-10　哈尼梯田相互依存的农田、森树

注：图片左来源教育网，图片右来源于百度网。

图 7-1-11　哈尼梯田晨辉映照与水土生命本源

注：图片取全博客，董欢的日志。

哈尼族人早期在修建梯田时，首先选择较缓的向阳坡地，砍去林木、焚烧荒草、垦出旱地，先播种旱地作物若干季。待生地变熟，然后筑台搭埂，将坡地变成台地。台地造成后，即开沟成渠，引森林中的山泉水，灌溉梯田，使其变成水田，从而成为真正的哈尼梯田。与其他民族修筑梯田不同的是，哈尼族人充分利用地势、水土、气候、植被等资源条件，集前人和多民族智慧于一体，开辟出可持续发展农耕生态体系。哈尼族人可以将整座山修筑成梯田，在 15°～75°的坡度范围内，他们穷尽土地、任意发挥其造田技艺，完善自行灌溉、科学施肥的生态循环，把大山雕刻成全世界仅有的完美“艺术品”。

① 龚秀萍，孙海清. 云南元阳梯田农耕文化的发展及对建设现代农业的启示[J]. 中国城市经济，2010(9).

7.1.2.3 **农耕文明的文化价值**

云南哈尼梯田有 9 万多 hm^2，在自然保护区的红河哈尼梯田约 2.4 万 hm^2，核心保护区有 1.3 万 hm^2。它的存在，对于维系长江流域以及西南山地生态甚至保障我国生态安全等方面作用巨大，地位十分重要。哈尼梯田成功申遗，不仅表明它已经成为永久的世界遗产，而证明它是人类取之不尽、用之不竭的生态资产。

中共元阳县委党校课题组在 2012 年完成、发表于红河探索第 1 期的《元阳哈尼梯田保护与开发问题探究》说明，元阳哈尼梯田，作为世界农耕文明史上的“世界奇迹”，具有不可替代的研究、保护和开发价值；它所蕴涵的人与自然高度和谐发展，民族与民族、人与人和睦相处的古老文化特征，正是 21 世纪人类所追求的一种文明和谐精神；元阳哈尼梯田作为世界梯田文化的最佳代表、作为保护完好的文明成果进入世界文化遗产势所必然。同时，哈尼梯田作为世界农耕史上具有特殊意义的劳动杰作，作为人与自然和谐相处的“人类文明典范”，其意义和价值被全人类认同、推崇。

森林涵养水源、简朴的居所、有机肥为主的生产、河流等水资源的循环利用，这四位一体的农耕生态立体结构，构成哈尼人对自然生态的贡献。20 年前，哈尼梯田已被法国报刊评为“1993 年度新发现的世界七大人文景观之一”，哈尼梯田就开始具有了一定的国际影响力。2004 年，红河哈尼梯田便被列入中国 5 个申报世界文化遗产预备项目。2007 年又作为云南省唯一一个申遗项目被列入中国 35 个预备项目；同年 10 月，经国家林业局批准，红河哈尼梯田成了云南省第一个国家湿地公园。2009 年 7 月在人民网旅游频道推出“最具民俗文化特色旅游目的地评选”活动中，元阳被评为全国 20 家最具民俗文化特色旅游目的地之一；同年 11 月，在香格里拉“2009 年全球旅游度假论坛”上，红河哈尼梯田被论坛组委会授予“国际最具特色旅游胜地”荣誉。2010 年 6 月接受了联合国粮农组织把“哈尼梯田稻作系统”列为“全球重要农业文化遗产”保护试点的授牌，被国家文物局列入哈尼族人用双手创造了令人叹为观止的“大地雕塑”——梯田，而且最早把稻作文化源远流长地传播到东南亚诸国。开垦梯田的成功，使哈尼族社会历史发展进程发生了重大转折，他们终于从漫无边际的游耕和无始无终的刀耕火种中定居下来，并以梯田稻作农耕文化为核心，产生了新的生活方式和价值观、人生观。

7.1.2.4 **哈尼农耕文明的时代价值**

1)经济增长的代价

西方工业革命以来，大机器的使用和交通、能源工程的建设及运营，极大地推动了人类社会的物质文明和经济社会的现代化，尤其是西方现代医学的发展，导致人口快速增长，深刻改变了世界 200 多年来人们的生存、生产、生活方式。两次世界大战的结束，特别是冷战结束后，世界上大多数国家都加快了经济建设步伐。经济的一体化与全球化，一方面带来物质的繁荣、享乐；另一方面，无度增长却加剧了资源的大量消耗，使人类共同面临资源日益枯竭的压力和生态环境持续恶化的后果。

众所周知，经济增长受资源、环境、技术水平、资本、人力素质、体制等诸多方面的制约。近 30 年来，持续高速(无度)增长、盲目扩张，已造成我国能源紧张、森林锐减、土地沙化、大范围干旱缺水、灾害频发、怪病流行，以及少数人群消费畸形、行为变异和分配不公，使国家经济安全、生态安全、能源安全问题凸显。时下，奢靡成风、腐败成势、浪费严重。

受媒体的误导，高消费成为“时尚”，浪费当作“潇洒”。一些城市有车族中的少数人，完全视车为“身份”象征，步行5～10分钟的上班路程，宁可驾车40～90分钟；一些政府、企事业的中层年轻干部，5分钟就走到的路程，非要公车接送，却另外花钱长时间去宾馆、会所锻炼身体，令人费解！政府的浪费是最大的浪费，除权钱交易和决策失误造成损失外，高档办公楼、公费出国游、公车私用、公款吃喝开支巨大；一份电邮、传真或电话就可以解决的问题，非要兴师动众、前呼后拥地造访，官场上陪吃、陪会、陪玩，使一些基层干部苦不堪言。有媒体曝料，我国奢侈品市场年销售额近1 000亿元，公布的腐败案件可以找到它们的“取向”。同时，为满足极少数人近乎疯狂的高消费，我们在全球找油和寻求化石能源的采供合作，以及大规模地消耗煤炭资源，不论从国际政治、经济还是国内能源成本和环境代价诸多方面，对我国经济安全、社会稳定构成巨大威胁。近14亿的人口，土地、淡水、森林植被早已亮起了“红灯”，消费上是否要“比、学、赶、超”发达的美国或其他西方国家，值得商榷(赵鑫钰，2011)。

2)科学发展艰难行进

党的十八大后，反腐倡廉和对高速增长惯性的宏观调控，使消费和经济下滑，反过来影响就业。因发展思路跑偏至几十年形成的矛盾以及“两极选择”，很难在短期内从根本上解决问题。但是，我们必须回归理性，重新检视发展是硬道理的路径选择，深刻认识和把握“科学发展观”的精神实质，制定科学发展规划、调减增长幅度、转变增长方式、倡导勤俭节约、利用可再生资源发展循环(生态)经济，才能实现可持续。

可持续发展的概念，指经济发展必须与人口、资源、环境相协调，保证子孙后代能永续发展。1987年4月27日，时任联大主席的挪威首相布伦特兰夫人在联合国世界环境与发展委员会所做的《我们共同的未来》报告中，把可持续发展定义为“既满足当代人的需要，又不对后代人满足其需要的能力构成危害的发展”，这一定义得到广泛的认同，并在1992年联合国环境与发展大会上取得共识。可持续发展的目的，是保证世界上所有的国家、地区、民族、个人都拥有平等的发展机会，保证子孙后代拥有发展的条件和机会。

当前，经济运行虽然初显宏观调控的作用，但治理的难度很大，不协调的因素复杂，投资欲望仍十分强劲，建设规模庞大，申请新开工项目较多，银行信贷门槛缺失、监管体系缺位、流动性过剩，贷款的盲目性和放贷的意愿均较强，投资风险和投机炒作的泡沫都在增加，节能减排任务艰巨、形势严峻。“十二五”规划纲要中明确的节能减排两个约束性指标，即单位GDP能耗降低20%、主要污染物排放总量再减少10%很难实现。根据资源报告及有关文献，我国的主要资源量是世界发达国家的15%～20%，而单位GDP能耗是这些国家的4～6倍，推进节能节约势在必行、不得不行。节约，首先必须减少不可再生资源的消耗，减少和控制污染物的排放。时任总理温家宝在审议《可再生能源中长期发展规划》时指出：“能源问题关系我国经济发展、社会稳定和国家安全，必须坚持开发与节约并重、把节约放在首位的方针，采取更加有力的措施全面推动能源节约，大力发展可再生能源……”。

也就是说，若要从根本上一揽子解决我国当代复杂的社会问题，科学发展、理性消费、适度增长、转变经济增长方式、发展循环经济和生态经济是选择的唯一。所谓科学发展，是指人与自然、经济与社会的和谐发展。科学发展观是胡锦涛在党的十六届三中全会中提出的，其核心是“坚持以人为本，树立全面、协调、可持续的发展观，促进经济社会和人的全面发展，统筹城乡、区域、内外、经济社会发展，统筹人与自然和谐发展”。以人为本，全面、协调、可持续发展，就是以实现人的全面发展为目标，在保障其最基本的生存、生命安全、人格尊严、自由的条件下发展，适度、合理满足民众的物质与精神文化需要，全面推进经济、政治、文化建设，实现人类社会的全面进步。所谓理性增长，笔者认为是适度、适环境、适可(持续发展)而止的增长；这个“度”就是保持“小步、匀速、生态健康、社会和谐”。

3)转变经济发展方式

转变经济增长方式、发展循环经济、生态经济、节能节约，是实现可持续发展相辅相成的三个步骤。实现转变、发展生态经济和节约不是一蹴而就的事，都需要一个相当长的过程。因此，节能节约成为起步容易、初始效果明显的重要路径。节约(节能、节地、节水、节材、节支)必须健全法律法规体系，完善优惠和限制政策，运用价格、税收手段，关停重化工、禁止高能耗新项目，兑现政府奖励节能环保、惩罚及监管高耗能高污染企业的措施；更重要是从细微抓起，发挥舆论导向作用，引导合理消费，重税高消费，实行资源、能源(电、油、气、水、地)阶梯价格，在全社会形成“节约光荣、浪费可耻”的观念和自觉行动。“细微之处见真功”，节约的“小事”做好了，节能节约的社会氛围自然形成。反之，容易成为高压或“口号”下的“作秀”不能长久长效(赵鑫钰，2011)。

此时此处，讨论哈尼梯田的文化价值和对人类文明所做贡献，应该具有巨大的历史意义和现实意义。应当承认，市场经济与传统经济、现代文明与哈尼传统文明之间，存在时代反差，男耕女织的东方农耕文明不是现代人的生活选择。我们无法回到过去的时代，但我们可以选择未来的发展路径和增长速度。发掘哈尼梯田的时代价值和生态价值，正在于回归理性，转变我们不得不变的经济增长方式。

7.1.3 哈尼族人的农耕文化

7.1.3.1 农耕文化内涵

一个民族、一个企业、一个国家的文化是其长期形成的价值观，以及所选择的生存与发展方式和其信奉的宗教、礼仪、习惯等。

农耕文化是指由农民在长期农业生产中形成的一种风俗文化，以为农业服务和农民自身娱乐为中心的礼仪、习惯等。农耕文化集合了儒家文化，及各类宗教文化为一体，形成了自己独特文化内容和特征，其主体包括语言、戏剧、民歌、风俗及各类祭祀活动等，是中国存在最为广泛的文化类型。以元阳哈尼族为代表的梯田农耕文化深受以孔孟为代表的儒家思想的影响，提倡顺应自然，、善待自然，这与儒家主张“节用而爱人”，反对“竭泽而渔”、“焚薮而田”，提倡“钓而不纲，弋不射宿”的思想是一脉相承的，更与今天所提倡的生态意识、环境意识、资源意识是相吻合的①。

7.1.3.2 哈尼族的农耕文化

在丰富灿烂的中华文化中，哈尼族传统农耕文化可谓独树一帜，历史悠久。哈尼族先

① 龚秀萍，孙海清．云南元阳梯田农耕文化的发展及对建设现代农业的启示[J]．中国城市经济，2010(9)．

民们以口传身授的形式记录了哈尼族社会的文明成果，在漫长的历史长河中，发挥了极其重要的作用，使得哈尼族能够繁衍生息到现在。哈尼族的“家谱文化”、“贝玛”文化，有丰富的哲学思想，为后人留下了许多极其宝贵的优秀传统文化。可以说，哈尼族文化是中华民族文化大观园中一朵绚丽的奇葩。但直面现实，在研究哈尼族传统文化方面，我们更多的是厚古薄今，习惯沉醉于祖先创造的文化，满足于历史文化和古典故事。普遍存在着研究传统文化多、关注现实文化少，继承优秀文化多、创造先进文化少，文化理论研究多、服务民族发展少的倾向，与一些文化先进的民族相比，我们对哈尼族优秀传统文化的传承弘扬更多流于形式，缺乏深刻的理性内容。

1)梯田农耕文化

梯田是人类适应山地环境与自然斗争并最终达至和谐的产物。传说哈尼族源于古代羌人，从甘青高原迁徙到云南后，必然要改变以往的谋生方式。鉴于云南山高谷深、沟壑纵横的特殊环境，哈尼族先民选择了依山就势修筑起一层层梯田，从事稻作农耕的生产方式。梯田一般选择在土质好、水源充足和向阳的缓坡地带开垦。哈尼族先民垦田种稻的历史非常悠久，早在《尚书·禹贡》《山海经·海内经》《史记·西南夷列传》等古籍中就有所记载。经过长期的选择适应，哈尼族人培育出了众多适应当地气候、土质的水稻品种。以元阳哈尼梯田核心保护区的箐口村为例，村民种植的传统水稻有旱谷、月亮谷、老杂交、小花谷、大老梗、红脚老梗、白脚老梗、观山谷、薄竹谷、紫米谷、红米谷、冷水谷等12个品种①。

哈尼族是中国南方从事山地梯田稻作的民族，主要居住在云南省南部红河、玉溪、普洱和西双版纳等地，以及越南、泰国、老挝、缅甸等国家。其先民从遥远的“努玛阿美”向南迁徙进入哀牢山区后，开垦梯田，创造了独具特色的山地梯田稻作文化，成为中国南方稻作文化典范。千百年来，与梯田稻作相关的祭祀、风俗、礼仪等，在哈尼族代代相传，成为研究稻作文化的活化石。其中，以糯米祭祀神灵是哈尼族梯田稻作文化的重要组成部分。因为宗族祭祀是特定社区内一定的人群对共同祖先的集体崇拜，在场地的选择、时间的确定、祭仪的规程、祭品的使用上，都有严格的规定。因此，祭祀具有相对滞后的特点。②

2)哈尼族祭祀与梯田稻作礼仪

哈尼族创造的举世闻名哈尼梯田稻作文化，使其衣食住行、人生礼仪、节日祭典、信仰宗教、生产生活、哲学思想等，无不打上梯田文化的烙印。如哈尼族的节庆活动不仅是民族节日，也是一个阶段耕作时节的开始或者结束的标志，因而，也就赋予了节日宗教祭祀活动以梯田稻作文化的特色。比如“埃玛突”(意为祭寨神)是哈尼族一年中最隆重的节日。“埃玛突”一般在村子的上方，选择一棵挺拔的大树进行祭祀。祭祀时要杀一头肥猪、一只大公鸡，并将一背箩黄糯米饭供奉在树下，众人叩头，咪谷则念：“祭寨神，保平安，逢凶化吉，消灾免难。”它的历法意义在于由冬季进入春季，冬季休闲结束，春播、春耕季节开始。

元阳县小新街一带的哈尼族，在“昂玛突”当日清早由家庭男性带着谷芽到秧田里撒

① 卢鹏，刘洁．从“文化持有者”角度看哈尼梯田的保护与开发[J]．红河学院学报，2011.

② 陈敏．哈尼梯田稻作文化中的远古遗风[J]．红河学院学报，2011.

谷种，撒完后在秧田的一角设一小祭祀台，用黄糯米饭和鸡蛋祭祀秧田。“开秧门”，就是一年里春耕插秧的开始，族人每家每户都要用七里香花染糯米饭吃，并且穿上干净整洁的衣服，把开秧门这一天当作“秧姑娘”出嫁的日子。栽秧时，由本家主妇拔下第一把秧苗，然后请村寨里德高望重又有生产经验的长者栽下第一丛秧苗，之后来帮忙的亲朋好友和自家人才纷纷下田栽插。开好了秧门，就能保证一年的好收成。所以他们过节时染黄糯米饭、染红蛋，在秧田的一角祭献天神派来的布谷鸟，感谢它给哈尼族人报春，知道插秧的节令，预祝来年稻谷像黄糯米饭一样金黄、像红蛋一样饱满（陈敏，2011 年）。

3）哈尼族糯米祭祀文化习俗

哈尼族信仰万物有灵的原始宗教，兼有先祖崇拜的残余。其普遍认为宇宙间的日月星辰，风雨雷电，山川树木，鸟兽虫草，人的生老病死等等，都受到鬼魂的支配。因此，为祈求风调雨顺、四季平安，对各种神灵都要定期祭祀。如一月是春暖花开的时节，也是春耕农忙时节的到来之际，哈尼族要用糯米粑粑和汤圆祭祖（春牛胡息）、祭谷种神（拾禺扎勒）、雷神（木值扎勒）、冰雹神（阿失扎勒）、祭秧苗神（我可扎勒），祈求风调雨顺，保佑秧苗茁壮成长。每年二月，阳雀报春时，染黄色糯米饭（牛收史）献阳雀神；三月，染黄色糯米饭（索拉牛收史）祭献布谷鸟神，春糯米粑粑祭农具神（莫阿纳），用糯米饭祭秧苗神（卡查查）；五月，染黄色糯米饭招牛神（扭拉苦）、苦扎扎节，糯米粑粑祭天神威直和石匹（保护人畜和庄稼的神）；六月，用糯米饭祭山谷神（单名打）和棉花神（察名打）；十月年时，用汤圆天神（威直和石匹）、祭祖和秋千神；过小年（全色色芽）时，再次用汤圆祭天神威直和石匹；十一月，用黄色糯米饭祭寨神（普玛图）；十二月，用汤圆祭地震神（咪伙扎勒）。大到祭祀天地山岩、风雷水电，小到祭祖先、稼穑、畋猎、仓库，都离不开糯米及其制品（糯米粑粑、汤圆等）。糯米成为哈尼族宗教祭祀中不可或缺的祭品。因此，可以说，糯米饭祭祀，是哈尼族人稻作文化祭祀的原生形态（陈敏，2011 年）。

4）哈尼族简居文化

如前所述，哈尼族人懂得因地制宜、依山就势。在以农业为经济资源的历史条件下，哈尼族人将最好的地势用于开发梯田，科学配置生产、生活土地资源。哈尼族村寨大多建在半山腰，一般都是由血缘关系的几个家庭聚居而成。哈尼族的传统住房是由土基墙、竹木架和茅草顶修成的楼房。房顶由用茅草和竹木编制而成的四个斜面结构，整个顶呈略显圆形似斗笠的形状，远远望去一栋楼房犹如一朵大蘑菇。房子依山而建，街巷忽上忽下，房屋东一栋、西一栋，一个村寨看上去就像一簇蘑菇群，这种具有民族特色的居住地，很多专家、学者把哈尼族建造风格称为蘑菇房。

7.1.3.3 哈尼农耕文化的保护

哈尼族人崇尚自然、爱护森林，他们的文化源于耕作，又充分渗透到梯田的每一个生产环节。在工业化、城市化、时尚快餐文化的冲击下，哈尼族的农耕文化显得单薄。因此，需要全社会对哈尼族的农耕文化给予保护。除了国家、地方政府资金扶持外，哈尼梯田产生的生态效益应该从排污、排放者那里获得碳交易补偿，哈尼梯田的旅游收益也应当归于所有从事农耕的全体族人，而不是地方旅游开发公司。当然，物竞天择、适者生存，任何民族文化都需要与时俱进，哈尼人也不能例外。在传承、弘扬哈尼族优秀传统文化的同时，探索、发扬农耕文化的新路也势在必行。

创新是民族文化进步与繁荣的动力。随着现代科技的日新月异，政府和哈尼族人必须有忧患意识，在积极开展民族文化理论研究、收集整理民族文化史籍、抢救保护古老民间文化资源的同时，改变观念，给民族文化注入时代气息，增强创新发展的生命活力。不要让哈尼先贤用智慧创造的悠久灿烂农耕文化以及他们传统的历法、哲学思想、贝玛文化、宗教、节庆、礼仪、服饰、饮食、歌舞、婚丧习俗等消失在快餐文化时代里。

长期以来，作为农耕文化产物的哈尼梯田一直处于“沉默”中。这种沉默是特定历史条件下少数民族文化的共同命运。在实现工业化进程中以及发展现代工业的大环境下，城市与工业文化成了文明、先进的象征，乡村与农耕文化却成了落后、野蛮的代表，因无法发展现代工业而依然沿袭传统农耕生活的大多数少数民族由此更是日渐边缘化。尤其是浮躁的快餐文化，带来瞬间的感觉、视觉享受，让现代城市人找不到方向，不明“白天还是黑夜”。换句话说，让黑夜盲目行进的人们没有遭遇毁灭性打击或产生实质恐惧的情况下，停下或放慢脚步，显然不现实。这就使得原生态的哈尼农耕文化容易被异化而得不到重视和保护。

近来，英国科学家霍金警告人类，太阳系中数十亿颗高速运行的小行星随时都可能撞击地球，地球和人类遭遇毁灭性打击的风险始终存在，这也许是及时享乐快餐文化盛行的支撑。也就难怪原生态的农耕文化沉没或不得不依靠旅游来拉动的原因。好在申遗成功，让哈尼农耕文化获得保护的历史契机。

7.1.4　哈尼梯田的生态作用

7.1.4.1　哈尼梯田森林涵养水源的水生态

哈尼梯田的形成和分布与地形、气候、自然补水及水量有着密切的关系，而和谐之处正在于水源的补给完全依赖于森林涵养水源、生态循环。哈尼梯田保护区，尤其是核心区生物资源丰富。之所以能融入生态循环，是因为哈尼族人崇尚自然、爱护森林。这一地区森林植被垂直带谱极为明显，但河谷以上的山体下部经广泛开垦已形成人工植被，仅在山地的中上部还保留有原始的半湿润常绿阔叶林和中山湿性常绿阔叶林，总面积近 10 万 $hm^2$①。哈尼梯田的生态作用并非“一日之功”，最重要的森林水源也未免遭政治运动的“浩劫”②。

20 世纪 50 年代开始，和平协商土地改革、“大跃进”、人民公社化、家庭联产承包制等农村经济社会的变迁，以及农业学大寨、“文化大革命”等等政治斗争和经济盲动，对哈尼族千百年来的梯田农耕生态机制都产生了深刻的负面影响。1958 年的“大跃进”，森林资源毁坏严重；为了学“农业大寨田”，也不惜砍伐森林开辟田地，违背地势开挖，人为把田埂拉直，结果刚立完就倒塌；造大寨田，在寨子的东南方海拔 1 600m 的地方砍去一大片森林；“文化大革命”中，森林屡次遭到严重破坏，茫茫林海极速消失，森林覆盖率的下降非常惊人，如元阳县的森林覆盖率从 1949 年的 24％下降到 1985 年的 12％，绿春县的森林覆

---

① 谢雯颖，田昆．哈尼梯田人工湿地旅游利用中生态系统可持续性及其传统文化保护[J]．湿地科学与管理，2013.

② 黄绍文，廖国强．农村体制变迁对哈尼梯田及生态的影响[J]．云南民族大学学报，2009.

盖率从1957年的70%下降到1985年的21%，红河县的森林覆盖率从1956年的60%下降到1986年的13.6%。改革开放后，政治运动停止，当大多数人沉醉在造城、造车、造房、造饭、"灯火阑珊"、纸醉金迷的物质享乐里时，哈尼族人回归自然，仍植树造林修复生态（黄绍文，2009）。哈尼梯田的森林生态系统，见图7-1-12、图7-1-13、图7-1-14。

图7-1-12　哈尼梯田独特的农耕生态文明

注：图片来源呢图网提供。

图7-1-13　森林为梯田提供稳定水源

注：图片来源百度网。

图7-1-14　哈尼梯田森林生态系统

云南整个哈尼族人的梯田约9.3万hm^2，保护区约2.7万hm^2，核心区约1.3万hm^2。它们不靠机械抽水引灌，不消耗能源，而是从上至下生态排灌，实现水资源优化配置，这就是森林植被发挥的涵养水源作用。如果以黄河中上游稻田漫灌和长江中下游稻田满灌的耗水率测算，哈尼梯田保护区及核心区的森林相当于一座800万～1 500万m^3的中型水库。

森林的生态系统，不但在物质与能量转化中起着重要作用，而且对维护梯田稳定也极为重要。森林通过对降水的吸收和截留，增加了土壤入渗时间，使地下径流增加，而地表径流减少，然后通过地下水出露的方式形成涓涓细流，年出水量完全满足了哈尼族数十万人的生产、生活需求①。元阳县有 6.4 万 hm^2 天然森林，其中东西观音山有 1.8 万 hm^2 原始森林，分布各山各岭的原始和次生林森林尚有 4.6 万 hm^2。加上近年来人工营造各种生态林和水源林，至 2007 年，全县森林面积达到了 11.7 万 hm^2，森林覆盖率达 40% 以上②。

7.1.4.2　哈尼梯田的水土保持生态作用

哈尼梯田具有丰富的陆生生物多样性和植被多样性，核心区元阳哀牢山独特的山地气候，使植被具有明显的垂直分布特点。

1)西南坡垂直分布

西南坡垂直分布由阿墨江河谷开始：

(1)海拔 1 100～1 800m 为思茅松林及季风常绿阔叶林带；

(2)1 800～2 200m 为云南松林及半湿性常绿阔叶林带；

(3)2 200～2 800m 为中山湿性常绿阔叶林带；

(4)2 800m 以上为山顶常绿阔叶矮曲林及灌丛带。

2)东北坡垂直分布

东北坡植被垂直系列从元江河谷起：

(1)海拔 500～1 000m 为干热河谷植被带；

(2)1 000～2 400m 为云南松林及半湿性常绿阔叶林带；

(3)2 300～2 900m 为中山湿性常绿阔叶林；

(4)2 900m 以上为山顶常绿阔叶矮曲林及灌丛带。

哈尼梯田人工生态系统与山地自然生态系统，构成了完美的水土保持生态体系，让水尽其用、土尽其用、人畜粪便肥尽其用。生态系统最基本的能量来源于太阳光能，通过森林生态系统和梯田生态系统内的植物光合作用，转化为可供动物和人利用的有机物质和能量。在梯田生态系统内，物质和能量以稻米、鱼虾、禽畜、水果、蔬菜、木材等形式为人们提供生活和生产物资；人又通过输出人力、畜力等辅助能量和各种技术，施用农家肥和化肥等物质，保护森林生态系统等，对梯田生态系统的物质和能量流动进行调节和控制，使梯田生态系统保持稳定③。这方面，森林发挥了不可或缺的作用。同样在云南，哈尼梯田的水土保持生态效果与云南大部分区域持续多年干旱形成鲜明的对比，健康生态和恶化的环境见图 7-1-15、图 7-1-16。

---

①　谢雯颖，田昆．哈尼梯田人工湿地旅游利用中生态系统可持续性及其传统文化保护[J]．湿地科学与管理，2013.

②③　冯金朝，石莎，何松杰．云南哈尼梯田生态系统研究[J]．2008.

图 7-1-15　梯田水土保持健康生态

图 7-1-16　水土流失导致干旱

注：图片取至百度网站。

森林，一方面是梯田灌溉水的主要来源之一；另一方面，森林有强大的水土保持功能。哈尼梯田生态系统土壤侵蚀量（或侵蚀模数）与同处于红河沿岸无森林植被的山地相比降低了 80% 以上，从而减少了山区水土流失引起的梯田淤塞，对梯田系统的维系有着极为重要的作用（角媛梅，2002）。

所谓森林涵养水源功能，指降落到森林中的雨水首先被林冠（森林的枝叶层）截留，少量直接蒸发掉，大部分滴落到地面或顺树干流到地面上，随后渗入地下。优良林地，堆积的枯枝落叶阻碍地表水流走，土壤空隙（松软而发达的团粒结构）渗水性能良好，使地面产流较少。地下水缓慢流出滋润大地，使河流的流量保持平稳。

森林其他水土保持功效，是由郁闭的枝叶层、下层植被、堆积的落叶层等来保护地表，防止雨滴直接滴落地面使土粒溅蚀。松软的团粒土壤结构吸水力强，能防止土壤分散。同时，渗透到土壤中这部分雨水可以减少地表径流，从而防止地表土壤侵蚀。

森林水源系统的水分渗流滋养梯田形成山地生态系统，常年落叶加人畜粪便成为良好的养分（养分是维持梯田生态系统稳定的重要因素），反过来使森林和梯田获得水分和肥力（水分和养分是生态系统物质和能量流动的主要载体）。哈尼梯田生态系统的养分来源主要为生活污水、垃圾粪便、家禽和家畜粪便等。哈尼族人利用村寨在上、梯田在下的地理优势，发明了“冲肥法”，每个村寨都挖有公用积肥塘，牛马牲畜的粪便污水储蓄于内，经年累月，沤得乌黑发臭，成为高效农家肥，春耕时节挖开塘口，从大沟中放水将其冲入田中①。

7.1.4.3　哈尼梯田景观生态与旅游价值

哈尼梯田成为世界文化遗产，这是国人幸事，也是地球人幸事。作为世界级文化遗产，必然受到我国和联合国的保护。也为更多的学者研究哈尼族文化、少数族裔特有的农耕文明、水土保持生态实例以及富氧生态旅游提供了一个曼妙境地。也就是说，哈尼梯田除了为我们提供水土、农林资源优化配置的实证范例之外，它那独特魅力的自然与人文景观，为开发与保护水土资源提供新的途径。实际上，在 20 世纪末，以哈尼梯田、梯田农耕文化、生态景观为项目的生态旅游就逐渐火热。随着申遗成功，国内外的专家、学者、学生

① 冯金朝，石莎，何松杰. 云南哈尼梯田生态系统研究[J]. 2008.

和游客将纷至沓来，众多寻秘探奇，开展相关的科研、教学、摄影、观光旅游等活动高潮迭起，梯田农耕之外的收益可能大幅度增加，利益的诱惑，使生态保护成为下一个生态难题。

图 7-1-17　哈尼梯田的晨曦

图 7-1-18　九寨沟风景与生态景观

注：图片左取至博客董欢的日志，图片右取至百度网（蚂蜂窝图库）。

图 7-1-19　哈尼梯田灿烂朝阳

图 7-1-20　九寨沟山水

注：图片左取至博客董欢的日志，图片右取至百度网（蚂蜂窝图库）。

本作者研究生态环境多年，即希望哈尼族人以申遗为历史契机，改变贫穷、落后的局面，但又不希望地方政府借此盲目开发旅游资源，破坏哈尼梯田原有的生态机能和生态属性。哈尼梯田和哈尼农耕文明是当地的，更是全人类的。毕竟，我们这个国家甚至整个世界，原生态的东西越来越少。哈尼梯田文化和旅游需要开发，更需要保护。

1）生态旅游景观比较

与国内外众多的旅游资源和景观不同，在资源日益枯竭、生态环境日益恶化的历史条件下，哈尼梯田旅游资源的内容丰富、文化奇特、农耕文明厚重，生态教育意义重大。如九寨沟，号称人间天堂，但它只是一个原生态景观；张家界，号称风景独特，它也只是单纯的风景旅游区。因此，在开发哈尼梯田及农耕文明和生态旅游资源的同时，我们不能过分看重旅游的规模和经济效益，而应该在优先保护的前提下，适度开发其旅游规模，保障旅游收益落实到哈尼族群，提高他们的保护与发展积极性。

哈尼梯田景观图片上溯详见图 7-1-2～图 7-1-9，梯田生态及农耕文化景观与九寨沟和张家界旅游景观比较见一组对比图(图 7-1-17、图 7-1-18、图 7-1-19、图 7-1-20、图 7-1-21、图 7-1-22、图 7-1-23、图 7-1-24、图 7-1-25、图 7-1-26、图 7-1-27、图 7-1-28、图 7-1-29、图 7-1-30、图 7-1-31)。

图 7-1-21　哈尼梯田丰收的景象(博客,董欢的日志)

图 7-1-22　哈尼梯田代表的农业生态

图 7-1-23　秋天的九寨生态景观

注:图片左取至昵图网,图片右取至蚂蜂窝图库。

哈尼梯田代表的农业生态,承载着保持一方水土、养育一方百姓的功能。而九寨沟生态景观,虽然具有更好的生态旅游及生态经济价值和完全不同的自然美,但在农业生产作用与功能上,与哈尼梯田蕴含的农耕文化相比仍存有功能逊色之处。

图 7-1-24　云雾缭绕的哈尼梯田景观

图 7-1-25　九寨沟的水土保持

图 7-1-26　山水相映的九寨生态

注：图片取至蚂蜂窝图库。

图 7-1-27　独枝一树生态九寨

图 7-1-28　张家界人文风景

注：(1)图片左取至蚂蜂窝图库，图片右取至百度网；

(2)图片右网址：http://lww.illpoco.cn。

2)哈尼梯田景观生态的独特魅力

哈尼梯田，即由梯田湿地、农耕工具、特色栖所、山地—森林—水系—村庄—梯田—云海六素同构的人与自然和谐的生态系统，梯田稻鱼共生的农业生产系统、哈尼蘑菇房及村寨、集市、器物、饮食、药物、服饰等形成的物质形态和梯田农耕技艺、生态资源配置经验、民族语言、道德、哲学、宗教、传统医术、礼仪、习俗等非物质形态，共同构成了哈尼族的文化遗产的全部，也是哈尼生态景观和旅游探寻的独特魅力所在。哈尼梯田核心区境内的 6.4 万 hm^2 森林和观音山 1.8 万 hm^2 原始森林构成的巨大的天然水库与高山上形成的无数小溪、清泉和瀑布，以及哈尼人严密有效的用水制度和人工构筑的 4 650 多条灌沟干渠，都是(包括 13 亿汉族人在内)世界各民族参观学习和朝拜的文明精髓。

图 7-1-29　神奇的九寨生态

图 7-1-30　壮观的张家界风景

注:图片左取至蚂蜂窝图库,图片右取至百度网。

图 7-1-31　张家界的峻峭山林

注:图片取至呢图网图库。

元阳境内观音山等保护区群山内,野生动植物资源丰富,有爬行类 6 科 8 属 10 种,两栖类 7 科 7 属 14 种,鸟类 9 科 5 属 62 种,兽类 17 科 28 属 31 种,国家和省级保护动物 26 种,各种野生植物 1 000 多种,国家珍稀濒危植物和省重点保护植物 19 种,这些都无疑构成哈尼梯田和哈尼族群的生态和旅游景区。也使得不少外国小伙在此举办婚礼,让无数生态研究的科技工作者满怀探寻的激情①。

哈尼族那波光粼粼的层层梯田,气象万千的茫茫云海,原始粗放的簇簇蘑菇房,再加上山峰、森林、树木、溪流相映成辉,构成一幅自然景观和人文精美绝伦的生态景象;搔首弄姿、千奇百态,如诗如画,美妙迷人;一年四季变化万千,一日之内美景纷呈;同一景物从不同角度观赏也有不同的收获和感慨。很多人都认为,不同的季度,不同的角度,甚至一天不同的时刻,哈尼梯田都会展示不同的风采、魅力②。哈尼梯田保护区,原始茂密的森林,绮丽多姿的云海,宏伟壮观的梯田,别具一格的蘑菇房,奇异秀丽的山川,神秘独特的风

① 冯金朝,等.云南哈尼梯田生态系统研究[J].中央民族大学学报,2008.

② 胡文英,沈琼.研究区元阳哈尼梯田景观稳定性评价[J].云南地理环境研究,2011.

土人情，质朴古老的民族文化，幽美奇特的岩溶洞等，让来者流连忘返，让凡夫令人神往①。

3)哈尼生态景观的神奇云海

如果说哈尼农耕文化具有吸引力，那么，最为闻名的云海、梯田、蘑菇房三大景观，更具其神奇的魅力。

所谓云海，是空气水分达饱和以后，凝结或凝华而形成小水滴或冰晶，漂浮在近地面层空气中的水汽称为雾，发生在大气的某一高度上的叫做云。也可以说，云为空中之雾，雾为地面之云。每至冬末春初，白天元江和藤条江河谷含丰富水汽和热量的湿热空气沿着山坡向上运动，而位于观音山上部的冷空气沿着山坡向下运动，当冷空气层和暖空气层相遇时，由于两支气流间的空气相互作用而出现涡旋现象，进而产生不规则的乱流运动，形成混合空气。在晴朗的夜间或早晨，天空里无云遮挡，地面的热量迅速向外辐射出去，地面因散热而冷却；空气所吸收的热量比向外辐射的热量少，温度也逐渐降低。因此，靠近地面的气层，在自身辐射冷却和地面辐射冷却的双重作用下，加快空气的冷却进程，并凝结成小水滴或冰晶，漂浮在近地面空气层中形成雾。

由于含雾的空气层的温度比其之上的空气层的温度低，出现逆温现象。在风的作用下，含雾的空气层与其之上的空气层之间发生相互作用，产生更大的涡旋现象和乱流运动，进而出现奇异的云雾波动景象。雾从河谷往上看似云，从高处往下看似海，故也称云海。元阳“云海景观”形式各异，波涛汹涌，蔚为壮观。哈尼梯田和云海的共同作用，在日出时，红霞满天、云雾滚动、竹影婆娑，梯田时隐时现；山峰、森林、树木、蘑菇房点缀在绚丽多姿的茫茫云海中，神秘妩媚，如若身临其境，似世外桃源之仙境；日落时，梯田、森林、村寨如同披上金黄的纱巾，梯田波光粼粼，金灿灿、亮闪闪，美丽怡人，气势恢宏，放眼相望，景致多娇。

7.1.5　浙江云和梯田的生态作用

浙江云和梯田也是国内水土保持健康生态的成功范例。除了少数民族那特有的农耕文化以及梯田规模之外，浙江云和梯田与云南哈尼梯田一样都是人类文明的结晶，渗透着中华民族的勤劳、朴实和智慧，体现善良的人们追求“天人合一”即人与自然的和谐。

1)浙江云和梯田地理位置

图 7-1-32　浙江云和梯田生态景观

7-1-33　雾中的浙江云和梯田

注：图片取至博客“北京老夏”

① 胡文英，沈琼.研究区元阳哈尼梯田景观稳定性评价[J].生态经济，2006.

图 7-1-34　霞光万丈的浙江云和梯田

图 7-1-35　安详、恬静的农耕生态梯田

云和梯田位于浙江省丽水市云和县崇头镇，距县城约 5km，最早开发于唐初，兴于元、明，距今有 1 000 多年历史，总面积 $51km^2$，海拔跨度为 200～1 400m，垂直高度超过 1 200m，跨越高山、丘陵、谷地三个地质景观带，梯田有 700 多层，具有体量大、震撼力强、四季景观独特等特点，是华东地区最大的梯田群，被一些国外游客称为"中国最美梯田"。景区内拥有梯田、云海、山村、竹海、溪流、瀑布、雾凇等自然景观，是中国东南内地少有的生态之乡和丽水旅游的主要采风基地，也是云和县首批创建的国家 4A 级景区之一。

图 7-1-36　云和理性、可持续的生态农业

图 7-1-37　晨曦中的浙江云和梯田

图 7-1-38　灿烂的生态之镜

2)浙江云和梯田的生态作用

浙江是我国内地经济最为发达的省份之一，在江浙地区高楼林立、别墅成群的当今，

丽水市云和能够保存如此规模与传统的农耕梯田，说明在现代经济“飞速”发展与结构多元性中尚存一丝理性的成分和人群。云和梯田的存在，不仅有其农业经济价值、旅游经济价值；它在全球气候变暖，“碳排放”无不充斥在所有的生产、消费环节的疯狂时代发挥的生态价值与作用，无法以所谓效益的具体“数额”标注！尽管其总面积很小，但正是它那洁净的“天空”让物欲横流的社会或存“净化”的希望，让游客震撼的同时，也让那些把玩GDP的纯“经济动物”心灵震颤和受到洗涤。

正如一些文献描绘的：云和梯田，“云和”的字面意思是“祥和的云朵”。1 000多年来，云和以及周边的梯田已经成为当地农民们赖以生存的家园。层层迷宫似的梯田在51km^2的山峦里蜿蜒盘旋，阴雨天气鸟瞰梯田景色风光，此时河水蒸发的雾气笼罩在梯田上方，随风轻轻浮动，形成海市蜃楼般的农田美景；阳光下，梯田水面犹如一面面多棱镜，色彩斑斓、万千气象。

图 7-1-39　期待的收获

图 7-1-40　如诗如画的梯田景观

浙江云和梯田是我国又一个成功的水土保持生态范例。“云和梯田如诗如画的田园风光，让人们惊叹；黎明前的梯田，在东方晨晖的映照下恬静而富有魅力；太阳升起的时候，朝阳、晨雾让大地慢慢苏醒焕发新的活力。”引用旅游网站的这段话，并非抒发作者的浪漫，而是借此提示人们对生态文明的呼唤。气势磅礴的浙江云和梯田见图7-1-32、图7-1-33、图7-1-34、图7-1-35、图7-1-36、图7-1-37、图7-1-38、图7-1-39、图7-1-40和图7-1-41（全部选自“北京老夏博客”）。

7-1-41　云和梯田——人与自然和谐之音

7.2 高海拔地区防治水土流失方法与实践

如果从我国东北的黑河到云南的腾冲画一条直线，地图以左下的绝大部分都处在高海拔地区。除了高山大川之外，四川西昌平原及以西的云贵高原、青藏高原等都属高海拔范围。高海拔地区的显著特点就是日照强、温差大、降雨稀少并年际分配极不均衡。而且，随着海拔高低和植被多少情况的不同，空气中的含氧量有较大改变。根据有关文献，国际通行的海拔划分标准为：

(1)1 500～3 500m 为高海拔；

(2)3 500～5 500m 为超高海拔；

(3)大于 5 500m 为极高海拔。

海拔高度也称绝对高度，表示地面某个地点高出海平面的垂直距离。海拔的起点叫海拔零点或水准零点，以某一海域测潮站对海面的平均水面多年记录确定。

1949 年前，我国的海拔零点很不一致。从 1956 年起，统一改用青岛零点作为各地计算海拔高度的基准零点。目前，我们计算的海拔高度(程)都是以青岛的黄海海面作为起算点。也就是说，我国地图上所指的海拔高度是以青岛的海平面起算的。出于安全或保密的考量，很多国防工程或有保密以及知识产权保护需要的工程，可以相对高程(海拔高度)标注。

受欧亚板块和印度板块运动的影响，我国地势、地貌奇特，海拔高度差异悬殊，绝对高差约 10 000m。海拔高度，不仅决定含氧量高低和温差大小，而且决定生物的生存适应性和生态的可持续性。换句话说，人类(包括其他动植物)适应高海拔需要相当长的过程，而破坏这种适应性十分容易。60 多年来，国人乱砍滥伐，使高原为主的高海拔地区环境过载，环境容量锐减，水土流失严重，生态恶化加剧，使水土生态环境问题成为我国可持续发展的头等大问题。

7.2.1 水土资源匮乏与耕地危机

前章所述，我国是多山的国家，山地面积占国土总面积约 70%，全国水土流失面积已达 357 万 km^2，年流失量约 50 亿 t。根据有关文献，近 50 年来，我国因水土流失而损失的耕地达 333 万 hm^2，平均每年约 6.67 万 hm^2。其中，黄土高原水土流失严重区每年流失表土达 1cm 以上，东北黑土区一些地方耕作层厚度由开垦初期的 1m 左右降到现在的不足 20cm，不少地方耕作层表土已流失殆尽。北方土石山区土层厚度不足 30cm 土地面积占总面积的比例高达 77%，西南岩溶区、长江上中游和西南诸河区分别达到 42% 和 19%。此外，我国的沙漠(包括戈壁及半干旱地区的沙地在内的沙漠)总面积达 130.8 万 km^2，占全国土地总面积的 13.6%。其中，难以治理的塔克拉玛干沙漠(是中国最大的沙漠，仅次于非洲撒哈拉大沙漠，为全世界第二大流动沙漠)、古尔班通古特沙漠、腾格里沙漠、巴丹吉林沙漠等 8 个大沙漠总面积超过 80 万 km^2，占全国沙漠总面积的 65%；沙质荒漠占 45.3%，沙地占 11.2%，戈壁占 43.5%。在沙质荒漠及沙地面积中，流动沙丘占

62.4%，半固定、固定沙丘占 33.6%，风蚀地占 4%。戈壁中，以剥蚀作用为主的戈壁占戈壁总面积的 32%，其他则是以洪积及洪积冲积作用为主的戈壁。

近 20 年来，随着经济高速增长，城市化进程加快、矿产资源开发以及能源、交通工程大规模建设，生态较为脆弱的西北、西南地区荒漠化、石漠化问题日趋严重。我国荒漠化土地面积达 262.2 万 km^2，成为世界上受荒漠化危害最为严重的国家之一①。其中，新疆、内蒙古、西藏、甘肃、青海五省区的荒漠化土地面积为 250.5 万 km^2，占全国土地荒漠化面积的 95.5%。土地沙化是西北地区土地荒漠化中最突出的问题之一。据陕西、甘肃、青海、宁夏、西藏、内蒙古、新疆七省区 2000 年前统计资料，沙化土地面积为 162.55 万 km^2，占全国沙化土地总面积的 90%以上。西北地区不仅沙化土地面积不断广大，而且沙化土地扩展速度也非常快。另外，土地盐渍化亦呈加速扩展态势，仅新疆土壤盐渍化面积约为 1.45 万 km^2，占耕地面积的 45%；宁夏耕地中盐渍化面积 8.67 万 hm^2，占灌区耕地面积的 26.6%；陕西、甘肃和青海也不同程度上存在着盐渍化问题。所有这些，致使土地退化，产出率降低或丧失生产力。水土流失导致的水土资源匮乏，已成为当地经济落后、农民贫困的根源之一，使当地经济社会持续发展面临严峻挑战②。

我国有约 13.5 亿人口，只有 1.2 亿多 hm^2 耕地，人均耕地很少。在全球气候变暖、“拉尼娜”、“厄尔尼诺”现象导致的极端天气频繁发生，每年因洪水、飓风、滑坡、泥石流、冰雪等灾害又造成大量耕地农作物减产，这一切更加剧了水土资源的紧张以及人类可持续发展与资源的矛盾。令人不可思议的是，一方面我们在推进城市化进程中将大量农村青壮年劳动力转移到城市做“脏、苦、重、累、危”的底层劳务(使要求有技术含量的建筑工程、装修工程质量难以保证)，却将“老、幼、残、病”留守农村，导致相当比例的农田抛荒；另一方面，能源、交通重大工程建设征占大量耕地，很多地方的良田沃土却专用于建别墅、宽马路、大广场。好在“世界局势风平浪静，杂交水稻追肥增产”，倘若再遇大规模战争或“三年自然灾害”，那由其引发的饥荒、难民潮以及瘟疫，后果十分严重。

图 7-2-1　青藏高原雪线日益上升

图 7-2-2　青藏高原土地沙化景象

根据近年来中科院的科考报告以及国内许多地质专家、生态与环境保护学者的报告，在黄河、长江源头，雪线上升、冰川退化、沙漠扩展、地下水下降、地表水日益枯竭现

①②　杨新民，李玲燕. 西北地区生态环境存在问题与生态修复对策[J]. 水土保持研究，2005.

象非常明显。20世纪90年代后期，参与长江漂流探险队的主力队员，中国著名环保人士NGO骨干成员、职业探险家、环境地质高级工师程师杨勇2007年夏天到2008年春天，对长江源头及流域再次进行历时180天、总行程2万km的科学考察。与20多年前相比，长江源头自然条件恶化的程度令人触目惊心。有关媒体报道，杨勇用沉重的语气告诉记者："长江源头已经枯萎到可怜的程度，在夏季，宽大的河床中，只有一小股细细的水流，周围已经被大片的沙漠包抄过来，很多地方的水永远断流，形成一些死湖。死湖有可能慢慢变成咸水，这个地方生态就随之退化。"20多年前，杨勇参与的长江漂流探险队在长江源头立了一块纪念碑。2008年，当他旧地重考时，发现纪念碑离现在的源头有300m以上的距离。在长江上游的通天河，考察队有两天没有见到水，挖来的积雪融化后有一半是黄沙。

当然，本作者并不相信采访他记者的描述：杨勇心情沉重！"我们愧对祖宗，愧对子孙后代，一切在杀鸡取卵、竭泽而渔；持续盲目发展，将使长江枯竭，江南鱼米之乡不复存在，洪湖水浪打浪将成为历史；洞庭湖、鄱阳湖成无水之湖，太湖将消失，决策者必将成为历史罪人，而遗臭万年。"出于信息不对称和学术观点力求公正的态度，作者没有采纳杨勇先生专门发现问题的图片资料以及水利部长江水源保护局的资料，而是从百度网站收集可以参鉴的图片（见图7-2-1、图7-2-2、图7-2-3、图7-2-4和图7-2-5）。由以下图片得知：

图7-2-3　青藏高原水土流失生态恶化

图7-2-4　青藏高原局地日益荒漠化

(1)图7-2-1表明青藏高原大部分雪域，雪线日益上升，蓄积淡水资源能力日益减弱；
(2)图7-2-2表明青藏高原土地沙化现象非常严重；
(3)图7-2-3说明青藏高原相当一部分区域水土流失严重，生态退化明显；
(4)图7-2-4青藏高原部分区域正在荒漠化；
(5)图7-2-5青藏高原气候变暖，冰川锐减。

图 7-2-5　青藏高原气候变暖冰川锐减

7.2.2　高海拔地区水土流失状况

除沙漠、沙地、荒漠化、石漠化地区之外，整个长江、黄河的上游区域水土流失非常严重。其中，西藏、甘肃、青海 3 省区的水土流失尤为严重。如上所述，全国已形成水土流失面积达 357 万 km^2，年流失土壤约 50 亿 t，每年还在以 10 000km^2 的速度递增。在每年水土流失总量中以及每年递增的面积中，黄河上游的黄土高原和长江上游的青藏高原水土流失“贡献率”最高，需要各级政府和全体国民高度关注，加大治理力度，采取科学、有效措施尽速治理。

7.2.2.1　黄土高原水土流失状况

根据有关历史文献，黄土高原曾经是茂密森林，也是世界上最大的黄土沉积区。黄土高原位于我国中部偏北，北纬 34°～40°、东经 103°～114°，东西约 1 000km，南北约 700km。包括太行山以西、青海省日月山以东，秦岭以北、长城以南广大地区。跨山西省、陕西省、甘肃省、青海省、宁夏回族自治区及河南省等省区，面积约 40 万 km^2。黄土高原按地形差别分陇中高原、陕北高原、山西高原和豫西山地等区，除少数石质山地外，高原上覆盖着深厚的黄土层，黄土厚度在 50m～80m 之间，最厚达 150m～180m；年均气温 6～14℃，年均降水量 200～700mm。从东南向西北，气候依次为暖温带半湿润气候、半干旱气候和干旱气候；植被依次出现森林草原、草原和风沙草原；土壤依次为褐土、垆土、黄绵土和灰钙土。山地土壤和植被地带性分布也十分明显。黄土高原气候较干旱，降水集中，植被稀疏，水土流失严重。黄土颗粒细，土质松软，富含可溶性矿物质养分，利于耕作，盆地和河谷农垦历史非常悠久。

1）黄土高原的形成

对于黄土高原的成因，国内外专家众说纷纭，普遍接受的基础是板块理论，即印度板块向北移动与亚欧板块碰撞之后，印度大陆的地壳插入亚洲大陆的地壳之下，并把亚洲大陆顶托起来，在喜马拉雅地区的浅海消失了，喜马拉雅山开始形成并渐升渐高，青藏高原也由此被印度板块的挤压作用隆升抬高。根据近年来多次精密测量，数千万年来，伴随着地壳的运动，喜马拉雅山、青藏高原、珠穆朗玛峰仍在缓慢“长高”。但是，东西走向的喜马拉雅山挡住了印度洋暖湿气流的向北移动，漫长的历史进程中，自然与人为的共同作用，使我国的西北部地区越来越干旱，渐渐形成了大面积的沙漠和戈壁，由此堆积成了黄土高原的那些沙尘的发源地。

观察中国国家地理杂志刊载的青藏高原卫星彩图可知，巨大的青藏高原正好耸立在北半球的西风带中，2 亿 4000 多万年以来，它的高度缓慢增长着。青藏高原的宽度约占西风带的三分之一，把西风带的近地面层分为南北两支。南支沿喜马拉雅山南侧向东流动，北支从青藏高原的东北边缘开始向东流动，这支高空气流常年移动于 3 500～7 000m 的高度，成为搬运沙尘的主要动力源。与此同时，由于青藏高原隆起，东亚季风也被加强了，从西北吹向东南的冬季大风与西风急流一起，在我国西北方制造了一个黄土高原。

2)黄土高原的地形地貌

黄土高原地区总体地势是西北高、东南低。六盘山以西地区海拔高程 2 000～3 000m；其以东、吕梁山以西的陇东、陕北、晋西地区为典型的黄土高原，海拔 1 000～2 000m；吕梁山以东、太行山以西的晋中、晋东北地区由一系列的山岭和盆地构成，海拔 500～1 300m。黄土高原地貌类型有丘陵、高原、阶地、平原、沙漠、干旱草原、高地草原、土石山地等。其中，山区、丘陵区、高原区占约 70%；东南部主要为黄土丘陵沟壑区和黄土高原沟壑区，西北部主要为风沙、干旱草原和高地草原区；银川平原、河套平原、汾渭平原地形相对平缓。

图 7-2-6　黄土高原地形地貌

图 7-2-7　黄土高原山川地貌

黄土高原的形成和青藏高原的隆升，加快了其侵蚀和风化速度，在高原周围的低洼地区堆积了大量卵石、沙子和更细的颗粒。每当大风刮起，西部地区便飞沙走石、尘土弥漫，被卷起的沙和尘土依次沉降，颗粒细小的粉尘最后降落到黄土高原区域，形成了一条荒凉地带。黄土高原土壤中粗粉沙含量由西北向东南递减，黏土的含量却从西北向东南递增，这种自西北向东南的有规律的排列呈叠瓦阶梯状的分布过渡(而不是平面模糊过渡)。有专家认为是风力使然，也有专家认为更像是洪水的杰作。经过采样分析专家们研究发现，黄土高原在 46 000 年的历史中，有一多半的时间是森林和草原的成分相互消长。其间，黄土高原经历过多次快速的改变，多次在草原、森林草原、针叶林以及荒漠化草原和荒漠等环境转换。黄土高原主要的地形、地貌特征见图 7-2-6、图 7-2-7 和图 7-2-8。由以下图片得知：

(1)图 7-2-6 表明黄土高原大部分为沟壑纵横地形；

(2)图 7-2-7 说明黄土高原的山川地貌；

(3)图 7-2-8 表明黄土高原土地干化现象。

图 7-2-8　黄土高原地形地貌与土地干化现象

3)黄土高原的水土流失

黄土高原水土流失主要由暴流沟谷冲刷疏松黄土所致。黄土颗粒细小,质地疏松,具有直立性并含有碳酸钙,遇水容易溶解、崩塌;地面坡度较大,植被稀疏,夏季又多暴雨,造成奇峰、陡壁、溶洞、陷穴、"天生桥"等微地貌。其雨季的集中,更推动了沟壑扩展,加速了水土流失。同时,受近代地壳上升运动,使得沟床不断下切和侧蚀,沟谷溯源侵蚀加剧,相应地谷坡又不断地扩延,于是沟间地日益破碎。除自然因素外,人类活动,特别是乱垦滥伐、破坏天然植被等因素是加剧水土流失的重要原因。黄土高原水土流失见百度收集典型图片(图 7-2-9、图 7-2-10、图 7-2-11 和图 7-2-12)。其中:

(1)图 7-2-9 表明在漫长的水力侵蚀作用下形成的沟壑地貌;

(2)图 7-2-10 说明经过水流已经深切的沟壑;

(3)图 7-2-11 说明没有植被覆盖,降雨就泥沙泛滥;

(4)图 7-2-12 表明黄土高原的地形、地貌和生态景象。

图 7-2-9　黄土高原退化的生态

图 7-2-10　黄土高原深切的沟壑

黄土高原地区水土流失特点主要是：流失面积大、波及范围广、扩展速度快、侵蚀模数高、泥沙流失量大。根据水文统计资料，黄河流域年入海输沙量最高可达20多亿t。治理黄河流域水土流失，必先治理黄土高原水土流失。

(1)黄土高原发生水土流失不外乎自然和人为两方面的原因。从自然方面看，这些地区多山，地形起伏，地表破碎，一旦植被遭受破坏，则退化的生态系统易受到侵蚀。另外，高原地处季风区，大陆性季风气候明显，降水集中(雨季降水约占60%～80%)，且多暴雨。如此地质地貌条件与气候条件结合，形成水土流失的潜地条件。再则，人类不合理的土地利用，如滥垦、滥牧、滥樵以及不符合水土保持要求的工矿交通建设，肆无忌惮地破坏植被，降低了地表覆盖，加剧了水土流失。据绥德水土保持实验站资料，1956年7月3日，实测径流深仅为0.66mm(径流量$6m^3/hm^2$)，侵蚀模数仅是$60t/km^2$。那么，遇到高强度的暴雨时，其侵蚀规模则非常惊人。如1967年8月在准噶尔、神木、府谷、河曲、保德发生暴雨洪水，导致严重土壤侵蚀，当年的侵蚀模数达30 000～50 000t/km^2，天壤之别！不仅如此，在暴雨中心还高达60 000t/km^2，就像泥石流。再如1967年7月4—8日延安发生罕见暴雨，历时约20h降雨量215mm，造成的侵蚀量平均高达5 988.4t/km^2。由此可见，由于人为活动使生态环境急速退化。

图7-2-11　黄土高原高泥沙含量水流

图7-2-12　黄土高原水土流失卫星图片

(2)数十年来，社会经济持续快速增长，黄土高原水土流失面积也与其增加，地表植被继续破坏。长此以往，必定根本改变高原大部水分循环，不均匀地表径流和水土流失进一步加剧，而国家每年投入的用于生态环境建设、水土流失治理、人工林营造等措施的大量资金无法形成规模效应，或远远赶不上恶化的速度。也就是说，大范围的生态退化，使用杯水车薪的投入资金，只能限定治理有限的那些少数人为活动剧烈、人口密度较大地域，而对大范围的水土流失控制所起作用甚微。黄土高原水土流失的现实问题，迫使人们必须寻找一种投资小，并能在较短时期内使生态环境退化得以遏制，或水土流失得以控制的费省效宏的途径和措施①。

① 梁宗锁，左长清，焦巨仁. 生态修复在黄土高原水土保持中的作用[J]. 西北林学院学报，2003.

7.2.2.2　青藏高原水土流失状况

青藏高原是我国最大、世界海拔最高的高原。根据《中国国家地理》杂志及有关文献，青藏高原巨大，总面积约 300 万 km^2，在我国境内面积约 257 万 km^2，平均海拔高度 4 000～5 000m，有“世界屋脊”和“第三极”之称，是亚洲“水塔”，即许多大江大河的发源之地。

青藏高原分布在我国境内的部分，包括西南的西藏自治区、四川省西部以及云南省部分地区，西北青海省的全部、新疆维吾尔自治区南部以及甘肃省部分地区。整个青藏高原还包括不丹、尼泊尔、印度、巴基斯坦、阿富汗、塔吉克斯坦、吉尔吉斯斯坦的部分国土面积。

1)青藏高原的形成

青藏高原的形成，有确切证据的地质历史可以追溯到距今 4 亿～5 亿年前的奥陶纪，其后青藏地区各部分曾有过不同见解的地壳升降，或为海水淹没，或为陆地。2.8 亿年前(地质年代的早二叠世)，青藏高原是波涛汹涌的辽阔海洋。其海域包括现在欧亚大陆的南部地区，与北非、南欧、西亚和东南亚的海域沟通，称为“特提斯海”或“古地中海”。当时，特提斯海地区的气候温暖，成为海洋动、植物发育繁盛的地域；南北两侧是已被分裂开的原始古陆(也称泛大陆)，南边称冈瓦纳大陆，包括现在的南美洲、非洲、澳大利亚、南极洲和南亚次大陆；北边的大陆称为欧亚大陆，也称劳亚大陆，包括现在的欧洲、亚洲和北美洲。2.4 亿年前，由于板块运动，分离出来的印度板块以较快的速度向北移动、挤压，其北部发生了强烈的褶皱断裂和抬升，促使昆仑山和可可西里地区隆升为陆地。随着印度板块继续向北插入古洋壳下，并推动着洋壳不断发生断裂。2.1 亿年前，特提斯海北部再次进入构造活跃期，北羌塘地区、喀喇昆仑山、唐古拉山、横断山脉脱离了海浸；直至 8 000 万前，印度板块继续向北漂移，又一次引起了强烈的构造运动。冈底斯山、念青唐古拉山地区急剧上升，藏北地区和部分藏南地区也脱离海洋成为陆地。

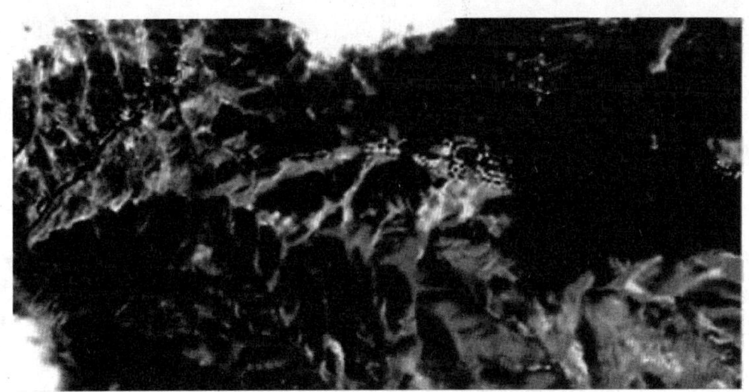

图 7-2-13　青藏高原卫星图片

2)青藏高原的地貌特征

青藏高原的边缘有许多山脉，它们大多数呈从西北向东南的走向，相对于高原外的地面陡然隆起，上升快。其中，南部的喜马拉雅山脉中的许多山峰名列世界上前十位，特别是珠穆朗玛峰为世界上最高的山峰。同域，高原内部除平原外还有许多高山大川，高差悬殊。高原上有众多的冰川、高海拔湖泊和高原沼泽。我国的长江、黄河、澜沧江(境外为湄公河)、怒江(境外为萨尔温江)、雅鲁藏布江(境外为布拉马普特拉河)等都发源于此。

从喜马拉雅山向北,青藏高原整个地势宽展舒缓,河流纵横,湖泊密布,平原广阔;部分藏南区域气候湿润,丛林茂盛。根据江发世《地球新论》一文"青藏高原成因",其在水和风的共同作用下形成了巨厚的沉积地层,形成青藏高原隆起的物质基础。尽管青藏高原的地貌格局基本形成。但在最近的10 000年时间里,青藏高原的高原抬升速度还在加快(地质学上把这段高原崛起的构造运动称为喜马拉雅造山运动)。根据测量,高原以平均每年7cm速度上升。应当说,青藏高原的抬升过程不是匀速的运动,也不是一次性的猛增,而是经历了几个不同的上升阶段。而每次抬升都使高原地貌得以演进。青藏高原卫星图片见图7-2-13,青藏高原地貌特征见图7-2-14和图7-2-15,青藏高原草被及局地生态环境见图7-2-16。

图7-2-14　青藏高原地貌特征

图7-2-15　青藏高原地貌特征

注:图片左取至百度网,图片右取至昵图网。

3)青藏高原的水土流失

如果说黄河的年输送泥沙总量可以说明黄土高原甚至整个黄河流域的水土流失情况的话,那么,青藏高原的水土流失还不能从长江流域的年输送泥沙总量中准确确定它的规模。因为在长江流域上游的4.5亿t年输送泥沙总量里,嘉陵江的含沙量对长江流域泥沙总量的贡献最大。而嘉陵江的含沙量有部分来至黄土高原的甘陕地区。也就是说,青藏高原的水土流失尽管也比较严重,与黄土高原相比要少很多。

图7-2-16　青藏高原草被及局地生态环境

注:图片取至昵图网。

由于其海拔高度，青藏高原降雨稀少，其气候条件使得空气比较干燥，含氧稀薄，太阳辐射较强，平均气温较低。青藏高原地形的复杂、多变，高原气候本身也随地区的不同而差异很大。在漫长的地质发育与自然演替过程中，青藏高原不仅形成了与黄土高原迥异的高寒草原与草甸生态系统，还兼有沙漠、湿地及多种森林类型自然生态系统。这种特殊的地理环境孕育的生态系统，成就了许多蔚为奇观的地质遗迹、绚丽多姿的自然景观和极为丰富的野生动植物资源。但是，随着城市化的快速推进和全国经济高增长诱惑导致的矿产资源盲目初级挖掘以及交通、能源资源的开发，过度放牧和樵采，青藏高原的水土流失总体呈恶化的态势。尤其是金、银、铜等重金属矿的开采，造成水土流失十分严重。

青藏高原海拔较高的地方，虽然日照强烈，但平均温度低，大部分地区热量不足，高程 4 500m 及以上地区，夏季平均气温小于 10℃，不利于农作物和其他植物生长。换句话说，一旦植被遭到破坏，自然恢复非常缓慢或困难。青藏高原的西藏南部部分地区和雅鲁藏布江流域是植被茂密、水土流失轻微地区。环境保护部荒漠化研究中心对青藏高原水土流失的研究多年，比较系统阐明高原土壤侵蚀问题，并充分揭示冰川广布、河川纵横、植被稀疏、气候寒冷的青藏高原水土流失特征①。

该论文探讨了雅鲁藏布江源区高寒沙地形成的影响因素，以期为雅鲁藏布江源区沙漠化的防治及生态安全建设提供依据。在此部分引介和编辑其研究成果，以利读者从一个侧面了解高原生态。

(1)研究区概述。雅鲁藏布江源区位处西藏自治区西南部，位于北纬 29°09′～30°58′、东经 81°57′～84°30′，面积约 26 348km^2，约占雅鲁藏布江流域总面积的 11%。其南与尼泊尔毗邻，西起杰马央宗冰川，南北分别至喜马拉雅山和冈底斯山分水岭，东至仲巴县与萨嘎县界，西、南、北均以河流分水岭为界的马泉河流域，是世界上最高的江河源区(包括日喀则地区仲巴县帕羊区全部、扎东区大部、隆嘎尔区小部分，阿里地区革吉县东南角、普兰县的东缘以及萨嘎县的很小面积)，219 国道从源区穿过。研究区属典型的高原寒冷干旱半干旱气候区，具有光照充足，辐射强度大，干湿季节明显，暖季凉爽、冬季严寒的特点；年均气温－0.3～1.2 ℃，年降水 186～290 mm，6—9 月降水量占全年约 90%，年蒸发量 2 200～2 300 mm，为降水量的 8～12 倍；每年大于或等于 8 级风天数为 112～150d。土壤类型分布呈垂直地带性规律，由基带向上大致分布着草甸土、高山草原土、高山草甸土和寒漠土；地带性植被包括高山草原、高山草甸、高山灌丛和高山沼泽草甸等类型。

(2)研究方法。主要数据源为 2005 年 Landsat－7ETM＋影像和 1 比 25 万电子地形图。以 ETM＋影像为主要数据源，经几何纠正与投影转换，参照辅助数据，采用人机交互判读，按土壤侵蚀分类分级标准(SL190—2007)以及沈渭寿等提出的中国土地退化分类分级标准，通过野外调查建立的判读标志，综合分析判定研究区土壤侵蚀类型与强度，辅助数据包括与土壤侵蚀相关的资料和图件。

(3)结果分析。研究土壤侵蚀类型包括冻融侵蚀、风力侵蚀和水力侵蚀。源区土壤侵蚀空间分布基本特征见表 7-2-1。其强度土壤侵蚀面积为 18 933 km^2，占总面积的 71.9%，其中轻度 29.4%、中度 26.04%、强烈 16.38%、极强烈 0.03%。冻融侵蚀是源区土壤侵

① 李海东，沈渭寿，等. 雅鲁藏布江源区土壤侵蚀特征[J]. 生态与农村环境学报，2010.

蚀的主要形式，占总面积82%。冻融侵蚀形成条件各异，就分布范围和危害程度而言，冰川侵蚀和冻土侵蚀表现最为突出。源区冰川属大陆性冰川，以冰斗冰川、悬冰川及小型山谷冰川为主，侵蚀作用较弱，但夏天可突然滑动。多年冻土区及季节性冻土区的侵蚀类型主要是公路、洼地和河床两侧的斜坡，冻土融化或湿润软化后沿冻土层或地下水层顺坡滑塌，由坡脚一直溯源发展到坡顶。其次，山坡上的草皮和表土在反复冻融作用下，一旦被水饱和并稀释则形成泥流，顺坡沿冻土层徐徐蠕动。

表 7-2-1　雅鲁藏布江源区土壤侵蚀的基本特征(原表)

侵蚀类型	侵蚀强度	面积(km^2)	面积比例(%)	斑块数
冻融侵蚀	微度	4 217.07	16.01	73
	轻度	6 967.33	26.44	14
	中度	6 351.08	24.10	17
	强烈	4 210.37	15.98	14
	小计	21 745.85	82.53	118
风力侵蚀	轻度	782.42	2.97	572
	中度	511.18	1.94	364
	强烈	104.34	0.40	61
	极强烈	6.61	0.03	2
	小计	1 404.55	5.33	999
水力侵蚀	微度	5 197.42	12.14	3

源区雪线以上岩屑坡，主要由石块构成，山坡坡脚的高山草甸土和冲积低洼地的沼泽土发育较好。其风力侵蚀机制是：强烈的冻融侵蚀使源区山地基岩破碎，在冰雪融水和重力作用下堆积于山坡中下部，形成倒石堆和碎屑坡。河谷中河流沿岸及江心沉积了大量泥沙，枯水季节暴露在水面之上，经寒冻、日晒，再受风力作用的搬迁，沿江岸和山麓地带形成大量风沙土。在冬春季，大风与干旱同步，水位下降后边滩与心滩大面积出露，在气流作用下被搬运脱离地表，当气流中含沙量过饱和或风速降低，土沙与气流分离沉降堆积成沙丘或沙垅。分析认为，源区风力侵蚀面积达 1 405km^2，占总面积约 5.3%。另外，稳定沙地和半稳沙地面积较大，分布西北部高程较低及地势开阔的河两岸，宽谷盆地和支流汇入形成水力侵蚀，面积为 3 197km^2，占总面积约 12.2%。

(4)土壤侵蚀随高程的变化特征。源区高程为 4 600～6 798m，土壤侵蚀随高程的变化幅度较大，按海拔 200m 间距划分成 10 个高程等级。那么，经高程与土壤侵蚀类型叠加计算与统计分析，得到源区不同高程等级的面积分异(见表 7-2-2)和各强度土壤侵蚀的垂直带谱图(见图 7-2-17)。

由下表、图得出，源区不同高程等级的面积随海拔增高而减小，轻度及以上强度土壤侵蚀面积比例却呈先增后减再增大的趋势。峰值分布在海拔 4 800～5 000m，占该等级总面积的 94%，最低值分布在海拔 5 800～6 000m。6 000m 以上地区既轻度及以上强度土壤侵蚀面积所占比例随海拔增高而增大，这说明海拔 4 600～6 000m 范围内源区土壤侵蚀剧烈程度随着海拔的增高先增大后减小，6 000m 以上土壤侵蚀剧烈程度随海拔增高而增大。

表 7-2-2　雅鲁藏布江源区不同高程等级的面积分异

高程(km)	总面积(km^2)	轻度以上侵蚀	
		面积(km^2)	比例(%)
4.6～4.8	3 197.95	7 340.57	89.54
>4.8～5.0	4 927.23	4 615.56	93.67
>5.0～5.2	3 867.98	3 209.57	82.98
>5.2～5.4	3 243.79	2 031.68	62.63
>5.4～5.6	2 807.78	1 212.42	43.25
>5.6～5.8	2 101.95	400.89	19.07
>5.8～6.0	973.26	79.51	8.17
>6.0～6.2	204.49	29.75	14.55
>6.2～6.4	21.38	10.32	48.27
>6.4	2.01	1.06	52.74

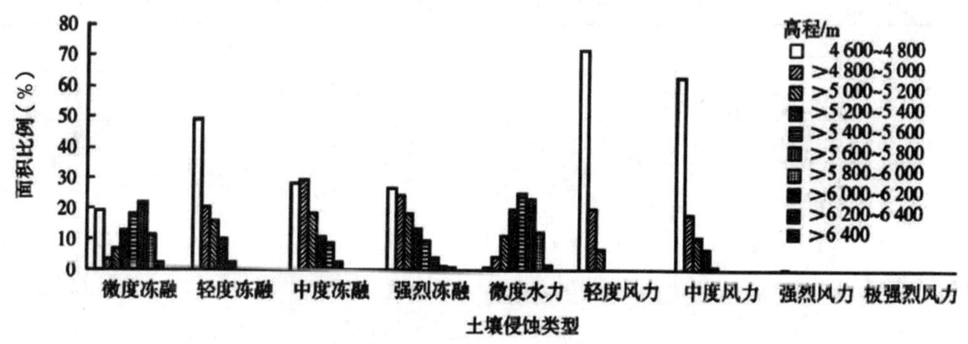

图 7-2-17　雅鲁藏布江源区土壤侵蚀的垂直分布特征

图示可知，轻度及以上强度冻融侵蚀主要集中在 4 600～5 200m，海拔增高则不同强度冻融侵蚀面积比例总体呈递减趋势。微度冻融侵蚀面积随海拔增高呈波动趋势，波动范围在 4 600～4 800m 和 5 600～5 800m 两个高峰值(占比为 20%和 22.6%)。分布规律与西藏土壤侵蚀的垂直变化规律有关，即冰川、冰缘和冻土的侵蚀作用主要发生在高山的上部；山体中部坡面以及山脚的山麓沉积物(冲积、洪积、崩积、泥石流)是风力侵蚀和水力侵蚀的主要地带。分析发现，全球气候变暖、雪线上升是影响雅鲁藏布江源区土壤侵蚀垂直分异的主要因素。

(5)土壤侵蚀随坡度的变化特征。运用 ArcGIS 的空间分析功能，对源区坡度专题图进行重新分类，将坡度等级专题图与土壤侵蚀类型图进行叠加计算与统计分析，再得到源区土壤侵蚀空间分布的坡度特征(见表 7-2-3 和图 7-2-18)。

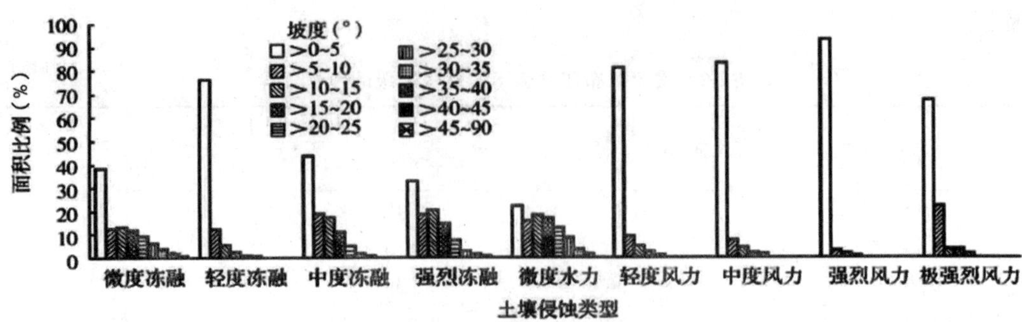

图 7-2-18　雅鲁藏布江源区土壤侵蚀随坡度的变化特征

表 7-2-3 看出，源区不同坡度区域面积随着坡度增大而减小，轻度及其以上强度土壤侵蚀主要发生在坡度等级较低、地势较平坦的地区，是因为人类活动对自然植被的影响总是从平地向坡地、从坡度较小向坡度较大坡地进行，坡度大则受人类活动影响较小。图示说明不同强度冻融侵蚀的面积比例随着坡度的增大总体上呈减小趋势。不同强度风力侵蚀均主要分布在 0°～25°坡地，且面积比例随着坡度增加而急剧减小。

表 7-2-3　雅鲁藏布江源区不同坡度的面积分异

坡度(°)	总面积(km^2)	轻度以上侵蚀	
		面积(km^2)	比例(%)
0～5	13 017.99	10 674.58	82.00
>5～10	4 014.67	2 964.57	73.84
>10～15	3 569.57	2 419.21	67.77
>15～20	2 633.70	1 583.79	60.14
>20～25	1 587.31	767.70	48.36
>25～30	870.27	317.28	36.46
>30～35	418.63	128.84	30.78
>35～40	160.29	51.77	32.30
>40～45	53.54	18.20	33.99
>45～90	21.85	7.39	33.82

(6)土壤侵蚀随坡向的变化特征。利用 ArcGIS 平台，按顺时针方向从 0°(正北方)到 360°(重新回到正北方)，将源区划分成阳坡(112.5°～ 247.5°)、阴坡(0°～ 67.5°和 292.5°～360.0°)、半阳半阴坡(67.5°～112.5°和 247.5°～292.5°)和平地 4 类。不同坡向的面积分异见表 7-2-4。将坡向专题图与土壤侵蚀类型图进行叠加计算与统计分析，得到源区不同土壤侵蚀类型在各个坡向的分布特征(见图 7-2-19)。

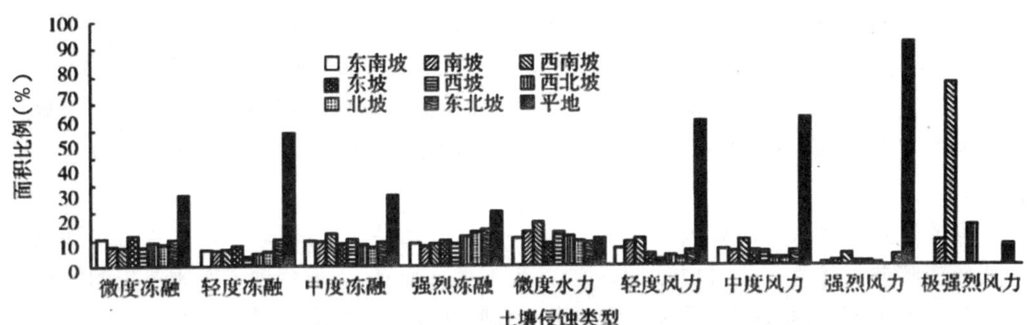

图 7-2-19　雅鲁藏布江源区土壤侵蚀随坡向的变化特征

表 7-2-4 说明源区不同坡向面积以平地最大，为 8 164km²，其他坡向面积为 1 990～2 577km²，差异较小。轻度及其以上强度土壤侵蚀以平地所占比例最大，为 82.4%，其他依次是阴坡(68.8%)、阳坡(66.67%)和半阳半阴坡(65%)，即坡向对轻度及其以上强度土壤侵蚀的影响较小。图示表明，不同强度冻融侵蚀在各个坡向中的分布以平地面积比例最高，其余各坡向的面积比例均小于 15%，即坡向对冻融侵蚀的影响较小。造成如此分布的原因与该地区的地势为西北—东南走向有关，阳坡和阴坡面积相差不大。

图 7-2-20　青藏高原局部沙化现象

图 7-2-21　青藏高原的水土流失

图 7-2-22　青藏高原局部的荒漠化

由于不同坡向类型的热量、水分和植被分布有差异，加之河谷特殊的微地貌和小气候影响，使得平地土壤侵蚀较严重。强烈风力侵蚀以西南坡向所占面积比例最大，为67.32%，其余强度风力侵蚀均为平地所占面积比例最高，可能与西南坡向的热量、植被状况和风向有关；西南坡向吸收的光照强度大，本区因干旱少雨、植被稀疏、过度放牧致植被更少。

参鉴以上雅鲁藏布江源区水土流失研究，不难得出结论：青藏高原的水土流失既与全球气候变暖的大环境有关，也与人为不当活动有关。而且，土壤侵蚀或水土流失的区域分布还与侵蚀类型、海拔高度、季节和风向相关（典型水土流失现象见图 7-2-20、图 7-2-21、图 7-2-22 和图 7-2-23）。青藏高原除了水源和“水塔”作用之外，它的军事战略地位更是重中之重，保护好青藏高原的生态环境，控制高原水土流失，对中国的粮食安全、生态安全以及国防安全都至关重要。

图 7-2-23　雪线上升、水源枯竭

表 7-2-4　雅鲁藏布江源区不同坡向的面积分异

坡向	总面积(km^2)	轻度以上侵蚀	
		面积$(km)^2$	比例(%)
平地	8 164.40	6 727.72	82.40
阳坡	7 094.25	4 729.89	66.67
东南	2 355.42	1 562.31	66.33
南	2 205.28	1 459.76	66.19
西南	2 533.55	1 707.82	67.41
半阳/半阴坡	4 250.73	2 768.76	65.14
东	2 259.89	1 499.18	66.34
西	1 990.84	1 269.58	63.77
阴坡	6 838.44	4 706.96	68.83
西北	2 143.24	1 400.72	65.36
北	2 117.76	1 443.96	68.18
东北	2 577.44	1 862.28	72.25

7.2.3　防治水土流失方法与实践

根据人类的生理结构和特性，高海拔地区尤其是超高海拔及以上地区并不适宜人类长期生活，或者说，适应高海拔地区生存的气候、气压、含氧等条件的物种需要漫长的进化。当今日益恶化的高海拔生态，其中重要原因之一就是人口密度过大，人为活动频繁造成。更宏观地说，是因为动物的领地意识以及国家或人种的疆土占有与扩张意识，历史进程中集权政府在边疆和高海拔地区实施戍边、屯垦，造成高海拔地区长期存在不利于生态环境的人为活动。

当前，在经济高速增长的惯性作用下和城市化进程中产生的巨大就业压力下，浮躁的心态和非理性的发展还可能持续相当长的时间，实现生态文明的道路艰难、任务艰巨。面对全国建设投资规模过大、矿山私挖乱采和次生灾害形成巨量水土流失的严峻局面，加大水土流失治理力度，强化水土保持工程措施、植物措施以及结合农林的生态综合措施势在必行、不得不行！实事求是地讲，近 10 年来，党中央、国务院及各级政府主管部门对治理水土流失的政策措施越来越重视，资金投入也大幅度增加，但治理的力度受长期形成的难度影响，需要包括专门重典法制、严惩破坏水土保持设施或不履行水土流失防治责任的单位、个人的举措。对于黄河上游的黄土高原和长江上游的青藏高原水土流失，还应采取包括控制人口规模、限制人为活动等方式，让高山、河流、水土生态自然恢复、休养生息。

7.2.3.1　水土流失治理的总体形势

水土流失问题是事关我国经济社会可持续发展的重大战略问题。在政府层面，水土流失问题被视作一般环境问题，由水利部行使中央政府水行政管理职能。那么，从职责划分上又作为环境保护部的重要管理内容之一；从水土承载的使命讲，水土资源眼下直接影响着我国粮食安全和土地安全（与农业部、国土资源部管理职责有多重重叠）；长远却直接关乎全人类的生存与生态安全。也就是说，无论是资源性还是生态性，或者说无论是当下还是长远，水土流失问题都不只是个一般环境问题。可以说，不管是政府责任，或是每个公民社会责任，水土流失问题都没有提升到全民族、全社会的应有高度。

“十二五”规划制定之初，作为政府行政主管部门第一责任人，陈雷部长对近 10 年水土保持工作作了较为全面总结①。

1）近年来水土保持工作

水土流失是中国的头号环境问题。党中央、国务院历来高度重视水土保持工作。新中国成立以来，党和政府领导人民开展了大规模的水土流失治理和生态环境建设，取得了举世瞩目的成就。进入新世纪以来，水利部党组认真贯彻落实科学发展观，系统总结我国水土流失综合治理经验和教训，积极探索既符合我国国情又具有时代特色的水土流失综合防治之路，为改善水土流失地区农业生产条件和城乡生态环境，维护国家生态安全、防洪安全、饮水安全和粮食安全，促进经济社会又好又快发展做出了重要贡献。

（1）水土保持法深入实施，监督执法不断强化。水土保持法律法规体系进一步完善，相继在水土保持方案审批、水土保持设施验收、水土流失防治费和水土保持设施补偿费征

---

① 陈雷．深入贯彻落实科学发展观开创水土保持生态建设新局面[J]．中国水工保持，2009(5)．

收等方面制定和出台了一系列配套法规和规章，与环保、铁路、交通、国土、电力、有色金属、煤炭等部门联合制定和出台了关于生产建设项目水土保持方面的一系列规章制度，全国共出台县级以上水土保持配套法规 3 000 多个，水土保持“三同时”制度得到深入贯彻落实。2000 年以来，全国共审批生产建设项目水土保持方案 25 万多项，其中国家大中型项目 180 多个，特别是西气东输、青藏铁路、西电东送等一批国家重点工程在执行“三同时”制度中做出了很好的表率，全国 1.5 万 km 新建公路、1.2 万 km 新建铁路实施了水土保持方案；先后完成 1 000 多个项目的水土保持验收，其中国家重点项目上百个；生产建设单位投入水土保持资金 1 450 多亿元，防治水土流失面积 8 万 km^2，减少了水土流失量 17 亿 t，大规模生产建设活动导致的人为水土流失得到有效遏制。水土保持监督执法工作进一步加强，31 个省(自治区、直辖市)、200 多个地市、2 400 多个县建立了水土保持监督管理机构，共有专(兼)职监督执法人员 7.4 万人。

(2)工程建设力度不断加大，水土流失治理取得显著成效。国家水土保持重点工程规模和范围不断扩大，2000 年以来，启动实施了黄土高原淤地坝、京津风沙源、东北黑土区、珠江上游南北盘江、丹江口库区及上游、云贵鄂渝世行贷款和岩溶地区石漠化治理等一批国家水土流失重点防治工程，积极推进水土保持大示范区建设，初步建成面积在 100km^2 以上、综合效益显著、示范带动作用强的大示范区 62 个，走上了以小流域治理为基础，大流域为骨干，集中连片、规模推进的发展轨道。

水土保持工程惠及山丘区广大群众，近 10 年全国累计治理小流域江河 1.6 万多条，治理水土流失面积 48 万 km^2，近 1.5 亿人从中直接受益，2 000 多万山丘区群众的生计问题得以解决。据中国水土流失与生态安全综合科学考察成果，我国现有水土保持措施每年可减少土壤侵蚀量 15 亿 t 以上，其中长江上中游年均减少约 1.5 亿 t，黄河流域年均减少 3 亿 t。生态清洁小流域建设迈出重要步伐，全国有 81 条流域开展了生态清洁小流域建设的实践与探索，为防治面源污染、开展水源保护积累了宝贵经验。

(3)防治战略实现重大转变，生态自然恢复积极推进。生态自然修复理念得到全社会广泛认同，北京、河北、陕西、青海、宁夏、山西 6 省(区)市发布了实施封山禁牧的决定，全国 27 个省(区)市的 136 个地市和近 1 200 个县实施了封山禁牧，国家水土保持重点工程区全面实现了封育保护，全国共实施生态自然修复 72 万 km^2，其中 39 万 km^2 的生态环境得到初步修复。生态自然修复技术路线逐步成熟，各地总结出以草定畜、以建促修、以改促修、以移促修和能源替代等许多做法，取得了很好的生态效果，为大面积封育保护创造了有利条件。生态自然修复效果日益显现，在加快植被恢复、减轻水土流失、改善生态环境的同时，有效促进了当地干部群众观念和生产方式的转变，实现了生态环境和农牧业发展的良性互动，起到了事半功倍、一举多得的效果。

(4)基础工作进一步加强，管理服务水平逐步提升。水利部先后印发了水土保持预防监督纲要、科技发展纲要、监测纲要、信息化发展纲要和从业人员培训纲要，编制完成黄土高原淤地坝、南方崩岗防治、丹江口库区及上游、珠江上游南北盘江石灰岩地区、东北黑土区等重点区域治理专项规划，初步构建了我国水土保持规划体系和技术标准体系。监测评价与信息化建设深入开展，全国水土保持监测网络和信息系统一期工程竣工并投入运行，二期工程建设取得重大进展，建成 7 个流域中心站、29 个省级总站和 151 个分站，水土流失监测预报能力显著增强；完成了第三次全国水土流失遥感普查，从 2003 年起连续 7 年发布全国及部分省区水土保持公报，在社会上产生了重要影响。

水土保持科研与技术推广取得重大进展，建成了一批水土保持科学研究试验站、国家级水土保持试验区和土壤侵蚀国家重点试验室，成立了水土保持植物开发管理中心、草地水土保持生态研究中心和水土保持工程研究中心；开展了一批水土保持重大科技项目攻关，实施国家科技创新项目和“948”科技引进项目，大力推广以坡改梯、坡面水系、雨水利用为主的水土保持实用技术，提高了水土保持生态建设的质量和效益；联合中国科学院、中国工程院开展新中国成立以来规模最大、范围最广、参与人员最多的中国水土流失与生态安全综合科学考察，为国家宏观决策和生态文明建设提供了重要支撑。

水土保持工作的持续深入开展，有力地遏制了人为水土流失。一是在防治理念上，必须坚持人与自然和谐相处，更加注重遵循自然规律和发挥自然修复能力，加快水土流失综合防治步伐。二是在指导思想上，必须坚持以人为本、服务民生，更加注重生态建设与经济发展有机结合，实现生态建设与经济发展双赢。三是在防治方针上，必须坚持保护优先、防治结合，更加注重事前预防保护。四是在投入机制上，必须坚持改革创新和多元化投入，更加注重依靠政策调动各方面的积极性，形成全社会办水保的局面。五是在组织领导上，必须坚持统筹协调，更加注重发挥政府主导和部门协作的重要作用，构建符合我国国情的水土保持管理体制。

2）切实增强水土保持工作责任感

水是生命之源，土是万物之本。在全面建设小康社会、加快推进社会主义现代化建设新的历史时期，水土保持的基础地位和作用更加凸显。党的十七大明确提出建设生态文明的宏伟目标，十七届三中全会就加强生态保护、推进资源节约型和环境友好型社会建设做出了重大部署，对水土流失防治提出了明确要求，为新时期水土保持事业发展指明了方向。新中国成立以来特别是改革开放以来，经过坚持不懈的努力，我们初步探索出一条适合我国国情、符合自然规律和经济规律的水土流失防治路线，一大批水土流失治理成果发挥了显著效益，水土保持工作思路、方略和实践都发生了深刻变化，为进一步加快发展奠定了坚实基础。当前，为应对国际金融危机，国家实施扩大内需、保障经济平稳较快发展的一系列政策措施，加大水利基础设施建设和生态建设力度，水土保持面临着难得的发展机遇。

同时，我们也要清醒地认识到，水土保持工作还面临着一些亟待解决的问题。一是水土流失防治进程与国家生态建设的总体目标还有很大差距，全国亟待治理的水土流失面积仍有 180 多万 km^2，多年平均年土壤侵蚀量高达 45 亿 t 左右，有 0.24 亿 hm^2 坡耕地和 44.2 万条侵蚀沟亟待治理，东北黑土地保护、西南石漠化地区土地资源抢救的任务十分迫切。二是全社会水土保持意识与建设生态文明的要求还有很大差距。三是水土保持法贯彻落实情况与建设法治政府的要求还有很大差距。四是水土保持体制机制建设与加快防治步伐的要求还有很大差距。

保护水土资源既是保护现实生产力，也是保护可持续发展能力；既是维护人民群众的切身利益，也是维护子孙后代的长远福祉。我国的基本国情、现阶段的突出水情和水土流失的严峻形势，决定了加强水土保持、防治水土流失，已成为一项重大而紧迫的战略任务。

(1)加强水土保持是搞好江河治理、保障防洪安全的迫切需要。水土流失造成大量泥沙下泄,淤积江、河、湖、库,降低了水利设施调蓄功能和天然河道泄洪能力,加剧了下游的洪涝灾害。黄土高原地区的水土流失导致黄河下游河床普遍抬高2～4m,辽河干流下游部分河段河床已高于地面1～2m,成为地上悬河;水土流失导致全国8万多座水库年均淤积16.24亿m^3,洞庭湖年均淤积泥沙约1亿m^3。同时,水土流失还造成生态环境恶化,加速暴雨径流的汇集过程。因此,搞好江河治理,保障防洪安全,必须高度重视和着力搞好江河上游地区的水土流失治理。

(2)加强水土保持是改善山丘区民生、建设小康社会的迫切需要。水土流失与贫困互为因果,我国经济最贫困地区往往也是水土流失最严重地区,全国76%的贫困县和74%的贫困人口生活在水土流失严重区。不少水土流失地区由于长期掠夺式生产经营,土地生产力大幅度下降,甚至到了光山秃岭、山穷水尽的地步,陷入生态恶化与贫困相互交织的恶性循环。没有水土流失区农民的小康,也不可能实现全国农民的小康。水土保持以解决群众生计问题为前提,以改善农业基础条件为切入点,不仅能够有效改善山区群众生产生活条件,为山区实现粮食自给提供重要保障,而且能够促进农业结构调整,提高农业综合生产能力,增强农民持续增收能力,促进水土流失区经济发展和生态改善。

(3)加强水土保持是保护水土资源、保障经济社会可持续发展的迫切需要。水土资源是人类赖以生存发展的基础条件和重要前提。我国人多水少,人地矛盾突出,水土流失进一步加剧了这一矛盾。近50年来,我国因水土流失而损失的耕地达333万hm^2,平均每年约6.67万hm^2。黄土高原水土流失严重区每年流失表土达1cm以上,东北黑土区一些地方耕作层厚度由开垦初期的1m左右降到现在的不足20cm,不少地方耕作层表土已流失殆尽。北方土石山区土层厚度不足30cm土地面积占总面积的比例高达77%,西南岩溶区、长江上中游和西南诸河区分别达到42%和19%。有效保护和合理利用水土资源,始终是我国现代化建设进程中面临的重大战略任务。加强水土保持,有助于涵养水源和培育地力,促进水土资源高效集约利用,是保护水土资源最直接、最有效的措施,是保障经济社会可持续发展的重要手段。

(4)加强水土保持是改善生态环境、建设生态文明的迫切需要。水土流失不仅使水土资源遭到严重破坏,也是造成面源污染的重要原因。目前,全国33%以上的国土面积存在水土流失问题,江河湖泊普遍存在面源污染,不少地区的生态环境已超出其承载能力。据中国水土流失与生态安全科学综合考察成果,每年水土流失给我国带来的经济损失相当于GDP的2.25%左右,带来的生态环境损失难以估算。水土保持协调人与自然关系,改善生态与环境,是维护国家生态安全、建设生态文明的重大战略措施。

总之,无论从经济社会发展的全局看,还是从水土流失地区发展的局部看;无论从当前看,还是从长远看,水土保持在我国经济社会发展中都具有重要的战略地位。我们要深刻认识水土流失问题的复杂性和危害性,进一步增强做好水土保持工作的责任感和紧迫感,毫不动摇地坚持水土保持基本国策,切实肩负起历史赋予我们的重大使命,推动经济社会全面协调可持续发展。

3)开创中国特色水土保持生态建设新局面

我国人口众多,山丘区面积比重大,人均土地资源有限,有相当数量的人口需要依靠土地生存和发展，是水土保持工作面临的最大实际。我国正处在加快工业化、信息化、城镇化、国际化发展的过程中，长期形成的粗放型增长方式尚未根本改变，资源开发强度大，生态代价高，人与自然关系不协调，是水土保持工作需要解决的突出矛盾。我国水土流失量大面广、成因复杂、危害严重，解决历史欠账，不添新账，是水土保持工作的重要任务。我国社会主义制度具有巨大优越性，能够集中力量办大事，组织群众兴修水利，是水土保持工作的最大优势。我们必须立足于我国社会主义初级阶段的基本国情，坚持走中国特色水土保持生态建设道路，努力开创水土保持工作新局面。这不仅是我国长期水土保持实践的经验总结，也是推进水土保持事业科学发展的必然选择。

水土保持工作的总体要求是：深入贯彻落实科学发展观，积极践行可持续发展治水思路，紧紧围绕国家经济社会发展和生态文明建设大局，以水土资源可持续利用和生态环境有效保护为目标，以保障和改善民生为着力点，以体制机制和法制建设为保障，以科技创新和科技进步为支撑，全面规划、统筹兼顾，预防为主、保护优先，因地制宜、分区防治，全面做好预防监督、综合治理、生态修复、监测评价、保护水源和改善环境等重点任务，把中国特色水土保持生态建设推向一个新的发展水平，促进经济社会的可持续发展。

水土保持工作的主要目标是：力争用15～20年的时间，使全国水土流失区得到初步治理或修复，大多数地区生态环境趋向良性发展；现有坡耕地全部采取坡改梯、陡坡退耕、等高耕作、保土种植等水土保持措施；严重流失区水土流失强度大幅度下降，中度以上侵蚀面积减少50%，70%以上的侵蚀沟道得到控制，下泄泥沙明显减少；全民水土保持生态意识和法制意识显著增强，人为水土流失得到根本控制，生产建设项目水土保持“三同时”制度落实率达100%，对水土流失重点预防保护区实施有效保护。

水土保持工作的战略举措是：

(1)实施保护优先战略，推进水土流失防治由事后治理向事前保护的根本性转变。必须始终坚持预防为主、保护优先的原则，按照国务院关于编制全国主体功能区规划的部署和要求，切实加强对限制开发区和禁止开发区的管理，依法严格保护水土资源和生态环境。严格保护自然植被，禁止过度放牧、无序采矿、毁林开荒和开垦草地等行为。对扰动地表、可能造成水土流失的各类生产建设项目，必须编报水土保持方案，全面落实水土保持“三同时”制度。从严控制重要生态保护区、水源涵养区、江河源头和山地灾害易发区等区域的开发建设活动，充分做好水土保持方案论证，实施水土流失防治措施。

(2)实施综合治理战略，构建科学完善的水土流失防治体系。统筹考虑各种水土流失因素，在全面规划的基础上，预防、保护、监督、治理和修复相结合，因地制宜，因害设防，优化配置工程、生物和耕作措施，宜林则林，宜草则草，形成有效的水土流失综合防护体系，有效保护与合理利用水土资源，实现生态效益、经济效益和社会效益的统一。当前，要以坡耕地水土流失综合整治为突破口，推动小流域综合治理，加大梯田、坡面水系和小型蓄水工程建设力度，科学配置水土资源，提高水土资源的利用效率和效益。

(3)实施分区防治战略，因地制宜推进东、中、西部水土保持工作。东部地区要把提供良好人居环境和保护水源作为水土保持工作的重要目标，大力推进生态清洁小流域建设，提高水土资源利用效率，加强生态环境保护，增强经济社会可持续发展能力。中部地区要加大生产建设项目监督管理力度，对严重水土流失区进行综合治理，遏制人为水土流失，促进生态保护与经济发展良性互动。西部地区在加强生态保护的同时，要把改善农业生产条件、改善生态环境、减少进入江河湖库的泥沙作为主要任务，加大重点地区水土流失防治力度，建设旱涝保收基本农田，搞好特色产业开发，为农民增收创造条件。

(4)实施项目带动战略，以点带面实现水土保持新发展。在继续加强长江上游、黄河上中游、东北黑土区和西南石漠化地区等重点治理的基础上，今后要重点抓好黄土高原多沙粗沙区淤地坝建设、南方崩岗综合治理、高效水土保持植物资源建设与开发利用，以及水源地泥沙和面源污染控制等重点项目建设，推动面上水土流失防治工作。

(5)实施生态修复战略，发挥大自然的力量促进大面积植被恢复。生态修复是新世纪水土保持生态建设思路的重大战略调整。生态修复不仅在雨水丰沛的南方地区是成功的，而且在干旱少雨的北方地区也是可行的；不仅能促进大面积植被恢复，加快水土流失治理步伐，而且能促进农牧业生产方式的转变和区域经济的协调发展。生态修复能以较小的投入取得显著的生态效益和经济效益，费省效宏。要牢固树立人与自然和谐的理念，尊重自然规律，切实加强封育保护与生态自然修复，充分发挥大自然的力量加快水土流失防治步伐。要搞好基本农田、灌溉草场建设，大力实施生态移民等工程，减轻对生态环境的压力，为生态自然修复创造条件。

(6)实施科技支撑战略，切实把水土保持引导到依靠科技进步的轨道上来。当前水土保持科技工作存在不少突出问题，如水土保持基础研究薄弱，基础理论体系和评价体系不够完善，科技成果转化、推广缓慢，科技含量较低等，这些问题影响了我国水土保持事业的健康发展。必须加快实施科技创新战略，以统筹人与自然和谐发展为目的，以水土保持基础研究为依托，以解决水土流失治理中的重大问题为重点，以科技示范和推广为手段，通过自主创新与综合集成研究，建立符合我国国情的水土保持基础研究体系、重大科研攻关体系、示范和推广体系，不断提高水土保持科技贡献率和水土流失防治水平。

4)统筹做好水土保持生态建设工作

当前和今后一段时期，要着力做好以下 6 个方面的重点工作。

(1)着力抓好预防监督工作，控制人为水土流失。综合运用行政、法律、科技和经济手段，加强对现有植被和治理成果的保护，抓好生产建设项目水土保持“三同时”制度的落实。近期要重点抓好三江源区、首都水源区、丹江口水源区等重要区域的预防保护工作，加强对南水北调、西气东输、西电东送等国家重点建设项目的监督管理。各地要按照三区划分，结合当地实际情况，对重点预防保护区、重点监督管理区及确定的重点监督工程，实施有效的监督。在滑坡、泥石流等地质灾害高发、易发区和其他生态极度脆弱区、生态敏感区，要严格控制开发建设活动；特殊情况必须建设的，要深入研究工程建设对生态环境的影响，切实为国家把好生态保护关。加强城镇化过程中的水土保持工作，搞好城镇周边和开发区的水土流失防治。加大对农村“四荒”资源治理开发的监督管理，避免造成生态破坏和水土流失。对集中连片、动土量大的治理开发项目，要严格执行生产建设项目“三同时”制度。

(2)着力抓好综合治理工作，改善群众生产生活条件。按照“突出重点、逐步推进、分步实施”的原则，逐步加大中央和地方水土流失重点治理投入，优先对水土流失严重、人口密集、对群众生产生活和经济社会发展影响较大的区域进行综合整治。近期要继续把大江大河上中游地区和社会高度关注的水土流失地区作为重点，抓好国家重点水土保持工程的实施。尽快实施坡耕地水土流失综合整治专项工程，以坡改梯、建设高标准基本农田为重点，力争用 10 年时间，优先在山区建设 667 万 hm^2 高标准基本农田。逐步启动南方崩岗治理和革命老区水土流失治理等重点工程。

(3)着力抓好生态修复工作，加快水土流失防治步伐。要把人与自然和谐作为水土保持工作的核心理念，把生态修复摆在水土保持工作的重要位置，采取有力措施加以推动。要进一步加强生态脆弱地区和生态敏感地区的生态修复工作。继续推动地方出台封山禁牧政策，力争 5 年内全国 80% 以上的山丘区县市出台封禁政策。完善水土保持生态修复相关政策措施，形成生态修复良性发展的长效机制。所有国家水土保持重点工程项目区都要全面实施封禁。要搞好基本农田、水源、饲草料基地建设和小水电代燃料生态保护工程建设，推广沼气、节柴灶，推行舍饲养畜和轮封轮牧，控制载畜量，实施生态移民，切实解决好群众在生态修复中的实际问题，为生态修复创造条件。要加强对生态修复基础理论和应用技术研究，进一步摸清生态修复的规律，有序推进生态修复工作。

(4)着力抓好监测评价工作，为生态建设提供科学支撑。加快全国水土保持监测网络与管理信息系统工程建设，充分发挥一期工程效益，加快二期工程建设，同时积极谋划三期工程建设，健全全国水土保持监测体系。积极协调有关部门，落实水土保持监测网络运行经费，争取将监测网络运行费纳入各级财政预算。5 年内，绝大部分省(区、市)都要发布年度水土保持监测公报，要定期向社会公告重点区域、重点项目的监测结果。建成国家级水土保持重点监测数据库，完成第四次全国水土流失普查。加强与相关部门和学科的协作配合，特别是要与水文部门密切合作，充分利用相关行业成果。加强同国土资源、农业、林业、环保等部门协作，建立数据共享机制，扩大监测成果的运用范围，更好地满足国家生态建设的需要。

(5)着力抓好水源保护工作，维护饮水安全。根据全国重点饮用水水源地安全保障规划，做好水源地水土流失和面源污染防治工作。继续搞好 21 世纪初期首都水资源污染控制和水土流失防治，实施南水北调中线水源区水土保持工程建设，加大东江源、万家寨、小浪底库区及周边水土流失防治力度。省、市、县都要开展本级的重要水源区水土保持工作，通过建设生态清洁小流域，保护水源，净化水质，改善生态，保障饮水安全。大力推广北京“三道防线”建设经验，治山、治水、治污相结合，控制面源污染，维系河道及湖库周边生态系统。加强水土保持面源污染防治政策研究，完善相关法律、法规，做好水土流失面源污染防治基础工作。

(6)着力抓好人居环境改善工作，提高人民生活质量。以提高城乡人民生活质量、满足广大群众对生态环境的更好需求为出发点，积极推进水土保持改善人居环境工作。在农村水土流失区，水土保持工作要在解决群众生产生活实际问题的基础上，统筹考虑水资源保护、面源污染防治、人居环境改善，以及水系、道路、农田、村庄的绿化美化。在城镇、各类开发区和居民比较集中的区域，要加大对水系和生活区周边综合整治的力度，提高绿化指数和雨洪调蓄能力，恢复和改善城市生态系统功能。力争 5 年内在全国建设 100 个国家级、200 个省级水土保持生态示范城市、1 000 个水土保持生态示范村镇。

5)认真落实各项水土保持保障措施

(1)进一步加强对水土保持工作的领导。搞好水土保持是各级政府的重要职责,也是各级水行政主管部门的重要职能。要建立和强化水土保持目标责任制,把水土流失防治工作纳入水土流失地区各级政府的政绩考核范围。进一步强化政府主导作用,大力发扬自力更生的优良传统,组织发动群众开展水土流失综合治理。各级水行政主管部门要充分发挥职能作用,加强与相关部门的协调配合,共同推进水土流失防治。充分发挥各级水土保持领导协调机构的作用,长江上游水土保持委员会与黄河中游水土保持委员会以及各地各级水土保持委员会,要建立和完善领导协调机制,定期召开有关会议,研究解决水土流失防治工作中面临的重大问题,制定相关政策措施,推动水土保持工作。流域机构要进一步加强与流域内各地区的联系,加强水土保持技术指导和服务。

(2)进一步完善水土保持投入机制。水土保持生态建设要纳入公共财政框架。当前要把水土保持作为扩大内需水利建设项目的重要内容,尽快启动实施坡耕地水土流失综合整治等工程。要督促各地从实际出发开展重点治理,地方投入多的,国家也将加大支持力度。要以水土流失综合防治规划为基础,把水土保持与农田水利、中小河流治理、小水电建设、移民安置等结合起来,与退耕还林后续工程、退牧还草、生态移民等国家重大生态建设项目结合起来,整合项目和资金,形成水土保持工作的合力。进一步完善水土保持相关政策,调动企业和个人防治水土流失的积极性,鼓励和支持大户参与“四荒”资源的治理开发。在坚持一事一议的框架下,切实搞好受益区群众的组织发动工作,发挥好群众作为水土流失治理主体、受益主体的能动作用。加快建立水土保持生态补偿机制,能源富集区要按照开发利用地下资源、建设地上生态环境的思路,从资源开发收益中提取部分资金用于水土保持,重要水源区要继续落实从已经发挥效益的大中型水利水电工程收益中提取一定比例资金用于水土保持的政策;各地还要根据有关政策争取从城镇土地出让金和矿山资源开发收益中提取一定比例的资金,用于当地水土流失治理和坡改梯建设。

(3)进一步强化水土保持社会管理。强化水土保持社会管理与服务是法律赋予各级水行政主管部门的一项重要职责。要完善水土保持法律法规体系,加快水土保持法修订进程,争取尽快提请全国人大常委会审议;加快地方配套法规建设,严格依法行政。严格生产建设项目水土保持方案审批,严格限批、缓批不利于水土保持和生态保护的生产建设项目;在影响国家生态安全的重要区域、敏感地区和生态脆弱区,对生态环境可能造成严重破坏或有较大影响的项目要果断叫停;对建设项目未履行水土保持方案报批程序擅自开工建设或擅自投产的,要责令其停建或停产,补办水土保持方案审批手续。加大水土保持监督检查力度,严格查处违法行为,在推动生产建设项目落实水土保持“三同时”制度、提高水土保持“三率”上下功夫,做到有法必依、执法必严、违法必究。大力推行政务公开,规范有关程序和要求,主动接受社会监督。

(4)进一步夯实水土保持工作基础。要组织修订全国水土保持规划,着手编制全国“十二五”水土保持规划,制定分流域、分区域、分层次的水土保持规划,完善水土保持规划体系,强化规划的指导和约束作用。认真做好水土保持前期工作,积极协调有关部门搞好项目审查审批,为大规模增加水土保持投入创造条件。加快行业技术标准体系的制定和修订工作,形成完善的水土保持标准体系。认真落实全国水土保持科技发展纲要的各项部署和措施,启动实施一批重大水土保持科研项目,建立国家水土保持重点实验室,推进水土保持科技示范园区建设。建立健全各级水土保持学会。

(5)进一步加强水土保持宣传教育。以全国水土保持国策宣传教育行动为载体，广泛深入地开展水土保持国策教育活动，使全社会深入了解我国水土流失的状况和危害，了解水土保持在我国经济社会发展中的重要地位和作用，营造全社会保护水土资源、自觉防治水土流失的良好氛围。要向全社会宣传水土保持科学考察成果，特别要向各级人大、政府和有关部门汇报科学考察成果，让更多的人了解、关心、支持水土保持。加快水土保持科技示范园区、教育基地、水土流失警示教育基地、试验实习基地等户外教育基地建设。针对不同群体的特点和需要，组织编制好水土保持科普教材、法律法规宣传手册等系列读物，切实做好水土保持知识的普及和宣传教育工作。加强与宣传部门的沟通与协作，充分发挥行业内外各种媒介作用，形成报道强势，提升宣传效果，以新闻舆论宣传更好地推动水土保持工作。

(6)进一步加强水土保持干部队伍建设。各级水行政主管部门要高度重视并切实加强水土保持干部队伍建设。尽快建立和健全机构、充实人员，力争在 5 年内对从事水土保持的工作人员普遍进行一次培训，不断提高水土保持干部队伍素质和水平。当前特别要加强水保执法队伍的教育和培训，增强执法人员的法制观念、服务意识，努力造就一支敢于执法、善于执法的队伍。各级水利水保部门的领导干部要经常深入基层调查研究，认真倾听群众呼声、要求和意见，研究解决基层水保职工的实际困难和问题。

7.2.3.2　黄土高原水土流失治理实践

正如水利部部长陈雷在上述总结中提到的，数十年里黄土高原地区的水土流失导致黄河下游河床普遍抬高 2～4m，成为地上悬河。因此，20 世纪 90 年代，国家加大了对黄土高原水土流失治理的综合措施。应该说，局部治理成效已经非常显著，但整体仍呈恶化态势。黄土高原的水土流失问题始终是黄河流域的生态大患，也是黄河中上游诸多水电站难以发挥最大效益的主要原因。黄河小浪底水利枢纽的所谓“调水调沙”，不能解决黄河泥沙淤积，更不能减缓高原地区水土流失。

我国著名水利专家、时任长江水利委员会主任的林一山生前曾提出根本解决黄土高原泥沙问题的办法。他主张在各大沟壑沟口建坝拦沙，将黄河泥沙全部淤积在原地。以作者多年从事土木工程施工研究的经历经验分析，林一山“吃尽黄河泥沙的思路”不失为一种科学可行的办法。只要有多种排水措施，拦储绝大部分泥沙，再造大规模台地、耕地，恢复植被、修复高原生态，完全能够实现。很多问题不能根本解决，其中重要原因是相当一部分地方或部门官员非常乐见灾情，有灾就有救灾资金，有灾就有光辉“政绩”，临危处置的“英雄形象”频现各大媒体，风光无限。大笔大笔财政资金可以花在救灾上，却不愿意拿很少一部分用于泥沙生态根治。其实，这种现象在洪水、泥石流、滑坡等灾害治理方面普遍存在。换句话说，很多可以用很简单的技术手段就能够解决的问题，被“警察与小偷”相互存在的社会哲学问题而搁置。

任何社会，都是那些具有忧患意识的先贤、仁人志士站在历史的高度指出那个时代存在的社会性问题，推动那个时代的技术或社会进步，尽管他们的影响和力量十分微弱，没有他们作为基石起铺垫作用，获得最后成功的历史“英雄们”可能就没有成功的历史契机。客观地说，黄河中上游兴建的水电站，在一定时期内可以消纳部分泥沙，使黄河泥沙对中下游影响问题稍稍缓解；当“死库容”淤满，泥沙和生态麻烦将再度显现。治理黄河的泥沙，关键是泥沙“源头”的水土保持。应当说，黄土高原的生态治理，在一些地方也显露出勃勃生机，即便是近日发生在甘肃岷县、漳县6.6级地震的重灾区，山坡上密布的梯田蔚为壮观，并未因地震滑坡、垮塌，充分证明坡改梯取得一定水土保持效果。黄土高原有很多治理水土流失的方法和经验，值得总结、提高。

1)黄土高原水土保持植被生态研究

黄土高原地区水土流失面积大、范围广、发展速度快、侵蚀模数高、泥沙流失量大。西部大开发前，黄土高原造林种草超过50年，能够统计到的造林种草(面积累计数)仅为775.8万hm^2。其中，林地面积512万hm^2，草地面积210.7万hm^2。当期实际林地保存面积约450万hm^2，其中天然林420万hm^2，森林覆盖率约7.1%，灌木林和疏林地346万hm^2，人工草地面积仅73万hm^2。林地中，绝大部分是天然次生林，人工林地只有29.7万hm^2，具有规模的人工林地微乎其微，草地更是难觅踪影。况且，人工林的保存率极低，真正能够存活的大都是灌木林①。

国家实施西部大开发战略，黄土高原地区进行了大规模的荒山绿化、退耕还林，恢复当地的植被，改善生态环境。但是，黄土高原退化的环境生态并非“一日之功”，全面恢复需要科学研究，集综合之举措。尤其是要针对高原生态退化的过程进行研究，以利于“对症下药”、修复生态。

(1)生态环境退化的概念。所谓生态环境退化，指人类对自然资源过度开发或不合理利用造成生态系统结构破坏、功能衰退、生物多样性减少、生物生产力下降，以及土地生产潜力衰弱，水土流失加剧，土地资源丧失等环境恶化的现象。特点是一旦生态遭到破坏，生态平衡失调，恢复非常艰难。而且，恢复时间长、资金投入大，人为难能逆转。生态环境退化具体体现在森林锐减、土地沙漠化、湿地萎缩及由此引发的水土资源与森林资源危机、气候变异、农牧业生态条件恶化、自然灾害频发。

(2)生态恢复与修复。自然生态系统经历了数十亿年演化形成，是一个整体和谐、健康的系统，具有自适应的物种多样性和群落稳定性以及较高的生产力，能满足生物物质与能量的需求，通过自组织和自调控能力，维持一定容量的负载、扰动。生态恢复就是指停止人为扰动，解除生态系统所承受的超负荷压力，通过生态本身的自动适应、自组织和自调控能力，按生态系统自身规律演替达到其休养生息的过程。恢复原有生态功能和演变的规律，完全依靠大自然本身的推进过程。为了加速已被破坏生态系统的恢复，通过人为干预措施使生态系统发生可期望的逆转，而人为干预及措施则称为生态修复。本研究课题作者认为，大系统、大环境应以自然恢复为主；局域应采取人为干预措施，进行生态修复。

(3)水土流失治理举措。黄土高原水土流失生态治理，尤其在中、北部实施保护、修复、重建和维持相结合措施。保护，首先要停止人为破坏，合理控制和限制性利用。修复即通过人工干预使其接近原始的生态系统(不一定恢复到原始状态，只要达到比较稳定的中间状态即可持久地提高生产力)。对退化较严重的生态系统，尤其是自然植被已不复存

① 梁宗锁，左长清，焦巨仁.生态修复在黄土高原水土保持中的作用[J].西北林学院学报，2003.

在或林下土壤条件已发生根本恶化的地区应采取重建。对于那些恢复和重建极其困难的地区，应因地制宜，宜林则林、宜草则草。限于经济实力和技术手段，初期治理主要采取植树造林。在缺乏持续投入和长期管护情况下，小范围、小区域的造林难以改变整体恶化的趋势。1998年长江大洪水后，国家实行退耕还林、退田还湖、退耕还草政策。这种人工造林种草，在较短时间里可以初见一定成效，对遏制生态退化和水土流失起到有限控制作用。

但是，选种单一的人工防护林、人工草场等植物措施，其形成的人工生态系统存在很大火灾、虫灾风险，如黄土高原地区大面积人工林由于树种选择不当形成的"小老树"和严重的土壤干层，大面积杨树林的病虫害流行，也成为非常严重的生态问题。近10年来，业界将治理水土流失上升到生态安全的高度，方法也从简单植树造林、飞播造林措施扩展到封山育林、封山禁牧、设立自然保护区、围栏轮牧等措施，许多区域的实施业已证明其在增加地表覆盖、控制水土流失方面起到了意想不到的良好的生态恢复效果。如中国科学院水土保持研究所设立在黄土高原典型流失区的安塞生态试验站，经过近20年的封禁，纸坊沟流域植被恢复到空前水平，即植被覆盖度大幅度增加，生物多样性恢复，黄土高原濒危植物再度出现，物种数量增加(包括植物、鸟类、昆虫)，形成了良好的生态演替趋势，水土流失得到控制。还有些生态工程措施如向塔里木河下游地区人工补水，地下水位回升后，植被大量生长，绿洲面积明显扩展；再如江西贡水流域经多年封禁自恢复治理，植被迅速恢复，覆盖度增加明显。也就是说，通过停止破坏和人为控制，借助大自然力量的同时，补充人为干预生态修复功能，这些流域生态系统迅速向良性方向演替。事实证明，我国南方湿润区、西北荒漠区、黄土高原地区通过不同时段的人工干预，生态系统自身可以修复被破坏的状况，从而控制生态进一步恶化，达到费省效宏之效果，甚至优于同类型条件下高度治理的流域。

(4)研究结论。生态修复原理不同于封山育林、植树造林、种草等措施，过去治理的重点主要集中在人口相对密集、水土流失严重区的流域，只能"谋一时"之效，不能根本改变区域生态，治理范围和恢复速度十分有限，不能满足经济社会的发展对水土保持生态建设的新要求。生态修复重要的是停止人为破坏，解除人类活动施加于环境的压力，正向工程干预促生态系统以自身能力恢复。而单一植物措施过度投入，即使暂时局域生态环境向良性方向演化，也不能产生长期效果。封禁，适宜地广人稀的中度和轻度地区水土流失治理，可用于重度水土流失地区的部分区域。也就是说，生态修复需要综合治理措施，强化正向干预，形成一个完善的生态建设体系。治理黄土高原日益严重的水土流失，必须用这种创新性思路，才能扭转大面积生态恶化局面。有学者提出恢复生态学，以生态系统退化机理及自然恢复过程的研究为生态恢复提供理论支撑，日、美及欧洲各国的实践也表明其有效性，我国不同区域实行的封禁也有成功实例。

只有正向干预，即采取工程措施、引水措施、植被适种措施，再加上停止人为扰动破坏，方可从根本上促进生态修复，这正是我国山地大面积水土流失治理的首选思路和有效举措。黄土高原子午岭林区就是经过180～200年自然恢复加之人工保护而形成的高原唯一的一块森林(生态环境良好，基本无水土流失)。仅用封禁、封育不能快速实现生态修复和水土保持的目标。如黄土高原退耕坡地，若不进行人工种草植树，蒿类植物在退耕

1～3年内大量入侵，急速消耗土壤水分和养分后衰败，使其成为铁杆蒿＋白羊草群落，5～8年后长出白刺花、柠条等灌木，水土保持效益、生产力和载畜量很差。这充分说明封禁完全依赖于生态自身的恢复难以满足人类经济、生存发展的需要。生态系统应按自身规律演替实现生机；生态恢复需要一个漫长的过程，不能急功近利，指望短期、快速发挥生态和经济效益。

2)西北黄土高原生态恢复与农业发展

截至上个世纪末，全球变暖、生物多样性丧失、资源枯竭和生态环境退化等众多环境问题，已经对人类经济社会的可持续发展构成了严重威胁。据多年前统计，世界荒漠化土地面积约 3 600 万 km^2，受荒漠化直接和间接威胁的人口近 15 亿，全球每年有 500 多万 km^2 的土地由于过度利用、侵蚀、盐渍化等问题不能再生产粮食。同样，我国西北黄土高原区深居内陆，水土流失、植被退化、土地荒漠化问题非常严重，干旱区荒漠化每年扩大 2 460km^2，生态恢复与重建时间紧迫。因此，需从生态学、系统学原理出发，研究西北黄土高原区生态恶化的原因，探索生态重建方法及与农业可持续发展的路径。一些专家提出下列生态恢复的初步思路①。

(1)恢复生态学原则。1985 年，英国学者 Abert 和 Jodan 首次提出恢复生态学概念，其后各国相继开展了恢复生态学的研究工作。恢复生态学，是研究生态系统退化成因与机制、恢复重建技术与方法及生态学过程和机理的科学。所谓恢复，是指生态系统原貌或原来功能的再造，而重建则是指在不可能或不需要再造原貌的情况下营建一个不同于过去的甚至是全新的生态系统，最关键是系统功能的恢复和合理结构的重建。生态恢复与重建的原则一般包括自然法则、社会经济原则与美学原则 3 个方面。

自然法则，是生态恢复与重建的基本原则，包括地理学原则(区域性、差异性、地带性原则)以及生态学原则(生态演替原则、生物多样性原则、生态位与生物互补原则、物能循环与转化原则、物种相互作用原则、食物链网原则)和系统原则(整体原则、协同原则、耗散结构与开放性原则、可控性原则)；社会经济技术条件是生态恢复与重建的支柱，其遵循以下原则，即经济可行性与可承受性、技术可操作性、社会可接受性、无害化、最小风险、生物与工程技术相结合、最大效益等；美学原则，是指退化生态系统的恢复重建能给人以美的享受。

(2)生态恶化原因分析。根据地理位置与气候条件(见图 7-2-24)，黄土高原南北方向存在两条明显的自然界线，一条是沿长城线，另一条是离石—吉县—延安—志丹—庆阳线。前者以北是干旱区，年均降水量小于 400mm，植被类型是草原和荒漠草原。南北之间，年均降水量 400～550mm，植被类型是森林草原。也就是说，在沟谷中因水分条件较好，可生长木本植物，而在梁峁上因水分条件差异及黄土特性影响只能生长灌木和草本，木本植物虽能生长，但成活不成林或成林不成材。后者一线以南年均降水量大于 550mm，年蒸发量相对较小，植被类型以木本植物为主。

① 王宗明，张柏. 西北黄土高原区生态恢复重建与农业可持续发展[J]. 农业系统科学与综合研究，2003.

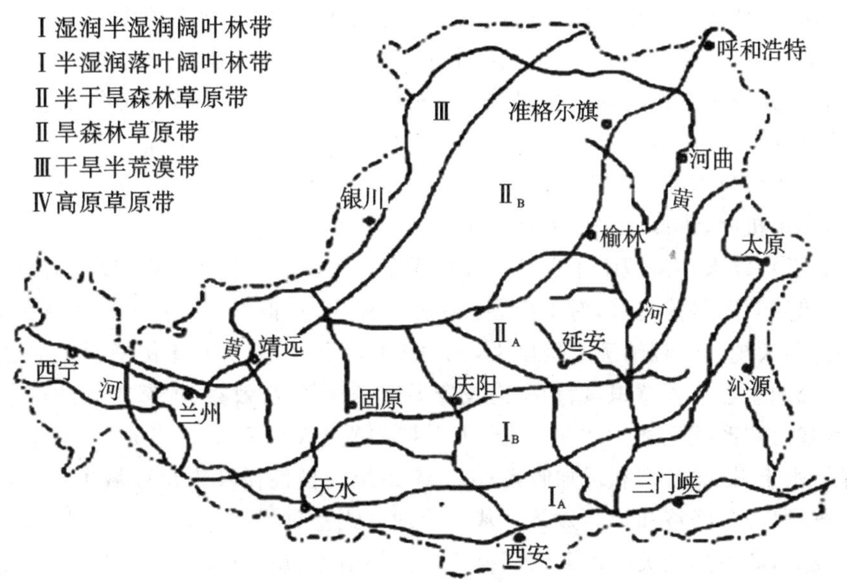

图 7-2-24 黄土高原自然植被气候带(论文原图)

我国西北黄土高原区属典型的退化生态系统,面临的主要问题有:以种植业为主,受自然条件影响较大,资源利用不充分;草地退化、沙化和盐碱化严重;农业生产不稳定,土地生产力不足,生产力转化率、利用率低。高原区降水年际变率和季节变率大,部分地区丰水年降水量往往是枯水年降水量的几倍甚至几十倍,夏秋季降水占年降水量的 60%~80%,且暴雨较多,黄土土体是以粗粒为主,细粒和细团粒为辅,易受降水和风力侵蚀,土壤无效蒸发量大。在典型半干旱地区,休闲期土壤蒸发可占到同期降水量的 70%,半干旱偏旱地区达到 72%~98%,频繁的水土流失造成养分丢失至土地贫瘠。人口严重超载是西北地区生态退化的根本原因。20 世纪 80 年代,黄土高原地区平均密度已达 100 人/km^2,远远超出国际公认的半干旱地区人口 20 人/km^2 承载上限。违背自然和经济规律,则成为退化过程的助推剂。原本属于适生性稀树灌丛草原植被,仅适于草、畜业的半干旱地区,却以开垦荒地为中心,持续了 3 000 多年,形成越来越滥的粗放型农业,农业生产力低下、土地严重侵蚀、生态日益恶化就在所难免。

(3)黄土高原治理对策。根据生态学原理,生态系统能、质的吸收合成,部分用于系统自身的维持和修复,部分用于输出。西北高原农业生态系统中,人们为了获取最大的输出,剥夺了用于系统维护的质和能,导致系统的先天不稳定性及脆弱性。根源是系统内的同化作用被强烈弱化,异化作用却非常活跃,植被破坏、生产力低下、土壤水蚀和风蚀、肥力持续下降,系统异化作用活跃。系统内,同化作用强烈弱化的具体表现就是植被覆盖下降,农业生产力和自然生产力低下。西北干旱半干旱地区农业生产力与生态系统可持续发展的关键是努力提高同化作用,提高系统生产力。对以人为中心的生态系统而言,提高农业生产力是生态环境改善和生态系统可持续的首要目标。大力推广集水农业和水土保持型生态农业,生态恢复与生态农业结合,正是实现目标的现实方法。

西北地区人口已远超过国际公认的人口承载上限，却又不可能采取大规模移民和放弃农业的做法，那么，面对人口总量超负荷，无论工业化、城市化消纳多少人口，农业和生产地位只能加强，不能削弱。因此，只能走生态恢复重建与农业可持续发展结合之路。具体之一：黄土高原生态系统恢复重建首选植被的恢复与重建，从植被带分布规律、植被经济效益特点、坡向、种植难易度及成活率等，进行适生植被区划。西北干旱半干旱地区，最适植被是多年生灌木和草本植物；年降水量不超过500mm或小于500mm，只要有较好天然或人为集雨机制，该地区仍可大量植树，实行乔、灌、草结合。

其二，近年以来小流域水土保持治理取得了重大进展，但小流域尺度上的经验和做法不可能简单复制到整体流域，对于最终解决水土流失，从根本上改善生态环境尚不具备全局性意义；而大规模工程治理投资巨大，无力承受。那么，发展水土保持型生态农业，能有效提高农民的生态环境意识，增加生态投资渠道，兼顾经济效益、生态效益，提高雨养农业的土地承载力和系统生产力水平。“水土保持型生态农业”的特点是：同时达成多个目标，即保持水土，提高粮产和增加收入；以生态系统的良性循环求得区域生态和经济可持续发展，兼顾生态、经济和社会效益。基本治理方式是集成自给性粮食种植业，水土保持性灌草、林业，商品生产关系性草、牧、果业。主导措施包括恢复植被：水土保持造林工程的建设着眼于防侵蚀和提供薪炭，不强调营造乔木用材林，坚持以灌木为主，实行灌、草和稀乔结合；人工草地可以梁峁顶部为基地，以上的坡地皆应草粮间作轮作；建设基本农田，实施水土保持耕作技术，推广免少耕、留茬、覆盖、草田轮作等行之有效的技术；发展以果树为主的经济林，提高林业和整个农业的经济效益；发展林草、农果、畜业、养殖、沼气、有机肥等“综合体”生态农业，建立自然资源和人力资源的生态农业模式。

其三，实施集水农业。农业中的集水技术，就是利用人工集水面或天然集水面形成径流，将径流储存在一定的设施中以供必要时的有限灌溉，或者将径流引向一定的作物种植区，使降水在一定面积内富集叠加，大幅度改善植物种植区的水分状况，发挥环境资源和水肥生态因子的协同增效作用，提高农业生产力水平。高原深厚的黄土母质，为降水的集存创造了良好的条件，频率较高的大雨又可提高降水的富集效率。反过来，完善水土保持工程措施又为集水农业奠定了坚实基础。集水农业与传统农业根本区别在于：后者是被动地接纳天然降水，在时空上缺少主动调节能力，集水农业突出降水在时空上的可调性，利用存储的降水实现对水分利用的主控调节，以抗旱解决降水供需错位和提高有限环境中的资源丰度问题，又可均匀耗度减少灾害。同时，实现对水肥热条件的控制能力，根据需要创造出多种不同的水肥热组合，为引入各种价值较高的经济植物创造了条件，使高附加值农产品的生产、区域生态相得益彰。

其四，集水农业中的粮食单产大幅度提高，种植面积即可适当调减，这就为退耕还草（灌）、增加土地的植被覆盖、改善生态环境、调整和优化产业结构创造较为宽松的条件。也就是说，集水节灌技术将作为旱地农业一个新的生长点，在经济效益、社会效益和生态效益建设三方面协调发展中起到重要作用，对黄土高原干旱半干旱区整个农业和农村发展将具有重要意义。

3)黄土高原生态修复效果检验

黄河源区在实施生态修复以前，枯水期空中俯瞰黄土高原，水土流失惨不忍睹。近

10 年来，中央政府加大对生态建设投入，黄河源区也实施了多项水土保持生态修复试点工程。同时，为掌握源区水土流失现状及其发展规律，水土保持监测工作同步跟进，以及时掌握水土流失生态变化，并在更大范围进一步摸清黄河源区生态恶化时状以及生态修复工程各项措施的防护情况和治理效益，指导政府对生态的建设投入。根据黄河源区各生态修复点的土地利用类型、地貌类型、土壤类型、植被类型、土壤侵蚀类型以及样区的植被覆盖度、植被生长状况、土壤侵蚀强度等情况，一些专家开展了实地勘察和监测，以揭示其多年生态治理效果①。

(1)监测源区概况。青海省黄河源区，是指龙羊峡水库以上黄河流域的范围，位于青藏高原的东部、黄土高原西部，地理位置为北纬 36°12′～32°45′、东经 95°32′～101°55′。区域涉及黄南州、玉树州、果洛州、海南州 4 个藏族自治州的 12 个县，总面积 10.8 万 km^2，约占青海省总面积的 15%。区域总的地势是西高东低，海拔 4 000～5 000m，大部分为高山峡谷地貌，河道切割较深，间有开阔的谷地和平缓的高山草地，是青海省重要的牧业基地。根据第三次全国土壤侵蚀遥感普查，项目区水土流失面积 3.77 万 km^2，占源区总面积 35%。水土流失类型以水力侵蚀和冻融侵蚀为主，风力侵蚀次之，年均土壤侵蚀模数在 2 900～3 100t/(km^2 · a)之间。全区年平均气温在 − 5～4℃之间，年降水量 300～700mm，由西北向东南递增，6—9 月降水量占全年的 75%，年水面蒸发量 800～1 200mm。独特的高寒、干旱地理气候条件，造就了大面积的高寒湿地、荒漠、干草原等独特生态系统。而大面积的湿地分布，强化了巴颜喀拉山地区的局部降水，使其在地势高寒、远离水源的半干旱地区能发育大江大河，也使其成为全国水土流失最严重的地区之一。

(2)水土保持生态修复试点监测范围。这次监测范围涉及黄河源区的果洛州达日、玛沁县，海南州的共和、贵南、兴海县以及黄南州的河南县共 6 个生态修复试点县，水土保持生态修复面积为 7 539 km^2。根据试点区的地理位置、地形地貌、水土流失因素及植被种群的垂直分布，将监测区的植被类型分为干旱草原、高寒草原、高寒草甸 3 种草地类型，分别设置生态修复区和自然生态区监测点，共设置监测点和辅测点 12 个。

(3)监测目的及方法。监测的日的即通过实地监测，适时、准确地掌握黄河源区各生态修复区及自然生态区的植被生长量、产草量、植被覆盖度情况，了解项目区的水土流失强度，及时发现工程实施及运行期间存在的问题和不足，以便不断改进和完善各项措施，为黄河源区生态修复及其他建设项目的水土保持提供类比资料。监测方法是根据水土保持监测技术规程和水土保持试验规范相关规定要求，结合项目区的实际地形、地貌及侵蚀类型，按实地调查法和定位法等方法进行。水土流失监测采用测钎法和手持式 GPS 进行，选择具有代表性的区域布设水土流失简易观测场(简易观测场和草地样区设置在一起，同时进行观测)，其中对 6 个水土流失简易观测小区按 3 m×3 m 布设，并在每年的春季和夏季采用人工观测法进行实地观测，同时对另 6 个水土流失辅测点进行对比巡测。草地样区按 2 m×2 m 进行布设，按照标准样区进行观测，并计算草地生长量、产草量、各类型区草地覆盖度等。

① 曾立青.黄河源区水土保持生态修复成果监测[J].中国水土保持，2009(12).

(4)监测评价方法。土壤侵蚀的评价方法按照黄河源区的实际调查情况，结合《土壤侵蚀分类分级标准》，以 2005 年的监测结果作为本底数据，进行土壤侵蚀的评价。微度侵蚀指无土壤侵蚀或者土壤侵蚀不明显；侵蚀模数小于 500t/(km^2 · a)指生态环境良好。轻度侵蚀指土壤流失比较明显，侵蚀模数 500～2 500t/(km^2 · a)，指生态环境一般；中度侵蚀指土壤侵蚀十分明显，侵蚀模数 2 500～5 000t/(km^2 · a)，生态环境趋于恶化；强度侵蚀指土壤侵蚀强烈，侵蚀模数 5 000～8 000t/(km^2 · a)，生态环境差。

(5)草地生态评价指标方法。按照实地调查的情况，先将 2005 年以前的草地资源资料作为临时本底，确定第一年草地在评价级别中的位置，然后用 2005 年的监测数据作为基础本底数据，每年所测数据与前一年同一样区的实测结果进行比较，再对各监测点的草群高度、植被盖度、产草量、当年温度、降雨量进行修正后与本底数据作对比。

(6)生态修复监测结果分析。根据项目区植被监测数据综合分析，基本摸清了项目区所选定监测点区域内的草地类植被结构、产量状况。经监测，本区自然生态区域内天然草地优势覆盖度在 29%～83%之间；从草地植被种群及恢复所占盖度比例来看，在自然生态区域内，干旱草原类、高寒草原类和高寒草甸类草的产量分别为 1 324kg/hm^2、1 550kg/hm^2、2 677kg/hm^2。在生态修复项目区内，通过人为封育措施，即无任何干扰的情况下，天然草地优势覆盖度在 44%～97%之间，从草地植被种群及恢复所占盖度比例来看，干旱草原类、高寒草原类和高寒草甸类草的产量分别为 1 355kg/hm^2、1 594kg/hm^2、2 930kg/hm^2，与自然生态区域相比有小幅提高。部分区域产草量提高不明显的原因，一是在项目实施前，黄河源区大部分区域的牧民在重牧轻草观念的影响下，一直从事粗放落后的生产方式，使草场不堪重负，植被退化严重；二是受气候变暖及鼠害等因素影响，植被自然更新能力减弱，草类优势种群退化明显。黄河源区生态修复工程实施后，虽然对退化严重的区域进行了必要的封育保护，但在高海拔区域内受气候变化、雪线上升、土壤及植被退化等复杂因素影响，生态恢复极其缓慢，短时间内很难明显见效，还需要一个长期的恢复适应过程。

土壤侵蚀监测综合分析：由于已确定的 12 个监测点，可代表黄河源区的 3 个植被类型的土壤侵蚀状况，因此可按各类型区样区的平均土壤侵蚀模数推算 3 个类型区的土壤侵蚀量。根据样区监测结果，干旱草原类、高寒草原类和高寒草甸类区域的平均土壤侵蚀模数分别为 2 205t/(km^2 · a)、2 389t/(km^2 · a)、1 396t/(km^2 · a)。从区域监测分析结果与背景值对比以及土壤侵蚀相关性分析来看，12 个监测样区 2008 年度的平均土壤侵蚀量为 0.07t，按加权平均计算，其平均土壤侵蚀模数为 2 219t/(km^2 · a)，小于 2005 年以前的 2 500t/(km^2 · a)，水土流失程度较之前有所减弱。

(7)监测结论。从近几年的生态修复区监测数据来看，经过 3～5 年的封育，黄河源区草群高度平均增加 7～17cm，生态修复区内的草产量比自然生态区增产 2.4%～9.5%，平均增幅 4.88%，林草覆盖度达到了 44%～97%。监测结果表明，在源区大力实施生态修复可以有效地提高植被覆盖度和生物生长量，不仅使生态建设成果得到了较好的保护，而且能有效减缓草场沙化和退化速度；随着植被的恢复，生态修复区土壤侵蚀程度明显减弱，水源涵养功能及土壤蓄水保土能力显著增强，项目区生态进入良性循环，区域小气候发生了有益变化，动物种类逐步增加，生态效益初步显现。同时，项目区人均纯收入增加

15%～20%,农牧民群众的生活水平得到了较大提高。生态修复实现了生态环境和农牧业发展的良性互动,项目区民众观念和生产方式发生了很大变化,逐步走上了人与自然和谐相处的道路。

监测实践证明,水土保持生态修复试点工程的建设,为江河源区大面积开展不同类型区水土保持生态修复工作提供了科学依据。

7.2.3.3　长江上游源区水土流失治理实践

水利部部长陈雷的报告,将水土流失列为我国的头等环境问题。很显然,只有主管水土保持的政府责任人认识到此类问题严重性远远不够,需要各级领导和全体公民达成共识,才能形成防治水土流失的强大力量。事实上,水土流失与化工产品过耗、肆意排污等问题共同威胁我国甚至更大范围人类的生存环境。水土流失不像特大地震、飓风、洪水、泥石流的发生那样的恐怖、即时、直接威胁着灾民,使大多数官员和民众尚未建立忧患意识,提高认知水平。

对待水土流失等生态环境问题的态度,与我国国民的基本素质、法制意识、教育水平、生产及生活方式有很大关系。人们在部分媒体长期鼓噪经济"又好又快"、盲目发展、超前消费的误导下形成的生产、生活方式以及行为习惯,很难在短时间发生根本转变,只有灾难临头才可能惊醒那些"潜在的灾民"。地震、飓风、洪水、海啸、泥石流等灾难,与气候变暖和水土流失一样,都互为因果关系,人类需要从这些关系找出制恶的因素和方法,科学实践以维持人类社会持续发展。长江、黄河上游都是水土流失重灾区,也必然是防治水土流失的重点区域。多年来,相关研究和实践有许多,值得总结和借鉴。在系统总结长江上游水土流失治理实践之前,深入了解影响水土流失防治的前沿科技,有利于指导其后续实践。

1)气候变化与防治水土流失治理思路

全球气候变暖是一个不争的事实,气候变暖导致极端天气以及飓风、洪水频繁发生,不仅影响着人类生活方方面面,而且,气候变暖造成的海平面上升,日益严重地威胁人类生存的陆地空间。除此之外,气候变暖与水土流失也密切相关,一些专家也做出有益探索①。

(1)气候变化。气候变化是世界共同关注的热点问题,2009年的哥本哈根世界气候大会,将这一问题的关注程度提到了一个新的高度。气候变化已不只是科学问题、环境问题,同时也是经济问题、政治问题和国家安全问题。因此,我们必须从战略的高度来看待气候变化。

气候变化则是指某一时期的平均天气情况与多年平均情况的离差,如同水文系列一样,距平值越大,气候就越异常。近10年来,气候变化非常显著,主要问题是气候持续在变暖。2007年,联合国气候大会政府间气候变化专门委员会(IPCC)第一工作组的第四次评估报告《气候变化2007—自然科学基础》指出:近100年地球表面气温上升了0.74℃,全球气候呈现以变暖为主要特征的显著变化,50年里平均线性变暖速率为0.13℃/10a,增速几乎是近前100年平均增速值的2倍。中国气象局国家气候中心主任肖子牛认为,自1850年有系统观测记录以来,2000—2009年是全球平均气温最暖的10

① 焦居仁.气候变化与水保生态建设对策之浅识[J].中国水土保持,2011.

年。1998年后，全球地表平均温度上升速率虽有减小，但仍处于高温水平。

水利部南京水科院和中国水科院联合承担的“应对气候变化和发展低碳经济的水利对策研究”揭示：中国近百年的气候变化趋势与全球气候变化趋势基本一致，平均气温升高0.5～0.8℃，并出现了两个明显的“暖期”，即20世纪20—40年代和80年代及以后。与此相对应，降水也呈现出明显的年际震荡。20世纪初及30—40年代和80—90年代降水偏多，其他年代偏少。中国国家气候中心的研究表明，未来20年我国年平均气温将继续变暖。黄河气候研究成果显示：黄河流域6—9月降水、年均气温变化呈以下特点，即气温均呈上升趋势；北部和下游更明显；流域南北温差减小，20世纪90年代气温升幅最大，降水多呈下降趋势；流域南部和下游更显著；同期降水量减少最多，伏汛和秋汛降水量减少最甚，强降水过程明显减少。

(2)气候变化原因分析。诸多现象及研究表明，气候变化的影响是长远的、巨大的，更多的影响是负面的。那么，全球气候变暖的主要原因是温室效应。1822年，法国人Fourier首次把地球大气层比作“温室”。1938年，英国工程师Gallendar提出人类活动和工业发展排出的二氧化碳和甲烷等气体不断加热大气，从而增强温室效应。事实上，温室效应对全球气温上升的确起到了一定的作用。气候变化是一种自然现象，自然因素是其主导因素，并有其自身的规律。引起全球气候变化的主要自然因素有太阳辐射、气候系统自身震荡、大气环流、地球构造、火山爆发等，这些因素是客观存在的。

人类不当活动对气候的影响作用巨大。二战后人口逐增，经济社会发展、工业化进程加快，资源过度开发，陡坡开荒、草原过牧、森林乱砍滥伐，植被巨量减少，能源过耗等造成大气中温室气体急剧增多，同时地表植被迅速减少，加剧气候变化。气候变化另一个关键原因是水土流失、植被锐减。2010年3月19—21日，我国发生了强沙尘暴天气过程，影响21个省(自治区、直辖市)，侵扰约3亿人，这种现象既是气候变化又是水土流失风力侵蚀的典型表现。沙尘暴发生的3个条件：即降雨少、土地干燥裸露、风力大。

据中国气象局组织的专家分析认为，沙尘暴属于正常的自然现象，而气温回升、冷空气势力强等是主要原因。联合国政府间气候变化专门委员会第四次评估报告指出，影响亚洲沙尘暴发生的主导因素是天气和气候变化，而不是在部分地区发展的、只占很小比例的沙漠化过程，这也说明大范围对自然的影响是主要的，但人类不合理的开发活动特别是对地表植被的破坏，触发了沙尘暴的发生。

(3)解决气候变暖的国际环境。自然灾害，人力不可抗拒也不以人的意志转移。但人为因素加剧的水土流失或加大的温室气体排放，严重影响气候变化，这些人为因素却可以调整、扭转和改变。因此，当代人应善待大自然，转变发展思路和经济增长方式，调整生产结构，改进消费模式，采取综合防治措施减少温室气体排放和水土流失。

2005年2月16日生效的《京都议定书》形成了国际《碳排放权交易制度》。其中，碳源定义为向大气中释放二氧化碳的过程、活动或机制；碳汇定义为从大气中清除二氧化碳的过程、活动或机制，它主要是指树木、林草等植被通过光合作用吸收大气中二氧化碳的多少，或者说是林草吸收并储存二氧化碳的能力。《京都议定书》确立了清洁发展机制，鼓励各国通过绿化、造林来抵消一部分工业源二氧化碳的排放，原则同意将造林、再造林作为第一承诺期合格的清洁发展机制项目，这意味着发达国家可以通过在发展中国家实施林业碳汇项目抵消部分温室气体排放量。

(4)植被释氧作用。林草植被除了具有治理水土流失、改善生态系统等作用外，在改善气候环境方面也有其独特的作用。林草植被通过光合作用吸收二氧化碳，生成有机物并释放出氧气，从而起到减少空气中二氧化碳的作用。科学研究表明，树木每生长 $1m^3$，平均吸收1.83t二氧化碳，释放1.62t氧气。据联合国政府间气候变化专门委员会估算，在全球陆地生态系统2.48万亿t碳储量中，有1.15万亿t储存在森林生态系统中。

第六次全国森林资源普查(1999—2003年)结果显示，我国森林系统总碳储量约319.3亿t，2004年森林年净吸收二氧化碳约5亿t(碳储量)，年释放氧气量约3.65亿t；第七次全国森林资源普查我国森林面积1.95亿 hm^2，森林覆盖率达到20.31%，活立木蓄积量为149.13亿 m^3。2003年，水利部在陕西省实施封山禁牧措施，同期推出了生态修复新举措，水土保持实现了历史性的跨越。在此理念影响下，全国生态建设掀起了新的热潮，大面积的林草植被得到恢复和保护，为吸碳固碳释氧创造了条件。截至2008年底，全国27个省、自治区、直辖市的136个地市和近1 200个县实施了封山护林、封山禁牧，重点治理区全面实施了封育保护，全国共实施生态自然恢复72万 km^2，其中有39万 km^2 的生态系统取得成效。生态自然恢复效果的日益显现，有效地促进了当地民众观念和生产方式的转变，实现了生态环境和农牧业发展的良性互动。据统计，全国每年完成3万～5万 km^2 的水土保持综合治理面积中，60%～70%是水土保持林草植被面积，林草植被为吸碳固碳放氧、改善气候发挥了巨大作用。

(5)建设工程"三同时"的植被恢复。根据水土保持法等法律法规，开发建设项目必须有水土保持方案，实行与主体工程"三同时"制度，要求项目开发建设过程中采取工程和林草等有效措施，把水土流失和环境损坏减少到最低程度。据官方统计，2000年到2008年底，全国共审批生产建设项目水土保持方案25万多个，其中国家大中型项目1 800多个，特别是西气东输、青藏铁路、西电东送、神东煤田等一大批国家重点工程在执行"三同时"制度中取得良效，全国1.5万km新建公路、1.2万km新建铁路实施了水土保持措施，并完成1 000多个项目的水土保持验收，其中国家重点项目100多个；建设单位投入水土保持资金1 450多亿元，防治水土流失面积8万 km^2，减少土壤流失量17亿t，建设活动导致的人为水土流失得到有效遏制，为保护植被、吸碳固碳释氧发挥了显著作用。

图7-2-25　高原局地自然生态

图7-2-26　小流域水土保持治理成效

森林恢复作为生态建设的重要内容,多年来植树造林、绿化国土等方面发挥了不可替代的作用。2009 年,全国完成造林 588.47 万 hm^2,提前完成了 2010 年森林覆盖率达到 20%的奋斗目标。《中国国土绿化状况公报》显示,全国已确权林地面积 1.01 亿 hm^2,占集体林地面积的 59.4%,以此调动民众造林护林的积极性,为改善生态环境、加快林区民众致富奔小康做出了贡献。2010 年国家林业局决定,确保今后 10 年年均造林 586.67 万 hm^2,也为发挥生态林草植被吸碳固碳释氧作用创造了可靠条件。

(6)全民责任共同治理。对于全球气候变暖,全民既是受益者,又是受害人(只是受益受害程度不同)。那么,气候变暖带来的灾难或是粮食局部增产获得的收益,对于全民消费型的社会来讲,仍是共同的得失。倘若植树造林能够改变气候变暖,那种树和恢复植被也必须是全民共同责任。多年前,本课题研究及本书作者就提出"全民植树法",强制规定每人每年必须种活一棵树;老幼残障人士有经济条件者支付种活一棵树的成本,由专门机构代为履责,以严律确保植树造林不是造势、作秀或洗钱(此类问题普遍存在)。此外,对工业生产的"合法不合理"排污,企业必须依法合规减排,同时交纳与治污达标等值的生态修复费(税),专款专用于造林植树,接受全民监督。对专门从事或专业林木、林草和农业的经营实体或个人,国家应建立生态补偿新机制,在税收、价格、运输、保险等方面给予优惠和保障,从征收的排污费、生态税中以一定比例专用于补偿。

碳汇或碳税是发达国家普遍实行的举措,有益于全民责任与意识提升,更有益于改善共同生存的环境,我国不是借鉴与否,而是必须强制推行。我国经济在持续高增长的背景下,全民的社会责任、道德意识、环境意识普遍下降。共同承担与强制履责,是生存与发展的时代要求。修复生态,防止水土流失与抑制气候变暖,是互益、互动的关系,也是必须通过强制手段才能确保成效的共同问题。防治水土流失,江河源头和上游山地是重点区域。数十年的治理,黄土高原陆续出现了一些"土不下山、泥不出沟、清水长流、生活改善"的小流域典型。

图 7-2-27　和谐的生态农业

图 7-2-28　小流域水土保持生态梯田

图 7-2-29　高原水土保持生态梯田

面对日益恶化的全球生境，黄土高原、青藏高原更应遵循“综合治理+生态修复”的技术路线，实行小范围治理、大范围封育保护的方针，在退耕还林还草、天然林保护等政策支持下，乔灌草结合快速恢复或修复生态，让黄土高原变成生态绿色屏障和自然景观。高原局部治理效果见图7-2-25、图7-2-26、图7-2-27、图7-2-28和图7-2-29。此5张图由澳门商报首席记者郭少英在腾讯微博中提供，反映王洛滨先生生活过的青海海北门源的油菜花和美丽祁连山生态。青藏高原局部水土保持生态治理效果见图7-2-30、图7-2-31、图7-2-32、图7-2-33和图7-2-34(后5张图片由百度1661302924提供)。应当说，近几年的水土保持局部治理达到前所未有的效果，有些方面甚至超过生态退化前的水平。客观的事实，并不因身份、角色而异，当然也不是角度上“横看成岭侧成峰，远近高低各不同。”

图7-2-30 青藏高原水土保持生态景象

图7-2-31 青藏高原水土保持生态景观

图7-2-32 青藏高原水土保持生态景观

2)防治水土流失的有效方法

防治水土流失，保护水土资源是我国面临的一项紧迫而艰巨的任务。几十年来的局部治理成果值得肯定，但整体恶化趋势更需重视，我们不能因眼前的就业问题、经济(过于理想化的)“又好又快”增长忽视生态这个最基本、最重要的问题。以有限的资源应对无限的需求，“又好又快”本身存在逻辑上的不可能。经济发展，总量已经巨大，资源、环境和不断的灾祸都不支持高增长，放慢脚步、回归理性、适度消费、清洁生产是历史的必然和唯一正确选择。防治水土流失，不能永远停留在起步阶段，小流域综合治理的成功方法与经验以及农林、果蔬结合的水土保持生态产业应大力推广。张文聪、高媛 2011 年 12 月在水土保持特刊发表《水土保持生态修复工作成效与经验》，罗列了一些有效方法和成功经验。

(1)正视问题加快治理。我国水土流失占国土面积的 37%，每年因水土流失损失耕地超过 6.67 万 hm^2，沙化土地面积每年扩展 3 436 km^2。50%以上的草场不同程度地退化，有些已严重沙化，丧失生产、生态功能。大江大河下游地区每年因泥沙淤积、河床抬高造成的洪涝灾害损失巨大。农村贫困人口 90%以上都生活在水土流失严重地区。长期以来，水土流失治理主要在人口相对密集、流失严重区的流域治理上，大范围治理力度不够，因此速度、效果十分有限。但是，水土流失正在严重威胁我国生态安全，加大投入遏止生态恶化势在必行。

长江、黄河先后开展了 128 个县的生态修复试点，在三江源区 30 万 km^2 范围内实施了水土保持预防保护工程，所有国家重点生态建设区全面实施了封育保护，如宁夏回族自治区全境实行封山禁牧，380 万只大牲畜和羊只全部“下山入圈”，301 万 hm^2 草原基本得到了休养生息。

图 7-2-33　青藏高原水土保持生态景象

图 7-2-34　青藏高原水土保持生态景象

各地因地制宜，探索符合当地实际的生态修复新路，如陕西省提出的“大封禁、小治理”，山西省总结出的“小开发、大保护、以小促大”，内蒙古乌兰察布市探索出的“进一退二还三”等，都是很好的经验和做法，收到了一定效果。生态修复中，各地因地制宜采取了许多行之有效的措施，如以建促修、以草定畜、以改促修、以移促修和能源替代等，通过加强农田基本建设、水源工程、饲草料基地建设、调整种植结构、控制载畜量、改变畜种、解决能源等多种手段，为大面积封育保护创造了条件。山西省 3 年间共有 2 700 个山庄窝铺的 23 万人异地安置，近 1 万 km^2 的土地实现了封育保护。北京市对生态修复区的 2 万多农民实行移民，每人补助 1 万元，这些措施都有力地推动了生态修复工作。

(2)治理研究有所突破。生态修复符合恢复生态学、陆地生态学原理，符合植被演替规律，是治理水土流失、改善生态环境的一种切实可行的途径。中国科学院西北水土保持研究所发现，目前黄土高原地区生态环境没有从根本上破坏该区域植被演替的基础，只要保护得力，完全有可能依靠自然力量恢复当地植物群落。中国科学院成都山地灾害与环境研究所研究表明，西北华南花岗岩丘陵、南方岩溶山地和西南干热河谷的大部分地区都可以依靠生态修复的方法恢复植被。中国科学院寒区旱区环境与工程研究所在北方沙漠化生态修复研究中，提出植被盖度达25%以上的半流动沙丘封禁一定时期后，可以实现植被恢复。所有这些都为开展生态修复工作提供了很好的技术支撑。

北京林业大学专家研究发现，植被恢复只能达到历史顶级植被之前的某些中间状态，而不是历史原貌，生态修复的目标只能是恢复生态系统自我维持功能。中国科学院寒区旱区环境与工程研究所的专家提出各种降水量下的生态修复的目标。水利部水土保持监测中心的专家从土壤侵蚀强度的角度，提出生态修复的目标是中轻度流失区恢复到微度，强度流失区恢复到中轻度并最终达到微度。中国科学院西北水土保持研究所提出群落间异质性与环境因素呈正相关，其中土壤水分是影响植物生长和群落结构的最主要因素。北京林业大学提出天然次生林演替存在顶级植被的概念，并发现生态系统达到演替顶级阶段需要经历相当长的时间。中科院生态环境研究中心发现，不同植被类型土壤侵蚀存在显著差异，灌木和草地的水土保持功能优于乔木。水利部牧区水科所对北方草原生态修复途径进行了积极探索，提出“水—草—畜”平衡的发展思路，主张以水定草、以草定畜。所有这些研究，对科学推进生态修复具有十分重要的作用。

生态修复监测工作，有些已取得初步成果，如西南林业大学林学院在长江上游紫色土区进行了连续多年的封禁监测，发现经过4年的修复后，退化小流域生态系统的组成要素、结构和功能都得到一定程度的提高和改善。内蒙古额济纳旗对退化草地围栏内外牧草生长状况的对比调查也表明，封禁保护1年，可使植被盖度和产草量均增加1倍以上，草种结构也发生明显好转。

(3)成功实践。生态修复促进植被恢复，改善生态环境，实现经济协调发展，如几年连续的生态修复使数十年光山秃岭的内蒙古大青山变绿了，变美了；宁夏盐池县实施生态修复后，植被覆盖率由25%提高50%以上，草场每公顷产草量由1 020 kg提高到2 250kg；陕西省吴起县实施生态修复3年，林草覆盖率提高24%，年均土壤侵蚀模数由1.1万t/km^2降低到6 000t/km^2；江西省安远县实施生态修复2年后，植被覆盖度平均提高15%～25%；塔里木河、黑河等内陆河流流域实施的生态调水，使下游大片胡杨林恢复了生机，环境有了明显好转。

许多地方由原来的“为粮而种”转变为“为养而种、种养结合”的发展思路，农业产业化步伐加快。同时，众多成功的生态修复实例，也使越来越多的人看到了开展生态修复的巨大作用，推进生态修复的信心更加坚定。如宁夏回族自治区主要领导亲自抓生态修复，各级层层签订目标责任书，将任务逐级落实到人，为封山禁牧、草原承包提供了坚强的组织保证。

生态修复是一项复杂的系统工程，必须强化法律的强制力，应该通过立法和比照《道路交通安全法》的执行手段保证效果。生态修复涉及的问题方方面面，关系人民群众的根本利益，需要国家有长远规划以及社会、经济、法律、政策和资金支持，更需要全民参与实践探索。各层级水土保持生态建设规划，应明确生态修复的目标、任务、重点区域和采取的措施，加强工作的科学性和指导性。

3)科技投入形成铺垫

防治水土流失是实践性很强的科学，必须有科技投入形成坚实基础。江河源头或上游区域，气候条件恶劣，土壤成分复杂，生态环境脆弱，生态修复中加大基础性研究十分必要。多年来，中科院、水利部、一些农林大学等科研机构从事了许多基础性研究，部分成果可以借鉴或运用，为高原复杂环境提供生态修复经验①。

(1)研究概述。青藏高原是我国3大畜牧业生产区域之一，而且是我国和南亚、东南亚大江大河的发祥地，也是一个重要的牧业生产区、气候调节区和文化传播区，具有极为重要的经济效应、生态(环境)效应和社会效应。由于地理和历史的原因，青藏高原经济发展比较落后，产业规模小，生产力水平低，成为经济实力最薄弱地区。加之人们对高原环境价值缺乏科学认识，逆向行为在一定程度上加速了高原脆弱生态环境的恶化。其50%～70%的天然草地已经退化，大面积的优良草地已成为裸地或“黑土滩”，草地沙化和盐碱化日趋严重。为有效遏止高原天然草地退化和生态环境恶化，减轻天然草地载畜压力和人口负荷，维系草地资源的可持续发展，治理办法之一就是建植和培育高产、优质、稳定的多年生人工草地。在多年生豆科牧草相对缺乏的条件下，建植适于高原气候条件、生产力高、草地质量与豆禾混播相近的优质多年生禾草混播草地，促进高原生态恢复。多年生禾草混播草地的大面积建植在青藏高原东部高寒地区(金强河地区，海拔高度约3 000m)，通过试验分析和调查总结，掌握高寒地区混播多年生禾草对草地植被和土壤的影响，以此进行多年生禾草混播草地的经济价值分析，为青藏高原高寒地区“退耕还草”的全面实施和推广提供科学依据。

(2)试验材料和方法。多年生禾草混播草地建植于天祝县甘肃农业大学高山草原试验站内(37°40′N 、180°32′E)。封育天然草地和未封育天然草地等对照样地与多年生禾草混播草地相邻。测定方法分别在多年生禾草混播草地和对照样地上进行下列项目的测定和调查。草地植被状况、植被盖度用针刺法测定；草群高度以草群伸展高度；可食牧草产量与全群落产量比；草群蛋白含量以凯氏半微量定氮法。

土壤肥力状况用吴自立文献推荐的方法测定，土壤有机质(OM)用返滴定法；土壤全氮含量(TN)以凯氏半微量定氮法；土壤全磷含量(TP)以钼锑抗显色法；土壤速效氮含量(AN)以锌一硫酸亚铁还原法。

土壤侵蚀状况以1999年5月在封育天然草地、放牧地、多年生禾草混播草地、燕麦地和弃荒地上各插入3根带刻度的钢钎，保持刻度线与地表相齐，2000年11月测定钢钎露出地表或伸入地下的长度(3个样点的平均值)，即得到1.5年内各草地土壤的侵蚀程度。

经济效益指标以调查当地牧草种子收购价(售出价)和市场价(购入价)、化肥和农药零售价、临工工资、草地基本建设费和干草收购价(售出价)等。在此基础上测算下列项目：

总产投比以草地总收入(折算为资金)与总投入(折算为资金)之比；成本利润率(总收入与物化劳动投入比)以草地总收入与实物投入之比；劳动生产率(总收入与活劳动投入比)以草地总收入与劳力投入之比；草地生产率以草地总收入与草地面积之比。

---

① 董世魁，胡自治.高寒地区混播多年生禾草对草地植被状况和土壤肥力的影响及其经济价值分析[J].水土保持学报，2002.

表 7-2-5　2 年龄人工草地和天然草地植被状况比较(原表)

草地类别	草群盖度(%)	草群高度(cm)	干草产量(t/hm^2)	可食牧草比例(%)	粗蛋白产量(kg/hm^2)
混播草地	95 以上	87.6	9.14	99	1 184.5
封育天然草地	96	27.7	3.93	76.7	462.6
未封育天然草地	69	14.4	2.91	74.1	342.5

注:1. 天然草地类型为线叶蒿草草地,与试验人工草地相邻;

2. 盖度测定日期为 2000 年 7 月 15 日,高度、产量测定日期为 2000 年 8 月 15 日;

3. 天然草地牧草粗蛋白含量引自严学兵文献。

(3)结果分析。混播多年生禾草对草地植被状况的影响以建植第 2 年计,草地植被盖度达 95%以上,与封育天然草地相近;草群高度明显超过封育天然草地和未封育天然草地,可食牧草比例达 99%,比天然草地提高 23 个百分点;草群产量为封育天然草地和未封育天然草地的 2.3 倍和 3.1 倍,初级生产力分别比二者提高 5.21t/hm^2、6.23t/hm^2,粗蛋白产量为二者的 2.6 倍和 3.5 倍,单位草地面积的粗蛋白净增量分别为 722kg/hm^2、842kg/hm^2。由表 7-2-5 可知,建植多年生禾草混播草地后,高寒地区的饲用植物状况明显得到改善。

表 7-2-6　不同草地土壤侵蚀量及养分损失量(1999 年 5 月—2000 年 11 月)

草地类别	土壤侵蚀量(t/hm^2)	土壤养分损失量(kg/hm^2)						
		速钾	有机质	全氮	全磷	全钾	速氮	速磷
封育天然草地	2.7	331.6	26.7	1.9	50.0	0.2	0.04	0.5
未封育天然草地	1.4	171.9	14.1	1.0	25.9	0.1	0.002	0.3
多年生禾草混播草地	4.1	412.9	36.5	2.5	75.9	0.3	0.006	0.8
一年生燕麦草地	15.4	13 013	129.4	9.2	284.9	0.8	0.02	2.8
弃荒地	50.4	5 892	488.9	45.3	932.4	4.9	0.08	9.3

注:1. 封育天然草地上土壤沉积,来源:论文附表;

2. 全钾、速磷和速钾含量引自甘肃省土壤普查办公室编著的《甘肃土壤》(1991),其它指标均为实测值。

混播多年生禾草对草地土壤肥力的影响,以土壤侵蚀测定结果参考:封育天然草地土壤沉积 0.2mm,未封育天然草地土壤侵蚀 0.1mm,多年生禾草混播草地(2 年龄)土壤侵蚀 0.3mm;一年生人工草地土壤侵蚀 1.1mm,弃荒地土壤侵蚀 3.6mm。如果亚高山草甸土的容重按 1.35g/cm^3 计,则可以得到年单位草地面积的土壤侵蚀量为:封育天然草地沉积外来土壤 1.8tDM/(hm^2 · a);未封育天然草地、多年生禾草混播草地一年生燕麦地和弃荒地的土壤侵蚀量分别为 0.9tDM/(hm^2 · a)、2.7tDM/(hm^2 · a)、10.3tDM/(hm^2 · a)、33.6tDM/(hm^2 · a)(见表 7-2-6)。与 1 年生人工草地和弃荒地相比,多年生禾草混播草地可以有效遏止土壤侵蚀,其作用效果几乎与未封育天然草地相当。从土壤养分侵蚀损失量分析,弃荒地和燕麦地十分严重,其全氮年损失量分别相当于尿素 185kg/(hm^2 · a)、708kg/(hm^2 · a);全磷损失量分别相当于磷肥 108kg/(hm^2 · a)、

533kg/(hm^2 · a)(P_2O_5 含量 14%～20%);全钾损失量分别相当于钾肥 694.8kg/(hm^2 · a)、2 274kg/(hm^2 · a)(K_2O 含量 50%)。而多年生禾草混播草地的建植可使这些土地全氮损失量分别减少 72%和 93%,全磷损失量分别减少 72.8%和 94.5%,全钾损失量分别减少 73%和 92%,土壤肥力得到有效维护。

(4)混播多年生禾草的水土保持作用。多年生禾草混播草地有增进土壤肥力的功能,与燕麦地和弃荒地相比,多年生禾草混播草地(3 年龄)有机质的增量最大,增幅分别为 26%和 22.6% ,与多年生牧草种植 2～3 年单位面积农田增加的有机物质相当于施用20～30t/hm^2 肥效一致;土壤的含氮量(全氮和速氮)明显增加,接近放牧天然草地。因此,从土壤养分角度讲,多年生禾草混播草地比一年生燕麦地或弃荒地有较强的保肥、增肥能力。

(5)经济价值分析。以草地产草量为基础,草地植被状况的改善和土壤肥力的提高,最终表现为草地初级生产力(产草量)的提高;混播多年生禾草的经济收益大小应以产草量(干物质产量)的高低为依据。产草量经济收益比较不同类别草地的经济效益得出:建植第 3 年的多年生禾草混播草地的总产投比、成本利润率(总收入与物化劳动投入比)、劳动生产率(总收入与活劳动投入比)和草地生产率(总收入/草地面积)都明显高于一年生燕麦地(草地生产率除外)、封育天然草地和未封育天然草地(后二者的成本利润率除外),经济效益显著。主要是:与燕麦地相比时,3 年内多年生牧草只播种一次,种子需要量减少,物化劳动投入下降;多年生草地不需要翻耕,耕地费用减少,活劳动投入降低;建植第 2 年、第 3 年多年生牧草返青早,种子完全能成熟,种子价格优势使多年生草地的总收入加大。

总投入的降低和总收入的增加,使多年生禾草混播草地的经济效益超出燕麦地,净收益比后者高 335 元/(hm^2 · a)。与封育天然草地相比,多年生禾草混播草地所需农业管理措施(如化肥、农药、除杂等)较多,物化劳动投入和活劳动投入增加,这些"精管理、细生产"措施可使草地产品的增加值明显增大,净收益比封育天然草地提高 3 610 元/(hm^2 · a)。与未封育天然草地相比时,多年生禾草混播草地未放牧家畜,其价值未在次级生产层(动物生产层)直接体现出来,但是牧草收割后,草产品和种子的后加工和高效利用会使草地的效益增大,净收益比未封育天然草地提高 4 275 元/(hm^2 · a)。综上分析,多年生禾草混播草地的经济效益明显高于一年生燕麦地、封育天然草地和未封育天然草地,发展多年生禾草混播草地是推动青藏高原高寒地区牧业经济发展、农牧民生活水平提高的一条重要途径。

4)水土保持生态监测方法

监测,作为一种控制与评价手段,既可以为政府主管部门决策提供科学依据,也可以为专业研究机构和咨询评估机构提供真实状态,以指导后续研究或执法与验收。政府强制性的水土保持监测工作开展多年,限于国人水土保持意识以及经费、手段、资源配置和强制力,水土保持监测工作似橡皮图章未发挥应有作用。近年来,水土保持监测工作服务社会化的机构发展迅速,技术人员的增加、手段的加强,监测数据作为执法或验收条件使水土保持监测作用也开始显现。

(1)生态监测目的与指标设计。水土保持生态监测的目的,是选择具有代表性的监测点,通过科学监测,及时了解和掌握水土流失情况和生态修复的效果,为建立生态修复效益监测评价体系及标准奠定科学基础，以指导水土保持生态修复工程的实践。水土保持监测指标，是反映水土流失真实状态及程度的判别区间。对指标的科学选择应遵循其设计原则，也就是说，监测指标体系应能够全面、客观地反映水土保持生态修复过程中环境条件的变化、人为因素的消长，特别是生态系统自身的演变规律、可持续性、生产力水平、营养保持力、生物之间的相互作用等。同时，监测指标的采集或获得应容易操作，并要有代表性、系统性、可比性、持续性和可操作性。其中：

代表性指每个指标应具有一定的代表性，能够反映水土保持生态修复过程中生态环境要素或社会经济条件的特征；

系统性指由单个指标构成的完整监测指标体系，能够系统地反映生态环境演变的规律和生态系统的结构与功能；

可比性指监测指标应便于不同区域的比较，具有广泛的实用性；

可持续性指监测指标体系不只是简单地描述经济、社会、生态环境状况，更重要的是能够综合、完整地体现生态环境的可持续发展情况；

可操作性指在确定监测指标时，要考虑其可观测和采集的技术与经济可行性，以保证每个指标数据的准确性和实时性。

(2)指标体系与主要指标监测方法。水土保持生态监测指标体系包括目标层、系统层、要素层和指标层(见表 7-2-7，来源：论文附表)。主要指标监测方法视评价或决策内容确定，如植被监测包括种类组成、多度、密度、优势度、频度、植被盖度、生物量；土壤理化性质监测包括土壤含水率(用烘干法测定)、土壤容重(用环刀法和烘干法测定)、土壤比重(用比重瓶法测定)、土壤孔隙率 $[n=((Gs-r)/Gs)\times 100\ \%]$、水解性氮(用碱解扩散法测定)、土壤速效磷(用分光光度计法测定)、土壤速效钾(用火焰光度计法)和土壤有机质(用重铬酸钾容量法)。

5)滇西北水土保持生态监测应用①

(1)监测区概况。香格里拉县位于云南省西北部的滇、川、藏“大三角”区域，是国家“三江并流”风景名胜区，也是少有完美保留自然生态和民族传统文化的净土，素有“高山大花园”“动植物王国”的美称。一度靠天然林采伐为主要财政收入的县域经济，在这片净土上造成了大量的水土流失，自然环境日益恶化。作为水利部第二批水土保持生态修复试点县，香格里拉县开展水土保持生态修复以来，政府投入大量财力、物力，需要对修复效应进行了调查、定位观测与评价。

香格里拉县生态修复监测区位于距县城西北约 6km 的纳帕海周边区域，气候特点是冬春季冰雪封冻，夏季雨量充沛，山体受江河深切，立体气候和垂直地带性植被特点明显。监测区海拔3 310m，年平均气温 5.8℃，最冷月平均气温 − 8.7℃，最热月平均气温19.7℃，≥10℃积温1 529.8℃。年平均降水量 618.4mm，其中 6—9 月降水量占全年的80%～90%，年蒸发潜量1 643.6mm，日照时数2 180.3h，霜期 244d。成土母岩主要有砂页岩、石灰岩、砂岩、洪积物、残积物等；土壤类型主要为暗棕壤、棕壤、冲积土、粉砂土等。

① 陈奇伯，寸玉康. 香格里拉县典型区段水土保持生态修复监测评价[J]. 西南林学院学报，2005.

表 7-2-7 生态修复监测评价指标体系表

目标层	系统层	要素层	指标层
生态修复效果	生态环境	气象	年降雨量、蒸发量、风速
		植被	种类、多度、密度、优势度、频度、盖度、郁闭度、生物量、重要值
		土壤	土壤容重、土壤比重、土壤孔隙率、土壤含水率、土壤渗透率、土壤水解性氮、土壤速效磷、土壤速效钾、土壤有机质
		土壤动物	种类、多度、优势度、频度、生物量
		鸟类	种类、优势度
		水土流失	流失面积、土壤流失量、侵蚀模数、径流量、径流模数
	社会经济	人口	总人口、农业人口
		土地利用	林地面积、人工造林面积、草地面积、人工种草面积、耕地面积、坡耕地面积
		畜牧	总数量、舍饲数量
		经济	国内生产总值、人均 GDP、人均纯收入

植被类型属亚热带常绿阔叶林向青藏高原高寒植被区的过渡带，从高海拔到低海拔依次出现高山灌丛草甸、寒温性针叶林、温性针叶林、湿性常绿阔叶林、暖性针叶林、半湿性常绿阔叶林和河谷灌丛等垂直带性植被类型。主要树种有云杉、冷杉、高山松、华山松、云南松、矮刺松、杜鹃、箭竹、高山柳等。

(2)监测方法。采用时空代替法，在生态修复区典型地段，选择消除干扰后，停止退化并处于正向演替方向的 4 种典型植被群落羊茅草丛、川滇高山栎灌丛、高山松次生林、云杉高山松人工混交林和坡耕地为监测对象，进行生态群落学调查、土壤理化性状测定和土壤流失量小区定位观测。植被群落调查，以乔木林、林内灌木和灌丛植被、林内草被及荒草丛植被分别设 10m×10m、2m×3m 及 1m×1m 的样方，各设 3 个重复进行植被群落学调查。土壤理化性质测定时，土壤孔隙度用环刀法，土壤养分测定用常规方法。径流小区观测，依据代表性原则，选择天然次生林、灌丛、荒草丛和坡耕地 4 种类型，在监测区设置投影面积 5m×10m 的径流泥沙观测小区，测定每场降雨的产流产沙量；径流用体积法测定，泥沙含量用置换法测定，降雨过程用自记雨量计测定。

(3)监测结果与评价。监测表明，人为干扰是造成生态系统退化的重要过程。天然林是地带性植被自然演替变化中最稳定的植被群落，20 世纪 50—60 年代，当地的天然林遭到了大面积毁灭性的采伐。其后，以用材为主要需求的择粗砍伐甚至全面采伐一直延续到 20 世纪 90 年代。在距离居民点较近地域的采伐迹地上，以薪柴为需求的采伐也从未间断，并不断向深山延伸。采伐过后，过度放牧进一步恶化了这些地域的环境状况，结果退化为生产力很低的荒草地。随着人口的不断增加，距居民点近的荒草地又成了开垦的首选地，由于居民点一般都选在海拔相对较低的湖岸、河川等地势平坦地带，湖泊、江河成了居民点附近坡耕地流失土壤的自然滞留库，造成了湖泊的富营养化和江河泥沙含量的大量淤积。

(4)不同生态修复措施的群落结构及变化。监测区不同生态系统类型调查样地的基本情况见表 7-2-8(来源：论文原表)。监测结果显示，荒草丛、灌丛、人工混交林及天然次生林中草本植物的物种丰富度随着演替的进展呈下降趋势，以荒草丛的物种丰富度为最高，以混交林和次生林的物种丰富度为最低。灌木的物种丰富度以灌丛最高，混交林最低，随着演替的进展呈上升趋势。乔木的物种丰富度次生林最高，混交林最低，随着演替的进展呈上升趋势。总体上，从物种的丰富度及进展演替趋势看，天然林和灌丛最优，人工林次之，草被最差。荒草丛和灌木丛生态系统中的草本植物多样性指数略高于乔木林；灌木的多样性在灌丛类型中略高，天然林和次生林中较低；乔木的多样性指数人工林略高于天然林。总体来说，多样性指数是灌丛最高，天然林和人工混交林次之，荒草丛最低。

表 7-2-8　不同群落类型调查样地基本情况

生态系统类型	坡位	坡度(°)	坡向(°)	土壤类型及土层深(m)	主要植物种	树(草)龄(a)
荒草丛	坡中下部	11	230	棕壤，>1	小羊茅、青蒿、紫草、滇香蒿等	1
灌丛	坡中部	25	340	棕壤，>1	川滇高山栎、锦鸡儿、高山柳等	5
人工混交林	坡中下部	10	318	棕壤，>1	云杉、高山松、白桦、高山栎等	13
天然次生林	坡中部	26	230	棕壤，0.5	高山松、冷杉、华山松、高山栎等	15
坡耕地	坡下部	11	230	棕壤，>1	种植青稞，调查时已收获	1

在不同演替阶段的群落类型中，草本的平均高度以灌丛的为最高，以草地和次生林的平均高度为最低。灌木的平均高度以灌丛的为最高，以草地的平均高度为最低。乔木的平均高度以混交林的为最高，以草地和灌丛的为最低。次生林乔木的平均高度下降主要是由于次生林周围有高山松母树存在，在林下仍然能够进行更新，产生较多的幼苗、幼树，导致平均高度下降，与生态系统的自然演替规律一致。草本、灌木的生物量在不同生态系统类型中，均随着演替的进展而呈下降趋势。主要由于随着自然进展演替的逐渐发展，所接受的光能逐渐减少，导致光合作用速率下降所至。

根据生态群落结构变化和进展演替趋势进行的总体评价结果是：天然次生林生态稳定性强，进展演替优势明显；灌丛和人工混交林次之；荒草丛的生态稳定性较差，进展演替规律不明显。

(5)不同生态修复措施的土壤改良效应。土壤的地带性分布规律主要与成土母岩和地带性气候特征相对应，但不同地类的土壤理化特征与植被的演替变化、局部小气候及人类的干扰相关。因此，不同生态修复措施的生态系统类型有不同的土壤理化效应。根据监测区各生态系统类型不同土层的土壤孔隙度分析，0～30cm层土壤孔隙度最大的是灌木林地，其次是人工混交林地和草地，最小的是高山松次生林地。0～30cm土层灌木林地的土壤孔隙度分别比坡耕地、荒草丛、天然次生林、人工混交林约高8.7%、24.7%、45.9%、14.3%。灌木林地由于植被覆盖度高，植物低矮，主侧根系发达，枯落物层较完整，无土壤侵蚀发生，植物对土壤结构、质地的改良作用明显。坡耕地由于农作物根系的作用以及人为的翻动和耕作，土壤孔隙度也较大。高山松次生林地土壤的孔隙度最小，这是由于高山松次生林地的坡度陡、土层薄等本底条件差所致。

在进展演替过程中，土壤的有机质含量有了不同程度的增加，但增加的量较为有限。在不同生态系统类型0～30cm土层中，灌丛的有机质含量最大，分别比荒草丛、坡耕地、人工混交林和天然次生林约高15.9%、19.3%、50.9%和276.8%。因为耕种对坡耕地的有机质含量影响较大,人工的翻耕、农作物残体覆盖和施用有机肥等使耕地的有机质含量大大提高。草地由于长期放牧,牲畜粪便和每年枯死的地上植物组织都增加了有机质成分,而人工林还保留有人工施肥影响的痕迹。有机质含量最少的是高山松次生林地,但不同土层间有机质含量差异最小,这充分显示了生态自然恢复中土壤改良作用在时间上的长期性和空间上的相对一致性。30～60cm土层中,有机质含量除草地比坡耕地略少外,其余恢复地类的有机质含量比坡耕地都要大,说明在深层土壤中,人为影响越来越小。

(6)不同生态修复措施的理水减沙效应。2003年6月至10月,在不同生态修复措施类型区典型地段设置的径流观测小区,共观测了18场产流降雨,其产流、产沙特征值见表7-2-9(来源:论文原表)。根据表7-2-9的观测资料统计值,退化荒地通过人工封育恢复的灌木林和退化天然林地上恢复的次生林地,都有较好的调节径流和减少土壤流失的作用,二者的产流量分别比在人工干扰下退化最严重的坡耕地减少64.0%和63.7%,产沙量分别减少82.1%和74.5%;荒草丛的产流产沙量分别比坡耕地减少19.9%和46.6%。

表7-2-9　试验区4个小区降雨产流特征值

降雨量(mm)	径流深(mm)				产沙量(t·km^{-2})			
	草地	坡耕地	次生林	灌木林	草地	坡耕地	次生林	灌木林
297.95	60.00	74.89	27.22	26.98	61.41	115.00	29.31	20.58

(7)监测评价。在不同类型和强度的人为扰动下,香格里拉纳帕海周边区域的陆生生态系统从天然林开始退化,不同程度地达到了残败疏林、灌丛、荒草丛和坡耕地等生态系统类型,退化过程在排除人为干扰后虽然可逆,但过程缓慢。经过不同措施的人为诱导恢复,不同的退化生态系统类型都可以修复为既保留原有生态系统特性,又包括对人类有益特性的稳定生态系统人工混交林。根据群落结构和进展演替趋势,不同生态系统类型的生态功能表现为天然次生林最好,人工混交林和灌丛次之,荒草丛最差。灌丛的土壤理化效应最佳,人工林次之,荒草丛较差;天然林由于本底条件最差,坡度陡、土层薄,土壤理化性能差。说明经过人为辅助措施形成的人工混交林有良好的土壤理化效应;在严酷的立地条件下,残败稀疏林的恢复可以达到系统结构较完善和进展演替趋势良好,那么人为干扰最严重但立地条件较好的荒草丛和坡耕地,生态修复前景可观。天然次生林和灌丛有良好的调节径流和减少土壤流失的作用,干扰最强、退化最严重的脆弱生态系统坡耕地是坡面泥沙的主要来源地。

7.3　干热河谷防治水土流失方法与实践

干热河谷,是我国长江上游比较奇特的受人为影响产生的气候现象。之所以说比较奇特,是因为这种现象在世界其他地方极为少见;说它是受人为影响产生的气候环境,尽管学术界有不同认识,见仁见智,但造成此范围稳定的干热气候,与森林遭乱砍滥伐、植被受严重破坏存在正相关关系是毋庸置疑的。一些生态学者、国家专业研究机构经过多年研究认为，我国最主要的干热河谷——金沙江干热河谷历史上也曾是树木葱郁、满山绿色。长期的乱砍滥伐尤其是 1958 年的大跃进时期导致了毁灭性破坏，金沙江河谷几乎成了不毛之地！2010 年 10—11 月，作者沿金沙江中游考察，发现相当多的地方植被茂密或良好，但森林资源因开发商建设水电站修建的公路，为当地村民砍伐树木创造了交通运输条件，使大量原始森林惨遭深度破坏。

干热河谷的气候研究、植被恢复研究和水土保持生态研究已持续 20 年，试点或实验投入很大，给国人的印象总体收效甚微。以作者观点，实际上只是破坏的速度远远大于恢复或修复的速度，使得生态恢复或修复的时间延长、代价增加。如果不计成本、不顾代价，沙漠变绿洲也不是神话！何况河谷本身有水源。问题是，当今人类是否有能力付出这昂贵的代价。

干热河谷的生态问题，不能完全依赖自然恢复，局域的试验、植被修复难以根本改变河谷水土流失面貌，改变河谷水汽条件非常关键，尚有希望的是金沙江梯级电站正在大规模建设，作者期望数十个大型水电站及水库的建成运行改变流域局地气候，以促进生态的正向转变。但无论如何，渠化的梯级电站形成小气候还需要几十年。时不我待，当前的水土流失治理仍十分必要，成功的研究和治理实践经验值得学界和工程建设单位借鉴。

7.3.1　干热河谷的学术界定与特性

1）干热河谷的学界定义

学界定义干热河谷是指高温、低湿河谷地带，其大多分布于热带或亚热带地区。而且，区域内光热资源丰富，气候炎热少雨，水土流失严重，生态环境脆弱，表现为寒、旱、风、虫、草、火等自然灾害特别突出。我国干热河谷主要分布于金沙江、元江、怒江、南盘江等沿江的河谷地区，也包括四川省的攀枝花市、云南和贵州等部分地区。云贵高原山势平缓，土层较厚，但是植被稀少，森林覆盖率不足 5%，裸露的红土使其更容易产生水土流失，恶化生态，加剧干旱。

2）干热河谷形成原因

如上所述，学术界对干热河谷的形成有两种观点：环保主义者认为干热河谷的形成是因为森林遭受长期乱砍滥伐，即植被严重破坏的恶果，也就是说单纯依靠自然力不可能恢复。另一种（有学者指为经济狂热主义）观点认为，干热河谷地区几万年前就是这个“样子”，低纬度高原大江两岸的横断山脉，深度切割的特殊地貌造就了它的荒芜，与人为破坏没有什么关系。同样，云南干旱也不全是气候变暖、“厄尔尼诺”的错，干热河谷气候本身也要负很大一部分责任。干热河谷气候是特殊的地貌形成的一种奇特的气候。它的形成是一种由复杂的地理环境和局部小气候综合作用的结果；当这些地区的水汽凝结时，引起热量释放和水汽湿度降低，并使空气温度增加。在地形封闭的局部河谷地段，水分受干热影响而过度损耗，这里的森林植被难以恢复。缺水使大面积的土地荒芜，河谷坡面的表土大面积丧失，露出大片裸土和裸岩地。作者从事土木建筑工程设计、施工近 40 年，无论从全球大环境来说，还是对气候变暖的亲身感受来说，环保主义者的因果论似乎比经济狂热主义的“宿命论”更加科学和容易被接受。

图 7-3-1　金沙江干热河谷地形地貌

图 7-3-2　金沙江干热河谷地形地貌

干热河谷的奇特之处，还表现为伴随着干热河谷地貌与气候，产生另外一种自然现象即“焚风”或称之为“焚风效应”。焚风，顾名思义，就是可以形成外物燃烧一般的风，有人称之为助燃“火焰山”的风。据有关文献表述，河谷一旦有焚风过境，气候将变得火热、干燥，就好像身处炼钢炉前一样。干热的温度，让农作物和水果早熟；强大的焚风场，十分容易造成干旱和森林火灾。有研究表明，焚风是气流越过高山后下沉造成的，当一团空气从高空下沉到地面时，每下降 1 000m，温度平均升高 6.5℃。这就是说，当空气从海拔 4 000～5 000m 的高山下降至河谷高度时，温度会升高约 20℃，使凉爽的气候顿时变得灼热起来。

金沙江河谷是干热河谷的主要区域，但金沙江流域并不都是干热、干旱区域，其川藏河段一些地方仍分布有许多原始森林，说明干热的恶劣气候与人为破坏森林植被有很大关系。金沙江的德钦段河谷、云南元谋段等属于比较典型的干热河谷。金沙江干热河谷的水土流失生态惨景见图 7-3-1、图 7-3-2、图 7-3-3、图 7-3-4、图 7-3-5 和图 7-3-6，图片来源于百度网站。

图 7-3-3　金沙江干热河谷地形地貌

图 7-3-4　金沙江干热河谷地形地貌

图 7-3-5　雨季的金沙江干热河谷

图 7-3-6　雨季的金沙江干热河谷

7.3.2　金沙江干热河谷水土保持生态研究

以金沙江干热河谷为代表的干热河谷区，集中显现恶劣、复杂的自然生态。在汽车产销日益疯狂、化石能源资源日益枯竭、能源需求日益增长的时代，作者不明白为什么国家发改委、环境保护部和作为央企的能源开发商不能利用其独特环境建设太阳能发电基地，将干热河谷的阳坡大部分集热条件好、日照时间长的区域覆盖太阳能电池板，建造巨大太阳能发电站。一方面解决清洁能源短缺问题，另一方面减少太阳辐射的谷坡再恢复植被或开发时令果蔬。同样一个条件，我们视其不利，可以化神奇为腐朽；换一种思路，同样一个地方，我们利用其有利，也可以变腐朽为神奇。

根据有关文献，干热河谷包括我国西南的元江、怒江、金沙江和澜沧江四大江河的河谷地带，主要位于北纬 23°00′～28°10′、东经 98°50′～103°50′，东南边以蒙自曼耗为界，西以怒江河谷山地为边，北以金沙江流域的永善为限，随各大江河道干热或干暖的边界构成多角形或不规则的蛛网形，其实际范围是沿江两岸谷底以上 800m 范围内，干燥度大于 1.5 的南亚热带河谷地区，其总长度为 4 105km，总面积 11 230km^2，涉及云南和四川西南部 10 余个地、州、市，贵州省、广西壮族自治区有少量分布。

7.3.2.1　干热河谷生态早期研究

干热河谷研究区多为高山峡谷区，是青藏高原东部的过渡区，东部以四川盆地和云贵高原为主体，地形起伏，山脉、盆地、丘陵、河谷、坝子等纵横交错，是我国西南人口密集，开发较早的山地农、林业区。因受地貌、地质、岩层和人类活动影响，干热河谷生态环境恶劣，土地退化和水土流失严重。近 20 年来，人口增长、社会资源的高度开发和利用，直接或间接造成了生态环境的退化，其重要标志是生态系统初级和次级生产力降低、生物多样性锐减或丧失、土壤养分维持能力和物质循环效率降低、外来物种入侵和非本土固有种优势度的增加。这一切，使我们不得不重新审视生态安全面临日益严峻的挑战。党的十八大将生态安全提升到空前高度，把建设生态文明作为今后发展的主要目标。

干热河谷的生态研究，很早就引起学界和一些专业研究机构的重视。20 世纪 90 年代初，中国科学院就在云南元谋设立了干热河谷沟蚀崩塌观测研究站，实时跟踪观测干热河谷沟蚀崩塌等水土流失情况，为干热河谷生态研究和科学治理提供决策依据。

1)沟蚀崩塌观测研究站简介

元谋干热河谷沟蚀崩塌观测研究站，是由中科院水利部成都山地灾害与环境研究所和云南省农科院联合共建的野外生态观测研究站，该站位于云南省元谋县苴林乡境内，始建于1992年。试验区面积40hm²，海拔1 256～1 331m，坡地平均坡度20°左右。元谋县位于云贵高原北缘的金沙江一级支流龙川江下游的河谷地带，县域南北长77.25km，东西宽42.0km，面积2 021.46km²，海拔898～2 835.5m，相对高差1 937.9m，生态环境垂直分异明显，从河谷到山顶可划分为干热河谷区(1 350m以下)、温热半山区(1 350～1 700m)、温暖山区(1 700～2 000m)和温凉中高山区(2 000～2 835.5m)4种生态类型区。其中干热河谷区光热资源丰富(年日照时数2 550～2 744h，日照百分率为60%；年均温21.5℃，最热月均温27.1℃，极端最高气温43℃，最冷月均温14.9℃，极端最低气温－2.1～0.1℃；≥10℃的积温7 996℃；无霜期350～365d)，是云南省乃至全国宝贵的热区资源之一。

元谋干热河谷，是我国著名的冬季蔬菜基地之一。但干热河谷坝周低山区，气候干燥(年降水量615.1mm，雨季6—10月降水占年降水量的90%；年蒸量3 569.2mm，为降水量的5.8倍)、水热矛盾突出、人类活动干扰强烈、植被覆盖率低、水土流失严重、地形破碎、生态环境恶化，人民生活贫困，是我国典型的生态脆弱带。

由于是两个观测研究站，试验观测场地分布在两个区域，总面积273.3hm²，其中225.9hm²土地的使用权均属于热区生态所。热区所机关75.2hm²试验场地，为农科院热区所的崩塌沟蚀观测一站，试验区内设置长期气象观测站、径流观测站、崩塌沟蚀速率测定系统、化验室等。另外150.7hm²试验基地位于元谋县苴林乡金雷小新村旁，为农科院热区所的崩塌沟蚀第二观测站，站内及周边有冲沟200.8hm²，沟底、沟边、沟塬均未治理，功能为观测、总结沟蚀崩塌的原因、机制，规划设计详细治理过程。同时，站内设有苴林基地气象观测站、不同模式坡地径流观测场、侵蚀沟水土流失观测场、草地侵蚀观测场、自然恢复区植被特征观测区、退化生态系统恢复模式综合观测实验小区等。

2)观测站的研究方向

元谋干热河谷沟蚀崩塌观测研究站建站20多年，因条件艰苦、经费紧张，试验站固定科研人员20人，其中，研究员3人，副研究员5人，其他研究人员12人；流动研究人员(主要为研究生等)常年在10人左右。建站伊始，就承担了国家“八五”攻关课题“云南元谋干热河谷生态系统综合整治与退化土地合理开发利用试验示范研究”(1991—1995年)；其后，又承担了国家“九五”攻关课题“云南元谋干热河谷生态系统综合整治与区域持续发展试验示范研究”(1996—2000年)和国家自然科学基金资助项目“干热河谷岩土性质、土壤水分与植物生长研究”(1997—1999年)。此外，还先后承担了以下研究课题：

(1)水利部项目“金沙江干热河谷陡坡植被恢复区划及减灾研究”(1997—1998)；

(2)中国科学院重点项目“长江上游山地生态系统退化研究”(1997—2000)；

(3)国家自然科学基金资助项目“侵蚀泥沙137－Cs研究”(1999—2001年)；

(4)奥地利国际合作项目“长江上游土壤侵蚀137－Cs法研究”(1996—2000年)等。

元谋干热河谷沟蚀崩塌观测研究站积极参与国际科技合作与学术交流，并先后接待过英国、新西兰、德国、日本、南非等国家科研人员35人次到干热河谷区进行考察和研究，与新西兰森林研究所、英国爱克塞特大学、日本东京大学、日本农业环境研究所等科研机构合作开展了土壤侵蚀、植被恢复、土地荒漠化等方面的研究工作。

图 7-3-7　金沙江干热河谷缓坡梯田

图 7-3-8　金沙江干热河谷生境

主要研究方向是“干热河谷脆弱生态环境的演化及其对人类活动的响应”。研究表明，干热河谷燥热干旱的气候是受远离海洋和高山深谷地形的焚风效应影响的结果。第四纪以来，由于高原的隆起和河谷的深切，焚风效应逐渐加强，河谷气候日趋干热。干热河谷植被的自然演化相当缓慢，且滞后于气候演化，而人类破坏植被加速了植被的演化、退化进程。但近 50 年以来，干热河谷的河谷平原部分由于土地大面积灌溉的结果，导致降水量有所增加，气温有所降低，蒸发量减少，气候已朝向有利于人类生存和资源利用的良性方向发展(见图 7-3-7 和图 7-3-8)。这种正向趋势，对干热河谷退化生态环境合理开发、科学治理，提供了重要的依据。

7.3.2.2　干热河谷水土保持生态研究成果

近年来，有关干热河谷的科研成果和学术(论文)成果丰硕多彩，其中不乏一些具有参鉴和指导价值的成果，为更多学者或科研机构深化研究、推广实验以及加快对干热河谷生态治理起到抛砖引玉的作用。

1)理论成果

除中科院设置有生态专业研究机构外，许多综合性大学的环境学院、农学院、林学院和行业科研院所都配置有生态专业学科、研究机构和人员，可谓分工细、队伍强大。受科研经费和治理投资规模限制，有关水土保持生态研究方面，纯理论或雷同的成果非常多，具有推广应用价值并能产生巨大生态和经济效益的成果仍不多见。这一方面是生态问题受重视的程度、治理力度和投入的强度不够(作秀的成分偏重)；另一方面，生态科学是一门实践科学，实验室里的“植物库”和沙漠上的人工“花房”，难以在实际环境适生。实事求是地讲，生态治理应重在实践，既要改变治理目标的小环境，又必须改变经济狂热大环境，才能取得实效或让生态发生有利逆转。

前面曾提到金沙江流域水能资源开发如火如荼，短期(施工期)对水土保持生态的破坏和鱼类适生环境的破坏在所难免。当所有建成和在建电站水库蓄水后，各自小环境的改变可能使整个金沙江干热河谷水汽条件发生改变。那么，干热河谷的生态治理可能变得容易很多。实例证明，雅砻江二滩水电站蓄水后，桐梓林和攀枝花的降雨比之前有较大增加。根据多年研究与实践，作者发现无论是干热河谷，还是干旱河谷，最恶劣的生态区域都存在于河谷的“半山”，也就是说，在河滩和海拔超过 1 600m 的高山，植被生存条件及长势都好很多(见图 7-3-9 和图 7-3-10)。表面上看，作者这种观点，似乎在为干热河谷的生态修复找到希望；一些实例也证明这种观点，金沙江流域梯级(已建、在建)电站有多个高坝大库，蓄水可能淹没干热河谷部分“半山”，对改善生态十分有利。当然，电站运行最初几年的水位变化，也可能会增加变幅区的水土流失。

图 7-3-9　金沙江干热河谷缓坡梯田

图 7-3-10　持续恶化的金沙江干热河谷生态

从图片 7-3-9 和图片 7-3-10 不难发现，有人为活动(扰动)的地方，就可能造成环境破坏。但同时，人们也可以“正能量”活动来改变其生存环境。在金沙江干热河谷有人居住和活动的缓坡地带，当地居民在房前屋后开垦梯田、种粮、植树，也能维持生存并形成微域生态。

金沙江干热河谷水汽环境的微量改变，并不意味着水土保持生态可以自行恢复。生态改变必须依赖人为干预和高强度治理，更需要借助专业研究机构和生态学者的理论成果与实验总结。近年，有关生态研究的理论成果如下：

(1)干热河谷的分布及其主要特征，干热河谷退化生态系统恢复的理论基础与思路方法，退化生态系统的特征与(水环境、土壤环境)退化机制，区域气候特征及其演变趋势，植被退化过程及现状，金沙江河谷荒漠化特征，生态系统退化程度的定量评价；

(2)干热河谷退化生态系统的典型植被恢复重建模式，生态治理关键技术，节水技术体系和植被恢复主栽物种的栽培技术；

(3)干热河谷的典型植被恢复模式和土壤主要生态效应特征；

(4)干热河谷银合欢人工林群落结构特征，人工林物种多样性和干热河谷银合欢人工林生物量特征；

(5)干热河谷银合欢人工林土壤水分特性，银合欢人工林水土保持效益，人工林土壤改良效益，人工林对降水的截留效应和银合欢林改善小气候效应；

(6)典型模式效益评价，包括：适宜性评价、可持续性评价和元谋干热河谷生态恢复的应用评价；

(7)干热河谷退化生态系统恢复的措施与对策以及长期定位监测继续研究方向。

2)治理实验成果

金沙江干热河谷的冬季，有 2～3℃的持续低温，夏季气温则高达 40℃以上，且每年有将近 8 个月的旱季。根据河谷坡地岩土性质及组成，有学者将干热河谷坡地初步划分为阶地砾石层坡地、元古界变质岩低山、上新统沙沟组沙砾岩低山、早更新统元谋组泥岩坡地 4 种类型。岩土组成是干热河谷坡地土壤水分环境和植被恢复的关键因子，坡地对降水的入渗能力是决定干热河谷坡地土壤水分条件的主要因素之一；孔隙状况的差异导致了干热河谷不同岩土组成坡地入渗能力的差异，由此决定了不同岩土组成坡地的水分条件和植被分布格局。

侵蚀泥岩坡地是干热河谷坡地的主要类型，其通透性能差，对降水的入渗能力弱，天然降水入渗浅，主要储存在 60cm 以内的浅层土体，容易蒸发损失，干旱季节储水量低于无效储水量，仅适合草本植物的生长；天然植被为草原或草灌丛，宜恢复稀树灌草植被。阶地砾石层坡地和裂隙发育片岩坡地土体通透性好，对降水的入渗能力强，降水入渗量大、入渗深，水分在 1～3m 的深层土体，不易蒸发损失；干旱季节尚有少量有效储水供深根性植物吸收利用，适合灌乔植物生长；天然植被为灌草丛或森林，可以恢复森林植被。据此研究，实验人员提出了相应的植被恢复模式，并建立了阶地砾石层丘陵森林、片岩低山疏林灌草、泥岩坡地草灌等植被恢复试验示范区。此成果被云南省林业厅列入云南省天然林资源保护工程科技支撑规划，在金沙江干热河谷区推广。

除了岩土性质、土壤水分与植被恢复实验成果外，节水技术在植被恢复方面有所创新。根据作者的经验，节水技术在以色列等沙漠国家应用普遍，我国新疆和黄河上游部分缺水地区也有采用滴灌、覆膜减少蒸发的技术运用。上述文献创新的节水技术的实验方法及效果为：

(1)罐渗节水灌溉技术。该技术属于地下灌溉方式，具有保护土壤结构、减少棵间蒸发的优点和收集降水用于季节性干旱期间灌溉的功能，比漫灌节水 60%～70%，且成本低廉、工艺简单，适于干旱山区大力发展。但因易造成罐壁毛管孔隙堵塞，尚难大面积推广，如能解决该问题，该技术在沙质土和壤质土地区具有很大的推广潜力。

(2)地下地膜截水墙节水技术。该技术既可用于旱作农地，又可用于果树种植和荒山植被恢复。以旱作农地，沿等高线挖沟垂直埋设地膜截水墙，拦截壤中流，供作物吸收，初步试验结果增产 10%～50%。以果树林地，在果树种植坑的下方壁铺设地膜拦截径流和壤中流，供果树吸收，或在种植坑四壁铺设地膜，填肥土后定植果树。地膜形成一个无底的大营养袋，减少灌溉水肥的渗漏流失，保证了果树的成活，可节水 70%以上。定植 1～2 年后，铲破地膜，以免影响果树根系发育。植被恢复实验，利用地下地膜截水墙节水技术进行植被恢复，在鱼鳞坑或水平种植沟的下方壁铺设地膜，拦截径流和壤中流供植物吸收。

根据有关资料，四川省长江造林局攀枝花分局，近年来在金沙江干热河谷进行的试验造林工程已初见成效。位于金沙江畔的三堆子样板林面积达 214hm^2，栽种的新银合欢、相思、苦楝等树木已达 240 多万株。以现场测量，新银合欢树已长高约 6m，胸径达 7cm，说明只要重视管护，效果完全不同。林业部门也曾在河谷选育过龙舌兰、芒果、台湾相思、金合欢、银合欢、刺桐、桉树、杨桃、杨梅等多个树种，但能在金沙江畔定植和成林的树种极少。

资料显示，有关研究机构在金沙江干热河谷曾进行过植被恢复区土壤种子库研究。土壤种子库在植物种群繁衍中起着重要作用，可解决种群灭绝的问题。保存群落中植物种类的表现特征，是植被天然更新的物质基础，通过对金沙江干热河谷山地植被恢复区（包括水平阶、自然坡面、沟底）和未恢复区（包括放牧地）的土壤种子库和地上植被的组成、大小及多样性进行比较研究，植被恢复区土壤种子库和地上植被的密度、丰富度、多样性及均匀度均优于未恢复区。恢复区地上生物量要远多于未恢复区，水平阶和各类型间的土壤种子库密度与地上植被密度差异显著。土壤种子库中，草本植物占很大比例，孔颖草和扭黄茅是土壤种子库和地上植被的两大优势种，两者的个体数量、重要值及生物量最大。土壤种子库和地上植被有较高的相似性，且随着恢复程度的加深，相似性有增高的趋势。此类研究进展或动态，可以参见生物学有关期刊和专著。

7.3.3 干热河谷防治水土流失的治理实践

干热河谷异常干热的气候特点，以及普遍存在水分缺失问题，使得仅靠封禁等措施自然恢复无限漫长或几乎不可能。倘依人工修复，投入巨大，财力、人力似乎不允许。我国巨量的人口，以及基数与年龄结构的尖锐矛盾在21世纪内可能无法解决。人的无限需求与资源日益枯竭这个由人口起源的复杂社会问题，使长期习惯生活在干热河谷的各少数民族难迁出、稳不住，生态自然恢复无从谈起。正如前述所提的希望之处，西南诸河水电开发风起云涌。金沙江干流上、中、下游在建、拟建和已建梯级电站达20多座，总装机规模超过7 000 万 kW，按11 000万元/万 kW 测算，动态投入超过 8 000 亿元人民币。其投资中，有相当一部分拟直接用于水土保持生态治理。从改善气候条件来讲，水电站本身就是生态工程，尽管它一定程度影响野生鱼类繁殖，但在生态方面的作用始终是利大于弊。尤其是金沙江中游梯级电站蓄水后，将部分淹没干热河谷；没有淹没的部分因水面扩大、水分蒸发和循环加快、降雨增多以及局地气候可能发生较大改变促使植被生态逐渐逆转。

图 7-3-11 (a)金沙江下游溪落渡、向家坝电站鸟瞰图

图 7-3-11　(b)金沙江下游乌东德、白鹤滩电站鸟瞰图

金沙江干热河谷的水土保持生态治理，需要综合工程、植物、生态(封禁和保护)等措施才能产生作用。只是投入少量经费的研究和试验，解决不了干热河谷生态问题。也就是说，金沙江干热河谷水土保持生态治理的关键取决于工程措施。根据资料统计，金沙江上游水电梯级拟开发 14～16 级，装机 900 万～1 200 万 kW；金沙江中游水电梯级在开发 8 级，装机 2 068 万 kW；金沙江下游水电梯级在开发 5 级，超过 4 100 万 kW(下游 4 个超大型电站鸟瞰图见图 7-3-11，由三峡集团周双超提供)。金沙江干热河谷主要集中在中游和下游的上段，这个区间的巨型和大型电站的水土保持工程措施和水库蓄水产生的生态效益，无疑形成干热河谷生态修复的“正能量”。

图 7-3-12　金沙江上游河段天然植被状态

图 7-3-13　上游河段天然植被与人为扰动

图 7-3-14　金沙江上游河段天然植被状态

图 7-3-15　上游河段枯水期天然植被状态

7.3.3.1 工程类生态治理措施

根据金沙江流域水能资源梯级开发专项规划，金沙江已建、在建和拟建的20多级梯级电站，已使整个金沙江流域渠化。电站全部建成运行后，将形成数百千米的分段库区，水库水面的增加，必然改善干热河谷气候条件，有利于该区域水土保持生态修复。但是，电站建设施工过程也会因建设期野蛮施工造成当地惨烈的水土流失。目前，金沙江上游川藏段梯级电站正在进行施工准备，对外交通和部分施工道路建设处于实施阶段。图7-3-12、图7-3-13、图7-3-14和图7-3-15说明金沙江上游川藏段河谷天然（未人为扰动）状态的植被与生态良好。道路施工过程就是水土流失加剧的过程（见图7-3-16和7-3-17）。由中国长江三峡集团公司开发的金沙江下游4个巨型电站（向家坝、溪落渡、乌东德、白鹤滩），总装机约4 000万kW，由于其经济技术指标优越，开发商又拥有三峡电站和葛洲坝电站经营权，筹资能力和社会责任意识较强，环境保护和水土保持投入多，建设也难免造成施工大规模水土流失。

图7-3-16 上河段道路施工造成水土流失

图7-3-17 上河段道路施工造成水土流失

地处干热河谷的金沙江中游，在建的梯级电站全面施工，人为扰动的程度巨大，水土流失严重，图7-3-18、图7-3-19和图7-3-20反映金沙江中游某电站施工造成水土流失情况。同时，因大型电站开发商受社会高度关注，其履行社会责任比较及时，正在实施的水土保持工程类生态治理措施见图7-3-21、图7-3-22和图7-3-23。

图7-3-18 河谷中游电站开挖水土流失情况

图7-3-19 河谷中游电站开挖水土流失情况

7.3.3.2　植物修复治理措施

这个社会很奇怪，很多人反对修建水电站，却天天耗电，从不指责煤炭所发污染最重的火电和最贵并存巨大风险的核电；而骨干交通工程遍布全国，建设所到之处，可以用“山河破碎”来形容。修建铁路、公路为降低成本，很少征用弃渣场，随意弃渣十分强势。国民都知道全球正在变暖，也都要买车、坐好车！作者既不是极端环保主义者，也不是经济狂热分子，站在一个学者公正的立场，当今盲目发展实不可取。近年里逐渐加大的环境保护投入和水土保持生态投入，对于全民污染来说只是杯水车薪。

金沙江干热河谷的恶劣生态环境问题，与其说是气候以及地形、地貌问题，不如说是人口膨胀、经济高速增长的必然。修复其水土流失和日益恶化的生态，最关键要解决降雨或人工取水。非此，无论做多少封禁、设立保护区、选种、育苗，都不能根本和大范围逆转生态环境。但是，气候改变及生态逆转极其缓慢，我们不能持坐以待毙的心态而无所作为，积极研究、试点、实验、封禁和保护仍非常重要。多年来，专业研究机构在金沙江干热河谷进行了植被恢复性实验研究，取得多项成果。

图 7-3-20　中游电站开挖水土流失情况

图 7-3-21　中游电站水土保持工程措施

图 7-3-22　金沙江中游电站护岸与护坡

图 7-3-23　金沙江中游电站护坡混凝土框格梁

1)植被修复的基础性研究

金沙江发源于青海，经滇川交界处的石渠、得荣、攀枝花市、巧家等县市，于宜宾三江口汇入长江，全长 2 316km，天然落差 3 280m，河口多年平均流量 4 920m³/s，流域面积约 50 万 km²，是滇川地区粮油、蔬菜、水果和工业生产的主要基地之一。长期以来的人和自然灾害交互作用，使其生态恶化，水土流失扩大，干热河谷区生态环境退化现象尤为突出。元谋曾经是一个森林茂密、植物种类丰富的地区，人为砍伐森林作为建筑材料、生活燃料和毁林开荒，使大片原始森林被毁；"以粮为纲"、"大炼钢铁"加剧森林被砍伐，研究期森林覆盖率不足 1%，代之以木棉（*Bombax ceiba*）、铁橡栎（*Quercus coceif eroides*）、余甘子（*Phyllanthus emblica*）、锥连栎（*Quercus francheli*）、云南柿（*Diospyros yunnanensis*）、滇榄仁（*Terminata franchetii*）、黄茅草（*Heter opogon contortus*）、孔颖草（*Bothriochloa*）、桔草（*Cymbopogon goeringii*）、拟金茅（*Eulalwpsisbinutn*）、蔗茅（*Eriantius ruf ipilus*）、仙人掌（*Cpuntin monacantha*）、霸王鞭（*Eup horbia rogleana*）等为主的干旱稀树灌草丛植物群落，荒山秃岭随处可见。当地农民的粗放经营和放牧、割草作燃料（无森林可砍），又使仅存的草被破坏严重、土壤裸露①。

元谋干热河谷区属于典型的生态环境脆弱带，受焚风效应影响，区域内的水热矛盾突出，水肥失衡以及光肥失调明显，每年长达 7 个月以上的旱季和过分集中的暴雨，严重威胁着植物的生存。根据试验观测，现有的乔木林明显表现出"土壤干化"的特点，土壤水分持续长时间缺失，雨季过后 2m 土层内的土壤含水量仅 15%（相当于田间持水量的 35%）左右，次年 5 月份达到最低点（9%左右），接近林木的凋萎湿度（元谋表蚀燥红壤的凋萎湿度为 9 %），导致林木生长缓慢，车桑子（*Radonaeawiscosa*）灌木林同层土壤含水率相对比乔木林高 42.68%。与此同时，造成该地区水土流失非常严重。据统计，长江上游平均每年流失的土壤达 15.7 亿 t，相当于每年损失 30cm 厚的土壤 38.7 万 hm²。其中，金沙江每年流失 2.4 亿 t 以上，占宜昌站年输沙量（5.3 亿 t）的 45.28%。

森林、草地是涵养水源、防风固沙、防止水土流失、维持土壤肥力、调节区域小气候的最重要资源。然而，由于区域内森林、草被的极度破坏，严重影响了流域生态系统的生物系统结构。在干热条件下土壤荒漠化、干旱化等现象愈演愈烈。20 世纪末，退耕还林还草是整治荒漠化土地，防治水土流失、改善区域生态环境最直接、最根本的措施。金沙江干热河谷光、热、水、肥矛盾突出，退化生态系统的植被恢复与重建特别困难。因此，土壤生态措施和工程措施是技术基础和关键。土壤生态措施主要是通过增施有机肥和化肥，改善土壤团粒结构，提高土壤养分，培肥土壤。工程措施主要是指灌水系统、坡地改造系统等，以解决区域性的水热矛盾和水肥矛盾，防止水土流失。此外，植被恢复与重建技术必须结合生物措施，其最重要的治理途径首先是筛选和培育一批诸如合欢（*Albiz ia*）、银合欢（*Leucaena*）、金合欢（*Acaia*）、酸角（*Tamarindus indica*）、木蓝（*Indygof era*）、羊蹄甲（*Bauhinia*）、风车子（*Combreium*）、余甘子、仙人掌、霸王鞭、攀枝花苏铁（*Cycaspanzhihuaensis*）、木棉等耐旱、耐瘠薄且能培肥土壤的植物。其次，根据植物相克相生原理和群落共生原理，采用合理的搭配和栽培技术，如植物篱（*plant hedge*）技术可防止水土流失。

---

① 杨万勤，宫阿都，等. 金沙江干热河谷生态环境退化成因与治理途径探讨[J]. 科技前沿与学术评论，2005，25(1).

研究冲沟发育、土地利用变化和沟头形态特征的相互关系及其时空变化规律，对保护该地区的土地资源及保证区域的可持续发展，有着重要的现实意义。国内外许多学者从地貌学和水文学等角度，对冲沟侵蚀的影响因子(临界条件的确定)、发育过程和防治措施进行了深入研究。但是，对冲沟形态学特征(包括空间形态和土壤形态)的研究并不多见。有文献仅仅通过定性描述和图示的手段反映冲沟形态特征，缺乏定量研究。基于侵蚀过程的非欧几何性、复杂性，以及土壤的自相似特征，采用分形理论与方法，计算沟头的分形弯曲度和土壤分形维数，并分析不同土地利用方式下，这两个非线性特征量与冲沟发育之间的相关关系，为定量评价冲沟的特征与发育提供了新的方法(5 种土地利用方式下沟头土壤的粒径分布见图 7-3-24)①。研究结果表明：

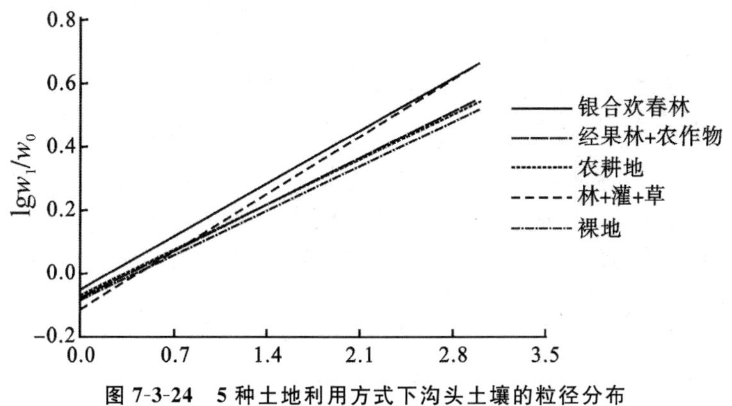

图 7-3-24　5 种土地利用方式下沟头土壤的粒径分布

(1)沟头分形弯曲度和土壤分形维数的大小与沟头的土地利用方式密切相关，能较好地反映土地利用方式变化对冲沟发育的影响。因裸土地缺乏地表植被覆盖，土壤分形维数最大，分形弯曲度居次之，沟头的发育速度最快。研究区采用传统的耕作方式，人为扰动加速了冲沟的溯源侵蚀，分形弯曲度最大。扰动使土壤结构受到破坏，粒径趋于不均匀分布，细粒物质增加，土壤总比表面积增大，导致土壤分形维数增加，而经果林＋农作物模式的水土保持耕作方式(注：沟头土地为元谋县水土保持局试验地)，可以有效地保持水土、减缓沟头的发育速度，降低其分形弯曲度和土壤形维数值；林灌草相结合的模式对降水的拦蓄效果明显好于纯林，无论是分形弯曲度还是土壤分形维数均最小，沟头溯源侵蚀速度最缓慢，这与以前的研究是吻合的。说明一方面土地利用的变化会使沟头分形弯曲度和土壤机械组成分形维数值发生变化，影响冲沟的发育；另一方面，分形弯曲度和土壤分形维数能间接反映人类活动对冲沟变化的影响，以及量化和预测未来冲沟的变化(见图 7-3-25 和图 7-3-26)，为冲沟研究提供了新的思路。

① 王小丹，钟祥浩.金沙江干热河谷元谋盆地冲沟沟头形态学特征研究[J].地理科学，2005，25(1).

图 7-3-25　干热河谷冲沟的发育变化

图 7-3-26　干热河谷冲沟的变化

(2)金沙江干热河谷沟头形态多样,有一条冲沟发育一个沟头,也有一条冲沟的源头常是几个沟头复合组成。对不同空间形态的冲沟,如何对其沟头做出科学的、定量化的界定需深入研究。本研究以经验和野外实地考察相结合确定,把冲沟分为沟头与沟道,沟道两岸的沟壁较平直、稳定,而沟头的沟壁呈弧形弯曲,二者有一个转折点;将冲沟沟壁具有明显转折点以上的弧形部分划为沟头。但是,如果研究范围进一步扩大,冲沟形态将更加复杂,应有一个统一的判据来确定其沟头起点和终点,减少主观因素的影响,使冲沟形态学特征的定量研究更加科学。

(3)冲沟的空间形态特征复杂多样,应在多维空间中开展多角度研究,以及建立沟头分形弯曲度和土壤分形维数与冲沟发育程度之间的定量关系。因土壤是一个较为复杂的三相系统,呈现多种形式的分形特征,其中粒径分形和土壤质地联系较为密切。但是,并非土壤的所有性质都是简单的单区间分形,可能存在多个分形区间。因此,沟头土壤不同分形特征也值得进一步深化。

2)植被修复的实验

金沙江干热河谷从会理县鱼炸乡至雷波县的回龙场,全长 523km,涉金沙江上游 1 900m以下至其下游 1 300m 的广大地区,总面积 21.3 万 hm^2,包括会里、会东、宁南、布拖、金阳和雷波 6 县。该区主要特点是气温日差较大,年差较小,干热少雨,四季不明显,年照时数约 2 200h,年均气温 21℃～23℃,年降雨600～900mm,6—11 月降雨占全年90%以上,年蒸发量 2 500～3 000mm,旱季蒸发量是同期降雨量的 10 倍多,年平均相对湿度 60%,3—5 月降雨最小相对湿度达到最低,最大风速可达 20m/s,土壤主要为山地红褐土和山地红壤,呈微酸性。①

金沙江流域地势陡峭,山地面积占流域总面积 86%,但是植被单一,其原生植被为亚热带季雨林,林分质量已经退化,森林生态功能消失。河谷现存植被野生乔灌树种稀少,少量分布黄麻、颠合欢、红椿、木棉、黄荆。草本为白茅、龙须草、须芒草、仙人掌等。据地质调查,

① 杨再强,谢以萍.金沙江干热河谷生态问题与退耕还林技术模式的研究[J].四川林勘设计,2003(4).

金沙江河谷两岸有 890 条泥石流沟，一些侵蚀严重的泥石流沟侵蚀模数达 50t/(km^2 · a)。

在生态研究与实验中，退耕还林技术模式以干热河谷自然条件和经营条件，构建多树种、多层次、异龄化的林分结构，使乔、灌、草不同生态类型树种搭配形成多功能的林分模式。经研究，我们选择金沙江干热河谷退耕还林的技术模式按照退耕还林的人工林的效益和结构可分为经济林模式、生态林模式、用材林模式和林草混交立体模式四种类型。

造林树种的选择上，经济林树种选择必须遵循两个原则：即树种必须符合攀西干旱、干热河谷的生态环境，抗旱、耐热、抗土壤瘠薄；树种经济产量高、盛产期长、投产快。经过筛选主要适生乔木树种有：印楝、荔枝、油桐、脐橙、巨尾桉、余柑子、板栗、核桃、花椒、石榴、桑树、树莓、多花黑麦草、白三叶、聚合草、紫花苜蓿、象草等。生态造林模式，主要功能在于涵养水源、防止水土流失。适合坡度大于 35°、土层厚度小于 40cm 的河谷沿岸。造林树种的选择要求：

(1)选择深根性树种和落叶丰富的高大乔木树种以及抗干旱、抗瘠薄强的乡土树造林；

(2)造林密度较大，每公顷 4 950～9 900 株；

(3)以混交林为主，通过乔、灌、草结合，乔灌、乔草片状或带状混交等，营造水土保持林和水源涵养林，以达到树种多样、群落稳定、生态功能齐全、经济功能与景观效果整体优化的整治目标。

外来树种实验中，台湾相思、车桑子防护林适合坡度大于 35°、土层厚度低于 40cm 的河谷两岸的退耕地，以保持水土、涵养水源。采用小穴整地 40cm×40cm×40cm，雨季容器苗造林，密度在 4 950～9 900 株/hm^2。新银合欢、三叶豆最适生长温度为 25～30℃，耐干旱，可生于年降水 700mm 以下地区。深根性树种不易被风刮倒，根具根瘤、能固氮，萌生力特强，树体速生。对于保持水土、提高土壤肥力、改造荒山生态环境作用明显，作为干热河谷种植园的覆盖物，是一个不可多得的树种。

种植方式，实验研究了林草混交立体模式，以充分利用土壤资源、光照资源、地上营养空间为目的，利用生态学原理，将生态需求不同的乔木、灌木与草本营造在一起，形成经济功能多样、生态效应稳定的复合混交林分模式。乔木、灌木选择经济价值高、生长迅速、寿命长的阳性树种，草本以牧草为主。选种实验时，充分考虑优良品种的引进，鉴于其特殊自然地理环境，引进大批抗逆性强、经济价值高、生长快的树种进行造林试验，为大面积造林推广打下基础。攀枝花市林科所曾经试验 18 个树种，筛选出山毛豆、台湾相思、车桑子、滇合欢、新银合欢、泡火绳 6 个树种，对该地区造林和水土保持起到了积极作用。但这些树种经济价值不高，不能满足退耕还林的要求。我们在 2002 年引进了红树莓的两个品种威廉米特(Williamette)和梅凯(Meeker)，在海拔 1 400m 以上的干旱河谷表现良好；2001 年引进四季杨和南抗杨在安宁河流域比较适生；2003 年会理县在金沙江干热河谷引进印楝取得初步成功。

退耕还林模式研究中，还对经济林施肥技术进行了试验。考虑到经济林的种类多、立地类型复杂、气候条件特殊，对各树种不同生长时期的施肥种类、施肥方式方法、施肥水平以及施肥效应进行了试验，特别是氮肥、磷肥、钾肥、硼肥、铁肥、锰肥、锌肥，针对不同树种经济产量的效益的研究，对退耕还林实施具有十分重要的作用。

3)坡向生态修复研究与实施

从整体入手，抓住主要制约因子，因地制宜、综合治理，确定较系统的生态修复技术体系①。

河谷区干热程度并不一致，随着海拔、地理位置和破坏程度的不同，产生出不同的立地类型。地形是影响水热因子变化的重要因素，把坡位和坡向作为立地类型划分的主要依据，能够较突出和明显地反映出该区的立地分异，为针对性地采取生态修复措施形成良好的基础。研究将金沙江干热河谷区作如下划分（见图 7-3-27，来源：论文原图）：坡上灌丛区阴坡型Ⅰ$_1$、坡上灌丛区阳坡型 I$_2$、坡下草丛区阴坡型Ⅱ$_1$、坡下草丛区阳坡型Ⅱ$_2$，坡足冲积区Ⅲ、谷底平坝区Ⅳ。以各区不同的立地特点，分别采取相应的技术手段。对水土流失大的河谷地段修筑固土防水堤坝以及小谷坊进行沟头治理；其他地段采取环山水平沟、带状松土、穴状整地措施后恢复植被比较理想。修复遵循宜草则草、宜灌则灌、宜乔则乔，乔、灌、草相结合原则，先提高植被覆盖率、改善立地条件，再逐步丰富群落类型。据上修复思路，各类型区具体生态修复措施如下。

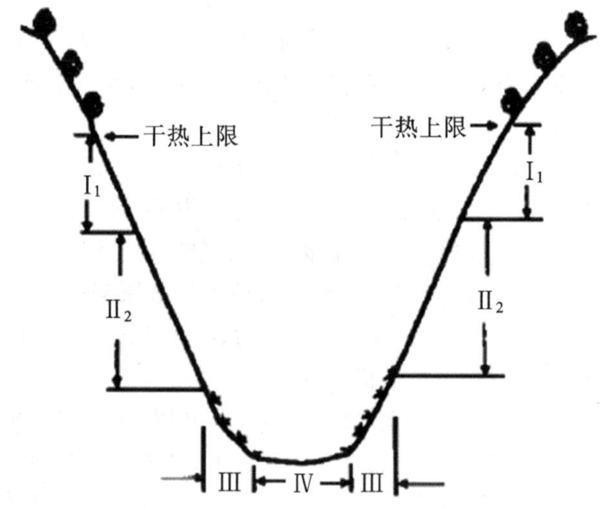

图 7-3-27　干热河谷区立地类型分布

(1)坡上灌丛区阴坡型Ⅰ$_1$。该区处于阴坡上部，水热条件、土壤状况均较好，应采取以乔木树种为主的生物措施和工程措施为辅的综合治理措施。具体可营造以银合欢为主的薪炭林，其生长快、结果早，2～3 年可使土地覆盖率达 90%以上。当年的种子落入土壤可自然萌发，能使整个系统形成银合欢高、中、低三层植被恢复模式。

采用先锋植物＋乔灌草形式，由于退化土地贫瘠，可先选择豆科灌草如银合欢、木豆、金合欢、大翼豆等作为先锋树种，待立地条件改善之后再规划乔灌草种植模式。其中，乔木树种选择该区乡土树种，如赤桉、黄栎、云南黄桤、苦楝、酸角、清香木等；灌木应选用滇刺枣、余甘子、山毛豆、车桑子、刺槐等；草本以自然生长的扭黄茅、龙须草为主。若采用工程措施＋乔灌草形式，其工程措施主要指植树塘的开挖、换土、施肥等。乔木树塘以 0.8

① 牛青翠，王龙. 金沙江干热河谷区生态修复技术体系初探[J]. 中国水土保持，2006(4).

～1m³ 的大穴为宜,灌木树塘以 0.6～0.8m³ 为宜。换土是指将表土放在树塘下方,心土换在塘的上方。施肥量有机肥为 25kg/株,磷肥 5kg/株。

(2)坡上灌丛区阳坡型 I_2。该区处于坡上部阳坡,水热条件、土壤状况比 I_1 差,选以灌木为主的生物措施和工程措施为辅的综合治理措施。采用自然禁封+生物措施时,通过自然禁封,防止人畜对灌丛、草被的破坏,使植物群落得以恢复。生物措施指在此区土层较厚的地块营造乔灌混交林,土层稍薄地块营造灌木林。造林树种有滇橄仁、赤桉、刺球花、清香木、新银合欢、黄荆、余甘子、山毛豆、番石榴、车桑子、滇刺枣、小叶柿、苦刺等。其中滇橄仁、刺球花、清香木是干热河谷区的乡土乔木树种;黄荆、余甘子、车桑子、小叶柿是乡土灌木树种;赤桉、新银合欢耐旱、生长迅速、萌发力强,是在干热河谷区表现良好的引进树种;山毛豆、苦刺适应性强,具根瘤菌,对土壤有一定改良作用。采用工程措施+生物措施时,工程措施指坡改梯、隔坡水平沟、隔坡水平阶、鱼鳞坑等;生物措施同自然禁封+生物措施。

(3)坡下草丛区阴坡型 II_1。该区采用营造灌木为主的生物措施和工程措施为辅的综合治理措施。拟用自然禁封+生物措施时,通过自然禁封,防止人畜对灌丛、草被的破坏,使植物群落得以恢复。生物措施指在土层薄、地力差的地段种植抗逆性较强的草本类植物,种草促灌。供选择的灌木树种是能忍耐干旱的乡土或引进树种,包括黄荆、余甘子、小叶柿、滇刺枣、山毛豆、车桑子等;供选择的草本植物有扭黄茅、孔颖草、龙须草、羊胡子草、大翼豆等。采取以草先行、种草促灌、种灌促林的方式,造林后封山管护,恢复植被自然演替规律。

此处工程措施+生物措施主要指坡改梯、隔坡水平沟、隔坡水平阶、鱼鳞坑等;生物措施同自然禁封+生物措施。

(4)坡下草丛区阳坡型 II_2。此区立地类型人为干扰频繁、水土流失严重、土壤瘠薄、板结、干燥、石砾含量高,选生物措施与工程措施相结合的综合治理措施。此区适用全面封禁,对恢复自然植被非常有利。受人为干扰、牲畜践踏的扭黄茅、孔颖草等禾草类植被在封禁后能滋生、蔓延覆盖裸地,迅速保持水土,增强地力,改善生态环境。在此基础之上,再对草本植物群落类型进行定向改造,人工干预使其逐渐向灌木、森林群落演替,最终改变干热河谷区的植被面貌,恢复生态平衡。除大范围自然禁封外,在水土流失较严重的河谷地段修筑固土防水堤坝以及小谷坊,进行沟头治理,促进生态系统自然恢复。

(5)坡足冲积区Ⅲ。该区选以乔灌草相结合为主的生物措施和工程措施为辅的综合治理措施。适时营造以新银合欢、赤桉为主要树种的薪炭林。工程措施中植树塘的开挖、换土、施肥等同上。乔木树种选择赤桉、新银合欢、清香木等;灌木应选用滇刺枣、余甘子、山毛豆、小桐子、车桑子、牛角瓜、刺球花等;草本以自然生长的扭黄茅、孔颖草、龙须草、狗牙根、龙爪草等为主。

(6)谷底平坝区Ⅳ。该区地势平坦,是降水的汇集区,水土条件较好,土地利用以农田为主,选以生态农业为主的综合治理。此区适用先锋植物+牧草+经济林模式。先锋植物应选择耐瘠薄的豆科饲料植物,如木豆、山毛豆等灌木;牧草植物应选择大翼豆、铺地木兰等。这些植物既可改良土壤,又可被牛、羊、兔等动物利用。牧业以圈养为主,当土壤条件改善后(3 年左右)可逐步去除灌木,改种耐旱、耐瘠薄的经济乔木酸角、攀枝花等。

同样适用生态农业的模式即集水补灌系统综合治理模式(水源以雨水为主):林+草

＋畜＋沼气模式、果＋农＋禽模式、果＋药模式、免耕＋豆＋农模式、粮＋经＋蜂模式。适水灌溉系统综合治理模式(须有一定的水利条件及基础设施)分别有:特色果树＋农(菜)模式、稻田＋鱼(鸭)模式、三季轮作模式、果树＋蔬菜＋食用菌模式、林＋果＋草＋猪＋鸡＋鱼＋沼气模式、林＋果＋草＋羊(牛、鹅)等模式。

7.3.3.3 综合水土保持生态措施

人类三次划时代的科技进步(蒸汽机的发明、计算机的广泛使用、Internet的普及),让人类彻底颠覆了地域和时空的概念,同时让世界发达地方富人和权贵阶层获得优越的精神与物质享受。但是,正像恩格斯所说(大意):人类的每一次进步或胜利,都必然遭致自然界的猛烈报复。那么,这个报复就是盲目发展带来的全球气候变暖,以及各种自然和人为灾难的频繁发生。而且诸多灾难中,大都与水土流失有一定联系。

金沙江干热河谷恶劣的生态环境,无不透视出人类盲目索取的恶果。正如本书前面所述,我们实施一项破坏十分容易,要修复一次破坏却无比艰难。好在我们有限的研究机构和科技人员使用可怜的经费不断探研我国的水土保持生态修复问题,延缓或减轻生态灾难的不堪后果,进而推动人类对生态的认识,逐渐由少数人扩大到多数人。

1)植物措施的研究与实践

干热河谷实际上是干旱河谷加焚风效应,首先是干旱,其次是热。一些专家提出了恶劣区域水土保持生态修复植物措施的选种与种植模式,并总结了草网络技术、植物绿篱造林技术、岩石边坡喷播技术、植被混凝土边坡防护绿化技术、岩石边坡植生基质生态防护技术(简称PMS技术)、植草塑料固土网垫技术等①。

(1)干热河谷及水土流失特征。干热河谷是我国西南特殊的自然地理环境,分布于怒江、金沙江、元江及其支流流域。其气候特点与所处的地理位置、山体高度、走向及大气环流情况密切相关。干热河谷的林草植被覆盖率低,生物多样性差,水土流失严重。结合干热河谷水土流失特点、植物适生种类及特征进行研究,旨在选育适合该类地区生长的树种和草种,进而提出种植模式。干热河谷土壤大多数都是在紫色砂岩或砂页岩上发育而成的燥红土,这种土壤的成土过程保持在幼年阶段,具有土层薄、砂石含量高、保水保肥能力差的特点。植被破坏后,表层土壤易流失,留下裸露的岩石和坚硬的心土,植物难以生长。大雨或暴雨后,有限的表层随水力侵蚀流失,形成恶性循环。

(2)干热河谷植被的特点。植被是自然环境的主要构成成分,也是生态系统的主体。而干热河谷的植被与土壤生态系统处于脆弱的退化状态,从植物演替的过程来分析,干热河谷植被类型由森林类型向干旱灌丛"稀树草地"半荒漠演变,其森林植被和草地植被的生产能力不断减弱,生态功能下降。其优势植物以旱生特征的植物为主,多样性锐减,抗逆性弱,自然恢复艰难。该区的生物生产量低、层次结构单调,不利于植被—土壤生态系统营养物质和能量的循环与流动。资料显示,稀树灌草丛是金沙江河谷的主要植被,土壤水分和有机质含量低,对植被的承载力不足,只能生长类似稀树草原的植被,且普遍具有多毛、多刺、叶小等干旱环境的形态特征,季相更替明显,枯季一片黄、雨季黄渐绿,灌木矮小疏生、乔木少见。

---

① 林立金,龚文昌,等.水土保持植物在干热河谷的应用[J].中国水土保持,2008(6).

(3)水土保持适生植物种类选择。干热河谷气候和土壤的独特性，决定其所选择的植物种类要求耐旱性，能抵抗夏季高温炎热和寒流袭击、适贫瘠。经多年研究与实践，各研究机构已选育出一批适合干热河谷生长的水土保持树种和草种，这些植物中，占比最大的是豆科类植物。

在四川攀枝花市，山毛豆(*Tephrosia candada*)是引种较为成功的树种。其原产马来西亚、印度尼西亚和我国西南部，具有抗逆性强、生长迅速、更新容易、郁闭成林快、种植简便、用途广泛等特点，是蛋白、能量兼有的优良饲料植物。因是豆科植物，山毛豆的根具有根瘤菌，能改良土壤，增加土壤肥力。此外，山毛豆的生物量大，轮伐期为 3～4a，是农村理想的薪炭林树种之一，且木质较硬，可加工制成小农具。贵州喀斯特干热河谷的银合欢(*Leucaena glauca*)是豆科含羞草亚科的直立小乔木，根系发达，具根瘤菌，树干直立，一般树高 3～10m，冠幅 2～6m，适应性好、抗旱力强、生长快，其嫩枝叶及嫩果荚含有丰富的蛋白质，有"蛋白质"仓库之称，是贵州干热河谷区特有的高蛋白木本饲料和水土保持植物之一，在喀斯特干热河谷区具有较好的栽培应用前景。

此外，实践得知，麻疯树(*Jatropha carcas*)为大戟科落叶灌木或小乔木，也是一种耐旱、耐贫瘠的油料植物，生长于热带、亚热带和雨量稀少、条件恶劣的干热河谷。我国的云、贵、川、两广、海南等地分布着麻疯树野生资源。在云南元谋干热河谷，作为水土保持林试验较为成功的树种还有：罗望子(*Tamarindus indica*)、加勒比松(*Pinus caribaea*)、赤桉(*Eucalyp tus cam aldulensis*)、巨尾桉、薄荚相思(*Acacialcp tocarpa*)、刺槐、山黄麻(*Trema tomentosa*)、大翼豆等。草本以扭黄茅、香茅、龙须草等为主，灌木有车桑子、余甘子、黄荆、番石榴、新银合欢等。

(4)水土保持植物的种植模式。干热河谷水土保持的植物措施，一方面要选择耐旱、耐贫瘠、抗高温和耐寒的植物种类；另一方面要遵循生物多样性原则，提高干热河谷的生物多样性，增强其生态系统的稳定性。实践中，按照乔、灌、草搭配的原则，配合工程措施，辅以农果林复合生产的生态技术，可达到既能保护水土环境、维持生态系统平衡、减少水土流失，又能促进地方经济发展的目的。相关研究表明，与草粮间作相比，乔(果)草混交、藤草混交和草草混交可减少土壤流失量 50%～82%。不同的海拔高度和坡度，采用不同的植物搭配进行水平条带状混交的生态防护林种植也取得保土、保水效果。

2)干热区灌草草地的水土保持效果

长期以来，植树造林一直作为干热河谷治理水土流失的首要生物措施，但效果并不理想，甚至还引起土壤干化等生态问题。不同农业或生物措施的综合实践，对坡耕地水土流失的治理取得一定效果，但针对干热河谷退化草地的研究较少。一些专家提出，以干热河谷退化草地为研究对象，开展灌草复合植被恢复模式的研究，探索最优灌草组合模式以及植被恢复和水土保持机制，为干热河谷区生态重建和环境保护提供理论依据和实用技术①。

(1)试验地概况。试验地位于云南永胜县仁和镇种羊场(26°41′～28°30′N，98°44′～100°45′E)，海拔 1 500m，年均温 18～22℃，极端最高气温 38.2℃，极端最低气温 1.5℃，年≥10℃积温 7 000～8 000℃，年均降水量 650mm，7—10 月份的降水量占年总降水量的

① 毕玉芬，车伟光，等. 干热河谷区灌草草地的水土保持效应[J]. 热带作物学报，2009，30(8).

80%～90%，年蒸发量为降水量的3～6倍。土体基质薄弱，石砾化程度高，土壤为黄棕壤。植被以稀树灌草地为主，零星散生云南松（*Pinus yunnanensis Franch*），灌木以坡柳[*Dodonaea viscose* (Linn.)Jacq]为主，草本主要以扭黄茅（*Heteropogon contortus*）为优势种，植被总盖度25%左右，植物生产力较低。

(2)试验材料。试验材料选用的豆科灌木为木豆（*Cajanus cajan*）和银合欢（*Leucaena leucocephala*）；选用的禾本科牧草有非洲狗尾草（*Setaria sphacelata*）、高羊茅（*Festuca arundinacea*）；豆科植物有藤本大翼豆（*Macroptilium atropurpureum*）、草本的白三叶（*Trifolium repens*）和杂三叶（*Trifo lium hybridum*）。木豆、银合欢种子产自云南怒江州；大翼豆种子由云南省农大园林绿化有限公司提供，其它4种植物种子由北京克劳沃公司提供。

(3)试验设计。试验设计6种建植模式：

即T1："灌"单播模式—木豆(100%)；

T2："灌＋灌"混播模式—木豆(50%＋银合欢50%)；

T3："灌＋草＋藤"混播模式—木豆(20%)＋非洲狗尾草(30%)＋高羊茅(30%)＋大翼豆(10%)＋白三叶(5%)＋杂三叶(5%)；

T4："草"单播模式—非洲狗尾草(100%)；

T5："草＋草"混播模式—非洲狗尾草(50%)＋高羊茅(50%)；

T6："草＋藤"混播模式—非洲狗尾草(35%)＋高羊茅(35%)＋大翼豆(10%)＋白三叶(10%)＋杂三叶(10%)；

CK(对照)为自然草地。

随机区组设计，重复4次；试验小区的面积为5m×3m(长×宽)，小区间距为50cm，区组之间的距离100cm，播种方式采用条播，灌木播种量18kg/hm^2，禾草播种量22.5kg/hm^2。

(4)测定指标和方法。凋落物水文性质，2007年9月在试验地随机选取1m×1m的小样方3个，收集样方内所有凋落物，清除土壤颗粒，分别称重，然后放入铝盒内，烘干称重，确定凋落物的干重和含水量。取其单位重量已烘干的凋落物，将其浸入水中，分别在1h、2h、4h、8h、16h、24h时称重，测其最大持水率吸水量和最大持水量。凋落物的截留量以所得的最大持水量减去自然状态时的含水量获得；用浸水法测定土壤完全崩解所需的时间。根量和灌草郁闭度的测定和总根量的测定：选取0.5m^{2}样方，用沙袋洗根，将洗出的根在65℃的恒温干燥箱烘干至恒重。灌草郁闭度(盖度)：指植物群落总体或各物种的地上部分的垂直投影面积与取样面积之比的百分数。灌木用样线法测定，禾草用样点法测定。

(5)不同灌草模式凋落物持水能力比较。对不同灌草建植模式草地的分析表明：与对照(CK)相比，其凋落物量的水文指标差异达到了极显著水平（$P<0.01$）(见表7-3-1，来源：论文原图)；凋落物重量最高的建植模式是T3(灌＋草＋藤)，为0.48t/hm^2，最低的建植模式是T2(灌＋灌)，为0.092t/hm^2，分别比对照提高42.64%和7.36%，表明不同混播组合均能显著提高草地凋落物生物量，但不同建植模式间的差异仍然较大，增量差异最高达35.28%。从表7-3-1可知，各处理的凋落物最大持水量和有效截流量均比对照有所

提高，以 T3 模式最优，分别为 2.849t/hm² 和 2.524t/hm²，为对照的 66.26 倍和 64.72 倍。按植被盖度从大到小排序，6 种建植模式草地为：T1＞T5＞T3＞T4＞T6＞T2＞CK，但前 4 种模式的植被盖度之间无显著差异，为增加植被盖度的较好效果。

表 7-3-1　不同灌草群落凋落物水文性质及盖度

建植模式	凋落物量（t/hm²）	最大持水率（%）	有效截流率（%）	最大持水量（t/hm²）	有效截流量（t/hm²）	盖度（%）
T1	0.178**	624.72**	546.27**	1.112**	0.972**	88.0**
T2	0.092**	645.65**	565.45**	0.594**	0.520**	72.5**
T3	0.480**	593.54**	525.99**	2.849**	2.524**	86.0**
T4	0.412**	479.13**	420.53**	1.974**	1.733**	85.0**
T5	0.196**	566.33**	507.49**	1.110**	0.994**	86.7**
T6	0.437**	589.70**	532.92**	2.577**	2.329**	78.3**
CK	0.011	393.80	352.30	0.043	0.039	27.3

（6）不同灌草混播群落凋落物对土壤的影响。由图 7-3-28 和图 7-3-29 可知，各处理的凋落物的最大持水量、有效截流量、最大持水率与凋落物生物量均呈正相关，凋落物生物量与盖度也呈正相关，其相关系数均达到极显著水平（$P<0.01$）。表明在退化草地上建立灌草草地，随着植被盖度的增加，其植被凋落物呈增加趋势，进而更为有效地增加草地地表的最大持水量、最大持水率和对水土的截流，能更有效地防止水土流失。

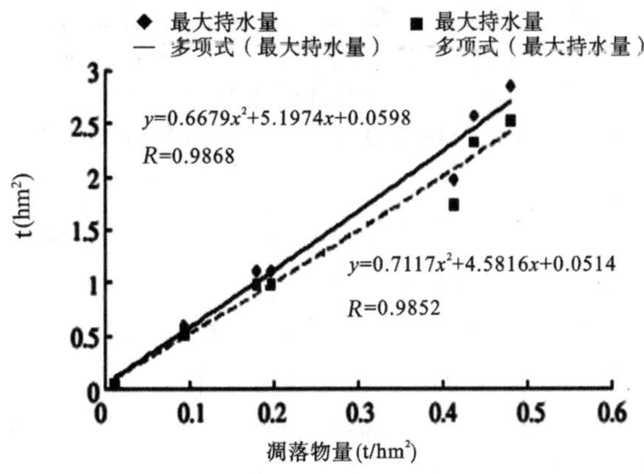

图 7-3-28　凋落物与最大持水量和有效截流量关系

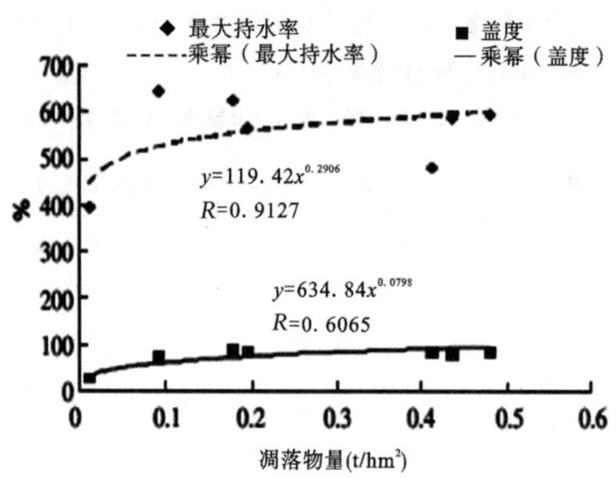

图 7-3-29 凋落物与最大持水量和植被盖度关系

(7)不同灌草模式下草地土壤的稳定性分析。对各建植模式草地中的土壤根量与土体崩塌时间进行分析，由图 7-3-30 可知，土体崩塌时间与土壤中根系重量呈显著的正相关（$P<0.01$），表明土体崩塌时间的长短受草地土壤中根系量的影响，土壤中根系重量越大，越能推迟土体受雨水侵入后的崩塌时间，进而达到防止水土流失和泥石流的形成，增进土体的稳定性。

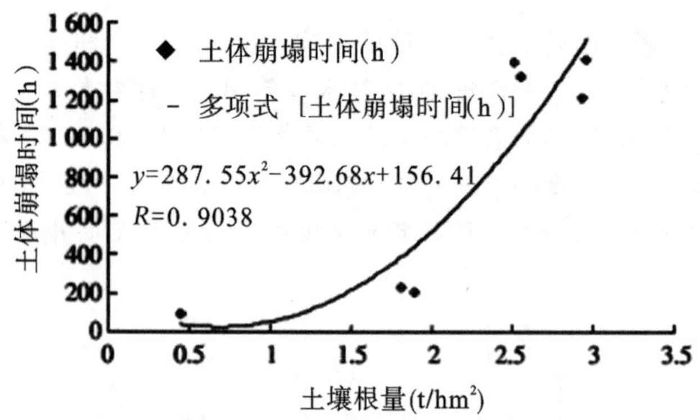

图 7-3-30 土壤根系生物量与土壤崩解时间的关系

(8)结论。研究表明，灌草混播草地显著提高草地植被盖度和凋落物重量。以 T3(灌＋草＋藤)模式最优，植被盖度和凋落物重量分别为 86％和 0.48t/hm^2。本研究中的“灌＋草＋藤”复合型模式及“木豆＋非洲狗尾草＋高羊茅＋大翼豆＋白三叶＋杂三叶”优于其他模式。其中，三叶草的作用主要表现在建植第 1 年，因雨季播种且干热河谷区雨热同季，三叶草迅速萌发和生长，形成了较好的植被覆盖，起到保护草种的作用。但其不能越过干热季节(11—5 月)，第 2 年三叶草全部死亡，所以该建植模式第 2 年以后保留下的植被组成为“木豆＋非洲狗尾草＋高羊茅＋大翼豆”。因此，灌草混播是一种较为合适的建植模式。其增加了地表覆盖度，增加地被凋落物的最大持水量、持水率和对水土的截流，是金沙江干热河谷区退化草地恢复植被和防止水土流失的最佳模式。

由于凋落物状况是改变雨滴冲刷土壤过程、减少水土流失的重要因子，在裸地或植被稀疏的地面上，雨滴直接撞击地面，其动能就转变成侵蚀力，形成溅蚀作用。在建立的灌草草地上，由于提高了植被盖度，加上凋落物的遮截作用，对雨滴有减弱速度或缓冲雨滴直接撞击地面的作用。另外凋落物层增加了地面的粗糙度，从而起到阻挡和分散径流，减缓流速以及促进挂淤作用，并能吸收雨水并使其慢慢渗入土壤下层。同时，凋落物的持水能力与凋落物量、凋落物植被类型、腐烂程度、堆积状态、堆积量、干湿状态等有一定关系。研究中凋落物的持水能力与凋落物量呈显著的正相关，与之前研究结果一致。因研究对象是退化草地，原植被稀疏，本研究实施以后其植被凋落物处于积累初期，在提高草地地表持水量和截流作用明显，但其持续效应有待于深入研究。

实验证明，土壤中的植物根量是提高土壤抗冲刷能力的强大支撑，根系有较大拉力强度，在土壤孔隙中将其周围的细土粒凝聚在一起；同时根系又被其周围细土粒层层包住，如同在土壤中增设了许多微细“钢筋”，所以根系将对土壤起到“加筋”的作用，使土壤整体强度增大。研究中，各灌草复合型草地土壤中根量与土体崩塌时间呈显著的正相关，说明土壤中根系重量越大，土体稳定性越强，越能推迟土体受雨水侵入后的崩塌时间，进而达到防止水土流失和泥石流的可能性。但灌草复合型草地土壤稳定性的根系密度临界值，还也有待进一步研究。

3)干热河谷生态恢复区昆虫群落多样性

昆虫多样性，是生物多样性的组成部分，反映植被生态和水土资源状态。1992 年联合国环境与发展大会通过的《生物多样性保护公约》中，对生物多样性做出如下解释：生物多样性是指所有来源的、活的生物体中的变异性，这些来源包括陆地、海洋和其他水生生态系统及其所构成的生态综合体，包括物种内、物种间和生态系统的多样性。一些学者将生物多样性定义为：不同性质的生命系统不相似的属性，认为生物多样性是每一个生命系统的基本特征，是从分子到生态系统的各个生物级水平所表现出来的基本特征，包括遗传多样性、物种多样性和生态系统多样性。

金沙江干热河谷生态系统退化，意味着多样性的减少。人为干预和修复干热河谷生态，研究昆虫多样性可以证实和评价干热河谷生态修复的成果。以云南省鹤庆县金沙江干热河谷昆虫多样性为研究对象，推演干热河谷生态情况①。

(1)研究概况。鹤庆县位于云南省西北部，干热区面积 27 730hm^2，占全县总面积的 11.6%，处金沙江干热河谷区上段，森林覆盖率 9.4%，森林类型为明油子、华西小石积灌木林，与大面积分布的扭黄茅稀树灌草丛交错分布。近年来，生物多样性保护成为退化生态系统恢复的主要目标之一。目前，退化生态系统昆虫多样性研究相对薄弱，有成果反映恢复过程中的昆虫多样性，而关于昆虫多样性与植被恢复之间的相互影响等涉及甚少。金沙江干热河谷鹤庆段不同类型退化生态系统昆虫多样性初步研究曾见媒体，本研究在此基础上，通过对不同类型退化生态系统恢复中昆虫多样性的季节性调查，了解退耕还林地、灌草丛、灌木林、针阔混交次生林等在其生态恢复和重建过程中，昆虫多样性差异及昆虫群落组成特点，分析导致差异的主要原因，探讨昆虫群落与植被恢复之间的相互影响。

(2)研究选址。试验地点选择鹤庆县黄坪镇境内的退耕还林地、灌草丛、灌木林、针阔

① 李巧，陈又清，等.金沙江干热河谷生态恢复区昆虫群落多样性[J].福建林学院学报，2006.

混交次生林。海拔 1 550 m，2000 年退耕，种植川楝、木豆、圆柏等，灌木有明油子、余甘子等。灌草丛位于河西村，海拔 1 670m。1998 年飞播造林，造林树种为明油子，草本植物有扭黄茅、紫茎泽兰，草高 30～60cm，扭黄茅占优势，部分林地与一些农业用地交错。灌木林位于新泉村，海拔 1 570m，2002 年人工营造川楝、木豆等，草本植物有扭黄茅、旱茅等，草高 60～80cm，与山体上部的云南松疏林相毗邻。针阔混交林位于潘营村，海拔 1 890m，为栎类和云南松为优势种的天然次生林，封育近 50a，林下植物组成复杂，草本植物有野古草、扭黄茅等，草高 40～50cm。

(3)研究方法。在黄坪镇黄坪村、河西村、新泉村和潘营村设置样地，各样地内随机选择 1 条调查样带，样带长 0.5～4km。2003 年 12 月、2004 年 3 月和 8 月分别对各样地进行 1 次调查，调查时 2 名调查人员沿设置的样带行走，通过目光搜索采集所见到的昆虫，同时结合昆虫网扫捕隐匿的昆虫，将采集到的全部标本带回实验室整理、鉴定及分析，运用物种丰富度指数、物种多样性指数、物种优势度及均匀度指数等指标来描述各样地昆虫群落的物种多样性特点。物种丰富度指数采用物种丰富度 S，即物种的数目；物种多样性指数采用 Shannon－Wiener 指数，物种优势度采用 Simpson 优势度指数，均匀度指数采用 Pielou 指数。

经过鉴定和数量统计，共采集昆虫标本 7 351 号，158 种。其中，以同翅目数量最多，有标本 3 813 号，占 51.8%；膜翅目和鞘翅目次之，分别有标本 947、941 号，占 12.9%、12.8%。另外，半翅目和直翅目昆虫也较常见；其他 11 目合计占 5.7%。在昆虫种类上，以鞘翅目最多，有 36 种，占全部种类的 22.8%；其次为半翅目、膜翅目、直翅目和鳞翅目，分别占 17.1%、16.5% 、16.5%、10.1%。

(4)昆虫群落的物种多样性。3 次调查显示，与退耕还林地、灌草丛及灌木林相比，针阔混交林昆虫群落优势度指数最高，物种多样性指数、均匀度指数及物种丰富度最高，具有较高的多样性。灌木林昆虫群落的优势度较低，物种多样性指数、均匀度指数及物种丰富度较高，昆虫多样性仅次于针阔混交林。

针阔混交次生林经多年封育，植物类群组成复杂，生态系统相对稳定，其昆虫种类比较丰富，群落多样性明显高于其他类型退化生态系统。灌木林内植物组成比较单一，而昆虫多样性稍低于针阔混交林，原因有两个方面：首先，灌木林在人工恢复前属典型的稀树灌草丛，以扭黄茅为优势种的草本植物发达，明油子、余甘子等灌木矮小疏生，这种植被类型在长期进化过程中，适应了干热河谷的自然环境，形成比较稳定的植物群落。而飞播造林后，群落受到干扰，其生物多样性势必有所提高。其次，它与云南松疏林毗邻，具有一定的边缘效应。

灌草丛的植物组成和灌木林比较相似，然而在昆虫群落上具有较大差异性，主要原因在于其与农业用地相交错，经常受到农业活动的干扰，这种干扰对于其昆虫物种多样性的增加不利。退耕还林地的人工恢复是生态系统的重建，其昆虫群落既保持了农田生态系统的特点，如分布有一定数量的中华蚱蜢、疣蝗等直翅目类群，又由于一些造林树种的出现而带来新的昆虫类群，如栽植的木豆上有数量较多的筛豆龟蝽和多变圆龟蝽。恢复的初始阶段，昆虫种类较少，多样性较低，雨季的变化尤其明显，退耕还林地昆虫物种数激增，均匀度增加；然而，以半翅目和直翅目占有最大的数量(见表 7-3-2，来源于论文)，对于植被的恢复不利。

表 7-3-2　4 种类型退化生态系统昆虫类群和标本数量

昆虫类群	种数	退耕还林地			灌草丛			灌木林			针阔混交林		
		ⅳ	㊆	㊃	ⅳ	㊆	㊃	ⅳ	㊆	㊃	ⅳ	㊆	㊃
缨尾目 Thysanura	1	0	0	0	0	0	0	1	0	0	0	0	0
蜻蜓目	6	3	5	8	3	0	4	1	1	10	2	3	1
蜚蠊目 Blattaria	1	0	1	2	0	0	8	0	0	3	2	0	0
螳螂目 Mantodea	3	6	4	4	5	6	7	0	3	3	1	0	1
竹节虫目 Phasmida	1	0	0	0	0	0	0	0	0	0	1	3	0
直翅目 Orthoptera	26	18	35	90	63	16	82	82	55	111	10	11	21
革翅目 Demaptera	1	0	0	0	31	2	0	29	0	0	4	0	0
同翅目 Homoptera	9	273	310	52	671	240	11	0	2	5	130	84	35
半翅目 Homiptera	27	31	34	162	109	9	29	53	8	36	25	75	62
缨翅目 Thysanoptera	1	0	0	0	0	0	0	0	0	0	14	0	0
鞘翅目 Coleoptera	36	1	4	62	9	78	161	33	100	207	67	23	196
脉翅目 Neuroptera	1	0	0	0	0	20	0	0	1	0	0	1	0
鳞翅目 Lepiloptera	16	41	29	27	4	11	11	11	2	2	12	24	32
双翅目 Diptera	3	2	0	1	0	0	3	0	4	0	1	1	1
膜翅目 ymenoptera	26	14	26	84	141	46	54	208	85	35	64	37	153

(5)昆虫群落的季节性变化。研究表明，从低温干旱季节到高温干旱季节，昆虫群落的多样性未表现出规律性的变化，如退耕还林地和针阔混交林昆虫物种丰富度下降，而灌草丛和灌木林物种度增加。从旱季到雨季，4 个样地的昆虫群落表现出明显的季节变化。首先，物种丰富度随着雨季的来临迅速增加，物种多样性指数和均匀度指数提高，优势度指数降低，退耕还林地和灌草丛尤为显著。其次，优势种的变化显著，雨季昆虫群落的优势种与旱季完全不同。

(6)结论。退耕还林地、灌草丛、灌木林、针阔混交次生林 4 种不同类型退化生态系统在恢复过程中，昆虫群落在物种多样性、均匀度、丰富度和个体数量上存在较大差异，退化程度较轻的天然次生林恢复时间较长，昆虫多样性明显高于其他生态恢复与重建中的退化生态系统。灌木林由于人工恢复的适度干扰和边缘效应，昆虫群落物种多样性指数、均匀度指数、物种丰富度较高，优势度较低。然而，蝗科昆虫丰富的种类和数量不利于其进一步恢复。退耕还林地由于处于恢复初期，灌草丛因与农业用地交错，受干扰程度较高，在植被恢复与重建过程中，其昆虫群落多样性指数、均匀度、物种丰富度较低，优势度较高；而且群落的优势类群以刺吸类昆虫为主，不利于植被的恢复。

退化生态系统恢复的目标，主要是改善退化生态系统结构，提高退化生态系统生产力和自我维持能力，保护其生物多样性以及保证其各种生态效益功能的正常实现。从昆虫多样性角度来看，退耕还林地和灌草丛的昆虫群落物种多样性较低，需要进一步进行人工恢复。从灌草丛的恢复实践来看，应注意恢复林地的完整性，避免由此带来的过多的人为干扰。

有研究认为，稀树灌草丛是金沙江干热河谷的顶级植物群落，在植被恢复上应以稀树灌草丛为主体。商榷者则认为，应以营造灌木林为主，改造以扭黄茅为主的稀树草原。本研究表明，在金沙江干热河谷地区营造灌木林，对于保护昆虫物种多样性具有积极意义；然而，在恢复过程中，某些昆虫类群如蝗虫，可能对其植被恢复具有阻碍作用。蝗虫在退耕还林地上的作用，是否同鼠类阻碍高山草甸弃耕地植物群落恢复一样，有待进一步研究。

7.3.3.4 干旱干热河谷植被生态修复效果

1)双刃剑与能动性

尽管形成干旱河谷、干热河谷脆弱生态系统的原因存有诸多方面，如山高谷深、地形起伏大、坡度陡、土壤抗侵蚀性弱、地质条件复杂，但这些都丝毫不能减轻人为破坏(如乱砍滥伐、毁林开荒等)和交通能源工程建设扰动等导致生态恶化的罪责。生态是一个十分复杂而又非常脆弱的生命系统，之所以复杂是因为这个系统可能受地球内外能量的扰动、破坏导致失衡；其脆弱性表现在破坏它的平衡相对容易，恢复平衡则相当困难和缓慢。发展经济与科技手段的研究、应用是把双刃剑，人类既可以利用现代科技提升发展的速度和规模，同样也因为使用科技手段和方法加速了生态大范围破坏。

人是生物圈中最优等的种群，人的社会性、高智商和认知及实践能力，一方面能使用先进的方法和工具大规模、毫无理性地破坏生态平衡，另一方面也能发挥其能动性、创造性抗衡和减小自然破坏力。正像毛泽东诗词中展现的那种英雄气概："敢上九天揽月，敢下五洋捉鳖"。换句话说，人类仍具有强大的"正能量"，来改变或恢复干旱干热河谷的健康生态。这种"正能量"，不能指靠单一功能的水土保持工程措施、植被恢复措施或生态型措施，需要集成工程措施、植物措施和生态措施的共同作用，特别是需要较大规模的生态型工程措施，如通过建设大型水库的蓄水、引水、调水等措施，增加湿地面积，改善局地气候及大气环流，彻底解决干旱干热河谷的"旱"和"热"的问题以及降雨时间集中和全年降雨稀少的问题。成功典型的实例之一，就是四川省攀枝花市因为长期大规模开矿和建设，导致常年干旱及林草植被覆盖率低、生物多样性差、水土流失严重。20 世纪末，四川雅砻江流域二滩水电站建设投产后，水库蓄水改善了局地气候，攀枝花市降雨增多，植被生态得到较大程度恢复。

根据近 5 年的水文、水情资料分析，岷江上游干旱河谷区的局地降雨量明显增加。从媒体每年雨季的有关报道和经过此地的游客的感观认识不难佐证：汶川地震灾区的植被生长情况明显好于地震前的状态。同时，汶川地震灾区因强降雨这 5 年每年都发生泥石流、滑坡等地质灾害。岷江上游从都江堰往茂县和都江堰往理县方向，密集分布有数十个水电站，其中的一些水库蓄水，改善了干旱河谷局地气候，有效增加了降雨。在未来几年里，干热河谷最严重区域的金沙江中游、上游部分地区，多个大型水电站将陆续蓄水发电，干热、干旱的河谷气候将发生一定程度的改变。

干旱河谷、干热河谷区域的脆弱生态的一个重要成因，就是在人为乱砍滥伐、毁林开荒之后，原本就表层薄瘠、土壤砂石含量高、保水保肥能力差的山地表土又大部分被流失掉，修复生态应该大范围增加水土保持的工程措施(如松散土质坡体的挡护、排水措施等)和植被恢复性措施。科学及实践又证实，大型水库的运行，可以有效改善河谷局地气候(形成小气候)；流域梯级电站的整体运行，有可能逐渐改善整个干旱河谷、干热河谷的气候。也就是说，无论是自然原因或人为原因，在漫长的历史进程中形成的干旱河谷、干热河谷脆弱生态，也必然经过漫长时间的人为干预、培育过程，才能修复其曾经破坏的脆弱生态。而且，修复生态的最终落脚点还必须借助科技与大型工程，以及大范围的植被培育和保护。

图 7-3-31　干热河谷植被自然修复效果

图 7-3-32　干热河谷人工植被生态园

2)植被生态修复效果

数十年来，干旱河谷、干热河谷生态整体退化的态势难以迅速扭转，但系统的研究和多目标的成功实验，以及局部治理和梯级大型水库的陆续投入运行，也使局域生态展现出希望和大范围修复的生机。为了减少水土流失，提高植被覆盖率，许多专业机构及学者对干旱、干热河谷的水土流失特点、植物种类及生长特征进行了持续研究，选育出了一大批适合该类地区生长的树种和草种，也提出了多种种植模式。干旱河谷、干热河谷区，地形是影响区域水热因子变化的重要因素。研究认为，随着海拔、地理位置和破坏程度的不同，产生出不同的立地类型，即把坡位和坡向作为立地类型划分的主要依据，可以明显地反映出该区的立地分异，为针对性地采取相应的生态修复措施提供依据。具体措施是：针对各区不同的立地特点，分别采取不同技术手段，如水土流失较大的河谷地段，修筑固土防水堤坝以及小谷坊，进行沟头治理；其他地段，采取环山水平沟、带状松土、穴状整地措施，这样恢复植被较有成效。同时，遵循宜草则草、宜灌则灌、宜乔则乔，乔、灌、草相结合原则(干旱、干热河谷植被修复因地制宜见图 7-3-31 和图 7-3-32)，先提高植被覆盖率、改善立地条件，再逐步丰富群落类型。

植被是自然环境的主要构成成分，也是自然生态系统的主体。20 世纪 50 年代以来，干热河谷的植被与水、土壤生态系统一直处于脆弱的退化状态。一些专家认为，从植物演替的过程来看，干热河谷的植被类型由森林类型向干旱灌丛"稀树草地"半荒漠演变，其森林植被和草地植被的生产能力也不断减弱，生态功能下降。①

① 林立金，龚文昌，等.水土保持植物在干热河谷的应用[J].中国水土保持，2008(6).

图 7-3-33　干热河谷工程区人工植被效果

图 7-3-34　干热河谷人工植被实验区

干热河谷的优势植物以旱生特征的植物为主，生物多样性程度低、抗逆性弱，受干扰后自然恢复难。同时，生物生产量低、层次结构单调，不利于植被和土壤生态系统营养物质与能量的循环及流动。柴宗新作者的调查研究表明，稀树灌草丛是金沙江河谷的主要植被，河谷土壤水分和有机质含量低，对植被的承载力很低，只能生长类似稀树草原的植被，种类单一，即普遍具有多毛、多刺、叶小等适应干旱环境的形态特征。此外，植被季相更替明显，干季一片枯黄、湿季又转黄绿色；草本植物发达，灌木矮小疏生、乔木少见。因此，在干旱河谷、干热河谷实施植被生态修复时，植物种类的选择和管护至关重要。尤其是河谷气候和土壤的独特性，决定了植被恢复时所选择的植物种类以及需要满足的特性，即有较强的抗旱性，能抵抗夏季持续高温，能抵御高海拔冬季寒冷，耐贫瘠。

河谷生态修复实践中，按照乔、灌、草搭配的原则，应结合工程措施，辅以农果林复合生产的生态模式，可实现既保护生态环境、维持系统平衡、减少水土流失，又能促进经济发展的目的。刘永祥等作者的研究表明，与草粮间作相比，乔(果)草混交、藤草混交和草草混交可减少土壤流失量 50%～82%。以不同的海拔高度和坡度和不同的植物搭配，进行水平条带状混交的生态防护林种植比较容易存活，有些治理或生态修复实验取得良好效果(见图 7-3-33、图 7-3-34、图 7-3-35 和图 7-3-36)。

图 7-3-35　干旱河谷灌草植被修复实验

图 7-3-36　干热河谷电站乔灌草植物园

7.4　干旱河谷防治水土流失方法与实践

干旱是自然现象，也受人为活动的影响。地球环境因地形、地貌、地势、海拔高度和水域分布差异，形成不同、复杂、多样的气候。尤其是我国，幅员辽阔，跨纬度范围广，离海洋远近差距大，加上高山的阻隔，日照和降雨强度不均，洪涝灾害和干旱年年不断。东南部受太平洋季风影响，形成包括亚热带季风气候、温带季风气候和热带季风气候；西北部分属温带大陆性气候。以温度带划分，有热带、亚热带、暖温带、中温带、寒温带和青藏高原区；从干湿地区划分看，有湿润地区、半湿润地区、半干旱地区、干旱地区之分。而且同一个温度带内，又有不同的干湿区；同一个干湿地区中也包括不同的温度带。因此，在相同的气候类型中，存在热量与干湿程度的差异。也就是说，地理环境的复杂多样，导致气候更具有复杂多样性。

本研究课题所指的干旱河谷，主要是以岷江上游为代表的区域。所谓干旱河谷是湿润性气候下的局部干旱区，属于区域气候背景下的特殊气候带。根据有关文献以及干旱河谷 23 个气象站统计资料，区域年降水量为 300～700mm，而年蒸发量都在 1 500～2 200mm，为降水量的 2～6 倍。有些学者认为，干旱河谷与高山峡谷地貌紧密联系，没有高山峡谷地貌就没有河谷干旱气候。但是，也有许多专业研究的专家、学者认为，干旱河谷并非一直干旱，而是人为砍伐森林，导致植被大面积遭受破坏，水土严重流失后，河谷气候变得越来越干旱。作者认为，无论哪种学说更接近干旱河谷演变的实际，以现代科技和生态修复能力，沙漠尚且可以变绿洲，河谷气候在人为干预下仍可发生良性逆转。实践证明，汶川大地震后，岷江上游的干旱河谷植被生态已呈良性逆转态势。在总结干旱河谷水土保持生态修复方法与实践经验之前，有必要了解或把握有关水土保持生态修复的系统分区，以指导其后续防治水土流失的生态治理。

7.4.1　国内防治水土流失与生态修复分区研究

受资源配置和治理难度影响，目前，国内研究和实验水土保持生态修复大都是专门的科研院所或大学相关专业研究机构，而且研究的内容主要在植被恢复和植物措施的适生选种、培育、土壤分析等方面。一些有实力的水电开发商和公路建设单位，愿意投入大量资金履行水土保持的法律责任或社会责任，但更多的是盲目打造绿化环境或营地景观，很少有从生态修复的角度研究、实践水土保持综合措施。水土保持生态修复是系统工程，水行政主管部门应更多地将行政审批职责转移到关注和监督工程建设单位科学实施水土保持生态修复，将专业研究机构的科研成果转化为防治措施的落实；具体的履责单位也应务实地践行科学治理措施。近几年，有专家、学者对我国水土保持生态修复进行了分区研究，这类成果有利于指导建设单位因地制宜、因时修复、合理投入，但也需要注重细节，确保治理见到实效。

7.4.1.1　防治水土流失分区

1)分区的意义

我国严重的水土流失已成为影响人们生产、生活和国家生态安全，制约国民经济与社会可持续发展的重要因素。据全国第二次土壤侵蚀遥感调查，我国现有水土流失总面积 3.56×10^6 km²，占国土总面积 37.1%，每年流失的土壤总量达 5.0×10^9 t。目前，亟待治理的水土流失面积有 2.0×10^6 km²，而每年的治理速度不到 5×10^4 km²，就目前的投入机制和治理速度，已远远不能满足遏止生态恶化与生态文明建设发展形势的需要。按照稳妥推进、逐步完善的生态修复思想理论体系，必须树立人与自然和谐共处的理念，促进生态自我恢复，加快水土流失治理步伐，改善生态环境。但是，也要考虑到我国幅员辽阔，地跨 30 多个纬度，自然条件、社会经济状况和水土流失情况差异较大，从制约自然修复能力的主要因子即水分、人口密度、社会经济情况等来看，存在差异性较大，而要实事求是地防治水土流失，则必须根据自然规律和社会经济情况，对全国水土保持生态修复进行科学分区，分类指导①。

2)分区的原则

生态系统是在漫长的地球环境里形成的，不同区域和自然特征的生态系统相对稳定地维系着一定的地理空间，适应各自的环境特点。基于此，人类或学界才能客观地将自然界的各类生态系统进行合并与分异，从而划分出相应的研究与利用的区域单元。全国水土保持生态修复分区的核心就是真实、客观、全面地反映出其区域单元的分异规律。其分区主要遵循以下原则和依据。

(1)主导因子原则。水是影响植物生长的控制性因素，而干燥指数(蒸发能力与降水量之比)是反映植物生长立地条件中水分状况的核心指标，故以干燥指数作为划分生态修复一级类型区的主导因子。

(2)水土保持工作分区原则。该原则是按照全国水土流失一级类型区，并依据全国水土保持工作分区，划分生态修复有二级修复区。

(3)行政区划完整性原则。水土保持生态修复受地理条件限制，适宜地域管控。为使分区结果更具指导性和可操作性，结合行政区界进行分区。

(4)区内相似性和区间分异性原则。依据区内相似性、区间差异性和社会经济条件，确定生态修复规划和措施设计。

(5)人口和地带性原则。由于生态修复还与人均土地资源有密切关系，故在采纳主导因子干燥指数的同时，还要考虑人口密度和地带性，以及水土流失强度等方面的因素。

3)界定的依据

(1)主导因子界定的依据。若干燥指数>5，多年平均降雨量<200m 的地区，植物(乔、灌、草)生长非常困难，分区界定为干旱区；干燥指数 2～5，降雨量<400mm 的地区，仅利于灌、草生长(不宜乔木生长)，分区界定为半干旱区；若干燥指数 1～2，降雨量>400mm 的地区，适宜植物(乔、灌、草)生长，属半湿润区；若干燥指数<1，降雨量>800mm 的地区，且利于植物(乔、灌、草)生长，分区界定为湿润区。

(2)水土保持工作分区界定依据。根据土壤水土流失特质，分区界定依据主要以西北黄土高原区、东北黑土漫岗区、南方红壤丘陵区、北方土石山区、南方石质山区、风沙区、冻融侵蚀区等 7 大区为基础。

---

① 冯伟，丛佩娟，等.全国水土保持生态修复类型分区研究[J].水土保持通报，2009，29(5).

(3)行政区划完整性界定依据。根据全国县界图,依据以县级行政区为分区最小单元,能够满足分区的要求。若再行细分,难以保证其完整性。

(4)人口和地带性界定依据。据有关部门及人口调查资料及全国人口密度分布情况,从黑龙江的黑河至云南的腾冲画一条东北至西南的人口线,人口线以东,国土面积占全国面积的43%,人口占全国人口总数的94%;人口线以西,国土面积占全国面积的57%,人口占全国总数的6%。

此人口线跨越水土保持分区中的第Ⅱ区、第Ⅲ区。从全国人口密度分布情况分析,第Ⅱ区和第Ⅲ区的大部分地方,人口密度为1~50人/km^2,人口稀少,人均耕地(草场)占有量较多,有利于开展生态修复。而且,此区域经济欠发达,大面积实施生态自然修复显得尤为重要。因此,从全国范围来看,在第Ⅱ区、第Ⅲ区先行生态修复条件有利、时间紧迫,可以作为修复的重点区域。

4)研究思路和方法

以《全国水土保持生态修复规划(2003—2015年)》和有关课题研究初步成果为工作基础,依据分区原则,将全国干燥指数图(根据主导因子原则初步制成的生态修复一级分区图)和水土保持工作分区图,采用GIS工具(ARC INFO9.0)进行叠加,形成生态修复二级分区图,并从增强地方编制及实施水土保持生态修复规划的可操作性的角度出发,按照行政区划的完整性原则,将一级、二级分区图与全国县界图进行叠加、修正,形成全国生态修复一级分区和二级分区图,并对各区命名一一对应的生态修复类型区,最终完成全国生态修复一级类型区和二级类型区图。然后,将全国生态修复一级类型区和二级类型区图分别与全国人口自然密度分布图、全国人均耕地面积图、全国农民人均收入图进行叠加。以此为基础,对各类型区的自然、社会、经济等基本情况进行分析。

5)分区结果

根据上述分区原则、依据和方法,将全国划分为4个一级类型区和13个二级修复区(见图7-4-1和图7-4-2),具体是:

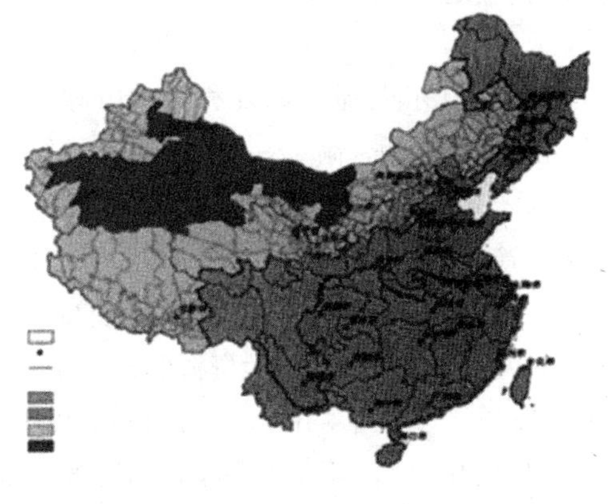

图7-4-1　水土保持生态修复一级分区图

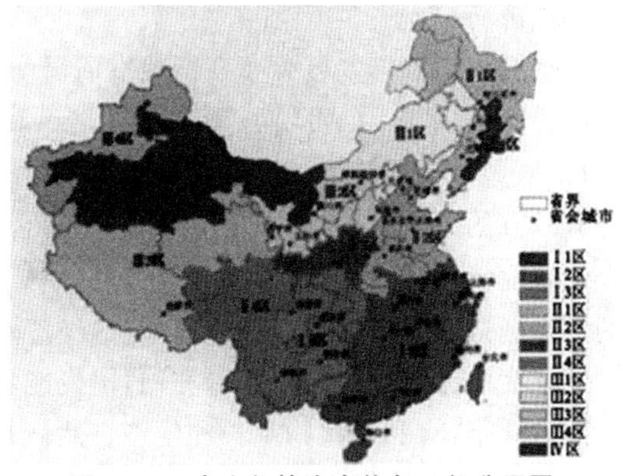

图7-4-2　水土保持生态修复二级分区图

(1)湿润带生态修复一级类型区。包括长白山黑土漫岗区、长江以南红壤丘陵区、四川盆地及其东南土石山区等3个二级修复区；

(2)半湿润带生态修复一级类型区，包括哈尔滨、沈阳黑土漫岗区、北方土石山区、太原、兰州以南黄土高原区、川西及云贵高原石质山区4个二级修复区；

(3)半干旱带生态修复一级类型区，包括内蒙古高原区、太原、兰州以北黄土高原区、青藏高原区、伊犁河谷区等4个二级修复区；

(4)干旱带生态修复一级类型区，包括内陆河流域区、“三化”草原区2个二级修复区(见表7-4-1)。

表7-4-1 全国水土保持生态修复类型区

一级分区代号	一级类型区	二级分区代号	二级类型区生态修复区	年降水量(mm)	干燥指数	干湿类型区
Ⅰ	湿润带生态修复区	$Ⅰ_1$	长白山黑土浸润区	＞800	＜1.0	湿润区
		$Ⅰ_2$	长江以南红壤丘陵区			
		$Ⅰ_3$	四川盆地及其东南土石山区			
Ⅱ	半湿润带生态修复区	$Ⅱ_1$	哈(尔滨)沈(阳)黑土漫岗区	800～400	1.0～2.0	半湿润区
		$Ⅱ_2$	北方土石山区			
		$Ⅱ_3$	太(原)兰(州)以南黄土高原区			
		$Ⅱ_4$	川西及云贵高原石质山区			
Ⅲ	半干旱带生态修复区	$Ⅲ_1$	内蒙古高原区	400～200	2.0～5.0	半干旱区
		$Ⅲ_2$	太(原)兰(州)以北黄土高原区			
		$Ⅲ_3$	青藏高原区			
		$Ⅲ_4$	伊犁河谷区			
Ⅳ	干旱带生态修复区	$Ⅳ_1$	内陆河流域区	＜200	＞5.0	干旱区
		$Ⅳ_2$	“三化”草原区			

6)湿润带生态修复区简况

根据分区设计，以县为单位，应用GIS软件的叠加功能将类型区内各县的相关属性进行统计、分析，结合水土保持工作分区图、中国地貌区划图等，得到类型区的自然条件和社会经济简况。

湿润带生态修复区分布在秦岭淮河以南、云贵高原以东大部分地方和长白山脉以东地区，涵盖黑、吉、辽、苏、浙、闽、沪、粤、桂、湘、鄂、陕、甘、赣、琼、渝、云、贵、川、皖、豫等省(自治区、直辖市)的1 122个县(市、区)，总面积约$2.34\times10^6km^2$。湿润带生态修复区大部分地方的人口密度为100～400人/km^2。在四川省大部、长江三角洲以及沿海地带的人口密度大于400人/km^2，而长白山区的人口密度为1～50人/km^2。此类区域东部省份的社会经济较发达，生态修复有一定的经济基础，但人口密度较大，土地资源相对短缺。

该区内大部分地方降雨量充沛，蒸发能力相对较弱。多年平均降雨量在800m以上，且湿热同季，有利于植物生长和生态自然恢复。除长白山区外，秦岭以南，原生植被为南亚热带、亚热带季风雨林；干燥指数小于1.0，但季节性干旱、缺水因人为用水和污染而时有发生。区内大部分地方的地形、地貌属于全国地貌类型中的一级台阶，地势相对较低。地貌特点是平地与丘陵山地相间，长江以南广泛分布第四系红壤。在水土流失类型中，除福建等沿海省份有少部分风蚀外，其余均为水蚀。水土流失主要发生在坡耕地、稀疏林地、幼林地、管理粗放的经济林地和半裸露荒地，流失强度为中、轻度，少数地方呈强度流失。

7)半湿润带生态修复区

半湿润带生态修复区呈东北至西南斜轴线走向，以哈尔滨、长春、北京、拉萨为一线，包括鲁、冀、京、豫、宁、晋、陕、内蒙古、甘、川、云、藏、青等省(自治区)和东北三省，涵盖 857 个县(市、区)，总面积约 $2.47\times10^6\text{km}^2$。人口密度以西安至哈尔滨一线划分，以东大部分地方为 100～400 人/km^2，其中黄淮海平原的人口密度大于 400 人/km^2；以西大部分地方为1～50 人/km^2。

区内大部分地方属半湿润区，多年平均降雨量超过 400mm，干燥指数 1～2。原生植被：西部为亚热带季风雨林，中东部为温带森林和典型温带森林草原；光热资源丰富，有利于植物生长，但降水量偏小；地形地貌属于全国地貌类型中的二级台阶，地势较高。该区的地貌特点是高原和平原并存。以黄土高原部分和云贵高原大部分别处在该区的中部和西部，平原有华北平原、黄淮海平原和东北平原。云贵高原特有的干热河谷地貌，形成独特的气候条件。很多地方高山与峡谷相间，形成高山峡谷地貌和“十里九重天”的气候特点。水土流失主要发生在东北的黑土地、黄土高原部分地方、华北的半裸石质山地、西南石灰岩区、云贵高原干热河谷区以及西南丘陵山地的坡耕地，以水力侵蚀为主，西南部分地方有泥石流沟发育。大兴安岭部分地方为水蚀和冻融侵蚀交错区，青藏高原部分地方则以冻融侵蚀为主。

8)半干旱带生态修复区

半干旱带生态修复区分布在大、小兴安岭至呼和浩特、银川、西宁、喜马拉雅山一线，呈东西走向，涵盖蒙、晋、陕、甘、宁、青、藏、新等省(自治区)的大部和东北三省小部，包括 377 个县(市、区)，总面积约 $3.37\times10^6\ \text{km}^2$。人口密度除陕、晋等省的人口较多以外，其余地方的人口较少。顺呼和浩特、银川、西宁为一线，以东大部分地方人口密度 50～100 人/km^2，以西 1～50 人/km^2，青藏高原部分地方不到 1 人/km^2。区内大部分地方降水稀少，多年平均降雨量小于 400mm；而蒸发能力强，干燥指数 2～5，水资源缺乏。自然植被为温带灌木林或乔灌林。大部分地方地形地貌属于全国地貌类型中的三级台阶，地势高。区内东北部是内蒙古高原，中部是黄土高原，西部是青藏高原，大兴安岭部分位于该区东部。此区多沙地，著名的毛乌素沙地、浑善达克沙漠位于区内。水土流失类型：除内蒙古高原和黄土高原部分地方以风力侵蚀为主外，其余大部分地方仍以水力侵蚀为主或水蚀风蚀交错，青藏高原以冻融侵蚀为主。

9)干旱带生态修复区

干旱带生态修复区分布在我国西北部，涵盖蒙、甘、青部分和新疆维吾尔自治区，包括 48 个县(市、区)，总面积 $1.61\times10^6\ \text{km}^2$。该区人口稀少、密度小，大部分地方 1～50 人/km^2，有的地方还不到 1 人/km^2。

区内绝大部分地方降水稀少，多年平均降雨量小于 200mm，个别地方甚至小于 50mm，而蒸发能力强，干燥指数大于 5，有的地方甚至高达 100 以上，严重干旱缺水。地貌类型属内陆盆地，有柴达木盆地、准噶尔盆地、吐鲁番盆地、塔里木盆地等；戈壁沙漠与盆地相间,有塔克拉玛干沙漠、库姆塔格沙漠、古尔班通古特沙漠等。

主要的内陆河有准噶尔内陆河、中亚细亚内陆河、黑河、塔里木内陆河、河西内陆河、青海内陆河、羌塘内陆河、额尔齐斯内陆河等。水土流失类型以风蚀为主,雪山高原区为冻融侵蚀。

7.4.1.2　**水土保持生态修复分区治理措施**

1)分区的意义

我国水土流失形势十分严峻,已成为影响人们生产、生活和国家生态安全,制约国民经济与社会可持续发展的重要因素。1998年"三江"大水,2000年春季北方地区多次沙尘暴肆虐,近几年大范围的持续干旱,部分江河长时间断流,都与水土流失加剧、生态环境恶化有着密切的关系。森林、草地、湿地的退化、石漠化与荒漠化等问题,成为我国生态环境恶化的集中体现。其中,水土流失既是导致或加剧洪涝灾害与沙尘暴的直接原因,又是森林、草地与湿地等生态退化的必然结果。在水土流失与生态安全综合科学考察过程中,孙鸿烈院士曾指出:"水土流失是各种生态恶化问题的集中反映,也是生态恶化的后果。"森林被大面积砍伐,人工种植跟不上破坏的节奏,造成森林生态系统退化;坡地过度开垦,加剧水土流失与土地生态系统恶化;草场草地过度放牧,造成草地生态系统退化,其结果都反映在水土流失上①。

水土流失,本质上是地表物质迁移的地貌过程,加速侵蚀是人为因素和自然因素综合作用下的现代地貌过程,其结果往往导致生态系统和土地生产能力的破坏。自然因素中,土壤及其母质状况为水土流失提供了侵蚀源并决定着土壤的可侵蚀程度;流体应力(降水、风)及地形坡度是水土流失的动力条件;覆被条件一方面表现为对侵蚀源的保护作用,另一方面又通过调节侵蚀动力条件而影响水土流失强度。人为因素中,农业生产中过度利用资源,导致植被破坏;坡耕地增加,又加剧水土流失;工程建设中重开发、轻保护,导致人为水土流失加剧。此外,监督管理措施及机制体制的不健全,也影响着水土保持的效率。总之,是人类不当的生产与消费,破坏自然植被后,极大地加剧了侵蚀速率和规模,人为加速侵蚀率远远超过自然侵蚀率。

我国各区域地形、地貌、气候条件迥异,社会、经济发展程度差异显著。根据我国水土保持生态修复分区研究结果,在对14个生态修复区的自然地理条件、社会经济状况及水土流失现状进行综合分析的基础上,针对各区生态环境退化的主要问题及生态修复的适宜性条件,提出各区水土保持生态修复重点和措施非常必要。

2)分区概况

(1)水土流失现状。国内14个水土保持生态修复区的水土流失面积较大的区见表7-4-2和图7-4-3(来源:论文原图表)。其中,Ⅳ区(干旱温带荒漠生态修复区)流失面积$97.6\times10^4km^2$,区Ⅲ1(东部半干旱温带草原生态修复区)流失面积$79.92\times10^4km^2$,区Ⅰ2(湿润亚热带常绿阔叶林生态修复区)流失面积$43.3\times10^4km^2$。

① 第宝锋,崔鹏,艾南山,等.中国水土保持生态修复分区治理措施[J].四川大学学报,2009,41(2).

表 7-4-2　生态修复区水土流失面积与比例

分区号	国土面积 (10⁴km²)	总流失		中轻度		中度以上	
		面积 (10⁴km²)	占国土面积比例(%)	面积 (10⁴km²)	占国土面积比例%	面积 (10⁴km²)	占国土面积比例(%)
Ⅰ1	18.06	3.68	20.39	3.47	19.24	0.21	1.15
Ⅰ2	185.99	43.30	23.28	36.43	19.59	6.87	3.70
Ⅰ3	33.36	6.54	19.61	5.97	17.89	0.57	1.72
Ⅱ1	19.66	0.70	3.54	0.69	3.53	0	0
Ⅱ2	29.91	6.19	20.68	5.97	19.97	0.21	0.71
Ⅱ3	86.78	27.79	32.02	21.97	25.32	5.82	6.71
Ⅱ4	58.20	10.99	18.89	8.56	14.70	2.44	4.19
Ⅱ5	26.66	11.07	41.52	9.73	36.52	1.33	5.01
Ⅲ1	128.35	79.92	62.27	56.10	43.71	23.82	18.56
Ⅲ2	16.05	8.83	54.99	6.78	42.27	2.04	12.73
Ⅲ3	49.35	19.23	38.96	11.31	22.93	7.91	16.04
Ⅲ4	43.16	25.54	59.17	22.26	51.59	3.27	7.59
Ⅲ5	122.60	15.55	12.68	11.37	9.27	4.18	3.41
Ⅳ	138.28	97.60	70.58	44.07	31.87	53.53	38.71

从表 7-4-2 中水土流失面积所占区内国土面积的比例来看，较大比例的区域有Ⅳ区，占 70.58%，Ⅲ1 区(东部半干旱温带草原生态修复区)占 62.26%，Ⅲ4 区(西部半干旱温带荒漠生态修复区)占 59.17%，Ⅲ2 区(西部半干旱温带草原生态修复区)占 54.99%。分析水土流失的强度级别可以得出，中度以上水土流失面积比重较大的区：有Ⅳ区占 38.71%，Ⅲ1 区占 18.56%，Ⅲ3 区(东部半干旱温带荒漠生态修复区)占 16.04%，Ⅲ2 区占 12.73%。这表明了干旱、半干旱地区水土流失面积、强度相对较大，造成这种现象的原因主要是干旱、半干旱地区自然环境较差、生态脆弱。同时，产业结构不合理，人类活动的过度干扰加剧了水土流失。

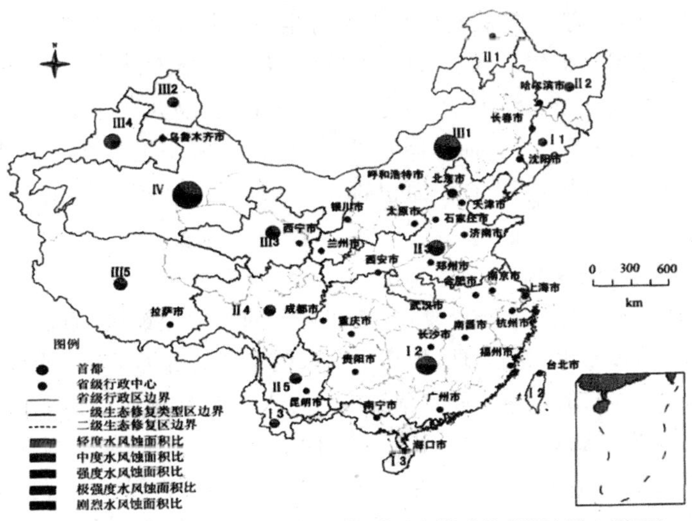

图 7-4-3　生态修复区土壤侵蚀类型面积构成比例图(原文附图)

(2)经济社会概况。以建立的专题图谱数据库为基础,对县级行政区统计各生态修复区相关经济社会状况主要指标数值(见表7-4-3,来源:论文原表)进行分析。

从人口密度及分布特性分析,人口密度较大的区有Ⅱ3区(半湿润暖温带落叶阔叶林水蚀生态修复区),人口密度值为456人/km²,Ⅰ2区为335人/km²,Ⅰ1区(湿润温带针阔混交林水蚀生态修复区)为151人/km²,Ⅰ3区(湿润热带季雨林水蚀生态修复区)为150人/km²,Ⅱ5区(半湿润亚热带常绿阔叶林水蚀生态修复区)为122人/km²。数据表明,我国人口分布极不平衡,在湿润、半湿润地区较为集中,而在半干旱、干旱地区相对较少,且由湿润区向干旱区呈现减少的趋势,形象分析见图7-4-4(来源:论文原图)。

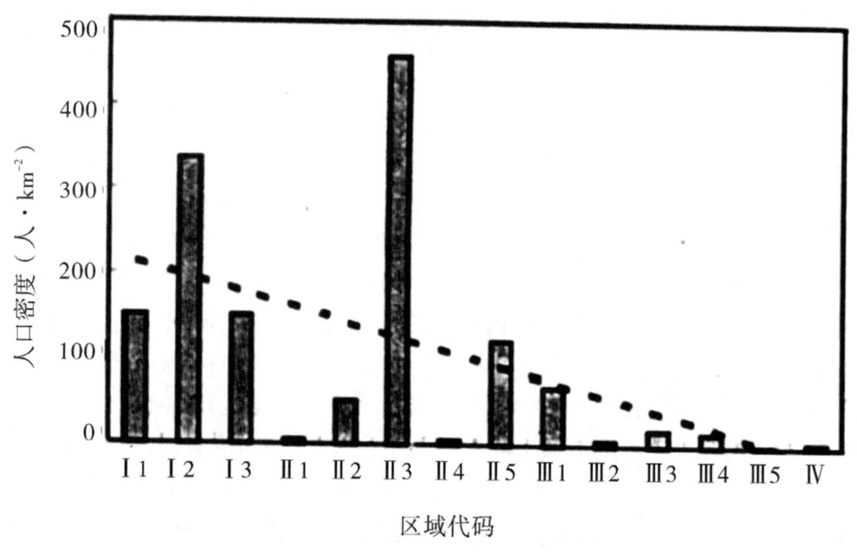

图7-4-4 各生态修复区人口密度

经济社会因素的影响,直接关系到水土保持生态修复工程的投入与效益的发挥。在降水量充沛、经济发展水平较高、但人口密度较大、人均耕地不足的区域,若实行大面积的自然封禁,则会导致人地矛盾突出,人们为了获取粮食,必将出现乱砍滥伐、过牧等现象,致使自然修复的成果毁于一旦。而在降水低于400mm、经济发展水平较低,人口密度较小、人均耕地较充足的区域,若进行大面积的人工治理,则会导致费用增加,生态修复的速度缓慢。

3)水土保持生态修复措施

(1)修复目标。水土保持生态修复,是指在特定的土壤侵蚀区,通过解除生态系统所承受的超负荷压力,按照生态学原理,依靠生态系统本身的自组织和自调控能力的单独作用,或依靠生态系统本身的自组织和自调控能力与人工调控能力的集成作用,使部分或完全受损的生态系统恢复到相对健康的状态。不同退化生态系统,修复侧重点不同:一类是当生态系统受损没有超出系统的负荷并在可逆的情况下,压力和干扰被去除后,修复可以在自然过程中实现;另一类是生态系统的受损为超负荷的,仅依靠自然力已很难或不可能使系统恢复到初始状态,必须依靠人工措施,才能达到良性发展的目标。

表 7-4-3 生态修复区主要经济社会状况表

区域代码	总面积（$10^4 km^2$）	人口			耕地		农业现代化水平
		人口密度（人·km^{-2}）	乡村人口（10^4 人）	乡村劳力（10^4 人）	耕地面积（$10^4 hm^2$）	人均旱涝保收（hm^2·人$^{-1}$）	每公顷耕地农机总动力/（kW·hm^{-2}）
Ⅰ1	18	151	1 301	664	3 868	0.020	1.57
Ⅰ2	186	335	40 327	24 352	42 455	0.026	3.12
Ⅰ3	33	150	3 406	2 184	4 258	0.022	2.80
Ⅱ1	20	6	19	7	545	0.005	1.32
Ⅱ2	30	51	816	390	5 176	0.034	1.17
Ⅱ3	87	456	25 391	15 193	42 052	0.035	4.27
Ⅱ4	58	6	237	156	456	0.013	2.33
Ⅱ5	27	122	2 274	1 590	2 769	0.020	2.62
Ⅲ1	128	70	5 347	2 654	23 585	0.039	1.29
Ⅲ2	16	7	51	15	344	0.096	1.37
Ⅲ3	49	18	534	337	1 555	0.046	2.79
Ⅲ4	43	16	401	150	1 211	0.098	1.74
Ⅲ5	123	2	188	96	355	0.054	2.00
Ⅳ	138	5	446	174	1 411	0.106	2.22

对于退化生态而言，完全恢复到“顶级系统”是没有必要的，也是不可能的。制定生态修复的目标时，更多考虑的是系统功能的恢复，以实现生态系统的自我维持和完善。根据不同的社会、经济、文化与生活需要，制定不同水平的修复目标，主要包括：维护地表基底稳定性，保护和恢复植被、土壤及土壤肥力；保护脆弱生态，维护区域生态屏障；增加种类组成和生物多样性，实现生物群落的恢复，提高生产力和自我维持能力；减少或控制环境污染，防治造成河流、水库及饮用水源的非点源污染；增加视觉和美学享受。

（2）分区修复措施。实施修复应综合考虑环境、生态及经济三方面的效益，通过封育管护、转变农牧业生产方式、调整产业结构、加强农业基础设施建设等多种措施，小治理、大封禁，小开发、大保护，从而促进水土资源的有序利用。

结合各水土保持生态修复区内的水土流失现状、经济社会状况，充分分析生态修复的制约性因素，借鉴已有的部分研究成果，提出各区水土保持生态修复主要措施见表 7-4-4。

表 7-4-4 各区水土保持生态修复主要措施汇总表（论文原表）

区域代码	主要措施
Ⅰ1	保护现有天然植被，恢复退化林地、整治坡耕地
Ⅰ2	合理利用水土资源，提高农业综合生产能力，减少人类活动对生态环境的负面干扰，恢复林草植被，保护和培育土壤资源
Ⅰ3	以坡耕地综合整治及山地灾害防治为主，促进大面积的封育管护，恢复受损热带雨林生态系统
Ⅱ1	调整林业生产结构，从采伐转向营林管护，恢复天然林资源，加强江河源头等重要生态功能区的森林、草地等植被的保护，控制人为的水土流失
Ⅱ2	重点与难点在于处理好生态修复与黑土区商品粮基地建设之间的关系，尽可能使生态环境的保育与商品粮基地建设互为补充，保护有限的黑土资源及湿地资源

续表

区域代码	主要措施
Ⅱ3	防治土地沙漠化扩展及干旱加剧的趋势，加快石质山地造林绿化步伐，开展缓坡修整梯田，建设基本农田，发展旱作节水农业，提高单产，多林种配置开发荒山荒坡，陡坡地退耕还林还草，合理利用沟滩造田
Ⅱ4	以生态保育与工程建设水土保持监督作为本区的重点
Ⅱ5	通过基本农田建设及生态农业建设继续推动天然林保护和退耕还林工程。提高江河源区植被覆盖率，恢复湿地功能，保护生物多样性
Ⅲ1	以治理风蚀荒漠化，防风固沙，加快农牧业产业结构调整，促进草地，矿业废弃地修复，保护水源为主
Ⅲ2	以灌木为主，进行乔灌草相结合的水土保持林、水源涵养和人工草场建设，对于南部的草原植被区应以封育保护为主，重点在绿洲建设工人植被，保护绿洲及草原植被
Ⅲ3	加强对江河源区、绿洲区保护，提高水资源利用率，改造或恢复盐碱地
Ⅲ4	通过保护、改良和改造、人工引导等手段，使现有植被在休养生息的过程中恢复和提高生产力，重点恢复该区水源涵养林和天然牧场的生产力和生态功能
Ⅲ5	以保护现有高寒生态系统为目的，尽量减少人为干扰，即重保护、轻利用
Ⅳ	保护人工绿洲和周边的天然绿洲及荒漠植被，防治绿洲土地荒漠化；对于大面积分布的沙漠和戈壁，其本身不可能也不需要治理，但需要防止其周边扩张对绿洲造成的危害。生态修复的关键是合理配置和应用水资源，要根据水资源条件，以水定修

4)实例分析

(1)生态措施分析。生态修复只有在尊重自然分异规律的基础上，正确分析不同区域生态修复的限制性条件，有针对性采取措施，才能更好地发挥生态系统的自组织和自协调能力，加快退化生态系统的修复。如：福建省长汀县充分利用本区内良好的水热条件，通过一定面积的人工治理，在缓解人类活动干扰的前提下促进大面积的自然修复；黑龙江省海伦市针对区内漫川漫岗的特征，从坡耕地综合整治入手，结合建设或配套水源工程，在有效保护黑土地的前提下促进大面积封育保护；陕西省吴旗县针对畜牧业发展与生态保护之间的矛盾，通过封山禁牧、舍饲养羊的措施，促进了退化草地修复；塔里木河流域针对区内干旱缺水的特点，通过调水等工程，逐渐逆转脆弱植被生态系统。

(2)植被措施分析。森林具有良好的生态功能，植树造林利国利民。但是，植树造林有其地区的适应性，不能违反各地不同的自然生态本底，盲目地植树造林不一定能够改善已经退化的生态。以三北防护林建设为例，项目区域范围总面积达 $394.5\times10^4km^2$，其中，荒漠占 55%，草原和荒漠草原占 20%，在这样的自然条件下，大面积造林，完全违背地域分异规律。年降水量 400mm 以下的干旱和半干旱区，其自然本底是草原生态系统，而不是森林生态系统；在干旱、半干旱区大规模营造防护林，既无助于防范沙尘暴，也不符合水资源短缺的客观实际。

(3)草被不当修复实例。以内蒙古乌海市生态修复工程措施为例，该市地处干旱荒漠草原环境中，乔木树难于成活，但行政决策者在不经专家论证、没有设计方案的情况下，于

1999年9月动员上万个劳力、上千台机械、耗资480余万元，用9天时间，将该市北面33.3hm^{2}的固定沙丘推成平地，2000年4月种植了松、杨、臭椿22万余棵。其结果是树木未成活，反而使固定沙地变成了流动沙丘。

5)分区治理措施优化

干旱生态修复类型区，降水少、人口密度小、生态修复适宜性差，主要以人口集中区，内陆河流域为重点，以采用人工治理和自然修复相结合的措施，统筹协调人与生态用水；农业与牧业用地、利用与保护的关系，促进水源地、草地、绿洲恢复与保护。半干旱区，生态修复适宜性较差，修复的关键在于协调人口增长、畜牧业发展与草地资源承载力的矛盾，以治理退化草原为重点。对于人口密度较小，耕地相对较多，人为干扰较少的中、轻度流失区，宜采取大面积自然修复措施；而对于中度以上流失区，则更多地应采取人工修复为主、自然修复为辅的综合措施。

人口密度较大，耕地较紧缺的湿润、半湿润地区，水热条件利于植被长生；对于人口密度较小的山丘区，生态修复适宜性较好，主要以自然修复为主；而在人口密度大，人地关系紧张的区域，主要以人工修复为主，并结合自然修复的措施进行。此外，应加强开发建设项目水土保持监管力度和惩戒力度，减少人为水土流失。

7.4.2　干旱河谷水土保持生态实验研究

全国水土保持生态修复分区只是粗略分区，实施防治水土流失的措施应该视具体条件而定，即便是同一区域的山地与平原或丘陵与河谷条件差异很大。如本研究课题所涉区域，干旱指数超过2.7，降雨量小于600mm，但每天中午开始由下游往上游方向刮干冷风，飞沙走石，形成干冷河谷。干热河谷、干冷河谷都是干旱河谷的一种特例。与金沙江干热河谷一样，岷江干旱河谷也有其地理环境因素，既多为高山峡谷，也属青藏高原东部的过渡区，地形起伏，山脉、盆地、河谷、坝子等纵横交错，人口较为密集，经济比较发达。计划经济时期，人类砍伐活动频繁，土地退化和水土流失严重。实行市场经济后，人们又过多依赖和过度开发自然资源，以及由于资源开发引起的水土流失加剧、生物多样性锐减和生态环境持续恶化。

在经济高速增长的大背景下，岷江上游少数民族地区经济总量低，官员无暇顾及生态环境。20世纪末、21世纪初，学界才更多关注到岷江上游干旱河谷的生态环境。有关岷江上游干旱河谷的生态研究与实验，与干热河谷相比较少，在2008年汶川大地震后，生物学、生态学、林业科学等专业研究和实验逐渐增多。

7.4.2.1　干旱河谷基础性研究

学者包维楷、庞学勇、李芳兰、周志琼全面系统地阐述横断山区北段干旱河谷生态恢复与持续管理，对国内外有关干旱河谷地区气候、土壤、植被、植物多样性、植物对干旱的适应、生态退化、生态恢复与管理实践的研究现状与最新进展进行了详细论述。同时，着重在原始资料和数据基础上，强化综合研究，总结了十多年来在干旱河谷气候特点及变化趋势、土壤特征及其空间格局、植被组成与更新能力的空间格局、代表性植物群体和土壤对干旱环境胁迫的适应机制、岷江柏生存状态与珍稀濒危机制、乡土植被恢复试验、特色农业发展及其特点等诸多方面取得的研究进展和创新成果，并且较为客观评估了过去30

多年来干旱河谷植树、造林实践及其生态效应，介绍了以乡土植物为目标的植被恢复试验研究进展与成果。基于科学认识，上述学者粗浅提出了干旱河谷生态、恢复与持续管理策略，具体研究包括①：

(1)岷江干旱河谷及其生态保护问题研究。主要有岷江干旱河谷空间分布及其区位优势，岷江干旱河谷的生态环境问题，横断山区干旱河谷研究现状与方向等。

(2)岷江干旱河谷气候时空格局特征。主要有干旱河谷气候基本特征及成因，岷江干旱河谷气候的空间差异性和干旱河谷气温与降水变化趋势分析。

(3)岷江干旱河谷土壤时空间变化。主要有干旱河谷土壤性状空间变化与特点，干旱河谷土壤短期动态变化与特点和干旱河谷土壤水分时空变化。

(4)岷江干旱河谷植物组成及群落特点。主要有乡土维管束植物组成及其功能性状特点，群落结构与物种丰富度的空间格局及特点，岷江干旱河谷中心地段植被的微尺度空间格局，干旱河谷灌丛生物量及其空间分布特征以及干旱河谷豆科植物多样性、结瘤能力及其空间格局。

(5)干旱河谷植物生长繁殖与更新能力。主要有灌木生长繁殖、更新及其空间差异和干旱河谷灌丛自然更新潜力；

(6)干旱河谷植物种子性状及其对环境因子的响应。主要有干旱河谷植物种子性状及休眠特征，种子萌发对温度、水分和光照的响应及种间差异以及多苞蔷薇瘦果性状及休眠特征在海拔梯度上的变化。

(7)代表性灌木群体对干旱环境的适应与策略。主要有植物对干旱胁迫的适应性及相关研究现状，灌木幼苗对干旱胁迫的反应，白刺花幼苗对干旱胁迫与氮施用的反应和灌木叶片生态解剖结构在海拔梯度上的变化及其影响因素等。

(8)干旱河谷土壤对干旱胁迫、施氮及植物生长的响应。主要有土壤对干旱胁迫与不同豆科灌木种植后的短期反应，土壤对干旱与氮施用的反应和野外施氮对白刺花生长土壤的影响。

(9)干旱河谷植被恢复实践评估。主要有传统的干旱河谷造林实践评估，乡土植物种子直播试验包括萌发、出苗、存活与生长，乡土灌木幼苗移栽后的生长分析与评价和白刺花幼苗野外移栽条件下的生长、养分利用对施氮的反应。

(10)岷江柏珍稀濒危机制与保育策略。主要有岷江柏生物学特点，自然分布状况及其变化，岷江柏个体生长过程及其特点，岷江柏结实能力与种子特性，岷江柏木林的区系组成、群落类型、演替动态特点，岷江柏生存环境状况评估，岷江柏种群生态学与自然更新能力评估，岷江柏遗传多样性评估和岷江柏保护与种群恢复策略。

(11)岷江干旱河谷农业发展及特点。主要有岷江干旱河谷农业发展历史，岷江干旱河谷林果资源发展的生态适宜性，岷江干旱河谷农林主要复合经营类型及其演变，岷江干旱河谷农业生产的技术特点和岷江干旱河谷生态农业发展的优势与存在的问题。

(12)干旱河谷生态恢复及持续管理策略。主要有干旱河谷生态恢复与管理实践的基

① 包维楷，庞学勇，李芳兰，等. 干旱河谷生态恢复与持续管理的科学基础[M]. 科学出版社，2012.

本认识，干旱河谷生态恢复与持续管理策略，干旱河谷生态恢复目标、途径与方法；还有岷江干旱河谷维管束植物及其性状附表。

7.4.2.2　**干旱河谷实验性研究**

干旱问题是世界性难题，干旱河谷的植被生态修复与水土流失治理更是难题中的难题。近年来，中科院成都生物所、山地生态所等科研机构在岷江上游干旱河谷建立了植物实验基地和生态观测研究站，观测研究站确定 3 个中长期研究方向及研究内容：

(1)沟蚀崩塌机制及其环境影响(方向 1)。主要内容包括冲沟的类型、发育规律及其形成机制；崩塌的动力学机制；沟蚀与崩塌的联动作用机制；沟蚀崩塌的环境效应；沟蚀崩塌的防治技术与模式。

(2)干旱河谷生态系统的生态过程与植被恢复(方向 2)。主要内容包括干旱河谷区水循环的特殊性规律及其机制；径流泥沙过程的尺度效应及其环境响应；沟蚀崩塌与植被恢复的耦合机制；自然和人工恢复生态系统的生态过程规律及其机制；自然因素(气候变化)和人为活动对干旱河谷区自然和人工恢复生态系统的影响与应对途径；健全生态系统的结构功能及其形成机制；退化生态系统的植被恢复技术与示范。

(3)干旱河谷区生态系统的适宜性模式与管理(方向 3)。主要内容包括植被(农作物)对水、热迫胁的响应过程与耐性特征；植被生长过程中水热光的耦合机制；生态系统对水热光资源的高效利用技术与模式；自然和人工生态系统模式的适宜性评价；人为活动在生态系统中的规范和允许行为指标与生态系统的管理等。

7.4.2.3　**干旱河谷植被恢复环境研究**

干旱河谷显明特征是河谷植被受制于干旱气候，大多数植被为低矮的灌丛、草丛植被。即便是雨季，一场雨满山绿，一天太阳全变蔫。这与热带、亚热带和温湿地带性植被性质完全不同，也有别于一般干旱气候区植被性质。最为重要的是此类河谷存在一股“逆水而流”的“干风”，使水分蒸发特别快。

自然恢复干旱地区尤其是干旱河谷经人为破坏的植被和生态是世界性难题！也只有少数生态科学家、学者耐得住寂寞和忍受长期无获成果的牺牲。20 世纪末至汶川地震前，开展的研究仅限于宏观粗线条小范围，适应性试验成果有限。不过，有些研究如中国科学院成都生物研究所包维楷、陈庆恒等的成果值得引鉴①。

1)研究概述

岷江上游干旱河谷地区，主要分布于松潘镇江关以下，经茂县凤仪镇至汶川县绵篪间的岷江正河，以及黑水县的西尔以下的黑水河谷和理县杂谷脑以下的杂谷脑河谷等岷江支流。位于 103°14′E～103°45′E，31°21′N～31°44′N 之间，海拔 1 200～2 200m 的沿河狭长地段，主要植被均为旱生灌丛、草丛，盖度大多在 20%～30%，个别地段达 60%，层次结构单一。所有种类基本上均是阳性的，主要灌木种类有白刺花、川甘亚菊、甘川紫菀、粘莸、刺旋花、毛黄栌、虎榛子、四川扁桃、铁杆蒿等，呈现多毛、具刺、叶小、质厚、低矮或匍匐等旱生半荒漠化景观；气候干燥，降水少而不均，蒸发量极大；土壤瘠薄，具粗骨性，干旱，

① 包维楷，陈庆恒．岷江上游干旱河谷植被恢复环境优化调控技术研究[J]．应用生态学报，1999(05)．

缺水；除湿季(5—9 月)外，其表层(0～20cm)含水量均接近或低于植物凋萎含水量，土壤三相(液、气、固)比例失调，养分缺乏。

岷江上游干旱河谷区水土流失强烈，滑坡、泥石流等地质灾害频繁，严重制约其少数民族地区经济社会的持续发展，一直是长江上游植被恢复十分困难的地段。汶川大地震前，干旱河谷一直呈退化发展趋势，不仅面积扩大，更主要的是环境退化程度持续加剧。尽快恢复和重建植被，抑制环境退化已刻不容缓。多年以来，农林业者坚持进行造林探索，但收效甚微。研究表明，土壤环境条件恶劣(水分不足和养分贫乏)是干旱河谷植被恢复困难的关键障碍，植被恢复与重建必须从抗耐旱、耐土壤瘠薄和盐碱性强的灌木和草种的选择、造林技术措施的优化组合、人工植物群落结构的合理配置、适时的管理技术措施的应用等入手。针对岷江上游干旱河谷植被恢复与重建的土壤环境障碍因子，通过现场试验和定位观测，寻求改善植被重建与恢复的土壤环境的优化(造林)技术措施，结果拟应用于生态治理实践。

2)研究区条件与方法

(1)研究区自然条件。试验设在岷江上游植被恢复最为困难的干旱河谷中心茂县凤仪镇，区内海拔 1 600～1 750m，阳坡，坡度 27°。根据离试验地 500m 远的茂县气象站多年观测，该区年均温 11.0℃，年降雨量 495mm，年蒸发量 1 358mm，全年日照时数 1 557.1h，年平均风速 4.2m/s，突出特点是年蒸发量大，风大风频；土壤为千枚岩残坡积物发育的褐土，ph 值 8.0～8.4，石砾含量超过 50%，全氮含量 0.235%，全磷含量 0.04%，全钾含量 2.76%，有效磷极微；土壤含水变化大，旱季的 3 月最低仅 5.85%。

(2)栽培时间优化。试验分 3 组：

第 1 组，第 1 年雨季前整地，次年雨季栽植；

第 2 组，头年雨季前整地，同时点播豆科绿肥沙打旺，第 2 年雨季栽植；

第 3 组，雨季时随挖随栽。

试验当年(1994 年)同时栽植同一批刺槐两年生苗，进入枯水期前进行成活统计；第 3 年再进行存活统计。需说明的是，前期物种选择结果：该区适宜的物种有油松、臭椿、刺槐、岷江柏、侧柏、大果柏、黄栌、扁桃等，其中刺槐在同一天中的蒸腾耗水量最大，抗旱性相对最弱；若刺槐在本试验中表现良好，则表明本试验优化(造林)技术措施也实用于其他树种，故选刺槐作本试验对象。

(3)整地方式优化。整地的 3 组试验中：

第 1 组，第 1 年采用鱼鳞坑整地；

第 2 组，第 1 年采用水平沟整地；

第 3 组，第 1 年不整地。

第 2 年同步观测 30cm 深处土壤含水变化，同时栽植同一批刺槐两年生苗；进入枯水期前进行成活统计；第 3 年再进行存活统计。

(4)栽植坑大小优选。试验 6 组规格(口径×坑深度)：

第 1 组，50cm×20cm；

第 2 组，50cm×40cm；

第 3 组，50cm×60cm；

第4组，30cm×30cm；

第5组，60cm×30cm；

第6组，80cm×30cm。

试验第1年4月开始栽，8月进行成活统计；次年8月进行存活统计。

(5)栽植坑覆盖物优选。试验6组处理：

第1组，石块 $S<20\text{cm}^2$ 覆盖；

第2组，现存灌丛覆盖；

第3组，残枝叶覆盖；

第4组，农作物马铃薯覆盖；

第5组，两年生沙打旺覆盖；

第6组，无覆盖。

对此6个组进行土壤10cm深处含水动态观测。

(6)土壤改良措施选择。土壤改良措施设置3组：

第1组，种植豆科固氮植物沙打旺；

第2组，施磷肥每坑50g，二者同时施用；

第3组，无处理作对照。

次年8月进行保存率统计。

3)结果分析

(1)整地与栽培时间分析。试验结果及分析得知，第1年雨季前整地，次年雨季栽植的第1组和头年雨季前整地，同时点播绿肥沙打旺，次年雨季栽植第2组两种选择均较好，方差检验无明显差异；而第3组雨季时随挖随栽效果差，尤其反映在保存率上。考虑到沙打旺的培土效果，第2组处理为优化选择。

(2)整地方式。不同整地方式，其汇水、蓄水和保水能力不一样。通常，植物生长要求土壤水分相对稳定；土壤水分变化大，易于造成间歇性干旱，不利于良好生长。试验表明，不整地的土壤水分年平均值低且变化大；而鱼鳞坑整地含水率年平均值提高，土壤水分也相对稳定，土壤水分得到有效改善，利于植物生长。但比较起来，水平沟整地最佳，改善土壤水分状况最为有效，尤其在植物生长开始而土壤严重缺水的春季(见图7-4-5，来源：论文原图)。刺槐苗栽植结果进一步证明，水平沟整地刺槐苗成活率达96.3%，较鱼鳞坑整地提高8%，存活率达90%，较鱼鳞坑整地提高12%。图7-4-5为水平沟、鱼鳞坑和不整地等3种不同整地方式下，土壤含水率变化情况。曲线Ⅰ表示水平沟土壤含水率变化，曲线Ⅱ，表示鱼鳞坑土壤含水率变化，曲线Ⅲ表示不整地的土壤含水率变化。

(3)栽植坑大小。岷江上游干旱区土壤浅而薄，含砾量大。栽植坑大小，一定程度上反映出树苗根系活动空间大小，也决定着其地表汇水面的大小。因此，对植株栽培影响较大。试验结果表明，坑口径大小(30～80cm)与深浅(20～60cm)对植株成活率影响较为显著，对保存率影响(见表7-4-5)更大。口径为50cm的坑深，保存率高；深度为30cm时，坑面越大，保存率越高。表明松土体积越大，越有利于植物生长。综合分析研究区的具体土壤条件，以30～50cm深50cm口径的中坑为好。

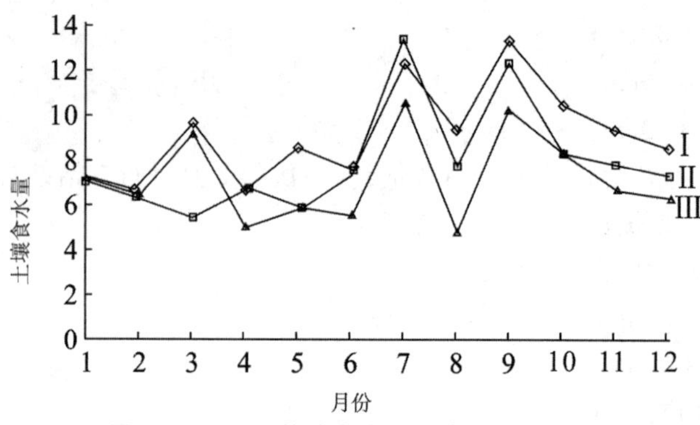

图 7-4-5　不同整地方式下土壤含水率变化

表 7-4-5　植株在不同大小栽植坑中刺槐苗成活率与保存率差异(原表)　%

	50cm×20cm	50cm×40cm	50cm×60cm	30cm×30cm	60cm×30cm	80cm×30cm
成活率	91.5	—	91.0	91.0	—	90.3
	—	82.5	87.5	84.0	85.5	87.5

(4)栽植坑覆盖物选择。土壤蒸发量大,是岷江上游干旱河谷区土壤缺水的重要原因之一。抑制土壤蒸发,有利于提高土壤含水量。由图 7-4-6(论文附图)可见,地面覆盖对土壤蒸发的抑制是有效的,覆盖可显著改善土壤含水状况。图 7-4-6,表示不同覆盖处理下植坑 20cm 层土壤含水率变化情况。其中,曲线Ⅰ表示裸地情况,曲线Ⅱ表示块石覆盖的含水率变化,曲线Ⅲ表示灌丛覆盖的含水率变化,曲线Ⅳ表示枯枝叶覆盖的含水率变化,曲线Ⅴ表示作物覆盖的含水率变化情况。

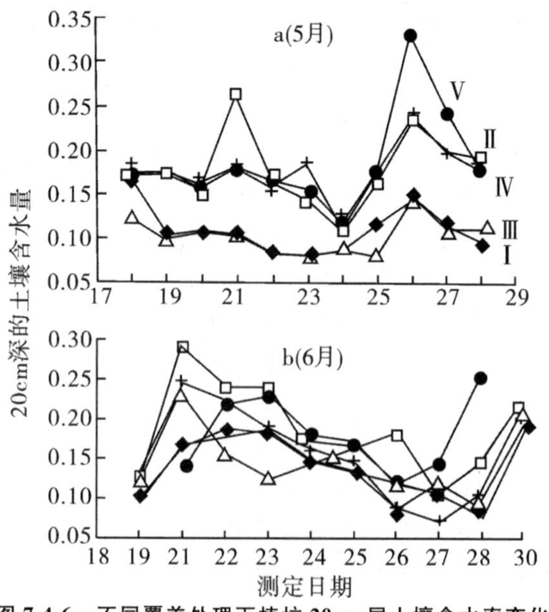

图 7-4-6　不同覆盖处理下植坑 20cm 层土壤含水率变化

从不同覆盖物条件下近半月的土壤 10cm 层的水分含量动态变化(图 7-4-6a 为 5 月)来看,作物覆盖、石块覆盖和枯枝叶覆盖改善作用十分明显。5 月正是干旱河谷植树造林成活与保存的关键时期,此时土壤的最低含水率决定着苗木的命运。从最低含水率来看,石块覆盖仍有 11%,作物覆盖也有 12%,枯枝叶覆盖仅为 8.4%,灌丛为 8.8%。显然,石块覆盖和作物覆盖保水效果较好。图 7-4-6b(为 7 月)也表明,沙打旺覆盖和作物覆盖效果最佳。综合分析,石块覆盖和沙打旺覆盖最适宜于岷江上游干旱区荒山荒坡造林推广,因为该地段土壤石砾含量高,可就地取材,沙打旺是固氮绿肥兼饲料植物,可改善土壤养分和提供一定的饲料。作物覆盖效果好的根本原因是其土壤多年耕作,长期培肥,土壤理化性质明显优于荒山荒地。枯枝叶覆盖前期也有较好的效果,但随着气候的较长干旱,其效果明显减弱,抑制蒸发的能力不稳定,同时该区多风,风力强、风速大,枯枝叶易风干,干后易被风吹走,防止土表蒸发效果差。

(5)土壤改良措施。试验证明,研究区土壤养分不足,缺氮少磷,限制林木生长。因此,土壤肥力改良措施对造林尤其是成活后肯定有促进作用。3 年的试验结果证实,施磷肥,提前种植沙打旺,以及二者的结合均较对照样本明显提高保存率。效果最好的是施磷肥与提前种植沙打旺二者结合,其处理后保存率达 91.2%,较对照提高 12.6%。这是岷江上游干旱河谷区困难地段造林时,土壤改良的优化处理技术措施之关键。

7.4.3　干旱河谷水土流失的治理实践

7.4.3.1　岷江上游干旱河谷水土流失治理实践

据有关资料,岷江干旱河谷面积约 720km^2,退化面积超过 72%。整个退化区域水土流失剧烈,植被稀疏覆盖度低,地质灾害严重。在岷江干旱河谷大规模修复植被生态,需要持续投入和管护,才能产生生态效益。长期以来,我国土地制度严重抑制土地生产力的提升和水土生态的持续改善。土地所有权或永久性经营权没有落实之前,任何人(包括农民)不可能作无效投入和持续管护,完全依靠国家长期高成本投入不现实。那么,政府应该尽快出台和明晰土地权属制度。修复脆弱的河谷水土生态,以作者的实践经验,可以先从水气条件及土壤条件较好的河谷滩地和山顶缓坡部分采取“两头夹击”的办法,乔、灌、草混植,逐渐向半山推进。通过改善小片、成片的局域植被,最终修复干旱河谷整体生态。

1)震前震后差别

汶川大地震前,岷江干旱河谷密集的水电站建设和大规模的公路交通工程建设,其破坏的速度远远大于以科学研究为目的植被生态试验恢复,以至于长期从事科学研究的学者对干旱河谷的生态治理及修复缺乏信心。针对岷江干旱河谷植被生态修复问题,中科院成都生物所研究员包维楷在接受《科学时报》记者采访时表示:“只有土壤条件好、干旱程度轻的局部地段可通过造旱生林恢复退化的生态。”岷江干旱河谷受自然环境条件的制约,若要大面积整地造林,成本极高且可持续性很差。包维楷研究员告诉媒体,该区域自然植被主要是灌丛、草丛和疏林,即使栽种乡土耐旱树岷江柏,虽然在大多数地段能成活,但几乎都只是几十厘米或 2m 多高的“小老头树”,根本无法成荫成林。并表示:“在岷江干旱河谷,以恢复森林为目的而大量植树造林,本身就违反了自然植被演替规律。”

岷江干旱河谷土壤贫瘠、缺乏水分，也缺少坡地水利设施。因此，干旱河谷总体上无法满足树木正常生理代谢生长条件。按这些专业研究人员的结论："河谷植被保存率很低，且生长速度缓慢；另外，工程建设、放牧、砍柴、挖药等人为活动干扰，也制约植被恢复进程。"的确，岷江干旱河谷年总降水量只有 400～600mm，蒸发量却在 1 300～1 900mm。但是，相当多住在半山的农民，利用一个不大的水池，不仅解决生活用水，而且在房前屋后种植的果树、蔬菜长势良好。汶川大地震后，无论是否归因于地震，岷江干旱河谷的降雨量明显增加，大规模灾后重建使植被生态显著改善，很多树木在缺乏管护条件下也都绿叶成荫。这个结果在一定程度上颠覆一些专家的研究结论。

2)单一治理的功能局限

站在山地生态角度，许多研究都集中关注到滑坡、泥石流、崩塌等地质灾害或次生灾害方面；站在植树、造林的角度，林业、农业部门更多地关注林、木或苗木的存活，很少有从生态修复的根本上采取综合措施，集产业、产权、生产、经营、产品社会化服务等综合一体化和系统全面的角度研究、考虑山地生态以及干旱河谷生态的修复问题。当然，地方政府职能、职责缺失，也是干旱长期成为问题的关键。我们有很多研究项目，是为了项目而研究，或为了经费和成果晋升职称而研究，导致各专业各说各话，简单问题变得很复杂。正如前面所提到：干旱河谷，农民迁到之处，果树、蔬菜生产并不像专业研究者描述得那样困难。对于干旱河谷的生态修复，盲目乐观和盲目悲观都不可取。还有的部门，不按科学方法实施，拿到研究经费就乱整，不仅造成投入损失，而且加重生态恶化。

根据中科院成都生物所研究员包维楷调查：一些地方为解决缺水的问题，当地的林业部门在坡上划出大片水平阶整地或坡改梯，把植被种在水平梯上，拟通过坡面截住降水。实际上水平梯不但没有起到拦截作用，反而因切割坡面、破坏地表植被与土壤生物结皮，引起严重风蚀，导致土壤退化。此外，退化土壤又严重影响原有植被生长。包维楷研究员认为，这种植被恢复策略是不适合干旱河谷的，当地有关部门不只栽树方式不对，连树种选择也是错的，即以乔木为主要树种造林，耗水量相当大，这对本就缺水的干旱河谷无异于雪上加霜。

3)植被需尊重自然规律

干旱河谷生态治理，水土流失是生态修复要解决的关键生态问题。也就是说，若能将核心地段植被覆盖率(包括生物结皮)能达到 60%～70%，就能有效控制水土流失，同时能形成自然更新恢复能力。在此基础上加以保育，就能实现干旱河谷主要生态功能的整体恢复。那么，如何才能提高岷江干旱河谷植被恢复中的保存率？地震前，中科院成都生物所研究人员采取了 3 种措施：

(1)保育现有乡土灌草植被，并在适宜的地段开展植被恢复；

(2)选用抗旱性强的乡土灌木或草本植物材料，试验适生品种；

(3)改善栽培环境条件。

在对干旱河谷采取封禁和生态恢复研究过程中，研究人员筛选出了上百个植物品种，如：喜阳、耐旱的乡土草灌物种，发展了种子直播与苗木栽培技术；并选择花椒、沙棘、苹果、枇杷、青脆李、葡萄等经济林木，在村镇周边退化区域进行栽种，促进了当地居民增收，同时极大地改善了局域生态环境。研究人员还通过在植被斑块旁播种、在裸地的生物结皮上播种、在小的侵蚀沟治理同时播种，取得了初步成效，有效控制了水土流失，提高了植被覆盖度，遏制了环境退化，这些技术方法需要大面积推广中继续完善和发展。

实验证明，干旱河谷中生态环境空间差异非常明显，不同区域采用的治理途径及物种应有所不同。另外，边缘区植被恢复可考虑灌木林与森林恢复为目标，采用乡土树种造林。

7.4.3.2 西藏干旱河谷水土流失治理研究与实践

通常，干旱河谷、干热河谷都分布在海拔800～1 800m范围的高山峡谷地段。西藏干旱河谷在金沙江、怒江、澜沧江和雅鲁藏布江流域的中、下游高山峡谷地区分布广泛，生态环境十分脆弱，水土生态环境退化明显。西藏，作为亚洲的“瞭望塔”，在军事战略上地位十分重要；而作为“水塔”，其水土生态环境事关大半个中国的生态安全。西藏也是我国重要的旅游目的地，保护西藏的生态环境，修复和改善日益退化的干旱河谷生态非常必要，意义重大。

1)西藏干旱河谷概况

西藏河流众多，流域幅员辽阔，自然条件优越。长期以来，在自然和人为因素的作用下，西藏干旱河谷生态环境呈现退化趋势，恶劣的生态环境不仅制约了干旱河谷区的经济与社会发展，破坏了流域生态系统，而且给流域的防汛和水资源综合利用带来了不利影响。河谷生态退化已成为亟待解决的环境问题。

(1)地理位置。西藏的干旱河谷大部分分布在金沙江、怒江、澜沧江和雅鲁藏布江流域的中、下游高山峡谷地区，如位于雅鲁藏布江中游的加查县、朗县流域，位于澜沧江中、下游的盐井段、竹卡段，位于金沙江流域的朱巴笼段等，都是典型的干旱河谷区。

(2)西藏干旱河谷的成因。西藏干旱河谷原因之一是当地的降水量远小于蒸发量，年均降水量普遍少于400mm，且分布不均，而年均蒸发量与降水量的比值超过3，降水量远小于蒸发量。此外，干旱河谷的形成与特殊的地形地貌、海拔有直接关系。当气流在行进过程中，遇到高山，在山的迎风坡常形成多雨区，在山的背风坡形成炎热而干燥的气候环境。西藏河流部分地段分布在高大的峡谷之间，处于峡谷山体的背风坡，很容易形成干旱河谷。

(3)西藏干旱河谷的危害。西藏干旱河谷山高谷深，可耕地面积很少，不利于人们生产生活，造成自然的热量资源严重浪费；植被稀少、干旱等自然因素使当地生态系统十分脆弱；干旱河谷区土层浅而贫瘠，植被稀疏、水土流失非常严重，滑坡和泥石流等山地灾害频繁发生。除少数山间盆地(坝子)、阶地、冲洪积扇土壤耕作层较厚外，其他地方耕作层较薄，严重制约了当地农业生产的发展。

2)生态恢复理论在西藏干旱河谷的早期应用

(1)恢复生态学理论。何丙辉、廖纯燕等认为，生态恢复最本质的目的是恢复系统的必要功能，并具有系统自我维持能力。西藏干旱河谷生态修复的目的，就是恢复干旱河谷生态系统的必要功能并使其具有系统自我维持能力。恢复生态学的研究对象，是那些在自然灾害和人类活动压力条件下，受到损害的自然生态系统的恢复与重建。因此，西藏干旱河谷生态恢复必须研究该生态系统在自然灾害(旱灾、泥石流、滑坡等)以及人为活动(不当耕作、过度放牧和砍伐等)条件下的恢复和重建。

(2)基础生态学理论。生物的生存和繁殖，依赖于各种生态因子的综合作用。其中，影响生物生存和繁殖的关键性因子就是限制因子，系统的限制因子强烈地制约着系统的发展。根据生态适宜性原理和生态位原理，在西藏干旱河谷生态恢复设计中，应根据干旱河谷的生态环境因子选择耐旱的生物种类，使其与生态环境条件相适宜，并且要避免引进生态位相同的物种，尽可能使各物种的生态位错开。

西藏干旱河谷的生态恢复的限制因子是水分、土壤等。在恢复过程中应先种一些耐旱性极强的草本植物保持土壤，进一步营造耐旱灌木，逐渐改变水分这一因子，从而实现改变植物的种群结构。此外，最大限度地利用本地乡土树种，结合本地具体实际，使防护林、经济林、草地、农田相嵌配置；耐旱物种（乔、灌、草）、经济林木、中草药，水平、立体配置，增加物种多样性，强化其系统功能；同时利用就地保护办法，保护自然生境里的生物多样性，促使当地居民对资源的可持续利用。

（3）景观生态学理论。景观生态学是研究景观单元的类型组成、空间格局及其与生态学过程相互作用的综合性学科，西藏干旱河谷的生态恢复以景观生态学理论作指导，配置所要恢复的各种要素，使其具有合适的空间构型；以生态系统为基点，在景观学尺度上进行实践、设计与表达。

3）西藏干旱河谷生态恢复的模式

生态系统的结构决定其功能，结构又受人为控制。西藏干旱河谷生态恢复应从结构入手，进行人工植物群落的设计和配置，以期提高生态效益，实现生态价值。西藏干旱河谷地带狭长、小面积分布，不适合大规模的农业生产。为达到干旱河谷生态恢复和当地农民增产增收目的，结合西藏干旱河谷的具体自然条件，提出以下具体实践模式。

（1）果农模式。即采种核桃＋小麦或配置青稞/豆类/辣椒/马铃薯等。果树与农作物间作模式，是人类长期模仿自然群落、满足生产和生活物质需求而建立起来的，其目的是获取经济效益。如果在干旱河谷地区单纯种植某一品种如核桃，土地覆盖率较低，且核桃的经济效益要等到6～8年才逐渐显现。因此，在种植核桃幼苗的地上种植小麦、青稞、辣椒或马铃薯等，可以在管理农作物的同时对核桃进行肥水供给，有效地促进核桃的生长，甚至可以使核桃提前结实。该种植模式资源利用率、光能利用率以及系统生产力都能够得到明显提高，其已在林芝朗县仲达镇、朗镇、洞嘎镇试行成功，成效显著，值得向有灌溉条件的干旱河谷地区推广。

（2）椒农模式。即花椒＋马铃薯间作。花椒是贫瘠土壤上的优良水土保持经济林木，在干旱河谷生态恢复过程中，花椒被广泛利用，或是单种，或是与农作物间种。对于无灌溉条件的干旱河谷区，采用花椒与马铃薯间种的模式，可以大大提高光能利用率。

（3）林药模式。即防护林＋贝母或党参。在西藏干旱河谷部分地区，采用防护林加药材种植的模式，即种植耐旱的柳树，对防御当地恶劣的自然环境起到改善环境和维持生态平衡作用，又可在空地种植一些具有经济价值的药用植物如贝母、党参等。这种模式能够防止水土流失，又能创造经济收益。

（4）林牧模式。即防护林＋牧草。该模式类似于林药模式，但比林药模式更能适应恶劣的环境。在防护林的持水保土和防御风沙的保护作用下，为当地牲畜提供牧草，从而为牧民增产创收。

以上的模式，有的已经在实际生产中应用并得到肯定，有的只是根据地方实际并结合生态恢复理论提出的建设性方案，其生态效益有待于进一步实践验证。

7.5　工程植被新技术

在巨量的人口和巨大就业压力下,高速增长的经济就像脱缰的野马一时难以稳住它适度的前进步伐,以至于生态环境这个事关国家、民族生死存亡的问题没有引起足够重视,环境保护的专业研究工作者则成了"阻碍经济发展"的社会"弱势群体"。纵观历史,无论封建社会历朝历代多么严苛,总会有仁人智者发出"微弱而忧患"的声音。何况,当代正处在改革开放的时代,党和中央政府正在纠正经济发展偏离的航向,这也说明科学和真理终将被大多数善良的人们接受、利用。

随着水土保持生态研究的不断深入,新的植物措施和种植模式层出不穷地在水土保持生态修复中探索、应用。如近几年已在推广的技术有:径流塘—草网络技术、植物绿篱造林技术、岩石边坡喷播技术、植被(绿色)混凝土边坡防护绿化技术、岩石边坡植生基质生态防护技术(PMS 技术)、植草塑料固土网垫技术等。有这些新技术形成的支撑,加上大型水电站蓄水的生态作用,干旱河谷、干热河谷及其他水土流失严重区域的水土流失生态退化将有希望得到控制和治理,生态恢复或环境的改善指日可待。

7.5.1　工程绿化——特殊困难立地生态修复新技术

随着高铁、高速公路和大型水电站向高海拔的西南、西北复杂地形的山区拓展,能源、交通工程大规模建设施工必然产生更多高陡(土质和岩质)坡体。这些因工程形成的众多复杂、裸露的大块度弃渣坡体及坡面,实施绿化又非常困难;若不进行绿化,则势必影响工程区生态和景观。为解决此类裸露的坡体及坡面绿化问题,工程植被新技术应运而生。所谓"工程绿化",是指在一些特殊地形和实施绿化困难的位置,只能采取土木基础工程方式或作为绿化基础进行绿化的一种新技术或方法,其作用包括三个方面,即以控制水土流失为目的的工程绿化、以保护环境为目的的绿化和以美化景观为目的的绿化。

河南省水利科学研究院、河南省水利工程安全技术重点实验室的马志林综述了特殊困难立地条件下,水土保持生态修复探索应用工程绿化技术及其产生与发展,编改该文,便于广大学生读者学习、借鉴①。

7.5.1.1　工程绿化的新概念

1)基本概念

工程绿化的对象,主要是针对特殊困难立地条件,如在一些水土流失灾害地(滑坡、泥石流等)、有严重水土流失危险地(如高陡边坡、弃渣场、垃圾场等)、施工或生产造成的严重水土流失裸地(裸岩、采石迹地等)。为了减少或消除其对交通、水利、工矿企业、城镇、农牧业生产的威胁,保护和改善当地生态、生活环境,需要快速控制水土流失,避免水土流失造成大范围生态灾难,修复和恢复自然景观,在大多数常规绿化方法或措施已经很难奏效情况下,需要采用专门施工装备或结合专门的土木工程手段,为植物的生长发育创造适宜的基本生境条件,稳定基础,然后进行平面的和立体的绿化与美化,达到土壤、环境、景

① 马志林.工程绿化——特殊困难立地生态修复新技术[J].安徽农业科学,2012.

观等生态功能得以恢复的目的。

以美化风景为目的的绿化，通常属于园林绿化的范畴。但城市建筑的墙体、屋顶、高架桥柱、围墙、栏杆等，采用一般的园林绿化方法是难以达到绿化目的的，必须辅助于土木工程基础措施。按照工程绿化的定义，这类立体绿化技术措施也应该属于工程绿化技术的范畴。

本研究认为，如果将绿化分为两大类的话，那么，一类是采用传统方式方法就能达到绿化、美化目的的方法，可以称作普通绿化，包括一般的园林绿化和植树造林；另一类是在特殊困难立地条件下，采用传统的方式方法无法达到绿化美化目的，必须采用土木工程以及其他能够为植物正常生长提供基本保障、营造基本生境的工程措施和技术的，可统称为工程绿化。因此，工程绿化应该包括各类边坡、废弃矿山、垃圾场、弃渣场、重污染地、特殊干旱贫瘠地、盐碱地、海岸堤坝等生态修复以及城市建筑(墙体、屋顶、高架桥柱等)立体绿化和恶劣立地条件下的大面积造林等。

2)工程绿化的特点

从工程绿化的基本概念可以看出，工程绿化和其他绿化技术相比有两个显著的特点：

(1)在特殊困难立地条件下进行的，如高陡岩石边坡、废弃矿山、垃圾场等无土、少土、生境极差，不经过特殊处理植物无法生长的地方；

(2)必须辅助相应的土木基础工程，为植物的正常生长创造必备的生境条件，同时起到稳定基础、改良土壤的作用。

3)工程绿化的目标

工程绿化也有两个目标：

(1)一是以快速改善自然景观和生存环境为目的的绿化目标；

(2)二是以形成理想生物群落为目的的生态恢复目标，要求贴近自然、与周边环境协调一致、物种繁多，确保能够自然演替，具有丰富的生物多样性。

7.5.1.2 **工程绿化技术的起源与发展**

工程绿化技术，源于早期日本实践的边坡生态防护技术。随着边坡生态护坡技术的研究和应用，工程绿化学概念和教学科研体系开始逐步形成。1990 年，“中日合作黄土高原治山技术培训项目”在中国北京林业大学实施。通过日本专家来华介绍，与中国专家技术合作示范，中方专家赴日研修学习等一系列交流活动，双方正式有计划地以国家间项目合作形式及人员交流等方式将日本治山技术(包括绿化工程)介绍到我国。

(1)1997 年，课程改革开始将日本绿化工学引入中国大学课堂；

(2)2001 年，北京林业大学开始上工程绿化学选修课；

(3)2003 年，在学科设置时，北京林业大学水土保持学院首次在中国将工程绿化学科设立在林学中，形成与水土保持并列的林学的二级学科；

(4)2005 年，开始招收第一届硕士和博士研究生。

目前，培养和正在培养的工程绿化学科硕博研究生已达 30 多人。专业学术组织方面，中国水土保持学会工程绿化专业委员会 2004 年得到国家民政部批准；2006 年 3 月，正式成立并产生全国性组织第一届成员，标志着我国工程绿化和边坡生态防护技术教学、科研已经进入有组织的快速发展阶段。

7.5.1.3　工程绿化的技术体系

工程绿化的技术体系，由绿化基础工程、植被建植工程和保护管理工程三大部分组成。

1)绿化基础工程

绿化基础工程，主要是通过采取土木工程措施，稳定和改善植物生长的基础条件，为植物生长发育创造适宜的生长基质和生境要素。基础工程不仅宜于人工种植，也利于乡土植物的入侵发育。从某种意义上也可以说，是人工整地在空间范围的扩大。

绿化基础工程，主要包括水处理工程、不稳定边坡加固处理工程、挡土工程、弃渣处理工程等。

2)建植工程

植被建植工程，是在整理好的地基上培育植物的作业，最终形成稳定的植物群落。主要有栽植、铺植、播种、喷播、植被诱导等多种作业方式。

3)管护工程

保护管理工程，是要对已绿化的地方进行日常维护与管理，保证建植植物的正常生长。如施肥浇水、抚育更新、病虫害防治、防火、植被监测等。

7.5.1.4　工程绿化技术的应用

随着经济的发展，重大基础项目和交通、能源开发建设类项目造成的高陡边坡越来越多，水土流失、生态破坏也越来越严重，有的甚至无法自然逆转。对破坏的生态环境和迹地进行生态修复，是破坏者的社会责任，也是人类延缓生存的必然选择。特别是坡面防护，在注重稳定安全的同时，对其生态环境保护和景观功能的要求越来越高。工程绿化技术，作为岩土工程与环境工程相结合的产物，兼顾了防护与环境保护两方面的功效，不仅是一种十分有效的生态防护技术，其在实践中的应用也越来越广泛。经过十几年的发展，如浆砌片石骨架、土工网、土工格室、土工格栅、三维植物网、浆砌石培育架、钢筋混凝土框架、预应力锚索地梁、喷混植生、客土喷播、厚层基材、生态袋、植生毯等，以及日本 FS 高次团粒绿化技术等，已在我国各地的高速公路、高速铁路、水电站等基础建设以及废旧矿山和垃圾填埋场治理中探索采用。

1)高速公路边坡生态防护

高速公路在西南山地建设，不可避免地产生高陡边坡。这类边坡地表裸露，地质不稳定，立地条件差，尤其是一些石质边坡，生态系统难于自然恢复，成为水土流失的隐患，严重影响道路交通安全和路域生态环境和景观。目前，对此类边坡或高陡坡的防护，已作为高速公路建设的重要内容。

据统计，随着我国高速公路建设的快速发展，每年形成的边坡面积达 2 亿～3 亿 m^2，其中石质边坡面积约 1 000 万～1 500 万 m^2，而且大部分分布在我国南方各省区。因此，生态护坡技术在高速公路建设环境保护、水土保持中占有重要的地位。

生态防护，对于高速公路边坡来讲，有着较高的水土保持效益。如京珠高速公路粤境南段终点路段边坡开展试验结果表明，在高速公路高陡边坡上采用锚杆挂网喷混植生、液压喷播植草等生态护坡技术建植草本植被，在短期内可完全覆盖坡面，抑制边坡侵蚀的发育，有效控制坡面沟蚀的发生。发生中雨到暴雨的情况下，边坡径流系数在 15.97％以下，土壤流失量比未喷植处理的边坡平均减少98.94%，土壤流失量极小。

2)水利水电工程高陡边坡防护

水库和水电站建设工程，也是产生高陡边坡最多、对生态破坏最严重的开发建设项目之一。而且，高陡边坡的开挖卸荷及其稳定性问题日益凸显出来。我国建成和正在建设的一批大型骨干水电工程，如溪洛渡、向家坝、白鹤滩、乌东德、锦屏、大岗山等电站，都在很大程度上产生了大量的不稳定高陡边坡和生态破坏。因此，高陡边坡治理已经成为水利水电科研攻关的重大实践课题。

近年来，我国十分重视水电站工程地质灾害治理和生态修复工作。特别是在地质灾害十分严重的三峡库区，有效地推广了包括滑坡防治与开发利用技术、弃渣处理与超高加筋土挡墙加固技术、库岸防护与监测技术、边坡格构防护技术、喷锚网技术、预应力锚固技术等土木工程技术的应用与实践(干旱、干热河谷公路和水电站陡坡工程绿化效果见图7-5-1和图7-5-2)。在保证边坡稳定的基础上，进行生态治理，防治地质灾害，为确保诸如超级工程三峡水库(蓄水超过400亿m^3)和大型水电站库区移民迁建顺利进行、保障基础设施稳定和恢复生态环境，发挥了科技先导和支撑作用。

图7-5-1　陡坡工程绿化技术的实施效果

图7-5-2　陡坡上采用工程绿化建植物园

7.5.1.5　**深化研究**

工程绿化是一项新兴边缘学科，涉及岩土力学、工程力学、生物学、土壤学、肥料学、硅酸盐化学、园艺学和景观生态学、恢复生态学等多个学科。此学科在我国刚刚起步，目前从事该学科的研究人员还很少。我国工程绿化工作者虽然做了大量的研究和实践，取得了一定成果和经验，但还存在不少的问题，仍需作进一步探索研究和实践，不断研发新技术。今后的研究课题方向有：

(1)不同绿化方法、成本及持续效果的研究；

(2)绿化植物的筛选；

(3)边坡生态系统的建立和恢复；边坡景观规划；

(4)植被混凝土绿化法在不同边坡和气候条件下的最佳配合比的确定(从拌和物的和易性，植被混凝土的物理、化学、生物特征及三相比，植被混凝土的水肥特性等方面研究)；

(5)隧道洞口绿化设计及工程、废弃矿石生态复绿、煤矸石山绿化技术、边坡绿化工程的施工后评价与管理；

(6)公路建设对生态系统健康的影响,高速公路边坡植被恢复技术;

(7)路域植被恢复与重建技术;

(8)我国公路生态工程技术发展与研究;

(9)创新型城市景观立体绿化工程、垃圾填埋场生态恢复技术等。

目前,欧美和日本是工程绿化技术最发达的国家,应该加强与其合作,引进先进的理念和技术。

7.5.2　环保型绿色植被混凝土技术实践

在水土流失治理和生态修复中,环保型绿色植被混凝土技术于近年得到推广应用。研发环保型绿色植被混凝土技术,是基于改善传统水利水电工程中混凝土护坡工程产生的视觉单调、植被生态遭受破坏的问题。绿色植被混凝土,具有大孔隙率、低碱性的特点,能够满足植物生长的基本要求,在公路、水利水电工程中应用,不仅起到保土固坡作用,还可修复水土和植被生态,在建设工程中有巨大的应用商机。

天津市水利科学研究院水工研究中心的孙永军、杨慧等详介了环保型绿色植被混凝土技术的研发原理、性能和实践应用①。

7.5.2.1　概述

所谓环保型绿色植被混凝土,就是基于环保的理念开发出来的一种生态混凝土材料。它以植物生物学特性、生长发育规律为指导,以无砂(细骨料)、大孔混凝土理论为基础,掺加有利于植物生长的混凝土。其技术是集岩土工程力学、生物学、土壤学、肥料学、硅酸盐化学、园艺学和环境生态学于一体的综合环保技术。

生态混凝土的概念,最早在20世纪90年代初期由日本学者提出。当时主要是针对大型土木工程中为了修筑公路、铁路、大坝等被破坏了自然景观,需要进行绿化处理或植被恢复。随着人类对环境和生态平衡的日益重视,混凝土结构物的美化、绿化、人造景观与自然景观的协调,成为混凝土学科的又一个重要课题。

我国由于近年来城市建设加快,城区被大量的建筑物和混凝土的道路所覆盖,绿地面积明显减少。所以,最近几年也开始重视混凝土结构物的绿化问题。但到目前为止,仅限于使用孔洞型绿化混凝土块体材料。因此,积极地开发、研究并应用绿色植被混凝土技术,是将混凝土向环保型材料发展的一个重要方向。

7.5.2.2　环保型绿色植被混凝土的开发原理

环保型绿色植被混凝土作为混凝土材料,要想使其满足植物生长要求,应该具备以下特性或条件:

(1)具有一定的或较大的孔隙率;

(2)混凝土孔隙内碱性环境的改善;

(3)适宜的充填材料;

(4)表层客土。

混凝土是用胶凝材料(水泥或胶结料)将骨料胶结成整体的复合固体材料的总称。为

---

①　孙永军,杨慧,等.环保型绿色植被混凝土技术[J].科学管理,2009.

满足绿色植被混凝土具备以上条件，首先应该选择一种混凝土，通过调整配比使它具有一定的孔隙率，可以作为环保型绿色植被混凝土的骨架结构。混凝土材料种类繁多，我们根据绿色植被混凝土要求的具有大孔隙率，孔隙连通等特点，确定以无砂、大孔混凝土为基础，开发环保型绿色植被混凝土骨架结构。

无砂、大孔混凝土是由粗骨料、水泥和水拌制而成的一种多孔轻质混凝土，它不含细骨料，由粗骨料表面包覆以薄层水泥浆互相黏结而形成孔隙均匀分布的蜂窝状结构。该种混凝土是粗骨料颗粒间通过硬化的水泥浆薄层胶结而成的多孔堆聚结构，具有连续孔隙结构是其重要特征。利用无砂、大孔混凝土本身结构特征，通过对混凝土骨料粒径和配比的控制，使它具有较大孔隙率，满足植被生长的要求。然后，通过掺加高分子材料，改善混凝土孔隙内部的碱性环境，最后根据植被生物学特征及植物生长规律，选择合适的充填材料。

7.5.2.3 环保型绿色植被混凝土的要点

1)适宜的孔隙率

无砂、大孔混凝土的孔隙率与骨料粒径尺寸、材料配比及成型工艺密切相关，将它作为环保型绿色植被混凝土的骨架结构。单就植被而言，孔隙率乃至孔隙直径是一个重要因素。孔隙越大，植物生长就越容易，孔隙直径的大小对植物根的生长有很大影响。

2)混凝土孔隙内碱环境的改善

混凝土是由固相、液相和气相组成的。固相主要由水泥及掺合料水化后的水化产物和集料组成；液相就是存在于极细孔隙中的含有多种离子的水溶液，即所谓的孔溶液；气相则是分布于混凝土中大小不等的气孔。混凝土中的碱，一部分存在于固相中，一部分存在于液相中，即孔溶液中。存在于固相中的碱不能移动到孔隙表面，对植物生长不产生影响，而存在于液相中的碱则可以在一定的条件下移动到混凝土表面，对植物生长产生不利影响。通过控制水泥用量，添加矿物掺和料，或添加一定量的酸性物质，可以达到改善混凝土孔隙中碱性环境的目的。

3)混凝土孔隙中充填材料

根据植物生长发育要求，向混凝土孔隙内填充合适的充填材料，满足植物生长期间需要的水分和养分。同时，为保证植物生长所需的水分，充填材料中应包含适宜的保水材料，以及为保证植物生长所需的养分，充填材料中应包含足够的肥料。

4)植被品种的选择

植被品种对环保型绿色植被混凝土技术的应用效果及绿化寿命影响较大。研究表明，环保型绿色植被混凝土上适宜种植草本植物。环保型绿色植被混凝土所选的植被，应该满足低投入、低养护的条件。同时，还要根据工程所处环境、工程性质、土质、绿化效果等方面情况综合考虑。所选品种要适应性强、耐高温、耐寒耐旱、耐碱等。此外，所选品种要生长迅速，以期达到迅速覆盖保护边坡的目的。

5)环保型绿色植被混凝土的强度

绿色植被混凝土受力时，通过骨料之间的胶结点传递力的作用。由于骨料本身的强度较高，水泥凝胶体与粗骨料界面之间的胶结面积小，因此其破坏特征是骨料颗粒之间的连接点处破坏。因此，在保证一定孔隙率的前提下，增加胶结点的数量和面积，提高胶结层的强度是提高绿色植被混凝土强度的关键。环保型绿色植被混凝土骨架结构的抗压强度在10MPa左右，可以满足普通护砌工程的需要。对部分有特殊要求的工程及部位，可以适当提高混凝土骨架的抗压强度。

7.5.2.4　绿色植被混凝土在水利工程中的实践

1)内湖护坡工程

天津市西青区邓店村内湖护坡工程占地2 000m^2，护坡工程2006年11月完成了环保型绿色植被混凝土砌块的制作；2006年12月完成了砌块的铺筑。草种选取高羊茅，上面播撒客土覆盖，草帘养护。播种两周后，部分草籽发芽，两个月后成坪，草种生长情况良好。经过2007年整个夏季的两场暴雨，没有铺筑绿色植被混凝土的地方出现了小面积滑坡，而绿化混凝土护砌的坡面非常稳定。同时，经过夏季持续高温及冬季零下10℃的考验，植草依然长势良好。

2)进水口护坡工程

天津市引滦暗渠进水口护坡工程占地3 000多m^2，设计坡比为1∶3。绿色植被混凝土块体厚120mm，实测孔隙率26%。在植被选取方面，主要采用了高羊茅和野茅牛混播的方式，施工采用喷播方式。播种两周后，幼苗出土，两个月后，植被高5～12cm，植被根系基本穿透了混凝土切块。经过2008年完整夏季的两场暴雨及持续高温天气的考验，植被混凝土块体植草长势良好。

7.5.2.5　应用前景

从生态发展来看，环保型绿色植被混凝土，突破了传统理念，使工程与绿化融为一体，既能满足防洪挡土抗冲刷要求，又具有良好的生态景观性。混凝土上长草，可以全面绿化岸坡，保持了河道的“软视觉”效果，使河道景观更加美丽，具有良好的生态效益。

从经济效益来看，环保型绿色植被混凝土制作简单、施工方便，可较大节省石料，降低工程造价。

从社会效益来看，环保型绿色植被混凝土符合国家建造自然生态系统、改善城乡人民生活环境的要求，是保护环境、优化生活条件的有效举措。

7.5.3　绿色混凝土生态防护技术在岩质边坡中的实践

环保型混凝土或绿色混凝土有两类，一类是上述所研究的绿色植被混凝土，其混凝土本身可以生长植物，从而实现对硬基或硬岩的绿化；另一类是利用建筑废料、废渣回收加工制配的混凝土，它不仅可以节约建材，减少水泥消耗，节能降耗，实现资源再利用，而且可以减少废弃物永久堆放及占地，保护环境。

绿色混凝土是混凝土绿色化的发展趋势，其具有比传统混凝土更高的强度和耐久性，可以实现非再生性资源的可循环使用和有害物质的从低排放，与自然生态系统协调共生。绿色混凝土及材料的特点包括材料本身的先进性、生产过程的安全性、利用的合理性以及符合现代工程学的要求等。绿色混凝土主要特点体现在以下几方面：

(1)大量利用工业废料，降低水泥用量；

(2)具有比传统混凝土更好的力学性能与耐久性能；

(3)具有与自然环境的协调性；

(4)能够为人类提供温和、舒适、安全的生存环境。

在侧重材料的利用与环保方面,一些专家认为①:

(1)通过研究和实践,粉煤灰、粒化高炉矿渣、煤矸石、硅灰等是具有潜在活性的掺和料,部分替代水泥制备性能更优越的混凝土得到大量的推广应用。如何开发利用更多品种的工业废渣,节约资源、保护环境是持续研究的重点。即利用工业废渣作为混凝土的活性矿物掺和料,是实现混凝土绿色化的一个重要途径。此外,再生骨料和人造骨料的使用研究需要深化,推广使用更需要立法来强制性实施。

(2)混凝土制备过程需要大量的砂石骨料,但优质砂石材料的资源匮乏越来越严重,而同时每年拆除大量的建筑垃圾产生的废弃混凝土大部分被堆埋处理,合理利用再生骨料和人造骨料对保护环境和节约能源、资源意义重大。废弃混凝土加工的骨料取决于其洁净和坚实度,这与其来源和加工技术有关。再生骨料的性质同天然砂石骨料相比,其吸水性能、表面密度等物理性质与天然骨料不同,因此制备出的混凝土性能也有较大差异。近年来,再生骨料的制备技术、配合比设计、性能影响与机制研究等方面取得可信成果,这对实现混凝土的绿色化具有较大的推动意义。

(3)在研发与自然环境相协调的功能型混凝土方面,通过对混凝土材料的性能、形状或构造等设计,使其具有降低环境负荷的能力。如植物适应型生态混凝土、海洋生物适应型混凝土和淡水生物适应型混凝土,以及净化水质生态混凝土等研究取得重大成果,促进了混凝土与植物的和谐共生。再如,应用较多的多孔混凝土,有良好的透水性和透气性,可净化和保护地下水资源、吸收环境噪声等功能;将催化技术应用于水泥混凝土材料中而制成的光催化混凝土,则可以起到净化城市大气的作用,该研究主要通过在建筑物表面掺用二氧化钛,以光产生催化作用,使污染物氧化成碳酸、硝酸和硫酸等随雨水排掉,实现净化环境。

混凝土高性能研究主要着眼于提高混凝土强度和耐久性,普通混凝土的高性能研究也是其绿色化的途径之一。这方面的研究已成为热点,基础试验正在深入。但是,最能够快速实现其生态功能、节约投资、改善景观效用的是可以大规模使用的绿色植被混凝土。也就是说,只要大型能源、交通工程能够实现大规模使用绿色植被混凝土,产生的经济效益、社会效益和生态效益均十分显著。上面引荐两种绿色混凝土,其一是直接在混凝土基质上绿化,其二是利用固体废弃材料制配成大孔隙率的骨架,两者的结合研究与推广应用必将产生“绿色混凝土革命”效应,但仍需要持续探索和创新。

7.5.3.1 **概述**

环境问题是21世纪人类共同面临的最严峻的挑战,保护和恢复自然生态环境,促进人类文明的可持续发展,越来越受到全世界的普遍重视。回眸发展过程,人类在充分利用自己聪明才智开发大自然的同时,也无情地破坏了其赖以生存的自然环境。尤其在水利、电力、公路、铁路、矿山等工程建设中,经常要开挖大量的边坡,破坏了原有的植被盖层,导致大量岩石和土地裸露,从而造成一系列的生态环境问题,如水土流失、滑坡、泥石流、局部小气候恶化以及生物链被破坏等。

---

① 徐海军.绿色混凝土的研究现状及其发展趋势[J].广州建筑,2008(6).

绝大多数边坡，靠自然界自身的力量恢复到原有的生态平衡，往往需要很长时间。然而，绿色混凝土生态防护技术可以有效地改变这类破坏局面。绿色混凝土生态防护技术，是通过在岩体表面营造植物生存环境的新技术，既能有效地保护岩体，又能达到环境绿化效果，它是集生物学、土壤学、岩体力学、生物工程和美学等多种学科于一体的综合环境保护技术。譬如，湖南天方绿化实业有限公司在大力推广绿色混凝土生态防护技术进行岩质边坡复绿过程中，就取得了较好的生态效益、经济效益和社会效益。

7.5.3.2　**绿色混凝土生态防护施工工艺**

1)工艺原理

绿色混凝土生态防护技术，是根据年平均降雨 2 000mm 设计的，其力学强度 7 天为 0.3MPa，28 天为 0.45 MPa，半年后为 0.43 MPa，两年后为 0.41MPa。这不仅保证了边坡的抗冲刷能力，而且保证了绿色混凝土不龟裂，永久性地解决了岩质边坡的浅层防护和植被恢复问题。

绿色混凝土生态防护技术工艺原理是：利用喷锚机将黄土、水泥、砂、腐殖质、混凝土添加剂、保水剂和植物种子等混合干料加水后，依据设计厚度喷射到岩面上。通过水泥的固结作用将上述混合物凝聚在岩石表面，形成一层具有连续空隙的硬化体。而空隙内填有植物种子、土壤、肥料、保水材料等，以实现岩石边坡的绿化。

该技术中，绿色混凝土配置是成功的关键。良好的配方能使岩质边坡既具备一定强度，以保护坡面和抵抗雨水冲刷，又具有足够的空隙和肥力，保证植物的生长。

2)施工工艺及流程

绿色混凝土生态防护技术的施工工艺流程为：清理坡面、挂铁丝网、锚固、配置、绿色混凝土分层喷播、覆盖无纺布、养护。

3)施工关键步骤

绿色混凝土生态防护技术的关键施工步骤主要有：

(1)清理坡面。首先清除危石、泥土及碎石，对凸凹较多的坡面进行平整、填平，最后用高压水枪清洗坡面。边坡顶部 50cm 范围内，需清除杂灌和松石，方便从上至下挂网锚固。清理坡面有利于绿色混凝土与岩石完全结合及植物的生长养护。

(2)挂网锚固。采用镀锌铁丝网，以增强防锈能力，延长使用寿命。先将铁丝网铺在坡面上，两网之间搭接 10cm，并用老虎钳将网搭口锁紧，用风钻打孔 40cm，插入长 50cm，以直径 14mm 的螺纹钢(间距 1m×1m)，外露 10cm，并扣紧金属网；网距坡面约 6～7cm，用细铁丝将网与锚钉绑扎。

(3)喷射施工。绿色混凝土分基层和面层二次喷射，基层喷射 9cm，必须将镀锌铁丝网全面覆盖，以形成绿色混凝土的种植坡面；面层喷射 1cm，植物种子拌和在面层内喷射。喷射过程中，应控制好喷锚机的力度及喷射速度，喷射厚度应保持均匀，同时根据喷出的绿色混凝土的实际情况，适当调整水阀以控制水量。

(4)覆盖无纺布。无纺布有保湿、保温和防止种子被冲刷的作用，每平方米覆盖 20g 左右。覆盖时应用 U 形钉固定，注意不留接缝。

(5)养护管理。养护管理主要是通过水分、肥料及病虫害防治等有效管理，使植物处于良好的生长状态，以尽快达到固坡、绿坡的目的。在种子的发芽期，喷水要细且应避免水柱直冲，以浇透为宜，避免水流冲击坡面而形成径流冲走基质和种子；同时，避免在强烈阳光下浇水，以免灼伤幼苗叶片。施肥采取少量多次的原则，根据植物生长状况可适当追加化学肥料，促使植物尽快覆盖坡面。加强巡视，注意防治病虫害。覆盖后，应注意观察种子发芽和生长情况，待植物功能叶生长稳定后，应及时撤除无纺布。揭布前，应适当露苗锻炼，禁止大晴天猛然揭布。

4)绿色混凝土配置

绿色混凝土其主要成分为黄土、水泥、砂、腐殖质、混凝土添加剂和保水剂，配比比例为：1m^3 黄土＋10kg 水泥＋10kg 砂＋15kg 腐殖质＋6kg 混凝土添加剂＋2kg 保水剂，再加入适量水搅拌均匀即可。

具体实施时，应根据边坡地理位置、角度、岩石性质、绿化要求等实际情况，进行适当调整，其参加成分作用分别为：

(1)黄土。一般采用沙壤土(含沙量不得超过 5%)，并经 15mm 的筛网过筛，把土壤中杂物和石块筛去，大块土打碎过筛。含水量不宜过大，一般应小于 20%，如含水量大应晾晒，具体视喷锚机要求为宜。沙壤土具有良好的水、养、气、热状况和协调能力，适于植物生长，并为植物提供和储存养分。

(2)水泥。水泥是形成强度、达到护坡目的的固结材料。为减少水泥碱性对混凝土的影响，可采用高标号水泥以减少用量，如 425 号水泥。

(3)砂。主要是增强水泥的结构力而达到护坡功能；若含砂量过高，结构力超标，则植物就无法生长；反之，则会造成边坡不稳、垮坡等现象。

(4)腐殖质。由酒糟、锯末、粉碎的秸秆及纤维经腐烂制得，它能改善绿色混凝土的物理性质和化学性质，并向基质中引入大量微生物，以协调水、气、热状况，增加保肥性与缓冲性能，使绿色混凝土逐渐变成适于植物生长的土壤。

(5)混凝土添加剂。主要改良混凝土中硅酸盐水泥的碱性成分，使之有利于植物的生长。施工过程中，应特别注意混凝土添加剂的分量。混凝土添加剂除保水性能外，还可增强混凝土透气、透水及抗雨水冲刷等能力。

(6)保水剂。绿色混凝土的厚度为 10cm，保水性能无法和一般土壤相比，其岩面基本为不透水层，无储水条件。而种子的发芽和生长却对温度和水分极为敏感，一旦缺水，幼苗就会发黄甚至枯死，所以加入保水剂是保水的有效方法。保水剂能够在水分丰裕时吸收水分，天气干燥时为植物根系提供水分，其无毒、无害、无副作用，使用过程中对环境、植物没有任何污染，一般采用粒度 100 目的保水剂。

7.5.3.3 植物品种选择与搭配

绿色混凝土是植物生长的外部条件，植物能否正常生长还与本身的习性有关。因此，还要考虑自然环境的影响和生物的多样性原则。关于植物品种搭配问题，应该尊重植被群落生态演替的自然规律，遵循生物多样性原则和生态系统稳定性原则、适应性原则和物种共生原则，调配好植物组合，形成最佳植物群落，构建一种自养型生态系统。

植物品种应选用当地表现最佳的草本和木本植物，经发芽试验，确保发芽率在 95% 以上方能使用。具体用量为 35～40g/m^2，配比为草本 90%，木本 10%，充分搅拌后使用。

草本植物，采用冷季型草种和暖季型草种相结合原则，根据生物生长特性优选配制；

木本植物多采用乡土树种和一些耐瘠薄、固氮性强的树种，如紫穗槐，其根系发达，像一张网把土牢牢围住，在边坡绿化中起中坚作用，被誉为防止水土流失的活钢筋。对于坡面比较破碎、裂隙较多或土加石坡面，可以加种灌木种子；若坡面较陡，岩石又完整，则不加种灌木种子。

7.5.3.4　**结论**

绿色混凝土生态防护技术的实践表明，在一般开挖的岩质边坡和建成的混凝土边坡，均可使用。在施工过程中，应当根据当地边坡基岩和气候条件，对其基质配比和草种选择、配比做一些调整，这样治理效果更好。

绿色混凝土生态防护技术，施工简便、操作容易，单位工程或项目的造价低于喷浆护坡和堡坎护坡工程，且为植被生长提供了永久性营养土。因此，它是一项经济适用技术，建议在水利、水电、公路、铁路及矿山等工程中的岩质边坡施工中推广使用，使之更好地为生态环境建设服务。

第 8 章
实验区电站渣场水土流失治理实践

无论是从事能源、交通基础设施的建设运营，还是矿产开采、加工等经济活动，都必须在法律的规范和约束下进行。国家或地方重大建设项目，还必须纳入国家或地区发展规划、行业综合规划和专项规划。建设项目，也必须有完整的规划、项目建议书、可行性研究、初步设计、技术(招标)设计、施工设计，并经核准后实施、验收和投产运营。每个阶段还需要依据技术标准和规程规范实施。根据我国《环境保护法》《环境影响评价法》和《水土保持法》以及《水土保持实施条例》《开发建设项目水土保持设施验收管理办法》(水利部令第 16 号)、《开发建设项目水土保持设施验收技术规程》等有关法律法规的规定，水电站的建设各相应阶段，应当依法履行与其相关的规定、程序和手续。水电站竣工投产时，建设管理方还应当撤出不必要的设备、设施和施工人员，恢复施工区原有地表面貌，治理破坏生态环境的各个方面，按照“三同时”要求适时开展安全、环保、水保、移民等工程专项验收以及工程竣工验收。通过这些举措，控制建设项目对生态环境造成持续负面影响。

本课题实验区河流域梯级电站开发上、中、下段涉及 7 个电站，参与生态修复实验研究的有 3 个电站。这 3 个电站因设计规模和建设难度不一，开工和投产运营时间不同。因此，防治水土流失的治理和验收时间也相隔较长。本研究及实践总结按照各电站治理和验收先后顺序一一展开。

8.1 实验区中段电站渣场水土流失治理实践

实验区中段电站由大坝枢纽、引水系统和厂区枢纽三个单项工程组成。大坝枢纽有拦河混凝土重力坝、泄洪闸、放空洞等单位工程；引水系统由引水隧洞、调压室、压力钢管三个单位工程组成；厂区枢纽由地面厂房、GIS 楼、尾水系统等单位工程组成。整个电站单位工程组成见表 8-1-1。

8.1.1 中段电站水土流失治理条件

1)地形条件

实验区中段水电站地处盆地与青藏高原东南缘的过渡地带，地势总体为西北高、东南低，山岭海拔高程 2 500～5 150m，相对高差 1 000～3 000m。区内地形切割强烈，谷深坡陡，以高山、中高山为主，山脊形态类型多为尖山脊。河流横断面一般呈“U”型峡谷，谷坡坡度 35°～60°，谷底宽一般 40～120m。

2）土壤垂直分布条件

工程区内的成土母质主要为各类变质岩的残积、坡积、洪积和冲积物，其土壤可划分为 9 个土类，并具有明显的垂直分带性：

(1)海拔 1 422～1 880m 河谷为冲积土，山地为灰褐土；

(2)1 880～2 800m 为山地褐色土；2 800m～3 300m 为山地棕壤土；

(3)3 300～3 900m 为山地暗棕壤土；

(4)3 700～4 300m 为亚高山草甸土；

(5)4 300～4 500m 为高山草甸土；

(6)4 500m 以上为高山寒漠土。

表 8-1-1　水电站单位工程组成表

工程项目		项目组成	备注
永久工程	挡水工程	拦河混凝土重力坝工程、泄洪闸工程、放空洞工程	
	引水工程	进水口工程、引水隧洞工程、调压井工程、压力管道工程	
	发电厂工程	主、副厂房、开关站	
临时工程	导流工程	导流洞工程、上下游围堰	
	交通工程	施工临时公路、桥梁、施工支洞	
	施工辅助企业	砂石料加工厂、仓储企业、混凝土拌和楼等	
	其他工程	渣场、料场、办公和生活建筑等	
水库淹没与移民安置	农村移民安置	造地、改地、房屋迁建、生活用水设施等	
	专项设施改复建	317 国道、通信光缆等	
	库底清理	建筑物清理、树木清理、卫生清理	

工程区所在地区土壤主要为冲积土和山地灰褐土，冲积土分布于沿河两岸的Ⅰ、Ⅱ级阶地和扇形冲积堆上，宜种作物广，是该流域的主要耕作土壤。其养分状况总体态势是土壤有机质比较丰富，全氮及减解氮与有机质不成比例，含量偏低，全钾及速效钾含量较高，全磷及速效磷含量皆低，土壤养分不平衡。

3）水土流失强度分区

根据《四川省关于划分水土流失重点防治区的公告》，实验区河流域属于国家及四川省水土流失重点预防保护区(岷江上游保护区)。按照《长江上游岷江水系实验区河流流域水土保持总体规划报告》，已将理县水土流失分为三个区，即东部中高山区为中强度流失区，西北部高山中度流失区，西南部高山轻度流失区。中段电站工程属东部中高山中、强度流失区，水土流失允许值 500t/(km^2·a)，工程区土壤侵蚀以水力侵蚀为主。由于崩塌、滑坡、泥石流等次生灾害频繁，使区域水土流失面积不断增加，侵蚀强度加剧，工程沿线水土保持及土壤侵蚀状况变化见表 8-1-2。

表 8-1-2　工程区域水土流失及土壤侵蚀状况变化统计表　单位：km^2

县、市、区	幅员面积	动态变化	各级强度水土流失面积						
			小计	占幅员面积比例(%)	轻度	中度	强烈	极强烈	剧烈
理县	4318	震前	2 431.82	56.32%	777.99	1 094.01	337.33	127.78	94.71
		震后	3 260.00	75.50%	725.23	1 359.64	687.63	293.41	194.09
		变化	828.18	－52.76	265.63	350.30	165.63	99.38	

4)原设计弃渣量及弃渣堆放

中段电站工程弃渣主要来自枢纽建筑物和施工围堰开挖，而施工道路土石方开挖及填筑集中在 317 国道改线永久公路上，道路沿线地形以Ⅰ、Ⅱ级阶地和缓坡地为主，在施工中土石方挖填基本能平衡(部分弃料被施工承包商处置)。根据主体工程设计，本工程土石方开挖总量初步测算为 224.73 万 m^3(松方，下同)，填筑总量 143.4 万 m^3，围堰拆除量 2.01 万 m^3，工程弃渣总量为 148.39 万 m^3。土石方平衡详见表 8-1-3(调整报告附表)。

根据变更设计调整报告，工程在施工中共设 9 个弃渣场，占地面积 23.78hm^2。

5)评估测算弃渣量及弃渣堆放情况

根据变更调整报告和验收评估报告，在实验区中段水电站变更调整报告编制时，主体工程已经基本完工。除过程中难免违规施工弃渣入河之外，工程实际产生的弃渣量及弃渣堆放情况与变更调整报告统计的基本一致，水电站渣场布置在第 6 章已经介绍，弃渣评估及堆弃情况详见表 8-1-4(来源：验收评估报告附表)。

需要说明的是，变更调整后，7＃渣场弃渣已全部用于回填砂石料场采空区，在水土保持监测进场前尚未填至原地面高程。此外，评估报告以调整报告弃渣量为依据，没有计入施工过程超挖产生的弃渣量。

表 8-1-3　中段水电站实际土石方及弃渣平衡表　单位：万 m^3

渣场编号	弃渣来源	土石开挖(自然方)		围堰拆除	土石方回填量	弃渣(松方)
		土方	石方	(自然方)	(实方)	合计
1＃渣场	首部枢纽	3.84	0.41		3.82	1.10
	导流工程	0.52		1.24	0.68	1.45
	1＃支洞	0.08	5.51			8.49
	2＃支洞	0.06	7.18			10.99
	3＃支洞	0.05	7.01			10.73
	施工公路	0.68	1.38		29.53	
	小计	5.23	21.49	1.24	34.03	0.00

续表

渣场编号	弃渣来源	土石开挖(自然方)		围堰拆除	土石方回填量	弃渣(松方)
		土方	石方	(自然方)	(实方)	合计
2#渣场(上)	2#支洞	0.03	3.1			4.75
	3#支洞	0.02	0.08			0.15
	4#支洞	0.05	1.73			2.70
	施工公路	0.83	1.38			3.20
	小计	0.93	6.29			10.80
2#渣场(下)	3#支洞	0.02	2.94			4.50
	4#支洞	0.04	13.06			19.9
	5#支洞	0.04	10.10			15.40
	施工公路	0.04	0.84			1.33
	小计	0.14	26.94			41.13
4#渣场	5#支洞	0.05	6.48			9.92
	6#支洞	0.04	9.7			14.80
	7#支洞	0.05	8.14			12.44
	施工公路	0.45	1.14			2.33
	小计	0.59	25.46			39.49
K180渣场	6#支洞	0.05	4.66			7.15
	小计	0.05	4.66			7.15
镇城中学渣场	7#支洞	0.01	0.50			0.77
	小计	0.01	0.50			0.77
5#渣场	施工公路	1.35	3.18			6.64
	7#支洞	0.03	10.8			16.46
	小计	1.38	13.98			23.10
弹簧沟渣场	8#支洞	0.09	17.00			25.96
	小计	0.09	17.00			25.96
7#渣场	调压室		2.56		3.22	
	压力管道	0.08	2.76		3.55	
	厂区枢纽	2.39	10.46	0.33	16.10	
	施工公路	2.26	4.24		7.80	
	小计	4.73	20.02	0.33	30.67	0.00
合计		13.15	136.34	1.57	64.7	148.39

表 8-1-4　中段水电站实际渣场布置表

渣场编号	渣场位置	渣场容量（万 m^3）	实际堆渣量(万 m^3)	占地面积（hm^2）	堆渣高程	占地类型	渣场类型	备注
1#渣场	位于坝上游约200m处河右岸	26.50	0	2.91	/	耕地、果园	谷坡型	位置不变
2#（上）	位河左岸木堆冲沟上游缓坡带	12.02	10.80	2.94	1 654～1 685	耕地、果园	谷坡型	原 2#渣场
2#（下）	位河左岸木堆冲沟下游缓坡	45.23	41.13	3.52	1 650～1 681	林地、荒草地	临河型	新增
4#渣场	河右岸破碉房沟对岸下游 200m 处	42.43	39.49	4.22	1 595～1 627	耕地	临河型	位置不变
5#渣场	位孟屯沟沟口上游河滩地及台地上	25.41	23.10	2.16	1 582～1 615	荒草地、河滩地	临河型	位置不变
弹簧沟渣场	位于 8#支洞洞口	28.73	25.96	1.91	1 580～1 675	林地、荒草地	沟道型	新增
7#渣场	厂址下游木卡料场处	42.43	37.14	3.34	/	林地、果园	谷坡型	位置不变
K180#渣场	位于 4#施工桥处	7.55	7.15	2.11	1 590～1 594	荒草地、河滩地	临河型	目前已复耕
镇城中学渣场	位于镇城中学对面	1.09	0.77	0.66	1 579～1 582	荒草地、河滩地	临河型	
合计		231.39	148.39	23.78				

8.1.2　电站水土流失形式与分布

1)工程施工水土流失主要因素

根据水电站施工、运行特点，工程水土流失及对生态环境影响主要集中在建设期，此间工程占地、工程开挖、弃渣等施工活动和移民安置过程中的建房、库区专项设施复建等活动，使长达 20km 的带状地域地表植被受到不同程度的扰动和损坏，人为新增大量水土流失。尤其是电站建设实施过程中，引水隧洞施工战线长，建设单位为缩短工期而标段划分太小，十多个施工承包商和施工部位同时开工，导致管理难度大。无序施工、野蛮作业、随意弃渣现象十分普遍(这些野蛮弃渣量并不在设计和监测统计之内)。工程招标，名义上要求投标的施工单位具有相应资质、资金和人力资源实力，实际上，中标后承包商都采取违规分包、转包分散经营风险层层分转包使干活的队伍大多是民工队、农民工;反过来又造成工程质量、工期没保证，投资失控。

虽然电站运行期间无大量开挖、弃渣等活动，但水库蓄水后库区约 7.73hm^2 的陆地变成水域，水位变动区边坡处理不当，还将在一定程度上造成水土流失，建设单位仍需要按照边坡工程技术规范完善支护及排水措施，减少该区域新增水土流失。

2)水土流失主要形式和危害

工程建设水土流失类型以水力侵蚀为主，主要形式有面蚀、沟蚀。面蚀发生在裸露的荒山荒坡以及坡耕地中；沟蚀发生在顺坡开行种植的陡坡耕地和岩性松软的裸露山坡地带。另外，在工区内还存在因施工扰动、爆破震动和机械振动导致表层滑坡、泥石流等重力侵蚀。

考虑到工程区地形地貌条件、新增水土流失来源，如若不采取任何防护措施前提下，工程区域内水土流失危害主要体现在以下方面：

(1)工程区域雨季和降雨量集中，建设期间基础开挖造成大面积地表裸露，工程弃渣形成大量松散堆积体，如不采取防护措施，雨季极易形成汇水、地表径流对开挖面的冲刷侵蚀，使表层松散土体流失，造成迹地恢复难度增大。

(2)工程实施过程中形成的高边坡、陡岩、危石，若不进行工程清理、防护，将可能发生崩塌、滑坡、垮塌，既妨碍工程的运行安全，又可能产生大量水土流失。

3)电站弃渣场布置

可行性研究阶段，设计在实验区中段河流沿岸共设置了 7 个渣场。中段水电站开工后，为了提高开挖效率、方便施工，设计单位进一步优化了施工布置。加上原 3＃、6＃渣场大部分土地征用和移民困难，且工程位于高山峡谷区，可进行布置的场地有限。因此，对渣场进行了变更调整，重新设置了 9 个渣场，包括 1＃、2＃(上)、2＃(下)、4＃、5＃、弹簧沟渣场、7＃渣场、镇城中学渣场、K180 渣场，取消了原 3＃、6＃渣场，新增了 2＃(下)渣场、弹簧沟渣场、镇城中学渣场和 K180 渣场。设计渣场总容量为 231.39 万 m^3(松方)，测算弃渣、堆渣将超过 148.39 万 m^3(松方)。

4)施工场地布置

中段水电站的施工布置，可行性研究设计阶段与施工技术阶段相比存在较大变化。其中，主要改变了施工道路、施工场区布置及调整。从施工道路布置分析，可行性研究阶段施工道路长 12.65km，设计测算占地 25.3hm^2；经过优化，施工技术阶段道路调整为 12.25km，占地面积 21.50hm^2，施工道路长度和占地面积都有所减少。

对施工场区分析，可行性研究阶段枢纽建筑物区共布置有 9 个施工场地，占地面积约 18.50hm^2。而项目施工技术设计阶段工程采用分标施工，采取集中生产砂石骨料的变更方案，实际布置了 8 个施工场地，共占地 16.97hm^2。经过优化，较原施工布置节约占地约 1.53hm^2，而且不涉及占用耕地和林地。

综合分析，施工道路及施工工区在可行性研究设计阶段和施工技术设计阶段占地面积分别为 43.8hm^2 和 38.47hm^2，其综合占地面积减少 5.33hm^2，这不仅可节省工程征地投资和临时补偿费用，而且有利于减少对占地范围水土保持设施的破坏和施工期间水土流失规模。也就是说，电站工程变更调整阶段施工场地的布置更为合理。

8.1.3　变更调整阶段水土保持工程措施

8.1.3.1　变更调整阶段水土流失主要区域及形式

1)主体工程区

中段电站主体工程的施工设计，采取分期导流、分期施工方式建设。根据电站验收阶段水土保持评估报告，为减少施工产生大量水土流失，围堰施工中，围堰迎水及背水边坡均采用编织袋装黏土进行防护；各引水隧洞洞室进出口开挖边坡、不稳定开挖面均进行了喷锚、挂网喷锚支护，这些工程防护措施既具有防崩塌、防洪水等安全功能，又具有一定的水土保持功能，可有效防止区内水土流失。

2)施工公路区

建设期间，无论是永久公路还是施工临时公路，工程设计单位均按照公路设计规范设计，施工承包商采取了护坡、涵洞、排水沟等工程防护措施。这些工程措施同时具有良好的防洪、排水等安全施工功能以及防止水土流失功能。实施过程中，监理单位要求公路施工承包商尽量挖填平整，弃渣以“先拦后弃”、集中堆放，及时对软弱面支护等措施，基本达到水土保持设计要求。但过程监管存在缺位，夜间或无人旁站监理时随意弃渣现象时有发生。

3)渣场区

渣场是集中堆存工程弃渣的地方，根据水土保持现场监测报告，各渣场基本按照初步设计要求采取了一定的挡渣及排洪措施，防止堆渣受洪水冲(淘)刷影响。分渣场、分部位采取的措施有：

(1)1＃渣场。对渣场表土进行了简单剥离，同时在渣顶沿公路设置了干砌石挡墙，渣场坡脚设置了M7.5浆砌片石挡渣堤。

(2)2＃(上游)渣场。对渣场表土进行了剥离，同时在渣场坡脚设置了M7.5浆砌石挡渣堤，其间布设了排水沟。

(3)2＃(下游)渣场。对渣场表土进行了剥离，修建了排水沟，在渣场坡脚设置了M7.5浆砌石挡渣堤，对基础迎水面抛填了大块石护脚。

(4)4＃渣场。对渣场表土也略进行了剥离，在渣场坡脚设置M7.5浆砌石挡渣堤。

(5)5＃渣场。与上措施相同，对渣场表土进行了剥离，同时在渣场坡脚设置M7.5浆砌石挡渣堤。

(6)弹簧沟渣场。因其下端是G317国道，交通安全至关重要；在渣场渣脚设计修建了桩基混凝土拦渣坝，并对拦渣坝基础进行了抗滑处理，又在渣场下游侧设置了混凝土跌水排水沟，同时以铅丝石笼对渣场下端右侧设置了辅助挡渣措施。

(7)K180渣场。对渣场表土进行了一定剥离，在渣场坡脚设置了M7.5浆砌石挡渣堤。

(8)镇城中学渣场。施工承包商对渣场表土进行了剥离，同时在渣场坡脚设置了M7.5浆砌石挡渣堤。

现场监测发现，渣场堆渣前，施工单位大都没有严格进行表土剥离和保存，简易平整中还造成大量水土流失。同时，使渣场结束弃渣时只得重新购买土料复耕。

8.1.3.2 变更调整阶段水土保持植物措施

中段电站渣场、料场和施工布置变更调整时，部分主体工程和主要的临时工程都已完工，也就是说，针对各单项、单位工程施工过程的水土保持植物措施均应按设计要求实施或已经完成。根据现场实际调查情况，施工承包商大都出于应付，简单种一些树苗、普撒一些草籽，基本没有管护，即植物措施不到位，绿化效果比较差。

1)主体建筑物占地区

变更调整阶段，大坝及首部枢纽的土建工程基本完工，闸门起重设备正在安装调试，很多收尾工作在开展之中，绿化和植被尚未见效。根据厂区环境保护设计，在厂区四周应布置绿色廊道、花台，种植具有观赏价值、色泽鲜艳及四季常绿的园林植物。在厂区范围内布置花坛，种植园林景观树种，并铺盖常绿草皮，一方面改善厂区环境和干旱河谷生态环境，另一方面提高主体工程占地区水土保持功能与效果。该阶段，电站厂区种植设计拟种植观赏树木、常绿草地面积 0.88hm^2，林草植被覆盖率可达 62.1%，经检验实际效果尚未达到要求。

2）施工生产生活区

调整阶段，工程建设实际布设了 8 处施工场地，占地约 17.6hm^2。按照设计报告的水土保持方案，需进行植被恢复措施。现场调查发现，部分施工单位已经撤离，迹地恢复和绿化等植物措施仍没有跟进。针对工程施工临时生产生活设施占用林草地迹地恢复问题，水土保持评估和监理单位要求建设单位在施工结束后拟采用乔、灌混交与撒播草籽方式进行迹地恢复，最迟在验收前完成植物措施，确保绿化效果。

3）料场区

中段电站工程实际使用了 2 个料场（木卡料场和孟屯沟料场），木卡料场后期堆渣利用计入渣场占地区内，孟屯沟料场仅占用荒草地和河滩地，占地面积 2.03hm^2。

调整方案，拟对料场占用荒草地 0.38hm^2 部分迹地采取植物恢复措施。首先将临时堆存的 5＃渣场内的部分表层土回铺至料场开采形成的平台和台阶上，再对料场平台和台阶上撒播灌草进行绿化。灌木种类主要选择野樱桃、黄栌、忍冬等落叶灌丛，要求按 2 963株/hm^2；草本选用早熟禾，以 12kg/hm^2 普播。

4）施工公路区

变更调整阶段的场内交通布置规划需新建场内公路 12.25km，其中新修临时公路 5.35km，新建永久公路 4.7km，扩建永久公路 1.0km，改建永久公路 1.2km。施工公路在修建过程中，根据主体工程设计和建设进度，施工单位已采取了拦挡、护坡、排水等措施，这些措施尚具有部分保持水土功能，基本控制了一定范围内的水土流失。调整报告水土保持方案主要针对变更后的公路补充一定的植物措施，配合主体工程水土保持设计发挥更大的生态效益，同时兼顾美化、绿化环境的作用。水土保持评估和专项监理要求在施工结束后，建设单位应对临时公路的迹地实施植被恢复措施。主要是：

（1）永久道路植物措施。电站工程完建后，永久公路将被保留。为更好地防治因建设施工产生的水土流失，恢复原有景观，改善生态环境，需对永久公路（6.9km）段采取绿化等植物措施。由于公路内侧植被尚可，设计在公路外侧栽植 1 行行道树。此外，永久道路边坡面积超过 4.20hm^2，施工结束后，应在坡面撒播早熟禾进行绿化。

（2）施工临时道路植物措施。电站工程建设，施工周期长，施工临时道路若不实施植物措施，一则可能产生大量水土流失，二则长期裸露将破坏生态与景观环境。水土保持评估和专项监理要求临时施工道路运行期间，对边坡、沟沿进行播草绿化；施工结束后，对新修施工临时公路占用的耕地进行复耕，对占用的园地、林地、建设用地和荒草地全部绿化。

为保证绿化效果，在对施工临时道路路基迹地绿化前，应进行全面平整，将表层土翻松、改善立地条件后恢复植被；或根据施工道路翻松后的立地条件，采取乔、灌、草相结合的恢复措施。乔木和灌木的选择，宜在工程区适生的乔木槭树和灌木黄栌隔行混交；草种宜选择早熟禾。

8.1.3.3 **变更调整阶段渣场已形成水保措施**

变更调整阶段，主体工程土建部分基本完工，工程大规模弃渣基本结束。调整报告编制时，镇城中学渣场已基本复耕，其余渣场因野蛮、无序堆渣过程造成部分水土保持工程损坏或失效。此外，施工单位尚未履行合同环保、水保责任，对渣场边坡及渣顶进行综合治理与恢复。现场调查认为：

(1)弹簧沟渣场沟水处理的工程措施已由主体工程设计单位设计并实施，尚可有效地防止弹簧沟沟道洪水对渣体的冲刷；其渣脚设置了桩基混凝土挡墙和钢筋石笼等拦挡及辅助措施，可以防止渣体流失。

(2)2#上渣场、2#下渣场、4#渣场、5#渣场临河侧都修筑了浆砌石拦渣堤拦挡弃渣，一定程度上可以控制渣体的流失。变更调整及补充环境影响评价时，充分考虑到原设计可能出现的拦渣堤断面不大、没有足够的安全裕度以及对渣场后期安全运行造成威胁等不利因素，重新进行了复核性设计。

(3)1#渣场位于改线公路(317 国道)内侧，已堆渣渣顶高程低于公路路面约 0.4m，用作后期材料堆放场地。由于改线公路建设过程中没有布设路堤挡墙，部分路堤填筑料已散落至河道；同时，该渣场位于洪水沟右岸，尚未布设排水措施，雨季渣场边缘可能遭受洪水冲刷和上游坡面集水的影响。

8.1.4 验收阶段主体工程水土流失综合治理

2007 年 12 月底，实验区中段水电站已结束试运行，具备投产上网发电条件。电站的土建收尾工作和承包商的部分撤离工作、竣工验收准备工作等都在同步展开。鉴于电站建设施工招标存在关系标、人情标、低价中标的弊端，相当多的承包商为争取合同最后效益以拖延履行土建工程尾工、拒不提交验收及总结报告、拒不履行合同环境保护、水土保持治理义务为手段，也拒不移交场地(此类情况在国内畸形的建筑市场十分普遍，是国人不诚信、不忠实履行合同义务的通病)，使得电站环境保护和水土保持等竣工专项验收无法正常进行。

2008 年 5 月 12 日的汶川大地震，又打乱环境保护、水土流失治理和验收进程。地震后，各承包商更是有“理由”不履行环境保护和水土保持治理义务。电站业主(建设单位)只得重新筹措资金组织对整个电站工程的环境保护及水土保持综合治理。由于业主在工程概算中计列的环境保护和水土保持投资事先已考虑在相关工程施工招标之内，承包商不履行此类合同义务，业主不能不履行法律义务。地震也部分造成已实施的水土保持工程措施轻微损坏，也就是说，业主要通过工程竣工验收以及环境保护和水土保持专项验收，必须再次投入工程措施、植物措施以满足验收要求。

8.1.4.1 **坝区水土流失综合治理**

实验区中段电站工程的水土流失防治责任范围，为工程建设扰动原地表、损坏植被区域，总面积包括主体工程区、施工生产生活区、料场区、渣场区、施工公路区 5 个工程占地区及水库淹没区。按照初步设计报告和其后的变更调整报告，水土保持责任区面积共计 83.08 hm^2。再加上水库淹没影响范围、红房子安置区填土造地、建造办公生活营区、水渠及移民安置工程占地区域和专项设施改建区域直接影响范围约 7.57hm²，中段水电站水土流失防治责任范围总面积 90.65hm²，责任区范围见表 8-1-5（来源：评估报告）。

需要说明的是，水库淹没区已扣除库区渣场、生产生活设施等临时占地面积 4.96hm²，料场占地仅计列孟屯沟料场，木卡料场占地计入渣场占地中；公路占地面积已包括在直接影响区面积内。如前所述，设计报告、调整报告、环境评价报告以及验收评估报告中所反映的水土流失面积与施工过程实际影响的面积存在较大差异，有些过程的影响甚至是破坏并没有被揭露和计列。

坝区的水土保持综合治理，主要集中在坝肩边坡和坝后下游岸坡的护坡和绿化，电站右坝肩地质条件复杂，表层松软，设计采用锚杆加灌浆方法护坡，综合治理现场图见图 8-1-1 和图 8-1-2。坝后下游左侧岸坡采用混凝土结构，不会产生大量水土流失；坝后下游右侧岸坡与公路相接，水土保持综合治理效果见图 8-1-3 和图 8-1-4。

表 8-1-5　电站水土流失防治责任范围表　　单位：万 m²

项目			耕地	园地	林地	荒草地	建设地	水域	河滩	合计
项目建设区	永久占地	水库淹没区	2.83	4.39		1.04	0.71	2.69	1.2	12.86
		水工建筑物	0.93	1.38	1.01	1.10	1.52			5.94
		永久公路	1.87	2.76	2.00	1.78	3.04			11.45
		小计	5.63	8.53	3.01	3.87	5.27	2.69	1.2	30.25
	临时占地	施工生产生活			9.56	7.2	0.21			16.97
		料场				0.38			1.65	2.03
		堆渣场	2.79	7.57	3.88	7.42	0.36		1.76	23.78
		临时公路	0.28	2.71	3.74	3.07	0.25			10.05
		小计	3.07	10.2	17.1	18.07	0.82		3.41	52.83
	小计		8.70	18.8	20.1	21.94	6.09	2.69	4.61	83.08
直接影响区	移民安置区			0.40	0.28	0.32				1.0
	专项设施改建区				0.32	1.1	0.25			1.67
	水库淹没影响范围		0.17	0.82	2.09	1.71	0.11			4.90
	小计		0.17	1.22	2.69	3.13	0.36			7.57
合计			8.87	20.03	20.79	25.07	6.45	2.69	4.61	90.65

8.1.4.2　厂区水土流失综合治理

中段电站发电厂区，原设计在四周布置绿色廊道、花台，种植具有观赏价值、色泽鲜艳及四季常绿的园林植物，因土地紧张，电厂永久办公生活基地征地困难，经与地方政府协调，将中段和下段电站两个电站的办公生活基地均布置在中段电站发电厂区范围内。原定的厂区水土保持工程措施和 0.88hm² 草地景观面积无法实现。但办公生活基地建设过程中，作者通过优化设计及施工，仍从基地布置设计方案中挤出约 2 000m² 用于植树、种草绿化，并完建发电尾水下游两岸 400 多 m 长的混凝土护岸及排水设施。厂区水土保持综合治理效果见图 8-1-5 和图 8-1-6。

图 8-1-1　闸坝区域治理过程

图 8-1-2　右坝肩护坡治理施工

图 8-1-3　坝下游右侧边坡治理情况

图 8-1-4　坝下游右侧治理效果

图 8-1-5　厂房下游右侧植被情况

图 8-1-6　厂房下游右侧治理效果

8.1.4.3　移民安置区水土流失综合治理

水利水电工程，移民安置是建设成败的关键。实验区中段电站，地处川西岷江上游干旱河谷的生态脆弱区，其地质条件复杂、土地资源紧张。为确保工程建设能顺利进行，必须让移民能移得出、安置得下、有可靠的生产资源和生活来源。建设单位不惜代价，以超过 2006 年国务院颁布的移民安置补偿条例规定标准数倍的投资，为约百人的电站移民规模建设安置新区；除投亲给予现金补偿外，集中安置其建房和专项设施改建区面积为 2.67 万 m^2，并完善相应的土地、环境和生产生活设施。中段电站移民安置区建设及水土保持治理见图 8-1-7。

图 8-1-7　电站移民安置区治理

8.1.5　验收阶段渣场水土流失综合治理

水电站建成之后，渣场的水土保持生态治理是电站环境的末端治理。由于渣场在气候干热及干冷交替的区域环境，位处高山峡谷，土地资源条件紧张。因此，对渣场的水土保持生态治理承载着整个电站区域的生态责任，同样也承载着央企建设开发商对当地经济和地方生活环境的责任与形象。不可否认，在“人自能争、村乡均争”的利益格局下，渣场治理的社会难度远远大于它的技术难度。有关或无关的村民、村干部等都想在治理过程中“分一杯羹”，不然就以各种方式阻止治理实施。中段电站渣场治理过程中，实验区正处在全方位的灾后重建，部分渣场被 317 国道“3 改 2”的施工承包商占用。其中，1＃渣场被高山居住的地震灾民过渡安置占用，2＃渣场、5＃渣场被 317 国道“3 改 2”的公路施工承包商占用，4＃渣场被灾后重建的湖南援建建材商占用，镇城中学渣场拟复建学校。尽管如此，占用与否，环境保护和水土保持的法律责任及社会责任并没有随之根本转移或消失。

8.1.5.1　1＃渣场综合治理

1＃渣场与设计规划的位置未发生改变，因电站施工过程中存在超挖，实际堆渣量略有增加，即建坝使 317 国道部分公路改线，路基回填方量增加，堆放的弃渣大部分用于回填。1＃渣场位于改线路内靠山体一侧，渣顶高程低于公路路面约 0.4m，相对高差很小，无须布设路堤挡墙；部分渣场位于洪水沟右岸，尚未布设排水措施，雨季渣场边缘可能遭受洪水冲刷和上游坡面集水的侵蚀。综合治理时，我们先对未受地震灾民过渡安置占用的部分进行平整，设置洪水排水沟。按照调整报告复核设计要求，洪水沟穿越改线公路，通过排洪涵洞进入实验区中段河流。排洪沟采用矩形断面，长度为 40m，设计比降为

12.5%，沟身净宽×净高为2.50m×1.80m，采用0.30m厚M7.5浆砌块石衬砌。

1#渣场渣体与公路连接段，需要建造长度为150m的挡墙，形式为垂直重力式(采用浆砌预制混凝土块)，挡墙顶宽0.40m，背坡坡比为1∶0.40，底宽1.20m，基础宽度同挡墙底宽，深度为1.00m。此外，渣场顶部靠山体的内侧边缘设置截排水沟，沟长200m、矩形断面，净宽×净高为0.30m×0.30m，用0.3m浆砌石衬砌，设计比降为1%。截排水沟部分与公路雨水排水沟连接，沟内水流导入洪水沟排洪沟汇流至库区。挡护、排水设施完毕，对整个推平的渣场表面覆盖了50cm的腐殖土，并移交给当地政府用于承包耕种。综合治理效果对比见图8-1-8、图8-1-9、图8-1-10和图8-1-11(来源:作者拍摄)。

图8-1-8　1#渣场治理前局部形象

图8-1-9　数十户灾民过渡安置占用

图8-1-10　1#渣场复耕后玉米收获图

图8-1-11　1#渣场复耕后种植效果图

8.1.5.2　2#(上游)渣场综合治理

2#(上)渣场是原设计规划的2#渣场，位于实验区中段河左岸木堆附近缓坡地带。变更调整后，2#上堆渣场设计堆渣容量12.02万m^3，调整报告和验收评估报告测算堆渣量11.80万m^3，实际堆渣量应考虑超挖部分可能多于设计容量。渣场占地面积2.94hm^2，堆渣高程1 680.0m，最大堆渣高度约26m，复核设计要求在高程1 670.0m设置马道一条，马道宽2.0m。

电站引水隧道开挖弃渣前，承包商没有严格按设计要求对渣场范围表土进行剥离，备用于复耕。弃渣过程中，在渣脚修建了简易重力式浆砌石挡渣堤，挡渣堤长248.4m，顶宽为 0.8～1.0m，底宽为 1.5m，堤高为 2.0m；挡渣堤基础宽 1.5m，深 2.0m。但是，渣料下河情况伴随堆渣施工经常发生。

据实地调查，雨季木堆沟来水较多，瞬间流量较大，弃渣过程中多次发生洪水冲垮局部渣场顶面。变更调整后，评价报告复核设计要求在渣场外侧坡面设置急流槽，急流槽长 66m，其设计流量与排水沟设计流量相同。急流槽设计比降为 1∶2.0，采用矩形断面，槽身净宽×净高为 0.30m×0.60m，槽壁用 0.30m 厚浆砌块石衬砌并抹面，槽内水流汇入河流。

鉴于国人基本素质和怨恨与放纵心态，施工承包商具体施工人员在渣场弃渣时，基本上是随意自然倾倒，导致渣体边坡坡比陡于 1∶1.3。尽管坡角很陡，但千枚岩的渣料容易遇水泥化，能够稳定于自然安息角。汶川大地震时，渣场位于震中没有出现垮塌。综合治理阶段，2＃上渣场已经被部分村民占用，没有足够位置也不可能按复核设计要求对现有渣体边坡削坡至 1∶1.75，仅在渣场顶部边缘内侧设置了截排水沟。

汶川大地震后，2＃(上)渣场在作者进行实验和生态治理时，地方基层政府和灾民提出在渣场建房要求，经论证和工程基础处理后提交村集体用于安置地震灾民，水土保持植物措施没有全部实施。

8.1.5.3　2＃(下游)渣场综合治理

2＃下渣场为新增渣场，位于中段电站闸址下游左岸木堆藏寨下游缓坡地带，紧邻 2＃(上)渣场。设计堆渣容量 45.23 万 m^3，调整报告和验收评估报告测算堆渣量 41.13 万 m^3，渣场占地面积 3.52hm^2，渣顶高程 1 690.0m，最大堆渣高度约 40m，复核设计要求在高程 1 670.0m 设置马道一条，马道宽 2.0m。2＃上渣场和 2＃下渣场原貌见图 8-1-12 和图 8-1-13。

图 8-1-12　2＃上渣场安置地震灾民情况

图 8-1-13　2＃下渣场生态治理开工

2＃下渣场无不良地质现象，变更调整阶段渣场已经形成，汶川大地震中也未出现渣体塌落及失稳现象。与上相同，实际渣体堆放边坡(平均坡比陡于 1∶1.4)较陡，复核设计要求将渣体削坡开级至稳定边坡(坡比 1∶1.75)，因无场地难以实现。基于地震没有震垮该渣场，那么正常情况出现渣场整体失事的可能性不大。但是由于堆渣阻断了上游的木堆沟，须修建排导措施引导木堆沟沟道洪水。

在变更调整时，施工单位尚未完善木椎沟沟水排洪系统。调整方案根据堆渣的情况，在已堆渣体顶部修建 C20 钢筋混凝土排洪沟，排洪沟分为两段，即渣顶段及渣体坡面急流槽段。渣顶段设计比降 0.05，采用矩形断面，底宽 3.0m，深 2.30m，沟身用 0.60m 厚 C20 钢筋混凝土，渣顶段长 60.0m。急流槽段设计比降 1∶1.75，采用矩形断面，底宽 3.0m，深 1.80m，槽身用 0.60m 厚 C20 钢筋混凝土，槽内设宽×高为 0.90m×0.50m 的消能台阶，台阶为 C20 混凝土，急流槽总长 70.0m，槽口接实验区河。

专项验收综合治理阶段，2＃下渣场被 317 国道“3 改 2”的公路施工承包商作为施工营地占用，环境保护和水土保持验收需要实现的目标与责任暂时转移至公路施工承包商。但是，国道公路施工结束后，这些公路承包商既没有履行过程环保、水保法律责任、社会责任，也没有履行由政府行政主管部门参与鉴证的环保、水保完工治理的合同责任。本课题研究过程中，将其渣场纳入草种适应性实验范围，从本课题研究经费中出资对渣面进行覆土复耕，其复耕造地面积远远大于渣场征占用坡地的面积，综合治理削坡见图 8-1-14 和图 8-1-15，平整与复耕效果见图 8-1-16 和图 8-1-17。

图 8-1-14　2＃渣场平整、削坡过程

图 8-1-15　2＃下渣场清渣治理施工

图 8-1-16　2＃下渣场顶面复耕情况

图 8-1-17　2＃下渣场次台阶复耕情况

8.1.5.4　4＃渣场综合治理

4＃渣场位于实验区中段河流左岸破碉房沟下游约 200m 处，设计堆渣容量 42.43 万 m^3，调整报告和验收评估报告测算堆渣量 39.49 万 m^3，实际堆渣量因超挖多于评估测算值，渣场占地面积 4.22hm²，渣顶高程 1 627.0m，最大堆渣高度约 32m，复核设计要求在高程 1 615.0m设置马道一条，马道宽 2.0m。堆渣过程中，JP 承包商随意倾倒没有形成马道。

变更调整阶段，4＃渣场基本堆储形成，渣脚已经修建有重力式浆砌石挡渣堤，挡渣堤长 574.5m，顶宽为 0.9～1.1m，底宽为 1.5m，堤高为 2.0～2.5m，挡渣堤基础宽 1.5m，深 2.0m。

根据 4＃渣场已建挡渣堤稳定安全系数复核，非常工况下，挡渣堤抗滑稳定及不均匀系数不能满足要求，已建挡渣堤断面偏小，复核设计要求利用已建挡渣堤断面进行补强。补强后的挡渣堤顶宽为 1.20m，底宽为 1.80m，堤高为 2.5m。同时，由于挡渣堤底宽的增大，基础宽度应同时加宽到 1.80m。

由于施工弃渣没有按规范的程序在监理指导下堆储，基本上都是自然倾倒，渣体边坡坡比均陡于 1∶1.4。初步设计以及复核设计阶段对渣体坡面稳定性计算，要求对现有渣体边坡进行削坡至 1∶1.75，但弃渣时没有条件削坡，堆储完成后承包商为争取更多合同利益拒不履行防治水土流失的责任。汶川特大地震后，在震中区的 4＃渣场也没有发生整体垮塌失稳。灾后重建开始，对口援建理县的湖南省援建承包商经与理县政府协商将 4＃渣场的渣料作为援建项目的建筑材料及生产基地。那么，验收阶段的环境保护和水土保持责任暂时发生转移。4＃渣场建材生产原貌见图 8-1-18，下游边坡情况见图 8-1-19。

变更调整阶段的补充环境影响评价认为，4＃渣场尚未布设排洪系统以减小降雨形成的坡面集水对渣体的冲刷，治理阶段要求在渣场顶部边缘内侧设置截排水沟（截排水沟采用矩形断面，断面净宽×净高为 0.30m×0.30m，浆砌石衬砌，衬砌厚度为 0.3m，设计比降为 1%，沟长 552m）。同时，要求在渣场外侧坡面设置急流槽（急流槽长 74m，其设计流量与排水沟设计流量相同），急流槽设计比降为 1∶1.75（采用矩形断面，槽身净宽×净高为 0.30m ×0.60m），槽内每 1.50m 水平距离设一加糙横条，加糙横条宽、高均为 0.30m，槽壁及加糙横条均用 0.30m 厚 M7.5 浆砌块石衬砌并用 3cm 厚 M7.5 水泥砂浆抹面。灾后援建过程，一切以抗震救灾为中心任务，复核设计拟应采取的技术措施均未实施。

图 8-1-18　4＃渣场上游侧建材生产

图 8-1-19　4＃渣场下游侧陡坡原貌

灾后援建结束后，援建施工队将 4＃渣场转让给部分村民或社会人员继续进行砂石料生产，考虑到渣场剩余渣料能够为当地生产建筑材料并产生税收等经济效益，进而减少村民另外开山挖石、破坏山地生态环境，这种利用也可以视为防治新增水土流失的一种办法和出路。因此，经协调、协商，拟原则同意在建材生产结束后，进一步实施水土保持生态治理。

8.1.5.5　5#**渣场综合治理**

5#渣场位于实验区中段河流右岸孟屯沟沟口上游缓坡地带，设计堆渣容量25.41万m^3，调整报告和验收评估报告测算堆渣量为23.10万m^3，渣场占地面积2.16hm^2，渣顶高程1 615.0m，最大堆渣高度约32m，复核设计要求在高程1 600.0m设置马道一条，马道宽2.0m。

弃渣施工中，5#渣场渣脚修建有重力式浆砌石挡渣堤，挡渣堤长320.1m，顶宽为1.0m，底宽为2.0m，堤高为2.5～3.0m，挡渣堤基础宽2.0m，深1.5m。

变更调整环境影响补充评价时，对5#渣场已建挡渣堤稳定安全系数进行复核认为，非常工况下，挡渣堤抗滑稳定及不均匀系数不能满足技术要求，即已建挡渣堤断面偏小，需利用已建挡渣堤断面进行补强加宽。补强后的挡渣堤顶宽为1.30m，底宽为2.30m，堤高为3.0m，采用浆砌石砌筑。同时，由于挡渣堤底宽的增大，基础宽度应同时增大到2.30m，同样采用浆砌石加宽。

复核设计提出在渣场顶部边缘内侧设置截排水沟，坡面以20年一遇标准设计、50年一遇标准校核(其最大洪峰流量分别为0.03m^3/s、0.036m^3/s)，截排水沟采用矩形断面，断面净宽×净高为0.30m×0.30m，浆砌石衬砌，厚度为0.3m，设计比降为1%，排水沟长305.2m。拟在渣场外侧坡面设置急流槽，急流槽长75.7m，其设计流量与排水沟设计流量相同。急流槽设计比降为1∶2.5，采用矩形断面，槽身净宽×净高为0.30m×0.60m，槽内每1.50m水平距离设一加糙横条，横条宽、高均为0.30m，槽壁及加糙横条均用0.30m厚M7.5浆砌块石衬砌并用3cm厚M7.5水泥砂浆抹面。

5#渣场位置更接近震中，汶川特大地震中未出现渣体塌落及失稳现象。这说明地震没有引发次生灾害作用(暴雨导致洪水、泥石流和崩塌)，也说明即便是松散堆积体受地震震动也不一定会发生垮塌。地震后渣场面貌见图8-1-20、图8-1-21、图8-1-22和图8-1-23。

图8-1-20　5#渣场用于灾后重建施工营地

图8-1-21　5#渣场上游侧堆渣水土流失

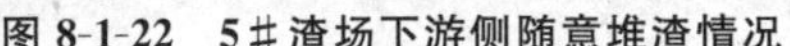

图 8-1-22　5＃渣场下游侧随意堆渣情况

图 8-1-23　5＃渣场治理削坡过程

工程竣工的专项验收阶段，与 2＃下渣场一样，5＃渣场也被 317 国道“3 改 2”的公路施工的另一家承包商作为施工营地占用，在四川省水土保持局和当地水行政主管部门鉴证下，5＃渣场环境保护和水土保持验收需要实现的目标与责任暂时转移至公路施工承包商。

从图片可以看出，渣体实际堆存边坡均陡于 1∶1.4，抗震救灾和灾后重建期间，不能按复核设计对渣体坡面稳定性计算实现渣体边坡削坡至 1∶1.75。灾后重建结束后，公路施工承包商未予履行水土保持的合同责任和法律责任就擅自撤离。以此可以反映，无论是央企、国企、民企和个体，国人普遍欠缺环境保护和水土保持等法律意识。本课题研究过程中，将 5＃渣场亦纳入草种的适应性实验研究，由本课题研究经费另外出资对渣面进行平整、覆土、种草等植物生态修复。

8.1.5.6　**K180 渣场和镇城中学渣场综合治理**

K180 渣场是变更设计后的新增渣场，位于实验区中段镇城中学上游约 1km 右岸（公路外侧），设计堆渣容量 7.55 万 m^3，渣场占地面积 2.11hm^2，渣顶高程 1 598.0m，最大堆渣高度约 8m。弃渣施工过程，承包商按设计要求在 K180 渣场渣脚修建有重力式浆砌石挡渣堤，挡渣堤长 340.5m，顶宽为 0.8～1.0m，底宽为 2.0m，堤高为 3.5～4.0m，堤身设 Φ10cmPVC 排水管，距地面 1.0m，间距为 1.0m，排水管比降 5%，向下游倾斜，管口用土工布反滤；挡渣堤基础宽 2.0m，深 2.0m，以浆砌石砌筑。

由于 K180 渣场顶面有公路通过，可利用公路内侧边沟排泄渣顶上方坡面来水。因此，K180 渣场无须布设排洪系统。2007 年底，电站主体工程完工，建设施工承包商对 K180 渣场表面进行了简单平整和覆土，基本具备耕种条件。

汶川大地震中，K180 渣场先用作抗震救灾的临时办公场所（见图 8-1-24）。其后，K180 渣场移交给当地进行了复耕。

镇城中学渣场也是变更设计后的新增渣场，位于实验区中段镇城中学公路外侧的河滩地，设计堆渣容量 1.09 万 m^3，调整报告和验收评估报告测算堆渣量 0.77 万 m^3，渣场占地面积 0.66hm^2，渣顶高程 1 584.0m，最大堆渣高度约 4m。

按照补充环境影响评价报告的复核设计要求，镇城中学渣场渣脚修建有重力式浆砌石挡渣堤，挡渣堤长 260.1m，顶宽为 0.8～1.0m，底宽为 2.0m，堤高为 3.5～4.0m，堤身设 Φ10PVC 排水管，距地面 1.0m，间距为 1.0m，排水管比降 5%，向下游倾斜，管口用土工布反滤；挡渣堤基础宽 2.0m，深 2.0m，以浆砌石砌筑。

同 K180 渣场一样，2007 年底，电站主体工程完工，建设施工承包商对该渣场表面进行了平整和覆土，移交给当地政府。汶川大地震后，该渣场被利用兴建了新的镇城中学。生态综合治理情况见图 8-1-25。

图 8-1-24　K180 渣场用于抗震救灾

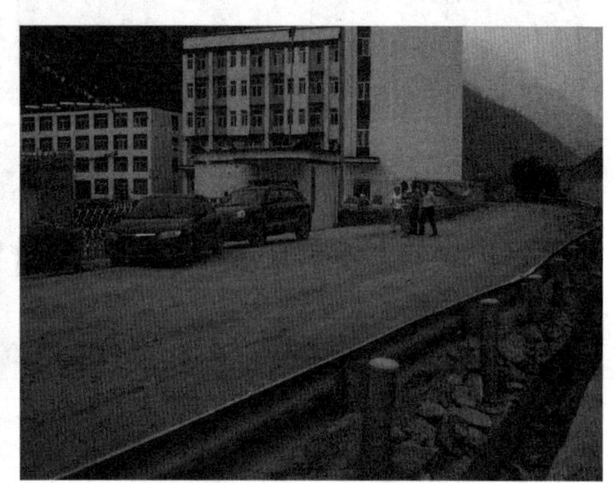

图 8-1-25　镇城中学渣场新建情况

8.1.5.7　7＃**渣场综合治理**

7＃渣场位于实验区中段水电站发电厂房下游木卡料场处（见图 8-1-26），渣体回填于料场开挖坑内，并进行场地平整至 1 540.6m 高程。调整报告和水土保持验收评估报告测算填渣量约 37.14 万 m^3。补充环境影响评价复核设计要求在渣体回填过程中需排导坑内积水，污水应经过处理达标后排放。由于原木卡料场开采中破坏了山体边坡，需对开挖边坡进行 10cm 厚喷浆防护。同时，为防止坡面汇水对回填渣体的冲刷，在进厂公路内侧修建截排水沟（排水沟采用矩形断面，断面净宽×净高为 0.30m×0.30m，浆砌石衬砌，衬砌厚度为 0.3m，设计比降为 1%，沟长 776m）。

汶川大地震前，实验区中段电站办公生活基地正在建设，7＃渣场部分占地水土流失十分严重。按照当地政府用地规划，7＃渣场大部分规划为县属林业苗圃基地。灾后重建时，先对渣场进行了平整、覆土，其后转交给 317 国道“3 改 2”的公路路面施工沥青混凝土拌制承包商作为材料拌和场。整面铺筑施工，该拌和场造成巨大环境污染。公路完建后，治理形成林业苗圃基地（见图 8-1-27）。

图 8-1-26　7＃渣场回填施工形象

图 8-1-27　7＃渣场治理情况

8.1.5.8　**弹簧沟渣场综合治理**

弹簧沟渣场位于实验区中段河流右岸支沟弹簧沟内，设计堆渣容量 28.73 万 m^3，渣场占地面积 1.91hm^2，调整报告和水土保持验收评估报告测算堆渣量 25.96 万 m^3，实际堆渣量考虑施工超挖和其他建筑垃圾超过 30 万 m^3；渣顶高程 1 660.0m，最大堆渣高度约 80m。补充环境影响评价报告的复核设计，要求在高程 1 610.0m、1 630.0m、1 650.0m 共设置马道 3 条，马道宽度均为 2.0m；其中，高程 1 650.0m 马道内侧有施工公路。

由于弹簧沟渣场正在 317 国道上方，渣场又是人为堆载的可滑动松散体，30 多万 m^3 渣体是否稳定，直接关系 317 国道的运行安全。基于此，变更调整阶段，主体工程设计单位对选址作了抗滑稳定分析计算，在渣场堆址渣脚位置设计 25 根钻孔抗滑桩，桩上形成长 30m、底宽 5.0m 、100cm 后的整板混凝土基础和长 30m、8m 高、顶宽 0.60m 的钢筋混凝土拦渣坝(见图 8-1-28)。拦渣坝迎坡面垂直，背坡面倾斜度 1∶0.5。

图 8-1-28　弹簧沟渣脚混凝土挡渣坝

图 8-1-29　跌水式混凝土排水沟

对拦渣坝基础抗滑处理的同时，设计单位按弹簧沟最大来水和最复杂情况在渣场右侧(下游侧)设置了跌水式混凝土排水沟(见图 8-1-29)，沟壁混凝土墙体同时起对渣场的辅助挡渣作用。混凝土排水沟建成至专项竣工验收的 3 年多时间里，弹簧沟未发生大的来水。

为防止雨水对渣场表面渣体的冲刷，在渣场周围沿山体走向设置环形排水沟(见图

8-1-30)，将雨水引至施工道路旁的永久排水沟(排向上游侧)。环行排水沟采用梯形断面，底宽 1.5m，深度 1.3m，边坡坡度为 1∶0.5，纵坡 0.02。经过"5.12"汶川特大地震的考验，表明弹簧沟渣场整体稳定，渣场的拦渣坝、抗滑桩、排水沟满足设计要求。

图 8-1-30　弹簧沟渣顶内侧排水沟

图 8-1-31　弹簧沟渣场低平台绿化效果

弹簧沟堆渣体为隧洞弃渣，地质勘测报告认为开挖岩石为中硬岩，透水性强，实际开挖岩石也较完整，弃渣的块度较大，初步设计参照类似工程采用 1∶1.75 坡比，拟需每 20m 左右设置一条马道。施工过程自然倾倒，渣体平均坡比陡于 1∶1.1，大部分陡于 1∶1.0。这给按环境保护和水土保持综合治理削坡要求带来极大难度(见图 8-1-32)。

经现场测量估算，渣场顶面面积约 14 000m^2，坡面面积约 17 000m^2。面对坡陡、渣料块度大、腐殖土难找、验收时间紧迫、秋季降雨稀少的严峻局面，作者先对渣顶按 6m 的高差采用反铲(挖掘机)配装载机和自卸汽车将弹簧沟渣场顶面开挖成 3 级台地，主要坡面削至约1∶1.5，再对 3 个平台和坡面覆土厚约 30cm，按 0.60m×0.60m×0.80m(深)的树窝，植树 12 000 株。考虑到水土保持、环境保护专项验收现场效果，我们按 20g/m^2，对渣体表面普撒油菜籽，半个月就产生绿化效果(见图 8-1-31 和图 8-1-33)。此外，我们在成都一些商业房地产项目的废弃渣土上收割大量的已长草籽的蒿草，切成长度不等的碎屑掺拌在覆土之中。因干旱和季节原因，以及灾后重建期间村民在渣场大量取渣作建材，掺蒿草实验没有在较长时间验证稳定明显成效，但这些综合治理措施在当期验收时获得验收专家及官员的肯定和好评。

图 8-1-32　弹簧沟渣场陡坡植树情况

图 8-1-33　弹簧沟渣场低平台油菜绿化

8.2　实验区下段电站渣场水土流失治理实践

实验区河流下段电站与中段电站相比，除首部枢纽建筑物略有不同外，其他大致相同，也由大坝枢纽、引水系统和厂区枢纽三个单项工程组成。大坝枢纽（从左至右）有左岸混凝土重力式挡水坝（部分采用 RCC）、3 孔泄洪闸、1 孔冲砂闸、1 孔非溢洪闸和进水口等单位工程；引水系统由进水口闸、引水隧洞、调压室、压力钢管等单位工程组成；厂区枢纽有地面厂房、GIS 楼、开关站、尾水系统等单位工程。整个电站单位工程组成见表 8-2-1。

实验区下段电站纵跨两县，交通便利、经济相对发达，但地形复杂、生态环境比上游各梯级电站更加脆弱。电站也为引水方式，工程施工战线长，施工工作面分散，对外交通相互干扰大，当地多个民族混居，使电站建设对环境的影响以及协调工作面临相当难度。施工总体布置 3 个施工工区，即首部枢纽施工工区、4＃支洞区和厂房枢纽工区。与可行性研究设计阶段比较，实施阶段工区布置大体没变，但是具体各工区内的布置有一定变更调整。与环境保护和防止水土流失相关的主要设计变化之一是雨坝子料场的取消，同时还取消了 4＃支洞工区内的 11＃供水站和该处的砂石加工系统。

表 8-2-1　下段水电站单位工程组成表

工程类别	工程项目	项目组成	备注
永久工程	挡水工程	左岸拦河混凝土坝工程、5 孔闸、进水口等	
	引水工程	进水口闸、引水隧洞、调压井工程、压力管道等	
	发电厂工程	主、副厂房、开关站、GLS 楼、进场公路等	
临时工程	导流工程	导流明渠、上下游围堰和纵向围堰等	
	交通工程	施工临时公路、桥梁、施工支洞、永久公路等	
	施工辅助企业	砂石料加工厂、仓储企业、混凝土拌和站、综合加工厂等	
	其他工程	渣场、料场、办公和生活建筑等	
水库淹没与移民安置	农村移民安置	造地、改地、房屋迁建、生活用水设施等	
	专项设施改复建	317 国道、通信光缆、220kV 输电线复建等	
	库底清理	建筑物清理、树木清理、卫生清理	

8.2.1　下段电站水土流失治理条件

1）地形条件

下段水电站坝址距汶川县城约 35km，地势较上游诸电站稍缓，总体为西高东低，山岭海拔高程 1 500～5 000m，相对高差 1 000～3 500m。区内地形切割较强烈，谷深坡陡，谷底平均宽度为 30～60m，以高山、中高山为主，山脊形态类型多为尖山脊；河流横断面一般呈“U”型峡谷，谷坡坡度 35°～60°，谷底宽一般 40～120m。

2）土壤分布条件

实验区河流下段电站接近龙门山地质断裂带，地形地貌及地质构造更趋复杂，远至元古代(pt)、近至第四系(Q)之间的寒武、奥陶、志留、泥盆、二叠、三叠纪的大部分岩层几乎均有出露，尤以三叠纪杂谷脑组的岩层出露较为完整。各种岩石的风化物成为本流域段土壤母质的主要来源。其土壤发育的母质类型有冲积母质、洪积母质、坡积母质、残坡母质等 4 种。

根据土壤普查，理县共有 9 个土类，15 个亚类，17 个土属，21 个土种；汶川共有 12 个土类，12 个亚类。在复杂的山地型立体气候、地貌、植被、成土母质及人为耕种熟化等因素的综合作用下，形成了明显的垂直分布带。实验区下段河流流域内从低海拔到高海拔依次分布为灰褐土、褐色土、棕壤、暗棕壤、灰化土、亚高山草甸土、高山草甸土、高山寒漠土等土类。

电站工程区土壤类型主要有冲积土和山地灰褐土。冲积土土层一般较厚，通透性好，耕性较好，宜种作物广，是农作物高产土。山地灰褐土母质多为变质岩的风化物，由坡积母质发育而成，土质松散、结构性差、土壤干燥，呈碱性反应，有机质含量较低，土壤普遍缺磷，表土砾石较多，其垂直分布特性与中段电站相近。

3)地震强度

需要说明的是，工程设计单位在预可行性设计阶段和初步设计阶段都认为：工程区无大的地震构造存在，历史至电站设计时地震活动较弱，地震危险性主要受外围松潘—较场地震带、小金地震带和鲜水河地震带的波及影响。2008 年 5 月 12 日发生的汶川特大地震，证明原来的设计深度不够，技术判断存在一定偏差，一些专家凭经验或臆断给出非常不严谨的结论。地震后，设计规范修正的抗震烈度为Ⅷ度。

4)水土流失强度分区

根据《长江上游岷江水系实验区河流流域水土保持总体规划报告》，设计将理县水土流失分为三个区，即东部中高山区为中强度流失区，西北部高山为中度流失区，西南部高山为轻度流失区。下段电站工程属东部中高山中、强度流失区，水土流失允许值 500t/(km^2 · a)，工程区土壤侵蚀以水力侵蚀为主、风蚀为辅。由于地震后，暴雨、洪水、崩塌、滑坡、泥石流等次生灾害不断，区域水土流失面积急剧增加，侵蚀流失强度加剧。

根据调查，电站建设以及汶川大地震之前，理县土壤侵蚀量每年达 798.76 万 t，平均侵蚀模数为 2 711t/(km^2 · a)，属中度侵蚀区；汶川土壤侵蚀面积 90 644hm^2，年均侵蚀模数为 3 709t/(km^2 · a)。理县、汶川土壤侵蚀现状见表 8-2-2。

表 8-2-2 理县、汶川县土壤侵蚀状况表

序号	类型	流失面积(hm^2)		占水土流失总面积(%)	
		理县	汶川	理县	汶川
12	轻度侵蚀	155 116	38 641	52.65	42.63
13	中度侵蚀	127 251	34 363	43.19	37.91
14	强烈侵蚀	10 633	10 794	3.61	11.91
15	极强烈侵蚀	1 230	6 206	0.42	6.85
16	剧烈侵蚀	375	640	0.13	0.7
合计		294 605	90 644	100	100

8.2.2　电站工程水土流失概况

8.2.2.1　工程建设占地

能源、交通基础工程建设占地分为永久占地和临时占地。在可行性研究设计阶段，下段电站工程规划总占地面积为 141.14hm²，其中永久占地 46.44hm²，施工临时占地 94.70hm²。由于工程施工中施工布置发生较大变化，2009 年 6 月，四川省水利水电勘测设计研究院根据实际情况编制完成了下段电站工程水土保持方案调整报告书，2009 年 7 月 28 日通过四川省水土保持局主持的审查，四川省水利厅以川水函[2009]711 号文进行了批复。明确电站占地面积为 137.56hm²，其中永久占地 46.44hm²，施工临时占地 91.12hm²。根据现场调查复核，工程实际总占地面积为 130.57hm²，其中永久占地 46.44hm²，施工临时占地 84.13hm²。工程验收阶段水土保持评估占地情况详见表 8-2-3。也就是说，下段电站评估占地比设计占地有一定的优化和节省。严谨地说，工程永久占地 46.44hm² 不会发生较大改变，而施工临时占地因施工方案和施工承包商实力改变较大，水土流失变化也发生在这些区域。

按照国内多个行业立项、审批工作程序和惯例，为了让工程立项上马，通常会在设计文件中降低不利因素影响或指标(数据)，却肆意放大或夸大工程建设有利因素与作用。工程设计单位如此，审批各环节如此，验收评估单位更不例外。

表 8-2-3　工程实际占地情况一览表　　单位：hm²

项目		本阶段工程占地面积复核结果							
		耕地	园地	林地	草地	交通用地	其他	水域	合计
永久占地	水工建筑物	1.11	0.40					2.29	3.8
	永久公路	5.14	5.14	15.42					25.7
	水库淹没占地	0.84	1.49	0.40		1.01	4.8	8.4	16.94
	小　计	7.09	7.03	15.82	0	1.01	4.8	10.69	46.44
临时占地	施工辅助企业	4.28	15.64	0.95		0.52	4.2		25.59
	临时公路	2.66	1.66	6.46			13.3		24.08
	弃渣场		10.35	0.30	25.81				34.46
	小　计	5.94	16.65	5.71	17.81	0.52	17.5	0	84.13
合　计		13.03	23.68	21.53	17.81	1.53	22.3	10.69	130.57

8.2.2.2　损害面积和弃渣量评估

1)损坏水土保持设施面积评估

根据变更调整报告统计，实验区下段电站工程在施工过程中，损坏水土保持设施主要是耕地、园地、林地和草地，总面积 83.04hm²，比原水土保持方案确定的损坏水土保持设施面积 102.09hm² 减少了 19.05hm²。根据现场调查情况，验收评估确认损坏水土保持设施面积为 86.05hm²，仍然比初步设计阶段的面积有所减少。

2)工程弃渣总量评估

按照水行政主管部门批复的水土保持方案调整报告书，下段电站工程弃渣来源于首部枢纽开挖、导流工程、引水隧洞及施工支洞开挖、围堰拆除、施工公路、调压室、压力管道等。经对工程量统计复核，电站工程实际土方开挖 38.57 万 m^3(松方，下同)，石方开挖 246.68 万 m^3；土石回填 3.93 万 m^3，经平衡后弃渣总量为 281.32 万 m^3，较可行性研究设计阶段和初步设计阶段的弃渣总量 305.98 万 m^3 减少了 24.66 万 m^3。电站工程土石方开挖及弃渣平衡评估测算见表 8-2-4，来源于调整报告和评估报告。

由于下段电站引水隧洞工程施工过程多次发生大规模塌方和超挖，尤其是汶川特大地震后隧洞塌方更加严重。根据建设单位对施工承包商的开挖结算工程量统计，塌方及超挖石方开挖达 360.7 万 m^3，超设计和评估的石方开挖量约 50%，远远大于以上验收评估的开挖工程量。由此可见，工程建设领域中正常途径所获数据的必存水分。那么，在纷繁复杂的宏观经济数据统计领域的造假，其水分程度可想而知。

需要说明，开挖土方的自然方(实方)折算为 1.33 土方松方，开挖石方的自然方(实方)折算为 1.53 石方松方，土石方回填折算为 1.17 石方松方。

表 8-2-4　电站土石方开挖及弃渣平衡测算表　　单位：万 m^3

项目	土方开挖		石方开挖		土石回填		渣量	弃渣流向				
	实方	松方	实方	松方	实方	松方	(堆方)	1＃渣场	2＃渣场	3＃渣场	4＃渣场	5＃渣场
首部枢纽	5.55	7.38	2.17	3.15			10.53	10.53				
导流工程	4.00	5.32		0.00	0.41	0.48	4.84	4.84				
1＃支洞	0.03	0.04	13.81	21.13			21.17	21.17				
2＃支洞	0.00	0.00	16.77	25.66			25.66	25.66				
3＃支洞	0.03	0.04	18.50	28.31			28.34	28.34				
4＃支洞	0.03	0.04	19.84	30.36			30.40		30.40			
5＃支洞	0.03	0.04	15.16	23.19			23.23		23.23			
6＃支洞	0.03	0.04	13.96	21.36			21.40			21.40		
7＃支洞	0.03	0.04	13.43	20.55			20.59			20.59		
8＃支洞	0.03	0.04	11.61	17.76			17.80			17.80		
9＃支洞	0.03	0.04	11.17	17.09			17.13					17.13
10＃支洞	0.03	0.04	7.99	12.22			12.26				12.26	
围堰拆除	0.41	0.54	0.95	1.46			2.00	0.41			1.59	
施工公路	0.75	1.00	4.22	6.46			7.46	0.54	0.18	1.03	5.71	
调压室	1.94	2.58	8.23	12.59			15.17				15.17	
压力管道	0.62	0.82	3.53	5.40	0.51	0.60	5.63				5.63	
厂区枢纽	15.46	20.56		0.00	2.44	2.85	17.71				17.71	
合　计	29.00	38.57	161.4	246.7	3.36	3.93	281.4	91.49	53.81	60.82	58.07	17.13

8.2.3　电站水土流失形式与分布

1)工程施工水土流失主因分析

实验区下段电站距汶川县城较近，在岷江上游梯级开发的诸多电站中，下段电站最接近汶川特大地震震源区，工程地质条件十分恶劣，引水隧洞开挖过程大规模塌方不断，施工超挖非常严重，工期拖延 30 多个月，工程投资远远超出设计概算。地震的灾后重建，电站建设与灾区基础设施、灾民住房、317 国道汶川至马尔康段全线开挖等施工同步进行，再加上建材的开采运输和旅游、参观、研究及媒体报道的活动频繁，使新增水土流失大规模增加。

与中段电站造成水土流失主要原因分析一样，下段电站也存在引水式发电造成施工战线过长，建设单位为缩短工期而标段划分太小，十多个施工承包商和施工部位同时开工，导致管理难度大，无序施工、野蛮作业、随意弃渣现象普遍。317国道汶川至马尔康段施工承包商野蛮施工更是肆无忌惮，狂野弃渣，产生的水土流失难以计量。

2)水土流失主要形式和危害

工程区的水土流失有水力侵蚀、风蚀和冰融侵蚀等。长期以来的大砍大伐，多年的森林仅仅在山顶上有少量“点缀”。工程建设过程密集的爆破震动使本就十分松软的山体表土更容易受到水力侵蚀和大风侵蚀。“5·12”汶川大地震后，灾区的降雨次数以及降雨量都明显增加，这一方面有利于植被的恢复生长；另一方面，也同时加剧了表土的水土流失。

下段电站工程建设过程水土流失类型与中段电站的描述一样，也是以水力侵蚀为主，主要表现形式有面蚀、沟蚀。面蚀发生在裸露的山体以及坡耕地中，沟蚀发生在顺坡开行种植的陡坡耕地和岩性松软的荒坡、陡坡地带。另外，受地震及余震影响，在施工区域内存在局部表层滑坡、泥石流等重力侵蚀。

下段电站，水库蓄水使库区约16.94hm^2的陆地变成水域，在一定程度上有助于水土保持的作用，相对减少该区域内的水土流失。但考虑到工程区地形地貌条件、灾后新增水土流失来源，工程区域内水土流失危害仍需关注以下问题：

(1)工程区域雨季和降雨量已发生改变，电站运行需要加强观测、预报，防止次生灾害加剧水土流失。施工期间基础开挖造成大面积裸露地表，工程弃渣形成大量松散堆积体，应及时采取工程防护措施，防止雨季山坡形成汇水、地表径流对开挖面的冲刷侵蚀，使表层松散土流失，造成迹地恢复难度增大。

(2)对工程实施过程中形成的高边坡、陡岩、危石尽管进行了一定的工程防护，但仍应将可能发生滑坡、垮塌的潜在危险隐患尽量排出，确保工程的运行安全，减少电站工程发电运行期的水土流失。

3)电站渣场布置

实验区下段电站渣场变化较大，可行性研究设计阶段，电站沿施工线路共分散布置了5个渣场。实际施工过程中，原3＃渣场(即雨坝子料场区)因土地征用困难而放弃；另外，原4＃渣场的部分土地也因征占困难，缩小了该渣场占地面积及堆渣容量；原5＃渣场在施工过程中发现其冲沟存在来水情况，且地形陡峭、坡面汇水较大，安全问题不适宜布置渣场，设计另行选址。

在建设过程中，经与工程所在地政府移民协调机构协商，变更调整原3＃渣场至古城沟重新布置弃渣。其他调整情况是：原4＃渣场缩小占地面积约5.31 hm^2，并将原计划9＃支洞渣量调至新增的5＃渣场；原5＃渣场变更至厂房后山大干沟布置渣场。验收评估阶段的渣场实际占地情况见表8-2-5。

初步设计阶段和变更调整阶段，都不存在6＃渣场。汶川地震的灾后重建，激发当地百姓经营积极性，加上317国道汶川至马尔康段施工承包商野蛮倒渣侵占河道修筑桥墩，老百姓借此机会要求电站承包商倒渣于农民自留林地修建卖菜商铺。结果，大量弃渣入河，造成巨量的水土流失。6＃弃渣场位置在通化附近的河滩地，方案调整时未将其列为工程弃渣场，亦未考虑该部分弃渣平衡。汶马路施工承包商的野蛮侵占河道与电站承包商的违规弃渣，导致河道缩窄约70%、流速变快，当地村民民房被上涨的河水冲垮，水土流失情况见图8-2-1。

图8-2-1 317国道桥墩施工违规倒渣造成水土流失

表8-2-5 电站实际渣场布置表

渣场编号	渣场位置	弃渣来源	容渣量（万 m^3）	堆渣量（万 m^3）	堆渣高程(m)	占地面积（hm^2）	占地类型	渣场类型
1#	坝下左岸1.5km	大坝、导流工程、围堰拆除，施工公路及1#、2#、3#洞渣	100.64	91.49	1 534～1 562	8.77	草地	临河
2#	坝下左岸7.5km	施工公路及4#、5#、6#施工支洞弃渣	59.19	53.81	1 485～1 510	6.35	苹果园	临河
3#	支沟古城沟左岸	施工公路及7#施工支洞弃渣	66.90	60.82	1 450～1 480	3.82	草地	谷坡
4#	厂房左岸滩地	厂房、压力管道、厂区围堰，施工路及8#洞渣	63.88	58.07	1 405～1 465	3.49	草地	临河
5#	支沟大干沟内	调压井、压力管道、9#洞渣	18.84	17.13	1 442～1 555	1.73	草地	沟道
6#	桃坪古城	6#洞渣		4.1		0.30		临河
合计	/	/	309.45	286.42		24.46		

8.2.4 变更调整阶段已形成水土保持工程措施

8.2.4.1 变更调整阶段水土流失主要区域

1)主体工程区

下段电站大坝在主河床段是混凝土重力闸坝，左岸非主河床段采用的是碾压混凝土重力实体坝。根据电站主体工程的施工设计，电站采取导流洞导流分段施工方式建设。根据电站验收阶段水土保持评估报告，为减少在河床施工产生大量水土流失，围堰填筑时，围堰迎水及背水边坡均采用编织袋装黏土进行防护；各引水隧洞洞室及施工支洞进出口开挖边坡和不稳定开挖面，均进行了喷锚或挂网喷锚支护；临近公路都采取围墙封闭，这些工程防护措施既具有防崩塌、防洪水等安全施工功能，同时又具有一定的水土保持功能，有效地防止了主体工程区内水土流失。

2)施工公路区

电站建设中，既有工程专用永久公路、厂内永久公路和赔偿的国道永久公路，也有施工临时公路和临时便道。这些公路建设施工，除临时便道外，都需要选择具有设计资质的设计单位按照公路设计规范设计。据对建设单位工程管理文件和监理报告调研，公路设计和施工承包商基本上采取了护坡、涵洞、排水沟等工程防护措施，可以减轻施工造成水土流失。如果能严格按技术规范实施，这些工程措施同时具有良好的防洪、排水等安全施工功能以及防止水土流失功能。与中段电站相同，实施过程中，监理单位要求电站及公路施工承包商尽量挖填平整，弃渣以先拦后弃、集中堆放，及时对软弱面支护等措施，基本符合水土保持设计要求。

3)渣场区

下段电站变更调整阶段，已形成的水土保持工程措施在第 6 章已有详述，本章节不再赘言。但是以现场调查情况分析，所有渣场的工程措施都不到位，施工弃渣下河现象非常普遍，调整报告以及复核设计要求的措施均未实施，水土流失现象仍十分严重。

8.2.4.2　**变更调整阶段水土保持植物措施**

实验区下段电站渣场、料场和施工总体布置变更调整时，主体工程除大坝土建工程基本完工以外，其他主体工程和相关的临时工程都正在施工。也就是说，各单项、单位工程施工过程的水土保持植物措施均未实施。由于电站主体工程都位于或靠近国道，施工干扰较大，各施工场面较为混乱。汶川大地震后，余震不断、救灾与恢复重建在政治任务的约束下全面展部，各种(施工、运输、应急)作业“狼烟四起”，加剧了电站施工的场面混乱，主要部位的环境保护和水土保持工程措施也无法正常实施，仅在业主的临时办公生活营地呈现有限的绿色。

变更调整报告编制阶段，补充环境影响评价时要求电站渣场、料场、施工公路等植被受破坏的重点区域，在电站施工后期对其区域同时进行植被恢复。已经完工的大坝或当时接近完建的电站厂房土建工程等永久占地区及周边应进行绿化、美化；对于渣场等临时占地区域，在施工结束后全部进行复耕、绿化或植树种草。植被物种选择，应根据当地自然条件出发，既要达到快速恢复的目的，又要考虑适宜性以及恢复后植被的多样性；进展时，需关注和防止外来物种生态入侵问题。已经结束施工供材使命的主要临时工程，应该按照复核设计要求全面落实水土保持植物措施。

1)施工辅助企业占地区植物措施

施工辅助企业(业界一些设计规范或施工组织设计手册称其为附属企业)，设计确定拟绿化面积为 9.59hm^2。施工结束后，应拆除地表临时建筑设施及硬化的地面，翻松迹地并覆土 0.3m 以上，测算覆土量约 39 000m^3，覆土来源应尽量利用原剥离的表土，不得选择或让当地村民重新开挖山坡取土。事实上，工程施工承包商并未按要求剥离和保存表土，复耕时，当地村民从经济利益出发强行供土，造成新增水土流失在所难免。

植被措施需因时制宜，选择合适季节和工程区适生的乔木羊蹄甲、臭椿和灌木沙棘隔行混交，株行距为4.0m×4.0m，植苗造林采用穴植。穴植灵活性大，能适应场地条件，比较省工省时。乔木50cm×50cm(穴径×坑深)，灌木30cm×30cm(穴径×坑深)，其下混播当地适宜生长的草种高羊蒿与早熟禾，混播比例为1∶2，单位用量按15kg/hm^{2}计，并施用一定量的复合肥。施工辅助企业植物措施工程量详见表8-2-6。

表8-2-6　施工辅助企业迹地恢复及植物措施工程量表

面积(hm^2)	绿化树(草)种	株距(m)	技术规格	苗木要求	数量(株,kg)	穴地(个)	复合肥(kg)
9.59	羊蹄甲	4.0×4.0	采用穴状整地，规格为乔木50cm×50cm、灌木30cm×30cm（穴径×坑深），施用0.1kg复合肥，与松散土混合均匀，栽植时将苗木植于树穴中央，填土踏实，并浇水定根，乔灌木均混交种植	地径2cm	1 978	1 978	197.8
	臭椿	4.0×4.0		地径2cm	1 978	1 978	197.8
	沙棘	4.0×4.0		冠高60cm	1 978	1 978	197.8
	高羊蒿	15kg/hm^2	将高羊蒿与早熟禾草种子按1∶2比例混合后均匀撒播在迹地上，覆上细浅土、洒水	等级优	47.47		479.50
	早熟禾	15kg/hm^2			96.38		

2)施工公路占地区植物措施

下段电站的部分临时工程如临时公路、临时办公生活营区、临时供水供电等“三通一平”项目，应该在主体工程正式开工前完成。按照环境保护和水土保持“三同时”要求，此类临时公路或其他工程建成后，应先期实施临时植物措施。补充环境影响评价复核设计时，要求完善对临时公路的边坡绿化措施。

根据已经投入使用的现场临时道路及规模条件，工程临时公路边坡开挖占地面积约为17.60hm^2，大都基本具备植物生长的条件，可不考虑覆土。其公路内侧开挖边坡区域，拟沿坡脚种植本地适生的攀缘植物爬山虎，种植株距0.5m，绿化长度约8.8km，共计需爬山虎17 600株；公路外侧边坡，采用混播高羊蒿与早熟禾草种，混播比例为1∶2，单位用量按3g/m^{2}计，临时施工公路建设及运营过程中的植物措施工程量见表8-2-7。

表8-2-7　施工公路边坡植物措施工程量表

面积(hm^2)	绿化树(草)种	株距(m)	技术规格	苗木要求	数量(株,kg)	复合肥(kg)
17.60	爬山虎	0.5m	与松散土混合均匀，栽植后填土踏实，并浇水定根	冠高30cm	17 600	528.0
	高羊蒿	3g/m^2	将高羊蒿与早熟禾草种子按1∶2比例混合后均匀撒播在迹地上，覆上细浅土，并同时喷洒清水	等级优	43.60	
	早熟禾	3g/m^2			88.50	

8.2.4.3　变更调整阶段渣场形成的水保措施

变更调整阶段，下段电站1＃、2＃渣场基本形成，3＃、4＃、5＃渣场仍在堆渣施工。根据补充环境影响评价阶段的现场调查，1＃、2＃、4＃渣场临河侧尚修建有浆砌块石挡渣堤拦挡弃渣，一定程度上可较好地控制渣体流失，但由于缺少护坡等防洪措施及排水措施，加上弃渣施工不规范，仍存在一定量的水土流失。尤其是 4＃渣场，正在下段电站的尾水出口对岸，以汛期水流流态和水量分析，4＃渣场可能面临被洪水冲毁威胁；如若处置不当，或者说一旦洪水造成渣场垮塌，渣体有可能形成堰塞体，导致水位抬高淹没电站厂房机组和厂区其他设施；而堰塞体溃决，又可能造成下游村庄数百村民面临灭顶之灾。因此，4＃渣场应加固临河挡墙基础。

3＃渣场修建有挡渣墙和截排水沟，较好地防止了渣体流失，但渣场位临 317 国道上方，安全隐患突出。5＃渣场修建有混凝土拦渣坝，但未对沟水进行畅排处理。汶川大地震后，高山上的大部分村民拟搬迁到较低的临河地带，有些村民直接在渣场顶上或渣场下方建房，这些举措加大了渣场的危险性和工程建设管理单位的安全责任。渣场堆渣过程，虽然有自卸汽车和挖掘机碾压，但仍然是人工堆载的可滑动体和潜在泥石流源，建设永久住房和其他永久工程都需要经过科学、严谨设计论证和可靠的基础处理。

根据现场调查，2005 年的汛期，下段电站厂房处的洪水流量达 $530m^3/s$，是年平均流量的数倍，洪水威胁始终存在。与 3＃渣场一样，建设管理方应给予足够重视，重新论证，及时加强挡渣、防洪防淘、排水等工程措施。

评估阶段现场调查发现，1＃、2＃、4＃渣场局部持续发生较为严重的水土流失，继续堆渣一方面有可能侵占河道，影响行洪断面，使原有拦挡设施不能发挥作用；另一方面，受洪水冲刷，将加剧渣场水土流失。

8.2.5　验收阶段主体工程水土流失综合治理

下段电站于 2004 年进入施工准备，2005 年 4 月正式开工建设，2011 年全面投产发电并进入商业运行。根据作者近 40 年参与水利水电工程建设实践经验，同等规模的电站合理工期应该为 40～50 个月之内，而本电站工程工期竟达 70 多个月。无论有多少客观原因，即便汶川大地震以及灾后重建影响较大，对引水隧洞这类隐蔽工程施工来说，直接影响不超过 10 个月。工期的严重滞后，一方面可能造成投资失控，另一方面延长施工必然导致更加严重的水土流失。

正如前章所述，西部大开发以来，云、贵、川等西部地区水电、交通、矿山资源开发“遍地开花”，设计、监理、施工、建设管理各方有工作经验的人力资源紧张，许多工程设计深度不足，滥竽充数的施工队伍和“初出茅庐”的项目经理充斥在各个建设工程施工岗位，工程建设的质量、工期、投资控制无法保证，安全事故频发。近几年来，垮桥、垮坝、倒塌房屋的重达责任事故频现媒体，转移责任至自然（暴雨、洪水、泥石流）灾害的社会现象屡见不鲜。风起云涌的建设项目，管理混乱的施工招标，偷工减料的赶工抢进度，层层分转包的农民工队伍，难怪一些院士、专家学者预言今后工程安全事故将层出不穷！

与中段电站遭遇环保、水保履责违约情况一样，下段电站主体工程基本完工之时，各承包商以各种“理由”拒不履行环境保护和水土保持治理的法律义务和合同义务。电站业主（建设单位）只得重新筹措资金组织对整个电站工程尤其是渣场的环境保护及水土保持实施综合治理。2010 年 10 月，业主结合工程竣工验收阶段的环境保护和水土保持专项验收工作，同步展开下段电站的环保、水保生态修复治理。

表 8-2-8　水土流失防治责任范围面积对比表　单位：hm^2

防治分区		调整报告批复面积	实际占用面积	备注
项目建设区	水库淹没占地	16.94	16.94	调整报告编制时主体工程土建部分已基本完工，因此该部分不发生变化。
	水工建筑物	3.80	3.80	
	永久公路	25.70	25.70	
	小计	46.44	46.44	
	施工辅助企业	18.59	18.59	
	临时公路	21.08	21.08	
	弃渣场	24.16	24.46	
	表土堆场	7.29	0	
	小计	71.12	64.13	
	合　计	117.56	110.57	
直接影响区	水库影响区	1.9	1.9	
	公路影响区　永久	3.90	3.90	
	公路影响区　临时	4.40	4.40	
	渣场影响区	1.72	1.82	增加 6＃弃渣场
	移民建房安置区	1.03	1.03	
	合　计	12.95	13.05	
总　计		130.51	123.62	部分国产破坏扣除

8.2.5.1　坝区水土流失综合治理

下段电站工程的水土流失防治责任范围，为工程建设扰动原地表、损坏植被区域，总面积应包括主体工程区、施工生产生活区、料场区、渣场区、施工（永久、临时）公路区 5 个工程占地区及水库淹没区。2009 年 7 月，四川省水利厅以川水函[2009]711 号文对《四川省实验区河流下段水电站水土保持方案调整报告书的批复》规定，下段电站水土流失防治责任范围为 130.51hm^2，其中项目建设区 117.56hm^2，直接影响区 12.95hm^2。

专项验收评估阶段的现场调查及资料分析认为，下段电站工程水土保持实际的防治责任范围为 123.62hm^2，其中项目建设区 110.57hm^2，直接影响区 13.05hm^2。也就是说，扣除其他相关影响区域之后，其防治的责任面积有所减少，变化情况及原因详见表 8-2-8。

下段电站工程坝区的水土保持综合治理，主要是右坝肩的工程防护治理和坝区左岸的植被恢复。由于国道正在下段电站右坝肩陡坡下方，右坝肩地质条件比中段电站右坝肩更为复杂，表层松软、层厚。紧下的 317 国道是四川直通西藏的骨干公路，战略地位非常重要。右坝肩长期稳定与否，既关系到电站运行的安全，也关系到通往马尔康州政府的唯一通道的安全。设计采用锚杆、锚索、灌浆加混凝土框格梁方法护坡，综合治理情形见图 8-2-2 和图 8-2-3。由于坝后下游左岸居住有木卡村数十户村民，我们首先采用混凝土结构加强左岸河道岸坡防护，坡上滩地覆土绿化或复耕，也有部分滩地被当地政府用于安排灾后重建居民住房，水土保持（工程、植物措施）综合治理效果见图 8-2-4、图 8-2-5 和图 8-2-6。

图 8-2-2　电站右坝肩安全防护

图 8-2-3　右坝肩框格梁绿化

图 8-2-4　右坝肩陡坡紧接 317 国道

图 8-2-5　电站右坝肩植被修复情况

图 8-2-6　闸坝下游左岸防护与滩地绿化情况

8.2.5.2　厂区水土流失综合治理

下段电站厂区枢纽位于阿坝州汶川县境内，也处于 317 国道的必经通道。除了汛期防洪安全问题以及厂房后边坡地质灾害问题外，厂区枢纽的建筑格局和植被恢复状态都将影响当地景观和旅游经济开发。在电站初步设计和技术设计时，建设单位已经考虑到电站厂区是通往九寨沟、毕蓬沟、米亚罗等景区（保护区）的基础设施，为不致破坏沿途风景感观，同时为了减少对山体大范围开挖破坏自然景观，厂房设计优化为顺向布置，以桥、涵形式跨越电站尾水渠（正是从景观考虑，选择投资更加多的桥梁结构形式）。

厂房后边坡地质条件复杂，设计采用了锚杆、锚索支护，坡脚增加混凝土框格梁防护结构，防止边坡失稳产生水土流失。汶川特大地震使厂房后边坡发生局部垮塌和结构变形，建设管理单位不惜代价再投入数千万元加固修复。水土保持综合治理阶段，又投入数百万元对厂区周围进行植被绿化，厂区安全防护见图 8-2-7，生态环境综合治理效果见图 8-2-8、图 8-2-9、图 8-2-10、图 8-2-11。

图 8-2-7　下段电站厂区右岸及安全防护全貌

图 8-2-8　电站厂植被生态治理效果

图 8-2-9　电站厂区与国道绿化效果

图 8-2-10　电站厂区山侧绿化情况

图 8-2-11　电站 GIS 楼内侧植被生态

8.2.5.3　库区水土流失综合治理

根据水土流失防治责任区划及水土流失防治规划，截至 2011 年底，电站竣工验收前，各防治区域的扰动占压面已实施治理，并按有关技术规范要求进一步完善。工程验收后的运行期，水土流失防治责任范围面积应为水工建筑物及永久公路占地区域，共计 29.50hm²。此外，电站库区占地约 17hm²，其区域内右岸建有电站业主(建设管理)单位的办公、生活营区和县林业苗圃基地。那么，库区的水土流失综合治理主要集中于左岸岸坡。业主的办公生活营区和左岸岸坡防治水土流失效果见图 8-2-12 和图 8-2-13。

图 8-2-12　库区办公生活营区绿化

图 8-2-13　库区左岸防护和绿化效果

8.2.6　验收阶段渣场水土流失综合治理

实验区下段电站渣场的水土保持治理，相当于在石漠化的荒山造田一样，要保证其持续性生态效果，难度可想而知！渣场渣体的生态修复，既要达到保土保水，又要适应当地气候和植被生存环境，尤其是渣场有占总面积 50%以上超过 40°坡度的坡面，以及渣体大都是 5～100cm 块石，这个难度不逊于在沙漠上造田绿化。因为在渣面覆土 30cm，经过几场雨水冲淋，表土大都落到渣体缝隙之中。增加覆土，一则不能在当地山坡取土，即修复渣场不能以破坏自然山坡为代价；二则若在远处取土，存在客土本身的适应性和高运费的投入，这不符合因地制宜的生态修复原则。也就是说，此类渣场环境的治理，从纯学术的角度打一个比喻，如果将精心培植在塔克拉玛干沙漠实验室里的盆景移出到室外，自然环境下盆景可能很快就不再是盆景。

从有环境保护责任感的工程技术人员良知考虑，高山峡谷脆弱生态环境和施工场地条件紧张的山地环境，不适合建造引水式水电站。长距离引水发电，导致河流存在较长的脱水和减水河段，必然导致区域生态恶化。再则，引水隧洞开挖的大量洞渣，沿河谷或沟坡堆放，相当于人为加载滑坡体，无论从工程安全或是生态安全考量，都是危险大于责任。

2010 年末，下段电站主体工程基本完建，不再规模弃渣，所有渣场进入专项验收前的综合治理阶段。因 317 国道“3 改 2”的公路施工选线需要，1＃渣场的临河河滩修建成永久公路，但考虑是高架路，并未改变临河型渣场性质。2＃、4＃渣场和违规倒渣形成的 6＃渣场仍是临河渣场，5＃为沟道渣场。鉴于恶劣的气候条件，水土流失防治的生态修复工作异常艰巨，加上当地村民争利和阻挠，生态修复过程困难重重。

8.2.6.1　1＃渣场综合治理

1)专项验收阶段的渣场设计

在变更调整阶段的补充环境影响评价时，受托水土保持调整报告编制的设计院对电站渣场进行了复核设计，其认为：电站所有渣场坡度均较陡，可能会产生局部垮塌。为确保渣体整体稳定，要求渣体边坡必须按初步设计计算稳定边坡 1∶1.75 进行削坡，并对堆渣高度较大的渣场设置多级马道。临河型渣场，应防止在堆渣过程土石滚入河流，造成新增水土流失；临公路渣场，也应防止渣料滚落在公路上，影响交通，造成安全事故。要求渣脚增强拦挡措施进行防护。同时，增加已成形渣场的防洪与排水措施。

专项验收阶段，考虑到工程超挖严重，渣场堆渣量都有较大幅度增加，场地条件和新增渣场及转运的艰难，按原设计稳定边坡(1∶1.75)削坡基本不可能，经过研究，在采纳复核设计防洪、排水、挡渣要求前提下，根据渣场堆渣实际情形重新进行规划、地形测量和设计，1＃渣场生态治理施工图设计见图 8-2-14。

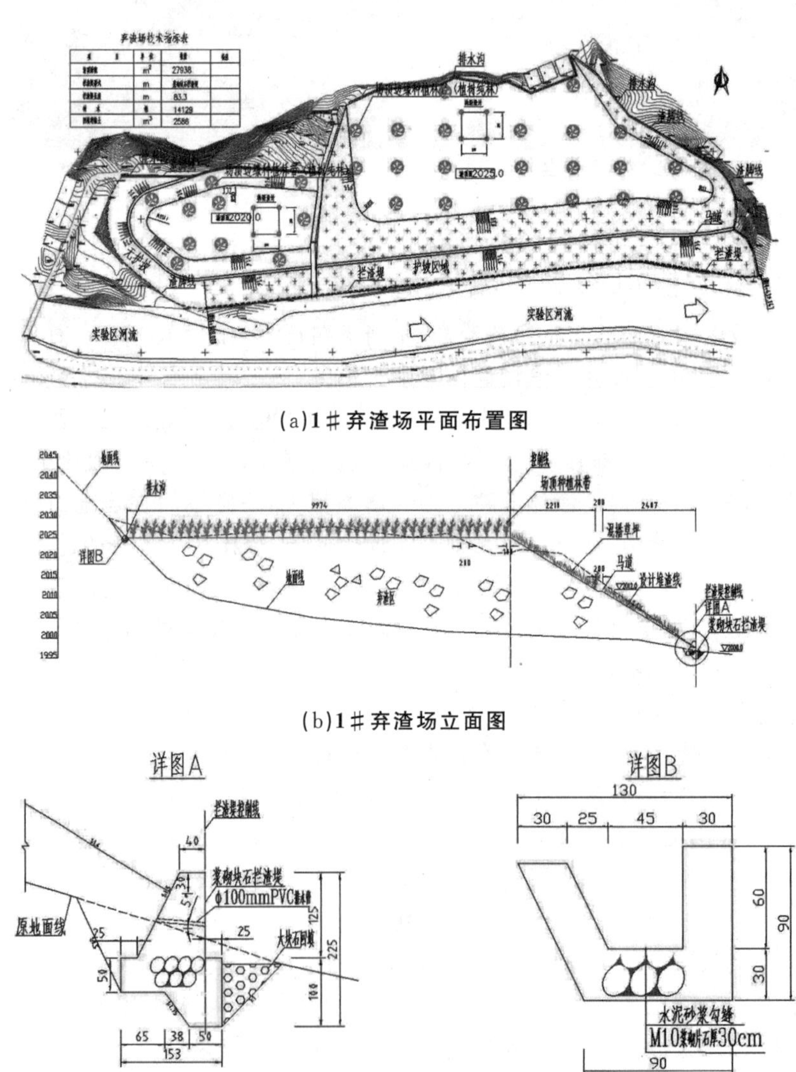

(a)1＃弃渣场平面布置图

(b)1＃弃渣场立面图

(c)局部放大图

图 8-2-14　1＃弃渣场设计及布置图

2)渣场的综合治理

1＃堆渣场位于下段电站闸址左岸下游约1.5km，设计堆渣容量100.64万m^3，渣场占地面积8.77hm^2，渣顶高程1 562.0m，最大堆渣高度约30m，复核设计要求在高程1 545.0m设置一条宽2.0m马道，实际堆渣过程没有设置马道。作为临河型渣场，渣脚高程低于30年一遇洪水位，可能受河道洪水冲刷，堆渣时采取的挡渣、排水措施难以满足验收要求。综合治理时，我们基于多造地、多复耕的思路，加强了渣场拦挡和排水工程措施，修建长约700m浆砌块石重力式坡脚挡渣堤和约800m坡面、山脚排水设施，投入300多万元实施新增土地3万m^2，同时在渣场边缘开辟土地安置数十户地震灾民。1＃渣场治理前后面貌见图8-2-15、图8-2-16、图8-2-17和图8-2-18。

图8-2-15　1＃渣场治理前水土流失情况

图8-2-16　1＃渣场与国道公路的位置关系

图8-2-17　1＃弃渣场治理前状态

图8-2-18　1＃渣场全面复耕情况

8.2.6.2　2＃渣场综合治理

1)专项验收阶段的渣场设计

2＃堆渣场为临河型堆渣场，渣脚高程也低于30年一遇洪水水位，汛期可能受河道洪水冲刷影响。补充环评阶段，复核设计认为施工弃渣期间渣场没有完善水土保持设施，要求2＃渣场增加挡渣、防洪、防淘、防冲和排水等工程防护措施。根据电站主体工程引水隧洞施工承包合同和环保、水保“三同时”规定，工程开挖弃渣前，渣场拦挡、排水措施都应当形成。但是，长期以来一些人对法制法规不严格执行造成监管的失职，以致时不时能看到施工过程随意弃渣，合同履责掺杂使假，降低工程质量标准。

电站主体工程完工时，2＃渣场水土流失情况严重，许多应予提前完成的项目没有实施，复核设计提出的一些水土保持技术要求已显滞后。

为科学治理渣场水土流失，根据2＃渣场堆渣实际情形，建设管理单位委托具有水土保持资质的设计院重新进行规划、地形测量和设计，2＃渣场施工图设计见图8-2-19。

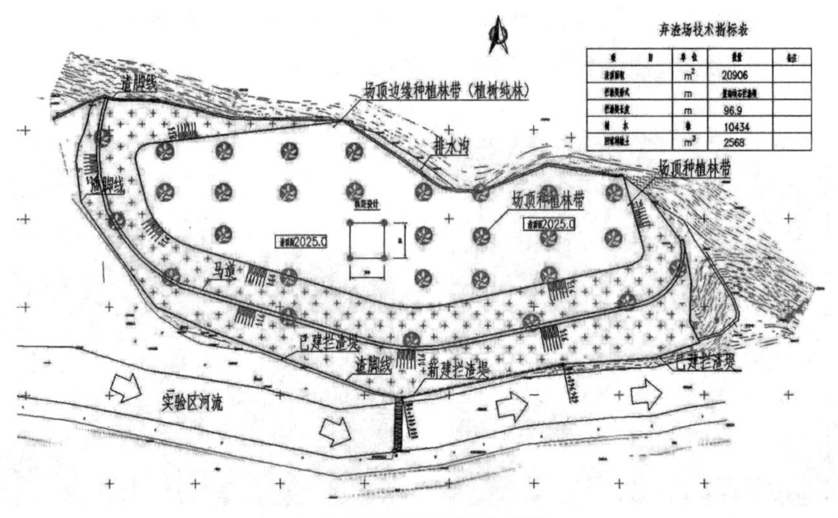

(a)2＃弃渣场平面布置图

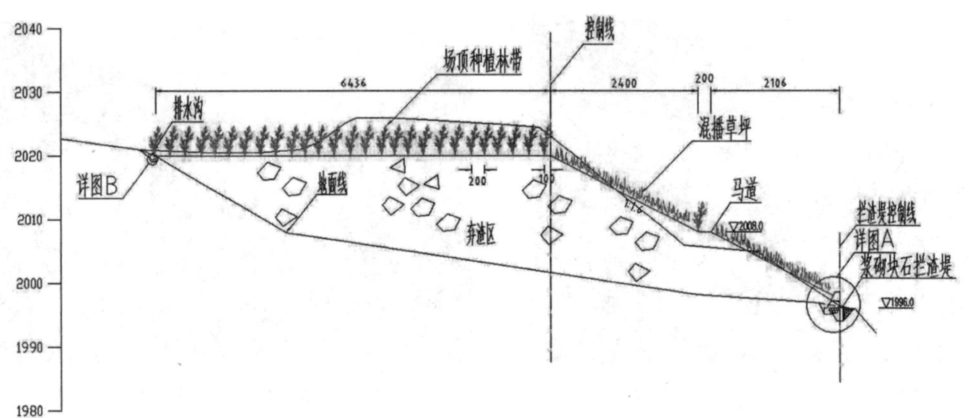

(b)2＃弃渣场立面图

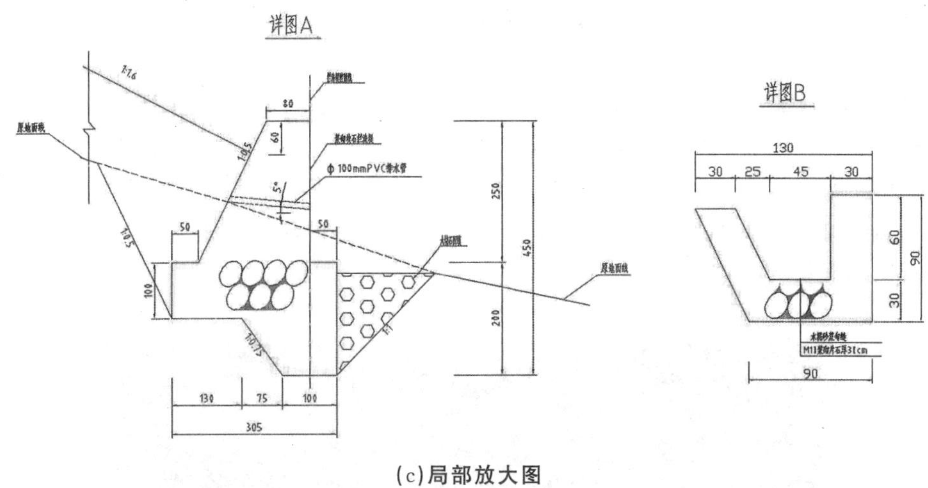

(c)局部放大图

图 8-2-19　2＃弃渣场设计及布置图

2)渣场的综合治理

2＃堆渣场位于下段电站坝址左岸下游约 7.5km,设计堆渣容量 59.19 万 m^3,渣场占地面积 6.35hm^2,渣顶高程 1 510.0m,最大堆渣高度约 35m,复核设计要求在高程 1 500.0m设置一条宽 2.0m 马道,治理过程考虑其上游方向有多户居民,为老百姓修建了一条村级道路取代马道的设置。同时,利用了原坡脚浆砌块石重力式挡渣堤(长约 560m),又投入 230 万元重新平整渣场表面,将挡渣堤顶部渣体堆放边坡坡比局部削坡至初步设计规定的 1∶1.75。

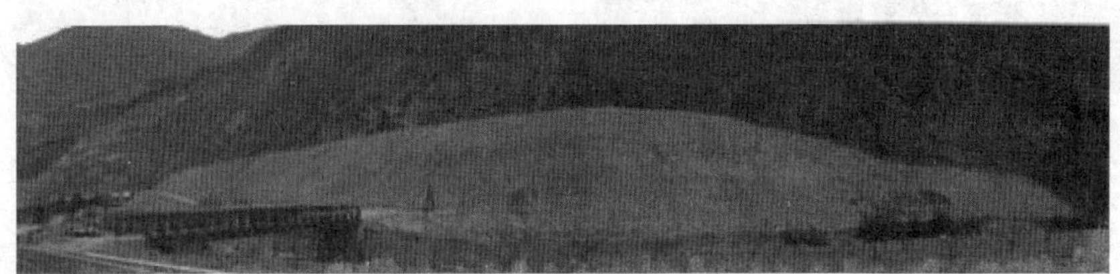

图 8-2-20　2＃渣场整体平整效果(从下游拍摄的全貌)

图 8-2-21　2＃渣场(上游往下拍摄)的削坡形象

为减小降雨形成的坡面集水对渣体形成冲刷，在渣场顶部沿山体内侧分别设置长约550m、矩形断面、底宽0.4m、深0.4m的浆砌块石截排水沟和沉砂池，在渣场顶面覆土厚30～40cm，坡面覆土20～30cm，再按长宽各2m间距种植洋槐、刺槐树12 300株，播撒普通草籽、三叶草籽和油菜籽400kg，水土流失综合治理见图8-2-20、图8-2-21、图8-2-22、图8-2-23和图8-2-24。其中，图8-2-20和图8-2-21反映渣场平整、削坡、降高的治理；图8-2-22为对比平整前渣顶堆渣情况；图8-2-23采用混凝土加固河滩挡渣墙；图8-2-24为渣场区域植树绿化情况。

图8-2-22　2#渣场综合治理前渣顶堆渣情况

图8-2-23　2#渣场C20混凝土加固挡墙

图8-2-24　2#渣场区域植被生态恢复

8.2.6.3　3#**渣场综合治理**

1)专项验收阶段的渣场设计

3#堆渣场为临公路型或称为谷坡型堆渣场，从电站7#支洞附近沿古城沟向沟口方向堆载。越临近317国道，堆高越高。3#渣场依山就势顺坡向下展部，呈喇叭形状，纵向(向北)长约500m，顺国道公路(向西)宽约130m。按照本课题研究或专项验收阶段综合治理的设计考虑，拟考虑为当地造更多的(农林复耕)土地，但沿沟有2座老坟、一棵核桃树，无论建设管理方花多少资金都无法动摇个别村民长期养成的陈规陋习和所谓的“神山神树”的迷信。多次协调均不奏效，以至于渣场平整形状弯弯曲曲，大大降低渣场有效复耕面积，使喇叭形状的渣场预留两个很大缺口和治理缺憾。国人的传统观念根深蒂固，死人大量侵占活人的土地。

传统文化中遗留封建色彩的成分太重，一些先进的文化没能改变那带有迷信习俗的“活不善养、死却厚葬”行为。

根据渣场地形及布置，渣场基本不受实验区河流及古城沟洪水影响。因此，渣场安全稳定以及水土保持工程防护措施主要考虑挡渣和排水等。由于下段电站引水隧洞部分标段地质环境恶劣，施工塌方不断，超挖严重，3＃渣场的弃渣块度不均、含水量不均，造成堆渣坡度较陡、形状不规则，给综合治理制造麻烦。考虑到工程超挖以及渣场堆渣量都有较大幅度增加，在有限的场地条件下按原设计稳定边坡（1∶1.75）削坡难以实现，经过研究协调，在充分利用原有拦挡设施前提下，根据渣场堆渣实际情形重新进行规划、地形测量和设计，3＃渣场施工布置设计见图 8-2-25。

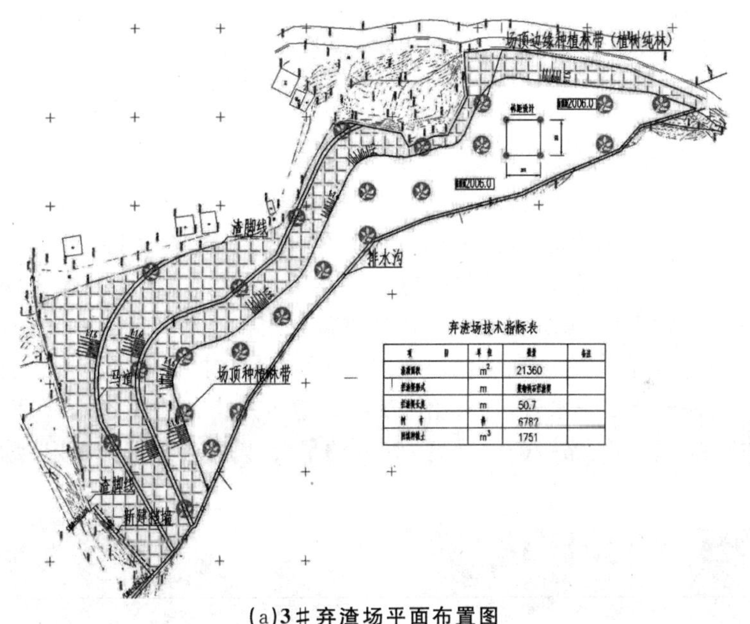

(a)3＃弃渣场平面布置图

(b)2＃弃渣场立面图

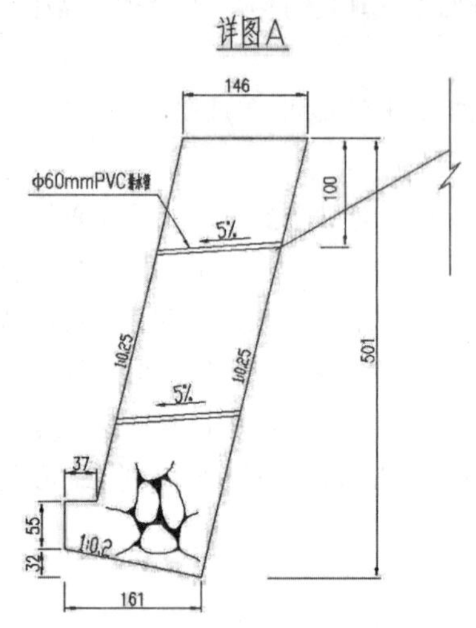

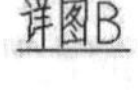

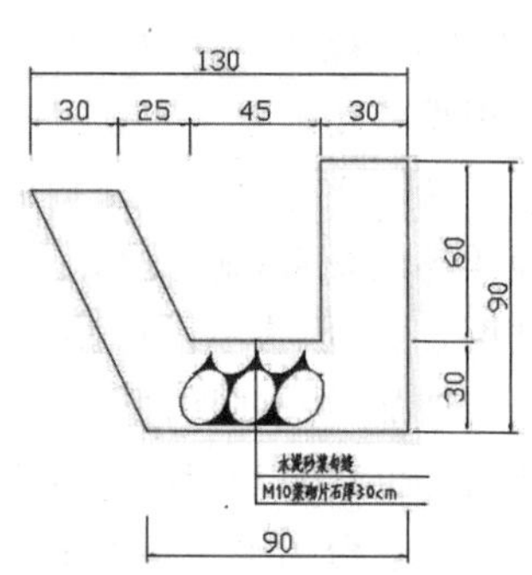

(c)局部放大图

图 8-2-25　3＃弃渣场设计及布置图

2)渣场的综合治理

3＃堆渣场位于实验区下段古城村和支沟古城沟左岸，设计堆渣容量 66.90 万 m^3(实际堆渣因施工超挖多于设计容量)，渣场占地面积 3.82hm^2，渣顶高程 1 520.0m，最大堆渣高度约 72m，补充环评复核设计要求在高程 1 475.0m 和 1 500.0m 各设置一条宽度均为 2.0m 的马道，采用 M7.5 浆砌块石加固坡脚重力式挡渣墙，长约 215.7m；加固墙身断面达到高 1.50m、顶宽 0.70m，面坡倾斜坡度为 1∶0.4；在挡渣墙墙身按距地面 0.3m、间距 2m 布设 Φ 10cmPVC 排水管，管口用土工布反滤。水土流失生态治理过程中，实验研究课题组安排在渣场临公路一侧设置宽为 6m 的平台，以增强渣场的稳定性。

图 8-2-26　渣顶劣质土复耕及截水引水沟

图 8-2-27　渣面劣质土绿化情况

为减小降雨形成的坡面汇水对渣体的冲刷，在渣顶上下游侧(山侧和古城沟测)均设置矩形断面、底宽 0.4m、深 0.4m 的截排水沟。排水沟总长约 710m，采用 0.3m 厚 M7.5 浆砌块石衬砌。渣场顶面覆土厚 20～40cm，坡面覆土 20～30cm，再按长宽各 2m 间距种植洋槐、刺槐树约 10 000 株,播撒草籽和油菜籽 600kg。需要说明的是,治理复耕施工合同要求承包商购买有机质含量较高的腐殖土,而在村民的阻挠下购买的是劣质沙土,严重影响渣场水土流失治理效果,不得不多次投入,劣质土导致数次补播草籽也难以达到整体绿化,见图 8-2-26、图 8-2-27、图 8-2-28、图 8-2-29、图 8-2-30 和图 8-2-31。其中,图 8-2-26 反映劣质土绿化情况和渣顶截水沟与引水沟二者合一情况;图 8-2-27 是 9 月份的草被生长情况;图 8-2-28 和图 8-2-29 是雨季 5 月油菜开花生长及绿化情况。实践发现采用油菜籽掺草种能够迅速改善恶劣渣体植被恢复,也同时说明干旱河谷仍然可以创新思路进行生态修复。图 8-2-30 为 2011 年 6 月无有效降雨条件下的渣场实验修复植被情况;图 8-2-31 反映渣场靠古城沟一侧的浆砌块石挡渣墙及墙身排水设施。

图 8-2-28 渣顶植被恢复情况

图 8-2-29 采用混播油菜籽的植被修复

图 8-2-30 渣顶植被实验修复情况

图 8-2-31 渣场浆砌石拦挡排水设施

8.2.6.4 4#渣场综合治理

1)专项验收阶段的渣场设计

实验区下段电站 4#堆渣场为临河型渣场,消纳电站厂房、开关站、GIS 楼、尾水设施和厂房后边坡等施工部位的开挖弃渣。作为课题研究主持和本书作者,实在不知 4#渣场的选址是因为场地条件限制的唯一或是出于经济运距的考量。理智地说,4#渣场选址正在电站尾水出口的对岸,又正是河道拐弯处洪水流态发生急剧变化的位置,渣场以及其下游 200m 外就密集分布民居和村庄,电站尾水和汛期洪水汇合直接顶冲 4#渣场渣脚,一旦渣场垮塌失事，后果不堪设想。

变更调整及补充环评复核设计时，也认为渣脚高程低于 30 年一遇洪水位，汛期 4＃渣场受河道洪水冲刷影响。因此，确保渣场稳定的安全防护措施和水土保持工程防护措施应当包括挡渣、防洪、防淘、防冲等工程措施。2005 年 5 月，实验区河流的下段电站厂区遭遇较大洪水，4＃渣场尚未堆渣。2008 年 5 月 12 日汶川特大地震，渣场已堆渣超过 50％，但电站没有发电及尾水渠未过流，同时也没有发生较大洪水，因此 4＃渣场未出现垮塌，并不能说明渣场的安全稳定。根据下段电站工程水文资料以及建设期间发生洪水流量和频次，水土保持专项验收阶段的生态综合治理设计中，已充分考虑和论证水电站运行期发生洪水时尾水与洪水产生叠加效应严重威胁渣场及电站工程安全问题，专门在渣场渣脚受洪水顶冲部位增设一道长约 120m、高 15m、底宽 3m、顶宽 1m 的混凝土挡墙结构，以加强渣场防洪、抗滑能力；同时在渣顶沿山体的内侧布置了雨水截排水沟，综合治理阶段设计见图 8-2-32。

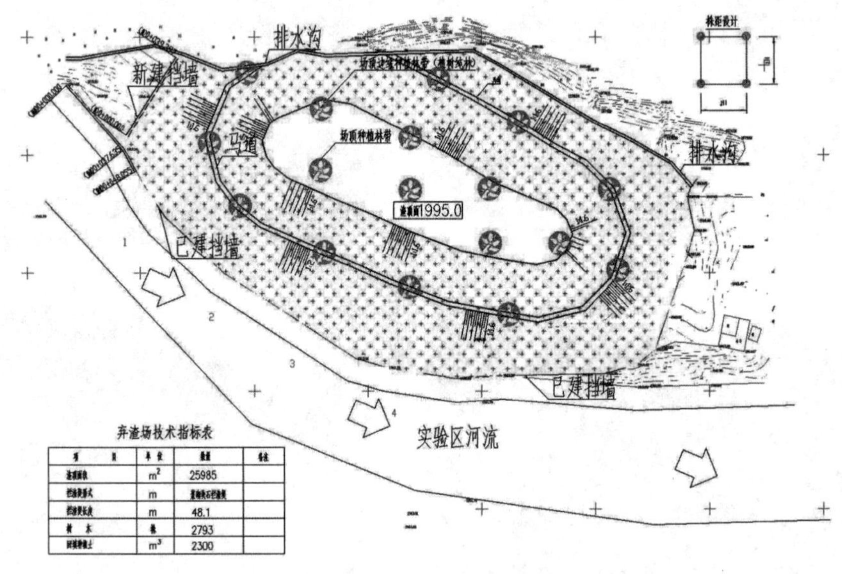

[illegible]	[illegible]	[illegible]	[illegible]
[illegible]	m^2	25985	
[illegible]	m	[illegible]	
[illegible]	m	48.1	
[illegible]	[illegible]	2793	
[illegible]	m^3	2300	

(a)3＃弃渣场平面布置图

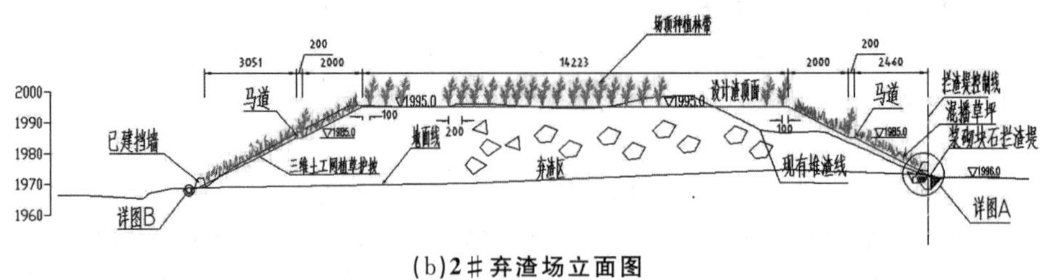

(b)2＃弃渣场立面图

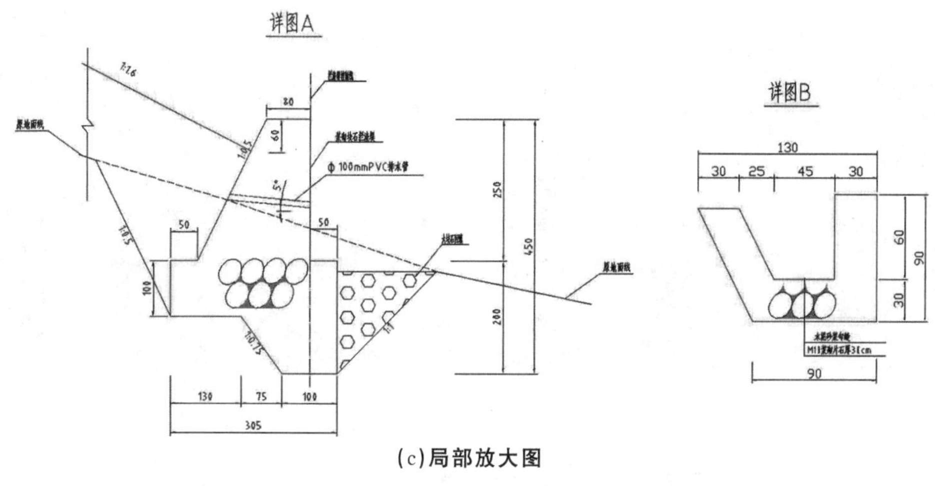

(c)局部放大图

图 8-2-32　4#弃渣场设计及布置图

由于 4#堆渣场场地狭小，堆渣过程的不规范导致渣场形状似烟囱，局部坡度超过 60°，治理阶段经过多次设计优化，将渣场与山体间临时施工运输道路填平，使渣场直接与山体相连，多造地约 2 万 m^2，其渣体同时对山体松散坡积土起挡护、抗滑作用。

2)渣场的综合治理

4#堆渣场位于实验区下段电站厂房对岸，设计堆渣容量 63.88 万 m^3，渣场实际占地面积 3.79hm^2，渣顶高程 1 465.0m，最大堆渣高度超过 70m，补充环评复核设计要求在高程 1 425.0m 和 1 445.0m 各设置一条宽度为 2m 的马道。同时，充分利用并加强已经形成的长约 183m 重力式浆砌块石墙体，加强部分高 1.5m、顶宽 0.7m，采用 M7.5 浆砌块石砌筑。由于堆渣过程进出车需要，渣场实际形状成为 4 级锥台，尽管台阶宽度大于马道宽度，但形如冰激凌蛋塔的渣场渣体边坡大都超过 1∶1 坡度，渣体极不稳定。

综合治理阶段，我们对整个渣场基础实施了加固，在渣场上游侧布设挡渣墙，将约 30%的渣体转运至上游侧挡渣墙内，又通过转运和向山侧平整，使渣场高度降低约 37m，形成 2 级椭圆形的平台，平整过程及形状见图 8-2-33、图 8-2-34 和图 8-2-35。

图 8-2-33　4#渣场平整后的椭圆台形鸟瞰图

图 8-2-34　4#渣场向上游侧转渣平整

图 8-2-35　4#渣场向山体侧转渣平整

综合治理平整后的渣场，挡护、防洪、排水措施得到完善，渣体平均坡度降低到约 1∶1.5，不仅基本消除了渣场带给电站和其下游村庄及居民的安全隐患，而且为当地农民多造耕地约 2.5hm^2。此外，在渣面和坡面多次累计植树（刺槐、车李子、柳树等）约 18 000 株，播草籽 600kg。植被修复效果见图 8-2-36、图 8-2-37、图 8-2-38 和图 8-2-39。

图 8-2-36　4#渣场树、草植被效果

图 8-2-37　厂房与渣场绿化情况

图 8-2-38　4#渣场树、草植被效果

图 8-2-39　4#渣场绿化与局部复耕情况

8.3　实验区上段电站渣场水土流失治理实践

实验区上段水电站为实验区河流梯级开发的龙头电站，工程规模为二等大(2)型工程，永久性主体建筑物级别为 2 级。由于挡水建筑物为 136m 高的砾石土心墙堆石坝，坝基为超过 100m 深厚覆盖层，依据设计规范将拦河大坝提高一级，按 1 级建筑物设计，防洪标准仍按 2 级建筑物设计。

由于地质、勘探及设计深度不足，管理混乱，上段电站建设过程中设计变更较多，工期严重拖期，投资概算失控，导致工程效益不能正常发挥。电站建设主要里程碑时点为：

(1)2002 年 11 月开始进行坝基深厚覆盖层基础处理；

(2)2003 年 11 月 28 日导流(放空)洞开工；

(3)2004 年大坝成功截流；

(4)2009 年 9 月 21 日进行初期蓄水；

(5)2010 年 1 月 25 日开始对引水系统充水；

(6)2010 年 1 月 29 日开始进行 2＃机组动态调试；

(7)2010 年 3 月 3 日、3 月 12 日、3 月 17 日分别完成 2＃机组、1＃机组、3＃机组的动态调试；其中，1＃，2＃机投产发电，3＃机完成 72h 试运行，具备投产发电要求。

因水库淹没部分国道，建设单位改建公路不能按期正常运行和正式移交，导致电站工程至此不能实现竣工。那么，相应的弃渣场和料场防治水土流失治理工作拖后。

8.3.1　上段电站渣料场水土流失治理条件

实验区上段水电站在梯级开发的多个电站中最早开工，主体工程却最晚完工，结合本课题实验研究的渣场、料场环境保护和水土保持生态治理工作也相应推迟。

8.3.1.1　电站主要单位工程及水保项目组成

上段电站由首部枢纽、引水系统、厂区枢纽 3 个单项工程组成。首部枢纽位于理县沙坝乡小丘地沟附近，包括砾石土心墙堆石坝、泄洪洞、放空(导流)洞；引水系统布置于右岸山体内，包括进水口、引水隧洞、调压室、压力管道；厂址位于理县新店子村附近，厂区枢纽主要包括地下主、副厂房、主变与 GIS 室、尾水闸门室、尾水隧洞、尾水暗渠、交通洞、出线洞、排风洞等。该枢纽建筑物技施设计与可研设计阶段相比，布置及结构进行了局部调整，电站单位工程组成见表 8-3-1。

8.3.1.2　主体工程设计变更

因为设计深度不足，以及与地方政府沟通协调不够，实验区上段电站建设过程经常发生重大变更。特别是主体工程最为关键的挡水建筑物，坝高 136m 的当地材料高坝(设计采用砾石土心墙堆石坝)，其占坝体(约 660 万 m^3 的)填筑总量中绝大部分的块石料源勘探设计深度严重欠缺，主料场多次发生变更。根据设计调整报告，从 2003 年 11 月上段电站正式开工，由于前期技术深度问题和系列外部条件的改变，技术施工设计阶段较可行性研究设计阶段有多次调整。

表 8-3-1　电站单位工程项目组成及环境问题

工程项目		工程组成	主要环境问题	
			施工期	运行期
主体工程	首部枢纽	拦河大坝、泄洪洞、放空洞等建筑物	新增水土流失、破坏原有植被、景观，改变地貌	闸坝阻隔改变水生生境，破坏自然景观
主体工程	引水系统	进水口、引水隧洞、调压室及压力管道	弃渣新增水土流失	闸坝、厂址间及尾水下游水文情势改变，影响减(脱)水河段及下游生态用水
主体工程	厂房枢纽	主厂房、副厂房、主变与 GIS 室、尾水闸门室	新增水土流失、破坏原有植被、景观，改变地貌	迹地裸露，损坏地表植被，新增水土流失
辅助工程	施工导流	上、下游围堰及导流洞	新增水土流失、影响水质	迹地整治、植被恢复后水土流失量微小
辅助工程	施工企业	2 个砂石骨料加工系统，7 个混凝土拌和系统	新增水土流失、施工“三废”排放	迹地整治、植被恢复后水土流失量微小
辅助工程	施工交通	新建场内永久公路 0.45km，新建场内临时公路 23.82km	新增水土流失、破坏原有植被和景观	植被恢复后水土流失量微小
辅助工程	渣场料场	规划 10 个渣场、6 个料场	水土流失、占用土地、改变地貌、破坏植被、景观等	植被恢复后水土流失量微小
公用工程		生产生活区	新增水土流失，生活污水及生活垃圾排放影响周围水环境及生活环境，人群健康受影响	迹地整治、植被恢复后水土流失量微小
淹没、占地及其他	水库淹没	水库淹没耕地 $34.5hm^2$、林地 $141.5hm^2$。人口 347 人，房屋 $29\,922m^2$		破坏原有地貌和自然景观
淹没、占地及其他	工程占地	永久占地 $13.22hm^2$，其中耕地 $0.95hm^2$、林地 $12.27hm^2$。施工临时占地 $108.51hm^2$，其中耕地 $40.88hm^2$、林地 $62.01hm^2$、荒草地 $2.04hm^2$、河滩地 $3.59hm^2$	新增水土流失、破坏原有植被和景观	迹地整治、植被恢复后水土流失量微小
淹没、占地及其他		库底清理		有利于水库水质

1)外部条件变化

除了料源选择存在重大设计欠缺之外，导致其他变更的外部条件变化主要表现在：

(1)地质条件。引水隧洞实际开挖揭示的围岩比可行性研究和初步设计阶段勘探推测的结果Ⅱ、Ⅲ类减少，Ⅳ、Ⅴ类大幅度增加；

(2)工程区多处移民、征地困难；

(3)国家对环境保护和水土保持的要求提高；

(4)电站库区改线公路建设严重滞后，设计及施工质量不能满足要求。

2)放空洞与导流洞的调整

上段电站可行性研究设计阶段，河床采取导流洞先期导流，后期通过龙抬头改造为放空洞。技术与施工设计阶段，设计调整将导流洞与放空洞全结合。

3)大坝坝体的局部调整

可行性研究设计阶段，施工导流的上、下游围堰与坝体结合布置，作为坝体结构的一部分。技术与施工设计阶段，因围堰施工时料场尚不具备开采条件，料源无法满足要求，故将上、下游围堰调整为均不与坝体结合，这样使工程量增加。

上游围堰轴线距坝轴线 360m，堰顶高程 2 437.0m，最大堰高 24m，堰顶宽 12m，堰体采用复合土工膜斜墙防渗。

下游围堰轴线距坝轴线 293.16m，堰顶高程 2 414.00m，最大堰高 5m，堰顶宽 12m，下游围堰堰体同样采用复合土工膜斜墙防渗。

上下游围堰堰基防渗，均采用砾石土铺盖(下覆一层复合土工膜，与斜墙内土工膜连成整体)。那么，可研设计阶段将上、下游围堰与坝体结合布置，本可以较大节省工程量，同时减少施工工期，因料源选择造成反优化。

4)引水隧洞的局部调整

可行性研究设计阶段，引水隧洞以绕沟方式布置于实验区河流右岸，全长 18 707.923m，纵坡 $i=2.92‰$，进水口底板高程 2 450.0m，设计引用流量为 61.41m^3/s，经济直径为 5.00m(全断面现浇混凝土衬砌)。考虑到混合衬砌方案比现浇混凝土衬砌方案更简便，有利于施工及缩短工期，故可行性研究设计阶段推荐采用混合衬砌方案。

隧洞断面形式为马蹄形和圆形，马蹄形断面底宽 4.42m，高 6.00～5.95m，圆形断面内径 5.50m，Ⅱ、Ⅲ类围岩采用边顶拱锚喷支护、底板素混凝土；Ⅳ、Ⅴ类围岩采用全断面钢筋混凝土衬砌。洞内最大流速为 2.58m/s，承受最大内水压力为 1.55MPa。

但施工中开挖揭示，地质条件变化较大，Ⅳ、Ⅴ围岩大幅度增加，相应的钢筋混凝土衬砌段增长，工程量、施工工期以及建设投资都因此大幅度增加。

5)压力管道结构局部调整

可行性研究设计阶段，压力管道布置采用地下斜井式，斜井水平夹角为 60°，布置了上平段、上斜段、中平段、下斜段和下平段，主管总长 511.96m。压力管道向机组供水采用一根主管，经两个“卜”形岔管分为三条支管方式。

原设计，压力管道结构在桩号(管)0＋276.00 以前采用钢筋混凝土衬砌，内径 4.20m，其后采用钢板衬砌，主管内径 3.90m，支管内径 2.20m。

技术与施工设计阶段，鉴于国内部分类似工程压力管道出现事故，考虑到实验区上段电站水头高、围岩地质条件复杂，故将其结构形式变更调整为全段钢板衬砌，主管内径 3.90m。两个阶段压力管道主要工程量改变见表 8-3-2。

6)厂区覆盖层洞段结构调整

厂区排风洞、交通洞、尾水洞、出线洞 4 条与地下厂房连接的主洞洞口，均布置于 317 国道侧，断面为圆拱直墙型，总长分别为 282.5m、229.18m、129.84m、221.48m，4 条主洞围岩为崩坡积块砾石土层(Q_4^{col+dl})及变质砂岩夹砂质板岩层(T_3^{zh})。其中，块砾石土层段长分别为 94.78m、89.47m、56.11m、104.57m，共计 344.93m，属深厚覆盖层进洞。

该崩坡积块砾石土结构非常松散，且含大量孤石，架空明显，坡面形成多处大面积的倒石堆，边坡整体稳定，坡内地下水较低。4 条主洞覆盖层洞段较长，上覆土层最大垂直埋深约 40～70m，成洞极差。可行性研究设计阶段，对该覆盖层洞段支护型式采用钢筋混凝土全断面衬砌。技术与施工设计阶段，根据现场开挖实际施工难度及结构安全，设计单位委托相关科研单位进一步深入研究分析后，将其支护型式调整为型钢混凝土组合结构并结合施工采取了分期支护。

表 8-3-2　压力管道可研与技施主要工程量对比表

项目	单位	可研(1)	技施(2)	(2)－(1)	备注
岩石洞挖	万 m^3	1.685	1.219	－0.466	本表仅将变化工程量列入
混凝土	万 m^3	0.87	0.525	－0.345	
钢筋(含挂网筋)	t	669	32.3	－636.7	
钢材(WDB620)	根	1296	1783.53	487.53	
回填灌浆	万 m^2	0.347	0.092	－0.255	
接触灌浆	万 m^2	0.17	0.051	－0.119	
固结灌浆	万 m	0.431	0.023	－0.408	

8.3.1.3　料场设计变更

1)设计变更情况

实验区上段电站采用砾石土心墙坝，天然建筑材料需用量为：

(1)砾石土心墙防渗料 81.18 万 m^3；

(2)接触带黏土料 3.35 万 m^3；

(3)混凝土粗细骨料 55 万 t；

(4)反滤料 29.57 万 m^3；

(5)过渡料 64.66 万 m^3；

(6)坝壳堆石料 422.85 万 m^3。

可行性研究设计阶段选定的料场为：坝址上游长河坝料场作为砾石土心墙防渗料场，小木场接触带作为黏土料场，九架棚料场作为坝壳料源主料场，牌坊沟料场作为坝壳备用料场；坝址下游狮子坪料场作为下游坝壳料、过渡料、反滤料及人工骨料场。

技术与施工设计阶段，由于 317 国道改线公路从右岸通过，因建设单位另行委托四川省林业勘察设计院设计，电站建设期间，改线公路一直未能形成通行条件。而且，该改线公路跨九架棚沟口拟施工一座跨沟大桥，这直接导致工程设计单位可研设计阶段选定的九架棚坝壳料场无法实施开采运输。狮子坪料场由于移民安置以及红叶景区的景观要求而不能开采，只能变更另寻料场。

综合考虑电站大坝建筑材料用量、质量、运输距离、施工上坝要求等方面因素，设计变更启用可研阶段确定的牌坊沟备用料场。同时，选择了大丘地、梅多沟、大沟料场作为九架棚、狮子坪料场变更后的替代料场。

2)牌坊沟料场利用情况

牌坊沟料场位于电站大坝左岸上游，开采的料源上坝需经过大丘地料场区域，故开采临时道路施工至大丘地将形成对其施工干扰。另外，对大丘地料源的质量进行系列试验，其大丘地坝壳料场开挖揭示的实际状况及试验结论是：

(1)A 区薄层板岩比例偏高,无用层剥离量较大,弃料较多;

(2)仅开采大丘地料场 B 区,难以满足大坝的填筑用量要求。

为便于堆石料开采的施工布置,设计变更最终选定了由牌坊沟、梅多沟、大沟 3 个料场作为坝壳料料场,同时将大沟料场兼作过渡料、反滤料、混凝土骨料料场。长河坝砾石土料场、小木场接触黏土料场开挖揭示地质情况与前期勘察结论基本一致,维持原方案。设计拟尽量使用梅多沟料场。

牌坊沟料场,位于坝址区上游左岸牌坊沟沟口,距坝址 3km,有 317 国道通过,交通较方便。料场自然坡度 50°～55°,场地长约 600m,宽约 150～250m,分布高程 2 460～2 650m。

料场岩性为杂谷脑组(T2Z)的厚—巨厚层变质砂岩夹板岩,岩层产状 N0°～30°E/SE(NW)∠80°～90°,层面陡倾下游,局部倾上游,岩体内节理裂隙发育,主要有四组:

(1)N0°～30°E/SE(NW)＜80°～90°,层面;

(2)N50°～75°W/SW＜25°～45°,延伸长度大于 5m,面微起伏粗糙,间距 30～60cm ;

(3)N45°～65°W/SW＜70°～75°,延伸长度 1～3m,面微起伏粗糙,间距 20～40cm;

(4)N50°～80°E/NW＜10°～25°,延伸长度大于 5m,面微起伏粗糙,间距 60～100cm。以上四组裂隙相互切割,将岩石切割成 0.3～0.8m 的块体,有利于开采。

料场基岩裸露,据勘探平硐揭示,强卸荷深一般 30～50m,弱风化、弱卸荷深一般70～90m。以牌坊沟为界,把料场分为两个区,沟下游为Ⅰ区,沟上游为Ⅱ区,以开采高程 2 650m计算,料场总储量约 735 万 m^3,有用储量 662 万 m^3。其中,Ⅰ区总储量约 305 万 m^3,有用储量 289 万 m^3;Ⅱ区总储量约 429 万 m^3,有用储量 373 万 m^3。同时还可根据需要扩大开采范围,因此储量基本满足设计要求。

根据技施设计阶段实际征用林地范围,复核该料场储量为:以开采高程到 317 公路高程(EL. 2 454～2 460m)计算,料场Ⅰ、Ⅱ区总储量约为 376 万 m^3,有用储量约为 335 万 m^3。其中,Ⅰ区总储量约 328 万 m^3,有用储量约 300 万 m^3;Ⅱ区总储量约 48 万 m^3,有用储量约 35 万 m^3。技施开挖揭示工程地质条件与前期勘察基本一致,料源质量尚能满足坝壳料的要求。

由于梅多沟料场质量较差及导致工期拖延,作者曾建议尽可能多采牌坊沟料场块石料,弥补料源储备的不足。那么,采牌坊沟料场的最终实际开采量远远大于设计调整量。

3)大沟料场利用情况

大沟料场位于坝址区下游左岸大沟内,距坝址约 8.5km。其中,料场至大沟沟口有约 1.5km 的乡村公路,沟口至坝址右岸有 317 国道通过(距离约 7km),运输较方便。料场自然坡度 40°～50°,顺沟长约 600m,宽约 350～400m,分布高程 2 350～2 700m。料场坡脚大沟左岸为一高漫滩,滩地长大于 400m,宽 40～60m,加工场地开阔,料场具备较好的开采加工条件。

料场岩性主要为三叠系杂谷脑组(T_{2z})的厚层状变质砂岩夹板岩,砂板岩比例约为 5∶1～6∶1,变质砂岩单层厚 0.8～2.0m,砂质板岩单层厚 5～10cm,岩层产状 N0°～20°W/NE＜75°～85°,层面陡倾下游。岩体中断层、风化夹层等软弱带不发育,地质构造显节理裂隙特征,其中主要发育三组优势节理:

(1)N0°～20°W/NE＜75°～85°,层面;

(2)N55°～75°W/SW＜40°～60°，延伸长度大于5m，面微起伏粗糙，间距1.0～2.0m；

(3)N20°～30°E/SE＜16°～30°，延伸短小，面微起伏粗糙。

以上三组裂隙相互切割，将岩石切割成0.5～1.0m的块体。

料场地表基岩裸露，仅坡脚部位表层有块砾石土覆盖。岩石风化微弱，以弱—微风化为主，平硐PDD01(硐深200m)勘探揭示强卸荷深度32m，弱风化、弱卸荷水平深度60m。以开采高程2 510m计算，料场总储量约300万m^3，有用储量230万m^3。可根据需用扩大开采范围，总体上储量满足设计用量的要求。

施工期间按已征林地范围计算，料场总储量约160万m^3，有用储量约为140万m^3。

因料场多次变更，大沟料场和牌坊沟料场成为电站大坝最为主要的两个料场，尤其是地震后，70%以上的坝壳料由这两个料场供应。牌坊沟料场供应大坝上游堆石区；大沟料场承担大坝下游堆石区坝壳料供应。

4)梅多沟料场利用情况

梅多沟料场位于坝址区下游实验区河右岸梅多沟内。根据地形地貌、岩质差异及开采条件，将其划分为两个区，靠沟口侧为Ⅰ区，沟内侧为Ⅱ区。料场距坝址约2.5km，其中至梅多沟沟口约0.5km为乡村小路，沟口至坝址有317国道通过(距离约2km)，运输较方便。料场自然坡度35°～50°。Ⅰ区场地长大于400m，宽约100～150m，分布高程2 460～2 700m；Ⅱ区场地长约350～450m，宽约200～240m，分布高程2 460～2 800m。料场坡脚施工场地较狭小，特别是Ⅱ区开采条件相对较差。梅多沟料场，山体植被良好，景观优美，料场覆盖层剥离见图8-3-1和图8-3-2。

图8-3-1　梅多沟料场覆盖层剥离施工现场

图8-3-2　梅多沟料场覆盖层剥离施工现场

料场Ⅰ区由于不能征用林地及附近村民阻挠等原因，不能有效开采；料场Ⅱ区实际林业征地范围小于勘察储量计算范围。开挖揭示料场开口线附近无用层较原设计推测的厚度增厚，薄层板岩含量较前期勘察增多，被迫放弃。在料源有用储量明显不够情况下，技术上违规利用及开采的过渡区条件主要是：料场过渡区场地长约240m，宽约103～160m，分布高程2 510～2 700m。岩性主要为三叠系侏倭组(T3zh)中厚层变质砂岩与板岩互层，砂板岩比例约为55%∶45%。岩层产状N0°～10°W/NE＜70°～85°，层面陡倾下游；岩体中断层、风化夹层等软弱带不发育，地质构造主要表现为节理裂隙，其中优势节理有三组：

(1)N0°～10°W/NE<70°～85°，层面；

(2)N55°～75°W/SW<40°～60°，延伸长度大于 5m，面微起伏粗糙，间距 1.0m～2.0m；

(3)N20°～30°E/SE<15°～30°，延伸短小，面微起伏粗糙。

以征地范围内开采高程 2 670m 计算，料场总储量约为 118 万 m^3，有用储量约为 95 万 m^3。

图 8-3-3　梅多沟料场探坑揭示块石品质

图 8-3-4　梅多沟料场覆盖层剥离约 60m 情况

料场过渡区地表基岩裸露，仅坡脚及坡顶表层部位分布有块砾石土，岩体以弱—微风化为主，平硐 PDJ03(高程 2 568.99m，硐深 100m)勘探揭示，强卸荷深度 32m，弱风化、弱卸荷水平深度 50m；全硐变质砂岩约占 57.8%，板岩约占 42.2%，其中 0m～45m 段岩性以板岩夹变质砂岩为主(板岩比例约为 60.9%、变质砂岩比例约为 39.1%)，45m～100m 段以变质砂岩夹板岩为主(变质砂岩比例约为 70%、板岩比例约为 30%)。

根据 18 组岩块物理力学性质试验成果：

(1)变质砂岩单轴湿抗压强度 Rw＝60.3～170MPa，为坚硬岩；

(2)砂质板岩平行层面单轴湿抗压强度 Rw＝41.9～77.2MPa，为坚硬—中硬岩；

(3)板岩表现一定的各向异性，平行层面湿抗压强度 Rw＝14.8～16.2MPa，垂直层面湿抗压强度 Rw＝24.5～33.5MPa，为软—中硬岩。

粗浅的勘探设计认为，变质砂岩岩块质量满足规范要求，板岩岩块质量部分不能满足坝壳料的质量技术要求。随着梅多沟料场覆盖层剥离施工深入，现场发现设计勘探资料严重失实。越往下挖，料源品质越差；挖到 40～60m 范围，除少量夹杂风化岩石外，基本仍是全风化层(见图 8-3-3 和图 8-3-4)。根据堆石坝对块石材料的质量要求，梅多沟料场开挖料就像煤渣，完全不符合设计规范。

按补充勘探资料(见图 8-3-5 和图 8-3-6)，梅多沟料场过渡区地层岩性为中厚层变质砂岩与板岩互层，砂板岩比例约为 55%∶45%，开采过程中砂板岩不好分离，只能混采，混采后的梅多沟堆石料以及梅多沟与牌坊沟(或大沟)堆石料混合的特性试验指标已开展专门性试验研究，基本满足大坝下游堆石体浸润线以上干燥区的填筑技术要求。

图 8-3-5　梅多沟料场补充坑探 1＃坑

图 8-3-6　梅多沟料场补充坑探 2＃坑

但是，梅多沟料场上部覆盖层剥离深不见底，料场的质量与勘探设计仍有很大出入，料场补充坑探 1＃坑和 2＃坑的品质揭示其质量没有发生变化，也就是说，梅多沟料场不符合水工建筑物质量要求。设计单位不得不考虑将梅多沟料源与牌坊沟（或大沟）料源掺拌使用，但混合比例以及由此影响施工进度的问题需要进行专题研究。若放弃梅多沟料场，难以再找新的料场；继续开挖使用，质量违规风险较大。与牌坊沟（或大沟）料源掺拌使用，如何掺拌，比例多少，施工工艺等都是制约因素。除此之外，持续开采梅多沟料场形成的高陡边坡的稳定处理以及防治水土流失措施均十分复杂，代价巨大。

5）梅多沟料场级配试验

梅多沟料场料源质量品质、级配试验目的，是为工程设计和施工监理决策是否继续采用梅多沟料场提供依据。受建设单位委托，中国水利水电第五工程局中心试验室承担试验任务。内容是对梅多沟 EL2610m 作业面不同品质料源的原始级配提供试验数据，以及对不同品质料源碾压后的密度、级配提供试验数据。试验依据主要有：

（1）碾压式土石坝施工规范（DL/T 5129－2001）；

（2）土工试验规程（SL237－1999）；

（3）电站砾石土心墙堆石坝坝体填筑技术要求；

（4）电站坝体碾压试验大纲及监理批复；

（5）电站工程设计更改通知［编号（水）字 2007－13 号，总字（113）］。

试验取样位置由业主、设计、监理和施工承包商等四方共同指定，取样位置见梅多沟料场试验示意图 8-3-7。

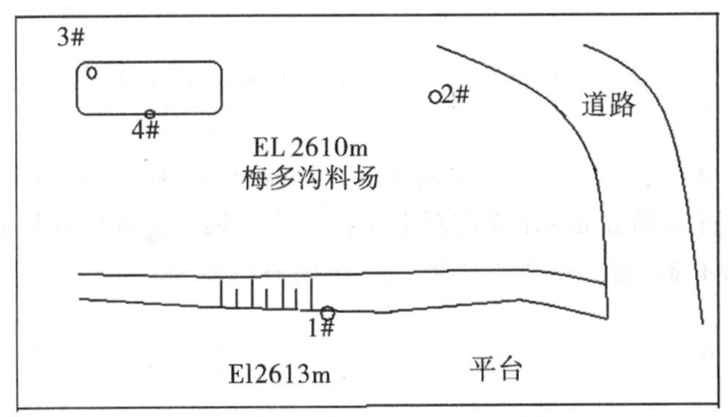

图 8-3-7　梅多沟料场试验示意图

试验过程中严格按照业主、设计等四方指定位置进行了取样，对不同品质料源的全级配进行了筛分，试验结果见表 8-3-3。实验步骤主要是：

(1)铺料。采用混合法铺料，以 25t 自卸车运输，推土机进行平料。在距填筑面前沿 4～6m 位置设置移动式标杆，推土机操作手根据标杆控制了填料层厚，避免了超厚或过薄。自卸车卸料倒车时，有专人指挥，按设计线撒上白灰作为填筑料控制线，保证填筑料的合理位置进而保证填筑质量。推土机平料后，对影响碾压质量的超径填筑料进行了处理，同时人工进行局部填料、找平。

(2)碾压。碾压设备使用 BOMAG 自行式振动平碾，工作重量为 19 220kg，振动频率为 28/35Hz，振幅为 1.6～1.8mm；碾压时行进速度为 1.5～2.5km/h，按用进退法碾压，碾压遍数按一进一退 2 遍计算。

(3)现场检测。根据《土工试验规程》(SL237－1999)，在试验段用试坑灌水法检测最终碾压遍数下的平均压实干密度；试坑上样取出后进行颗粒级配分析及测定其含水率。

表 8-3-3　梅多沟料场料级配试验情况

试验编号	最大粒径(mm)	＜5mm 含量(%)	＜0.074mm 含量(%)	备注
1#	197	36.3	3.8	/
2#	333	21.1	1.5	/
3#	430	14.0	1.4	板岩
4#	190	33.4	2.3	/

根据 6 组取样试验，分别统计得出 1#试验区和 2#试验区颗分成果，其中：

(1)1#试验区土料中小于 5mm 含量最大为 35.5%，最小为 26.4%，平均为 30.9%；小于 0.074mm 含量最大为 3.0%，最小为 1.6%，平均为 2.4%。

(2)2#(板岩)试验区土料中小于 5mm 含量最大为 27.3%，最小为 22.1%，平均为 23.9%；小于 0.074mm 含量最大为 2.3%，最小为 1.3%，平均为 1.7%。

试验结果表明，梅多沟料场料源小于 5mm 含量太多，其品质不符合设计规范要求。

8.3.1.4　渣场变更

1)可行性研究阶段渣场安排

可行性研究设计阶段，上段电站及引水隧洞土石方开挖总渣量为 241.39 万 m^3(松方），大坝过渡料在渣场回采，回采后仍需要弃渣总量为146.39万m^3（松方），该阶段共规划布置有6个渣场，总占地面积约46.67万m^2。渣场规划及布置见表8-3-4，因岩性变化，施工过程塌方现象频繁，超挖严重，总弃渣量远多于设计量。

表8-3-4　可行性研究阶段渣场设计安排

渣场编号	位置	占地面积(hm^2)	堆渣量(万m^3)	弃渣量(万m^3)	出渣工作面
1#渣场	九架棚沟下游	20.05	97.68	85.68	坝区
2#渣场	麻尔米沟上游	4.34	20.71	8.71	
3#渣场	麻尔米沟沟口	5.52	26.00	11.00	
4#渣场	左岸大沟口村	4.79	21.63	9.63	4#支洞
5#渣场	左岸新桥村	5.66	32.60	13.21	5#、6#支洞、调压井交通洞及压力管道
6#渣场	厂区上游左岸	6.31	42.77	18.16	上、中、下平段支洞及地下厂房系统
合计		50.79	241.39	146.39	

2）技术施工设计阶段渣场安排

技术施工设计阶段，主体工程共布置了8个渣场，经复核计算，设计堆渣总容积280.30万m^3，总占地面积25.84万m^2。其中，4#、6#渣场为大坝过渡料回采渣场，回采量分别为10万m^3、15万m^3。该阶段渣场规划见表8-3-5。表中，CⅠ标指放空（导流）洞、泄洪洞标；CⅡ标指大坝标；CⅢ标指大坝基础标；CⅣ标指（隧）0＋000.00～（隧）2＋372.00标；CⅤ标指（隧）2＋372.00～（隧）4＋707.00标；CⅥ标指（隧）4＋707.00～（隧）8＋205.00标；CⅦ标指（隧）8＋205.00～（隧）12＋123.00标；CⅧ标指（隧）12＋123.00～（隧）16＋025.00标；CⅨ标指（隧）16＋025.00～（隧）18＋707.923标；CⅩ标指地下厂房标。

表8-3-5　技术施工设计阶段渣场设计安排　　单位：m^2/m^3

渣场编号	位置	占地面积(hm^2)	渣场容积	弃渣量	出渣工作面
1#渣场	九架棚沟下游	5.36	46	42.12	CⅠ标27.62，CⅣ标14.5
2#渣场	1#渣场下游	8.3	77	74.33	CⅡ标74.33
3#渣场	麻尔米沟	3.15	23	20.11	CⅤ标20.11
4#渣场	石古磨沟	1.6	20.7	20.44	CⅦ标20.44
5#渣场	彭家河坝	3.15	24	20.22	CⅧ标20.22
6#渣场	打靶打沟上游	1.47	32	18.27	CⅥ标18.27
7#渣场	月亮田	0.82	20	19.36	CIX标23.66
	二道坪	0.63	4.3	4.3	
8#渣场	谭家地	1.36	33.3	30.14	CX标30.14
	合　计	25.84	280.3	249.29	

3）技术施工设计阶段料场弃渣

技术施工设计阶段，因施工总布置调整，补充了各料场开采的渣场规划。根据各种天然建筑材料的需用量及各料场的勘探成果，估算各料场覆盖层开挖及弃料约137.4万m^3，占地面积22.79万m^2。由于考虑了料场剥离的处理，使技施设计阶段渣场占地面积增加较多。各料场弃渣规划见表8-3-6。

表 8-3-6　技术施工设计阶段料场弃渣规划　　单位：m^2/m^3

序号	渣场名称	弃渣量	渣场面积	渣场容量	位置
1	牌坊沟弃渣场	40	4.89	40	九架棚沟上游侧
2	梅多沟弃渣场	36	9.4	38	麻尔米沟上下游河滩
3	大沟弃渣场	18.5	3	20	大沟沟内
4	长河坝弃渣场	41.7	4.5	45	上游长河坝弃渣场
5	小木厂黏土料场	1.2	1	1.2	小木厂附近
6	合计	137.4	22.79	144.2	

4)实施阶段弃渣

实验区上段电站，主体工程建设期历经 8 年，其间因种种原因变更频繁，加上建设管理存在多方面问题，各数据统计口径不一致，环境保护和水土保持措施滞后，工程至此无法实现竣工验收。

汶川地震后，上段电站实施过程中因梅多沟料场不能正常供料，导致各弃渣场渣料(尽管质量难以保证)远距离回采利用(既拖延了工期，又大幅度增加建设成本)。当然，弃渣场大规模回采，可以有限减少后期环境保护和水土保持治理投入。

渣料场经过多次调整，占地面积为 39.39hm^2，比调整前减少约 11hm^2。原设计计划堆渣 415.59 万 m^3，调整后增加 268.8 万 m^3，最终堆渣量 320.59 万 m^3，回采利用约 95 万 m^3，比调整前增加约 173.8 万 m^3。

5)317 国道改建公路新增弃渣场

实验区上段电站，2009 年 9 月 21 日进行初期蓄水后，由于没有对库水变动区松散边坡进行有效支护，317 国道库区改建段公路陆续出现滑动(裂缝)、垮塌，建设单位只能重新论证、设计和重建 317 国道库区改建段公路相应路段。

(1)重建 317 国道库区路段布置。原 317 国道库区改建公路约 13.7km，试运行(水库蓄水)期间因公路设计、施工质量和支护缺失而出现滑动(裂缝)、垮塌的路段约 6km。建设单位委托四川省交通厅设计院重新设计，公路布置桩号 K842＋450～K844＋920、K845＋400～K847＋836.847、K849＋150～K852＋159.060、K852＋900～K855＋656.214(见表 8-3-7)。

表 8-3-7　国道 317 重建工程新增隧道分布对照表

序号	整治工程新增					
	隧道名称	起止桩号	全长(m)	设计高程(m)		总弃渣量(松方)
				马尔康洞口	汶川端洞口	
1	小丘地二号隧道	K849＋315～K851＋972	2 657	2 560.62	2 546.71	239 294
2	九架棚二号隧道	K845＋450～K847＋498	2 048	2 559.35	2 566.79	186 920
3	二古溪二号隧道	K844＋260～K844＋835	575	2 566.12	2 564.27	51 750
	合　计		5 280			477 964

(2)工程规模。重建公路工程包括新增小桥 1 座，涵洞改造 3 座，新增隧道 3 座(小丘地 2＃隧道长 2 657m、九架棚二号隧道长 2 048m、库尾段二古溪二号隧道长 575m，总长 5 280m)，还有 14 处整治点，以及改建全路段 13.767km 的路面工程。工程设计全线挖方总量为 33.65 万 m^3(其中土方 11.11 万 m^3，石方 22.54 万 m^3)(自然方，下同)，填方总量为 0.39 万 m^3(其中土方 0.12 万 m^3，石方 0.27 万 m^3，见表 8-3-8)。

表 8-3-8　317 国道重建工程土石方(自然方)平衡情况

	项目	挖方(万 m^3)		填方(万 m^3)		弃渣量(万 m^3)		去向(万 m^3)	备注
		土方	石方	土方	石方	自然方	松方	松方	
主体	路基段	0.23	0.45	0	0.08	0.60	0.89	九架棚 2♯渣场 0.89	
主体	桥梁	0.01	0	0.01	0	0	0	0	
隧洞	小丘地二号隧道	5.74	10.61	0	0	16.35	23.87	小丘地 2♯渣场 23.87	九架棚二号隧道双向进洞,弃渣运至 2 个渣场内
隧洞	九架棚二号隧道	3.96	8.81			12.77	18.75	小丘地 2 渣场 5.57 九架棚 2♯渣场 13.18	
隧洞	二古溪二号隧道	1.06	2.48			3.54	5.18	九架棚 2♯渣场 4.06 二古溪 2♯渣场 1.12	
	小计	10.73	21.93	0	0	32.66	47.80		
	施工便道	0.06	0.13	0.06	0.13	0	0		
	施工临时设施	0.05	0.06	0.05	0.06	0	0		
	合计	33.65		0.39		33.26	48.69		

(3)重建工期。317 国道重建工程于 2011 年 2 月开工,计划于 2013 年 12 月完工,计划工期 35 个月。

因建坝和库区淹没赔偿而重建的公路工程新增了 3 个渣场,均位于实验区上段水电站库区内左、右岸河滩地或缓坡地上,渣场处地形较平缓、开阔,基础较稳定,基本具备堆渣条件。由于区位相同,为区别电站主体工程渣场,新增公路渣场在地名后统一加“公路渣场”。

(1)小丘地公路渣场。其位于库区,为库中型弃渣场,渣场上方紧邻 317 国道,下方离河道较远,施工期渣场不受河流洪水影响,不会影响河道行洪;运行期渣场位于水库正常蓄水位内,受到水库水位升降影响,设计中须对渣场采取工程措施(挡墙、护坡、排水)进行防护,减小水位变动对渣场的滑塌影响(堆渣情况见图 8-3-8 和图 8-3-9)。

图 8-3-8　小丘地公路渣场下游侧

图 8-3-9　小丘地公路渣场上游侧

(2)九架棚公路渣场。位于库区,为库中型弃渣场,渣场上方紧邻 317 国道,下方离河道较近,但施工期渣场不受河流洪水影响,即不会影响河道行洪;运行期渣场位于水库正常蓄水位内,只受到水库水位升降影响,设计中须对渣场采取工程措施(挡墙、护坡、排水)进行防护,减小水位升降对渣场的影响(堆渣情况见图 8-3-10 和图 8-3-11)。

图 8-3-10　九架棚公路临河渣场

图 8-3-11　九架棚公路渣场顶面

(3)二古溪公路渣场。为临河型渣场，上方为二古溪二号隧道口，下方离河道较近，产生该弃渣场的主要原因是为不影响二古溪二号隧道施工和 317 国道的正常通行，将弃渣填宽路基进行保通(堆渣情况见图 8-3-12 和图 8-3-13)。该渣场不受洪水影响，不会影响河道行洪。公路工程设计中已对该渣场采取简单工程措施(挡墙、护坡、排水)进行防护。公路重建工程新增弃渣场情况汇总见表 8-3-9。

表 8-3-9　317 国道重建工程新增渣场分布及特性表

渣场名称	渣场址对应主线位置	渣脚—渣顶高程(m)	平均堆高(m)	容渣量(万 m^3)	弃渣量(万 m^3)	临时占地面积(hm^2)			渣场类型
						面积	旱地	灌木林地	
小丘地公路渣场	K852+000 左	2 495～2 522	11	30	29.44	3.26	2.12	1.14	库中型
九架棚公路渣场	K845+470 左	2 515～2 545	25	20	18.13	1.12	0.86	0.26	库中型
二古溪公路渣场	K844+267 右	2 560～2 543	15	1.5	1.12	0.09		0.09	临河型
合　计				50	48.69	4.47	2.98	1.49	

图 8-3-12　二古溪公路渣场上游侧

图 8-3-13　二古溪公路渣场下游侧

8.3.2　上段电站渣场水土流失治理

8.3.2.1　上段电站渣场水土流失治理范围

实验区上段电站，设计单位技术深度不够，勘测设计工作不严谨；建设管理把控能力和协调能力较弱，计划性缺失，导致渣场、料场几经变更，严重影响工程建设的顺利实施以及质量、工期和投资失控。

1)渣场动态调整最终情况

上段电站大坝填筑，因料场多次变更调整；梅多沟料场料源质量品质、级配又不能满足设计要求，造成后期施工被迫较多利用了各渣场的弃渣回采，也使原设计的弃渣场和变更调整的渣场，其堆渣规模、数量、堆渣范围不断发生变化。此外，汶川地震后大坝填筑期间，也正是317国道施工高峰，公路施工也在部分渣场取料，使其渣场堆积形体杂乱无章，局部位置水土流失非常严重。按照渣场调整报告和补充环评报告，主体工程渣场调整为：

(1)原2#渣场渣料堆至原1#渣场，在石古磨沟内设置5#渣场代替原4#渣场；

(2)在彭家河坝、谭家地分别设置了6#、8#渣场代替原5#、6#渣场；

(3)原6#渣场征用小部分土地堆渣，成为7#渣场；

(4)新增的料场就近弃渣，除设置长河坝料场弃渣场和大丘地弃渣场堆存外，梅多沟料场弃料堆至原3#渣场(后3#渣场的干流部分)；

(5)由于容量不够，增设4#渣场堆存3#支洞工作面出渣，317国道改线3#渣场即为现3#渣场(支沟部分)；而原1#渣场经设计复核容量较大，可满足原1#、2#渣场及317国道改线2#渣场全部渣料堆存要求。考虑实际堆渣范围，将其分为2个渣场，即现1#、2#渣场。

渣场调整后，取消了原2#、4#、5#3个渣场，全部或部分为原规划渣场的有1#、2#、3#、7#共4个渣场，另外新增了长河坝料场弃渣场、大丘地弃渣场、4#、5#、6#、8#共6个渣场，调整后总共设置了10个渣场，基本满足工程全部弃渣堆存要求。此外，改建公路的第二次病害治理又增加了三个弃渣场，而且第二次改建路又发生问题，还可能第三次改建，渣场最终情况仍将发生变化。

2)渣场布置及规模

变更设计调整后共有10个渣场，自上而下布置在实验区河流上段电站坝址上游约14.5km处的长河坝至厂址下游约4.5km区河段内(其位置与规模见表8-3-10)。分别是(未考虑第二、第三次改建的渣场变化)：

(1)位于右岸，架棚沟口上下游河滩地上的现1#渣场(未变动见图8-3-14)；

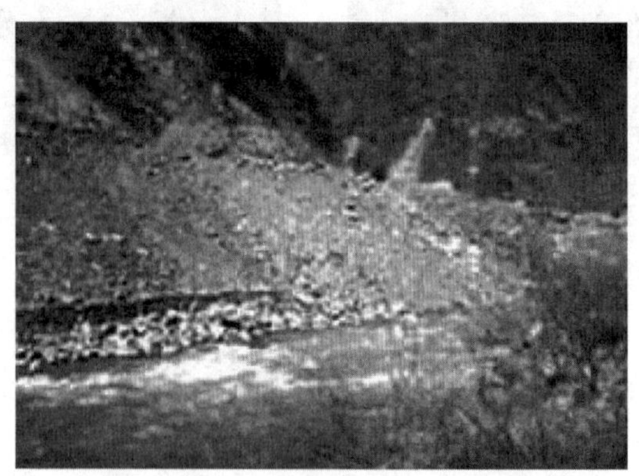

图8-3-14　1#渣场堆渣水土流失情况

表 8-3-10　上段电站渣场位置及规模调整情况表

序号	渣场名称	位置	占地面积(hm²)	设计容量(万 m³)	计划堆渣量(万 m³)	弃渣来源	计划回采量(万 m³)	计划最终堆渣量(万 m³)	渣场类型	调整情况
1	长河坝料场弃渣场	左岸，坝址上游 14.5km 处	4.5	40	37.3	长河坝料场 37.3		37.3	临河型	新增
2	1＃渣场(九架棚沟)	右岸，坝址上游九架棚沟口上、下游处	5.36	46	45.12	CⅠ标 27.62，CⅣ标 14.5，317 国道改线 3.0		45.12	库底型	在原 1＃渣场(计划堆渣 85.4 万 m³)的左侧部分
3	大丘地弃渣场	左岸，坝址上游大丘地料场附近公路内侧	3.38	35	33	牌坊沟，大丘地料场 33		33	库底型	新增
4	2＃渣场(包括 317 国道改线 2＃渣场)	右岸，坝址上游九架棚沟口下游附近	9.3	120	111.33	CⅡ标 74.33，317 国道改线 37	59.89	51.44	库底型	在原 1＃渣场(计划堆渣 85.4 万 m³)的右侧部分及 317 国道改线 2＃渣场(计划堆渣 40 万 m³)处
5	3＃渣场(包括 317 国道改线 3＃渣场)	右岸，坝址下游麻尔米沟口下游附近(干流部分)	3.8	56	54.11	CⅤ标 18.11，317 国道改线 20，梅多沟料场 36	20.11	34	临河型	在原 3＃渣场(计划堆渣 11.14 万 m³)处
		右岸，坝址下游麻尔米沟左岸(支沟部分)	2.35	20	20			20	临河型	在 317 国道改线 3＃渣场(计划堆渣 20 万 m³)处，堆渣量不变
6	4＃渣场(3＃支洞口)	右岸，坝址下游打靶打沟口上游新 3＃支河口附近	1.47	25	20.27	CⅥ标 20.27	15	5.27	谷坡型	新增
7	5＃渣场(石古磨沟)	右岸，坝址下游石古磨沟内新 4＃支洞口附近	1.6	20.7	20.44	CⅦ标 20.44		20.44	拦沟型	新增
8	6＃渣场(彭家河坝)	右岸，坝址下游彭家河坝	3.15	24	20.22	CⅧ标 20.22		20.22	临河型	新增
9	7＃渣场(月家田、二道坪)	左岸，坝址下游月家田、二道坪	1.45	25	23.66	CⅩ标 23.66		23.66	临河型	在原 6＃渣场(计划堆渣 18.09 万 m³)的右侧部分
10	8＃渣场(谭家地)	左岸，厂房下游约 4.7km 的谭家地处	3.03	33	30.14	CⅩ标 30.14		30.14	临河型	新增
合计			39.39	444.7	415.99	CⅠ～CⅩ标 249.29，料场 106.3，G317 改线 60	95	320.59		

(2)位于右岸,架棚沟下游的2#渣场;

(3)位于右岸,支沟麻尔米沟下游附近的3#渣场(未变动见图8-3-15);

(4)位于右岸,坝址下游打靶打沟口上游新3#支洞口附近的4#渣场(见图8-3-16);

(5)位于右岸,坝址下游石古磨沟内新4#支洞口附近的5#渣场(见图8-3-17);

(6)位于右岸,坝址下游彭家河坝的6#渣场(见图8-3-18);

(7)位于左岸,坝址下游月亮田、二道坪的7#渣场(原6#渣场可征用的小部分地,见图8-3-19);

(8)位于左岸,厂址下游约4.5km谭家地处的8#渣场(见图8-3-20);

(9)位于左岸,坝址上游约14.5km处的长河坝料场渣场(见图8-3-21);

(10)位于左岸,坝址上游大丘地料场附近公路内侧的大丘地渣场。

另外,大沟料场就地设置料场弃料和砂石料加工弃料渣场,见图8-3-22。

图8-3-15　3#渣场临河堆渣大量流失

图8-3-16　4#渣场堆渣水土流失情况

图8-3-17　5#渣场堆渣情况

图8-3-18　6#渣场堆渣情况

8.3.2.2　上段电站渣场水土流失治理设计

上段电站既为当地材料的堆石坝,又是引水式开发,施工建设规模大,渣场、料场数量多,对地表扰动及破坏程度剧烈。涉及沿河长约30km,生态影响区域广。电站建设竣工后,建设单位理应治理建设占地造成的水土流失,修复施工期间破坏的水土生态环境。正如前几章曾经提到能源、交通工程的建设施工，难免发生野蛮施工、违规弃渣和破坏环境的现象。无论是作为过程控制或是末端治理，都应尽可能减轻最终结果上的破坏。也就是说，工程完建后应迅速恢复原貌，改善区域生态。这是开发建设单位不能减免、不容推辞的社会责任。

2009 年 11 月，上段电站渣场堆渣或取料（回采）结束，承包商本应在合同责任范围内进行全面治理。鉴于国内环保、水保执法监督和追责机制的缺失，承包商要么随意敷衍或是另行给付，而地方个别官员也从私利考虑拟在渣场治理中捞取好处，使渣场的水土保持措施迟迟难以推进。根据本实验课题研究进度要求，作者结合灾后重建整体规划，视环境条件和实际状况，考虑安全、可靠、节约和景观恢复时间等多方面因素，安排专业咨询公司开展了系统设计。需要说明的是：

图 8-3-19　7＃渣场堆渣情况

图 8-3-20　8＃渣场堆渣情况

图 8-3-21　长河坝渣场堆渣情况

图 8-3-22　大沟料场渣场

（1）由于牌坊沟料场、梅多沟料场和大沟料场采料结束后，水土流失治理措施主要是对高陡边坡进行工程安全防（支）护，剩余的弃渣可以就地平整覆土、复耕。

（2）长河坝料场的弃渣场，在电站坝址上游约 14.5km 处，为工程区域以外，取料结束后按设计要求和当地政府要求完善防洪等工程安全措施并实施复耕，移交由地方政府配置土地，不再单独列为水土流失综合治理项目。

（3）1＃渣场位于实验区河流右岸坝址上游九架棚沟口上、下游缓坡地带，1＃渣场设计堆渣 45.12 万 m^3，渣顶面积为 2.74hm^2，坡面面积为 2.62hm^2，渣脚高程 2 438.37～

2 444m。因九架棚沟设计洪水位（$P=3.33\%$）为 2 445.87m，校核洪水位为（$P=1\%$）2 446.13m，渣场渣脚高程 2 438.37～2 444m，低于设防洪水位，渣顶高程 2 460m 与上段电站水库死水位一致。施工期，渣场受洪水影响；运行期，渣场位于水库死库容内，不受水库水位升降影响。也就是说，1＃渣场属库底型渣场，又因其上方有 317 国道改线公路，可利用公路排水沟排除山坡来水，因此 1＃渣场也不再单独列为水土流失治理项目。

（4）2＃渣场（包括 317 国道改线公路的 2＃渣场）位于坝址上游右岸九架棚沟口下游附近，计划堆放 CⅡ标和 317 国道改线公路弃渣 111.33 万 m^3，设计堆渣容量 120 万 m^3，占地面积为 9.30hm^2。其中，渣顶面积为 4.24hm^2，坡面面积为 5.06hm^2。2＃渣场设计洪水位（$P=3.33\%$）在高程 2 435.20～2 435.40m，校核洪水位（$P=1\%$）2 435.40～2 435.60m，渣脚高程 2 428.57～2 430.39m，低于设防洪水位。渣顶高程 2 460m，与电站水库死水位一致。运行期，渣场位于水库死库容内，不受水库水位升降影响。因此，2＃渣场亦属库底型渣场，不需单独列为水土流失治理项目。

1）3＃干流渣场水土流失治理设计

3＃渣场（包括 317 国道改线 3＃渣场）位于坝址下游右岸的麻尔米沟左岸及沟口处，变更设计及环境影响评价报告将本渣场分为两大部分，即临河渣场简称干流部分，临麻尔米沟沟口渣场（包括 317 国道改线 3＃渣场）简称支沟部分。

干流渣场计划堆放梅多沟料场弃渣（36 万 m^3）和 CV 标弃渣，共计 54.11 万 m^3，设计堆渣容量 56 万 m^3，占地面积为 3.80hm^2。其中，渣顶面积为 2.45hm^2，坡面面积为 1.35hm^2。本渣场为大坝过渡料回采渣场，计划回采石料 20.11 万 m^3，回采后渣顶高程为 2 396m，此时最大堆渣高度 11.0m。

3＃干流渣场设计洪水位（$P=3.33\%$）2 389.5m，校核洪水位（$P=1\%$）2 390m，临河侧渣脚高程低于设防洪水位，属临河型渣场，应防止洪水对渣脚的冲刷，设计拟沿坡脚修建浆砌块石拦渣堤，防护总长度为 829m。同时，沿公路侧渣脚亦修建浆砌块石挡渣墙，防止弃渣滚落至公路，挡渣墙长度为 810m。电站竣工后，进一步完善排水措施和渣场的植物措施，3＃渣场干流部分设计见图 8-3-23。

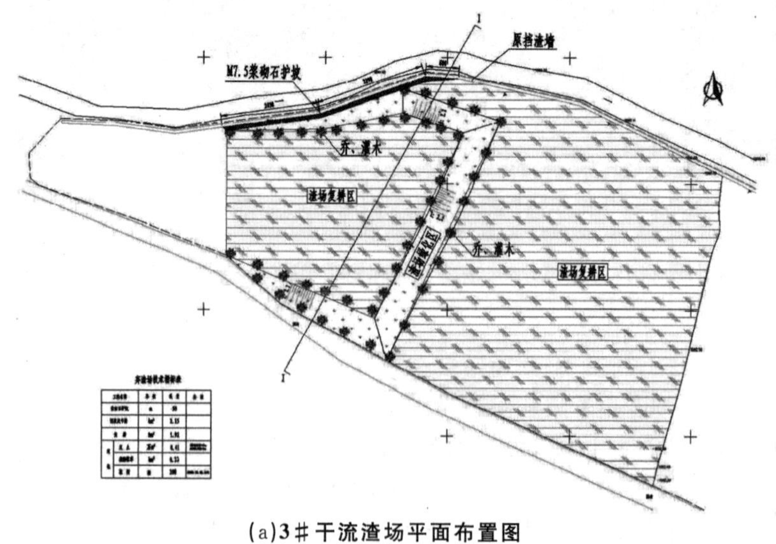

（a）3＃干流渣场平面布置图

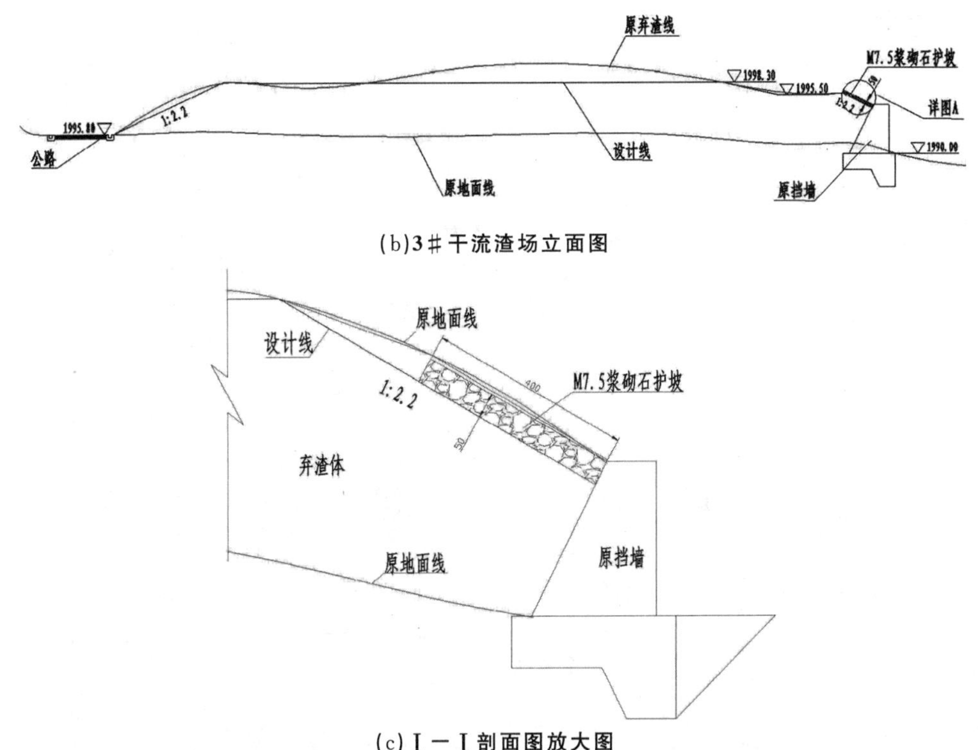

(b)3＃干流渣场立面图

(c)Ⅰ－Ⅰ剖面图放大图

图 8-3-23　3＃渣场干流部分水土流失治理设计布置图

2)3＃支沟渣场水土流失治理设计

变更设计拟在麻尔米沟左岸堆放 317 国道改线公路弃渣 20 万 m^3，堆渣最大长度 323m，渣脚高程 2 416m，渣顶高程为 2 440m，最大堆渣高度 24m，渣场占地面积为 2.35hm^2。其中，渣顶面积为 0.58hm^2，坡面面积为 1.77hm^2。

本渣场为临沟型渣场，根据水文资料计算，渣场校核洪水位（$P=1\%$）为 2 417.0m，即渣脚高程低于沟道设防洪水位，表明渣场受洪水影响。工程防护措施主要考虑挡渣、防洪、防淘和排水等措施。验收阶段，3＃渣场支沟部分水土流失治理设计见图 8-3-24。

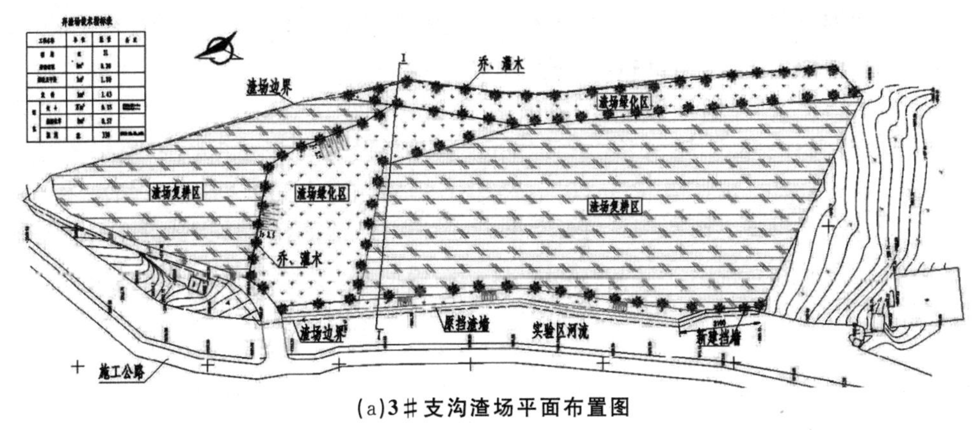

(a)3＃支沟渣场平面布置图

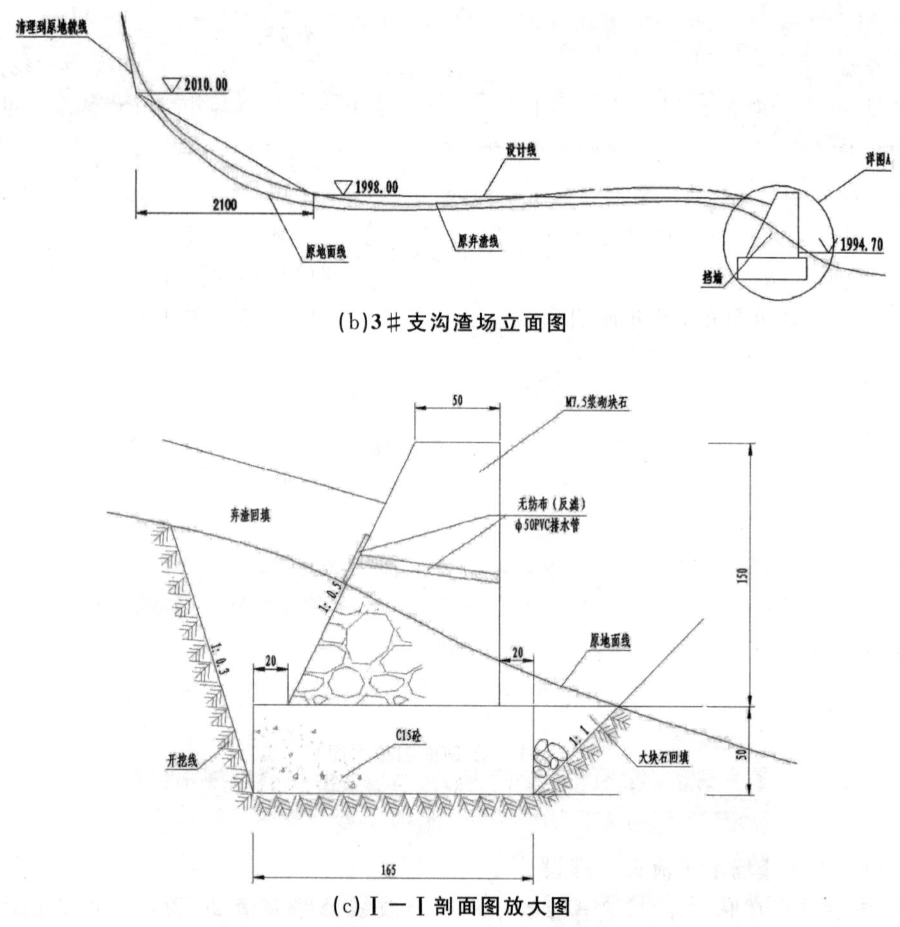

(b)3＃支沟渣场立面图

(c)Ⅰ－Ⅰ剖面图放大图

图 8-3-24　3＃渣场支沟部分水土流失治理设计布置图

3)4＃渣场水土流失治理设计

4＃渣场位于坝址下游右岸打靶打沟口上游新3＃支洞口附近，计划堆放CVI标弃渣20.27万m^3，设计堆渣容量25万m^3。设计堆渣最大长度约300m，最大宽度约108m，占地面积为1.47hm^2。其中，渣顶面积为0.78hm^2，坡面面积为0.69hm^2。渣脚高程2 278m，最大堆渣高度20m。本渣场也为大坝过渡料回采渣场，计划回采石料15万m^3，回采后渣顶高程为2 283m，此时最大堆渣高度5.0m。

4＃渣场属谷坡型渣场，根据水文资料计算，渣场设计洪水位（$P=3.33\%$）高程为2 267.78m，校核洪水位（$P=1\%$）2 268.20m，渣脚高程高于设防洪水位，渣场不受干流洪水影响；因其距离打靶打沟170m，也不受支沟洪水影响，施工期工程防护措施主要考虑挡渣和排水措施。4＃渣场堆渣和回采结束后，应根据调整报告复核设计以及防止水土流失的最终治理设计，完善工程和植物措施。4＃渣场水土流失治理设计见图8-3-25。

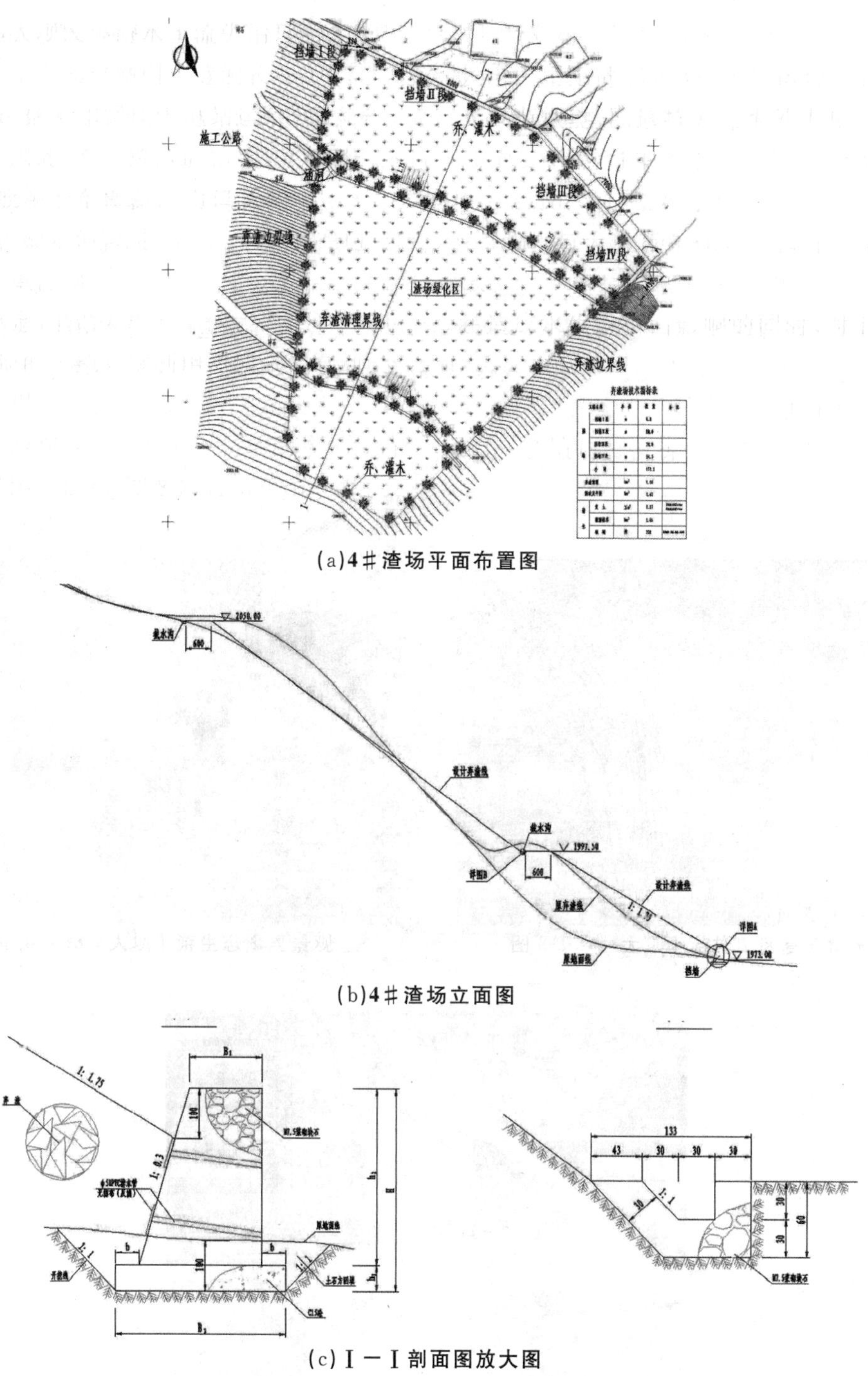

(a)4＃渣场平面布置图

(b)4＃渣场立面图

(c)Ⅰ－Ⅰ剖面图放大图

图 8-3-25　4＃渣场水土流失治理设计布置图

4)5＃渣场水土流失治理设计

5＃渣场位于实验区河流上段右岸新 4＃支洞口附近的石古磨沟内，堆放 CVⅡ标段弃渣约 20.44 万 m^3，设计堆渣量 20.7 万 m^3。堆渣最大长度约 163m，宽度约 120m，占地面积为 1.60hm²。其中，渣顶面积为 0.57hm²，坡面面积为 1.03hm²。临沟侧渣脚高程 2 360～2 400m，渣顶高程为 2 410m，最大堆渣高度 50m。

5＃渣场属拦沟型渣场，根据水文资料计算，干流设计洪水位（P ＝2％）2 189.80m，校核洪水位（P ＝1％）2 190.05m；支沟设计洪水位（P ＝2％）2 360.50～2 400.50m，校核洪水位（P＝1％）2 360.74～2 400.93m。渣场不受干流洪水影响，但临沟侧渣脚高程低于设防洪水位，工程防护措施主要考虑挡渣、防洪和防淘等措施。另外，需对渣场临沟道及其上、下游沟道进行整治，以利于沟道洪水排泄。

渣场堆渣结束后，建设单位需要系统整治，以恢复弃渣过程造成生态环境的破坏。水土流失综合治理，必须严格按照相关规程、规范和治理的设计技术文件。5＃渣场设计施工布置见图 8-3-26。

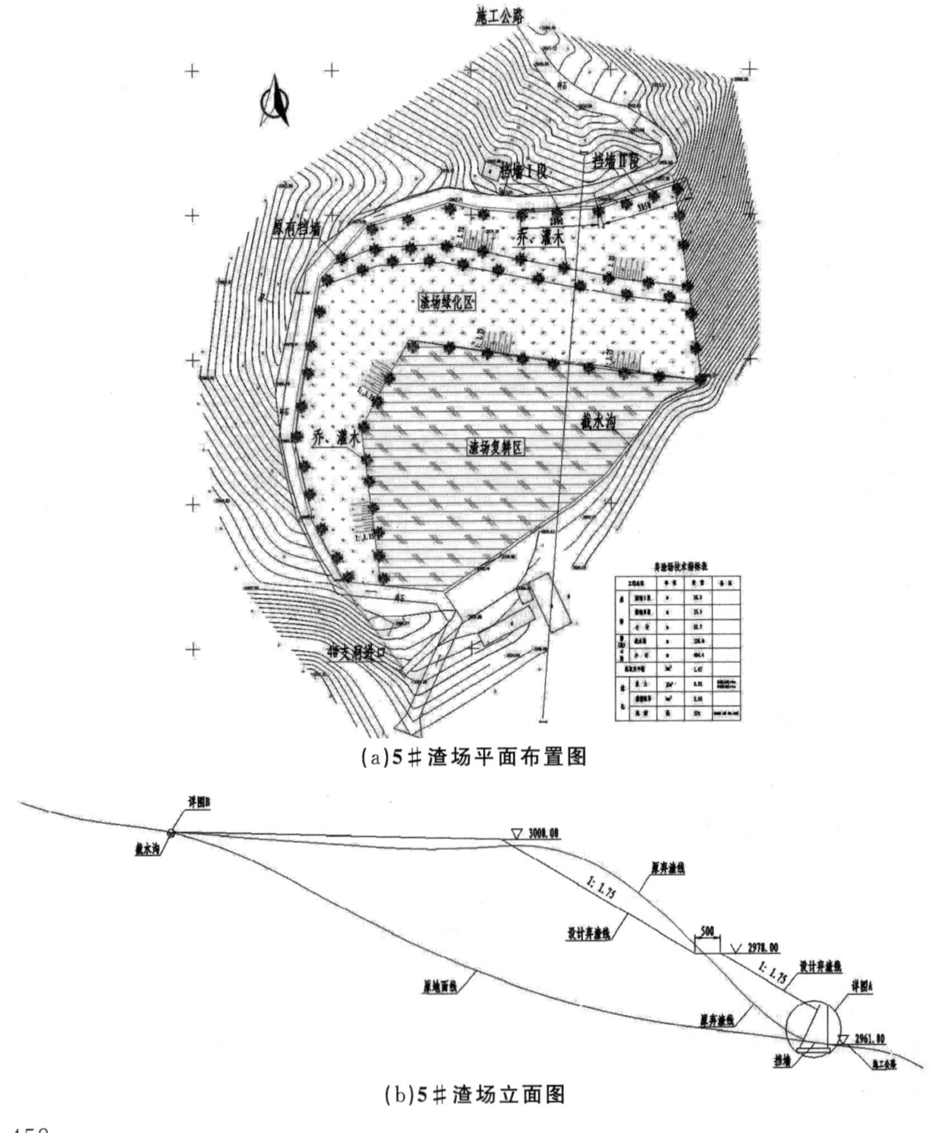

(a)5＃渣场平面布置图

(b)5＃渣场立面图

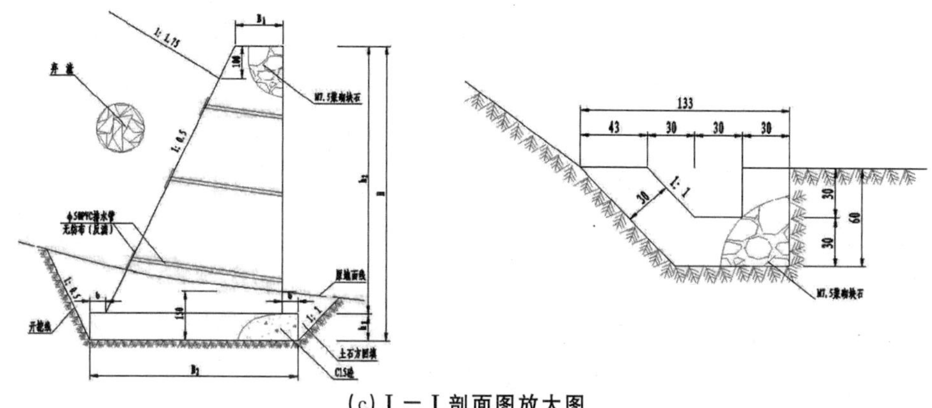

(c)Ⅰ—Ⅰ剖面图放大图

图 8-3-26　5#渣场水土流失治理设计布置图

5)6#渣场水土流失治理设计

6#渣场位于电站厂址上游右岸彭家河坝附近，计划堆放 CVⅢ标段弃渣 20.22 万 m^3，设计堆渣容量 24 万 m^3，堆渣最大长度约 600m，最大宽度约 100m，占地面积为 3.15hm^2。其中，渣顶面积为 1.63hm^2，坡面面积为 1.52hm^2。临河侧渣脚高程 2 114.69～2 120.40m，临公路侧渣脚高程 2 117.0～2 124.81m，渣顶高程为 2 130m，最大堆渣高度 15.31m。

6#渣场属临河型渣场，根据水文资料计算，渣场位处设计洪水位（P =3.33%）高程 2 119.70～2 125.40m，校核洪水位（P =1%）2 120.20～2 125.90m，临河侧渣脚高程低于设防洪水位，渣场受洪水影响，工程防护措施主要考虑挡渣、防洪和防淘等措施，不再单独考虑排水措施。

施工弃渣期间，建设单位应当督促施工承包商实施临时结合永久的挡渣、防洪和防淘等工程措施。工程完工或堆渣结束后，建设单位应依据水土保持工程竣工验收管理办法和相关设计文件，对渣场实施水土保持综合治理，6#渣场治理设计施工布置见图 8-3-27。

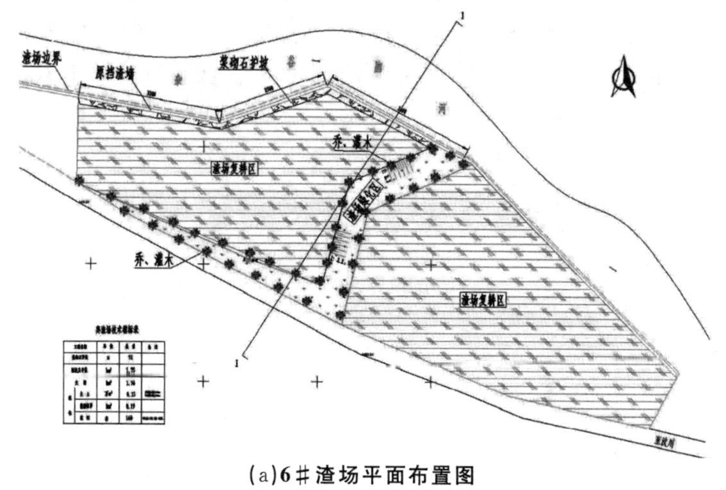

(a)6#渣场平面布置图

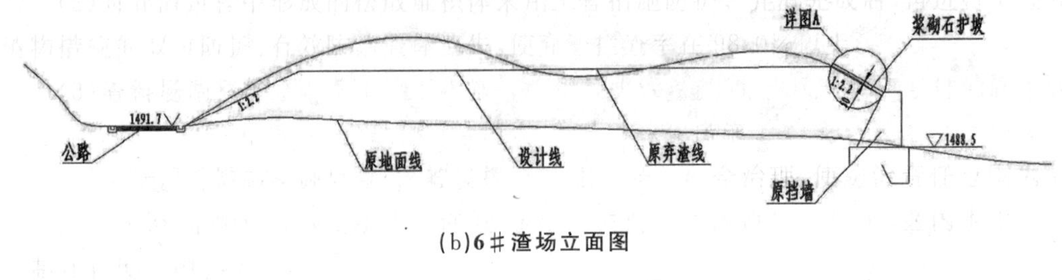

(b)6＃渣场立面图

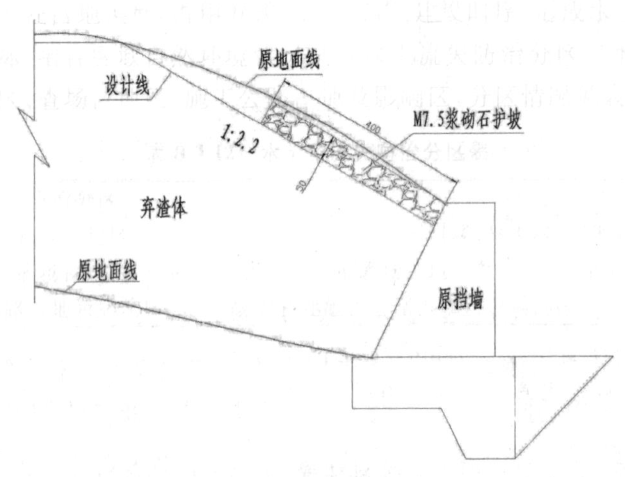

(c)Ⅰ—Ⅰ剖面图放大图

图 8-3-27　6＃渣场水土流失治理设计布置图

6)7＃渣场水土流失治理设计

7＃渣场位于电站厂址上游左岸月亮田、二道坪附近，计划堆放CⅠX标段弃渣23.66万m^3，设计堆渣容量为25万m^3，堆渣最大长度165m、宽度80m，占地面积为1.45hm^2。其中，渣顶面积为0.44hm^2，坡面面积为1.01hm^2，渣脚高程2 103.50m，渣顶高程为2 129m，最大堆渣高度25.5m。

7＃渣场也属临河型渣场，根据水文资料计算，渣场位处设计洪水位（P =3.33%）高程2 105.5m，校核洪水位（P =1%）2 106.0m。渣脚高程低于设防洪水位，渣场受洪水影响较大，本工程防护措施主要考虑挡渣、防洪、防淘和排水等措施。

工程完工或堆渣结束后，建设管理单位应依据水土保持工程竣工验收管理办法和相关设计文件，对渣场实施水土保持综合治理，7＃渣场治理设计施工布置见图8-3-28。

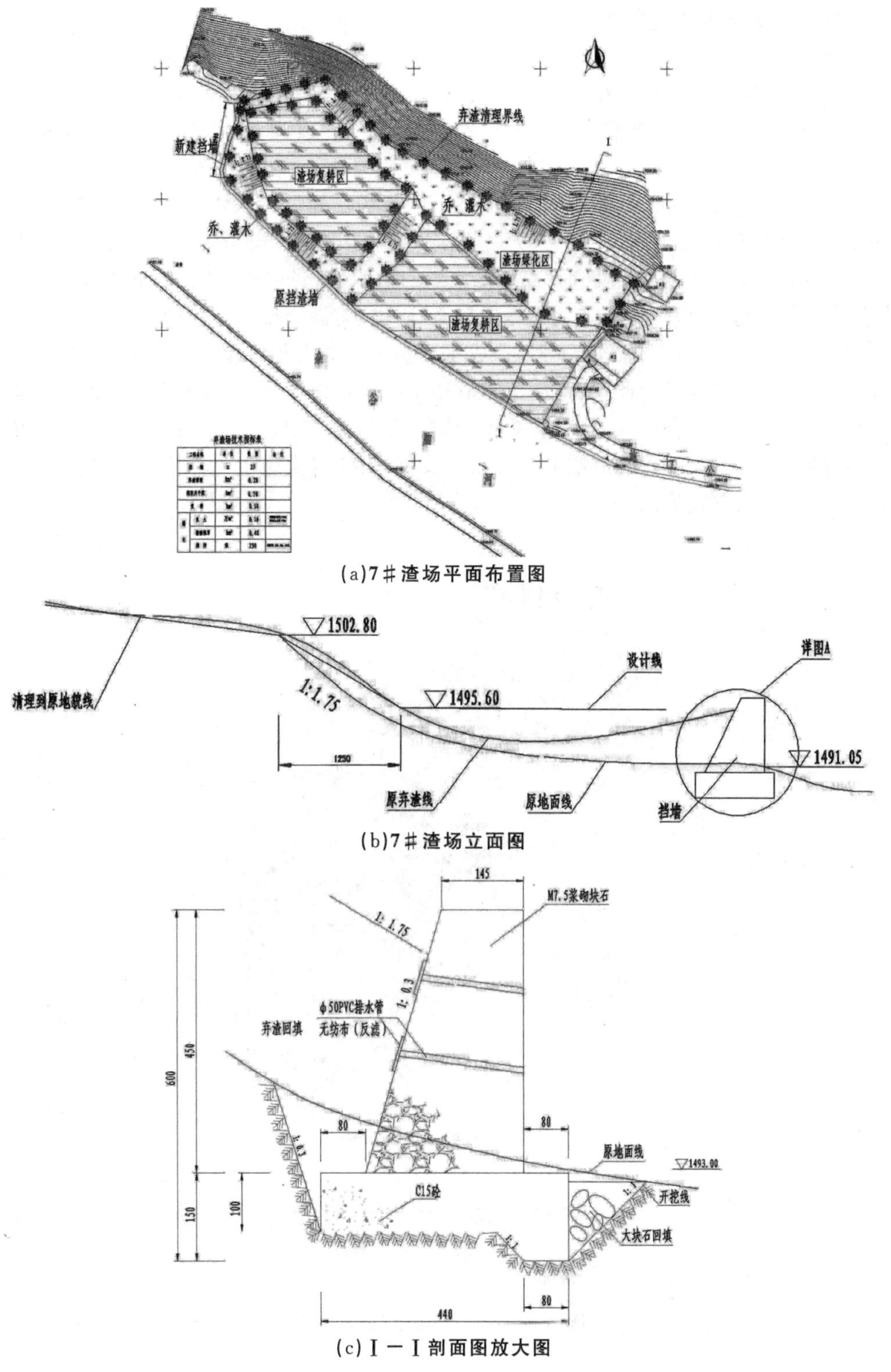

(a)7♯渣场平面布置图

(b)7♯渣场立面图

(c) Ⅰ－Ⅰ剖面图放大图

图 8-3-28　7♯渣场水土流失治理设计布置图

7)8#渣场水土流失治理设计

8#渣场位于电站厂址下游约4.7km的左岸谭家地附近，计划堆放CX标段弃渣30.14万m^3，设计堆渣容量33万m^3，堆渣最大长度约330m，最大宽度约110m，占地面积为3.03hm^2。临河侧渣脚高程1 990～2 003.50m，渣顶高程为2 022m，最大堆渣高度32m。

8#渣场属临河型渣场，根据水文资料计算，渣场位处设计洪水位（$P=3.33\%$）高程1 993.50～1 995.50m，校核洪水位（$P=1\%$）1 994.0～1 996.0m，对应临河侧渣脚高程为1 990～2 003.50m。上游段渣脚高程低于设防洪水位，受洪水影响，而下游段渣场不受洪水影响。因此，工程防护措施主要考虑挡渣、防洪、防淘和排水等措施。

临河型渣场，渣料容易滚落下河，造成水土流失。如若渣场受洪水冲刷失稳，可能造成河道堵塞导致灾难。因此，无论施工弃渣还是复耕种植期间，建设管理单位应当督促施工承包商实施临时结合永久的挡渣、防洪和防淘等措施；工程完工或堆渣结束后，应依据水土保持工程竣工验收管理办法和相关设计文件，对渣场实施水土保持综合治理。8#渣场治理设计施工布置见图8-3-29。

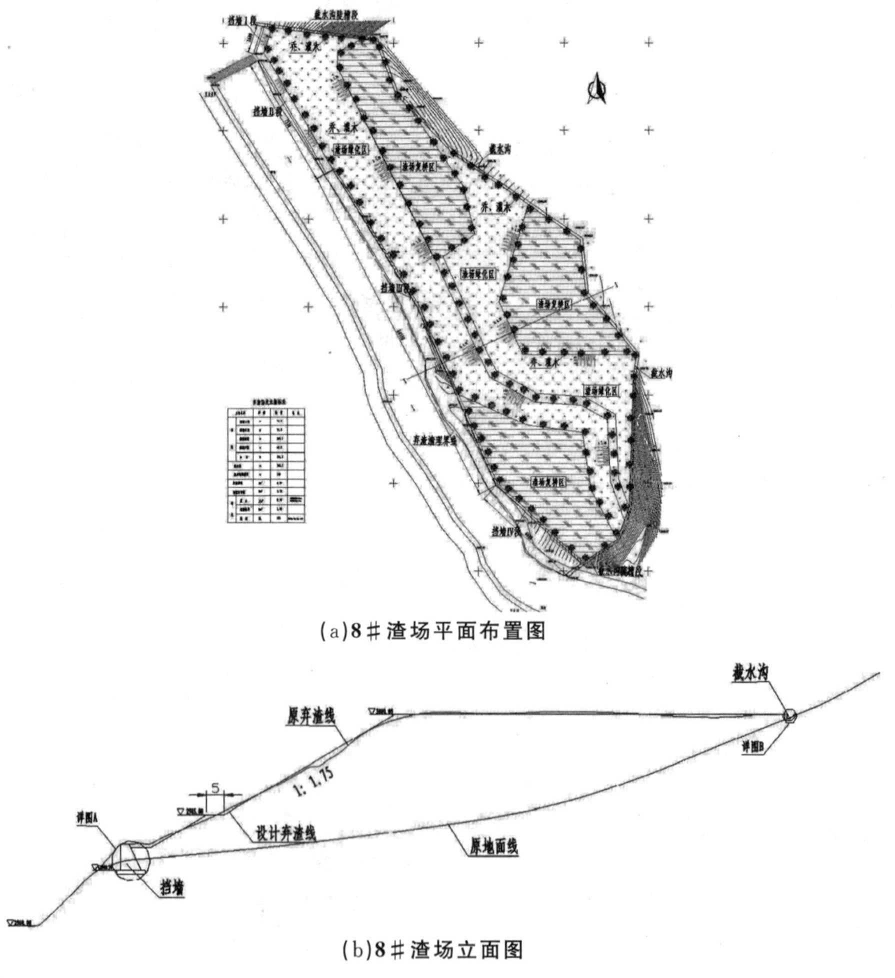

(a)8#渣场平面布置图

(b)8#渣场立面图

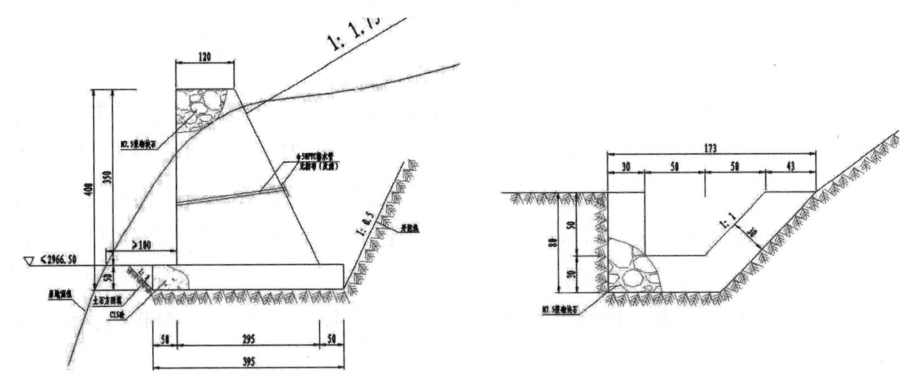

(c) Ⅰ－Ⅰ剖面图放大图

图 8-3-29　8#渣场水土流失治理设计布置图

8.3.3　上段电站渣场水土流失治理

2013 年 9 月 7 日，习近平总书记在哈萨克斯坦纳扎尔巴耶夫大学发表演讲中回答学生们提出的关于环境保护问题时强调，建设生态文明是关系人民福祉、关系民族未来的大计。中国要实现工业化、城镇化、信息化、农业现代化，必须要走出一条新的发展道路。中国明确把生态环境保护摆在更加突出的位置。“我们既要绿水青山，也要金山银山；宁要绿水青山，不要金山银山；而且绿水青山就是金山银山。”我们绝不能以牺牲生态环境为代价换取经济的一时发展。我们提出了建设生态文明、建设美丽中国的战略任务，给子孙留下天蓝、地绿、水净的美好家园。

8.3.3.1　坝区水土流失综合治理

随着实验区上段河流流域海拔高程由低到高，气候（降水、蒸发、日照）条件渐高渐好，降水量、日照渐高渐多，植被环境渐高渐绿。也就是说，上段电站工程区域气候条件、降水量以及植被生长，比中段电站和下段电站区域有较大程度的改善（坝区降雨及气象资料统计见表 8-3-11）。

表 8-3-11　坝区降雨及气象资料统计表　　单位：d

项　目	1	2	3	4	5	6	7	8	9	10	11	12	合计
降雨量 0.5～5mm	5.0	7.0	10.0	10.0	10.0	9.0	10.0	9.0	11.0	7.0	5.0	3.0	96.0
降雨量 5～10mm	1.0	1.5	3.7	5.0	6.0	5.0	6.0	4.4	5.6	3.6	1.0	0.2	43.0
降雨量 10～30mm		0.3	2.0	2.0	3.0	6.0	4.3	3.3	5.3	1.3	0.3		27.8
降雨量≥30mm						0.1	0.1	0.1	0.1				0.4
气温<0℃	31	26	12	0.5							13	30	112.5
气温≤－5℃	15.5	8.3	4.0									10.7	38.5

注：<－5℃的气温资料为海拔 3100m 的夹壁乡气象场资料。

1）大坝及下游水土流失

上段电站坝高 136.00m，坝顶宽 12.0m，底宽约 528.6m，上游坝坡 1∶2，下游坝坡 1∶1.8，坝体基础为深厚覆盖层，设计和施工采用一道厚度为 1.3m 的钢筋混凝土垂直防渗墙，防渗墙最大深度约 90m，防渗墙上部为 3m×4m 的混凝土廊道及高塑性黏土填筑区，大坝填筑总量约 660 万 m^3。

也正是因为上段电站距中心城市距离较远，设计单位误判建材运输成本条件选择当地材料坝（堆石坝），加上勘测设计深度不足和设计论证缺失，一方面导致电站工程质量、工期和投资失控；另一方面，因施工期长达 10 年，前期大量表土开挖、山体取料、基础处理、防渗墙造墙、帷幕灌浆等施工，弃渣及转运、回采反复变更折腾，造成大范围环境污染、景观破坏和严重水土流失（坝区施工过程水土流失见图 8-3-30、图 8-3-31 和图 8-3-32）。如若采取碾压混凝土重力拱坝结构，主体工程工期将提前 6 年，质量可控，投资可能节省 50%。

图 8-3-30　电站基础灌浆廊道施工水土流失现场情况

图 8-3-31　左坝肩开挖水土流失场面

图 8-3-32　大坝填筑污染与水土流失场面

坝址地处高山峡谷区，河谷断面呈基本对称的“V”型，谷底宽 69～90m，两岸山体雄厚，谷坡在 2 480.00m 高程以下坡度为 35°～40°，以上约 45°～50°，坡面完整。坝址以下逐渐开阔，河滩和山坡分布较为密集的农田和居民。

2)大坝及下游水土流失治理

由于上段电站引水隧洞长约 18.7km，最大发电引用流量 57m³/s，工程运行将形成约 22.7km 的减水河段。电站运行后，因水库具有年调节性能，除遇特大洪水外大坝基本不泄洪。因此，与天然河道相比，大坝至厂房尾水间河道流量将主要取决于区间径流。那么，造成坝址至梅多沟沟口长约 2.37km 的河段为全脱水河段，古尔沟以下长 14.45km 河段(占减水河段的 63.6%)多年平均流量 5.01m³/s，与天然流量相比下降了 85.5%。而设计单位确定下放补偿性生态流量仅为 1m³/s。

但是，电站发电减少的大坝下游河道水量，在造成水生态负面影响的同时，对下游滩地、坡地的土地复耕利用却创造了有利条件。

工程完工后，结合实验课题研究与治理方法应用，我们对大坝下游土地进行了以增加农业生产和景观效益为主目标的水土保持综合整治，多造地和覆耕 11.3hm²，其生态修复效果见图 8-3-33、图 8-3-34 和图 8-3-35。

图 8-3-33　大坝下游生态修复景观

图 8-3-34　大坝下游施工区复耕情况

图 8-3-35　大坝下游水土流失治理效果

8.3.3.2　库区水土流失综合治理

1)库区水土流失

实验区上段电站工程永久占地、其他施工占地(渣场、料场、施工公路、生活生产设施等)、水库淹没及影响、移民安置占地面积共计 535.5hm^2。在有限的红叶景区建设电站，较大程度改变了原有植被生态，一定程度降低了区内的平均生物生产力。初步测算，上段水电站工程施工和运行后，区内的平均生产力由 735.0g/(m^2 · a)降低为 734.3g/(m^2 · a)，平均减少 0.7g/(m^2 · a)，设计报告认为，与最低限制值(约 182.5g/(m^2 · a))相比几乎可以忽略其影响。实际上，设计报告都是有利于工程立项，业内数据造假是公开的"秘密"。依据设计报告，工程建设对自然体系生产能力的影响程度很小，在对施工占用区植被恢复后，这种影响还可以进一步降低。

上段电站水库为年调节水库，当正常蓄水位 2 540m 时，水库回水至夹壁乡的泸杆桥，回水长度约 10.0km，水面面积 242hm^2，库内流速将减缓。水库调度时，水位每年在死水位(2 460m)至正常蓄水位(2 540m)之间变化，水位变幅 80m。

因水库的建成蓄水，将淹没部分 317 国道，拟将其按原标准抬高线位复建，改建长度约为 13.8km，占地面积 37.4hm^2，其中公路附属设施占地 11.53hm^2，路面占地 9.71hm^2，边坡扰动面积 4.16hm^2，影响范围面积 12.22hm^2，均为林地，且地面坡度在 30°以上。评估时，采用经验公式法预测新增水土流失量；按照工程规划施工进度分析，水土流失集中在 317 国道施工的第 2 年。经计算，317 国道改建工程新增水土流失量超过 34 600.3t。

电站建设期间，有牌坊沟料场、长河坝料场开挖取料，以及多个地方灾后重建项目施工弃渣，水土流失情况远远比设计预测的要严重(主要流失区域见图 8-3-36 和图 8-3-37)。电站运行期，水库水位随雨季和旱季(丰水时段与枯水时段)发生一定改变，但大部分时间水位可以在 2 490m 以上运行，水库水面比天然河道扩大数十倍，一定程度上能够改善气候，调节降水，有利于库区范围植被生长。

图 8-3-36　库区左岸牌坊沟料场开采

图 8-3-37 库区右岸九架棚大桥施工

2)库区水土流失综合治理

实验区上段电站库尾与米亚罗省级自然保护区相接，米亚罗红叶景区为自然生态类型，保护对象是高山自然生态，面积 3 688km^2(约占理县面积的 85%)。保护区的陆生生物多样性、水质、土壤等生态特点，在前章已有简述，不再赘述。

实验区上段电站在建设期，对米亚罗红叶景区有较严重的负面环境影响，尤其是坝库区 317 国道改建过程造成，水土流失及生态破坏十分惨烈。再加上古尔沟镇、原沙坝乡等较大规模居民点分布，人类活动频繁，在长达 10 多年时间里，区域景观惨不忍睹。

电站运行期，公路建设已基本完工，一方面由于人为大规模破坏停止，另一方面电站开发商实施人为正能量的治理干预（平整、复耕、绿化等），加上自然保护区面积较大，以及水库的形成，河流及水库的优势度增至 17.5%，农田拼块的优势度由 6.8%上升到 7.0%，局地气候条件改善，红叶景区自组织和自调节能力增强，生态恢复迅速，水土流失治理成效明显（见图 8-3-38、图 8-3-39、图 8-3-40 和图 8-3-41）。

图 8-3-38　水库开始蓄水景象

图 8-3-39　水库蓄水形成的景观

图 8-3-40　水库库岸水土流失治理

图 8-3-41　水库中期蓄水形成景观

8.3.3.3　渣场与移民安置区水土流失综合治理

1）渣场水土流失综合治理

实验区上段电站处于生态保护区和环境敏感区，工程建设期和电站运行期，都应当通过水土流失综合治理措施，促进并改善工程区生态环境，最大限度地发挥水土保持功能与效益。其防治目标为：

（1）对工程建设过程中开挖、填筑、占压等活动，造成影响、降低或丧失水土保持功能的土地，及时采取工程措施与植物措施恢复其水土保持功能，保护生态环境，控制和减少新增水土流失。要求建设单位防治责任范围内扰动土地治理率达 95.0%以上、水土流失治理度达 85.0%以上。

(2)对弃渣过程中形成的松散堆积体采用工程措施防护。弃渣完成后,再进行工程和植物措施的双重防护,有效防治渣体流失,使弃渣拦渣率在98.0%以上。

(3)渣料场调整与原电站主体工程施工应相互协调,施工完毕后对具备条件的施工区和交通线路等永久、临时用地采取复耕、植树、种草等绿化措施。

(4)水土保持措施实施后,应能够发挥其功能。通过综合治理,使防治责任范围内的水土流失减轻,土壤侵蚀强度小于允许值,水土流失控制率达到80%以上,区内水土流失控制在轻度以内。

根据渣料场工程占地类型、占用方式、施工布置、建设时序、形成水土流失状况及工程水土流失防治目标,结合区域自然环境状况进行水土流失防治分区。水土流失防治类型区分为料场占地区、渣场占地区、施工公路占地及影响区,分区情况见表8-3-12。

表8-3-12 水土了流失防治分区表

序号	防治分区	范围
1	料场占地区	人工骨料场、砾石土料场、黏土料场、坝壳料场
2	渣场占地区	1#～10#堆渣场占地
3	道路占地及影响区	场内新建施工道路占地及影响范围

实验区上段电站水土流失治理责任范围,为工程建设区和直接影响区。根据初步设计报告,治理总面积114.89hm^2。其中,渣场占地、料场占地、施工道路占地总面积95.47hm^2;调整报告变更为146hm^2,其他直接影响区主要为施工道路建设期间的影响范围,其影响宽度按内—外侧的3m～5m计算,其面积为19.42hm^2。料场开采结束和渣场弃渣结束后,当地政府就要求迅速复耕,建设单位按照渣场、料场水土保持专项设计,以合同方式委托地方政府统一规划、统一标准实施复耕。

2)移民安置区水土流失综合治理

上段电站水库淹没和工程占地的移民安置,采取集中安置为主,投亲靠友或分散安置为辅,按两种安置的规划水平年计算,共需安置工程移民人口为342人。其中,集中安置330人,分散安置12人。拟设置1个集中安置区既大沟安置区,需造地13.3hm^2,开垦梯地8.7hm^2。

大沟是本工程选定的主要料场之一,距移民安置区约1km。料场开采与移民安置区建设同步进行,拟在开采结束或基本结束时,移民安置区投入使用。但是,上段电站建设工期严重拖期,一定程度上影响了移民居住质量。

安置区的上片区植被以农业植被为主(面积占该片区的54.4%),其次为裸岩砾地并覆盖低矮草本植物(面积占该片区的23.6%);下片区植被类型主要为灌木林地(面积占该片区的88.4%),间有小片零星耕地。开发利用期间,将对其进行整治和开垦,改变原有裸岩砾地和灌木林地的土地利用方式,但改变面积仅为22hm^2。考虑到移民的后期生产、生活,安置区在河滩上填土造地13.33hm^2,新开梯地8.67hm^2,修建河堤6.4km,占地4.16hm^2;新建水渠1.35km,占地0.3hm^2,移民建房征地面积1.65hm^2。建区期间,也将增加水土流失。安置区饮水及供电设施等破坏源为点状,面积小且分散,水土流失计算可不予考虑。社会服务设施结合移民安置建房布置,不另占土地。因此,合计移民安置扰动地表、损坏土地和植被面积为 28.1hm^2。其中，林地 9.0hm^2，河滩荒地 19.1hm^2。本区的水土流失主要由项目施工开挖和填土造成。

根据移民安置规划施工进度安排，第 1 年 9 月至第 3 年 5 月完成移民搬迁的所有基本建设项目。大沟下片移民点的建设期集中在第 2 年，采用经验公式法进行预测，同时结合水土流失现状调查得到的不同土地利用类型、不同坡度水土流失背景值，计算移民安置区各工程项目的新增水土流失量 692.71t。

移民安置区的水土流失治理，结合安置区生产、生活条件建设及设计，要求统一实施。除现代村镇化的住宅以及山地（果林）生产土地外，按移民人均 0.067hm^2 面积土地配置蔬菜生产用地，其他村级公共设施相应配套。所有设施建设完工后，按规划平整场地，实施植物措施和绿化。大沟移民集中安置区的水土流失及治理情况见图 8-3-42、图 8-3-43 和图 8-3-44，分散安置的移民生产、生活配套建设及水土流失治理情况见图 8-3-45。

图 8-3-42　大沟移民安置区水土流失情况

图 8-3-43　移民安置区建设面貌

图 8-3-44　移民安置区水土流失治理情况

图 8-3-45　分散移民安置区水土流失治理情况

第9章 掺拌实验研究与水土流失治理实践

2013年夏季7月中旬至8月20日，央视等多家媒体连续报道，我国华北、中原、长江以南的江浙沪一带以及上游的重庆等地持续高温，部分地区日最高气温超过44℃。另据北京晚报8月18日新闻：仅首都北京，持续高温7天已有20多辆车发生自燃；从8月11—14日，湖北江城武汉连续4天最高温超过39℃，创下百年有气象记录以来的最强热浪。最鲜见的是，从来就没报道过的热射病，今年全国报道多例。持续高温，导致许多地方严重干旱，如湖北全省已有17个市州、96个县市遭受旱灾，受灾农田达151万多hm^2。湖南、河南等部分地方综合气象干旱指数达到中度干旱到重旱，部分县市的农作物严重受旱。

持续大范围高温、干旱的气候异常，是因人类活动加剧导致的全球气候变暖；小环境则与我们盲目工业化、城市化进程中大量湿地消失、植被减少、硬化地面以及高楼林立的热岛效应不无关系。央视新闻8月16日指出：近年来，我国湖泊湿地减少约10%。这些数据表明，我国的自然生态正在发生着前所未有的巨大变化，尽管其变化带来的“善果恶报”相对某一疾病或灾难显得缓慢，让人类有时间反思、调整和治理，但近10年来频繁的气候灾害和地震地质灾害，已经容不得人类继续犯错、无视生态恶化和缓慢的不作为。当务之急必须逐渐减少至停止人类对自然的破坏，加快生态修复的步伐。

9.1 掺拌胶凝材料的实验与治理实践

20世纪末，世界主要发达经济体发展速度放缓，经济持续低迷，使严重依赖出口、投资、消费(所谓经济增长“三驾马车”)的我国不得不加大投资比重、刺激消费，以拉动高速惯性向前的经济巨轮。在投资拉动经济中，西部大开发战略前提下的水电建设和高速公路、铁路等基础工程建设投资贡献最大。数万千米的高速公路、高速铁路和数以千计的大中型水电站建设，必然产生大量建筑弃渣和大规模的水土流失。在山地建设工程和大规模开挖弃渣，难有足够场地也难以找到理想位置堆放弃渣，那么沿河堆放、顺坡堆放成为无奈选择。本就脆弱的山地环境，而同期施工的项目太多，人口剧增，建设管理不到位，招投标市场混乱、野蛮施工违规弃渣或不履行环境保护法、水土保持法等现象普遍，更加重西部山区水土流失和生态恶化。

9.1.1　掺拌实验研究治理思路的提出

9.1.1.1　掺拌实验的技术思路

受地形、地貌、气候条件的制约，在高寒、高海拔、干旱河谷、干热河谷地区以及西南山区高陡坡地实施水土保持与生态修复十分困难，尤其对人为加载的(可滑动、失稳的)高陡建筑渣体，防止其水土流失的治理更是艰难。首先，人工堆载的渣体质料和块度极为不均，沉降至稳定需要漫长时间。其次，西部山地地质条件复杂、地表岩层破碎、构造运动活跃、地震频发，滑坡、泥石流等次生灾害严重，渣场是否稳定不仅关系到大型电站、交通工程设施的建设与运行安全，而且关系到区域或上下游居民生命财产安全和生态安全。

水电站和交通工程大体积开挖，弃渣量巨大；堆渣过程不规范，导致绝大多数渣场坡度远远大于设计坡度(1∶1.75)。如何治理为数众多的水电站和交通工程渣场，防止产生新的水土流失，作者在所开发流域多个梯级电站的水土保持与生态修复研究、实验及治理实践中，穷尽思路、想尽办法，既要解决在脆弱生态环境下大块度、松散的大体积渣体和高陡坡面上复耕、覆土，又要保证全年的集中降雨不致冲走嵌入石缝中的沙土等细颗粒，同时要实现整个渣场和坡面的绿化，难度极大。在雨量充沛、腐殖土多、取土容易和成本较低的地方，这似乎都不是问题，但西部山区土地贫瘠、坡地土层薄，加上长期森林砍伐后及陡坡开垦后，基本无土可取。如若向山坡大方量取土，势必造成在治理渣场同时，又破坏其他山地，产生更大范围新增水土流失。

因为人均土地占有或面积较大，国外在干旱区域的植被及生态恢复或生态修复方面所做的探索研究，多主张以人为影响很小的自然生态恢复(自组织、自调节的恢复)，既减少人为扰动，也无须施加人为干预实现修复。即便采用一些特殊技术，也是基于时间的考虑，充分高效利用可能的水分条件，保证植物的生长发育，或者采用合适的植物种类(如根系深、适应干旱能力强等)；在利用微生物技术及保水剂确保植物成活或促进植物生长方面也存在一些探索。我国水土资源十分紧缺，采取时间换空间的生态修复方法尚不可取。也就是说，以大面积封禁的简单办法，依靠自然力恢复生态原有功能，缺乏资源条件。

9.1.1.2　掺拌实验研究的关键技术

我国巨量的人口，模仿西方发达国家整体推进城市化、城镇化；农民大量涌入城市或城镇，导致城市无限向近郊扩张；农民在城市居住或打工需要合理空间，农村土地继续保留，农民两头占有土地，人多地少、与水争地、与山要地矛盾十分突出。人口的大挪移，能源、交通不均衡的需求倍增。一方面，节假日交通频现高峰，交通压力巨大，每个部门、地方都争投资、上项目，“县县通高速、乡乡通二级、村村通公路”，西部沃土良田被许多建筑设施永久占用；另一方面，城市的人均能源消费是农村人均消费的 7～8 倍，过度依赖煤炭发电，无论是资源量、交通运力、大气污染都成为越来越大的制约因素。

水能资源相对其他能源资源来说，能够在某个季节或一段时期平衡、补充能源总供求。但是，优良经济指标的水电选址都已经建完，许多在建、拟建的电站越来越靠近地质条件复杂、生态环境脆弱的高寒、高海拔、干旱河谷、干热河谷的西部山区。作为中央企业和国有电力开发建设单位，在西部高寒、高海拔、干旱河谷、干热河谷的峡谷山区开发水电，很难避免造成工程区域水土流失。保护生态环境、防治水土流失是我们不可推卸的社会责任和法律责任。这种破坏的不可避免与修复的艰难和巨大代价,迫使我们创新治理方法或寻找更先进的手段和途径,确保对环境终极破坏最小,生态修复效果最佳。

国内水土保持生态环境专业研究机构和各级水行政主管部门监管、执法的事业所、站,多年来实施的生态科学研究和实践的措施,在许多地方已取得一些成功经验。但是在高海拔、干旱河谷、干热河谷的峡谷山区又很难以合理投入照搬这些方法和经验。本研究课题正是针对此类复杂、脆弱生态环境,实验有效的治理创新方法。其关键技术是采用多种材料不同配比掺拌,以解决建设工程弃渣场高陡坡体和大块度渣面保土、保水以及植被恢复的方法、工艺。具体方法,即以数十组次(水泥、粉煤灰、黏土等)微量胶凝材料与水、当地(沙、杂)劣质土、草屑、草种等进行不同配比的掺拌,再由人工铺撒在渣场边坡、陡坡上,实现固土、稳坡、保土保水效果。这种精工细活,旨在减少坡面覆土厚度和大规模开挖取土或购土(无论哪种取土、购土都势必再破坏开挖地的水土保持与植被生态)数量。所谓"精工"是指向坡面覆土就像房屋直立墙粉刷石灰、水泥砂浆一样,让经过掺拌的混合土形成"有机质层"或"植被生长壳",避免所有覆土全部振入不均衡大块度渣体各缝隙中或被雨水侵蚀。

松散的沙颗粒土体中,掺拌微量胶凝材料,目的是增加其细颗粒组成分或含量,以搅拌的方式使细颗粒比较均匀包裹在粗颗粒(大块石)上产生凝结作用,达到固土和改变土质颗粒松散、结构性差、粉细颗粒容易被大风吹走、坡体不能抵御雨水冲刷等水土流失问题。所谓"微量掺拌",就是除黏土掺比适当高至10%外,其他胶凝材料控制1%~5%范围内,既要保土又不能较大改变土质及酸碱性。

掺拌草屑,就是将收集或购买的杂草切割成5~10cm长的草屑(条、段),用锹人工干掺或加适量水或与胶凝材料一起掺拌铺设于高陡坡体。掺拌草屑,一方面使草屑在土体内起加强"筋"的(连接、固土)作用;另一方面,草籽生长的同时,掺入的草屑腐烂形成有机(腐殖)质,在土体内腐烂后作肥料并形成细小"空腔",有利于其他植物生长。新鲜的草屑并不是唯一有机掺拌料,当地农民在治理房前屋后坡地时,可以采用掺拌果皮、丢弃的蔬菜叶等有机垃圾,起与草屑同样作用。

掺水人工拌和,目的是增加松散的沙颗粒土体的凝结作用,使土体较为均匀铺设在陡坡坡面上,其粗颗粒不易离析、滚落、分离。掺拌分有单独掺水、与胶凝材料合掺、与草屑及胶凝材料混掺等实验组项,也有不加水干掺草屑组项。

分别掺拌微量胶凝材料、掺拌草屑和掺水与否的多种组项实验,就是拟找到一种使有意愿参与生态治理的任何主体都能够以方便、简单、经济的方法,积极实施水土保持与生态修复。每个农户、每个土地承包经营者都能采用这种简单易行的方法,改善坡耕地、陡坡林地、草地或"房前屋后"植被种植环境,让任何土地、坡地变成良田、果园。这种从微观上突破的创新思路与修复生态的技术,正是本科研课题的关键技术与实验的核心内容。

9.1.2 掺拌胶凝材料的实验与实践

胶凝材料(英文译为:Cementitious materials),是指通过物理、化学作用,能从浆体变成坚硬的固体,并能凝结其他物料,形成具有一定机械(工程领域称为抗拉、抗压、抗剪)强度的固体物质。

9.1.2.1　胶凝材料及其分类

广义地说，凡经过自身的物理、化学作用，能够由可塑性浆体变成坚硬固体，并具有胶结能力，能把散状细料或块状材料粘结为一个整体，达到一定力学强度的物质统称为胶凝材料。胶凝材料用途广泛、分类复杂，按化学性质可分为有机胶凝材料和无机胶凝材料两大类；按物理性质或凝结硬化条件及适用环境可分为水硬性胶凝材料和非水硬性胶凝材料。这里所指非水硬性主要是气硬性胶凝材料。气硬性胶凝材料是指只能在空气中凝结硬化、并且只能在空气中保持和发展强度的胶凝材料，如石灰、石膏、水玻璃等。而水硬性胶凝材料不仅能在空气中，而且能更好地在水中硬化，保持并继续发展其强度。建设工程中，大量使用的各种水泥即属于水硬性胶凝材料。气硬性胶凝材料只能用于地面以上、处于干燥环境中的部位，而水硬性胶凝材料既可用于干燥环境，也可用于地下或水中环境。

有机胶凝材料包括石油沥青、高分子树脂以及古代使用的糯米汁、动物鲜血等。无机胶凝材料通常为粉末状，与水拌和形成可塑性浆体，经过一定时间后凝结硬化成为具有一定(抗拉、抗压、抗剪)强度和黏结性的固体。最常见的无机胶凝材料有水泥、粉煤灰、黏土、石灰、石膏等。无机胶凝材料的性质，很大程度上是因其颗粒微细，分子间产生强大的凝结作用。如废弃的钢渣、燃烧后的粉煤灰经磨细处理后变成胶凝材料；大米、小麦等粮食颗粒经过磨细后也能产生一定胶凝作用。

胶凝材料的发展历史悠久，人类很早就使用糯米盖房子；黏土用于砌墙已有几千年的历史。人们发现，很多液体在低温状态下胶凝性质非常稳定；不少人都有湿手到冰箱冷冻室取物不小心胶凝住手(不用常温水冲或方法不当可能拉脱手皮等软组织)的生活经验。在建设工程中，大量使用黏土用于基础处理，如钻孔采用泥浆护壁；地铁盾构机全断面开挖也是采用黏土浆护壁等等。

水泥作为建筑材料，应用十分广泛。可以说，在现代化建设和日常生活中已经无法离开水泥。除水泥之外，在建筑工程和日常生活中，石灰、石膏、水玻璃的用途也相当广泛。鉴于本课题的研究内容，涉及的胶凝材料仅为水泥、粉煤灰、黏土，其详细分类和理化性质不再赘述。

9.1.2.2　掺拌胶凝材料的技术方法

“5·12”特大地震发生后，岷江上游干旱河谷山河破碎、景象惨烈，区域生态系统恢复成为震后四川经济社会发展当务之急。尤其是川西岷江上游的理县、茂县、汶川县域，都是地震重灾区，地质情况复杂，岩石破碎，山地地表灰褐土母质多为变质岩的风化物，由坡积母质发育而成；坡体全强风化沙土颗粒粗、土质连接松散、结构性差、土粒干燥、呈碱性反应，有机质含量较低，土壤普遍缺磷，表土砾石较多。

本研究课题实验现场主要选在川西岷江上游海拔 1 500～2 300m 的干旱河谷水电站工程区，掺拌胶凝材料的实验范围主要在实验区中段电站和下段电站的 6 个渣场高陡坡面上。选用的胶凝材料为市场购买的普通硅酸盐水泥、工程大体积混凝土施工采用的粉煤灰和黏土(俗称黄泥巴)。研究成果便于直接在重灾区发挥经济效益、社会效益和生态效益。本研究课题实验了多种掺拌胶凝材料的技术与方法。

1)水泥掺量

水泥有很多种，主要分为普通硅酸盐水泥、掺混合材料的硅酸盐水泥和特殊水泥。其中，普通硅酸盐水泥由石灰石、黏土、铁矿粉按比例磨细混合（混合物称之为生料）。然后进行煅烧，一般温度在1 450℃左右，煅烧后的产物叫熟料。将熟料和石膏一起磨细，按比例混合，才称之为水泥。

掺混合材料的硅酸盐水泥，是在普通硅酸盐水泥里按比例和一定的加工程序加入其他物质以达到特殊效果的水泥，如矿渣水泥、火山灰质硅酸盐水泥、粉煤灰硅酸盐水泥、复合硅酸盐水泥等等。这些水泥的原料就比原来的普通硅酸盐水泥要多一些活性混合材料或非活性混合材料。因掺入的其他物质不同，其水泥的力学强度相应改变。

特殊水泥在材料选择和制作工艺上略有不同，如高铝水泥（铝酸盐水泥）的材料是铝矾土、石灰石经过煅烧得到熟料，然后磨细成为铝酸盐水泥。其他有一些特性水泥用途较小，如白色水泥，材料是纯高岭土、纯石英砂、纯石灰石，在合适的温度煅烧成熟料，主要用于装饰工程。

水泥在使用时，一般加入水搅拌，水泥里的各种成分和水发生了一系列复杂的化学反应，包括水解和水合反应，水泥的成分和水等产生胶凝作用，最后固化在一起，形成强度很大的整体。本实验课题采用普通硅酸盐水泥，单独掺量（即只有当地劣质土掺拌水泥）分为1%～5%（共5种）掺比。也就是说，100kg的当地劣质土分别加1～5kg的水泥经人工搅拌后摊铺在实验（坡面）部位。为便于分析，实验室也按比例作同样实验。

需要说明的是，原研究方案拟采用简易搅拌机搅拌、人工摊铺，实际操作时发现其严重影响实验期，不具简便可操作性，修改为水泥加水先人工搅拌均匀，再与沙土人工拌和。实践中，现场单独掺一种材料的情况较少，多数加掺了草籽、草屑和少量当地腐殖土。

2）粉煤灰掺量

粉煤灰，是从煤炭燃烧后的烟气中收集的细灰，也可以说是燃煤电厂排出的主要固体废渣。以前，大型火电厂和城市取暖锅炉燃烧过的煤灰，都作为工业废渣。我国是煤炭消费大国，年燃烧煤炭数十亿吨。而火电厂粉煤灰的主要氧化物组成为：SiO_2、Al_2O_3、FeO、Fe_2O_3、CaO、TiO_2等。随着电力装机规模的日益扩大，燃煤电厂的粉煤灰排放量还将逐年增加。大量的粉煤灰不加处理，则会产生扬尘，污染大气；若排入水系会造成河流淤塞，其中的有毒化学物质还会对人体和生物造成危害。

废弃的煤渣需要大量征地用于堆放，“灰坝”遇到暴雨产生类似泥石流的“灰渣流”，对当地人民生命财产构成巨大威胁。20世纪80年代，粉煤灰才逐渐被利用。水电站大体积混凝土所用的粉煤灰，是经过分选后的优质（一级）灰；粗灰可以制成粉煤灰砌块。

粉煤灰外观类似水泥，颜色在乳白色到灰黑色之间变化。粉煤灰的颜色是一项重要的质量指标，可以反映含碳量的多少和差异；在一定程度上也可以反映粉煤灰的细度，颜色越深粉煤灰粒度越细，含碳量越高。粉煤灰有低钙粉煤灰和高钙粉煤灰之分。通常高钙粉煤灰的颜色偏黄，低钙粉煤灰的颜色偏灰，其颗粒呈多孔型蜂窝状组织，比表面积较大，具有较高的吸附活性，颗粒的粒径范围为0.5～300μm，并且珠壁具有多孔结构，孔隙率高达50%～80%，有很强的吸水性。

粉煤灰的细度和粒度是比较重要的物理性质，它直接影响着粉煤灰的其他性质。也就是说，粉煤灰越细，细粉占的比重越大，其活性也越大，其细度影响早期水化反应，而化学成分影响后期的反应。

粉煤灰是一种人工火山灰质混合材料，它本身少有水硬胶凝性能，当以粉状及水存在时，能在常温，特别是在水热处理(蒸汽养护)条件下，与氢氧化钙或其他碱土金属氢氧化物发生化学反应，生成具有水硬胶凝性能的化合物，成为一种增加后期强度和耐久性的建筑材料。

混凝土中掺加粉煤灰可节约大量的水泥和细骨料，减少了用水量以及水化热，从而减少混凝土裂缝的产生，同时改善混凝土的和易性、增强混凝土的可泵性、降减混凝土的徐变、提高混凝土抗渗能力，以及增加混凝土的修饰性。

本实验课题采用掺拌粉煤灰，一方面是基于粉煤灰的物理、化学性质，通过微量掺拌以增加劣质沙土的细粒比例；另一方面，水电站建设期间粉煤灰转运环节漏撒料较多，能够方便获得粉煤灰并加以利用。与水泥掺拌实验一样，单独掺量(即只有当地劣质土掺拌粉煤灰情况)也分为1%～5%(共5种)掺比，实验室亦按此配比作同样实验，其方法、技术手段类同于水泥实验。

3)黏土掺量

黏土，是一种非常重要的矿物原料，通常粒径小于2μm，主要成分为硅酸铝盐，还包含少量镁、铁、钠、钾和钙，一般由硅酸盐矿物在地球表面风化后形成。有些成岩作用也会产生黏土，在形成过程中黏土的出现可以作为成岩作用进展的标志。黏土广泛分布于世界各地的岩石和土壤中，可用于制造陶瓷制品、耐火材料，建筑材料等。工业用黏土矿有高岭土、膨润土(主要组成为蒙脱石)、活性白土(组成不定)等。高岭土最早由中国在江西高岭村开采，用来制造陶瓷；膨润土于1888年在美国怀俄明州开始开采，活性白土于1906年在美国得克萨斯州首次开采。

黏土由多种水合硅酸盐和一定量的氧化铝、碱金属氧化物和碱土金属氧化物组成，并含有石英、长石、云母及硫酸盐、硫化物、碳酸盐等杂质。黏土矿物的颗粒细小，常在胶体尺寸范围内，呈晶体或非晶体，大多数是片状，少数为管状、棒状。黏土矿物用水湿润后具有可塑性，在较小压力下可以变形并能长久保持原状，而且比表面积大，颗粒上带有负电性，因此有很好的物理吸附性和表面化学活性，具有与其他阳离子交换的能力。

黏土具有可塑性、延展性、结合性、触变性等多种特性。黏土的可塑性指黏土与适量的水混合后形成泥团，在外力的作用下，泥团发生变形但不开裂；外力散去后，仍能保持原有形状不变。黏土可收缩延展，黏土泥料在一定温度下干燥时，由于颗粒间水分的排出，颗粒之间相互靠拢以及颗粒间距缩短而引起的体积收缩，称为干燥收缩。干燥后的黏土泥料经过高温煅烧时，由于发生诸如脱水作用、分解作用、莫来石的生成、石英的晶型转化、易熔杂质的转化以及各类熔融物填充质点间空隙等一系列物理化学变化，使得黏土泥料进一步收缩，称为烧成收缩。成型黏土样品经过干燥和煅烧后的尺寸总变化称为总收缩。

黏土的结合性，是指黏土结合非塑性原料而形成良好的可塑泥团，并且有一定的干燥强度和能力。黏土的结合性对于半成品的干燥、修坯和上釉存在着重要的影响；黏土垢结合性由其结合瘠性料的结合力的大小所决定，而结合力的大小又和黏土矿物的种类、结构等因素相关。一般来讲，可塑性强的黏土，其凝结力也大。

黏土的触变性，是指黏土泥浆或可塑泥团受到振动或搅拌时，黏度会降低，而其流动性则会增加，静止后逐渐恢复原状。此外，泥浆放置一段时间后，在保持原水分不变的条件下也会出现变稠和固化的现象。

黏土是由多种矿物混合形成的，没有固定的熔点，可在一定的温度范围内逐渐软化。当黏土在加热煅烧的过程中，到达一定温度(800～900℃)后，继续升高温度时，黏土中低共熔物质开始熔化，液相出现并逐渐增加，填充在固体颗粒之间，由于液相表面张力的作用，使得未熔颗粒进一步靠拢，引起体积急剧的收缩，气孔率下降，密度提高，这种对应体积开始急剧变化时的温度称为开始烧结温度。

黏土的分类按性质和用途可分为陶瓷黏土、耐火黏土、砖瓦黏土和水泥黏土。硬质黏土常呈块状或板片状，一般在水中不浸散，耐火度较高，成为耐火制品的主要原料。耐火黏土中的硬质黏土用于制作高炉耐火材料，炼铁炉、热风炉、盛钢桶的衬砖、塞头砖。在陶瓷工业中，硬质黏土和半硬质黏土可以作为制造日用陶瓷、建筑瓷和工业瓷的原材料。

建筑领域，黏土使用也十分广泛。本实验课题采用黏土作为胶凝材料，拟增加当地劣质沙土的细颗粒含量，改善土体组成结构。单独掺量(即只有当地劣质土掺拌黏土情况)分为1%～10%(共10种)掺比。为便于分析，实验室也按比例作同样实验。黏土的掺拌也是加水先人工搅拌均匀，再与沙土人工拌和。

9.1.2.3 掺拌水泥的实验与实践

1)掺拌水泥的室内实验

实验室掺拌水泥实验，是指采用与现场同样劣质沙土500g，分别与1%、2%、3%、4%和5%的水泥加5～10g草籽，以简易人工搅拌，置于可移动容器(花钵)培育其生长。约3～7d后，青草全部长出。经过一个完整的夏季和冬季，检验草种对掺拌土的适应能力以及干旱的适应能力。实验室里大体模拟现场干旱情况，是按工程初步设计报告中两个县气象资料给出的雨季和降雨量进行模拟，也就是说尽可能模拟雨季的月降雨次数和降雨量实施人工浇水。即在雨季对实验项目浇水，枯水期(旱季)减少或基本不浇水。

图9-1-1　掺拌水泥1%的土质情况

图9-1-2　掺拌水泥2%的土质情况

检验过程，将掺拌有水泥和草籽的实验组次及项目分别从花钵中取出，切1～3个剖面检查草的长势和状态以及分析掺拌水泥后(尤其是)土质是否有结块等不良变化。剖面检查情况见图9-1-1、图9-1-2、图9-1-3、图9-1-4和图9-1-5。同时，为对比分析，在现场取了较好腐殖土(图 9-1-6)做同样生长实验。其图 9-1-6 的下方为劣质沙土,上方为当地较好腐殖土。

图 9-1-3　掺拌水泥 3%的土质情况

图 9-1-4　掺拌水泥 4%的土质情况

图 9-1-5　掺拌水泥 5%的土质情况

图 9-1-6　上为腐殖土下为劣质沙土

2)掺拌水泥的现场实验

无论实验或实际应用,在建设工地获取水泥都十分方便、成本低廉。水泥在水电站建设中被大量使用,回收漏撒或废弃的散状水泥基本无须成本。即便在市场采购,普通水泥价格便宜,微量掺拌,投入较低。

2011 年 4—10 月,研究课题组选择实验区下段水电站 3 座(2#、3#、4#)弃渣场和中段电站的弹簧沟渣场作为实验现场。实验过程:按实验小区陡坡面积及覆土厚度 10cm 计算和准备所需当地劣质沙土,以当地土重量的 1%～5%的(水泥、粉煤灰、黏土)胶凝材料与土、草籽搅拌,分别铺设在 35°～45°的 5 组(块)5m×10m 的斜坡(实验)小区上,以观测实验小区的保土保水效果。其后,又增加 5 组提高黏土掺拌比例(6%～10%)的实验组数,目的是检验土体在极度干旱条件下是否产生板结情况以及植物存活状态。

图 9-1-7　4＃渣场陡坡完成掺拌覆土

图 9-1-8　5＃渣场陡坡完成掺拌覆土

2012 年 3—11 月，研究课题组选择实验区中段水电站另 3 座(2＃、4＃、5＃)弃渣场，采用与此前(2011 年 4—10 月)实验内容重复做 40 组类同实验，分别铺设在 30°～57°的斜坡上。当年雨季结束后观察发现，实验与非实验地块相比，草的生长情况和草被覆盖度明显好于后者，说明实验地块保土保水效果良好。经同年 9 月量测估算，前者植被覆盖度比后者提高约 47%。

2013 年 5 月，对实验区中段水电站这 3 座(刚完成平整削坡的 2＃、4＃、5＃)弃渣场拟实验部位补撒草种，同年 9 月现场检验其草的生长情况也较好。实验小区位置和实验保土效果见图 9-1-7、图 9-1-8、图 9-1-9、图 9-1-10 和图 9-1-11。其中，图 9-1-7 为实验区中段电站 4＃渣场陡坡掺拌水泥铺土完毕情况；图 9-1-8 为中段电站 5＃渣场下游末端陡坡结束掺拌水泥铺土实验情况；图 9-1-9 为下段电站 1＃渣场陡坡中间部位掺拌水泥实验刚铺土情况；图 9-1-10 是实验区下段电站 4＃渣场中部陡坡掺拌水泥实验草被生长情况；图 9-1-11 是实验区下段电站 4＃渣场下游部位陡坡掺拌水泥实验草被生长情况。

图 9-1-9　下段电站 1＃渣场陡坡完成掺拌覆土实验地块

图 9-1-10　4#渣场陡坡掺拌实验植被

图 9-1-11　4#渣场陡坡掺拌实验植被

9.1.2.4　掺拌粉煤灰的实验

1)掺拌粉煤灰的室内实验

实验室掺拌粉煤灰实验是指采用与现场同样劣质沙土 500g,分别与 1%、2%、3%、4%和 5%的粉煤灰加 5～10g 草籽,以简易人工搅拌,置于可移动容器(花钵)培育其生长。浇水约 3～7d 后,使青草全部长出,经过一个完整的夏季和冬天,检验草种对掺拌土的适应能力以及干旱的适应能力。

为了区别掺拌水泥的实验,掺拌粉煤灰的实验同批次项目雨季 5—9 月平均 5～6d 实施一次浇水,水量仅以表面湿润即可,尽可能接近干旱河谷平均降水次数。10 月至次年 4 月平均 15～20d 实施一次浇水,水量也是以表面湿润即可。

检验过程,将掺拌有粉煤灰和草籽的实验组次及项目分别从花钵中取出,切 1～2 个剖面检查草的长势和状态以及分析掺拌粉煤灰后(尤其是)土质是否有结块等不良变化。剖面检查情况见图 9-1-12、图 9-1-13、图 9-1-14 和图 9-1-15。图 9-1-12 中,左边试件切片为掺拌粉煤灰 1%的情况;右边试件切片为掺拌粉煤灰 2%的情况。

图 9-1-12　掺拌粉煤灰 1%、2%情况

图 9-1-13　掺拌粉煤灰 3%情况

图 9-1-14　掺拌粉煤灰 4%情况

图 9-1-15　掺拌粉煤灰 5%情况

2)掺拌粉煤灰的现场实验

现场单独掺拌粉煤灰的实验与单独掺拌水泥实验相同,主要实验目标是检验经过掺拌后的劣质沙土能否在渣体陡坡及坡脚部位"保得住土、长得出草"。所谓"保得住",是指加掺水泥或粉煤灰的简易搅拌土由人工摊铺覆盖在陡坡上,通过一年期(完整的雨季和旱季)检验,与未加掺水泥或粉煤灰的人工陡坡覆土比较抗水蚀、风蚀效果。所谓"长得出",是指加掺水泥或粉煤灰的同时,已经加入了适量的草籽,检验一年里草的生长情况。此外,在一年后的该实验部位补撒草籽,进一步检验陡坡植被恢复效果。实验结果证明,经搅拌后的劣质沙土铺设在陡坡、边坡上,表面蒸发 2d 时间就形成保土、保水的一层"硬壳"。但是,观察也发现,在没有加掺草屑情况下,"硬壳"对在其表面补撒草籽的发芽和生长产生不利影响,原因是容易被风吹走,附着性较差。

通常,实施工程措施保土、保水,实现防止水土流失的目标很容易,而从防治水土流失、修复生态环境的总目标来讲,仅仅保土、保水不是最终目的。关键是通过人为干预,修复工程区已经退化或恶化的植被生态,只有恢复植被和生物多样性,才能从根本上改善局域气候及区域生态环境。

应当承认,仅仅是加掺水泥或粉煤灰人工简易搅拌的覆土,也只能起到一般环境下的抗水蚀、风蚀作用。能否持续或长期抵抗大风、暴雨侵蚀,需要进一步观察。就本研究课题而言,掺拌水泥或粉煤灰只是改变陡坡立土初始条件,草籽一旦发芽、生长,土质将改善,根系的固土,保持水土作用就产生。况且,实验单一加掺水泥或粉煤灰情况较少(仅作对比分析),大多数情况都加掺了草籽、草屑,以利于促进植物发芽和生长。

在大型水电站建设工地,粉煤灰被用于混凝土的掺和料,获取回收漏撒或废弃的散装粉煤灰十分便利。但是,作为一项可推广实用的保水、保土创新技术来讲,农民或林果承包经营户获取粉煤灰就很难。经分选利用的粉煤灰,运输成本高昂;在一般零售市场上无从采购。课题研究仅从实验分析的角度,掺粉煤灰作为细颗粒物,与水泥和黏土的掺拌进行对比。

2011 年 4 月,研究课题组分别选择实验区下段水电站 2#弃渣场 31°陡坡和 4#弃渣场 47°陡坡部位 1 组(宽×顺坡高 5m×10m),实施掺拌微量粉煤灰(1%~5%)的观测实验。2011 年 4 月 22 日,实验部位长出多种杂草,绿芽成片。实验结果说明,微量掺拌粉煤灰并不根本影响植物的生长与存活，而保土、保水效果要明显优于未实施任何掺拌的覆土情况。掺拌粉煤灰实验部位(与其他掺拌组项在同一层区)及效果见图 9-1-6(下段电站 2#渣场陡坡保土实验)和图 9-1-17(下段电站 4#渣场陡坡保土实验情况)。

图 9-1-16　下段电站 2#渣场上坡掺拌实验

图 9-1-17　下段电站 4#渣场陡坡实验区位

9.1.2.5　掺拌黏土的实验

1)掺拌黏土的室内实验

黏土呈中性，掺拌黏土不改变当地土质的酸碱性。因此，为与水泥、粉煤灰的掺拌实验作对比，更多增加当地劣质沙土细颗粒含量，改善土壤团粒结构以及植物生长条件，因此掺拌黏土的实验掺量或组数比掺拌水泥和粉煤灰的实验组项多。由于当地没有黏土，实验黏土在建材市场购得。

实验室掺拌黏土实验是指采用与现场同样劣质沙土 500g，分别加拌重量比 1%～10%的黏土和 5～10g 草籽，以简易人工搅拌，置于可移动容器(花钵)培育其生长。浇水约 3～7d 后，青草全部长出。同样经过一个完整的夏季和冬天(约 1 年的实验观测期)，检验草种对掺拌黏土的适应能力以及干旱条件的持续适应能力。

水泥略呈碱性，为了区别掺拌水泥和粉煤灰的实验效果，掺拌黏土的实验与粉煤灰实验过程及目的相同，亦实行同批次项目 5—9 月(雨季)平均 5～6d 实施一次浇水，水量的多少按工程初设报告提供的气象资料，尽可能模拟干旱河谷实验区平均降水次数情况；在当年 10 月至次年 4 月(枯期)平均 15～20d 实施一次浇水，水量以表面湿润即可。

检验过程，将掺拌有黏土和草籽的实验组次及项目分别从花钵中取出，切 1～2 个剖面检查草的长势和状态以及分析掺拌黏土后(尤其是)土质是否有结块等不良变化。剖面检查情况见图 9-1-18、图 9-1-19、图 9-1-20、图 9-1-21、图 9-1-22 和图 9-1-23(以下仅对比 6 种掺比项目图片)。仅以图片对比分析：黏土掺量越多，颜色越黄，土质越细，土壤凝结成团效果明显。

图 9-1-18　掺拌黏土 1%的土质情况

图 9-1-19　掺拌黏土 2%的土质情况

图 9-1-20　掺拌黏土 4%的土粒情况

图 9-1-21　掺拌黏土 6%的土质情况

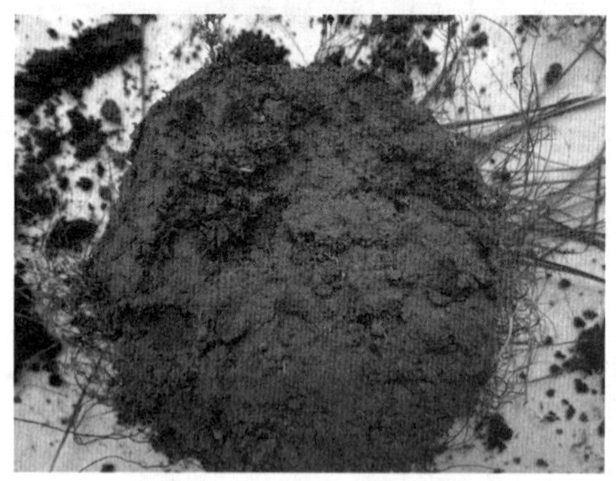

图 9-1-22　掺拌黏土 8%的土质情况

图 9-1-23　掺拌黏土 10%的土质情况

2)掺拌黏土的现场实验

当地的劣质沙土、表土，成分复杂，实验区流域以及支流沟内分布有少量腐殖土，较好的腐殖土大都被当地农民利用其造田。水电站建设弃渣，不宜大量购买当地腐殖土，否则，势必又大规模开挖山体，造成新的水土流失。如果采用破坏其他地方的水土生态用于治理水电站弃渣场的水土流失，则得不偿失。

黏土，既是建筑材料，又可以作为矿产资源。黏土颗粒太细，其本身也不利于植物根系生长。本实验课题选择黏土掺拌当地劣质沙土，一方面基于黏土的黏性和凝结作用，黏土不改变当地土质酸碱性；另一方面，虽然优质黏土购买及运输成本较高，但在河滩下游或水库淤坝中获取替代性的细土却十分容易。

加掺水泥或粉煤灰或黏土，就是拟找到改善劣质土体松散结构、增强坡面覆土初始松散土体抵御水蚀、风蚀的有效措施和办法。另外，通过人工简易搅拌过程，也可提高拌和物料的凝结性能。在实验掺拌黏土时，须先将黏土用水浸泡，待其松软融水后用锹搅拌成稀浆，再与劣质沙土、草屑、草籽锹拌均匀后铺覆在实验部位。

单独掺拌黏土来改善陡坡条件下的保土、保水问题，无论出于实验研究目的还是实际应用均不可取，对农民个人来说也缺乏必要性和经济可操作性。但作为防治高陡坡体水土流失的方法和大块体石渣陡坡的植被修复措施，仍具有极高的科学价值。

单独掺拌黏土，主要是与单独掺拌水泥和粉煤灰的效果作对比。实验过程中，单独掺拌黏土、水泥或粉煤灰的组次均较少。与掺拌粉煤灰实验的时间和场地安排基本一致，即 2011 年 4 月，研究课题组分别选择实验区下段水电站 2＃弃渣场 31°陡坡和 4＃弃渣场 47°陡坡紧邻粉煤灰实验部位（宽×顺坡高 5m×10m），以每米间隔、由低到高实施 10 组掺拌微量黏土（1％～10％）的观测实验。在 5～10d 后，实验部位就长出高矮不同的多种杂草。结果说明，掺拌黏土比掺拌水泥、粉煤灰效果要好很多，其保土、保水效果更优于未实施任何掺拌的常规覆土情况。掺拌黏土实验部位及坡面效果分别见图 9-1-24 和图 9-1-25。

图 9-1-24 掺拌黏土 8％的土质情况

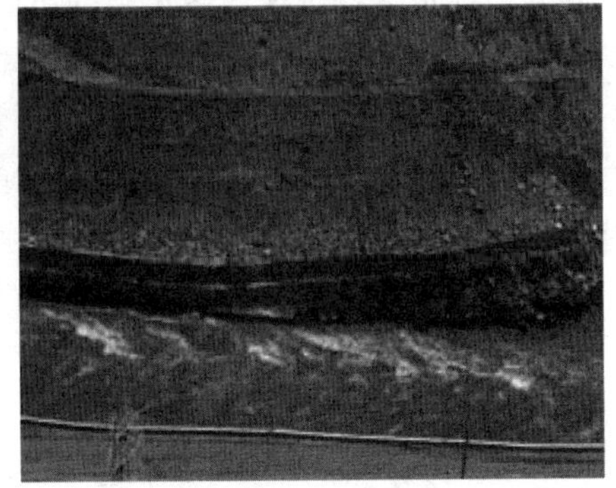

图 9-1-25　掺拌黏土 8％的土质情况

实验室掺拌黏土实验发现，黏土比例太少，改善团粒结构的作用不大；掺比太高时，土壤板结明显，保土效果好，却不利于植物的自更新生长。

9.2　掺拌草屑和胶凝材料现场实验与实践

裸露的地表和坡面，雨水直接滴落形成径流。在雨滴接触地面瞬间，雨水的动能转变成侵蚀力，形成溅蚀和水蚀作用。在干旱河谷，如若能形成灌林杂草草被，提高植被盖度，就可以有效地降减侵蚀力以及形成的溅蚀和水蚀作用。

很久以前，靠近沙漠的农民就学会将麦草屑扎入沙漠流沙体内，以固沙和减弱风沙。由此设想，在干旱河谷地区的高陡坡体或建筑渣体坡面，扎入鲜草草屑并播撒草籽，在有效固土的同时，部分草籽就可能利用鲜草的水分发芽、存活。只要有草存活(哪怕是其中很少的一部分)，土壤中的根系有可能产生较大的牵拉作用，在土壤孔隙中将周围的土体细粒连接、牵拉在一起；同时，根系又被其周围细土粒层层包裹。那么，草屑和根系正是在土壤中起到许多微细"加强筋"的连接作用，以增强坡体表土的附着能力，减轻坡面表土水土流失。

实验加草屑掺拌覆土，不仅只是比表土扎入鲜草草屑的效果要好。因为掺拌覆土和草屑的搅拌过程，使土体粗细颗粒较为均匀裹覆，草屑起牵拉连接作用，水的化学作用让掺拌土产生胶着凝结，陡坡地表土就不容易被风蚀、水蚀。在雨季实验，很容易获取杂草草屑，即便在特别干旱的地方，无草可收割时，收集集贸市场丢弃的残渣烂(菜)叶与当地土搅拌，既可以为部分有机垃圾找到出路，也能够改善坡体土质及有机养分状况。

9.2.1　掺拌草屑的实验与实践

9.2.1.1　掺拌草屑的室内实验

实验室掺拌草屑，采用收集草坪机械切割的青草，剪成3～5cm(段)长的草屑，再掺加5～10g的草籽，小铲湿拌到500g当地取回的劣质沙土中，装入花钵内。经过一个完整的(夏季和冬天即1年左右时间)实验室内培育其生长。与掺拌胶凝材料的同类实验，在雨季5—9月，保持5～7d浇一次水；旱季10—4月(次年)保持15～20d浇一次水。

实验开始后约3～5d，青草就陆续长出。观察发现，即便是当地略呈碱性的劣质沙土，在室内环境下持续保持浇水，草籽的发芽、生长也良好。而实验室掺拌有草屑的草籽发育和长势更优于没有掺拌草屑的实验钵。也就是说，水和土虽然都是植物生长的要素，但是，无土栽培的蔬菜大棚，定时过流营养液也能保证蔬菜的良好生长，这说明水对植物的生存更为重要。掺拌草屑的实验室实验发现，在没有施肥条件下，钵内青草越长越高的同时，却也越来越细，容易弯折，说明当地劣质风化沙土壤缺乏肥力。

2013年4月，课题研究组将掺拌有草屑和草籽的实验组次及项目分别从花钵中取出，切1～2个剖面检查草的长势状态并分析掺拌草屑后土体的牵拉情况，以及草籽发芽生长后其根系的牵拉连接作用。通过剖切断面，草经过近1年时间的生长，根系深度达到3～6cm，表明只要灌草生长，就能够产生一定的固土和保水效果。

单独掺拌草屑实验(指仅有当地劣质沙土与草屑和草籽掺拌)，主要检查和验证草屑在土中形成有机质和细微"空穴"情况，分析其典型掺比(剖面)土质是否明显(变细、变黑、变软、变黏等)改变。检验结果表明，掺拌草屑实验与没有掺拌草屑(仅在当地劣质沙土上播撒草籽后同样浇水)的试件相比，土质颜色明显变深、变黑，草的生长密度和高度情况比没有掺加的组项增加约30%。图9-2-1和图9-2-2为取其中段电站弹簧沟渣场的覆盖表土，图9-2-3和图9-2-4为取下段电站3#渣场的覆盖表土。

图 9-2-1　中段电站掺拌 5g 草屑的情况

图 9-2-2　中段电站掺拌 8g 草屑的情况

图 9-2-3　下段电站掺拌 5g 草屑的情况

图 9-2-4　下段电站掺拌 8g 草屑的情况

图 9-2-2、图 9-2-3 显示，春季随温度的上升，冬天曾经枯萎的草被之下，新根正在发芽，土壤的颜色越来越深。说明在贫瘠的土地上，只要能保住土，就可能保住水分，植物在一定条件下就能够缓慢恢复自然生产力，从而改善土壤条件和植被生境。课题组对在中段电站和下段电站取土掺拌草屑的实验组次（如图 9-2-1～图 9-2-4 的项目），剖切部分作土壤断面分析摄像后的另一部分进行了机械散拌处理，以观察草屑在实验钵内腐烂情况。结果证明，经过 1 年时间，那些掺拌的草屑基本消失，土质成色由偏灰色向偏黑转变，土质明显好于实验前在当地挖取沙土的外观。

9.2.1.2　**掺拌草屑的现场实验与实践**

1）现场实验

掺拌草屑的现场实验（即当地劣质沙土与草屑和草籽掺拌），安排在实验区下段电站 2＃弃渣场上部渣体的中间部位、3＃弃渣场靠公路侧并面对民居的上部渣体以及 4＃弃渣场河流下游中部渣体（具体位置见图 9-2-5、图 9-2-6 和图 9-2-7）。图 9-2-5 为 2012 年 9 月拍摄的实验组项生长状态，图 9-2-6 和图 9-2-7 为 2011 年 6 月拍摄的实验组项生长状态。

其中，2＃弃渣场上部渣体的中间部位实验段长 240m，分成 3m×80m 的 48 个实验块，从左至右（或上游至下游）分别为：

图 9-2-5　下段电站 2＃渣场掺拌草屑实验组项的生长状态

图 9-2-6　下段电站 3＃渣场掺拌草屑实验组项的生长状态

图 9-2-7　下段电站 4＃渣场掺拌实验组项的生长状态

(1)净掺拌草屑实验段(劣质沙土、草屑、草籽)；

(2)混合掺拌水泥、草屑实验段(劣质沙土、水泥、草屑、草籽)；

(3)混合掺拌黏土、草屑实验段(劣质沙土、黏土、草屑、草籽)。

与以上布置方式相同,3＃弃渣场靠公路侧并面对民居的上部渣体分成 5m×10m 的 9 个实验块;4＃弃渣场河流下游中部渣体分成 5m×10m 的 24 个实验块,实验内容均同。

为简化掺拌程序,节省现场掺拌、称量时间,净掺拌草屑实验段,草屑的掺拌比例为拟覆土重量的 2%和 3%,与室内实验相比草屑配比略有增加。实验块(小区)按渣场长度方向和顺坡面斜长(高)5m×10m 为 1 个实验块,两个实验块之间留有 30cm 人行观测便道,以方便浇水、观测、检查。

需要说明的是，选择 3 个弃渣场的实验部位应有利于实验、方便观测、不易受人为活动（放牧、取料、作临时通道等）影响。尤其是选择 3＃弃渣场掺拌草屑的现场实验部位时，充分考虑到对离弃渣场渣脚不足 50m 的直线距离居住有十数户居民，此处实验及效果可以较大改善其环境和景观，降低渣场导致的风沙和扬尘。

除下段电站的现场实验之外，由于中段电站环境保护和水土保持工程竣工验收以及部分渣场移交后，灾后重建中村民修建“村村通”公路，在中段电站弹簧沟渣场取料，将已经绿化与生态修复的渣面和坡面破坏殆尽，作者又结合科研实验对其靠山侧的陡坡部位采用净掺拌蒿草草屑铺筑或覆土于坡面，并取得良好效果。图 9-2-8 是下段电站 4＃渣场坡面掺拌蒿草覆土施工的场地及蒿草品种之一，掺拌蒿草过程漏撒的草籽长出蒿草。

图 9-2-8　蒿草种类及 4＃渣场掺拌点

图 9-2-9　弹簧沟渣场掺拌蒿草的覆土施工

2）现场水土保持实践

中段电站弹簧沟渣场陡坡平均坡度达 47°，局部超过 57°，经平整削坡后平均超 37°。角度过陡，松散表土覆盖时（粗细颗粒）容易滚落分离，其中，粗颗粒滚落接近渣场坡脚，细颗粒受日照风干吹浮到空中，导致大量水土流失。经过反复实验研究，初始采用表土加水掺拌蒿草（秋天蒿草已结草籽）和后期掺拌其他杂草的实验都取得保土保水效果。图 9-2-9 显示由人工用锹或锄头将掺拌土摊铺在陡坡坡面。

图 9-2-10　弹簧沟渣场油菜快速生长情况

图 9-2-11　3＃渣场油菜生长情况

净掺拌蒿草草屑不仅用于多个渣场的实验，而且在解决大块度渣场顶面和坡面覆土施工中防止大部分覆土土壤落入或嵌入块石缝隙难题的实践取得重大成功。经数据分析，掺拌蒿草草屑实施渣场顶面覆土，可以节省约50%以上的土料，减少了腐殖土的大量外购、开挖，降低了治理投资费用。特别是在旱季实现渣场顶面和坡面快速绿化，尽速让植物种子生根发芽，达到保水、保土效果方面，作用显著。渣场长出的杂草中，部分是蒿草。再如：在实验区中段电站弹簧沟渣场、下段电站的3#渣场、4#渣场等治理项目实践，采用掺拌油菜籽、三叶草籽和草屑，不到20d，油菜和草被生长良好（效果见图9-2-10和图9-2-11）。实验验证，快速长出的植物（草）根系可以抓住表土，减缓渣场表土受风力侵蚀和雨水侵蚀。但是，在旱季掺拌蒿草草屑，蒿草茎不容易腐烂。

当然，解决渣场渣面块石粒径过大问题，可以采用风镐解体、重车碾压、购买渣土回填等工程措施加以解决，但是此类解决方式需要较大的施工投入，同时可能对周边居民产生新的施工（扬尘、噪声、水源）污染。

9.2.2 混合掺拌的实验与实践

混合掺拌实验是指既掺加草籽、草屑，又添加微量胶凝材料的情况。实验室掺拌草屑和胶凝材料的实验，是在室内模拟现场状态或条件，寻求一种适应干旱河谷恶劣环境的简便、经济、可行的生态修复方法与治理水土流失的工艺措施。掺拌胶凝材料，旨在增加坡面铺覆当地劣质沙土后的土体凝结（团块）作用，改变沙土松散状态，改善渣场高陡坡面覆土的土壤结构，确保陡坡覆土“站得稳、保得住”，同时控制沙土振入或嵌入渣场大块石渣体缝隙。由于是微量掺拌胶凝材料，不可能较大改变覆土的酸碱性，当然也不可能根本改变有利于植物生长的有机成分。也就是说，这种碱性微量掺拌，不会破坏植被生长的环境机制。干旱河谷植被能否生长，更多取决于水气条件的改善。例如：很多城市建设中，房屋建筑垃圾或拆除的老建筑固体废物，堆放一段时间后很快就长出了杂草。

9.2.2.1 掺拌草屑和胶凝材料的实验

实验室（混合）掺拌草屑和胶凝材料，草屑的掺比基本维持2%，水泥的掺比分2%～5%（4组），粉煤灰未实施混合掺拌实验，黏土掺比分3%～8%（6组）。也就是说，实验室掺拌草屑和胶凝材料的模拟实验，适当压缩了掺拌量过少和过多两种情况，特别是减少了掺拌1%的水泥和黏土的组项。通过优化实验内容（减少实验钵数和分析工作量），以利对能较大改善土壤及固土作用和影响实验结果的组项进行深入研究分析，得出更满意的实验数据。剔除黏土掺比9%和10%的组次，是基于单独掺拌黏土的实验发现，过多掺拌黏土后土体水分蒸发容易使其结块变硬。或者说与其他实验组项相比，保留这些掺比实验数据，不能实现具有代表性的研究成果。

1）实验安排

实验室混合掺拌实验：采用与现场同样劣质沙土500g（容重为1340kg/m^3），掺拌草屑2%和3%，水泥掺比2%～5%，黏土3%～8%，实际进行混合掺拌实验的有20组（实验钵）。混合掺拌实验（沙土、草籽、草屑、胶凝材料）过程比单独掺拌实验（草屑或胶凝材料）推迟2个月，以检查或验证草籽发芽时间提前或滞后。

2)实验过程

掺拌或搅拌过程：

(1)水泥掺拌前按比例制成浆液；

(2)黏土用水浸泡2h后按比例制成浆液；

(3)草屑切成3～5cm；

(4)不同浆液中先加掺当地劣质沙土，再掺拌草屑。

3)实验周期与检验

以简易人工搅拌，置于可移动容器(花钵)培育其生长。浇水约3～7d后，使草籽发育长出。与单独掺拌室内实验检验周期相同，经过一个完整的夏季和冬天(12个月)，观察、检验和分析以下方面：

(1)混合掺拌土的草种发育、生长情况；

(2)混合掺拌土环境下，次年(第2年)实验钵草被自生长情况；

(3)正常浇水与旱季基本不浇水条件下的草种生长适应能力。

2013年4月7日，实验组对62个项目(实验钵)进行剖切，一方面检验实验后掺拌土土质是否明显(变细、变黑、变软、变黏等)改变；另一方面，观察草屑的腐烂以及草籽生长(62个实验钵见图9-2-12)情况。其中，单独(胶凝材料或草屑)掺拌42个项目，混合(胶凝材料和草屑)掺拌20个项目。

图9-2-12　实验室(露台)胶凝材料及草屑不同掺量实验组项

图9-2-13为水泥3%、草屑2%、劣质沙土500g、草籽10g情况；图9-2-14为水泥4%、草屑3%、劣质沙土500g、草籽12g情况；图9-2-15为水泥5%、草屑3%、劣质沙土500g、草籽12g情况；图9-2-16为水泥5%、草屑2%、劣质沙土500g、草籽12g情况；图9-2-17为黏土6%、草屑2%、劣质沙土500g、草籽12g情况；图9-2-18为黏土8%、草屑3%、劣质沙土500g、草籽12g情况。

图 9-2-13　水泥 3%混合掺拌组项

图 9-2-14　水泥 4%混合掺拌土组项

对比上面 6 个典型掺比课题组项，实验研究发现：

(1)水泥较少、草屑较多时，土质明显偏黑；

(2)水泥较多、而草屑较少时，土质发灰；

(3)选择这 2 组水泥、草屑、草籽不同掺比的典型情况剖切断面观察说明，加掺的水泥含量越多，土体越密实，整体性越好；

(4)草屑掺比含量越多，土壤经过 1 年多的培育颜色越黑，说明有机质成分增加；

(5)加掺的草籽越多，草被生长越茂密；

(6)对比掺拌黏土的情况，黏土含量越多，土体的结构和整体性越好；

(7)黏土过多，容易板结或结块，不利于草的生长；

(8)黏土实验钵浇水时不易浇透，但保水性能良好。

由于实验室环境条件相对稳定，掺拌草屑和胶凝材料的实验没有受到外界(干旱河谷野外环境)气候、日照、暴雨的影响，而且掺拌与搅拌过程精心、细致。因此，实验室获得的效果并不能完全代表和指导现场实验以及渣场水土保持治理的实践。那么，通过实验室的研究，只为获取一种方法和科学的掺比数据，在实践中还应结合具体环境条件进一步完善干旱河谷渣场水土保持生态修复具体措施。

图 9-2-15　水泥 5%混合掺拌土实验组项

图 9-2-16　水泥 5 混合掺拌土实验组项

图9-2-17 黏土6%混合掺拌土实验组项

图9-2-18 黏土8%混合掺拌土实验组项

9.2.2.2 混合掺拌的现场实验与治理实践

从参与汶川大地震抗震救灾开始，作者就自然形成一种志在保护环境、改善生态的时代使命感。在干旱河谷水电站弃渣场实施生态修复的实验与实践，是非常有意义的壮举。本科研课题自申报开始，历时约36个月，实验主期为2010年10月至2013年10月。混合掺拌(既劣质沙土、黏土、草屑、草籽)现场实验与实践，主要安排在实验区河流下段电站2#、3#和4#弃渣场，少量实验布设在中段电站弹簧沟渣场。

混合掺拌实验过程，方案设计时拟采用卧式强制混凝土搅拌机掺拌，考虑到现场接电困难以及当地村民干扰，主要采用人工搅拌。搅拌时，先将拟掺拌土料与配比的草屑混合干拌，再加配有胶凝材料的水溶液(搅拌成类似房屋建筑浇筑梁柱结构的流态混凝土熟料状态)，再由人工铺抹(摊铺)在陡坡表面。

1)渣面治理的现场实验与治理实践

弃渣场表面，有顶部平面和坡面(包括高陡坡面)两个部分。渣场的水土流失治理，主要有综合性(支护、拦挡、抗滑、排水、浇灌等)工程措施和植物措施以及后期结合农业及养殖生产的经营性生态措施。其中，工程措施主要有：

(1)拦渣挡护措施(拦渣堤、挡渣墙、防护篱等)；

(2)防洪、防冲刷、防淘措施；

(3)排水措施(表面排水、坡面排水、渣体内部排水)。

渣场的水土保持生态修复实验与实践，在已实施的工程措施条件下，主要是探索、实验研究和实践干旱、脆弱、复杂环境(大块度渣体)的渣场科学覆土方法以及植被选种、种植、保活、保存的生态修复方法。在渣场顶部表面实施植被(种草、植树)，最困难莫过保水。因为弃渣场堆渣高大都超过30m，有些部位深厚达80m。堆渣过程虽然经过自卸汽车、装载机等设备行走碾压以及渣体自身重力产生的沉降，但施工单位普遍违规弃渣，大块石随意堆弃，淤泥、水泥浆等细颗粒加杂物又采用编织袋装后随意堆弃，渣体内局部大块度架空现象非常严重，不仅使渣场稳定需要漫长时间，而且透水性极强，保水保土十分困难。掺拌胶凝材料和草屑，是作者在长期探索、研究中创新的方法之一，经过实践检验，具渣场林草覆盖率、水土流失治理度等多项指标都优于未实施创新方法的同类工程，本课题验收专家评审结论对此给予充分肯定和高度评价。

在大块度渣场采取掺拌覆土，思路独特、工艺简单、方法实用，以较低的人工投入解决了脆弱山地环境土壤、土地资源稀缺的难题，开创了水土保持生态修复点、面向广域拓展的举措空间，从细节上下功夫、找途径，以掺拌工艺代替大量使用客土的高成本办法，增强了脆弱生态环境植被恢复效果，其技术便于山地农民推广应用。

图 9-2-19　电站 2#渣场上部实验段

图 9-2-20 电站 2#渣场下部治理实践段

图 9-2-21　下段 3#渣场顶面种草效果

图 9-2-22　下段 3#渣场顶面种树效果

实际上，在本课题陡坡渣场实施水土保持生态修复治理，实验与实践本身很难区分。换句话说，实验过程也就是应用到渣场治理的实践过程，因为实验场地直接选择在治理实践的渣场部位，科研成果直接转化为植被生态修复的结果，整体效果见图 9-2-5、图 9-2-6、图 9-2-7、图 9-2-19、图 9-2-20、图 9-2-21、图 9-2-22、图 9-2-23、图 9-2-24、图 9-2-25 和图 9-2-26）。图 9-2-19 和图 9-2-20 显示下段电站 2#渣场较缓（33°～37°）坡面植树、种草的修复状态，与未实施掺拌实验的其他工程和 2#渣场非实验坡面相比较，实验地块的草被生长具有明显的优势度，林草覆盖率超过 97%。图 9-2-21、图 9-2-22、图 9-2-23、图 9-2-24、图 9-2-25 和图 9-2-26 分别显示掺拌实验地块的林草生长情况。

在干旱河谷和干热河谷，随眼望去不难发现一些多年前建设的交通工程弃渣场和中小水电站弃渣场还是光秃秃的渣堆，有些渣场坡面甚至还像是刚堆弃的新鲜状态，也就是说坡面的覆土、种草早已被侵蚀殆尽。那么，也有少数整治的渣场稀稀拉拉的长着孤零零的杂草，这也充分验证了本实验研究的成果价值与方法的先进性。2013 年，本实验研究的电站水土保持工程被四川省水利厅授予“生态文明工程”称号。

图 9-2-23　下段 4#渣场保水种树效果

图 9-2-24　4#渣场坡面截水碟植树效果

图 9-2-25　4#渣场高陡坡面绿化效果

图 9-2-26　4#渣场截水防渗技术种树效果

对于实验渣场坡面掺拌覆土，课题组曾经研究了以下几种方式：

(1)采用建筑用简易移动式搅拌机配移动式胶带运输机(也称布料机)覆土；

(2)以简易桶式搅拌机(农民盖房拌制砂浆使用)在坡沿拌和，以人工摊铺覆土；

(3)人工搅拌，溜槽布料，人工摊铺覆土(见图 9-2-27 和图 9-2-28)；

(4)装载机斗中人工搅拌，溜槽布料，人工摊铺覆土；

(5)泥浆泵输送和摊铺。

2)渣场坡面的植被修复与治理实践

渣场顶部平整和覆土过程，可以采取自卸汽车(或农用拖拉机)、装载机等设备碾压，使其渣体密实，而高陡坡面则无法采用任何重大设备改善堆渣形成的不利于植被和绿化的(中空或架空)条件。

为解决渣场坡面保土、保水问题，我们先对坡面实施平整工程措施，适当降低坡度；再将坡面一些块度超过 30cm 以上的石渣尤其是块径超过 50cm 以上的特大块石和堆积在坡面的编织袋装(由水泥浆凝固形成)建筑垃圾以机械挖坑方式埋入深坑内。但是，在干旱河谷电站工地，大多数渣场堆弃坡度远远超过设计允许坡度，除非将渣体转移，现场没有场地容纳平整削坡产生的弃渣。而且，在陡坡覆土，其一不容易输达；其二，松散表土“站不稳、固不住”。因此，我们从 2009 年就开始探索高陡坡体多种覆土方式。

图 9-2-27　渣场陡坡边缘人工掺拌草屑和黏土覆土实验

图 9-2-28　电站渣场陡坡边缘掺拌草屑和水泥覆土实验

实验过程中,上述方式(1)仅适用于条带形弃渣场,覆土成本较高。从技术上讲,移动式胶带运输机布料覆土对掺拌料的黏度(含水量)要求很高,较稠情况下布料机上的掺拌料很难下卸;较稀情况下,布料机上的掺拌料犹如液体流动,不便布料。

方式(2)为房建使用的简易圆桶立式搅拌机,体积小、上料卸料方便,但搅拌运行速度慢、功效低,而且多为固定式,需要人工或机械拖动;采用斗车人工送料,作业环节多、效率低;搅拌需要用电,覆土成本较高。

方式(3)以人工在铁板或简易槽内搅拌,采用溜槽布料,人工摊铺覆土,这种方式简便、经济、实用、安全。

方式(4)因装载机的租用成本很高,现场正在使用装载机情况下,同一实施主体利用闲暇时间或设备闲置,也是可行覆土手段。

方式(5)只能适用稀浆状态,而且不能加掺草屑。

以上研究不难发现,其他方式都有工效低、成本高的问题,只有采用方式(3)经济、合理,适于任何农村个体种植、垦殖。

陡坡面覆土和绿化实验,如若不采用掺拌土料,雨水和河谷干风很快侵蚀坡面土层,如实验区中段电站弹簧沟渣场陡坡覆土 30cm 厚,不足 1 年时间,表土所剩无几(覆土与侵蚀状态对比见图 9-2-29 和图 9-2-30)。为进行陡坡实验,只有在渣场局部进行 2 次覆土,以确保绿化效果。其中,图 9-2-29 是 2010 年 8 月拍摄覆土治理后种树及量坡情况,图 9-2-30 是 2011 年 11 月拍摄渣场表土基本被侵蚀和流失的情况。

图 9-2-29　弹簧沟渣场陡坡覆土 30cm 情况

图 9-2-30　1 年后表土侵蚀情况

坡面覆土，以多加掺草屑为主，适量掺拌胶凝材料。实践中，下段电站 2＃、3＃、4＃渣场坡面除实验段外大部分以当地稍好的腐殖土替代胶凝材料掺拌，只有在陡坡段以保土、保水为修复目的时，才考虑掺拌胶凝材料。

坡面实施植物措施时，也是先植树、种树，后播撒草籽。陡坡植树、种树，只能选择人工开挖树窝种植，一般：长、宽、深为 60cm×60cm×60cm。因汶川地震灾后重建期间，灾区大量植树和绿化将其价格炒作畸高，基于经济和实验效果双重考量，为提高植树的存活率和保存率，渣场顶面种树时，创新采用窝穴保水技术，即在树窝（坑）底部铺设一层形成蝶状的塑料薄膜，起截水保水作用。

坡面植树、种树难度较大，尤其是陡坡。首先，大块度渣场挖树窝（穴）十分困难；其次，陡坡覆土若不采用掺拌湿土，表土很快就滚落到渣脚；再次，陡坡挖穴和植树、种树施工安全问题突出。在 40°以上陡坡施工时，我们曾设想租赁长臂反铲挖窝。因此类设备闲置很少，改以安全绳同时牵套 6 人以上，并排从坡上往下依次挖窝。由于陡坡适合种植小乔木和灌木，树窝间距 3m×4m，主要种植柳树、月月桂和洋槐。当地政府为增加景观效果，曾在下段电站 4＃渣场补充植树、种树，主要为红樱桃（李子）和小松树苗。下段电站 2＃、3＃、4＃渣场和中段电站弹簧沟渣场掺拌胶凝材料覆土及实施植物措施以及生长效果情况见图 9-2-19、图 9-2-20、图 9-2-21、图 9-2-22、图 9-2-23、图 9-2-24、图 9-2-25 和图 9-2-26 等，渣场陡坡草被发芽、生长情况见图 9-2-31。

图 9-2-31　电站 4＃渣场掺拌水泥、草屑 2 周生长情况

3)防渗截水保水技术的实验与创新

为解决渣场表面保水保土问题,工程措施实施结束及实施绿化植物措施前,针对陡坡和渣场表面大块度渣体,课题组还研究以下几种方案:

其一,对实验区块渣面100～150cm的表面渣体进行挖出、平整,采用溜槽转运至渣脚,用于填高渣脚,减缓坡度;

其二,将块度超过30cm以上的大块石,尤其是块径超过50cm以上的大块石和编织袋装水泥固体废弃物,采取反铲(挖掘机)挖坑深埋处理;

其三,在实验区块填筑一层(100～150cm)厚的细渣,以利于实验。

那么,无论采用上述哪种方案,工程量都较大,而且可能影响渣场平整的整体效果。经比较采用将块度超过30cm以上的大块石和编织袋装水泥固体废弃物深埋处理方案。渣场平整后,植物措施必须先行植树,树移栽完成才能进行大面积覆土和播撒草种。其步骤是:利用平整施工的反铲在顶部和坡面挖出间距3m×4m(果树)、3m×3m(刺槐)的树窝(柳树以80cm×60cm×60cm),再进行植树的水、土准备。

考虑到位处干旱河谷渣场大块度渣体截留雨水和保留浇水十分困难,植树存活率很低的实际,研究课题组实验了5种保水、截水技术。

(1)窝底截水碟保水技术。渣场表面(顶面和坡面)挖出树窝后,在窝坑底部铺设一层形成蝶状的塑料薄膜,以防止所有的雨水或人为浇水快速下渗、流失。需要说明的是,塑料薄膜的降解缓慢,透气性差,塑料薄膜铺设面积太小,截留水分太少;铺设面积过大,容易影响植物根系生长,导致根部腐烂。所谓"截水蝶",就是塑料薄膜在底部形成一个盛水的(斗)碟子(见图9-2-32),起截留雨水并保水作用,同时不至于阻碍树根向周围的渣土发育生长。截水蝶尺寸:长×宽为60cm×70cm,或直径为60～80cm,保持形成蓄水碟窝垂直高度10～20cm。窝低截水碟技术已成功授权为专利,见图9-2-44。

(2)防渗底板侧壁截水技术。树窝防渗底板侧壁截水技术思路,源引于水电站大坝坝肩、基础和库岸水位高变幅区防渗墙(灌浆帷幕)工程。所谓树窝防渗底板侧壁截水技术,就是在树窝底部铺设一层约4～6mm厚的水泥砂浆层(掺比1比0.7),凝固后形成类似塑料薄膜截水蝶(就像盛菜的盘子),取代蝶状的塑料薄膜防渗层功能(见图9-2-33)。大块石渣体截水碟需要截留更多水分,其蓄水碟窝垂直高度15～25cm见图9-2-34和图9-2-35)。与蝶状塑料薄膜截水、保水截水蝶对比分析,两者一方面有材料不同;另一方面,水泥砂浆截水蝶受渣体沉降而容易破、裂,因此增加了侧壁防渗,尽可能多截留水分。采用水泥砂浆截水蝶的优点,是基于树长到一定阶段,树根及自重也可以撑裂水泥截水蝶,不影响树木持续长高长大。防渗底板侧壁技术也为国家知识产权局授予实用新型专利,见图9-2-45。

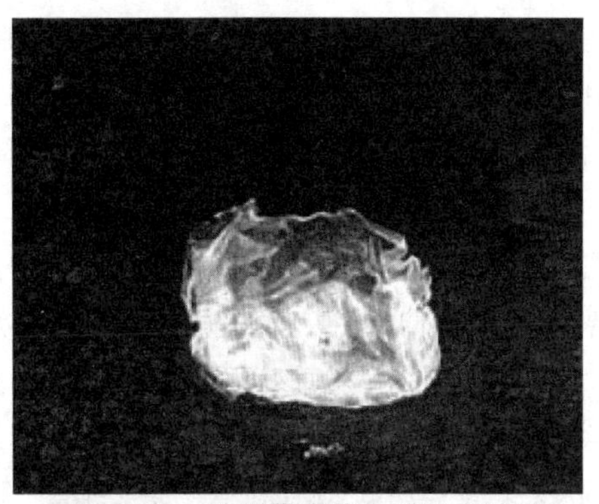

图 9-2-32　塑料薄膜截水蝶技术树窝

图 9-2-33　水泥砂浆截水蝶技术树窝

图 9-2-34　防渗底板侧壁截水技术

图 9-2-35　水泥防渗底板侧壁截水技术

(3)防渗墙截水技术。所谓树窝防渗墙截水技术，就是在树窝挖好后，不改变窝底状态，采用掺比 1∶0.5 的黏土泥浆铺涂树窝的底部和周边，黏土泥浆的涂抹厚度适宜在 3～5mm(大块石较多的渣场树窝，防渗层涂抹应适当增厚，以能堵住大块石缝隙，见图 9-2-36 和图 9-2-37)。由于黏土泥浆防渗层不影响树根发育、生长，利用其防渗保水既实用、又经济，在干旱河谷植树造林成活率会大幅度提高。防渗截水技术的实用新型专利见图 9-2-46。

图 9-2-36　黏土泥浆截水蝶防渗技术

图 9-2-37　黏土泥浆防渗帷幕保水技术

(4)考虑到水少不利于树木生长，而雨水或浇水保留过多，水泡树根也可能导致部分树种的树根腐烂。因此，截水碟的尺寸及截水高度都很重要，应根据气候及降水环境和所选择的树种确定截水碟的尺寸及截水高度。采用黏土泥浆防渗时，可在数窝(坑)底部 1/3 高度适当留出溢流缝隙，以使雨季多余的水分渗流排出。其不同材料的防渗保水实用新型专利见图 9-2-47。

(5)另外，课题组利用水电工程防渗帷幕原理也实验了土工布的截水墙技术，以增强植树树窝保土保水能力与效果。考虑到树根主要向周边延伸，土工布的防渗截水墙必须在一定时间(2～3 年)内取出。从保水效果来讲，渣场的雨水大都垂直下渗，从侧面流失的量较小，采用截水碟和截水墙技术可以考虑此类因素。当树已存活，土工布的截水墙结束其使命时，可用人工将其扯出。其不同材料的防渗保水实用新型专利见图 9-2-48。

实验采用上述截水技术挖窝、铺设截水碟之后，在截水碟上面填平当地沙土，将刺槐树苗或市场购买的带土柳树置于树窝。植树、种树之后，整个渣场顶部和坡体表面再覆土 10～15cm，普撒油菜籽和草籽，以实现渣场的快速绿化。播撒油菜籽，正是利用油菜出苗及长势较快的特点，实践证明播撒油菜籽是非常有效的快速绿化措施，可使渣场表面尽速达到环境检查或项目验收的绿化要求。快速绿化的最大优势，在于让油菜、杂草根系在尽可能短的时间内起到保土固土作用，同时迅速增加土壤有机成分。如：实验区中段电站弹簧沟弃渣场实验年的 8 月播撒油菜籽，3～5d 后发芽，良好长势持续到次年 5 月(见图 9-2-38 和图 9-2-39)，且附近村民从渣场收获大量油菜籽。这项快速绿化技术在弹簧沟渣场试验取得成功之后，又推广到下段电站的弃渣场植被生态修复与治理实践。

图 9-2-38　弹簧沟渣顶油菜生长情况

图 9-2-39　渣场低平台油菜生长情况

4)渣场坡面保土拦护珊的实验与创新

刚刚摊铺到渣场陡坡坡面的松散表土，最初只能靠自身重力和堆积体内摩擦力实现安稳状态，但稍有风吹草动，就难以自持，造成表土持续水土流失。换句话说，渣场的高陡坡体，表土十分容易因大雨、大风而逐渐流失。对于本课题实验区河流水电站弃渣场的水土保持生态修复治理研究，尽管渣场坡面覆土采用了掺拌胶凝材料和草屑，初始阶段我们尚无法保证坡面(尤其是陡于 37°以上的坡面)表土能否长期经受大风大雨侵蚀，形成稳定的植被生长条件。因此，课题组从一些文献和电视媒体介绍我国西北沙漠农民的防沙围栏以及防止水土流失的植物篱方法中，创新出一种适合高陡坡体保土固土的思路，即在渣场高陡坡面距顶面和渣脚各 1/3 的位置插入一排长度约 60cm(入土深 40cm、露出坡面 20cm)、间距 6cm 的废枝条或废竹条,形成保土"拦护(栅)帷幕",或称为"防(风力、水力)侵蚀(墙)帷幕",待陡坡坡面植物长出 1 年后撤出拦护帷幕(也可以不撤除)。如果用柳树条、修剪的软枝条或藤条再横向牵拉并绑扎在一起,保土保水效果更好,拦护栅或称拦护帷幕的图示情况见图 9-2-40 和图 9-2-41。图片显示,陡坡覆土后(未掺拌土)刚实施拦挡帷幕的情况。拦护栅保土实用新型专利见图 9-2-49,水土保持生态修复创新方法见发明专利图 9-2-50。

图 9-2-40　渣场中部拦挡帷幕

图 9-2-41　渣场顶部拦挡帷幕

需要说明的是,干旱河谷条件下高陡坡面适用拦护栅或拦挡帷幕,只是初始覆土后保土的一种临时性措施,待杂草等植物长出,其根系将自然产生固土、保土作用。在旱季,实施此类拦护栅或拦挡帷幕后,马上浇水可以迅速密实表土,减少水土流失。这种思路也源自水电站的引水发电系统的进水口,都必须设置拦护栅,拦阻一些较大的漂浮物进入发电机组,以保护水轮机运行安全。如若渣场坡度陡、渣堆高,可以斜长 3～5m 布设一排拦护栅或拦挡帷幕。

在干旱地区渣场高陡坡面,采用树枝或竹竿绑扎的拦护帷幕,用于表土不稳定期拦阻挡护土壤、避减侵蚀,是十分有效和经济的方法。如果坡面灌草能正常生长达到季节性自适应和自更新程度,根本就无须这种拦阻挡护。这项保土、保水技术的创新实验,为水电站渣场在任何复杂环境和季节治理陡坡水土流失,提供了一种全新的技术手段和方法。

9.2.2.3　现场掺拌实验的保水与养分效果

对大型建筑工程渣体坡面或高陡坡面的植被生态修复实施掺拌覆土的实验探索,是本课题在干旱河谷创新研究的核心技术。而截水碟、防渗截水帷幕和拦护帷幕等截水保水技术是提高脆弱环境植树存活率的技术关键。无论在高陡坡面或渣场平面,掺拌覆土技术和截水保水技术都无疑开创了在复杂生态环境实施生态修复的思路和方法,推动了人类在未知领域的探索实践。这种方法增加了人工投入,却保证了植被生态修复效果。相比之下,大幅度降低了资金投入和环境持续恶化的代价,人人都可以利用这种简单、有效方法实施生态修复的善举,符合人口大国的现实国情。

当然,任何科学方法都存在自身的局限,也就是说这种方法非常适宜人为扰动或人为加载的山体或坡体环境,对自然状态下的山坡只适用截水保水植树造林,而不能适用掺拌方法大面积改变自然山坡原土。在交通、能源建设工程建筑渣场大范围推广这项修复技术中，还需要进一步完善数据支撑，通过长时间观察检验其适应干旱河谷环境的效果。

1)掺拌覆土程序总结

掺拌覆土技术，旨在改良土体的土粒结构、增加表土养分和提升坡面表土固土保水效果。虽然方法十分简单，正常成人都可实践应用，然而，不同程序或工序，可能有不同效果。课题组也曾设想采用简易建筑搅拌机同时配料、同时搅拌，但渣场环境又很难满足机械程式化流水作业要求。再则，现行预拌浆液后实施混合掺拌省时省工，比“一锅烩”效果好。

在渣场的现场掺拌实验与治理实践中，课题组先后进行了下列掺拌方式实验：

(1)当地沙土单纯加水搅拌；

(2)当地沙土加水、加草籽搅拌；

(3)当地沙土加水、加草籽、草屑预拌，再混拌；

(4)胶凝材料先与水预拌，再加草籽、加草屑和土壤搅拌；

(5)草籽、草屑与土壤干拌再与预拌的胶凝材料水溶液混拌；

(6)混合干拌，边拌边加水。

实验证明，方式(4)即胶凝材料先与水预拌，再加草籽、加草屑和土壤搅拌的方式(5)即草籽、草屑与土壤干拌再与预拌的胶凝材料水溶液混拌最为有效。由于本研究课题没有就哪一种掺拌方法进一步研究，具体数据尚待深化实验。

2)保水与养分分析

本实验课题的中心任务，是结合干旱河谷电站渣场的水土保持生态修复，实验费省效宏的简便方法，高效实施渣场防治水土流失的综合(工程、植物等)措施，确保工程达标投产。在这种目标下，更注重实验过程和治理结果，而欠缺理论研究和土壤理化性质分析。随着研究进展，感觉越来越需要一些理论研究和土壤理化性质分析来佐证实验效果，这将作为后续渣场治理实践的重要内容之一。

除实验区中段电站的弹簧沟渣场外，参与课题实验研究的下段电站渣场均紧邻国道。经过掺拌实验和治理的渣场，无论坡面或表面，植被生态明显好于没有实施掺拌覆土的渣场。为了验证掺拌实验的渣场表面(包括顶面和高陡坡面)的保水、保土和养分情况，课题组委托施工单位试验室和水土保持主业监测机构，对雨季的非雨期(3d 内未有效降雨)渣场实验区及紧邻的岸坡 10cm 的表土进行了含水量和养分测试(初步测试结果见表 9-2-1、表 9-2-2 以及图 9-2-42 和图 9-2-43)。

表 9-2-1　渣场掺拌实验表层 10cm 土壤含水率变化情况表(%)

月份	原地貌	加草籽	加草屑和草籽	加水泥、草屑和草籽	加黏土、草屑和草籽
5	7.8	9.6	9.9	10.2	10.8
6	8.3	10.0	10.6	10.9	11.7
7	9.7	11.5	11.9	12.2	12.9
8	9.4	11.4	11.6	11.9	12.6
9	8.9	10.7	10.8	11.2	11.8
10	8.0	10.1	10.3	10.5	11.1

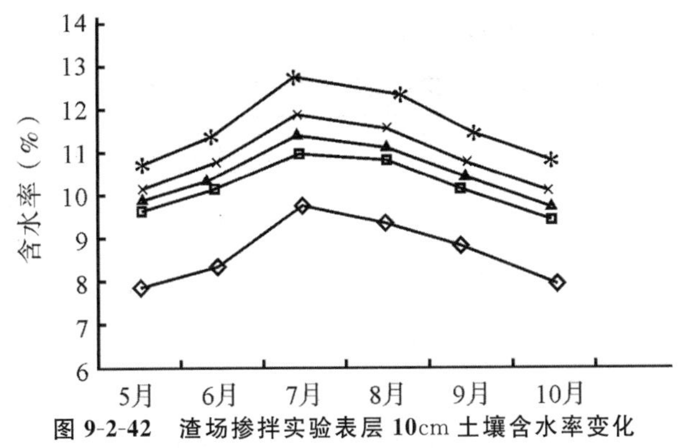

图 9-2-42　渣场掺拌实验表层 10cm 土壤含水率变化

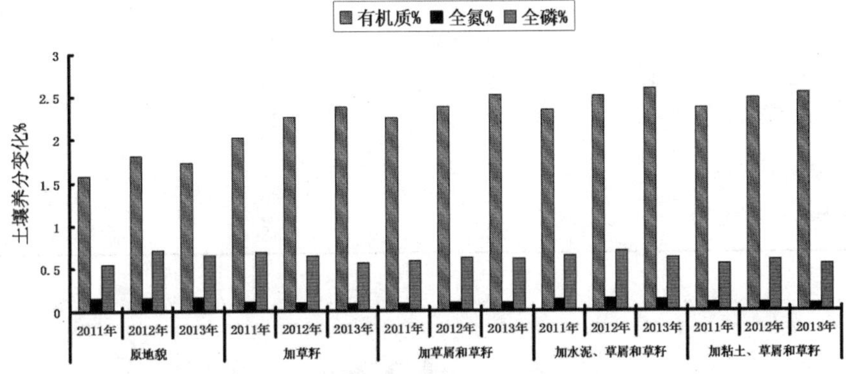

图 9-2-43　渣场掺拌实验表层 10cm 土壤养分变化

由表 9-2-1 得知，只要掺拌或搅拌后的覆土，表层土壤含水量都远远高于原地貌表土的含水量。而且，渣场表土很薄，原地貌表土较厚、结构紧密。在掺拌覆土中不难发现，掺拌黏土、草屑和草籽的表土含水量最高，掺拌水泥、草屑和草籽的次之，没有掺拌草屑的表土含水量最低。实验说明，经过掺拌的表土，因为植被生长较好，草屑和植物根系起到良好的固土保水作用。

本章前面述及，初始覆土加掺草屑，可以起到表土“加强筋”的(固土)作用以及类似植被根系的牵拉抓附作用。饱含水分的草屑在土壤中腐烂成为有机质，在土体内形成细小“空腔”，有利于草籽等植物种子发芽、生长。随着杂草等植物的生长，昆虫等生物量逐渐增多，其排泄物和其他腐烂的有机物将改善表土养分，增加土壤的肥力。

由表 9-2-2 得知，经过掺拌或搅拌后的覆土，表层土壤与没有掺拌的山坡表土相比，其养分(有机质、肥力)要高得多。而且，随时间的增加，有机质的比例呈现明显增加；氮肥比例随时间和掺拌物的多少呈递减规律，但波动较小；含磷比例变化不太明显。土壤肥力的含量及比例改变，说明在没有人为增肥、施肥情况下，植物生长消耗了部分土壤中本身所含的养分元素。如果渣场表面用于复耕，就需要采用施肥和增肥措施，增强土壤肥力。由于本研究着重植被生态修复，对渣场表土短期的土壤养分变化分析只是个案，不作为农业复耕参照依据。当地政府或村民如若利用渣场(顶面和坡面)表面复耕，应根据拟实施的农作物生产要求进行培土和施肥。

表 9-2-2　掺拌实验前后表层土壤养分变化情况

类型	测定年份	有机质(%)	全氮(%0	全磷(%)
原地貌	2011	1.57	0.154	0.54
	2012	1.81	0.147	0.71
	2013	1.73	0.165	0.65
加草籽	2011	2.01	0.105	0.68
	2012	2.26	0.088	0.64
	2013	2.38	0.079	0.56
加草屑和草籽	2011	2.25	0.081	0.58
	2012	2.37	0.087	0.61
	2013	2.51	0.091	0.60
加水泥、草屑和草籽	2011	2.34	0.128	0.64
	2012	2.50	0.135	0.69
	2013	2.58	0.126	0.61
加黏土、草屑和草籽	2011	2.36	0.091	0.54
	2012	2.48	0.088	0.59
	2013	2.54	0.082	0.55

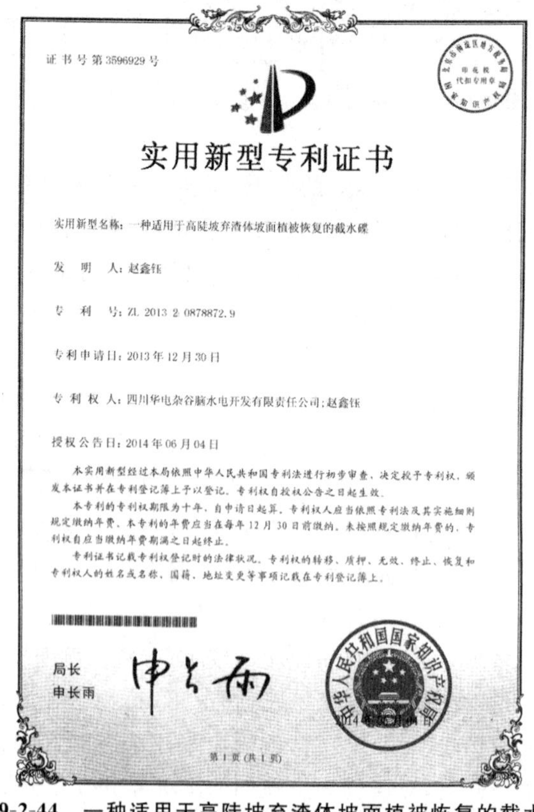

证书号第3596929号

实用新型专利证书

实用新型名称：一种适用于高陡坡弃渣体坡面植被恢复的截水碟

发　明　人：赵鑫钰

专　利　号：ZL 2013 2 0878872.9

专利申请日：2013年12月30日

专利权人：四川华电杂谷脑水电开发有限责任公司；赵鑫钰

授权公告日：2014年06月04日

本实用新型经过本局依照中华人民共和国专利法进行初步审查，决定授予专利权，颁发本证书并在专利登记簿上予以登记。专利权自授权公告之日起生效。

本专利的专利权期限为十年，自申请日起算。专利权人应当依照专利法及其实施细则规定缴纳年费。本专利的年费应当在每年12月30日前缴纳。未按照规定缴纳年费的，专利权自应当缴纳年费期满之日起终止。

专利证书记载专利权登记时的法律状况。专利权的转移、质押、无效、终止、恢复和专利权人的姓名或名称、国籍、地址变更等事项记载在专利登记簿上。

局长
申长雨

中华人民共和国国家知识产权局

第1页（共1页）

图 9-2-44　一种适用于高陡坡弃渣体坡面植被恢复的截水碟

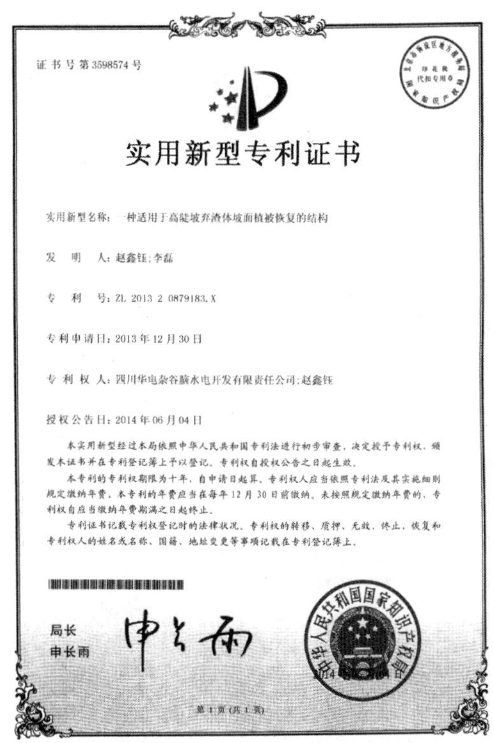
证书号第3598574号

实用新型专利证书

实用新型名称：一种适用于高陡坡弃渣体坡面植被恢复的结构

发　明　人：赵鑫钰；李磊

专　利　号：ZL 2013 2 0879183.X

专利申请日：2013年12月30日

专 利 权 人：四川华电杂谷脑水电开发有限责任公司；赵鑫钰

授权公告日：2014年06月04日

本实用新型经过本局依照中华人民共和国专利法进行初步审查，决定授予专利权，颁发本证书并在专利登记簿上予以登记。专利权自授权公告之日起生效。

本专利的专利权期限为十年，自申请日起算。专利权人应当依照专利法及其实施细则规定缴纳年费。本专利的年费应当在每年12月30日前缴纳。未按照规定缴纳年费的，专利权自应当缴纳年费期满之日起终止。

专利证书记载专利权登记时的法律状况。专利权的转移、质押、无效、终止、恢复和专利权人的姓名或名称、国籍、地址变更等事项记载在专利登记簿上。

局长
申长雨

中华人民共和国国家知识产权局

第1页（共1页）

图 9-2-45　一种适用于高陡坡弃渣体坡面的带防渗墙的树窝

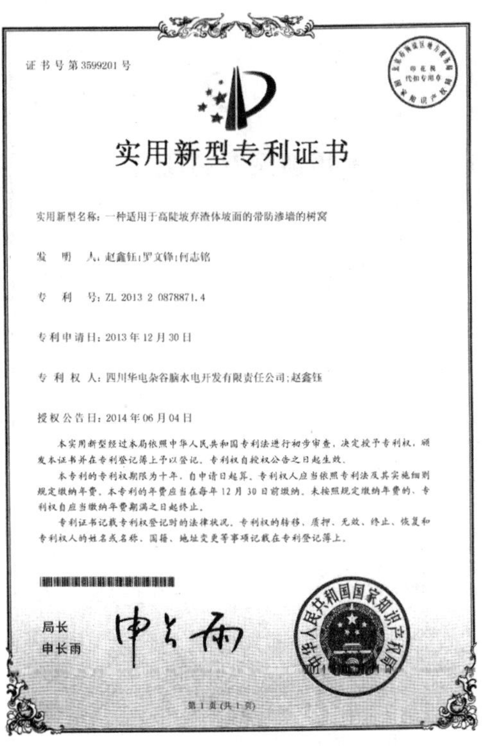
证书号第3599201号

实用新型专利证书

实用新型名称：一种适用于高陡坡弃渣体坡面的带防渗墙的树窝

发　明　人：赵鑫钰；罗文锋；何志铭

专　利　号：ZL 2013 2 0878871.4

专利申请日：2013年12月30日

专 利 权 人：四川华电杂谷脑水电开发有限责任公司；赵鑫钰

授权公告日：2014年06月04日

本实用新型经过本局依照中华人民共和国专利法进行初步审查，决定授予专利权，颁发本证书并在专利登记簿上予以登记。专利权自授权公告之日起生效。

本专利的专利权期限为十年，自申请日起算。专利权人应当依照专利法及其实施细则规定缴纳年费。本专利的年费应当在每年12月30日前缴纳。未按照规定缴纳年费的，专利权自应当缴纳年费期满之日起终止。

专利证书记载专利权登记时的法律状况。专利权的转移、质押、无效、终止、恢复和专利权人的姓名或名称、国籍、地址变更等事项记载在专利登记簿上。

局长
申长雨

中华人民共和国国家知识产权局

第1页（共1页）

图 9-2-46　一种适用于高陡坡弃渣体坡面水土保持的防渗墙

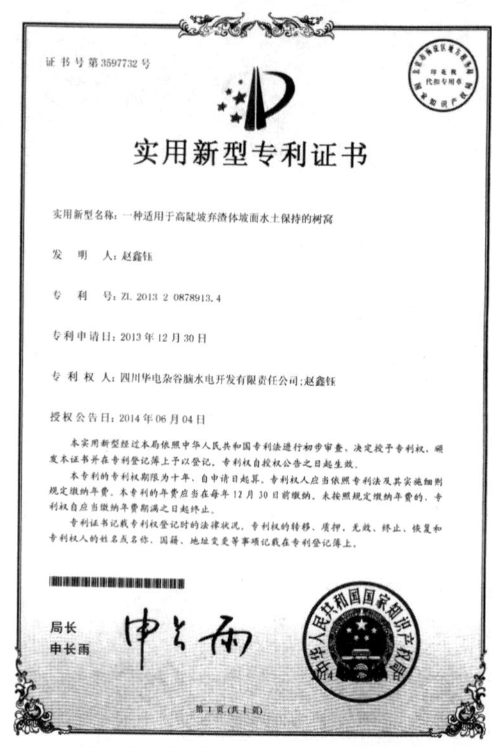

证书号第3597732号

实用新型专利证书

实用新型名称：一种适用于高陡坡弃渣体坡面水土保持的树窝

发　明　人：赵鑫钰

专　利　号：ZL 2013 2 0878913.4

专利申请日：2013年12月30日

专 利 权 人：四川华电杂谷脑水电开发有限责任公司；赵鑫钰

授权公告日：2014年06月04日

本实用新型经过本局依照中华人民共和国专利法进行初步审查，决定授予专利权，颁发本证书并在专利登记簿上予以登记。专利权自授权公告之日起生效。

本专利的专利权期限为十年，自申请日起算。专利权人应当依照专利法及其实施细则规定缴纳年费。本专利的年费应当在每年12月30日前缴纳。未按照规定缴纳年费的，专利权自应当缴纳年费期满之日起终止。

专利证书记载专利权登记时的法律状况。专利权的转移、质押、无效、终止、恢复和专利权人的姓名或名称、国籍、地址变更等事项记载在专利登记簿上。

局长
申长雨

第1页（共1页）

图 9-2-47　一种适用于高陡坡弃渣体坡面的带防渗底板的树窝

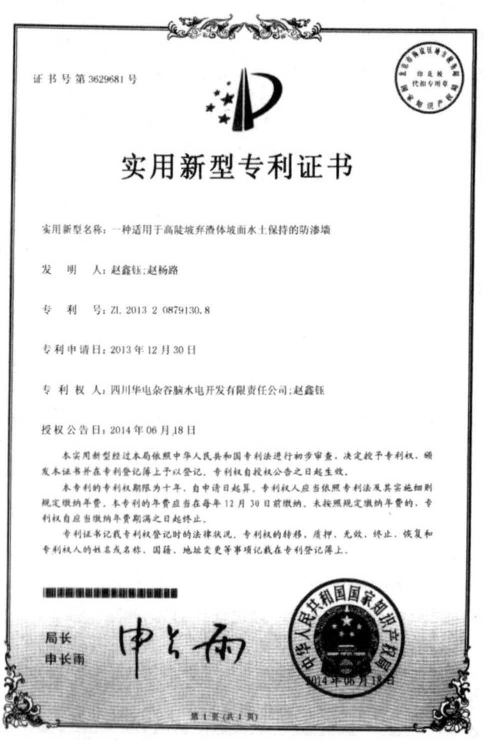

证书号第3629681号

实用新型专利证书

实用新型名称：一种适用于高陡坡弃渣体坡面水土保持的防渗墙

发　明　人：赵鑫钰；赵杨路

专　利　号：ZL 2013 2 0879130.8

专利申请日：2013年12月30日

专 利 权 人：四川华电杂谷脑水电开发有限责任公司；赵鑫钰

授权公告日：2014年06月18日

本实用新型经过本局依照中华人民共和国专利法进行初步审查，决定授予专利权，颁发本证书并在专利登记簿上予以登记。专利权自授权公告之日起生效。

本专利的专利权期限为十年，自申请日起算。专利权人应当依照专利法及其实施细则规定缴纳年费。本专利的年费应当在每年12月30日前缴纳。未按照规定缴纳年费的，专利权自应当缴纳年费期满之日起终止。

专利证书记载专利权登记时的法律状况。专利权的转移、质押、无效、终止、恢复和专利权人的姓名或名称、国籍、地址变更等事项记载在专利登记簿上。

局长
申长雨

第1页（共1页）

图 9-2-48　一种适用于高陡坡弃渣体坡面植被恢复的结构

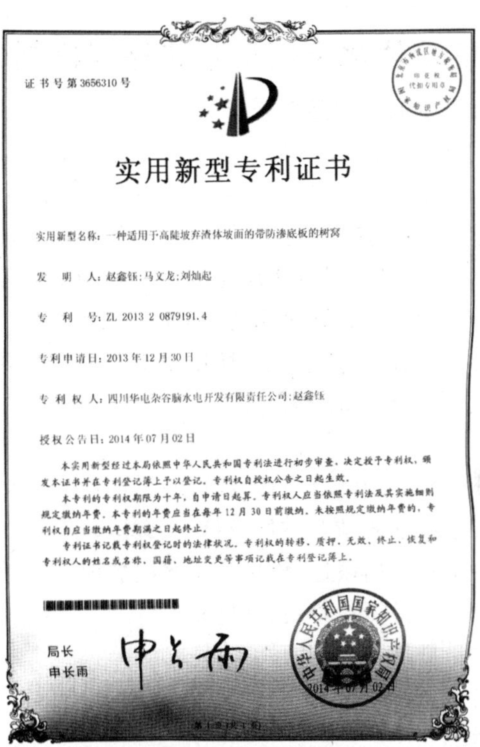

证书号第3656310号

实用新型专利证书

实用新型名称：一种适用于高陡坡弃渣体坡面的带防渗底板的树窝

发　明　人：赵鑫钰；马文龙；刘灿起

专　利　号：ZL 2013 2 0879191.4

专利申请日：2013 年 12 月 30 日

专 利 权 人：四川华电杂谷脑水电开发有限责任公司；赵鑫钰

授权公告日：2014 年 07 月 02 日

本实用新型经过本局依照中华人民共和国专利法进行初步审查，决定授予专利权，颁发本证书并在专利登记簿上予以登记。专利权自授权公告之日起生效。

本专利的专利权期限为十年，自申请日起算。专利权人应当依照专利法及其实施细则规定缴纳年费。本专利的年费应当在每年 12 月 30 日前缴纳。未按照规定缴纳年费的，专利权自应当缴纳年费期满之日起终止。

专利证书记载专利权登记时的法律状况。专利权的转移、质押、无效、终止、恢复和专利权人的姓名或名称、国籍、地址变更等事项记载在专利登记簿上。

局长
申长雨

图 9-2-49　一种适用于高陡坡弃渣体坡面水土保持的树窝

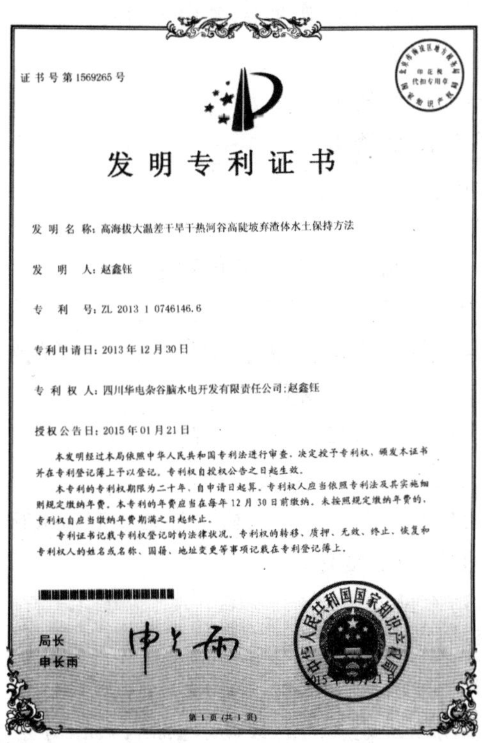

证书号第1569265号

发明专利证书

发 明 名 称：高海拔大温差干旱干热河谷高陡坡弃渣体水土保持方法

发　明　人：赵鑫钰

专　利　号：ZL 2013 1 0746146.6

专利申请日：2013 年 12 月 30 日

专 利 权 人：四川华电杂谷脑水电开发有限责任公司；赵鑫钰

授权公告日：2015 年 01 月 21 日

本发明经过本局依照中华人民共和国专利法进行审查，决定授予专利权，颁发本证书并在专利登记簿上予以登记。专利权自授权公告之日起生效。

本专利的专利权期限为二十年，自申请日起算。专利权人应当依照专利法及其实施细则规定缴纳年费。本专利的年费应当在每年 12 月 30 日前缴纳。未按照规定缴纳年费的，专利权自应当缴纳年费期满之日起终止。

专利证书记载专利权登记时的法律状况。专利权的转移、质押、无效、终止、恢复和专利权人的姓名或名称、国籍、地址变更等事项记载在专利登记簿上。

局长
申长雨

图 9-2-50　高海拔大温差干旱干热河谷高陡坡弃渣体水土保持方法

9.2.3 大块度高陡渣体水土保持生态修复机制分析

9.2.3.1 弃渣体水土流失机制影响因素分析

西南地区是我国大型电站的富集区域，电站建成、水库蓄水后，松散堆积物岸坡坍岸问题突出，不仅影响水库正常运营，也对库区移民安置区造成严重的地质灾害。人为不规范堆载的边坡，特别是挖方边坡使坡度比自然山坡更陡，以致破坏了山体自然形成的平衡。而且，除去了表面的植被，削去了在表层土附近已经形成的不透水层，使地下水流速加快，地下水位发生变化。边坡暴露在风雨之中，发生崩坍是必然的。形成的裸地，容易受到侵蚀、风化，降雨、径流也容易直接渗透，所以发生滑坡面崩坍不可避免。

影响岸坡崩坍、滑坡等的因素有很多，如：

1)降雨

(1)雨滴的冲击——土粒子的结合破坏及移动；

(2)地表径流水——土粒子的结合破坏及移动、搬运；

(3)渗透水——地中土粒子的搬运、排出地下水向坡面渗出、管涌；

(4)矿物的溶解、溶脱——风化、落石、崩坍；

(5)土的单位体积重量增加。

前 3 项导致侵蚀、落石；后 2 项因土的内摩擦角、黏聚力的降低以及土中的孔隙水压力的上升导致滑坡或崩塌。

2)降雪

降雪也是地表土壤受到侵蚀的因素之一，其侵蚀过程：

(1)蠕动、滑动——植物的剥取；

(2)土粒子的移动——侵蚀、崩坍；

(3)融雪——地表径流水、渗透水；

(4)其他因素同于降雨。

3)温度

气温和环境温度亦可能影响水土流失，其机制是：

(1)寒暖差——岩石矿物的膨胀、收缩致加速风化；

(2)冻结、融解——岩石的细片化、土的孔隙扩大、土粒子的结合破坏，移动、搬起、落石、崩塌；径流、渗透水，其过程与降雨相同；

(3)冻胀、霜冻——土粒子的抬起、移动——落石、崩坍。

当然，还有许多因素也会造成水土流失，诸如：

(1)风——表层土的移动、搬运——侵蚀树木摇动引起边坡破坏——崩坍；

(2)日照——岩石矿物本身的变化；

(3)空气——岩石矿物本身的风化；

(4)地震——土粒子的结构破坏、移动。

(5)岩片、岩块的剥离、移动。

岩片、岩块的剥离、移动以及地层间的移动、翘曲、偏压、异常土压的发生都会造成落石、崩坍、滑坡现象，形成水土流失。

侵蚀由雨滴及径流产生，最初是小沟等的小规模土砂移动，如放置不管，就逐渐变大成沟，径流则集中在一起，随着沟的扩大，可形成径流停滞的场所，再加上岩块的崩落或渗透力的增加，就发展为滑坡面崩坍。此外，也有因冻胀、冻结在表层附近，有反复的小崩落，渐次扩大成为大崩坍的情况。由渗透造成的滑坡面崩坍，多发生在当边坡仅留有薄的表土层、且其岩层为顺坡向时，或者在自然斜面上切成凹沟槽，其上残留有堆积土时。其间的层理及与不透水层交界处均易崩坍。一般最初崩坍极小，但短时间内就向上方或侧向扩大，多成为大规模的崩坍。边坡的崩坍机制，受雨、雪、冻胀、冻结、地下水、风等气象状况的影响很大。崩坍的形状，又根据土的成因、基岩的性质、级配、孔隙率、含水量、边坡形状等及外部原因（主要为水）的强弱等，显示非常复杂的性质，大致区分为侵蚀崩坍及滑坡面崩坍。

将崩坍的原因、现象等的流程按场所分类，边坡崩坍的外部原因，即水以种种形式在边坡内外起作用，导致产生侵蚀或滑坡面的流程。在侵蚀方面，有由风将边坡的砂土吹散和由于坡肩等周围树木的摇动引起的崩坍；降雨在边坡上及径流产生小沟，和由边坡外上方斜面来的径流引起的侵蚀，更有在边坡背后的渗透水渗出边拉产生管涌将砂土拱起的；降雪引起的侵蚀系由于积雪本身的蠕动、滑动及融化雪水的径流，而将边坡砂土削蚀的；冻胀、冻结是由土壤的拱起、融解时的崩落及边坡土砂的软化造成侵蚀的。滑坡面是因降到边坡表面的雨水或由边坡外来的径流的渗透，及由边坡上方斜面等外来的渗透水，使砂土的含水量升高而发生的。降雪在融雪时成为融雪水长期在边坡上径流，所以增加了渗透量，冻胀、冻结的土也在融解时成为渗透水，增加砂土的含水量，使滑坡面崩坍易于发生。

水土流失是水力、重力和风力等外营力引起的水、土资源和土地生产力的破坏和损失。水力、风力和冰冻等外力的冲击作用、拖拽或掀翻作用、冻融干湿循环等物理风化以及化学或生物风化作用，使块体破裂粉碎或使土颗粒之间的胶结断开，从而面层土脱离地表并随外力作用迁移，一般把这一过程称为水土流失。我国产生水土流失的地形地貌主要有三种：

(1)坡耕地。据调查，坡耕地每公顷每年流失土壤为：西北黄土高原区75～150t，北方土石山区和南方丘陵区60～90t，东北黑土漫岗区45～75t。

(2)荒山荒坡。大片的荒山、荒坡裸露，坡陡植被很差，特别是草皮一旦遭到破坏，侵蚀量将成倍增加。

(3)沟壑。有沟头前进、沟底下切和沟岸扩张三种形式。

边坡表层受风力、水力物理风化作用，使面层土开裂碎解成细粒状、条片状，在重力、水力、风力作用下沿坡面“剥落”；边坡松散土层在降雨或地表径流的集中水流冲刷侵蚀作用下，沿坡面形成沟状“冲蚀”破坏；先形成密集的“纹沟”，继而发展成“细沟”，逐步加大直至发展成“切沟”或“冲沟”密布于坡面，引起坡面坍滑等破坏；另外，松散坡土被水流挟裹搬运形成“泥流”。水土流失一般从几厘米到几十厘米深，其中以“细沟”侵蚀破坏作用最强。

研究水土流失时一般需要分析其成因及颗粒迁移力学规律，研究土坡滑移时则需要重点考虑其影响因素及计算分析方法。土坡水土流失的估算一般可以按照规范采用实地测量法、类比预测法和数学模型法。基于半经验方法建立的一般水土流失公式(USLE),通过一系列因子的量化来估算降雨及其产生的表层流引起的平均年土壤侵蚀状况(流失量),这是一种经验性的坡面模型。

利用降雨因子(R)、土的可蚀性值(K)、土坡影响因子(LS)、植被防护因子(C)、土壤保持措施因子(P)的乘积来估算每公顷面积的土坡在一定时间范围内水土流失量的大小(单位:t)。需要注意的是,一般水土流失公式(USLE)不适用于渠道中水流冲刷引起的水土流失,更不能考虑泥沙沉积和迁移。降雨因子和土的可蚀性值变化范围仅限于一个数量级,而且其值对于给定的区域一般是定值,主要由土的物理化学特性决定(例如D50、Cu、有机质含量等)。土壤可蚀性因子的确定,可以根据Wischmeier等的方法,根据土壤质地、土壤有机质百分含量、土壤结构、土壤透水性等几个主要因子,查土壤可蚀性因子诺谟图来确定。降雨侵蚀力因子可以根据Wischmeier的经验公式确定。植被防护因子的大小主要受植被覆盖率、植被防护土坡条件值的影响。

影响边坡水土流失的因素很多,有干旱程度、降雨强度、降雨的冲蚀力、径流量的大小、水流速度和流量、水流冲刷挟带泥沙的能力、地表粗糙度、坡度、坡长、土质类型及组构、土颗粒之间的胶结程度、土的含水量、植被类型等。其中,水土流失的外因水力、风力、冰冻的作用大小一般受流速、流量和土坡坡度、坡长及粗糙度的影响,而决定抵抗水土流失的土的内在摩擦和黏结作用的强弱则受土的基本特性、土颗粒之间的胶结程度、土颗粒间的物理化学作用等的影响。一般地,级配良好的粗砾石的可蚀性较低,而均匀的粉土和砂土的可蚀性较高,土的可蚀性随黏粒和有机质的含量及含水量的增加而降低,随离子强度的减少而增加。在较长较陡的土坡中设置横向的截流浅沟,利用植被防护增加地表粗糙度、降低水力冲刷和风力能量以及利用植被根系增加土的强度,能够很好地抑制水土流失的程度。

9.2.3.2 大块度高陡渣体植物生态修复机制及影响因素分析

水电工程进行开发完了后,作为破坏了自然边坡的保护手段,引进对恢复地区环境最适合的植物是当然的,这是最大的效果目标。坡面全面绿化会对边坡产生有利作用,例如:

(1)雨滴冲击的缓和;

(2)保温、防止干燥;

(3)减小径流的速度;

(4)将根分布范围内的土颗粒缚紧——防止侵蚀、崩坍;

(5)深根性植物一根的剪断抗力——防止崩坍。

上述因素可以影响或防止表面侵蚀。

国内外学者从不同侧面对根—土相互作用机制及根系固土作用进行了大量的研究和探索。Watson和Dakessian(1981)研究了岸坡稳定性分析中根系的作用。Wu等(1988)探讨了土—根系的相互作用和根对土抗剪能力的影响。刘国彬等(1996)研究了草本植被的根系与土之间具有网络串联作用、根土黏结作用及根系生物化学作用。杨亚川等(1996)提出了土—根系复合体的概念。周辉和范琪(2006)根据植被护坡作用机制和应力应变模式,建立了根系固土作用力学模型。

植物的水土保持功能主要体现在对坡面径流侵蚀力和土壤抗蚀性的影响。对坡面径流侵蚀力的影响，主要表现在削弱雨滴动能，防止击溅，减少地表径流量，阻延流速等方面。对土壤抗蚀性的影响，主要是改善土壤渗透性、抗冲性等特性，具体下列影响。

1)植被对径流侵蚀力的影响

水蚀包括击溅、面蚀和沟蚀，实质是降雨侵蚀能力大于土体抵抗力的结果。降雨到达地面时，雨滴打击地，造成土壤分散和溅蚀。因此裸露的坡面在具有一定降雨动能的雨滴打击下，土壤结构特别是团粒结构和水稳性结构遭到严重破坏，土壤抗蚀力急剧下降。击溅的土壤细小颗粒，堵塞土壤孔隙，形成表面结皮，降低了土壤入渗性能，降雨就会形成坡面漫流或细小股流，面蚀和细沟侵蚀也就产生了。

坡面的水流在运动过程中，随着流程的增加和集中，逐渐由击溅向面蚀、沟蚀发展，侵蚀搬运能力急剧增加。径流侵蚀表现在对土壤颗粒的推移、悬移、摩擦几个方面，这些作用常常是同时存在、共同作用的。因此暴雨径流对土壤侵蚀力的影响主要表现在3个方面：①推移作用，即当土粒抵抗力小于径流推力时，土粒随径流产生推移运动；②悬移作用，即水流在土粒上下产生压力差具有向上的分速度时，使土粒悬浮在径流中；③摩擦作用，即不仅径流中的沙粒与地面摩擦可带动地面沙粒一起运动，且径流本身对地面也存在极大的剪切力使地面发生剥蚀。在陡坡上侵蚀力大大加强。从径流对土壤侵蚀的机制、过程看，径流侵蚀力的大小主要决定于径流的流量和流速。植被能否减少径流和降低流速，是能否控制径流侵蚀的关键。实践证明，植被通过地被截流，增强水分入渗及滞留贮存等功能减少了径流；同时，增加地面糙率和局部改变坡度降低了流速，从而达到很好的保持水土的效果。

2)林草植被对土壤抗蚀力的影响

植被对土壤抗侵蚀性能的影响主要表现在增强土壤抗蚀和抗冲性两个方面。土壤抗蚀性是指土壤抵抗径流对其分散和悬浮的能力，它与土壤的物理性质有很大的关系，而且与地形、土壤耕作方式等很多方面有关系。土壤抗冲性指土壤抵抗径流的机械破坏和搬运作用的能力。土壤抗蚀性主要取决于土粒和水分子的亲和力：亲和力愈大，土壤愈易分散悬浮，团粒结构受到破坏，土壤透水性变小，土壤变得泥泞，在这种情况下，即使流速很小，也会由于悬浮作用而发生侵蚀。土壤抗蚀性指标很多，主要有土壤腐殖质的含量、水稳性团粒结构、土壤分散性和土壤侵蚀系数。土壤抗冲性能的强弱，与土壤的质地、结构等有关系，对它的评价指标也比较混乱。

从对林草地土壤结构分析来看，林草地土壤可以形成大量较大的稳定性团聚体，增加了土壤抗蚀力。土壤抗蚀力增加能使土壤容许流速和容许切应力值提高，因而在径流条件相同的情况下，林草地土壤流失量比裸地小。许多研究表明，人工林草地土壤抗蚀性高于农田。一般随林龄增加土壤抗蚀性也增强，且与土壤腐殖质和毛根数量关系密切。

3)林草植被控制土壤侵蚀的效果

林草植被建设对引起土壤侵蚀的各种因素都起积到极作用，降低了各种土壤侵蚀的危险性。实践证明，土壤侵蚀总量与植被覆盖度有关：生长良好的林草地径流和土壤侵蚀都较少，分别不到裸地的5%～10%；若植被覆盖率<70%，径流和侵蚀量会迅速增加。只要达到一定的植被覆盖率且分布合理，就可把土壤侵蚀强度控制在容许侵蚀强度以下。

植物的稳定坡体功能主要是通过根系固土来实现的。根系通过加筋、锚固等作用，提高土体的黏聚强度及根系与土体之间的摩擦力，增强土体摩擦强度，进而提高土体的抗剪强度和稳定性，这就是根系固土的基本理论依据。植物根系可分为垂直根和侧根，垂直根主要起锚固作用，而侧根主要起到加筋的作用。加筋作用是指根系在土体中盘根错节，使边坡土体成为土与树根的复合材料，而根系则成为带预应力的三维加筋材料，不仅提高了根土复合体的黏聚力，还加大了内摩擦角，改良了土体的力学性质。根土复合体可以看作是各向异性的复合材料，由于树木根系的弹性模量远大于土体，在这种情况下，根系与土的共同作用，包括土的抗剪力、土与根系的摩擦阻力及根系的抗拉力，使得带有根系的土体强度明显提高。锚固作用是指垂直根穿过坡体浅层的松散风化层，锚固到深处较稳定的土层上，起到锚固体系的作用。垂直根具有一定的刚度，周围覆盖土体具有移动趋势时，将产生一定的摩擦力，此时深粗根系类似于锚杆系统，锚固在土层中的根系可起到抗滑桩相扶壁的作用，以抵抗坡体立生的剪应力。

垂直根的锚固作用使得不稳定的表层与深层土体形成整体，把坡面推力传递到稳定地层，利用稳定地层的锚固作用和被动抗力，使坡面得到稳定。此外，边坡稳定与土体孔隙水压力的大小有密切关系，植物通过吸收和蒸腾土体内水分，降低土体孔隙水压力，提高土体的抗剪强度，从而有利于边坡稳定。

4)植被覆盖改善土壤水热条件

凡是有植被覆盖的土壤，含水量都比裸露地面明显高。在湿润季节，有植被土壤最高含水量在 28.67%～30.05%变化，裸露地面含水量只有 27.74%。裸地土壤含水量少，变化幅度大；有植被的土壤含水量多，变化幅度小。植被覆盖能够增加土壤含水量是由于减少地表径流，增加降雨入渗。土壤温度受气候条件、植被、土壤湿度、土壤类型等多种因素的影响，其中植被是影响土壤温度的最重要因子。而土壤湿度、太阳辐射有时反而居于次要地位。B. S. Ghuman 和 R. Lal 认为当土壤湿度大于 0.08 时，植被覆盖度增加会使土壤温度降低，而当土壤湿度小于 0.08 时，有植被覆盖的土壤其土壤温度反而高于没有植被的土壤。

种植的林草植被可以使日间大多数时刻的大气温度降低，气温日较差明显减小，平均比对照减小 0.69 ℃；对土壤表面及近地面土层内的温度具有一定的调节作用，能降低地表及地下土层的温度，缓冲土温的剧变，尤其是地表温度最高最低温差平均比对照减小 12.8 ℃。这一效应说明实施退耕还林工程后增加了地面植被覆盖度，使日间地面不至于被太阳直接地照射而强烈增温，晚间因为地表有覆盖而降温缓慢。

但是，在干旱河谷和干热河谷电站工地，大多数渣场堆弃坡度远远超过设计允许坡度。在陡坡覆土，不容易输达，松散表土也站不稳、固不住，随眼望去不难发现一些多年前建设的交通工程弃渣场和中小水电站弃渣场还是光秃秃的渣堆。因此在生态极端脆弱的干旱河谷、干热河谷进行生态修复存在着很多问题，例如：

(1)无植物生长所需的土壤环境，即使坡面有少量因岩石风化产生的土壤母质，也因雨水的冲刷而流失；

(2)无法供给植物生长所需的水分；

(3)无法供给植物生长所需的养分。

因此现场植物的选择显得尤为重要。通过现场调查了解当地的气候、土壤特征、乡土植物品种资源，选择乡土植物品种和适应当地这些特征的外来植物品种作为目标群落的植物品种。植物只有对气候、土壤适应才能在项目区成活、生长，才能够最终形成稳定的目标群落，达到植被恢复、生态修复的目的。

在植物品种生态适应性选择时，立地条件下的限制性因子，是分析植物适应性的关键因子。考虑到坡面的稳定性，应选择地上部分较矮、根系发达、生长迅速、能在短期内覆盖坡面的植物品种。

项目实施后人工营造的基质层需要尽快被植被覆盖，以防止坡面径流的冲刷。此外，由于土壤瘠薄，需要通过一些豆科先锋植物培养基盘养分、提高土壤肥力；并且从生态修复和景观的角度，也希望尽快实现工程效果，所以需要选择一些适应气候条件、生长迅速的植物品种实现先期覆盖。

适应性强的乡土植物品种是最佳的选择，但由于其种子不宜大量采集，不便于修复项目实施。所以采用与乡土植物的生理、生态等特征相近，且易于大量获得的外来植物品种作为先锋植物种。

随着项目实施时间的推移，侵占能力强、生命力旺盛、寿命长的目标群落植物品种慢慢会占据主导地位，原来的先锋植物品种随着生命的衰退而成为弱势品种，甚至退出群落，实现自然演替。另一方面持续稳定性还表现在无人工养护条件下植物生长的稳定性，体现了植物对自然气候和立地条件的适应性。

所选择的植物品种应使得目标群落与项目区周边的植被群落，在群落形态、植物品种构成等方面相近；在水文效应、护坡固土、生态恢复等功能上相一致。

由于人为或自然的破坏，一般实施岩石坡面生态修复区域的立地条件相对比较恶劣。植物品种只有具有一定的抗旱性、抗寒性、耐瘠薄、耐高温等特性，才能具有较强的生命力，在后期无人工养护条件下实现自我维持。抗逆性的强弱直接决定了植被自我生存能力的高低，会直接影响到植被在后期的稳定持久性。

植物品种的选择和配比上，需要考虑长短结合，保证植物品种结构的合理稳定。同时要求在合理的密度条件下，不同的植物品种之间需要有共生性，按照设计途径实现自然演替，避免由于植物品种的侵占、繁衍能力不同而导致后期植物比例失控，不能如期实现目标群落。

合理的密度是根据不同植物苗木所占营养空间大小所决定。密度太大虽然能够尽快形成植被覆盖，但是会导致幼苗不能健康成长，不利于灌木层的形成；密度太小不利于植被覆盖的形成，以及植被对基质材料层的保护。

用种量根据合理密度条件下单位面积的苗木株数、种子千粒重、发芽率、种子纯度、施工季节等条件来确定。

植物种配比，首先要保证目标群落中灌木和乔木的数量比例，同时要考虑先锋草种在株形、株高方面与灌木和乔木幼苗共生的和谐性。

以往植物群落建植过程中，对灌、草种均采用播种方式进行。一方面播种植物生长根系较深，有利于水土保持和土层稳固；另一方面播种繁殖施工容易，直接将植物种子混入基质材料喷附在基盘的表层或是将种子放在基盘表面的覆盖层中即可。

但是由于灌木品种在出苗期的生长明显慢于先锋草种，在生长前期往往被先锋草种所吞噬，最后导致目标群落的营造失败。

为了保证灌木品种在高度和长势上占据优势、利于目标群落的实现，在实际应用中，推荐对灌木采用植苗方式进行。在基盘营建过程中，将灌木容器苗植入，喷附表层基质材料后，对灌木苗进行平茬或短截，促进重新发叶，避免被基质材料覆盖导致不能光合作用而死亡。此时，草本依靠种子发芽生长，灌木则直接在原有根系和纸条的基础上延续生长，有利于目标群落的如期实现。在雨量充足的区域则要充分发挥植物诱导恢复的功能。

9.2.3.3 陡坡渣体掺拌覆土的固土、保水机理

面对高陡弃渣坡体生态修复的上述难题，课题组结合汶川特大地震灾后重建规划，针对性地提出了以下生态修复技术及其作用机制。

在大型渣体中掺拌胶凝材料，以掺拌工艺代替大量使用客土，通过水化学作用产生的凝结力，提高高陡渣体边坡表土固土、保水功能，具有“大块度、宽级配、广适坡”效果。具体尚作如下分析。

1)掺拌覆土关键技术机制分析

掺拌覆土的固土、保水机制，是指通过掺拌胶凝材料及水化学作用产生的凝结力，提高表土固土、保水功能。科学配比掺拌覆土，解决了“大块度、宽级配、广适坡”的渣体及陡坡植被生态修复难题。

建筑材料研制行业研究表明，胶凝材料经过自身的物理、化学作用，能够由可塑性浆体变成坚硬固体，并具有胶结能力，能把散状细料或块状材料黏结为一个整体，达到一定力学强度。胶凝材料用途广泛、分类复杂，按化学性质可分为有机胶凝材料和无机胶凝材料两大类；按物理性质或凝结硬化条件及适用环境可分为水硬性胶凝材料和非水硬性胶凝材料。这里所指非水硬性主要是气硬性胶凝材料。气硬性胶凝材料是指只能在空气中凝结硬化、并且只能在空气中保持和发展强度的胶凝材料，如石灰、石膏、水玻璃等。而水硬性胶凝材料不仅能在空气中，而且能更好地在水中硬化，保持并继续发展其强度。也就是说，凡经过自身的物理、化学作用，能够由可塑性浆体变成坚硬固体，并具有胶结能力，能把散状细料或块状材料黏结为一个整体，达到一定力学强度的物质统称为胶凝材料。

除水泥和我国的糯米之外，黏土具有可塑性、延展性、结合性、触变性等多种特性。黏土的可塑性指黏土与适量的水混合后形成泥团，在外力的作用下，泥团发生变形但不开裂；外力散去后，仍能保持原有形状不变。黏土的结合性，是指黏土结合非塑性原料而形成良好的可塑泥团，并且有一定的干燥强度和能力。黏土的结合性对于半成口的干燥、修坯和上釉存在着重要的影响。黏土的结合性由其结合瘠性料的结合力的大小所决定，而结合力的大小又和黏土矿物的种类、结构等因素相关。黏土呈中性，掺拌黏土不改变当地土质的酸碱性。

在松散的大型弃渣颗粒块体中，掺拌微量胶凝材料，可以增加其细颗粒组成分或含量，尤其是以搅拌的方式使细颗粒比较均匀包裹在粗颗粒(大块石)上产生凝结作用，解决了固土和改变土质颗粒松散、结构性差、粉细颗粒容易被大风吹走、坡体不能抵御雨水冲刷等水土流失问题。所谓微量掺拌，就是除黏土掺比适当高至10%外，将胶凝材料配比控制1%～5%范围内，既要保土又不会较大改变土质酸碱性。结果表明，在胶凝材料掺

拌试验中，只允许黏土比例适当提高。

掺拌草屑作为有机质肥料和保水剂，就是将收集或购买的杂草切割成 5～10cm 长的草屑（条、段），用锹人工干掺或加适量水或与胶凝材料一起掺拌铺设于高陡坡体。掺拌草屑，一方面使草屑在土体内起加强筋的（连接、固土）作用；另一方面，草籽生长的同时，掺入的草屑腐烂形成有机（腐殖）质，即在土体内腐烂后作肥料并形成细小空腔，有利于其他植物生长。新鲜的草屑并不是唯一有机掺拌料，当地农民在治理房前屋后坡地时，可以采用掺拌果皮、丢弃的蔬菜叶等有机垃圾，起与草屑同样作用。秸秆纤维的主要作用是：

（1）缓冲作用，以避免混合土过于密实而板结。

（2）联结作用，增强混合土间的相互联结，提高其强度及抗侵蚀性。

有机质主要作用是改善混合土的有机结构，以利于植物的生长，并提供给植物生长所需的永久养分，因其又有一定的吸水性，还可贮存一部分植物生长所需的水分。

有机质通过影响凋萎持水量和田间持水量，从而影响有效持水量；保水层则通过影响坡体持水量而影响有效持水量。随着有机质和保水层含水量的增加，大型渣场高陡坡渣体混合土的有效持水量呈增长趋势，植物可以获得更多的有效水分。但是，有机质的含量并不能无限制地增加，其原因为：

（1）有机质含量过高，若因降雨过多，有可能造成混合土的液相比例过大，导致不合理的三相分布，植物易于因不透气而死亡。

（2）随着有机质含量的增加，虽然坡体持水量增加，且凋萎持水量电相应增加，因而有机质的利用效率明显降低。肥料主要用来供给植物生长所需的速效养分（包括氮、磷、钾等）及长效养分。保水剂用来贮存并缓慢释放植物生长所需的大量水分。

掺水人工拌和，目的是使土体较为均匀铺设在陡坡坡面上，粗颗粒不易离析、滚落、分离。掺水方式有单独掺水、与胶凝材料合掺、与草屑及胶凝材料混掺等实验组项，也有不加水干掺组项。

大块度渣场高陡渣体表面混合土的水分，由于受降水、蒸发、蒸腾、径流及岩土体吸水失水等因素的影响，经常处于循环变化之中，其循环过程又决定于气象、植被及利用状况。对水分循环各要素从数量上分析，水分的输出必然取决于水分的输入及其在系统中的动态变化。水分的循环处于混合土—植物—大气系统体中。在这个系统中，大气降水是输入项，其中一部分降水被植物冠层截留或形成地表径流，大部分渗入混合土，此水分再经植物根系吸水，通过植物蒸腾和混合土物理蒸发又复逸出到大气之中。从水量平衡、水分的输入（自然降水）和输出（蒸发、蒸腾、径流及截留）看，水分循环各要素从长期和大范围来说，基本能够保持均衡。但是，固废胶凝大型渣场高陡渣体混合表土水分的储存在短时段内，输入量和输出量常常是不相等的，因而对于大型渣场大块度渣体混合土水分的盈亏，又对坡面植物生长产生重要的影响。这种大型渣场渣体覆土掺拌技术，可以做到：

（1）提供植物生长所需的合理结构层；

（2）保证坡面混合土的稳定，抵抗雨水的侵蚀；

（3）提供植物长期生长所需的养分平衡；

（4）保障植物长期生长的水分平衡；

（5）与植物共同作用，封闭坡面，防止坡面的风化剥落。

2)截水防渗关键技术机理分析

水分对坡体稳定的影响表现在以下两个方面:

(1)一方面,降雨、融雪和地下水的渗透水作用是产生坡体稳定破坏甚至滑坡的最大外因。降雨、融雪形成的地表水下渗到土体的孔隙和岩石的裂隙中,除了增加岩土的重度、加大滑坡体的重量、使下滑距离增加之外,也使土石的抗剪强度降低。

(2)另一方面,降雨、融雪形成的渗透水补给到地下水中,使地下水位或地下水压增加,其结果也将造成岩土体的抗剪强度降低。

此外,渗透到地下的渗透水以一定的流速通过透水层到不透水的面层上滞留,这样便形成了一个在均质斜坡中不可能有的具有很大孔隙水压的含水层,这种孔隙水压力一方面在透水层中将引起流沙或砂层剪切破坏;同时,在不透水层上的结合层中,土颗粒将因此发生塑性破坏。因此,水将加剧坡体不稳定甚至发生滑坡。

大量坡面径流和坡面上游汇集的地表径流对坡面的冲刷作用,会造成严重的土壤侵蚀,形成大量的侵蚀沟槽,甚至会直接引起坡面大面积垮塌、滑坡等现象。因此必须在边坡绿化与生态防护设计和施工过程中,要根据边坡坡度、高变、质地、稳定程度、汇水面积,与防护工程相结合设置截水沟、排水沟与渗水沟等完善的排水系统,做到全面系统、防治结合。

也就是说,考虑到渣场渣体截留雨水困难,为了满足坡面植物生长的需要,必须研发坡体保水、截水技术。

土壤的持水量与土壤质地有密切关系,质地愈细、持水量愈高。特别是在中吸力段,这种关系比在低吸力段更加明显。低吸力段的持水,则不仅受土壤质地的影响,还取决于土壤孔隙性质和有机质含量等因子,而这些因子在土壤微团聚体上有一定的反映。土壤水分贮蓄量和蓄水方式受其物理性质影响很大,水分在土壤的非毛管孔隙和毛管孔隙中的运动和贮存方式不同。毛管孔隙,是土壤中水分流通和蒸发的孔道,是植物吸收土壤水分的路径。在非毛管孔隙中的水分主要受重力作用,贮蓄和运动速度快,非毛管孔隙贮蓄水量是影响土壤持水的重要因素。土壤体积质量小(在 1.12 g/cm^3 以下),总孔隙度大(体积分数达 56%以上),则土壤结构疏松利于土壤层尽快下渗降雨。土壤毛管持水量反映了土壤保水能力,毛管孔隙中所保存的水分,可以完全被植物根系利用。

总之,土壤疏松、孔隙度较大、渗透性较强,都是增强土壤持水能力的有利因素。土壤孔隙度越大,说明土壤结构越疏松,越有利于雨水迅速下渗,减少地表径流的冲刷。非毛管孔隙度越大,表明土壤中可能吸持的无效水容量小,增加了土壤中的有效水的贮存容量。凋落物的快速分解、腐烂后,增加了土壤的腐殖质含量,有利于土壤团粒结构的形成,增加了土壤的孔隙度,进而增强了土壤的蓄水和通透能力。土壤持水能力,主要与土壤容重和孔隙度相关。土壤孔隙,按其性质及孔径大小不同,一般把土壤孔隙分为 3 级:非活性孔隙、毛管孔隙和通气孔隙。土壤毛管孔隙容易保持水分而通气孔隙不能保持水分。毛管持水量是当毛管上升水达到最大量时的土壤含水量,是作物能利用的有效水。毛管持水量,受土壤质地、孔隙度及该土层离地下水位的距离的影响。有机质对土壤结构和土壤孔性形成有显著作用,而有机质本身吸水能力比无机胶体高许多倍,由两种机制共同作用结果,使土壤有机质含量增加,土壤持水能力增强。

实验研究表明，秸秆腐解后产生的腐殖质属亲水胶体，疏松多孔，能吸持大量水分，吸水率为500%～600%，比黏粒吸水率大10倍左右，有助于提高土壤保水能力。另外，秸秆覆盖还田也能抑制土壤表面水分蒸发，提高土壤水分利用率，同时缓和雨水冲刷，减少地面径流。除植被具有的保水、持水性能外，课题组还研究了多种保水、截水技术，例如：

(1)窝底截水防渗技术。渣场顶面挖出树窝后，在窝坑底部铺设一层形成蝶状的截水薄膜，以防止雨水或人为浇水快速下渗、流失。需要说明的是，塑料薄膜降解缓慢，透气性差，塑料薄膜铺设面积过大容易影响植物根系生长，导致根部腐烂。所谓"截水防渗蝶"，就是在底部形成一个盛水的(斗)碟子，起截留雨水并保水作用，同时不至于阻碍树根向周围的渣土发育生长。截水蝶尺寸：长×宽为30cm×40cm，或直径为35～40cm。

(2)防渗底板截水技术。树窝防渗底板截水技术思路，援引于水电站大坝坝肩、基础和库岸水位高变幅区防渗墙(灌浆帷幕)工程。所谓树窝防渗底板截水技术，就是在树窝底部铺设一层约4～6mm厚的水泥砂浆层(掺比为1∶0.7)，凝固后形成类似塑料薄膜截水蝶，取代蝶状的塑料薄膜防渗层(大块石渣体截水碟稍厚)，也起保水作用。与蝶状塑料薄膜截水、保水截水蝶进行效果对比分析得知：两者只是材料不同，性质、作用相近。之所以采用水泥砂浆截水蝶对比，是考虑树长到一定阶段，树根及自重可以撑裂水泥截水蝶，不影响树木持续生长。

(3)防渗墙截水技术。所谓树窝防渗墙截水技术，就是在树窝挖好后，不改变窝底状态，采用(掺比为1∶0.5)的黏土泥浆铺涂树窝的底部和周边，形成防渗"帷幕"。黏土泥浆的涂抹厚度适宜在3～5mm(大块石较多的渣场树窝，防渗层涂抹应适当增厚)。由于黏土泥浆防渗层不影响树根生长，利用其防渗保水既实用、又经济，在干旱河谷植树、造林获得较高的成活率和保存率。

(4)考虑到水少不利于树木生长，而雨水或浇水保持过多，水泡树根也可能导致部分树种的树根腐烂。因此，截水结构的尺寸及截水持水高度都很重要。采用黏土泥浆防渗时，在数窝(坑)底部1/3高度适当留出溢流缝隙，以使雨季多余的水分排出。

(5)利用土木工程防渗帷幕原理还实验了土工布的截水墙技术，以增强保土保水能力与效果。考虑到树根主要向周边延伸，土工布的防渗截水墙必须在一定时间(2～3年)内取出。从保水效果来讲，渣场的雨水大都垂直下渗，从侧面流失的量较小，采用截水碟和截水墙技术可以考虑此类因素。

3)陡坡保土拦护栅关键技术机制分析

刚刚铺覆到大块度渣场坡面的表土，初始只能靠自身重力和内摩擦力实现安稳状态，但稍有风吹草动，就难以自持，造成一定量的表土流失。换句话说，渣场的高陡坡体表土十分容易因大雨、大风而逐渐流失。对于实验区河流水电站弃渣场的水土保持生态修复治理研究，尽管渣场坡面覆土采用了掺拌胶凝材料和草屑，初始阶段尚无法保证坡面(尤其是陡于37°以上的坡面)表土能否长期、稳定形成植被立地条件。

有资料表明，我国西北沙漠农民将稻草屑扎入沙漠流沙体内做成防沙围栏以及防止水土流失的植物篱，以固沙和减弱风沙侵蚀。受此启发，在大块度渣场高陡坡面距顶面和渣脚各层斜面和陡坡部位置插入多排长度约60cm(入土深40cm、露出坡面20cm)、间距6cm的废枝条或废竹条，形成保土"拦护(栅)帷幕"或防(风力、水力)侵蚀(墙)拦挡结构，待陡坡坡面植物长出1年后撤出拦护帷幕。如果用柳树条、修剪的软枝条或藤条再横向牵拉并绑扎在一起，保土持水效果更好。渣场坡面保土拦护结构作为一种篱埂坡面绿化防护技术，不同于工程治理，它主要是通过地形整理结合植物的配置，实现坡面雨水径流的拦蓄和调控，再结合埂间种植等措施进而实现全面植被恢复的目的。经过整地后，水平阶地形成众多具有一定容积的"水库"，改善了坡面土壤水分限制性因子；同时增大地表粗糙度，提高蓄水保墒能力，有效降低了坡面径流的冲刷侵蚀作用，使干旱河谷渣场或山体坡面植被恢复不仅成为可能，而且绿化速率更快。

9.2.3.4 表土优化优质机制分析

表土优化优质机理，指掺拌过程使细颗粒较为均匀地包裹着粗颗粒，形成表土团粒结构，优化了表土颗粒组成，改善了植被立地条件和微小物种生存的环境条件。

土壤内部是一个非均质、多相和多孔的复杂系统，它是由大小、形状不同的固体颗粒和孔隙以一定形式联结形成具有一定强度的土壤结构。而且，土壤固体颗粒及胶结物的大小、数量、形状及结合方式，决定着土壤结构，从而对土壤的抗冲性有重要影响。土壤颗粒间、微团间的胶结力，以及颗粒和团聚体的稳定性，影响着土壤的抗冲性。土壤颗粒和团聚体，是组成土壤结构的基本单元，其联结状态构成一定强度的土壤结构。土壤颗粒和团聚体的稳定性，影响着土壤结构的稳定性。土壤团聚体，是在胶结作用、凝聚作用和团聚作用等内外力作用下，由细小的土粒和微团聚体组合而成；团聚体团聚作用的强弱，影响着土壤颗粒间黏聚力的大小，也影响着土壤抵抗径流对其冲刷破坏能力。

微团聚体是土壤肥力的基础物质。有团粒结构的土壤存有许多优点，是因为它具有适宜的孔径分布，能够调节土壤中的水、肥、气、热等因素，使之利于作物的生长。所以，有的专家把土壤团粒结构叫"土壤肥力调节器"。土壤水稳性团聚体的形成，必须有赖于土壤中的有机质。因此，我国的传统农业生产，提倡使用农肥，种植绿肥，千方百计增加土壤的有机质，其作用之一，就是增加土壤水稳性团聚体数量。但是目前的施肥状况，对现有土壤有机质的提高，贡献是很小的。土壤团聚体的形成和稳定，与有机胶结物质的组成和性质有很大关系。首先，土壤微生物特别是真菌菌丝体以及植物根系，在大团聚体形成和稳定中起非常重要的作用，而吞食土壤动物则直接参与了土壤微团聚体的形成。最后，在根系的穿插挤压下，经干湿、冻融交替等多种作用综合，才能形成良好的土壤团聚结构。

常用的有机质有泥炭土、堆肥、锯木屑、木纤维。这些有机质持水能力高，通气性能良好，其独特的结构有利于持水、透气、蓄水保水、防止板结，改善土壤的物理结构，并能保持肥效的持久性。将弃渣和草屑、秸秆纤维掺拌的过程使土壤结构(团粒结构、透水性、透气性、热容量)形成团聚体的能力增强，细颗粒较为均匀包裹着粗颗粒，形成表土团粒结构。秸秆、草屑腐殖质反复地收缩与吸胀，使土壤形成大量孔隙，从而使原来通气不良的土壤液相对减少，气相对增加，提高了土壤的透气性；同时改善了根隙环境，增强了根隙微生物的活动，加快了根际周围有机矿物质的分解，有利于根系吸收，促进根系和植物的生长发育，改良土壤基质，防止土壤板结和盐渍化。

草屑、秸秆能够提供大粒径的粗纤维和有机物质，若与粪肥混合，粪肥则提供丰富的微生物群体和大分子有机质与胶体，秸秆分解出的养分供给微生物活动，粪肥的大分子有机质与胶体提供胶结团聚体颗粒的核心物质，从而使土壤中团聚体数量增加。草屑、秸秆作为一种有机肥料，肥效发挥缓慢且持久，除能供给农作物所需的养分外，还能为土壤微生物生命活动提供必要的能源和营养物质。草屑或秸秆增加了土壤有机质含量，而有机质又是土壤团聚体形成的重要物质基础，土壤结构由此得到改善。秸秆改良材料可以增加沙质土壤 1～5 mm 团聚体的含量。

草屑和农作物秸秆可提高土壤有机质、腐殖质和氮、磷、钾等养分，同时这些有机物质（如腐殖酸）可促进土壤团粒体形成，增加孔隙度，减小容重，提高土壤水分渗透速度，增强土壤肥力，从而改善土壤理化性质，改良土壤耕性。草屑及秸秆改良材料对土壤颗粒团聚的机制大致为：土壤团聚作用就是不同大小的团聚体被不同的有机—无机物质黏结（胶结）的过程。首先，秸秆腐解后产生大量腐殖质（有机质）和多糖等有机化合物，而腐殖质是二种胶体，是良好的胶结剂，而且松软、絮状、多孔，易于以胶膜形式吸附或附着土壤颗粒，并与土壤胶粒结合，参与腐殖化作用，促进不同粒级颗粒团聚；而且多糖物质也是一种胶结物质，其团聚土粒能力比腐殖酸还强。

草屑或农作物秸秆在腐解过程中，产生大量腐殖质和其他高分子有机化合物。由于腐殖质（也包括其他一些高分子有机化合物）是一种胶体，其黏结力比砂粒强，在土壤中主要以胶膜形式附着在矿质土粒表面，并参与腐殖化作用，一方面促进土壤胶粒结合，进而将土壤胶粒团聚成不同粒级大小的团聚体，达到改善团粒结构的效果；另一方面，腐殖质松软、絮状、多孔，而黏结力不如黏粒强，所以黏粒反被腐殖质包裹而形成散碎的团粒，使土壤变得比较松软而不易于板结硬化。另外，新鲜草屑或秸秆中还含有大量多糖，其团聚土粒能力比腐殖酸还强。因此，新鲜草屑或秸秆直接还田后更利于土壤团聚体的形成。可见，草屑、秸秆有机质（腐殖质等）能使砂土变紧，黏土变松，促进土壤团聚体形成，增强土壤透水性、储水性以及通气性等。

植被细根，具有很高的生长速率和死亡分解率，其年周转率大多在 0.5～1.2 次/a 之间，它在林木的整个生长过程中，不断地生长，又不断地死亡并迅速被分解，每年的死细根量往往相当于甚至大于地面的枯枝落叶量，这些分解产物为土粒之间相互团聚成大的团粒结构提供了丰富的胶结物。此外，在植物细根的周围，还将分泌一定数量的糖类、有机酸等根际分泌物。这些分泌物对于土粒之间的团聚也将起到较好的胶结作用。

林木根系通过径级 1mm 须根的作用，可以提高土壤水稳性团聚体数量。其原因在于死根提供有机质，活根提供分泌物，作为土粒团聚的胶结剂，配合须根的穿插和缠结，促进土粒团聚，使土壤中直径大于 3mm 的大粒级水稳性团聚体增加，从而增强土壤抗分散、悬浮的能力。植物根系增加团聚体含量，有以下几方面原因：

（1）由于根系对土壤所施加的压力，这些根引起附近土粒分离，并使土壤单体挤压在一起，形成团聚体。

（2）当根系附近水分被植物吸收时，土壤的脱水作用。

（3）植物根系和土壤中的微生物生理活动分泌物，对土壤的胶结作用，将根系附近较小的团聚体形成较大的团聚体。有机质在微生物的作用下分解，产生相当稳定的高分子聚合有机酸，可防止团聚体消散，从而增加了团聚体的稳定性。

9.2.3.5　贫瘠渣土的有机质增殖机制

有机质增殖机理主要指掺拌草屑、草籽、菜籽后，能够快速生长、绿化，其根系和草屑腐烂后迅速增加土壤有机质，快速吸收雨水、灌溉水并保存起来，当植物需要时，又缓慢释放，这样既能保证植物正常生长所需的水分，又能防止因蒸发、渗漏、流失把水分浪费掉，保持土壤长期湿润，供植物利用。多年后，拌和的草屑或秸秆腐烂后可提高土壤有机碳、全氮、腐殖质各组分碳含量，提高不稳定形态有机质数量及其碳氮含量，且有利于氮素富集在活性富里酸中，同时，为微生物活动提供能源，提高固氮量。

植物覆盖率增加时，土壤中的有机质和氮素的增加特别明显。一方面，植物生长产生的大量凋落物和根系腐解物在土壤中积累、矿化，把大部分无机营养元素归还给土壤；另一方面，植物残体腐解过程中所产生的酸类物质又促进土壤中难溶性的物质向有效性方向转化，有的供植物吸收利用。自然植被恢复过程，其实也就是土壤生物活性发展过程，也是土壤有机质和植物养分积累富聚的过程。

土壤恢复林草植被后，每年都有大量枯枝落叶进入土壤，经微生物腐解后形成较多腐殖质，使土壤有机质增加，并将大气中的氮素固定，导入土壤，使土壤质量不断提高。其中，旱生的草本和低矮灌木在半湿润的条件下，生长旺盛，枯枝落叶丰富，对土壤肥力质量的提高效果非常明显。有研究表明：沙棘属于非豆科固氮树种，能与弗兰克放线菌形成非豆科固氮系统，将大气中的分子态氮同化形成叶、花、果等器官，凋落后进入土壤，进而改变沙棘根区土壤系统的物质组成、生物活性及肥力水平，使土壤有机质和氮素绝对储量大幅度增加，又因为它的经济效益也很显著，所以它已成了黄土高原三北防护林造林的先锋树种。植树造林、恢复植被生长虽然不能增加土壤钾库、磷库中磷、钾的绝对含量，但林木、杂草生长、根际微生物活动及有机残体腐解等会形成大量的有机酸、酚类物质和无机酸，这些物质能加速难溶性磷、钾转化为速效磷和速效钾，使土壤中的速效磷、速效钾含量有所增加。特别是由于黄土高原土壤富含磷酸钙，造林后林木、草屑凋落物分解时形成有机酸、酚类物质，根系和微生物也分泌有机酸，同时释放出一定量的 CO_2，促进 $CaCO_3 + CO_2 + H_2O \rightarrow Ca(HCO_3)_2$ 平衡右移，进而使难溶性磷酸钙转化为溶解性较高的磷酸一钙和磷酸二钙，所以土壤中速效磷含量会有所增加。

干旱河谷或干旱区域，由裸地到草丛再恢复到灌草丛和针叶林的植被恢复过程，死地被物在地表不断累积，其厚度也随之增加，它一方面使土壤养分不断富集，并通过微生物转化为土壤腐殖质，重新释放养分元素改善土壤的各种肥力性状；另一方面它又通过对地表的覆盖，改善地表的微生态环境，由此提高了土地的生产力，更加有利于植物的生长。

土壤有机质和氮素是土壤主要的养分指标，同时有机质还是形成土壤结构的重要因素，直接影响土壤肥力、持水能力、土壤抗侵蚀能力和土壤温度等，是土壤特性的重要指标之一。随地表植被退化、植被覆盖度降低，土壤密实度下降，原有的致密根系层逐渐风化剥离，地下生物量显著减小，水土流失加剧，砾石含量增加，土壤显著粗砺化。上层土壤（0～20cm）有机质含量与全氮含量随植被覆盖度变化具有显著的相关关系，表明当高寒草甸植被盖度大于60％时，随植被覆盖度增加，土壤有机质与全氮含量急剧增加。覆盖度小于30％时，植被盖度减少，土壤养分要素含量也随之明显递减。但当覆盖度在30％～60％之间变化时，土壤养分含量呈相对稳定状态。从统计角度提出了描述这种相互关系的数学方程。上层土壤含水量随植被覆盖度而增加，土壤含水量随植被覆盖变化规律呈现显著的二次抛物线性过程。深层土壤的养分与水分变化较复杂，与植被覆盖度之间没有明显依存关系，初步估算表明：植被覆盖度从 90%下降到 30%以下时，高山草甸土壤有机质将流失 14 890kg/hm²，氮素损失将达到 550 kg/hm²。

影响土壤有机质含量的因素主要有三方面：

(1)植物凋落物作为森林土壤有机质的直接来源和养分的基本载体，凋落物的分解速度对森林地表层土壤有机质的含量起决定作用；

(2)土壤生物是影响土壤有机质含量的又一个重要因素，是土壤有机质新陈代谢的内在动力，凋落物的分解、土壤有机质的矿质化和腐殖化都要依靠土壤生物，尤其是土壤微生物才能进行；

(3)温度通过对生物的影响而间接影响土壤有机质的含量，较高的温度由于增强了土壤微生物的分解能力而不利于土壤有机质的积累。

根系作为植物与土壤的接触面，在其生育期间不断释放分泌物，来影响土壤的物理、化学以及生物学性状，直接或间接地影响土壤的养分有效性、腐殖质及微生物活动，进而影响土壤有机质的含量。根系分泌物的种类繁多，不同植物的种类和数量也有一定的差异。根系分泌物中的低分子物质种类繁多，主要包括低分子量的糖、氨基酸、有机酸及某些酚类物质。有关研究证实，目前至少有 10 种低分子量糖和 20 种氨基酸在根系分泌物中发现，糖类中以葡萄糖和果糖较普遍。氨基酸除蛋白类氨基酸外，还有非蛋白类氨基酸存在。有机酸研究较晚，它们大部分是三羧酸循环的中间体，有机酸对根际 pH、根际微生物活性影响很大。根系分泌物中另一类物质是维生素类物质。此外，酶也是根系分泌物的成分之一。进入土壤中的各种有机残体和代谢产物在土壤微生物和酶的作用下将经历着一系列的生物和化学变化，并将不断与土壤矿质部分发生各种反应，进而影响土壤有机质的构成和含量。

9.2.3.6　生态正向转化机理分析

所谓“生态正向转化机制”，是指大块度渣体快速绿化后，土壤种植条件迅即改善；渣场增加农林、果蔬经济，又可改善生态景观带动旅游；树木生长可以释氧、固碳，植被能够调节气候；植被作为生物链“底端”，有利于各种生物、微生物繁殖增长，改善生物多样性；使物质、信息、能量向有利的方向交换和转化，有利于恢复自组织、自适应生态系统的形成。

生态恢复，不仅是土壤、植被的恢复，还要恢复微生物群落。微生物也是生态系统中的一个元素，只有完善了生态系统功能，才能使恢复后的生态系统得以自然维持。恢复微生物群落的作用：

(1)增加土壤中的有机质，改善土壤的理化性质，给微生物的生存创造一个良好的环境；

(2)接种微生物，增加土壤中微生物的数量。同时，微生物会发挥本体的功能，促进建造优良的生态环境。

大块度弃渣形成的岸坡，植物营养物质非常贫瘠，接种能提供营养的微生物对生态恢复无疑是有很大的促进作用。有的微生物不仅能去除污染物，而且还能为群落的其他个体提供有利的条件。研究表明，把根瘤菌接种到银合欢等豆科植物的根部，能促进根瘤的形成，进而促进地上部分的生长，植株健壮。

草屑和农作物秸秆含有大量化学能，是土壤微生物生命活动的重要能源。草屑和秸秆还田可增强土壤生物活性,加强微生物呼吸、纤维分解、土壤硝化及反硝化等作用,固定、保存氮素并促进氮素养料转化。草屑和秸秆可增加作物对氮素吸收,增加土壤中微生物有效性碳含量,极大地刺激了土壤微生物的活动。鲜草屑、秸秆可为自生固氮菌提供碳源,促进土壤固氮作用,同时由于秸秆含有丰富的碳源使多种微生物活动旺盛,有利于保存氮素。草屑和秸秆腐败后土壤中的蔗糖酶、脲酶、中性磷酸酶和过氧化氢酶的数量明显增多,并且各种醚明显增强,从而促进了土壤有机质的转化和养分的有效化。

自然植被的恢复,能够防止水土流失,改善土壤水热条件和养分状况,使生态环境走上良性循环的道路。植被恢复能明显改善局地小气候,小气候又能为植被恢复及其种类演替提供良好生境。尤其是大型渣场渣土人造土壤覆植后,形成岸坡人造生态小环境,土壤种植条件迅即改善,增加农林、果蔬经济,改善的生态景观带动旅游,树木生长可以释氧、固碳,植被能够调节气候。植被作为生物链"底端",有利于各种生物、微生物繁殖增长,改善生物多样性,创造生态能量。植被覆盖度,使日间地面不至于被太阳直接的照射而强烈增温,晚间因为地表有覆盖而降温缓慢;这种自我调节能力,对于土壤微生物的分解、物质能量的转化、植物群落的演替以及生境的改善都具有十分重要的意义。

9.2.4 根系固土及减灾机制

9.2.4.1 引言

形成滑坡、泥石流的物源,大多数情况下是土壤受到侵蚀后的自然堆积。与其不同的是,大型渣场往往由人工按施工程序堆载形成的。它们的共同点:都是潜在滑坡体或泥石流的危险源。无论是自然边坡,还是人工边坡,传统的边坡稳定分析方法通常以坡体土壤的抗剪强度计算抗滑力或力矩,以此计算和设计边坡的加固措施。对于自然山体及土质边坡来说,这种计算忽略了植被根系对边坡的加固作用。也就是说,忽略植被根系分布形式和范围以及根土固结、牵拉作用的导致的抗滑差异性,都容易使计算结果偏差较大。同时根系土的强度,会因地下水位的升高有一定程度的降低,这会使边坡的滑移随地下水位变化呈现渐进变形和间歇性的特点。另外,传统的极限平衡分析方法只能用于临界状态,无法全面真实地反映坡土的渐进变形和破坏过程。

长期以来,土木工程业界抑制大型滑坡都是采取工程加固和排水方法,这种方法在大量的实践中也非常有效。但是,工程措施有相当大的局限性,一方面是工程设计本身受设计者能力与经验以及设计质量的制约,同时也受施工单位及施工过程此类可靠性制约(在一切都掺杂有腐败和交易的当下,我们不敢盲目相信);另一方面,工程措施随时间的延展也存在着材料老化失效和缺乏监测管护带来的巨大风险。尤其是大吨级预应力锚杆、锚索加固措施,一旦预应力失效将产生同等级反力,十分危险。

植被固土护坡的作用,可以从森林植被良好的山体之大量事实中得到验证。也就是说,植被良好,森林覆盖率高的山体,很少发生大规模滑坡和泥石流灾害。那么,以本课题研究结论,治理滑坡、泥石流山地灾害,工程措施和植物措施均不可偏废,应该相辅相成。针对滑坡,采取"坡脚挡护、桩墙结合、内外排水、根系固土"的机制;针对泥石流,采取"多级消能、立体排水、沟口拦挡、植被固坡,依山就势、导渣造地"的机制,才能根治山地滑坡、泥石流灾害。

9.2.4.2　植被根系固土的滑移变形机制分析

四川大学水电学院教授周成认为：边坡失稳与土体的流变性有关。一般在较低应力状态下，土的蠕变会逐渐趋于稳定。天然坡土的变形破坏大致表现为渐进式和突变式两大类。牵引式破坏的土坡常常表现为渐进式的变形和破坏。土坡的渐进性变形类似于剪切带现象，一般在坡土某一深度会存在一个剪切层。目前，在考虑植被根系固土对变形的影响方面的研究较少，一般仅仅是把根系的固土作用看作加筋增加了土体的黏聚力，或者把根系作为锚杆或土钉以提供一定的锚拉强度。为了在数值分析方面做些根系固土理论研究，在分析坡土滑移变形时，必须选取合适的屈服面，再加以修正以考虑植被根系固土作用。本文首先求解出无限长均质土坡的应力变量，接着依据黏塑性理论，并假定坡土滑移速度和黏塑性应变率满足一定函数关系，重点考虑植被根系固土作用，对沈珠江的水滴形剪切屈服面进行修正，推导出土坡滑移变形速率，这样对于给定的土层和时间点就能计算其滑移变形值。

1)匀质土坡应力模型及分析

如图 9-2-51 所示，无限长斜坡上等厚度为 H 、天然容重为 γ 的坡土，在任意深度位置 y（$0 \leqslant y \leqslant H$），采用对称假定，则有 $\tau_{xy} = \tau_{yz} = 0$ 。Cauchy 应力平衡方程为：

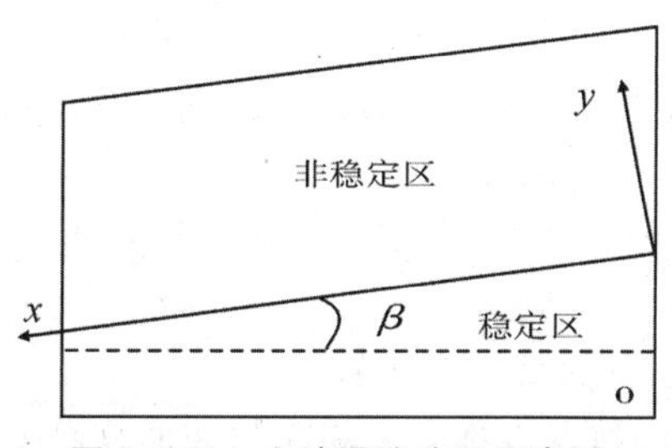

图 9-2-51　土坡滑移分区示意图

由于假定在 $y = c$（c 为常数）的平面内是各向同性的；应力变量包括剪应力 τ_{xy} 、顺坡向应力 σ_x 和垂直于 xoy 平面方向的应力 σ_z ，都只是深度 y 的函数。因此垂直坡面方向的应力 σ_y 为：

$$\begin{cases} \dfrac{\partial \sigma_x}{\partial x} + \dfrac{\partial \tau_{xy}}{\partial y} + \gamma \sin\beta = 0 \\ \dfrac{\partial \tau_{xy}}{\partial x} + \dfrac{\partial \sigma_y}{\partial y} - \gamma \cos\beta = 0 \\ \dfrac{\partial \sigma_z}{\partial z} = 0 \end{cases} \tag{1}$$

将 $\dfrac{\partial \tau_{xy}}{\partial x} = 0$ ，$\dfrac{\partial \sigma_x}{\partial x} = 0$ 代入式 (1) 得：

$$\begin{aligned} \sigma_y &= \int_H^{y/\cos\beta} (\gamma \cos\beta)\mathrm{d}y \\ &= \gamma(y - H\cos\beta) \end{aligned} \tag{2}$$

式(1)适用于坡面 $y = H$ 处无外荷载的情况；若有外荷载时，还应加上外荷载在深度

y 处引起的垂直坡面方向的应力。

沿坡面方向（x 轴）的剪应力 τ_{xy} ：

$$\tau_{xy} = \int_{H}^{y/\cos\beta} (-\gamma\sin\beta)\mathrm{d}y = -\gamma(y - H\cos\beta)\tan\beta \tag{3}$$

同理，若坡面有外荷载时，上式计算的剪应力应叠加上外荷载在深度 y 处引起的顺坡面 x 轴方向的剪应力。

对于无限长土坡，即 $z \to \infty$ ，假定为平面应变问题，采用各向同性 Hooke 定律，在 $y = c$（常数）的平面内：

$$\sigma_z = \sigma_x = \frac{\nu}{1-\nu}\sigma_y = k\sigma_y \tag{4}$$

其中，ν 为泊松比；k 为侧压力系数，即 $k = \dfrac{\nu}{1-\nu}$。

随着时间的推移，土坡在各种荷载的长期作用下会发生蠕动变形。土坡在蠕变滑移过程中，变形速度 V 是一个不可逆的变量（Cristescu 等，2002；Zhou，2007），因此一般可以假定坡土的滑移速度 V 和黏塑性应变率 $\dot{\varepsilon}_{ij}^{vp}$ 有下列关系：

$$\dot{\varepsilon}_{ij}^{vp} = \frac{1}{2}(V_{i,j} + V_{j,i}) \tag{5}$$

假定如图 1，xoy 平面坐标系中，沿 x 方向（坡度 β 方向）的速度 V_x 只是深度的函数。$V_x = V(y)$ ，$V_y = 0$ ，$V_z = 0$ ；则有

$$\frac{\mathrm{d}V_x}{\mathrm{d}y} = 2\dot{\varepsilon}_{ij}^{vp} = \frac{2}{\mu} \cdot \frac{\partial Q}{\partial \tau_{xy}} \tag{6}$$

式中，Q 为屈服面函数，μ 为黏滞性参数。

当分别采用不同的模型时，可以推导出相应的变形速度 V_x 。

由于植物根系对土起到了加筋作用，使浅层土（一般 3m 深度内，例如香根草）的抗剪强度得到了提高。在考虑根系加固作用的情况下，土体变形屈服面向外扩展。对沈珠江建议的水滴形屈服面的基础上进行修正。

水滴形屈服面方程为：

$$Q = \frac{4\left(p'^2 - \frac{1}{2}p_0'^2\right)^2}{p_0'^4} + \frac{2q^2}{M^2 p_0'^2} - 1 = 0 \tag{7}$$

式中各符号同前。

根据 GFY 模型[6-7]（周成，2008；Ghorbel，2006），考虑植被根系增加了土的抗剪强度时，对应的屈服应力提高。极限状态屈服面的标志屈服应力 σ_p 和 σ_{p_0} 可以表示为：

$$\sigma_p = \sigma_{p_0} + \Delta\tau_f \cdot \frac{1 + \sin\varphi'}{\sin\varphi'\cos\varphi'} \tag{8}$$

式中，σ_{p_0} 为饱和土的、无植被根系的土的竖向屈服应力；

σ_p 为根系增加了土的抗剪强度时的竖向屈服应力；

$\Delta\tau_f$ 为根系固土导致的抗剪强度的增长值，kPa；

φ' 为土体的有效内摩擦角，其余同前。

考虑植物根系增加浅层土体抗剪强度的情形，对上述水滴形屈服面方程进行修正如下：

$$Q = \frac{4(p'^2 - \frac{1}{2}p'^2_m)^2}{p'^4_m} + \frac{2q^2}{M^2 p'^2_m} - 1 = 0$$

$$p'_m = p'_0 + \Delta\tau_f \cdot \frac{1+\sin\varphi'}{\sin\varphi'\cos\varphi'} \tag{9}$$

$$\frac{\partial Q}{\partial \tau_{xy}} = \frac{12\tau_{xy}}{M^2\left(p'_0 + \Delta\tau_f \cdot \frac{1+\sin\varphi'}{\sin\varphi'\cos\varphi'}\right)^2} \tag{10}$$

$$\frac{\mathrm{d}V_x}{\mathrm{d}y} = -\frac{24\gamma(y - H\cos\beta)\tan\beta}{\mu M^2\left(p'_0 + \Delta\tau_f \cdot \frac{1+\sin\varphi'}{\sin\varphi'\cos\varphi'}\right)^2} \tag{11}$$

剪切层交界面无滑移变形，即 $V|_{y=h_1} = 0$，得到土坡滑移区渐进变形的速度场为：

$$V_x = \frac{12\gamma\tan\beta \cdot [(H\cos\beta - h_1)^2 - (H\cos\beta - y)^2]}{\mu M^2\left(p'_0 + \Delta\tau_f \cdot \frac{1+\sin\varphi'}{\sin\varphi'\cos\varphi'}\right)^2} \tag{12}$$

式中，h_1 为稳定层厚度。由式(12)可以看出，此速度场是深度坐标 y 的二次函数，表征着当坡角和黏滞性等参数保持不变时，速度将随 y 的增加先增加到最大值而后逐渐减小。

由上述改进模型推导出速度场，再乘以时间，便可以得到土体某一深度的蠕动变形量 U，即：

$$U = V_x \cdot t \tag{13}$$

式中，U 为土层沿坡度方向（x 轴）的滑移位移值，t 为时间。

将式(12)代入式(13)可计算土坡变形量。

2)参数修正

由式(13)计算变形量与现场实际观测数据比较，可以看出上述模型不能较为准确地反映土体实际滑移值的大小和趋势。

黄荣樽和邓金根在研究流变地层的黏性系数（即本文黏滞性参数 μ）时得出含水量是黏性系数的重要影响因素的结论。下面试图通过修正黏滞性参数来模拟无限长土坡的滑移变形及其随着坡土深度的变形趋势。黏性土坡受地下水位的影响，地下水位以下土体处于饱和状态，含水量 w 大，黏滞性较小；而地下水位以上由于非饱和土中的吸力影响，土体含水量 w 往土层表面是一个逐步减小的过程，黏滞性因而有一定的增大。所以，由含水量在土层中的分布与黏滞性的变化趋势，可以把黏滞性参数描述为随土层至坡表面距离 y 的函数。

另外，也有研究表明随着加载应力水平的提高（y 变小），细砂岩黏滞系数总体呈缩 w 减趋势，反映了流动系数越来越大（即黏滞性减小）的一般规律[9]。将黏滞性的变化趋势与土层深度联系在一起，随着土层埋深的增加（y 变小），黏滞性系数总体不断减小。

综上所述，可以将黏滞性参数修正为与深度 y 有关的函数 $\mu = \mu(y)$，并拟定下式：

$$\mu = \mu_0 \cdot y^b \tag{14}$$

式中，μ_0 为饱和土的黏滞性参数，b 为实验拟合常数。可以通过不同土层和含水量的土体的次固结压缩试验拟合得到。y 为土层深度坐标，如图 9-2-44 所示。由此，将式(14)代入(12)，得：

$$V_x = \frac{12\gamma\tan\beta}{\mu_0 M^2} \cdot \frac{[(H\cos\beta - h_1)^2 - (H\cos\beta - y)^2]}{\left(p'_0 + \Delta\tau_f \cdot \frac{1+\sin\varphi'}{\sin\varphi'\cos\varphi'}\right)^2 y^b} \tag{15}$$

同样，将式(15)代入式(13)可求出模型经修正之后土坡变形值。

3)验证

某滑坡曾对某断面(约 18 m 厚)进行过超过 1 年的蠕动变形量测。文献给出了 196d、260d、356d 等 3 个时间段的观测位移数据，本文后面的模拟计算均用此数据。下面利用上文的速度场解析模型来分析该天然土坡的渐进变形过程，并用文献中三个时间段的观测位移数据进行对比分析研究。

土坡土体天然容重 $\gamma = 21.85\mathrm{kN/m^3}$，坡高为 $H = 18\mathrm{m}$，土坡倾角 $\beta_0 = 14^\circ$。为了模拟根系对土坡蠕动变形的影响，本文模拟时对 3 m 以内土层取 $p'_0 = 55\mathrm{kPa}$，$\Delta\tau_f = 10\mathrm{kPa}$(有根系)；深部土层取 $p'_0 = 85\mathrm{kPa}$，$\Delta\tau_f = 0$(无根系)。主要模型计算参数列于表 9-2-3 中。

由于在土坡底部 1 m 硬土层(基岩)范围内实测数据为零，模型在模拟本土坡变形时取 $h_1 = 1$ m 与之对应。

3 个时间段 196d、260d、356d 的理论解析值和观测位移数据一起示于图 9-2-52 中。

由图 9-2-53 可以看出：

(1)不考虑根系固土提高土体抗剪强度的作用时，坡土的位移在浅层偏大。由于根系的固土作用，位移值在距离坡表 3～4 m 处有明显减小，与实测趋势相符。

(2)浅层坡土滑移值与相邻深部土层相比有所减小，3～4 m 内土体位移接近，表明表层土随下层滑移层刚性滑移的特点。

(3)实测土坡滑移变形大约在稳定层以上深度 $y = 6\mathrm{m}$ 处位移出现收敛迹象，反映出 $y > 6\mathrm{m}$ 的土层变形随下部土层做刚性滑动的规律。基岩顶面($y = 1\mathrm{m}$)至 $y < 6\mathrm{m}$ 的土层呈现出剪切变形特征，随 y 的增大呈非线性增长，大约在 $y = 12\mathrm{m}$ 处出现最大位移值。

(4)与实测值相比，模型计算值在深层土中偏小，在表层土中偏大。

4)结论

通过数值计算和分析，可以得到下列结论：

(1)本文利用黏塑性理论推导出的土坡滑移变形函数，可以用来求解坡土在任意时刻特定深度位置的滑移变形。

(2)重点考虑了植被根系的固土作用，并对坡土的黏滞性作了深度范围内的修正，拟定黏滞性参数为土层深度的函数，考虑了含水量和应力状态的共同影响，从而使计算值更接近实测值。

(3)算例表明模型计算的滑移变形量精度足够。本模型使用的参数较少，容易通过常规试验确定，对于不同的坡土层只需修正材料常数值。

(4)一般植被根系长度较小,香根草根系可达 3 m 长,浅层土体由于受到根系的保护,其变形有明显减小,说明根系的存在对浅层土体的加固作用是非常有效的。

(5)计算产生偏差的原因在于土坡蠕动变形影响因素较多,本模型只引入 b 值和 $\Delta\tau_f$ 分别考虑不同土层随含水率和根系固土等因素变化的影响。

9.2.4.3　**植被根系固土护坡的减灾作用**

1)边坡滑移分析

四川大学水电学院教授周成认为:多数自然边坡在降雨后由于地下水位的升高导致土体强度的降低而在重力作用下产生滑移变形。对于边坡长度与厚度比值较大的无限长边坡,参考现场观测资料,沿深度方向的位移场或速度场的分布。

形式一般如图 9-2-52 和图 9-2-53 所示。图 9-2-52 是典型无限长边坡的滑移变形模式,其中 z 轴沿深度向上,β 为边坡倾角。按速度场分布特点可把边坡沿深度分为稳定层、剪切层和随动层。无论各层速度分布形式如何,边界条件都为:边坡表层的速度沿深度变化率为零;剪切层和稳定层交界处的速度为零。下面将从这两个条件入手得到一般形式的速度场。

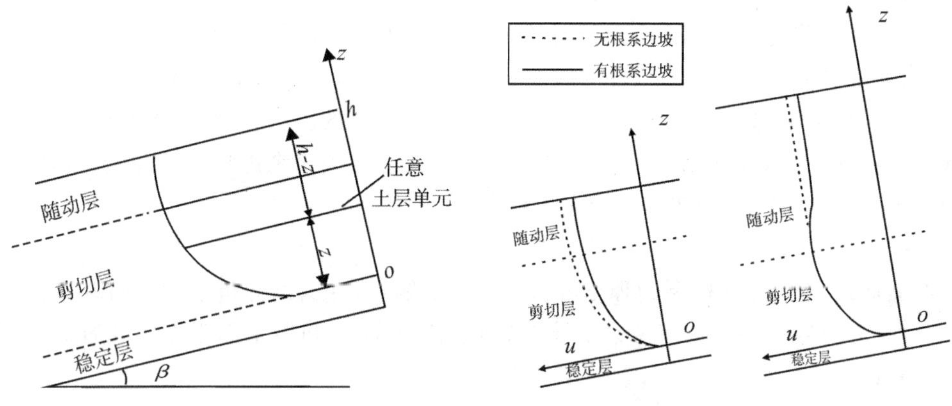

图 9-2-52　边坡滑移变形模型　　**图 9-2-53　左为浅层滑移,右为深层滑移**

对于浅层滑移,根系对剪切层和随动层都有固土作用。而对于深层滑移,根系固土作用只发生在随动层,此时由于根系没能穿越剪切层,固土模型的计算最好结合根系加固和柔性挡墙的生态护坡进行。

2)计算分析

算例参照瑞士 Villarbeney 边坡相距 250m 的两个监测点 E_1 和 E_2 的现场一年监测资料。已知地下水位距地表 2m 左右,并在监测期间变化较小,因此在模型计算时可视 2m 以下坡土为饱和的。监测点 E_1 和 E_2 的基本资料为:

E_1 断面坡角 $\beta=14°$,土体密度 $\rho=2.185\text{g/cm}^3$,强度参数 $\varphi=31°$,根系平均抗拉强度 $T_r=10\text{kN/m}$,粘滞性系数文献建议值 $\eta=1.523\times10^8\text{Pa}\cdot\text{s}$,边坡滑移变形深度 $h=17\text{m}$,属于深层滑移。E_2 监测点的坡角 $\beta=17°$,土体密度 $\rho=2.16\text{g/cm}^3$,强度参数 $\varphi=31°$,根系平均抗拉强度 $T_r=10\text{kN/m}$,粘滞性系数文献建议值 $\eta=3.852\times10^7\text{Pa}\cdot\text{s}$,边坡滑移变形深

度 $h=7.5\text{m}$,为浅层滑移。

由于文献的黏滞性函数值不一样,模型反演黏滞性系数 d 和 a 的取值可比拟 $\eta=\eta_0 z^b$ 等效而定,解析解和数值解的模型参数见表 9-2-3 和表 9-2-4。

表 9-2-3 解析解模型参数

位置	η_0(Pa·s)	b	c	k
E_1	0.8×10^8	0.7	1.62	4.0×10^{-3}
E_2	1.1×10^7	0.7	0.35	5.0×10^{-3}
$c=\gamma(\sin\beta-\cos\beta\tan\varphi)-\gamma_w\cos\beta\tan\varphi$				

表 9-2-4 数值解模型参数

位置	η_0(Pa·s)	c	d	a	k
E_1	1.7×10^8	1.6	0.04	0.05	1.8×10^{-2}
E_2	4.0×10^7	0.4	0.04	0.05	4.0×10^{-4}

从现场监测数据和计算分析可以看出,E_1处为深层滑移,根系只对表层土体有加固作用,约束其滑移变形;E_2处为浅层滑移,可认为根系对剪切层和随动层的土体均有约束作用,两处都分布有 2m 左右的剪切层。引入的黏滞系数使计算得到的剪切层与实测吻合较好。数值解中选用的非线性黏滞性函数比解析解中的更为合理,但参数增加了一个,降低了适用性。同时数值解中的根系固土模型引入了时间来考虑根系随坡土滑移破坏导致的固土失效,与 365d 的变形值较大相吻合。

3)结论

本文通过 Bingham 模型的理论解析解和数值解,结合实例分析了考虑根系固土作用的坡土渐进变形,模型中重点考察了坡土的非线性黏滞性和根系固土作用及时效性。具体结论有:

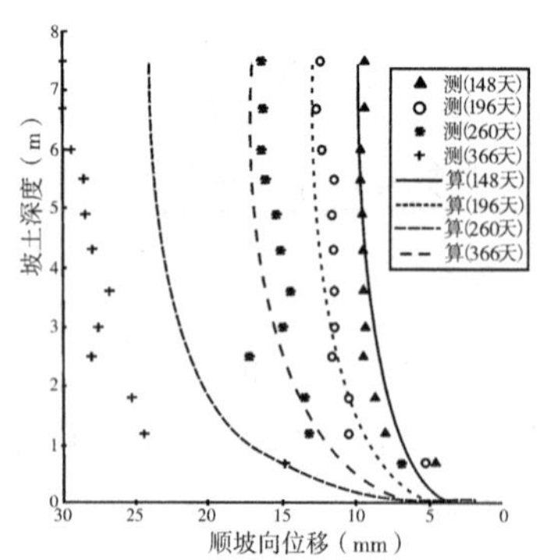

图 9-2-54 浅层滑移监测点 E_2 实测位移场分布

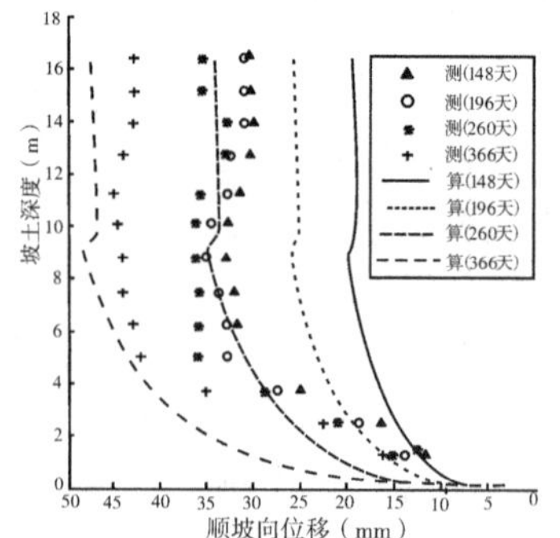

图 9-2-55 深层滑移监测点 E_1 实测位移场分布

(1)对 Bingham 模型引入了非线性的黏滞性系数,来反映含水量对坡土渐进变形的影响,合理地模拟出剪切层的分布,得到了较为合理的结果。

(2)随着坡土的滑移变形,有的根系将会产生剪断、拔出或拉断破坏,在根系固土模型中考虑根系随坡土滑移时间变化分布的影响,模拟结果表明这种简化较为合理。

(3)对比深层和浅层滑坡,根系固土只对表层土体效果明显。根系作用限于其长度达不到相应剪切层,因而固土效果有限,相应深层滑移的解析和数值解误差也较大。

9.2.4.4　实验分析

2011 年至 2012 年,课题组在实验室做了 12 组普通草籽的根系固土实验。其中,一年期实验钵和两年期的实验钵的根系生长情况见图 9-2-56 和图 9-2-57。

图 9-2-56　一年期根系生长情况

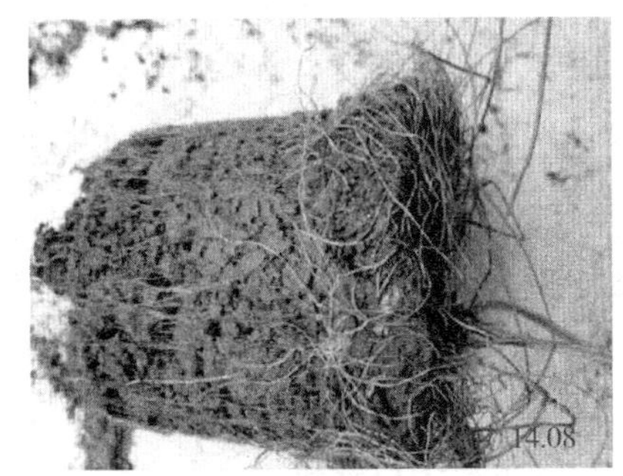

图 9-2-57　两年期根系生长情况

由一年期实验钵图 9-2-56 测出,草植根系约为 5～10cm,两年期的实验钵图 9-2-57 测出生长的根系基本深达钵的底部(约 15cm)。也就是说,随着植被生长期的长短,其根系深长不一;时间越长,根系越深,固土的效果越好,对于乔木,枝叶越多,根系也越多。一般的杨柳树,根系牵拉半径约 1～2m,高大的洋槐树,根系牵拉半径约 3～4m;小叶榕和黄葛树的根系牵拉半径约 8～12m,甚至更广,那么根系固土护坡的作用就更大,这也就是植被好的山地,基本不会发生滑坡、泥石流灾害的奥秘。

不仅如此,在山地陡坡,每一棵树都是一根“抗滑桩”,山坡上的树林,就是山体的抗滑群桩。因此,森林覆盖率高的山地,也不会发生滑坡、泥石流灾害。有关树干和根部抗滑机制,本课题尚待进一步研究,但是“深窝浅桩”的机制无论以何种模型得到验证,它的作用早就在自然生态中发挥着巨大作用。认识这一作用,有利于我们建设国家生态文明,减少地质灾害的发生和损失。

研究证实,根系具有较强的固土与减灾作用,其减灾机制,是指无论对于自然边坡或人工边坡,传统的边坡稳定分析通常以坡体土壤的抗剪强度计算抗滑力或力矩,以此设计边坡稳固措施。然而,对于自然山体及土质边坡来说,这种计算忽略了植被根系对边坡的加固作用。本科研团队认为植被根系具有较强固土作用。不同生长期的植被根系,固土深度不同;树龄越久,固土范围和深度越大,防止滑坡的作用就越好。植被根系既可以固土、护坡,又能够防灾、减灾(地质灾害或次生灾害),这种作用从森林植被良好的大量山林实例中得到验证。植被良好、森林覆盖率高的山地,很少发生大规模滑坡和泥石流灾害。

9.3 水土流失治理的经验比较

本研究课题的实验与实践，离不开业界许多科研机构及专家、学者多年的研究成果和实践经验总结的指引与指导。我们的研究和实践，应当是在参考业界专家、学者多年研究成果基础上，对前人或先前成果的补充、创新或发展，或者说这些先前的研究仍不乏有一些成果可以作为干旱河谷水土保持生态修复深续研究可资借鉴的方法，在本章节精选数篇文献案例并适当编改以利读者或后续研究者对比分析，共同推进山地生态修复更加全面、系统、科学。

9.3.1 半干旱地区生态修复技术方法

根据全国水土保持生态恢复分区划分，我国干旱半干旱区域占相当比重。我国的资源条件和人口规模，迫使我们必须充分保护生态、利用有限的土地，加快治理经济增长与社会发展过程中破坏的环境以及本就十分脆弱的山地生态。

9.3.1.1 修复区概况①

1)水土流失治理概况

甘肃定西市安定区位于黄土高原西北部，长期以来气候干燥、植被稀少、干旱频繁、水土流失严重，生态脆弱，环境恶劣，被联合国粮农组织列为最不适合人类居住的地区。2001 年，在这里开展实施了大面积的水土保持生态修复工程，通过近 3 年的实施，林草有效覆盖度达到 66.1%，水土流失径流模数由 2001 年的 2.23 万 m^3/km^2 降为 1.193 万 m^3/km^2，土壤侵蚀模数由 5 845t/(km^2 · a)降为 2 100.8t/(km^2 · a)，蓄水保土效率分别达到 45.9%和 64.1%。除此之外，还使：

(1)土地生产人均增加了 28.3%；

(2)粮食生产人均增产到 410kg；

(3)经济纯收入增加了 1.07 倍，达到 1 493 元；

(4)消费水平比原来(2001 年)提高 34.6%；

(5)土地资源利用趋于合理，种植业结构比例趋于协调；

(6)初步形成了以畜牧业和地方特色产业(马铃薯、中药材)为主的家庭产业结构，保证了半干旱区农民温饱和经济收入来源，稳定了经济社会环境，保障了生态修复的顺利实施。

不仅如此，在取得生态环境的明显改善，农民收入的显著提高，社会经济的进一步和谐发展的同时，论文作者实践中还探索出可以在半干旱地区及人口相对密集的活动区域实现生态自我修复功能的技术支撑体系，为大面积的区域示范和推广提供了可鉴经验。

2)自然条件

生态治理项目区位于定西市安定区内，地理位置介于 104°12′28″E～105°01′06″E、35°17′54″N～36°02′40″N 之间。区内总面积 104.25km^2，修复区封禁面积 75.25km^2，其

① 王立群，尚新明. 半干旱地区受害生态系统修复技术探讨[J]. 甘肃科技，2008.

中林地保存面积 584hm^2，占封禁面积的 7.76%；草地面积 11hm^2，占封禁面积的 0.15%；荒山坡地抚育面积 6 388hm^2，占封禁面积的 84.8%。行政区域主要涉及杏园、东岳、高峰 3 个乡的牛营、李家河、康家庄、鲍家、中南、关亭、瓦窑湾、明星、红堡、贡马、麻地湾 11 个行政村。

由于长期的侵蚀以及堆积旋回和现代侵蚀的综合作用，区域地形呈树枝状分布和南北走向，山梁陡峭，沟谷狭长，海拔在 2 051～2 580m 之间，属黄土丘陵沟壑区第五副区。境内地形破碎，干旱少雨，水资源短缺，水土流失广泛、严重，生态环境非常脆弱。气候干燥温凉，四季变化明显，属典型的温带大陆性季风气候；年均气温 5.2℃以下，多年平均降水量 400mm，无霜期 116～140d，干燥度 1.15，气候区划为中湿带半干旱区。

区内天然降水是农业和各项生产活动的主要水源，境内河流祖历河水系属黄河的三级支流，均属季节性河流。东南部河流上游沟谷有少量泉水溢出，矿化度低，水质较好，可用于补给人畜用水。

土壤成土母质为黄土母质，部分地段红土发育。土壤类型以黑麻垆土、黑垆土分布最广，亦有黄绵土、灰钙土分布。天然植被以禾本科和菊科为主，常形成冰草、百里香、针茅、蒿类以及小叶锦鸡儿等组成的稀疏群落；人工草以紫花苜蓿、红豆草、沙打旺、草高粱等为主。项目区内无天然林分布，人工林以柠条、新疆杨、侧柏、云杉为主，并伴有少量柳树、榆树、山杏、山毛桃以及零星沙棘灌丛分布，自然植被属森林草原带干草原区。

生态试验区共有 1 334 户民居，农业总人口 0.67 万人。其中，农业劳动力 0.27 万人，平均人口密度为 64 人/km^2，为典型的雨养农业区。农作物主要是春小麦、豌豆、扁豆、胡麻、马铃薯、玉米等；药材资源有党参、柴胡、板蓝根等。由于特殊的地理环境，土壤疏松，气候阴凉，植被稀疏，水资源短缺，自然灾害频繁。原先那种粗放的经营方式，产业结构不尽合理，致使林草植被保存率低，生态环境恶劣，治理速度相对滞后，粮食产量低而不稳，农业生产力水平低下，人民生活水平总体不高。2001 年底，农、林、牧、副各业产值分别为 22.5、0、1.8、75.7 万元，人均经济纯收入 726.5 元。马铃薯、药材和劳务输出是当地农村经济发展的支柱产业。

9.3.1.2　**生态修复技术措施与经验**

1)实施生态修复的主要技术措施

在人口相对密集、生产活动较为频繁的贫困地区，实施水土保持生态修复是一项复杂的系统工程，体现在修复的目标上，与一般意义上的生态恢复相比具有特殊之处。首先，解决生存和发展成为当地人民群众的根本问题，这也是水土保持生态修复的前提条件和重要的基本目标之一。因此，实施生态修复本着“以人为本”的精神，全面贯彻落实“三农”政策的前提下，有序推进区域的生态建设。

(1)以建促封，实现“三个”保证。即以建设能够改善农民生产生活的前提条件的基本农田、集雨节灌、沼气、太阳能利用工程为基础，使农民口粮有保证，饮水有保证，能源利用有保证。

生态修复区长期受干旱缺水和水土流失的影响，农业生产长期广种薄收，土地生产力低而不稳。经济以农业为主，结构单一，发展基础薄弱。家庭经济收入来源主要以家庭作坊式、商业经营、交通运输和劳务输出(建筑业等)为主。2001 年，人均经济纯收入 726.5

元。其中,农业收入占 22.5%,非农业收入占 77.5%,人均年末基本生活消费支出 975.0 元,收不抵支,群众生活水平处于基本解决的温饱阶段。为了顺利实施生态修复,保证农民不返贫,围绕封禁加大了基本农田建设,在保证人均 0.067hm² 基本田的基础上,实际完成人均 0.09hm²,变"三跑田"(即跑水、跑土、跑肥)为"三保田"(即保水、保土、保肥)。同时,积极推广优良品种和农业生产新技术,注重土地培肥,加大土地投入,梯田产量正常年份达到2 800kg/hm²以上,人均粮食 410kg,农民吃粮基本得到保证。

围绕封禁,采用整村推进的方式,积极推广太阳能和沼气利用,改造节能灶 1 300 户,有效地减少了乱垦滥挖、破坏植被的现象,使封禁区植被覆盖度达到 60%以上,植被恢复和土壤环境明显好转,生态环境向良态转变。在封禁的同时,我们积极开展集雨节灌工程,户均实现 2 眼窖、1 亩庭院经济的经济发展保障模式,效果显著。三项保证的实施,基本上保证了农民的温饱,从根本上保证了生态修复能够封得住、不反复。

(2)以调促封,实现两个合理布局。即调整土地利用趋于生态良性循环的合理布局,以及调整产业结构趋于市场经济运行规律的合理布局,以输出劳务保证经济增长,增加农民实际收入。

半干旱黄土丘陵沟壑区,其独特的气候条件和地貌特征,最为突出的是干旱少雨(降雨与植物生长期时空错位)和植被稀少、梁峁沟壑纵横。由于缺粮少钱,土地利用的 30%以上都是种粮,农村劳动力的 90%以上是经营农地,土地利用和产业结构极不合理。为了迅速改变这种布局,就必须遵循自然规律、植被地带分布规律和生态位植物配置。结合封禁,加大退耕还林还草措施,要求在 25°以上坡地全部退耕,人工栽植绿化植物实行封禁,增加地被覆盖,使林草面积由修复前的 695hm² 增加到 6 911.2hm²。其中,退耕 542hm²,荒山封禁种草造林 5 774.2hm²,林草比重由原来 5.71%提高到 66.3%,达到了生态环境趋于良性循环所要求的有效林草覆盖 60%以上的约束指标。

遵循天时(降雨分布特征)和市场经济规律,对产业结构适时调整,特别是对种植业结构进行调整,压缩和减少与降水时空错位的夏收作物,扩大和增加与降水时空吻合的秋季作物。2004 年,农、林、牧、荒结构由 2002 年的 33.0% 、5.6% 、0.11%、61.3% 调整到 27.2% 、24.2%、42.1%、5.9%,突出加大了地方特色产业马铃薯和中草药的播种面积,使两者的种植比重占到农作物种植的 30%以上,农业总产值由 43 003 万元、人均收入 726.5 元提高到 198 750 万元和 1 493.0 万元;农业产值占比由 2001 年底的 22.5%提高到 2004 年的 50.2% 。其中,马铃薯和中药材的产值分别由 2001 年的 36 515 元和 6 102.3 元提高到 2004 年的 87 857.5 元和 6 618 元,使地方特色产业得以做大做强。遵循市场规律,加大劳务输出,连续多年劳务人员输出在 2 000 人/年,以收入 200 多万元,成为家庭经济收入的重要支柱。从经济发展上,促进生态修复封得住、能保持。

(3)以改促封,实现三个改变。即改变传统放牧方式为舍饲养殖,改变饲养牲畜品种由传统土种向优良品种发展,改变粗放的饲养方法为科学饲养方法。

植被生态的破坏,人为活动的侵扰是主要原因。其中,过度放牧也是造成植被退化或破坏的原因之一。传统的放牧方式,不仅过早地损害了植被生长,使植被得不到繁育生长的机会。同时,乱垦滥牧破坏了地表土壤结构,容易使土壤在降水的侵蚀下流失。因此,只有改变传统自由放牧方式向舍饲养殖转变,才能有效禁止牧羊对土壤植被的损害。围绕封禁，项目区在当地政府的引导组织下，由政府引进、农民租借的方式，从外地引进大批小尾寒羊，租借给农民在家饲养、繁殖。3 年内，试区舍饲养殖小尾寒羊 1200 多只，良种繁育及改良种畜普及率已达到 90%以上；通过积极宣传和推广青饲发酵技术和大棚养殖技术，商品出栏率比 2001 年提高了 23%。三个改变，不仅改变了饲养方式、改变了牲畜结构，也改变了经济收入，更重要的是改变了人的思想认识，转变了滥垦、滥挖、滥牧的行为方式，确保了封禁能封得住。

(4)以法保封，实现“两个”到位。即以法律、法规规范人的行为，做到宣传监测到位，执法监督到位。

为了不使生态修复功亏一篑，项目区在努力提高农民生活经济水平的同时，加大宣传监测、执法监督的力度，发放宣传材料 2 万多份，成立专门监测、监督和执法管护队伍，制定了《生态修复预防监督管理工作规定》(政府令)。对修复的范围面积、方式做了明确规定：“禁止 25°以上坡地进行开垦耕作；对已开垦耕作的农田，在政府统一规划指导下退耕”；并对违法开垦破坏生态修复的行为，做了详细的规制，明确了惩罚机制。

为了有效贯彻《工作规定》，制定了《生态修复工程封育保护区管理办法》《生态修复项目封育保护乡规民约》以及《封育管护人员职责》和《封育保护奖罚制度》等。这些制度的出台和执行，有力地防止了对生态修复的破坏，达到了唤醒民众对生态环境的保护意识，从根本上确保了生态修复的成果。

2)生态修复的经验与建议

几年来的生态修复实践表明，人为干预修复生态，确为一项“功在当代、利及子孙”的效宏费省的民心工程。它不仅是指在技术上封禁植被，而是一项系统的社会工程；不仅要考虑到眼前利益，还要规划未来发展；不仅要搞好生态建设，还要搞好经济建设；不仅要恢复植被演替能力，还要解决好群众生活和可持续发展问题。因此，要做到五个结合：

(1)要在充分发挥人自然自我修复能力的基础上，搞好集中治理，实现因地制宜、综合治理与生态修复的有机结合；

(2)要在切实解决好群众生产、生活问题的基础上，搞好生态修复及水土保持，实现工程措施、非工程措施与当地群众脱贫致富的有机结合；

(3)切实解决重建轻管的问题，在巩固原有成果的基础上加快治理步伐，实现水土流失防御、治理与管护的有机结合；

(4)在保持水土、改善生态、美化环境的基础上发展经济，实现经济效益和社会效益、生态效益的有机结合；

(5)搞好宣传教育，提升搞好全民性的水土保持与环境保护意识，加大执法监督力度，实现宣传教育、监测监督与行政执法的有机结合。

生态修复，建议地方政府要进一步明确土地资源开发利用和恢复保护的关系，研究和确定生态修复后资源的利用方向、开发程度，以及恢复途径、保护措施。要研究和确定轮牧的方式、比例和期限，评估资源利用效益和植被恢复演替能力。继续贯彻落实退耕还林(草)政策，评估退耕还林(草)的效益，完善退耕还林(草)后的资金补偿机制；根据不同区域、经济发展状况、退耕还林(草)类型，确定补偿年限、金额。

9.3.1.3 生态修复急需研究和解决的问题

水土保持与生态修复,需要持续投入和系统研究,从上到下推广成功方法和经验。对已有良态改善的区域,应按基础条件及不同类型区,进行扶持、完善、总结,整体提升和建立适合于我国各大区域生态修复理论与技术体系。若要在我国大范围的应用生态修复原理来增加地表植被覆盖度,达到水土保持的目的,必须巩固前期成果,进一步深化不同环境的实验研究。

1)水土保持生态修复效果研究

多年来,许多水土保持生态研究把关注点放在制度、政策和恢复模式方面,理论性成果多于实验或实践成果。也就是说,务虚多于务实。今后的研究,应该更多注重可实践、可推广的实用技术。同时,应当加强对修复效果的监测、评价,对全国各区域水土保持试验站长期定位监测资料进行搜集、整理,实现系统化、科学化的归纳,以系统指导我国防治水土流失和生态恢复的后续以及大范围实践活动。

2)加强生态修复机制与实用技术方法研究推广

根据地形、地貌、气候条件,修复机制与实用技术方法应该详尽明确不同水土流失区;引起水土流失及生态环境退化的原因和生态系统压力形成,以及在生态系统压力解除后的恢复机制,研究生态环境可修复程度,自身演化规律,以系统化的生态修复的原理、机制、方法指导各区域的水土保持生态治理,形成完整的我国水土保持生态修复的科学方法体系。

3)确定和发挥各类水土流失区生态修复自然潜力

理论上讲,只要不计投入成本与代价,任何严重的水土流失区域都可以在人为干预和治理中得到修复。事实上,人类发展到目前为止,没有足够的实力兑付天文数字的修复代价。也就是说,人类只有在提升认识的前提下,逐步减少破坏和扰动,控制生态环境持续恶化,尽可能发挥水土流失区生态修复的自然潜力,通过法律强制约束和政策引导,转变生产生活方式,借助现有水土保持生态修复成功方法、经验,通过生态置换,发展高效种养业,实现农牧民收入提高和劳动力转移。对大量荒弃坡耕地的生态自身修复过程深入研究,根据降雨量、土壤类型、人口密度、社会经济状况进行实验和治理实践,确定和发挥不同区域的生态修复自然潜力。在水土流失轻、中、重度和发展区域实行不同的生态补偿办法,扎实、稳步推进生态修复的先进技术与方法,总结、评价生态修复的潜力以及在水土流失治理中的作用,试点土地所有权股份制改革。这些举措都将极大地调动参与主体的治理生态的积极性,将人的创造性与环境的自然潜力充分结合,就能彻底改变水土流失生态恶化的局面。

4)不同水土流失区生态修复的环境效应

政府主管行政部门和社会专业研究机构,应对生态修复区域不同年限的环境效应进行实时评价、监测,包括生物多样性、盖度、土壤侵蚀模数,水资源及流失量,气候特征及社会、经济效应等,综合评价和认证生态修复的作用与效果,据此制定相应的政策措施以及中长期生态修复规划。

9.3.2　半干旱区生态修复技术与环境分析

21 世纪初，国家逐步重视并开始规划和实施生态脆弱区的水土流失治理工作。2002 年，黄河流域水土保持生态工程安定区生态修复试点项目正式启动实施。一些专家对半干旱地区生态修复所采用的各种技术与环境响应程度进行了专业分析①。

1)修复区概况

项目区位于定西市安定区东南部的李家河、丁家峡、阳阴峡 3 个流域内，流域总面积 104.25km^2，为典型的雨养农业区，平均人口密度为 64 人/km^2；其他自然条件为：

(1)地形属浅切割土石山区，地貌呈黄土堆积长梁状；

(2)气候干燥温凉，年均气温 5.2℃，水热同季，时空分布不均，年均降水量约 380mm，多集中在当年 7—9 月，占年降水量的 68%，水资源短缺；

(3)土壤类型以黑垆土为主，土体干燥，养分含量少，侵蚀严重；

(4)自然植被退化，生物多样性下降，生态环境脆弱。

2002—2005 年，我们结合项目实施开展了半干旱地区生态修复技术研究，旨在探索人工调控下生态修复与经济社会增长的规律，以期为半干旱区的生态修复提供技术参考。

2)生态修复的总体思路

生态修复是一个系统工程，依据“源于自然，还原自然”的思想，运用系统工程和生态经济学原理，紧紧围绕植被自我恢复能力，集封禁、抚育等工程和生物措施与调整、节水、节能、开源、宣传、管理、监督、监测等行政手段和经济技术于一体，使封育区形成一个相对独立的生态隔离区，减少或禁止人、畜活动对生物群落的干扰和破坏，促使土壤质量正向发育、转化，生态系统自我调控能力向健康状况演化，实现人与自然的和谐共存。

实施水土保持生态修复，要坚持以人为本，全面贯彻科学发展观，以改善生态环境和农业生产条件为基础，以调整土地利用和产业结构、发展地方特色经济为突破口，以监督执法为保障，有序输转劳动力，广泛推广草畜转化工程，建设新型能源开发工程，发展旱作高效农业，改变农村面貌等，探索生态农业发展模式，主攻马铃薯、畜草产业和劳务经济，稳定家庭收入，增强农业综合发展能力，建造生态经济同步、农牧有机结合、人居环境和谐的可持续发展模式。

9.3.2.1　生态修复技术研究与分析

生态修复不存在精密技术，实施生态修复则需要我们形成或找准技术路线。即正确处理修复区生产、生活与生态的关系，建立生态修复＋生态农业＋农村社区发展相结合的生态经济发展模式，以小促大，实现生态、经济效益共同可持续。修复生态，需要科学的技术路线。

1)遵循规律，合理调整，实现“两个趋于”

遵循规律，合理调整，实现“两个趋于”，是指顺应天时，遵循自然规律，调整土地利用结构；顺应市场，遵循经济规律，合理调整产业结构，把生态修复建立在改善区域生态环境

① 赵克荣，李继忠. 半干旱区水土保持生态修复集成技术与环境响应分析[J]. 中国水土保持，2008(4).

和经济增长与发展的结构上，实现生物趋于多样化、产业趋于多元化。具体要求：

(1)修复中遵循植被地带性分布规律和生态位植物配置技术原则，结合封禁、抚育措施，实施了荒山造林和退耕还林(草)，25°以上坡地全部退耕，合理配置乔灌草，使林草有效覆盖度达到了66.3%，地被物明显增加，生物趋于多样化。

(2)按照降水分布特征和市场需求，对农、牧产业结构适时调整，特别是对种植业结构进行了调整，压缩与降水时空错位的夏收作物面积，扩大和增加与降水时空吻合的秋季作物，增加特色产业马铃薯和中草药的播种面积，使两者的比重占到农作物种植的30%以上。

正是这一系列调整，农业产值比重由修复前的22.5%提高到50.2%。其中，马铃薯和中药材的产值分别由93.2万元和15.5万元提高到222.1万元和16.7万元。在做大做强特色产业的同时，还发展壮大了养殖、劳务产业，形成了多元化的主导产业，提高了农民的经济收入，从经济上保证了修复成效。

2)强化基础，配套设施，实现三个保证

强化基础，配套设施，实现三个保证，是指通过基础设施建设，从根本上改善生产、生活条件，做到粮食有保证、用水有保证、能源有保证，把生态修复建立在农民增收的长效机制之上。主要措施：

(1)优化基本农田建设，提高农业综合生产力，变“三跑田”为“三保田”，推广优良品种和新技术，培肥土壤，加大土地投入，变广种薄收为精细耕种，梯田粮食产量正常年份达到3 000kg/hm^2 以上，年人均粮食350～400kg，基本保证了农民吃粮充足。

(2)节水与安全并重，优化“121”雨水集蓄利用和农村安全饮水工程，集成推广注水沟播、膜侧沟播、双垄沟播、集雨补灌和节水温室等旱作农业新技术，水资源富集和安全开发利用率大幅度提高。

(3)开源与节能并重，优化农村整体式扶贫开发，广泛推广节柴灶、太阳灶、沼气灶等实用节能用具，引导农民使用清洁安全的新型能源，减少植被破坏，促进了生态自然恢复。

3)健全机制，依法监管，实现四个到位

健全机制，依法监管，实现四个到位，是指规范和建立生态修复长效机制，做到宣传、认识、监督、管理四到位，把生态修复建立在法制保障基础之上。

(1)围绕封禁，全市出台并实施了封山禁牧政策，区政府制定了安定区生态修复项目区水土保持封育保护办法，对修复的范围、面积、方式做了明确规定；禁止在25°以上坡地进行开垦耕作，对已开垦耕作的土地，在政府统一规划指导下限期退耕，并实施生态补偿措施。

(2)项目区成立了宣传教育、监督、监测和执法管护队伍，制作了封禁标志牌、宣传画，发放宣传材料2万多份。为了有效贯彻安定区生态修复项目区水土保持封育保护办法，还制定了封育保护区管护制度、封育保护区村规民约、生态修复工程封禁保护监督检查制度和生态修复区管护人员职责以及生态修复项目封育保护奖罚制度等。

(3)这些制度的落实，有效地防止了人为活动对生态修复的破坏，达到了潜移默化、唤醒民众保护生态环境意识的目的，从根本上保住了生态修复的成果。

4)自主创新，拓展模式，实现五个改变

自主创新，拓展模式，实现五个改变，是指自主创新，转变种植方式、养殖方式和能源使用方式，把生态修复建立在生态农业和社区发展上。

(1)由粗放经营传统产业向精耕细作马铃薯、牧草、中药材等主导产业改变，壮大生态农业产业集群。

(2)改变养殖方式，实施良种繁育和种畜改良，科学舍饲养殖，养殖方式多元化。项目实施期间，引进小尾寒羊 1 200 多只，良种繁育及改良种畜普及率已达到 90%以上；通过推广青饲发酵技术和大棚养殖技术，商品出栏年增长率达到 5%，实现了传统自由放牧方式向舍饲养殖改变。

(3)改变生活方式，建设“以气代柴”为主的多种能源工程，推广建沼气池、改圈、改厕、改厨的“一池三改”技术，建立新型农村社区。3 年时间，试区修建沼气池 425 座，新(改)建标准化圈舍 1 120 间，改造节能灶 1 300 户。采取这些措施，逐步解决了长期困扰农民生产生活中的“三料”(燃料、饲料、肥料)俱缺难题，避免了以往为获取“三料”而对生态资源大量直接索取和破坏，实现了向资源节约型方向的转变。

(4)改变劳务方式，有序输转剩余劳动力。通过培训、输转、基地建设、维权等一条龙服务，实现劳动力由分散粗笨型向劳务技术型方向转变。

(5)城乡互补，实施易地搬迁和小康村建设，使农村精神面貌和人居环境大为改变。

通过五个改变，立足“121 工程”，实施“种－养－沼－肥－田－收”一体化的生态家园富民工程，建立起了“生态修复＋生态农业＋农村社区发展”相结合的生态经济发展模式，实现植被得以恢复，土壤质量好转，生态环境向友好型发展。

5)生态修复技术体系

安定区实施生态修复采用的技术体系见表 9-3-1。

表 9-3-1　安定区实施生态修复主要技术体系

措施			内容	
生态修复技术体系		封禁	围栏、界碑、沙棘绿篱	对水土资源和生态环境评价
		抚育	补植、平茬、施肥、病虫害防治	
	调整	产业调整	马铃薯、劳务、畜草、中药材	
		土地调整	退耕还林(草)、梯田改造	
		开源	太阳灶、日光温室	
		节能	沼气池、节柴灶、集雨节灌	
		管理	组织机构、机制	
		宣传	媒体、传单、培训教育、文明社区	
		监督	执法机构、社会舆论、群众组织	
	监测	监测方法	把口站、径流小区、样点、普查	
		监测内容	植被、气象、水文、社会经济	

9.3.2.2　生态修复环境响应分析

环境对生态修复的响应，主要通过植被的恢复过程与土壤之间的互动适应、互相转化的关系，调控径流泥沙，控制水土流失，增加植被演替速率，改善群体结构，丰富生物多样性，促进植被恢复。同时，丰富的植被有机体(枯枝落叶、根)回补土壤，改善土壤结构，使土壤质量演化趋向正向发育，土壤质量得到逐步提高并保持在较高的水平，使退化的生态系统达到生态平衡和良性循环。

1)不同地貌生态位

坡向及坡位的差异，引起降水量和土壤有效含水量在空间分布的不同。换句话说，阳坡降水量和土壤有效含水量明显低于阴坡。如果算上≥5mm 的降水，阳坡提供的水量为330～362mm，阴坡提供的水量为 405.0～419.0mm。相同坡向不同坡位的景观差异也影响降水及土壤水分的分配，阳坡从上到下依次增高，阴坡从上到下依次降低。

在降水≥400mm 的南部地区，以本氏针茅草原和冰草草原为主要群落，其次为小叶锦鸡儿一本氏针茅、白里香一本氏针茅和冷蒿一本氏针茅等；在年降水<400mm 的北部地区，以短花针茅草原和灌木亚菊草原为主，其次为灌木亚菊一本氏针茅、冷蒿一短花针茅等群落。由此可见，针茅是最广泛分布的植物种，伴生有马康草、棘豆、阿尔泰紫莞、冰草、黄蒿、旱地野菊、细叶苔、多裂委陵草、骆驼蓬、苍耳、狼毒、车前、铁线莲、早熟禾、蒺藜等；主要灌木有锦鸡儿、沙棘、野枸杞、灌木亚菊、柠条、白刺、柽柳、杞柳等。

根据林草生长所需的立地水分需求，不同土地类型修复应遵循植被地带性分布规律和植物生态位配置，阳坡以灌草为主，并配置径流调控措施恢复植被；阴坡具备植被恢复的土壤水分条件，应乔、灌、草结合，适宜搭配，用赏结合，构建生态恢复和生态良性循环的绿色景观(见表 9-3-2，论文原表)。

2)生物多样性分析

半干旱区生态修复，是实施恢复植被，促进植被演替，增进生物多样性以及生物能量和谐交流的关键举措。不同土地修复类型中，植被演替速率和生物多样性程度为灌木林地好于乔木林地，乔木林地优于荒坡草地，荒坡草地优于退耕地(人工草地)；土地生产能力即生物量大小为灌木林地优于退耕地(人工草地)，退耕地优于荒坡草地和乔木林地。

表 9-3-2　生态修复区人工林树种配置

立地类型	树种配置
阴坡上部	沙棘、柠条、杞柳、紫穗槐
阴坡中下部	山杏、侧柏、沙棘、柠条、杞柳、紫穗槐、文冠果
半阳半阴中下部	油松、沙棘、侧柏、刺槐、花椒、樟子松、青杨、河北杨、紫穗槐、柠条、文冠果、苹果、梨和山杏
阴坡	油松、沙棘、侧柏、刺槐、樟子松、青杨、河北杨、紫穗槐、柠条、花椒、文冠果、苹果、梨和山杏
沟道	金丝柳、旱柳、杨树类、柽柳

3)坡面产沙产流影响分析

在调节径流方面，灌木林地减少径流的能力最强，可减少 50%以上，它的径流系数为0.19，对照区的径流系数为 0.44；其次是退耕草地和乔木林地，其径流系数分别为 0.20

和 0.29；减少径流能力最低的是封育荒坡，其径流系数为 0.35。综合比较各立地条件下的产沙量结果为：

(1)退耕草地小于灌木林地；

(2)灌木林地小于乔木林地；

(3)乔木林地小于封育荒坡，且均小于对照区各自对应地类的产沙量。

4)土壤养分分析

表 9-3-3　修复前后土壤养分变化情况

修复类型	测定年份	有机质(%)	全氮(%)	全磷(%)
荒坡草地	1986	1.66	0.107	0.074
	2004	2.07	0.160	
退耕草地	1986	0.74	0.048	0.065
	2004	2.15	0.170	
乔木林地	1986	0.80	0.042	0.072
	2004	2.23	0.150	
灌木林地	1986	0.54	0.025	0.078
	2004	2.86	0.180	

注：2004 年数据为中科院实测资料。

表 9-3-4　不同土地修复类型土壤速效养分比较　　单位：g/kg

修复类型	0～20cm					20～40cm				
	有机质(%)	速效磷	速效钾	硝态氮	铵态氮	有机质(%)	速效磷	速效钾	硝态氮	铵态氮
荒坡草地	2.07	1.63	218.37	9.24	6.99	1.65	1.35	151.89	7.74	5.28
退耕草地	2.15	4.75	334.23	31.08	6.83	1.76	4.26	229.71	22.48	5.91
乔木林地	2.23	9.34	308.30	26.93	7.64	1.65	7.68	216.82	19.13	6.15
灌木林地	2.86	22.70	275.47	10.59	7.15	1.96	15.61	196.34	7.80	6.42

根据安家沟流域同类型区修复前(1986 年)和采取修复措施后(以 2004 年底测定值为准) 0～40cm 土层的养分变化比较(见表 9-3-3 和表 9-3-4，均为论文原表)，由表发现，不同土地修复类型的土壤培肥能力有所差异，以灌木林地培肥效果最好，退耕草地和乔木林地次之，荒坡草地较小。而且不同修复类型区不同土层的养分差异也不同，与植被在土壤中的有机体积累、贮存、分解存在正向关系。这表明 4 种修复类型均有培肥能力，生态修复和植被恢复不仅没有减少土壤养分，而且能够促进植被和土壤之间的物质交换，加快土壤的正向发育，促进生态环境的良性循环。

9.3.2.3 **经济结构调整与效益评价**

1)经济结构调整及经济增长途径分析

半干旱贫困区生态修复,调整经济结构是确保修复成效的重要手段。实例说明如下。

(1)通过生态修复,农、林、牧、荒比例由修复前的33.0%、5.6% 、0.1%和61.3%调整到27.8%、24.2%、42.1%和5.9%,农、林、牧、副各业产值结构调整为50.2 %、2.6 %、5%、42.2%,结构调整趋于合理。农民经济收入主要是靠特色产业和副业的增长,劳务输出成为项目区经济增长的一条有效途径。

(2)随着经济结构的调整,畜牧业也成为新的经济增长点,舍饲养殖以及农业新技术的推广应用,使原来的传统种植业逐渐向集约、规模、高效和精品方向发展,马铃薯和中药材等一些地方特色产业呈稳定上升趋势,成为修复区经济结构调整和经济增长的稳定支撑点。

(3)生态修复带动了一些产业的发展,生态环境和产业结构向良性发展,但还很脆弱。因此,只有加大基础设施建设,改善农村生活环境,引进和加大资金投入,培植农产品深加工产业,提高农业附加值,才是增加农民经济收入的有效途径,也是提升市场竞争力和持续改善生态的最佳选择。

2)生态效益监测评价

生态修复后,林草覆盖度达到66.3%,水土流失径流模数由基期的2.23万m^3/km^2降为期末的1.19万m^3/km^2,年土壤侵蚀模数由5 845t/km^2降为2 100.8t/km^2,蓄水、保土效率分别达到46%和64%,林、草面积比重由修复前的5.6%、0.1%调整到24.2%、42.1%,土壤发育趋向正向,环境质量明显提高。

3)社会效益评价

生态修复,初步形成以畜牧业和地方特色产业(马铃薯、中药材)为主的产业结构,保证了农民经济收入,节省了农村劳动力,改变了劳动力的转移方向。劳动力在农、林、牧、副中的比例由基期的77.6%、1.6%、0.2%、20.6%变为期末的48.4%、2.5%、19.0%、30.1%,更多的劳动力由农村流向城市转移,农民收入由副业主导性向农、牧、副多元化发展。

4)经济效益评价

与基期相比,期末项目区粮食年人均达到400kg以上,年经济纯收入人均增加了1.07倍,达到1 493元,农民生活稳定达到温饱,消费水平提高了34.6%。

5)结论

实施生态修复,必须将植被恢复技术与农村基础设施建设、结构调整、草畜转化、法制宣传、监督管护、效益监测等技术进行系统集成,形成一个多功能、多目标的生态修复政策与技术体系。妥善处理生态修复与经济发展之间的辩证关系,建立生态修复可持续管理的长效机制,才能促进生态、经济、社会的协调发展。因此,要做到四个有机结合:

(1)要在充分发挥大自然自我修复能力的基础上搞好综合治理,因地制宜、科学布设各类水土保持防治措施,实现人工治理与生态修复的有机结合;

(2)要在恢复植被的基础上,切实解决好群众生产、生活问题,开源节能、调整结构,壮大产业、发展农村经济,实现生态修复与当地群众脱贫致富的有机结合;

(3)在巩固原有成果的基础上,切实解决重建轻管的问题,加大宣传力度,依法监管,实现生态修复与监督管护的有机结合;

(4)在保持水土、改善生态的基础上,美化环境,逐步建立资源节约型、环境友好型、人与自然和谐共处的和谐社会,实现生态修复与社会主义新农村建设的有机结合。

9.3.3　雨水资源利用与水土保持的成功经验

在西北部分干旱地区,雨水几乎是当地生产、生活唯一的水资源来源。节约用水和充分利用雨水,成为无奈、现实之举。一些专家通过研究、分析当地气候及生态条件,结合雨水资源的开发利用,较为系统地提出适用于水土保持治理模式的关键技术①。

9.3.3.1　概况

1)研究区社会经济概况

青海东部浅山地区是青海省主要的人口聚集区和农业生产区,该地区生态环境脆弱,水资源匮乏,降雨稀少,且季节分配不均,地下水埋藏深,蒸发量大,致使年年有春旱,两年一小旱,五年一大旱。气候干旱和水资源匮乏,严重制约了当地农业的发展,影响了农民的收入。该地区降雨多集中于 6—9 月,其间常有暴雨产生大量的地表径流,对土壤冲刷严重。因此,对雨水资源的充分利用与防治水土流失开发利用尤为重要。

雨水资源的水土保持开发利用模式在干旱浅山地区的利用,主要是减缓地面坡度,截短径流流线,削减径流冲刷动力,强化降水就地渗入与拦蓄,保持水土,改善坡耕地生产条件,为农业的稳产高产和减少水土流失及生态农业的发展创造有利条件。

2)青海东部地区水土资源概况

青海东部地区地处黄河干流龙羊峡以下,日月山以东,东经 98°54′～103°04′,北纬 34°48′～38°20′,海拔 1 650～3 200m,面积 4.65 万 km^2,占全省总面积的 6.46%,包括西宁市及湟中、湟源、大通、互助、乐都、平安、民和、化隆、循化、贵德等 13 个市县的全部或大部地区及贵南、共和两县的部分地区。其主要特征是:

(1)地形复杂破碎,沟壑纵横;

(2)人口密度大,耕地指数高;

(3)水土流失严重,流失总面积为 26 817.4km^2,占东部地区总面积的 57.7%。

本区气候属于高原大陆性气候,气温垂直变化较明显,日差较大、年差较小;太阳辐射强,日照时间长,年平均气温 2～9℃,无霜期 100～200d;雨量时空分布不均,年降水量的 70%～80%集中于当年的 6—9 月,3—5 月降水量仅占 10%～16%,年平均降水量仅 310～420mm,而蒸发量高达 1 200～2 200mm,属干旱半干旱地区。

青海东部区主要地貌由河谷川台区、浅山丘陵区、脑山区组成。其中,浅山丘陵区水土流失最严重,占东部水土流失总面积的 36%,河谷川台区占 9%,脑山区占 13%,分布占比见图 9-3-1 和表 9-3-5。

① 杨芳,谢玉娟.青海东部雨水资源的开发利用研究——水土保持模式与关键技术[J].中国农村水利水电,2010(5).

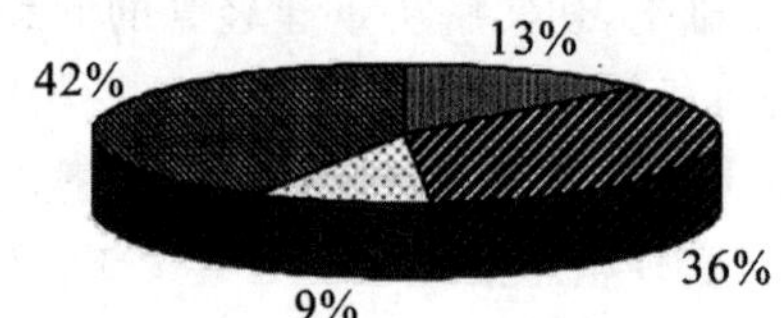

图 9-3-1 东部地区各类型区水土流失面积比例(论文原图)

表 9-3-5 东部地区主要地貌及特点

类型区	海拔(m)	地貌及特点	水土流失程度
河谷川区	1 650～2 600	地形平缓,农耕地大部分为水浇地	水土流失轻微
浅山丘陵区	2 000～2 800	山高坡陡、沟壑纵横,地形破碎,植被稀疏	水土流失严重
脑山区	2 700～3 200	中高山丘陵地貌、植被覆盖度高,气候较湿润	水土流失较重

9.3.3.2 雨水资源的水土保持利用现状

青海东部地区地形复杂,坡度大,降水稀少且时空分布不均,浅山丘陵区植被覆盖率低,水土流失严重。如何有效地利用雨水资源,减轻水土流失,是水土保持工程项目中最关键的问题。

1)山坡雨水资源的利用现状

据调查,目前青海东部地区山坡雨水资源的利用模式,主要有山坡雨水就地拦蓄利用,以及山坡雨水异地利用。

(1)山坡雨水就地拦蓄利用。梯田、水平阶、鱼鳞坑等,是东部地区山坡雨水资源水土保持利用的主要措施。调查资料显示,东部浅山丘陵区主要以修筑水平梯田和隔坡梯田。根据互助县水土保持监测站提供的资料,20°以下的坡地,且土质良好、土层深厚,一般适合修建水平梯田,种植农作物,梯田规格见表 9-3-6(论文原表)。

水平梯田与坡耕地相比,水平梯田比坡耕地土壤含水量(耕作层)平均高 2.2%～9.9%,土壤孔隙度增加,持水量增加 17.3%,有机质含量提高了 1.5 倍,全氮含量提高了 2 倍,速效磷含量提高了 1.8 倍,对改善土壤物理化学性质具有明显的作用。此外,水土流失明显减少,土壤侵蚀模数由 5 000～8 000t/(km^2 · a),减少到 1 000～4 000t/(km^2 · a)。

表 9-3-6 互助县修筑水平梯田规格表

坡面坡度(°)	田坎高(m)	田面宽(m)	每公顷土方量(m^3)
5	2.5～3.5	28～29	3 135～4 380
5～10	3.5～4.0	19～22	4 380～4 995
10～15	3.5～4.5	12～16	4 380～5 625
15～20	3.5～4.5	9～11	4 380～5 625

(2)山坡雨水异地积蓄利用。在雨水开发利用中,有时坡面产生的径流在当地无法或

难以利用，可在其他地方或缺水时待用，因此需要采取一定的工程措施将坡面径流引向异地，这样就解决了当地的坡面雨水冲刷问题，同时也使坡面雨水资源得到有效利用，起到变害为利的作用。据调查，雨水异地积蓄利用工程模式主要是水窖、蓄水池和涝池。其中，水窖在东部浅山地区应用最普遍。

水窖、蓄水池都应修建在比较紧实、完整没有裂缝的黄土层内。也就是说，水窖适用于稳定垂直壁面的黄土层；蓄水池可用于不易构建水窖结构不稳定的砂土地区；涝池多位于地势较低、地下水浅、易于集水的洼地。

水窖有基本固定的结构，蓄水较稳定，保水性好，但蓄水量少。水池蓄水量大，但蓄水量不稳定，受外界影响较大。涝池蓄水量可达 500～800 m^3，但蒸发量大，蓄水量不稳定，多用于畜禽饮水。几种常见窖体的技术参数见表 9-3-7。

表 9-3-7　几种常见窖体的技术参数(论文原表)

窖名	窖形	体积/m^3	(m)	腰(m)	底(m)	深度(m)
球形窖	球状	35.00	0.50	4.06	—	5.35
坛形窖	坛状	36.00	0.50	3.30	1.50	7.00
瓶形窖	瓶状	35.00	0.75	3.40	3.20	8.00

2)沟道雨洪资源的利用现状

沟道雨洪资源的利用，水土保持措施是坝系建设，它具有拦泥淤地、蓄水减沙等多种效益。据调查，东部浅山丘陵区沟道雨洪资源的利用模式，主要有沟头防护工程、谷坊和集流坝沟头防护工程。研究区内，主要采用蓄水型的沟埂式沟头防护工程。

(1)沟埂式沟头防护。沟埂式沟头防护是在沟头以上的山坡上修筑与沟边大致平行的若干道封沟埂，同时在距封沟埂的上方 1～1.5m 处开挖与封沟埂大致平行的输水沟，防止从山坡汇集而来的地表径流排入沟道。

(2)谷坊。谷坊是山区沟道内，为防止沟床冲刷及泥沙灾害而修筑的横向拦挡建筑物。谷坊分为土谷坊、石谷坊、钢筋混凝土谷坊。

(3)东部地区主要采用土谷坊。土谷坊就是用土料做成的小土坝，坝表面用草皮或砖、石砌护，适合小型沟道水土流失的治理。坝高在 2～5m 之间，坝端开挖溢洪道排泄洪水，坝后的淤地种植喜湿耐淹用材林、果树，或其他经济价值高的植物。

(4)集流坝工程。包括拦水(沙)坝、淤地坝等，是以拦蓄山洪及泥石流沟道(荒溪)中固体物质为主要目的的拦挡建筑物，适合较大沟道内水土流失治理措施。坝高一般为 3～15m，坝型主要根据当地山洪和泥石流的规模选择。

(5)筑坝密度与流域水文地质条件及沟道宽窄情况有关。根据湟源县土石山区和黄土丘陵区两类不同地域的典型小流域集流坝调查分析，当治理程度达到 80%以上时，土石山区的布坝密度以掌握在 0.40～0.50 座/km^2 为宜，丘陵区以掌握在 0.50～0.65 座/km^2 为宜。集流坝情况调查见表 9-3-8。

表 9-3-8 典型小流域集流坝情况调查

类型区	治理程度(%)	集流坝数量(座)	筑坝密度(座・km^{-2})	平均坝高(m)
土石山区	86.11	15	0.40	8.5
丘陵区	81.6	18	0.63	8.5

3)山泉溪流利用现状

青海东部地区有些沟道内由于地下水浅、土壤渗水等形成的小泉溪流较多,这对于水资源尤为短缺的东部干旱山区来说十分珍贵,该地区采用在溪流出流处修建小型蓄水坝(池)、埋管或修渠通往用水处。蓄水坝(池)具体规模依据沟道大小、溪水流量、当地用水情况而定,东部地区对山泉溪流还没有进行较好的开发。

9.3.3.3 雨水资源及水土保持开发利用模式与关键技术

通过对东部浅山丘陵区雨水资源及水土保持措施的调查和分析,研究中提出山丘区不同部位(坡面、沟道)雨水资源的利用模式,并确定其关键技术。

1)山坡雨水资源开发利用模式与关键技术

山坡相对于沟道,纵坡比降大,因而降雨产生的径流流速较高。降雨停止后,坡面上的滞留水较少,降雨入渗量有限,所以山坡降水资源的天然利用率极低。要提高其雨水利用率,就必须从改变山坡坡长和水流动态方面寻找途径。根据实地调查分析,山坡雨水资源的水土保持开发利用模式应分为以下 3 种:

(1)雨水就地拦蓄入渗利用模式;

(2)雨水就地叠加利用模式;

(3)雨水异地利用模式。

2)雨水就地拦蓄入渗利用模式及关键技术

雨水就地拦蓄入渗利用模式,是通过对地表微地形的改变来增加地表土壤的入渗能力,使能够入渗到土壤中的水分最大限度地渗入并保存下来,从而减少地表径流量,提高坡面雨水资源的利用率。雨水就地拦蓄入渗的主要利用模式为水平梯田形式,尽可能多地拦蓄雨水,使其入渗到土壤。

如何修建最优的水平梯田才能最大限度地拦蓄雨水,减少水土流失,其重点在于把握其修筑水平梯田的关键技术。水平梯田设计的关键技术是确定最优断面,而“最优断面”的关键数据是田面宽度。梯田宽度优化设计与研究,取决于降雨特征、地面坡度及范围、土壤力学性质、作物生长环境、耕作机具、投资强度和治理速度诸多因素,是一项系统工程。水平梯田优化断面设计示意图见图 9-3-2。

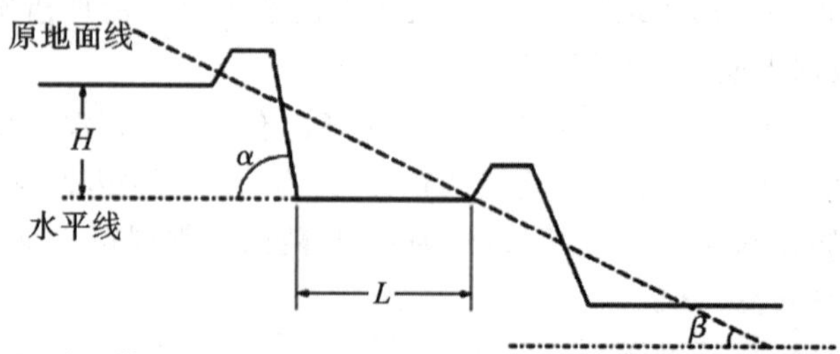

L-水平梯田田面宽度; α-原地面坡宽; β-田埂侧坡坡宽

图 9-3-2 水平梯田断面图(论文原图)

根据地形和坡度不同，在不同地区分别采用不同的田面宽度。优化设计确定：

(1)残垣、缓坡地区一般坡度在 10°以下，在修建水平梯田以后可采用大型农机具进行耕作。实践证明，当拖拉机带牵引农具时，掉头转弯时所需最小直径为 12～13m；一般拖拉机翻地时都把 25～30m 宽的田面作为一个工作小区，无论从机耕或灌溉的角度来看，一般以 25m 左右为适。

(2)丘陵陡坡地区，一般坡度在 10°～25°，通常采用小型拖拉机进行耕作，这种农具在 8～10m 宽的田面上就能自由掉头转弯，因此在陡坡修建水平梯田时，其田面宽度不小于 8m。没有道路情况下，即无法采用小型拖拉机进行耕作时，小型梯田不受此限。

3)雨水就地叠加利用模式及关键技术

雨水就地叠加利用模式，是微地形改变雨水就地利用的深化与发展，即在微地形改变雨水就地利用的基础上，将临近地表的雨水汇集其上加以利用的一种叠加利用方式。雨水就地叠加利用模式，主要有隔坡梯田、水平阶、鱼鳞坑等方法。

(1)隔坡梯田。隔坡梯田田面部分就地蓄积雨水，同时水平田面上部坡面的雨水也汇集到梯田田面供作物利用，这种类型的坡面集雨措施与雨水就地拦蓄模式有所不同。隔坡梯田修建一般布设在坡度 25°～40°的坡地，田面宽度与坡面宽度之比可掌握为：25°～30°地区为 1∶2；30°～40°地区为 1∶3，见图 9-3-3(论文原图)。

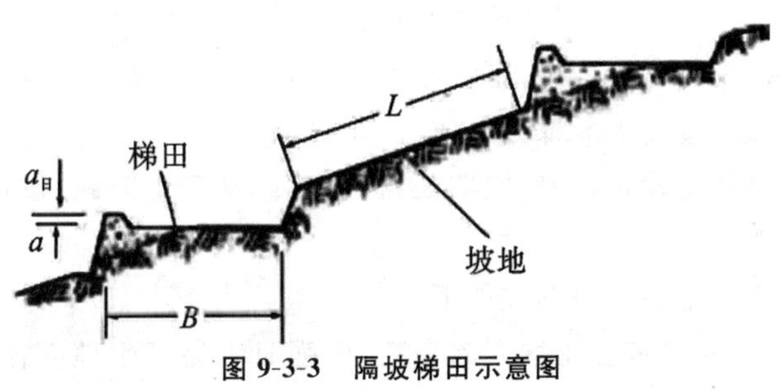

图 9-3-3　隔坡梯田示意图

隔坡梯田主要与还林还草结合运用，一般在隔坡带坡段区要注意种植草本植物或灌木，一方面减少坡面径流强度，减少水中含沙量，同时增强坡面的稳定性；另一方面，隔坡带为畜牧业发展提供饲草基地(饲草带)和放牧基地(放牧带)。

(2)水平阶。水平阶和鱼鳞坑的雨水叠加原理与隔坡梯田相同，都适合修建在 25°～50°范围以及坡度变化大、不适合修筑梯田的山坡。水平阶一般修筑在土层较厚、地形完整的坡面或沟台地，沿等高线整地，呈里低外高的台阶，阶宽 1m 左右，长度依地形而定，阶间距离 3～5m，植树于外沿内侧。该形式多用于坡面造林和梯田地埂栽植经济林及沟坡水土保持林建设。

(3)鱼鳞坑又名月牙坑。主要是沿等高线在山坡上自上而下挖成近似半圆形的坑，修在地形复杂、土层较浅的坡面。坑在坡面呈“品”字形排列，幼树植在坑的中央或靠埂内侧下缘。长径 80cm，短径在 50cm，坑内深翻 30cm，埂高 15cm，坑距依植树、造林密度而定。鱼鳞坑形象与分布见图 9-3-4。

图 9-3-4　鱼鳞坑形象与分布(论文原图)

4)山坡雨水异地利用模式及关键技术

雨水异地利用模式采用雨水的积蓄利用,主要有水窖、涝池等。水窖大体有球形窖、坛形窖、瓶形窖 3 种,具体规格见表 9-3-7。其中,球形窖最适宜青海东部浅山地区,它具有省材、抗压力强,施工容易,取水方便等优点。容积一般为 $35m^3$,窖内直径 4.06m,窖内表面积 $51.76m^2$,取水口半径 0.5m,窖壁厚度 0.06m,圈梁高宽度 0.15m。球形水窖由窖体、圈梁、窖盖、进水道、过滤池 5 部分组成。

坛形窖和瓶形窖施工较难,工期周期长,造价高。基于此问题,设计优化建议多采用修建球形窖。

青海东部地区水窖主要布设形式如下:

(1)井式水窖。丘陵缓坡区土壤入渗率高,雨强时不易产生地面径流,可布设井式水窖(窖体下半部进行防渗处理以确保能够蓄住水,上半部干砌以有利于土壤水渗入窖体)。使用时配手压机或水泵将水抽出地面供人畜饮用或用作灌溉。

(2)池窖组合型。首先在坡面的凹形低洼处建一蓄水池,将坡面雨水汇入其内,然后埋管(或修渠)将水送至用水点处的水窖(一窖或多窖),供农田灌溉或人畜饮水。除了以上形式,该地区节水研究中还借鉴以下模式,如山前台地布窖,即在山坡与阶地结合部布设水窖,把山坡坡面的扇形汇流,经过虑沉淀后存入窖中。

(3)梁峁布窖。利用梁脊道路,在道路边附近布设水窖,以拦蓄路面及其内侧坡面汇流和集水。

(4)低洼处布设梅花形水窖。即在坡面低洼处,将若干个水窖按梅花形布设成群,群窖之间用暗管连通,由中心窖抽水灌溉。

(5)在梯田区布设排子型水窖。即沿梯田等高线方向布设一排水窖,窖底以暗管串通,并在此块梯田的地坎上设暗管直通窖内,使窖内存水自流浇灌下块梯田。

(6)路边窖。利用各种等级公路良好的路面集水条件和已有的边沟设施,结合积雨地形,把水窖布设在路界以外的农田内,以蓄积路面汇流雨水灌溉农田。

9.3.3.4　沟道雨洪资源开发利用模式与关键技术

降水经坡面地表径流及土壤渗流汇入沟道后，将对沟底及沟道两岸产生水力侵蚀。为防止或减轻水流侵蚀，并有效地开发利用沟道雨洪水资源，变害为利，可以在沟道修建以蓄水为主、兼具削峰、拦沙功效的坝系工程。

1)沟头防护工程

蓄水型的沟埂式沟头防护工程，主要修建在沟道来水量少、沟头集水面积小的地方。在沟头坡地地形较完整时，可做出连续式沟埂。每道封沟埂之间的距离一般等于 2～3 倍沟深，至少相距 5～10m，以免引起沟壁崩塌。沟埂长度、埂高等依沟头地形坡度、所获得的蓄水容积、来水量、土质条件等决定。当沟头集水面积大且来水量多，沟埂不能有效地拦蓄径流时，在沟头上方水流集中的跌水边缘用木板、混凝土、钢板等制成槽状，使水流通过水槽直接下泻到沟底，沟底用碎石堆与跌水基部，以防冲刷。

2)沟床固定(谷坊)工程

谷坊主要作用是防止沟床下切冲刷，因此在考虑某沟段是否修建谷坊时，首先应当研究该沟道是否会发生下切冲刷作用。判别沟段发生下切冲刷作用的因素，主要有沟床的土壤、地质条件、植物生长情况、沟底坡度、流速、流量等。谷坊是小型沟道的主要雨水资源利用及水土流失治理措施。谷坊施工的技术特点，主要在根据沟道大小规划测定谷坊位置(坝轴线)，按设计的谷坊尺寸，在地面划出坝基轮廓线，将轮廓线以内的浮土、草皮、乱石、树根等全部清除。青海东部地区适合修建土谷坊和石谷坊，这两种谷坊就地取材容易，施工期短。其中，石谷坊还可采用阶梯式，外坡呈阶梯状起消能作用，以减少下游的冲刷。筑外坡时，自下而上逐层内缩；每层内缩的长度一般与厚度相等，约为 0.3m。

3)沟床拦水坝工程

拦水坝工程是集流坝的主要开发形式，其功效以近期拦(蓄雨水)为主，中后期以拦(蓄)泥沙为主(亦可称“拦沙坝”)，综合效益十分明显。修筑拦水坝的技术一般比较简单，可根据适宜的集水面积、口小肚大的地形条件和良好的坝址条件等选择坝址坝型。在优选坝型时，注重考虑因地制宜、就地取材的原则，一般土石山区选择砌石重力坝，丘陵区选择均质土坝、土石混合坝。坝高与坝顶宽度有关，可以推荐参考值见表 9-3-9。

表 9-3-9　坝高与坝顶宽度参考值(论文原表)　　单位:m

坝高	＜10	10～20	20～30	＞30
顶宽	2	2～3	3～4	4～5

4)淤地坝工程

淤地坝，是指在沟道里为了拦泥、淤地所建的坝，坝内所淤成的土地称为坝地。一般淤地坝由坝体、溢洪道、放水建筑物 3 部分组成。淤地坝是小流域水土保持综合治理中的一项重要工程措施，它在控制水土流失，发展农业生产方面具有较大的优越性。

淤地坝坝体用以拦蓄洪水，淤积泥沙，抬高淤地面积。坝体土料选取坚持先低后高、先近后远、先易后难的原则，做到高土高用、低土低用，以利于缩短运距。

溢洪道，是排泄洪水的建筑物，当淤地坝洪水位超过设计高度时，就由溢洪道排出，保证坝体的安全和坝地的正常生产。放水建筑物多采用卧管式放水，将沟道长流水、库内清水等通过卧管排泄到下游。

淤地坝除了拦泥淤地外，还有防洪要求。所以，淤地坝的库容由两部分组成：

(1)淤地坝的部分库容为拦泥库容；

(2)其他部分为泄洪库容。

相当于两部分库容的坝高，即为拦泥坝高和泄洪坝高。另外，为了保证淤地坝工程和坝地生产的安全，还需增加一部分坝高，称为安全坝高。因此，淤地坝的总坝高等于拦泥坝高、泄洪坝高、滞洪坝高及安全坝高之和(示意图见图 9-3-5 论文原图)。

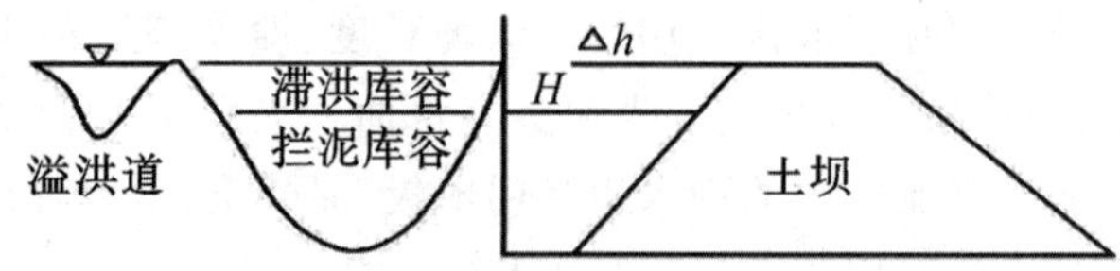

图 9-3-5　淤地坝坝高与库容关系示意图

5)沟道雨洪资源利用现状

现实情况下，东部地区只采用单一措施利用沟道的雨洪资源；在条件允许时，还可采用或开发以下布设方式。

(1)坝一坝连环型。即建集流坝工程，从沟道上游至下游、依次布设谷坊和集流坝。其运用方式为：一种是清洪分治排洪蓄清、蓄排结合，如拦沟坝；另一种是上坝拦沙落淤、下坝滞洪蓄清。

(2)坝一窖组合型。先有集流坝，将上游坡面的水蓄积起来，然后通过渠道(或管)输送给水窖，再由水窖转送至用水点。

(3)坝池组合。工作原理同与坝一窖组合型。

(4)坝一池一窖组合型。先由集流坝将雨水送至蓄水池，然后在转送至水窖供用户使用。淤地坝分为大、中、小 3 级，分级标准见表 9-3-10。

表 9-3-10　淤地坝分级标准

分级标准	库容(万 m^3)	坝高(m)	单坝淤地面积(hm^2)
大型	500～100	＞30	＞10
中型	100～10	30～15	10～2
小型	＜10	＜15	＜2

9.3.3.5　山泉溪流水资源开发利用模式

青海东部地区一些地下较浅的沟道内形成的小山泉多，其出流距离短，没有污染，水质好，含沙率低，能够满足各类用户对水资源的需求。因此，开发利用山泉溪流有限的水资源具有十分重要的资源与经济价值。近几年，青海东部山区对溪流进行了一定程度的开发，主要采用以下两种模式。

1)“长藤结瓜”式

在泉水出露处建一小型蓄水池，然后埋管或修渠(多采用埋管以减少渗漏损失)通往用水区。若用水点比较分散，可在管道沿线依用户情况再布设若干个蓄水池或水窖以调蓄来水。这种形式以人畜饮水为主，工程建设中最为常见。

2)“渠道带蛋”式

先在泉水出露处建一小型蓄水池，然后埋管或修渠并沿用水线路每到一用水点设置一蓄水池，再由此蓄水池溢水口向下一个蓄水池埋管或修渠送水直至终点。这种形式适合于用水点比较分散的地区。其优点是有利于微水资源的充分开发利用(上游用不完的水，可转送至下游使用)，缺点是上下游的用水保证率有时差异较大。

9.3.3.6　**雨水资源利用分析**

1)综述

通过青海东部地区互助、湟源两县水土保持监测站资料及实地调查分析，以对干旱浅山丘陵区雨水资源的水土保持开发利用进行研究，提出并确定了青海东部地区雨水资源及水土保持开发利用模式与关键技术有：

(1)山坡雨水资源的水土保持开发利用模式与关键技术；

(2)沟道雨洪资源的水土保持开发利用模式与关键技术；

(3)山泉溪流利用模式。

山坡雨水资源的利用与水土保持生态治理是两个独立问题，在干旱地区充分利用雨水与防治集中雨季的强降雨导致水土流失，有殊途同归之意，或是同功能与不同目标的有效结合。就雨水资源开发利用模式，主要有雨水就地拦蓄利用模式、雨水就地叠加利用模式和山坡雨水异地利用模式，具体分类见表 9-3-11。

2)沟道雨水资源利用结论

沟道雨水资源的利用结合水土保持开发利用模式，主要包括沟头防护工程、沟床固定工程(谷坊、拦水坝、淤地坝)。而沟头防护工程，多修建在沟道来水量少，沟头集水面积小的地方。其中，

(1)谷坊适合小型沟道雨水资源的水土保持开发利用；

(2)拦水坝、淤地坝适合较大型沟道雨水资源的水土保持开发利用；

(3)山泉溪流利用模式可采用“长藤结瓜”式和“渠道带蛋”式。

由于东部地区对山泉溪流利用有限，在今后实践中再继续研究完善。

表 9-3-11　山坡雨水资源利用模式及关键技术

山坡雨水资源利用模式	主要采用模式	适合坡度或地形	技术参数
雨水就地利用模式	水平梯田	25°以下，土质良好，土层深厚	10°以下，田面宽度 25m，10°～25°田面宽度不小于 8m
	隔坡梯田	25°～40°	田面宽度与坡面宽度之比可掌握为：25°～30°地区为 1：2；30°～40°地区为 1：3
雨水就地拦叠加利用模式	水平阶	25°～50°	阶宽 1m，阶间距 3～5m，阶长依地形而定。
	鱼鳞坑	25°～50°	半圆形，长径 80cm，短径 50cm，坑深 30cm，埂高 15cm。
雨水异地利用模式	球形窖	球形窖修筑在稳定垂直壁面的黄土层	容积 $35m^3$，窖内直径 4.06m，窖内表面积 $51.76m^2$，取水口 0.5m，窖壁厚度 0.06m，圈梁高度 0.15m

第 10 章 高陡坡抗冲刷实验与水土流失治理实践

我国山地面积达 70%，耕地 1.2 亿多 hm^2。从耕地总量上讲，约占世界总量的 7%。但是，我国人口众多，耕地总体质量不高，大于 25°的陡坡耕地有 607.15 万 hm^2。有水源保证和灌溉设施的耕地仅占 40%，而中低产田占耕地面积约 79%。因此，耕地与人口、发展与资源矛盾非常突出。在人口较为密集、经济比较发达的山区，当地农民不得不大量开垦坡地，加上乱砍和过牧，水土流失难以控制。

另外，水能资源富集的地区，也大都为高山峡谷，地少坡陡。水电站建设需要征占大量土地，同时又产生相当规模的弃渣场。峡谷地区的弃渣场，多沿河、沿沟堆放。作为松散堆积体，除修公路外，短时间内不宜利用其建设永久建筑物和安置居民，只能利用其复耕、绿化、造林、养殖等。在大块石堆积的弃渣场进行覆土复耕，势必要求覆盖大量腐殖土，无论以何种方式获取腐殖土，都必须付出高昂成本，甚至有可能破坏其他地方表土和当地水土生态而得不偿失。

本研究课题，通过掺拌实验和截水、保水方法实践，拟解决电站渣场坡面覆土问题以及高陡坡面表土抗冲刷，减少干旱河谷条件下的高陡坡面水力、风力侵蚀，实现保水、保土以及植树种树保存效果，恢复山地工程建设区域植被和生态。

10.1 高陡坡面抗冲刷实验

地球陆地面积中，大约有 20%的面积处于极地和各大陆的高寒地区，又约有 20%属于干旱地区，另 20%是陡坡山地，还有 10%为岩石裸露缺乏土壤和植被。也就是说，这 4 项共占陆地面积的 70%。作为山地大国和淡水、土地资源十分紧张的国家，尽管其土地资源秉性较差，合理开发和充分保护与利用这些土地，已是经济社会发展的迫切选择。

在高山峡谷及干旱河谷建设交通、能源工程，弃渣场形成的坡面面积远远多于平面面积。无论是基于生态考量，还是作为农业(果、疏、养殖)生产用地，对其坡面土地的资源开发和利用非常必要，意义重大。但是，开发、利用和生态修复人为形成的高陡弃渣场坡面，首要条件是确保高陡坡面的安全与稳定。

10.1.1 高陡坡体安全稳定措施

高山峡谷地区建设水电站或高速公路、高速铁路等基础工程，为了减少淹没，规避地震、泥石流等灾害及风险，设计单位往往更多地选择地下工程(隧洞、洞室)布置主体建筑物。而大规模的地面开挖和地下开挖，必然产生大量弃渣。无论沿河道或是沟谷布置人工堆积的渣场，即便是精心设计和精心堆渣，巨量、松散的渣场本身就是潜在的滑坡源或潜在泥石流等地质灾害源(见图 10-1-1、图 10-1-2、图 10-1-3 和图 10-1-4)。渣体堆积过程的不规范，很容易形成高陡坡体，而高陡边坡在地震、洪水等环境下很可能失稳，造成更大的次生灾害。因此，在研究和实验高陡边坡的保土、保水措施，修复植被生态之前，有必要研讨高陡边坡的安全、稳定措施。

图 10-1-1　水电站沿沟谷堆积的渣场

图 10-1-2　水电站岸坡开采的料场

图 10-1-3　公路顺山坡堆积的渣场

图 10-1-4　公路顺坡堆积的岸坡渣场

10.1.1.1　**实验区泥石流危害**

除了图 10-1-1 至图 10-1-4(均为金沙江干旱干热河谷大型水电站施工开挖形成的高陡弃渣坡体)所标示的(潜在次生灾害源)的陡坡渣场外，本书的第 7、第 8 章也列出课题研究及实验区(干旱河谷)大量的临河陡坡渣场。一旦发生大地震或长时间降雨，这些渣体将迅速转化成现实的灾害及损失。汶川大地震后，灾区几乎每年的雨季(汛期)，都因为以前滑坡体、公路施工弃渣淤满河道以及高速公路侵占河道等原因，河床没有足够行洪断面，造成小泥石流形成大灾难，映秀至理县公路年年被洪水、泥石流冲毁，损失巨大。

2009 年 7—8 月，大雨导致泥石流，岷江河道早已在地震时淤满，泥石流冲下的渣体再次推高河道、抬高水位，不断上涨的河水冲垮都江堰至汶川的多段国道 213 线和 317 线。2010 年 8 月中旬，汶川县境内因强降雨，发生了 16 处泥石流，岷江河道多处形成堰塞体，河水发生改道，映秀灾后重建的新镇泡在洪水里(见图 10-1-5)。2013 年 7 月中旬，因强降雨整个汶川县(除县城外)都发生泥石流冲毁道路、淹埋民房，如：汶川县克枯乡下庄村由于持续降雨引发泥石流，塌方量超 10 000m^3，国道 317 线被多次阻断；距汶川县城 5km 处的威州镇七盘沟阳光家园 4 期突发山洪泥石流，约 10 万 m^3 泥石流阻向岷江河道，在建房屋全部被冲毁，都汶高速公路被阻断，岷江一侧的壅塞体形成近数公里长的堰塞湖，对面国道 213 线约 1 000m 的路基卷入岷江，附近新桥村、威州市场、阿坝州车管所、七盘沟变电站也被全部淹没，导致汶川县城全面停水停电(泥石流灾损见图 10-1-6、图 10-1-7 和图 10-1-8，来源：新华网、中新网等)。

图 10-1-5　映秀重建新镇泥石流引发的洪灾

图 10-1-6　泥石流淹埋震后住宅小区

图 10-1-7　泥石流瘀满河道淹埋建筑设施

图 10-1-8　泥石流形成堰塞湖

10.1.1.2　安全稳定护坡措施

综前所述，治理泥石流并不复杂，治理所需投入与每年泥石流造成的直接灾害损失和救灾投入相比微乎其微。那么，为什么任其年年在同一山地发生泥石流灾害？治理其决策如此艰难，进程如此缓慢？太深奥的原因作者不得知晓。但是可以肯定地说，凡是经过工程(合格质量)治理的泥石流沟，不会因发生泥石流造成重大损失。因为，泥石流遇到拦挡后自然堆积成台地，课题实验区干旱河谷很多台地的形成，都与泥石流有关，这些阶地、台地上大都存在居民和耕地。

汶川地震后，一些不再有森林或植被覆盖的陡坡在地震和余震作用下，表层已经松动，雨季尤其是强降雨，很容易使松动的陡坡表层形成滑坡或泥石流。对汶川、茂县等地的此类潜在地质灾害，在其经常发生泥石流的沟口筑坝拦挡泥石流，沟底采用大块石架空铺垫形成盲沟排水，坝间布设多层排水孔，超过坝顶高度沿山坡修筑表层排水沟(渠)。这样不仅可以消除泥石流的危害，而且还可以大量造地，缓解干旱河谷耕地紧张的人地矛盾。本著虽以研究电站渣场水土流失治理与生态修复为重点，鉴于泥石流是水土流失规模和强度之首，在此赘言望引起决策层关注并实施治理。

建设水电站和公路工程中，人工开挖形成的高陡坡面，特别是不规范施工堆积形成的高陡渣体是很大安全隐患。消除这些隐患，确保人工开挖形成的高边坡体的安全、稳定至关重要。对人工开挖的高陡岩质边坡或土质边坡，应采用不同工程安全措施。岩质边坡可采取以下方式：

(1)打排水孔，布设排水管和表层排水沟；

(2)岩石完整情况下，坡面喷混凝土(见图 10-1-9)；

(3)岩石不完整，采用锚杆或锚索支护、灌浆固结，浇筑混凝土；

(4)采用锚索支护并浇筑贴坡混凝土(见图 10-1-10)。

图 10-1-9　陡坡表面喷锚稳定边坡

图 10-1-10　锚索支护浇筑贴坡混凝土

土质或碎岩边坡适用以下安全措施：

(1)坡面防渗和排水工程，坡脚排水；

(2)削坡和减载措施(包括增设台阶)；

(3)采用锚杆支护加混凝土框格梁(见图 10-1-11、图 10-1-12 和图 10-1-13)；

图 10-1-11　混凝土框格梁护坡绿化

图 10-1-12　锚杆支护加混凝土框格梁

图 10-1-13 混凝土框格梁护坡

图 10-1-14 挂网或铺设植物袋绿化

(4)采取挂网或铺设植物袋(见图 10-1-14 和图 10-1-15);

(5)复杂高陡边坡适用抗滑桩接混凝土板墙(即桩墙组合支护)。

10.1.2 干旱河谷高陡坡面冲刷实验

土壤侵蚀中,水力侵蚀最为严重。据统计,全世界每年入海物质约 300 亿 t,而水力侵蚀造成的水土流失就超过 240 亿 t,这其中人为活动加剧水土流失的占比达 70%。我国年土壤流失量超过 50 亿 t,是世界土壤流失最严重的国家。

在山地,随着自然坡度的增加,土壤流失量增加。到达一定的海拔高度(2 600m)后,随着植被由疏到密以及人为活动的减少,水土流失量逐渐减少。据调查研究,海拔 800～2 600m 的山地陡坡受水力侵蚀作用最甚。图 10-1-19 为干旱河谷(海拔高度约1 300m)自然条件下水力侵蚀情况。

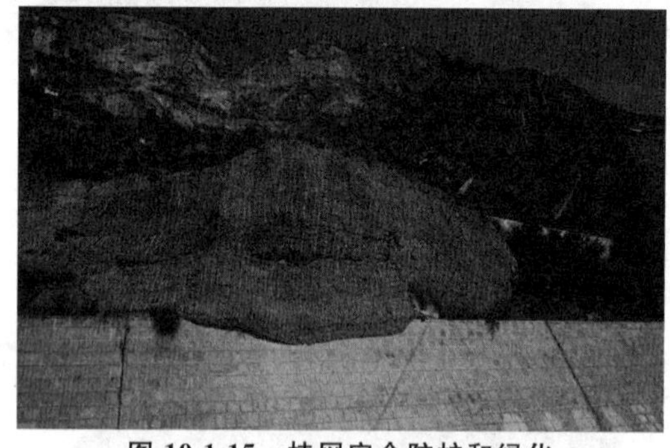

图 10-1-15 挂网安全防护和绿化

图 10-1-16 柔性安全防护网

干旱河谷或干热河谷,逆水流方向而吹的干冷风或热风(称之为峡谷效应或焚风效应),使降雨的水气条件难以形成,导致区域蒸发量远远大于降水量。高陡坡面一旦水土流失加剧,自然环境下很难恢复。工程建设过程中人为堆积的高陡坡渣场,坡面的人工覆土与坡体本身缺乏凝结或黏附介质和界面,更容易受到水力侵蚀、风力侵蚀形成大量水土流失。前章(第 8 章和第 9 章),我们已经对电站渣场实施了水土保持工程措施和植物措施,又对陡坡坡面进行了掺拌胶凝材料和草屑的生态修复与治理实践,尽管实验研究过程已取得良好的生态效益和经济效益，但实验研究成果是否能达到持续保土、保水效果，实现从人工干预的生态修复转换到“自适应、自调节、自然生长”的生态恢复，一方面需要漫长时间加以检验，另一方面也可以通过负强化手段即以模拟恶劣气候条件（如强降雨——冲刷实验），检验人工覆土的高陡坡面保土、保水效果。

图 10-1-17　干热河谷电站对外公路高陡坡种植膏桐、坡柳生长状态

10.1.2.1　电站渣场高陡坡面冲刷实验

实验区中下段为岷江上游干旱河谷，属川西高原气候区，具有山地季风气候的特点。冬季寒冷干燥，日照强烈，晴朗少雨，气温日差较大；夏季炎热湿润，雨季明显，并有大风、伏旱等灾害。桑坪水文站多年平均年降雨量为 507.4mm，其下游约 30km 的汶川气象站 1976—1995 年的气象观测资料显示，其多年平均气温 13.5℃，极端最高气温 35.6℃，极端最低气温 −7.4℃；最大日降水量 66.7mm，多年平均年蒸发量约 1 600mm。实验渣场渣体主要是隧洞开挖块、碎石，岩石地质多为志留系茂县群的涓云母千枚岩、砂岩、结晶灰岩等。

图 10-1-18　边坡喷混、喷播和植草

10-1-19　干旱河谷水力侵蚀情况

电站渣场高陡坡面冲刷实验的总体思路和安排为：

(1)选择冲刷实验的渣场及便于取水的位置；

(2)陡坡冲刷实验的土壤（泥沙）流失观测小区设计；

(3)明确实验方法和步骤；

(4)过程实施；

(5)沉沙池收集经沉淀的泥沙；

(6)实验(情况及结果的)数据分析。

1)渣场坡面冲刷实验设施设计

渣场坡面模拟历时(日)最大降雨量实施冲刷实验，使人工降水在实验坡面形成径流，即很短的时间内形成水力侵蚀，再准量收集冲刷的泥沙进行计算分析。因此，实验模拟的准确性和数据成果的真实性都非常重要。因此，课题组针对实验选择的渣场及位置，参考水力侵蚀径流小区观测设施专门进行了本研究模拟冲刷实验的设施(包括冲刷小区、集流槽、泥沙收集池)设计。

根据水土流失量径流小区设计规范及案例，人工坡面模拟降雨，整个雨量全部由坡面向集流槽汇流至沉沙池。目前，测算水土流失量的基本方法为侵蚀小区径流量观测，在小区集中地又称径流场观测。世界上，各国业界径流场的分类和面积大小设计不同，但规划布设及观测设施、方法、内容基本一致。以美国为例，美国水土流失量径流小区分实验小区和集水区，径流小区面积为 2×22.1m^2，集水区面积在数公顷到数十公顷。我国水土流失量径流小区布设及水土流失量径流监测小区分为小区和大区。其中，小区面积为 5×20m^2，大区多在 500～2 000m^2 之间，包括一个或几个微地形。在模拟实验中，还可利用微型小区，其面积小的为 1m^2，大的也只数平方米。

(1)径流场观测。按照观测项目又分为单因子观测和多因子观测。单因子观测是在其他全部因子相同的条件下，仅对一个实验因子发生变化的观测。如设立有无治理措施的小区，观测小流域综合治理对产流产沙的影响；或设立不同坡长小区、不同植被覆盖小区等。多因子观测，是在小区中布设两种或两种以上试验因子，其他因子保持不变(相同)的观测。如对分别在坡耕地和坡改梯后的梯地上设置侵蚀小区，小区上采用不同的覆盖措施(地膜、秸秆、杂草)，或种植不同作物、采用不同耕作措施等，以观测和分析多个影响因子的产流、产沙状况。

(2)冲刷实验方案研究。由于不同侵蚀区域的坡面侵蚀特点及主要影响因素不同，故采取不同治理措施其区域的水土流失防治效益也不同。在规划设计冲刷径流小区时，应考虑环境特征(包括地形、土壤、土地利用、植被及水土流失治理方式等)。为使不同实验资料有可比性，实验地块及掺拌组项选择基本一致，且必须设置成标准小区，标准小区面积为 5×10m^2，坡度为 40°～47°，坡面采用均整的直线坡。

(3)冲刷实验设施设计。本研究课题选择实验的渣场坡陡、土层薄、透水性强，坡面均已长满杂草。如果按国内水土流失量标准小区面积为 5×20m^2 设计截水沟和沉淀池，土建设施偏大，一定程度可能破坏渣场已十分艰难修复的植被；若实验面积太小，更难真实反映实验区雨水冲刷情况。为提高冲刷实验精度及准确程度，又不至于将已经治理的渣场陡坡植被破坏，经过优化，在充分利用地形和运输条件情况下，确定单一冲刷实验项目(参选实验渣场分别做掺拌黏土和水泥 2 个项目)小区面积为 5×10m^2，因每次 1h 实验的模拟雨量为 2.5m^3，泥沙收集池容积应确保全部装下实验水、沙，经反复比选确定沉沙池容积为 3.0m^3。冲刷实验地点分别选择在实验区中段电站弹簧沟渣场以及下段电站 2＃渣场、3＃渣场和 4＃渣场高陡坡面进行。冲刷实验小区在相邻组项以塑料管隔开、底部集流槽为金属结构，实验完成即可回收，也不破坏渣场马道治理情况。实验设施设计见图 10-1-20、图 10-1-21、图 10-1-22、图 10-1-23、图 10-1-24 和图 10-1-25。

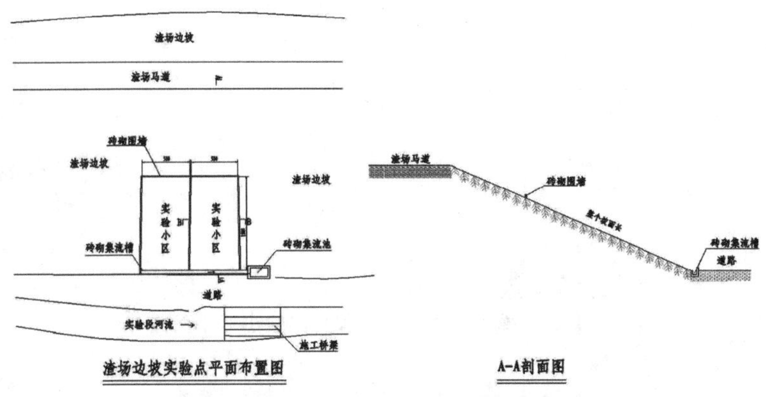

图 10-1-20　2＃渣场水土保持实验小区平面图

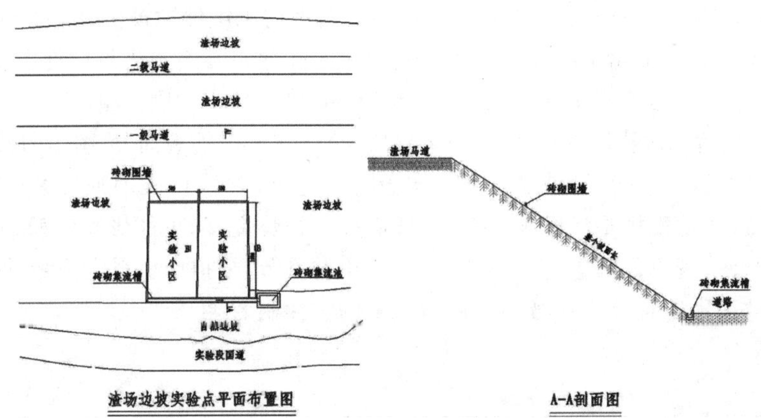

图 10-1-21　3＃渣场水土保持实验小区平面图

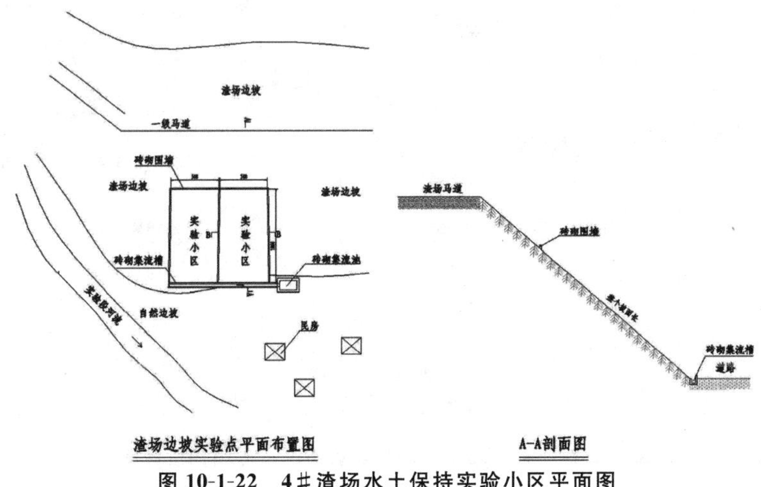

图 10-1-22　4＃渣场水土保持实验小区平面图

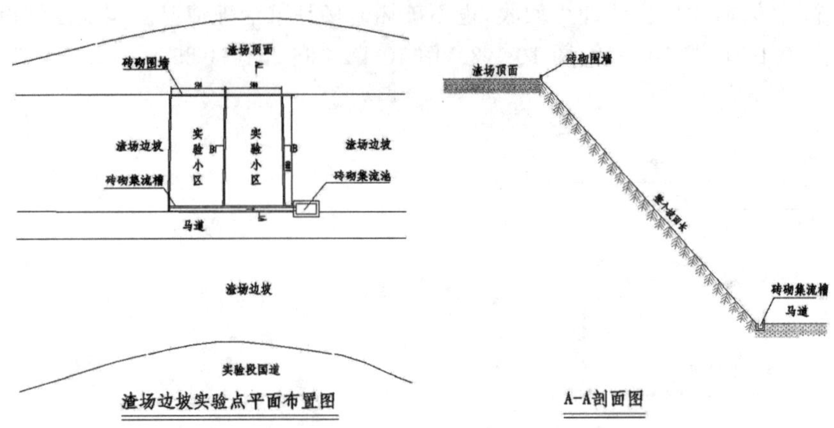

图 10-1-23　弹簧沟渣场水土保持实验小区平面图

2)渣场高陡坡面冲刷实验方法与过程

根据区域地形、植被、气候条件及土壤侵蚀遥感资料，结合对工程区水土流失现状调查，工程占地范围内年平均土壤侵蚀量为 4 236t/a，平均土壤侵蚀模数 3 960t/(km^2 · a)，工程区土壤侵蚀总体上属中度侵蚀。本研究课题实施冲刷实验方法与过程主要有：

(1)2＃渣场冲刷实验位置。下段电站 2＃渣场高陡坡面抗冲刷实验位置，选在渣场第 2 台阶正对钢结构桥的两块坡度约 35°、(宽×斜坡长)5m×10m 的坡面(见图 10-1-20)。

(2)实验时间。渣场高陡坡面抗冲刷实验时间选择 2012 年 11 月底和 2013 年 4 月底两个时间段，这样的安排是考虑雨季实验，坡面植被长势良好，可能影响实验效果。11 月底和次年 4 月底，既不是雨季，但又处在降雨变更的季节，模拟历史最大雨量冲刷实验，能够说明高陡坡面人工掺拌土在极端气候情况下的抗冲刷效果。

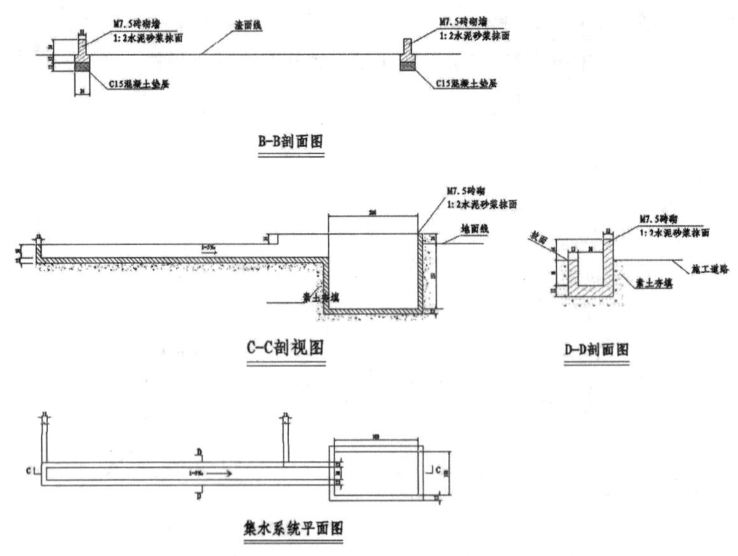

图 10-1-24　各渣场水土保持实验小区细部结构设计图

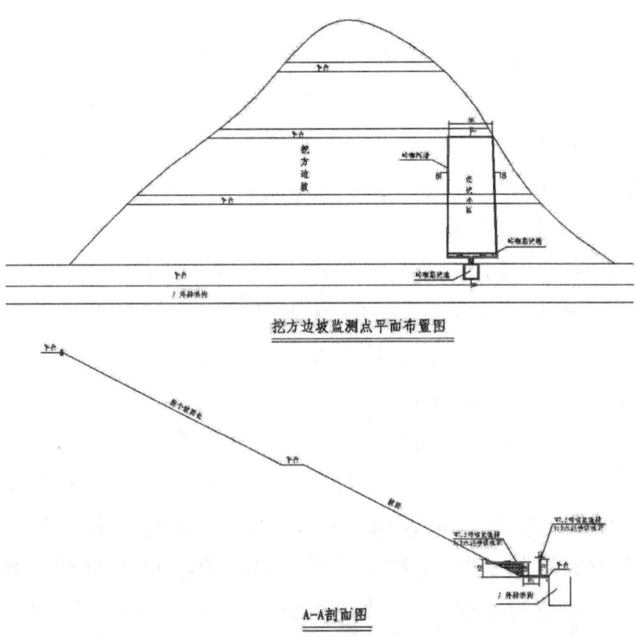

图 10-1-25　各渣场自然山坡实验小区平面图

(3)实验方式。实验采取 2 级水泵(1 级水泵抽水到 $8m^3$ 水池，由池底阀门持续放水到 300kg 水桶里，第 2 级泵后接计量装置)取水，按 50mm/h 水量向实验块上方(由喷淋器)喷水，模拟自然雨滴降落到陡坡面上。每次实验持续 1h。

(4)为了不破坏渣场原貌，实验采用 PVC 管(直径 110mm)做小区隔离(墩)边界，采用 3mm 厚的钢板弯折成断面为(宽×高)20cm×30cm 的排水集流槽，集流(沟)槽将模拟的降雨全部导入($3m^3$)的泥沙沉淀池中；经过 24h 沉淀，抽排水后收集泥沙。

(5)在泥沙沉淀池中下段(距离底板 30cm 高度)安装排水阀门，向排水沟放水(用于浇灌渣场其他部位植被)，收集的泥沙待余水蒸发后带回室内烘干称重。间隔 1 周，以同样方式，每组实验重复 3 次，取平均数值进行比较。与现场实验不同的是，实验室采用淋浴喷头接水表作同样实验。按 50kg/(m^2 · h)水量喷洒在试验块上，喷水结束再从塑料盆收集冲刷下来的砂土烘干称重(实验计量仪器和烘干设备见图 10-1-26 和图 10-1-27)。

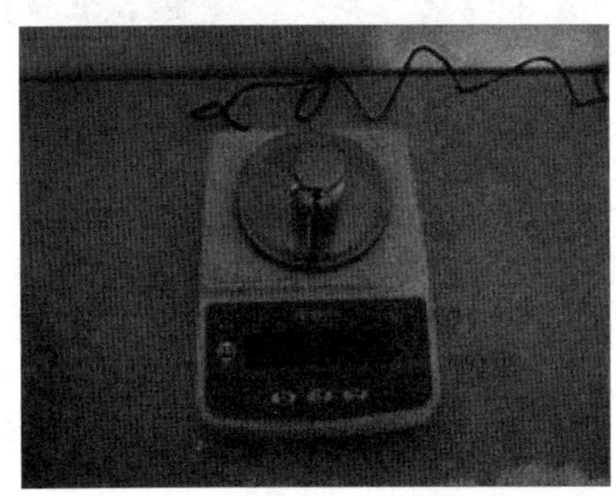

图 10-1-26　实验计量仪器

图 10-1-27　实验烘干设备

(6)3#渣场高陡坡面抗冲刷实验位置,选在渣场掺拌实验段3层台阶、陡坡(约41°)、(宽×斜坡长)5m×10m的坡面,次年改在临公路侧的陡坡坡面。取水方法同上。

(7)4#渣场高陡坡面抗冲刷实验位置,选在渣场下游面对居民住宅的东侧第2级台阶、坡度约43°、(宽×斜坡长)2个5m×10m的坡面。由于实验时,该渣场没有修筑水池,取水方法是一次抽满6个300kg铁桶和多个塑料垃圾桶(总容积约3m^3),高压泵后接水量计量装置控制水量,再实施喷水实验。

(8)弹簧沟渣场坡面抗冲刷实验位置,选在渣场靠近居民住宅区的山边陡坡,陡坡(约41°)、(宽×斜坡长)2个5m×10m的坡面,从居民经常使用的泉水蓄水池接水至移动水箱,再用高压泵抽水实施与上同样的冲刷实验。

3)渣场高陡坡面冲刷实验情况及结果分析

需要说明的是,考虑到本实验的精确性要求没有建筑材料力学(抗拉、抗剪等)强度试验精度要求高,实验程序相对简单,时长也没有严格的标准规范;实验室烘干采用电炉和烘箱两种方式;时间以烘烤3h为准,没有采用测试砂石骨料含水量规范的24h。

由于各渣场的坡面坡陡不同,抗冲刷实验不可能重新削坡至相同坡度。水土流失实验只是测试历史最大雨量的侵蚀强度,渣场与渣场不进行比较。2#渣场高陡坡面抗冲刷实验前后的水土流失情况见图10-1-28和图10-1-29,实验数据见表10-1-1和表10-1-2。由于当地村民争抢渣场浇水、管护权,不惜悄悄损坏渣场水土保持喷水等设施及实验过程。因此,坡面抗冲刷实验区域没有采用土建形式的隔离墩、排水沟和沉沙池对比分析(水力侵蚀监测规范采集形式见图10-1-30),而是以塑料水管隔离、薄钢板折成排水沟式集流槽、砖混沉沙池。

图10-1-28 下段电站2#渣场冲刷实验前

图10-1-29 下段电站2#渣场冲刷实验后

表10-1-1 电站渣场掺拌水泥冲刷实验数据 单位:kg/100m^2

掺拌水泥位置	次序			渣场实验坡度	自然山体坡度	自然山体冲刷流失量
	第一次	第二次	第三次			
2#	7.231	5.33	2.634	35°	37°	11.7
3#	8.06	4.43	3.256	41°		
4#	5.741	4.686	1.84	43°	35°	13.11
弹簧沟	5.96	5.13	4.47	37°		

图 10-1-30　对比水土流失径流小区监测采集模式

表 10-1-2　电站渣场掺拌黏土冲刷实验数据　　单位：kg/100m²

掺拌黏土位置	次序			渣场实验坡度	自然山体坡度	自然山体冲刷流失量
	第一次	第二次	第三次			
2＃	5.79	4.85	3.4	35°	37°	12.36
3＃	6.35	5.12	4.23	41°		
4＃	5.04	3.88	2.16	43°	35°	13.51
弹簧沟	4.31	2.67	3.38	37°		

抗冲刷实验，以 50mm/h 降水量喷水，基本上相当实验区下段的历史最大暴雨。即便是 2013 年 7 月中旬的汶川强降雨，3 天的降雨量也未超过 200mm。8m³ 水池实验，水量基本可控，但接高压水枪的喷口压力受诸多因素影响，导致喷水高度不能保证完全一致，出水水量不均，水滴落下产生的溅蚀程度不一。分析见表 10-1-1 和表 10-1-2，下段电站渣场掺拌水泥冲刷实验数据结果表明：

(1)同一位置，第一次冲刷实验产生的水土流失量较多；

(2)每次冲刷实验结果，都是 3＃渣场水土流失量较其他渣场多；

(3)同一个渣场，掺拌黏土坡面的抗冲刷效果要明显好于掺拌水泥的坡面；

(4)4＃渣场和弹簧沟渣场坡度较陡，冲刷的泥沙量较多，但覆土的土质也存差别。

根据 2 年两个实验阶段的冲刷实验成果，4 个渣场得出的数据或水土流失量在土质不同、坡度不同、覆土绿化期不同等条件下，水力(冲)侵蚀程度差异较大，究其差别主要有：

(1)2＃、4＃渣场覆土土质较好，2＃渣场的削坡坡度较缓；3＃渣场覆土土质因村民强行供土原因较差，弹簧沟渣场坡度较陡、首次治理覆土时间已达 3 年；

(2)同一位置，连续 3(周)次冲刷实验，在已经形成微细冲沟条件下，较多雨水沿冲沟快速下渗，流到集流槽的水量有限；

(3)掺拌黏土的坡面植被长势本身比掺拌水泥的坡面植被好很多、盖度高，植被好坏与植被覆盖度多少，可以影响抗雨水冲刷侵蚀程度；

(4)微量掺拌水泥，固结作用不明显，植被生长稍逊于黏土，但比自然坡面及植被条件抗冲刷效果要好；

(5)因掺拌实验中未实施现场粉煤灰试项，故缺少抗冲刷实验数据；

(6)对比自然山坡实验，2＃渣场山坡风化严重，自然坡面冲刷实验雨水溅蚀强度较大；

(7)3＃渣场自然山坡坡积土较多，选此位置实验影响数据真实性和可比性；

(8)4＃渣场掺拌实验段坡度陡(43°)，为避免冲刷影响到非实验段，在实验区域外加盖塑料薄膜，4＃渣场现场位置及实验情况见图 10-1-31、图 10-1-32、图 10-1-33 和图 10-1-34；

(9)弹簧沟渣场坡度较陡，经过 3 年水力侵蚀和风力侵蚀，表土较薄，一定程度上可能影响抗冲刷实验数据的真实性、可比性。

图 10-1-31　4＃渣场冲刷实验前坡面情况

图 10-1-32　4＃渣场冲刷实验段场地

图 10-1-33　4＃渣场冲刷实验后坡面情况

图 10-1-34　冲刷实验后与非实验段坡面对比

10.1.2.2　渣场高陡坡面与自然陡坡水力侵蚀比较

尽管本实验的主要目的是创新干旱环境建筑渣体及高陡坡体保水、保土的方法，但通过对高坡面的冲刷实验能够检验和证明这种方法的效果。根据工程设计环境调查报告和变更设计调整报告，实验区中下段河流梯级电站开发前，实验区理县土壤侵蚀量每年达 798.76 万 t，平均侵蚀模数为 3 960t/(km^2 · a)，属中度侵蚀区；汶川县土壤侵蚀面积 90 644hm^2，平均侵蚀模数 3 709t/(km^2 · a)。理县、汶川县土壤侵蚀现状详见表 10-1-3。

表 10-1-3　理县、汶川县土壤侵蚀现状表

序号	类型	流失面积(hm^2)		占水土流失总面积(%)	
		理县	汶川县	理县	汶川县
1	轻度侵蚀	155 116	38 641	52.65	42.63
2	中度侵蚀	127 251	34 363	43.19	37.91
3	强度侵蚀	10 633	10 794	3.61	11.91
4	极强度侵蚀	1 230	6 206	0.42	6.85
5	剧烈侵蚀	375	640	0.13	0.70
合计		294 605	90 644	100	100

西部大开发后，本课题实验区公路建设和水电站建设高潮迭起，2003—2012 年的 10 年间，汶川的映秀至州府所在地马尔康，几乎全线施工，过程中的水土流失数据远远超过设计环境报告和监测报告给出的数值。尤其是监测数据，因其存在监测周期与频次的问题，数据常常失真。有些监测数据，只能反映监测人员现场采集数据时当期流失情况，不能代表全过程水土流失情况。

公路和水电站建设，主要是施工过程产生水土流失和永久弃渣产生水土流失。本课题研究范围的梯级电站，由于开发方式、设计疏漏等问题，新增水土流失量也远超过设计报告值。水电站弃渣大多临河堆放，十分容易形成新的水土流失源。如若不彻底、科学治理，长期在水力、风力侵蚀作用下，或迟或早都将流失殆尽。

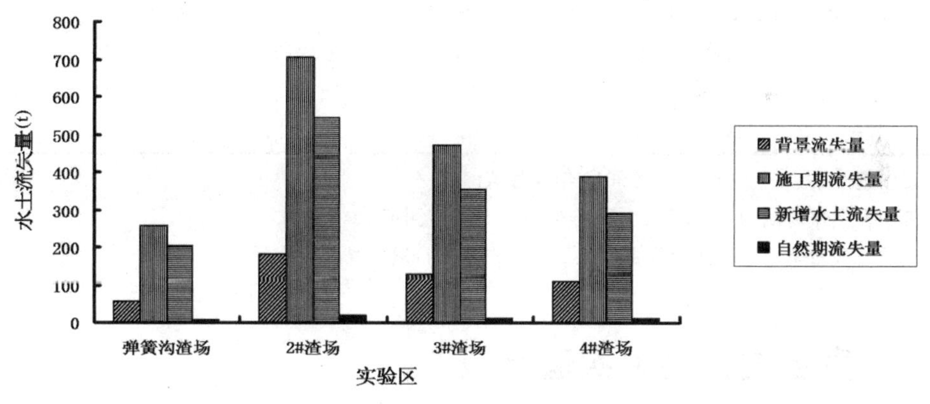

图 10-1-35　渣场新增水土流失与背景值比较

参与课题实验研究的 3 个电站，总弃渣量超过 400 万 m^3，经过科学实验和生态修复治理，水土流失可控率达 90%。不仅如此，约 400 万 m^3 的渣体可形成超过 $100hm^2$ 以上的农业种植、养殖生产用地以及公路建设用地(部分路段选线在渣场上，若没有渣场，公路重新征地并高架，则投资可能大幅度增加)。

据监测数据及分析，经过近 3 年的实验研究和水土流失治理，上述参与冲刷实验的(下段电站 2#、3#、4#渣场和中段电站的弹簧沟渣场)4 个渣场，新增水土流失分别为 376.16t/a、263.43t/a、193.64t/a 和 173.13t/a，而且监测值逐年递减，表明渣体已经稳定，挡护、排水和植被措施均已发挥作用，渣场水土流失得到完全控制。渣场治理之初

(2009 年)的坡面水土流失与自然坡面水土流失比较见图 10-1-35，水土流失侵蚀模数和水土流失量见表 10-1-4。

由图 10-1-35 和表 10-1-4 可以看出，渣场经过水土保持生态修复，治理后的水土流失量很小。按照实验给出的水土流失量测算，渣场全年水土流失约为 53 t/a，远远低于工程初步设计阶段设定的(500t/a)控制目标。

表 10-1-4　实验区水土流失侵蚀模数和水土流失量表

工程分区	工程项目	地类	面积 (hm^2)	坡度 (°)	背景值		施工期监测值		自然恢复期监测值		新增水土流失量(t/a)
					侵蚀模数 (t/km^2·a)	背景流失量 (t/a)	侵蚀模数 (t/km^2·a)	施工期流失量(t/a)	侵蚀模数 [t/(km^2·a)]	自然恢复期流失量(t/a)	
实验区中段	弹簧沟渣场	顶面	0.83		3 000	24.9	5 861	48.65	330	2.74	26.49
		坡面	1.08	0～5	3 100	33.48	19 131	206.61	410	4.43	177.56
		小计	1.91	35～47		58.38		255.26		7.17	204.05
实验区下段	2＃渣场	顶面	4.08		2 800	114.24	6 428	262.26	290	11.83	159.85
		坡面	2.27	0～5	3 000	68.1	19 571	444.26	360	8.17	384.33
		小计	6.35	25～39		182.34		706.52		20.00	544.18
	3＃渣场	顶面	2.21		3 300	72.93	6 811	150.52	300	6.63	84.22
		坡面	1.61	0～5	3 500	56.35	19 862	319.78	380	6.12	269.55
		小计	3.82	25～43		129.28		470.30		12.75	353.77
	4＃渣场	顶面	2.31		3 100	71.61	6 748	155.88	330	7.62	91.89
		坡面	1.18	0～5	3 200	37.76	19 610	231.40	390	4.60	198.24
		小计	3.49	25～57		109.37		387.28		12.23	290.14
	小计		13.66			420.99		1 564.10		44.98	1 188.09
合计			15.57			479.37		1 819.36		52.14	1 392.13

注：1. 表中施工期为 2009 年 9 月至 2011 年 9 月监测值；
2. 表中自然恢复期为 2011 年 10 月至 2013 年 9 月监测值；
3. 背景流失量＋新增水土流失量＝施工期流失量＋自然恢复期流失量

10.2　高陡坡体侵蚀实验比较

山地，尤其是山地陡坡，基本上属于生态资源以外的不可实施工程开发的土地。我国陆地面积约为 960 万 km^2，除去 286 万 km^2 的荒漠(包括 130 万 km^2 的沙漠及石漠、砾漠、戈壁、泥漠、盐漠、寒漠和降水量小于 400mm 的干旱区面积)以及沿海盐碱化、水涝地和山地陡坡外，沃土良田十分稀少。因此，山区坡地被大量利用。1.2 亿 hm^2 耕地中，约 0.067 亿 hm^2 耕地是陡坡地。维持已有坡地和新增(工程建设如公路、水电站建设产生)坡地的资源利用，防治水土流失至关重要。作者在渣场陡坡实施植物措施，治理渣场新增水土流失进行的检验陡坡水土流失量的冲刷实验，是因为弃渣环境与场地限制的无奈之举。国内一些专业研究机构也曾探索在山地陡坡实施抗水力侵蚀实验，其中一些成功的实验经验尚可为本课题组后续研究和系统总结借鉴。

10.2.1　急陡坡土壤侵蚀试验研究①

10.2.1.1　急陡坡概念

坡度是表征地貌形态特征的重要因子之一，自然界坡度的变化极大，国际地理学会地貌调查与制图委员会将坡度分为 7 个级别：

(1)小于 2°，属于平原至微倾斜平原；

(2)2°～5°属于缓斜坡；

(3)5°～15°为斜坡；

(4)15°～25°属于陡坡；

(5)25°～35°为急坡；

(6)35°～55°属于急陡坡；

(7)大于 55°属于垂直坡。

我国以 25°为界，将小于 25°划为缓坡，大于 25°统称为陡坡。该研究认为，坡度变化对土壤侵蚀的影响极大，国内外学者此前都曾进行过适地的研究，这些研究成果详细阐述了陡坡以下小于 25°坡面以及坡度变化对土壤侵蚀的影响。随着道路建设、开采矿产资源等开发建设项目的大规模施工，人为地产生了大量大于 25°的急陡坡坡面。裸露的急陡坡坡面同样容易产生严重的土壤侵蚀，为环境带来不利的影响。

开展急陡坡条件下，坡度对土壤侵蚀的影响研究，有利于正确认识急陡坡坡面的土壤侵蚀规律，准确预测急陡坡的土壤侵蚀状况，为选择恰当的水土保持措施提供科学依据。

10.2.1.2　研究方法

1)水槽降雨装置

急陡坡试验在北京师范大学人工模拟降雨大厅进行，可变坡水槽设计的水平长度为 2m，宽度为 0.6m，深度为 0.6m。其中，槽内装 0.2m 土层，水槽下端固定(可随坡度变化旋转)，并竖立 0.6m 高的溅蚀板，用以收集向下的击溅侵蚀量，同时留有出口，出口端设置径流桶，可供径流、泥沙的收集，上端以滑轮固定，以便调节试验所需的坡度。人工模拟降雨机，为槽式下喷人工模拟降雨机。

2)供试土壤与试验设计

试验用土壤为红壤，经过 5mm 筛孔筛后，铺设于水槽中，土壤容重为 1.3g/cm^3。每次试验前土壤水分含量保持一定，计算出铺设土槽所需土的重量，逐层均匀铺设于水槽中，每层铺设 50mm，共计 4 层。

试验采用 5 个坡度级别，分别为 25°、30°、35°、40°和 45°。人工模拟降雨的雨强设计为 70mm/h，每次试验前 12h 用小雨强降雨完全湿润土壤，试验历时 0.5h，每组试验均重复 4 次。

3)测定指标

对每一场降雨试验进行流速、径流量和侵蚀量的测定。流速测定，采用染色法测定。

---

① 李凤英，何小武，刘和平. 急陡坡土壤侵蚀试验研究[J]. 水土保持学报，2009，23(5).

由于土壤为红色，因此用墨水代替高锰酸钾溶液做染色剂。记录染色水流流过测定区域时间，区域长度除以时间即得水流流速。每试验测定5次，去掉最大和最小流速，其余值平均得出该场降雨径流的平均流速。利用径流桶，收集所有径流和泥沙，量测径流桶内水量可知径流量；记录产流开始时间和停止时间，计算出平均流量。该试验采用烘干法，测定径流桶中的泥沙含量。

10.2.1.3 **试验结果及分析**

1）坡度变化对产流的影响

在降雨侵蚀过程中，降雨产流是影响侵蚀的重要因素之一。以往在较缓坡面下的研究表明，随着坡度的增加，会引起降雨产流的径流量随之增加。通过该研究及试验，在急陡坡条件下的产流情况试验结果发现，随着坡度的增加，径流量也随之减少（其规律见图10-2-1）。

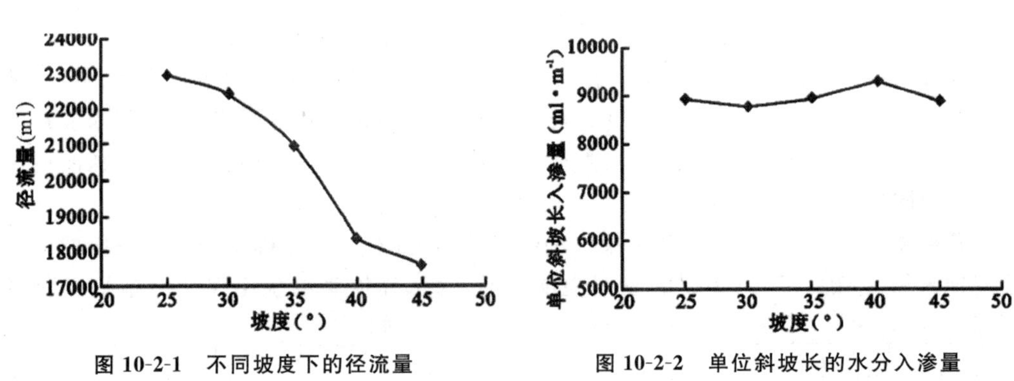

图 10-2-1　不同坡度下的径流量　　图 10-2-2　单位斜坡长的水分入渗量

众所周知，降雨产流与入渗密切相关，而入渗大小受坡度变化的影响。通常认为，在同一降雨过程中，如果土质、土壤含水量等条件近似，坡度越陡，水流对地面的正压力越小，水流渗透率因此下降；且水流流速增大，使渗透的可能性降低，从而导致径流量增加。另一方面，坡度增大，也会引起斜坡长度增加，从而增加水与土的接触面积，可导致入渗总量增加，对产流增加起消极作用。

由于这次研究在试验前对土壤进行了湿润，保证了前期土壤含水量的相对一致，单位斜坡长的水分入渗量基本不受坡度的影响（参数见图10-2-2）。在急陡坡条件下，由坡度增加引起的斜坡长度增加极为显著。如：

(1)当坡度为25°时，斜坡长为2.21m；

(2)坡度为30°时，斜坡长为2.31m，比25°坡面增加了0.1m；

(3)坡度增加到45°时，斜坡长为2.83m，比25°坡面增加了0.62m。

图10-2-1的曲线，说明在急陡坡条件下，由于斜坡面增加引起降雨入渗量增加的幅度远大于由于坡度增加引起入渗量减少的幅度。也就是说，在急陡坡条件下，斜坡长度随坡度增加而增加，是导致降雨产流减少的主导因素。由图10-2-1可以看出，坡度由25°增加到30°时，径流量虽有所减少，但减少幅度不大，其变化率仅为2.3%；坡度由30°增加到40°时，产流减少幅度变化极大，变化率达到18.1%；当坡度在40°以上时，产流变化率下

降为 4.3%，说明此时径流量已经减少到很低程度，随坡度增加时再减少的空间已经有限。以本课题实验研究者和本著作者的经验分析：如果侵蚀试验坡度超过 45°，上述论文《坡度变化对产流的影响》结论显然站不住！

2)径流流速变化

径流水深和流速，是表征径流水动力学特征的重要参数。在试验设计之初，已计划对这两个参数进行测定。然而在试验过程中发现，降雨产流的水层极薄，致使本试验无法准确测定径流水深。引起水层变薄的原因可能有以下几方面：

(1)在急陡坡度的条件下，径流受坡度的影响，无法实现汇流集中，在地表以薄层径流形式流动；

(2)径流总量随坡度增加而减少，导致水层变薄；

(3)部分雨滴打击地表后，产生向下的击溅运动，而并没有沿坡面地表流动，造成径流的击溅损失。

本研究对径流流速的测定结果见图 10-2-3。由图 10-2-3 可知，在急陡坡时，径流流速随着坡度的增加而降低。这与以往对较缓坡研究得出流速随坡度增加而增加的结果并不一致。一般认为，径流流速是坡度和流量的函数，其函数关系可用下式表示：

$$V=a\cdot Q^{b}\cdot J^{c}$$

式中，V 是径流流速 m/s；Q 为单宽流量 L/s · m；

J 表示坡度；

a、b、c 为系数。

由公式可知，径流流速与径流流量和坡度呈幂函数正相关关系，即径流流速随流量和坡度的增加呈幂函数增加；随流量和坡度的降低呈幂函数降低。试验研究条件下，尽管坡度增加，但径流量呈下趋势，反映出流量也呈下降趋势，两大因子对流速的影响正好相反。径流流速降低的结果，说明径流量变化是径流流速发生变化更重要的因素。

3)急陡坡条件下的侵蚀产沙变化

坡度变化对降雨侵蚀产沙的影响极为重要。以往对于急陡坡面土壤侵蚀研究的重点主要集中在侵蚀转折的临界坡度问题上。所谓临界坡度，是指当坡度小于这一坡度时，土壤侵蚀量随着坡度的增加而增加；当坡度大于这一坡度时，土壤侵蚀量随着坡度的增加而减少。大多数试验研究结果表明，土壤侵蚀转折的临界坡度在 20°～30°之间。

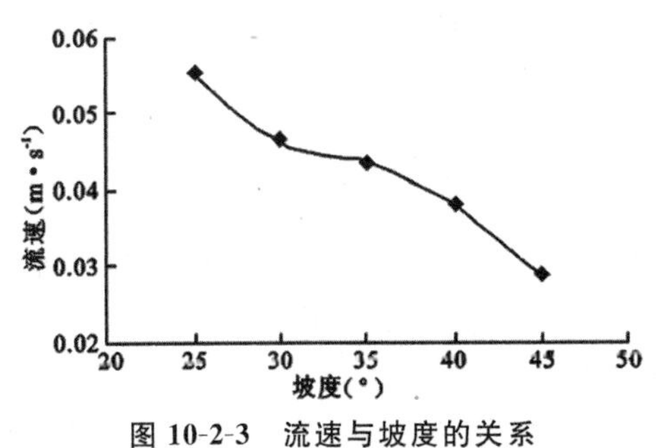

图 10-2-3　流速与坡度的关系

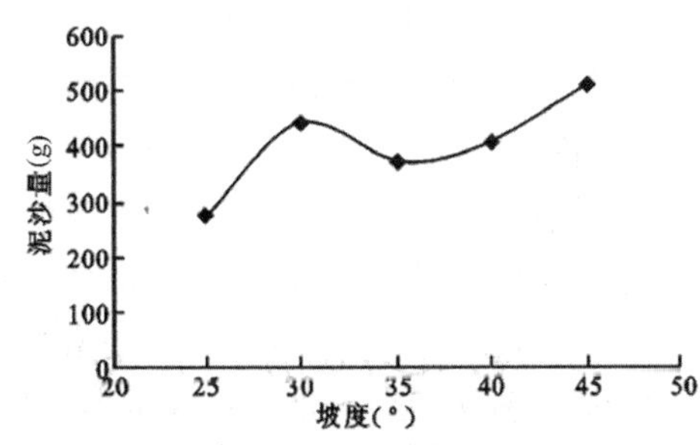

图 10-2-4　不同坡度下的产沙量

限于研究深度，关于临界坡度以上的土壤侵蚀规律尚不明确。侵蚀试验项目对25°～45°坡度条件下的土壤侵蚀变化进行的试验研究，其规律性结果见图10-2-4。由图示曲线可知，在急陡坡条件下，随着坡度的增加，侵蚀产沙量呈现出先增加，随后有所下降，最后再次上升的趋势。其中，出现了两个极值点：

(1)一个是30°左右出现的极大值点；

(2)另一个是35°左右出现的极小值点。

根据实验过程观察和相关数据分析，初步判断产生这种侵蚀产沙变化的原因是降雨侵蚀的形式发生了改变。在坡面降雨侵蚀中，侵蚀产沙主要由雨滴击溅侵蚀和地表径流冲刷侵蚀两种侵蚀形式组成。其中，降雨击溅侵蚀基本贯穿于降雨过程始终，而当地表产生的径流侵蚀力大于土壤抗蚀性时，径流冲刷侵蚀开始发生。

本项目研究中，坡度在30°以下时，由于产生的径流量均在较高水平上，侵蚀形式以径流侵蚀为主，此时随着坡度的增加，侵蚀量随之增加。且当坡度为30°时，侵蚀量达到极大值；当坡度超过30°时，随着坡度的增加，降雨产流急剧减少，此时径流侵蚀也随之减弱，而击溅侵蚀逐渐加强，但其增加的量不足以弥补径流侵蚀的减少量，因而总侵蚀量呈现下降的趋势；且当坡度为35°时，土壤侵蚀量达到极小值。当坡度超过35°时，不仅径流量急剧下降，而且流速也急剧下降，此时的径流已不能产生有效的侵蚀，因而侵蚀形式以降雨击溅侵蚀为主。在以击溅侵蚀为主的坡面，随着坡度的增加，侵蚀量也随之增加。

试验表明，侵蚀形式的变化，是导致急陡坡条件下土壤侵蚀规律不同于较缓坡面的重要原因。急陡坡坡面与较缓坡坡面的最大区别，是相同水平坡长的情况下，随着坡度的变化，斜坡长度和高度变化巨大。在较缓坡时，随着坡度的递增，斜坡长度递增并不大，其对降雨产流的影响并不显著，往往可以忽略不计；当坡度在急陡坡条件时，随着坡度的递增，斜坡长度递增迅速，使得降雨产流过程发生了更加复杂的变化，因而这种递增是不可忽略的，将引起土壤侵蚀的复杂变化。

该项试验条件下出现的30°极大值点与以往研究得出的临界坡度值点的结果基本吻合，而35°出现的极小值点则表明了土壤侵蚀在急陡坡条件下的另一个临界坡度值点，说明了当坡度超过第一个临界坡度继续增加时，土壤侵蚀并不是单纯地下降，而是降低到一定程度以后，还将继续上升的规律。从总体上看，在急陡坡条件下，土壤侵蚀量随着坡度的增加，出现波动变化的趋势。

10.2.1.4 研究结论与讨论

该试验研究，利用人工模拟降雨，进行了急陡坡条件下坡度变化对降雨侵蚀影响的测试及分析，发现在该条件下的降雨侵蚀与较缓坡相比不尽相同。通过其试验研究，可以得出以下结论：

(1)随着坡度的增加，降雨产流的径流总量随之减少；

(2)随着坡度的增加，降雨产流的径流流速随之降低；

(3)在急陡坡条件下，随着坡度的增加，坡面的降雨侵蚀形式由径流侵蚀为主向击溅侵蚀为主转变，从而导致土壤侵蚀量的波动变化趋势。

以本著作者的研究及实践认知，实验室进行的急陡坡试验，可变坡水槽设计的水平长度为2m(宽度为0.6m、深度为0.6m)。那么，无论如何变坡，斜坡长度不应当发生变化；

随着坡度变陡，受溅蚀程度减轻，产流增加，产沙量减少，入渗量降低，径流增加。但该试验结果与实际情况存有偏差，而作为模拟试验，仍具有研究价值和意义。

另外，试验土壤是否存在植被，可能会改变试验结果；雨强设计为70mm/h偏大，实际上很难遇到如此规模的强降雨。

10.2.2 干热河谷坡面表土抗冲蚀性研究①

10.2.2.1 研究概述

云南元谋干热河谷，沟蚀崩塌充分发育，造成了大量的水土流失。冲沟侵蚀及崩塌发生，成为长江流域及上游主要的泥沙来源。由于冲沟侵蚀，带走了大量的泥沙，加之特殊的水热气候条件，使得冲沟沟头和沟壁处植被严重退化，土壤黏重紧实，水分入渗困难。降雨时，大量雨水不能及时入渗而转化为径流带走大量泥沙，使侵蚀进一步加剧，造成了冲沟发育和崩塌发生的恶性循环。土壤抗冲性研究，是土壤侵蚀机制研究的一个重要方面，抗冲性是土壤抵抗坡面径流对其冲刷破坏的能力。其破坏过程，是土体抗剪能力的丧失，大小主要取决于土粒和水的亲和力及土粒间的胶结力。

土壤内部是一个非均质、多相和多孔的复杂系统，它是由大小、形状不同的固体颗粒和孔隙以一定形式联结形成具有一定强度的土壤结构。而且，土壤固体颗粒及胶结物的大小、数量、形状及结合方式，决定着土壤结构，从而对土壤的抗冲性有重要影响。土壤颗粒间、微团间的胶结力，以及颗粒和团聚体的稳定性影响着土壤的抗冲性。土壤的抗剪强度也是影响土壤抗冲特性的主要指标，黏聚力(c)和内摩擦角(Φ)是反映土壤抗剪强度的重要参数。所以，土壤结构特性和土壤的抗剪强度是防止土壤冲刷的内在因素，土壤颗粒和团聚体的稳定性及其抗剪强度的大小，直接反映土壤的抗侵蚀能力。

国内外学界对土壤抗冲性已有较多的研究，但主要集中在土壤抗冲性的测定方法、评价指标、抗冲性的时空分布及分级和影响因素等方面。Bajracharya等文献作者以团聚体稳定性和土壤抗剪强度指标来评价季节性土壤的可蚀性。作者史冬梅等通过原状土冲刷试验，研究了土壤物理特性、入渗速率和植物根系生物量与抗冲性的关系。杨玉梅等作者研究了不同土地利用方式下土壤抗冲性，指出小于1mm须根是增强土壤抗冲性能的关键因子。周利军等作者认为，三峡库区典型林分林地土壤抗冲性与毛管孔隙度、稳渗率、非毛管孔隙度、小于1mm根长关系最为密切。另外，周维等作者研究了金沙江干热河谷不同土地利用条件下土壤抗冲性，认为土壤有机质、粗粒径(3～5mm、5～10mm和>10mm)的水稳性团聚体的增加有利于提高土壤的抗冲性。

潘利君等作者在研究泰国清迈省的Mae Rim流域时，认为土壤抗剪力制约着土壤的可蚀性，用土壤的抗剪强度来确定土壤侵蚀等级。AL-Drruah等利用土壤抗剪强度来研究土壤的抗击溅机制，证明溅蚀量与抗剪强度有密切的关系。可见，多数学者主要从土壤物理特性和根系固结土壤这方面研究与抗冲性的关系，对于土壤的力学特性参数如黏聚力等对抗冲性的影响研究较少，特别是在元谋干热河谷区特殊的水热条件和地貌特征下，

① 陈安强，张丹．元谋干热河谷坡面表层土壤力学特性与抗冲性的影响[J]．农业工程学报，2012，28(5)．

对抗冲性的研究鲜见文献。本文通过对元谋干热河谷区沟头表层土壤抗冲性的测定，分析土壤颗粒与团聚体的稳定性、土壤基质势、土壤的黏聚力和内摩擦角等参数与抗冲性间的相互关系，分析该区土壤的力学特性对抗冲性的影响，为元谋干热河谷区冲沟侵蚀机制研究提供一定的理论基础。

10.2.2.2　**研究区概况**

试验地位于云南省元谋县苴林乡境内的元谋干热河谷沟蚀崩塌观测研究站内，是中国科学院成都山地灾害与环境研究所和云南省农业科学研究院联合共建的野外观测研究站。研究区位于101°48′48″～101°49′54″E，25°50′30″～25°51′18″N。海拔1 067～1 138m，试验站内地形切割破碎，沟蚀崩塌严重，大部分坡面发育成纵横交错的冲沟。在接近冲沟沟头和沟壁两侧，由于强烈的侵蚀，使得植被难以获取适宜的水土条件，都已严重退化。坡面耕地完全是改造后的台地，沟蚀发展严重威胁着坡面耕地的利用。干热河谷内，年均温21.9℃，极端最高气温42℃，极端最低气温－2℃，≥12℃的持续天数349d，≥10℃积温7 786℃，年均降雨量630mm左右，集中在5—9月，其他月份少雨或无雨，年均蒸发量达3 911.2mm，蒸发量是降雨量的6倍，干燥度4.4。干热河谷砂土黏土交替成层分布，燥红土为基带土壤。植被类型为干旱稀树灌草丛，草本植物主要是扭黄茅（*Heteropogon*）和孔颖草（*Botnrochola portusa*）居多；灌木和乔木主要有车桑子（*Dodoneae viscosa*）、合欢（*Albizia julibrissm*）等。

10.2.2.3　**研究方法**

1）土壤抗冲性测定

土壤抗冲性试验，采用原状土冲刷土槽法。用自制的规格为30cm×20cm×10cm的方形取样器，沿着3个沟头坡面自分水岭至沟头沟缘的直线距离分上、中、下3个部位取表层原状土。原状土样取回后，放在水中浸泡12h至土样饱和，然后放在冲刷槽中备用。冲刷槽设定的坡度与取样坡面的平均坡度一致，为15°，冲刷槽上部的水池提供水源，冲刷槽和水池之间用水管连接，在水管上段安装流量计，测定水流量。根据当地降雨泥沙径流小区的观测，用标准径流小区（20m×5m）内产生的最大径流量来计算的单位流量为冲刷流量，即2L/min，通过流量计调好设定的冲刷水流，冲刷时间为19min。在冲刷开始后的前4min，用取样桶每1min取一次水流泥沙样，以后每3min取一次，共取9次样。取的泥沙样经过沉淀、过滤后，烘干称重。土壤抗冲能力用冲失1g土所需时间，即抗冲指数来表示：

$$ANS=\frac{T}{WLDS}$$

式中：ANS为单位流量土壤抗冲指数，min/g；T为冲刷历时，min；$WLDS$为冲失干土质量，以克（g）计。

2）土壤物理特性参数测定

2010年8月，在研究区选择了3个典型冲沟沟头，以沟头上部坡面汇水面积处作为试验地，试验地表层土壤是燥红土，为粉黏性土。植被类型是草本植被，盖度较低，约为10%左右。植被主要是扭黄茅（*Heteropogon*）和孔颖草（*Botnrochola portusa*）。在每个冲沟的汇水面积处，沿坡面自分水岭至沟头沟缘的直线距离分上、中、下3个部位，分别取表层燥红土土样和 9 个环刀(Φ45×55 mm)样，带回实验室用常规方法测定土壤的机械组成、微团组成和水稳性团聚体(表 10-2-1)。用 15bar 压力膜仪测定土壤的水分特征曲线，来拟合土壤的基质吸力与质量含水率的关系和计算土壤容重、孔隙度等参数。经测定，土体的平均干容重为 1.6g/cm³，平均总孔隙度为 37.46%。分散率和平均重量直径(*MWD*)，根据下式计算分散率＝小于 0.05mm 微团聚体÷小于 0.05mm 机械组成：

$$MWD=\sum_{i=1}^{n+1} X_i \times W_i$$

式中，Xi 为 i 粒级与 $i+1$ 粒级的平均直径，mm；Wi 为该粒级范围内水稳性团聚体的含量，%。

用带回实验室的土样，分别制备不同初始质量含水率(8%、10%、13%、16%、19%、22%和 25%)的试样，试样的干密度和原状土干密度相同，为 1.6 g/cm³，直剪试验的剪切速率为 0.8mm/min，分别施加 50kPa、100kPa、200kPa 和 300 kPa 的正应力，测定土壤的黏聚力(c) 和内摩擦角(Φ)。在降雨后，每隔 2min 左右，用沈阳建科仪器研究所生产的便携式直剪仪在取原状样的地方对表层土进行原位剪切试验，测定不同质量含水率下的抗剪强度(τf)，每次测 3 个值取平均，随后取铝盒样测定土壤质量含水率。根据土壤质量含水率和压力膜仪测定的土壤水分特征曲线，计算不同含水量下的基质吸力。

表 10-2-1　燥红土地机械组成、微团聚体和水稳性团聚体含量　(%)

	2～1mm	<1～0.5mm	<0.5～0.25mm	<0.25～0.05mm	<0.05～0.02mm	<0.02～0.002mm	<0.002mm
微团聚体	5.79	13.20	26.20	35.05	6.20	10.11	3.46
颗粒组成	2.14	4.97	10.05	35.68	11.14	16.94	19.08
	>5mm	5～>3mm	3～>2mm	2～>1mm	1～>0.5mm	0.5～0.25mm	<0.25mm
水稳性团聚体	11.26	8.73	12.42	16.33	12.85	5.09	33.32

3)数据处理

用 spss12.0 进行相关分析和逐步回归分析，用 sigmaplot8.0 进行各参数与 *ANS* 的关系进行函数拟合。

10.2.2.4　结果与分析

1)土壤结构体稳定性及抗冲性的影响

土壤颗粒和团聚体，是组成土壤结构的基本单元，其联结状态构成一定强度的土壤结构。土壤颗粒和团聚体的稳定性，影响着土壤结构的稳定性。土壤团聚体是在胶结作用、凝聚作用和团聚作用等内外力作用下，由细小的土粒和微团聚体组合而成，团聚体团聚作用的强弱影响着土壤颗粒间黏聚力的大小，也影响着土壤抵抗径流对其冲刷破坏能力。为了反映土壤结构体的力学特性，引入土壤分散率和平均重量直径 (*MWD*) 来表征土壤抗分散性能和团聚体的水稳性特征。

土壤分散率，是表示土壤易蚀性指标。分散率的大小，取决于土粒与水的亲和力和胶结力。因此，分散率从一定程度上反映了土壤颗粒间的作用力。分散率是小于 0.05mm

微团聚体与小于 0.05mm 机械组成的比值。分散率愈大，土壤越容易被冲蚀。通过对土壤分散率和 *ANS* 进行回归分析(图 10-2-5)，图示表明：

(1)分散率和 *ANS* 呈一元三次多项式变化；

(2)随着分散率的逐渐增加，*ANS* 逐渐下降；

(3)在分散率为 0.3～0.38 左右时，抗冲指数下降平缓；

(4)随分散率的降低，抗冲指数下降迅速；

(5)其主要因为分散率越大，小于 0.05mm 微团聚体含量就高，对土壤颗粒起团聚作用的大于 0.05mm 的微团聚体所占比重减小，土壤团聚程度差，大量的土壤颗粒就越容易分散悬浮被水流冲走，抗冲指数就小；

(6)随着小于 0.05mm 的微团含量的减少，大于 0.05mm 的微团聚体所占比重增加，土壤颗粒的胶结力和凝聚力增强，土粒就不易被分散冲刷。

水稳性团聚体对保持土壤结构的稳定性也有重要的作用，一定程度上反映了包括有机质在内的硅、铁、碳酸盐等胶结物胶结力的大小，是衡量土壤抗侵蚀能力的重要指标。*MWD* (mean weight diameter)是反映土壤团聚体大小分布状况的常用指标。通过对 *MWD* 和 *ANS* 的关系分析(见图 10-2-6)，图示表明：

(1) *MWD* 和 *ANS* 呈幂函数变化，相关系数 R^2 为 0.954，两者呈显著性正相关($P <$ 0.0001)；

(2)图 10-2-6 揭示，随着 *MWD* 的逐渐增加，*ANS* 也呈增长趋势；

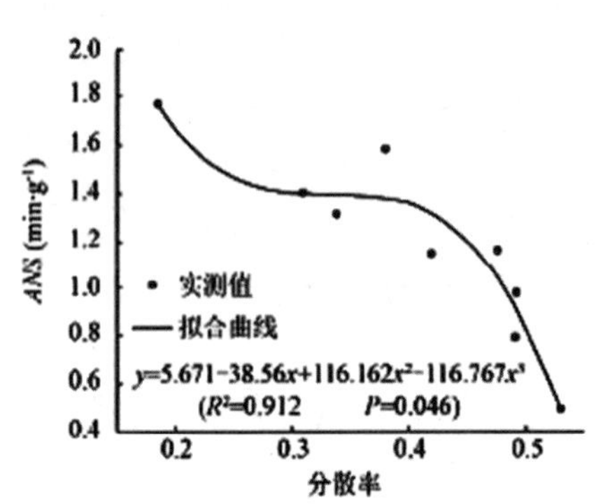

图 10-2-5 分散率与 *ANS* 的线性关系

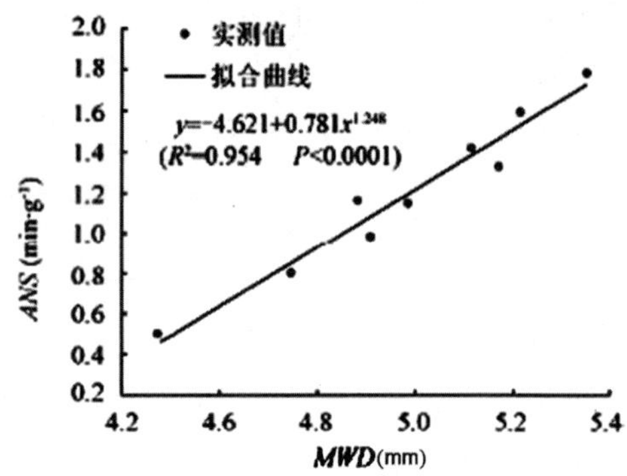

图 10-2-6 平衡重量直径 *MWD* 与 *ANS* 的关系

(3)主要是因为 *MWD* 值越大，表示土壤团聚体的团聚程度越高，组成团聚体的小颗粒胶结作用增强，亲水力降低，团聚体不易被水流分散悬浮，一定程度上增强了团聚体内部土粒的黏聚力和水稳性团聚体表面的抗滑力，土壤的抗冲能力增强。

2)基质吸力对抗冲性的影响

基质吸力是土粒对水的吸持潜能。含水量对基质吸力影响较大，一般认为，基质吸力随含水量的增大而单调减小。汤连生认为，基质吸力对非饱和土的抗剪强度有很大影响，非饱和土抗剪强度不仅取决于可变结构吸力(Sc′)、湿吸力(Sa′)和牵引力(Sd′)，还取决于基质吸力(ua - uw)。刘小文等认为，随着基质吸力的增加，抗剪强度有线性增加的趋势，这种线性变化的趋势在法向应力较小时更为明显。用压力膜仪测定土壤水分特征曲线，以此来拟合质量含水率与基质吸力之间的相互关系。结果表明，含水率与基质吸力呈较好的幂函数关系（$y = 2\times 109x - 6.1647$），相关系数 $R^2 = 0.997$，两者呈显著性相关（$P < 0.0001$），说明用回归方程能够较好地预测不同含水率下的基质吸力。

根据实测的土壤质量含水率，运用预测方程计算土壤的基质吸力。表 10-2-2 是不同质量含水率下测定的土壤 τf、基质吸力和 ANS，表明随着基质吸力和 τf 的增加，抗冲指数也逐渐增加。通过对 τf、基质吸力和 ANS 的相关分析，ANS 与 τf（$R = 0.827, P < 0.0001$）、基质吸力（$R = 0.743, P < 0.0001$）呈显著性正相关。ANS 与基质吸力、τf 呈较好的线性关系，回归方程为 $y = -0.299 + 0.018x\tau f + 0.0002x$，吸复相关系数 $R^2 = 0.758$（$P = 0.000$）。就基质吸力与 ANS 的相互关系（见图 10-2-7，以上附图均来源于该论文），图示表明：

（1）ANS 与基质吸力呈较好的对数函数关系（$R^2 = 0.9296, P < 0.0001$），并随着基质吸力的增加呈对数函数递增；

（2）在开始阶段，ANS 增长较快，主要因为开始土壤含水率较大，土壤的基质吸力较小，造成土壤黏聚力降低，土壤容易被冲蚀，ANS 低；

（3）随着含水率的逐渐减少，引起基质吸力的快速增加，增强了土壤的黏聚力，使得 ANS 增长迅速；

（4）当基质吸力在 548.554 kPa 之后，虽然基质吸力也有较快的增长，但 ANS 增加平缓。

3）c 和 Φ 值对抗冲性的影响

Jumics 和 Barer 从土壤侵蚀的角度把抗剪强度定义为：在剪应力的作用下，抵抗土壤颗粒或土壤团粒因持续剪切而引起的剪切变形及变形破坏的阻力。它由土粒间的黏聚力、颗粒间相互联结的抵抗变形力和颗粒表面间的抗滑力 3 部分组成。所以，库伦公式能较好地表达土壤的抗剪强度。分析土壤的抗剪强度（c、Φ 值）和 ANS 的相互关系，是从土壤侵蚀力学的角度研究土壤的抗侵蚀能力。由于土壤在水流冲刷下的破坏表现为剪切破坏，所以研究土壤黏聚力和内摩擦力值对抗冲性的影响就显得尤为重要。土壤黏聚力是阻止坡面径流对土体冲刷破坏的有效阻力，能够很好地防止径流把有序的土体结构变得松散杂乱。土壤黏聚力和 ANS 的关系（见图 10-2-8，论文附图），图示表明：

（1）黏聚力和 ANS 呈较好的对数函数关系（$R^2 = 0.8697, P = 0.0022$）；

（2）ANS 随着黏聚力的增大呈对数函数增长；

（3）黏聚力越大，土壤的抗冲性能就越好；

（4）当黏聚力黏聚力小于 10kPa 时，ANS 增长迅速；

（5）但是当黏聚力大于 10kPa 时，ANS 增长缓慢，说明黏聚力增长到一定程度后，黏聚力的变化对 ANS 增长速度的影响效应减小。

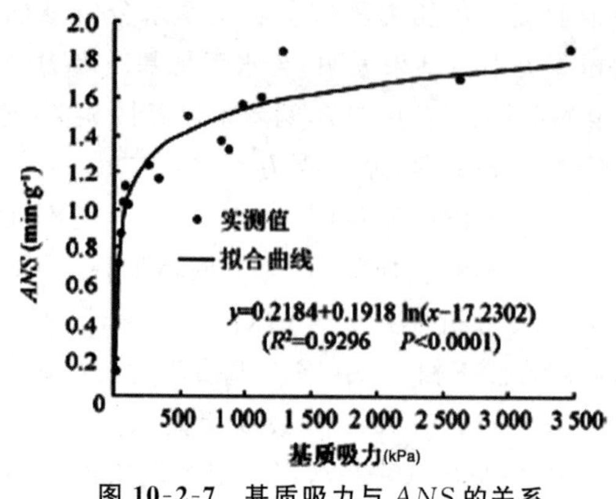

图 10-2-7 基质吸力与 ANS 的关系

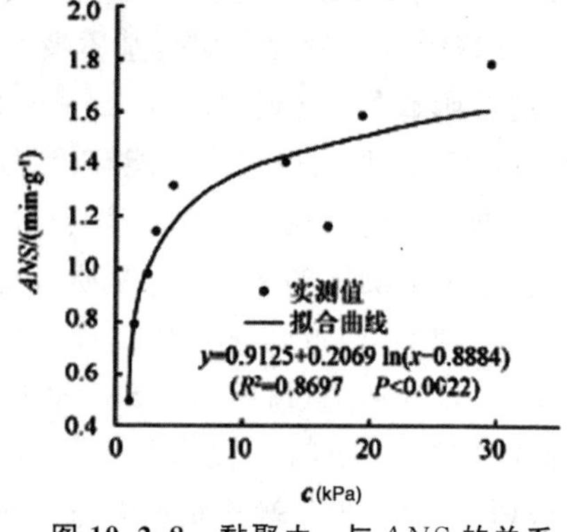

图 10-2-8 黏聚力 c 与 ANS 的关系

表 10-2-2 不同质量含水率下测定 τf、基质吸力与 ANS

质量含水率(%)	τf(kPa)	基质吸力(kPa)	ANS($\mathrm{min\cdot g^{-1}}$)
8.600	95.000	3 468.386	1.852
9.000	88.000	2 620.663	1.695
10.108	85.000	1 280.895	1.840
10.331	90.000	1 119.525	1.596
10.560	86.700	978.248	1.554
10.750	88.000	876.408	1.324
10.870	91.000	818.640	1.364
11.599	83.600	548.554	1.493
12.579	84.500	332.754	1.163
13.107	80.000	258.225	1.235
15.438	77.900	94.142	1.025
15.676	66.500	85.668	1.123
16.129	59.000	71.860	1.010
16.515	76.400	62.105	1.034
17.041	74.800	51.194	0.709
17.340	56.000	45.990	0.865
18.230	54.000	33.780	0.876
20.210	49.000	17.890	0.136

土壤中颗粒和团聚体,以一定形式排列成一定的土壤结构。不同颗粒表面摩擦力以及颗粒间的嵌入和连锁作用产生的咬合力的大小,影响其抵抗外力破坏的能力。图 10-2-9 表明:

表 10-2-3 土壤力学参数与 ANS 的相关分析

	x_1	x_2	x_3	x_4	x_5	x_6
x_2	−0.743*	1.000				
x_3	−0.760*	0.975**				
x_4	−0.760*	0.550	0.654	1.000		
x_5	−0.853**	0.892**	0.869**	0.759*	1.000	
x_6	−0.848**	0.758**	0.862**	0.770*	0.826**	1.000
ANS	−0.885**	0.835**	0.899**	0.886**	0.934**	0.868**

注:* 在 0.05 水平上显著相关;** 在 0.01 水平上极显著相关;x_2～x_6 分别为分散率、c、Φ、MWD、τf 和基质吸力。

(1)ANS 与土壤内摩擦角呈较好的对数函数关系,相关系数 $R^2 = 0.8824$;

(2) 经 t 检验两者达到显著性相关($P = 0.0016$);

(3)ANS 随着土壤内摩擦角的增加呈对数函数增加,说明土壤内摩擦角的增加,有利于增强土壤抵抗径流冲刷的能力;

(4) 主要是土壤内摩擦角越大,土壤颗粒间的摩擦力和咬合力越大,增强了土壤颗粒抵抗径流冲刷破坏的能力,土壤越不容易被水流冲散。

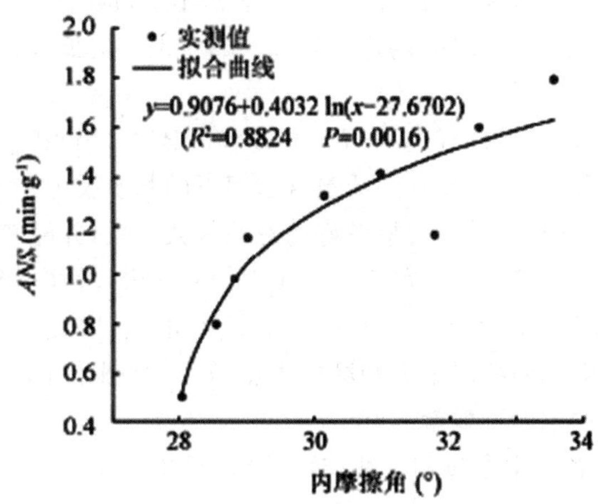

图 10-2-9　内摩擦角(Φ)与 ANS 的关系

4)土壤力学特性对抗冲性的影响

许多研究表明,影响土壤抗冲性的土壤力学特性,主要有抗剪强度、压缩强度、土壤结构稳定性等参数。为了从土壤侵蚀的力学角度综合分析各土壤力学参数对抗冲性的影响,研究选用分散率 (x_1)、c(x_2)、Φ(x_3)、MWD(x_4)、τf(x_5) 和基质吸力(x_6)6 个反应土壤力学的参数来分析其对抗冲性的影响。表 10-2-3 是各参数之间及其与 ANS 的相关关系。研究表明,分散率与其他参数和 ANS 之间呈负相关关系,其中,

(1) 与 c、Φ 和 MWD 呈显著负相关($P < 0.05$);

(2) 与 τf 和基质吸力呈极显著负相关($P < 0.01$)。

这种相关性主要是因为分散率越大,团聚体的稳定性降低,土粒间的黏聚力和内摩擦角变小,使得土壤抵抗水流的剪应力降低,土壤越容易被分散冲刷。除了分散率,其他各力学参数之间呈正相关关系,c、Φ、τf 和基质吸力之间呈极显著性相关($P < 0.01$),而这 4 个参数与 MWD 呈不同程度的正相关;主要是因为 c、Φ 和基质吸力是表征 τf 的有效参数,土体的 τf 由这三部分组成。ANS 与各力学参数呈极显著相关($P < 0.01$),就相关程度看,$x_5 > x_3 > x_4 > x_1 > x_6 > x_2$。

为了进一步定量分析 ANS 与各参数的相关关系,对各物理力学参数和 ANS 进行逐步回归分析。结果显示,c 值、MWD 和 τf 被引入回归方程,说明水稳性团聚体的稳定性、颗粒及团聚体之间的胶结凝聚力和土壤抵抗水流的剪切破坏力对 ANS 影响较大,回归方程为:

$ANS = -3.070 + 0.012x2 + 0.674x4 + 0.01x5$,复相关系数 $R^2 = 0.983$。说明用这

3个参数能较好地表达其对 *ANS* 的定量关系。从偏相关系数看，$Rx4(0.915) > Rx2(0.829) > Rx5(0.776)$，说明水稳性团聚体对 *ANS* 的影响较大，这与 Bajracharya 等研究结果一致。其次是黏聚力和抗剪强度，说明团聚体越稳定，团聚体就不易被水流破坏，颗粒内部及颗粒间的黏聚力和摩擦力就越大，增强了土壤的抗剪强度，从而提高了土壤的抗侵蚀能力。

10.2.2.5　**研究结论与讨论**

(1) 分散率和抗冲指数 *ANS* 呈一元三次多项式变化，随着分散率的逐渐增加，*ANS* 逐渐下降；分散率在 0.3～0.38 左右时，对 *ANS* 下降影响的效应较小；其后，*ANS* 下降迅速。

(2) 随着平均重量直径(*MWD*)的逐渐增加，*ANS* 也呈增长趋势，两者呈较好的幂函数关系。

(3) 用 $y = 2 \times 109x - 6.1647$ 方程($R^2 = 0.997, P < 0.0001$，y 为基质吸力，x 为质量含水率)，能较好的预测燥红土在不同质量含水率下的基质吸力。

(4) 抗冲指数(*ANS*)与基质吸力呈较好的对数函数关系，并随着基质吸力的增加；开始阶段，*ANS* 增加较快，当基质吸力在 548.554kPa 后，*ANS* 增加平缓。

(5) 抗冲指数(*ANS*)随着黏聚力(c)和内摩擦角(Φ)的增大呈对数函数增长，c 和 Φ 越大，土壤颗粒内部及颗粒间的凝聚力和摩擦力就越大，增强了土壤颗粒抵抗径流分散、冲刷破坏的能力，土壤的抗冲性能就越好。

(6) 除了分散率与各力学参数和抗冲指数 *ANS* 呈负相关关系外，其他各参数之间呈正相关关系。

(7) *ANS* 与各参数呈极显著相关性($P < 0.01$)，就相关程度看，抗剪强度(τf) > 内摩擦角(Φ) > 平均重量直径(*MWD*) > 分散率 > 基质吸力 > 黏聚力(c)。

(8) *ANS* 与各参数的逐步回归表明，c、*MWD* 和 τf 和 *ANS* 呈较好的线性关系(R^2 复 $= 0.983$)，偏相关系数表明水稳性团聚体的稳定性、颗粒及团聚体间的胶结凝聚力和土壤抵抗水流的剪切破坏力对 *ANS* 影响较大。

10.2.3　EUROSEM 模型在三峡库区陡坡侵蚀的模拟研究①

10.2.3.1　**研究概述**

我国由于人口众多，可耕的土地资源十分匮乏，坡度大于 20°的陡坡地被广泛利用。黄秉维作者提出："华南特殊气候条件下，坡地土壤贫瘠，植被破坏后，强烈的土壤侵蚀又进一步使土壤生态恶化，而侵蚀产生的土石湮没农田、淤积水库、阻塞河流和港口、影响水运航行、加剧水灾，为害严重。再加上不适当的陡坡地开垦利用，不但自然生产潜力日益衰落，甚至山区与丘陵区中面积有限的平原亦将蒙受不同程度的影响。"他同时提出："只有适当利用坡地，治贫才会有广阔的前景，这是大多数山区、丘陵地区不应忽略的关键。"许多研究表明，如果合理应用如修建石坎梯田，种植等高植物篱以及恢复地表植被等一些保护措施来控制土壤侵蚀，一些陡坡地仍然可以用于农业生产。

---

① 蔡强国、朱远达.应用 EUROSEM 模型对三峡库区陡坡地水力侵蚀的模拟研究[J].地理研究，2003,12(5).

三峡水库的修建,就地后靠的移民安置政策,必然导致大量坡地的开垦。因此,有效评估土壤侵蚀风险,预测径流和侵蚀速率及选择合理的水土保持措施,在该地区显得非常必要。

传统的基于对降雨侵蚀力、土壤可蚀性、地貌和土地利用的评分系统,在土壤侵蚀的空间分布方面提供了很好的信息。但对次降雨土壤侵蚀速率则很难进行高精度的有效评估。同样,已有的预测方法无法给水土保持措施的设计及评估提供直接的有效信息。这些缺陷只能通过侵蚀模型预测和侵蚀风险评估相结合来克服。

三峡库区每年大部分的土壤侵蚀往往产生在 2～3 场特大暴雨中。当前,国际上研发的许多经验模型,如 USLE 和 RUSLE,以及一些过程模型如 GUEST 、WEPP 和 ANSWERS,从这些模型建立的机制及考虑的侵蚀过程来看,对坡度大、次降雨侵蚀强度大的地区并不完全适用。但对于三峡地区而言,基于次降雨的模型更为理想。欧洲土壤侵蚀模型(EUROSEM)通过对土壤侵蚀过程的物理描述,并以分钟为时段,模拟次降雨条件下地块或小流域侵蚀过程,并在许多国家被成功推广应用。这项研究的主要目的,是以人工模拟降雨资料为基础,评估 EUROSEM 模型在三峡库区陡坡地中的侵蚀状况及模拟效果。

10.2.3.2　研究材料与方法

1)实验区简介及试验设计

研究区位于长江上游支流吒溪河的二级支流王家桥小流域,距秭归县城旧址约 14km,流域内平均海拔 200～300m,属低山丘陵地貌;气候属中亚热带气候,年均温 18.0℃,平均年降水量 1 013.1mm;母岩为侏罗系上统的蓬莱镇组,以紫色砂岩和页岩为主,夹少量泥岩;土壤为中性、石灰性紫色土。

试验小区有 4 种处理:坡荒地、坡耕地、植物篱和施肥植物篱。模拟研究涉及 6 个小区(见表 10-2-4)。小区始建于 1993 年,坡向东南,为不同培肥措施对植物篱－农作系统中碳和养分含量影响的实验地。植物篱品种均为香根草,每个标准径流小区坡度均为 25°,水平投影长度 10m、宽 2m,植物篱处理等高定植了三带香根草(*Vetiveriazizanioides* ,属禾本科岩兰草属)植物篱,夏季植物篱定高剪裁并横置篱前,坡面间 3m;每带两行,行距 20cm,株距 20cm,篱带间种植黄豆(每年 5 月至次年 10 月)和冬小麦(每年 11 月至次年 5 月)。施肥植物篱面施尿素 0.75kg、过磷酸钙 1.5kg,于当年 6 月播种时施作基肥,而坡耕地和植物篱小区无施肥处理。

表 10-2-4　小区特征及模拟人工降雨参数(原表)

	校正				校验							
编号	1	2	3	4	5	6	7	8	9	10	11	12
小区号	1	2	3	4	1	1	2	2	3	3	4	4
处理	坡荒地	坡耕地	植物篱	施肥植物篱	坡荒地	坡荒地	坡耕地	坡耕地	植物篱	植物篱	施肥植物篱	施肥植物篱
坡度(°)	25	25	25	25	25	25	25	25	25	25	25	25
作物	无	大豆	大豆	大豆	无	无	无	大豆	大豆	大豆	大豆	大豆
降雨日期	1994.4	1996.11	1996.11	1996.11	1994.4	1994.4	1997.11	1998.11	1997.11	1998.11	1997.11	1998.11
雨强(mm/min)	1.09	1.36	1.48	1.48	1.26	1.26	1.29	1.49	1.40	1.47	1.45	1.59
历时(min)	30	61	51	60	30	30	44	60	37	60	47	62

2)EUROSEM 模型

野外人工模拟降雨试验,采用立式模拟降雨器,降雨器喷头采用美国生产的 SPRACO 喷头,水以一定的初速度从喷嘴落下。当供水压力为 67kPa 时,用面粉球测定雨滴大小分布范围在 0.35～5.35mm,中数直径为 2.40mm。当雨滴初速度大于 3m/s、最初喷出方向于垂直方向最大偏角为 60°时,可计算得到大多数雨滴可达到其末速度。

在 1.2mm/min 的雨强下,2m×2.5m^2 的实验小区内降雨总动能为 0.57J/(m^2 · s),相当于天然降雨的 90%,降雨均匀度可达 89.7%。不同降雨强度可以通过调节水压控制器得到。降雨试验过程中集水口产流后,每 3min 取一次水沙样,测 1 次径流量,连续 3 次测得相近的径流量,即认为达到稳定入渗,停止降雨。每次降雨后,测集水池中水位,并取水沙样。然后将水沙样过滤、风干,再烘干(100～110°C,8h)、称重。最后计算含沙量、径流量和侵蚀量。

EUROSEM 模型属于动态分布式模型,可以在单独地块或小流域中预测水力侵蚀强度。该模型基于对土壤侵蚀过程的物理描述,并在 1min 的时间间隔内运行。它主要涉及植物对降雨的截留、到达地表的降雨总量和动能、茎干流总量、由雨滴打击和径流冲刷引起的土壤分散量、泥沙沉积和径流搬运能力等。

EUROSEM 模型,需要降雨观测数据来计算雨强及降雨总量。在模型计算流程中,降雨首先被植物冠层截留,然后分为穿透雨、叶流和茎流。在分别计算它们的动能后,才计算土壤溅蚀分离量,然后计算入渗。在减去地表填凹容量后,用动能波方程模拟地表径流线路,并对径流和地表之间的土壤颗粒交换进行连续动态模拟。模型正确地模拟了细沟流和细沟间流,并用产沙量(sediment discharge)来表示土壤流失,其定义是空间某点在某段时间内产生给定数量的泥沙所需要的径流量和径流含沙量。当在流域尺度内运行时,模型将流域分为有相应边坡的不同沟道单元,而边坡则进一步被分为土壤、土地利用和坡形特征相对一致的面或者单元。

此外,EUROSEM 模型可以和地理信息系统进行无缝链接。

3)模型校正

模拟研究中选择处理小区各一个,按照其水文特性和产沙特性确定需要修正的参数来修正 EUROSEM 模型。被修正参数有饱和导水率(*FMIN*),曼宁系数(MANN)和土壤聚合度(*COH*)。模拟水文曲线时,通过不断改变输入参数,并与实际观测结果进行比较。在修正过程中,输入参数值被限制于 Morgan 等所确定的变化范围内。土壤孔隙度(*POR*)、土壤最大持水量(*THMAX*)、入渗滞后因子(*RECS*)、植物覆盖最大截留量(*DINT*)、坡面糙率(*RFR*)、土壤中数直径(*D* 50)和雨滴冲击土壤颗粒可分散性(*EROD*)则直接参考 Morgan 等的建议。初始土壤水含量(*ROC* ,体积比)、冠层覆盖百分比(*COVER*)和冠层平均高度(*PLANTH*)则通过直接测量获得(见表 10-2-5)。

4)模型检验

模型检验,采用通过模型修正获得的参数文件,并通过各处理其余两个小区(表 10-2-4)中观测数据验证。模型模拟结果,在下文中用图表表示。观测值和模拟值之间的相关性,则用 R^2 来评估。

表 10-2-5　EUROSEM 模型主要修正参数对应值

处理	修正参数			模型手册提供参数				
	FMIN (mm/h)	*COH* (kPa)	*Minnning's* n ($m^{1/6}$)	*G* (mm)	*POR* (vv^{-1})	*THMAX* (mm)	*RFR* (mm)	*D*50 (μm)
坡荒地	10	30	0.5	617	0.46	0.40	15	350
坡耕地	10	20	0.1	617	0.46	0.40	15	350
植物篱	10	20	0.3	617	0.46	0.40	15	350
施肥植物篱	20	20	0.5	617	0.46	0.40	15	350

10.2.3.3　研究结果

1)坡荒地小区

坡荒地小区产流速率、累积径流量、径流含沙量、产沙速率和累积产沙量实测值和模拟值比较以及坡荒地的校正和检验结果见图 10-2-10。在模型的校正中(模拟 1),水文曲线模拟值与观测值非常吻合。虽然,模拟径流时间过程以及径流速率峰值略有偏差;模拟的结果,径流中泥沙含量在产流初始阶段远远高于实测值,该产沙峰值持续大约 10min,然后接近实测值,但模拟中大约在产流 0～30min 时,径流中泥沙浓度出现第 2 个峰值,而实际测量中却没有。对于产沙速率,模型模拟结果在大多数时间内与实测值接近,但在 10～20min 时,模拟值要远高于实测值。出现偏差的原因,可能是建立模型的原始条件与研究区的差异。按照一般理解,在产流初期径流泥沙含量往往很高,为此模拟中出现第一个与实测值相异的峰值,这种情况一般出现在降雨间隔期比较长、地表松散物累积较多的条件下,而在降雨量丰沛、频率较高的三峡库区,产流初期难以出现高含沙水流。

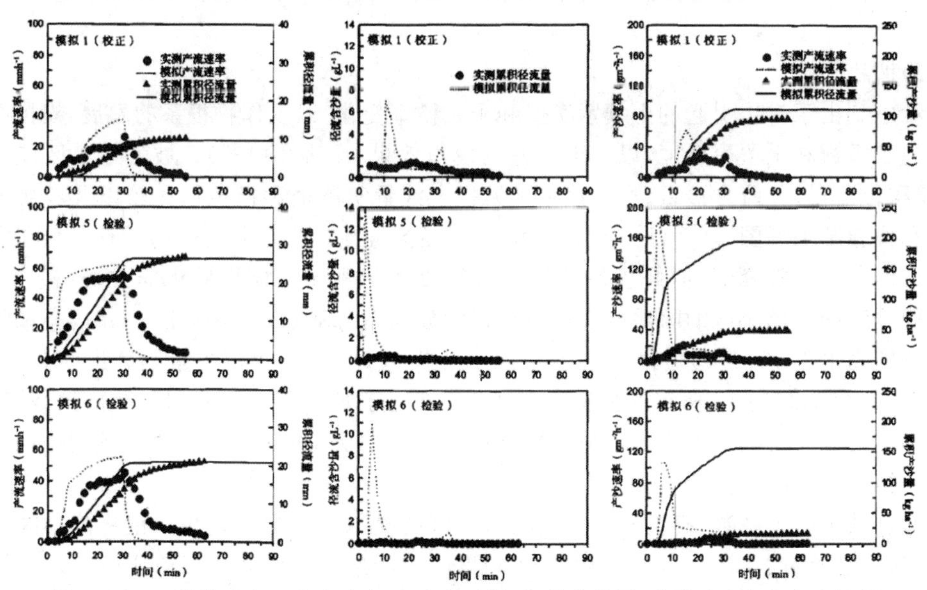

图 10-2-10　坡荒地小区产流速率、累积径流量、径流含沙量、产沙速率和累积产沙量

径流含沙量形成第二个峰值,在实际降雨过程中并没有出现,原因可能是 EUROSEM 模型更强调细沟侵蚀过程,认为在降雨 30min 左右可能出现细沟侵蚀。研究小区坡度在20°以上，可能超出模型建立时的基本条件或者模型本身对陡坡条件预测能力较差。在模型的验证中(模拟5、6)，同样，模拟产流速率、累积产流量在过程上与实测值非常吻合，但模拟累积产沙量要高于实测值，其主要原因是模拟初期(20min以前)产沙速率过高，而后期则模拟值与实测值非常接近。总体而言，EUROSEM模型对坡荒地中水文过程的模拟更符合实测值，产沙过程预测则高于实测，但模拟的趋势与实测一致。

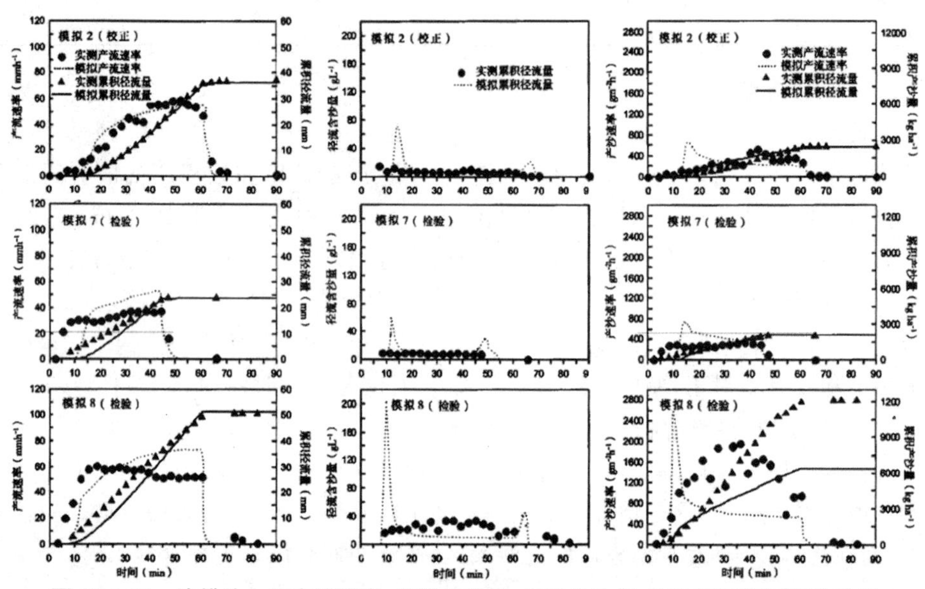

图10-2-11 坡耕地小区产流速率、累积径流量、径流含沙量、产沙速率和累积产沙量

2)坡耕地小区

考虑到由于耕作引起的土壤紧实度和土表糙率变化，以及作物根系的发展，模拟中减少了曼宁系数和土壤聚合度，以获得最好的模拟效果(见表10-2-5)。坡耕地小区产流速率、累积径流量、径流含沙量、产沙速率和累积产沙量实测值和模拟值比较以及坡耕地的校正和检验结果见图10-2-11。图示表明，虽然径流含沙量模拟曲线中仍然有2个在实测值没有出现的异常峰值，但修正后的模型对径流和土壤流失模拟效果非常好(模拟2)。模型检验以同一个小区的随后两年中所获得的数据作为基础，该小区1998年雨强和降雨总量分别高出1997年35%和84%(表10-2-4，模拟7)，而土壤流失量则高出502%(图10-2-11)。实际观测中，两年的模拟降雨试验中土壤前期条件非常相似。在模型修正中，径流和土壤流失得到了很好的模拟效果，模型检验时1998年的土壤流失量预测值偏低。

3)植物篱小区

通过减少曼宁系数，模型修正中植物篱小区的模拟效果非常理想。植物篱小区产流速率、累积径流量、径流含沙量、产沙速率和累积产沙量实测值和模拟值比较以及其校正和检验结果见模拟3、表10-2-5和图10-2-12。如图10-2-12所示，累积径流及累积产沙量的模拟值与实测值非常吻合，但产流速率和产沙速率的模拟效果相对较差。而模型检验对径流的模拟效果较好，但对累积土壤流失量则与实测值有偏差。

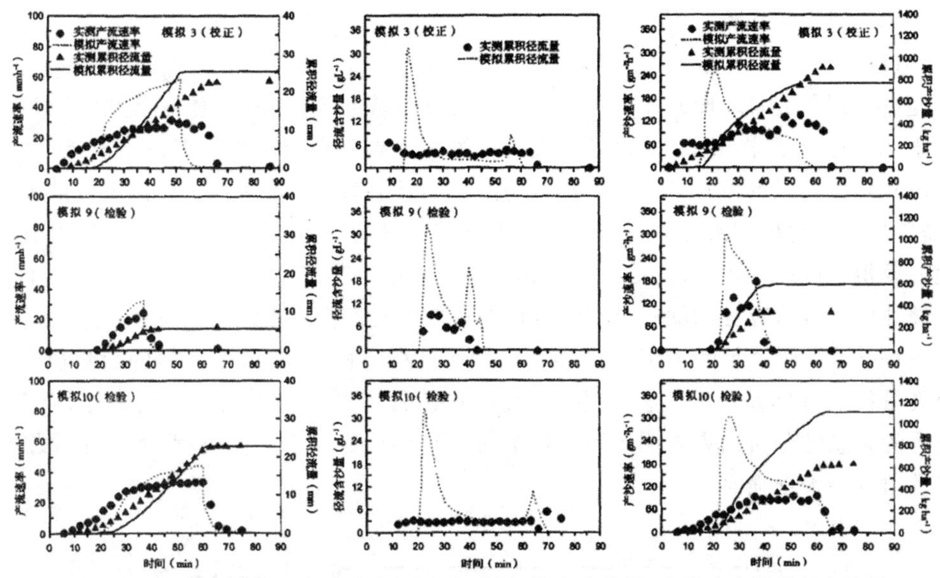

图 10-2-12　植物篱小区产流速率、累积径流量、径流含沙量、产沙速率和累积产沙量

4)施肥植物篱小区

植物篱能有效阻止养分流失，提高土壤肥力，从而促进作物生长，增加作物生物量。在施肥植物篱小区的模型修正中，饱和导水率和曼宁系数相应增加后，获得了较好的模拟效果(见表 10-2-5)。与植物篱小区模拟相似，修正中累积径流量的模拟获得了极佳的效果(见图 10-2-13，模拟 4)，而对土壤流失量的模拟效果则较差。实测值中，土壤流失量非常低，说明施肥植物篱处理在本实验条件下基本控制了土壤侵蚀。

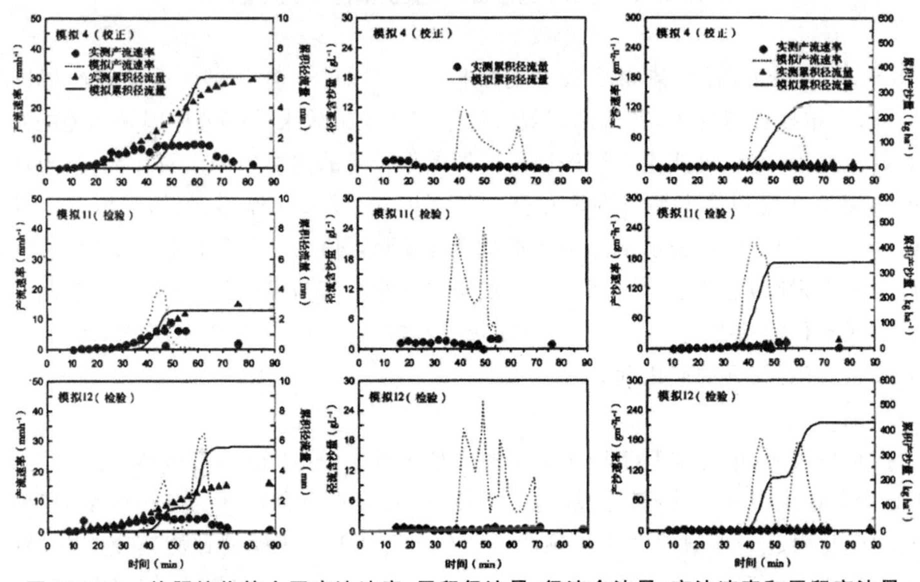

图 10-2-13　施肥植物篱小区产流速率、累积径流量、径流含沙量、产沙速率和累积产沙量

10.2.3.4 讨论与结论

1)讨论

经过模拟研究,EUROSEM 模型在预测径流总量上效果较好,预测值与实测值的偏差小于 3mm。但严格来讲,模型对径流的预测并不十分理想。在大多数情况下,产流初始阶段和结束阶段的模拟产流速率往往与实测值相差较大。因此,为获得更好的模拟效果,需要进一步对模型参数进行修正。在土壤流失量的模拟中,模型效果较差,尤其在坡耕地的模拟中(图 10-2-12,模拟 8),明显高于实测值。产沙速率预测精度差,实际上是大多数侵蚀模型普遍存在的缺陷,Folly 等也同样发现对产流模拟结果要优于对产沙的模拟效果。Veihe 等研究表明,即使初始条件一致而且小区相互靠近,小区间的观测径流和土壤流失量仍然有显著差异。这表明坡地侵蚀产沙具有极大的空间和时间差异,而 Veihe 等进行的敏感性分析结果表明产沙过程中的变异系数要高于产流过程,尤其是在暴雨初期以及出现最大雨强时。

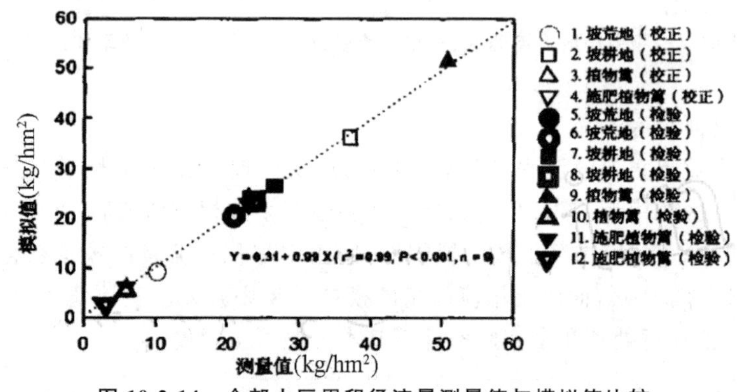

图 10-2-14 全部小区累积径流量测量值与模拟值比较

Morgan 等认为,在径流得到较好的模拟效果之前,土壤侵蚀是不可能被精确模拟的。另外,在本模拟研究中,产流模拟效果优于产沙模拟效果的部分原因是模型的修正主要针对径流过程,这也可能是土壤侵蚀量模拟效果较差的主要原因。总体而言,土壤流失总量的实测值和模拟值误差仍在可接受的范围内,除模拟 8 外,其他的模拟误差都小于 $500kg/hm^2$。图 10-2-14 表示全部小区累积径流量测量值与模拟值比较;图 10-2-15(以上附图均为论文附图)上图表示全部小区累积泥沙量测量值与模拟值比较;下图表示除 8 小区外的小区累积泥沙量测量值与模拟值比较。模拟研究,说明应用 EUROSEM 模型预测土壤流失量,有着较好的应用前景。

2)结论

模拟结果表明,虽然在基于场次降雨的模拟过程中,模拟值和实测值存在一定偏差,但 EUROSEM 模型在三峡库区陡坡地的产沙、产流预测中有较好的应用效果,特别是对土地利用变化引起的土壤侵蚀变化预测。此外,EUROSEM 模型预测精度有待提高,还需要进一步研究模型的输入参数,而模型涉及的另外一些参数如果能从田间或实验条件直接获得,则将会提高模型的实用性、可靠度。

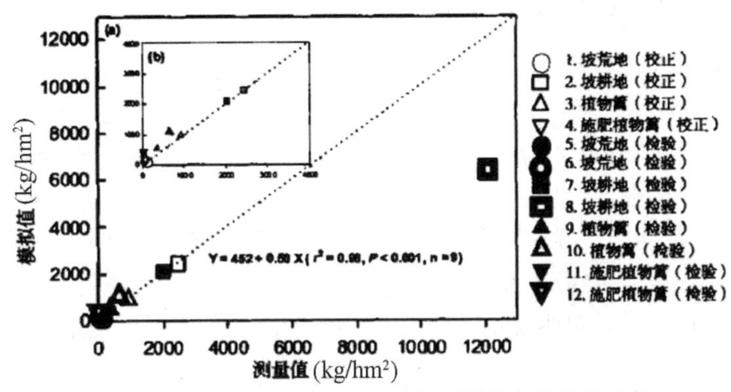

图 10-2-15　全部小区累积泥沙量测量值与模拟值比较

10.3　高陡坡面水土流失治理的经验比较

作为山地大国，又是人均资源贫国，水土资源的匮乏，使国人必须充分认识其危机程度，建立和形成应有的社会责任，切实保护自然生态，合理开发与利用自然资源。

矛盾的是，在一个畸形消费、高速增长的年代与环境，人们似乎无法理解、认识水土资源的根本性、重要性。因为粮食可以在国际大市场里得到平衡、调缺。忧虑的是，一旦遇到战争或大范围气候恶变以及灾害，国际社会没有足够能力解决人口大国的粮食危机，那么再现比 1959—1961 年严重百倍的饥荒后果，不是危言耸听。

作者反复指出我国山地占国土面积约 70％这个严峻现实，正是要强调山地开发与坡地利用的必然性和短缺态势。无论每公顷的产量在化学反应或理想气候条件下如何发挥杂交水稻的增产潜力，都不能避免坡地甚至部分陡坡地的利用。因为，土地与粮食始终是国之保障。气候变化和盲目城市化大量占地带来的农业减产和粮食危机因素持续存在。本著第 7 章讲到我国水土保持生态范例，即云南哈尼梯田和浙江云和梯田将山地陡坡穷尽其用，应该说给那些“望天收”（不是太勤劳）的部分山区人一种启迪和智力开发。在气候干燥、雨水条件较差的干旱河谷，开发梯田不是唯一农耕利用模式。即便打造成梯田，一定要形成规模才科学、经济。干旱河谷开发利用山地陡坡，必须实施截水、蓄水和有效的排水措施。截水、蓄水，就是按汇水区间科学设置截水沟槽和蓄水池，拦截雨季强降雨，一方面利用雨水灌溉；另一方面，控制地表径流，减少水土流失。有效的排水，就是保证多余的雨水能够疏导以形成资源。

干旱河谷的一些地方，一些人错误跟风，盲目开垦旱作梯田，将陡坡大量挖成梯埂，又缺乏截水、排水措施，松散的梯埂坡地遇到大雨更容易产生水土流失。正如本书前面所讲，土地问题十分复杂，却又非常简单，核心是要解决所有权问题。土地所有权不解决，农民不会投入根本措施用心经营土地，资源性矛盾也必将持续。尽管如此，一些专业科研机构和迫于生计的农民还是在局地探索山地陡坡的植被生态和农林利用方面取得治理、开发方法和成功经验。

10.3.1 陡坡地皇竹草水土保持效益研究与实践①

10.3.1.1 研究概述

1)研究对象概述

皇竹草(*Hybrid giant Napier*)是由象草与美洲狼尾草杂交(*P. purpureum* × *P. typhoid eum*)育成的高产优质牧草,属禾本科多年生草本植物,根系发达、茎叶繁茂、适应性强、耐干旱贫瘠,从粗沙到轻黏土均能生长。皇竹草叶质柔软多汁,营养丰富,适口性广,产量高,再生快,是各类畜禽和鱼类的最佳饲料。据测定,皇竹草干物质中含粗蛋白18.05%,精蛋白17.75%,粗脂肪2.10%,粗纤维32.10%,无氮碳化物37.90%,氨基酸有17种。

皇竹草亦是造纸工业的新型原料,据湖南省常德市西湖造纸厂测定结果表明,皇竹草相对其他禾草原料和混合阔叶木具有蒸煮时间短(2h)、漂白度高(72%~75%)、利水性能好、尾渣少(干料含0.06%,湿料含0.016%)、纤维含量高等优点,完全可以制造出较高档次的文化类纸用产品。无论从生态角度或经济考量,发展皇竹草投资省、见效快、固土保水作用强,经济效益高,对荒山退草绿化、农民增收致富有着重要作用。

为研究皇竹草在大坡度情况下的水土保持效益,自1999年在三峡库区万县(现重庆市万州区)长岭布设坡度为35°的生物篱小区,对其生长状况与减沙保水效果加以观测。

2)试验地概况

试验地位于万县长岭镇中科院万县生态环境实验站(108°30′E,30°46′N)试验区,海拔426m,属亚热带湿润季风气候,母岩为侏罗系沙溪庙组沙泥岩,土壤为灰棕紫泥粗骨土,土层厚度26.3cm,坡度35°。

10.3.1.2 研究方法与内容

由于试验地坡陡、土薄,为保证皇竹草栽植成活、生长,设计育苗移栽并结合扎草埂等高栽植。1999年3月25日,在苗床以皇竹草茎节扦插繁殖育苗,同年5月20日将皇竹草小苗(3~5叶、苗高16.4~24.8cm)移栽于草埂上,每隔2.0m栽植一道生物篱带,每带生物篱由3行皇竹草(株距×行距:30cm×30cm)组成。

在试验地内,95%的皇竹草株高大于1.5m时,将其茎叶刈割至距地面20cm,割下的茎叶紧靠生物篱带上坡方向放置。2001年,对两年生皇竹草的生长状况与水土保持效益加以观测。同时,以坡度35°、土层厚度28.1cm、覆盖度20%的空旷陡坡地作为试验对照。

(1)土壤物理性状和水文状况的测定。在皇竹草生物篱带上混合采集土壤样品,用环刀浸水法测定土壤容重、孔隙度,用比重计速测法测定各级土壤颗粒含量(国际制),并采用烘干法于2001年4月18日至5月18日每3天测定一次土壤含水量、土壤毛管持水量、土壤饱和含水量、土壤贮水量等指标。

(2)土壤渗透性能的测定。用渗透筒法测定土壤的渗透性能,每次倒入渗透筒100ml,共计400ml;根据渗透所需时间和渗透深度,求得渗透速度和渗透系数(K10℃)。

---

① 廖晓勇,陈治谏.陡坡地皇竹草水土保持效益研究[J].水土保持学报,2002,16(4).

(3)茎叶吸水量的测定。采用人工降雨法，将 $1m^2$ 范围内的皇竹草地上部刈割称重，然后放回原位。在距地面 2.0m 高度处分别喷水 10kg、20kg、30kg、40kg，而得出 10mm、20mm、30mm、40mm 的降雨量，再次称重刈割茎叶，前后两次重量差值即为茎叶吸水量。

(4)根系密度的测定。采用湿掘剖面法，随机布点挖掘 3 个宽 1.5m、深 0.6m 的土壤剖面，测定宽 1.0m、深 0.5m 范围内的皇竹草须根数量和分布状况，计算每 10cm 土层内须根量占土壤剖面总须根量的百分比。

(5)茎叶生物量的测定。随机选择 3 个调查样方(长 2.6m，宽 1.0m)，在样方内当 95%的皇竹草株高大于 1.5m 时，将其茎叶刈割至距地面约 20cm，称量茎叶鲜重，并测定风干茎叶样品的水分含量(烘干法)，计算其干物质重量。同时，观测记录每次刈割后皇竹草的分蘖状况等指标。

(6)土壤侵蚀量的测定。采用塑纤瓦材料，将试验地与对照坡地建造为简易的径流观测试验小区(长 12.0m、宽 5.0m)，于 2000 年 7 月观测 2 个雨日的土壤侵蚀状况。

10.3.1.3　皇竹草生长特性与试验结果

以皇竹草为生物篱植物的 3 年栽培试验结果表明，在 35°陡坡地，皇竹草生长仍然快速，年生长周期长达 9 个月，植株高可至 2.5～3.0m，茎粗(直径)达 1.5～2.5cm，茎节数 18～20 个，分蘖力强且成株率高，年均可分蘖 12～20 株，成株率达 75%。

皇竹草为碳四植物，光合作用强，茎叶生产量大，耐刈割，年均刈割次数为 5 次(其生物生产力见表 10-3-1)，年均收割茎叶鲜生物总量为 $259.2t/hm^2$，折合年产干草 $51.2t/hm^2$，平均单株年产鲜茎叶 7.48kg。就单次刈割皇竹草生长状况而言，以第 4 茬、第 3 茬的生长速度快、历时短、茎叶产量高，生长期分别为 41d、39d，收割的茎叶量分别占全年总产量的 25.40%、23.68%。分析表明：

表 10-3-1　皇竹草茎叶生物量(原表)

测定时间	测定面积(m^2)	测定株数(株)	鲜重(kg)	干重(kg)	重复
2001.4.27	2.6×1.0	9	8.51	1.87	$N=3$
2001.6.14	2.6×1.0	9	13.32	2.59	$N=3$
2001.7.23	2.6×1.0	9	15.95	3.06	$N=3$
2001.9.2	2.6×1.0	9	17.11	3.25	$N=3$
2001.10.21	2.6×1.0	9	12.47	2.55	$N=3$
总计	2.6×1.0	9	67.36	13.32	

(1)第 1 茬由于皇竹草越冬消耗了部分养分，加之春季萌动时气温较低，因而茎叶生长较缓，产量较低；

(2)自 3 月初萌动到收割历时近 60d，而产量仅 8.51kg；

(3)为保证皇竹草根部积累充足养分安全越冬，最后一茬在其茎叶停止生长(11 月底)前 30d 收割，产量占全年总产量的 18.51%。

(4)从各次收割皇竹草的干物质含量来看，以第 1 茬最高，为 21.97%；第 5 茬其次，为 20.45；第 4 茬最低，为 18.99%。

皇竹草根系属须根系，由地下茎节长出，扩展范围广，根长可达 2.5m，根幅可至 1.5m。由表 10-3-2 可见，皇竹草根系主要集中分布于 0～30cm 土层内，≤1.0mm 须根量占总根量的84.96%,根系密度为48.6条/100cm²。通过差异显著性检验证明,皇竹草的根系密度和每层须根量占总根量的百分数主要分布在0～30cm土层内,其中尤以10～20cm土层的根系最为显著。

表10-3-2 皇竹草须根量占总根量的百分数(原表)

类型	测定面积(m^2)	样方	土层			
			0～10(cm)	10～20(cm)	20～30(cm)	>30(cm)
须根量(条)	1.0×0.6	Ⅰ	482	544	393	217
	1.0×0.6	Ⅱ	533	568	409	295
	1.0×0.6	Ⅲ	497	503	442	263
	1.0×0.6	平均	504	538	415	258
差异性	5%		a	ab	bc	cd
	1%		A	AB	ABC	BC
须根量占总根量(%)	1.0×0.6	Ⅰ	29.46	33.26	24.02	13.26
	1.0×0.6	Ⅱ	29.53	31.47	22.66	16.34
	1.0×0.6	Ⅲ	29.15	29.50	25.92	15.43
	1.0×0.6	平均	29.39	31.37	24.20	15.04
差异性	5%		a	ab	bc	cd
	1%		A	AB	ABC	BC

注 $F_{须根(条)}=36.98$,$F_{须根占总根量(\%)}=42.23$,$F_{0.05}=3.48$,$F_{0.01}=5.99$。

10.3.1.4 皇竹草水土保持效益

1)改善土壤物理性状

试验结果(表10-3-3)表明,随着陡坡地皇竹草生物篱的逐渐形成、郁闭,皇竹草密集的根系与堆腐在篱底的枯茎落叶对土壤物理性状有着明显的改善作用。主要表现为:

(1)土层厚度从皇竹草栽植前的26.3cm增至40.7cm,年均增厚4.8cm,与空旷坡地的土层逐年变薄形成鲜明对照。

(2)土壤通气状况显著改善,土壤容重比空旷坡地小0.18g/cm³,总孔度是空旷坡地的1.16倍,非毛管孔隙度是空旷坡地的1.55倍,其占总孔度的比例比空旷坡地大6.47%。

(3)由于茎叶对降雨的截持,减小了雨滴击溅侵蚀,而篱底密集的根、茎叶对地表径流的拦蓄,减少了土壤细粒的冲刷,促进了土壤粗骨的风化成土。

表10-3-3 土壤物理性状特征

类型	土层厚度(cm)	容重(g/cm³)	总孔度(%)	非毛管孔度(%)	毛管孔度(%)	颗粒组成(%)		
						>2.0mm	2～0.02mm	<0.02mm
皇竹草坡地	40.7	1.56	42.48	10.92	31.56	23.37	28.42	48.21
空旷坡地	19.5	1.74	36.54	7.03	29.51	42.15	34.18	23.67

试验证明,土壤中粒径小于0.02mm的颗粒含量为48.21%,比空旷坡地多24.54%,而粒径大于2.0mm的粗骨含量为23.37%,比建篱前减少了16.34%,比空旷坡地少18.78%,这说明陡坡地皇竹草生物篱的水土保持效果非常显著。

2)提高土壤蓄水保水能力

皇竹草生物篱能够截持降雨，提高土壤蓄水保水能力。雨滴降落在皇竹草茎叶上，由于茎叶的吸附作用，很快形成水珠，当水珠重量超过茎叶吸附能力时，则从茎叶上缓慢下落到地表，被枯茎落叶所吸收(见表 10-3-4)。由此可见，皇竹草茎叶的吸水率随降雨量增加而逐渐增加，当降雨达到 40mm 时，茎叶吸水率达到自身重量的 48.13%。

表 10-3-4 截持降雨的测定值

测定面积(m^2)	降雨量(mm)	茎叶鲜重(kg)	降雨后茎叶重(kg)	吸水率(%)
1.0×1.0	10	14.13	18.03	27.62
1.0×1.0	20	14.13	19.30	36.57
1.0×1.0	30	14.13	20.18	42.79
1.0×1.0	40	14.13	20.93	48.13

皇竹草茎叶对降雨的截持作用，减小了雨滴击溅，也减少了土壤表层结皮，增加了土壤入渗能力(见表 10-3-5)。比较空旷坡地，皇竹草坡地的渗透速度和渗透系数(K10℃)分别是前者的 1.82 倍和 2.67 倍。由于提高了渗透速度，降水很快渗入土壤内，减小了地表径流量及水土流失。

皇竹草生物篱的构建，增厚了坡地土壤层，增加了土壤毛管孔隙，改良了土壤颗粒组成及结构，同样提高了土壤的保水、蓄水能力。观测结果表明(见表 10-3-5)，皇竹草坡地土壤含水量比空旷坡地增加 3.86%，土壤饱和水含量增加 6.64%，土壤现有土层贮水量增加 188.4t/hm^2。

表 10-3-5 皇竹草生物篱土壤水文特征

类型	土壤含水量(%)	毛管特水温(%)	土壤饱和含水量(%)	土壤贮水量(t/hm^2)	渗透深度(cm)	渗透速度(mm/min)	渗透系数(K10℃)
皇竹草坡地	9.77	20.23	36.18	408.7	19.0	16.52	15.29
空旷坡地	5.91	16.96	29.54	220.3	15.0	9.09	5.72

3)减少土壤侵蚀

皇竹草减少坡地土壤侵蚀的作用，主要体现在以下 3 个方面：

(1)皇竹草的茎叶截留降雨，减少雨滴击溅侵蚀；

(2)皇竹草的枯茎落叶在生物篱底部形成一个条带，拦蓄地表径流，减缓径流流速，降低其泥沙携带能力，减少细沟发育；

(3)植株根系能提高土壤水稳性团聚体的数量，其实质是通过生长活跃的≤1.0mm 须根来发挥固土作用。

皇竹草根系发达，须根密集，其必然增加坡地土壤中水稳性团聚体的总量，改善土壤团粒结构，增强土壤抵抗径流和雨滴击溅对其分散、悬浮和运移的能力，从而根本上遏制了土壤侵蚀。

试验结果(见表 10-3-6)表明，在 31.9mm、72.5mm 降雨下，皇竹草坡地的单位蚀沙量各自为 0.32g/m^2、0.68g/m^2，分别比空旷坡地减少 68.93%和 71.43%，有效地减少了土壤侵蚀。

表 10-3-6 土壤侵蚀状况

类型	测定面积(m^2)	观测时间	降雨量(mm)	蚀沙量(g)	单位蚀沙量(g/m^2)
皇竹草坡地	12.0×5.0	2000.7.1	31.9	19.20	0.32
	12.0×5.0	2000.7.15	72.5	40.75	0.68
空旷坡地	12.0×5.0	2000.7.1	31.9	61.82	1.03
	12.0×5.0	2000.7.15	72.5	142.92	2.38

10.3.1.5 研究结论

(1)皇竹草生长适应性强，在坡度 35°的荒坡、荒山均能生长；皇竹草生长迅速，耐刈割，量高，是优质的畜禽饲料。

(2)皇竹草茎叶繁茂，截留了降雨，拦蓄了地表径流，提高了渗透速度，而大量的枯茎落叶堆腐后又改善了土壤的物理性状，增加了土壤孔隙度，提高了土壤蓄水保水能力。

(3)皇竹草根系发达，须根密集，固持了土壤，加深了活土层，改善了土壤的通气状况，减少了土壤侵蚀。

10.3.2 丘陵沟壑区生态修复与农村聚落耦合发展①

10.3.2.1 研究概述

2013 年 8 月，央视曾报道陕北延安黄土区农民经过调整农村种植结构，改种粮食为水果，让曾经是光秃秃的荒山变成绿水青山的生态治理成功实践。

陕北黄土丘陵沟壑区，生态环境脆弱，农民生活贫苦，研究该区农村聚落发展建设与生态环境的关系，对于指导全国建设生态型农村，促进农村建设与生态环境和谐发展，具有典型意义。

国内外业界许多学者对农村聚落地理、农村聚落的生态学及生态农村做过大量研究，但从生态学角度研究农村聚落建设的研究文献却比较少。发达国家的聚落生态学，主要是研究生态人类学，如对非洲、拉丁美洲、南亚、东南亚和太平洋岛国的研究。面对现代农业技术和外来文化的冲击，发展中国家的传统社会的聚落景观正在遭受着剧烈冲击，一些学者为应对此种情况，采用景观生态学中的文化景观理论对其进行了分析。其中，一些学者针对发展中国家许多山区的聚落或部落能量流动与物质循环等问题，应用能量生态学进行了探讨。

在我国，随着可持续发展观念的深层渗透，农村聚落研究中逐渐融入了生态学思想，出现了生态村、乡村聚落生态系统。具有代表性的是云正明的《农村庭院生态学概论》，安萍、陈勇等学者也曾对农村聚落生态系统的概念、特征、类型和研究内容等方面进行过研究。众多对农村聚落生态系统的研究，都未涉及农村聚落内产生的土壤侵蚀，只有少数学者从不同侧面提出过农村聚落里产生的部分土壤侵蚀，比如向立、石丁等。因此，对于陕北黄土丘陵区这一特殊地域，需要在深入调查和理论探究的基础上，将生态修复与聚落建

① 惠怡安，徐明. 陕北丘陵沟壑区生态修复与农村聚落耦合发展初探[J]. 水土保持通报，2010，30(2).

设相结合,相互渗透进行系统研究。

10.3.2.2　陕北黄土丘陵沟壑区生态环境状况

陕北黄土丘陵沟壑区,是黄土高原的重要组成部分,土地总面积为 $4.47\times10^4\mathrm{km}^2$,生态环境极为脆弱,水土流失严重,植被覆盖率很低。在水土流失严重的地方,沟谷密度达 3～6 $\mathrm{km/km}^2$。区域地形坡地面积大,坡度大于 25°的耕地面积占总耕地面积的 20 %左右。水土流失还造成土壤中大量有机质与氮素的流失,使土壤肥力严重下降。

该区流失的泥沙大量地涌入黄河,致使黄河面临断流的危机。20 世纪 60 年代及以前,黄河断流一般几十年一次,但到了 20 世纪 70 年代,逐步发展成 2～3 年一次,80 年代以后,黄河几乎年年断流!

10.3.2.3　生态环境修复的制约因素

1)自然条件差

陕北黄土丘陵区降水量少、蒸发量大。降水多集中在 7—9 月,且多以暴雨形式出现。蓄水工程建设薄弱,径流调节能力低下,植物生长所需水分长期亏缺,人工造林种草成活率低。地形破碎,使地块零散,影响了林草地规模经济效益发挥。

2)缺乏利益驱动机制

退耕还林还草,投入大,生产周期长,与粮食生产相比,效益不直接、不明显,农民退耕还林还草后劲不足。国家退耕还林补助期为经济林 5 年,生态林 8 年。在退耕后的前几年,尽管林草的经济效益难以发挥,但农民种植业收入的减少由国家予以补贴,能弥补农民既得利益的损失,而后期的生态治理缺乏长期的利益驱动机制。

3)投入不足

陕北黄土丘陵区农民虽然摆脱了贫困,实现了温饱有余,但经济实力仍很弱。农民自身用于生态修复的投入十分有限,国家补助资金缺口大,地方政府又无力弥补,势必会直接影响生态修复工程的进程与效果。

4)传统习惯的约束

陕北地区的农业生产特别是粮食生产,受自然条件强烈控制,产量不稳定。在农村社会保障体系还未建立之前,尽管可能家家有余粮,但粮食储备意识依然对退耕和生态的修复形成约束。

10.3.2.4　陕北黄土丘陵沟壑区农村聚落现状

陕北黄土丘陵区,由于其生态脆弱性,农村经济发展缓慢,人民生活水平较低,与社会主义新农村的要求相距甚远。

1)聚落规模小、修复难度大

陕北黄土丘陵沟壑区农村聚落规模小,分散分布,生态环境建设难度大。聚落因地形破碎,被丘陵和沟壑间隔,多选址于河流阶地、丘陵缓坡等部位,呈零星状分布。农村聚落布局分散,使农村聚落各项用地发展无序。陕北黄土丘陵沟壑区在 69 550km^2 的土地面积上共有 3.11×10^4 个自然村,平均每 2～3km^2 就有一个自然村,空间布局非常散乱。不仅如此,聚落规模也很小,在 3.11×10^4 个自然村里有 4.15×10^6 的农业人口,平均每个自然村只有 133 个人。并且该数字还是加上在外打工的农业人口数量,否则规模更小。

农村聚落布局分散,还使各聚落较为封闭,聚落间缺乏联系,给农村聚落管理带来不便。由于缺乏对农房建设活动的督导，导致无序建设和违法建设屡禁不止，这些不合理的窑洞建设，都不利于聚落的水土保持。一方面村中废弃的窑洞、宅基地占用了大量土地资源；另一方面，居民点却在无序扩张，不断蚕食周围稀少的可建设用地，致使聚落土地使用日趋紧张。

2)公共基础设施不完备、生态环境维护改善困难

农村聚落的公共设施，主要包括文化教育设施、医疗卫生设施、商业服务设施和公共活动设施。分别是：

(1)在陕北黄土丘陵沟壑区农村聚落中，学校的数量不少，但距离都很远。学龄儿童很多都在镇中心小学上学，离家较远致使很多小学生不得不住宿学校。

(2)医疗卫生设施方面，该区平均每个行政村仅有一个医生，医疗所也多是与医生的住所结合布置，设备简陋。

(3)区域农村聚落中的商业服务设施匮乏，每个自然村仅有一个非常简单的小卖部，小卖部中商品的种类很少，新鲜程度很低；理发店、餐馆、浴池等几乎没有。

(4)除了寺庙、祠堂以外，陕北黄土丘陵沟壑区农村基本没有公共活动场所和休闲娱乐设施，村民的日常娱乐等文化生活贫乏。

农村聚落的基础设施，主要包括道路、给排水、环卫及电力电信设施。其基础条件：

(1)陕北黄土丘陵沟壑区农村聚落，一般只有一条对外联系的“村村通”道路，虽实现了路面硬化，但聚落内部的道路依旧是砂石土路，雨雪天难以通行，田间耕作性道路也到处弯曲狭窄，极不利于农用机动车辆的使用。

(2)多数家庭在自家庭院中打井取水，给水管道材料多选用简单、不合标准的材料，而饮用的地下水大多在未经勘测和处理的情况下直接饮用，安全保障率差。聚落内几乎没有排水和污水处理系统，污水直接排入沟谷和河流；雨雪天气下，很容易产生积水，并给地表水和土壤造成了一定的污染。

(3)聚落内的电力电信设施基本完备，但缺乏规划，线路复杂凌乱，不仅使聚落存在用电隐患，还影响了村容村貌。

(4)由于散布的农村居民点，不利于基础设施，诸如生活废水和垃圾的集中处理，易使污染范围由点扩大到面，严重影响了聚落内部及周边地区的生态环境。生活废水与垃圾的随意排泄、倾倒和堆积，不仅污染河水和地下水，造成水资源短缺，还将给农民赖以生存的土壤带来了潜在的危害。

3)聚落空废化严重影响水土保持工作的顺利开展

陕北黄土丘陵沟壑区，农村聚落的空废化现象非常普遍。由于陕北黄土丘陵沟壑区农村剩余劳动力多，劳务输出数量庞大。因此，主要造成空废化的情况有两种：

(1)由于部分农村劳动力的两栖性或候鸟式转移方式，使他们一年大部分时间在外打工，只留父母在家；聚落住宅一年大部分时间基本闲置，很多家庭都出现了有地不种的现象，农业用地开始荒芜。

(2)家庭子女已全部在外地工作，并将父母也接至城镇居住，但因为感情与文化等因素仍保留着原有宅院，平时委托邻里或亲属看管，休假时回家度假。父母离世之后，为了扫墓也会偶尔回家。

农村聚落居民废弃的屋舍、窑洞、宅基地无人管理和不复垦，易引起废弃旧窑洞坍塌和土壤侵蚀，这些都不利于陕北黄土丘陵区的生态环境修复和农村聚落的建设。

10.3.2.5　生态修复与农村聚落的耦合发展模式

生态环境恶化与农村聚落建设落后，是陕北黄土丘陵沟壑区社会经济发展同时必须面对的两大难题。统筹兼顾，综合治理是解决问题的关键。也就是说，农村聚落的发展必须围绕生态修复的内容来进行，并应着重处理好以下3个方面的关系。

1)生态修复与农村生产生活的关系

农村聚落的生产生活方式，实质上是人地关系的一种体现，它直接反映着自然对人类的作用及人类利用自然的能力。一方面，生态环境为聚落发展提供着物质与能量来源；另一方面，农村聚落的发展方式也对生态系统的改变不断产生着影响。具体来说，农村聚落扩散时，对土地的不断开垦与农村聚落中产生的生产生活废弃物，都在潜移默化地影响着自然生态系统格局；而生态环境系统又可通过物质与能量的供应水平、自然灾害等，将这种影响反馈给农村聚落的生产和生活系统。换句话说，生态系统与农村聚落之间的关系，应该是辩证互动的关系。

然而，由于长期对生态资源过度开发，草场超载放牧、滥伐林草与农药化肥的过度使用，加上生产生活污水肆意排放，生活垃圾随意乱倒，致使陕北黄土丘陵沟壑区生态环境持续恶化，也造成了人与自然的严重不和谐，人居环境日趋恶化，人地矛盾突出。这种人地关系不和谐的根本原因，在于人们对农村聚落的功能理解不够。政府与聚落居民往往只重视聚落的生产功能。他们为了生产经济的需要，不断地开垦并破坏森林植被，对于人与自然的平衡关系、农村聚落的生态功能，却缺乏考虑。

对此，很多业界学者都对陕北黄土丘陵沟壑区农村聚落的生产活动，提出了符合生态环境要求的建议。如李锐在综合考虑生态建设和农民增收的条件下，提出陕北黄土高原15°以上的坡耕地在5～10年内应全部退耕；7°以上的耕地在10年内应全部退耕。唐克丽认为，在保证人均0.133～0.167hm^2基本农田的条件下，剩下的土地应该完全退耕还林还草。

本研究认为，基于生态环境保护下的农村聚落生产，应配合水土保持与生态绿化的要求，调整土地利用结构，并采取有利于水土保持的生产耕作方式。具体来讲，应大量减少耕地面积，对陡坡地与部分缓坡地应实行“退耕还林(草)、封山绿化”的措施，只对耕作条件较好的川道地与水坝地进行耕种。对天然林进行封育保护，以防水固土，保持土壤肥力，并根据植被特点与地带性分布规律，选择适宜的人工林草类型、结构、规模与布局方式。

基于生态环境保护下的农村聚落生活，应调整散乱的聚落生活空间结构，改善聚落环卫与给排水设施状况，发展聚落生态住宅。

2)生态修复与农村人口规模的关系

陕北黄土丘陵沟壑区生态环境问题的核心，是环境人口超载问题。而生态环境保护，要求农村聚落减少占用耕地面积。对陡坡地与部分缓坡地，进行退耕还林。这样一来，农民的增收必须依靠大量农业人口的非农化与城镇化来保障。如果不解决农业人口的转移问题，复垦不可避免，这就很难保障生态建设所取得的成果。也就是说，要在生态环境保护的基础上实现农民增收，就必须大力促进农业人口规模的不断减少，为农业人口在城镇的工作和生活创造有利条件，使农民的生活水平不断提高，使农民能够自觉地投入到脆弱区域生态环境建设中去。

目前，陕北黄土丘陵沟壑区人口密度很大，长期的农耕文化使土地过早地承载了过多的人口。2006 年，人口密度就达到了 60 人/km^2，远远超过联合国粮农组织规定的半干旱地区 20 人/km^2的人口承载量上限。大量农村人口，依赖贫瘠土地上进行的农业生产勉强生存，这不仅使生态环境承受了巨大的人口压力，也加剧了生态脆弱区中“贫困—生态持续恶化”的恶性循环。

3)生态修复与农村聚落集中建设的关系

由于地形因素，陕北黄土丘陵区农村聚落多选址于河流阶地及平缓的坡地，住宅多集中建设在墚峁坡地下部，形成分散的布局，致使社会资源配置一定规模的聚落功能设施无法达到规模经济的门槛要求，即使配置了相应的设施，最终也因为无法取得相应的效益而被放弃。

所谓集聚效应，就是指经济活动在空间上的相对集中，使得经济活动更加节约成本费用、提高效率、增加效益，以及由于集中而产生的外在规模经济效益。聚落内部，若将一定范围内的几个村子合并，可以产生相应的集聚效应。体现在：

(1)规模效益。集聚地内，某基础设施或公共服务设施，在原有的基础上可以进一步投资取得规模效益，从而降低投入成本。同样，生态环境治理工程，必须在一定的规模基础上，才能更好地配置工程设施，发挥其规模效应。另外，规模集聚，更有利于进行各项设施的统一管理。

(2)市政设施。在集聚地，由于聚落分布相对集中，使政府有可能在这个区域投入较多资金发展交通、电力、通信、给排水、垃圾填埋等基础设施。

(3)社会保障体系。聚落居民居住相对集中，有利于政府集中资金与力量，改善该区域养老、教育、居住环境、卫生条件等问题。

(4)就业状况。居民居住集中，市政设施、服务设施的完善，生态环境水土保持工程的实施与管理，也会给聚落居民增加许多就业机会与渠道。

(5)农业生产。聚落的集聚，使农田有可能统一管理，有利于实现农业现代化的规模生产，及更好地调整区域内适合生态建设的农业土地利用结构。

10.3.2.6 结论

1)转变思路

生态修复与农村聚落发展相互影响、相互制约。因此，农村聚落生产、生活应转变生存与发展思路，应结合水土保持与生态绿化的要求，调整土地利用结构，采取有利于水土保持的生产耕作方式，并改变散乱的聚落生活空间结构，改善聚落环卫与给排水设施状况，发展聚落生态住宅。

2)转移农业人口

在生态环境保护的基础上，实现农民增收，必须解决农业人口的转移问题，并努力降低生态环境人口承载量。根据当地经济、资源等实际情况，实现村落合并，以促进生态修复与农村聚落更好地和谐发展。

3)建议

为了进一步解决黄土丘陵沟壑区生态修复与农村聚落耦合发展的问题，笔者认为需要加强以下两方面的研究工作。

(1)聚落类型有各种分类,包括聚落规模、形态及聚落经济性质等划分;不同类型的聚落,其发展对生态修复的影响不同。因此,应根据各种聚落类型进行分类研究。

(2)生态系统与聚落发展,两者的承载力有限,相关影响因素不同,适宜的聚落规模也不一。因此,需要结合考虑各种因素探讨适宜两者共同发展的聚落规模。

10.3.3　陡坡耕地利用与保护及农林模式①

10.3.3.1　研究概述

长江上游,山高谷深,岩体松软,相对高程差异大,陡坡耕地面积占比多。仅四川省大于25°的坡耕地的面积超过 $6.67\times10^5hm^2$,坡度在15°～25°间的耕地 $1.67\times10^6hm^2$,二者之和约占四川省耕地面积的34%。坡耕地是粮食作物(小麦、玉米、红薯)的主产区域。长期以来,这些坡地农作物产量低,垦殖强度大,水土流失严重,是长江流域泥沙的主要来源地之一。

1998年长江特大洪灾暴发以来,长江上游的生态环境问题引起了国内外及党和国家的高度关注,中央政府采取了强有力的措施进行生态环境恢复。其中,“退耕还林”是一项重大决策。但长江上游坡耕地面积广,涉及上亿农民的粮食与就业问题,一次性退耕还林的难度非常大。因此,研究合理开发、利用与保护土地资源的综合技术措施,将为退耕还林的实施与区域农业可持续发展,提供理论基础与技术措施。

这项研究,通过川中丘陵区高台位坡耕地粮食与经济作物的间套种植与立体管理,探讨广泛适合长江上游坡耕地开发利用与保护的经营管理模式,并为退耕还林的具体实施提供科学与技术指导。

10.3.3.2　材料与方法

田间试验与观测,在中国科学院盐亭紫色土农业生态试验站(105°27′E,31°16′N)进行,田间试验地坡度6°～7°,设计平作种植果树(平植),在田间垄沟耕作的基础上,垄上种植枇杷(垄植)和沟中浅坑定植枇杷(沟植),并与常规粮食种植(常规平作)相比较;平植窝距2m,行距3m,空行间作粮食作物并套作花生;垄植与沟植规格与平植相同;分别在沟中和垄上种植粮食作物并套作花生;土壤侵蚀观测采用标签法。不同耕作措施(如平作、垄作、网格式垄作和秸秆覆盖)的水土流失观测利用农地径流场进行。

10.3.3.3　复合农林模式的构建

1)水土保持耕作体系

研究区域坡耕地分布地形较高,坡面侵蚀严重,土壤瘠薄,地块不连片,离农户远,肥料运输不便,农业投能高,灌溉条件差,农作物产量仅及低台位旱地的一半或三分之二。但关键问题是水土流失。因此,首先必须建立水土保持耕作体系,以解决坡耕地“跑水、跑土、跑肥”的问题。

具体做法是横坡作垄,垄、沟与土档配套。其中,垄、沟间距1.5m,垄、沟宽1.5m,建立由垄、沟和土档形成的横坡网格耕作体系(见图10-3-1)。其次,为防止暴雨对土表的直

---

① 朱波,许海峰.陡坡耕地的开发利用与保护及一种农林复合模式研究[J].山地学报,2000,18(1).

接冲击,减缓表土溅失,垄沟全土实施秸秆覆盖,覆盖程度以不见泥土为准。由此建立垄沟网格耕作与秸秆覆盖相结合的水土保持耕作体系。

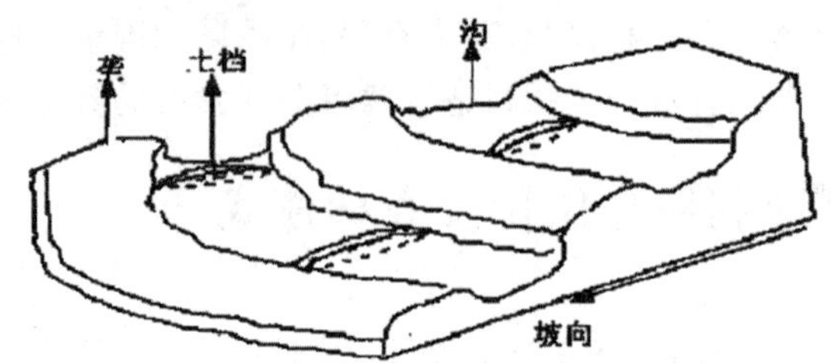

图 10-3-1 网络式垄作耕作体系

2)间套立体种植

利用农林复合系统原理,根据垄沟的立地条件和作物的需光性差异,实行高秆与矮秆作物套作、好光与喜阴间作相结合,沟内浅坑定植果树苗,垄上种粮食作物(小麦与玉米),垄基还可利用季节时差种植花生和豌豆。

3)"矮密丰早"管理技术

利用垄沟不同的立地生态条件,对模式实施"矮密丰早"管理。沟内密植果树,增加植被覆盖。利用其土层浅的特点,利于抑制果树主根生长,促发侧根,从而抑制果树的直立生长,促进早分枝和树冠的形成,并通过植物生长调节剂的施用,促使果树矮化和早结果与丰产。垄上土层厚、肥力足、水肥调控能力强,利用沟内果树的苗期种植粮食,既可增加植被覆盖,又能获 1～3 年粮食丰收。

10.3.3.4 **结果与分析**

1)作物生长态势

田间观测表明(见表 10-3-7),平植与垄植的粮食产量与常规平作种植粮食的产量基本相同,但沟植间作粮食的产量较常规平作约增产 15%。这是由于水土保持耕作体系所形成的垄沟两种截然不同微域生态环境条件,其空气、水分和养分状况发生了明显的变化。垄上土层厚、肥力足、水肥调控能力强,且边际效应明显。同时,垄沟较好的水分条件也能充分满足沟植果树的正常生长,加之采用"矮密丰早"的田间管理技术,乔木型果树趋于矮化,更有利于增加植被覆盖和垄上粮食作物生长。

表 10-3-7 作物产量及枇杷长势(1998—1999 年)

处理	玉米		花生			枇杷长势		
	产量 (kg/hm²)	产量比 (%)	产量 (kg/hm²)	产量比 (%)	株高 (cm)	分枝数 (枝)	枝长 (cm)	冠径 (cm)
常规平作	13 800	100.0	3 000	100				
平　　植	13 807	101.1	3 536	118	66.3	3	31.5	40.3
垄　　植	13 710	99.4	4 000	133	65.7	3	28.5	38.5
沟　　植	15 788	115.0	4 500	150	52.6	6	24.3	46.4

2)水土保持效益

不同耕作措施，对坡耕地的水土流失影响较大，由表 10-3-8 可知，常规平作的水土流失较为严重，并且随坡度的增大其侵蚀量和径流量均大幅上升，而横坡垄作、网格式垄作及秸秆覆盖的水土保持作用非常明显，但仅依靠耕作措施还难以控制土壤侵蚀。随坡度的增加，耕作措施的水土保持作用降低，13.5°横坡垄作的土壤侵蚀量达 25.6t/hm²，格网式垄作仍高达 19.8t/hm²。而秸秆覆盖的水保效应却更为突出。

表 10-3-8　不同耕作措施的水土流失

处　理	坡度(°)	侵蚀量(t/hm²)	地表径流量(m³/hm²)
平作	5	11.5	106.1
	13.5	38.6	425.6
横坡垄作	5	8.5	78.1
	13.5	25.6	126.3
格网式垄作	5	5.2	10.8
	13.5	19.8	75.8
平作＋	5	2.2	14.6
秸秆覆盖	13.5	4.8	15.9
格网式垄作＋	5	0.5	8.5
秸秆覆盖	13.5	2.5	10.5

13.5°的常规平作与秸秆覆盖相结合，其土壤侵蚀量仅为 5.7t/hm²，秸秆覆盖与网格式垄作结合的土壤侵蚀量为 2.5t/hm²，减沙效应明显，其削减径流的作用也与此类似。其中，网格式垄作与秸秆覆盖相结合具有最佳的水土保持效应，较常规耕作减沙和削减径流均超过 95%。其原因是，秸秆覆盖防止了雨滴对泥土的直接击溅并拦截径流与泥沙，避免了土壤结皮，保持了土壤通透性，促进了降雨入渗；而垄沟网格式耕作，利用封闭式结构对降雨和泥沙分散截留，就地入渗。

基于水土保持耕作体系的前提下，垄沟植果树，垄上种玉米、花生，既具有上述耕作措施的水土保持功效，同时雨季又增加了地表植被覆盖，以此建立的立体农业体系具有农林复合系统的结构与功能，其水土保持功能更加完善。田间观测在 6°—7°的坡耕地上，该模式土壤侵蚀量为 0. 3t/hm²，较平作植果树减沙 96.5%(1998－1999 年的试验结果见表 10-3-9，以上图表来源于论文)。

表 10-3-9　不同模式的保土与经济效益

处　理	侵蚀量(t/hm²)	减沙(%)	经济产值(元/hm²)	增收(%)
平作	8.6	对照	9 480	对照
平植＋覆盖	2.8	67.4	9 870	4.1
垄植＋覆盖	0.5	94.2	11 070	16.8
沟植＋覆盖	0.3	96.5	13 875	46.4

3)经济效益

由于该模式垄沟栽植果树,垄上间作农作物,垄沟较宽的间距(1.5m)使得果树和农作物所需光照均未受影响,边际效应明显。因此,农作物产量上升,同时垄基套作的花生等经济作物的产量也不低,从其经济效益的体现来看,较平植增加46%。

4)模式内涵的扩展

该模式主要通过粮食作物与经济作物的间套种植,实施立体管理。其中,经济作物既可选择林果类,亦可选用棉花、西瓜、辣椒、花生或中草药材。至于选择哪一种,应纳入作物立体结构以及立体结构的垄沟配置之中,其应根据区域限制因子、资源特色和市场导向予以考虑确定。同时,工作目的也是模式结构选择的依据之一,如:

(1)以生态重建,增加植被覆盖度以减少水土流失为主要目标,经济作物宜选树,且应植于沟中,垄上可逐步退耕还草;

(2)若以改良土壤为目标,沟内可种植绿肥,并结合顺坡倒垄、垄沟互换改缓坡度。

因此,本模式具有较大的扩充性和较广的适用性。

10.3.3.5 退耕还林关键问题的讨论

1)土地资源开发的保护性措施

土地是农业开发、植被恢复的载体,因此,土地利用务必将土壤保护性措施建设放在首位。主要措施有:

(1)大于25°的坡耕地,在退耕还林的前几年,冠幅小,覆盖率低,水土保持能力有限,无土地保护措施难于达到生态重建的目的;

(2)小于25°的坡耕地的开发利用,若无水土保持措施,无疑会造成较为严重的水土流失。

所以,建立水土保持耕作体系,是长江上游生态环境重建的当务之急,而坡改梯、横坡网格垄作与秸秆覆盖及生物篱技术等应作为首选措施。

2)农业产业结构调整

长江上游的大面积坡耕地,长期以来种植小麦、玉米、红薯,不仅产量低,而且坡耕地垦殖造成严重水土流失。国家决定在长江上游实施大于25°的坡耕地退耕还林工程,不仅是生态环境保护的一项重大决策,也是本地区农业产业结构调整的巨大契机。通过上述立体农业模式的探讨发现,经过选择适宜于当地发展的经济作物,并与粮食作物的间套或立体种植,逐步减少粮食作物比重,取而代之以多年生经济林果(草),开展立体农业经营,在生态重建的同时,将“以粮为纲”的单一农业结构逐步调整为以多种经济作物开发为主的生态经济型农业,实现农业产业结构的战略性调整。

3)退耕还林的合理规划

长江上游人地矛盾突出,土地资源十分宝贵。因此,对坡耕地开垦的欲望强烈。若简单地一刀切,实施一次性退耕还林,不仅难度大,而且导致退耕后当地农业的可持续发展问题更加突出,甚至造成退耕还林的反复,出现新的毁林开荒。因此,退耕还林应根据各地土地与生态环境等条件,在合理评价地区食物保障与就业潜力的前提下,合理布局长江上游的退耕还林工程,分批分期退还。

首先在自然保护区和水土流失重点治理区,如三峡库区、金沙江下游(攀枝花以下)、嘉陵江中游、岷江上游和大渡河流域，应加速退耕进程。其次，盆周山地除上述优先退耕区外，建议先退坡度大于 30°的坡地，因其平均每公顷产量不足 1 500kg ，然后退还 25°～30°的坡耕地。

在实施退耕还林工程时，应依据农林复合系统的原理，采用复合农林模式，适当配套粮食与经济作物结构和比重，寓退耕还林和经济发展及粮食保障于一体。随着经济作物的投产和农民收入的提高，农民可能自觉终止粮食作物的生产，转而专心经营和管理经济作物，并自动将间套粮食作物的土地退耕，从而达到退耕还林(草)的目的，实现生态环境保护与农业可持续发展的双重目标。

10.3.4　黄土半干旱区坡地土壤水分、养分及生产力空间变异①

黄土高原是我国水土流失最为严重的地区。正如作者前章主张，治理黄河流域泥沙可以在沟口修筑拦沙坝，将所有泥沙全部淤积在当地，通过淤沙造地缓解土地资源紧张的矛盾，同时控制黄河流域泥沙泛滥、抬高河床以及洪灾隐患。但生态修复的根本措施，还是需要修复黄土高原的植被生态。通过植被修复达到自然恢复即自生长、自更新的程度，实现水土资源的循环利用。

10.3.4.1　研究概述

干旱缺水与水土流失，是黄土高原地区农业生产力低下和生态环境脆弱的主要原因。坡面微地形差异，在很大程度上决定着土壤侵蚀的强弱，因而它对土壤水分、养分及生产力均有直接影响。为了更进一步认识土壤侵蚀对土壤水分、养分及生产力的影响，对上述各变量的空间变异性研究显得非常必要。

对陡坡耕地坡面土壤特征及生产力的空间变异研究，有利于合理地利用坡地资源，更大限度地控制土壤水分养分流失，从而为实现黄土高原区农业可持续发展及生态环境持续改善提供理论依据。

国内外业界及一些学者，曾对坡面土壤特性及生产力的空间变异性曾作过大量的研究。Ovalls 等在研究美国干旱地区土壤空间变异性时发现，坡地土壤水分与坡面起伏状况有一定关系。Miller 等研究发现，坡地土壤特性及其小麦产量与坡位具有明显的相关性，这些变异主要是由土壤侵蚀造成的。Ciha、Geiger 等研究成果表明，坡面微地形对坡地作物产量以及土壤养分、水分状况具有明显的影响。郑芬莉等对开垦后的林地坡面侵蚀过程与土壤养分流失研究发现，坡面土壤养分的空间分布与坡面侵蚀方式和侵蚀强度的空间分布相一致，浅沟沟槽是坡面土壤养分流失最严重的部位。

已呈现的研究，多侧重于对坡面土壤水分空间分布的探讨，或坡面侵蚀过程对土壤养分流失及其生产力的影响，而对坡面侵蚀引起的水分、养分及其生产力的空间变异以及相互关系的研究成果还不多。作物生长受土壤水分、养分等因素的共同影响，尤其是对于黄土高原干旱半干旱地区，地形破碎、土壤侵蚀剧烈，土壤水分、坡面状况对土壤生产力的影响不容忽视。因此，坡面土壤水分、养分及其生产力的空间分布及其相互关系的研究，对该区农业生产和生态改良均有积极意义。

---

①　潘成忠，上官周平. 黄土半干旱区坡地土壤水分、养分及生产力空间变异[J]. 生态学报，2004，15(1).

本项研究在黄土丘陵半干旱区，通过对坡耕地地上春小麦生物量及其土壤水分、养分空间变异性分析，剖析坡面土壤侵蚀对土壤空间特性的影响，以期揭示影响坡面土壤生产力的因子，从而为合理利用黄土高原地区坡地资源提供科学依据。

10.3.4.2 **研究地区地理概况**

1)研究地区位置

教育部兰州大学干旱农业生态重点实验室的旱农野外生态试验站，位于甘肃榆中县北部山区中连川乡(104°24′E，34°03′N)，属黄土高原丘陵沟壑区，气候为半干旱气候类型，海拔高度2 400m左右，年平均气温4.5～5.5℃。其中，≥0℃积温2 200～2 800℃，具有较为丰富的热量条件。

2)自然条件

研究区年均降水量350～370mm，降水变率大，年内季节分布不均，7—9月份降水占全年的60%左右，且多以暴雨形式出现。土地类型多为坡耕地，土壤为黑垆土，质地较粗，疏松易耕，坡度较陡，水土流失严重，属国家退耕还林(草)区。

10.3.4.3 **研究方法**

1)样品采集

在研究所选坡面上，种植作物为春小麦定西24号，取样时间为2002年7月。沿坡横向(坡度为5°～10°)每隔15m依次选取4条150m长的纵向线。在每条纵向线上从上到下，依次每隔30m布设1个取样点，共设20个采样点(图10-3-2)。其中，纵向(坡度为35°～45°)由上到下依次为A到E，5级采样点，图10-3-2中曲线表示采样点附近的等高线。

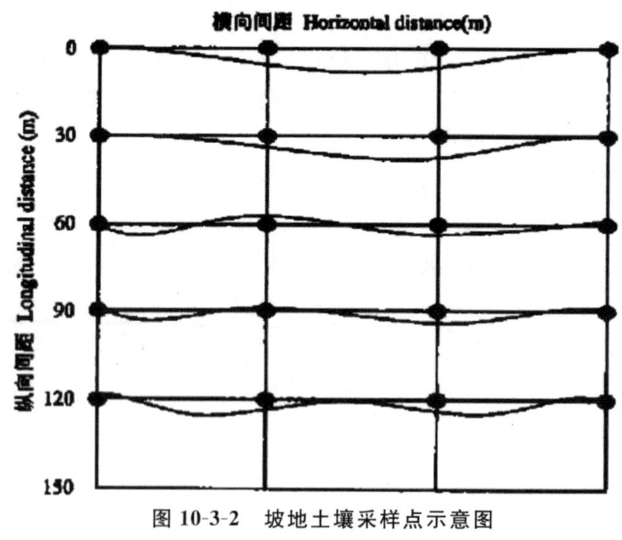

图10-3-2 坡地土壤采样点示意图

2)测定方法

用LI2000植物冠层分析仪(Li Cor公司，美国制造)测定小麦叶面积指数，并取50cm×50cm样方地上小麦，在80℃条件下烘干12 h，测定其生物量。用土钻在每个取样点每隔 20cm 采取土壤剖面 1 个，深 2m，共测 10 层，在 85℃条件下烘干至恒重，用称重法测定土壤含水量。分别测定 0～20cm 和 20～40cm 土壤养分。具体测定方法是：

(1)有机质用重铬酸钾和硫酸消化法；

(2)全氮用凯氏定氮仪法；

(3)全磷用硫酸高氯酸消煮及钼锑抗比色法；

(4)有效氮用碱解扩散法；

(5)速效磷用 0～5mol 的 L－1 碳酸氢钠浸提及钼锑抗比色法。

用 SPSS(8.0)进行统计分析，包括正态分布检验、双因素方差分析、相关分析以及一元和多元线性回归等。

10.3.4.4　坡面土壤水分、养分及其生产力空间变异特征分析

1)测试结果

坡面土壤水分、养分及其生产力空间变异特征，应该说与坡度、坡向、海拔高度、降水量和植被条件都存在一定关系。本研究区坡面土壤水分、养分及地上春小麦的生物量与叶面积指数大部分均呈正态分布(见表 10-3-10)，只有 20～40cm 土层有机质与全氮含量呈对数正态分布。中值和平均数的差异，表明异常值对参数的影响。土壤养分的均值，均不同程度地高于中值，而土壤水分以及 LAI 的差异均很小，说明它们受异常值影响较小。20～40cm 土层有机质与全氮含量相对误差较大，受异常值影响较大。因此，它们不满足正态分布(见表 10-3-10)。0～20cm 土层各种土壤养分含量均不同程度地高于 20～40cm 土层。其中，相对误差最小的为全磷，只有 31％，而速效磷的变化程度最高，20～40cm 土层比 0～20cm 土层减少 73％，其他各土层不同土壤养分降低幅度均在 20％左右。

表 10-3-10　坡面土壤水分、养分及地上生物量描述性统计

项目 Variables	土层 Soli laryer (cm)	样本数 n	均值 Mean	标准差 Standard deviation	变异系数 CV(％)	中值 Median	区间 Range	最小值 Min	最大值 Max	K-S 值 K-S value
土壤含水量	0～20	20	9.63	2.01	20.9	9.51	7.29	5.96	13.25	0.996
Soil water	20～120	20	8.84	2.56	29	8.46	10.37	5.24	15.61	0.774
conlent(％)	120～200	20	10.38	0.97	9.4	10.49	4.37	8.15	12.52	0.963
有机质 Organic	0～20	20	16.81	6.27	37.3	15.87	23.35	9.06	32.41	0.290
matter($g \cdot kg^{-1}$)	20～40	20	13.56	9.41	69.4	10.12	31.17	5.80	36.97	0.0478
全氮 Total N	0～20	20	1.08	0.38	34.6	1.04	1.49	0.58	2.07	0.423
($g \cdot kg^{-1}$)	20～40	20	0.86	0.56	64.2	0.65	1.81	0.39	2.21	0.0468
全磷 Total P	0～20	20	0.64	0.05	7.9	0.62	0.17	0.57	0.74	0.503
($g \cdot kg^{-1}$)	20～40	20	0.62	0.07	11.1	0.59	0.25	0.54	0.79	0.132
有效氮 Available N	0～20	20	64.54	23.54	36.5	61.76	92.18	34.32	126.50	0.602
($mg \cdot kg^{-1}$)	20～40	20	47.88	32.71	68.3	35.10	111.17	19.73	130.90	0.065
速效磷 Available P	0～20	20	3.81	1.82	47.9	3.35	6.87	1.85	8.72	0.578
($mg \cdot kg^{-1}$)	20～40	20	1.03	0.73	70.9	0.70	2.38	0.27	2.65	0.297
地上生物量 AGB($g \cdot m^{-2}$)		20	297.67	88.44	29.7	280.06	368.41	164.76	533.16	0.242
叶面积指数 LAI		20	0.88	0.17	18.8	0.90	0.64	0.65	1.29	0.988

AGB：Above ground biomass；LAI：Leaf fareaindex；CV：Coefficient of variation. $ ：α＝0.05 水平时不满足正态分布 Noir normaly distriluted at α＝0.05 level. 下同 The sam below.

2)结果分析

从坡面土壤参数变异统计分析可以看出,垂直各层土壤水分的变异程度不同。其中,土壤水分交换活跃层变异最大,相对稳定层次之,双向补偿层最小。土壤养分空间变异情况与垂直变异相似,变异最小的为全磷,最大的为速效磷,而有机质、全氮和有效氮的变异接近,但其垂直变异差别较大,上层在35%左右,而下层在65%左右。

10.3.4.5 坡面状况对土壤水分、养分及其生产力的影响分析

1)土壤水分、养分及其生产力的沿坡变异

坡面土壤水分、养分以及生产力,沿坡变异呈不同的变异趋势,且在沿坡纵向相同位置,它们的横向变异也较大(见图10-3-3)。不同土层土壤水分总的变化趋势,是沿下坡方向先增大后持平或减小(见图10-3-3a)。从坡面各层级标准误差可以看出,20～120cm层土壤水分沿坡横向变异较大,而120～200cm层较小。

由图10-3-3b可以看出,0～20cm土层有机质含量沿坡面纵向变异较小,在坡面中部*C*层有机质含量最低,而在坡顶以及坡下部*D*、*E*层坡面处值基本相等且值最大。20～40cm有机质含量沿坡面向下呈增大趋势,坡面下部的有机质含量约为上部的2～3倍。误差线表明,土壤有机质含量在坡上部*A*、*B*层级横向差异较小,而在坡面下部变异较大。

土壤全磷、有效磷和有效氮含量沿坡面变化也具有相似的趋势。与有机质不同,土壤全磷的分布状况受坡面位置的影响较小(见图10-3-3c)。从坡面各层级的误差值可以看出,全磷受坡面浅沟微地形的影响也较其他养分小。地上生物量是土壤生产力的主要量度之一,由图10-3-3d可以看出,坡面中下部层级的地上生物量与变异程度均明显低于坡面上部。其中,B层最大,*C*、*D*、*E*层最小且基本相等。

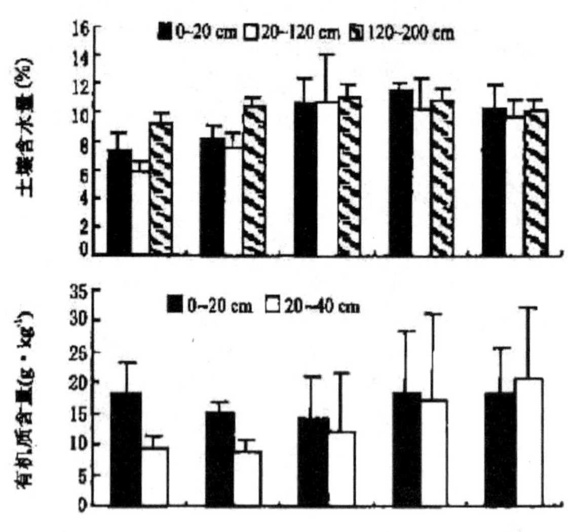

图10-3-3 坡面土壤水分、养分及其生物量沿纵坡变异(a、b)

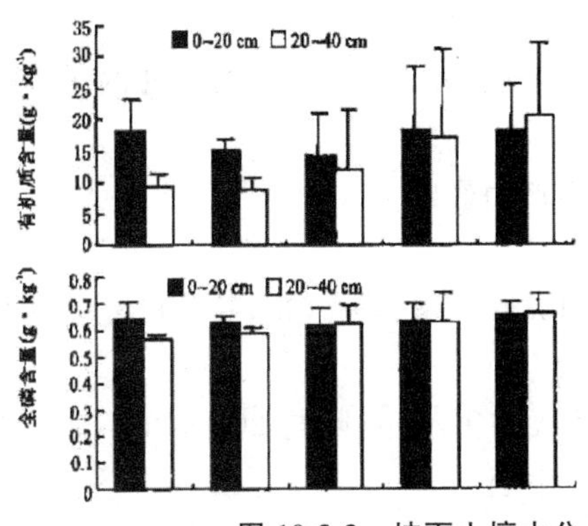

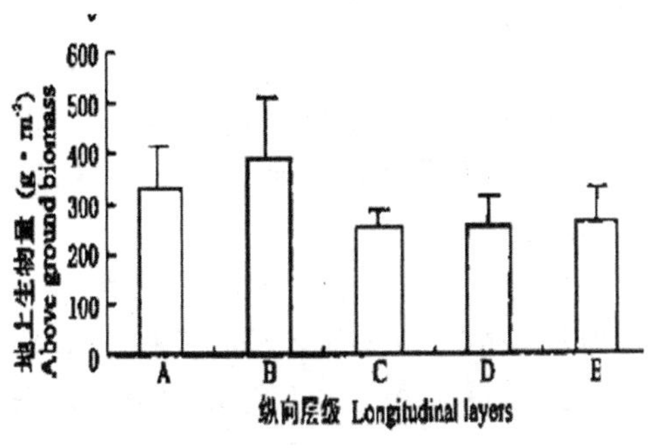

图 10-3-3　坡面土壤水分、养分及其生物量沿纵坡变异(c、d)

2)纵横向坡位对土壤水分、养分及其生产力的影响

纵向坡位对坡面土壤水分的影响明显大于横向。纵向坡位对不同土层的土壤水分影响均达显著水平，且随土层深度增大而减弱，而横向坡位对土壤水分的影响均未达显著水平(见表 10-3-11)。

除速效磷外，坡面横向坡位对土壤养分的影响大于纵向。其中，横向坡位对 0～20cm 全磷、有机质和全氮影响最大且均达显著性水平，而纵向坡位除对速效磷的影响达显著外，其余均不显著。由表 10-3-11 还可看出，无论是纵向还是横向坡位，它们对 20～40cm 土层土壤养分的影响均不显著(速效磷除外)，且 F 值相差不大。叶面积指数和地上生物量受纵横向坡位的影响不同，纵横向坡位对生物量的影响均不显著，而对叶面积指数的影响均达极显著水平(见表 10-3-11)。

表 10-3-11　土壤水分、养分及其地上生物量双因子方差分析(原表)

变异来源 Source	方差分析 F 值及影响显著 F value and significance in the variances analyses														
	WC (0～20cm)	WC (20～120cm)	WC (120～200cm)	OM (0～20cm)	OM (20～40cm)	TN (0～20cm)	TN (20～40cm)	TP (0～20cm)	TP (20～40cm)	AN (0～20cm)	AN (20～40cm)	AP (0～20cm)	AP (20～40cm)	AGB	LAI
a	7.65**	4.75*	3.48*	0.55	1.70	0.51	1.85	0.52	1.71	0.72	1.96	0.73	3.68*	2.14	5.73*
b	1.34	1.15	0.96	4.35*	2.76	3.76*	2.65	5.31*	2.50	3.42	2.77	1.46	2.44	0.56	6.72*

* $P<0.05$. ** $P<0.01$；a：纵向 Longitudinal direction. b：横向 Horizontal direction；WC：土壤含水量 Soil water content；OM：有机质 Organic matter；TN：全氮 Tot nitrogen；TP：全磷 Total phosphorus；AN：有效氮 Available nitrogen；AP：速效磷 Available phosphorus.

3)典型坡位土壤水分养分及其生产力的变异

研究表明：

(1)坡顶处的土壤水分含量明显小于坡面的中下部，而浅沟沟槽处(除坡面下部 120～200cm 土层)的土壤含水量均大于沟坡处。

(2)0～20cm 和 20～40cm 土层土壤有机质、全氮、有效磷以及坡面中部 20～40cm 土层速效磷在浅沟沟槽处显著大于沟坡处，其相对误差均大于 120%，其他养分含量差异较小，甚至坡面下部浅沟沟坡处 0～20cm 土层的速效磷含量大于沟槽处。

(3)坡面不同典型部位的大部分养分含量，差异明显大于地上生物量的差异，前者相对误差达 120%,而后者只在 20%左右。

虽然坡顶处的水分、养分状况较坡面中、下部浅沟沟槽处差,但从坡顶处的小麦生长情况却明显强于浅沟沟槽处,这与农田的情况有很大不同。

10.3.4.6 **坡面土壤水分、养分的相关关系及对生产力影响**

相关分析研究表明:

(1)0～20cm 和 20～120cm 土壤水分与 20～40cm 土壤养分含量,具有极显著的相关性,而与 0～20cm 土壤养分相关性不显著。

(2)120～200cm 土层土壤水分与养分相关系数均很小,且除与 20～40cm 土层土壤全磷、速效磷含量呈微弱的正相关外,其余均呈负相关。

(3)不同土层各养分(0～20cm 土层速效磷除外)之间呈极显著相关,且同一土层的有机质、全氮以及有效氮含量两两相关系数均接近于 1.0,说明这 3 种养分的关系最为密切。

(4)0～20cm 土壤养分含量与地上生物量呈微弱正相关,其相关系数在 0.10～0.16 之间,而 20～40cm 层土壤养分与之相关系数接近于零,即土壤水分与其呈负相关关系。

(5)一元线性回归分析表明,0～200cm 各层土壤水分和 0～20cm 土壤养分与生物量的线性拟合的 F 值均未达到显著水平。

(6)用多元逐步回归分析方法,研究所有各层土壤水分与养分对生物量的影响,采用 F 显著性概率作为评判标准,即 F 值显著性概率小于 0.05 时,此变量进入回归方程,当其大于 0.1 时该变量从回归方程中剔除。

(7)结果表明,所有土壤水分、养分变量均未进入回归方程,这说明土壤水分、养分对地上生物量不能造成显著影响。

10.3.4.7 **讨论**

陡坡耕地土壤水分、养分、地上生物量、叶面积指数的大部分均满足正态分布(表 10-3-10)。Parkin 等研究认为,许多土壤参数对数转化后也满足正态分布。王军等作者对黄土高原小流域土壤有机质、氮磷等 5 种养分的研究,也得出相似的结论。如 Cambardella 等作者对美国中部 Iowa 土壤特性研究表明,撂荒地土壤参数大部分不满足正态分布,这可能是由于土壤母质质地、耕作措施以及自然因素不同造成的。

陡坡耕地土壤有机质、全氮含量分别为 15g/kg 和 1.0g/kg,而比阮成江作者对安塞沙棘林地与荒山草地土壤养分的研究结果大 80%左右,而全磷低于后者 50%左右。这可能主要是因为土壤差异,坡耕地人工施用肥料,以及作物自身对土壤中养分的吸收量较沙棘和荒草要少等因素造成的。不同土层土壤水分总的变化趋势,是沿下坡方向先增大后持平或减小,这可能是由于坡顶蒸发较强,以及降雨沿坡入渗再分布引起的。

土壤各养分含量 0～20cm 土层均不同程度地高于 20～40cm 土层,但变异程度却明显低于 20～40cm 土层,这是由田间施肥、管理以及地形等因素造成的。不同纵向层级 0～20cm 养分含量差异较小,这主要是由田间施肥对土壤表层养分的影响造成的。20～40cm 养分含量沿坡面向下呈增大趋势(图 10-3-3b),Miller 等研究与 Ovalles 等分析也得出了相似的结论,这主要是由坡地在未开荒前土壤侵蚀使表层养分沿坡向下运移并沿程积累而造成的。

土壤速效磷含量,在耕层附近的垂直变异最大(表 10-3-10),其原因可能是由于土壤侵蚀，该坡面土壤速效磷绝对含量减少，而施肥措施必将引起上层土壤相对增加较多的缘故。郑粉莉等研究表明：

(1)坡面开垦两年后速效磷流失最严重，而全氮和有机质流失较轻。这也进一步说明坡面土壤养分的变异主要来自于土壤侵蚀作用。

(2)坡面大部分养分在坡上部横向差异较小而在坡面下部变异较大，这可能与坡面下部的侵蚀严重而导致的浅沟发育强烈有关。

土壤全磷的分布受坡面位置的影响很小，可能是全磷较水溶性差而不易流失的缘故。地上生物量在坡顶部 *B* 层级处最大，而在坡中下部较小且变化不大，这与 Rockstrom 等对缓坡坡地玉米产量的沿坡变异不同。他们研究表明，产量与侵蚀强度呈负相关，且玉米产量沿坡脚向坡顶呈递减的趋势。其原因可能是坡面地形不同，导致土壤侵蚀情况不同而造成的。

本研究地点坡度在 35°～45 °之间，且在坡面下部 3 个层级均存在浅沟侵蚀，所以下部较坡上部侵蚀严重。Rockstrom 等对于缓坡(2°～3°)坡面的研究表明，坡面侵蚀强度坡上部大于中部和底部。

地上生物量与土壤水分之间负相关的可能原因为：

(1)在作物生长范围内，地上生物量愈大则耗水量愈多，因而导致土壤水分含量愈少。

(2)研究表明，土壤水分、养分对坡面地上生物量的影响很小，而不同典型坡位处的生物量差异较为显著。

(3)浅沟沟槽处土壤水分养分条件最佳，但产量却低于坡顶(表 10-3-12)，这说明在陡坡耕地上，影响作物生长的主要因素可能是坡面地形条件。

表 10-3-12　坡面典型部位土壤水分、养分及地上生物量(原表)

项目 Item	土层 Soil layer (cm)	坡面典型地形部位 Typical position of slopland				
		坡面顶部 Upslope	坡面中部 浅沟沟槽 Gully trough on nid slope	坡面中部 浅沟沟坡 Gully trough on nid slope	坡面下部 浅沟沟槽 Gully trough on nid slope	坡面下部 浅沟沟坡 Gully trough on nid slope
土壤含水量	0～20	7.78	12.74	10.59	11.11	9.57
Water content(%)	20～120	6.71	14.33	9.26	9.91	9.53
	120～200	9.84	11.36	10.91	9.55	10.84
有机质 Organic	0～20	16.681	28.325	12.285	23.435	12.720
matter($g\cdot kg^{-1}$)	20～40	8.983	31.575	9.029	29.440	11.535
全氮 Total N	0～20	1.053	1.810	0.839	1.489	0.817
($g\cdot kg^{-1}$)	20～40	0.586	1.910	0.607	1.812	0.763
全磷 Total P	0～20	0.636	0.722	0.595	0.689	0.627
($g\cdot kg^{-1}$)	20～40	0.579	0.758	0.584	0.712	0.620
有效氮 Available	0～20	61.95	106.24	49.56	91.42	51.29
N($mg\cdot kg^{-1}$)	20～40	31.08	109.06	33.53	104.29	40.53
速效磷 Available	0～20	4.330	3.664	2.821	3.874	4.742
P($mg\cdot kg^{-1}$)	20～40	0.614	2.300	0.631	2.164	1.520
地上生物量 AGB($g\cdot m^{-2}$)		359.3	277.3	245.6	300.6	225.3
叶面积指数 LAI		0.983	0.965	0.698	0.935	0.895

(4)Rockstrom 等研究认为,浅沟侵蚀和片蚀通过暴雨冲刷淹没秧苗和表土,导致土壤贫瘠,从而加速侵蚀层的形成,并进而影响作物生长。

(5)土壤养分含量与地上生物量的相关性较差,而王百群等作者研究黄土丘陵区多年撂荒草地养分与生物量的关系时发现,坡面的全氮和速效磷与生物量的相关系数分别为0.9 和 0.57。

(6)这种差异主要是由于田间施肥以及地形条件的差异而造成的。

这也同时说明,陡坡地开荒耕作后,土壤养分利用效率呈显著下降趋势。

黄土高原地区耕地面积的70%左右为坡耕地,坡地状况导致土壤侵蚀,进而造成养分流失及肥力下降,并在很大程度上影响作物对水分养分的吸收利用。因此,要想提高坡耕地土壤生产力,首先要对坡地进行改造;对坡度较陡、地形复杂的坡耕地,实行退耕还林、环草措施。

10.3.5 陕南地区陡坡生态桑园水土保持效果①

10.3.5.1 研究概况

陕西省南部地处秦巴山区,耕地面积不仅极其有限,而且多为坡耕地。其 25°以上的陡坡耕地约占到耕地总量的 40%。在降雨量较多(年均 800～1100mm)的气候条件下,不仅水土流失严重,而且耕作难度大,不宜种植粮食作物,是退耕还林的区域。

蚕丝业是陕南区域经济支柱性产业,本研究如何充分利用陡坡耕地栽桑建园,对促使陕南区域经济主导产业与生态环境的协调、持续发展,具有十分重要的意义。

10.3.5.2 研究方法

在陕南,蚕区种植粮食作物和栽桑建园的 25°以上陡坡耕地,选取 5 组坡度、土质基本一致的地块,分别进行作物产量、产值和土壤侵蚀量等情况的长期(5 年)定点观测和分析比较。其中,土壤侵蚀量的测量采用在样地设立截流池,每次降雨后称量、比较流失水量和土壤量的方法。

结合陕南蚕区的气候特点、自然资源优势及陡坡耕地的地形、坡度、土壤等立地条件,并依据水土保持生态林的建设要求,设计出陕南陡坡地生态桑园建设模式。

采用在样地设立截流池,每次降雨后称量、比较流失水量和土壤量的方法,对依据设计模式建成的陡坡地水土保持型生态示范桑园进行实际水土保持效果的测试。

土壤含水量测定方法:在样地土壤面上用环刀切 10～20cm 深的原状土壤,带回室内用环刀浸水法进行测定。

10.3.5.3 结果与分析

1)试验结果

在陡坡耕地上,栽桑与种粮的生态、经济效益比较经过多年、多点调查及试验研究,结果表明:

(1)25°～30°、35°～40°坡度耕地种植粮食作物的土壤侵蚀量分别为 1.26 和 2.48 mm;

---

① 张正新,宋广林.陕南地区陡坡生态桑园建设模式及水土保持效果[J].蚕业科学,2004.

(2)栽植桑树的土壤侵蚀量分别为 0.78mm 和 1.08mm；

(3)以 25°～30°、35°～40°的陡坡耕地单位面积产值比较，粮食作物分别为 180～300 元、120～200 元，桑园的产值则分别为 400～600 元、320～480 元；

(4)同样坡度的陡坡耕地，栽桑比种植粮食作物可减少水土流失 50%以上，可提高经济效益 1 倍以上(表略)。

2)试验分析

陡坡地水土保持型生态桑园建设模式的设计，通过连续多年对陕南蚕区气候、土壤等自然条件的调查分析，以及陡坡地栽桑建园试验、研究，设计出了不同立地条件下陡坡耕地的生态桑园建设模式。该模式中包含了栽植密度、栽植方式、树形养成、间作作物选择、耕作方式、配套水土保持措施等内容，可作为陕南不同立地条件下陡坡耕地生态桑园建设的技术参考(见表 10-3-13，来源：论文)。

表 10-3-13　陕南陡坡地栽桑建园标准及水土保持措施设计(原表)

立地条件 Landform and soil condition	栽桑建园模式 Planting mulberry mode	配套水土保持措施 Concening water and soil holding method
坡度 25°左右、土层较深、土质较好、光照较好的坡地。 The slope gradient is 25°, the soil is super quality thick and enough illumination.	等高线宽行密株栽桑(2.5～3.0m，株距 0.5～0.8m)，养成中低干树型。 The mode of planting mulberry is planting along contour line, whose row spacing is 2.5～3.0m and 0.5～0.8m.	行间可间套种植绿肥、豆类作物、薯类作物、花生等。经过一段时间耕种，行间自可形成 25°以下缓坡地或水平梯地。 Between the lines may interplant green manture, the legumes crops, the yam crops, the peanuts. After a certain time of cultivation, a slope with the gradient under 25° or horizontal al terraced field among rows formed.
坡度 25°～30°、土层较深、土质较好的陡坡地。 The slope gradient is 25°～30°, its soil is super quality and thick.	先按等高线修成水平梯地(宽 2～3m)再沿梯地边栽桑，养成中低干树型。 First to build the horizontal terraced field(2～3m) according to the contour line, then to plant the mulberry trees along the terraced field border.	梯地中可种植薯类作物、豆类作物、蔬菜、花生等。 To foster the mid-low trees. Between the lines may interplant green manure, the legumes crops, the yam crops, the peanuts.
坡度 30°～35°，土层较深，土质较好，光照较好的陡坡地。 The slope gradient is 30°～35°, the soil is super quality thick and enough illumination.	等高线宽行密株栽桑(行距 2.5～3.0m，株距 0.8～1.0m)养成中干树型。 The mode of planting mulberry is planting along contour line, whose row spacing is 2.5～3.0m and 0.8～1.0m.	株间栽植黄花菜，行间种植豆类作物，3～4a 后，桑树同黄花菜可形成挡土栏。 Between the lines may interplant lily flower. After 3～4 years, the mulberry trees and the day lily may form fences to keep off the soil and water.

续表

立地条件 Landform and soil condition	栽桑建园模式 Planting mulberry mode	配套水土保持措施 Concening water and soil holding method
坡度 35°～40°，土层较深，土质较好的陡坡地。 The slope gradient is 35°～40°, its soil is super quality and thick.	先按等高线修成水平梯地(宽 2.0～3.0m)，再在梯地中线栽桑(株距 0.8～1.0m)，养成中干树型。 First to build the horizontal terraced field(2～3m) according to the contour line, then to plant the mulberry trees along the terraced field border. To foster the midding trees.	沿梯地边栽植黄花菜，3～4a 后形成挡土栏。行间种豆科牧草，桑园只除草施肥，免耕。 To foster the lily flower along the terraced field border, after 3～4 years, it may form fence to keep off the earth. Between the lines to plant leguminosae forage gracese. The mulberry garden only remove weeds and apply fertilizers, avoid ploughing.
坡度 30°～40°、土层较浅、土质较差的陡坡地。 The slope gradient is 30°～40°, shallow soil layer and bad soil texture.	按等高线修成隔坡水平梯坎(宽 0.8～1.2m)，两梯坎间隔 4～5m 宽的坡，沿梯坎中线栽桑，(株距 0.8～1.0m)，养成中高干树型。 First to build the horizontal terraced ridge(0.8～1.2m) according to the contour line, two terraced ridges are separated by 4～5m wide slopes, then to plant the mulberry trees in the middle of terraced (distance between plants 0.8～1.0m). To foster high trees.	沿梯地边栽植黄花菜或龙须草，3～4a 后形成挡土栏，隔坡中种豆科牧草，桑园只除草施肥，免耕。 To plant the lily flower or Long Xucao along the terraced field border, after 3～4 years it may form fences to keep off the soil. To plant leguminosae forage grasses in the separated slope, the mulberry garden only remove weeds and apply fertilizers, avoid ploughing.
坡度 30°～40°的多石山区陡坡地。 The slope gradient is 30°～40°, and located mulitistone mountainous area.	按等高线修成水平石坎梯地，梯坎间距 2～4m，将桑树栽在梯坎外侧土层较厚位置，养成中低干树型。 First to build the horizontal terraced ridge(0.8～1.2m) according to the contour line, two terraced ridges are separated by 2～4m wide slopes, then to plant the mulberry trees in middle of terraced ridge flank with thick soil layer(distance between plants 0.8～1.0m). To foster mid-low trees.	坎边可栽种龙须草或黄花菜，较宽的梯地可间作薯类、豆类、蔬菜或中药材。 To plant the day lily or Long Xucao along the ladder border nearly the ridge, to interplant the yams. the legumes, the vegetables or the traditional Chinese medicine in the more wide terraced field.
坡度 40°以上，或土层深度低于 20cm 的陡坡地。 The slope gradient angle over 40°, or with a soil layer depth less than 20 cm.	因桑树难以良好生长，且收获期短，桑园管理及桑叶收获难度大，故不宜用来栽桑建园，可建成其他经济林、用材林或生态林。 Not only the mulberry do not grow well and their harvesting time arr short, than but also the mulberry garden management and the mulberry leaves harvesting are hard So it is unsuitable to build the mulberry garden and it may build other economic forests, the timber forests or the ecdogical forests.	

3)效果分析

本项研究进行了陡坡地防治水土流失生态示范桑园的水土保持效果测试。为调查陡坡地生态桑园的实际水土保持效果，1998—1999 年，对建成的水平条带式间作黄花菜的陡坡水土保持型生态桑园进行了实际水土保持效果的测试。结果表明：

(1)在 40°的陡坡耕地上建立水土保持型生态桑园后，可有效提高土壤的保水能力，减轻水土流失；

(2)对该试验桑园的测试显示，最高可减少降水流失量约 70%，减少土壤侵蚀量 79.7%，结果见表 10-3-14。

10.3.5.4　结论与讨论

1)研究结论

在陕南蚕区，同样坡度的陡坡耕地上，栽桑比种植粮食作物可减少水土流失 50%以上，提高经济效益 1 倍以上。其中，在 40°的陡坡耕地上建立水土保持型生态桑园后，最高可减少降水流失量 70%，减少土壤侵蚀量 79.7%。因此，在陕南蚕区 25°以上陡坡耕地实行退耕栽桑建园，不仅可有效提高土壤的保水能力，减轻水土流失，而且可以把生态环境治理与促进陕南区域经济主导产业蚕丝业的发展结合起来，获得更好的经济效益。

2)效果讨论

在陕南蚕区陡坡地退耕还林进行生态桑园建设时，必须结合当地的气候、自然特点及陡坡耕地的具体地形、坡度、土壤等立地条件，因地制宜地选择最佳陡坡生态桑园建设模式的配套耕作措施，才能获得更好的生态效益和经济效益。

3)水土保持效果讨论

在陡坡耕地建立水平条带式间作黄花菜的水土保持型生态桑园后，有效地提高了土壤保水能力。这与在陡坡耕地建立桑园后，土壤耕作次数减少，水土流失程度减轻，土壤孔隙度增加，土壤结构得到改良有关，也是在陕南陡坡耕地实行退耕栽桑建园后，能够有效降低水土流失的根本原因。

表 10-3-14　陡坡地水土保持型生态桑园水土保持效果测试(原表)

测量时间 Measuring date	处理方式 Treatment method	降雨量 (mm) Rainfall	水流失量 (L) Water losing amount	土流失量 (kg) Soil losing amount	降雨前土壤含水量(%) Water containing in soil before rainfall	降雨后土壤含水量(%) Water containing in soil after rainfall	田间最大持水量(%) Max water containing in soil
1998－08－15～16	处理区 Treatment section	101.89	442.1	26.5	15.03	16.97	21.20
	对比区 Control section	101.89	497.5	130.5	15.20	16.60	20.87
1998－08－21～22	处理区 Treatment section	36.00	105.0	0.57	14.82	18.00	24.87
	对比区 Control section	36.00	350.0	2.40	14.30	16.80	21.20
1999－07－12～10－06	处理区 Treatment section	57.99	336.0	6.19	16.00	19.80	26.19
	对比区 Control section	57.99	421.5	7.71	15.50	18.00	21.71

注：试验桑园坡度 40°，土层较深，土质较好。桑园建设模式为：按等高线栽植，行距 2.0m，株距 0.8m；株间水平条带式栽植黄花菜。测量时为建园第 4 年。在刚除过草之后第一次测量桑园土壤保水效果。
The slope gradient of the test mulberry garden is 40°, its soil super quality and thick. The mode of planting mulberry is planting along contour line, whose row spacing is 2.0 and 0.8m, planting lily flower between mulberry. The measuring date is the fourth year from mulberry garden building. The first measurement time is after just weeding.

4)前景讨论

根据国土和水土保持普查资料，陕南地区的坡耕地面积约占总耕地面积的60%以上。其中，有坡度25°以上的陡坡耕地34.95万hm^2，占耕地总面积的35%。其中，约有30万hm^2分布在海拔900m以下的中低山区，可以栽植桑树。如果能将其中1/3的面积在退耕还林时用来建设桑园，就可建成生态桑园10万hm^2，不仅可显著减轻水土流失，保护生态环境，且桑园投产后还可增加养蚕50万张以上，为农民增加收入2.0亿元(人民币)以上。由此可见，本研究区陕南陡坡耕地实行退耕栽桑建园，对陕南区域生态环境建设和经济可持续发展，都具有重大的现实意义。

5)改进建议

陡坡地水土保持型生态桑园的设计，应依据水土保持生态林建设要求进一步完善。对示范桑园水土保持效果测定，有待进一步规范、精确。

10.3.6 长江上游生态修复工程的作用①

长江流域180万km^2，上游(湖北宜昌以上)地区，尤其是青藏高原，是我国水土流失极为严重的地区之一。20世纪中叶以来，人类在对待生存与发展、资源开发利用与保护的关键问题，始终没有走上科学、合理、适度的正确道路。以至于人类每每向前一步，都犯下无法弥补的历史性错误，有些错误需要人类数百年、几十代人付出沉重的代价。

如果说，封禁是水土保持生态修复的重要手段的话，那么，治理生态，根本措施是控制不适宜居住的高海拔和干旱地区的人口规模，控制经济发展与增长速度，降减人的非理性与不合理消费需求。根据央视报道，当今的城市化和工业化，建造大量商品房和生产巨量小汽车，在堵塞、堵死城市交通的同时，污染人们生活的每一寸空间，媒体和官员却误导人们短期盲目流动，导致“空城、鬼城”遍布，交通运能大多数时间过剩，十分有限的自然生态景观不堪交通重负并遭受到盲目旅游者的践踏、破坏。

10.3.6.1 研究概述

长江流域幅员辽阔，流域自然条件优越，水土资源及矿产、农林经济开发利用前景巨大。在我国国民经济和社会发展中，长江流域具有举足轻重的战略地位。长期以来，由于自然和人为因素的作用，水土流失已成为长江流域的头号环境问题。严重的水土流失，不仅制约了水土流失区经济与社会的发展，破坏了流域生态系统，而且对长江中下游防洪保安和水资源的综合利用带来非常不利影响。

20世纪80年代以来，长江流域日趋严重的水土流失问题，引起了全社会的广泛关注。中央政府加大了长江流域水土保持的投入力度，职能上由长江水利委员会水土保持局负责，先后开展了43条小流域治理试点，探索了不同类型区水土流失治理模式。1988年“长治”工程开始启动，到2000年长江流域水土流失重点防治范围已经扩大到10省(市)的203个县(市、区)，重点治理工程已累计治理水土流失面积$7.20\times10^4 km^2$，全流域每年治理水土流失面积达$1.20\times10^4 km^2$。

① 蒲勇平.长江流域生态修复工程的意义及对策[J].水土保持通报，2002，22(5).

10.3.6.2　发挥生态自我恢复能力的必要性

进入 21 世纪后，尤其在“98 大洪水”后，水土保持生态建设面临着前所未有的发展机遇。某时任党和国家领导人指出：“大江大河中上游地区的水土保持和流域综合治理，是改善农业生产条件和生态环境的根本措施，必须高度重视，做好规划，坚持不懈，长期奋斗。”其在 1998 年 3 月 15 日中央计划生育和环境保护工作会议上提出：“要坚持不懈地搞好生态保护工程，用 15 年左右的时间，基本遏制生态环境恶化的趋势；在此基础上用 15 年的时间，使我国的生态环境有一个明显的改观。”

要实现生态环境建设“十五年初见成效，三十年大见成效”的宏伟目标，长江流域的水土流失防治任务相当艰巨，不考虑新增水土流失，按目前的防治对策和治理速度尚需近半个世纪才能达到初步治理。如何加快水土流失防治步伐和生态恢复建设，是新时期长江流域水土保持工作面临的重大课题。

当时，党中央、国务院对水土保持生态建设十分重视，国家及地方政府已逐渐加大投入力度。随着国民经济的持续、快速发展，中央及地方财力的不断壮大，投入力度虽有逐年提高的空间，但要满足水土流失治理增长需要的投入显然不现实。为此，必须拓宽思路、研究新途径、采取新举措，来加快水土流失防治速度。治理中，应注重大自然的力量，充分发挥生态的自我恢复能力。在较短的时间内，投入较少的资金，大面积恢复植被和生态系统改善，正是顺应时代要求，也符合我国国情，从根本上解决水土流失防治和植被恢复步伐缓慢这一重大问题的最为有效途径。因此，实施生态修复工程，不仅十分必要，而且非常迫切。

10.3.6.3　长江流域生态自我恢复能力评价

长江流域大部分地区位于东亚副热带季风气候区，自然条件优越，年均降雨量约 1 100mm，雨量充沛，气候温和，植物种类繁多。大部分地区植物可全年生长，十分有利于植物的繁衍和生态的修复。除长江源头区因海拔高、气候寒冷，生态自我恢复历时较长外，流域内大部分地区的疏林地、森林迹地、荒山灌丛地，退耕、退牧还林还草地只要不再人为干预破坏，3～5 年灌草即可自然恢复郁闭，并初步起到保持水土的作用，10～15 年左右时间，就能恢复成林。

长江流域水土流失分布最为集中的地区，为长江上中游地区。据调查，坡耕地、荒山荒坡、疏幼林地，是长江上中游地区土壤侵蚀的主要地类。长江流域现有坡耕地 $1.10\times 10^7 hm^2$，土壤年侵蚀量约 $8.00\times 10^8 t$，占全流域侵蚀总量的 30%以上；现有荒山荒坡和疏幼林地分别为 0.17 亿 hm^2 和 0.14 亿 hm^2，均不同程度地存在着水土流失。这些地类均可通过减少人为扰动，增加人为正向干预等一定的措施，发挥生态自我恢复能力，达到恢复植被、保持水土、建立良性生态系统的目的。

多年来的治理实践表明，发挥生态自我恢复能力，不仅费省效宏，而且可快速达到防治水土流失的目的。长江上中游水土流失重点防治工程经过 10 年治理，依靠发挥生态自我恢复能力进行封禁治理的面积为 $2.12\times 10^4 km^2$，是整个综合治理面积的 1/3，而投入的资金不到总投入的 8%。一个劳动力可造林 1～2hm^2/a，而采取封禁治理则可管护 6～7hm^2，封禁治理 3～5 年后，即可初步控制水土流失，恢复地表植被。

长江流域水土保持综合治理试点——贵州省普定县蒙铺河小流域，1983 年 10 月开始对 2 541hm² 有少量疏林和灌丛的 380 个山体实行封禁治理，成效显著。表现在：

(1)1985 年 10 月验收时，随机抽样调查，封禁的白栎类灌木林，每 1hm² 年生物生长量增长为 16%；

(2)封禁的石灰岩灌丛地，每 1hm² 年生物生长量为 12.5%；

(3)乔灌藤草植物的盖度由 0.2～0.4 增加到 0.4～0.7；

(4)封禁区乔木高生长量每年达 0.5m，灌木单株冠幅每年可增加 0.21m²；

(5)每 1hm² 灌木林地可增加薪柴 6 750 kg，区内下层草类的覆盖度普遍增加 30%，水土流失基本得到控制。

河南省内乡县靳河试点小流域，从 1986 年开始，对流域内林木郁闭度小于 0.30 的残次林和森林迹地采取封禁治理。据 1990 年调查，采取封禁治理的 407hm² 残次林和森林迹地，林木郁闭度已达到 0.65 以上，植被覆盖度由原来的 30%提高到 60%以上，平均每 1hm² 活立木蓄积量增加 7.65m³。

10.3.6.4 发挥生态自我恢复能力的对策

生态修复工程，即通过减少或避免人类活动对生态脆弱区、水土流失区的干扰，利用大自然的力量，发挥生态的自我繁衍和恢复能力，加快植被恢复和生态系统改善，从而达到大面积、快速防治水土流失的系统工程，是实现人与自然和谐相处的具体措施。长江流域实行生态修复工程的主要对策，是通过全面规划，退耕、退牧还林、还草，大面积实行封禁，辅以人为治理的工程和植物措施。

封禁治理，是指在水土流失和生态环境脆弱区，在全面调查的基础上，对具有生态自我恢复能力的原有林地、森林迹地、幼残次林、疏林地、灌丛地、退化草场、退耕还林还草地、荒草地，有计划地封禁一段时期，限制人畜进入，禁止开垦、放牧、砍伐林木、割草，利用植物的自然繁衍能力，通过科学管理，严格保护，抚育成林、成草，从而达到迅速恢复植被、控制水土流失，改善生态环境的目的。

实行封禁治理，其方法有死封、活封与轮封。

(1)属于死封的，除科研调查和抚育管护人员外，不准人畜进入，封期 3～5 年；

(2)属于活封的，可以在不影响植物生长繁衍的条件下，适当放牧割草、采集枯枝，但严禁砍伐树木、灌丛和放牧，封期以当地乔木郁闭成林而定；

(3)轮封一般封期 1～2 年，可以以草定畜、合理放牧，采集枯枝，但不得砍伐林木、灌丛和挖草皮。

目前，长江流域大部分地方封禁治理多采用 3 种封禁方法相结合的方式，轮封则在长江源头牧区以及燃料极为缺乏区应用较为广泛。总结多年来的成功经验，长江流域实行封禁治理的实施方案和具体操作包括以下内容和步骤。

(1)划定封禁区。按水土保持总体规划要求，在综合考虑各方因素的前提下，依据当地实际划定封禁治理的范围。为确保植物能够自我恢复，封禁区应具有一定的母树、灌丛或草地，能够飞籽成林成草。

(2)选择封禁方法。长江流域地域广阔，各地实行封禁治理也应依据当地实际，认真对当地的木材、燃料、饲料等需求与供应，进行现状调查、节能替补的可行性分析、总量平衡以及发展前景预测，在充分考虑各种因素对封禁区生态资源需求的前提下，选用死封、活封和轮封以及3种方式的结合形式。

(3)实地界定边界，设立标志。依据生态修复工程实施方案的范围，利用铁丝网围栏等材料，将封禁区与外部隔离，并在封禁区周边设立封禁标志牌以及禁止人畜进入等封禁管护规定。

(4)有计划地实行人工抚育措施。对于封禁区内的部分地类，可根据当地实际经济条件、今后发展利用要求进行疏林补植、优良树种、牧草引种、病虫害防治等抚育措施，以提高生态修复能力，加速植被恢复速度，改善封禁区的生态系统功能。

(5)确定管护人员及职责。对于封禁区，应确定专职或兼职管护员，管护员的数量要根据管护范围的大小、位置以及难易程度而定；应划清每位管护员的管辖范围，明确职责，落实报酬和奖励办法。

(6)制定有关的乡规民约和奖惩制度。根据《水土保持法》《水土保持法实施条例》等有关法律法规，生态修复区所涉及乡镇应结合当地实际情况，制定符合实际的乡规民约；对于爱护山林、草场、敢于同破坏林木草场做斗争者应给予表彰、奖励；对于违反乡规民约、破坏山林草场的，应及时处理，情节严重的要追究其法律责任。

(7)大力宣传、发动群众管护封禁区。采用多种形式广泛宣传，发动群众管护封禁区。利用放电影、开会、标语等形式，对封禁治理的作用成效、爱护山林植被典型人物进行宣传，在群众中树立生态意识，为封禁治理及生态自我恢复提供良好的社会环境。

10.3.6.5　实行生态修复工程的外部环境条件

实行生态修复工程，涉及面广，同广大农民群众切身利益密切相关。因此，只有切实处理好因封禁而给当地群众带来的各种问题，创造良好的外部环境条件，解决好当地群众的生产与生活，并以生态修复来带动当地经济和社会发展，才能保证水土保持生态治理工程的顺利实施。这些外部条件有：

(1)以改促封，加快农村基本农田和高效经济林建设。实行生态修复工程，进行封禁、退耕还林还草，必将减少农村的耕地面积，影响群众靠山林、坡耕地获得的粮食和经济收入。为此，在制定水土保持总体规划时，应根据实际需求，通过建设高产稳产的基本农田，解决群众的粮食问题，采取高效的经济林建设，弥补和提高群众的经济收入。

(2)开源节能，变革农村能源结构。农村燃料问题是造成林地砍伐、植被破坏的主要成因之一。要实行封禁治理，必须解决农村的能源问题，其途径主要靠变单一的能源结构为多元化的能源结构，即以电、气、煤等燃料替代单纯的薪材。为此，在实行生态修复区必须根据当地实际，因地制宜地发展小水电、风力发电，充分利用太阳能、天然气，优惠供给燃煤，积极推广沼气池、节柴灶。

(3)以移促封，实行生态移民。长江流域个别地区，生态环境脆弱，人与自然的矛盾异常尖锐；人类的生存与发展受生态环境的制约、举步艰难，反过来又对生态环境造成更为严重的破坏。对于此类地区，应尽快实行生态移民，杜绝人类活动对生态的影响，从而实现恢复生态、改善群众生存生活环境的双赢目标。

(4)推行轮封轮牧、舍饲养畜，发展集约化畜牧业。过度超载放牧，是引起草场退化、水土流失加剧的主要因素之一。实行封禁治理，在一定时期内可利用草场面积将受到限制，为保证畜牧业的生产，必然要改变现行的畜牧业生产方式，积极推广和实行计划放牧、轮封轮牧、舍饲养畜，合理解决好畜牧业生产和生态恢复的关系。

(5)封育结合，以育促封。实行生态自我恢复工程，主要靠发挥生态的自我恢复能力，但并不排斥人工辅助作用。在封禁区的部分地块，单纯依靠大自然的力量难以有效快速恢复植被。因此，依据当地实际和社会经济发展要求，适当地进行人工抚育、疏林补植、病虫害防治、优良树种、牧草引种和栽培，以育促封，有利于使封禁治理早见成效，并使封禁治理成果能够服务于地方经济发展。

10.3.7 区域水土保持生态修复模式及效果评价①

小流域水土流失治理是由点控面、从上(游)到下(游)推进生态建设的环境战略。但是，在没有转变发展思路、正确处理人与自然关系之前，实施小流域水土流失治理不能解决生态环境根本问题或难以扭转生态恶化的总体态势。要从根本上恢复生态环境，实在是一些极其复杂的社会政治、经济系统工程。那么，先以小流域治理起步，以点带面，仍不失为可行的选择。

10.3.7.1 研究概述

水土保持生态修复，是指通过一定的人工辅助措施，促使自然界本身固有的再生能力得以最大限度地发挥，促进植被的持续生长发育和演替，保护并改善受损生态系统的功能，建立和维系良性发展的生态系统。

长江上游地区的生态修复，不仅关系到长江流域经济社会的可持续发展，也关系到我国国民经济和社会可持续、健康发展的大局。而长江上游的气候条件、土壤条件和地带性植被分布等，都有利于退化生态系统的恢复与修复。目前，在长江上游各主要水土流失区，有大量成功的综合治理模式及不同尺度的示范样板，如：

(1)陈奇伯等作者提出的自然恢复加人工诱导的适合金沙江干热河谷地区的生态修复措施；

(2)张莉等作者以云南省姚安县作为研究区，采取封禁、人工补植和多功能互补等措施，取得了较好的效果。

这些成功实例或模式实施中，尚存在许多问题需要解决，如措施以封禁为主，在生态修复的途径、方法、关键技术、区域差异、动态监测与评价等方面研究极少，可操作性差，定量分析研究尤为缺乏。对生态修复项目进行效果监测和评价，则是确保生态修复工程实施的重要举措之一。因此，本文以长江流域的两当河上游进行生态系统现状调查为例，在综合分析生态修复优势的基础上，提出自然与人工辅助相结合的水土保持生态修复技术及建设模式，并对依据此模式进行的生态修复效益进行监测评价，以期为陇南山地及长江上游生态环境建设与恢复提供科学依据。

10.3.7.2 研究区概况

研究区位于甘肃省两当县北部，属长江上游嘉陵江水系，行政涉及5个乡镇28个村民小组，面积327.27km^2。属暖温带大陆性季风气候，年均气温11.4℃，平均风速0.8 m·s^{-1}，

① 潘竟虎，魏宏庆. 区域水土保持生态修复模式及效果评价——以长江流域两当河上游为例[J]. 中国生态农业学报，2008，16(1).

年均降水量665mm，日照时数1 969.2h，年蒸发量1 239mm。区内人口12 749人，其中农业人口10 844人，耕地总面积3 326.67hm²。2002年农业总产值1 109万元。

植被以林地和草地为主，林地主要是天然次生林，多退化为杂灌，植物种类有栎类(*Quercus spp*)、山杨(*Populus david iana*)、青岗(*Cyclobalanopsis glauca*)等。少量纯林分布在北部人为扰动较少的山区。

林地群落层次结构简单，郁闭度较低；土壤类型主要有棕壤土、褐色土和山地草原土。区内侵蚀沟发育频繁，水土流失严重。甘肃省两当河流域水土保持生态修复工程实施期为3年(2002—2004年)，其间共完成基本农田66.7hm²，营造经果林33.3hm²，营造水保林300hm²，封禁治理12 940hm²，天然林保护8 200hm²，推广节能灶(坑)200处。在治理水土流失、改善项目区生态环境、增加农民收入方面，起到很大作用。

10.3.7.3　**生态修复模式**

生态修复模式，是指人们在生态修复活动中，所采取的定型的修复方式、生态要素的组织形式、生态演替所遵循的理论，以及经济状况和政策等的总称。它具有稳定性、完整性和系统性的特点。生态进展演替的途径，则是生态修复模式的具体实现过程。生态修复包括生态自然恢复和人工修复。两当河流域项目区，在遵循自然规律的基础上，应用群落演替控制与恢复技术、水土流失控制与保护等技术，建立生态自然恢复和人工辅助相结合的水土保持生态修复模式，各子系统水土保持生态修复技术体系和技术类型见表10-3-15。

表10-3-15　水土保持生态修复模式技术体系(原表)

恢复类型 Rehabilitation type	技术体系 Technique system	技术类型 Technical type
林地 Forest	群落演替控制与恢复技术	封山育林技术，生态辅助技术
	群落演替控制与恢复技术	封山育林技术，生态辅助技术
荒山荒坡 Barren mountain	水土流失控制与保护技术	坡面水土保持林、草技术
农地 Farmland	水土流失控制与保护技术	梯田工程，复合农林业技术，退耕还林还草技术
系统结构 System structure	生态评价与监测技术	土地资源评价技术，3S辅助技术(RS、GIS、GPS)

1)退化林地修复

退化林地修复主要采取封山育林方式。对具有天然下种和萌芽根蘖条件的迹地、次生林地、灌木林地等，所采取封禁治理方式有：

(1)根据植物分布、土地类型、地形条件，以面积在5～10 km²的支沟为单元，将修复区划分为52个封禁小区。

(2)按林分特征，对含有种质资源稀缺或经济价值高的树种的小区，如白皮松林地等实行重点保护。

(3)对疏林地、郁闭度在70%以下的灌木林地实施全封，禁止烧山、开荒、放牧、砍柴、割草等一切不利于林木生长繁育的人为活动，促使退化林地林木生长。

(4)对郁闭度在70%以上的灌木林地实施半封，允许农民有秩序地进山打柴、割草。

2)荒山荒坡的修复

荒山荒坡的生态修复，一是封禁治理，即对包含在各封禁区内的荒山荒坡实施全面封禁，利用其周边天然“种子岛”，在自然条件下通过种子雨的扩散，恢复植被；二是人工造林，即对封禁区以外的具有支持生命系统能力的宜林荒山荒坡，营造坡面水土保持林和经济林。

3)农地的修复

农地的修复，可采取梯田工程，在现有农业生产用地的基础上，按照近村、近水、近路的原则，对15°以下的连片坡耕地，全部实施“坡改梯”工程，保证人均基本农田达到0.07hm^{2}以上，以满足群众生产生活需要。同时采取复合农林业技术，包括有两种经营类型：

(1)在梯田地埂上，采用双埂隔畦的方式，栽植以花椒为主的经济林，即田面农作物，地埂经济林，效益兼顾，长期复合。

(2)以林业为主，农、牧复合，在坡耕地上栽植人工林或经济林，在幼林下进行农林牧间作，树木郁闭后，复合终止。

4)生态辅助措施

在生态修复区，户均建造1口节柴灶，建设1处圈舍；对现行使用的炉灶进行结构改造；变传统放牧为舍饲养畜；创造条件最大限度地减少人类生产、生活对自然生态的破坏，促进生态系统的自我恢复。两当河上游水土保持生态修复措施见表10-3-16。

表10-3-16　水土保持生态修复措施与结构(原表)

类型 Type	修复措施 Rehabilitation measure	实施数量 Area(m^2)
林地 Forest	封禁治理	21 826.66(全封) 2 142.38(半封)
荒山荒坡 Barren mountain	封禁	3 587.10(全封)
	人工林	300.00(水保林) 133.33(经果林)
农地 Farmland	梯田 复合农林	257.68(土坎) 513.32(一类) 153.33(二类)
其他 Others	辅助措施	2 800(节柴灶/个) 2 800(圈舍/处)

10.3.7.4　修复效果动态监测分析

群落结构、生物量和生产力，是衡量生态系统恢复程度的基本指标。为客观评价两当河上游水土保持生态修复效果，采用常规监测和遥感监测结合方法，对退化生态系统修复过程及结果进行了动态监测。

1)常规监测

项目区生态修复实施期为3年(2002—2004年)，按照实施方案的监测技术要求，对水保林地、有林地、次生林地等8个监测小区进行了生物量、植被覆盖度、泥沙、降水等指标的常规监测，并相应建立人工监测网点8处，通过连续观测，建立监测数据库。各监测小区植物生长变化如下。

1＃监测小区(水保林地)，面积100m^2，监测对象是79株刺槐。监测结果：

(1)2002年小区内刺槐平均胸径4.41cm，平均树高1.38m，平均树冠0.57m。

(2)2003年小区内刺槐平均胸径4.86cm，平均树高1.66m，平均树冠0.74m。

(3)2004年小区内刺槐平均胸径5.06cm，平均树高1.99m，平均树冠0.96m。

2＃小区(撂荒3年坡耕地)，面积300m^2，坡度22°，监测结果：

(1)2002年小区自然萌发和生长的主要植物有艾蒿、水蒿、狼牙刺、刺苋、小蒿、野蒿。

(2)由于降雨及种群生存竞争综合因素影响，2003年水蒿等枯死或消失，仅存艾蒿、黄花蒿、狼牙刺。

(3)2004年新增野棉花、苋草、野菊花、刺槐和黄苋等。

3＃小区(有林地)，面积990m^2，海拔高度1 275m，林地内有油松6株、刺槐7株、漆树59株、臭椿2株、马尾松4株，监测结果见表10-3-17。

表10-3-17　有林地内各树种2002—2004年生长状况(原表)

树种	平均胸径 Breast diameter(cm)			平均树高 Height(m)			平均树冠 Crown diameter(m)		
	2002	2003	2004	2002	2003	2004	2002	2003	2004
漆树 *Rhusvemiciflua stokes*	37.59	38.52	39.01	10.93	11.24	11.49	1.57	1.84	2.08
臭椿 *Ailanthus altissina*	44.00	44.00	44.00	9.65	9.93	10.15	4.75	5.01	5.20
刺槐 *Robinia pseudoacacia*	43.64	44.72	44.77	10.72	10.99	11.05	1.97	2.07	2.25
油松 *Pinus tabulaefonnis*	30.92	31.00	31.87	8.25	8.47	8.65	2.00	2.24	2.45
马尾松 *Pinus assoniana*	34.15	35.28	36.10	5.98	8.17	8.34	2.08	2.32	2.53

4＃监测小区(次生林地)，面积400m^2，海拔高度1 270m，植被种类有狼牙刺、刺槐、野菊、艾蒿等。监测结果：

(1)2002年狼牙刺平均高度13cm；

(2)2003年狼牙刺平均高度15cm；

(3)2004年狼牙刺平均高度65cm。

5＃小区(1年撂荒地)，面积300m^2，坡度5°，监测结果：

(1)2002年区内植被覆盖率为78.5％；

(2)2003年区内植被覆盖率82.6％；

(3)2004年植物种增加了核桃、狼牙刺、燕麦、白蒿、桐蒿等，植被覆盖率为78％。

6＃小区(撂荒1年的坡耕地)，面积300m^2，坡度18°，监测结果：

(1)2002年植被覆盖率36.3％；

(2)2003年植被覆盖率增加到68％；

(3)2004年增加了臭椿、刺槐等树种，植被覆盖率为76％。

7＃小区(坡耕地)，面积100m^2，海拔998m，有3个面积为1m×1m监测点，监测结果：

(1)2002年种植农作物为优质小麦“绵阳19号”，每个测点平均产投比为1：2.05；

(2)2003种植黄豆，产投比为1：0.75；

(3)2004年种植小麦，产投比为1：1.71。

8#小区(梯坪地),面积 100m²,海拔 996m,有 3 个面积为 1m×1m 监测点,监测结果:

(1)2002 年种植优质小麦"绵阳 19 号",每个监测点平均产投比为 1∶1;

(2)2003 年种植优质玉米"中旦 2 号",产投比为 1∶1.06;

(3)2004 年种植优质小麦"绵阳 19 号",产投比为 1∶7.6。

2)遥感监测

遥感数据源包括 2001 年 8 月 2 日的 Landsat5 影像 1 景,30m 分辨率,景号为 128 / 036;2001 年 8 月 21 日的 SPOT4 全色数据 1 景,景号为 264/282,10m 分辨率;2003 年 11 月 15 日的 SPOT5 多光谱数据,分辨率为 10m。结合野外实地调查,采用人工目视判读,获得研究区在实施生态修复前后的土地利用数据,在 ArcGIS 支持下获得变化和转化数据。解译前后 3 次进行实地调查,判读精度在 80%以上,遥感监测结果见表 10-3-18(来源:论文)。

表 10-3-18 2001—2003 年项目区生态环境变化遥感监测结果

类型 Type	面积 Area(km²)		
	2001	2003	变化 Change
居民地 Residential area	1.27	1.30	0.03
梯田 Terrace plantation	2.70	5.27	2.57
坡耕地 Slope plantation	37.76	31.05	−6.71
菜地 Vegetable field	2.91	2.89	−0.02
果园 Orchard	0.28	1.73	−0.11
乔木林 Forest	168.43	168.07	−0.36
灌木林 Shrub forest	71.26	71.87	0.61
天然草地 Natural grassland	32.90	35.22	2.32
荒草地 Grassland	3.38	3.44	0.06
水库坑塘 Water area	0.01	0.01	0
河流 River	2.26	2.26	0
宜林草荒地 Wasteland suitable for forest and grass	2.92	2.92	0
难利用地 Barren land	1.19	1.19	0
总面积 Total	327.26	327.26	0

表 10-3-18 说明,2001—2003 年增加幅度较大的类型是天然草地,增长了 2.32km²。减少幅度最大的是坡耕地,减少了 6.71km²。坡耕地减少的原因主要有两个方面:

一是实施生态修复整治工程以后,实行了退耕还林还草工程,大部分坡耕地变为草地(2.32km²)和梯田(2.58km²);

二是转化为居民地和灌木林等。

梯田增加主要源于坡耕地,自实施生态修复工程以后,对工程实施区农业用地进行了规范化管理,实现了渐进有序的发展,杜绝了乱开、乱垦。菜地减少了 0.02km²,果园减少了 0.11km²。菜地和果园的减少,主要与生态工程区农业产业结构调整有关,工程梯田的建设使坡耕地的零星园地成为连片梯田,在遥感影像上表现不十分明显。乔木林减少了 0.36km²,减少的乔木林地主要分布于原来的坡面以及河谷阶地人为活动较为频繁地段,这部分林地主要转为经济林和梯田等。灌木林地增加了 0.16km²,是由于工程实施把过去草灌改良为适合当地自然条件的灌丛。天然草地总量增加了 2.32km²,主要是人工封育、自然封育和退耕还林还草的结果,主要分布于大于 25°的坡面。荒草地总量增加了 0.06km²,这部分草地主要来源于两当河河漫滩。

10.3.7.5　结论

在自然力和人工辅助共同作用下,两当河流域退化生态系统修复效果明显。常规监测和遥感监测的结果表明:

(1)通过近 3 年的生态修复,项目区植被状况发生了很大变化,植被覆盖率提高;

(2)植物群落向着正向演替的方向发展;

(3)各项生态因子都有明显改善;

(4)生态环境沿着良性循环的模式进行。

两种监测结果的一致性亦证明了试验区所采取的各项措施和有计划实施的生态修复工程的有效性。生态修复,体现了人与自然和谐相处的理念。不同修复措施下,水分行为及其调控机制,对植被演替、生物多样性以及农村产业结构、经济和人文的影响,尚需进一步深入研究。

10.3.8　南水北调水源区坡面侵蚀及水土保持生态修复①

南水北调中线水源区在长江中游支流汉江丹江口水库及以上,水源区的水土保持与生态直接关系到南水北调中线向华北尤其是北京、天津、河南等地的供水质量和安全。国家在启动和实施南水北调中线工程之前,水源区的水土保持生态治理就纳入到战略规划和重点水利项目。

10.3.8.1　研究区概况

南水北调水源区的秦岭南麓寨沟小流域位于 N33°23′,E108°20′,属于宁陕县长安河支流,是汉江丹江口水库的水源区,也是南水北调中线水源区重点预防保护区。其属于北亚热带山地湿润气候区,雨多、云雾多、湿度大,平均年降水量 915.5mm。

寨沟小流域总面积 7km²,流域内植被景观类型丰富,土壤为普通黄棕壤和粗骨性黄棕壤及洪积物,土层厚度分布不均,从坡面的 25cm 左右到河道台地的数米不等。由于气候温和,雨量充沛,适于多种农作物生长。20 世纪 60—70 年代,由于人为活动使大面积原生植被遭受破坏,造成山洪、泥石流等灾害频繁发生。

10.3.8.2　监测方法

在水源区即研究区寨沟小流域,地面坡度大于 25°的区域内,选定坡耕地、弃耕地、林地等 9 个典型小区作为观测对象。观测小区采用土工布法,并参照土壤侵蚀快速监测方法进行建设。小区的选择完全在自然状态下,规格为 5m×20m,因地形因素个别小区的规格为 5m×12m。小区两侧与上部用石棉瓦埋入地下 20cm 封闭,下侧集水面用土工布围合,作业时尽量保证坡面地表土壤及覆盖物完整。

---

①　崔丹,孙虎,彭鸿,等.陕南寨沟小流域坡面侵蚀及水土保持生态修复[J].人民长江,2007,38(2).

每次有效侵蚀性降雨(即可产沙降雨)后收集流失物并烘干称重,最后换算成单位面积的侵蚀量。实验区附近设置自记雨量计,记录降雨历时和降雨量。

10.3.8.3 **坡地侵蚀监测结果分析**

1)监测结果

2004年6月初至9月末,寨沟小流域内共发生35场有效降雨,有效降雨总量379.44mm,占当地年平均降雨量的41.5%。2005年7月中旬至10月初,共发生26场有效降雨,有效降雨总量638.5mm,占当地年均降雨量的69.9%。9个观测小区的土地利用基本情况及2004年和2005年,各小区累计侵蚀量统计结果见表10-3-19。

表10-3-19 2004年和2005年各小区累计侵蚀量及基本情况(原表)

小区编号	累计侵蚀量(kg)		土地利用类型		主要植被	覆盖度(%)	坡度(°)
	2004年	2005年	2004年	2005年			
①	17.86	3.79	土豆地	黄豆地			26
②	14.74	1.33	玉米地	弃耕1a			28
③	5.52	1.05	弃耕1a	弃耕2a	芥菜+铁苋菜+小白酒草	55	31
④	4.54	0.70	弃耕2a	弃耕3a	小白酒草+灰绿藤	80	30
⑤	1.00	0.28	弃耕5a	弃耕6a	艾蒿+小白酒草+猪毛蒿	78	28
⑥	0.22	0.09	弃耕8~9a	弃耕9~10a	白茅+牛尾蒿+野艾蒿	75	26
⑦	1.83	0.48	板栗林,林下除草		板栗+林下草本	26(林),20(草)	30
⑧	1.21	0.32	板栗林,林下不除草		板栗+林下草本	28(林),75(草)	28
⑨	0.09	0.074	次生矮林		青冈+栎类	>90	31

2004年6月8日至9月28日和2005年7月17日至11月24日,对寨沟小流域的侵蚀小区进行了降雨和侵蚀量观测。以24h降雨量(mm)为指标统计降雨侵蚀数据,将9个小区划分为5类:

(1)坡耕地种植农作物,一般为玉米和大豆;

(2)退耕地代表弃耕年限小于7年的弃耕地;

(3)草地代表弃耕年限大于7年现已形成草地形态的弃耕地;

(4)疏林地代表板栗林地;

(5)天然林代表次生矮林地,统计结果见表10-3-20和表10-3-21。

表10-3-20 2004年侵蚀小区降雨侵蚀量

降雨量(mm)	2004年各观测小区侵蚀量(干重)kg				
	坡耕地	退耕地	草地	疏林地	天然林
<10	201.35	56.02	2.79	9.92	0
10~24.9	656.09	189.49	16.36	45.15	0
25~49.9	1 002.8	333.53	42.26	114.425	4.78
50~99.9	2 149.55	811.9	233.95	449.45	74.8

表 10-3-21　2005 年侵蚀小区降雨侵蚀量

降雨量	2005 年各观测小区侵蚀量(干重)g				
(mm)	坡耕地	退耕地	草地	疏林地	天然林
＜10	17.3	5.1	0.2	1.2	0
10～24.9	94.8	25.6	3.2	8.2	0
25～49.9	195.2	48.6	9.1	20.1	3.6
50～99.9	327.7	105.5	20.4	44.4	5.3
100～249.9	990.6	256.33	56.1	96.35	34.1

2)数据分析方法

本研究根据寨沟小流域 2004 年和 2005 年实际监测统计资料,采用无重复观测的双因素方差分析方法来分析降雨量和不同的土地利用方式对侵蚀量的影响程度。降雨量和土地利用方式为试验的两个因素,降雨量作为因素 A ,有 k 个水平;不同的土地利用方式为因素 B ,有 m 个水平。

对于因素 A 即降雨量,按照 24h 降雨量大小进行划分,即小雨(＜10mm)、中雨(10～24.9mm)、大雨(25～49.9mm)、暴雨(50～99.9mm)、大暴雨(100～249.9mm)。根据这种划分方法,2004 年的降雨量可以分为 4 种类型:

(1)即 2004 年因素 A 有 4 个水平;

(2)2005 年降雨量可以分为 5 种类型;

(3)2005 年因素 A 有 5 个水平;

(4)2004 年和 2005 年均有 5 种不同的土地利用方式,则 2004 年和 2005 年因素 B 均有 5 个水平。

然后,通过方差计算,就可以判断出降雨量和不同土地利用方式两个因素对侵蚀量的影响程度。

表 10-3-22　2004 年降雨量与侵蚀量方差分析(原表)

方差来源	平方和	f	均方差	F	$F_{0.01}$	显著性
因素 A	1 350 433	3	49 980	1.24	2.61	
因素 B	2 577 893	4	109 595	4.51	2.48	* *
误差	1 213 403	12	19 602			
总平方和	5 141 730	19				

3)分析结果

假设降雨量和不同的土地利用方式两个因素,对侵蚀量均无显著影响,按照双因素无重复方差分析方法对观测数据进行计算,结果见表 10-3-22 和表 10-3-23。

通过表 10-3-22 和表 10-3-23 的方差分析可知,降雨量和不同的土地利用方式对侵蚀量均有一定的影响,并以不同的土地利用方式对侵蚀量的影响最为显著。

相同降雨条件下,各种土地利用方式侵蚀程度从大到小依次为坡耕地、弃耕地、疏林地、草地、天然林地。如表 10-3-19 所示。2004 年和 2005 年监测结果表明:

(1)1＃坡耕地累计侵蚀量为 1＃号矮林地的 190.2 倍(2004 年)和 51 倍(2005 年);

(2)2＃坡耕地累计侵蚀量为 2＃矮林地的 156.9 倍(2004 年)。

相同的土地利用方式,降雨量对侵蚀量的影响显著。降雨量大于 50 mm 时,各侵蚀小区的侵蚀量增长幅度迅速加大；同为坡耕地，土豆地对坡面的侵蚀，要大于玉米地。

退耕地在弃耕初期就有一定的水土保持效应，并且随着弃耕年限的增长，侵蚀量呈递减趋势。弃耕年限达 8～10a 的弃耕地，形态接近天然草地，其水土保持效应已可以比较好地发挥出来，主要是：

(1)2004 年，坡耕地观测到 35 场有效降雨，累计侵蚀量平均为 16.3kg，退耕 1a 的地观测到 24 场有效降雨，累计侵蚀量为 5.22kg；

(2)退耕 8a 的地观测到 11 场有效降雨，累计侵蚀量为 0.22kg；

(3)2005 年，坡耕地观测到 26 场有效降雨，累计侵蚀量为 3.79kg；

(4)退耕 1a 的地观测到 23 场有效降雨，累计侵蚀量为 1.33kg；

(5)退耕 9a 的地观测到 11 场有效降雨，累计侵蚀量为 0.09kg。

表 10-3-23　2005 年降雨量与侵蚀量方差分析(原表)

方差来源	平方和	f	均方差	F	$F_{0.01}$	显著性
因素 A	256 042	4	64 010	6.51	2.33	**
因素 B	350 703	4	87 676	12.22	2.33	**
误差	401 305	16	25 082			
总平方和	1 008 049	24				

对于疏林地，人为扰动较大。因此，人为因素对林地的水土保持效应有很大影响。经林下人工除草，草本覆盖度为 20%的板栗林地，其侵蚀量是不清理林间草(草本覆盖度为 75%的板栗林侵蚀量)的 1.5 倍。因此，人工经济林不清理林间草本层，更利于对坡面的保护。矮林地的主要树种为青冈和栎类，覆盖度较好，能快速有效地使降雨入渗，减缓地表径流，减少土壤侵蚀量，水土保持效益为最佳。在 2004 年研究时段内，矮林地仅观测到 3 次有效降雨，2005 年观测到 8 次有效降雨，两年的观测数据显示矮林地侵蚀量为各种土地利用方式中最低，具有很好的水土保持效益。

比较 2004 年和 2005 年的降雨量和侵蚀量，可以看出 2004 年各侵蚀小区的累积侵蚀量相对 2005 年有一定差异。造成这种差异的原因主要是 2004 年为侵蚀小区建设初期，施工期间人为因素对坡耕地和疏林地扰动均比较大；2005 年各小区的人为扰动较小，退耕地的弃耕年限也都相应增长，疏林地生长趋于稳定。综合考虑，选定 2005 年的观测数据作为分析侵蚀量与降雨量关系的研究对象，并对 2005 年 26 场有效降雨中的 15 场进行降雨量和侵蚀量分析(见图 10-3-4，以上图表均来源于论文)。

假设侵蚀量为 y (g)，降雨量为 x (mm)，通过分析可得出：

$$y = \mathrm{a}x^2 + \mathrm{b}x + \mathrm{c}$$

式中，a、b、c 为系数，不同土地利用方式系数如表 10-3-24。

表 10-3-24　2005 年侵蚀量与降雨量计算(原表)

项目	a	b	c	y
坡耕地	0.0632	2.0355	10.78	ax^2+bx+c
退耕地	0.0117	0.8159	−0.0109	ax^2+bx+c
疏林地	0.0034	0.4244	−1.3203	ax^2+bx+c
草地	0.0032	0.1063	−0.426.5	ax^2+bx+c
天然林地	0.0029	0.055	0.2204	ax^2+bx+c

10.3.8.4　水土保持生态修复措施

坡耕地退耕还林模式有农林复合模式、等高植物篱笆技术、植物地埂及坡改梯等。结合秦岭南麓地区的生态环境和区域经济发展情况，本研究提出这几种坡耕地的退耕还林模式和措施。

1)农林复合模式

在陡坡或急坡，以土埂混农林模式，即以林为主，营造土埂林形式。主要树种有经济林和速生用材树，按其组成结构和功能利用，在秦岭南麓主要选择以下 4 种组合：

(1)农—果型，即以核桃—农、板栗—农和茅栗—农组合；

(2)农—林型，以马尾松—农，华山松—农组合；

(3)农—药型，以中药杜仲—农，黄柏—农，枣皮—农，灵芝—农，银杏—农；

(4)农—经型，以漆—农，香椿—农，油松—农，薪炭林—农组合。

以上 4 种模式在农作物的选择上，适合选择大豆、花生等豆科农作物。尽量不要选择高秆作物和有攀缘习性的藤蔓作物。高秆作物容易与果树和药材类争空间和光照，如玉米、藤蔓作物会缠绕树木，影响树木生长，再如豇豆等。

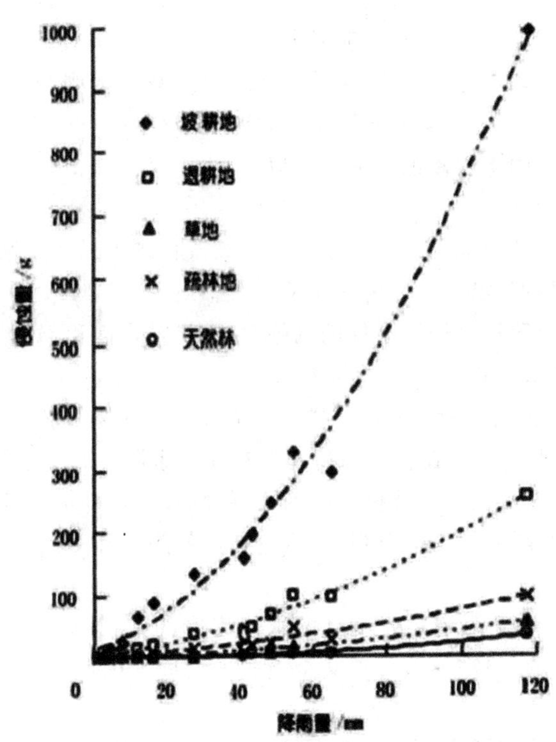

图 10-3-4　2005 年各侵蚀小区降雨侵蚀量关系

2)生物篱笆技术

生物篱笆技术，是指沿等高线种植速生、萌生力强的多年灌木或灌化乔木或草本植物，形成一行或多行的植物篱，植物篱间为作物耕作带。植物篱常用树、草种有新银合欢

(*Leueaenalencocephala*)、紫穗槐(*Amorph fruticosa*)、香根草(*Vetiuera zizanioides*)等。常用土地埂植物有枣(*Iiziphus jnpnba*)、杏(*Prurm armaeniaca*)、黄花茶(*Hemerocallis citrina*)、杜仲、紫穗槐等。植物篱的带状结构很多,一般以灌草结合的多行布置效果较好。在形成较密的活篱笆之后,其地上部的机械阻拦作用可以有效地减轻径流冲刷力,拦蓄泥沙,防止细沟产生,逐步减缓坡度,并可能在较长时间之后形成梯田。

定期对植物篱进行修剪,裁下的枝叶覆于坡面,可减轻溅蚀等作用,将植物残体埋入土壤,有利于增加土壤有机质。研究表明:坡度变缓能削减径流、减少侵蚀,篱笆减缓坡度幅度大多为 2°～3°。这对于沟蚀为主的寨沟小流域,是很有效的保护措施。寨沟小流域适宜种植枣、杜仲等。

3)间作

间作,就是在林木行间套种农作物,林间间种要沿等高线布置林木及农作物。在布置树种时,一般株距较大,在过陡的坡地不适合种植农作物,可以改为种草。种植农作物时,不易深耕,还应适当施肥。根据寨沟小流域的地理特性及植被状况,选择在林间布置大豆、豇豆、扁豆和花生等豆科作物,既容易丰收,又可以固氮。

4)等高耕作

等高耕作措施,则可以在一定程度上减少土壤侵蚀,这对于减弱寨沟小流域的沟蚀有很大意义。等高耕作措施,在我国实际应用中已经产生了一定效益。如四川省内江、简阳、遂宁等地将顺坡耕作改为等高耕作,减少径流 29%,减少土壤冲刷 79.9%,减少流失速效氮 45.4%、速效磷 76.0%、速效钾 50.7%,增加产量 10%～70%。山西省离石县试验,顺坡耕作比等高耕作的土壤侵蚀量大 4 倍以上。

5)坡改梯

坡改梯,是减少水土流失最有效的手段之一。坡改梯既可以减少水土流失,又可以提高粮食产量,增加农业生产效益。

但由于受人力、物力等社会经济条件的制约,坡改梯推广面积仍十分有限。

6)经济林的合理种植方式

寨沟小流域经济林主要包括板栗、核桃、李、桃等,现有经济林为 29.9km^2(宁陕县 2005 年统计资料)。板栗林无论在水土保持还是在涵养水源方面都不及次生矮林地及弃耕 5a 以上退耕地,氮流失量也大于坡耕地。因此,鼓励农民在种植经济林的同时,可以在林间布置适量固氮植物,限制人工除草量,并且进行深耕施肥和多使用农家堆肥。

7)封育

寨沟小流域属于秦岭南麓,有一定程度的水土流失,但土壤基质未完全被破坏,依靠自然力恢复植被是可能的,但需要上百年甚至更长的时间。因此,在封护时应兼顾培育,促进生态系统的进展演替。

寨沟小流域水土流失区域的表层土壤,有一定程度的破坏。因此,应选择适宜当地生长的草和灌木类进行培育。通过对南水北调中线水源区的退耕地及草本植被自然恢复过程和规律的研究,在寨沟小流域适合对白茅(*Imperata cylindrica*)、牛尾蒿(*Artemis subdigitata*)、野艾蒿(*Artemisia lavandulaefolia*)和狗尾草(*Setaria viridis*)进行封育培育。

8)生态补偿

退耕还林实施的前提，是要保障农民在退耕后的生活和发展。因此，要在水土流失严重和生态环境重点保护地区，建立水土保持生态补偿制度，适时适度调整经济结构。寨沟小流域等南水北调水源地地区，补偿资金可以有以下几种来源：

(1)国家财政补偿；水利部长江水利委员会可向南水北调水资源需求方增收水费或收取一定补偿金，由财政部转移支付；

(2)对水源地区域内破坏生态环境的工厂、矿山等企业进行经济处罚，所得资金纳入生态补偿基金；

(3)以社会捐助的形式建立生态补偿基金。

10.3.8.5　**结论**

作为南水北调水源预防保护区的寨沟小流域，总体上生态环境较好。但通过 2004 年和 2005 年对寨沟小流域坡面侵蚀的实地监测，研究认为水土流失问题不可忽视。寨沟小流域生态环境保护上，应注重坡耕地退耕还林、还草和封育等水土保持生态修复措施的实施同时，要在保证农民未来的生存与发展的基础上加强执法力度、完善管理体系、合理利用资源，确保区域整体效益最佳，环境、经济、社会协调发展。

参考文献

[1] 钱正英，沈国舫，潘家铮. 西北地区水资源配置生态环境建设和可持续发展战略研究(综合卷)，中国工程院重大咨询报告[M]，北京：科学出版社，2004.

[2] 赵鑫钰.工程安全是电力国企首要社会责任[J]，四川水力发电，2008，27(2).

[3] 赵鑫钰.国家亟待建立重大灾害救助基金[J]，四川水力发电，2008，27(5).

[4] 赵鑫.汶川特大地震与大型水电工程的抗震安全性——对地震及水库诱震机理的探讨[J]，四川水力发电，2009 年，28(2).

[5] 马利伟，赵鑫钰.滑坡治理方案智能化决策系统研究[J]，四川水力发电，2010，29(3).

[6] 白宏洁，曹京京.西北地区水资源现状及可持续开发利用探讨[J]，山西水利科技，2010(2)，58—60.

[7] 赵鑫钰.走出洪水猛兽的认识误区[J]，四川水力发电，2008，27(5).

[8] 赵鑫钰.加快水电开发是能源安全的现实途径[J]，四川水力发电，2006，25(5).

[9] 赵鑫钰.保护水环境与合理开发水能资源[J]，四川水力发电，2006，25(6).

[10] 曹广晶，赵鑫钰.加快水能资源开发实施藏电外送的能源战略[J]，中国能源，2007(2).

[11] 曹广晶，赵鑫钰.论水电建设在能源安全战略中的作用[J]，人民长江，2007(8).

[12] 赵鑫钰.水利水电工程股份制移民探讨[J]，人民长江，2009(2).

[13] 赵鑫钰.软岩隧洞施工进度控制与管理创新[J]，四川水力发电，2008，27(6).

[14] 赵鑫钰，杨靖.硗碛水电站泄洪洞灰质千枚岩斜井施工技术研究[J]，四川水力发电，2010，29(6).

[15] 陈奇伯，陈宝昆，等.水土流失区小流域生态修复的理论与实践[J]，水土保持研究，2004(1).

[16] 赵秉栋，赵军凯，等.论生态修复在水土保持生态建设中的优化作用[J]，水土保持研究，2004，11(3).

[17] 焦居仁.生态修复的要点与思考[J]，中国水土保持，2003，2(3).

[18] 杨爱民，刘孝盈、李跃辉.水土保持生态修复的概念、分类与技术方法[J]，中国水土保持，2005，3(1).

[19] 周利民，邓岚.水土保持生态修复林植物群落演替研究[J]，水土保持通讯，2004，2(4).

[20] 焦居仁.生态修复的探索与实践[J]，中国水土保持，2003，2(1).

[21] 王勇，王德生，张军. 论水土保持生态修复与生态安全[J]，人民黄河，2003，2(2).

[22] 朱波，陈实等. 陡坡耕地的开发利用与保护 一种农林复合模式[J]，山地学报，2000，5(1).

[23] 张小林. 瑞典的水土保持经验及启示[J]，中国水土保持，2006，3(5).

[24] 牛青翠，王龙，李靖. 金沙江干热河谷区生态修复技术体系初探[J]，中国水土保持，2006，3(4).

[25] 尤代强，梁其春. 黄河流域水土保持生态修复试点工作的成效与经验[J]，中国水土保持，2006，3(10).

[26] 王利民，寸玉康，陈奇伯. 滇西北高原水土保持生态修复措施的群落结构研究[J]，水土保持研究，2006，3(3).

[27] 王利民，寸玉康，陈奇伯. 滇西北高原水土保持生态修复措施的土壤理化效应[J]，西北林学院学报，2006，(1).

[28] 张桂香，王士革. 云南东川小江流域生态环境初探及保护对策[J]，水土保持研究，2006，3(5).

[29] 张志国，张晓萍，等. 我国水土保持生态修复及其存在的问题[J]，中国水土保持，2007，4(11).

[30] 张长颖，李晓梅. 生态修复已成为水土流失治理的新举措[J]，资源·生态·环境，2007(9).

[31] 贺亮，刘国东，蹇依. 高寒湿地区域公路建设水土流失与水土保持研究[J]，水土保持学报，2002，4(3).

[32] 刘永碧. 社区林业在凉山州高寒山区水土保持中的推广应用[J]，防护林科技，2007，14(6).

[33] 林立金，龚文昌，杜伟明. 水土保持植物在干热河谷的应用[J]，中国水土保持，2008，5(6).

[34] 王立群，尚新明. 半干旱地区受害生态系统修复技术探讨———以甘肃定西水土保持生态修复项目为例[J]，甘肃科技，2008，24(23).

[35] 赵克荣，李继忠. 半干旱区水保生态修复集成技术与环境响应分析[J]，中国水土保持，2008，5(4).

[36] 李鹏，李占斌，郑良勇. 黄土陡坡土壤侵蚀临界动力机制试验研究[J]，泥沙研究，2008，4(1).

[37] 第宝锋，崔鹏，艾南山. 中国水土保持生态修复分区[J]，四川大学学报，2008，6(5).

[38] 包维楷，庞学勇. 四川汶川大地震重灾区灾后生态退化及其基本特点[J]，应用与环境生物学报，2008，444(4).

[39] 王卫民，赵连锋，等. 四川汶川 8.0 级地震震源过程[J]，地球物理学报，2008，8(5).

[40] 易宪容. 汶川大地震对中国经济影响分析[J]，河南金融管理干部学院学报，2008，5(4).

[41] 门可佩，高建国. 重大灾害链及其防御[J]，地球物理学进展，2008，23(1).

[42] 曾立青. 黄河源区水土保持生态修复成果监测[J]，中国水土保持，2009，6(12).

[43] 毕玉芬，车伟光，许岳飞.干热河谷区灌草草地的水土保持效应[J]，热带作物学报，2009，30(8).

[44] 冯伟，赵永军，丛佩娟，等.全国水土保持生态修复类型区治理措施研究[J]，水土保持通报，2009，29(5).

[45] 李凤英，何小武，等.急陡坡土壤侵蚀试验研究[J]，水土保持学报，2009，23(6).

[46] 陈雷.深入贯彻落实科学发展观开创水土保持生态建设新局面[J]，中国水土保持，2009，5(5).

[47] 吴杨，唐亚，许宇慧，等.植物篱模式下小流域退耕还草生态农业可持续发展模式研究[J]，草业科学，2008，26(4).

[48] 郭百平，武称意，董敏.水土保持生态修复工程监测评价指标与方法[J]，内蒙古水利，2010，126(2).

[49] 杨芳，谢玉娟.青海东部雨水资源的开发利用研究——水土保持模式与关键技术[J]，中国农村水利水电，2010，5(5).

[50] 惠怡安，徐明.陕北丘陵沟壑区生态修复与农村聚落耦合发展初探[J]，水土保持通报，2010，4(2).

[51] 李海东，沈渭寿，邹长新，等.雅鲁藏布江源区土壤侵蚀特征[J]，生态与农村环境学报，2010，25(1).

[52] 焦居仁.气候变化与水保生态建设对策之浅识[J]，中国水土保持，2011，7(1).

[53] 张文聪，高媛.水土保持生态修复工作成效与经验[J]，中国水土保持，2011，7(6).

[54] 邵全琴，肖桐，刘纪远，齐永青.三江源区典型高寒草甸土壤侵蚀的 137Cs 定量分析[J]，科学通报，2011，56(13).

[55] 马志林.工程绿化——特殊困难立地生态修复新技术[J]，安徽农业科学，2012，40(8).

[56] 王文国，苏小红，何明雄，等.川中丘陵区水源地滨岸缓冲带自然植被调查与分析[J]，中国水土保持，2012，7(5).